DICTIONNAIRE

DES

JARDINIERS

ET DES

CULTIVATEURS,

PAR

PHILIPPE MILLER.

TOME SECOND.

DICTIONNAIRE

DES

JARDINIERS

ET DES

CULTIVATEURS,

PAR

PHILIPPE MILLER:

Traduit de l'Anglois sur la VIIIe. Edition;

Avec un grand nombre d'Additions de differens genres, Par MM. le Président DE CHAZELLES, le Conseiller HOLANDRE, &c.

NOUVELLE ÉDITION,

Dans laquelle on a rectifié un très - grand nombre d'endroits de l'Édition de Paris, afin de rendre la traduction Françoise conforme à l'Original Anglois; & de plus, on y a ajouté les noms Anglois des Plantes, & plusieurs nouvelles Notes.

TOME SECOND.

A BRUXELLES,

Chez BENOIT LE FRANCQ, Imprimeur-Libraire, rue de la Magdelaine.

M. DCC. LXXXVI.

NOTE

Sur la Traduction du II Volume du DICTIONNAIRE DE

MILLER.

LE nombre des Corrections faites dans ce second volume de MILLER, afin de rendre la traduction Françoise conforme à l'original Anglois, monte à plus de mille, d'après le compte qui en a été tenu, feuille à feuille, en les faisant.

Il y avoit des contresens, ou d'autres méprises où la traduction rendoit à faux le sens du texte de MILLER, en plus de cent endroits différens : & des omissions, plus ou moins longues, de parcelles de ce texte nécessaires à son intégrité, en guere moindre nombre.

La traduction de la derniere partie, sur-tout, est la plus fautive de tout ce que l'*Editeur de Bruxelles* a passé de l'Ouvrage jusqu'à présent ; quoique dans tout le reste de ce volume il se trouve répandu de fautes les plus frappantes, & de chaque genre de celles dont il est parlé dans l'*Avertissement* qui est à la tête du premier volume de l'*Edition de* BRUXELLES : on pourroit en donner une copieuse liste ; mais on se contentera ici d'un petit nombre d'exemples.

Dans le seul article CROCUS (*Safran*), il a fallu 91 corrections pour rendre la traduction de Paris conforme à l'original de Miller. On y avoit rendu à faux le sens en 34 endroits ; & il y avoit, de plus, 7 omissions de parties du texte, essentielles au sens de l'Auteur. Les Racines du *Safran* sont sujettes à prendre une forme que Miller nomme *Tap-root*, ou *Carrotty-root*, qui signifient, *une Racine pivotante, pointue, ou conique, en forme de Carotte*; (*Tap*, en Anglois, veut dire *un Robinet*) : c'est une espece de maladie qui empêche ces racines de donner des fleurs, & par conséquent leur ôte leur valeur. Miller en traite fort au long, & ces termes reviennent jusqu'à 14 fois dans ce qu'il en dit. Or, il semble que les Traducteurs n'y entendoient rien, car ils rendent ces mêmes expressions de plusieurs manieres différentes & disparates qui n'ont aucun rapport à leur vrai sens ; savoir, par *le haut, le dessus,* ou *le sommet de la racine ;* par *Bulbe du haut,* par *racine rouge,* par *Corolle.* Cette méprise de leur part dénature & rend inintelligible le sens des 4 dernieres pages de cet article dans un point essentiel de la Culture du *Safran.*

Il y a une semblable méprise dans l'article CEPA (*Oignon*),

(2)

fur les *noms* de deux efpeces de ce genre, *Scallions* & *Chives*, que les Traducteurs certainement n'entendoient point, puifqu'ils les traduifent par *Echalottes* & *Porreaux* qui font toutes autres chofes, ce qui rend très-faux le fens d'une bonne partie de deux colonnes de leur traduction : comme les contrefens qui réfultoient de leur méprife les embaraffoient, ils ont été obligés d'omettre une partie du texte de Miller, dont ils ne pouvoient pas faire quadrer le fens avec le refte.

Dans l'article Cucumis (*Concombre*), il a fallu 48 corrections pour rectifier la traduction : il s'y trouvoit jufqu'à 25 omiffions de parties du texte de Miller, plus ou moins longues, néceffaires cependant toutes pour completter le fens de l'Auteur : il y avoit de plus 7 endroits où le fens étoit rendu à faux.

Les articles Climat, Cloture, &c. n'étoient pas mieux rendus dans la traduction de Paris.

Une chofe étonnante, c'eft que le mot Anglois *Taper*, ou *Tapering*, qui veut dire *Conique*, ou, *en forme de Cierge*, & qui revient au moins cent fois dans ce volume, & non moins fréquemment dans le premier, eft toujours rendu par *Cylindrique* : or, entre *Conique* & *Cylindrique* il y a une différence bien marquée. Les Traducteurs n'avoient qu'à ouvrir le *Dictionnaire de Boyer* (Lyon 1780) ils y auroient trouvé l'adjectif *Taper* ou *Tapering* rendu par *Conique, pyramidal, qui eft droit & va en pointe* : d'ailleurs, *un Cierge* s'appelle en Anglois *Taper* à caufe de fa forme Conique.

Un grand nombre d'endroits de la traduction de ce fecond volume, font rendus d'une maniere abfolument abfurde, & fouvent ridicule ; par Exemple :

Page 4. *Napobranica*, pour, *Napo-Braffica.*

9. *Broccoli*, pour, *Borecole* qui eft toute autre chofe.

14. *Excellente*, pour, *Alimentaire.*

26. *Paffama*, pour, *Panama.*

ib. *Petersbourg* (en Ruffie), pour, *Peterborough* (ville d'Angleterre).

60. *Elle* (la Burmannia) *croît à l'abri de toute humidité*, pour, *Elle croît dans des endroits couverts d'eau.*

85. *Cereus Etopuntia*, pour, *le Cereus & l'Opuntia.*

99. *Souci ftérile*, pour, *Souci productif ou à rejettons.*

149. *Dies-fmock*, pour, *Ladies-fmock.*

172. *Lytneton*, pour, *Littleton.*

177. *fix pieds*, pour, *fix pouces.*

187. *mer Méridionale*, pour, *mer du Sud.*

ibid. & 542. *Barbades*, pour, *Barbude* (Ifle bien éloignée de celle de Barbade).

207. *Nord de la Caroline*, pour, *la Caroline Septentrionale.*

232. *Indes Orientales*, pour, *Indes Occidentales.*

Page 249 & 252. *l'Amérique*, pour *l'Arménie*.

251. *Extremité*, pour, *maturité*.

256. *Cendres de Potier*, pour, *Potaſſe*.

263. *a 6 pieds de diſtance*, pour, *à 6 pouces de diſtance*.

265. *Cylindrique à l'extremité*, pour, *fort Conique à l'extremité*.

315. *dans le Duché de Beaufort*, pour, *dans les jardins de la Ducheſſe de Beaufort*.

317. *Le Pere Fewil*, pour, *le Pere Feuillé*.

350. *Arbre de bourdonnement d'oiſeau*, pour, *Arbre de Colibri* (the Humming-bird tree).

383. *Olios ; eſpece d'huile ou d'aſſaiſonnement qui ſert dans la cuiſine des Eſpagnols*.

419. *Duc d'Araile à Witthon*, pour, *Duc d'Argyle à Whitton*.

464. *Zirkʒer en Hollande*, pour, *Zirickʒee en Zelande*.

471. *M. Roy*, pour, *M. Ray*.

472. *Carduus*, pour, *Cernuus*.

566. 7. *La premiere eſpece, appellée Rauwolf*, pour, *La premiere eſpece, à ce que dit Rauwolf*. Les Traducteurs transforment ici le botaniſte *Rauwolf* en plante, & ils rendent à faux le ſens du reſte du paragraphe.

627. *Feuilles non-ſucculentes*, pour, *Feuilles ſucculentes*.

ibid. *très-difficilement*, pour, *très-facilement*.

653. *ſemences*, pour, *feuilles*, erreur eſſentielle par rapport au ſujet dont il y eſt parlé

654. *Pourpre blanc*, pour, *Blanc plus pur*.

657. *Douglaſs*, pour, *Douglas*.

659 & 661. *Quartes* (meſure d'un pot), pour, *Quartiers* (8 boiſſeaux).

665. *j'en ai reconnu évidemment la fauſſeté*, pour, *j'en ai reconnu la vérité*.

ibid. *Corolle*, pour, *Carotte*.

666. *Conſerver* pour, *Récouvrer*.

ibid. *ſolides*, pour, *ſillonnées*.

714. *trois pouces*, pour, *un quart de pouce*.

718. *cent ans* ; Miller parle de *onʒe ſiecles*.

722. *Cambra*, pour, *Coïmbre*, ville de Portugal.

724. *cinquante pieds*, pour, *quinʒe pieds*.

750. *Roughall*, pour, *Borough-Hall*.

754. *Queemberry*, pour, *Queensberry*.

ibid. *ſablonneux*, pour, *peu profond*.

759. *le Docteur Schart*, pour, *le Docteur Shaw*.

Et un très-grand nombre d'autres, qu'il feroit facile de citer d'après les feuilles corrigées de l'Edition de Paris.

DICTIONNAIRE

DES

JARDINIERS.

BRABEIUM. Vulgairement appelé [*African Almond.*] *Amandier d'Afrique.*

Caractères. La fleur, qui n'a point de calice, eſt compoſée de quatre pétales étroits, obtus, érigés, & formant un tube qui ſe courbe en arriere au ſommet : elle a quatre étamines égales en longueur, & couronnées par de petits ſommets. Dans le centre eſt ſitué un petit germe, qui ſupporte un ſtyle mince, ſurmonté d'un ſimple ſtigmat : ce germe devient enſuite une baie ovale, velue & ſèche, renfermant une noix ovale.

Les plantes de ce genre ayant quatre étamines & un ſtyle, ſont de la Tetrandrie Monogynie de LINNÉE.

Tome II.

Nous n'avons dans ce genre qu'une ſeule eſpece, qui eſt :

Brabeium ſtellati-folium. Hort. Cliff. Amygdalus Æthiopica, fructu holoſericeo. Breyn. Cent. 1. *t.* 1 ; Amandier d'Afrique.

Arbor Æthiopica, hexaphylla. Pluk. Alm. 47. *t.* 265. *f.* 3.

Cet arbre eſt originaire du pays des environs du Cap de Bonne-Eſpérance, où il parvient à une hauteur moyenne. Il s'élève rarement en Europe au-deſſus de huit ou neuf pieds de hauteur ; mais comme il eſt trop délicat pour pouvoir ſupporter le plein air dans nos climats, & qu'il faut par conſéquent le tenir toujours en caiſſe, nous ne pouvons eſpérer de le voir parvenir à une certaine hauteur. Sa tige

A

eſt droite, tendre, remplie de ſève, & couverte d'une écorce brune ; ſes branches ſortent horiſontalement de chaque nœud de la tige ; celles du bas ſont les plus longues, & les autres diminuent par dégrés juſqu'au ſommet ; de ſorte qu'elles forment une eſpece de pyramide. Ses feuilles, d'un vert foncé en-deſſus, d'une couleur brune-pâle en-deſſous, dentelées à leurs bords, larges d'un demi-pouce dans le milieu, & longues de quatre ou cinq, ſont portées ſur des pétioles très-courts, & naiſſent à chaque nœud des branches. Ses fleurs, d'une couleur pâle, tirant ſur le blanc, ſortent entre les feuilles, des extrémités des rejettons, tout-autour des branches. Elles paroiſſent dès le commencement du printems, & tombent dans ce pays, ſans être remplacées par des fruits.

Il eſt difficile de multiplier cette eſpece par marcottes, qui ſont ſouvent deux ans en terre avant de pouſſer des racines aſſez fortes pour pouvoir être ſéparées des vieilles plantes. Lorſqu'on veut coucher les branches, il eſt bon de les fendre à un nœud, pour leur faire prendre plutôt racine, comme on le pratique en marcottant les Œillets.

Les plus jeunes branches de cette plante étant fort remplies de ſève, & par conſéquent très-ſujettes à pourrir, il ne faut l'arroſer que très-peu en hiver. On la marcotte en Avril, lorſqu'elle commence à pouſſer, & on choiſit

pour cela les jeunes rejettons de l'année précédente. Comme cette plante eſt fort difficile à multiplier, elle eſt fort rare en Europe, & il n'y en a même que très-peu dans les jardins Hollandois.

Pendant l'hiver, on enferme les plantes dans une bonne ſerre ; & en été, on les place en plein air, dans une ſituation abritée, où elles profiteront, produiront des fleurs tous les ans au printems, & feront une belle variété parmi les autres plantes exotiques.

BRANC - URSINE. *Voyez* ACANTHUS.

BRANC-URSINE FAUSSE, BERCE, *ou* PANAIS SAUVAGE. *Voyez* HERACLEUM SPONDYLIUM.

BRASSICA ; [*The Cabbage.*] le Chou.

Caracteres. Le calice eſt compoſé de quatre feuilles tombantes, petites, en forme de lance, & courbées en-dehors à leur bâſe. La fleur eſt en forme de croix ; elle a quatre pétales ovales, unis, étendus, ouverts & entiers ; elle a quatre glandes de nectaires, dont deux ſont ſituées à chaque côté de l'étamine courte, & les deux autres, ſur les parties latérales du calice, ſix étamines droites & en forme d'alêne, dont deux ſont oppoſées & auſſi longues que le calice, & les quatre autres ſont plus longues : ces étamines ſont terminées par des ſommets érigés & pointus : ſon germe eſt en forme de cierge, de la même longueur que les étamines, ſurmonté par un ſtyle court & plus épais que lui, & couronné par un ſtigmat entier. Après la fleur, ce germe devient une ſilique longue, conique, comprimée latéralement, & terminée par le ſommet de la partition intermédiaire qui la diviſe en deux cellules, remplies de ſemences rondes.

Ce genre de plante eſt rangé dans la ſeconde ſection de la quinzieme claſſe de LINNÉE, intitulée : *Tetradynamia ſiliquoſa*, qui comprend celles qui ſont pourvues de quatre étamines longues & deux courtes, auxquelles ſuccèdent de longs légumes.

Je commencerai par décrire les eſpeces diſtinctes, avant de parler des différentes variétés qu'on cultive pour la table : quoique pluſieurs de ces dernieres puiſſent, au moyen des ſoins convenables, perſiſter long-tems ſans altération ; cependant, comme elles varient aiſément par leurs ſemences, lorſqu'elles ſe trouvent placées les unes près les autres, on ne peut les regarder comme des eſpeces vraiment diſtinctes & ſéparées.

Quoique LINNÉE ait joint à ce genre le Navet & la Roquette, qui à la vérité peuvent s'y rapporter par leurs caracteres, dans un ſyſtême de Botanique, je ne puis néanmoins adopter cette méthode dans un Traité de Jardinage, afin d'éviter la confuſion ; c'eſt-pourquoi je décrirai chaque genre ſous le nom qu'on leur donne généralement.

Les eſpeces ſont :

1°. *Braſſica oleracea, radice cauleſcente, tereti, carnoſâ. Hort. Cliff. 338 ;* Chou avec une tige conique & charnue.

Braſſica capitata alba. C. B. p. 111 ; Le Chou pommé blanc, commun.

2°. *Braſſica, Napo-Braſſica, radice cauleſcente orbiculari carnoſo, foliis ſeſſilibus ;* Chou avec une tige ronde & charnue, ayant des feuilles ſeſſiles aux tiges.

Braſſica radice Napi-formi. Tourn. Inſt. R. H. 219 ; Chou à racine de Navet.

Napo-Braſſica. Bauh. Pin. 111. Prodr. 54.

3°. *Braſſica Botrytis, radice cauleſcente, tereti, carnoſâ, floralibus multi-caulis ;* Chou, avec une tige conique & charnue à la racine, ayant pluſieurs tiges de fleurs branchues.

Braſſica cauli-flora. C. B. p. 111 ; [*Cauli-flower.*] Le Chou-fleur.

4°. *Braſſica ſylveſtris, radice cauleque tenui, ramoſo, perenni, foliis alternis, marginibus inciſis ;* Chou dont la tige eſt branchue, la tige & la racine vivace & dont les feuilles ſont alternes & découpées ſur leurs bords.

Braſſica maritima arborea, ſivè procerior ramoſa. Mor. Hiſt. 2. p. 208 ; Gros Chou de mer en arbriſſeau.

5°. *Braſſica violacea, foliis lanceolato-ovatis, glabris, indiviſis, dentatis. Hort. Upſal. 191 ;* Chou à feuilles entieres, ovales, unies, en forme de lance & dentelées.

6°. *Braſſica purpurea, foliis*

oblongo - cordatis , amplexicauli-bus , integerrimis ; Chou , avec des feuilles oblongues , en forme de cœur ,' amplexicaules & entieres.

Brassica campestris perfoliata , flore purpureo. C. B. p. 112.

7°. *Brassica Orientalis , foliis cordatis , amplexicaulibus , glabris. Lin. Sp. 931 ;* Chou à feuilles unies , en forme de cœur & amplexicaules.

Brassica Orientalis perfoliata , flore albo , siliquâ quadrungulâ. Tourn. Cor. 16.

8°. *Brassica Gongylodes , radice caulescente tereti , foliis inferioribus petiolatis , superioribus semi - amplexicaulibus ;* Chou avec une tige conique , les feuilles du bas pétiolées , & celles du haut embrassant à moitié la tige.

Napus sylvestris. C. B. p. 95 ; [*Cole-seed.*] Navet sauvage , *ou* Navette , *ou* Colza·

Caulo-rapum. Cam. Epit. 251 ; Chou rave.

Les variétés de la premiere espece sont :

1°. *Brassica Sabauda , sive Sabauda Hyberna. Lob. Icon.* [*Savoye Cabbage.*] Chou de Savoie , *ou* de Milan.

2°. *Brassica rubra , sive capitata rubra. C. B. p. 111 ;* [*Red Cabbage*] Le Chou rouge.

3°. *Brassica pyramidalis ; sive capitata alba pyramidalis.* [*Sugarloaf Cabbage.*] Chou en pain-de-sucre.

4°. *Brassica præcox ; sive capitata alba præcox ;* [*Early Cabbage.*] Le Chou blanc printanier.

5°. *Brassica peregrina ; sive peregrina Moschum olens. H. R.*

Par. [*Foreign musk Cabbage.*] Chou musqué étranger.

6°. *Brassica Moscovitica ; sive capitata alba minor Moscovitica. H. A.* ; [*Small Russia Cabbage.*] Petit Chou de Russie.

7°. *Brassica capitata ; sive capitata alba comprèssa. Boerh. Ind. Alt. 11.* [*Large sided Cabbage.*] Gros Chou pommé blanc.

8°. *Brassica viridis ; sive capitata viridis Sabauda ;* [*Green Savoye.*] Chou de Savoie verd , ou Chou blond.

9°. *Brassica laciniata , fimbriata. C. B. p. 111 ;* [*Borecole.*] Le Chou calibre.

10 . *Brassica selenisia , fimbriata virescens. Boerh. Ind. 2. 12 ;* [*Green Borecole.*] Chou vert.

11°. *Brassica fimbriata ; sive fimbriata Siberica. Boerh. Ind. 2. 12 ;* [*Siberian Borecole , or Scotch Kale.*] Chou de Siberie , appelé par quelques-uns , jeune Chou d'Ecosse , *ou* Rejetton de Chou.

La seconde espece est indubitablement distincte ; car ses semences produisent constamment la même plante ; avec cette différence seulement que dans une bonne terre les tiges sont plus grosses que dans un mauvais terrein.

Les variétés de la troisieme espece sont :

1°. *Brassica Italica purpurea , Broccoli dicta. Inst.* [*Purple Broccoli.*] Chou Broccoli pourpre.

2°. *Brassica Italica alba , Broccoli dicta. Inst.* [*White Broccoli.*] Chou Broccoli blanc.

Napo-brassica. Je ne crois pas

que la seconde espece soit susceptible de s'altérer , parce que je l'ai vu se conserver constamment la même après plusieurs années de culture. Celle-ci croît naturellement sur les rivages de la mer dans les environs de Douvres , & diffère des autres especes, en ce que sa tige est vivace & branchue : je l'ai conservée pendant trois ou quatre années , & j'ai mangé de ses rejettons en hiver. Quoiqu'ils fussent fort gelés , ils étoient doux & agréables ; mais dans les autres saisons de l'année , ils sont filandreux & d'un goût fort. Dans les hivers rudes , lorsque les autres especes sont détruites , celle-ci devient précieuse ; parce que les gelées les plus fortes ne les endommagent point. Ses feuilles sont d'une couleur de pourpre , & placées alternativement sur les branches , elles s'étendent en dehors horisontalement, & celles qui s'élèvent du centre de la plante , croissent érigées.

Botrytis. La troisieme espece, qui est le *Chou-fleur*, a été regardée comme une variété du Chou ordinaire ; mais dans cinquante années d'observations sur la culture de ces plantes , je ne me suis jamais apperçu que ces deux especes se fussent rapprochées l'une de l'autre : elles sont d'ailleurs si différentes par la forme de leurs feuilles , que des personnes exercées les distinguent aisément dans leur premiere jeunesse. Il y a aussi dans leurs tiges de fleurs , une

différence essentielle : le Chou ordinaire pousse du centre une tige droite qui se divise ensuite en plusieurs branches ; au lieu que le Chou-fleur ne produit ses tiges de fleurs que de la partie qu'on mange , laquelle ne paroît être qu'un assemblage serré & compact de ces mêmes tiges de fleurs , qui se divisent ensuite en un grand nombre d'autres garnies de plusieurs rejettons. Toutes ces tiges & ces rejettons forment , lorsqu'ils sont couverts de fleurs , une tête grosse & large, très-éloignée de la forme pyramidale qu'affecte le Chou commun.

Italica purpurea & alba. Broccolis. Je pense que les deux especes de Broccolis ne sont que des variétés du Chou-fleur ; car, quoiqu'avec du soin on puisse les conserver distincts , je suis cependant persuadé que si elles croîssoient assez voisines l'une de l'autre, & qu'elles y perfectionnassent leurs semences , elles perdroient leurs variétés : plusieurs changemens que j'ai observés dans ces deux especes, me confirment dans cette opinion : j'ai en effet vu souvent des Choux-fleurs acquérir une couleur verte , & avoir aux extrémités de leurs rejettons des fleurs régulièrement formées comme celles qui se trouvent sur les Broccolis , quoique leur couleur fût différente. J'ai aussi remarqué que le Broccoli blanc ressembloit quelquefois si fort au Chou-fleur, qu'il étoit difficile de les distinguer l'un de l'autre.

Lorfque ces variétés font cultivées avec foin, & qu'on a l'attention de les tenir féparées, quand on les deftine à produire leurs femences, elles peuvent être confervées avec leurs différences dans le même jardin ; parce que leur altération n'eft point occafionnée par le fol, mais feulement par le mélange de la pouffiere fécondante des fleurs : ainfi tous ceux qui font curieux de conferver ces variétés fans aucun changement, ne doivent jamais laiffer les différentes efpeces enfemble, quand elles doivent produire des femences.

Chou - fleur. D'après le témoignage des anciens Ecrivains, on eft généralement perfuadé que le Chou-fleur a été tranfporté de l'Ile de Chypre en Angleterre & dans tous les pays de l'Europe, quoiqu'on prétende qu'il n'eft point originaire de cette Ifle, & qu'il y a été apporté d'ailleurs. Cette plante n'a été cultivée qu'en très - petite quantité en Angleterre pendant un grand nombre d'années, & elle n'a commencé à acquérir une certaine perfection & à être vendue fur les marchés, qu'en 1680 : elle s'eft même tellement améliorée depuis 1700, que les Chouxfleurs d'Angleterre, font renommés. Ils font à préfent parvenus à un état fi parfait, que l'on rejetteroit à cette heure ceux qui étoient autrefois beaucoup eftimés.

Cette plante a été beaucoup plus perfectionnée en Angleterre que dans aucune autre partie de l'Europe. En France,

on y a rarement des Chouxfleurs avant la S. Michel. La Hollande s'en fournit toujours en Angleterre : on ne les connoit en Allemagne que depuis quelques années ; & dans prefque tous les pays de l'Europe, on ne les multiplie qu'avec les graines apportées de l'Angleterre.

Gongylodes. La huitieme efpece qui eft généralement connue fous le nom de *Navette* & de *Colza* eft fort abondante dans l'Ifle d'Ely, & dans quelqu'autres parties de l'Angleterre, où on la cultive pour fa femence, dont on tire l'huile de Navette. On la multiplie auffi depuis quelque tems dans plufieurs autres lieux pour la nourriture des beftiaux, aux-quels elle eft très-propre. Cette efpece a été depuis peu jointe à celle du *Napus fativa*, ou Navet de jardin ; parce qu'on fuppofoit que ces plantes étoient la même ; mais après les avoir cultivées toutes deux pendant plus de vingt ans, je puis affurer que je ne les ai jamais vu varier, & que je n'ai rien obfervé qui puiffe les faire rapprocher. D'ailleurs le port feul de ces plantes fuffit pour les diftinguer l'une de l'autre ; mais comme le Navet de jardin reffemble plutôt à la Navette qu'au Chou, j'en traiterai fous le titre de R A P A.

La graine de Navette, lorfque cette plante eft cultivée pour fervir de nourriture aux beftiaux, doit être femée vers le milieu de Juin. La préparation que la terre exige pour recevoir cette graine eft la même que celle qui eſt miſe en uſage pour le Navet. Il faut ſix ou huit livres de ſemences pour un âcre de terre; mais comme le prix de cette graine n'eſt pas conſidérable, il vaut mieux y employer huit livres que ſix. Lorſque ces plantes ſont trop ſerrées dans un endroit, on peut aiſément les éclaircir en houant la terre; mais on attend pour cela qu'elles aient pouſſé ſix feuilles: on pratique cette opération de la même maniere que pour les Navets; avec cette différence ſeulement qu'on peut laiſſer celles-ci beaucoup plus ſerrées, parce qu'ayant des racines fibreuſes & des tiges minces, elles n'exigent pas autant de place.

Le ſecond houage ſe fait environ cinq ou ſix ſemaines après le premier, & par un tems ſec, afin de détruire plus ſûrement les mauvaiſes herbes : après quoi, elles n'exigeront plus aucun ſoin. Au milieu de Novembre elles ſeront aſſez fortes pour ſervir à l'uſage auquel on les a deſtinées. Si le fourrage eſt rare, on peut les couper ou les faire manger ſur terre; mais dans le cas où l'on n'auroit pas beſoin de fourrage, il ſeroit plus avantageux de les conſerver pour les tems durs, pour remplacer le fourrage & les légumes. En coupant le ſommet de ces plantes, & en laiſſant les tiges ſur pied, elles repouſſeront de bonne heure au printems, & donneront en Avril une ſeconde récolte abondante, qui pourra être coupée pour fourrage, ou

laiſſée pour ſemence. Si on les fait manger ſur terre, il faudra empêcher que les beſtiaux n'en arrachent les tiges. Comme cette plante eſt aſſez dure pour réſiſter aux gelées, elle eſt d'une grande utilité dans les hivers rigoureux pour la nourriture des brebis; parce qu'alors la terre eſt ſi gelée qu'on ne peut arracher les Navets, & qu'on y ſupplée en tout tems, en coupant ce fourrage.

J'ai ſemé de la Navette dans pluſieurs endroits, & j'ai trouvé qu'un âcre de terre, couvert de cette plante, rapporte preſque autant de fourrage que deux âcres de Navets, & qu'elle en produit encore après que les Navets ſont montés en ſemence. Si on la laiſſe après cela dans la terre, elle produira encore de la graine qui pourra être vendue cinq livres ſterling par âcre, tous les frais faits.

Les Perdrix, les Faiſans, les Poules d'Inde & autres volailles, aiment beaucoup cette plante; de ſorte que par-tout où il s'en trouve de ſemées, ces oiſeaux ſont continuellement attirés de tout le voiſinàge pour s'y établir nuit & jour.

On ſeme cette plante dans les jardins pour des ſalades d'hiver & de printems dans leſquelles elle eſt employée comme une des petites herbes de garniture.

Oleracea alba, rubra, capitata. La premiere eſpece, ou les *Choux ordinaires*, les *blancs*, les *rouges*, les *plats* & les *longs*, ſont généralement cultivés pour

la confommation de l'hiver : on
feme toutes ces efpeces à la fin
de Mars, ou au commencement
d'Avril, dans les plates-bandes
remplies de terre bonne & fraîche ; & dans le mois de Mai,
lorfque les plantes auront pouffé environ huit feuilles, on les
tranfplante dans des bordures
ombrées à trois pouces environ
de diftance les unes des autres en quarré, afin qu'elles
puiffent acquérir de la force,
& qu'elles ne filent point.

Vers le commencement de
Juin on les tranfplante de nouveau où elles doivent refter.
Dans les jardins potagers des
environs de Londres, on les
place ordinairement parmi les
Choux-fleurs, les Artichauds,
&c. en laiffant entr'elles environ deux pieds & demi de
diftance dans chaque rang ; mais
fi l'on fe propofe d'en faire une
récolte entiere dans une pièce
de terre féparée, la diftance de
rang en rang doit être de trois
pieds & demi. Lorfqu'on tranfplante ces Choux par un tems
fec, on les arrofe chaque deux
jours dans la foirée, jufqu'à
ce qu'ils aient pouffé des racines nouvelles ; & à mefure
qu'ils font des progrès, on approche la terre autour de leurs
tiges avec une houe, afin d'entretenir leurs racines humides,
& de les fortifier : on a foin
auffi d'arracher toutes les mauvaifes herbes, qui les gâteroient & les feroient filer.

Ces plantes commenceront
à être bonnes à manger auffi-
tôt après la Saint-Michel, &
continueront à fournir jufqu'à
la fin de Février, fi elles ne

font pas détruites par les mauvais tems : pour prévenir cet
accident, les Jardiniers de Londres les arrachent en Novembre ; & après avoir creufé des
rigoles dans la terre, ils les
y placent en les ferrant autant
qu'il eft poffible, & couvrent
leurs tiges avec la terre : ils
les laiffent ainfi jufqu'après
Noël, & alors ils les coupent
pour les vendre au marché.
Quoique l'extérieur du Chou
foit flétri, ce qui arrive fouvent dans les hivers très-rudes &
humides, cependant, quand ils
font gros & durs, l'intérieur fe
conferve toujours fain & bon.

Mufcovitica. Le *Chou de Ruffie*
étoit plus eftimé autrefois qu'il
ne l'eft aujourd'hui ; on n'en
voit plus guere que dans les
jardins de quelques particuliers qui le cultivent pour leur
propre ufage, & on en porte
rarement fur les marchés. On
feme cette efpece fur la fin
du printems, & on la traite
comme les précédentes ; avec
cette différence feulement, que
ce Chou doit être tranfplanté
& mis en place plutôt que les
autres, dans une terre ouverte
& bien nette ; il exige beaucoup moins de diftance, parce
qu'il eft dur & plus petit : il
eft bon à manger en Juillet &
en Août ; après quoi, il ne
tarde point à s'ouvrir & à monter en femences. Le moyen de
fe procurer cette efpece dans
fa perfection, eft de fe pourvoir chaque année de femences
fraiches qu'on fait venir de
fon pays natal, parce qu'elle
degénère en peu de tems en
Angleterre.

Præcox. Pyramidalis. Les *Choux printanniers & en pain-de-sucre* sont ordinairement semés pour la consommation de l'été ; ce sont ceux que les Jardiniers de Londres appellent *Choux-de-la St. Michel :* on les seme vers la fin de Juillet ou au commencement d'Août dans une terre ouverte ; & quand les plantes ont poussé huit feuilles, on les plante dans des bordures, à trois pouces environ de distance à chaque côté, afin qu'elles puissent devenir fortes & avoir des tiges plus courtes. Au milieu d'Octobre, on les transplante à demeure, en laissant trois pieds d'intervalle entre chaque rang, & seulement deux pieds & demi entr'elles dans les rangs. Les Jardiniers des environs de Londres les plantent ordinairement dans un carreau d'Epinars d'hiver ; de sorte qu'au printems, quand ces derniers sont cueillis, la terre se trouve débarrassée pour produire une bonne récolte de Choux ; mais dès le commencement du printems, il faut enlever les Epinars qui se trouvent trop voisins des Choux, afin qu'on puisse amonceler la terre autour de leurs tiges. Au commencement d'Avril, lorsque les Epinars sont tous enlevés, on détruit les mauvaises herbes & on couvre encore leurs tiges avec de la terre.

Au mois de Mai, si les plantes sont printanieres, leurs feuilles commencent à tourner & leurs têtes à se former : alors les Jardiniers de ce pays rassemblent leurs feuilles avec un lien d'Osier ; ce qui les fait pousser très-vite, & les rend propres à être mangés quinze jours plutôt.

Le *Chou printanier* doit être planté le premier de tous ; mais il ne faut en cultiver qu'une petite quantité dans les jardins des particuliers ; parce qu'il ne fournit pas long tems, & que sa tête devient bientôt dure & se creve. Après celui-ci, vient l'espece *en pain-de-sucre*, qui, étant longtems à croître & à produire ses têtes, & étant d'ailleurs une espece creuse, doit être planté en plus grande quantité, parce qu'il continue à être bon pendant beaucoup plus de tems. J'ai vu une grande piece de terre, remplie de cette espece de Choux, destinés à être portés au marché, qui en a fourni pendant trois mois de suite. Quoique ceux-ci soient très-utiles dans un jardin de particulier, ils ne sont pas cependant aussi avantageux pour un Jardinier de marché, qui ne demande qu'à débarrasser sa terre au plutôt, afin de pouvoir lui faire produire une autre récolte d'Endives, de Célery, &c. Comme il paie de gros loyers pour ses terres, il est obligé de faire dans l'année autant de récoltes qu'il est possible.

Quoique j'aie conseillé de planter les Choux à demeure au mois d'Octobre, cependant ceux de l'espece *en pain de-sucre*, peuvent être transplantés en Février, & ils réussiront aussi bien que s'ils l'eussent été plutôt ; mais leurs têtes se formeront plus tard. Il faut aussi conserver quelques plantes de l'espece *printaniere* dans une piece de terre bien abritée, afin qu'ils puissent servir à remplacer les autres, s'ils venoient à manquer; car dans les hivers doux, ils sont sujets à monter en semences, sur-tout lorsqu'ils ont été semés de trop bonne heure; & dans les hivers durs ils sont souvent détruits.

Sabauda. Viridis. On cultive les *Choux de Savoie* pour la consommation de l'hiver, parce qu'ils sont généralement meilleurs, lorsqu'ils ont été exposés à la gelée: on les seme vers le milieu d'Avril, & on les traite comme les Choux blancs ordinaires, en observant seulement de les planter plus près les uns des autres, & de ne laisser entr'eux qu'un espace de deux pieds & demi en quarré: ils deviennent d'une qualité supérieure, lorsqu'ils sont plantés dans une situation ouverte & éloignée des arbres & des haies; ils sont d'ailleurs exposés dans des endroits couverts, à être dévorés par les chenilles & autres vermines, surtout quand l'automne est sec.

Laciniata. Selenisia. Les *Choux frisés*, que les Anglois nomment *Borecole* peuvent être traités de la même maniere que l'espece précédente; mais il n'est pas nécessaire de leur donner plus d'un pied de distance dans les rangs, & deux pieds de rang à rang: on ne les mange jamais que la gelée ne les ait attendris; car autrement ils seroient durs & amers.

Italica. Il y a plusieurs especes de *Broccolis*, tels que les

Romains ou *pourpres*, les *Napolitains* ou *blancs*, les *Broccolis noirs*, & quelques autres, mais le *Romain* mérite la préférence. On les seme vers la fin de Mai ou au commencement de Juin dans un sol humide; & quand les plantes ont poussé huit feuilles, on les transplante dans des couches comme le Chou ordinaire; vers le milieu de Juillet, elles seront en état d'être transplantées à demeure, dans une terre bien abritée, découverte & éloignée des arbres, à un pied & demi environ de distance dans les rangs, & deux pieds de rang en rang. Le sol dans lequel on les plante doit être léger & semblable à celui des jardins potagers des environs de Londres. Si les plantes réussissent bien, comme cela arrive toujours, à moins que l'hiver ne soit extrêmement rude, leurs petites têtes qui ressemblent à celle du Chou-fleur, mais d'une couleur de pourpre, commenceront à se montrer vers la fin de Décembre, & seront bons à être mangés, depuis ce tems, jusqu'au milieu d'Avril.

Le *Broccoli brun* ou *noir* est fort estimé par plusieurs personnes, quoiqu'il ne mérite pas d'être admis dans un jardin potager, où l'on peut se procurer le Broccoli romain, qui est bien plus doux & qui dure plus long-tems; mais l'espece brune est beaucoup plus dure, & profite dans les situations les plus froides; au-lieu que le Broccoli romain est quelquefois détruit dans les hivers très-rudes. L'espece brune doit être semée

au milieu du mois de Mai, &
traitée comme le Chou ordinaire ; on la plante aussi à la
même distance d'environ deux
pieds & demi : comme elle parvient à une grande hauteur, il
faut avoir soin d'entasser la terre
autour de ses tiges à mesure
qu'elle s'élève. Ses têtes ne se
forment pas aussi bien que celles
du Broccoli romain : les tiges
& les cœurs de cette plante
sont les parties dont on fait
usage.

Si le Broccoli romain est
bien traité, il poussera de grosses têtes qui paroîtront au centre de la plante, comme des
grappes de boutons. On coupe
ces têtes avec cinq ou six pouces de la tige, avant qu'elles
montent en semence ; on en ôte
la peau avant de les faire bouillir ; & quand elles sont cuites,
elles sont fort tendres, & peu
inférieures aux Asperges. Lorsque ces premieres têtes sont
coupées, les tiges produisent
un grand nombre de rejettons
de côté qui formeront de petites têtes d'aussi bon goût pour
le moins que les grosses : ces
rejettons continueront à être
bons jusqu'au milieu d'Avril,
qui est le tems où les Asperges
paroissent.

Le *Broccoli de Naples* a des
têtes blanches semblables à celle du Chou-fleur, & dont le
goût approche si fort de celui
de ce dernier, qu'à peine on
peut les distinguer. Cette espece étant plus sensible au froid
que le Broccoli romain, on la
cultive peu en Angleterre : comme d'ailleurs elle paroît
dans le même tems que le Chou-

fleur qui abonde dans les jardins des environs de Londres,
jusqu'à Noël dans des saisons
favorables, on en fait beaucoup moins de cas.

Après la premiere récolte
des Broccolis, qui ont été ordinairement semés à la fin de
Mai, on s'en prépare une seconde pour le mois de Mars
suivant, en en semant de nouveaux dans le commencement
de Juillet ; lorsqu'ils seront propres à être mangés, ils seront
très-jeunes, & extrêmement
doux & tendres.

Pour conserver de bonnes
semences de cette espece de
Broccoli en Angleterre, il
faudroit laisser quelques-unes
des plus grosses têtes de la premiere récolte pour monter en
semences, & retrancher les rejettons du bas, en ne laissant
que la tige principale. Si cela
est bien observé, & qu'on ne
souffre aucune autre espece de
Chou dans le voisinage, ces
semences seront aussi bonnes
que si on les avoit fait venir
du pays dont ces plantes sont
originaires, & on pourra les
conserver telles pendant plusieurs années.

La maniere de préparer le
Broccoli Napolitain pour la
table, est de couper les têtes
avec quatre pouces environ de
leurs tiges, quand elles sont
à leur pleine grosseur (ce qui
se voit aisément lorsqu'elles
commencent à se diviser pour
filer) : on pèle ces Broccolis ;
&, après les avoir lavés, on
les enveloppe dans un linge
blanc pour les faire bouillir,
comme cela se pratique pour

les Choux-fleurs ; après quoi, on les affaisonne avec du beurre : s'ils font de la véritable efpece, ils feront plus tendres que les Choux - fleurs, dont ils approchent très - fort quant au goût.

Napo-Braffica. Le *Chou à racine de Navet* a été autrefois plus cultivé en Angleterre qu'à préfent : depuis que les autres efpeces y ont été introduites, on a négligé le Chou-Navet qui n'eft pas d'un fi bon goût. Il y a cependant quelques perfonnes qui l'aiment dans la foupe ; mais en général, il a un goût trop fort pour la plupart des goûts anglois : il n'eft fupportable que dans les gros hivers, qui le rendent plus tendre & moins fort.

On multiplie cette efpece en la femant en Avril, fur une couche de terre légère & fraîche : quand les plantes ont atteint la hauteur d'un pouce, on les tranfplante dans une bordure à l'ombre à deux pouces environ de diftance en quarré, & on les arrofe jufqu'à ce qu'elles aient formé de nouvelles racines ; après quoi, elles n'exigeront point d'autre culture que d'être tenues nettes de mauvaifes herbes : cependant, fi la faifon eft extrêmement fèche, il fera néceffaire de les arrofer chaque quatre ou cinq jours, pour les préferver de la nielle, qui attaque fouvent ces plantes dans les tems fort fecs.

Au commencement de Juin, on les tranfplante où elles doivent refter, en obfervant de laiffer entre chacune deux pieds

de diftance dans tous les fens, & de les arrofer jufqu'à ce qu'elles foient parfaitement reprifes. A mefure que leurs tiges s'élèvent, on les garnit de terre, afin qu'en confervant les racines humides, les tiges ne deviennent point ligneufes, & qu'elles puiffent croître avec plus d'aifance. On a cependant attention de ne point élever trop haut la butte de terre que l'on entaffe autour des tiges, pour ne point couvrir la partie renflée, qui eft celle dont on fait ufage. On coupe cette plante en hiver, & on arrache le refte des tiges qui ne peuvent plus être d'aucune utilité.

Fimbriata. Le *Chou Frifé* de Sibérie eft à préfent beaucoup plus eftimé que le précédent. Il eft fort dur & n'eft jamais endommagé par le froid ; mais il eft toujours d'une faveur plus douce dans les hivers rigoureux, que quand la faifon eft plus tempérée. On le multiplie, en le femant au commencement de Juillet ; & quand les plantes font affez fortes pour être enlevées, on les tranfplante à un pied & demi de diftance entre chaque rang, & à dix pouces dans les rangs, en choififfant un tems humide pour cette opération, afin qu'elles prennent racine plus aifément ; après quoi, elles n'exigent plus aucun autre foin. Cette efpece eft propre à être mangée depuis Noël jufqu'au mois d'Avril, ce qui les rend très-utiles dans un ménage. [a].

____

[a] Dans le Brabant, & furtout dans les environs de Bruxelles, on

Peregrina. Le *Chou musqué* a été presque perdu en Angle-

----

cultive en grande abondance une espece de Chou, fort approchante de celle-ci, sous le nom de *Chou-à-Jets*, (en Flamand *Spruytjes*) ou *Jets-de-Chou.* Il a une tige droite d'environ deux pieds de hauteur : ses feuilles sont frisées & crépues : sa tête s'épanouit & ne se pomme pas. En arrachant les feuilles de la tige, il en sort à la place de tous côtés des *petits Jets pommés*, de la forme des Roses doubles de la plus petite espece nouvellement écloses. Ce sont ces *Jets* qui donnent le nom à l'espece, & qui font un des meilleurs légumes qu'il soit possible de manger, étant beaucoup plus delicats qu'aucune autre espece de Chou. Ces *Jets* sont plus tendres ensuite des premieres gelées, mais on les mange pendant tout l'hiver depuis Octobre jusqu'en Avril, parceque les *Jets* se reproduisent à mesure qu'on en tire, jusqu'à ce que la chaleur du printemps devienne assez forte pour faire monter toute la plante : avant ce tems on les étête, & ces têtes mêmes font un Chou excellent, peu inférieur en qualité aux *Jets.* Cette espece de Chou est très-hardie & resiste aux plus rigoureux hivers : elle réussit parfaitement bien au Nord même de l'Ecosse, où on la cultive des semences qui y ont été envoyées de Bruxelles.

Culture. La couche, où l'on veut semer la graine de ce Chou, doit être d'une bonne terre bien fumée. On la seme au commencement du mois de Mars, quelques jours plutôt ou plus-tard suivant l'état de la saison. Dans le mois de Mai, les jeunes plantes se trouveront en état d'être plantées à demeure ; alors on les transplante sur une piece de terre bien fumée & éloignée de toute autre couche de Choux : chaque plante doit être placée à la distance de deux pieds quarrés l'une de l'autre, & si le tems est sec il faut les arroser pendant

terre, par négligence ; quoiqu'il soit une des meilleures especes que nous ayons pour la table. Comme il est plus tendre que plusieurs autres, il n'est pas si profitable pour les Jardiniers qui fournissent les marchés : mais ceux qui cultivent ces plantes potageres pour leur propre usage, doivent choisir cette espece de préférence à aucune des autres communes, parce qu'il est toujours plus desserré, que ses feuilles sont plus frisées & plus tendres, & que, quand on les coupe, elles répandent une odeur de musc très-agréable. On multiplie cette espece de la même maniere que le Chou commun : elle est bon-

----

quelques jours. Autant de fois que le terrein se remplit d'herbes, on doit le sarcler, & vers la fin de l'été on arrache les grandes feuilles des tiges. Dans les premiers jours d'Octobre on commence à cueillir, avec un couteau, les *Jets* les plus avancés qui ont poussé de ces tiges ; & à mesure qu'elles s'en garnissent de nouveau, on coupe une ou deux des grandes feuilles d'enhaut, jusqu'à la fin de l'hiver qu'on les étête, ainsi qu'il a été dit plus haut.

Les plantes de ce *Chou - à - Jets*, que l'on veut conserver pour en avoir de la semence, doivent être choisies entre les plus belles & les plus fortes : on les laisse passer l'hiver en plein air, comme on fait pour les autres especes de Chou dans les régions temperées ; ou à quelque abri, si la rigueur du Climat y oblige. La semence parvient à sa maturité dans le mois de Juin, ou de Juillet au plus-tard. Une once de graine donne un millier ou plus de jeunes plantes.

La substance de cet Article a été fournie par M. le B. de P.

ne à manger depuis le commencement d'Octobre, jufqu'à la fin de Décembre ; mais elle eft plus fujette à être détruite par les hivers rudes, que le Chou commun.

Orientalis. La feptieme efpece eft nommée par les Anglois *Colewort* : elle a deux variétés. La plus commune appellée *Dorfetshire - Kale*, ou le *jeune Chou du Dorfetshire*, eft à préfent prefque perdue dans les environs de Londres, où les marchés font ordinairement fournis de *plantes de Choux*, au lieu de ce *Colewort*. Ces plantes font plus tendres & plus délicates en hiver que n'eft le *Colewort*, qui eft cependant plus en état de réfifter au froid des hivers durs; mais comme il n'eft bon à manger que lorfqu'il a été pincé par la gelée, & que depuis quelques années les hivers ont été généralement tempérés en Angleterre, les Jardiniers qui fourniffent la ville de Londres ont toujours cultivé de préférence la *plante de Chou* qu'ils ont vendu fur le marché, pour le *Colewort* ou *Chou-crépu* : ces plantes, fi elles font de l'efpece de Chou nommé *Pain-de-fucre*, font un des plus excellens légumes connus, & font de faifon depuis Décembre jufqu'en Avril. Mais comme le *Colewort* ou *Chou-crépu*, eft beaucoup plus dur & robufte que le Chou commun en tant qu'aucune gelée ne puiffe le détruire, les fermiers devroient le cultiver plutôt que ce dernier, pour nourrir les vaches à lait

dans le printems, quand il y a difette de fourrage. Lorfqu'on cultive cette efpece en grand dans les campagnes, il faut la femer au commencement de Juillet, par un tems humide : on emploie neuf livres de femence pour un âcre de terre. Ces plantes lèveront au bout de huit ou quinze jours; lorfqu'elles auront pouffé cinq ou fix feuilles, on houera la terre pour la débarraffer des mauvaifes herbes, comme on le pratique pour les Navets; on éclaircira les plantes, en obfervant cependant de les tenir plus ferrées que les Navets, parce qu'elles font plus en danger d'être détruites par les mouches : cet ouvrage doit être fait par un tems fec, afin de faire périr plus fûrement les mauvaifes herbes, qui reprendroient bientôt racine fi le tems étoit humide, & rendroient par-là le travail inutile. Six femaines après ce premier houage, on en fait un fecond, pour détruire entièrement les mauvaifes herbes, & nettoyer la terre, de façon qu'elle n'exige plus d'autre culture. Au printems, on peut couper ces Choux pour fervir à la nourriture des beftiaux, ou les faire manger fur pied; mais la premiere méthode eft préferable, parce que ces animaux les foulent aux pieds, & en gâtent plus qu'ils n'en confomment, furtout fi le champ n'eft pas enclos.

L'autre variété de *Colewort*, ou le *Chou - crépu vivace*, qu'on cultive très-peu aujourd'hui dans les jardins des environs de Londres, eſt une eſpece fort dure, qui peut être traitée de la même maniere que la précédente : ce Chou eſt deux ans avant de monter en ſemence, & il produit après beaucoup de rejettons de côté : il ſubſiſte trois ou quatre années dans les mauvaiſes terres ; mais dans un ſol riche, il ne dure pas auſſi long-tems. Cette eſpece peut auſſi ſervir de nourriture aux beſtiaux, & on ne la cultive guere que pour cela, parce qu'elle n'eſt pas auſſi bonne que les autres pour la table, à moins qu'elle ne ſoit frappée de la gelée.

Violacea. La cinquieme eſpece vient de la Chine, où elle eſt cultivée comme une plante alimentaire : on en connoît deux ou trois variétés que j'ai cultivées pendant quelques années ; mais j'ai remarqué qu'elles étoient auſſi variables que notre Chou ordinaire : ces plantes ſont annuelles ; elles fleuriſſent en Juillet, & perfectionnent leurs ſemences en Octobre, ſi elles ſont ſemées en Avril. Leurs feuilles ne ſont jamais aſſez ſerrées pour former des têtes, comme notre Chou commun ; mais elles croiſſent ouvertes & détachées comme celles du Navet ſauvage, & ne ſont point bonnes à manger. Comme elles ſont toujours dans leur perfection au commencement de Juillet, j'avois imaginé que c'étoit la chaleur qui les rendoit dures & fortes : en conſéquence, j'ai eſſayé de ſemer cette eſpece en Juillet,

pour la goûter en hiver ; mais j'ai trouvé qu'elle étoit encore plus mauvaiſe que le Chou commun pendant les gelées : ainſi elle ne mérite pas d'être cultivée.

Sylveſtris. Purpurea. La quatrieme & la ſixieme eſpeces de Choux ne ſont d'aucun uſage, ſi ce n'eſt dans les jardins de Botanique pour la variété.

On peut les multiplier, en les ſemant au commencement du printems, ſur une couche de terre légere, où elles doivent reſter, parce qu'elles ſouffrent difficilement la tranſplantation : quand ces plantes ſont aſſez fortes, on les éclaircit, en laiſſant entr'elles quatre à cinq pouces de diſtance, & en les tenant conſtamment nettes de mauvaiſes herbes. Elles fleuriſſent en Juin ; leurs ſemences mûriſſent au commencement d'Août, & les plantes périſſent auſſi - tôt après. Si on permet à leurs ſemences de s'écarter, elles ſe propageront ſans aucun ſoin, & ne demanderont que d'être débarraſſées de mauvaiſes herbes qui les entourent.

Pour avoir les ſemences de toutes les eſpeces de Choux auſſi bonnes qu'il eſt poſſible, on doit choiſir quelques fortes tiges des meilleures eſpeces, vers la fin de Novembre, les tirer de la terre, les ſuſpendre par la racine pendant trois ou quatre jours dans quelqu'endroit à l'ombre, afin que l'eau s'écoule d'entre les feuilles, & les planter enſuite dans une plate-bande à couvert d'une haie ou d'une palissade, en les enfonçant de maniere qu'il n'y ait que la moitié de leurs têtes qui paroisse : cependant si la terre est humide, il faut les élever un peu davantage.

Si l'hiver est fort rude, on les couvre légèrement avec de la paille ou du chaume de pois, pour les garantir de la gelée ; mais on doit avoir soin de retirer ces couvertures, toutes les fois que le tems devient doux, de peur que les plantes ne pourrissent : au printems, elles pousseront fortement & se diviseront en un grand nombre de petites branches, qui exigeront d'être soutenues pour n'être point cassées par le vent. Si le tems devient chaud & sec, lorsqu'elles sont en fleurs, on aura soin de les arroser une fois la semaine, pour avancer leurs semences & les préserver de la nielle.

Quand leurs légumes commencent à devenir bruns, on coupe l'extrémité de chaque rejetton avec les légumes qui s'y trouvent, pour fortifier ceux de la plante ; parce qu'il est d'observation, que ceux qui naissent aux extrémités des rejettons, mûrissent ordinairement plutôt que les autres, & qu'ils leurs sont très nuisibles ; de sorte que, si on préfere la qualité à la quantité des semences, on ne doit point balancer à en sacrifier une partie, ainsi que font ceux qui ne la cultivent que pour soi, & qui veulent l'avoir de la meilleure qualité possible ;

précaution qui n'est pas toujours prise par rapport à celle destinée à être vendue aux marchés.

Lorsque ces semences commencent à mûrir, il faut avoir grand soin d'empêcher que les oiseaux, qui en sont très-friands, ne les dévorent, en les couvrant exactement avec quelque vieux filet ; mais comme cette précaution ne réussit pas toujours, & qu'il arrive souvent que les oiseaux mangent la graine par l'ouverture des mailles, il n'y a point de meilleur moyen de les éloigner, que de placer sur la partie la plus élevée de la tige, de petites baguettes enduites de glu, & fixées à l'extrémité de quelques bâtons ; de maniere que les oiseaux qui s'y prendront, puissent y demeurer accrochés. On les y laisse long-temps pour effrayer les autres, qui n'y reviendront qu'après un tems considérable ; ainsi que je l'ai souvent éprouvé.

On coupe ces semences, quand elles sont tout-à-fait mûres, on les laisse sécher, on les bat & on les conserve dans des sacs pour l'usage.

Lorsqu'on plante des Choux pour en recueillir la graine, il faut avoir grand soin de ne placer qu'une seule espece dans le même endroit, & qu'il n'y en ait aucune autre dans le voisinage ; comme des *Choux rouges* avec des *Choux blancs*, des *Choux sauvages* avec des *Choux rouges* & *blancs* ; car je suis certain que du mélange de leur poussiere séminale,

nale, on obtiendroit des efpeces mixtes. C'eſt par la négligence des Jardiniers qu'on ne conſerve jamais de bonnes ſemences de *Choux rouges* en Angleterre, & qu'ils ſont obligés de s'en pourvoir ailleurs, imaginant que le climat de l'Angleterre eſt la ſeule cauſe qui les fait changer de rouges en blancs, & participer de l'une & de l'autre couleur : au-lieu que, s'ils prenoient la précaution de mettre à part les *Choux rouges* deſtinés pour ſemences, & de ne ſouffrir dans leur voiſinage aucunes autres eſpeces, ils les conſerveroient toujours les mêmes auſſi bien en Angleterre que dans toutes les autres parties du monde. Dans les jardins Hollandois, d'où viennent les meilleures ſemences de *Choux rouges*, on ne cultive point d'autres eſpeces.

Les *Choux-fleurs* ſe ſont tellement perfectionnés en Angleterre, depuis quelques années, qu'on n'en trouve en aucuns pays de l'Europe, qui puiſſent leur être comparés. Les Jardiniers de ce pays ont trouvé le moyen de prolonger leur durée pendant pluſieurs mois ; mais comme ils abondent principalement dans les mois de Mai, de Juin & de Juillet, je commencerai par donner la méthode de ſe les procurer dans cette ſaiſon.

Lorſqu'on s'eſt procuré de bonnes ſemences de l'eſpece printaniere, on les ſeme vers le 20 Août, ſur une vieille couche de *Concombres* ou de *Melons*, & l'on crible par-

deſſus environ un quart de pouce de terre. Si le tems eſt extrêmement chaud & ſec, on abrite la couche avec des nattes, pour empêcher la terre de ſe deſſécher trop vîte, & on l'arroſe légèrement, s'il en eſt beſoin, afin que les ſemences ne ſe gâtent point. Huit ou dix jours après, lorſque les plantes commenceront à paroître, on ôtera par dégrés les couvertures, pour ne pas les expoſer trop tôt au plein ſoleil : au bout d'un mois, ces plantes ſeront en état d'être enlevées ; alors on les plantera à deux pouces de diſtance en quarré, ſur de vieilles couches de *Melons* ou de *Concombres*, qu'on aura recouvertes auparavant avec de la nouvelle terre ; mais à défaut de ces couches, on en fera de nouvelles avec du nouveau fumier, qu'on foulera & qu'on preſſera de maniere que les vers ne puiſſent pas le pénétrer : on évitera de ſe ſervir de fumier trop chaud, qui ſeroit d'autant plus nuiſible à ces plantes, que la ſaiſon ſeroit plus chaude : lorſque ces jeunes *Choux-fleurs* ſont répiqués, on les met à l'abri du ſoleil, & on les arroſe légèrement. Si la ſaiſon eſt humide, on aura grand ſoin de les mettre à couvert des pluies continuelles, qui les noirciroient infailliblement, & finiroient par les détruire.

On les laiſſe ſur cette couche juſqu'à la fin d'Octobre ; après quoi, on les tranſplante dans des places où ils puiſſent reſter pendant tout l'hiver, &

être mis à l'abri fous des cloches. Si ces *Choux-fleurs* font vraiment d'une efpece printaniere, ils réuffiront par cette méthode, & on en aura de bonne heure ; mais fi on veut en manger plus long-tems, il faut fe procurer des femences d'une efpece plus tardive, les mettre en terre quatre ou cinq jours après l'autre, & les traiter de la même maniere.

Pour fe procurer des *Choux-fleurs* de très-bonne heure, il faut choifir un canton de terre riche, & abrité par une haie, une paliffade ou une muraille, des vents d'oueft & de nordeft : une haie de rofeaux eft préférable à toute autre, parce qu'elle arrête mieux les vents. Quand cette terre eft bien labourée, garnie d'une bonne quantité de fumier confommé, & bien dreffée, fi le fol eft naturellement humide, on forme le terrein en planches larges de deux pieds & demi, & élevées de trois ou quatre pouces au-deffus du niveau ; mais fi le fol eft paffablement fec, il faut le laiffer uni ; après quoi, on plante les *Choux-fleurs*, & on les efpace de maniere qu'entre chaque cloche il refte un vuide de deux pieds & demi. On place toujours deux plantes enfemble fous chaque cloche, à la diftance de quatre pouces l'une de l'autre. Si cette plantation eft deftinée à fournir une pleine récolte, on peut laiffer trois pieds d'intervalle entre chaque rang ; mais fi entre chaque ligne de *Choux-fleurs*, on veut faire des rigo-

les pour recevoir des *Melons* ou des *Concombres*, comme c'eft l'ufage des Jardiniers de Londres, alors la diftance doit être de huit pieds.

Quand la terre eft fort féche, on arrofe légèrement les plantes, on ferre les cloches deffus, & on les laiffe ainfi jufqu'à ce qu'elles foient bien enracinées, à moins qu'il ne furvienne une pluie ; car dans ce cas, on ôte les cloches, afin que les plantes puiffent en profiter : huit ou dix jours après qu'elles font plantées, on garnit les cloches foit de petits bâtons fourchus, foit de morceaux de briques, pour pouvoir les hauffer de trois ou quatre pouces du côté du fud, & par-là donner de l'air aux plantes : les cloches doivent refter foulevées de cette maniere jour & nuit, à moins qu'il ne furvienne une gelée qui oblige de les rabaiffer & de les ferrer autant qu'il eft poffible. Si le tems devenoit très-chaud, ce qui arrive quelquefois en Décembre, il feroit néceffaire d'ôter les cloches tout-à-fait pendant le jour, & de les remettre feulement pour la nuit, de peur qu'en tenant les plantes trop renfermées, elles ne montent en fleurs dans cette faifon ; ce qui arrive fouvent dans les hivers doux, fur-tout quand elles font mal traitées.

Si le tems eft doux vers la fin de Février, on prépare une autre bonne piece de terre pour y mettre quelques plantes de deffous les cloches : quand la terre eft bien fumée & labourée, on enleve la plante la plus foible de def-fous chaque cloche, avec une truelle, pour lui conferver fa motte, & fans déranger en la moindre chofe celles qui doivent refter ; puis on les plante dans la piece de terre préparée, en leur confervant la même diftance qui a été prefcrite, c'eft-à-dire, de trois pieds & demi de rang en rang pour une récolte entiere ; ou de huit pieds, fi l'on a deffein de planter des *Concombres* dans les intervalles : cette opération étant terminée, on garnit de terre la bâfe des plantes qui font reftées fous les cloches, & on a grande attention de n'en point laiffer tomber entre leurs feuilles : on remet enfuite ces cloches en place, on les fouleve d'un pouce ou deux plus qu'elles ne l'étoient, afin d'introduire une plus grande quantité d'air. Mais il faut avoir l'attention de les ôter toutes les fois qu'il tombe une ondée douce, qui rafraîchit beaucoup les plantes.

Si l'on s'apperçoit que les plantes croiffent trop vîte, & de maniere à remplir les cloches de leurs feuilles, on creufe un peu la terre autour des tiges, & on l'arrange de façon à pouvoir hauffer les cloches de quatre à cinq pouces pour donner plus d'efpace aux plantes, & pour pouvoir les tenir couvertes jufqu'au mois d'Avril ; car fans cela il feroit impoffible de tenir les cloches par-deffus, fans froiffer & endommager beaucoup les feuilles. En les tenant ainfi fous des cloches, on les met à l'abri des fortes gelées qui arrivent fouvent vers la fin de Mars, & qui ne manquent point de faire beaucoup plus de tort aux plantes élevées fous cloches qu'à toutes autres.

Quand les cloches font ainfi placées fur les buttes de terre, on rehauffe les foutiens ou bâtons fourchus affez haut pour introduire de l'air lorfque le tems eft doux ; & l'on a toujours foin de les enlever tout-à-fait lorfque la faifon eft favorable & le tems à la pluie : on doit enfuite commencer à endurcir les plantes, & à les accoutumer par dégrés à fupporter le plein air : il eft cependant prudent de laiffer les cloches auffi longtems qu'il eft poffible, afin de faire avancer les plantes, & de les mettre à l'abri des gelées de la nuit ; mais il faut les enlever lorfque le foleil eft ardent, & que les feuilles touchent le verre ; car j'ai fouvent remarqué qu'alors l'humidité qui s'élevoit de la terre, & la tranfpiration des plantes s'attachoient aux feuilles renfermées fous ces cloches, & que le foleil y occafionnoit une fi grande chaleur qu'elles en étoient entièrement brûlées ; ce qui caufoit beaucoup de tort aux plantes, & les endommageoit quelquefois de façon à ne plus rien valoir.

Si ces plantes ont bien réuffi, vers la fin d'Avril, quelquesunes d'entr'elles commenceront à fructifier ; alors on les examinera avec foin tous les

deux jours ; & lorsqu'on verra clairement paroître la fleur,
on plie ou rompt à moitié
quelques feuilles de l'intérieur,
afin d'en couvrir la jeune tête
pour la préserver de l'action
du soleil qui la jauniroit & la
rendroit désagréable à la vue,
si elle y restoit exposée. Quand
elle a acquis toute sa grosseur, ce qu'on distingue aisément lorsqu'elle se divise comme pour monter en graines,
on l'arrache sans la couper ,
& on peut la conserver quelque tems , en la déposant dans
un lieu frais : mais si l'on veut
la manger tout de suite, on
la coupe & on sépare la tête
des feuilles. On doit recueillir
les *Choux-fleurs* dans la matinée , avant que le soleil en ait
dissipé l'humidité ; parce que
ceux qu'on arrache dans la
chaleur du jour perdent cette
fermeté qui leur est naturelle
& deviennent durs.

Revenons à notre seconde
récolte : ces plantes étant élevées & traitées jusqu'à la fin
d'Octobre, comme celles de la
récolte printaniere, on prépare alors quelques couches couvertes de vitrages, ou revêtues de cerceaux propres à recevoir des nattes : on garnit
le fond de ces couches d'un
pied ou de six pouces d'épaisseur de fumier , suivant la grosseur des plantes qu'on veut y
placer ; c'est-à-dire , que pour
les plus foibles, il faut plus
de fumier, afin de les faire
avancer , & que pour celles
qui sont plus grandes , il en
faut moins. Ce fumier doit être
bien battu & bien serré, afin

que les vers ne puissent pas le
pénétrer , & on le recouvre
ensuite de bonne terre & fraiche , jusqu'à l'épaisseur de quatre ou cinq pouces. Les choses étant ainsi disposées , on y
place les plantes à deux pouces & demi en quarré , on les
tient à l'ombre , on les arrose
jusqu'à ce qu'elles aient poussé
des racines nouvelles , & on
ne les couvre point trop , de
peur que la vapeur du fumier
ne les endommage.

Quand les plantes ont pris
racine , on leur donne autant
d'air qu'il est possible , en ôtant
les vitrages pendant le jour,
si le tems le permet ; & pendant la nuit, quand la fraîcheur exige qu'ils soient re-
mis, on les souleve avec des
briques ou autres soutiens pour
laisser entrer l'air frais, excepté pendant les gelées , ou
on les ferme tout-à-fait ; &
même si elles deviennent plus
fortes, on couvre les vitrages
avec des nattes , de la paille
ou du chaume de pois , &c. Il
faut aussi les préserver de la
pluie ; mais si, dans les tems
doux , les vitrages restoient
dessus, il seroit nécessaire de
les hausser pour donner de l'air
frais , & les ôter même entièrement si les feuilles devenoient jaunes & commençoient
à se flétrir ; comme il arrive
quelquefois que , le tems étant
très-mauvais pendant l'hiver ,
l'on est forcé de les couvrir
exactement pendant deux ou
trois jours, alors les vapeurs
produites par les feuilles flétries , se mêlant avec la transpiration des plantes, qui est

très-abondante dans ce tems-là, corrompent l'air, & en font souvent périr une grande quantité.

Au commencement de Février, si le tems est doux, il faut commencer à endurcir les plantes par dégrés & à les disposer à la transpiration. La terre qui leur est destinée doit être découverte, éloignée des arbres, & plutôt humide que sèche : quand elle est bien fumée & labourée, on y seme des *Raves* douze ou quinze jours avant d'y planter les *Choux-fleurs*, afin que, si le mois de Mai est chaud, comme cela arrive souvent, les *Choux-fleurs* soient préservés des insectes, qui attaqueront de préférence les *Raves* qu'ils trouveront à leur portée. Les Jardiniers de Londres mêlent des semences d'*Epinars* avec celles de *Raves* ; ce qui leur procure une double récolte, leur donne l'avantage de tirer un meilleur parti de leur terrein, & leur facilite le moyen de payer le loyer de leur terre ; si cette raison n'a pas lieu, il vaut beaucoup mieux ne faire qu'une seule récolte en *Choux-fleurs*, afin que la terre soit libre & débarrassée à tems.

Vers le milieu ou à la fin de Février, quand la terre est bien préparée, & que la saison est favorable, on commence à transplanter les *Choux-fleurs*. Les Jardiniers de Londres, quand ils plantent des *Concombres* propres à être marinés, ou des *Choux d'hiver* entre les *Choux-fleurs*, laissent généralement quatre pieds & demi de distance entre les rangs, deux pieds & demi aux rangs intermédiaires, & deux pieds deux pouces dans les rangs ; de sorte qu'à la fin de Mai ou au commencement de Juin, lorsque les *Raves* ou les *Epinars* sont enlevés, ils sement leur graine de *Concombres* dans le milieu des grands rangs, à trois pieds & demi de distance ; & dans les rangs étroits ils plantent les *Choux d'hiver* à deux pieds deux pouces l'un de l'autre, de maniere que chacun se trouve exactement au milieu de quatre plantes de *Choux-fleurs*, qui lorsqu'ils sont arrachés, laissent assez de place aux *Choux d'hiver* pour croître & s'étendre : au moyen de cette méthode, les récoltes se succedent pendant toute la saison.

Trois semaines ou un mois après que les *Choux-fleurs* sont plantés, les *Raves* semées dans les intervalles seront en état d'être houées : en faisant cette opération, on les éclaircit où elles sont trop épaisses, & on arrache toutes celles qui se trouvent trop voisines des *Choux-fleurs*, parce qu'elles les feroient filer & leur seroient nuisibles ; on accumule aussi la terre autour des tiges, & on a soin qu'il ne s'en répande point dans le cœur des plantes. Lorsque les *Raves* sont en état d'être arrachées, on doit commencer par celles qui avoisinent les *Choux-fleurs*, & continuer toujours de rapprocher la terre autour des tiges à mesure qu'elles avancent en hauteur ; ce qui les empêchera de durcir & leur fera très-utile.

Plusieurs personnes sont dans l'usage d'arroser les *Choux-fleurs* en été ; mais les Jardiniers de Londres ont presque abandonné cette pratique comme inutile & dispendieuse ; car si la terre est trop sèche pour produire de bons *Choux-fleurs* sans arrosemens, il arrive rarement que les arrosemens les rendent beaucoup meilleurs ; & si on les arrose une fois sans continuer, il vaudroit mieux n'avoir jamais commencé : si on les arrose au milieu du jour, on les brûle ordinairement ; de sorte que, tout considéré, les *Choux-fleurs* réussissent mieux sans arrosemens, pourvu qu'on ait l'attention de ramasser toujours la terre autour de leurs tiges, & de retrancher tout ce qui pourroit croître trop près d'eux, afin qu'ils puissent jouïr d'un air libre & ouvert.

Quand les *Choux-fleurs* commencent à fructifier, on les visite souvent, on tourne leurs feuilles en dedans comme il a été dit plus haut, ensorte de couvrir les têtes pour conserver leur blancheur, & on les enleve quand ils ont acquis leur grosseur entiere, &c. Mais lorsqu'on trouve un *Chou-fleur* d'une beauté extraordinaire, dont la tête est fort dure, blanche & entièrement nette de toute tâche & de tout défaut, l'on doit la conserver pour semences : on rassemble ses feuilles de fort près à l'entour de la tête, jusqu'à ce que la fleur ait

poussé des tiges ; après quoi, on ôte les feuilles par dégrès, afin de ne pas les exposer trop vite au plein air, & à mesure que ces tiges montent, on détache le reste des feuilles : quand les tiges commencent à se diviser & à s'étendre audehors, on fixe trois forts bâtons à angles égaux autour de la plante avec de la ficelle, pour soutenir les branches, qui, sans ce secours, seroient en danger d'être brisées par le vent.

Dès que les légumes sont formés, si le tems est sec, on leur donne un peu d'eau avec un arrosoir à gerbe, pour avancer le progrès des semences & les préserver de la nielle ; & lorsque ces semences sont tout-à-fait mûres, on les coupe, on les suspend pour les faire sécher, & on les conserve comme les semences de *Chou* ordinaire. Quoique les fleurs de cette espece ne produisent pas autant de semences que celles qui sont d'une nature plus tendre & plus creuse, cependant leur qualité est bien préférable à la quantité ; car une once de ces semences vaut plutôt-dix schelins que l'once des communes n'en vaudroit deux : les Jardiniers de Londres en ont eu une expérience si constante, qu'ils ne veulent point se servir de semences, à moins que d'être assurés qu'elles ont été récoltées avec toutes ces précautions.

Pour se procurer une troisieme récolte de *Choux-fleurs*, il faudroit faire une foible couche chaude en Février, pour les y semer. On la couvre d'un

quart de pouce de terre légère,
on y met des vitrages, & de
tems en tems on arrose légèrement, en observant de soulever les châssis pendant le jour
pour laisser entrer l'air. Quand
ces plantes ont poussé quatre
ou cinq feuilles, on prépare
une autre couche ; on les y
transplante à deux pouces environ en quarré, & on les endurcit par dégrés au commencement d'Avril, pour qu'elles
soient en état d'être mises en
pleine terre ; ce qui doit être
fait au milieu de ce mois, & aux
mêmes distances que ceux de la
seconde récolte : celle ci produira de bons *Choux-fleurs* un
mois environ après que la seconde sera passée, si le sol dans
lequel elles seront plantées est
humide, ou si la saison est fraîche & pluvieuse.

On peut aussi avoir une quatrieme récolte de *Choux-fleurs*.
Etant semés vers le 23 de Mai,
& transplantés ensuite comme
il a été dit ci-dessus dans un
bon sol, & par une saison favorable, on aura de bons
Choux-fleurs après la S. Michel,
& l'on continuera d'en avoir
en Octobre, Novembre, &
même durant une grande partie
de Décembre, si la saison le
permet.

J'ai fixé des jours particuliers
pour semer, parce que deux ou
trois jours font quelquefois une
grande différence pour les plantes. Ces jours sont ceux qui sont
adoptés par les Jardiniers de
Londres, qui ont trouvé que
leurs récoltes réussissoient toujours mieux lorsqu'elles étoient
semées dans ces tems marqués.

BREYNIA. *Voyez* CAPPARIS.
BRIONE COULEUVRÉE,
ou VIGNE BLANCHE. *Voyez*
BRYONIA.
BRIONE NOIRE, SEAU
DE NOTRE-DAME, *ou* RA-
CINE-VIERGE, *V.* TAMUS. L.
BROMELIA. *Plum. Nov.
Gen. 46. Tab. 8. Lin. Gen. Plant.
356.* Espece d'Ananas sauvage.
[*Bromelia*].

Caracteres. La fleur a un calice
à trois angles & persistant, divisé en trois parties, & sur lequel le germe est situé. La corolle a trois pétales longs &
étroits, érigés, ayant chacun
un nectaire qui y est joint au-
dessus de la bâse. Elle a six
étamines aussi longues que les
pétales, terminées par des sommets oblongs. Le germe, placé
au-dessous du réceptacle, soutient un style mince, surmonté
d'un stigmat obtus & divisé en
trois parties : le calice devient
ensuite une capsule oblongue,
divisée dans le milieu par une
cloison autour de laquelle sont
fixées des semences unies &
presque cylindriques.

Ce genre de plante est rangé
dans la premiere section de la
sixieme classe de LINNÉE,
intitulée : *Hexandria Monogynia,*
parce que les fleurs ont six
étamines & un style. Le Docteur DILLENIUS a pensé que
cette plante étoit la même que
le *Karatas* de PLUMIER : ce qui
l'a engagé dans cette erreur,
est la description qu'en a donné
le Pere PLUMIER, où la fleur
de son *Caraguata* est jointe au
fruit de son *Karatas* & *vice-
versâ.* Et de-là le Docteur LIN-
NÉE a été induit à joindre cette

plante-ci aux *Ananas*, & à ne la regarder que comme une espece du même genre.

Les especes font :

1°. *Bromelia nudi-caulis, foliis radicalibus dentato-spinosis, caulinis integerrimis. Linn. Sp. Plant. 286 ;* Bromelia avec les feuilles radicales dentelées & épineuses, & celles des tiges entieres.

Bromelia pyramidata, aculeis nigris. Plum. Nov. Gen. 46 ; Bromelia à épines noires.

2°. *Bromelia, lingulata, foliis serrato-spinosis, obtusis, spicis alternis. Lin. Sp. Plant. 285 ;* Bromelia à feuilles sciées, épineuses & obtuses ; ayant des épis de fleurs alternes.

Bromelia ramosa & racemosa, foliis arundinaceis, serratis. Plum. Nov. Gen. 46 ; Bromelia branchue.

Nudi caulis. Les feuilles de la premiere espece ressemblent à celles de quelques *Aloès,* mais elles font moins épaisses & moins succulentes ; elles font profondément dentelées sur leurs bords, où elles font armées d'épines fortes & noires. Du centre de la plante s'élève la tige de la fleur, dont la hauteur est d'environ trois pieds; sa partie basse est garnie de feuilles entieres & alternes à chaque nœud ; & son sommet supporte un épi rond & clair de fleurs, en forme de thyrse : ces fleurs ont trois pétales étroits & herbacés, placés sur le germe, d'où s'élèvent un style & six étamines minces & plus courtes que les pétales: ces fleurs, dans le pays où elles croissent naturellement, font suivies de capsules ovales,

ayant dans le centre une partition longitudinale, autour de laquelle font attachées des semences cylindriques & unies.

Lingulata. Les feuilles de la seconde, plus courtes que celles de la premiere, font érigées, étroites à leurs bâses, & s'élargissant par dégrés jusqu'au sommet: elles font d'un vert foncé, & fortement sciées sur leurs bords. La tige de la fleur s'élève du centre de la plante, & se divise vers le haut en plusieurs branches dont les parties hautes font garnies d'épis de fleurs qui sortent alternativement sur les parties latérales, ayant chacune au-dessous d'elle une feuille étroite, entiere & plus longue que les épis. Ces fleurs, qui font placées trés-près les unes des autres sur les épis, ont chacune trois pétales courts & situés sur un calice globulaire : lorsque les fleurs font passées, le calice se change en une capsule ovale & pointue, renfermant des semences de la même forme que la précédente.

Ces deux plantes croissent naturellement dans les pays fort chauds. Le Pere PLUMIER qui a nommé ce genre, les a trouvées dans les Isles françoises de l'Amérique ; & le feu Docteur HOUSTOUN les a découvertes à la Jamaïque, ainsi que dans plusieurs autres parties des Indes Occidentales Espagnoles. La premiere espece se trouve aussi sur les côtes de Guinée d'où ses semences me font venues : celles de la seconde m'ont été envoyées de l'Isle de Saint-Christophe.

Ces plantes fe multiplient par femences qu'il faut fe procurer des pays où elles croiffent naturellement, parce qu'elles n'en produifent point en Angleterre : on les feme dans de petits pots remplis de terre légère de jardin potager, on les plonge dans une couche de tan de chaleur modérée, & on les arrofe deux ou trois fois la femaine, fuivant la chaleur de la faifon, en obfervant de ne pas leur donner trop d'humidité. Si ces femences font bonnes, les plantes paroîtront au bout de cinq ou fix femaines; & un mois après elles feront en état d'être tranfplantées : alors on les enleve hors de leurs pots, on fecoue exactement la terre de leurs racines, & où les plante chacune féparément dans de petits pots remplis de la même terre ; après quoi, on les replonge dans une couche de chaleur modérée, & on les arrofe fréquemment & légèrement, de peur que les racines ne pourriffent : pendant l'été on doit leur donner un peu d'air, à proportion de la chaleur de la faifon ; & en automne on les place dans la ferre de tan, où on les traite de la même maniere que les *Ananas* : par ce moyen, elles feront de grands progrès ; mais après le premier hiver on peut les arranger fur les gradins d'une ferre fèche ; cependant elles profiteroient beaucoup mieux, fi elles étoient tenues conftamment dans la couche de tan, & traitées comme les *Ananas* : elles fleuriront par ce moyen en trois ou quatre années ; au-lieu que dans la ferre fèche, leurs fleurs ne paroîtront qu'au bout de fix ou huit ans.

Les autres foins qu'exige leur culture, confiftent à les changer de terre, quand elles en ont befoin, à éviter de leur donner de trop grands pots, & à ne jamais les arrofer trop fortement, fur-tout en hiver.

Comme ces plantes font une belle variété dans la ferre chaude, ceux qui ont affez de place en doivent avoir une ou deux de chaque efpece dans leur collection d'exotiques.

BROWALLIA. *Linn. Gen. Pl. 691. Hort. cliff. 318.* [*Browallia*].

Caraéteres. Le calice eft tubuleux, & formé par une feule feuille féparée au fommet en cinq parties égales : la corolle eft en forme d'entonnoir, & n'a qu'un pétale, avec un tube cylindrique deux fois plus long que le calice; la partie fupérieure eft étendue & ouverte, le fegment du haut étant un peu plus large que les autres qui font égaux. La fleur a quatre étamines renfermées dans le pétale, dont les deux fupérieures font fort courtes, & les deux inférieures plus longues & courbées vers l'ouverture du tube qui les entoure : ces étamines font terminées par des fommets fimples & courbés. Dans le centre eft fitué un germe ovale, foutenant un ftyle mince de la longueur du tube, & couronné par un ftigmat épais, compact & dentelé. Le calice devient enfuite une capfule ovale, obtufe, &

a une cellule qui s'ouvre au sommet en quatre parties, & qui est remplie de petites semences comprimées.

Ce genre de plante est rangé dans la seconde section de la quatorzieme classe de LINNÉE, intitulée : *Didynamia Angiospermia*, la fleur ayant deux longues étamines & deux courtes, & les semences étant renfermées dans une capsule.

Les especes sont :

1°. *Browallia demissa, pedunculis unifloris. Hort. Cliff. 318 ;* Browallia avec une fleur sur un pédoncule.

Ce nom de Browallia a été donné à cette plante par LINNÉE, en l'honneur du Professeur BROWALL d'Amsterdam.

2°. *Browallia elata, pedunculis unifloris multiflorifque. Lin. Sp. 880 ;* Browallia, ayant ordinairement une seule fleur, & quelquefois plusieurs sur chaque pédoncule.

Demiffa. Les semences de la premiere espece qui m'ont été envoyées de Panama en 1735, par M. ROBERT MILLAR, ont reussi dans le Jardin de *Chelséa*, où elles ont fleuri & produit des graines chaque année : ces plantes sont annuelles & périffent en automne : il faut les semer sur une couche chaude au printems, & les faire avancer sur une autre ; sans quoi, leurs semences ne mûriront point en Angleterre. Quelques-unes de ces plantes peuvent être transplantées en Juin dans les plates - bandes du jardin à fleurs, ou, si la saison est chaude, elles fleuriront & produiront de bonnes semences; mais

comme il peut arriver que celles-ci viendroient à manquer, il est prudent d'en conserver deux ou trois dans la serre. Ces plantes s'élèvent ordinairement à deux pieds de hauteur, & s'étendent en branches latérales, garnies de feuilles ovales, entieres, terminées en pointe, & supportées sur de courts pétioles. Leurs fleurs sortent simples des ailes des feuilles vers l'extrémité des branches, sur des pédoncules assez longs; elles ont un calice court & d'une feuille découpée en cinq parties. La corolle qui sort du centre du calice, est courbée & penchée vers le bas: le sommet du tube s'étend en s'ouvrant; & comme la partie évâsée est irréguliere, cette fleur ressemble un peu à une fleur labiée : elle est d'une couleur bleu-clair, qui tire quelquefois sur le pourpre ou sur le rouge ; de maniere qu'on voit souvent des fleurs de trois couleurs sur la même plante. Lorsque la fleur tombe, le germe qui est dans le centre devient une capsule ovale, & a une cellule remplie de petites semences brunes & angulaires: elle fleurit en Juillet, en Août & en Septembre ; & ses semences sont mûres cinq ou six semaines après.

Quand on a commencé à cultiver cette plante dans le Jardin de *Chelséa*, je l'ai nommée *Dalea*, en l'honneur de M. DALE, savant Botaniste, & grand ami de M. RAY : elle a été donnée sous ce nom à la Société Royale, qui en a fait mention dans les *Transactions*

Philosophiques, ainsi que dans le Catalogue du Jardin de *Chelséa*; j'en ai communiqué les semences sous le même titre au Docteur LINNÉE, qui a jugé à propos de le changer en celui de *Browallia*, & de la faire imprimer dans le catalogue du jardin de M. CLIFFORD, où l'on en a dessiné la figure; en sorte que cette derniere dénomination a été généralement adoptée par les Botanistes.

Elata. La seconde espece naît sans culture au Pérou, d'où le jeune DE JUSSIEU a envoyé les semences. Cette plante s'élève à-peu-près à la même hauteur que la précédente; mais ses tiges sont plus fortes, & poussent un plus grand nombre de branches, qui la rendent beaucoup plus touffue; les fleurs sortent des ailes des feuilles sur des pédoncules: quelques-uns de ces pédoncules soutiennent une fleur, d'autres deux, trois, & quelquefois davantage; elles sont d'une couleur bleu foncé, & suivies de capsules ovales, remplies de semences angulaires.

Cette plante est annuelle, elle exige la même culture que la premiere espece, & elle produit des semences en abondance, quand elle est bien traitée.

BRUGNON. [En Anglois *Nectarine*, de *Nectar*, Boisson des Dieux;] *Pavie*.

Ce fruit auroit dû être placé à l'article *Péche* auquel il appartient, puisqu'il n'en différe qu'en ce que sa peau est lisse, & sa chair plus ferme : les François l'appellent *Brugnon*; ils donnent le nom de *Pavie* aux *Péches* dont le noyau ne se détache pas de la chair, & laissent celui de *Péches* à celles dont les noyaux se détachent. Les Auteurs qui ont écrit sur le Jardinage, ayant distingué ces *Péches* sous le nom de *Nectarine* ou de *Brugnon*, je suivrai leur exemple, de peur qu'en voulant les rectifier, je ne me rende moins intelligible aux Lecteurs; je vais donner ici le détail de toutes les variétés de ce fruit, dont je pourrai me souvenir.

1°. Le *Brugnon* précoce du Bel-Enfant: [*Fairchild's early Nectarine.*] C'est un des premiers qui paroisse; il est petit, rond, à-peu-près aussi gros que la *Péche-muscade*, d'un beau rouge & d'un goût excellent; il mûrit à la fin de Juillet. *Petite violette hâtive.*

2°. Le *Brugnon* cerise. [*Elruge Nectarine.*] Les feuilles de cet arbre sont sciées; ses fleurs sont petites, & son fruit d'une grosseur médiocre; il est d'un rouge-obscur ou pourpre du côté du soleil, mais d'un jaune-pâle ou verdâtre du côté qui regarde la muraille; son noyau se détache facilement, sa chair est molle, douce & fondante. Cette espece mûrit son fruit au commencement d'Août. *Péche-cerise.*

3°. Le *Brugnon* de NEWINGTON, [*Newington Nectarine.*] Les feuilles de cette espece sont sciées comme celles de la précédente; sa fleur est large & ouverte, son fruit beau & gros, quand il a été produit par un bon terrein, d'un rouge agréable du côté du soleil, & d'un jaune-clair sur la face opposée; son jus est abondant & exquis; la chair s'attache fortement au noyau, ou elle est d'un rouge foncé: cette espece mûrit son fruit vers la fin d'Août; son goût surpasse en bonté celui de toutes les autres especes, & peut-être de tous les fruits du monde. *Grosse Violette hâtive.*

4°. Le *Brugnon* écarlate [*Scarlet Nectarine*] un peu plus petit que le précédent, est d'un beau rouge-écarlate sur le côté exposé au soleil, & d'un rouge plus pâle au côté opposé. Ce fruit mûrit à la fin d'Août. *Brugnon écarlate musqué.*

5°. Le *Brugnon* d'Italie [*Italian Nectarine*] a des feuilles unies, & de petites fleurs: son fruit est beau & gros, d'un rouge foncé du côté du soleil, & d'un jaune tendre sur l'autre face: sa chair est ferme, d'un goût agréable, & s'attache fortement au noyau où elle est très-rouge. Cette espece mûrit son fruit à la fin d'Août. *Violette tardive, Violette marbrée, Violette panachée.*

6°. Le *Brugnon* rouge romain [*Roman red Nectarine*] a des feuilles unies, & de grandes fleurs: son fruit est beau, gros, d'un rouge foncé ou pourpre sur le côté du soleil, mais jaunâtre au côté opposé; sa chair est ferme, d'un goût excellent, & rouge à la proximité du noyau auquel elle adhere. Ce fruit acquiert sa parfaite maturité au mois de Septembre.

7. Le *Brugnon* brun [*Murry Nectarine*] est un fruit d'une

grosseur médiocre, d'un rouge sale au soleil, & d'un vert jaunâtre vers le mur; sa chair est d'un assez bon goût, il mûrit au commencement de Septembre. *Violette très-tardive. Pêche noire.*

8°. Le *Brugnon* d'or [*Golden Nectarine*] est un beau fruit, d'un rouge tendre du côté du soleil, & d'un jaune clair vers le mur: sa chair est bien jaune, d'un goût excellent, & fortement attachée au noyau où elle est d'un rouge·pâle: il mûrit vers le milieu de Septembre.

9°. Le *Brugnon de Temple*, [*Temple's Nectarine*] est médiocrement gros, d'un rouge tendre sur le côté exposé au soleil, & d'un vert jaunâtre vers le mur; sa chair est fondante, blanche près du noyau dont elle se détache, & d'un goût fin & piquant: il mûrit à la fin de Septembre.

10°. Le *Brugnon de Péterborough*, ou le *Brugnon* vert tardif, [*Peterborough's Nectarine*] est un fruit d'une grosseur moyenne, d'un vert-pale en dehors, & d'un vert-blanchâtre du côté du mur: sa chair est ferme; & quand la saison est favorable, il est d'un assez bon goût. Il mûrit au milieu d'Octobre.

Quelques personnes prétendent qu'il y a plus de variétés que je n'en rapporte ici; mais j'en doute; car il y a une si grande ressemblance entre les fruits de ce genre, qu'il faut une grande attention pour les bien distinguer; ils changent d'ailleurs d'une maniere si marquée par la diverſité du ſol & de l'expoſition, que les connoiſſeurs les plus exercés ont peine à les reconnoître : ainſi pour juger parfaitement de leurs différences, il eſt néceſſaire de conſidérer la forme & la grandeur de leurs feuilles & de leurs fleurs, & la maniere dont les branches ſortent des tiges ; ſans quoi, on riſquera de s'y tromper.

La culture de ce fruit étant la même que celle du *Pécher*, je n'en dirai rien ici, pour éviter les répétitions ; je recommanderai ſeulement aux perſonnes qui veulent multiplier ce fruit, de prendre leurs greffes ſur des arbres qui portent du fruit, & non ſur de jeunes arbres qui croiſſent dans les pépinieres ; ce que l'on ne pratique que trop ſouvent : enfin, je renvoie le Lecteur à l'article Persica, où il trouvera en grand la maniere de les planter & de les tailler, &c.

BRULURE. Eſt un accident qui arrive aux arbres & aux plantes, occaſionné par les vents déſſèchans du printems, ou par une exceſſive chaleur qui les fait brouïr ou brûler.

BRUNELLE. BRUNELLA, *ou* SANICLE. *Voyez* Prunella vulgaris. L.

BRUNSFELSIA. *Plum. Nov. Gen. 12. Lin. Gen. Plant. 230.*

Cette plante porte le nom du Docteur Brunsfels, fameux Médecin. [*Brunſfelſia*].

Caracteres. Le calice eſt perſiſtant, en forme de cloche, & d'une feuille découpée au ſommet en cinq ſegments émouſſés. La corolle eſt monopétale, figurée en entonnoir, & pourvue d'un long tube, qui s'étend & s'ouvre au ſommet, où elle eſt diviſée en cinq ſegments obtus. La fleur a cinq étamines auſſi longues que le tube, inſérées dans le pétale, & terminées par des ſommets oblongs. Dans le centre eſt placé un petit germe rond, ſoutenant un ſtyle mince de la longueur du tube, & couronné par un ſtigmat épais : le calice devient enſuite une baie globulaire & a une cellule renfermant un grand nombre de ſemences petites & adhérentes à la peau du fruit.

Ce genre de plante eſt rangé dans la premiere ſection de la cinquieme claſſe de Linnée, intitulée : *Pentandria Monogynia*; la fleur ayant cinq étamines & un ſtyle.

Nous n'avons qu'une eſpece de ce genre qui eſt :

Brunſfelſia Americana. Linn. Sp. Plant. 276.

Brunſfelſia flore albo, fructu croceo, molli. Plum. Gen. 12. 10. 65 ; Brunsfelſia à fleurs blanches, produiſant un fruit mol & de couleur de ſafran.

Cette plante s'élève avec une tige ligneuſe à la hauteur de huit à dix pieds, & pouſſe pluſieurs branches latérales, couvertes d'une écorce rude, & garnies de feuilles oblongues, entieres & ſimples audeſſous des branches ; mais vers les extrémités elles ſont d'une grandeur inégale & placées de chaque côté. Ses fleurs naîſſent généralement trois ou quatre enſemble aux extrémités des branches ; elles ſont preſqu'auſſi larges que celles du *grand Liſeron*; mais elles ont des tubes longs, étroits & velus dont le bord eſt étendu comme dans les *Convolvulus*, mais profondément diviſés en cinq ſegments obtus & dentelés. Quand la fleur eſt paſſée, le calice ſe change en un fruit mou & rond, renfermant pluſieurs ſemences ovales, adhérentes à la peau.

Cette plante croît naturellement en Amérique, dans la plupart des Iſles à ſucre où elle eſt appelée *Fleur à Trompette*; mais elle eſt à préſent fort rare dans les jardins Anglois. On peut la multiplier par ſemences qu'on doit ſemer de bonne heure au printems, dans des pots remplis de terre légère, & plonger dans une couche chaude de tan, en obſervant d'en arroſer la terre autant de fois qu'il ſera néceſſaire. Quand ces plantes ont pouſſé, on les tranſplante chacune dans un petit pot ſéparé, rempli de terre fraîche & légère, on les replonge dans la couche chaude, on les arroſe & on les tient à l'ombre, juſqu'à ce qu'elles aient formé de nouvelles racines; après quoi, on leur donne de l'air chaque jour, à proportion de la chaleur de la ſaiſon. Lorſque ces plantes ont acquis trop de hauteur pour pouvoir être renfermées ſous les châſſis, on les tranſporte dans la ſerre chaude de tan, où, pendant tout l'été, on leur donne beaucoup d'air libre; mais où on les enferme ſoigneuſement, en hiver. Par ce traitement, ces plantes deviendront très-for-

tes, & produiront leurs fleurs dans chaque ſaiſon. On peut auſſi les multiplier par boutures au printems, avant qu'elles commencent à pouſſer de nouveaux rejettons : on plante ces boutures dans des pots remplis de terre fraîche & légère, on les tient à l'ombre, & on les arroſe juſqu'à ce qu'elles aient pris racine; après quoi, on les traite comme les autres plantes tendres & exotiques du même pays.

BRUSCUS. *Voyez* Ruscus.

BRUSQUE, GENÊT EPINEUX, JONCMARIN, AJONC, *ou* LANDES. *Voyez* Ulex Europæus.

BRUYERE. *Voyez*. Erica.

BRUYERE A BAYES NOIRES, *ou* CAMARIGUE. *Voyez* Empetrum.

BRYONE. *Voyez* Bryonia.

BRYONIA. Cette plante eſt ainſi appelée de Βρυον *Mouſſe*, ou *Poil*, parce qu'elle produit une fleur molle & velue. [*Briony.*] *Bryone couleuvrée*, ou *Vigne blanche*.

Caractères. Elle a des fleurs mâles & femelles ſur la même plante : les mâles ont un calice formé par une feuille, en forme de cloche, & découpée au ſommet en cinq parties. La corolle eſt formée de même, elle adhere au calice, & eſt diviſée en cinq ſegments. La fleur a trois étamines courtes, dont deux ont des ſommets doubles, & l'autre un ſimple. Les petites fleurs ſont poſées ſur le germe, & ont un calice qui tombe; mais leur pétale eſt ſemblable à celui du mâle. Le germe qui eſt ſous la fleur ſoutient un ſtyle diviſé en deux parties, étendu & couronné d'un ſtigmat étendu & dentelé. Le germe devient enſuite une baie unie & globulaire, renfermant des ſemences ovales adhérentes à la peau.

Ce genre de plante eſt placé dans la dixieme ſection de la vingt & unieme claſſe de LINNÉE, qui a pour titre : *Monœcia Syngeneſia*, qui comprend celles qui portent des fleurs mâles & femelles ſur la même tige, & dont les étamines ſont jointes au ſtyle.

Les eſpeces ſont :

1º. *Bryonia alba, foliis palmatis, utrinque calloſo - ſcabris. Hort. Cliff.* 453 ; Bryone à feuilles en forme de mains rudes & couvertes de durillons à chaque côté.

Bryonia aſpera, ſivè alba, baccis rubris. C. B. p. 297 ; Bryone blanche à baies rouges.

Vitis alba, baccis nigris. Fuchs. Hyſt. 94. *Cam. Epit.* 987.

2º. *Bryonia Africana, foliis palmatis, quinque-partitis, utrinque lævibus, laciniis pinnattifidis. Lin. Sp.* 1438 ; Bryone à feuilles en forme de main, & découpées en cinq ſegments, unies à chaque côté.

Bryonia Africana laciniata, tuberoſâ radice, floribus herbaeeis. Par. Bat. 107.

3º. *Bryonia Cretica, foliis palmatis, ſuprà calloſo - punctatis. Hort. Cliff.* 453 ; Bryone de Candie, à feuilles en forme de mains, dont la ſurface ſupérieure eſt garnie de taches écailleuſes.

Bryonia Cretica maculata. C. B. p. 297.

4º. *Bryonia racemoſa, foliis trilobis, ſuprà calloſo-punctatis, fructu racemoſo ovali ;* Bryone avec des feuilles à trois lobes, dont la ſurface ſupérieure eſt marquée de taches écailleuſes, ayant des fruits ovales en grappes.

Bryonia olivæ fructu rubro. Pl. Cat. 3.

5º. *Bryonia variegata, foliis palmatis, laciniis lanceolatis, ſuprà punctatis, infernè lævibus, fructu ovato ſparſo ;* Bryone à feuilles en forme de main, dont les ſegments ſont lancéolés, ayant leur ſurface ſupérieure tachetée, & l'inférieure unie, avec des fruits ovales & écartés.

Bryonia Americana, fructu variegato. Dill.

6º. *Bryonia Bonarienſis, foliis palmatis, quinque - partitis, hirſutis, laciniis obtuſis ;* Bryone à feuilles, en forme de main, velues & diviſées en cinq parties, dont les ſegments ſont obtus.

Bryonia Bonarienſis, Fici folio. Hort. Elth. 58.

Alba. La premiere eſpece croît naturellement ſur des bancs ſecs & dans les haies de pluſieurs parties de l'Angleterre ; mais on la cultive auſſi dans les jardins pour l'uſage de la Médecine : on ſeme les bayes au printems dans un ſol ſec & aride, où elles produiront en deux années, de très-groſſes racines, pourvu qu'on leur donne aſſez de place pour qu'elles puiſſent croitre avec aiſance. Des imposteurs donnoient autrefois une forme humaine à ces racines, & gagnoient beaucoup d'argent, en les montrant aux habitans crédules des campagnes, pour des racines de *Mandragore*. Ces Charlatans avoient coutume de choisir une jeune & forte plante de *Bryone* & après avoir enlevé la terre d'alentour de la racine, sans déranger les fibres inférieures, ils l'enfermoient dans un moule de figure humaine, semblable à ceux dont se servent les ouvriers qui coulent des figures en plâtre; ils l'attachoient ensuite avec du fil de fer, pour l'assujettir convenablement, & parvenoient par-la à faire prendre à la racine la forme du moule; ce qui peut s'effectuer dans un été; car si cela est fait en Mars, elles auront leur forme en Septembre. On a aussi trompé le Public en portant les feuilles de cette plante sur les marchés pour celles de *Mandragore*, quoiqu'il n'y ait point de ressemblance entr'elles ni dans leur forme, ni dans leur propriété (1)

---

(1) La racine de *Bryone* a une odeur désagréable & une saveur âcre & nauséabonde; elle fournit par l'analyse une médiocre quantité de substance amilacée, presque inerte, très-peu de resine, & presque la moitié de son poids de principe gommeux très-âcre, dans lequel réside toute son activité.

Cette racine, prise intérieurement, purge avec force, irrite, agace le canal intestinal; & si la dose est un peu forte, elle détruit

Africana. Racemosa. Les seconde & quatrieme especes

---

la membrane veloutée des intestins, produit des erosions dangereuses, excite des spasmes & peut déterminer une inflammation mortelle. Cependant quelque dangereux que soit ce remede, il peut, dans quelques circonstances, produire des effets avantageux ; mais il ne doit jamais être confié à des mains ignorantes ; il n'appartient qu'aux Médecins les plus exercés de déterminer les cas où il peut être utile : on l'a quelquefois employé avec succès dans l'épilepsie, la cachexie, l'asthme humide, l'hydropisie du bas ventre & de la poitrine & quelques autres maladies chroniques : mais lorsqu'on juge à propos de faire usage de cette racine, il est toujours imprudent de la donner comme purgatif ; si on l'administre à très-foible dose, elle agira comme un excellent incisif, & pourra être très-utile dans beaucoup de circonstances. On ne doit jamais la faire prendre aux femmes enceintes sous quelque prétexte que ce soit, à moins qu'on ne veuille les exposer à un avortement presque certain. Cet exposé succint des propriétés de la *Bryone*, est le résumé de ce que les Médecins les plus célèbres nous ont laissé dans leurs écrits sur ce médicament ; tous s'accordent à le regarder comme un moyen dangereux qu'on ne doit employer qu'avec beaucoup de prudence : d'après cela, il est étonnant que de nos jours on ait eu la hardiesse d'administrer la *Bryone* dans les dyssenteries, sans distinguer les tems de la maladie, son intensité, l'âge ni le tempérament du malade : il est plus étonnant encore que de graves Médecins aient combattu sérieusement une pareille méthode : cette maniere n'étoit propre qu'à donner à son auteur un instant de célébrité : au-lieu qu'en gardant le silence, ou

font

font des plantes vivaces, dont les racines fubfiftent pendant plufieurs années, mais dont les tiges périffent chaque hiver. Il faut planter ces racines dans des pots remplis de terre fraîche & légère, & les placer en hiver dans la ferre pour les mettre à l'abri des gelées & des grandes pluies qui les détruifent fouvent, fi elles y reftent expofées. On les arrofe très-peu en hiver ; mais pendant l'été, lorfqu'elles font en plein air, elles exigent d'être arrofées fouvent en tems fec. Elles fleuriffent en Juillet & perfectionnent leurs femences dans les étés chauds.

Cretica. Variegata. Bonarienfis. Les troifieme, cinquieme & fixieme efpeces font annuelles; on les feme dans le commencement du printems fur une couche chaude ; & quand les plantes ont environ trois pouces de hauteur, on les tranfplante chacune féparément dans de petits pots remplis de terre fraîche & légère, qu'on replonge dans une couche chaude de tan, en obfervant de les arrofer & de les tenir à l'ombre jufqu'à ce qu'elles

en l'attaquant avec les armes du ridicule, elle feroit rentrée pour toujours dans la fange d'où elle étoit fortie.

Si on pouvoit parvenir à débarraffer la racine de *Bryone* de fon principe mordicant & véneneux, en la traitant comme celle du *Manioc*, on obtiendroit une farine auffi douce que celle de *Froment*, qui pourroit être une reffource de plus dans les tems de difette.

Tome II.

aient formé de nouvelles racines : lorfqu'elles font devenues affez grandes pour s'étendre fur toute la furface de la couche, & qu'elles s'entrelacent avec les autres plantes, on les met dans de plus grands pots, & on les place dans la ferre de tan, où l'on peut palifler leurs branches contre la muraille ou contre un treillis, afin qu'elles jouiffent de l'air & du foleil, qui leur font abfolument néceffaires pour produire du fruit : lorfqu'elles en font couvertes, elles font une belle variété dans la ferre parmi les autres plantes exotiques.

Africana, Racemofa. On multiplie auffi les feconde & quatrieme efpeces, en les femant fur une couche chaude ; & lorfque leurs plantes font en état d'être enlevées, on les place dans des pots, & on les accoutume par dégrés au plein air, où elles peuvent refter pendant l'été, mais on les abrite en hiver, fous un châffis de couche chaude. La quatrieme eft beaucoup plus délicate que la précédente.

BRYONIA NIGRA. *Voyez* TAMUS COMMUNIS.

BUBON. *Lin. Gen. Plant.* 312. *Apium. C. B.* 154. *Ferula. Herm. Par.* 163; [*Macedonian Parfley.*] Perfil de Macedoine. Ferule.

Caractères. La fleur eft ombellifere ; l'ombelle générale eft compofée de dix autres plus petites, parmi lefquelles celles qui occupent le centre font les plus courtes : ces petites ombelles ont près de vingt rayons : l'enveloppe principale a cinq feuilles pointues, perſiſtantes , étendues , ouvertes & en forme de lance ; celles des petites ombelles ſont compoſées de pluſieurs petites feuilles de la longueur des ombelles : le calice de la fleur eſt perſiſtant , petit & découpé en cinq parties : la corolle eſt compoſée de cinq pétales en forme de lance & tournés en-dedans : la fleur a cinq étamines auſſi longues que les pétales , & terminées par des ſommets ſimples. Le germe eſt ovale, placé au - deſſous de la fleur , & ſurmonté par deux ſtyles hériſſés, perſiſtans, auſſi longs que les étamines, & couronnés de ſtigmats obtus. Le germe ſe change enſuite en un fruit ovale, cannelé & velu, qui ſe diviſe en deux parties, dont chacune forme une ſemence ovale , unie d'un côté & convexe de l'autre.

Les plantes de ce genre ayant cinq étamines & deux ſtyles, ſont de la ſeconde ſection de la cinquieme claſſe de LINNÉE , nommée *Pentandria Digynia.*

Les eſpeces ſont :

1°. *Bubon Macedonicum, foliolis rhombeo - ovatis , crenatis , umbellis numeroſiſſimis. Hort. Cliff. 95 ;* Bubon avec des feuilles ovales , rhomboïdales & crenelées , & pluſieurs ombelles.

Apium Macedonicum. C. B. p. 154 ; Perſil de Macedoine.

Petroſelinum Macedonicum. Lob. Ic. 708.

2°. *Bubon rigidius , foliolis linearibus. Hort. Cliff. 95 ;*

Bubon à feuilles fort étroites.

Ferula durior , ſivè rigidis & breviſſimis foliis. Buccon. Mus. 2. 48.

3°. *Bubon Galbanum , foliolis rhombeis , dentatis , glabris , ſtrictis , umbellis paucis. Hort. Cliff. 96 ;* Bubon , avec des feuilles unies & rhomboïdales , ayant peu d'ombelles.

Aniſum Africanum , fruticeſcens , folio Aniſi , Galbaniferum. Pluk. Alm. 31. 9. 12. F. 2.

Ferula Africana Galbanifera , folio & facie Liguſtici. Par. Bat. 163 ; La Ferule qui porte le *Galbanum.*

4°. *Bubon gumiferum , foliolis glabris inferioribus rhombeis ſerratis , ſuperioribus pinnati - fidis tridentatis. Prod. Leyd. 100 ;* Bubon , avec les feuilles du bas unies , rhomboïdales & ſciées , & les feuilles du haut aîlées & découpées en trois parties.

Ferula Africana Galbanifera , folio Myrrhidis. Hort. Amſt. p. 115.

Macedonicum. La premiere eſpece pouſſe de ſa racine pluſieurs feuilles , dont les plus baſſes croiſſent preſqu'horiſontalement , & s'étendent près de la ſurface de la terre : chacun de ſes pétioles ſe diviſe en pluſieurs autres plus petits , garnis de feuilles unies, rhomboïdales , d'un vert pâle & luiſant , & dentelées à leurs bords. Du centre de la plante s'élève une tige de fleurs haute d'un peu plus d'un pied , & diviſée en pluſieurs branches, dont chacune ſe termine par une ombelle de fleurs blanches qui ſont ſuivies de ſemences velues & oblongues.

Cette efpece fleurit en Juillet ; fes femences mûriffent en automne, & bientôt après la plante périt.

Cette plante eft bis-annuelle dans les pays chauds ; quand on l'élève de femence, elle ne produit des fleurs que dans la feconde année, & périt enfuite : en Angleterre elle ne fleurit que dans la troifieme ou quatrieme année ; mais toujours elle périt après que fes fleurs font flétries.

On feme cette efpece en automne, ou dans le mois d'Avril fur une couche de terre légère & fablonneufe ; & fi la faifon eft fèche & chaude, on abrite la terre dans la chaleur du jour, & on l'arrofe fouvent. Au moyen de ces précautions ces plantes lèveront fûrement ; mais fi on les néglige, elles manqueront prefque toujours, ou les femences refteront long-tems dans la terre avant de pouffer. Quand ces plantes paroiffent, elles n'exigent d'autre foin que d'être tenues nettes de mauvaifes herbes jufqu'au commencement d'Octobre ; alors on les enlève avec foin pour les tranfplanter dans des plates-bandes chaudes de terre fèche, & on en met auffi quelques-unes dans des pots, afin de pouvoir les abriter fous des châffis en hiver ; parce que celles qui reftent en pleine terre font fouvent détruites par les fortes gelées, quoiqu'elles puiffent réfifter à des hivers doux fans aucune couverture ; mais c'eft une méthode fûre, pour conferver

l'efpece, que d'en avoir toujours deux ou trois à couvert. Les femences de cette plante entrent dans la compofition du Thériaque de Vénife.

Rigidius. La feconde efpece dont les femences m'ont été envoyées de Sicile, où elle croît naturellement, eft une plante baffe & vivace, qui a des feuilles courtes, roides & fort étroites. La tige des fleurs s'élève à la hauteur d'un pied, & fe termine par une ombelle de petites fleurs blanches, fuivies de femences petites, oblongues & cannelées. Ses fleurs paroiffent en Juin, & fes femences mûriffent en Septembre. Cette efpece fe multiplie par femence, & exige une terre fèche & une expofition chaude, où les plantes fe conferveront plufieurs années ; elle a peu de beauté & n'eft pas beaucoup mife en ufage ; mais on la conferve pour la variété.

Galbanum. La troifieme a une tige droite, haute de huit ou dix pieds, ligneufe vers le bas, & revêtue d'une écorce pourpre, couverte d'une pouffiere blanchâtre qui tombe en la touchant : le fommet de cette tige eft garni à chaque nœud de feuilles dont les pédoncules l'embraffent à moitié de leur bâfe branchue : ces pédoncules fe divifent en plufieurs plus petits, comme ceux du *Perfil* commun, & font garnis de feuilles femblables à celle de la *Livefche*, mais grifes & plus petites. Le fommet de la tige eft terminé par une ombelle de fleurs jaunes, fuivies de femences oblongues & cannelées, ayant une membrane ou aîle à leurs bords. Cette efpece fleurit en Août, mais elle n'a point produit de femences en Angleterre. Lorfqu'on caffe quelque partie de cette plante, il en fort un jus clair, femblable en couleur à de la crême, qui répand une odeur forte de *Galbanum*.

Gumiferum. La quatrieme reffemble à la troifieme, & s'élève à la hauteur d'environ deux pieds avec une tige ligneufe, garnie de feuilles à chaque nœud, & étendue en branches au-dehors, comme celle de la précédente ; mais les lobes de fes feuilles font étroits, dentelés, & femblables à ceux de la *Ciguë* bâtarde : la tige fe termine par une grande ombelle de petites fleurs blanches, qui font remplacées par des femences pareilles à celles de la précédente.

Culture. Ces deux plantes qui font originaires de l'Afrique, fe multiplient par leurs femences qu'on répand dans des pots remplis de terre légère & marneufe auffi-tôt qu'on les reçoit : fi elles n'arrivent qu'en automne, on les plonge dans une vieille couche de tan dont la chaleur foit diffipée, pour les préferver des gelées pendant l'hiver : ces plantes paroîtront au printems ; & vers le milieu d'Avril on les tranfplantera, en les fortant avec foin de leurs pots, fans déchirer leurs racines, & en les plaçant chacune féparément dans de petits pots rem-

plis de la même terre qui vient d'être indiquée ; après quoi, on replongera les pots dans le tan, on les arrofera pour fixer la terre aux racines, & on les tiendra à l'abri du foleil pendant le jour, jufqu'à ce qu'elles aient formé de nouvelles racines : on les accoutumera enfuite par dégrés à fupporter l'air ouvert, auquel on doit les expofer dans le mois de Juin, & les placer avec les autres plantes exotiques dans un bon abri, où elles pourront refter jufqu'à l'automne, pour être tranfportées après dans une ferre où elles feront préfervées de la gelée, & où on leur procurera, autant qu'il fera poffible, de l'air & du foleil.

Ces plantes doivent être très-peu arrofées pendant l'hiver, parce que trop d'humidité leur eft fort nuifible : en été, lorfqu'elles font expofées en plein air, on les rafraîchit fouvent avec de l'eau dans les tems fecs ; mais en aucun tems il ne leur faut pas trop d'humidité qui pourriroit leurs racines.

Ces plantes font une belle variété en hiver dans la ferre, & quand elles font en plein air pendant l'été, avec d'autres efpeces de la ferre, elles produifent un bel effet, furtout lorfqu'elles font devenues grandes. Elles fleuriffent généralement dans leur troifieme année; mais leurs fleurs paroiffent fi tard en été, que leurs femences ont rarement le tems de fe former avant les froids de l'automne ; celles de la quatrieme espece se sont quelquefois perfectionnées en Angleterre dans les étés chauds & à de bonnes expositions. On croit que le *Galbanum* des boutiques est tiré de la troisieme espece, parce que la séve qui découle de ses feuilles rompues, répand une forte odeur de *Galbanum*.

BUDDLEIA. *Houst. MSS. Lin. Gen. Plant. 131. [Buddleja].*

Caracteres. Elle a un petit calice persistant, légèrement découpé au sommet en cinq parties aiguës ; la corolle est monopétale, en forme de cloche, divisée en quatre parties, & étendue au-delà du calice ; la fleur renferme quatre étamines courtes, placées aux divisions de la corolle, & terminées par de courts sommets : le germe, situé dans le centre, est oblong, & soutient un style court, & couronné par un stigmat obtus ; ce germe devient ensuite une capsule oblongue, à deux cellules remplies de petites semences.

Les plantes de ce genre sont rangées dans la premiere section de la quatrieme classe de L I N N É E, intitulée *Tetrandria Monogynia*, parce que leurs fleurs ont quatre étamines & un style.

Les especes sont :

1°. *Buddleïa Americana, foliis ovatis, serratis, oppositis, floribus spicatis racemosis, caule fruticoso* ; Buddleïa à feuilles ovales, dentelées & opposées, ayant des fleurs en épis branchus & une tige d'arbrisseau.

Buddleïa frutescens, foliis con-

jugatis & serratis, floribus spicatis luteis. Houst. MSS.

Verbasci folio minor arbor, floribus spicatis luteis. Sloan. Jam. 139. Hist. 2. P. 29. T. 173.

2°. *Buddleïa Occidentalis, foliis lanceolatis, acuminatis, integerrimis, oppositis, spicis interruptis* ; Buddleïa à feuilles pointues, en forme de lance, entieres & opposées, ayant des épis de fleurs séparés.

Ophioxylon Americanum, foliis oblongis, mucronatis, leviter serratis, Bardanæ instar subtùs lanuginosis. Pluk. Alm. 270. T. 210. F. 1.

Buddleïa frutescens, foliis oblongis, mucronatis, floribus spicatis, albis. Houst. MSS.

Americana. La premiere espece croît naturellement à la Jamaïque, ainsi que dans la plupart des autres isles de l'Amérique, où elle s'élève à dix ou douze pieds de hauteur, avec une tige épaisse & ligneuse, couverte d'une écorce grise : elle pousse vers son sommet plusieurs branches opposées : ses feuilles sont ovales, opposées & couvertes d'un duvet brun & velu : ses fleurs jaunes, monopétales & divisées en quatre segments, naissent en épis serrés aux extrémités des branches, & se divisent en grappes : elles sont remplacées par des capsules oblongues, remplies de petites semences. Cette espece m'a été envoyée de la Jamaïque en 1730, par le Docteur HOUSTOUN, sous le titre de *Verbasci folio minor arbor, floribus spicatis, luteis tetra-petalis, seminibus singulis oblongis, in singulis vasculis siccis. Sloan. Cat. Jam.* 139. Mais comme ce titre étoit vague, le même Docteur en a fait depuis un nouveau genre, & il lui a donné le nom de *Buddleïa*, en mémoire de M. B U D D L E, savant Botaniste Anglois.

Occidentalis. La seconde m'a été envoyé par le même, de Carthagene, où elle naît sans culture : c'est l'*Ophioxylon Americanum, foliis oblongis, mucronatis, leviter serratis, Bardanæ instar subtùs lanuginosis. Pluk. Alm.* 270. T. 210. *Fig.* 5. Elle a été regardée, par P L U K E N E T, comme étant la même que la précédente ; ce dont le Chevalier Sir H A N S S L O A N E, dans son *Histoire de la Jamaïque*, n'est point convenu.

Cette espece a une tige beaucoup plus élevée que la premiere ; elle se divise en un plus grand nombre de branches minces, couvertes d'une écosse rousse & velue, qui sont garnies de feuilles longues, en forme de lance & terminées en pointe aiguë : ces feuilles sortent opposées à chaque nœud : des extrémités des tiges naissent des épis branchus de fleurs blanches, qui croissent en tête, & qui sont séparées par un petit intervalle : entre chacune il y a des feuilles longues, étroites & en forme de lance qui croissent entre les épis ; au lieu que les tiges de la précédente sont nues. Les feuilles de celle-ci sont beaucoup plus minces que celles de la premiere, & ont à peine du duvet en-dessous : ses épis de fleurs croissent plus érigés, & paroif-

sent n'en former qu'un gros à l'extrémité de chaque branche.

Ces plantes croissent dans les ravines profondes & les vallées abritées des Indes Occidentales ; leurs branches étant trop tendres pour résister à la force des grands vents, on les trouve rarement dans des situations découvertes.

Culture. On multiplie ces plantes au moyen de leurs semences qu'il faut faire venir des contrées où elles croissent naturellement, parce qu'elles ne mûrissent point en Angleterre : ces semences doivent être envoyées dans leurs capsules ; car, sans cette précaution, elles réussissent très-rarement. On les seme dans de petits pots remplis d'une terre riche & légère ; & comme elles sont très-petites, & qu'elles périssent lorsqu'elles sont trop enfoncées, on ne les recouvre que très - légèrement avec la même terre. On plonge ces pots dans une couche de chaleur modérée, & on les arrose légèrement chaque trois ou quatre jours, en évitant de laisser tomber l'eau de trop haut pour ne point les faire sortir de terre. Quand ces graines sont fraîches & bonnes, & qu'elles ont été semées au printemps, leurs plantes paroissent cinq ou six semaines après, & sont en état d'être transplantées au bout de deux mois : alors on les sépare soigneusement, & on les plante chacune séparément dans de petits pots remplis de terre riche & légère, qu'on replonge dans la couche chaude, en observant de les tenir à l'ombre jusqu'à ce qu'elles aient formé de nouvelles racines, & de les arroser quand elles l'exigent. Lorsque ces plantes sont bien établies dans leurs pots, on leur donne de l'air frais chaque jour, à proportion de la chaleur de la saison, & on les arrose souvent mais légèrement : si elles profitent bien, elles rempliront ces petits pots de leurs racines vers le milieu d'Août ; alors il sera nécessaire de les remettre dans des pots plus grands, afin de leur donner le tems d'en produire de nouvelles avant les premiers froîds. Cette opération faite, on laboure la couche de tan pour en ranimer la chaleur ; &, s'il est nécessaire, on y en ajoûte du nouveau pour faire pousser leurs racines. Ces plantes peuvent rester dans cette couche, jusqu'à ce qu'en automne on les porte dans la serre, pour les plonger dans la couche de tan, où elles doivent rester constamment, sans quoi, elles ne pourroient profiter dans ce pays. Pendant l'hiver on les arrose peu, & on les tient très-chaudement ; mais en été il est nécessaire de leur donner souvent de l'air frais par les tems chauds, & de les arroser fréquemment & légèrement ; de cette maniere, les plantes de semence fleuriront dans leur quatrieme année, & continueront ainsi annuellement à produire le plus bel effet dans les serres.

BUGLE. *ou* PETITE CONSOUDE. *Voyez* BUGULA.

BUGLOSE. *V.* ANCHUSA. L.

BUGLOSE SAUVAGE. *V.* ASPERUGO.

BUGLOSE JAUNE LA PLUS PETITE. *Voy.* ONOSMA ECHIOÏDES. L.

BUGLOSSUM. *Voyez* ANCHUSA ET LYCOPSIS.

BUGRONDE, ARRÊTE BŒUF, *ou* ANONIS. *Voyez* ANONIS. L.

BUGULA. *Tourn. Inst. R. H. 208. Tab. 98. Ajuga. Lin. Gen. Plant. 624;* [*Bugle.*] Bugle, *ou* Petite Consoude.

Caracteres. La fleur a un calice court, persistant & formé par une seule feuille légèrement découpée en cinq parties : la corolle monopétale & labiée, a un tube courbé & cylindrique ; la levre supérieure est très-petite, érigée & découpée en deux parties ; la levre inférieure est large, ouverte & divisée en trois segments obtus, dont celui du milieu est large, & les deux latéraux plus petits. Cette fleur a quatre étamines érigées, dont deux sont plus longues que la levre supérieure, & les deux autres plus courtes ; elles sont terminées par des sommets doubles. Il y a dans le centre un germe divisé en quatre parties, qui soutient un style mince, aussi long que les étamines, & couronné par deux stigmats minces : le germe se forme, quand la fleur est passée, en quatre semences renfermées nues dans le calice.

Ce genre de plante est rangé dans la premiere section de la quatorzieme classe de LINNÉE, intitulée : *Didynamia Gymnospermia* ; parce que ses fleurs ont deux étamines longues &

deux plus courtes, & des femences nues ; LINNÉE a décrit ce genre sous celui d'*Ajuga.*

Les efpeces font :

1°. *Bugula reptans, foliis caulinis , femi-amplexi-caulibus , ftolonibus reptantibus ;* Bugle dont les feuilles embraffent les tiges à moitié, & dont les rejettons pouffent des racines.

Bugula. Dod. Pempt. 135 ; Bugle ordinaire, *ou* Petite Confoude.

Ajuga ftolonibus reptantibus. Lin. Sp. Plant. 785.

Tecurium foliis obverfé ovatis, crenatis, caule fimpliffimo, ftolonibus reptantibus. Hort. Cliff. 301.

Confolida media pratenfis cœrulea. Bauh. Pin. 260.

2°. *Bugula decumbens, foliis oblongo - ovatis, caulibus decumbentibus, verticillis diftantibus ;* Bugle à feuilles oblongues & ovales, ayant des tiges tombantes & des têtes de fleurs éloignées l'une de l'autre.

Bugula folio maximo, flore pallidè cœruleo. Bverh. Ind. Alt. 1. 184.

3°. *Bugula pyramidalis, foliis obtufé dentatis, caule fimplici ;* Bugle à feuilles émouffées & dentelées, avec une tige fimple.

Ajuga tetragono - pyramidalis. Lin. Sp. Plant. 561. *Flor. Suec.* 475, 512.

Confolida media Genevenfis. Bauh. Hift. 3. *p.* 432.

Phyllochnoïs. Reneal. Spec. 125.

4°. *Bugula Genevenfis, foliis oblongis, tomentofis, calicibus hirfutis ;* Bugle à feuilles oblongues & laineufes, ayant des calices de fleurs velus.

Bugula carneo flore. Clus. Hift. 2. *p.* 43.

Ajuga Genevenfis. Lin. Sp. Pl. 785.

5°. *Bugula Orientalis , villofa , foliis ovato-dentatis feffilibus , floribus refupinatis ;* Bugle velue avec des feuilles ovales, dentelées & feffiles aux tiges, & des fleurs renverfées.

Ajuga floribus refupinatis. Lin. Sp. Plant. 785.

Bugula Orientalis , villofa , flore inverfo candido, cum oris purpureis. Tourn. Cor. 14.

Tecurium ftaminibus tubo corollæ brevioribus. Roy. Lugdb. 306.

Reptans. La premiere efpece croit naturellement dans les bois, ainfi que dans les lieux humides & ombrés de prefque toute l'Angleterre ; elle s'étend & fe multiplie fortement par fes rejettons de côté, qui pouffent des racines à chaque nœud. Il y a deux variétés dans cette efpece, l'une à fleurs blanches, & l'autre à fleurs couleur de pourpre pâle, que j'ai trouvées dans plufieurs parties de Weftmoreland ; mais comme elles ne different de l'efpece commune que par la couleur de leurs fleurs, j'ai cru ne devoir en faire mention que comme de fimples variétés.

La *Bugle* ordinaire eft regardée comme un bon Vulnéraire, foit inétrieur, foit appliqué extérieurement ; les Chirurgiens le mêlent dans les décoctions vulnéraires qu'ils emploient dans le panfement des ulcères. Cette efpece que l'on connoît fous le nom de *Confolida media,* fait toujours partie des herbes vulnéraires, apportées de la Suiffe : mais comme elle fe reproduit fans culture & abondamment dans les lieux qui lui conviennent, on l'admet rarement dans les jardins (1).

Decumbens. La feconde qui eft originaire des Alpes, a des feuilles beaucoup plus longues que celles de la *Bugle* commune : fes tiges font plus foibles & fe penchent à chaque côté : fes têtes de fleurs font beaucoup plus petites, & placées à une plus grande diftance les unes des autres. On cultive cette efpece dans quelques jardins pour la variété : elle fe multiplie en abondance par fes tiges traînantes, & exige une fituation fèche & ombrée.

Pyramidalis. La troifieme croit naturellement en France, en Allemagne & en d'autres pays ; mais on ne la trouve point en Angleterre : elle pouffe une fimple tige haute de quatre à cinq pouces, garnie à chaque nœud de feuilles oppofées, ovales, dentelées & émouffées à leurs bords : fes

fleurs naiffent en têtes rondes autour des tiges, & au fommet en épis ferrés & épais : elles font d'une belle couleur bleue.

Genevenfis. La quatrieme qu'on rencontre dans plufieurs parties de l'Europe, a beaucoup de rapport avec la *Bugle* commune ; mais elle en differe principalement, en ce que fes feuilles font laineufes, & que les calices de fes fleurs font velus. Il y a deux variétés de cette efpece ; l'une à fleurs blanches & l'autre à fleurs rouges.

Orientalis. La cinquieme dont on connoît auffi deux ou trois variétés qui ne different que par la couleur de leurs fleurs, a été rapportée du Levant par M. de TOURNEFORT : on la conferve dans les Collections de plantes rares.

Cette efpece veut être abritée pendant l'hiver, & placée en été dans une fituation chaude ; on doit la planter dans de petits pots remplis de terre marneufe, qu'on mettra en hiver fous un châffis ordinaire, où on leur procurera autant d'air qu'il fera poffible dans les tems doux. On les couvrira pendant les fortes gelées ; fans quoi, il feroit impoffible de leur faire paffer l'hiver en Angleterre.

Cette plante peut être multipliée par fes graines, qu'on doit femer auffi-tôt qu'elles font mûres, dans des pots remplis de terre marneufe, qu'on place enfuite dans une fituation abritée, pour les y laiffer jufqu'en automne ; alors on les

---

(1) La *Bugle* ne differe pas beaucoup de la *Véronique*, en ce qui regarde fes propriétés médicinales ; outre fes vertus vulnéraires, on la regarde cependant encore comme étant légèrement aftringente & apéritive ; c'eft pour cela qu'on la recommande dans les hémorrhagies, les crachemens de fang, la dyffenterie, la gonorrhée, les fleurs blanches, &c. : elle entre dans la compofition de l'eau vulnéraire, dans le baume polycrefte de BAUDERON, dans l'onguent mondificatif d'ache, &c.

transporte sous un châssis, pour les garantir des fortes gelées. Ces plantes pousseront au printems ; & lorsqu'elles seront assez fortes pour être enlevées, on les plantera séparément dans des pots. En été on les placera à l'ombre, & on les traitera comme les vieilles plantes. Cette espece fleurit en Mai, & les semences mûrissent à la fin de Juillet. On peut aussi la multiplier par ses rejettons ; mais comme par cette méthode les plantes ne font que des progrès très-lents, sur-tout dans leur premiere jeunesse, la premiere est généralement pratiquée.

Toutes les autres especes font assez dures, & se multiplient aisément par leurs rejettons. Elles se plaisent à l'ombre, & dans une situation humide, où elles s'étendent considérablement, sur-tout les deux premieres.

BUGRONDE, *ou* ARRÊTE-BŒUF. *Voyez* ANONIS.

BUIS. *Voyez* BOUIS.

BUISSON ARDENT. PYRACANTHA, *ou* EPINE TOUJOURS VERTE. *Voyez* MESPILUS PYRACANTHA.

BULBE, BULBUS. *Lat. de* Βολϐὸς, *Gr.* ; Racine bulbeuse.

On distingue deux especes de Bulbes ; les unes *tuniquées* ou *couvertes*, & les autres *écailleuses*. La *racine bulbeuse couverte*, est composée de plusieurs enveloppes placées, les unes sur les autres : telles font celles de l'*Oignon*, de la *Tulippe*, &c. Lorsqu'on coupe en travers une *Bulbe* de cette espece, on voit qu'elle est composée d'un grand nombre de couches concentiques. La *Bulle écailleuse* est formée par plusieurs lames placées l'une sur l'autre en forme de tuiles ou d'écailles de poisson : telles font celles du *Lys*, du *Martagon*, &c.

BULBINE, *Voyez* ANTHERICUM ASPHODELOÏDES-ALOÏDES-FRUTESCENS.

BULBOCASTANUM. *Voy.* BUNIUM BULBOCASTANUM.

BULBOCODIUM. *Tourn.* *Cor.* 50. *Lin. Gen. Pl.* 368 ; [*Bulbocodium.*] Campane jaune, Campanette, & Ajau ; espece de Narcisse sauvage.

Caracteres. La fleur n'a point de calice ; sa corolle est en forme d'entonnoir, & composée de six pétales, concaves, ayant des onglets longs, étroits & joints à l'ouverture ; mais en forme de lance sur le haut. Cette fleur a six étamines en forme d'alêne, plus courtes que les pétales, insérées dans leur milieu, & terminées par des sommets recourbés en-dedans. Son germe ovale, émoussé & triangulaire, soutient un style mince, surmonté de trois stigmats longs & érigés. Le germe devient dans la suite une capsule triangulaire, pointue & a trois cellules remplies de semences angulaires.

Ce genre de plante est rangé dans la premiere section de la sixieme classe de LINNÉE, intitulée : *Hexandria Monogynia*, parce que la fleur a six étamines & un style.

Les especes font :

1°. *Bulbocodium Alpinum, foliis subulato - linearibus. Prod. Leyd.* 41 ; Bulbocodium à feuil-

les étroites & en forme d'a-
lène.

*Bulbocodium Alpinum Junci-
folium , flore unico , intus albo ,
extus fquallidè rubente. Raii. Syn.
Ed. 3. p. 374.*

2°. *Bulbocodium vernum , foliis
lanceolatis. Prod. Leyd.* 41 ; Bulbocodium à feuilles en forme de
lance.

*Colchicum vernum Hifpanicum.
C. B. p. 69.*

Alpinum. La premiere efpece
croît naturellement fur les Alpes , ainfi que fur les montagnes
de Snowdon dans le pays de
Galles. Elle a une petite racine
bulbeufe, couverte d'une peau
rude & velue , d'où s'élèvent
quelques feuilles longues ,
étroites & à-peu près femblables à celles du *Safran*, mais
moins larges : fa fleur fort du
milieu de ces feuilles , fur un
pédoncule érigé ; elle reffemble auffi à celle du *Safran* ;
mais elle eft plus petite. Le
pédoncule dont la hauteur eft
d'environ trois pouces , eft garni de quatre ou cinq feuilles
placées alternativement au-
deffous de la fleur. Cette fleur
paroit en Mars , & fes femences mûriffent en Mai, quand
elle croît dans un jardin ; mais
elles parviennent plus tard à
leur maturité dans les lieux où
elles naîffent fans culture.

Vernum. La feconde qu'on
cultive depuis long-tems dans
les jardins , eft originaire d'Efpagne : fa racine eft bulbeufe
comme celle du *Narciffi Leucoïum* ou *Galanthus nivalis,* couverte d'une peau brune , & garnie
de deux ou trois feuilles concaves & en forme de lance, entre

lefquelles fort la fleur fur un
pédoncule fort court. La corolle eft compofée de fix pétales,
dont trois font tournés en-dehors & trois en-dedans , alternativement : lorfque ces pétales paroiffent, ils font d'abord
d'une couleur pâle ; mais après
ils fe changent en un pourpre
brillant. Dès que les fleurs font
flétries , elles font remplacées
par des capfules angulaires ,
remplies de petites femences
rondes. Cette plante produit
fes fleurs dans le même tems
que la premiere.

Culture. Ces efpeces fe multiplient par leurs rejettons ,
qu'on tranfplante auffi-tôt après
que leurs feuilles font flétries ;
mais leurs racines peuvent être
gardées deux mois hors de la
terre dans cette faifon, fans
leur caufer aucun préjudice :
il ne faut les lever de terre
que tous les trois ans , parce
qu'elles ne multiplient pas en
grande abondance ; mais en les
laiffant trois ans en place , elles
fleuriffent beaucoup mieux , &
fe multiplient davantage.

Comme la premiere efpece
craint la grande chaleur , &
qu'elle ne profiteroit pas fi elle
étoit expofé aux rayons d'un
foleil ardent, il faut la placer
à l'expofition du Levant. La
feconde demande une fituation
plus chaude , & doit être placée
au Midi, dans une plate-bande
de terre fraîche marneufe &
fans fumier. On multiplie ainfi
ces deux efpeces par leurs femences qu'on doit répandre
en Septembre, dans des pots
remplis de terre fraîche & marneufe, & qu'on place à la fin

d'Octobre, fous un châffis, pour les abriter des fortes gelées. Lorfqu'au printems les plantes paroiffent, on les ôte de-deffous le châffis, on les place de maniere qu'elles puiffent jouïr de l'afpect du foleil levant ; on les couvre dans le milieu du jour, & on les rafraîchit de tems en tems avec un peu d'eau. On continue à les traiter ainfi, tant que leurs feuilles font vertes ; mais lorfqu'elles commencent à fe flétrir, on les place à l'ombre, & on les y laiffe jufqu'en automne, en obfervant de les tenir nettes de mauvaifes herbes. En Octobre, on remet un peu de terre fraîche fur la furface, & on reporte les pots fous un abri. Au printems fuivant, on recommence le même traitement qui a été employé dans l'année précédente ; mais lorfque leurs feuilles font flétries, on les enlève avec foin hors de leurs pots, & on les tranfplante dans les plates-bandes du jardin à fleurs, où on leur donne les mêmes foins qu'aux vieilles racines : ces jeunes plantes donneront des fleurs dans leur troifieme printems.

BULBONAC. LA GRANDE LUNAIRE. *Voyez* LUNARIA.

BUNIAS. *Lin. Gen. Plant.* 737 ; [*Bunias.*] Roquette.

Caractères. Le calice eft compofé de quatre feuilles oblongues, étendues, & qui tombent. La corolle a quatre pétales placés en forme de croix, ovales, une fois plus longs que le calice, joints aux onglets & érigés. La fleur renferme fix étamines auffi longues que le calice, dont deux font oppofées, plus courtes que les quatre autres, & terminées par des fommets érigés, & divifés à leur bâfe. Dans le centre eft fitué un germe oblong fans ftyle, mais feulement couronné par un ftigmat obtus : après la fleur, le germe devient une filique irrégulière, courte, ovale, & à quatre angles, dont il y en a un qui déborde & eft pointu alternativement : elle renferme une ou deux femences rondes.

Les plantes qui compofent ce genre ayant deux étamines longues & deux courtes, & des filiques, font de la feconde fection de la quinzieme claffe de LINNÉE, qu'il a nommée *Tetradynamia filiquofa.*

Les efpeces font :

1°. Bunias Orientalis, *filiculis ovatis, gibbis, verrucofis. Lin. Sp. plant.* 670 ; Bunias avec des filiques ovales, convexes, & couvertes de verrues ou d'élévations.

Crambe Orientalis, Dentis-leonis folio, Erucaginis facie. Tourn. Cor. 41.

2°. Bunias Erucago, *filiculis tetragonis, angulis bi-criftatis. Lin. Sp. Plant.* ; Bunias avec de courtes filiques à quatre angles, qui font doublement crêtés.

Eruca Monfpeliaca, filiquâ quadrangulâ echinatâ. C. B. p. 99 ; Maffe à bedeau, *ou* Roquette des champs.

3°. Bunias Cakile, *filiculis ovatis, lævibus, ancipitibus. Lin. Sp. Plant.* 670 ; Bunias avec des filiques unies, ovales, & postées à chaque côté de la tige.

Raphanus filiquis ovatis, angulatis, monofpermis. Hort. Cliff. 340.

Eruca Maritima Italica, filiquâ haftæ cufpidi fimili. C. B. p. 99; Roquette de mer.

Cakile Serapionis. Lob. Ic. 223.

Orientalis. La premiere efpece croît naturellement dans le levant, d'où M. de TOUR-NEFORT a envoyé fes femences au jardin Royal de Paris : fa racine eft vivace & fa tige annuelle ; elle pouffe plufieurs feuilles oblongues, qui s'étendent de chaque côté près de la terre, & qui font profondément dentelées à leurs bords comme celles du *Piffe-en-lit* : fes tiges qui fortent entre les feuilles, s'élèvent à deux pieds de hauteur, & pouffent des branches garnies à chaque nœud de feuilles oblongues, placées ferrément contre la tige, armées de pointes ai-guës, & ayant à leur bâfe des oreilles pendantes. Ses branches font terminées par des épis clairs de fleurs jaunes, compofées de quatre pétales, d'une forme pareille à celles du *Chou*, & fuivies de légumes courts, ovales, rudes, ter-minés en pointes & renfermant une femence ronde. Cette efpece fleurit en Juin, & fes femences mûriffent en Sep-tembre.

Erucago. La feconde, qui naît fans culture dans la France Méridionale & en Italie, eft une plante annuelle, qui pouf-fe plufieurs branches éten-dues, inclinées vers la terre, & garnies de feuilles d'une couleur de vert de mer pro-fondément découpées en plu-fieurs fegments. Ses fleurs, d'un jaune pâle, petites & compo-fées de quatre pétales en forme de croix, fortent fimples aux ailes des feuilles, vers l'ex-trémité des branches, & font remplacées par des légumes courts, ayant des crêtes à cha-que côté, & renfermant une ou deux femences rondes.

Cakile. La troifieme, qu'on trouve dans les environs de Montpellier, eft auffi une plante annuelle qui pouffe près de fa racine plufieurs feuilles oblongues, velues, profondé-ment découpées à leurs bords, & étendues fur la terre. Du milieu de ces feuilles s'élèvent deux ou trois tiges de deux pieds & demi de hauteur, def-quelles fortent plufieurs bran-ches latérales, garnies de feuil-les oblongues, rudes & den-telées à leurs bords. La partie fupérieure des branches eft dépourvue de feuilles, mais ornée de fleurs placées alter-nativement fur chaque côté, & portées par de courts pé-doncules : ces fleurs font de couleur de pourpre, compo-fées de quatre pétales, & fui-vies de légumes ovales, qui renferment une ou deux fe-mences rondes ; il y a une variété de cette plante à feuil-les étroites.

Toutes ces plantes fe mul-tiplient par leurs graines. La premiere efpece peut être fe-mée dans le commencement d'Avril, dans les places qui lui font deftinées ; lorfque les plantes ont pouffé , on les éclaircit à deux pieds de diftance ; après quoi , elles n'exigent plus d'autre foin que d'être débarraffées des herbes inutiles. Dans la feconde année , elles produiront des fleurs & des femences : leurs racines fubfiftent plufieurs années.

Les autres efpeces doivent être auffi femées fur place en automne ; parce qu'au printems , elles manquent fouvent, ou pouffent trop tard pour perfectionner leurs femences : elles n'ont befoin d'aucune autre culture que d'être tenues nettes de mauvaifes herbes , & éclaircies à un pied de diftance.

BUNIUM. *Linn. Gen. Plant. 298. Bulbocaflanum. Tourn. Infl. 312 ;* [*Pignut , or Earthnut.*] La Terre-noix.

Caracteres. La grande ombelle générale eft compofée de près de vingt rayons ou petites ombelles , courtes & ferrées l'une contre l'autre. L'enveloppe de la grande a plufieurs feuilles courtes & étroites ; celles des petites font formées de même ; mais leurs feuilles font auffi longues que les ombelles. Le calice de la fleur eft à peine vifible. Les rayons de la grande ombelle font égaux. Les corolles ont cinq pétales en forme de cœur , égaux & tournés en-dedans : les fleurs ont cinq étamines plus courtes que les pétales , & terminées par des fommets fimples. Le germe eft oblong, placé au-deffous du réceptacle , & foutient deux ftyles

minces , & couronnées par un ftigmat émouffé. Après la deftruction de la fleur , le germe fe change en un fruit ovale , divifé en deux parties , dans lequel font renfermées deux femences ovales , unies fur un côté & convexes de l'autre.

Ce genre de plante eft rangé dans la feconde fection de la cinquieme claffe de LINNÉE , intitulée : *Pentandria Digynia,* la fleur ayant cinq étamines & deux ftyles.

Les efpeces font :

1°. *Bunium Bulbocaflanum , bulbo globofo. Sauv. Monfp. 256 ;* Terre-noix , avec une racine globulaire.

Bulbocaflanum majus , folio Apii. C. B. p. 162.

Nucula terreftris. Lob. Hift. 429 ; Terre-noix.

2°. *Bunium Creticum , radice turbinatá ;* Terre-noix avec une racine turbinée.

Bulbocaflanum Creticum , radice Napi-formi. Tourn. Cor.

3°. *Bunium faxatile , foliis tripartitis , fili - formibus linearibus ;* Terre - noix à feuilles fort étroites & divifées en trois parties.

Bulbocaflanum minus faxatile, Peucedani folio. Tourn. Infl. 312.

Bulbocaflanum. La premiere efpece croit naturellement dans les pâturages & dans les bois de plufieurs cantons de l'Angleterre : on croit qu'il y a une variété plus groffe que l'efpece ordinaire , mais dans laquelle je n'ai jamais apperçu aucune différence effentielle ; on la trouve , à la vérité , beaucoup plus groffe dans des endroits que dans d'autres ;

mais fi on tranfplante dans un jardin les plus groffes & les plus petites, elles deviendront en peu de tems abfolument femblables. Cette plante a une racine tubéreufe, folide, placée profondément dans la terre, & de laquelle partent des fibres, qui s'enfoncent perpendiculairement, & qui s'écartent fur les côtés. Ses feuilles voifines de la terre font joliment découpées. Sa tige ronde, cannelée & folide s'élève à un pied & demi de hauteur; fa partie baffe eft nue & fon fommet eft divifé en branches: au-deffous de chacune, il y a une feuille découpée en plus beaux fegments que celles du bas. Ses fleurs font blanches & difpofées en ombelle, comme celles des autres plantes: fes femences font petites, oblongues & cannelées à leur maturité. Cette plante fleurit en Mai, & fes femences mûriffent en Juillet: auffi-tôt après, fes tiges fe fletriffent entièrement jufqu'à terre.

Les pauvres gens déterrent ces racines & les mangent crûes: leur goût approche beaucoup de celui des *Chataignes*; ce qui leur a fait donner le nom de *Bulbo-Caftanum*: lorfqu'elles font bouillies, elles deviennent très-agréables au goût, & on les croit fort nourriffantes. Les Pourceaux en font très-friands; ils les cherchent avec avidité, & s'engraiffent bientôt avec cette nourriture.

Creticum. M. DE TOURNEFORT a découvert la feconde efpece dans l'Ifle de Candie: elle croît auffi dans plufieurs autres endroits du Levant. J'ai reçu des échantillons fecs & des femences de cette plante, de Zante où on la trouve en abondance.

Saxatile. La troifieme, qui m'a été envoyée des Alpes, eft une plante fort baffe qui s'élève au plus à fix pouces de hauteur.

Toutes ces plantes fe plaifent parmi les herbes fauvages, & ne profpèrent pas longtems dans un jardin.

BUPHTHALMUM. *Lin. Gen. Plant. 876. Afterifcus. Tourn. Inft. R. H. Tab. 285;* [*Ox-eye.*] Œil-de-bœuf.

Caraéteres. Le calice eft différent dans plufieurs efpeces: la fleur eft compofée & rayonnée; elle renferme de fleurettes femelles & hermaphrodites: les hermaphrodites compofent le difque; elles font en forme d'entonnoir, découpées aux bords en cinq parties étendues & ouvertes: chaque fleur a cinq étamines, courtes & terminées par des fommets cylindriques. Le germe fitué dans le centre, eft ovale, comprimé, & foutient un ftyle mince & couronné par un ftigmat épais. Ce germe devient par la fuite une femence oblongue, dont le bord eft divifé en plufieurs parties. Les fleurs femelles, qui compofent le rayon, font étendues fur un côté, en forme de langues, & dentelées au fommet en trois parties; elles n'ont point d'étamines, mais feulement un germe à deux têtes, qui foutient un ftyle mince, couronné par deux ſtigmats oblongs. Après la fleur, le germe devient une ſemence ſimple, comprimée & découpée à chaque côté.

Ce genre de plante eſt rangé dans la ſeconde ſection de la dixneuvieme claſſe de LINNÉE, intitulée : *Syngeneſia Polygamia ſuperflua*, parce que les fleurs ſont compoſées de fleurettes hermaphrodites & femelles, toutes deux fructueuſes, & renfermées dans le même calice.

Les eſpeces ſont :

1°. *Buphthalmum Helianthoïdes, calicibus folioſis, foliis oppoſitis, ovatis, ſerratis, triplinerviis, caule herbaceo. Hort. Upſal.* 264 ; Œil-de-Bœuf, avec une tige herbacée, un calice feuillé, & des feuilles ovales & à trois veines.

Helianthus foliis ovatis, acuminatis, ſerratis, pedunculis longiſſimis. Gron. Virg. 127.

Chryſanthemum Scrophulariæ folio Americanum. Pluk. Alm. 99. *Tab.* 22. *Fig.* 1.

Corona ſolis Caroliniana, parvis floribus, folio tri-nervi, amplo, aſpero, pediculo alato. Mart. Cent. 20. *T.* 20.

2°. *Buphthalmum grandi-florum, foliis alternis, lanceolatis, ſubdenticulatis ; glabris, calicibus, nudis, caule herbaceo. Hort. Cliff.* 415 ; Œil-de-Bœuf, à feuilles unies, en forme de lance, & dentelées au-deſſous, ayant des calices nuds, & une tige herbacée.

Aſter luteus anguſti-folius. Bauh. Pin. 266.

Aſteroïdes Alpina, Salicis folio glabro. Tourn. Cor. 51. *Tab.* 487.

Chryſanthemum perenne minus, Salicis glabro folio, ramoſum. Moris. hiſt. 3. *p.* 21. *ſivè* 6. *T.* 7. *F.* 52.

3°. *Buphthalmum Salici-folium, foliis alternis, lanceolatis, ſubſerratis, villoſis, calicibus nudis, caule herbaceo. Hort. Cliff.* 414 ; Œil-de-bœuf, avec des feuilles en forme de lance, alternes, dentelées au-deſſous, velues, des calices nuds, & une tige herbacée.

Aſter luteus major, foliis Succiſæ. C. B. p. 266.

Aſteroïdes hirſuta. Mich. Flor. 12. *T.* 3, 4.

Conyza major altera. Thal. Herc. 21. *T.* 2.

4°. *Buphthalmum ſpinoſum, calicibus acutè folioſis, ramis alternis, foliis lanceolatis, amplexicaulibus integerrimis, caule herbaceo. Hort. Cliff.* 414 ; Œil-de-Bœuf, avec des calices aigus & feuillés, des branches alternes, & des feuilles entieres qui embraſſent les tiges herbacées.

Aſteriſcus annuus, foliis ad florem rigidis. Tourn. Inſt. 497.

Aſter legitimus Cluſii alter, ſivè ſpinoſus luteus. Barr. Ic. 551.

5°. *Buphthalmum ſeſſile, floribus axillaribus, calicibus folioſis, ſpinis terminalibus, foliis oblongis, obtuſis, ſeſſilibus ;* Œil-de-Bœuf, avec des fleurs aux fourches des branches, des calices feuillés qui ſe terminent en épis, & des feuilles oblongues, émouſſées & ſeſſiles.

Aſteriſcus annuus maritimus patulus. Tourn. Inſt. 498.

6°. *Buphthalmum maritimum, calicibus obtuſè folioſis pedunculatis,*

latis, ramis foliis alternis spatulatis, caule herbaceo. Hort. Cliff. 414; Œil-de-Bœuf avec des calices émouffés, feuillés, des feuilles alternes placées fur des pédoncules, & une tige herbacée.

Asteriscus maritimus perennis patulus. Tourn. Inst. 498.

Aster luteus supinus. Bauh. Pin. 267.

7°. *Buphthalmum aquaticum, calicibus obtusè foliosis, sessilibus axillaribus, foliis alternis, oblongis, obtusis, caule herbaceo. Hort. Cliff. 414;* Œil-de-Bœuf, avec des calices émouffés, feuillés, & fessiles aux fourches des tiges; des feuilles oblongues & émouffeés, & une tige herbacée.

Asteriscus annuus Lusitanicus odoratus. Boerh. Ind. Alt. 105.

Chrysanthemum Conyzoïdes Lusitanicum. Breyn. Cent. 157, T. 77.

8°. *Buphthalmum frutescens, foliis oppositis, lanceolatis, petiolatis, bidentatis, caule fruticoso. Hort. Cliff. 415;* Œil-de-Bœuf, à feuilles en forme de lance, oppofées, ayant des pétioles avec deux dents, & une tige d'arbriffeau.

Asteriscus frutescens, Leucoii foliis sericeis & incanis. Hort. Elth. 44. Tab. 38.

Corona solis frutescens, Lychnidis folio carnoso, flore luteo. Plum. Spec. 10. Ic. 107.

Chrysanthemum ex Insulis Caribæis, Leucoji incanis & sericeis foliis crassis. Pluk. Alm. 102. T. 115.

9°. *Buphthalmum arborescens, foliis oppositis, lanceolatis, crassis, glabris, utrinque viridibus,*

Tome II.

floribus pedunculatis; Œil-de-Bœuf, à feuilles épaiffes, unies, & en forme de lance, croiffant oppofées, vertes des deux côtés, avec des fleurs fur des pédoncules, & une tige en arbre.

Asteriscus frutescens, Leucoji foliis viridibus & splendentibus. Hort. Elth. 43. Tab. 38.

Chrysanthemum Bermudense, Leucoji virentibus foliis crassis. Pluk. Alm. 102.

Corona solis frutescens, Laureolæ folio, flore luteo. Plum. Spec. 10. T. 106.

10°. *Buphthalmum incanum, foliis oppositis, lineari-lanceolatis, crassis, incanis, floribus sessilibus, caule fruticoso;* Œil-de-Bœuf, à feuilles épaiffes, velues & étroites, en forme de lance, & oppofées, produifant des fleurs feffiles, & une tige d'arbriffeau.

Asteriscus frutescens, Leucoji foliis angustissimis, sericeis & incanis. Ind. Hort. Chels. 27.

Helianthoïdes. La premiere espece qui croît naturellement dans l'Amérique Septentrionale, a une racine vivace & une tige annuelle: de la racine s'élèvent plufieurs tiges en nombre proportionné à la groffeur de la plante, dont la hauteur est d'environ fix pieds, & qui font garnies à chaque nœud de deux feuilles oblongues, oppofées, marquées de trois veines longitudinales, & dont la bâfe est plus courte d'un côté que de l'autre. Ses fleurs pourvues d'un calice feuillé, fortent des extrémités des branches; elles font d'un jaune brillant, placées en

D

rayons, & reſſemblent à une petite fleur de *Tourne-ſol*; ce qui leur a fait donner ce nom par les habitans de l'Améri-que. Cette plante fleurit en Août ; & quand l'automne eſt favorable, ſes ſemences mû-riſſent en Angleterre ; mais comme on la multiplie aiſé-ment, en diviſant les racines, on s'embarraſſe peu de les re-cueillir : on la multiplie ſur la fin d'Octobre, lorſque ſes tiges commencent à ſe flétrir; & on les enleve chaque an-née pour les empêcher de s'étendre trop loin. Ces plan-tes ſont fort dures, & profi-tent en quelque ſituation que ce ſoit; mais comme leurs ra-cines s'étendent beaucoup, el-les ne conviennent point dans les plates-bandes de jardins à petites fleurs : on les place ordinairement ſur les bords des allées champêtres, ou parmi des arbriſſeaux avec leſ-quels elles ſerviront d'orne-ment quand elles ſeront en fleur.

Grandi-florum. La ſeconde naît ſpontanément ſur les Al-pes, en Autriche, en Italie, ainſi que dans la France Mé-ridionale; ſa racine eſt vivace & ſa tige annuelle : elle s'é-lève à la hauteur de deux pieds, avec des tiges minces & bran-chues, garnies de feuilles oblongues, unies & terminées en pointe; ſes fleurs d'un jau-ne brillant, & rayées ſur leurs bords, comme celles de l'*Enula campana*, ſortent des extrémités des branches. Cette eſpece fleu-rit en Juin & en Juillet, & ſes ſemences mûriſſent en au-

tomne. Il y en a deux ou trois variétés, qui différent dans la largeur de leurs feuilles, & dans la groſſeur de leurs fleurs; mais ces différences ne pro-viennent que de ſemence.

On multiplie généralement cette eſpece, en diviſant ſes racines comme celles de la pré-cédente, & dans le même tems; mais comme elle ne s'étend pas autant qu'elle, on peut mettre quelques-unes de ſes racines dans les plates-bandes d'un jardin à fleurs, ſur-tout dans celles qui ſont peu expoſées au ſoleil. Cette plante reſte long-tems en fleur.

Salici-folium. La troiſieme reſſemble un peu à la ſecon-de; mais elle en diffère en ce que ſes feuilles ſont obtuſes & plus larges, & que ſes ti-ges & ſes feuilles ſont velues : elle fleurit dans le même tems que la précédente, & ſe mul-tiplie de la même maniere.

Spinoſum. La quatrieme croît à la hauteur d'un pied & demi ; ſes tiges ſe diviſent en pluſieurs branches vers le ſommet; ſes branches latérales s'élèvent beaucoup au-deſſus de la tige du milieu, & ſont garnies de feuilles velues, en forme de lance & alternes: ſes fleurs naîſſent aux fourches des bran-ches, ſur de courts pédoncu-les. Son calice eſt compoſé de ſept feuilles longues, fermes, en forme de lance, terminées en pointes aiguës, diſpoſées en étoiles, & étendues en-dehors, au-delà du rayon de la fleur. Cette fleur eſt poſtée ſerrément ſur le calice; ſon rayon eſt compoſé de pluſieurs fleurettes

femelles qui ont un côté étendu en-dehors en forme de langue, & découpé à l'extrémité
en trois parties. Le difque de
la fleur eft compofé de fleurettes hermaphrodites, tubuleufes, en forme d'entonnoir,
légèrement découpées au bord
en cinq parties, d'un jaune
brillant, & fuivies de femences oblongues & comprimées.
Cette plante fleurit en Juin &
en Juillet; fes femences font
mûres en Septembre; & auffi-
tôt après, fes tiges fe flétriffent.

On multiplie cette efpece,
en répandant fes femences au
commencement d'Avril, fur
des plates-bandes découvertes,
où elles doivent refter: on
éclaircit les plantes qui en proviennent, en laiffant entr'elles un pied d'intervalle, & on
a foin d'arracher toutes les mauvaifes herbes qui y naiffent,
afin que leurs branches puiffent avoir affez de place pour
s'étendre. Si on les feme en
automne ou qu'on les laiffe fe
reproduire elles-mêmes, elles
poufferont bientôt après, &
leurs femences mûriront plus
fûrement que celles qui ont
été mifes en terre au printems.

Seffile. Aquaticum. Les cinquieme & feptieme efpeces
font auffi des plantes annuelles
qui fe trouvent dans les mêmes
contrées que la précédente;
elles s'élèvent rarement au-deffus d'un pied dans les jardins,
& ne font pas fi hautes dans
les lieux où elles naiffent fauvages: elles produifent près de
leurs racines plufieurs branches
étendues & alternes: leurs
feuilles font oblongues, émouf-

fées, velues, alternes & feffiles
aux branches. Les feuilles du
calice de la cinquieme efpece
fe terminent en une épine fort
aiguë, & font beaucoup plus
larges à leur bâfe qu'aucune
des autres: les fleurs de celle-
ci reffemblent beaucoup à celles
de la derniere; mais quelques-
unes font plus petites: & celles de la feptieme efpece ont
une odeur agréable. Elles fleuriffent dans la même faifon, &
fe multiplient de la même maniere que la précédente.

Maritimum. La fixieme eft
une plante baffe, vivace, &
pourvue d'une tige d'arbriffeau
qui excède rarement la hauteur d'un pied, & qui pouffe
plufieurs branches garnies de
feuilles velues, étroites à leur
bâfe, larges & rondes à leur
extrémité. Ses fleurs, produites
aux extrémités des branches,
font jaunes, & de la même
forme que celles des efpeces
précédentes: les feuilles du calice font molles & obtufes. Ces
fleurs font rarement fuivies de
femences en Angleterre. On
multiplie facilement cette plante par boutures, qui prendront
racine en fix femaines, fi elles
font plantées dans une couche de terre fraîche & marneufe, couvertes d'une cloche,
tenues à l'ombre pendant la
chaleur du jour, & fouvent
arrofées. Lorfqu'elles font une
fois établies, on les enlève,
on les plante chacune féparément dans de petits pots remplis d'une terre fraîche fans
fumier, & on les place à l'ombre, où on les laiffe jufqu'à
ce qu'elles aient formé de nou-

velles racines : après quoi, on les place dans une fituation abritée ; & à la fin d'Octobre on les reporte fous un châffis pour y paffer l'hiver, parce qu'elles font trop délicates pour réfifter dans notre climat aux froids de cette faifon; mais comme elles n'ont befoin que d'être à couvert des gelées, elles profitent mieux quand elles ont beaucoup d'air dans les tems doux, que fi elles étoient renfermées dans la ferre: ainfi, c'eft une bonne méthode de les placer fous un châffis ordinaire où elles puiffent être entièrement expofées à l'air quand le tems le permet, & abritées des gelées. Cette efpece, qui croît naturellement en Sicile, mérite d'être cultivée, parce qu'elle porte des fleurs pendant une grande partie de l'année.

Frutefcens. La huitieme pouffe de fa racine plufieurs tiges ligneufes qui s'élèvent à la hauteur de huit ou dix pieds, & font garnies de feuilles d'une grandeur inégale : quelques-unes de fes feuilles font longues & étroites, & d'autres larges & obtufes; elles font entre-mêlées, & quelquefois elles fortent du même nœud ou des efpaces intermédiaires : ces feuilles font molles, velues & oppofées; les pétioles des plus larges ont fur leurs parties hautes, & près de leur bâfe, deux dents aiguës, & un peu plus loin, fur le bord des feuilles, on en voit encore ordinairement deux ou trois de plus. Ses fleurs, d'un jaune pâle, & pourvues d'un calice écail-

leux, fortent fimples des extrémités des branches. Cette efpece croît naturellement en Amérique : le Docteur Hous-toun m'en a envoyé de la Havane une autre qui diffère de celle-ci, fous le titre de *Chryfanthemum fruticofum maritimum, foliis glaucis, oblongis, flore luteo. Sloan. Hif. Jam. 1. p. 125.* Ses feuilles font plus courtes & plus épaiffes que celles de la dixieme efpece; elles n'ont point de dents fur leurs pétioles; mais en toutes autres chofes, elles fe reffemblent beaucoup; quoique celle-ci foit moins dure. La huitieme eft depuis long-tems confervée dans les jardins Anglois; elle a été originairement apportée de la Virginie, fuivant le rapport du Jardinier de l'Évêque de Londres, qui l'a élevée à Fulham en 1696.

Arborefcens. La neuvieme croît fans culture dans les Ifles de Bahama, d'où fes femences m'ont été plufieurs fois envoyées : elle s'élève à trois pieds environ de hauteur, & pouffe de fa racine plufieurs tiges ligneufes, garnies de feuilles épaiffes, fucculentes, oppofées, & en forme de lance. Ses fleurs produites aux extrémités des branches fur des pédoncules de deux pouces de longueur, font plus groffes que celles de la huitieme, & d'un jaune brillant; elles paroiffent en Juillet, en Août, en Septembre, & continuent fouvent à fe montrer jufqu'au mois d'Octobre.

Incanum. La dixieme, qui eft auffi originaire des Ifles de Ba-

hama, produit de fa racine plufieurs tiges, hautes d'environ
trois pieds, & garnies de feuilles étroites, épaiffes, fucculentes, velues & oppofées,
qui embraffent les tiges à leur
bafe. fes fleurs font jaunes &
paroiffent en même tems que
celles de la neuvieme, aux
extrémités des rejettons, fur
des pédoncules fort courts.

Comme ces trois dernieres
efpeces ne produifent point de
femences en Angleterre, on
les multiplie par boutures dans
le mois de Juillet, lorfque ces
plantes ont été quelque tems
expofées en plein air, afin que
leurs rejettons foient plus durs,
& mieux préparés à prendre
racine : on les plante dans de
petits pots remplis de terre fraiche & marneufe, qu'on plonge dans une couche de chaleur
très-modérée, en obfervant de
les tenir à l'ombre pendant la
chaleur du jour, & de les arrofer légèrement, parce que
trop d'humidité les pourriroit.
Au bout de fix femaines, elles
auront pris racine, & alors
on commencera à les habituer
par dégrés au plein air. Bientôt après on les placera féparément dans de petits pots remplis de terre légère & marneufe : on les tiendra à l'ombre jufqu'à ce qu'elles aient formé
de nouvelles racines ; & on les
mettra enfuite dans une fituation abritée, où elles puiffent
refter jufqu'au milieu d'Octobre, tems auquel on les tranfporte dans la ferre.

La huitieme eft plus dure
qu'aucune des autres. Les deux
dernieres profiteront mieux

fous un châffis de couche chaude, où elles jouïront plus aifément du foleil, & auront
un air plus fec. Il faut leur donner peu d'humidité pendant l'hiver, & beaucoup d'air frais
dans les tems doux ; les placer
au-dehors en été dans une fituation abritée, & les traiter
de la même maniere que les
autres plantes exotiques.

BUPLEVROIDES *Voy.*
Phyllis nobla.

BUPLEVRUM, ainfi
appelé de ϐοὺς, *Bos*, & πλευρὸν,
Cofta, *Latus* ; parce qu'on croit
que cette plante eft mortelle
pour les vaches qui en mangent, en les enflant jufqu'à les
faire crever. *Lin. Gen. Plant.*
291 ; [*Hare's - ear.*] Oreille de
Lievre *ou* Perce-feuille.

Caractteres. La fleur eft en
forme d'ombelle : les rayons de
l'ombelle principale font minces : elle eft compofée de dix
ombelles plus petites, érigées
& étendues : l'enveloppe de la
grande ombelle eft formée par
plufieurs feuilles ovales &
pointues ; celles des petites en
ont cinq. La corolle eft compofée de cinq petits pétales en
forme de cœur & courbés : la
fleur a cinq étamines minces,
terminées par des fommets
ronds : le germe eft fitué au-
deffous de la fleur, & foutient
deux petits ftyles réfléchis &
couronnés par un petit ftigmat :
ce germe, lorfque la fleur eft
paffée, fe change en un fruit
rond, comprimé, cannelé &
divifé en deux parties, qui forment deux femences ovales,
cannelées, courbées en-dehors, & unies l'une à l'autre.

Les plantes de ce genre ayant cinq étamines & deux styles, font de la feconde fection de la cinquieme claffe de LINNÉE, intitulée : *Pentandria Digynia.*

Les efpeces font :

1°. *Buplevrum rotundi-folium, involucris univerfalibus nullis, foliis perfoliatis. Hort. Upfal. 64* ; Oreille-de-Lievre, dont la plus grande ombelle n'a point d'enveloppe, & dont les tiges croiffent à travers les feuilles.

Perfoliata vulgatiffima, fivè arvenfis. C. B. p. 277 ; La Percefeuille.

2°. *Buplevrum angulofum, involucellis pentaphyllis orbiculatis, univerfali triphyllo ovato, foliis amplexicaulibus, cordato-lanceolatis. Lin. Sp. Plant. 236* ; Oreille-de-Lievre, ayant la petite enveloppe compofée de cinq feuilles orbiculaires, & la plus grande de trois feuilles ovales, avec des feuilles en forme de lance qui embraffent la tige.

Perfoliata Alpina angufti-folia major, folio angulofo. C. B. P.

3°. *Buplevrum Odontites, involucellis pentaphyllis acutis, univerfali triphyllo, flofculo centrali altiore, ramis divaricatis. Lin. Sp. Plant. 237* ; Oreille-de-Lievre, dont les plus petites enveloppes font compofées de cinq feuilles pointues & aiguës, & les plus grandes de trois feuilles, avec une fleur plus groffe dans le centre, & des branches qui s'écartent l'une de l'autre.

Perfoliata minor, angufti-folia, Buplevri folio. C. B. P. 277.

4°. *Buplevrum rigidum, caule dichotomo fub nodo, involucris minimis acutis. Lin. Sp. Plant. 238* ; Oreille-de-Lievre, avec des tiges croiffant dans les divifions des branches, fans feuilles au-deffous, & avec une très-petite enveloppe pointue.

Buplevrum folio rigido. C. B. p. 278.

5°. *Buplevrum tenuiffimum, umbellis fimplicibus, alternis, pentaphyllis, fub-trifloris. Lin. Sp. Pl. 238* ; Oreille-de-Lievre, ayant des ombelles fimples & alternes, & cinq feuilles fous chaque trois fleurs.

Buplevrum anguftiffimo folio. C. B. p. 278.

6°. *Buplevrum fruticofum, frutefcens, foliis obovatis, integerrimis. Lin. Sp. Plant. 238* ; Oreille-de-Lievre en arbriffeau, avec des feuilles oblongues, ovales & entieres.

Buplevrum arborefcens, Salicis folio. Tourn. Inft, 310.

Sefeli Æthyopicum frutex, Dod. Pempt. 312 ; Oreille-de-Lievre, ou Séféli d'Ethiopie.

7°. *Buplevrum difforme, frutefcens, foliis vernalibus, decompofitis, planis, incifis, æftivalibus, fili formibus, angulatis, trifidis. Lin. Sp. Plant. 238* ; Oreille-de-Lievre en arbriffeau, ayant des feuilles printanieres, décompofées, unies & découpées, & des feuilles d'été plus étroites, angulaires & divifées en trois.

Buplevrum frutefcens, foliis ex uno puncto plurimis junceis tetragonis.

Burman. Afr. 195. Tab. 71. fol. 1.

Rotundi-folium. La premiere, qu'on trouve parmi les *Bleds,* dans les terres de craies de plufieurs parties de l'Angleterre, eft rarement admife dans les jardins : les feuilles & les femences de cette plante font employées en Médecine : fes feuilles font propres à diffiper les tumeurs fcrophuleufes ; & plufieurs perfonnes s'en fervent pour guérir les douleurs internes, les hernies ou ruptures, & les meurtriffures occafionnées par les chûtes : on l'appele en Anglois, *Thoroughwax* (1).

Angulofum. Odontites. Rigidum. Tenuiffimum. Les feconde, troifieme, quatrieme & cinquieme efpeces font annuelles : la cinquieme croît naturellement en Angleterre, & les autres font originaires des Alpes & des Pyrénées ; on ne les cultive guere que dans les jardins de Botanique pour la variété : ceux qui défirent les avoir dans leurs jardins, doivent les femer en automne dans les places qui leur font deftinées, & les tenir nettes de mauvaifes herbes ; elles fleuriffent en Juin & Juillet, & leurs femences mûriffent en Septembre.

Fruticofum. La fixieme a une tige ligneufe, divifée en plufieurs branches, qui forment une groffe tête : ces branches font couvertes d'une écorce propre, & garnies de feuilles oblongues, ovales, fermes, très-unies, & d'une couleur

____

(1) Cette plante eft comme la *Bugle*, vulnéraire & aftringente, & peut être employée dans les mêmes circonftances : on applique fes feuilles écrâfees, fur les hernies des enfans, & fur les tumeurs fcrophuleufes.

de vert-de-mer. Les extrémités des branches font terminées par des ombelles de fleurs jaunes, à-peu-près femblables à celles du *Fenouil* : elles paroiffent en Août, mais elles ne font pas toujours fuivies de femences en Angleterre. Elle croît naturellement dans la France Méridionale & en Italie, près des rivages de la mer.

Les Jardiniers connoiffent cette plante fous le nom d'*Ariftoloche*, ou de *Séfeli d'Ethiopie*, & la cultivent dans les pépinieres : elle s'élève à cinq ou fix pieds de hauteur, & elle mérite d'être recherchée, parce que fes feuilles fe confervent vertes toute l'année. Comme elle eft dure, & qu'elle profite en plein air, on peut la placer avec d'autres arbriffeaux toujours verts du même crû fur le devant des plus hauts arbres, pour mafquer leurs tiges, & empêcher qu'elles ne foient apperçues. On multiplie cette efpece par boutures, qu'on plante dans des pots remplis de terre fraîche & marneufe, & qu'on garantit des froids de l'hiver, fous un châffis de couche chaude : ces boutures pousseront des racines au printems ; mais comme elles ne feront en état d'être tranfplantées qu'à l'automne fuivant, il faudra placer les pots à l'ombre pendant l'été, & les arrofer dans les tems fecs. Ces jeunes plantes peuvent être tenues en pépinieres à deux pieds de diftance pendant un an ou deux, pour acquérir de la force, & être enfuite placées à demeure.

Difforme. La septieme, qui a été envoyée dans les jardins hollandois, du Cap de Bonne-Espérance, sa patrie, s'élève avec une tige d'arbrisseau, à la hauteur de cinq ou six pieds, & pousse quelques branches latérales, qui au printems ont leurs parties basses garnies de feuilles de couleur de vert-de-mer, & composées de plusieurs petits lobes dont les bords sont finement découpés, comme ceux de la *Coriandre.* Ces feuilles tombent bientôt; mais le haut de ces branches reste couvert de feuilles longues à quatre angles, semblables à celles du *Jonc*, & qui sortent en paquet de chaque nœud: ses fleurs, de couleur d'herbe, & fort petites, sortent des extrémités des branches, & sont suivies de semences oblongues & cannelées.

On multiplie ordinairement cette plante par boutures, qui prennent promptement racine, si elles sont plantées en Avril dans des pots remplis de terre légère: on les plonge dans une couche de chaleur modérée, & on les accoutume ensuite par degrés au plein air. Lorsque ces plantes ont acquis assez de force, on les met chacune séparément dans de petits pots remplis de terre légère & marneuse, on les tient à l'ombre jusqu'à ce qu'elles aient formé de nouvelles racines; après quoi, on peut les placer avec les autres plantes exotiques dans une situation abritée, où elles doivent rester jusqu'en automne: lorsque cette saison est arrivée, on les transporte dans la serre, & on les place avec les plantes dures qui exigent beaucoup d'air en tems doux, & qui n'ont besoin que d'être à couvert des gelées.

On peut aussi multiplier cette espece par semences, qu'on répand en automne aussi-tôt qu'elles sont mûres, dans des pots remplis de terre légère: on les met sous un châssis pendant l'hiver, & au printems on les place dans une couche très-peu chaude, qui fera bientôt pousser les plantes; on les accoutumera par degrés à supporter le plein air; & on les traitera ensuite comme celles qui ont été élevées de boutures. Cette plante fleurit en Juillet, & ses semences mûrissent en Septembre.

BURMANNIA. *Lin. Gen.* 397. Ce genre a été ainsi nommée par LINNÉE, en l'honneur de son ami M. BURMAN, Professeur de Botanique, à Amsterdam.

Caracteres. La fleur a un calice cylindrique, coloré & formé par une seule feuille à quatre angles longitudinaux & membraneux. La corolle est composée de trois petits pétales oblongs, & placés dans l'ouverture du calice; elle renferme six petites étamines terminées chacune par deux sommets situés à l'ouverture du calice: le germe est cylindrique, de moitié moins long que le calice, & soutient un style mince, aussi long que la corolle, & surmonté de trois stigmats obtus & concaves. Le calice se change en une capsule triangulaire, & a trois cellules qui s'ouvrent en trois valves remplies de petites femences.

Linnée a placé ce genre dans la premiere fection de fa fixieme claffe, nommée, *Hexandria Monogynia*, qui comprend toutes les plantes qui ont fix étamines & un ftyle.

Les efpeces font :

1°. *Burmannia Difticha, fpicá geminá. Burm. Zeyl. 50* ; Burmannia produifant un épi de fleurs doubles.

Planta Zeylanica aquatica, lato & brevi gramineo folio. Raj. Suppl. 559.

2°. *Burmannia biflora, flore gemino. Lin. Sp. 411* ; Burmannia à deux fleurs.

Burmannia fcapo biflora. Flor. Virg. 36.

Difticha. La premiere efpece croit naturellement dans l'Ifle de Céylan, dans des endroits couverts d'eau pendant la plus grande partie de l'année : fa racine, compofée de plufieurs fibres capillaires, pouffe fix ou huit feuilles étroites, en forme de lance, entières & longues d'environ deux pouces : la tige de fleurs, élevée à la hauteur d'un empan, eft garnie de cinq ou fix feuilles étroites, en forme de lance qui l'embraffent de leur bâfe ; elle eft terminée par un épi double, garni de petites fleurs bleues qui s'étendent de chaque côté, & font renfermées dans une petite fpathe : ces fleurs ont chacune trois pétales courts, fix étamines & un ftyle ; & dans leur pays natal, leur calice fe change en une capfule triangulaire, remplie de femences.

Biflora. La feconde eft origi- naire de la Virginie & de la Caroline ; elle fe plaît dans les lieux aquatiques : de fa racine, qui eft forte & fibreufe, s'élèvent plufieurs feuilles oblongues, ovales, longues de quatre à cinq pouces, unies & entieres, du milieu defquelles fort le pédoncule qui croit jufqu'à la hauteur de fix ou huit pouces, & qui eft terminé par des épis de fleurs : chaque gaine en renferme deux ; elles font bleues, & dans leur pays natal elles font remplacées par une capfule triangulaire, remplie de petites femences.

Comme ces plantes croiffent naturellement dans des lieux marécageux & couverts d'eau pendant la plus grande partie de l'année, elles font difficiles à conferver dans les jardins, & ne profitent pas dans une terre fèche. Ces plantes font d'ailleurs trop délicates pour réfifter au plein air en Angleterre : fi cependant on veut les conferver ici, il faut plonger leurs pots dans des baquets remplis d'eau & affez profonds, pour que la furface de la terre foit recouverte d'environ trois pouces d'eau. Le baquet de la premiere efpece doit être tenu conftamment dans une ferre chaude, & on a foin d'y remettre de l'eau de tems en tems à mefure qu'elle diminue. On place celui de la feconde efpece dans une ferre pendant l'hiver, pour que les plantes foient à l'abri de la gelée ; mais en été elles peuvent être expofées en plein air : c'eft de cette maniere qu'on les conferve & qu'on leur fait quelquefois produire des fleurs.

BURSA PASTORIS. [*Shepherd's-pouch.*] *Bourfe à Pafteur,* ou *le Tabouret.* C'eft une mauvaife herbe qu'on trouve communément dans toute l'Angleterre, & qui fe multiplie fi confidérablement par femences, qu'on a peine à la détruire, parce qu'il y a fouvent quatre générations dans les plantes de femences pendant l'année, par la promptitude avec laquelle ces femences mûriffent. On doit employer toutes fortes de moyens pour les extirper d'un jardin (1).

BUSSEROLE, *ou* **RAISIN D'OURS**. *Voyez* **ARBUSTUS UVA URSI**.

BUTOMUS. Βυτόμου, de Βυς, un Bœuf, & de τέμνω, couper. Cette plante eft ainfi nommée, parce que fes feuilles font fi aiguës, que la langue & les levres des bœufs, qui en font très-friands, en font bleffées

jufqu'au fang ; on l'appele auffi *Juncus floridus*, par la reffemblance des feuilles avec celles du *Jonc*, & parce qu'elle produit un beau bouquet de fleurs. [*The Flowering - Rush, or Water-Gladiole.*] *Le Jonc fleuri*, ou *Glaieul aquatique.*

Caracteres. Les fleurs croîffent en ombelle fimple, avec une enveloppe courte & à trois feuilles : la corolle eft compofée de fix pétales ronds & concaves, qui font alternativement plus petits & plus pointus : ces fleurs ont neuf étamines en forme d'alène, dont fix environnent & entourent les autres ; elles font terminées par des fommets doubles & membraneux : elles ont auffi fix germes oblongs & pointus, foutenant un ftigmat fimple : ces germes deviennent par la fuite fix capfules oblongues, pointues, & à une cellule remplie de femences oblongues.

Les plantes de ce genre, ayant neuf étamines & fix germes, font de la troifieme fection de la neuvieme claffe de **LINNÉE**, ou de fon *Enneandria Hexagynia.*

Nous ne connoiffons qu'une efpece de ce genre qui eft :

Butomus umbellatus. Fl. Lap. 159 ; Le Jonc fleuri, *ou* Glayeul aquatique,

Juncus floridus major. C. B. p. 112 ; Le plus grand Jonc fleuriffant.

Sedo affinis Juncoïdes umbellata paluftris. Moris. Hift. 3. *p.* 468. *L.* 12. *t.* 5. *F.* 1.

Gladiolus aquatilis. Dod. Pem. 600.

---

(1) Cette plante eft regardée comme vulnéraire, aftringente, & même fébrifuge ; non - feulement on l'emploie en infufion pour guérir les fièvres intermittentes : mais on applique encore dans la même intention fur le poignet fes feuilles écrâfées & imbibées de vinaigre ; s'il ne réfulte pas un grand bien de cette application, elle peut au moins calmer l'imagination des malades qui y ont confiance. On regarde cette plante comme très-utile dans les pertes de fang que les femmes éprouvent, dans les dyffenteries ; ainfi que dans les fluxions inflammatoires, &c. Ses femences ont les mêmes vertus que celles de l'*Argentine*, & font adminiftrées dans les mêmes circonftances.

Cette plante a deux variétés, l'une à fleurs couleur de rose, & l'autre à fleurs blanches; mais ce font des différences accidentelles, non des efpeces diftinctes.

Celle à fleurs de couleur-rofe eft commune dans les eaux ftagnantes de plufieurs parties de l'Angleterre; l'autre eft une variété de celle-ci, moins commune que la premiere. Ces plantes peuvent être multipliées dans des lieux pleins de fondrieres, & d'autres couverts d'eau, pourvu qu'au fond il y ait un pied d'épaiffeur de terre, où les racines puiffent pénétrer : leurs graines peuvent être femées auffi-tôt après leur maturité. Quoique ces plantes foient communes, elles produifent de très-belles fleurs, & méritent d'être multipliées pour la variété, fur-tout fi l'on a dans fon jardin une fondriere artificielle, ou quelqu'autre endroit propre à conferver une eau dormante. Comme on eft quelquefois fort embarraffé pour décorer de pareilles places, ces plantes, ainfi que d'autres aquatiques, feront d'un grand fecours & produifent un très-bon effet.

Il y a encore une autre variété, qu'on trouve dans les environs de Londres avec l'efpece commune : elle n'a pas la moitié de la grandeur de la premiere, tant dans fes feuilles que dans fes tiges & fes fleurs; mais en toutes autres chofes, elle lui reffemble fi fort qu'il eft très-difficile de trouver entr'elles la moindre différence : c'eft pour cette raifon que je ne l'ai pas regardée comme une efpece diftincte. il y a cependant de ces plantes dans la Tamife, près *Chelféa*, qui confervent leur petiteffe depuis plufieurs années.

BUTHERIA. *Voyez* BASTERIA, *Les Quatre Epices.*

BUXUS. [*The Box-Tree.*] *L'Arbre de Buis, Bouis.*

Caraĉteres. Il a de fleurs mâles & femelles fur le même pied : les fleurs mâles ont un calice à trois feuilles; & celui des femelles eft formé par quatre feuilles concaves : les fleurs mâles ont deux pétales concaves; & les femelles en ont trois qui font plus larges que le calice : les fleurs mâles ont des étamines droites, & terminées par des fommets doubles & érigés, avec le rudiment d'un germe, fans ftyle ni ftigmat; les fleurs femelles ont des germes ronds, émouffés & triangulaires, qui foutiennent trois ftyles courts, couronnés par des ftigmats obtus & épineux. Le calice fe change dans la fuite en une capfule ronde, femblable à un pot renverfé, qui s'ouvre en trois cellules, renfermant chacune deux femences oblongues, qui, lorfqu'elles font mûres, s'élancent en dehors par l'élafticité de la capfule.

Ce genre de plante eft rangé dans la fection 4e. de la claffe 21e. de LINNÉE, intitulée : *Monœcia Tetrandria*, y ayant des fleurs mâles & femelles fur la même plante, les fleurs mâles à quatre étamines.

Les especes font :

1°. *Buxus arborescens, foliis ovatis*, Buis en arbre avec des feuilles ovales.

Buxus arborescens. C. B. P. 232.

2°. *Buxus angufti folia, arborescens, foliis lanceolatis*; Buis en arbre, à feuilles en forme de lance.

Buxus angufti-folia. Raji. Syn. 445; Buis à feuilles étroites.

3°. *Buxus suffruticofa, humilis, foliis orbiculatis*; Buis nain à feuilles rondes.

Buxus humilis. Dod. Pempt. 782; Buis nain de Hollande.

Ces trois especes de *Buis* font certainement diftinctes entr'elles; les deux especes de *Buis* en arbre ont été fouvent élevées de femence, & ont produit des plantes femblables aux arbres fur lefquels elles avoient été recueillies. Le *Buis nain* ne s'élève pas à une hauteur confidérable par culture quelconque, & je n'ai jamais vu cette plante fleurir, même dans les jardins ou on la cultivoit le plus. On connoît dans la premiere efpece deux ou trois variétés qui font multipliées dans les jardins; l'une à feuilles panachées en jaune, & l'autre a feuilles panachées en blanc; la troifieme a feulement le fommet de fes feuilles marqué de jaune, on l'appelle *Buis pointu*.

Arborescens. Angufti-folia. La premiere & la feconde efpece croîffent en abondance fur *Box hill*, qui veut dire *Colline de Buis*, près de Darking, dans le Comté de Surry, où il y avoit autrefois une grande quantité de gros arbres de ces efpeces; quoiqu'on en ait beaucoup détruit depuis peu, il en refte cependant encore un nombre confidérable de fort beaux Différens ouvriers tels que les Tourneurs, les Graveurs, ceux qui font des inftrumens de mathématique, ufent de ce bois, qui eft fi dur & fi compacte qu'il fe précipite au fond de l'eau: ces qualités le rendent très - eftimable.

Toutes les variétés de cet arbre, étant mêlées avec d'autres arbres toujours verts, augmenteront beaucoup l'agrément & la variété; on les multiplie par boutures, qu'on plante en automne dans une plate-bande à l'ombre, & qu'on a foin d'arrofer jufqu'à ce qu'elles aient pris racine: après quoi, on peut les tranfplanter dans des pépinieres pour les élever, & leur laiffer prendre de la force. La meilleure faifon pour tranfplanter ces arbres eft le mois d'Octobre; mais fi l'on a foin de les enlever avec une bonne motte de terre à leurs racines, on peut les déplacer prefqu'en tout tems, excepté pendant l'été. Ces arbres font très propres à être plantés dans des terreins froids & ftériles, ou peu d'autres réuffiroient. On les multiplie auffi en marcottant leurs branches ou par femence: la derniere méthode eft la meilleure, parce que les arbres qui en proviennent font plus gros & plus forts que les autres: on les feme après leur maturité dans une plate-bande à l'ombre, & on les arrose conſtamment dans les tems ſecs.

Suffruticoſa. Le *Buis-nain* eſt plus propre que toute autre plante pour former dès bordures autour des plates - bandes d'un parterre ; non ſeulement parce qu'il eſt peu ſujet à être endommagé par le froid & par le chaud : mais encore parce qu'il eſt d'une longue durée , qu'on le maintient beau très-aiſément, & que par la ſolidité de ſes racines & de

ſes tiges, il retient la terre dans les plates - bandes , & l'empêche de ſe répandre dans les allées. On le multiplie en ſi grande abondance par la diviſion de ſes racines , que ce n'eſt pas la peine d'en faire des boutures ; il eſt actuellement très-commun , & on le trouve dans les pépinieres à bon marché.

La maniere de le planter en bordure étant connue de tous les Jardiniers, il eſt inutile de la décrire ici.

C

CAAPEBA. *Voyez* CISSAM-PELOS.

CABARET, *ou* OREILLE D'HOMME , *ou* NARD SAU-VAGE. *Voyez* ASARUM.

CABINET DANS UN JARDIN. Cet ornement diffère du berceau, en ce que le berceau eſt ordinairement d'une grande longueur , & qu'il eſt courbé en arc ſur le haut en forme de galerie ; au-lieu que le *Cabinet* a une forme carrée, circulaire, ou en loſange , comme une eſpece de ſallon , & qu'il eſt placé aux extrémités ou au milieu d'un long berceau.

CACALIANTHEMUM. *V.* CACALIA.

CACALIA. [*Foreign Calts-foot.*] *Pas-d'Ane , Cacale.*

Caracteres. Cette plante a

des fleurs compoſées & renfermées dans un calice commun , cylindrique & écailleux; les corolles ſont tubuleuſes , en forme d'entonnoir , & découpées au ſommet en cinq parties érigées. Les fleurs ont chacune cinq étamines courtes & minces, terminées par des ſommets cylindriques. Le germe, ſurmonté de duvet, & ſoutenant un ſtyle mince , couronné de deux ſtigmats oblongs & recourbés, devient après la fleur une ſemence ſimple , oblongue , & couronné d'un long duvet.

Les plantes qui forment ce genre , ayant toutes des fleurs hermaphrodites & ſtériles, ſont rangées dans la premiere ſection de la vingt-unieme claſſe de LINNÉE, qui a pour titre , *Syngenefia Polygamia æqualis.*

Les efpeces font :

1°. *Cacalia Alpina, foliis reni-formibus , acutis , denticulatis , calicibus fubtrifloris.* Gouan. Monfp. *429 ;* Cacalia à feuil-les en forme de rein, & à dents aiguës, ayant générale-ment trois fleurs dans chaque calice.

Cacalia ,foliis craffis , hirfutis. C. B. P. *197.*

Tuffilago caule ramofo. Roy. Lugd.-Bat. *159.* Sauv. Monfp. *113.*

2°. *Cacalia glabra ,foliis cuta-neis & glabris.* C. B. P. *198 ;* Cacalia à feuilles unies & ar-mées de pointes aiguës.

Cacalia , glabro folio. Clus. Hift. *2. P. 115.*

3°. *Cacalia fuaveolens, caule herbaceo ,foliis haftato-fagittatis, denticulatis , petiolis fupernè dila-tatis.* Hort. Upfal. *254 ;* Caca-lia avec une tige herbacée , des feuilles dentelées & en for-me de lance , & en-haut des pétioles étendus.

Cacalia Americana procerior , folio triangulari per bafin auricula-to ,floribus albis. Edit. Prior.

4°. *Cacalia Atriplici - folia , caule herbaceo ,foliis fubcordatis, dentato-finuatis , calicibus quin-que-floris.* Lin. Sp. Pl. *835 ;* Cacalia avec une tige herba-cée , des feuilles finuées & en forme de cœur , & cinq fleu-rettes dans chaque calice.

Porophyllum ,foliis deltoïdibus angulatis. Gron. Virg. *1. P. 94.*

Nardus Americana procerior , foliis cæfiis. Pluk. Alm. *251.*

5°. *Cacalia Ficoïdes , caule fruicofo ,foliis compreffis , carno-*

fis. Lin. Sp. Plant. *838 ;* Caca-lia en tige d'arbriffeau ; gar-nie de feuilles charnues & com-primées.

Senecio Africanus arborefcens , Ficoïdis folio & facie. Comm. Rar. Plant. *40.*

Kleinia , foliis carnofis , lan-ceolatis , compreffis , caule tereti. Hort. Cliff. *395.*

6°. *Cacalia Kleinia , caule fruticofo compofito , foliis lanceo-latis , planis , petiolorum cicatrici-bus obfoletis.* Lin. Sp. Pl. *834 ;* Cacalia avec une tige d'arbrif-feau compofée , des feuilles unies en forme de lance , & des pétioles qui laiffent des ci-catrices en tombant. '

Gulefe Indiæ Orientalis , La-vendulæ folio. Bauh. Pin. *401.*

Cacalianthemum , folio Nerii glauco. Hort. Elth. *61. Tab. 54 ;* Le Cacale de Kleine.

7°. *Cacalia papillaris , caule fruticofo , obvallato petiolis trun-catis.* Lin. Sp. Plant. *834 ;* Ca-calia à tige d'arbriffeau , gar-nie à chaque côté de pétioles rudes & tronqués.

Cacalianthemum , caudice papil-lari. Hort. Elth. *63. Tab. 55.*

Kleinia caule carnofo , petiolis truncatis obvallato. Hort. Cliff. *395.*

8°. *Cacalia anti-Euphorbium, caule fruticofo ,foliis ovato-oblon-gis , petiolis bafi lineâ triplici de-duftis.* Lin. Sp. Pl. *834 ;* Cacalia à tige d'arbriffeau , garnie de feuilles ovales & oblongues , ayant trois lignes coulant à la bâfe des pétioles.

Kleinia ,foliis carnofis , planis , ovato-oblongis. Hort. Cliff. *395 ;* Contre-poifon de l'Euphorbe.

9°. *Cacalia Sonchi-folia , caule*

herbaceo, foliis lyratis, amplexi-caulibus, dentatis. Lin. Sp. 1169; Cacalia à tige herbacée, garnie de feuilles en forme de lyre, dentelées & embraffant la tige.

Kleinia, caule herbaceo, foliis lyratis. Fl. Zeyl. 305.

Senecio Maderafpatanus, Sinapios folio, floribus parvis luteis. Pluk. Amalth. 192. T. 444. F. 1.

Chondrilla Zeylanica minor marina, folio Sinapios. Burm. Zeyl. 61.

Sonchus Amboinenfis. Rumph. Amb. 5. P. 297. T. 103. F. 1.

Tagolina Luzonum, flore purpureo. Pet. Gaz. T. 80. F. 13.

10°. Cacalia lutea, caule herbaceo, foliis quinque-partitis, acutis, fubtùs glaucis, floribus terminalibus, pedunculis longiffimis; Cacalia à tige herbacée, garnie de feuilles divifées en cinq parties aiguës, & de couleur de vert-de-mer en-deffous, avec des fleurs fur de longs pédoncules qui terminent les tiges.

Alpina. La premiere efpece croît naturellement en Autriche, & fur les montagnes de la Suiffe : on la conferve dans quelques jardins pour la variété. Sa racine charnue s'étend dans la terre, & produit beaucoup de feuilles fur un fimple pétiole; fes feuilles, femblables à celles du *Lierre terreftre*, mais d'une texture plus épaiffe, font d'un vert luifant en-deffus, & blanches en-deffous : de leur centre s'élève un pédoncule rond, branchu vers le fommet, & long d'un pied & demi : fous chacune de fes divifions eft placée une feuille fimple, fem-

blable à celles du bas de la plante, mais beaucoup plus petite : les branches font terminées par des fleurs de couleur pourpre, qui croîffent en une efpece d'ombelle, & qui font fuivies de femences oblongues & couronnées de duvet.

Glabra. La feconde a beaucoup de rapport avec la premiere, cependant elle en diffère par fes feuilles qui font en forme de cœur, pointues, fortement fciées à leurs bords, & très-vertes des deux côtés : fes tiges font auffi plus hautes, & les feuilles qui les garniffent ont des pétioles beaucoup plus longs que ceux de la premiere : les fleurs font encore d'une couleur de pourpre plus foncé. Cette plante eft originaire des Alpes; elle fleurit vers la fin du mois de Mai, ou au commencement de Juin.

Suaveolens. La troifieme, qui nous vient de l'Amérique Septentrionale fa patrie, a une racine rampante & vivace, qui pouffe plufieurs tiges garnies de feuilles triangulaires, en forme de lance, fortement fciées fur leurs bords, d'un vert pâle en-deffous, d'un vert foncé & luifant au-deffus, & placées alternativement : fes tiges, élevées à la hauteur de fept ou huit pieds, font terminées par des ombelles de fleurs blanches, auxquelles fuccèdent des femences oblongues & couronnées de duvet. Elle fleurit en Août & fes femences mûriffent en Octobre. Cette plante fe multiplie beaucoup par fes racines, ainfi que par ſes ſemences , que le vent emporte & diſtribue au loin , au moyen du duvet qui y adhere. Des racines de cette eſpece qui avoient été jettées hors du jardin de *Chelſéa* , ayant été emportées par le flux à une grande diſtance , ſe ſont fixées ſur les bancs de la Taniſe , & ſe ſont tellement multipliées dans cet endroit , que quelques années aprés elles y paroiſſoient naturellement venues. Leurs vieilles tiges périſſent en automne , & les nouvelles renaîſſent au printems.

Atriplici-folia. La quatrieme , qui eſt depuis quelques années dans les jardins des curieux , eſt auſſi originaire de l'Amérique. Sa racine eſt vivace & ſa tige annuelle : ſa racine eſt compoſée de pluſieurs tubercules charnus & étendus , qui pouſſent au printems pluſieurs tiges fortes , élevées à la hauteur de quatre ou cinq pieds , garnies de feuilles rondes , en forme de cœur , fortement dentelées ſur leurs bords , d'une couleur de vert-de-mer au-deſſous , mais plus foncée en-deſſus , placées alternes dans la longueur des tiges , & terminées par des ombelles de fleurs herbacées & jaunâtres. Ces fleurs paroiſſent en Juillet & en Août , & ſont ſuivies de ſemences ſemblables à celles de l'eſpece précédente , qui mûriſſent en Octobre.

Comme les premiere & ſeconde eſpeces produiſent rarement de bonnes ſemences en Angleterre , on ne les multiplie ici , qu'en diviſant leurs

racines en automne : elles exigent un ſol marneux & une ſituation ombragée.

Les troiſieme & quatrieme ſe multiplient prodigieuſement par leurs racines qui rampent ſur la terre , ainſi que par leurs ſemences. Il faut tranſplanter ces racines en automne dans un ſol humide , & à une ſituation ouverte. Si on leur donne le tems d'écarter leurs ſemences , les plantes pouſſeront au printems ſans aucun ſoin.

Ficoïdes. La cinquieme eſpece naît ſpontanément dans les terres du Cap de Bonne - Eſpérance : ſes tiges fortes , rondes , ligneuſes par le bas , molles & ſucculentes vers le haut , s'elevent à la hauteur de ſept à huit pieds , & pouſſent pluſieurs branches irrégulieres , garnies dans plus de moitié de leur longueur de feuilles épaiſſes , ſucculentes , coniques , un peu ſerrées aux deux côtés , terminées en pointe , & couvertes d'une pouſſiere vert-de-mer , blanchâtre , qui tombe quand on les manie. Lorſqu'on rompt ces feuilles , elles répandent une forte odeur de thérébentine , & laiſſent couler une ſève viſqueuſe dont elles ſont remplies. Ses fleurs blanches , tubuleuſes & diviſées à leurs bords en cinq parties , ſortent en petites ombelles des extrémités des branches : leur ſtigmat qui couronne le ſtyle , eſt d'une couleur de pourpre foncé , & érigé au - deſſus du tube ; leurs étamines ſont beaucoup plus courtes , & environnent un germe oblong , ſitué dans le centre du tube ,

&

& couronné par un duvet long, blanc & velu. Après la fleur, le germe devient une femence oblongue, couverte du même duvet ; mais qui ne mûrit pas en Angleterre. En France, quelques perfonnes de qualité font dans l'ufage de faire mariner les feuilles de ces plantes, en confervant la poufiere blanche qui les couvre, & qui les rend très-belles à la vue.

On multiplie aifément cette efpece par boutures, pendant tous les mois de l'été : lorfque les boutures font féparées des vieilles plantes, on les fait lécher pendant quinze jours avant de les planter, afin que la plaie foit güérie. La plupart des Jardiniers plongent les pots dans lefquels ils ont placé ces boutures, dans une couche de chaleur modérée pour les forcer à prendre racine ; mais fi elles font faites en Juin ou en Juillet, elles s'enracineront auffi bien en plein air. J'ai vu fouvent des branches rompues par accident & tombées à terre, pouffer des racines fans aucun foin. Si l'on garde ces branches pendant fix mois hors de terre, & qu'on les plante enfuite, elles poufferont encore facilement des racines. Cette plante demande une terre légère & fablonneufe, & elle doit être placée en hiver fous des vitrages airés, où elle puiffe jouïr du foleil & de l'air dans les tems doux ; mais être préfervée de la gelée. En hiver elle exige peu d'arrofement, elle ne demande non plus que très-peu d'eau pendant l'été, lorfqu'elle eft expofée en plein

air. Au refte, le traitement qui lui convient eft le même que celui qui eft employé pour les *Ficoïdes* & les autres plantes fucculentes du même pays. Quoiqu'elle fleuriffe ordinairement en automne, le tems où fes fleurs paroiffent n'eft pas toujours le même.

Il y a dans cette efpece une variété beaucoup plus baffe & plus tendre, qu'il faut placer en hiver dans la ferre chaude, & l'on doit ne lui donner que très-peu d'eau. Cette plante n'a point produit de fleurs ici.

Kleinia. La fixieme, qu'on cultive depuis longtems dans les jardins Anglois, eft originaire des Isles Canaries : elle s'élève avec une tige épaiffe & charnue, divifée à de certaines diftances, comme s'il y avoit beaucoup de nœuds : chacune de ces divifions fe gonfle & devient beaucoup plus groffe au milieu qu'aux deux extrémités. Ces tiges fe divifent en plufieurs branches irrégulieres de la même forme, garnies vers le haut de feuilles longues, étroites, en forme de lance, d'une couleur de vert-de-mer, & placées fans ordre autour des tiges. Toutes laiffent en tombant une cicatrice à leur place, qui paroît toujours fur les branches. Les fleurs de cette efpece font tubuleufes & d'une couleur foible incarnat ; elles fortent en gros paquets des extrémités des branches, & paroiffent en Août, en Septembre, & durant une grande partie du mois d'Octobre ; mais elles ne font pas suivies de semences dans ce pays. En creusant à une grande profondeur dans quelques endroits de l'Angleterre, on a trouvé des pierres & d'autres fossiles sur lesquels cette plante étoit empreinte. Le Docteur WOODWARD a pensé que l'origine de ces monumens devoit être rapportée au tems du déluge universel, & comme on a découvert encore d'autres vestiges de plantes & d'animaux originaires de ces Isles, il en a conclu que le courant des eaux du déluge est venu du sud-ouest.

Cette plante a été appelée par les Jardiniers, *Arbre-à-Chou*: je pense que ce nom lui a été donné à cause de la ressemblance de ses tiges avec celles de *Chou*. D'autres l'ont nommée *Arbre-à-Œillet*, à cause de la forme de ses feuilles, & de la couleur de ses fleurs.

On multiplie cette espece par boutures, comme la précédente; & elle exige la même culture. On la place en hiver sous un châssis de couche chaude & sèche, & on l'arrose peu durant cette saison; parce que l'humidité la fait aisément pourrir: en été, on l'expose au plein air, en lui choisissant une situation chaude & abritée, & on l'arrose un peu dans les tems secs: au moyen de cette méthode, elle fleurira tous les ans, & parviendra jusqu'à la hauteur de huit ou dix pieds.

Papillaris. La septieme ressemble à la sixieme par sa forme & sa maniere de croître; cependant les feuilles sont plus étroites, plus succulentes, & ne tombent pas tout-à-fait comme celles de la précédente; mais elles se cassent au bout des pétioles qui sont forts & épais, & qui restent toujours en place: de sorte que la tige principale, & la partie basse des branches qui sont destituées des feuilles, sont garnies de chaque côté de ces pétioles tronqués. Cette espece n'a pas encore produit de fleurs en Angleterre: on la multiplie par boutures, comme les deux especes précédentes, & on la traite comme la cinquieme. Comme elle craint plus l'humidité que les autres, on doit lui ménager encore davantage les arrosemens, & la mettre à l'abri de fortes pluies; mais elle a besoin d'être exposée en plein air pendant l'été.

Cette plante est originaire du Cap de Bonne-Espérance.

Anti-Euphorbium. La huitieme que l'on conserve depuis long-tems dans les jardins Anglois, est généralement connue sous le nom d'*Anti-Euphorbium*, parce qu'on la regarde comme ayant des propriétés contraires à celles de l'*Euphorbe*. Sa racine produit plusieurs tiges succulentes, aussi grosses que le doigt, qui s'élancent vers le haut en plusieurs branches irrégulieres: ces branches sont garnies de feuilles plates, oblongues, succulentes, & placées alternativement. Audessous de chaque pétiole, il y a trois côtes qui coulent longitudinalement, & qui sont jointes ensemble. Cette espece fleurit très-rarement en Europe ; mais elle se multiplie par boutures , comme la cinquieme , & elle est également dure. Il ne lui faut que très-peu d'humidité , sur - tout en hiver , & elle exige un sol sec, sablonneux & pauvre.

Sonchi - folia. La neuvieme croît sans culture dans l'Isle de Céylan , à la Chine , & dans les Indes Occidentales Espagnoles, d'où ses semences m'ont été envoyées. Cette espece périt ordinairement après la maturité de ses semences. Ses tiges s'élèvent à deux pieds de hauteur, en se divisant un peu vers le sommet: ses feuilles, sessiles aux tiges, sont découpées sur leurs bords , & sinuées à-peu-près comme celles de la *Moutarde:* ses tiges sont terminées par des fleurs presqu'en forme d'ombelle , jaunes dans quelques plantes, pourpre dans d'autres ; petites & suivies de semences oblongues, ovales & couronnées d'un duvet plumacé. Cette espece fleurit en Juillet ; ses semences mûrissent en Septembre , & bientôt après, la plante périt.

Cette espece se multiplie par semences, qui réussiront plus certainement, si elles sont mises en terre , en automne, aussitôt après leur maturité, que si elles n'étoient semées qu'au printems. On plonge les pots dans lesquels on a placé ces semences, dans la couche de tan de la serre chaude : mais si l'on n'a pas cette facilité , on les seme au printems sur une couche chaude ; & lorsque les plantes qu'elles ont produites , ont acquis assez de force, on les transporte sur une autre couche chaude , pour les faire avancer: on les tient à l'ombre jusqu'à ce qu'elles aient formé de nouvelles racines ; après quoi, on leur donne journellement de l'air à proportion de la chaleur de la saison. Quand ces plantes sont assez fortes, on les met dans des pots qu'on plonge dans une couche de chaleur modérée , sous un châssis profond ; ou bien on les place dans une caisse de vitrage , où elles fleuriront & perfectionneront leurs semences.

Lutea. J'ai reçu la dixieme de l'Isle de Sainte - Helene sa patrie. On la multiplie facilement en divisant ses racines qui s'étendent & font des progrès considérables. Ses feuilles qui sortent immédiatement de la racine , sur de forts courts pétioles , sont divisées presque jusqu'à la côte du milieu , en cinq ou six segmens oblongs & aigus : ces segmens sont aussi fortement découpés sur leurs bords, en deux ou trois endroits : le dessous des feuilles est de couleur de vert-de-mer, & le dessus d'un vert-foncé. La tige de fleurs s'élève immédiatement de la racine entre ses feuilles ; elle est nue, haute d'environ huit pouces, & terminée par six ou huit fleurs jaunes, composées presque en ombelles , & placées sur de longs pédoncules : ces fleurs sont suivies de semences oblongues qui mûrissent rarement en Angleterre.

Comme cette plante se multiplie considérablement par sa

racine, on se sert peu de semences : on divise ces racines,
au commencement de Septembre, ou à la *fin* de Mars, & on
les plante dans des pots remplis de terre légère, qu'on
plonge dans la couche de tan
de la serre chaude, où elles
doivent être tenues constamment, étant trop tendres pour
pouvoir profiter sans ce secours
dans notre climat.

CACAO. *Tourn. Inst. R. H.*
660. Theobroma. Lin. Gen. 806.
[*The Chocolate-nut.*] La *Noix-*
de-Chocolat, ou *Cacaoyer.*

Caractères. Le calice est composé de cinq feuilles en forme
de lance, qui s'ouvrent & s'é-
tendent : la corolle a cinq pétales dentelés irrégulièrement,
qui sont aussi étendus & ouverts : la fleur a cinq étamines
érigées, aussi longues que les
pétales, & terminées par des
sommets pointus. Dans le centre est placé un germe ovale,
qui soutient un style simple,
aussi long que les étamines, &
couronné d'un stigmat érigé :
quand la fleur est passée, ce
germe devient un légume
oblong, terminé en pointe,
ligneux, brodé & divisé en
cinq cellules remplies de semences ovales, comprimées
& charnues.

Ce genre a été établi par
le Pere PLUMIER, qui, après
l'avoir observé en Amérique,
en a donné les caractères, & les
a communiqués à M. DE TOUR-
NEFORT, qui les a insérés dans
l'Appendix de ses Institutions.
LINNÉE l'a joint au *Guazuma*
de PLUMIER, sous le titre de
Theobroma ; mais comme ces

deux plantes different beaucoup entr'elles par leurs fruits,
je les laisserai sous différents
genres.

Nous n'avons qu'une espece
de cette plante, qui est :

Cacao. Clus. Exot. 55 ; L'arbre qui produit la Noix-de-
Chocolat.

Theobroma, foliis integerrimis.
Hort. Cliff. 397. Mat. Med. 364.

Arbor Cacaoifera Americana.
Pluk. Alm. 40. T. 268. F. 3.

Amygdalis similis Guatimalen-
sis. Bauh. Pin. 442. Roy. Lugd.
Bat. 47.

Cet arbre est originaire de
l'Amérique ; il y croît abondamment & sans culture entre
les Tropiques ; mais principalement à Caracca, à Carthagêne sur la Riviere des Ama-
zônes, dans l'Isthme de Da-
rien, à Honduras, à Guatimala
& à Nicaragua : on le cultive
dans plusieurs des Isles possé-
dées par les François & les
Espagnols ; mais depuis quelques années on l'a totalement
négligé dans les possessions Angloises en Amérique ; de sorte
que les Anglois, qui consom-
ment beaucoup de Chocolat,
sont obligés d'acheter les *Noix-*
de-Cacao des François & des
Espagnols qui les leur vendent
très-cher : ce qui doit occa-
sionner une grande diminution
dans la balance du commerce,
au préjudice des Anglois.

Si les Planteurs de nos Colonies avoient tant soit peu
d'industrie, il seroit facile de
remédier à cet inconvénient,
en plantant le *Cacao* dans les
lieux où les *Cannes-à-sucre* ne
prospèrent point. Il est très-pro-

bable qu'il y réuffiroit ; puif-qu'autrefois nos Ifles produi-foient une affez grande quan-tité de *Noix*, pour fuffire non-feulement à la confommation de l'Angleterre, mais pour être encore diftribuées en très-grande quantité dans le refte de l'Europe.

Afin d'encourager les Colons de l'Amérique à cultiver cette plante, je vais en donner une defcription exacte ; j'indique-rai la culture qui lui convient dans ces climats ; je ferai con-noître les fuccès qu'ont eu ceux qui ont effayé de la multi-plier dans les Ifles, & enfin je donnerai les moyens qu'on doit employer pour la confer-ver en Angleterre dans les jar-dins des curieux.

Quand on veut faire une plantation d'arbres de *Cacao*, il faut d'abord choifir avec in-telligence le fol & l'expofition qui leur conviennent ; fans quoi, le fuccés en feroit fort incertain. Comme les grands vents leur font fort contraires, & qu'ils feroient bientôt dé-truits, s'ils y étoient expofés, il faut leur choifir une fitua-tion qui en foit à l'abri. Les ravins creufés par les torrents qui tombent des montagnes leur font très-favorables ; ces ravins, que les habitans des Ifles appellent *Gullies*, font très-communs ; & comme en gé-néral ils font très-étendus, fort larges & fort profonds, qu'ils font peu cultivés, & que leur fol eft riche & humide, ces arbres y profpereroient & au-gmenteroient beaucoup le re-venu des propriétaires qui n'en

retirent rien à préfent. Je parle d'ailleurs ici d'après l'expé-rience de plufieurs perfonnes qui depuis peu ont fait des ef-fais fur de pareils emplace-ments, & dont les tentatives ont été recompenfées par le fuccés le plus complet. Quand il n'y a point de ces *Gullies*, ou que leur nombre n'eft pas fuffifant pour y former des plantations, on choifit un lieu bien abrité par de grands ar-bres : & même s'il n'y a point d'arbres, on en plante trois ou quatre rangs autour de la piece de terre qu'on a choifie, en employant les efpeces dont l'ac-croiffement eft plus prompt : de plus, il faut planter en-dedans de ces rangs & à des diftances convenables quelques arbres de *Plantano*, qui croif-fent très-vîte, & dont les feuil-les font larges & fort propres à former un bon abri pour les jeunes arbres de *Cacao*.

Les arbres de *Cacao* qui font cultivés, s'élèvent rarement au-deffus de quatorze ou quinze pieds, & leurs branches ne s'étendent pas beaucoup ; de forte que, fi les arbres de *Plantano* font plantés en lignes éloignées de vingt-quatre pieds les unes des autres, il reftera entr'elles un efpace fuffifant pour deux rangs de *Cacao*, qui feront affez à l'aife, s'ils font féparés entr'eux par un inter-valle de dix pieds. Les arbres de cette efpece, qu'on trouve fauvages dans les lieux incul-tes, font généralement beau-coup plus gros que ceux qui font cultivés ; ce qui peut être occafionné par le voifinage des autres arbres, au milieu defquels, ils croiffent; dans cette pofition, ils font abrités de tous les vents, & ils ne font point expofés aux mêmes dangers que ceux qui ont été plantés : d'ailleurs, comme ils font ferrés de plus près, & que l'air ne circule pas bien librement autour de leurs tiges, ils font forcés de s'étendre en hauteur. Dans une plantation l'on ne doit point chercher à élever ces arbres ; plus ils font bas, plus leur fruit eft facile à cueillir, moins on les endommage en faifant cette récolte, & moins les vents ont de prife fur eux. Les habitans des Ifles ne cherchent pas de les avoir au-deffus de quatorze ou quinze pieds de hauteur.

Le fol fur lequel ces arbres réuffiffent le mieux, eft une terre humide, riche & profonde; parce qu'ils pouffent généralement un pivot qui s'enfonce profondément : s'ils rencontrent un fond de roche, près la furface de la terre, ils profitent rarement, & ne font pas d'une longue durée ; mais dans une terre riche, profonde & humide, ils produifent du fruit en affez grande abondance trois ans après avoir été femés, & continuent à en donner encore pendant plufieurs autres années.

Avant de commencer cette plantation, on prépare la terre, en la defonçant profondément, on la nettoie de toutes les racines d'arbre & des plantes nuifibles qui repousseroient après la premiere pluie, fi on les laiffoit dans la terre, & nui-

roient beaucoup à l'accroiffement de la plantation, parce qu'il feroit prefqu'impoffible d'en purger la terre fans endommager les *Cacaos* qui commenceroient à naître.

Quand la terre eft ainfi préparée, on trace au cordeau les rangs où l'on doit planter les *Noix*, & on les place en quinconce, à une diftance égale de tous côtés ; & de façon que les *Plantanos* mis entre les lignes, puiffent s'accorder au quinconce des *Cacaos* placés entre chaque rang.

On plante les *Noix* dans les endroits où les arbres doivent refter ; car s'ils étoient tranfplantés, ils fubfifteroient avec peine, & s'ils y réfiftoient, ils ne feroient jamais de grands progrès, parce qu'ils ont des pivots tendres, qui, étant rompus, occafionneroient infailliblement leur deftruction.

Il faut toujours planter ces *Noix* dans une faifon pluvieufe, ou par un tems couvert qui donne l'efpérance d'une pluie prochaine. Comme les fruits mûriffent en deux différentes faifons, à la Saint-Jean & à Noël, les plantations peuvent être faites dans l'un ou dans l'autre de ces deux tems. On choifit les *Noix* les plus mûres & les plus faines, parce que, fi celles qu'on emploie étoient mauvaifes, on perdroit toutes fes peines & fes dépenfes. La maniere de planter ces *Noix*, eft de faire trois trous dans la terre, à deux ou trois pouces l'un de l'autre, dans le lieu deftiné à chaque arbre ; on met dans chaque trou une bonne

Noix à deux pouces environ de profondeur , qu'on recouvre légèrement avec de la terre. On plante trois *Noix* à chaque place , parce qu'elles réuffif-fent rarement toutes , & que , fi les trois viennent à pouffer, elles ne feront point d'une éga-le vigueur. Quand les plantes qui en proviennent ont une an-née d'accroiffement, on arra-che les plus foibles , & on ne laiffe en place que celles qui annoncent avoir plus de force; mais en faifant cette opération, il faut avoir grand foin de ne point deranger ni endommager celles qui reftent.

Il eft bon d'obferver que les *Noix de Cacao* ne confervent pas leurs germes , & qu'elles ne font propres à être plantées que très-peu de tems après qu'elles ont été cueillies ; de forte qu'il eft impoffible de les tranfporter au loin pour cet ufage, ainfi que de les tenir long-tems hors de la terre dans leur pays natal.

Quelques Auteurs qui ont traité la culture de cet arbre, font mention de trois efpeces de *Noix*, qu'ils diftinguent par la couleur de leur peau; la premiere eft d'un vert blan-châtre , la feconde d'un rouge foncé & la troifieme rouge & jaune; mais ces variétés ne font point fpécifiques , & le même arbre les produit toutes , com-me il arrive aux *Avelines* qui different beaucoup entr'elles par la couleur de leur peau, quoiqu'elles aient toutes le même goût, & qu'intérieure-ment leur couleur foit pareille. D'autres ont auffi voulu dif-

tinguer ces *Noix* par leur grof-feur & par leur forme : quel-ques-unes font groffes & épaif-fes , & les autres prefqu'auffi plates que des *Féves* ; mais je fuis affuré que ces différences ne proviennent que de quel-qu'accident : les arbres qui pouffent dans un fol riche & profond, donnent toujours des fruits plus gros, meilleurs & mieux nourris , que ceux qui fe trouvent dans une terre fè-che & peu profonde : l'âge de l'arbre produit auffi une grande altération dans la groffeur du fruit ; car on remarque tou-jours que les vieux pieds four-niffent des fruits plus petits & plus plats que ceux qu'on cueil-le fur de jeunes arbres. Com-me les arbres de *Cacao*, lorf-qu'ils commencent à fortir de terre , font fort tendres , & qu'ils font expofés à être en-dommagés par les grands vents, par les féchereffes , & par l'im-preffion d'un foleil brûlant , on doit les garantir exactement de tout ce qui pourroit leur nuire , en choififfant une fituation abritée pour y former une plan-tation , en plantant des arbres pour la garantir des vents im-pétueux , & en donnant , s'il eft poffible , la préférence à un terrein voifin d'une riviere , pour qu'il foit facile d'arrofer les plantes pendant la premiere année , & jufqu'à ce qu'elles ayent pouffé des racines affez fortes & affez profondes pour rencontrer un peu d'humidité. On met ces jeunes plantes à couvert des rayons du foleil, en plantant entre chaque rang deux rayons de *Caffada*, qui, s'élevant à fept ou huit pieds de hauteur , leur fourniront un abri fuffifant pendant la premiere année : après ce tems , les jeunes arbres de *Cacao* courront moins de rifque , & dans la faifon fuivante , on pourra enlever le *Caffada* & labourer la terre dans les intervalles , avec l'attention de ne point bleffer les racines des arbres. Cette méthode de planter du *Caffada* entre les Cacaos , eft non-feulement très-utile à ces arbres , mais elle produit encore aux propriétaires un avantage confidérable , en les indemnifant des frais qu'ils auront-été obligés de faire pour arracher les mauvaifes herbes, car fans cette précaution les jeunes arbres de *Cacao* ne réuffiront pas. Ce n'eft pas tout ; l'utilité des *Plantanos* pour la nourriture des negres fuffit pour indemnifer de tous les frais que la plantation même a coutés , de maniere que le produit des arbres de *Cacao* reftera net aux propriétaires: car les *Plantanos* étant coupés au bout d'un an , ils repoufferont des rejettons qui donneront encore du fruit huit mois après, & qui continueront à en fournir pour la nourriture des Negres , jufqu'à ce que les arbres de *Cacao* foient en état de produire , c'eft-à-dire , trois ans après qu'ils ont été plantés.

Les Colons font dans l'ufage de planter les *Plantanos* deux ou trois mois avant que les noix de *Cacao* ne foient mûres , afin qu'ils deviennent affez gros pour abriter les jeunes arbres quand ils pouffent ,

& le *Caffada* , un mois ou fix femaines auffi avant , pour la même raifon. Quelques perfonnes plantent des *Patates* , d'autres des *Concombres* , des *Melons* , ou des *Melons-d'eau* entre les rangs des *Cacaos* , parce qu'ils prétendent que ces efpeces de plantes en rampant fur la terre & en garniffant exactement fa furface, empèchent les mauvaifes herbes de pouffer ; mais en pratiquant cette méthode , il faut avoir attention que la trop grande quantité de ces plantes ne nuife beaucoup aux jeunes *Cacaos* , qui ne pourroient jamais fe rétablir ; c'eft-pourquoi on doit toujours retrancher les rejettons de ces plantes , quand ils approchent trop des *Cacaos* : fans quoi , elles feroient grand tort à la plantation , & finiroient même par la détruire tout à-fait.

Sept ou huit jours après que les *Noix de Cacao* ont été mifes en terre , les jeunes plantes commencent à paroître au-deffus de la furface; alors on doit les examiner foigneufement pour reconnoître fi quelques-unes d'entr'elles ne font point attaquées par les infectes , afin de les détruire à tems , & de prévenir par-là la perte totale de la plantation. Si quelques mauvaifes herbes croiffent dans le voifinage des jeunes plantes , on les déracine avec la houe , en prenant toutes les précautions poffibles pour ne point endommager les tiges des arbres de *Cacao* , ni bleffer leur écorce. Vingt jours après les *Ca-*

caos auront cinq ou six pou- | plus forts, & mieux nourris
ces de haut, & cinq ou six que ceux auxquels on en
feuilles, plus ou moins, sui- laisse donner une grande
vant la force des plantes : quantité, & ils restent beau-
ces feuilles sont toujours pro- coup plus long-tems en pleine
duites par paire, opposées vigueur. A la quatrieme an-
l'une à l'autre, ainsi que les née, ils laissent sur leurs ar-
branches, de sorte qu'elles bres une récolte modérée, mais
forment des têtes belles & ré- ils retranchent toujours quel-
gulieres, si elles ne sont pas ques fleurs sur les plus foibles,
endommagées par les vents. afin qu'ils puissent acquérir
Dix ou douze mois après, ils de la force avant d'être trop
auront deux pieds & demi vieux.
d'élévation, & quatorze ou Il se passe ordinairement
quinze feuilles. Alors le *Cus-* quatre mois depuis la chûte
sada qui aura été planté dans des fleurs, jusqu'à la maturi-
les rangs, aura de grosses ra- té du fruit. On connoit aisé-
cines qu'on pourra enlever ment quand il est mûr, par la
pour l'usage : après quoi, on couleur de son enveloppe qui
labourera encore la terre pour jaunit sur le côté exposé au
fortifier les jeunes plantes. soleil. Pour recueillir ces fruits,
Après deux ans, elles auront on place à chaque rang d'ar-
atteint la hauteur de trois bres un Negre qui porte un
pieds & demi ou de quatre panier, & qui coupe tous ceux
pieds : quelques-unes d'en- qui sont mûrs, en laissant ceux
tr'elles commenceront à fleu- qui ne le sont point encore.
rir ; mais les planteurs atten- Quand le panier est rempli,
tifs retranchent toujours ces il le porte à l'extrémité de la
fleurs, parce que, si on leur plantation, où il met tous les
laissoit produire du fruit, les fruits en tas. Cette récolte
arbres s'affoibliroient tellement étant finie, on ouvre les lé-
qu'ils courroient risque de ne gumes dans leur longueur,
se rétablir jamais. A deux ans on en retire les *Noix*, & on
& demi, ces mêmes *Cacaos* enlève toute la chair qui y ad-
donneront de nouvelles fleurs here : après quoi, on les
dont on pourroit laisser quel- transporte dans la maison, on
ques-unes pour en recueillir le les met dans des caisses ou des
fruit ; mais les planteurs at- tonneaux élevés au-dessus de
tentifs les détachent encore la terre, & on les couvre avec
& n'en laissent fructifier au- des *Roseaux d'Inde* ou des nat-
cune avant la troisieme année : tes sur lesquelles on pose
ils n'en souffrent même alors quelques planches chargées de
que très-peu, & proportion- pierres pour les tenir serrées.
nent toujours leur nombre à On garde les *Noix* dans ces
la force des arbres ; par cette caisses pendant quatre ou cinq
méthode les *Cacaoyers* pro- jours, pendant lequel tems on
duisent toujours des fruits les remue tous les matins ;

fans quoi, elles feroient expofées à fe gâter, à caufe de la grande fermentation où elles font ordinairement. Au moyen de cette fermentation, les *Noix* de blanches qu'elles étoient, deviennent brunes ou d'un rouge foncé. Les Colons prétendent que, fans cette opération, ces fruits ne fe conferveroient point, qu'ils germeroient dans un lieu humide, & qu'ils fe rétréciroient & fe defsècheroient trop dans un endroit fec & chaud.

Lorfque les *Noix* ont ainfi fermenté, on les retire des caiffes pour les étendre fur une groffe toile, & on les place de maniere qu'elles foient expofées au foleil & au vent : fi le tems eft pluvieux ou humide, on les met fous un abri, & même quand il fait fec, on les y retire tous les foirs pour les garantir de l'humidité ; trois jours de beau tems fuffifent pour les fecher, pourvu qu'on ait la précaution de les retourner de tems en tems, pour qu'aucune partie ne refte humide. Après cette opération, on les enferme dans des boëtes ou dans des facs, que l'on conferve dans un lieu fec, jufqu'à ce qu'on les faffe partir, ou qu'on en difpofe autrement. Plus ces *Noix* font fraîches, & plus elles contiennent d'huile ; de forte que, plus elles font vieilles, moins elles font eftimées.

Ces arbres ne produifent pas leurs fruits fur les jeunes branches, ou à leur extrémité, comme la plupart des autres, mais leurs boutons à fleurs &

à fruits, fortent des groffes branches, ou du tronc même de l'arbre. Ils ne donnent jamais autant de fruit dans leur jeuneffe ; car, lorfqu'ils n'ont encore que huit années, à peine la récolte va-t-elle à vingt-huit ou trente boutons fur chaque pied : la récolte de la Saint-Jean, eft fur-tout moins forte que celle de Noël ; ce qui provient de la grande féchereffe du printems, & des pluies de l'automne. Lorfque ces arbres font en pleine crûe & vigoureux, ils produifent quelquefois chacun deux-cents ou deux-cent-cinquante légumes en une faifon, avec lefquels on peut faire dix à douze livres de Chocolat quand les *Noix* font fèches : cette quantité fait un revenu confidérable, & n'exige que des frais modiques d'exploitation, en les comparant à ceux du fucre. Une perfonne d'un grand mérite, qui avoit réfidé quelque tems en Amérique, m'a affuré qu'il avoit vu recueillir pendant une année fur un feul arbre, des *Noix de Cacao* pour la valeur d'une livre & demi fterling, (34 à 35 livres tournois,) vendus fur place ; & que les frais de récolte & de préparation, étoient beaucoup moins forts que ceux de plufieurs autres productions préparées dans les Colonies Britanniques ; de forte qu'il eft furprenant qu'on abandonne cette culture, avec d'autant moins de raifon, que les riches habitans font une grande confommation de Chocolat, &

qu'ils font forcés de l'acheter des François & des Espagnols, à un prix confidérable ; cette négligence , avec le tems, appauvrira les Colonies.

Lorfque les arbres de *Cacao* font plantés dans un bon terrein, & qu'on en a un foin convenable, ils reftent longtems en vigueur , & donnent du fruit pendant vingt-cinq ou trente années : c'eft pourquoi les frais de culture doivent être bien moins confidérables que ceux du fucre ; car , malgré que la terre entre les rangs doive être fouvent houée & labourée , cependant le premier ouvrage pour établir une nouvelle plantation de *Sucre* , d'*Indigo* , de *Caffada* , &c. , exige une bien plus grande dépenfe que le travail néceffaire aux *Cacaoyers* ; en outre , le's cannes à fucre demandent autant de labours dans leur culture, qu'aucunes autres plantes ; & depuis que les infectes fe font fingulièrement multipliés dans les Colonies Britanniques , rien n'eft plus incertain que les récoltes de fucre. D'après toutes ces raifons , je penfe qu'il feroit avantageux aux planteurs de faire quelques effais , s'ils ont des emplacements convenables , afin de fe convaincre de la vérité de ce que j'avance.

Les feuilles de ces arbres font larges , & font beaucoup de litiere lorfqu'elles tombent ; ce qui eft très - utile , parce que , la furface de la terre en étant couverte , elles confervent l'humidité , l'empêchent de s'évaporer , & par - là deviennent très - favorables aux jeunes & tendres racines qui font précifément au deffous de la furface. Quand ces feuilles font pourries , on les enterre en labourant & elles déviennent alors un excellent engrais. Quelques perfonnes laiffent pourrir en monceaux. les coffes des noix après qu'elles ont été ôtées, & ils les étendent enfuite fur la terre comme du fumier : tous ces engrais font fort bons , pourvu qu'ils foient bien confommés avant de les répandre , & qu'on n'introduife point de vermines fur les plantations avec ces fumiers.

Indépendamment de tout ce qui vient d'être dit pour les labours , le houage & les engrais , il eft encore effentiel de retrancher les branches mortes , & celles qui font mal placées , par - tout où il s'en trouve ; mais en faifant cette opération , il faut bien fe garder de raccourcir les branches vigoureufes , & de faire de trop grandes amputations , parce que ces arbres étant remplis d'un fuc mou & glutineux , cette féve s'écoule pendant plufieurs jours, par les bleffures qu'ils ont reçues, & ils s'affoibliffent confidérablement : cependant les branches dont les extrémités font mortes, doivent être coupées , pour empêcher que le mal ne s'étende plus loin ; & celles qui font fort endommagées , veulent auffi être féparées près de la tige de l'arbre : on fait cet ouvrage par un tems fec.

auſſi-tôt après que la récolte eſt finie.

On imaginera peut-être que la méthode que je viens de preſcrire, exige un travail conſidérable, ennuyeux, & une grande quantité de Negres; mais c'eſt une grande erreur : car je ſuis aſſuré que cinq ou ſix Negres bien inſtruits, entretiendront une plantation de dix-mille de ces arbres ; nombre bien peu conſidérable, en comparaiſon de la quantité d'hommes qu'exige la culture du ſucre ſur la même étendue de terrein.

En rapprochant le bénéfice des deux récoltes, on trouvera auſſi entr'elles une grande différence : car en ſuppoſant que le produit de chaque arbre de *Cacao*, lorſqu'il eſt en vigueur, ſoit de cinq ſchellins, ou cinq livres quinze ſols tournois, (eſtimation bien moderée, comme on peut le voir par ce qui a été dit ci-deſſus), on trouvera qu'une plantation de dix mille pieds d'arbres produira 57500 livres tournois par année; & comme on n'emploie à cette culture que ſix ou ſept Negres, qu'il n'y a aucune dépenſe à faire pour les fourneaux &c. ; on conviendra qu'aucune production ne peut donner un auſſi grand bénéfice.

Culture d'Europe. Pour ſe procurer cet arbre en Europe, par ſimple curioſité, il eſt néceſſaire que les noix ſoient plantées en Amérique même, auſſi-tôt après qu'elles ſont recueillies, dans des caiſſes remplies de terre, parce que ſans

cela, leurs germes périroient avant d'arriver. Ces caiſſes doivent être tenues à l'ombre & fréquemment arroſées, afin d'avancer la végétation des noix. Quinze jours environ après que ces noix ont été plantées, elles commenceront à montrer leurs tiges au-deſſus de la terre ; alors on les arroſera dans les tems ſecs, & on les mettra à l'abri des rayons ardents du ſoleil, qui leur feroient d'autant plus de tort, qu'elles feroient plus jeunes : on arrache auſſi avec ſoin toutes les mauvaiſes herbes qui, en croiſſant, étoufferoient & feroient périr les plantes. Lorſqu'elles ſont devenues aſſez fortes pour être tranſportées, on les embarque dans le navire, & on les place de maniere qu'elles ſoient à l'abri des vents forts, de l'eau ſalée, & de la grande chaleur du ſoleil. Pendant la traverſée, on les arroſe ſouvent, mais peu à la fois, pour ne point faire pourrir les tendres fibres de leurs racines ; & lorſqu'elles arrivent dans un climat froid, on les abrite autant qu'il eſt poſſible, & on ne les arroſe plus qu'une fois par ſemaine.

Lorſque ces jeunes arbres ſont arrivés à leur deſtination, on les enlève avec ſoin des caiſſes, on les tranſplante ſéparément dans des pots remplis d'une terre riche & légere, on les plonge dans une couche de tan de chaleur modérée, dont on a ſoin de couvrir les vitrages pendant la chaleur du jour, pour les motrre à l'abri du foleil, & on les arrofe fouvent & modérément, de peur de faire pourrir leurs racines. Ces pots doivent refter dans la couche jufqu'à la Saint-Michel ; à cette époque, on les tranfporte dans la ferre chaude, & on les plonge dans l'endroit le plus chaud de la couche de tan. Pendant l'hiver, on les rafraîchit fréquemment avec de l'eau, mais toujours avec modération : en été ils veulent être arrofés plus fouvent ; mais comme ils ne peuvent fubfifter en plein air dans nos climats, même pendant la faifon la plus chaude de l'année, on doit les tenir conftamment dans la ferre chaude, leur donner beaucoup d'air pendant l'été, & les tenir très-chaudement en hiver. A mefure que ces plantes augmentent en groffeur, on les met dans de plus gros pots, en s'y prenant avec précaution, pour ne point déchirer ni froiffer leurs racines ; car, lorfque cet accident arrive, elles fouffrent beaucoup, & périffent même très-fouvent : elles périroient auffi par la pourriture de leurs racines, fi on les plaçoit dans des pots trop grands. On doit avoir grand foin de laver & de nettoyer exactement les feuilles de ces plantes qui, lorfqu'elles font renfermées, font fujettes à fe charger d'ordures ; ce qui eft occafionné par de petits infectes qui s'y raffemblent. Si l'on fuit exactement ce qui vient d'être prefcrit, pour le traitement de cet arbre, il fe confervera très-

bien, & produira des fleurs dans notre climat, mais il fera très-difficile d'en obtenir du fruit ; parce qu'étant très-délicat, il eft fujet à beaucoup d'accidents dans les contrées froides (1).

CACHIMENT, *ou* LA POMME POURPRE, *V.* ANNONA ASIATICA.

CACHRYS, *Lin. Gen. Pl. 304 ;* [*Cachrys.*] Armarinthe.

Caractères. Cette plante a une fleur ombellée : la grande ombelle ou l'ombelle générale, eft compofée de plufieurs plus petites : les enveloppes de l'une & des autres, font compofées de plufieurs feuilles étroites & en forme de lance : la grande ombelle eft uniforme. La corolle a cinq pétales égaux, érigés & en forme de lance. La fleur a cinq étamines fimples, auffi longues que les pétales, & terminées par des fommets fimples. Le germe turbiné, & fitué fous le réceptacle, foutient deux ftyles couronnés par des ftigmats ronds. Le calice fe change enfuite en un fruit gros, ovale, émouffé & divifé en deux par-

---

(1) La pâte fèche qu'on prépare avec la *Noix de Cacao*, & que tout le monde connoit fous le nom de *Chocolat*, n'eft point d'ufage en Médecine, on l'emploie feulement comme un excellent analeptique & même aphrodifiaque, lorfqu'on y fait entrer une certaine quantité de *Vanille*. On recommande le *Chocolat* aux perfonnes maigres, à celles qui font épuifées par une longue maladie, après des hémorrhagies confidérables, &c.

ties, dont chacune renferme une groſſe ſemence ſpongicuſe, concave ſur un côté & unie ſur l'autre.

Ce genre de plante eſt rangé dans la ſeconde ſection de la cinquieme claſſe de LINNÉE, intitulée : *Pentandria Digynia*, la fleur ayant cinq étamines & deux ſtyles.

Les eſpeces ſont :

1°. *Cachrys trifida, foliis bipinnatis, foliolis linearibus trifidis, ſeminibus lævibus ;* Cachrys dont le fruit eſt uni, & les feuilles compoſées par deux rangs de lobes linéaires.

Cachrys, ſemine fungoſo lævi, foliis ferulaceis. Mor. Umb. 62.

2°. *Cachrys Sicula, foliis bipinnatis, foliolis linearibus acutis, ſeminibus ſulcatis hiſpidis. Linn. Sp. 355 ;* Cachrys à feuilles doublement aîlées, dont les lobes ſont linéaires, aigus, avec de ſemences épineuſes & ſillonnées.

Cachrys, ſemine fungoſo ſulcato aſpero, foliis Peucedani latiuſculis. Mor. Hiſt. 3. P. 267.

Hippomarathrum Creticum. Bauh. Pin. 147. Prodr. 76.

3°. *Cachrys Libanotis, foliis bipinnatis, foliolis acutis multifidis, ſeminibus ſulcatis lævibus, Lin. Sp. 355. Hort. Cliff. 94. Roy. Lugd.-Bat. 99 ;* Cachrys avec des feuilles doublement aîlées, dont les lobes ſont aigus, & diviſés en beaucoup de parties, & des ſemences unies & ſillonnées.

Cachrys, ſemine fungoſo ſulcato plano minore, foliis Peucedani anguſtis. Mor. Hiſt. 3. P. 267 ; L'Armarinthe.

Libanotis Ferulæ folio, ſemine

anguloſo. Bauh. Pin. 158.

4°. *Cachrys linearia, foliis pinnatis, foliolis linearibus multifidis, ſeminibus ſulcatis, planis ;* Cachrys à feuilles fort étroites, très-diviſées & aîlées, avec un fruit uni & cannelé.

Cachrys, ſemine fungoſo, ſulcato plano majore, foliis Peucedani anguſtis. Mor. Umb. 62.

5°. *Cachrys Hungarica, foliorum impari lobato, hirſuto ; ſemine fungoſo ſulcato plano ;* Cachrys, à feuilles velues, & terminées par des lobes impairs, produiſant une ſemence unie, ſpongieuſe & cannelée.

Cachrys Hungarica, Panacis folio. Tourn. Hiſt. 325.

Trifida. La premiere eſpece a une racine épaiſſe & charnue, qui s'enfonce profondément dans la terre, & de laquelle ſortent pluſieurs feuilles étroites, aîlées & ſemblables à celles du grand *Fenouil*, qui s'étendent près de la terre : du milieu de ces feuilles, s'éleve une tige creuſe & ſpongieuſe, haute d'environ deux pieds, & terminée par une groſſe ombelle de fleurs jaunes, qui ſont remplacées par un fruit ovale, uni, ſpongieux & diviſé en deux parties, dont chacune renferme une ſemence oblongue.

Sicula. La ſeconde a une racine groſſe & ferme, qui répand une odeur douce, & qui pouſſe pluſieurs feuilles aîlées, ſemblables à celles du *Fenouil-de-Pourceau*, mais plus courtes : ſa tige, unie & noueuſe, s'élève à la hauteur de quatre ou cinq pieds, & eſt terminée par de grosses ombelles de fleurs jaunes , & semblables à celles de l'*Anet* ; ces fleurs sont suivies de semences oblongues, spongieuses, cannélées & épineuses.

Libanotis. La racine de la troisieme espece est épaisse , charnue comme celle du *Fenouil* ; elle coule profondément dans la terre , & pousse plusieurs feuilles étroites & aîlées, qui se terminent en plusieurs pointes : du centre de ces feuilles , s'élève une tige unie , noueuse , haute d'environ trois pieds , & terminée , comme celle de la précédente , par des ombelles de fleurs que remplacent des semences spongieuses, unies, petites & sillonnées.

Linearia. La quatrieme a des racines fort épaisses, qui s'enfoncent profondément dans la terre , & qui poussent des feuilles très-étroites, & aîlées comme celles du *Fenouil-de-Pourceau.* Sa tige , dont la hauteur est de cinq ou six pieds , est noueuse comme celle du *Fenouil* , & terminée par de grandes ombelles de fleurs jaunes , auxquelles succèdent des semences grosses , ovales , spongieuses & profondément sillonnées.

Hungarica. La racine de la cinquieme , est épaisse & spongieuse , & produit plusieurs feuilles aîlées , dont les lobes font larges , velus , alternes , & terminés par un impair. Sa tige est creuse , haute de quatre pieds , & terminée par une ombelle de fleurs jaunes, & semblables à celles des especes précédentes : elle croit naturellement en Hongrie.

La premiere espece se trouve dans la France Méridionale & en Espagne ; la seconde & la troisieme en Italie & la quatrieme en Sicile. Elles fleurissent en Juin, & leurs semences mûrissent en automne.

On multiplie ces plantes , en semant leurs graines aussi-tôt qu'elles sont recueillies ; parce que , si on les tenoit hors de la terre jusqu'au printems, elles ne seroient plus susceptibles de germer , ou si elles réussissoient encore, elles ne pousseroient point avant le printems de l'année suivante ; de sorte qu'en les semant en automne, on gagne une année entiere , & ces graines ne manquent presque jamais. On les répand sur des plates-bandes à l'ombre , où l'on veut que les plantes restent ; car, comme leurs racines forment de longs tuyaux, elles résistent difficilement à la transplantation. On les seme à trois pieds de distance , en séparant chaque espece : quand ces plantes commencent à pousser, ce qui a lieu dans le commencement d'Avril, on les éclaircit , & on ne laisse en place que les deux meilleures de chaque espece ; on les débarasse de toutes les herbes inutiles , & tandis qu'elles sont jeunes, on les arrose légèrement dans les tems secs, pour avancer leur accroissement ; après quoi, elles n'exigent plus aucun soin, si ce n'est qu'il faut les tenir nettes de mauvaises herbes , & labourer à chaque printems les intervalles qui les féparent , fans endommager leurs racines.

Ces plantes périffent à chaque automne , jufqu'à la furface de la terre, & elles repouffent au printems : elles fleuriffent ordinairement au commencement de Juin , & leurs femences mûriffent en Septembre. Leurs racines , qui deviennent fouvent auffi groffes que des *Panais*, s'enfoncent quelquefois jufqu'à trois ou quatre pieds de profondeur , fi le fol eft léger : elles fubfiftent pendant plufieurs années ; & quand le fol eft riche & humide , elles produifent annuellement de bonnes femences ; mais lorfqu'elles croîffent dans un terrein fec, leurs fleurs tombent fouvent & ne font pas fuivies de femences. Ces plantes font très-peu mifes en ufage : cependant les Hongrois qui habitent les environs d'Erlaw , les habitans de la Tranfylvanie & de la Servie, fe nourriffent des racines de la cinquieme efpece, dans les années de difette.

CACTUS. *Lin. Gen. Pl. 539. Melo-cactus. Tourn. Append.* [*Hedgehog Melon-thiftle.*] Cierge , Flambeau, Melon - Chardon.

Ce genre a été d'abord connu fous le titre de *Melo - carduus* , d'*Echino-Melo-Cactus* , de Hériffon , & de Chardon - Melon ; mais ces noms étant trop compofés, LINNÉE leur a fubftitué celui de *Cactus* , & il a ajouté à ce genre le *Cereus* & l'*Opuntia*.

Caracteres. Le calice de la fleur eft formé par une feuille tubu-

leufe , courte & découpée en fix parties. La corolle eft compofée de fix pétales qui s'étendent, s'ouvrent par le haut, & reftent fur l'embryon. La fleur a fix étamines , longues & minces , terminées par des fommets érigés. Le germe de forme ovale , & fitué au deffous de la corolle , foutient un ftyle cylindrique , couronné par un ftigmat émouffé : ce germe fe change enfuite en un fruit pyramidal & charnu , qui renferme une feule cellule remplie de femences angulaires , & environnées de chair.

Les plantes qui forment ce genre, ayant depuis douze jufqu'à vingt étamines fixées avec la corolle dans l'intérieur du calice , font partie de la premiere fection de la douzieme claffe de LINNÉE , qui a pour titre *Icofandria Monogynia*.

Les efpeces font :

1°. *Cactus , Melo-Cactus , fubrotundus, quatuordecies angularis. Hort. Cliff. 181* ; Cactus rond à quatorze angles.

Melo-Cactus , Indiæ occidentalis. C. B. P. 384 ; ordinairement appelé gros Melon - Chardon.

Echino - Melo - Cactus. Clus. Exot. 92. t. 92. Bradl. Succ. 4. p. 9. t. 32.

Cactus humilis , fubrotundus , fulcatus & coronatus , fpinis confertis. Brown. Jam. 238.

2°. *Cactus intortus , fubrotundus , quindecies angularis, angulis in fpiram intortis , fpinis erectis* ; Cactus rond , ou Melon - Chardon , ayant quinze angles roulés en fpirale , & des épines érigées,

Melo-

Melo-Cactus, purpureis ſtriis, in ſpiram intortis. Plum. Cat.

3°. *Cactus, recurvus, ſubrotundus quindecies angularis, ſpinis latis recurvis creberrimis ;* Chardon-Melon rond, ayant quinze angles, & des épines larges, recourbées & fort rapprochées.

4°. *Cactus mamillaris, ſubrotundus, tectus tuberculis ovatis barbatis. Hort. Cliff. 181 ;* Cactus rond, fort couvert de tubercules barbus.

Melo-Cactus Americana minor. Boerh. Ind. alt. 2. p. 84 ; le plus petit Chardon Melon d'Amérique. Cierge mammeloné.

Echino - Melo - Cactus minor, lactescens, tuberculis ſeu mammillis majoribus. Herm. Par. 136. t. 136.

Ficoïdes ſivè Ficus Americana, ſphærica tuberculata lactescens, flore albo. Comm. Hort. 1. p. 105. t. 55.

5°. *Cactus mitis, minimus, lanuginoſus, ſpinis mitioribus, fructu ſparſim egrediente. R. W.* Melon épineux, plus petit, plein de duvet, armé d'épines plus fines, & produiſant des fruits de toutes parts.

6°. *Cactus, proliferus, ſubrotundus, tectus tuberculis ovatis, barbatis, longis, albidis ;* Cactus prolifique & rond, couvert de tubercules ovales & fort rapprochés, ayant des barbes longues & blanches, communément appelé petit *Chardon - Melon productif.*

Ces plantes ſont originaires des Indes-Occidentales, où il y a beaucoup d'autres eſpeces de ce genre qui ne ſont point décrites, & qu'on découvriroit facilement, ſi quelqu'un

vouloit s'en donner la peine. De quatre groſſes eſpeces qui ont été apportées en Angleterre, quelques-unes étoient couronnées d'une cappe brune & épineuſe, ſemblable à un bonnet à la turque, & d'autres, quoiqu'une fois plus groſſes que ces premieres, n'en avoient point du tout : d'après cela, pluſieurs perſonnes ont penſé que cette différence indiquoit des eſpeces diſtinctes entr'elles, & ils ont été confirmés dans leur opinion, en voyant ces dernieres ſe conſerver pendant pluſieurs années dans les jardins, ſans avoir jamais aucune apparence de cappe : cependant, comme ces plantes ont été rarement multipliées par ſemence, il eſt difficile de déterminer ſi elles ſont eſſentiellement différentes.

Celles qui ont des cappes, produiſent leurs fruits en cercle autour de la partie ſupérieure de la cappe, & ceux des plus petites naiſſent entre les tubercules du milieu de la plante. Dans quelques deſſins des plus groſſes eſpeces, les fruits ſont repréſentés comme s'ils ſortoient près de la couronne de la plante. Mais ſi d'habiles Botaniſtes les obſervoient dans leur pays natal, ils trouveroient probablement beaucoup plus de variétés que celles qui ſont à préſent connues.

Ces plantes ſingulières croiſſent communément dans les parties les plus chaudes de l'Amérique, ſur le penchant & dans les crevaſſes des rochers eſcarpés, où elles n'ont que très - peu, & même point de terre pour les foutenir. Leurs racines, pénétrant profondément dans ces fentes, il eft très-difficile de les enlever, parce que d'ailleurs elles font fortement armées d'épines, qui les rendent très - dangereufes à manier. Ces plantes fe plaifent dans les rochers, & elles ne fubfiftent pas long - tems, lorfque les habitans du pays les tranfplantent dans un bon fol.

On apportoit il y a quelques années les grandes efpeces beaucoup plus fréquemment qu'on ne le fait aujourd'hui ; mais la plus grande partie de celles qui ont été envoyées, ont péri dans la traverfée, par l'ignorance de ceux qui en étoient chargés : en les arrofant trop ils les font pourrir ; & quoique celles qui arrivent, paroiffent en bon état, elles font cependant fi remplies d'humidité, qu'elles fubiffent le même fort, auffi-tôt qu'on les introduit dans les ferres. Quand on fe propofe d'envoyer ces plantes de l'Amérique en Europe, on doit faire en forte que leurs racines foient auffi entieres qu'il eft poffible ; on les plante dans des caiffes remplies de pierrailles & de décombres, en y mêlant très-peu de terre ; on place trois ou quatre plantes dans chaque caiffe, plus ou moins, à proportion de leur groffeur : elles peuvent être affez ferrées dans ces caiffes ; car, comme elles ne font aucun progrès dans la traverfée, on peut, fans inconvénient, ménager la place, en les rapprochant davantage :

ces caiffes doivent être percées au fond de plufieurs trous affez larges, afin que l'humidité puiffe fe diffiper librement ; fi ces plantes font encaiffées un mois avant d'être mifes à bord, elles auront le tems de former de nouvelles racines, qui les rendront plus propres à fupporter la traverfée. Tant qu'elles font en Amérique, il ne faut point les arrofer du tout ; & pendant le voyage, on doit leur éviter toute efpece d'humidité : lorfque le tems eft mauvais, & la mer haute, on fera fort bien de les couvrir d'une toile cirée pour les préferver des eaux de la pluie, & des vapeurs de la mer ; mais lorfque le tems eft beau & calme, on peut les expofer en plein air. Moyennant ces précautions, ces plantes arriveront en bon état en Angleterre, pourvu que ce foit pendant l'été.

Quelques plantes de la groffe efpece qui ont été apportées en Angleterre, avoient jufqu'à trente-trois pouces de circonférence, & deux pieds & demi de hauteur, en y comprenant leurs cappes ; mais plufieurs perfonnes qui avoient réfidé dans les Indes Occidentales, m'ont affuré qu'on en trouvoit dans ces climats, dont les dimenfions étoient au moins doubles de celles ci.

Recurvus. La troifieme efpece a été apportée du Mexique en Angleterre, par le feu Docteur Guillaume HOUSTOUN ; mais comme elle étoit reftée long-tems dans le paffage, où elle avoit reçu de l'humidité, elle étoit flétrie avant son arrivée en Angleterre : par les débris de cette plante qui avoient été sauvés, elle a paru être la plus singulière de toutes celles qu'on connoît jusqu'à présent ; elle a deux sortes d'épines, dont les unes sont droites, & disposées en faisceaux divergens, sur les nœuds de la tige : du centre de chacun de ces faisceaux, sort une épine large & plate, longue de deux pouces, droite, récourbée à sa pointe, & d'un rouge brunâtre. Les habitans du Mexique font garnir ces épines en or & en argent, & s'en servent comme de curedens ; aussi donnent-ils à cette plante le nom de *Visnaga*, qui veut dire *Cure-dent*.

J'ai reçu d'Antigoa l'espece à côtes spirales, celles à épines blanches, & l'espece commune ; mais je ne puis décider si ce sont des variétés accidentelles provenant de semence, ou de véritables especes distinctes ; puisque dans ces pays, elles sont rarement multipliées par semences : je n'ai pu observer depuis quelques années que je soigne ces plantes, la moindre apparence de fruits ; pendant que la grosse espece commune en produit en abondance chaque année hors de sa cappe. Au moyen de semences, que ces fruits m'ont fournies, j'ai élevé quelques plantes ; mais quoique quelques-unes d'entr'elles soient déjà parvenues à une grosseur considérable ; cependant aucune n'a encore produit de cappe ; ainsi, on ne peut en attendre aucuns fruits.

Mitis. La cinquieme espece, produisant annuellement une grande quantité de fruits & de semences qui germent fort aisément, est à présent très-commune dans les jardins à serres chaudes. Si on laisse tomber ces fruits sur la terre des pots, & qu'on ne la dérange point, on verra paroitre une grande quantité de jeunes plantes qui pousseront sans aucun soin, & qui pourront être enlevées, lorsqu'elles auront atteint une grosseur suffisante, pour être plantées dans de petits pots, de la valeur d'un sou : ces plantes pourront rester une année dans ces pots ; après quoi, elles seront assez fortes pour être plantées séparément dans d'autres pots, où elles feront de grands progrès, si on les plonge en été dans une couche chaude de tan : car, quoique cette espece soit plus dure que la grosse, & qu'elle puisse être conservée dans une serre à un foible dégré de chaleur, cependant les plantes n'y avanceront pas autant que celles qui seront tenues à une chaleur plus considérable. Si cette espece est bien traitée, elle subsistera pendant plusieurs années, & elle s'élèvera au-dessus d'un pied de hauteur ; mais quand les plantes sont aussi grandes, elles sont bien moins agréables, parce que le vert de leur partie basse se flétrit, que leurs épines deviennent d'une couleur foncée & sale, & qu'elles ont l'apparence d'être mortes, si ce n'est que la partie supérieure de la plante conserve une apparence d'existence ; au-lieu que les plantes d'une grosseur médiocre, restent en bon état depuis le haut jusqu'en - bas.

Les fleurs de cette espece paroissent en Juillet & Août, & sont remplacées par des fruits qui environnent toute la plante : ces fruits sont d'une belle couleur écarlate, & se conservent frais sur les plantes pendant tout l'hiver, ce qui les rend très-agréables dans cette saison. Au printems, lorsque ces fruits se retrécissent & se dessèchent, les semences sont mûres, & peuvent être enlevées & semées sur la surface de la terre, dans de petits pots qu'on doit plonger dans une couche chaude de tan pour les faire pousser.

Proliferus. La sixieme, qui est un peu plus grosse que la précédente, mais dont la forme est à-peu-près semblable, produit un grand nombre de jeunes plantes sur les côtés, par le moyen desquelles on la multiplie facilement. Elle pousse des houpes de duvet mou & blanc sur des mammelons, ainsi qu'entre chaque nœud ; ce qui fait paroître la plante entiere comme si elle étoit couverte d'un fin coton. Les fleurs de cette espece sortent entre les houpes tout autour de la plante ; elles sont plus larges que celles de la cinquieme ; mais elles leur ressemblent pour la forme & la couleur. Quoique les plantes de cette espece que j'ai cultivées, aient toujours produit des fleurs en abondance, elles n'ont cependant jamais été suivies d'aucuns fruits ;

mais des endroits d'où ces fleurs étoient sorties, on voyoit paroître dans l'année suivante de jeunes plantes qui, étant séchées pendant trois jours, & plantées ensuite, ont très-bien réussi, & servi à multiplier l'espece.

Toutes les especes de ce genre, sont d'une structure fort singuliere, mais sur - tout la plus grosse, qui paroît ressembler à un gros Melon vert & charnu, avec des côtes profondes, garnies par-tout d'épines fortes & aiguës : lorsque les plantes sont coupées au milieu, leur intérieur paroît n'être autre chose qu'une substance molle, verte, charnue & remplie d'humidité. Des gens dignes de foi, qui ont habité les Indes Occidentales, m'ont assuré que, dans les tems fort secs, les troupeaux se répandent entre les rochers qui sont couverts de ces plantes ; & qu'après avoir brisé les grosses plantes avec leurs cornes, & enlevé la peau extérieure & les épines, ils en dévorent avec avidité toutes les parties charnues & humides, qui leur tiennent lieu de nourriture & de boisson : mais il n'est pas possible de concevoir qu'aucun animal puisse attaquer une pareille plante, dont les épines sont aussi dures & aussi fermes que de la baleine, & ressemblent à une substance osseuse : il n'y a sans doute qu'une soif ardente qui pourra les engager à surmonter tant de difficultés & à s'exposer aux dangers de se blesser.

Les habitans de l'Amérique

mangent les fruits de tous ces Melons épineux. Les fruits de toutes les especes que nous connoissons, se ressemblent beaucoup, tant pour la grosseur que pour la forme, la couleur & la saveur : ils sont en forme de cierge, & longs de trois quarts de pouce ; ils tiennent à une pointe vers le bas, & leur sommet qui soutenoit le calice de la fleur, est émoussé. Ces fruits ont un acide doux, qui doit être très-agréable dans les pays chauds.

Toutes ces plantes ne peuvent être conservées en Angleterre, qu'au moyen d'une bonne serre. On ne doit jamais les mettre à l'air pendant l'été ; car, quoiqu'elles aient l'apparence d'être en bon état après y avoir été exposées quelque tems, cependant, elles se feront tellement remplies d'humidité, qu'elles feront attaquées de pourriture aussi-tôt qu'elles feront renfermées dans la serre : c'est ce qui arrive ordinairement aux plantes qu'on apporte de loin, elles paroissent être en bon état à leur arrivée, mais elles se pourrissent quelque tems après, sans qu'on puisse découvrir la cause de cet accident ; elles semblent même être très-faines jusqu'à ce qu'elles soient entiérement détruites ; ce qui arrive quelquefois en peu d'heures de tems.

Si ces plantes sont plongées, en été, dans la couche chaude, elles feront beaucoup de progrès ; mais alors il faut très-peu les arroser, parce que l'humidité que produira la fermenta-

tion du tan, leur suffira, & on les feroit pourrir en leur en donnant davantage.

On conserve toutes ces grosses especes en hiver, en plaçant leurs pots sur les tuyaux des fourneaux, ou au moins le plus près qu'il est possible de ces tuyaux, afin qu'elles soient exposées à la plus grande chaleur de la serre ; & on ne les arrose jamais dans cette faison. Lorsque le tems de ne plus faire du feu dans la serre approche, on les plonge dans une couche de tan qui les fera bientôt pousser, & leur rendra leur premiere verdure.

Ces plantes exigent un sol fablonneux & mêlé de décombres : on met quelques pierres dans le fond des pots, pour faciliter l'écoulement de l'humidité que la terre peut contenir ; car, comme ces plantes croissent naturellement sur des rochers secs & brûlans, absolument dépourvus de terre, & qui paroîtroient entièrement stériles sans ces productions, il faut imiter la nature autant qu'il est possible, en leur accordant seulement un peu plus de substance, à cause de la différence des climats.

Les grosses especes peuvent être multipliées par leurs graines, qu'on seme & qu'on traite suivant la méthode qui a été prescrite pour la plus petite espece ; mais comme ces plantes élevées de semence en Angleterre, sont quelques années avant de parvenir à une grosseur considérable, il vaut mieux se les procurer toutes venues des Indes Occidentales : si elles

arrivent ici pendant les chaleurs de l'été , & affez tôt pour
qu'elles puiffent pouffer dés racines nouvelles avant les premiers froids de l'automne , elles
réuffiront plus certainement.

Lorfqu'elles arrivent en Angleterre , on les tire de leurs
caiffes , on fecoue la terre qui
refte attachée à leurs racines,
& on les placé fur les tablettes
de la ferre , où on les laiffe fè-
cher pendant quinze jours ou
trois femaines : lorfqu'elles
font plantées , on les plonge
dans une bonne couche de tan
pour les avancer & les aider à
pouffer de nouvelles racines :
elles peuvent refter dans cette
couche jufqu'au commence -
ment d'Octobre ; après quoi ,
on les renferme dans la ferre
chaude , où on les traite , comme il a été dit plus haut.

Les deux petites efpeces fe
multiplient fi promptement en
Angleterre , qu'il n'eft pas néceffaire de les faire revenir de
loin. On peut en avoir en peu de
tems une grande quantité , en
employant les femences de la
cinquieme , & les jeunes rejettons de la fixieme efpece.

CÆSALPINIA. *Plum. Nov.
Gen. 9. Brafiletto officinis dicta.
[Brafiletto.]*
Cette plante a été ainfi nommée par le Pere PLUMIER , qui
l'a découverte en Amérique ,
en l'honneur d'ANDRÉ CÉSAL-
PIN , fameux Botanifte , & un
des premiers écrivains fur la
méthode de claffer les plantes.

Caracteres. La fleur a un calice en forme de cloche , & divifé en cinq parties , dont le
lobe inférieur eft large. La co-

rolle eft compofée de cinq pétales prefqu'égaux : la fleur eft
papillonnacée ; elle renferme
dix étamines penchées & diftinctes , qui font terminées par
des fommets ronds ; elle a un
germe oblong , furmonté d'un
ftyle fimple , auffi long que les
étamines , & couronné par un
ftigmat émouffé. Le calice fe
change enfuite en un légume
oblong & comprimé , qui renferme une feule cellule remplie
de femences comprimées.

Ce genre de plante eft de la
premiere fection de la dixieme
claffe de LINNÉE , qui a pour
titre : *Decandria Monogynia ,*
& qui comprend celles qui ont
dix étamines féparées & un
ftyle.

Les efpeces font :
1°. *Cæfalpinia Brafilienfis ,
foliis duplicato-pinnatis , foliolis
emarginatis , floribus decandriis ;*
Cæfalpinia à feuilles double -
ment ailées , dont les lobes font
dentelés à l'extrémité , & dont
les fleurs ont dix étamines.

*Pfeudo - Santalum croceùm.
Sloan. Hift. Jam. Vol. 2 P. 184 ;*
Sandal ou Santal bâtard & de
couleur de fafran , ordinairement appelé *Brafiletto ,* ou *Bois
de Bréfil.*

2°. *Cæfalpinia crifta , foliis
duplicato-pinnatis , foliolis ovatis ,
integerrimis , floribus pentandriis ;*
Cæfalpinia à feuilles doublement ailées , dont les lobes font
ovales & entiers , & qui eft
pourvu de fleurs à cinq étamines.

*Cæfalpinia polyphylla , aculeis
horrida. Plum. Gen. 26. T. 68.*

Brafilienfis. La premiere efpece eft l'arbre qui fournit le

Bois de Bréfil ou *Brafiletto* , qui eft employé pour la teinture. Il croit naturellement dans les parties les plus chaudes de l'A-mérique ; mais la confomma-tion qu'on en a faite a été fi confidérable, qu'il ne refte plus de gros arbres dans aucune des Colonies Britanniques ; les plus forts de ceux qu'on y trouve aujourd'hui , ont à peine huit pouces de diametre , & quinze pieds de hauteur. Cet arbre a des branches très-minces , & armées d'épines recourbées : fes feuilles ailées s'étendent au dehors en plufieurs divifions , dont chacune eft garnie de lobes petits , ovales, dentelés au fommet & oppofés. Les pé-doncules qui fortent des par-ties latérales des branches , font terminés par un épi clair & pyramidal de fleurs prefque papillonnacées, & pourvues de dix étamines beaucoup plus longues que les pétales , & ter-minées par des fommets ronds & jaunes. Quand la fleur eft fanée , le germe devient un légume long , comprimé , & a une cellule qui renferme plu-fieurs femences plates & ovales.

Crifta. La feconde efpece , qui croit également fans cultu-re dans les mêmes contrées que la premiere , s'élève à une hau-teur confidérable , & produit plufieurs branches foibles, ir-régulieres , & armées d'épines courtes, fortes & droites : fes feuilles s'étendent au dehors de la même maniere que celles de la précédente ; mais leurs lobes font ovales & entiers : fes fleurs panachées en rouge , naiffent en longs épis, comme

celles de la précédente , & n'ont chacune que cinq étamines : d'après cela, elle ne devroit pas être, fuivant les principes du fyftême de Linnée , de la même claffe que la premiere ; mais comme dans tous fes autres caract\eres elle a des rapports très-voifins avec la précéden-te , j'ai cru ne devoir point les féparer.

Linnée ayant joint ces deux efpeces , il a été imité par M. Burman ; mais s'ils avoient vu l'un & l'autre ces plantes , ils ne feroient point tombés dans cette méprife. A ce gen-re , Linnée a ajouté le *Guilan-dina* & la *Bauhinia.* En donnant à cette derniere le nom fyno-nyme de *Colutea Veræ Crucis veficaria* , qui eft une plante tout-à-fait différente, & un véritable *Colutea*, qui m'a été envoyé de la Vera-Cruz , dans la nouvelle Efpagne, par le feu Docteur Houstoun.

Culture. Ces plantes fe multi-plient par leurs femences qu'on met au commencement du prin-tems, dans de petits pots rem-plis d'une terre riche & légère , & qu'on plonge enfuite dans une couche chaude de tan, en obfervant de les arrofer dans tous les tems fecs , afin d'avan-cer leur accroiffement. Si les nuits font froides , on couvre les vitrages avec des nattes , pour conferver à la couche une chaleur modérée. Six fe-maines après , les plantes commenceront à paroître ; alors on les débarraffe avec foin des mauvaifes herbes, on les arrofe fouvent; & dans les tems chauds , on fouleve les vitrages de la couche dans le milieu du jour, afin d'introduire un air nouveau qui fortifiera les plantes & les empêchera de filer. Quand elles ont atteint la hauteur de trois pouces, on les enleve avec précaution, & on les transplante séparément dans de petits pots remplis de terre fraiche & légère, qu'on replonge dans la couche chaude : on les arrose & on les tient à l'ombre, jusqu'à ce qu'elles aient produit des racines nouvelles ; après quoi, on souleve chaque jour les vitrages de la couche à proportion de la chaleur du tems, pour leur donner de l'air frais. Ces plantes peuvent rester dans cette couche jusqu'en automne ; mais lorsque cette saison est arrivée, on les transporte dans la serre chaude, on les plonge dans la couche de tan, & on fait en sorte qu'elles aient assez de place pour croître & s'étendre. Comme ces plantes sont délicates, elles doivent rester constamment dans la couche de tan de la serre chaude, où il faut leur procurer, en hiver, un dégré de chaleur modérée : elles font une belle variété, avec les autres plantes exotiques du même pays.

CAFFIER. *Voyez* COFFEA.

CAJAN, *ou* POIS-DE-PIGEAN. *V.* CYTISUS CAJAN.

CAILLE LAIT, *ou* PETIT MUGUET. *Voyez* GALIUM.

CAILLI, *ou* PETIT CRESSON D'EAU. *Voyez* SISYMBRIUM SYLVESTRE.

CAINITO. *Voyez* CHRYSOPHYLLUM CAINITO.

CAKILE, *ou* ROCKET. *V.* BUNIAS CAKILE.

CALAMENT. *V.* MELLISSA CALAMINTHA.

CALAMUS AROMATICUS VERUS, *ou* JONC ODORANT. *Voyez* ACORUS CALAMUS.

CALEBASSIER D'AMÉRIQUE, *ou* L'ARBRE A CALEBASSE. *V.* CRESCENTIA.

CALCEOLUS. *Voyez* CYPRIPEDIUM, SABOT DE LA VIERGE.

CALEA. Cette plante n'a point d'autre nom.

Caracteres. La fleur est uniforme & composée de plusieurs fleurettes égales & hermaphrodites, renfermées dans un calice large & concave : les fleurettes sont tubuleuses & divisées en cinq segmens : chacune de ces fleurettes a cinq étamines, terminées par des sommets cylindriques, & un germe oblong, qui supporte un style mince, aussi long que la corolle, & couronné par deux stigmats recourbés : ces fleurettes sont remplacées par une semence oblongue, couronnée d'un duvet velu ; chaque semence est enveloppée d'une espece de barbe.

Ce genre de plante est rangé dans le premier ordre de la dix-neuvieme classe de LINNÉE, intitulée : *Syngenesia Polygamia æqualis* ; les fleurs qui forment ce genre ont des fleurettes hermaphrodites.

Les especes sont :

1°. *Calea oppositi-folia, corymbis congestis, pedunculis longissimis, foliis lanceolatis, caule herbaceo. Amæn. Acad.* 5. *p.*

404 ; Caléa avec des corymbes ferrés, de fort longs pédoncules aux fleurs, des feuilles en forme de lance, & une tige herbacée.

Santolina Americana , foliis oblongis, integris, floribus albis. Houft. MSS.

2°. *Calea amellus , floribus fub-paniculatis , calicibus brevibus , feminibus nudis , foliis ovato lanceolatis , petiolatis. Amœn. Acad. 5. p. 404* ; Caléa avec des fleurs en panicules, des calices courts, des femences nues, & des feuilles ovales, en forme de lance & pétiolées.

Santolina fcandens Americana, Lauri foliis , floribus racemofis. Houft. MSS.

Amellus ramofus, foliis ovatis, dentatis, floribus remotis terminalibus, fulcris longis divaricatis. Brown. Jam. 317.

Ces plantes croiffent naturellement à la Jamaïque.

Oppofiti-folia. La premiere efpece a une tige droite & herbacée, haute de trois pieds, garnie de feuilles entieres, en forme de lance, & oppofées fur les nœuds. Sa tige eft terminée par trois pédoncules, dont un occupe le milieu, & les deux autres les côtés ; ces pédoncules foutiennent un petit corymbe de fleurs blanches trés-rapprochées.

Amellus. La feconde a des branches ligneufes qui s'étendent fur les plantes voifines, & s'élèvent à huit ou dix pieds de hauteur ; ces branches font garnies de feuilles épaiffes, en forme de lance & oppofées : de ces tiges fortent plufieurs branches latérales ,

garnies de plus petites feuilles oppofées & terminées par des panicules de fleurs jaunes , pourvues de calices fort courts. Ces fleurs font fuivies de femences nues , & renfermées dans le calice.

Ces deux plantes fe multiplient par leurs femences , qu'on répand dans les premiers jours du printems, fur une couche chaude : quand ces plantes commencent à pouffer, on les traite délicatement ; on leur donne tous les jours de l'air frais, à proportion de la chaleur extérieure ; & on les arrofe fouvent & légèrement. Quand elles ont acquis affez de force, on tranfplante celles de la premiere efpece dans une autre couche chaude, à quatre pouces de diftance ; & celles de la feconde doivent être mifes dans des petits pots, & plongées dans la couche de tan, en obfervant de les tenir à l'ombre jufqu'à ce qu'elles aient formé de nouvelles racines ; après quoi, on les traite comme les autres plantes exotiques ; on les arrofe fouvent lorfqu'il fait chaud, & on leur donne chaque jour de l'air frais. Lorfque les plantes de la premiere efpece fe touchent, on les tranfplante avec foin dans des pots, & on les place dans la ferre, ou dans une couche de vitrages, où elles peuvent refter pour mûrir leurs femences. Les plantes de la feconde fubfifteront pendant plufieurs années, fi on les conferve dans la couche de tan de la ferre chaude ; car elles font trop délicates pour réfifter au plein air dans notre climat : cependant on doit leur donner beaucoup d'air frais pendant les chaleurs de l'été.

CALEBASSE , CITROUIL-LE , *ou* COURGE. *Voyez* Cu-curbita Lagenaria.

CALENDULA. *Lin. Gen. Pl. 885.* [*Marigold.*] *Souci.*

Caracteres. La fleur, compo-sée & rayonnée, est formée par des fleurettes hermaphrodites & femelles , renfermées dans un calice commun & simple : ses bords ou rayons sont com-posés de fleurettes femelles , & étendues d'un côté en forme de langue ; elles n'ont point d'étamines , mais un seul germe oblong & triangulaire , qui soutient un style mince & cou-ronné par deux stigmats réflé-chis. Les fleurettes hermaphro-dites qui composent le disque, sont tubuleuses , divisées en cinq parties , & ont chacune cinq étamines courtes , min-ces , & terminées par des som-mets cylindriques. Le germe situé sous la corolle supporte un style mince , couronné par un stigmat obtus & divisé en deux parties : ces fleurettes sont stériles ; mais les femelles sont remplacées chacune par une femence oblongue & courbée , ayant une couvertu-re angulaire.

Ce genre de plante est rangé dans la quatrieme section de la dix-neuvieme classe de Lin-née , intitulée : *Syngenesia Po-lygamia necessaria* , dans laquelle sont renfermées toutes celles qui ont des fleurs hermaphro-dites & steriles dans le dis-que , & des fleurs femelles

& fructueuses dans les rayons. Les especes sont :

1°. *Calendula arvensis , femi-nibus cymbi-formibus , muricatis , incurvatis. Flor. Suec. 711* ; Souci à femences rudes en for-me de nacelle.

Caltha arvensis. C. B. P. 275.

Caltha minima. Bauh. Hist. 3. P. 103.

2°. *Calendula sancta , femini-bus urceolatis obovatis lævibus , calicibus submuricatis. Lin. Sp. 1304* ; Souci à feuilles unies , & en forme de cruche , ayant un calice rude.

Caltha media , folio longo , cinereo , flore pallido. Bobart. Souci moyen , à feuilles lon-gues & cendrées , produisant une fleur pâle.

3°. *Calendula officinalis , fe-minibus cymbi-formibus murica-tis , incurvatis omnibus. Lin. Sp. 1304* ; Souci avec des femences épineuses , courbées & en forme de nacelle.

Caltha vulgaris. C. B. P. 275 ; Souci ordinaire.

4°. *Calendula pluvialis , foliis lanceolatis finuato - denticulatis , caule folioso , pedunculis fili-for-mibus. Hort. Upsal. 274* ; Souci dont les feuilles sont en for-me de lance , dentelées & pla-cées sur de minces pétioles.

Caltha Africana , flore intùs albo , extùs violaceo. Tourn. Inst. R. H. 499.

5°. *Calendula nudicaulis , fo-liis lanceolatis , finuato-dentatis , caule fubnudo. Lin. Sp. Plant. 922* ; Souci à feuilles courbées en-dedans & en-dehors , dent-telées & en forme de lance , & dont la tige est nue.

Caltha Africana , flore intùs

albo , extùs leviter violaceo , femine plano, cordato. Boerh. Ind. Alt. 1. P. 113.

Bellis florum pediculis penè aphyllis , foliis incifis. Comm. Hort. 2. P. 66. T. 33.

6°. *Calendula hybrida , foliis lanceolatis , dentatis , caule foliofo , pedunculis supernè incraffatis. Hort. Upfal. 274* ; Souci avec des feuilles dentelées & en forme de lance , & dont la partie haute du pétiole eſt gonflée.

Cadifpermum Africanum pubefcens , foliis incifis , parvo flore. Vaill. Mem. Acad. Sc. 1724.

Caltha Africana , flore intùs albo , foris violaceo , femine majore oblongo. Breyn. Ic. 26. T. 14. F. 2.

7°. *Calendula gramini - folia , foliis linearibus subintegerrimis , caule subnudo. Lin. Sp. Plant. 922* ; Souci à feuilles étroites & entieres , avec des tiges nues.

Bellis Africana , florum pediculis foliofis , foliis anguſtis & integris. Comm. Hort. 2. P. 67. T. 34.

Caltha Africana , foliis Croci anguſtis , florum petalis externè purpurafcentibus , internè albis. Boerh. Ind. Alt. 1. P. 113.

Dimorphoteca ſtatices folio. Vail. Act. 1720. P. 280.

8°. *Calendula fruticofa , foliis obovatis , subdentatis , caule fruticofo. Amœn. Acad. 5. P. 25* ; Souci à feuilles tournées , ovales & dentelées , ayant une tige d'arbriſſeau ; Souci en arbre.

9°. *Calendula decumbens , foliis oppofitis , pinnati-fidis , afperis , subtùs incanis , ramis decumbenti-*

bus , pedunculis nudis ; Souci avec des feuilles rudes, aîlées, oppofées & blanches en-deffous, des tiges traînantes, & des pétioles nus.

Caltha Americana , foliis laciniatis , flore luteo. Houſt. MSS.

10°. *Calendula Americana , caule erecto , ramofo , foliis oblongis , oppofitis , hirfutis , floribus lateralibus* ; Souci avec une tige droite & branchue , des feuilles oblongues , velues & oppofées , & des fleurs fortant fur les côtés de la tige.

Caltha Americana erecta , & hirfuta , flore parvo ochroleuco. Houſt. MSS.

Arvenfis. La premiere efpece , qui naît dans les campagnes de la France Méridionale, de l'Efpagne & de l'Italie , s'élève avec une tige mince , dont les branches fe développent près de la terre , & font couvertes ainfi que la tige , de feuilles étroites , velues , & en forme de lance , qui embraffent la tige à moitié avec leurs bâfes. Ses fleurs produites aux extrémités des branches fur des pédoncules nus & longs , font très - petites , & d'un jaune pâle ; leurs rayons font fort étroits , ainfi que les feuilles du calice. Les femences de cette efpece font longues , étroites & armées de piquans au-dehors. Sa racine eſt annuelle & périt auffi-tôt après que les femences font mûres. Si l'on permet à cette plante d'écarter librement fes femences , elle fe reproduira d'elle-même abondamment , & on aura toujours des plantes en fleurs depuis le mois de Mai, jufqu'aux premieres gelées de l'automne.

Plufieurs Botaniftes regardent le *Souci* de jardin comme une variété de cette efpece, qui a été améliorée par la culture ; mais comme j'ai multiplié de femence le *Souci* de jardin pendant quarante années, fans y avoir jamais remarqué aucune altération, je ne puis être de leur fentiment, & je ne doute point qu'il ne foit une efpece particuliere.

Sancta. J'ai recueilli la feconde dans le jardin de Leyde, où elle avoit été cultivée pendant plufieurs années fans éprouver aucun changement : fes feuilles font unies & beaucoup plus larges que celles de la précédente ; mais pas autant que celles du *Souci* ordinaire : fes fleurs font d'une groffeur médiocre, & d'une couleur jaune fort pâle. Cette plante eft auffi annuelle, & fi on lui permet d'écarter fes femences, il y en aura une fuite conftante de jeunes plantes jufqu'aux premieres gelées.

Officinalis. La troifieme, ou le *Souci* ordinaire, qu'on cultive dans les jardins pour l'ufage, eft fi connue qu'elle n'exige aucune defcription. Cette efpece donne les variétés fuivantes :

Le *Souci fimple commun.*

Le *Souci à fleurs doubles.*

Le *Souci avec une fleur très-groffe & très-double.*

Le *Souci à fleurs doubles de couleur de Citron.*

Le *gros* & le *petit Souci, à marcottes ou rejettons.*

On croit que toutes ces

variétés ont été produites originairement par les femences du *Souci* ordinaire ; mais la plupart de ces différences perfiftent fans altération, quand on conferve leurs femences avec foin ; & je n'ai jamais remarqué que l'efpece commune reffemblât à aucune de celles-ci ; même dans les endroits où elles étoient en très-grande abondance : cependant comme les deux *Soucis à rejettons* & le *plus grand double* font fujets à dégénérer, quand on n'a pas foin de conferver leurs femences, je crois qu'ils ne font point des efpeces diftinctes. Quand on veut conferver ces variétés fans aucun mélange ni changement, il faut arracher avec foin toutes les plantes dont les fleurs font moins doubles auffitôt qu'elles paroiffent, afin qu'elles ne puiffent pas imprégner les autres de leur pouffiere feminale, & conferver les femences des plus groffes fleurs & des plus doubles. L'efpece *à rejettons* doit être femée à part, dans un lieu féparé du jardin : on ne conferve que les femences de la groffe fleur du centre, & non les petites qui naiffent du calice de l'autre ; parce que ces dernieres font fujettes à changer.

Les graines de cette efpece peuvent être femées en Mars ou en Avril dans les places qui lui font deftinées ; ces plantes n'exigent pour toute culture que d'être tenues nettes de mauvaifes herbes, & éclaircies où elles font trop ferrées : on laiffe entr'elles un espace de dix pouces, afin que leurs branches puissent avoir de la place pour s'étendre. Ces plantes commenceront à fleurir en Juin, & continueront à produire des fleurs jusqu'à ce que la gelée les détruise; leurs semences mûrissent en Août & en Septembre; & si on leur permet de s'écarter, elles fourniront une provision de jeunes plantes au printems : mais comme par ce moyen les bonnes & les mauvaises se trouveroient mêlées, il vaut beaucoup mieux recueillir les bonnes graines, & semer chaque variété à part; ce qui les conservera dans leur perfection. Les fleurs du *Souci* commun sont employées dans la cuisine & dans la Médecine (1).

---

(1) Le *Souci* commun, lorsqu'il est fraîchement recueilli, fournit par l'analyse, une certaine quantité de principe éthéré très-subtil & très-fugace, & une substance fixe résineuse & gommeuse : ses principales propriétés résident dans le principe volatil ; de maniere que les médicamens qu'on prépare avec son extrait sont presque inertes, ou au moins ne jouissent que très-foiblement des vertus de la plante.

Le *Souci* passe pour être alexipharmaque, utérin, cardiaque, diaphorétique, expulsif, &c. ; & on l'emploie communément dans les fievres malignes, pestilentielles ; ainsi que dans différentes maladies exanthématiques ; telles que la petite vérole, la rougeole & dans l'ictere, les obstructions du foie & de la rate, la suppression des règles, le chlorosis, l'accouchement difficile, &c.

Les fleurs de cette plante étant écrâsées, & réduites sous forme de

Pluvialis. La quatrieme est originaire du Cap de Bonne-Espérance : cette plante est annuelle & périt aussitôt que ses semences sont mûres.

Les feuilles basses de cette espece sont oblongues, en forme de lance, profondément dentelées à leurs bords, charnues & d'un vert pâle : ses tiges produites à chaque côté de la racine, penchent vers la terre, & sont de la longueur de six ou huit pouces ; elles sont garnies de feuilles depuis le bas jusqu'à deux pouces du sommet. Les feuilles des tiges sont beaucoup plus étroites & plus dentelées que celles de la racine : le sommet de la tige est très-mince, & produit une fleur de la même forme que celles du *Souci* commun, d'une couleur de pourpre dans le fond, violette sur les bords en dehors, & d'un beau blanc en dedans ; ces fleurs s'ouvrent quand le soleil paroît, & se ferment dans la soirée, ainsi que dans les tems couverts. Lorsque la fleur se flétrit, le pédoncule s'affoiblit, & la tête se penche, pendant la formation & l'accroissement des semences ; mais quand elles sont tout-à-fait mûres, le pédoncule se releve & les têtes de semences se tiennent droites.

---

cataplasme, sont regardées comme un très-bon remede pour dissoudre les tumeurs squirreuses & scrophuleuses : on fait prendre aussi intérieurement leur infusion, pour remplir le même objet : on en prépare un vinaigre qu'on regarde comme très-propre à préserver des maladies pestilentielles & contagieuses.

Nudicaulis. La cinquieme, qu'on trouve auffi au Cap de Bonne Efpérance, eft annuelle comme la précédente, avec laquelle elle a beaucoup de rapports ; fes feuilles font néanmoins plus profondément dentelées fur leurs bords ; fes tiges font de la même longueur que celles de la *Pluvialis* ; fa fleur eft un peu plus petite, & l'extérieur des rayons eft d'une couleur de pourpre plus foible : fes femences font plates, & en forme de cœur ; au-lieu que celles de la précédente font longues & étroites.

Hybrida. La fixieme eft encore une plante annuelle, qui vient du même pays que les deux précédentes : fes feuilles font beaucoup plus longues, & plus larges à leur extrémité que celles de toutes les autres ; celles qui fe trouvent voifines de la racine, font régulièrement dentelées ; mais celles des tiges n'ont que quelques légères échancrures. Les tiges de cette efpece font beaucoup plus longues & plus épaiffes que celles de la précédente ; elles fe gonflent au fommet, précifément au-deffous des fleurs, & elles deviennent plus groffes dans cet endroit qu'à leur bâfe. Sa fleur eft plus petite que celles des précédentes ; mais elle eft teinte des mêmes couleurs. Ces plantes fleuriffent en Juin, en Juillet & en Août, & leurs femences mûriffent environ fix femaines après ; il faut les cueillir dans des tems différens, & à mefure qu'elles parviennent à leur maturité.

Les graines de ces plantes doivent être femées au printems dans des plates-bandes de jardins où elles doivent refter, parce qu'elles ne fupportent pas la tranfplantation ; elles peuvent être traitées de la même maniere, & femées dans le même tems que le *Taupet*, ou *Touffe de Candie*, le *Miroir de Vénus*, & autres plantes dures & annuelles : on met quatre ou cinq femences dans chaque trou ; fi elles réuffiffent toutes, on ne laiffe que les deux plus fortes, & on les débarraffe des mauvaifes herbes qui croiffent aux environs. En laiffant tomber naturellement les femences de ces plantes, elles pousseront fans aucune culture au printems fuivant, & fleuriront plutôt que celles qui n'ont été femées qu'au printems.

Gramini-folia. La feptieme, qui a été auffi apportée du Cap de Bonne Efpérance, eft une plante vivace, qui fe divife près de fa racine en plufieurs têtes touffues, fort garnies de feuilles longues, placées fans ordre, & femblables à de l'herbe commune : quelques-unes de ces feuilles, ont une ou deux dentelures à leurs bords ; mais les autres font entieres : du milieu de ces feuilles, fortent des pédoncules nus, longs d'environ neuf pouces, & terminés par une fleur de la groffeur de celle du *Souci* ordinaire, ayant un fond pourpre, & fes rayons de la même couleur en dehors, & d'un beau blanc en dedans. Ces fleurs s'ouvrent aux rayons du foleil ; mais elles fe ferment toujours dans la foirée, ou par les tems cou-verts. Cette plante est dans tou-te sa beauté en Avril & en Mai ; parce qu'alors elle est chargée d'un grand nombre de fleurs : après celle-ci, il en naît d'autres plus tardives, qui pa-roissent & se succèdent en au-tomne ; mais elles font moins abondantes que les premieres. Cette espece ne produit pas souvent de bonnes semences en Europe ; mais on la multiplie facilement par boutures, qu'on prend sur les têtes des plan-tes : on met en terre ces bou-tures pendant tout l'été, dans des pots remplis de terre frai-che & légère, qu'on plonge dans une couche de tan d'une chaleur très-modérée, pour leur faire pousser des racines ; ou bien l'on enfonce les pots dans la terre jusqu'à leurs bords, & on les couvre avec des clo-ches : cette derniere méthode peut être pratiquée au milieu de l'été ; mais au printems, la premiere est préférable : lorf-qu'on ne se sert point de cou-che, il faut avoir foin de te-nir les cloches à l'ombre au mi-lieu du jour, & d'arrofer fou-vent les boutures, mais légè-rement ; parce que trop d'hu-midité les feroit pourrir. Quand elles ont pouffé de fortes ra-cines, on plante chacune fé-parément dans de petits pots remplis de terre fraîche & lé-gère, qu'on tient à l'ombre jufqu'à ce que les plantes aient formé de nouvelles racines ; après quoi, on les expofe en plein air dans une fituation abri-tée, où elles peuvent refter jufqu'à ce qu'en automne on

les place fous un châffis de vi-trage fec & airé, pour y paffer l'hiver, ou bien, comme elles n'ont pas befoin de chaleur ar-tificielle, & qu'il fuffit de les mettre à couvert des gelées & de l'humidité, on les met tout fimplement fous un châf-fis de couche ordinaire, & on leur donne de l'air dans les tems doux. Les femences de cette efpece font en forme de cœur, comme celles de la cinquieme : j'en ai eu quelquefois une ou deux têtes de mûres dans une faifon, ce qui eft très-rare : elles veulent être femées en automne ; fans quoi, elles pouf-fent rarement.

Fruticofa. La huitieme a été depuis peu envoyé du Cap de Bonne-Éfpérance dans les jar-dins Hollandois : je l'ai reçue de M. VAN ROYEN, Profeffeur de Botanique à Leyde, il y a quelques années. Elle a une tige d'arbriffeau mince & vi-vace qui s'élève à la hauteur de fept à huit pieds, & exige un foutien. Cette tige pouffe, depuis le bas jufqu'au fommet, un grand nombre de branches foibles, qui penchent vers le bas, fi elles ne font pas fou-tenues ; elles font garnies de feuilles ovales, d'un vert lui-fant en-deffus, & d'un vert plus pâle en-deffous, & por-tées par des pétioles courts & plats : la plupart de ces feuil-les font légèrement dentelées vers leur fommet, & plufieurs d'entr'elles font entieres. Ses fleurs, qui reffemblent à celles de la fixieme efpece, par leur groffeur & leur couleur, for-tent des extrémités des branches, fur des pédoncules courts & nus, & font quelquefois fuivies de femences en forme de cœur : ces fleurs paroiffent pendant les mois de l'été.

On multiplie cette plante par boutures, qu'on plante en été dans une plate - bande à l'ombre, ou abritée avec des nattes pendant la chaleur du jour : au bout de cinq ou fix femaines, ces boutures auront pouffé des racines ; alors on les enleve avec foin, on les plante féparément dans des pots remplis de terre legère, fablonneufe & fans fumier ; & on les place à l'ombre jufqu'à ce qu'elles aient pouffé des racines nouvelles ; après quoi, on les arrange avec d'autres plantes exotiques dures, dans une fituation abritée, où elles pourront refter jufqu'à ce que les gelées furviennent, pour être enfuite tranfportées dans la ferre, où on les place près des fenêtres, pour les faire jouir de l'air libre ; parce qu'il fuffit qu'elles foient à l'abri des gelées. La terre qui convient à ces plantes doit être légère & fort mauvaife ; car dans un fol d'une qualité fupérieure, elles pouffersoient trop, & fleuriroient rarement.

Decumbens. La neuvieme croît naturellement & en abondance dans les environs de la Vera-Cruz, dans la nouvelle Efpagne, d'où elle m'a été envoyée par le Docteur Houstoun. La racine de cette efpece produit plufieurs tiges herbacées & couchées fur la terre : fes feuilles rudes, d'un vert foncé en-deffus, velues en-

deffous, longues, étroites, dentelées à leurs bords en deux ou trois endroits oppofés, de maniere - qu'elles paroiffent avoir cinq ou fept lobes, naiffent fur les branches par paires oppofées. Des divifions des branches & des aîles des feuilles, fortent des pédoncules longs, nus & terminés par des fleurs jaunes, fimples, d'une groffeur à-peu-près pareille à celle des *Marguerites de Champs*; qui font remplacées par des femences longues, plates & rudes. Cette efpece nait ordinairement dans des terres fablonneufes & de mauvaife qualité : elle eft annuelle, & fleurit au printems : on la feme dans cette derniere faifon fur une couche chaude ; & lorfque ces plantes font en état d'être enlevées, on les plante dans de petits pots remplis de terre légère & fablonneufe, qu'on plonge dans une couche chaude de tan, où on les tient à l'ombre jufqu'à ce qu'elles aient formé des racines nouvelles ; après quoi, on leur donne de l'air chaque jour, à proportion de la chaleur de la faifon, & on les traite comme les autres plantes tendres des mêmes pays : ces plantes fleuriront en Août, & leurs femences mûriront en Octobre.

Americana. La dixieme pouffe une tige droite, haute d'environ huit pouces, & garnie de branches de chaque côté : les branches voifines de la terre font plus longues que les autres, & font terminées par des feuilles fans pétioles & oppofées : des divifions de la tige s'élève

lève le pédoncule de la fleur, au-deſſous de laquelle il y a deux petites feuilles oppoſées : la fleur eſt d'un blanc jaunâtre, & elle a comme celles des autres eſpeces un ſimple calice. Celle-ci m'a été envoyée avec la précédente de la Vera-Cruz, par le même Docteur Hous-TOUN ; elle eſt annuelle, & elle exige le même traitement que la neuvieme eſpece.

CALLA. [*Wake Robin, or Ethiopian Arum.*] *Arum d'Ethiopie.*

Caracteres. La fleur a une ſpathe large & ouverte, formée par une ſeule feuille ovale, en forme de cœur, terminée en pointe, colorée & perſiſtante : ſon ſpadix eſt ſimple & droit ; les fleurs & fruits y adherent. Cette eſpece a des fleurs mâles & femelles, entremêlées vers le haut du ſpadix. Les fleurs mâles ſont compoſées de pluſieurs étamines fort courtes, terminées par de petits ſommets jaunes : les fleurs femelles ont un ſtyle ſerré, ſoutenu par un germe obtus, & couronné par un ſtigmat pointu. Ces fleurs ont un calice court & vert, qui, tombant bientôt, laiſſe le ſtyle à nu ; après quoi, le germe devient un fruit globulaire & charnu, preſſé ſur les côtés, & renfermant deux ou trois ſemences obtuſes.

Le genre de cette plante eſt rangé dans la ſeptieme ſection de la vingtieme claſſe de LIN-NÉE, intitulée : *Gynandria Polyandria* ; cette claſſe dont les fleurs mâles & femelles ſont entremêlées, & cette ſection,

celles dont la partie mâle eſt compoſée de pluſieurs étamines. Les eſpeces ſont :

1°. *Calla Æthiopica, foliis ſagittato-cordatis, ſpathâ cucullatâ, ſpadice ſupernè maſculo. Hort. Cliff.* 436 ; Calla avec des feuilles à têtes de flèche & en forme de cœur, une ſpathe avec un chaperon & des fleurs mâles, ſituées ſur la partie haute du ſpadix.

Arum Africanum, flore albo odorato. Par. Bat. Prod.

2°. *Calla paluſtris, foliis cordatis, ſpathâ planâ, ſpadice undiquè hermaphrodito. Hort. Cliff.* 436 ; Calla à feuilles en forme de cœur, avec une graine unie, & chaque partie du ſpadix ayant des fleurs hermaphrodites.

Dracunculus aquatilis. Dod. Pempt. 330.

Provenzalia paluſtris. Petit. Gen. 45.

3°. *Calla Orientalis, foliis ovatis. Gron. Orient.* 282. Calla à feuilles ovales.

Arum minus Orientale, rotundioribus foliis. Mor. Hiſt. 3. P. 544.

Arum carſaami. Rauw. It. 115.

Cette plante a des racines épaiſſes, charnues & tubéreuſes, couvertes d'une pellicule mince & brune, & pouſſe dans la terre pluſieurs fibres fortes & charnues. Ses feuilles en forme de flèche, longues de huit ou dix pouces, d'un vert brillant & terminées en pointes aiguës, qui ſe tournent en arriere, naiſſent en paquets ſur des pétioles verts, ſucculens, & qui ont au-delà d'un pied de longueur. Entre les feuilles fortent des pédoncules épais, unis, de la même couleur que les feuilles, & terminés par une fleur fimple, femblable à celle de l'*Arum* : la fpathe, d'une belle couleur blanche, & tordue vers le bas, s'étend & s'ouvre au fommet; dans le centre eft fitué un fpadix jaune, herbacée, fur lequel font placées de petites fleurs herbacées, & fi ferrées que les parties mâles & femelles font très-difficiles à diftinguer, fans le fecours de la loupe ; quand les fleurs fe fannent, une partie de celles qui font placées au fommet, font fuivies de baies rondes, charnues, & ferrées fur les deux côtés, dont chacune renferme deux ou trois femences.

Cette efpece qu'on cultive depuis longtems dans les jardins Anglois, eft originaire du Cap de Bonne-Efpérance : elle fe multiplie confidérablement par fes rejettons, qu'il faut enlever à la fin d'Août, lorfque les vieilles feuilles fe flétriffent: mais cette plante n'eft jamais fans feuilles ; car avant que les vieilles tombent, les nouvelles paroiffent, & pouffent en hauteur pendant tout l'hiver ; quoique c'eft dans cette faifon que fes racines font dans leur état le moins actif.

Comme cette plante produit ordinairement un grand nombre de rejettons, quand on veut la multiplier on choifit les plus gros qui ne tiennent point aux petits ; on les plante chacun féparément dans des pots remplis de terre prife dans un jardin potager, & on les place en plein air avec d'autres plan-

tes dures & exotiques. En automne, on les tranfporte fous un abri, & on les y laiffe jufqu'au printems. On les arrofe peu pendant l'hiver, pour ne point faire pourrir leurs racines.

Cette plante eft fi dure, qu'elle réfifte en plein air pendant l'hiver, fans aucune couverture, pourvu qu'elle foit placée dans une plate-bande chaude & dans un fol fec ; & pour peu qu'on la couvre dans les fortes gelées, on la conferve très-bien en pleine terre : elle fleurit en Mai, fes femences mûriffent en Août ; mais comme fes racines s'étendent confidérablement, peu de perfonnes font ufage de femences; parce que les plantes qui en proviennent ne fleuriffent qu'au bout de trois ans. Les fleurs de cette efpece n'ont qu'une odeur foible qui n'eft point fenfible, à moins qu'on n'en approche de très-près ; quoique le titre qui leur a été donné par M. HERMAN, annonce qu'elles en ont une très-agréable. J'ai reçu fouvent du Cap de Bonne-Efpérance les femences de cette plante, & je leur ai vu toujours produire la même efpece.

Paluftris. La feconde naît fpontanément dans les terres humides & marécageufes de plufieurs parties de l'Europe : elle n'eft guere admife dans les jardins.

Orientalis. La troifieme, qu'on trouve fur les montagnes, dans les environs d'Alep, a une racine tubéreufe & épaiffe, de laquelle fortent plufieurs feuilles ovales, & portées fur des pétioles affez longs. Le fpadix s'élève entre les feuilles à fix ou huit pouces de hauteur, & foutient une fleur blanche au fommet.

Les racines de cette efpece doivent être plantées dans des pots remplis de terre légère, placées en été en plein air, avec d'autres plantes exotiques, & en hiver fous un châffis d'une couche ordinaire , pour les abriter des gelées ; car, fi elles y reftoient expofées, elles périroient infailliblement.

Cette plante a peu de beauté, & n'eft confervée que dans les jardins de Botanique pour la variété.

CALLICARPA. *Voyez* JOHNSONIA.

CALTHA. [*Marsh Marigold.*] Souci de marais.

Caractères. La fleur n'a point de calice : la corolle eft compofée de cinq pétales, larges, ovales & concaves, qui s'étendent & s'ouvrent : la fleur a un grand nombre d'étamines minces plus courtes que les pétales , & terminées par des fommets obtus & érigés. Dans le centre font placés plufieurs germes ovales & compacts, qui n'ont point de ftyle ; mais qui font feulement couronnés par un fimple ftigmat. Ces germes deviennent autant de capfules courtes , pointues, qui renferment plufieurs femences rondes.

Ce genre de plante eft rangé dans la feptieme fe

 tion de la treizieme claffe de LINNÉE, intitulée : *Polyandria Polygynia,* les fleurs dans cette claffe ayant plufieurs étamines , & dans

cette fe

 tion plufieurs germes. Les efpeces font :

1°. *Caltha major, foliis orbiculatis , crenatis, flore majore ;* Souci de marais à feuilles rondes & dentelées , avec une grande fleur.

Caltha paluftris , flore fimplici. Bauh. Pin. 276.

Populago , flore majore. Tourn. Inft. 273 ; Le Populage , Souci de marais.

Populago major. Tabern. Ic. 750.

2°. *Caltha minor , foliis orbiculato-cordatis , crenatis , flore minore ;* Souci de marais à feuilles rondes, en forme de cœur & dentelées , ayant une fleur plus petite.

Populago minor. Tabern. Ic. 750.

Caltha paluftris , flore pleno. Bauh. Pin. 276 ; Variété à fleurs doubles.

Major. Minor. Plufieurs perfonnes prétendent que ces deux efpeces font la même ; mais je n'ai jamais obfervé aucun changement en aucune d'elles ; foit dans les lieux où elles naiffent , foit dans les jardins où on les cultive : elles croiffent fur les terres humides & pleines de fondrieres de l'Angleterre. La premiere eft la plus commune ; elle produit une variété à fleurs très-doubles, que l'on conferve dans les jardins pour fa beauté : on la multiplie en automne, en divifant fes racines , qui doivent être plantées à l'ombre & dans un fol humide ; & comme il y a fouvent dans les jardins des endroits pareils , où très-peu d'autres plantes pourroient profiter, cette efpece y fera très-propre, & y fera une variété très-agréable pendant le tems de fa fleur. Celle à fleurs doubles n'eft pas auffi précoce que la fimple ; mais fes fleurs durent beaucoup plus longtems. Elle fleurit en Mai, & fi la faifon n'eft pas trop chaude, elle fe conferve jufqu'au milieu de Juin.

CALYCANTHUS. *Voyez* BASTERIA. V. CALYCANTHUS AU SUPPLEMENT.

CALYX. Calice. En Botanique fignifie le *Godet*, qui renferme la fleur avant qu'elle s'ouvre ; il perfifte dans quelques plantes, & devient après la couverture des femences dans les herbes, & du fruit dans les arbres : le calice renferme ou contient la fleur.

CAMARA. *Voyez* LANTANA ACULEATA.

CAMARIGNE, *ou* BRUYE-RE A BAIES NOIRES. *Voyez* EMPETRUM. L.

CAMELÉE. *V.* ENEORUM. L.

CAMELINE, *ou* HERBE A LA RAGE. *Voyez* ALYSSUM.

CAMELEON, *ou* CARLINE *Voyez* CARLINA.

CAMERARIA. *Plum. Nov. Gen. 18. Tab. 29. Lin. Gen. Pl. 264.* [*Cameraria*].

Cette plante a été ainfi nommée par le Pere PLUMIER, en l'honneur de JOACHIM CAMERARIUS, Médecin & Botanifte de Nuremberg, qui a publié une édition de Matthiole, en latin & en Allemand ; avec de nouvelles figures de plantes & beaucoup d'obfervations.

Caractères. La fleur a un calice court, perfiftant, & formé par une feuille, divifée au fommet en cinq fegmens aigus : la corolle eft monopétale, en forme de foucoupe, & porte dans fon fond un tube long & cylindrique, qui s'élargit vers le haut, & fe divife au fommet en cinq fegmens aigus. La fleur renferme cinq étamines, courtes, courbées & terminées par des fommets obtus & membraneux. Au fond du tube, font fitués deux germes ronds, pourvus d'un ftyle commun, cylindrique, auffi long que les étamines, & furmonté de deux ftigmats, dont l'inferieur eft orbiculaire & plat, & l'autre eft concave. Ces germes deviennent par la fuite deux capfules longues, feuillées, cylindriques & remplies de femences oblongues & cylindriques.

Les plantes de ce genre, ayant cinq étamines & un ftyle, font de la *Pentandria Monogynia* de LINNÉE, qui forme la premiere fection de fa cinquieme claffe.

Les efpeces font :

1°. *Cameraria lati-folia, foliis ovatis, utrinque acutis, tranfverfè ftratis. Hort. Cliff. 16. Lin. Sp. Pl. 210* ; Cameraria à feuilles rondes, terminées en pointes, & garnies de côtes tranfverfales.

Cameraria lato Myrti folio. Plum. Nov. Gen. 18.

2°. *Cameraria angufti-folia, foliis linearibus. Linn. Sp. Plant. 210* ; Cameraria à feuilles longues & étroites.

Cameraria angufto Linariæ folio. Plum. Nov. Gen. 18.

Lati-folia. La premiere de ces plantes m'a été envoyée par le Docteur HOUSTOUN, de la

Havane , où elle croît en très-grande abondance ; elle s'élève avec une tige d'arbrisseau , à dix ou douze pieds de hauteur, & se divise en plusieurs branches, garnies de feuilles rondes , pointues , opposées & marquées par plusieurs veines unies & transversales , qui vont de la côte du milieu , jusqu'aux bords de la feuille : ses fleurs, d'un blanc jaunàtre , naissent en grappes claires aux extrémités des branches , & sont divisées en cinq segmens, larges à leur bâse, & qui finissent en pointe : elles ont un long tube qui s'élargit par dégrés vers le haut. Lorsque les fleurs sont tombées , les germes de chacune se changent en deux capsules feuillées , jointes à leur bâse , ayant deux protubérances gonflées à chaque côté du bas : les capsules qui occupent le centre , sont fort étendues & plus longues que les autres ; elles ont toutes une cellule remplie de semences cylindriques. Cette plante fleurit en Août , mais elle ne produit jamais de semences en Angleterre.

Angusti-folia. La seconde espece a une tige irréguliere d'arbrisseau, qui s'élève à environ huit pieds de hauteur , & pousse plusieurs branches irrégulieres , garnies de feuilles étroites , minces , opposées , & marquées de deux côtes longitudinales. Ses fleurs, qui naissent sans ordre aux extrémités des branches , sont de la même forme que celles de l'espece précédente ; mais plus petites : ces deux plantes font remplies d'une sève âcre , laiteuse , & semblable à celle de l'*Epurge.* Cette derniere est originaire de la Jamaïque.

Ces plantes se multiplient par semences , qu'on doit se procurer de leurs pays originaires , parce qu'elles n'en produisent point en Angleterre : elles réussissent aussi par boutures , qu'on plante dans une couche chaude pendant tous les mois de l'été. Comme ces deux especes sont fort tendres , elles veulent être placées dans la couche de tan de la serre chaude ; mais elles ont besoin de beaucoup d'air dans les tems chauds.

CAMERISIER. *Voyez* LONICERA XYLOSTEUM.

CAMOCLADIA. [*the Maiden Plumb.*] La Prune Vierge.

Caractteres. Le calice de la fleur est formé par une feuille colorée & divisée en trois parties étendues & ouvertes : la corolle est composée de trois pétales unis , ovales & étendus. La fleur renferme trois étamines en forme d'alêne , plus courtes que la corolle, & terminées par des sommets ronds & incombans ; elle a un germe sans style, couronné par un stigmat obtus : le calice se change en une prune oblongue, qui a trois piqûres au sommet , & qui renferme un noyau de la même forme.

Cette plante est rangée dans le premier ordre de la troisieme classe de LINNÉE, intitulée : *Triandria Monogynia* , qui comprend celles dont la fleur a trois étamines & un style.

Les especes sont :

1°. *Camocladia integri-folia,
foliis integris. Jacq. Amer.* 12 ;
Camocladia avec des lobes entiers.

*Prunus racemofa, caudice non
ramofo, alato Fraxini folio non
crenato, fruĉlu rubro fubdulci.
Sloan. Cat.* 184 ; La prune
Vierge.

2°. *Camocladia dentata, foliolis
fpinofo-dentatis. Jacq. Amer.* 12.
Tab. 173. *Fig.* 4 ; Camocladia à
feuilles piquantes & dentelées.

Integri-folia. La premiere efpece fe trouve à la Jamaïque,
ainfi que dans plufieurs autres
Ifles des Indes Occidentales :
fa tige, qui s'élève à la hauteur de vingt pieds, eft garnie
de feuilles longues & ailées,
dont les lobes font entiers ; &
elle produit vers fon fommet
quelques branches longues
d'un pied, qui foutiennent les
fleurs & les fruits.

Dentata. La feconde eft originaire de la Havane, où elle
s'élève à-peu-près à la même
hauteur que la précédente ;
mais comme fes fleurs & fes
fruits me font inconnus, je ne
puis en donner la defcription.

Ces plantes fe multiplient
par femences qu'on fe procure
des pays où elles naiffent : on
les répand dans des pots qu'on
plonge dans une couche chaude : lorfque les plantes font en
état d'être enlevées, on les
plante chacune féparément
dans de petits pots qu'on enfonce dans la couche de tan
de la ferre, où on les traite
comme les autres plantes tendres & délicates.

CAMOMILLE ROMAINE.
Voyez ANTHEMIS NOBILIS.

**CAMPANE JAUNE, CAM-
PANETTE ET AIAU.** *Voyez*
BULBOCODIUM.

CAMPANI-FORME [de *Campana*, une Cloche & *forma*, forme.] On appelle ainfi les Fleurs
qui ont la forme d'une Cloche.

CAMPANULA. *Tourn. Inft.
R. H.* 108. *Tab.* 38. *Lin. Gen.
Plant.* 201. Ce mot fignifie une
petite Cloche, *quafi parva Campana,* & cette plante eft ainfi
appellée, parce que fes fleurs
reffemblent à de petites cloches. [*Bell-flower.*] Campanule, *ou* Gantelée, *ou* Gant de
Notre-Dame.

Caraĉleres. Le calice eft droit,
étendu, divifé en cinq parties
aiguës, & placé fur le germe :
la corolle eft monopétale, en
forme de cloche, & étendue
à la bâfe où elle eft percée de
plufieurs trous ; dans le fond
eft fitué un neĉlaire à cinq valvules, joint au fommet du réceptacle. La fleur a cinq étamines courtes, inférées à la
partie fupérieure des valvules
du neĉlaire, & terminées par
des fommets longs & comprimés. Au-deffous du réceptacle, eft placé un germe angulaire, qui foutient un ftyle
plus long que les étamines, &
furmonté par un ftigmat épais,
oblong, & divifé en trois parties. Après la fleur, le calice
devient une capfule ronde &
triangulaire, à trois cellules
dans quelques efpeces, & à
cinq dans d'autres. Chacune
de ces cellules eft percée vers
fon fommet d'un feul trou,
par lequel les femences s'écartent lorfqu'elles font mûres.

Ce genre de plante eft rangé dans la premiere fection de la cinquieme claſſe de LINNÉE, intitulée : *Pentandria Monogynia*, qui eſt formée par celles dont les fleurs ont cinq étamines & un ſtyle.

Les eſpeces ſont :

1°. *Campanula pyramidalis, foliis ovatis, glabris, ſubſerratis, caule erecto, paniculato, ramulis brevibus. Lin. Sp. 233* ; Campanule à feuilles ovales, unies & dentelées en-deſſous, avec une tige droite en panicule, & des branches courtes.

Capunculus hortenſis, latiori folio, ſeu pyramidalis. Baüh. Pin. 93.

Campanula pyramidata altiſſima. Tourn. Inſt. 109 ; Grande Campanule pyramidale.

2°. *Campanula decurrens, foliis radicalibus obovatis, caulinis lanceolato-linearibus, ſubſerratis, seſſilibus, remotis. Lin. Sp. Plant. 164* ; Campanule avec des feuilles radicales ovales, & celles de la tige étroites & en forme de lance, dentelées, ſeſſiles & éloignées.

Campanula Perſicæ folio. Cluſ. Hiſt. 171 ; Campanule à feuilles de Pêcher.

3°. *Campanula medium, capſulis quinque - locularibus tectis, calycis ſinibus reflexis. Hor. Cliff. 16* ; Campanule avec une capſule couverte & à cinq cellules, ayant les bords du calice réfléchis.

Campanula hortenſis, folio & flore oblongo. C. B. P. 94 ; Ordinairement appelée, *Campanule de Cantorbery.*

Viola Mariana. Dod. Pempt. 163.

4°. *Campanula Trachelium,* caule angulato, foliis petiolatis, calycibus ciliatis, pedunculis trifidis. Hor. Cliff. 15 ; Campanule à tige angulaire, ayant des feuilles petiolées, des calices velus, & des pédoncules diviſés en trois parties.

Campanula Vulgatior, foliis Urticæ, vel major & aſperior. C. B. P. 94 ; Campanule à feuilles d'Ortie, Campanule gantelée, *ou* Gant de Notre-Dame.

5°. *Campanula lati-folia, foliis ovato-lanceolatis, caule ſimpliciſſimo tereti, floribus ſolitariis pedunculatis, fructibus cernuis. H. Cl. 17* ; Campanule à feuilles ovales & en forme de lance, avec une tige ſimple cylindrique, des fleurs croiſſant ſimples ſur les pédoncules, & des fruits pendans.

Campanula maxima, foliis latiſſimis. C. B. P. 94 ; grande Campanule à très - larges feuilles.

6°. *Campanula Rapunculus, foliis undulatis, radicalibus, lanceolato-ovalibus, paniculá coarctatá. Hort. Upſal. 40* ; Campanule avec des feuilles radicales, ondées, ovales & en forme de lance, & un panicule ferré.

Campanula, radice eſculentá. H. L. Ordinairement appelée *Raiponce.*

Rapunculus eſculentus. Baüh. Pin. 92.

Rapunculum, Dod. Pempt. 165.

7°. *Campanula glomerata, caule angulato ſimplici, floribus seſſilibus, capitulo terminali. Hor. Cliff. 16* ; Campanule à tige ſimple & angulaire, avec des fleurs ſeſſiles, produiſant des rêtes à l'extrêmité de la tige.

Thrachelium Alpinum, floribus conglomeratis, foliis Afarinæ rigidis & hirfutis. Herm. Par. 235.

Campanula pratenfis, flore conglomerato. C. B. P. 94; Campanule de prairie à fleurs ramaffées en tête.

8°. *Campanula fpeculum, caule ramofiffimo, diffufo, foliis oblongis, fubcrenatis, calycibus folitariis corollâ longioribus, capfulis prifmaticis.* Hort. Upfal. 41; Campanule à tige fort branchue & diffufe, ayant des feuilles oblongues & dentelées, des calices détachés plus longs que la corolle, & des capfules en forme de prifme.

Campanula arvenfis erecta Euphrafiæ luteæ, feu Triffaginis Appulæ foliis. H. Cath. Communément appelée *Miroir de Vénus Droit.*

Onobrychis arvenfis, feu Campanula arvenfis erecta. Bauh. Pin. 215.

9° *Campanula hybrida, caule bafi fubramofo ftricto, foliis oblongis, crenatis, calycibus aggregatis corollâ longioribus, capfulis prifmaticis.* Lin. Sp. Plant. 168; Campanule avec une tige branchue & cannelée à la bâfe, des feuilles oblongues & crenelées, des calices rapprochés & plus longs que la corolle, & des capfules en forme de prifme.

Campanula arvenfis minima erecta. Mor. Hift. 2. 457;
Speculum Veneris minus. Raj. Hift. 743. Petit Miroir de Vénus.

10°. *Campanula Erinus, caule dichotomo, foliis feffilibus, utrinque dentatis.* Hort. Cliff. 65;

Campanule avec une tige fourchue & des feuilles feffiles, dentelées des deux côtés.

Campanula minor annua, foliis incifis. Mor. Hift. 1. 458; petite Campanule annuelle, avec des feuilles découpées.

Erini, five Rapunculi minimum genus. Column. Ecphr. 122. t. 28.

Rapunculus minor, foliis incifis. Bauh. Pin. 92.

Alfine oblongo folio ferrato, flore cæruleo. Bauh. Hift. 3. p. 367.

11°. *Campanula pentagonia, caule fubdivifo, ramofiffimo, foliis linearibus acuminatis.* Hort. Cliff. 66; Campanule ayant une tige fort branchue & fous-divifée, & des feuilles linéaires & pointues.

Campanula pentagonia, flore ampliffimo, Thracica. Tourn. Inft. 112; Campanule avec une très-grande fleur à cinq angles.

Speculum Veneris, flore ampliffimo, Thracicum. Raj. Hift. 742.

12°. *Campanula perfoliata, caule fimplici, foliis cordatis, dentatis, amplexi-caulibus, floribus feffilibus aggregatis.* Hort. Upfal. 40; Campanule à tige fimple, ayant des feuilles dentelées, en forme de cœur, & amplexicaules, & des fleurs en paquet & feffiles.

Campanula pentagonia, perfoliata. Mor. Hift. 2. p. 457; Campanule à cinq angles, dont les feuilles font perfoliées.

13°. *Campanula Americana, caule ramofo, foliis lingui-formibus, crenulatis, margine cartilagineo.* Prod. Leyd. 246; Campanule avec une tige branchue, des feuilles en forme de langue, crenelées & des bords fermes.

Campanula minor Americana, foliis rigidis, flore cæruleo patulo. H. L. 107; petite Campanule d'Amérique, à feuilles roides, avec une fleur bleue & étendue.

Trachelium Americanum minus, flore cæruleo patulo. Dodart. Mem. 4. p. 3. t. 3.

14°. *Campanula Canarienfis, foliis haftatis, dentatis, oppofitis, petiolatis, capfulis quinque locularibus. Lin. Sp. Plant. 238*; Campanule à feuilles en forme de lance, dentelées, oppofées, & petiolées, ayant des capfules à cinq cellules.

Campanula Canarienfis, Atriplicis folio, tuberofâ radice; Campanule de Canarie, avec des feuilles d'Atriplex & une racine bulbeufe.

Canarina Campanula. Murray, Mant. 225, prétend qu'elle differe des Campanules.

15°. *Campanula patula, foliis ftrictis, radicalibus lanceolato-ovalibus, paniculâ patulâ. Flor. Suec. 186*; Campanule dont les feuilles radicales font ovales & en forme de lance, & les fleurs en panicule étendu.

Campanula efculenti facie, ramis & floribus patulis. Hort. Elth. 1. 68.

16°. *Campanula cervicaria, hifpida, floribus feffilibus, capitulo terminali, foliis lanceolato-linearibus, undulatis. Lin. Sp. 235*; Campanule à fleurs feffiles, terminant les tiges, ayant des feuilles linéaires en forme de lance & ondées.

Campanula foliis Echii. C. B. 36.

Trachelium altiffimum, foliis afperis, anguftis, floribus parvis. Bauh. Hift. 2. p. 801.

17°. *Campanula faxatilis, foliis obovatis, crenatis, floribus alternis nutantibus, capfulis quinque carinatis. Lin. Sp. 237*; Campanule à feuilles ovales & crenelées, avec des fleurs alternes & branlantes, & des capfules en forme de nacelle & à cinq cellules.

Campanula Cretica faxatilis, Bellidis folio, magno flore. Tourn. Inft. III.

Trachelium faxatile, Bellidis folio, cæruleum Creticum. Bocc. Mus. 2. p. 76. t. 64.

On connoît encore plufieurs autres efpeces de ce genre, dont quelques-unes croîffent naturellement en Angleterre, & d'autres dans les parties feptentrionales de l'Europe; mais, comme elles ont très-peu de beauté, & qu'elles font rarement admifes dans les jardins, je n'en ferai point mention ici. Je n'ai point compris parmi les plantes dont je viens de faire l'énumération, quelques autres qui ne font que de fimples variétés; mais j'en parlerai en faifant la defcription des efpeces auxquelles elles ont rapport.

Pyramidalis. La premiere a des racines épaiffes, bulbeufes & remplies d'un fuc laiteux; elle pouffe trois ou quatre tiges fortes, unies & droites, qui s'élèvent à la hauteur de quatre pieds, & font garnies de feuilles unies, oblongues & un peu dentelées fur leurs bords: les plus inférieures de ces feuilles, font beaucoup plus larges que celles des tiges. Les fleurs produites régulièrement fur les parties latérales des tiges, dont elles occupent la moitié de la longueur, forment une efpece de pyramide; elles font larges, ouvertes & en forme de cloche : la couleur la plus commune de ces fleurs, eft un bleu clair; mais il y en a de très-blanches, qui font une belle variété quand elles font entre-mêlées avec les bleues : ces dernieres font cependant les plus eftimées.

On emploie communément cette plante, lorfqu'elle eft en fleur, à orner les appartemens, & on en garnit, pendant l'été, le devant des cheminées : & elle eft plus propre à cet ufage, qu'aucune autre efpece de fleurs; car quand fes racines font fortes, elles pouffent quatre ou cinq tiges qui s'élèvent à environ quatre pieds de hauteur, & font chargées de fleurs dans prefque toute leur longueur. Ces tiges font droites & garnies de quelques branches latérales, qui font auffi couvertes de fleurs; de forte qu'en paliffadant cette plante contre un treillage délicat, comme on le fait ordinairement, on lui donne la forme d'un éventail qui peut garnir toute la largeur d'une cheminée. Lorfque ces fleurs commencent à s'ouvrir, on place dans les appartemens les pots qui les contiennent, pour les mettre à l'abri du foleil & de la pluie, & conferver les fleurs dans toute leur beauté : toutes les nuits on les expofe

à l'air, mais toujours à couvert des fortes pluies ; au moyen de ces précautions, ces fleurs feront plus belles & dureront beaucoup plus longtems. Comme par ce traitement, ces plantes font rarement bonnes pour l'année fuivante, il faut en élever tous les ans une provifion de jeunes pour les remplacer.

On les multiplie, en divifant leurs racines en Septembre, afin que les rejettons puiffent avoir le tems de former de bonnes racines avant l'hiver. Quoique cette pratique foit la plus prompte & le plus généralement en ufage, je confeille cependant de fe fervir de femences pour la multiplier, parce que les plantes qui en proviennent, font beaucoup plus fortes, que leurs tiges font plus élevées, & couvertes d'un plus grand nombre de fleurs.

Pour obtenir de bonnes femences, il faut placer en automne quelques plantes fortes dans une fituation chaude, près d'une paliffade ou d'une muraille ; & fi l'hiver fuivant eft dur, on les couvre avec des cloches ou des nattes pour les préferver de la gelée : en été lorfque les fleurs font entièrement ouvertes, & que la faifon eft humide, on les met à l'abri des fortes pluies qui empêcheroient les femences de parvenir à une parfaite maturité.

Plufieurs perfonnes qui ne prenoient point toutes ces précautions, avoient penfé que ces plantes ne produifoient point de femences en Angleterre : mais c'eft une grande erreur ; car j'en ai élevé un grand nombre avec des femences que j'avois recueillies moi-même. J'ai toujours remarqué que les plantes obtenues par des rejettons ou des boutures, ne donnoient que très-rarement des femences, & qu'en peu d'années elles devenoient tout-à-fait ftériles.

Quand on a obtenu des femences, il faut les répandre en automne dans des pots ou dans des caiffes, remplies de terre légère & fans fumier, qu'on place en plein air; & quand les fortes pluies ou les premieres gelées commencent à fe faire fentir, on les enferme fous un châffis de couche chaude. Dans les tems doux, on enleve chaque jour ces vitrages pour introduire un air nouveau. Par cette méthode les plantes poufferont au commencement du printems, & pourront être mifes alors en plein air dans une fituation chaude. Lorfque les chaleurs deviennent très-fortes, on les place de maniere qu'elles foient feulement expofées au foleil du matin, on les tient & on les arrofe de tems en tems, avec beaucoup de précaution dans les tems fecs ; car trop d'humidité feroit pourrir leurs racines.

Lorfque les feuilles de ces plantes commenceront à fe flétrir, ce qui arrive vers le mois de Septembre, il fera tems de les tranfplanter ; on préparera alors une planche de terre proportionnée au nombre de plantes, fituée à une expofition chaude, & dont la terre foit fablonneufe, légère & fans aucun mélange de fumier, qui eft nuifible à ces racines : fi la fituation eft baffe ou le fol naturellement humide, on élève la planche de fix ou huit pouces au-deffus du niveau du terrein, on enleve la terre qui s'y trouve, jufqu'à la profondeur d'un pied & demi, & on met au fond de la foffe huit ou neuf pouces de décombres pour attirer l'humidité.

Quand la planche ou la plate-bande eft ainfi préparée, on enleve les plantes des pots ou des caiffes, avec beaucoup de foin, pour ne pas rompre ou déchirer leurs racines qui font fort tendres, & qui s'affoibliroient beaucoup par la perte de la féve laiteufe dont elles font remplies, & on les plante à quatre pouces de diftance de chaque côté, en enfonçant la tête ou la couronne de la racine à un demi-pouce au-deffous de la furface. S'il furvient une pluie légere après qu'elles font plantées, elles poufferont plus promptement ; mais comme le tems eft quelquefois fort fec dans cette faifon, il fera néceffaire, dans ce cas, de les arrofer pendant les trois ou quatre premiers jours, de couvrir la plate-bande avec des nattes pour empêcher que le foleil ne deffèche la terre, & d'enlever ces nattes tous les foirs, pour que les rofées puiffent la rafraîchir. Vers la fin d'Octobre on couvrira les plates-bandes avec du vieux tan pour les abriter des gelées , ou , si on ne peut y mettre des châssis , on fixera des cercles au-dessus , pour pouvoir y placer des nattes pendant les fortes gelées ; car lorsque ces plantes sont jeunes , l'hiver les détruit souvent faute de ces précautions. Au printems on enleve ces couvertures , & dans l'été suivant on tient les plantes nettes de mauvaises herbes. Si la saison est sèche , on les arrose de tems en tems. A l'automne suivant on remue la terre dans les intervalles , on en remet de la nouvelle par-dessus ; & pendant l'hiver on les couvre comme on l'a fait dans l'année précédente. Après deux ans de séjour dans les planches , ces plantes seront assez fortes pour fleurir ; on les enlevera en Septembre , en observant les précautions qui ont été prescrites ; on en placera quelques-unes dans des pots , & on plantera les autres dans une plate-bande chaude , ou dans une nouvelle planche , en laissant entre elles une plus grande distance , afin qu'elles aient plus de place pour croître.

Les plantes qui ont été mises dans des pots , doivent être abritées des fortes pluies & des gelées de l'hiver ; sans quoi , elles seroient en danger de pourrir , ou du moins elles s'affoibliroient de façon qu'elles ne fleuriroient pas beaucoup pendant l'été ; & on doit mettre au pied de celles qui sont en pleine terre un peu de vieux tan pour empêcher la

gelée de pénétrer jusqu'aux racines. Au moyen de cette méthode , on fera parvenir ces plantes au plus haut dégré de perfection où elles puissent atteindre , & on se procurera une suite constante de bonnes racines qui seront préférables à celles qu'on pourroit obtenir par des rejettons. On m'a assuré qu'il existe une variété à fleurs doubles de cette espece ; mais comme je ne l'ai jamais vue , je ne puis en donner aucune description. Cette plante est connue sous le nom de *Campanule en pyramide.*

Decurrens. La seconde , qui est naturelle aux parties Septentrionales de l'Europe , est depuis long-tems cultivée dans les jardins Anglois ; on connoît dans cette espece deux variétés : l'une *à fleurs simples, bleues & blanches*, & l'autre *à fleurs doubles teintes des deux couleurs.* Cette derniere n'est dans les jardins Anglois que depuis une trentaine d'années ; mais depuis ce tems elle a été tellement multipliée qu'elle a fait bannir toutes les especes à fleurs simples. On multiplie facilement ces variétés en divisant leurs racines en automne : comme elles sont très-dures , & qu'elles profitent dans tous les sols & à toutes les expositions , elles sont propres à garnir les plates-bandes communes des jardins à fleurs.

La racine de cette espece est composée de plusieurs fibres ; elle pousse une tige angulaire & ferme , haute d'environ deux pieds & demi , garnie près de la racine de feuilles oblongues, ovales, fermes & placées fans ordre; & fur le refte de fa longueur, de feuilles plus longues, plus étroites, légérement dentelées fur leurs bords & d'un vert luifant : fes fleurs qui naiffent vers la partie haute de la tige, font portées fur de courts pédoncules, & font de la même forme & de la même couleur que celles de l'efpece précédente; mais plus petites & plus étendues. Cette plante fleurit en Juin & en Juillet; & dans les années fraiches, quelques-unes d'entr'elles reftent en fleurs pendant la plus grande partie du mois d'Août.

Medium. La troifieme eft une plante bis-annuelle, qui périt auffi-tôt que fes femences font mûres; elle croît naturellement dans les bois d'Italie & de l'Autriche, & on la cultive dans les jardins Anglois à caufe de la beauté de fes fleurs. Cette efpece fournit les variétés fuivantes : celle à *fleurs bleues,* une autre *à fleurs pourpre,* une troifieme *à fleurs rayées,* & une quatrieme *à fleurs doubles*; ces deux dernieres ne font pas communes en Angleterre.

Cette efpece a des feuilles oblongues, rudes, velues & dentelées fur leurs bords, qui fortent fans ordre de la racine : du centre de ces feuilles s'élève une tige ferme, velue, fillonnée, haute d'environ deux pieds, & garnie de plufieurs branches latérales, dirigées de bas en haut, & ornées de feuilles longues, étroites, velues, dentelées fur leurs bords &

alternes : au-deffous de ces feuilles fortent des pédoncules de fleurs longs de quatre ou cinq pouces à la bâfe de la tige; mais dont la longueur diminue à mefure qu'ils approchent du fommet; ce qui forme une efpece de pyramide. Les fleurs font fort groffes & ont une belle apparence; elles paroîffent au commencement de Juin, & fi la faifon n'eft pas trop chaude, elles confervent leur beauté pendant un mois entier; les femences mûriffent en Septembre & les plantes périffent bientôt après.

On multiplie cette efpece par fes femences qu'on doit répandre au printems fur une planche couverte de terre ordinaire : lorfque les plantes font affez fortes, on les tranfporte dans la pépiniere de fleurs fur des planches de terre à fix pouces de diftance les unes des autres, & on les arrofe fouvent jufqu'à ce qu'elles aient produit de nouvelles racines; après quoi, elles n'exigent plus aucune autre culture que d'être tenues nettes de mauvaifes herbes; & à l'automne fuivant on les place dans les plates-bandes du parterre : comme elles périffent dans la feconde année, il faut élever tous les ans de jeunes plantes pour remplacer les anciennes.

Trachelium. La quatrieme a une racine vivace, qui pouffe plufieurs tiges fermes, velues, & marquées de deux côtes longitudinales : de ces tiges partent des branches latérales, garnies de feuilles oblongues, pointues, velues & profondément dentelées à leurs bords : ses fleurs sortent vers les parties hautes des tiges ; elles font alternes, portées par des pédoncules, divifées en trois parties, & pourvues de calices velus. Ces fleurs ont la même forme que celles des précédentes efpeces, mais elles font plus courtes, leurs bords font plus étendus, & elles font affez profondément découpées en plufieurs fegmens aigus. Cette plante fleurit en Juin, & fes femences mûriffent en automne.

Les variétés de cette efpece font *la bleue foncée* & *la bleue pâle*, celle *à fleurs blanches & fimples*, & la même *à doubles fleurs*. Les efpeces doubles fe multiplient en divifant leurs racines en automne : mais on doit renouveler cette opération tous les ans ; fans quoi, les fleurs dégénéreroient & deviendroient fimples. Le fol qui leur convient ne doit être ni riche ni trop léger ; car dans l'un ou l'autre cas elles dégénereroient : mais dans un terrein frais, fort & marneux, leurs fleurs parviennent à leur plus grande perfection. Ces plantes font fort dures & peuvent être plantées dans quelque fituation que ce foit : celle à fleurs fimples ne mérite pas d'être placée dans un jardin.

Lati-folia. La cinquieme, qui croît naturellement dans les parties Septentrionales de l'Angleterre, a une racine vivace compofée de plufieurs fibres charnues, remplies d'un fuc laiteux : de cette racine s'élevent plufieurs tiges fortes,

longues & fimples, qui ne pouffent jamais de branches ; elles font garnies de feuilles ovales, en forme de lance, fortement dentelées fur leurs bords, & alternes. Vers la partie haute des tiges, fortent des fleurs fimples, fupportées par de courts pédoncules, étendues & ouvertes à leurs bords, où elles font profondément découpées en cinq fegmens aigus. Lorfque les fleurs font paffées, le calice devient une capfule à cinq angles qui penche vers le bas jufqu'à ce que les femences foient mûres, & fe releve enfuite.

Les variétés de cette efpece font celles *à fleurs bleues*, *pourpre*, *& blanches* : on multiplie facilement cette efpece par le moyen de fes femences qu'elle donne en grande abondance, & qui, fi on leur donne le tems de s'écarter, produiront un grand nombre de plantes, qu'on pourra mettre en pépiniere au printems fuivant, & tranfplanter en automne dans les places qui leur font deftinées. Comme cette efpece aime l'ombre, on peut la placer fous des arbres & dans des plates-bandes abritées où peu d'autres plantes pourroient profiter : elle fait une varieté agréable lorfqu'elle eft en fleur. Elle fleurit en Juin & en Juillet, & fes femences mûriffent en automne.

Rapunculus. La fixieme a des racines rondes & charnues qui font bonnes à manger, & qu'on cultive en France pour en faire des falades : les Anglois en faifoient auffi ufage il y a quelques années ; mais à préfent ils l'ont beaucoup négligée.

Cette efpece croît fans culture dans plufieurs parties d'Angleterre, mais fes racines n'acquierent pas la moitié de la groffeur de celles qui font cultivées ; on la multiplie par fes graines qui doivent être femées fur la fin du mois de Mai, dans des plates-bandes à l'ombre. Lorfque ces plantes ont atteint la hauteur d'un pouce, on houe la terre comme on le pratique pour les *Oignons* ; on arrache toutes les mauvaifes herbes, & on éclaircit les plantes à la diftance de trois ou quatre pouces : fi les mauvaifes herbes viennent à repouffer, on fait un fecond houage dans un tems fec pour les détruire tout-à-fait, ou au moins pour les empêcher de repouffer pendant un tems confidérable : en répétant ce houage une troifieme fois, la terre reftera nette jufqu'en hiver, qui eft la faifon de faire ufage de ces racines. Ces plantes feront bonnes jufqu'au mois d'Avril de l'année fuivante ; mais comme alors elles poufferont leurs tiges, elles deviendront dures, comme le feront auffi les racines qui auront fleuri : ainfi il n'y a que les jeunes racines feules qui font bonnes à manger. Si on feme cette efpece de trop bonne heure, elle fleurira dans la même année, & fes racines ne feront plus bonnes à rien.

Cette plante pouffe des tiges droites, hautes de deux pieds, & garnies de feuilles oblongues, en forme de lance & alternes ; vers le haut de la tige naiffent des fleurs en cloche, érigées & placées tout près de la tige : quelques-unes de ces fleurs font bleues & d'autres blanches ; elles paroiffent en Juin & en Juillet, & leurs femences mûriffent en automne.

Glomerata. La feptieme naît fpontanément fur des pâturages crayeux de plufieurs parties de l'Angleterre : comme dans ces mauvais terreins fes tiges ne s'élèvent pas au-deffus de la hauteur d'un pied, on l'a prife pour une efpece différente de celle qui croît fur un fol plus riche. Sa racine vivace pouffe plufieurs tiges rondes & velues, qui s'élèvent fouvent au-deffus de deux pieds de hauteur : fes feuilles inférieures, larges & portées fur de longs pétioles, font légèrement dentelées à leurs bords ; celles des tiges font longues, étroites, fans pétioles, & placées alternativement à des diftances confidérables. Des aîles des feuilles, vers la partie fupérieure de la tige, fortent de longs pédoncules nuds, qui foutiennent deux ou trois fleurs en forme de cloche, & rapprochées en une tête. La tige principale eft terminée par un gros paquet de mêmes fleurs, qui font fuivies de capfules rondes, & remplies de petites femences. Cette plante eft aifément multipliée par femences ou en divifant fes racines ; elle profite dans tous les fols & dans toutes les fituations : elle fleurit en Juillet, & fes femences mûriffent en automne.

Speculum. La huitieme eft une plante annuelle, qui s'élève avec des tiges minces, hautes d'un pied, & garnies de plufieurs branches dont les feuilles font oblongues, & un peu trifées fur leurs bords : fes fleurs qui fortent des aîles des feuilles, & tout près de la tige, font d'une belle couleur pourpre qui tire fur le violet, & divifées en cinq fegmens, qui, ainfi que les feuilles fe refferrent dans la foirée & prennent la forme d'un pentagone ; ce qui l'a fait nommer par quelques perfonnes *Viola pentagonia,* ou *Violette à cinq angles.* Le calice qui environne la fleur eft compofé de cinq feuilles longues, étroites & vertes, qui s'étendent & font beaucoup plus longues que la corolle ; elles reftent fur le fommet d'une capfule prifmatique & remplie de petites femences angulaires. Si cette plante eft femée en automne, elle deviendra beaucoup plus haute, & fleurira un mois plutôt, que fi elle n'avoit été femée qu'au printems. Les plantes automnales fleuriffent au mois de Mai, & celles du printems en Juin & Juillet. Il y a une variété de cette efpece à *fleurs blanches,* & une autre à *fleurs d'un pourpre pâle.*

Hybrida. La neuvieme eft le *Miroir de Vénus ordinaire,* qui eft depuis long-tems cultivé dans les jardins Anglois. Cette efpece s'élève rarement au-deffus de fix pouces de hauteur : elle pouffe une tige branchue & garnie de feuilles ova-

les & feffiles aux tiges ; fes branches font produites à la bâfe, & font terminées par des fleurs qui reffemblent beaucoup à celles de l'efpece précédente.

Erinus. La dixieme croît naturellement dans la France Méridionale & en Italie. C'eft auffi une plante baffe & annuelle, qui s'élève rarement au-deffus de fix pouces de hauteur, & qui fe divife en plufieurs branches garnies de feuilles courtes, ovales, très-rapprochées, & profondément dentelées aux deux côtés : fes fleurs qui naiffent aux extrémités des branches, font de la même forme que celles de l'efpece précédente ; mais plus petites & peintes de couleurs moins agréables ; les feuilles de leurs calices font auffi plus larges.

Pentagonia. La onzieme, qui a été apportée de la Thrace, eft depuis long-tems dans les jardins Anglois. Cette plante eft annuelle, & haute de fix ou fept pouces : fes tiges fe divifent par paires & fouvent il naît une autre branche au milieu des divifions : fes feuilles baffes font oblongues & obtufes ; mais celles qui fortent vers les extrémités des branches font beaucoup plus étroites & pointues : fes fleurs naiffent fimples au fommet des branches ; elles font d'un beau bleu, & leur calice eft formé par cinq feuilles plus longues que celles des trois dernieres efpeces : fes femences font comme celles de la neuvieme.

Perfoliata. La douzieme eft une plante annuelle, qui, dans une

une bonne terre, s'élève à un pied & demi de hauteur, & qui, dans un mauvais fol, parmi les bleds où elle se trouve ordinairement, n'a guere plus de six pouces d'élévation : sa tige est simple & pousse rarement des branches, excepté près de sa racine, d'où il en sort quelquefois une ou deux, courtes & latérales : ses feuilles rondes & embrassant la tige de leurs bâses, ont leurs bords fortement dentelés, & de leurs ailes sort une touffe serrée de fleurs entourées de feuilles, comme dans un godet; ces fleurs ont cinq angles & sont d'une forme pareille à celles du *Miroir de Vénus*, mais beaucoup plus petites ; elles sortent dans toute la longueur de la tige : ses semences sont renfermées dans des capsules courtes, & semblables à celles de l'espece précédente. Elle croît en Italie & en Virginie. Si l'on permet à ses semences de s'écarter, elle produira des plantes sans aucun soin. On peut aussi semer au printems ces plantes, & les traiter comme celles de la onzieme espece.

Americana. La treizieme, qui est originaire de l'Amérique, est depuis long-tems cultivée dans les jardins des curieux en Angleterre & en Hollande; elle pousse plusieurs feuilles rudes & oblongues qui sortent de chaque côté de sa racine, & qui forment une espece de tête comme celle de la *Joubarbe* : ses feuilles sont dentelées, & ont une forte côte qui coule longitudinalement sur leurs bords. Du centre de la plante

s'élève jusqu'à la hauteur d'un pied, une tige foiblement garnie de feuilles fort étroites, fermes & d'un vert luisant. Les pédoncules qui sortent des ailes des feuilles, ont depuis deux jusqu'à quatre pouces de longueur, & sont terminés chacun par une fleur étendue & en forme de cloche; le calice de cette fleur est court & découpé en cinq segmens; son style est plus long que la corolle, & couronné par un stigmat divisé en deux parties. Il y a dans les jardins une variété de cette espece à *fleurs blanches*, & une autre à *fleurs bleues*, en Hollande on en voit une troisieme à *fleurs doubles.* Cette plante ne produisant point de semences en Angleterre, on ne peut la multiplier que par le moyen de ses rejettons qu'on prend sur les vieilles plantes dans le mois d'Août, afin qu'ils puissent former de bonnes racines avant que le froid commence : on plante ces rejettons dans de petits pots remplis de terre fraiche, légere & marneuse; on les place à l'ombre jusqu'à ce qu'ils aient poussé de nouvelles racines : après quoi, on les traite comme les autres plantes dures & exotiques. Lorsque les premiers froids de l'automne commencent à se faire sentir, on doit mettre cette espece à l'abri ; car, quoiqu'elle puisse subsister en plein air durant les hivers doux, elle est néanmoins très-sujette à périr, lorsque le froid devient plus rigoureux. Elle fleurit en Juillet & en Août.

Canariensis. La quatorzieme

eſt originaire des Iſles Canaries, d'où elle a été introduite dans les jardins de l'Europe & cultivée depuis pluſieurs années. On a apporté encore tout récemment des mêmes Iſles des ſemences de cette eſpece ; mais les fleurs qu'elles ont produites ſont moins bien colorées que celles des vieilles plantes.

Cette eſpece a une racine épaiſſe & charnue, qui s'enfonce quelquefois dans la terre comme celle d'un *Panais*, & qui ſouvent ſe diviſe en pluſieurs nœuds près de la couronne. Quand on rompt quelque partie de cette racine, il en ſort un ſuc laiteux ; elle pouſſe beaucoup de fibres fortes & charnues qui s'enfoncent profondément dans la terre, & qui donnent naiſſance à une plus grande quantité d'autres fibres encore plus petites : de la couronne de cette racine s'élève un nombre de tiges proportionné à ſa force ; mais dont celle du centre eſt toujours la plus groſſe, & s'élève généralement au-deſſus des autres. Ces tiges ſont fort tendres, rondes & d'un vert pâle ; leurs nœuds ſont à une grande diſtance les uns des autres ; & quand les racines ſont fortes, ces tiges croiſſent juſqu'à la hauteur de dix pieds, & ſont garnies de pluſieurs branches latérales plus petites ; de chaque nœud de ces branches naiſſent deux, trois ou quatre feuilles en forme de lance, ayant un poil aigu & pointu à chaque côté ; elles ſont vert-de-mer, & dès qu'elles paroiſſent elles ſont légèrement cou-

vertes d'une poudre cendrée. Les fleurs qui ſont en forme de cloche, & de couleur de feu, marquées de quelques raies d'un rouge brunâtre, ſortent des nœuds de la tige, & penchent vers le bas : ces fleurs ſont diviſées en cinq parties ; au fond de chacune eſt ſitué un nectaire couvert d'une peau blanche & tranſparente, qui reſſemble beaucoup à ceux de la *Couronne impériale*, mais plus petit ; ſur chacun eſt fixée une étamine preſque auſſi longue que la corolle, & terminée par un ſommet oblong. Dans le centre de la fleur eſt placé un ſtyle plus long que les étamines, & ſurmonté d'un ſtigmat réfléchi, & diviſé en trois parties.

Les fleurs de cette eſpece commencent à paroître dans les premiers jours du mois d'Octobre, & durent ſouvent juſqu'en Novembre : ſes tiges périſſent au mois de Juin juſqu'à la racine, & les nouvelles pouſſent en Août.

On la multiplie en diviſant ſes racines avec précaution ; parce que, ſi l'on venoit à en rompre quelque partie, il en ſortiroit une grande quantité de ſève laiteuſe qui les feroit pourrir, ſi elles étoient plantées avant que ces bleſſures fuſſent guéries : ainſi quand il arrive que quelque partie eſt rompue, il faut la laiſſer dans la ſerre pendant quelques jours juſqu'à ce que la plaie ſoit fermée. On ne doit pas les diviſer trop ſouvent, ſur-tout ſi l'on veut les voir bien fleurir ; parce qu'au moyen de ces diviſions réitérées, on les affoibliroit confidérablement : on fait cette opération en Juillet, auffitôt après que les tiges font flétries.

La terre dans laquelle on les plante, ne doit pas être trop riche; parce qu'un pareil fol leur fourniffant une nourriture trop abondante, leurs branches deviendroient fortes & fucculentes, & produiroient très-peu de fleurs : elles réuffiffent mieux dans un terrein léger, fablonneux & marneux, auquel on a ajouté un quart de décombres. Quand ces racines font plantées, on place leurs pots à l'ombre, & on ne les arrofe que lorfque la faifon eft trop fèche, parce qu'alors elles font dans l'inaction, & que dans tout autre tems l'humidité leur feroit fort nuifible. Vers le milieu d'Août, lorfqu'elles commencent à pouffer des fibres, on place les pots fous un châffis de couche chaude ; & comme les nuits deviennent fraîches, on les couvre de vitrages, qu'on a foin d'ouvrir chaque jour pour leur donner de l'air ; ce qui les aide beaucoup à fleurir, en augmentant leur force ; dès que les tiges paroîffent, on les arrofe légèrement & de loin en loin. Si ces plantes font traitées, comme on vient de le prefcrire, vers le milieu de Septembre elles parviendront à une fi grande hauteur, que les châffis ne pourront plus les contenir : alors il faudra les tranfporter dans une caiffe de vitrages fèche & airée, où elles puiffent jouïr de l'air libre dans les tems doux, & être abritées du froid. Pendant l'hiver, on les arrofe fouvent, on les met à l'abri de la gelée ; & au printems, lorfque les tiges commencent à fe flétrir, on expofe leurs pots au-dehors & à l'ombre, & on ne les arrofe plus.

Patula. La quinzieme, qui croît fans culture dans quelques provinces du nord-oueft de l'Angleterre, eft une plante bifannuelle, qui reffemble beaucoup à la *Raiponce* ; mais fes branches font plus horifontales, & fes fleurs, en s'ouvrant, s'étendent davantage.

On la multiplie par femences en automne, parce que celles qui ne font mifes en terre qu'au printems, font fujettes à manquer, ou au moins elles reftent une année entiere avant de pouffer. Quand ces plantes commencent à paroître, on les éclaircit, on arrache avec foin toutes les herbes inutiles qui croîffent parmi elles, & on ne leur donne plus aucune autre culture.

Cervicaria. La feizieme fe trouve en Allemagne & en Suede ; fes feuilles font rondes ; fa tige, haute de deux pieds, eft garnie de feuilles étroites & en forme de lance, & terminée par des fleurs rapprochées en un épi obtus.

Saxatilis. La dix-feptieme eft originaire de l'Ifle de Candie, où elle croît fur des rochers, dans les fentes & crevaffes defquels fes racines pénetrent, & où elle dure beaucoup plus long-tems que fi elle étoit cultivée dans les jardins : fes tiges, qui s'élèvent à un pied de hauteur, font garnies de feuilles ovales & dentelées : fes fleurs font groffes, paroiffent en Juillet, & font fuivies de capfules à cinq cellules, remplies de petites femences.

Ces plantes fe multiplient par femences : fi on les met en terre en automne, elles fe fuccèdent plus certainement que celles qui ne font femées qu'au printems. Dès qu'elles font en état d'être enlevées, il faut les tranfplanter dans des planches ou des plate-bandes, & les traiter de la même maniere que les efpeces précédentes ; mais on peut mettre dans des pots quelques tiges de cette derniere, pour pouvoir les abriter en hiver.

CAMPANULE. *Voyez* CAM-PANULA.

CAMPHORA. *V.* LAURUS.

CAMPHOROSMA, CAMPHORATA. *Tourn. Inft.* [*Camphorata.*] Camphrée.

Caraɛteres. Le calice eft quarré, en forme de cruche & perfiftant ; la fleur n'a point de corolle, mais feulement quatre étamines minces, égales & terminées par des fommets ovales ; elle a un germe ovale, comprimé & couronné par un ftigmat aigu. Le calice devient par la fuite une capfule couronnée au fommet ; a une cellule ouverte, qui renferme une femence comprimée.

Les efpeces font :

1°. *Camphorofma Monfpeliaca, foliis hirfutis linearibus. Amœn. Acad. 1. p. 392 ;* Camphrée à feuilles linéaires & hériffées.

Camphorata hirfuta. C. B. p. 486.

Segalo, caule procumbente, foliis fparfis. Hort. Cliff. 321. Roy. Lugd. B. 300.

2ᶜ. *Camphorofma glabra, foliis fubtriquetris, glabris, inermibus. Amœn. Acad. p. 393 ;* Camphrée à feuilles unies, triangulaires, & fans épines.

Camphorata glabra. Bauh. Pin. 286. Dalech. Hift. 1179.

Monfpelicata. La premiere efpece, qui croît fauvage dans les environs de Montpellier, eft une plante annuelle, dont les branches traînent fur la terre & s'étendent de chaque côté à un pied & plus de longueur : ces branches font garnies de feuilles linéaires, hériffées, & placées ferrément fur les branches ; fes fleurs fortent des nœuds des tiges, & font fi petites, qu'à peine on peut les diftinguer ; elles font dépourvues de pêtales, & n'ont qu'un calice en forme de cruche qui fe change enfuite en une capfule remplie de femences. Cette plante eft annuelle, & fe multiplie par fes femences, qui, étant mifes en terre en automne, réuffiront plus certainement que fi elles n'étoient femées qu'au printems : quand on leur donne le tems de s'écarter, elles produifent une quantité de jeunes plantes au printems fuivant.

Glabra. La feconde eft originaire des montagnes de Suiffe ; c'eft une plante vivace dont les branches traînent fur la terre, & dont les feuilles font unies & triangulaires : fes fleurs ne font pas plus vifibles que celles de la premiere, & fon calice fe change en une capfule remplie de femences.

On conferve ces plantes dans quelques jardins, plus pour la variété que pour leur beauté & leur ufage : on peut les femer dans quelqu'endroit reculé du jardin, & lorfqu'elles auront pouffé, on les éclaircira', & on les débarraffera de mauvaifes herbes. Elles produifent des femences qui, en s'écartant, donnent tous les ans une grande quantité de jeunes plantes.

CAMPHRÉE *Voy.* CAMPHOROSMA. T.

CAMPHRIER. ARBRE DE CAMPHRE. *Voyez* LAURUS CAMPHORA. L.

CANELIER. *Vòy.* LAURUS CINNAMOMUM & CANELLA.

CANELIER SAUVAGE DES BARBADES. *Voyez* WINTERANIA.

CANNA. *Lin. Gen. Plant.* 1 ; [*Indian flowering Reed.*] Rofeau fleuri des Indes, Balifier, *ou* Canne d'Inde.

Caraéteres. La fleur a un calice à trois feuilles, perfiftant, droit & coloré ; la corolle eft compofée d'un pétale divifé en fix parties, dont les trois fegments fupérieurs font droits & plus larges que ceux de deffous, qui font plus longs : deux font érigés & l'autre panché en arriere & tordu. La fleur a une étamine auffi haute que la corolle, qui a l'apparence d'un fegment, & dont le fommet eft placé fur fa bordure. Au deffous du calice eft fitué un germe rond & rude, qui foutient un ftyle plat, furmonté d'un ftigmat mince & attaché à fon bord. Lorfque la fleur eft paffée, le germe devient une capfule

oblongue, membraneufe, à trois fillons longitudinaux, couronnée par le calice, & a trois cellules remplies de femences rondes & unies.

Ce genre de plantes eft rangé dans la premiere fection de la premiere claffe de LINNÉE, intitulée : *Monandria Monogynia*, qui comprend celles dont les fleurs n'ont qu'une étamine & un ftyle.

Les efpeces font :

1°. *Canna Indica, foliis ovatis, utrinque acuminatis, nervofis. Prod. Leyd. 11 ;* Balifier à feuilles ovales, nerveufes & terminées en pointes à chaque côté. Le Balifier.

Cannacorus. Rumph. Amb. 5. p. 177. T. 71. F. 2.

2°. *Canna lati-folia, foliis oblongo-ovato-acuminatis, fegmentis florum anguftioribus ;* Balifier à feuilles oblongues & pointues, ayant les fegments de la fleur très étroits.

Cannacorus ampliffimo folio, flore rubro. Tourn. Inft. 367.

Arundo Indica lati-folia. Bauh. Pin. 19.

Katu-bala. Rheed. Mal. 11. p. 85. T. 43.

3°. *Canna coccinea, foliis ovatis, obtufis, nervofis, fpicis florum longioribus ;* Balifier à feuilles ovales, obtufes & nerveufes, ayant des épis de fleurs plus longs.

Cannacorus flore coccineo fplendente. Tourn. Inft. 367.

4°. *Canna lutea, foliis ovatis, petiolatis, nervofis, fpathá floribus longiore ;* Balifier à feuilles ovales, obtufes & nerveufes, avec des pétioles & une fpathe plus longue que la fleur.

*Cannacorus flore luteo punctato.
Tourn. Inst. R. H. 367.*

5°. *Canna glauca, foliis lanceolatis, petiolatis, enervibus. Prod. Leyd. 11 ;* Balisier à feuilles unies, en forme de lance & pétiolées.

Cannacorus glaucophyllus, ampliore flore, Iridis palustris facie. Hort. Elth. 69.

Cannoïdes. Hort. Cliff. 488.

Indica. La première se trouve également dans les deux Indes. Les habitans des Isles Britanniques en Amérique, appellent toutes les especes sans distinction *Balle* ou *Dragée d'Inde*, à cause de la rondeur & de la dureté de leurs semences.

Cette plante a une racine épaisse, charnue & tubéreuse, qui, se divisant en plusieurs nœuds irréguliers, s'étendent au loin près de la surface de la terre, & poussent plusieurs feuilles larges, ovales & sans ordre. Quand ces feuilles commencent à sortir, elles sont roulées en cornets, & s'étendent ensuite en se développant : elles ont près d'un pied de longueur, & leur largeur, qui est d'environ cinq pouces au milieu, diminue par dégrés vers les deux extrémités, où elles sont terminées en pointe : ces feuilles ont plusieurs veines larges & transversales, qui depuis la côte du milieu s'étendent jusqu'aux bords, & débordent en-dessous ; & entre chacune de ces côtes coulent deux plus petites veines paralleles & pointues qui sont particulieres à cette espece. Les tiges sont herbacées, hautes de quatre pieds, & garnies

de pétioles larges, feuillés, applatis & serrés sur les deux côtés. Les fleurs qui naissent en épis clairs à la partie supérieure de la tige, sont d'abord couvertes par une spathe feuillée qui se trouve ensuite au-dessous de la fleur, & devient d'une couleur brune. Chaque fleur a un pétale divisé presque jusqu'au fond en six segmens minces, dont les trois supérieurs sont les plus larges, & d'un rouge pâle. Cette fleur est entourée d'un calice à trois feuilles, situé sur un petit germe rond & rude, qui, après la chûte de la fleur, se gonfle & devient un gros fruit ou une capsule oblongue & rude, marquée de trois sillons longitudinaux, & couronnée par le calice à trois feuilles de la fleur. Lorsque ce fruit parvient à sa maturité, la capsule s'ouvre en longueur en trois cellules remplies de semences rondes, dures, noires & luisantes. Ces plantes fleurissent ordinairement en Juin, en Juillet & en Août.

Comme cette espece croît naturellement dans les parties les plus chaudes de l'Amérique, elle exige d'être placée en hiver dans une serre de chaleur modérée ; sans quoi, les racines se flétriroient. J'ai souvent essayé de tenir ces racines dans une simple serre pendant tout hiver ; mais je n'ai pu réussir à les y faire prospérer ; car, quoique quelques-unes aient échappé à la rigueur de la saison, cependant le froid les avoit si fort affoiblies, qu'elles n'ont pu recouvrer leurs forces dans l'été fuivant, ni fleurir à un certain dégré de perfection ; de forte que, depuis ce tems , je les ai conf- tamment tenues pendant l'hi- ver dans une ferre de chaleur modérée, où elles ont toujours produit des fleurs dans cette faifon , qui eft celle où elles ont la plus belle apparence : pendant l'été , je les ai placées à l'air dans une fituation abri- tée avec d'autres plantes ten- dres & exotiques , où elles fleuriffoient une feconde fois , & produifoient annuellement des femences mûres.

Lati-folia. La feconde efpece croît naturellement dans la Ca- roline, ainfi que dans quel- ques Provinces Septentriona- les de l'Amérique : fes feuilles font plus larges que celles de la précédente , & fe terminent en pointes plus aiguës : fes tiges s'élèvent à une plus gran- de hauteur , & les fegments de la fleur font beaucoup plus étroits ; elle eft d'un rouge pâle , & n'a pas grande appa- rence. Ses femences reffem- blent à celles de la premiere efpece ; en plaçant les raci- nes de cette plante dans des plate - bandes chaudes & fe - ches , elles réfifteront pendant l'hiver en plein air. J'en ai planté quelques - unes dans le Jardin de *Chelfea* , qui ont fub- fifté pendant douze hivers dans une plate-bande expofée au fud- oueft , fans aucune couvertu- re , & qui ont bien fleuri cha- que année , fans cependant avoir produit de femences.

Coccinea. La troifieme a des feuilles plus larges qu'aucune des précédentes , & fes tiges font auffi beaucoup plus éle- vées. Les femences de cette efpèce m'ont été envoyées du Brefil & d'autres parties de l'Amérique , fous le nom de *Plantain fauvage* : fes tiges de fleurs s'élèvent au - deffus de fix pieds de hauteur : fes feuilles font fort larges , & celles qui naiffent aux envi- rons de la racine , ont de longs pétioles : fes fleurs forment un épi plus gros que ceux de l'ef- pece précédente , & font d'un écarlate plus brillant : fes cap- fules font plus longues , & fes femences plus groffes. Com- me ces différences fe foutien- nent dans les plantes élevées de femences , on ne peut dou- ter que cette efpece ne foit vraiment diftincte & particu- lière.

Canna lutea. La quatrieme eft plus rare en Amérique que les efpeces précédentes : fes fe- mences qui m'ont été envoyées de l'Inde m'ont donné deux variétés ; l'une à fleurs d'un jaune uni , & l'autre à fleurs d'un jaune tacheté : mais ces variétés ne font point conf- tantes ; elles font fujettes à changer , lorfqu'on les multi- plie de femences. Cette efpe- pece a des feuilles plus cour- tes & plus larges qu'aucune des autres ; fes tiges ne s'é- lèvent qu'à trois pieds de hau- teur , & fes épis de fleurs ref- femblent à ceux de la premie- re , mais fes fleurs font d'une couleur différente.

Glauca. Les femences de la cinquieme , que j'ai reçues de

Carthagene dans l'Amérique Méridionale en 1733, ont produit dans la premiere année des plantes très-fortes, dont quelques-unes ont fleuri dès le premier automne. Les racines de cette espece sont beaucoup plus grosses que celles des précédentes ; elles poussent de grosses fibres qui s'enfoncent profondément dans la terre, ses tiges s'élèvent à sept ou huit pieds de hauteur : ses feuilles longues d'environ deux pieds sont étroites, unies & d'une couleur de vert de mer : ses fleurs grosses & d'un jaune pâle, naissent en épis courts aux extrémités des tiges ; les segments de leurs pétales sont larges : mais elles ressemblent dans leur forme à celles des autres especes. Ses capsules sont plus grosses & beaucoup plus longues que celles des précédentes, quoiqu'elles contiennent moins de semences qui sont à la vérité plus grosses. Les jeunes plantes élevées de semences fleurissent plus sûrement que les vieilles racines & que les rejettons qu'on en tire ; parce que ces dernieres en produisent beaucoup d'autres qui s'étendent à une distance considérable lorsque l'emplacement leur permet de le faire, & qui produisent rarement des fleurs. On doit donc les élever annuellement au moyen de leurs semences, & rejetter toutes les vieilles plantes qui ont fructifié.

Culture. Toutes ces especes se multiplient par leurs graines qu'on doit semer au printems sur une couche chaude ;

& lorsque les plantes sont en état d'être enlevées, on les transplante dans des pots séparés, remplis d'une terre riche de jardin potager ; on les plonge dans une couche de tan de chaleur modérée, & on les tient à l'ombre jusqu'à ce qu'elles aient formé de nouvelles racines : après quoi, on leur donne beaucoup d'air libre chaque jour dans les tems chauds, & on les arrose souvent. Comme ces plantes sont de grands progrès, il est nécessaire de leur donner à propos de plus grands pots remplis de la même terre, d'en replonger une partie dans la couche chaude, & de placer les autres en plein air au mois de Juin, avec les plantes exotiques, dans une situation chaude. Celles qui sont dans la couche chaude, feront assez de progrès, pour bien fleurir dans la terre dès l'hiver suivant ; mais celles qu'on a exposées en plein air ne produiront des fleurs que pendant l'été : celles-ci peuvent rester au-dehors jusqu'au commencement d'Octobre ; mais alors il faudra les enterrer dans la serre & les traiter de la même maniere que les vieilles plantes. Au mois de Mai, on préparera une couche de chaleur modérée, qu'on couvrira de bonne terre jusqu'à l'épaisseur d'un pied ; on tirera les plantes hors des pots, on les placera avec leurs mottes dans cette couche, on les couvrira avec des cloches qu'on aura soin de soulever, chaque jour d'un côté, pour donner de l'air

aux plantes ; & à mesure qu'el-
croîtront, on les accoutumera
par dégrés à supporter le plein
air. Par cette méthode, ces
plantes deviendront beaucoup
plus hautes ; elles fleuriront
beaucoup mieux que celles qui
sont tenues dans des pots, &
elles produiront de bonnes semences en automne. Ces plantes dureront plusieurs années,
si elles sont traitées comme il
vient d'être prescrit ; mais ,
comme les jeunes fleurissent
toujours mieux que les vieilles, on ne doit plus les conserver, après qu'elles ont perfectionné leurs semences.

La seconde espece étant plus
dure qu'aucune des autres ,
elle exige un traitement différent : on accoutume plutôt ses
jeunes plantes au plein air ,
& on les y laisse exposées jusqu'au commencement des gelées : on les place ensuite dans
la serre, où on les arrose
peu pendant l'hiver. Au commencement du mois de Mai,
on les sort de leurs pots, &
on les plante dans une plate-
bande chaude & sèche, à l'exposition du midi , où elles
profiteront & produiront des
fleurs annuellement ; mais ,
comme elles ont peu de beauté , on n'en conserve ordinairement que quelques-unes. Il
y a dans cette espece une
variété à feuilles panachées
qu'on cultive dans quelques
jardins : on la multiplie en divisant ses racines ; mais elle a
si peu de beauté qu'elle n'en
vaut pas la peine.

CANELLA. *Voyez* WINTE-
RANIA, CANELIER SAUVAGE.

CANNABINA. *Voyez* DAS-
TICA. Chanvre bâtard.

CANNABIS. *Lin. Gen. Plant.*
988 ; [*Hemp.*] Chanvre.

Caracteres. Ce genre a des
fleurs mâles & femelles sur
différentes plantes : les fleurs
mâles ont un calice concave
à cinq feuilles ; elles ont cinq
étamines courtes & velues ,
terminées par des sommets
oblongs & à quatre angles.
Les fleurs femelles ont des calices formés par une feuille
oblongue & pointue : elles
sont, comme les fleurs mâles,
privées de corolle, & elles ont
un petit germe qui soutient
deux styles longs & couronnés
par un stigmat aigu ; le germe devient par la suite une
semence globulaire, comprimée & renfermée dans le calice.

Les plantes de ce genre
ayant des fleurs mâles & femelles disposées sur différens
pieds , & les fleurs mâles étant
pourvues de cinq étamines ,
il a été rangé dans la cinquieme section de la vingt-deuxieme classe de LINNÉE, qui a
pour titre : *Diæcia pentandria.*

Nous n'avons qu'une espece
de cette plante qui est :

Cannabis. Linn. Sp. Plant.
1027.

Cannabis sativa. C. B. p. 320 ;
Chanvre cultivé.

Cannabis femina. Dalech. Hist.
497.

La plupart des anciens Ecrivains ont appliqué cette derniere dénomination au *Chanvre* femelle, & ont appellé le
mâle *Cannabis erratica,* ou *Chanvre sauvage ;* mais comme ces

deux plantes proviennent des mêmes femences , elles ne forment qu'une feule & même efpece , & ne doivent point être féparées.

On feme cette plante en grande quantité dans les terres riches & humides de la Province de Lincoln : fon écorce fert à faire de la toile & des cordages ; & on tire de fes femences une huile qui eft en ufage dans les arts & dans la médecine.

Le *Chanvre* exige un fol profond , riche & humide , tel qu'on le trouve en Hollande , dans la Province de Lincoln & dans les marais de l'Ifle d'Ely , où il eft cultivé avec un grand avantage ; ainfi qu'il pourroit l'être dans plufieurs autres parties d'Angleterre qui poffédent d'auffi bons fols ; mais cette plante ne profite point fur des terres argilleufes , non plus que dans celles qui font trop fermes ou trop froides. On la regarde comme très-propre à détruire les mauvaifes herbes , qu'elle étouffe , ou qu'elle prive de nourriture; parce qu'elle appauvrit tellement la terre , qu'on ne peut pas en femer deux fois fur le même fol. On feme le *Chanvre* dans le milieu du mois d'Avril , dans un terrein bien cultivé & bien ameubli avec la herfe : quoiqu'on emploie ordinairement trois boiffeaux de femence pour un âcre de terre , cependant deux boiffeaux font fuffifans pour cette étendue de terrein. On choifit le *Chenevis* le plus lourd , & qui eft en même tems le plus bril-

lant ; & comme on doit apporter le plus grand foin dans le choix des graines , on en ouvre quelques-unes, afin de reconnoître fi les germes font bien formés : cette précaution eft d'autant plus néceffaire , que dans beaucoup d'endroits on arrache les plantes mâles , avant que leur pouffiere féminale ait impregné les germes des femelles : les graines qui font fournies par de pareilles plantes , quoiqu'elles paroiffent belles & pleines , font néanmoins ftériles , ainfi que l'ont éprouvé les habitans de trois paroiffes de la Province de *Lincoln* , *Bickar* , *Swineshead* , & *Dunnington* , qui cultivent le *Chanvre* en grande abondance & qui ont payé fort cher cette expérience.

Quand les plantes ont pouffé , on les houe comme les *Navets* , on laiffe entr'elles un pied ou feize pouces de diftance , & on arrache avec foin toutes les mauvaifes herbes : fi cet ouvrage eft bien fait & dans un tems fec , toutes les herbes nuifibles font détruites. Un mois ou fix femaines après , on fait un fecond houage , après lequel ces plantes ne demanderont plus aucun foin , parce qu'elles couvriront bientôt la terre , & étoufferont toutes les mauvaifes herbes qui pourroient renaître.

Quoique la méthode ordinaire foit d'arracher le *Chanvre* fimple , ou le mâle qui ne produit point de femences , vers le milieu du mois d'Août, on fera cependant beaucoup mieux de différer cette opération de quinze jours ou trois semaines, afin de donner aux plantes mâles le tems de répandre tout-à-fait leur pouſſiere féminale, ſans laquelle les ſemences ſont abortives, & ne produiſent rien l'année ſuivante. Les huiliers, dans ce cas, ne s'en chargent même pas, parce qu'elles n'offrent que des coſſes vuides qui ne rendent point d'huile. Les plantes mâles commencent à ſe flétrir auſſi-tôt après qu'elles ont répandu leur pouſſiere.

La ſeconde récolte ſe fait peu de tems après la fête de Saint-Michel, lorſque les ſemences ſont mûres : ce *Chanvre* eſt appelé *Chanvre de Karle*, ou *femelle*, qui eſt reſté encore ſur pied, après que les plantes mâles ont été arrachées. On forme des paquets de ces plantes, on les expoſe pendant quelques jours au ſoleil pour les ſécher ; après quoi, on les tranſporte dans la maiſon pour les conſerver au ſec, juſqu'à ce qu'on puiſſe les battre pour en tirer les ſemences. Un âcre de bonne terre ſemé en *Chanvre* doit produire près de *trois Quartiers* [*b*] de ſemences, qui avec le *Chanvre* crû vaudront depuis ſix juſqu'à huit livres ſterlings.

Les habitans des Colonies Britanniques dans l'Amérique Septentrionale, cultivent depuis quelques années cette plante utile, & le Parlement leur a accordé une gratification pour le *Chanvre* qu'ils ont envoyé en Angleterre. Je ne ſais s'ils ſe ſont laſſés de cette culture, ou ſi la gratification ne leur a pas été payée régulièrement; mais ils en envoient actuellement très-peu, & ne répondent point à l'attente du Public : ce qui eſt très - fâcheux ; car cet objet eſt ſi intéreſſant pour la marine, que ce royaume devroit s'en occuper eſſentiellement, afin que nous puiſſions en récolter aſſez ſur notre propre fond, pour ſuffire à tous nos beſoins, & nous éviter par-là le déſavantage de nous en fournir à prix d'argent chez nos voiſins (1).

___

[*b*] Il a été dit dans une note, à la page XXIX de la Préface de MILLER que le *Quartier*, meſure de Grains en Angleterre, fait 8 boiſſeaux Anglois, ou un peu plus qu'un Septier & trois quarts, meſure de Paris.

(1) Le *Chenevis* ou les grains du *Chanvre* ſont les ſeules parties de cette plante qui ſoient employées en Médecine : on en tire par expreſſion une huile aſſez douce, qui entre dans la compoſition de pluſieurs remedes extérieurs ; mais l'émulſion qu'on en extrait par les moyens ordinaires, eſt d'un uſage beaucoup plus fréquent : outre les propriétés générales des émulſions, celle-ci en poſſéde encore de particulieres, & elle eſt employée ſpécifiquement dans l'agrippine, la manie, l'ictere, l'orgaſme de la ſemence de l'homme, & de la liqueur qui s'écoule des parties génitales de la femme, dans la gonorrhée, les pollutions nocturnes, &c.

L'infuſion des feuilles du *Chanvre*, & le ſuc qu'on en tire par expreſſion, ont la propriété d'enivrer fortement & de jetter dans des délires & des fureurs qui quel-

CANNACORUS. *Voyez* CANNA, BALISIER.

CANNEBERGE. *Voy.* VACCINIUM OXYCOCEOS. L.

CANNE, *ou* ROSEAU DE JARDIN. *Voyez* ARUNDO. L.

CANNE D'INDE, *ou* BALISIER. *Voyez* CANNA.

CANNE A SUCRE. *Voyez* SACCHARUM. L.

CAPILLAIRES, [de *Capillaris*, Lat. qui reſſemble aux *Cheveux*.] Ces plantes n'ont point de tiges principales ; mais leurs feuilles s'élèvent de la racine ſur des pétioles & elles produiſent leurs ſemences ſur le dos de leurs feuilles, comme *la Fougere, le Capillaire*, & quelques autres plantes.

CAPILLAIRE COMMUN, *Voyez* ASPLENIUM, TRICHOMANES.

CAPILLAIRE DE MONTPELLIER. *Voyez* ADIANTHUM, CAPILLUS VENERIS.

CAPILLAIRE DE CANADA. *Voyez* ADIANTHUM PEDATUM. L.

CAPITULUM, c'eſt à-dire, une *petite tête* ; ce terme eſt en uſage pour déſigner le ſommet des plantes en fleurs, de quelqu'eſpece qu'elles ſoient.

CAPNOIDES. *Voyez* FUMARIA.

CAPNORCHIS. *Voyez* FUMARIA.

CAPPARIS. *Lin. Gen. Plant.*

------

quefois ſont terminés par la mort. C'eſt avec ces feuilles que les Aſiatiques préparent cette liqueur enivrante , au moyen de laquelle ils ſe procurent ces viſions & ces extáſes dont les voyageurs font mention.

567 ; [*The Caper Bush.*] le Caprier.

Caractères. Dans cette eſpece, le calice eſt compoſé de trois feuilles ovales & concaves ; la corolle eſt formée par quatre pétales larges, ronds, dentelés au ſommet , étendus & ouverts : la fleur a un grand nombre d'étamines auſſi longues que les pétales, & terminées par des ſommets ſimples, au milieu deſquelles s'élève un ſtyle ſimple plus long que les étamines , avec un germe ovale & couronné par un ſtigmat court & obtus. Ce germe devient par la ſuite une capſule charnue, turbinée, & a une cellule remplie de ſemences en forme de reins.

LINNÉE a placé ce genre de plantes dans la premiere ſection de ſa treizieme claſſe, intitulée : *Polyandria Monogynia* , avec celles dont les fleurs ont pluſieurs étamines & un ſtyle.

Les eſpeces ſont :

1°. *Capparis ſpinoſa, pedunculis ſolitariis, uniſloris, ſtipulis ſpinoſis, foliis annuis, capſulis ovalibus. Lin. Sp.* 720 ; Caprier avec une fleur ſur chaque pédoncule, des feuilles épineuſes & annuelles, & des capſules ovales.

Capparis ſpinoſa, fruſtu minore, folio rotundo. C. B. p. 480 ; le Caprier.

Capparis folio acuto. Bauh. Pin. 480 ; Variété.

2°. *Capparis Baducca , pedunculis ſubſolitariis, foliis perſiſtentibus, ovato oblongis, nudis, determinatè conſertis. Lin. Sp.* 720 ; Caprier avec des pédoncules simples, des feuilles oblongues, ovales, nues, en paquet, & toujours vertes.

Capparis arborefcens Indica, Baducca dicta. Raii. Hift. 1630; Caprier des Indes, appelé communément *Baducca.*

Breynia fruticofa, foliis fingularibus, oblongo-ovatis, fupernè nitidis, filiquis minoribus, teretibus, æqualibus. Brown. Jam. 246. T. 27. F. 2.

3°. *Capparis arborefcens, foliis lanceolato-ovatis, perennantibus, caule arborefcente;* Caprier à feuilles, avec une tige en arbre, dont les feuilles font ovales, en forme de lance, & qui durent toute l'année.

4°. *Capparis Cynophallophora, pedunculis multi-floris terminalibus, angulatis, foliis perfiftentibus, ovalibus, obtufis. Lin. Sp. 721;* Caprier avec des branches angulaires, terminées par des pédoncules qui fupportent plufieurs fleurs, & dont les feuilles font obtufes, ovales, & toujours vertes.

Capparis arborefcens, Lauri foliis, fructu longiffimo. Plum. Cat. 7; Caprier à feuilles de Laurier, ayant de très-longs fruits. Pois Mabouia, *ou* Féve du Diable.

Capparis Breynia fruticofa, foliis oblongis, obtufis. Brown. Jam. 246. T. 27. F. 1.

Cynophallophorus, fivè Penifcaninus Caribæorum arbor, foliis fubrotundis clavos pulpiferos phalloïdes pro filiquis gerens. Pluk. Alm. 126. T. 172. F. 4.

Accaciæ affinis arbor filiquofa, folio fubrotundo fingulari, flore ftamineo, albido, filiquâ tereti ventricofâ, interiore tunicâ mucofâ miniatâ. *Sloan. Jam. 1538. Hift. 2. p. 59. Raj. Dendr. 102.*

5°. *Capparis racemofa, foliis ovatis, oppofitis, perennantibus, floribus racemofis;* Caprier à feuilles ovales, & oppofées, qui fubfiftent toute l'année, & ayant des fleurs en bouquets.

6°. *Capparis filiquofa, pedunculis, unifloris, compreffis, foliis perfiftentibus, lanceolato-oblongis, acuminatis, fubtùs punctatis. Lin. Sp. 721;* Caprier avec des pédoncules comprimés, foutenant une fleur & des feuilles oblongues, en forme de lance, toujours vertes & piquetées en-deffous.

Breynia arborefcens, foliis ovatis utrinque acuminatis, filiquâ torofâ, longiffimâ. Brown. Hift. Jam. 247.

Planta forte. Pluk. Phyt. 327. F. 5.

7°. *Capparis fruticofa, foliis lanceolatis, acutis, confertis, perennantibus, caule fruticofo;* Caprier avec une tige d'arbriffeau, & des feuilles pointues, en forme de lance, difpofées en paquets, & qui fubfiftent pendant toute l'année.

8°. *Capparis conferta, foliis lanceolatis, alternis petiolis, longiffimis floribus confertis;* Caprier à feuilles en forme de lance, alternes, portées fur de fort longs pétioles, & dont les fleurs croiffent en bouquets.

Capparis alia arborefcens, Lauri foliis, fructu oblongo ovato. Plum. Cat. 7.

9°. *Capparis Breynia, pedunculis racemofis, foliis perfiftentibus, oblongis, pedunculis calicibufque tomentofis, floribus octandriis. Jacq. Amer. T. 103;* Caprier avec des pédoncules branchus, des feuilles oblongues, toujours subsistantes, & des fleurs à huit étamines, dont les pédoncules & les calices sont laineux.

Breynia Elæagni foliis. Plum. Gen. 40. Breyn. Ic. 13. C. Fig.

Breyniæ affinis arbor octandria. Læfl. It. 207.

10°. *Capparis triflora, foliis lanceolatis, nervosis, perennantibus, pedunculis trifloris*; Caprier à feuilles étroites, en forme de lance, qui continuent toute l'année, ayant trois fleurs sur chaque pédoncule.

Spinosa. La premiere espece est le *Caprier* commun, dont les boutons de fleurs marinés sont apportés annuellement d'Italie en Angleterre. C'est un arbrisseau bas qui croît généralement dans les fentes des vieilles murailles, dans les crevasses des rochers & parmi les décombres dans la plupart des pays chauds de l'Europe. Ses tiges ligneuses, & couvertes d'une écorce blanche, poussent plusieurs branches minces & latérales, sous chacune desquelles sont placées deux épines courtes & courbées : entre ces deux épines & les branches, sortent des pétioles simples & courts, qui soutiennent une feuille ronde, unie & entiere. Les fleurs naissent sur de longs pédoncules des nœuds qui se trouvent entre ceux qui produisent les branches. On recueille ces boutons joints à leurs calices, avant qu'ils s'épanouissent, & on les fait mariner : ceux qui restent, s'étendent en forme de roses

simples, avec cinq pétales blancs, larges, ronds & concaves, au milieu desquels sont placées en grand nombre des étamines longues, qui environnent un style plus long qu'elles, & couronné par un germe ovale, qui se change, après qu'elles sont flétries, en une capsule remplie de semences en forme de rein.

On cultive cette espece sur de vieilles murailles aux environs de Toulon & dans plusieurs parties de l'Italie. M. RAY l'a vu croître naturellement sur les murailles & les ruines de Rome, de Sienne & de Florence. (1).

Baducca. La seconde a une tige d'arbre qui se divise en branches unies & sans épines : ses feuilles sont oblongues, ovales, unies, & durent toute l'année : ses pédoncules sont simples, ils sortent des ailes des feuilles, & supportent des fleurs semblables à celles de la

---

(1) L'écorce & la racine du *Caprier* sont employées en Médecine : les anciens ne connoissoient point de diurétique plus puissant, & en faisoient un fréquent usage : on s'en sert encore aujourd'hui comme d'un très-bon apéritif, dans les obstructions du foie, de la rate, du pancreas, des glandes du méfentere, &c. Ses boutons confits au vinaigre, font un excellent antiscorbutique : tout le monde connoît leur usage dans la cuisine, & leur propriété de réveiller l'appétit.

La racine de *Caprier* a donné le nom aux trochisques de capres : elle entre dans la composition du syrop hydragogue de CHARRUS, dans l'huile de scorpion de MESUE, &c.

précédente, mais plus groffes ainfi que leurs boutons.

Les plantes de la premiere efpece font difficiles à conferver en Angleterre, parce qu'elles ne fe plaifent que dans les crevaffes de rochers, fur les ruines & dans les fentes des vieilles murailles, & qu'elles profitent toujours mieux dans une pofition horifontale ; en forte qu'étant plantées dans des pots ou en pleine terre, elles réuffiffent rarement & ne fubfiftent guere que quelques années. Dans les pays chauds de l'Europe, on les multiplie par femences ; mais cette méthode réuffit difficilement en Angleterre. J'ai femé plufieurs fois ces femences fans fuccès ; jamais je n'ai pu en obtenir aucune plante ; & je fais que beaucoup d'autres perfonnes n'ont pas été plus heureufes : cependant j'en ai eu deux qui ont pouffé en 1738, dans une vieille muraille ; mais comme elles étoient jeunes & tendres, elles ont été détruites dans l'hiver de 1740. J'ai élevé en 1765 un grand nombre de ces plantes ; mais elles avoient été femées l'année auparavant. J'en connois une très-vieille qui croît en dehors de la muraille du jardin de la maifon de *Cambden*, près de Kenfington ; elle a réfifté au froid pendant plufieurs années, & elle produit annuellement quelques fleurs ; mais fes jeunes rejettons font fouvent détruits jufqu'au tronc dans certains hivers.

On apporte chaque année d'Italie les racines de cette plante, avec les *Orangers* qui nous viennent de ce pays. On en a planté quelques-unes dans les fentes des vieilles murailles ; mais elles n'y ont fubfifté que peu d'années.

Arborefcens. La troifieme efpece m'a été envoyée de Carthagène dans l'Amérique Meridionale, où elle croît naturellement : elle s'élève avec une tige ligneufe à la hauteur de douze à quatorze pieds ; & elle pouffe plufieurs branches latérales, couvertes d'une écorce brune, & garnies de feuilles oblongues, & portées fur de longs pétioles : fes fleurs font produites fur les côtés des branches ; elles font fimples, foutenues par des pedoncules longs, & de la même forme que celles de la précédente.

Cynophallophora. La quatrieme qui m'a été auffi envoyée de Carthagène, par feu Robert Millar, Chirurgien, s'élève avec un tronc fort & droit, à la hauteur d'environ vingt pieds : elle produit plufieurs branches latérales, couvertes d'une écorce fort blanche, & très-garnies de feuilles larges, oblongues, fermes, d'une fubftance plus épaiffe que celles du *Laurier* ordinaire, & d'un vert brillant : ces feuilles font traverfées par plufieurs nerfs qui partent de la côte du milieu, s'étendent jufqu'aux bords, & débordent en-deffous: fes fleurs naiffent fur les parties latérales des branches, elles font groffes & les fommets de leurs étamines font de couleur pourpre.

Racemofa. J'ai encore reçu la cinquieme de la même Con

trée que les deux précédentes : fon tronc, dont la hauteur est d'environ vingt pieds, produit plufieurs branches minces, longues, couvertes d'une écorce brune, & garnies de feuilles femblables à celles du *Laurier*; mais plus longues, oppofées, placées fur des pétioles affez longs, & marquées en-deffous de plufieurs côtes tranfverfales : fes fleurs font groffes & blanches; elles naiffent aux extrémités des branches, au nombre de deux ou trois fur chaque pédoncule, & elles font remplacées par des légumes longs de deux ou trois pouces, gros comme le petit doigt, & remplis de groffes femences en forme de rein : ces légumes ont une couverture épaiffe & charnue.

Siliquofa. La fixieme m'a été envoyée de Tolu en Amérique: elle a une tige d'arbriffeau qui s'élève à la hauteur de huit ou dix pieds, & pouffe plufieurs branches ligneufes, couvertes d'une écorce d'un brun rougeâtre, & garnies de feuilles, oblongues, fermes, en forme de lance, & marquées de piqûres en-deffous : fes pédoncules longs, minces & comprimés, fortent des aîles des feuilles, & foutiennent chacun une petite fleur blanche, à laquelle fuccède un légume ovale, rempli de plufieurs petites femences en forme de rein.

Fruticofa. La feptieme a une tige d'arbriffeau, haute de douze à quatorze pieds: fes branches font couvertes d'une écorce d'un brun foncé ; fes feuilles font pointues, en forme de

lance, alternes, d'une fubftance plus épaiffe que celles du *Laurier*, & fupportées par des pétioles fort courts. De chacun des pétioles fort, dans prefque toute la longueur des branches, une fleur fimple & petite, foutenue par un pédoncule court : les fommets de ces fleurs font d'une couleur pourpre, mais leurs étamines font blanches. Cette efpece m'a auffi été envoyée de Tolu.

Conferta. La huitieme efpece s'élève auffi avec une tige d'arbriffeau, jufqu'à la hauteur de dix ou douze pieds, & produit des branches minces & horifontales, couvertes d'une écorce rougeâtre : des nœuds de ces branches, qui font fort éloignés les uns des autres, fortent plufieurs feuilles en paquet, fans ordre, & poftées fur des pétioles affez longs : ces feuilles ont fix pouces de longueur, fur trois de largeur au milieu, elles font auffi épaiffes que celles du *Laurier*, d'un vert luifant, unies en-deffus, & marquées par plufieurs côtes tranfverfales qui débordent en-deffous. J'ai reçu cette efpece de Tolu avec la précédente.

Breynia. La neuvieme croît naturellement dans la plupart des Ifles des Indes Occidentales : fa tige eft forte, ligneufe, haute de vingt-cinq ou trente pieds, & divifée en plufieurs branches couvertes d'une écorce cendrée & garnies de feuilles oblongues, ovales, cotonneufes en-deffous, unies en-deffus, & placées fans ordre. Ses fleurs fortent en panicules clairs des extrémités des branches :

ches : leur corolle eſt compoſée de quatre pétales aſſez larges, concaves, & de couleur
pourpre ; la fleur renferme huit
étamines longues & pourpres,
avec un ſtyle très-long &
couronné par des ſtigmats obtus. Lorſque la fleur eſt flétrie,
le germe ſe change en un légume oblong & charnu, dans
lequel ſont renfermées quatre
ou cinq ſemences.

Triflora La dixieme a des
tiges minces d'arbriſſeau qui s'é-
lèvent à ſept ou huit pieds de
hauteur, & produiſent pluſieurs branches ligneuſes, garnies de feuilles fort longues,
nerveuſes & en forme de lance:
ſes fleurs ſortent aux extrémités des branches, & ſont remplacées par des fruits ovales.

Les neuf dernieres eſpeces
étant originaires des pays
chauds, elles ne peuvent ſub-
ſiſter en hiver dans notre climat ſans le ſecours de la ſerre
chaude. On les multiplie par
leurs ſemences qu'on doit ſe
procurer de leur pays natal,
parce qu'elles n'en produiſent
point en Angleterre. On ſeme
ces graines dans de petits pots
remplis de terre légere & ſablonneuſe, qu'on plonge dans
une couche chaude de tan, &
qu'on arroſe de tems en tems,
mais légèrement. Comme ces
ſemences reſtent ſouvent dans
la terre un an entier avant de
pouſſer, on doit mettre les pots
dans leſquels elles ſont ſemées,
à l'abri pendant l'hiver, & au
printems ſuivant les replonger
dans une nouvelle couche chaude de tan qui fera paroitre les
plantes, ſi ces ſemences ſont

Tome II.

bonnes : quand les plantes
commencent à ſortir, on les
arroſe légèrement, & on leur
donne beaucoup d'air dans les
tems chauds ; mais quand elles
ſont aſſez fortes pour être enlevées, il faut les mettre chacune ſéparement dans des pots
remplis de la même terre, &
les replonger dans la couche
chaude, ou on doit les tenir
à l'ombre juſqu'à ce qu'elles
aient formé de nouvelles racines : après quoi, on leur
donne de l'air frais tous les
jours à proportion de la chaleur de la ſaiſon. En automne
on les plonge dans la couche
de tan de la ſerre chaude, &
on les y laiſſe conſtamment.
Ces plantes exigent d'ailleurs
le même traitement que les autres eſpeces tendres des mêmes
climats ; mais comme leurs
racines ſe pourriſſent facilement, on doit les arroſer très-
peu en hiver.

Lorſque les ſemences de ces
eſpeces ſont envoyées dans
leurs capſules, elles ſe conſervent beaucoup mieux ; pourvu
cependant qu'elles ſoient enveloppées dans des feuilles de
tabac, pour les préſerver des
inſectes, qui, ſans cette précaution, les détruiroient avant
leur arrivée.

CAPRARIA. *Lin. Gen. Plant.*
686 ; [*Sweet Weed.*] Herbe
douce.

Caraſteres. La fleur a un calice perſiſtant, & formé par
une feuille découpée en cinq
ſegments oblongs, étroits, érigés & placés à une certaine diſtance les uns des autres : la
corolle eſt en forme de cloche

L

monopétale , & divisée au sommet en cinq parties égales ,
dont les deux supérieures sont
érigées : la fleur a quatre étamines , insérées dans la bâse
du pétale , & de la moitié de
sa longueur , dont deux sont
plus courtes que les autres ;
ces étamines sont terminées
par des sommets en forme de
cœur. La fleur a aussi un germe conique qui soutient un
style mince , plus long que les
étamines , & couronné par un
stigmat à deux levres & en forme de cœur. Quand la fleur est
passée , ce germe devient une
capsule oblongue , conique &
comprimée à la pointe , qui renferme deux cellules divisées par
une partition , & remplies de
plusieurs semences oblongues.

Ce genre de plantes est rangé dans la seconde section de
la quatorzième classe de LIN-
NÉE , intitulée *Didynamia angiospermia* , avec celles dont les
fleurs ont deux étamines longues & deux courtes , & dont
les semences sont renfermées
dans une capsule.

Nous n'avons qu'une espece
de ce genre , savoir :

*Capraria biflora , foliis alter-
nis , floribus geminis. Jacq. Tab.
115 ;* Capraria à feuilles alternes & avec deux fleurs sur chaque pédoncule.

*Capraria Curassavica. Par. Bat.
110.*

*Gratiolæ affinis frutescens Ame-
ricana. Comm. Hort. 4. P. 79. T.
40.*

*Lysimachiæ Peruvianæ affinis ,
Americana procumbens. Pluk.
Alm. 237. T. 98. F. 4.*

Cette plante , qui croît na-

turellement dans les parties
chaudes de l'Amérique , où elle
est souvent une herbe bien incommode dans les plantations ,
s'élève avec une tige verte à
la hauteur d'environ un pied
& demi , & produit à chaque
nœud des branches qui sortent
quelquefois par paires opposées , mais qui ordinairement
sont au nombre de trois , disposées sur chaque nœud autour des tiges : ses feuilles sont
aussi placées autour des branches ; elles sont ovales , velues,
un peu dentelées à leurs bords ,
portées par des pétioles courts,
& disposées trois à trois : ses
fleurs blanches naissent aux aîles des feuilles , sur les parties
latérales des tiges , au nombre
de deux sur chaque pédoncule ,
& sont remplacées par des capsules coniques au sommet , qui
s'ouvrent en deux parties , &
sont remplies de petites semences.

On conserve cette plante
pour la variété dans les collections de Botanique ; mais
comme elle a peu de beauté ,
elle est rarement admise dans
les autres jardins.

On la multiplie par ses semences , qu'on répand au printems sur une couche chaude ,
& afin d'avancer les plantes ,
on les transporte ensuite sur
une seconde couche , vers le
milieu ou à la fin de Juin ; on
peut les placer ou dans des pots
remplis d'une bonne terre riche , ou dans une plate-bande
chaude , où elles prospéreront
en plein air , & perfectionneront leurs semences en automne.

CAPREOLÉES (LES PLAN-
TES) font celles qui , étant
pourvues de vrilles ou de mains,
s'accrochent à tout ce qui les
entoure, & s'élèvent ainfi jufqu'à une certaine hauteur.

CAPRIER *V.* CAPPARIS. L.

CAPRIFOLIUM. *Voyez* PE-
PICLYMENUM. F. Efpece de
Chevre-feuille.

CAPSICUM. *Lin. Gen. Plant.*
225. Cette plante prend fon nom
de *Capfa* (Caiffe ou Coffre),
parce que fes femences font
renfermées dans une cellule en
forme d'une petite caiffe ; ou
autrement de καπω mordre ,
parce que, quand on la mâche,
elle produit fur la langue une
faveur brûlante ou piquante.
Les François l'appellent : *Poivre d'Inde* ou *de Guinée*, & les
Anglois , *Guinea - pepper.*

Caractères. Le calice eft perfiftant & compofé d'une feule
feuille divifée en cinq parties
érigées: la corolle eft monopétale , en forme de roue , &
pourvue d'un tube fort court,
qui s'étend au-deffus, & fe divife en cinq parties. La fleur a
cinq petites étamines, terminées par des fommets oblongs
& joints, & un germe ovale
qui foutient un ftyle mince,
plus long que les étamines ,
& couronné par un ftigmat obtus. Ce germe fe change par
la fuite en un fruit mou ou en
une capfule, divifée par des
partitions intermédiaires , auxquelles adhérent plufieurs femences comprimées & en forme de rein.

Ce genre de plantes fait partie de la première fection de
la cinquième claffe de LINNÉE ,
intitulée: *Pentandria monogynia ,*
qui comprend celles dont les
fleurs ont cinq étamines & un
ftyle.

Les efpeces font :

1°. *Capficum annuum , caule
herbaceo , fructu oblongo propendente ;* Poivre de Guinée , avec
une tige herbacée, & un fruit
oblong & pendant.

*Piper Indicum vulgatiffimum.
Bauh. Pin.* 102.

*Capficum , filiquis longis pro-
pendentibus. Tourn. Inft.* 152 ;
Corail des jardins.

*Vallia - capo - molago. Rheed.
Mal.* 2. *P. T.* 35.

2°. *Capficum , cordi - forme ,
caule herbaceo , fructu cordi-formi ;*
Poivre de Guinée , avec une tige herbacée, & un gros fruit
en forme de cœur.

*Capficum , filiquâ propendente ,
oblongâ & cordi formi. Tourn. Inft.*
152.

3°. *Capficum tetragonum , caule herbaceo , fructu cordi-formi angulofo ;* Poivre de Guinée , avec
une tige herbacée, & un gros
fruit angulaire & obtus.

*Capficum , fructu longo , ventre
tumido , per fummum tetragono.
Tourn. Inft.* 153 ; beau Poivre.

4°. *Capficum angulofum , caule
herbaceo , fructu cordi-formi angulofo ;* Poivre de Guinée , avec
une tige herbacée , & un fruit
angulaire en forme de cœur.

*Capficum , filiquis furrectis cor-
di-formibus angulatis. Tourn. Inft.
R. H.* 153.

5°. *Capficum , cerafi - forme ,
caule herbaceo , fructu rotundo ,
glabro ;* Poivre de Guinée , avec
une tige herbacée, & un fruit
rond & uni.

Capficum , filiquis furrectis cer-

raſi-formibus. Tourn. Inſt. 158.

6°. *Capſicum Olivæ-forme, caule herbaceo, fructu ovato;* Poivre de Guinée, avec une tige herbacée & un fruit oval.

Capſicum, ſiliquá Olivæ-formi. Tourn. Inſt. 153.

7°. *Capſicum pyramidale, caule fruticoſo, foliis lineari-lanceolatis, fructu pyramidali erecto luteo;* Poivre de Guinée, avec une tige d'arbriſſeau, des feuilles étroites & en forme de lance, & un fruit jaune, pyramidal & érigé.

8°. *Capſicum conoïde, caule fruticoſo, fructu conico, erecto, rubro;* Poivre de Guinée, avec une tige d'arbriſſeau, & un fruit conique rouge & érigé; communément appelé *Poivre de Poule.*

9°. *Capſicum fruteſcens, caule fruticoſo, fructu parvo pyramidali erecto;* Poivre de Guinée, avec une tige d'arbriſſeau, & un petit fruit pyramidal, érigé; communément appelé *Poivre d'Epine-Vinette.*

Capſicum minus, fructu parvo pyramidali erecto. Sloan. Hiſt. Jam. Vol. I. P. 240.

Piper Braſilianum, Petita. Cluſ. Cur. 55. Rumph. Amb. 5. P. 247. T. 88. F. 2.

10°. *Capſicum minimum, caule fruticoſo, fructu parvo ovato erecto;* Poivre de Guinée; avec une tige d'arbriſſeau, & un petit fruit ovale & érigé; communément appelé *Poivre d'Oiſeau.*

Annuum. La premiere eſpece eſt le *Capſicum* ordinaire à longues coſſes, qu'on cultive ordinairement dans les jardins: quelques-unes de ces plantes produiſent des fruits rouges,

d'autres en fourniſſent de jaunes: cette différence, qui eſt la ſeule qui ſoit entr'elles, eſt néanmoins fixe & perſiſtante, ainſi que je l'ai obſervé, après les avoir cultivées pendant pluſieurs années. J'ai remarqué quelquefois une légère variété dans leur maniere de croitre, & dans la forme de leurs fruits, mais jamais dans leur couleur. Des ſemences recueillies ſur la même plante, m'ont donné les variétés ſuivantes.

1°. *Capſicum, fructu ſurrecto oblongo. Tourn.* Poivre de Guinée, à fruit oblong & érigé.

2°. *Capſicum, fructu bifido. Tourn.* Poivre de Guinée, à fruit diviſé en deux parties.

3°. *Capſicum, ſiliquis ſurrectis & oblongis brevibus. Tourn.* Poivre de Guinée, à fruit oblong, court & érigé.

4°. *Capſicum, fructu tereti ſpithameo. Tourn.* Poivre de Guinée à fruit conique, & de la longueur d'un empan.

Sur toutes ces variétés, j'ai toujours eu des fruits rouges & jaunes, dont la couleur n'a jamais changé, quoiqu'ils aient ſouvent éprouvé des altérations dans leur forme.

Cordi-forme. La ſeconde eſpece, dont le fruit eſt en forme de cœur, eſt indubitablement diſtincte de la premiere: elle conſerve ſon caractere dans toutes les variétés qu'elle éprouve, & la couleur rouge ou jaune de ſes fruits ſe perpétue ſans altération. Les variétés de cette eſpece ſont:

1°. *Capſicum, ſiliquá propendente, rotundá & cordi-formi. Tourn.;* Poivre de Guinée, avec des légumes ronds , pendans & en forme de cœur.

2°. *Capficum , filiqua latiore & rotundiore.* Tourn. ; Poivre de Guinée , avec un légume large & rond.

3°. *Capficum , fructu rotundo maximo.* Tourn. ; Poivre de Guinée , produifant le plus gros fruit rond.

4°. *Capficum , filiquis furrec-tis cordi-formibus.* Tourn. ; Poivre de Guinée , avec des légumes érigés & en forme de cœur.

5°. *Capficum , filiquis furrectis rotundis.* Tourn. ; Poivre de Guinée , avec des légumes longs & droits.

Tetragonum. J'ai cultivé la troifieme efpece pendant plufieurs années , fans qu'elle fe foit jamais altérée , & fes fruits ont toujours été rouges ; c'eft la feule qui foit propre à être marinée ; la pulpe de fon fruit eft tendre & charnue , aulieu que celle des autres eft mince & dure. Les légumes de cette efpece ont depuis un pouce & demi , jufqu'à deux pouces de longueur ; ils font gros , gonflés , ridés & applatis au fommet , où ils font angulaires : ces légumes font quelquefois droits & érigés , mais plus fouvent encore inclinés vers le bas. Quand on les deftine à être marinés , on les recueille avant qu'ils foient parvenus à leur entiere groffeur , afin que leur écorce foit plus tendre : on les ouvre enfuite d'un côté pour en faire fortir les femences , on les laiffe tremper pendant deux ou trois jours dans de l'eau falée , on jette

cette eau lorfqu'ils en font affez imprégnés ; on verfe pardeffus du vinaigre bouillant en affez grande quantité , pour que les fruits foient entièrement couverts ; on ferme exactement le vâfe qui les renferme ; & après deux mois de macération , on les fait bouillir dans du vinaigre pour les rendre verts , mais fans y mêler aucune autre efpece d'épice : ce fruit eft le meilleur & le plus fain de tous ceux qu'on confit dans le vinaigre.

Angulofum. La quatrieme eft auffi une efpece diftincte : fes feuilles font larges & ridées ; fon fruit eft fillonné , ridé , d'une belle couleur écarlate & toujours érigé : quelques - uns de ces fruits ont leur fommet applati & en forme de bonnet ; ce qui lui en a fait donner le nom ; d'autres , quoique fur la même plante , font en forme de cloche : mais ils ne reffemblent jamais à ceux des autres efpeces. Celle-ci eft beaucoup plus délicate qu'aucune des précédentes , & ne perfectionne pas fon fruit en plein air en Angleterre ; mais en tenant les plantes fous des vitrages , fans aucune chaleur artificielle , elles profiteront mieux & produiront plus de fruits que fur une couche ou dans une ferre chaude.

Cerafi-forme. La cinquieme , qui m'a été envoyée de l'Amérique Efpagnole , eft moins élevée qu'aucune des autres , & s'étend fur la terre ; fes feuilles croiffent en paquet : elles font d'un vert luifant , & fupportées par de longs petioles ;

fon fruit eft rond, uni, d'un beau rouge, & de la groffeur d'une cerife ordinaire. J'ai cultivé cette efpece pendant plufieurs années, & je ne l'ai jamais vu varier.

Olivæ-forme. La fixieme, qui m'a été envoyée des Barbades, reffemble à l'efpece commune par fa tige & fes feuilles; mais fon fruit eft ovale & de la groffeur d'une olive de France. Je l'ai auffi cultivée pendant plufieurs années, & elle s'eft toujours foutenue fans altération.

Quelle que foit la durée de ces fix efpeces dans leur patrie, elles font annuelles dans notre climat; car leurs tiges fe flétriffent auffi-tôt que le fruit eft mûr. On les multiplie par leurs graines, qu'on feme au printems fur une couche chaude; & lorfque les plantes ont fix feuilles, on les tranfplante fur une autre couche, à quatre ou cinq pouces de diftance; on les tient à l'ombre pendant le jour, jufqu'à ce qu'elles aient pris racine, & on leur donne enfuite beaucoup d'air dans les tems chauds, pour les empêcher de filer & de s'affoiblir. Vers la fin de Mai on les endurcit par dégrés, pour les accoutumer au plein air. En Juin on les enlève, en confervant à leurs racines autant de terre qu'il eft poffible pour les planter dans des plate-bandes d'une terre riche; on les arrofe enfuite & on les abrite du foleil, jufqu'à ce qu'elles aient formé de nouvelles racines: après quoi elles n'exigeront plus d'autres foins que d'être tenues net-

tes de mauvaifes herbes, & d'être arrofées trois ou quatre fois par femaine dans les faifons fort fèches. Au moyen de ce traitement, elles fleuriront à la fin de Juin & en Juillet, & leurs fruits mûriront en automne. Ces inftructions générales concernent principalement les efpeces ordinaires qu'on cultive dans les jardins pour fervir d'ornement: mais la troifieme, qu'on multiplie pour fon fruit, doit être plantée dans une terre riche, à une expofition chaude, & à un pied & demi d'intervalle. On tient ces plantes à l'ombre, jufqu'à ce qu'elles aient produit des racines nouvelles, & on les arrofe dans les tems fecs, afin d'avancer leur accroiffement, de faire groffir leur fruit, & de les forcer à en produire en plus grande quantité. Par cette méthode, on obtiendra au moins deux récoltes de fruit dans la même année, pourvu que la faifon ne foit pas trop froide. On choifit auffi une plante dont les fruits foient gros & avancés, pour en recueillir la graine; on préfere pour cela, celle dont les capfules paroiffent les premieres, afin que leurs femences aient le tems de mûrir avant les gelées de l'automne, qui détruifent généralement toutes ces plantes. Quand le fruit eft tout-à-fait mûr, on le détache de la plante, & on le fufpend dans une chambre fèche, où il doit refter jufqu'au printems, qui eft la faifon d'en faire ufage.

Les quatrieme, cinquieme & fixieme efpeces, étant beau-

coup plus tendres que les autres, doivent être plantées dans
des pots, & placées fur une
vieille couche chaude, fous
un châffis profond, où elles
puiffent avoir affez de place
pour croître; fi elles font placées en pleine terre, on couvre chaque plante avec une
cloche, pour les mettre à l'a-
bri du froid. Lorfque la faifon eft chaude, on enlève ces
cloches dans la journée, & on
les remet tous les foirs; mais
fi le tems n'eft pas favorable,
on fe contente de foulever les
cloches du côté oppofé au
vent, pour leur donner de l'air:
par ce moyen, le fruit de ces
efpeces mûrira en Angleterre;
mais fans ces précautions, il
parviendra rarement à fa maturité, excepté dans les années
très-chaudes.

La beauté de ces plantes,
confifte dans leurs fruits, qui,
lorfqu'ils font mûrs, font de
forme & de couleur différentes, & qui, par leur mélange
& leur contrafte avec le vert
des feuilles & la blancheur des
fleurs qui naiffent en même
tems, forment un très-beau
coup-d'œil fur la fin de l'été.

Quand elles font bien ar-
rangées dans les plates-bandes
des parterres, ou plantées dans
des pots, pour fervir à la décoration des terraffes, fi elles
font mêlées avec d'autres plantes annuelles qui foient dans
leur beauté, elles feront une
charmante variété, fur-tout fi
l'on peut fe procurer toutes les
différentes efpeces & de toutes les couleurs.

Pyramidale. Les quatre dernieres ont des tiges vivaces
d'arbriffeau, qui s'élèvent à
quatre ou cinq pieds de hauteur: comme elles font moins
dures que les autres, il eft néceffaire, lorfqu'elles ont été
élevées fur couche comme les
efpeces communes, de les
planter chacune féparément
dans des pots remplis d'uhe
terre riche, & de les mettre
dans une couche d'une chaleur
très-modérée, fous un châffis
fort profond, où elles puiffent
avoir de la place pour croître
en liberté; de leur donner beaucoup d'air dans les tems chauds,
& de les couvrir chaque nuit
avec les vitrages. En employant ce traitement, elles produiront en automne une grande
quantité de fruits, qui mûriront en hyver, fi on les met
dans la ferre chaude à la premiere approche de la gelée,
en les plaçant de maniere,
qu'elles jouiffent d'une chaleur
tempérée, qui leur convient
mieux qu'une chaleur plus forte. Ces fruits conferveront leur
beauté pendant la plus grande
partie de l'hyver, & produiront
alors un effet charmant dans
la ferre.

Les femences de la feptieme
efpece, m'ont été envoyées de
l'Egypte; fes feuilles font beaucoup plus étroites que celles
de toutes les autres; fes légumes font abondants, & croiffent érigés; & comme les plantes en font couvertes pendant
trois mois de l'hiver, elles ont
alors une belle apparence. On
peut conferver ces plantes pendant deux ou trois ans; mais
comme les plus jeunes produi-

sent beaucoup plus de fruits que les vieilles, on les arrache ordinairement, lorsqu'après avoir perfectionné leurs fruits, elles commencent à perdre de leur beauté. Je regarde cette espece comme distincte & séparée, parce qu'après l'avoir cultivée pendant plusieurs années, je ne l'ai jamais vu varier.

Conoïde. La huitieme, que j'ai reçue d'Antigoa, sous le nom de *Poivre de Poule*, s'élève à la hauteur de trois ou quatre pieds, avec une tige d'arbrisseau, garnie de plusieurs branches vers son sommet : son fruit croît érigé ; il est d'un rouge brillant, long d'un demi-pouce, & a la forme d'un cône obtus ; il mûrit en hiver, & produit alors un bel effet dans la serre.

Frutescens. La neuvieme s'élève à-peu-près à la même hauteur que la huitieme ; mais elle en differe par la forme & la grosseur de son fruit, qui ressemble à une graine d'*Epine-Vinette.* Je l'ai cultivée longtems, & ne l'ai jamais vu changer.

Minimum. La dixieme est ordinairement connue en Amérique, sous le nom de *Poivre d'Oiseau :* elle s'élève avec une tige d'arbrisseau, à la hauteur de quatre ou cinq pieds ; ses feuilles sont larges, plus rondes à l'extrémité que celles des autres especes, & d'un vert luisant ; ses fruits érigés, petits, ovales, & d'un rouge brillant, naissent aux divisions des branches, & ils sont beaucoup plus âcres & plus piquans qu'aucun

des autres. Le beurre de **Cayan** est fait avec les fruits de cette espece, c'est ce que les habitans de l'Amérique appellent *Pots de Poivre*, qu'ils préferent à toutes les autres épices. Voici la maniere de faire ces *Pots de Poivre.*

On prend les capsules mûres de cette espece de *Capsicum*, on les fait sécher au soleil, on les arrange dans un pot de terre, en mettant une couche de farine entre chaque lit de légumes, & on les place dans un four après que le pain en est tiré, pour achever de les dessécher : après cette opération préliminaire, on enleve toute la farine, on les nettoie exactement, on détache tous les bouts des tiges qui pourroient se trouver après les légumes, & on les réduit en poudre fine, en les battant ou en les pilant : à chaque once de cette poudre, on ajoûte une livre de farine de froment, & une quantité suffisante de levain, on pétrit exactement ce mélange, & on en forme de petits gâteaux, qu'on fait cuire comme des gâteaux ordinaires : on les coupe ensuite en plusieurs morceaux, qu'on fait cuire une seconde fois pour les rendre aussi secs & aussi durs que du biscuit ; après quoi, on les réduit en poudre fine, que l'on crible bien, & que l'on conserve pour le même usage que le *Poivre* ordinaire, tant pour assaisonner les viandes & les potages, que pour autres choses semblables. Cette poudre mérite d'être préférée au *Poivre*, parce qu'elle donne aux viandes un goût plus agréable, & qu'elle diffipe les vents de l'eftomac & du bas-ventre. Cette efpece d'épice doit être par conféquent mêlée avec les légumes venteux, pour prévenir les mauvais effets qu'ils pourroient produire. Un fcrupule de cette poudre, dans un bouillon de poulet ou de veau, eft trés-bon pour foulager un eftomac réfroidi, ou pour diffiper les phlegmes & les humeurs vifqueufes, & aider les digeftions.

La plupart des efpeces de *Capficum* croîffent naturellement dans les deux Indes ; mais elles ont été portées de l'Amérique en'Europe : elles font très-abondantes dans les Ifles Caraïbes, dont les habitans s'en fervent pour affaifonner tous leurs alimens. Les Negres en font fur-tout un très grand ufage, ce qui a fait donner à cette efpece d'épice le nom de *Poivre de Negre*, ou de *Poivre de Guinée*. On cultive beaucoup ces plantes en Efpagne & en Portugal, pour les employer aux mêmes ufages qu'en Amérique; mais en Angleterre, on ne les multiplie que pour fervir d'ornement, & on s'en fert rarement pour affaifonner les ragoûts, & pour les ufages de médecine.

Les vapeurs que répandent les légumes mûrs des différentes efpeces de *Capficum*, lorfqu'on les jette fur un brafier ardent, font très-pernicieufes ; elles occafionnent des éternuemens, une toux violente, & même des vomiffemens à tous ceux qui y font expofés. Quel-

ques perfonnes fe font fait un jeu de mêler de la poudre de *Capficum* dans du tabac, mais cette plaifanterie eft très-dangereufe ; car, fi la dofe eft un peu forte, elle excite des éternuemens fi violens, qu'ils occafionnent fouvent la rupture de quelques vaiffeaux, ainfi que je l'ai vu arriver plus d'une fois.

CAPSULE, (une) eft un vâfe de femences, petit, court & fec. Ce mot vient de Capsula *Lat.* un Coffre.

CAPUCHON DE MOINE. *Voy.* Arum Proboscidum. *L.*

CAPUCINE, *ou* CRESSON D'INDE. *Voyez* Tropœlum.

CARACALLE. *Voy.* Phaseolus Caracalla. *L.*

CARAGANA. *Voy.* Robinia Caragana. *L,*

CARDACE, RAQUETTE, *eu* FIGUE D'INDE. *Voyez* Opuntia.

CARDAMINDUM. *Voyez* Tropœlum.

CARDAMINE. *Lin. Gen. Plant.* 727. Cette plante prend fon nom du *Cardamum*, appelé *Nafturtium* ; c'eft une petite efpece de *Nafturtium*, qu'on appelle en Anglois *Ladies-Smock*, qui fignifie *Chemife de Dames. Creffon Cardamine.*

Caraêteres. Dans ce genre, le calice eft compofé de quatre feuilles ovales & oblongues, la corolle a quatre pétales oblongs, placés en forme de croix, érigés à leur bâfe, étendus, au-deffus, & beaucoup plus larges que le calice : la fleur a fix étamines, dont quatre font de la longueur du calice, & les deux autres qui font oppofées, font beaucoup plus

longues; ces étamines font terminées par des fommets oblongs, érigés & en forme de
cœur : cette fleur a auffi un
germe mince & cylindrique,
de la même longueur que les
étamines, privé de ftyle, mais
couronné par un ftigmat obtus.
Ce germe devient enfuite un
légume long, comprimé & cylindrique, ayant deux cellules,
qui s'ouvrent en deux valves,
fe tordent fpiralement, & jettent par leur élafticité, les femences quand elles font mûres.

Ce genre de plantes eft rangé
dans la feconde feétion de la
quinzieme claffe de LINNÉE,
intitulée : *Tetradynamia filiquofa:*
les fleurs de cette claffe, ayant
fix étamines, dont quatre font
courtes & deux plus longues
poftées, oppofées, & dont les
femences font renfermées dans
de longs légumes.

Les efpeces font :

1°. *Cardamine pratenfis, foliis
pinnatis, foliolis radicalibus fubrotundis, caulinis lanceolatis. Lin.
Sp. Plant. 156;* Cardamine avec
des feuilles aîlées, dont les
lobes radicaux font ronds, &
ceux des tiges, en forme de
lance.

*Cardamine pratenfis, magno
flore purpurafcente. Tourn. Inft.
224;* Creffon des prés.

*Nafturtium pratenfe, magno
flore. Bauh. Pin. 104.*

Flos cuculi. Dod. Pempt. 592.

*Nafturtium pratenfe, folio ro-
tundiori, flore majore. Bauh. Pin.
104.*

2°. *Cardamine parvi-flora, foliis pinnatis, foliolis incifis, floribus exiguis, caule erecto, ramofo;*
Cardamine avec des feuilles

aîlées, des lobes découpés, de
très-petites fleurs, & une tige
droite & branchue.

*Cardamina annua, exiguo flore.
Tourn. Inft. R. H. 224.*

*Nafturtium pratenfe, parvo
flore. Bauh. Prodr. 44.*

3°. *Cardamine hirfuta, foliis
pinnatis, floribus tetrandriis. Hort.
Cliff. 336;* Cardamine, ou Creffon impatient, avec des feuilles aîlées, & des fleurs à quatre étamines.

*Cardamine quarta. Dalechamp.
Ludg.*

*Sifymbrium aquaticum alterum.
Cam. Epit. 270.*

*Nafturtium aquaticum minus.
B. P. 104.*

4°. *Cardamine impatiens, foliis
pinnatis, incifis, ftipulatis, floribus apetalis. Lin. Sp. 914;* Creffon impatient, avec des feuilles aîlées, des ftipules découpées, & des fleurs apétales.

*Cardamine pratenfis, parvo
flore. Tourn. Inft. 224.*

*Sifymbrii cardamines fpecies
quædam infipida. Bauh. Hift. 2.
P. 886.*

5°. *Cardamine Græca, foliis
pinnatis, foliolis palmatis, æqualibus, petiolatis. Prod. Leyd. 345;*
Creffon impatient, avec des
feuilles aîlées, dont les lobes
font joints en forme de main,
égaux & petiolés.

*Cardamine Sicula, foliis Fuma-
riæ. Tourn. Inft. 225;* Creffon
impatient de Sicile, à feuilles
de *Fumeterre.*

*Nafturtium montanum nanum,
rotundo Thaliétri folio, Cyrenæum.
Bocc. Muf. 2. P. 171. T. 166.*

*Sio minimo Profperi Alpini affi-
nis, filiculis latis. Bocc. Sic. 84.
T. 44, F. 2.*

6°. *Cardamine amara*, *foliis pinnatis*, *foliolis fubrotundis*, *angulofis*. *Hall. Helv.* 558; Creffon impatient à feuilles aîlées, dont les lobes font ronds & angulaires.

Nafturtium aquaticum majus & amarum. C. B. P. 104.

7°. *Cardamine trifolia*, *foliis ternatis*, *obtufis*, *caule fubnudo. Lin. Sp. Pl.* 654; Creffon impatient à trois lobes obtus, avec une tige nue.

Nafturtium Alpinum, tri-folium, *C. B. P.* 104.

8° *Cardamine Bellidi - folia*, *foliis fimplicibus*, *ovatis*, *integerrimis*, *petiolis longis. Flor. Lap.* 206; Creffon impatient, avec des feuilles fimples, ovales & entieres, ayant de longs pétioles.

Nafturtium Alpinum, Bellidis folio, minus C. B. P. 105.

Plantula Cardamines æmula. Clus. Hift. 2. *P.* 129.

9°. *Cardamine petræa*, *foliis fimplicibus*, *oblongis*, *dentatis. Lin. Sp. Pl.* 654; Creffon impatient, à feuilles fimples, oblongues & dentelées.

Nafturtium petræum. Pluk. Alm. 261; Creffon de roc.

10°. *Cardamine Chelydonia*, *foliis pinnatis*, *foliolis quinis incifis. Lin. Sp. Plant.* 655; Creffon impatient, avec des feuilles aîlées, ayant cinq lobes découpés.

Cardamine glabra, Chelydonii folio. Tourn. Inft. 225.

Nafturtium Pyrenæorum aquaticum, latifolium, *purpurafcente flore. Herm. Par.* 203. *t.* 204.

Pratenfis. La premiere efpece croît naturellement dans les prés de plufieurs parties de l'Angleterre; on l'appelle fleur de *Coucou*, ou *Chemife de Dame*; elle produit plufieurs variétés qui font la pourpre fimple, la blanche; & ces deux font à fleurs doubles. Les efpeces fimples font peu cultivées dans les jardins; & je n'ai fait mention de la premiere, que parce qu'elle eft comprife dans la lifte des plantes médicinales (1).

Quelques perfonnes cueillent au printems les jeunes feuilles de cette plante, & les mangent en falade au lieu de *Creffon*, comme un antifcorbutique.

Les deux variétés à doubles fleurs, ont été trouvées par hazard dans les prés, & tranfplantées dans les jardins où elles ont été multipliées: elles méritent d'occuper une place dans les plates bandes ombrées & humides d'un jardin à fleurs, où elles profiteront & produiront un bel effet, tant qu'elles feront en fleur: on les multiplie en divifant tous les ans leurs racines en automne: elles aiment un fol mou & marneux, pas trop ferme & à l'abri du foleil. Cette efpece fleurit en Mai, & dans les faifons fraîches; elle refte en fleur durant une partie du mois de Juin.

Trifolia. Bellidi-folia. Chelydonia. Les feptieme, huitieme & dixieme efpeces, font originaires des Alpes, & de quelques autres cantons montagneux: je les ai reçues de Vérone, où elles naiffent fans

____

(1) Cette plante jouït des mêmes propriétés médicinales que le *Creffon d'eau.* Voyez cet article.

culture. Ces plantes font baffes, vivaces, & peuvent être
multipliées en automne, par
la divifion de leurs racines, &
plantées à l'ombre. On les multiplie auffi par femences qui
doivent être mifes en terre en
automne, fur une plate-bande
à l'ombre , où elles poufferont
bientôt après : elles ne font jamais endommagées par la gelée, & elles fleuriffent la faifon fuivante. Comme ces variétés ont peu de beauté, elles font rarement admifes dans
les jardins à fleurs.

Petræa. La neuvieme eft une
plante baffe qui dure deux ans ;
& qui croît fans culture dans
plufieurs provinces de l'Angleterre, & dans le pays de Galles : on la conferve dans plufieurs jardins pour la variété.
Elle fe multiplie, en la femant
en automne fur une terre légere & de mauvaife qualité, &
dans une fituation ouverte :
elle n'exige que d'être débarraffée de mauvaifes herbes. Elle
fleurit en Juin, & les femences mûriffent en Juillet.

Amara. La fixieme efpece
croît également en Angleterre,
fur les bords des rivieres & des
foffés ; mais on l'admet rarement dans les jardins : on en
trouve une variété à fleurs
doubles. Elle fleurit à la fin
d'Avril & en Mai.

Les autres efpeces font des
plantes baffes & annuelles,
qu'on trouve dans prefque toute l'Angleterre, mais qu'on cultive rarement ; on les appelle
Creffon impatient, à caufe de
l'élafticité de leurs légumes,
qui, à leur maturité s'ouvrent

auffi-tôt qu'on les touche, &
lancent leurs femences à une
diftance confidérable. Les habitans de la campagne mangent ces différentes efpeces en
falade, quand elles font jeunes : elles ont le goût de *Creffon
ordinaire*, mais plus doux.

Lorfque ces plantes font une
fois introduites dans les jardins, elles s'y multiplient en
abondance ; parce qu'elles produifent une très-grande quantité de femences, qui, en s'é-
cartant, donnent une multitude de plantes : ces plantes
réuffiffent bien à l'ombre, &
elles ne demandent aucun autre foin que d'être débarraffées
de mauvaifes herbes, & éclaircies dans les lieux où elles font
trop ferrées.

CARDAMON, CARDA-
MOMUM, GRAINE DU PA-
RADIS, *ou* MANIQUETS,
GRANA PARADISI OFFICI-
NARUM. *Voyez* AMOMUM.

CARDINALE. *Fleur. Voyez*
RAPUNTIUM, LOBELIA.

CARDIOSPERMUM. *Lin.
Gen. Plant.* [*Heart Pea.*] Pois
de Cœur. Les habitans de l'A-
mérique l'appellent *Perfil fauvage* ; & les François, *Pois de
Merveil.*

Caractcres. Le calice eft perfiftant & formé par quatre feuilles concaves : la corolle eft
compofée de quatre pétales obtus, qui font alternativement
plus larges & plus étroits : la
fleur a un petit nectaire de
quatre feuilles, qui entourent
le germe, & huit étamines, dont
fix font oppofées, & les deux
autres placées latéralement : elles font terminées par de pe-

tits sommets. Le germe est tri-angulaire & soutient trois styles courts, & couronnés par des stigmats simples. Ce germe devient par la suite une capsule ronde & gonflée, avec trois lobes, divisés en trois cellules, qui s'ouvrent au sommet, & dont chacune renferme une ou deux semences angulaires & marquées en cœur.

Les plantes de ce genre ayant huit étamines & trois styles, sont de la troisieme section de la huitieme classe de LINNÉE, intitulée : *Octandria trigynia.*

Les especes sont :

1°. *Cardiospermum , Corindum , foliis subtus tomentosis. Lin. Sp. 526 ;* Pois de Merveil à feuilles laineuses.

Corindum , folio & fructu minori. Tourn. Inst. 431.

2°. *Cardiospermum. Halicacabum , foliis lævibus. Hort. Cliff, 150 ;* Pois de Merveil , à feuilles unies.

Corindum , folio ampliori , fructu majore. Tourn. Inst. 431.

Pisum vesicarium , fructu nigro , albâ maculâ notato. Bauh. Pin. 743.

Halicacabus peregrinus. Dod. Pempt. 455.

Cardiospermum Corindum. La premiere espece s'élève à quatre ou cinq pieds, avec une tige mince, canelée, grimpante, & garnie de branches latérales, chargées de feuilles supportées par des pétioles fort longs, & placées en opposition vers la partie basse de la tige ; vers le haut, les feuilles sont sur un côté opposé au pétiole du bas. Les pédoncules de fleurs sont divisés en trois

parties , dont chacune soutient une petite feuille partagée aussi en trois lobes profondément découpés à leurs bords , & terminés en pointes aiguës : ses pédoncules sont longs, nuds, & divisés vers le sommet en trois branches courtes, dont chacune soutient une simple fleur. Précisément au - dessous de ces divisions, sortent des vrilles semblables à celles de la *Vigne,* mais plus petites, qui s'attachent aux plantes voisines pour soutenir la tige. Les fleurs sont petites, blanches, & composées de quatre petits pétales concaves, dont deux sont opposés & plus longs que les deux autres. Quand la fleur est tombée, le germe devient une grosse vessie enflée, à trois lobes, dont chacun contient, une , deux, & quelquefois trois semences rondes, dures, de la grosseur d'un petit pois, & marquées chacune d'une tache noire en forme de cœur.

Cardiospermum Halica cabum. La seconde differe de la premiere, en ce que ses tiges sont plus hautes, que ses feuilles sont d'abord divisées en cinq parties, puis en trois ; que leurs pétioles sont plus courts, & les semences ainsi que les vessies qui les renferment beaucoup plus longues. La plante entiere est plus unie ; mais du reste, ces deux especes se ressemblent parfaitement.

Ces plantes croissent naturellement dans les deux Indes, où elles grimpent sur tout ce qui les avoisine, & s'élèvent à la hauteur de huit ou dix pieds ; mais en Angleterre, elles parviennent rarement au - deſſus de la moitié de cette élévation : elles pouſſent pluſieurs branches latérales qui s'étendent à une diſtance conſidérable, & qui, s'attachant aux plantes voiſines, les couvrent bientôt entiérement, ſi on leur permet de croître en liberté.

Ces deux eſpeces ſont annuelles, & périſſent auſſi-tôt après qu'elles ont perfectionné leurs ſemences ; comme elles ſont originaires des pays chauds, elles ne peuvent profiter en plein air dans ce pays. On les multiplie par ſemences, qu'on doit répandre au printems ſur une couche chaude. Lorſque les plantes ont atteint la hauteur de deux pouces, on les tranſplante chacune ſéparément dans des pots remplis de terre légère & ſablonneuſe ; on les plonge dans une couche médiocrement chaude, & on les tient à l'ombre juſqu'à ce qu'elles aient pouſſé des racines nouvelles: lorſqu'elles ſont parvenues à ce point, on leur donne beaucoup d'air, pour les empêcher de filer & de s'affoiblir. Quand on s'apperçoit que leurs racines ont rempli les pots, on les tire avec précaution, & on en enléve toute la motte ; car ſi la terre ſe détachoit des racines, elles périroient infailliblement. On les remet enſuite dans des pots un peu plus grands, qu'on remplit avec la même terre légére, & on les place ſous un châſſis profond, ou derriere les plantes de la ſerre chaude, de maniere qu'elles puiſſent être à l'abri du ſo-

leil, juſqu'à ce qu'elles ſoient bien établies dans leurs pots : après quoi, on les met dans une caiſſe de vitrage aſſez élevée, pour qu'elles puiſſent y croître à l'aiſe. On doit les tenir à couvert du froid de la nuit, & leur donner beaucoup d'air dans les tems chauds. Par ce traitement, elles fleuriront en Juillet, & leurs ſemences mûriront en automne.

CARDON D'ESPAGNE. *Voy.* Cynara Cardunculus.

CARDUUS. *Lin. Gen. Plant.* *832 ;* [*Thiſtle.*] Chardon.

Caracteres. La fleur eſt compoſée de pluſieurs fleurettes hermaphrodites, fructueuſes & renfermées dans un calice commun, renflé au milieu, & couvert d'écailles, dont chacune eſt terminée par une épine aiguë. Les fleurettes ſont en forme d'entonnoir, & formées par une ſeule feuille pourvue d'un tube, & dont le bord eſt érigé, & découpé en cinq ſegmens étroits. Chacune de ces fleurettes a cinq étamines courtes & velues, terminées par des ſommets cylindriques & dentelés à leur extrémité. Dans le centre eſt ſitué un germe ovale, couronné de duvet, & ſoutenant un ſtyle mince, plus long que les étamines, ſurmonté d'un ſtigmat ſimple, nud & dentelé. Le germe devient enſuite une ſemence oblongue & quarrée, couronnée de duvet, & renfermée dans le calice.

Ce genre de plante eſt rangé dans la premiere ſection de la dixneuvieme Claſſe de Linnée, intitulée : *Syngeneſia Polygamia æqualis* : les fleurs de cette Claſfe ayant leurs fommets joints en un tube cylindrique, & leurs étamines féparées; & celles de cette fection n'ayant que des fleurettes hermaphrodites fructueufes.

Les efpeces font :

1°. *Carduus Ptarmici folio, foliis integris, fubtus tomentofis, fpinis ramofis lateralibus. Prod. Leyd. 133;* Chardon à feuilles entieres, & laineufes en-deffous, ayant des épines branchues fur les côtés des tiges.

Carduus humilis aculeatus, Ptarmicæ Auftriacæ foliis. Triumf. Obf. 96.

2°. *Carduus Eriophorus, foliis feffilibus bifariàm pinnatifidis, laciniis alternis erectis, calicibus globofis, villofis. Hort. Upfal. 249;* Chardon à feuilles feffiles doublement dentelées, dont les fegmens font alternativement érigés, & ayant des calices ronds & velus.

Carduus Eriocephalus. Dod. Pempt. 723; Chardon à tête laineufe, connu fous le nom de *Couronne de Moine.* Chardonaux - Anes.

3°. *Carduus Acarna, foliis lanceolatis, dentatis, ciliatis decurrentibus, fpinis marginalibus duplicibus;* Chardon à feuilles, en forme de lance, dentelées, coulant le long des tiges, & garnies de doubles épines fur les bords.

Chamæleon Salmanticenfis. Clus. Hift. 2. p. 155.

Acarna major, caule foliofo. C. B. p. 379; Grand Chardon de Poiffon, à côtes feuillées.

Picnomon Cretæ Solonenfis. Dalech. Hift. 1456.

Cnicus Acarna. Lin. Sp. Pl. 1158.

4. *Carduus Marianus, foliis amplexi-caulibus, haftato pinnatifidis, fpinofis, calicibus aphyllis, fpinis canaliculatis, duplicatofpinofis. Gouan. Monfp. 422;* Chardon à feuilles piquantes, qui embraffent les tiges, & dont les calices font dépourvus de feuilles, & doublement armées d'épines cannelées.

Carduus Mariæ. Dalech. Hift. 1475; Chardon-Marie, *ou* Chardon - de - lait. Artichaud fauvage.

5°. *Carduus Cirfium, foliis lanceolatis decurrentibus, denticulis inermibus, calice fpinofe. Hort. Cliff. 392;* Chardon à feuilles en forme de lance coulant le long des tiges, & dont le calice eft épineux.

Cirfium Anglicum. Germ. Emac. 1183; Chardon mou & doux d'Angleterre.

6°. *Carduus Cafabonæ, foliis feffilibus, lanceolatis, integerrimis, fubtus tomentofis, margine fpinis ternatis. Hort. Cliff. 393;* Chardon à feuilles entieres, en forme de lance, feffiles, & dont les bords font armés de triples épines.

Acarna Theophrafti anguillara. Lob. Icon. 486; le véritable Chardon de Poiffon de Théophrafte.

Polyacanthus Cafabonæ, Acarnæ fimilis. Bauh. Hift. 3. p. 92.

Il y a un bien plus grand nombre de *chardons* que ceux dont on vient de faire mention; mais comme la plupart de ces plantes ne font d'aucune utilité, & qu'au contraire elles ne font que trop embarraffantes dans les campagnes & dans

les jardins où elles naiſſent,
j'ai penſé qu'il étoit inutile de
les décrire, & je me ſuis con-
tenté d'indiquer les ſix eſpeces
qu'on cultive ordinairement
dans les jardins des Curieux,
pour la variété & pour certains uſages.

Ptarmici folia. La premiere eſpece qui a été apportée de la
Sicile, eſt une plante annuelle
qui s'élève avec une tige cannelée à un pied & demi de hauteur, & qui pouſſe vers ſon
ſommet pluſieurs branches latérales, garnies de feuilles
longues, étroites, ſemblables
à celles du *Ptarmica Auſtriaca*,
d'un jaune foncé au-deſſus,
blanches en-deſſous & alternes. Préciſément au-deſſous
du pétiole de la feuille ſortent
pluſieurs épines inégales &
jaunes. Ses fleurs de couleur
pourpre, & ſemblables à celles
du *Chardon ordinaire*, mais plus
petites, naiſſent aux extrémités des branches; elles ont des
calices piquans, au-deſſous
deſquels ſont placées deux longues feuilles: ces fleurs ſont
remplacées par des ſemences
oblongues, unies & garnies
à leur ſommet d'un duvet long
& laineux. Cette eſpece fleurit
en Juillet & en Août, & ſes
ſemences mûriſſent en Septembre: on la multiplie en la ſemant au printems ſur une planche de terre légere, où les
plantes doivent reſter, parce
qu'elles ne ſouffrent pas d'être
tranſplantées, à moins qu'elles
ne ſoient très-jeunes: elles
pouſſent des racines longues
& minces, qui pénetrent profondément dans la terre, &

dont la rupture entraîne preſque toujours la deſtruction de
la plante. Elles n'exigent que
d'être tenues nettes de mauvaiſes herbes, & éclaircies où
elles ſont trop ſerrées.

Eriophorus. La ſeconde eſpece naît ſans culture dans pluſieurs parties méridionales de
l'Angleterre: c'eſt une plante
bis-annuelle qui pouſſe près de
la terre pluſieurs feuilles longues, & découpées en plu-
ſieurs ſegmens longs, alternes,
dirigés vers le haut, & unis
par une bordure ailée qui coule à chaque côté de toute la
longueur de la côte du milieu.
La ſurface ſupérieure de ces
feuilles, ainſi que la bordure
de la côte, ſont armées d'épines
longues aiguës, & placées à
chaque côté. Au printems, il
s'élève du centre de la plante
une tige forte & cannelée, de
quatre à cinq pieds de hauteur,
chargée vers ſon ſommet de
branches latérales & garnie,
ainſi que ſes branches, de feuilles ſemblables à celles du bas:
chaque branche eſt terminée
par une ſimple tête de fleurs
pourpre dont les calices ſont
laineux. Cette eſpece fleurit
en Juin & en Juillet, & ſes ſemences mûriſſent en automne.
On peut placer une ou deux
de ces plantes dans quelque
partie reculée du jardin, à cauſe de leur ſingularité: on les
ſeme où elles doivent reſter,
& elles n'exigent aucun autre
ſoin que d'être tenues nettes
de mauvaiſes herbes: elles
fleuriſſent dans la ſeconde année & périſſent enſuite.

Acarna. La troiſieme eſpece,
qui

qui eft originaire de l'Efpagne & du Portugal, s'éleve jufqu'à la hauteur de fix pieds : fes feuilles longues & étroites, ont leurs bords couverts de petits poils fort ferrés, & chacune de leurs dentelures terminée par deux longues épines jaunes : fes fleurs paroiffent aux extrémités des branches ; elles ont des calices ovales, laineux, & armés d'épines minces ; elles font jaunes & n'ont point d'apparence ; car à peine fe montrent-elles au deffus du calice. Cette efpece fleurit en Juillet & en Août, & fes femences mûriffent en automne. Cette plante peut être multipliée par femence de la même maniere que la précédente : elle eft appelée *Chardon de Poiffon*, à caufe de la reffemblance de fes épines avec des arrêtes de poiffon.

Marianus. La quatrieme croît communément en Angleterre, fur les bords des digues & dans les terres incultes. Plufieurs perfonnes les apprêtent, après en avoir enlevé l'écorce, & les fervent comme un mets curieux. Cette plante eft bis-annuelle. Lorfqu'on veut la multiplier, on feme légèrement fes graines ; & quand les plantes ont pouffé & peuvent être apperçues, on houe la terre dans les intervalles pour détruire les mauvaifes herbes, & on les éclaircit de maniere à laiffer entr'elles environ un pied & demi de diftance. Dans l'été fuivant, on tient la terre nette, & en automne on raffemble avec un lien les feuilles des plantes, & on accu-

mule la terre tout autour, pour les faire blanchir ; après quoi, elles feront bonnes pour l'ufage. Cette plante périt dans la feconde année, auffi-tôt que fes femences font mûres (1)

Cirfium. La cinquieme eft auffi bis-annuelle comme la précédente : plufieurs perfonnes la cultivent pour l'ufage de la médecine, & la regardent comme un remede propre à guérir la rage. On la multiplie par femence de la même maniere que la feconde efpece ; elle croît naturellement dans les parties Septentrionales de l'Angleterre, & fleurit en Juin.

Cafabonæ. La fixieme, qu'on regarde comme le véritable *Chardon de Poiffon* de THÉOPHRASTE, eft une plante bis-annuelle, qui s'éleve à fix pieds de hauteur, avec une tige droite, garnie de feuilles longues, en forme de lance, & armées de trois épines à l'extrémité de chaque dentelure : fes fleurs, de couleur pourpre, fortent en paquets du fommet des tiges, & font fuivies de femences noires & ovales. Cette plante eft originaire de la Sicile & du Levant : on la multiplie comme la feconde efpece, par fes femences qui doivent être répandues fur une plate-bande chaude ; fans quoi, les plantes ne fubfifteront pas pendant l'hiver : elles fleuriffent en Juin, & leurs femences mûriffent en automne.

----

(1) Voyez pour les propriétés de cette plante : *Carduus benedictus*, ou *Centaurea benedicta*.

CARDUUS BENEDICTUS. *Voy.* CENTAUREA BENEDICTA.

CARDUUS FULLONUM. *Voy.* DIPSACUS.

CARICA. *Lin. Gen. Plant.* 1000. [*Papaw.*] Papaie.

Caracteres. Cette plante a des fleurettes mâles & femelles sur différens pieds : les fleurs mâles n'ont presque point de calice ; elles sont en forme d'entonnoir & monopétales : elles ont un tube long & mince qui s'étend au sommet, où elles sont divisées en cinq parties étroites, obtuses & tournées en arriere : elles ont dix étamines dont cinq sont alternativement plus longues que les autres, & qui sont toutes terminées par des sommets oblongs. Les fleurs femelles ont un petit calice persistant & divisé en cinq parties. La corolle est composée de cinq pétales longs, en forme de lance, obtus & tournés en arriere au sommet. Le germe est ovale, & soutient cinq stigmats ovales, émoussés, larges au sommet & crenelés. Le germe devient ensuite un fruit oblong, gros, charnu, & a cinq cellules longitudinales, remplies de petites semences ovales, sillonées, & enveloppées d'une chair glutineuse.

Ce genre de plantes est rangé dans la neuvieme section de la vingt-deuxieme classe de LINNÉE, intitulée : *Diœcia decandria* ; les plantes de cette classe ayant des fleurs mâles & femelles sur différens pieds, & dans cette section les fleurs mâles ayant dix étamines.

Les especes sont :

1°. *Carica Papaya, foliorum*

lobis sinuatis. Hort. Cliff. 461 ; Papaie dont les lobes des feuilles sont sinués.

Papaya fructu Melopeponis effigie. Plum. Papaie dont le fruit est en forme de Melon.

Arbor Platani folio, fructu Peponis magnitudine eduli. Bauh. Pin. 131.

Ficus arbor utriusque Indiæ, Platani foliis monopeteches. Pluk. Alm. 145. *t.* 288. *f.* 1.

Papaya-maram. Rheed. Mal. 1. *p.* 23. *t.* 13. *f.* 1.

Ambapaya. Rheed. Mal. 1. *p.* 21. *t.* 15. *f.* 2.

Papaya. Ehret. t. 3. *f.* 1.

2°. *Carica Posoposa, foliorum lobis integris. Hort. Cliff.* 461 ; Papaie ayant les lobes des feuilles entiers.

Papaya ramosa, fructu piriformi. Feuil. Peruv. 2. *p.* 52. *tab.* 39 ; Papaie branchue, produisant un fruit en forme de poire.

Ficus arbor, Papaje sylvestris nomine missa. Pluk. Alm. 146. *t.* 278. *f.* 2.

Platani folio arbor Posoposa Philippensis. Pet. Gaz. 68. *t.* 43.

Il y a plusieurs especes de cette plante, dont les fruits varient dans leur forme & leur grosseur : PLUMIER parle de trois especes femelles ou portant fruits, sans compter le mâle ; il dit que le fruit de l'une a la forme d'un *Melon*, & des autres celle d'une *Citrouille.* J'ai vu en Angleterre une autre espece dont le fruit étoit gros, uni & pyramidal : mais on croit que toutes ces différences ne sont que des variétés accidentelles qui proviennent toutes des mêmes semences. La tige de la premiere espece est épaisse, douce, herbacée, haute de dix-huit à vingt pieds, nue jusqu'à deux ou trois pieds du sommet, & marquée dans une grande partie de sa longueur, par les cicatrices que les feuilles ont laissées en tombant. Ses feuilles naissent sur les côtés de cette tige, sur des pétioles très-longs : les plus inférieures sont presque horisontales, & celles du sommet s'élèvent verticalement. Quand ces plantes sont parvenues à toute leur grosseur, leurs feuilles sont très-larges & divisées en plusieurs lobes très-profonds, & irrégulierement découpés. La séve de cette plante est âcre, laiteuse, & propre, à ce qu'on prétend, pour guérir les dartres : sa tige & ses pétioles sont creux. Les fleurs de la plante mâle naissent entre les feuilles du sommet ; leurs pédoncules sont longs de deux pieds, & leurs extrémités sont garnies de fleurs disposées en paquets clairs, & placées chacune sur un petit pédoncule séparé ; leur couleur est d'un blanc pur, & leur odeur agréable : ces fleurs sont monopétales & pourvues de tubes assez longs, découpés au sommet en cinq parties, tordues en arriere, en forme de spirale : elles sont quelquefois suivies par des fruits semblables, pour la forme, à une *Poire de Sainte Cathérine*, ce qui l'a fait regarder par quelques personnes comme une espece distincte ; mais j'ai souvent élevé des plantes de cette espece avec les mêmes semences qui ont produit des fleurs femelles,

& dont les fleurs mâles tomboient sans être suivies d'aucun fruit. Les fleurs des *Papaies* femelles sortent aussi entre les feuilles vers la partie haute de la plante, sur des pédoncules fort courts, simples & très-rapprochés des tiges ; elles sont grosses & en forme de cloche, & composées de six pétales ordinairement jaunes ; mais celles de l'espece pyramidale dont j'ai parlé ci-dessus étoient pourpre : quand ces fleurs tombent, le germe devient un fruit charnu & de la grosseur d'un petit *Melon* : ces fruits sont de différentes formes ; quelques-uns sont angulaires & applatis aux deux extrémités, les autres sont ovales & globulaires, & quelques-uns de forme pyramidale. Ces fruits sont remplis comme les tiges d'une seve âcre & laiteuse. Les habitans des Isles Caraïbes les mangent avec du poivre & du sucre comme les *Melons*, mais leur saveur est bien inférieure à celle du *Melon*, & en Angleterre elle est détestable. Le seul usage auquel je les ai vu employer dans notre climat, est de les faire tremper dans de l'eau salée, lorsqu'ils n'ont encore que la moitié de leur grosseur, afin d'en extraire la séve laiteuse, & de les mariner ensuite pour s'en servir au lieu de Mangos.

On croit que ces plantes sont originaires de l'Amérique, d'où elles ont été portées dans les Isles Philippines & dans plusieurs parties des Indes, où elles sont à présent assez communes. Quoiqu'on ait pensé que les fleurs mâles ne se trouvoient que sur quelques plantes, & les femelles sur d'autres, j'ai cependant observé souvent des petits fruits sur les plantes mâles, ainsi que sur les femelles, & dont les semences étoient devenues aussi grosses que toutes celles que j'avois semées, quoiqu'il n'y eût dans la serre que cette plante seule.

Posoposa. La seconde espece que le Père FEUILLÉE a trouvée dans un jardin de Lima, & qu'il dit n'avoir rencontrée dans aucun autre lieu, a une tige branchue, des feuilles dont les lobes sont entiers, & un fruit semblable à une poire pour la forme, mais dont la grosseur varie : ce fruit a jusqu'à huit pouces de longueur sur trois pouces & demi d'épaisseur ; il est jaune en dehors & en-dedans, d'une saveur douce & d'un parfum agréable : la fleur est de couleur de rose, & divisée en cinq parties : tels sont les principaux caracteres qui distinguent cette espece des autres. Ces plantes, étant originaires des pays chauds, ne peuvent être conservées en Angleterre, qu'au moyen d'une serre chaude, dont la hauteur soit proportionnée à la grandeur de ces arbres, qui méritent d'y avoir place autant que tous ceux qu'on y cultive pour l'agrément ; car, lorsqu'ils sont parvenus à une grosseur considérable, ils ont la plus belle apparence ; leurs tiges droites & garnies près du sommet de feuilles larges

& luisantes, forment un ombrage de trois pieds de largeur : les fleurs de l'espece mâle sont rassemblées en paquet de tous les côtés ; les fruits de la femelle, qui naissent entre les feuilles, & sont attachés dans toute la circonférence de la tige, forment un coup-d'œil charmant, & donnent à cette plante un air étranger ; ce qui les rend précieuses aux curieux.

On les élève facilement, au moyen de semences qu'on nous apporte en quantité des Indes Occidentales ; mais celles qui mûrissent en Europe ne sont point fécondes : on les sème au commencement du printems, sur une couche chaude, afin qu'elles puissent acquérir de la force avant l'automne. Lorsque ces plantes ont atteint la hauteur d'environ deux pouces, on les transplante chacune séparément dans de petits pots remplis d'une terre douce, légere & marneuse ; on les plonge dans la couche de tan, & on les préserve avec soin du soleil, jusqu'à ce qu'elles aient formé de nouvelles racines : après quoi, on les traite comme les autres plantes tendres qui nous viennent du même pays. Comme leurs tiges sont tendres, herbacées & remplies d'un jus laiteux, il ne faut pas trop les arroser ; car l'humidité les fait souvent pourrir. Quand on les change de pots, on doit prendre beaucoup de précaution pour les enlever avec toute la terre, parce qu'elles périssent ordinairement, pour peu que leurs racines foient découvertes. A mefure que ces plantes font des progrès, il faut leur donner des pots plus grands; & lorfqu'elles font trop hautes pour pouvoir être contenues fous les châffis, on les place dans la couche de tan de la ferre chaude, où elles doivent refter conftamment : il ne faut leur donner que très-peu d'eau en hiver; mais pendant l'été, on les arrofe fouvent & légèrement : les plantes que j'ai traitées fuivant cette méthode, fe font élevées à la hauteur de vingt pieds en trois années, & ont produit des fleurs & des fruits dans toute leur perfeƈtion.

CARLINA. *Lin. Gen. Plant.* 836 ; [*The Carline Thiftle.*] le Chardon de Carline. *Chaméléon* ou *Carline.*

Caraƈteres. La fleur eft compofée de plufieurs fleurettes hermaphrodites fruƈtueufes, & renfermées dans un calice commun, gonflé & couvert d'écailles ; elles font longues & placées dans un ordre circulaire : les fleurs font en forme d'entonnoir, leur tube eft étroit, en forme de cloche au-deffus, & découpé en cinq parties au fommet : chaque fleurette renferme cinq étamines courtes, velues, & terminées par des fommets cylindriques; dans le centre, eft fitué un germe court & couronné de duvet, qui foutient un ftyle mince, auffi long que les étamines, & furmonté d'un ftigmat oblong & divifé en deux parties. Le

germe devient enfuite une femence fimple, cylindrique & couronnée d'un duvet en forme de plumage branchu.

Les plantes de ce genre ayant des fleurs compofées de fleurettes hermaphrodites fruƈtueufes, dont les fommets font joints en forme de tube, font rangées dans la premiere feƈtion de la dix-neuvieme claffe de LINNÉE, qui a pour titre : *Syngenefia Polygamia æqualis.*

Les efpeces font :

1°. *Carlina vulgaris, caule multifloro corymbofo, floribus terminalibus, calycibus radiato-albis. Hort. Cliff.* 395 ; Carline produifant plufieurs têtes de fleurs en un corymbe qui termine les tiges, avec des calices rayés en blanc.

Cnicus fylveftris fpinofior. Bauh. Pin. 378.

Atraƈtylis mitior. Fuchs. Hift. 121.

Carlina fylveftris vulgaris. Cl. Hift. 2. *p.* 155 ; Carline ordinaire & fauvage, *ou* le Chaméléon bleu.

2°. *Carlina racemofa, floribus feffilibus lateralibus pauciffimis. Sauv. Meth.* 293 ; Carline produifant très-peu de fleurs feffiles aux côtés des tiges.

Carlina fylveftris minor Hifpanica. Clus. Hift. 2. *p.* 157 ; Petite Carline fauvage d'Efpagne.

Acarna flore luteo patulo. Bauh. Pin. 379.

3°. *Carlina acaulis, caule uni-floro, floro breviore. Hort. Cliff.* 395; Carline avec une fleur courte fur chaque tige.

Carlina acaulis magno flore albo. C. B. P. 380 ; Chaméléon blanc.

*Chamæleon albus. Clus. Hist.
2. p. 155.*

4°. *Carlina lanata, caule multi-floro lanato, calycibus radiato - purpureis. Lin. Sp. 1160 ;* Carline ayant plusieurs fleurs couvertes de duvet sur une tige, & des calices à raies pourpre.

Acarna flore purpureo rubente patulo. C. B. P. 372.

Acanthoïdes parva Apula. Col. Ecphr. 1. p. 29. t. 27. f. 2.

5°. *Carlina corymbosa, caule multifloro subdiviso, floribus sessilibus, calycibus radiato-flavis. Pr. Leyd. 135 ;* Carline produisant plusieurs fleurs sur une tige, qui sont subdivisées & sessiles, avec des calices à raies jaunes.

Acarna Apula umbellata. Colum. Ecphr. 27.

Carlina sylvestris, flore aureo, Tourn. Inst. 500 ; Variété.

Vulgaris. La premiere espece, qui croît naturellement en Angleterre sur les terres incultes & stériles, est rarement admise dans les jardins : on conserve les autres dans les collections de Botanique : ces dernieres sont originaires de la France méridionale de l'Espagne & de l'Italie (1).

On peut multiplier toutes ces especes en les semant au printems sur une planche de terre fraîche sans fumier, sans les déplacer ; parce que leurs racines creuses & en forme de tuyau, souffrent plus difficilement la transplantation que les autres plantes. Quand elles commencent à pousser, on les débarrasse avec soin de toutes les mauvaises herbes, & on les éclaircit en laissant entr'elles un intervalle de dix pouces ou d'un pied. La plupart de ces plantes fleurissent dans la seconde année ; mais si l'été est sec, elles produisent rarement de bonnes semences en Angleterre, & plusieurs périssent aussi - tôt après qu'elles ont fleuri : ainsi il est assez difficile de conserver ces plantes dans notre climat.

CARLINE. *Voy.* CARLINA.

CARNATION, en Anglois signifie un *Œillet. Voy.* DIANTHUS.

CAROTTE. *Voy.* DAUCUS CAROTA.

CAROTTE MORTELLE. *Voyez* THAPSIA.

---

(1) La racine de *Carline* a une odeur pénétrante, & une saveur âcre : elle fournit par l'analyse une très-petite quantité d'huile essentielle, mais beaucoup de principes résineux & gommeux : c'est dans ce premier principe que réside la plus grande partie de ses propriétés médicinales.

Cette racine passe pour être un des meilleurs remedes alexiteres, sudorifiques & anti - histériques :

elle produit de très-grands effets dans toutes les maladies pestilentielles, les fievres malignes exanthématiques, les affections psoriques & dartreuses, la passion histérique, le coma : on la recommande aussi dans les tremblemens occasionnés par la vapeur du mercure.

Sa dose est, en infusion vineuse ou aqueuse, depuis un gros jusqu'à trois.

On mange dans certains pays les têtes de *Carline* en ragoût, comme celles de l'artichaud.

CAROUBIER, *ou* CAROU-
GE. *Voyez* ECRATONIA SILI-
QUA. L.

CAROUGE , *ou* COURBA-
RIL. *Voyez* HYMENÆA.

CAROUGE A MIEL , *ou*
ACACIA A TROIS ÉPINES.
Voyez GLEDITSIA. L.

CAROUGE. *V.* ROBINIAC,
PSEUDO-ACACIA.

CARPESIUM. *Lin. Gen.*
948. [*Nodding Starwort.*]

Caractéres. Le calice eſt concave : ſes feuilles extérieures
ſont plus larges , étendues &
réfléchies ; les intérieures ſont
plus courtes & égales : la
fleur eſt égale & compoſée ;
les fleurettes hermaphrodites
ſont en forme d'entonnoir,
s'ouvrent au ſommet en cinq
parties , & compoſent un diſque : les fleurettes femelles
ſont tubuleuſes, diviſées en
cinq parties jointes enſemble ,
qui forment la bordure. Les
fleurettes hermaphrodites ont
cinq courtes étamines, couronnées par des ſommets , &
un germe oblong avec un
ſtyle ſimple , ſurmonté par un
ſtigmat diviſé en deux parties ; les fleurettes femelles
ont la même forme , & toutes deux ſont ſuivies de ſemences ovales , nues & renfermées dans le calice.

Ce genre de plantes eſt
rangé dans le ſecond ordre
de la dix-neuvieme claſſe de
LINNÉE, intitulée : *Synégénéſia*
Polygamia ſuperflua ; les fleurs
étant compoſées de fleurettes
femelles & hermaphrodites,
toutes deux fructueuſes.

Les eſpeces ſont :

1º. *Carpeſium cernuum , flori-*

bus terminalibus. Lin. Sp. 1203 ;
Carpeſium dont les fleurs terminent les tiges.

Balſamita Conyzæ folio , flore
cernuo. Vaill. Act. 336.

Aſter cernuus. Col. Ecphr. 1.
p. 251.

Chryſanthemum conyzoïdes cer-
nuum , foliis circà florem molli-
bus. Moris. Hiſt. 3. p. 18.

2º. *Carpeſium abrotanoïdes ,*
floribus lateralibus. Usb. It. Tab.
10 ; Carpeſium dont les fleurs
ſortent ſur les côtés des tiges.

Cernuum. La premiere eſpece , qui croît ſans culture en
Italie, eſt une plante bis-annuelle, dont les feuilles inférieures ſont obtuſes, lai-
neuſes & douces au toucher :
la tige de la fleur s'éleve du
centre de la plante juſqu'à la
hauteur d'un pied & demi ,
& pouſſe vers ſon ſommet
pluſieurs branches garnies de
feuilles de la même forme que
celles du bas, mais plus petites : chaque branche eſt
terminée par une fleur aſſez
groſſe d'un jaune herbacée ,
& penchée ſur un côté de la
tige ; elles ſont compoſées de
fleurettes femelles qui forment
la bordure , & de fleurettes
hermaphrodites qui compo-
ſent le diſque : toutes deux
ſont ſuivies de ſemences ovales & nues. Cette eſpece fleurit en Juillet, & ſes ſemences
mûriſſent en Septembre.

On la multiplie aiſément en
la ſemant au printems ſur une
plate-bande de terre légère :
quand les plantes ont pouſſé,
on les éclaircit & on les dé-
barraſſe de mauvaiſes herbes.
Cette eſpece fleurit dans la

seconde année , elle perfectionne ſes ſemences ici , & bientôt après les plantes périſſent.

Abrotanoïdes. La ſeconde eſpece nous vient de la Chine, mais elle eſt à préſent fort rare en Angleterre : elle a une tige dure & branchue, garnie de feuilles larges , en forme de lance & légèrement dentelées ſur leurs bords : ſes fleurs ſont claires & écartées ſur les les côtés des tiges & ſur ſes branches ; elles ſont ſeſſiles & penchées vers le bas : leurs calices ſont compoſés de pluſieurs petites feuilles qui s'étendent en s'ouvrant , & renferment un grand nombre de fleurettes.

Cette eſpece peut-être multipliée , en la ſemant au printems ſur une couche chaude : quand ſes plantes ſont en état d'être enlevées , on les place chacune dans un pot ſéparé ; & lorſque la ſaiſon devient chaude , on peut les expoſer en plein air ; mais en automne il faut les enfermer dans la ſerre.

CARPINUS. *Lin. Gen. Plant.* 952. Ainſi appelé , du mot CARPERE, *couper,* parce que ſon bois eſt aiſé à couper & à fendre. [*The Hornbeam , or Hardbeam.*] Charme.

Caractères. Cet arbre a des fleurs mâles & femelles, placées ſéparément ſur le même pied : ſes fleurs mâles ſont raſſemblées ſur un chaton cylindrique , clair & écailleux , dont chaque écaille couvre une fleur qui n'a point de pétales , mais dix étamines terminées par des ſommets comprimés & velus : les fleurs femelles ſont compoſées de même , & placées ſeules ſous chaque écaille , elles ſont monopétales , en forme de gobelet , & découpées en ſix parties ; elles ont deux germes courts, dont chacun ſupporte deux ſtyles velus & ſurmontés d'un ſimple ſtigmat. Après la fleur le chaton ſe groſſit , & chaque écaille couvre de ſa bâſe une Noix ovale & angulaire.

Ce genre de plante eſt rangé dans la huitieme ſection de la vingt - unieme claſſe de LINNÉE intitulée : *Monœcia Polyandria ;* celles de cette claſſe ayant des fleurs mâles & femelles , croiſſant ſéparément ſur le même arbre , & celles de cette ſection ayant pluſieurs étamines.

Les eſpeces ſont :

1°. *Carpinus vulgaris , ſquamis ſtrobilorum planis. Hort. Cliff.* 447; Charme ordinaire , produiſant des cônes garnis d'écailles plates.

Carpinus. Dod. Pempt. 841; Charme commun.

Oſtrya Ulmo ſimilis , fructu in umbilicis foliaceis. Bauh. Pin. 427.

2°. *Carpinus Oſtrya , ſquamis ſtrobilorum inflatis. Hort. Cliff.* 447 ; Charme à cônes garnis d'écailles enflées.

Oſtrya Ulmo ſimilis , fructu racemoſo , Lupulo ſimilis. C. B. P. 427 ; Charme à fruit de Houblon , connu dans le Canada ſous le nom de *Bois dur.*

Aceris cognata , Oſtrya dicta flaveſcens. Pluk. Alm. 7. t. 156. f. 1.

3º. *Carpinus Orientalis , foliis ovato-lanceolatis , serratis , strobilis brevibus ;* Charme à feuilles ovales, sciées & en forme de lance, produisant des cônes plus courts.

Carpinus Orientalis , folio minori , fructu brevi. T. Cor. 40; Charme du Levant à petites feuilles, & à fruits courts.

4º. *Carpinus Virginiana , foliis lanceolatis , acuminatis , strobilis longissimis ;* Charme à feuilles pointues en forme de lance, & à cônes très-longs.

Carpinus Virginiana florescens. Pluk. Charme de Virginie à fleurs.

Vulgaris. La premiere espece, qui est commune en Angleterre, parvient rarement ici à sa hauteur, & n'est presque jamais assez forte pour fournir du bois de charpente, parce que les habitans de la campagne le coupent trop tôt, & ne lui donnent pas le tems de croître : j'ai cependant vu quelques-uns de ces arbres parvenir à une hauteur considérable, dans des lieux où ils avoient été bien traités; & on en trouve dans certaines forêts, dont le sol est argilleux, ferme & froid, qui ont des tiges hautes de plus de vingt pieds, extrêmement belles, nobles & parfaitement droites. Depuis quelques années cette espece a été mise au nombre des arbrisseaux; elle n'étoit employé à la campagne que comme du moyen bois, & on la cultivoit dans les pépinieres pour être employée ensuite à faire des haies dans le goût François:

dans la plupart des grands jardins de France, les clôtures qui entourent les plantations, les cabinets de verdure & autres lieux couverts, sont formés avec cette espece d'arbre; mais depuis qu'on a exclu ces ornemens des jardins anglois, ces arbres ne sont plus de défaite dans les pépinieres.

Comme cette espece peut réussir sur des collines froides, stériles, exposées, & dans toutes les situations où peu d'autres arbres prospéreroient, elle peut y être cultivée utilement par les propriétaires de semblables terreins. Cet arbre résiste mieux à la violence des vents que la plupart des autres; il croît très-vite : mais lorsqu'on veut le multiplier pour du bois de charpente, il faut l'élever de semence sur le sol même où il doit rester ; sans le transplanter dans un meilleur terrein & à une exposition plus favorable, comme on le pratique trop souvent. Lorsqu'on destine cette espece à former des haies ou d'autres ornemens dans les jardins, on peut, suivant l'usage ordinaire, la multiplier par boutures, qui réussissent aussi bien que les plantes de semence ; mais cette méthode ne doit jamais être employée, lorsqu'on destine ces arbres à fournir du bois de charpente.

Les semences de cet arbre doivent être mises en terre pendant l'automne, aussi tôt qu'elles sont mûres; car, si on les conserve jusqu'au prin-

tems, les plantes ne pousseront que dans l'année suivante:
lorsqu'elles commencent à paroître, on arrache avec soin
toutes les herbes inutiles qui
naissent avec elles, & on les
traite comme les autres arbres
de forêts : au bout de deux
ans, ces arbres seront en état
d'être transplantés; car plutôt
les arbres destinés à faire des
bois de charpente sont mis en
place, plus ils deviennent
gros, & plus le bois en est
ferme & de durée. Si ces arbres ne sont pas mêlés avec
d'autres especes, on peut les
planter assez près les uns des
autres ; surtout aux bords des
plantations, afin qu'ils s'abri-
tent mutuellement, & qu'ils
s'élevent avec plus de facilité.
Quand on a soin de les tenir
nets de mauvaises herbes pendant trois ou quatre années,
ils avancent considérablement
& grossissent assez pour les
détruire & les étouffer par la
suite. A mesure que ces arbres font des progrès, on les
éclaircit avec précaution, en
retranchant peu-à-peu les
plantes les plus foibles, de
maniere à ne pas exposer trop
à l'air tout d'un coup celles
qu'on veut réserver ; cette
précaution est surtout nécessaire sur les bords des plantations : on ne doit point suivre
non plus l'usage ordinaire,
qui est de laisser croître les
plantes qu'on veut enlever,
jusqu'à ce qu'elles soient assez fortes pour donner du
bois à brûler; mais il faut en
arracher chaque année une
certaine quantité dans les pla-

ces où elles sont trop serrées.
Suivant la méthode géné-
ralement pratiquée, qui est
de couper en une seule fois
les arbres qu'on veut retrancher, en laissant debout ceux
qui sont destinés à fournir du
bois de charpente, on a plus
en vue l'intérêt présent que le
profit futur; car en introdui-
sant trop vîte une grande quantité d'air froid dans la plantation, on arrête le progrès
des arbres pendant quelques
années.

Le bois que fournit cet
arbre, est non-seulement excellent pour le chauffage ;
comme il est encore très-dur
& flexible, il peut être employé à beaucoup d'usages,
lorsqu'on le laisse croître à
une certaine hauteur; mais le
Charme ayant été fort négligé
jusqu'à présent, il n'est employé depuis long-tems qu'au
charonnage auquel il est très-
propre, aux ouvrages de tour
& à faire des batoirs & des
dents de roues pour les moulins.

Les feuilles de cet arbre
restent jusqu'à ce que les jeunes boutons du printems les
fassent tomber ; ce qui procure
beaucoup d'abri aux oiseaux
pendant l'hiver, & le rend aussi
très-propre à être placé autour
des plantations, dans des situations exposées, pour pro-
téger & abriter les autres arbres en hiver, & avancer
beaucoup leur accroissement.

Ostrya. Le *Charme de houblon*
perd ses feuilles en hiver en
même tems que les *Ormes :*
quoiqu'il ne soit connu que

depuis peu en Angleterre, il est cependant très-commun en Allemagne, où il croît confusément avec les especes communes. On dit qu'on le trouve aussi en abondance dans plusieurs parties de l'Amérique Septentrionale ; mais il est encore douteux, si ce dernier n'est pas une espece particuliere. Le *Charme de houblon* croît plus vîte que l'espece ordinaire, mais j'ignore l'usage qu'on peut faire de son bois, parce qu'on le cultive peu en Angleterre, & que ceux qu'on y trouve ne croissent point sur leurs propres racines, mais ont été greffés sur le *Charme commun* ; car c'est-là la méthode la plus ordinaire de les multiplier dans les pépinieres : ces arbres ainsi élevés sont d'une courte durée, parce que, la greffe croissant plus vîte que le tronc, il se trouve en peu de tems une grande disproportion dans leur grosseur, & lorsqu'ils sont exposés à des vents forts, la greffe est souvent séparée du tronc après plusieurs années d'accroissement, ce qui devroit empêcher d'acheter de pareils arbres.

Virginiana. Le *Charme de Virginie* à fleurs est encore moins commun que le précédent ; on n'en voit que dans les jardins des Curieux : il est aussi dur que l'autre, & peut être multiplié par boutures.

Cette espece s'élève au-dessus de la hauteur de trente pieds ; son accroissement est plus prompt que celui des précédentes. Cet arbre perd ses feuilles en automne, à-peu-près dans le même tems que l'Orme : lorsqu'il est en pleine verdure, il a une belle apparence : ses feuilles sont d'un vert très-foncé, & ressemblent plus à celles de l'*Orme à longues feuilles*, qu'à celles du *Charme*.

Orientalis. Le *Charme du levant* parvient rarement en Angleterre, au-dessus de dix à douze pieds ; & comme il pousse plusieurs branches horisontales & irrégulieres, il est très-difficile de le faire élever en tige. Les feuilles de cette espece sont beaucoup plus petites que celles du *Charme commun* ; & comme ses branches croissent très-près les unes des autres, elle est fort propre à former des haies basses dans les jardins : elle se soutient d'ailleurs sans avoir besoin d'aucune espece de support, & peut être plantée plus serrée que tous les autres arbres qui perdent leurs feuilles. Cette espece est aussi dure que les autres, & peut être multipliée de la même maniere ; mais elle est à présent fort rare dans les pépinieres d'Angleterre.

CARTHAME, *ou* SAFRAN BASTARD. *V.* CARTHAMUS.

CARTHAMUS. *Lin. Gen. Pl. 838* ; ainsi appelée du mot grec χαλαίρειν, *purger*, parce que ses semences sont purgatives. Les Anglois le nomment *Bastard - Saffron*, *or Safflower*, & *Safran bâtard*, ou *Carthame*.

Caracteres. La fleur est composée de plusieurs fleurettes hermaphrodites, renfermées dans un calice commun & écailleux : les écailles font compofées de plufieurs feuilles plates, larges à leur bâfe, & terminées en pointe, dont les plus inférieures font étendues. Les fleurettes font en forme d'entonnoir, & formées par un feul pétale, divifé au fommet en cinq fegments ; elles ont cinq étamines courtes, velues, & terminées par des fommets cylindriques & tubuleux : dans le centre eft fitué un germe court, foutenant un ftyle mince, auffi long que les étamines, & couronné par un fimple ftigmat. Le germe devient par la fuite une femence fimple, oblongue, angulaire, & renfermée dans le calice.

Ce genre de plantes eft rangé dans la premiere fection de la dix-neuvieme claffe de LINNÉE, intitulée, *Syngénéfia Polygamia æqualis*: les fleurs de cette fection étant compofées feulement de fleurettes fructueufes, & leurs fommets étant joints en forme de tube cylindrique.

Les efpeces font :

1°. *Carthamus tinctorius, foliis ovatis, integris, ferrato-aculeatis. Hort. Cliff. 394* ; Safran bâtard à feuilles ovales, entieres, en forme de fcie, & épineufes.

Carthamus officinarum, flore croceo. Tourn. Inft. 457 ; Safran bâtard des boutiques, avec une fleur de couleur de Safran ; Carthame, *ou* Graine de Perroquet.

Cnicus vulgaris. Clus. Hift. 2. p. 152.

2°. *Carthamus lanatus, caule pilofo, fupernè lanato, foliis inferioribus pinnati-fidis, fummis amplexicaulibus dentatis. Hort. Upfal. 251* ; Carthame avec une tige velue, & laineufe au-deffus, les feuilles du bas dentelées, & celles du haut embraffant la tige, & dentelées.

Atractylis lutea. C. B. P. ; Chardon jaune en quenouille ; Chardon bénit des Parifiens.

3°. *Carthamus Creticus, caule lævifculo, calycibus fublanatis, flofculis fubnovenis, foliis inferioribus lyratis, fummis amplexicaulibus dentatis. Lin. Sp. 1163* ; Carthame avec une tige unie, des calices laineux, renfermant généralement neuf fleurettes, les feuilles du bas étant en forme de lyre, & celles du haut amplexicaules & dentelées.

Cnicus Creticus, Atractylidis folio & facie, flore leucophæo. Tourn. Cor. 33.

Atractylis flore leucophæo. Vail. Act. 172.

4°. *Carthamus Tingitanus, foliis radicalibus pinnatis, caulinis pinnati-fidis, caule unifloro. Lin. Sp. 1163* ; Carthame avec des feuilles radicales aîlées, dont la tige eft couverte de feuilles pointues, & terminée par une fleur.

Cnicus perennis, cæruleus Tingitanus. H. L. 162 ; Cnicus bleu, vivace, de Tanger.

5°. *Carthamus carduncellus, foliis caulinis linearibus pinnatis, longitudine plantæ. Lin. Sp. Pl. 831* ; Carthame avec des feuilles étroites, aîlées & auffi longues que la plante.

*Carduncellus montis Lupi. Lob.
Ic. 2. p. 20.*

Cnicus cæruleus , humilis montis Lupi. H. L. ; Cnicus nain de la montagne de Lupus , à fleur bleue.

Eryngium montanum minimum , capitulo magno. Bauh. Pin. 386.

6°. *Carthamus cæruleus , foliis lanceolatis , spinoso-dentatis , caule subunifloro. Hort. Cliff. 1163* ; Carthame à feuilles en forme de lance , piquantes & dentelées , & dont chaque tige produit une fleur.

Cnicus cæruleus asperior. C. B. P. 378 ; Cnicus bleu plus hérissé.

7°. *Carthamus arborescens , foliis ensiformibus , sinuato-dentatis. Pr. Leyd. 136* ; Carthame à feuilles en forme d'épée , & dentelées.

Cnicus Hispanicus , arborescens , fœtidissimus. Tourn. Inst. 451 ; Cnicus d'Espagne en arbrisseau , & très-fétide.

Carthamoïdes lutea altissima & fœtidissima. Vaill. Act. 1718. p. 772.

8°. *Carthamus corymbosus , floribus umbellatis numerosis* ; Carthame avec plusieurs fleurs en ombelle.

Echinops , floribus fasciculatis , calycibus multifloris. Hort. Cliff. 391.

Chamæleon niger , umbellatus , flore cæruleo hyacinthino. C. B. P. 380 ; Chaméléon noir en ombelle , ayant des fleurs bleues , semblables à celles des Jacinthes.

Carduus Chamæleon dictus , capitulis pluribus minoribus cæruleis , corymbosis. Moris. Hist. 3.

Tinctorius. La premiere espece croît naturellement en Egypte , & dans quelques parties chaudes de l'Asie : ses semences m'ont été souvent envoyées des Isles Britanniques en Amérique ; mais je n'ai jamais pu savoir au juste si cette plante est vraiment originaire de ces Isles , ou si elle y a été portée d'ailleurs. On la cultive à présent dans plusieurs parties de l'Europe , ainsi que dans le Levant , d'où l'on apporte annuellement en Angleterre une grande quantité de ses fleurs , pour l'usage des Teinturiers & des Peintres.

Cette plante est annuelle : elle s'élève avec une tige ferme & ligneuse , à la hauteur de deux pieds & demi ou trois pieds , & se divise vers son sommet en plusieurs branches , garnies de feuilles ovales , pointues , sessiles , entieres , & légèrement sciées sur leurs bords ; chacune de ces dentelures est terminée par une épine courte : ses fleurs croissent simples à l'extrémité de chaque branche ; leurs têtes sont grosses & renfermées dans un calice couvert d'écailles plates , larges à leurs bâses , de la même forme que les feuilles de la plante , & terminées par une épine aiguë.

La partie basse du calice s'étend & s'ouvre ; mais les écailles supérieures embrassent de très-près les fleurettes qui s'étendent à un pouce au-dessus du calice : ces fleurettes qui sont les seules parties de la plante dont on fasse usage pour la teinture , sont d'une belle couleur de Safran. Quand ces fleurettes font fanées, le germe qui occupe le fond de chacune, se change en une semence oblongue, angulaire, blanche, & renfermée dans une coque assez forte. Cette espece fleurit en Juillet & Août, & ses semences mûrissent en automne ; mais si la saison est froide & humide, lorsque ces plantes sont en fleur, elles ne produisent point de bonnes semences ; de sorte qu'il y a peu d'années où cette espece puisse les perfectionner en Angleterre.

Les semences de cette plante sont quelquefois employées en Médecine comme un cathartique puissant ; mais on en fait peu d'usage aujourd'hui : on la multiplie, en la semant en Avril, sur une planche de terre, dans des rigoles éloignées de deux pieds & demi les unes des autres, & en laissant entr'elles dans chaque rang un intervalle d'un pied ; mais comme il arrive souvent que quelques-unes de ces graines ne réussissent pas, il faut en semer une plus grande quantité ; parce qu'il sera aisé de les éclaircir en houant la terre. Si ces semences sont bonnes, les plantes paroîtront en moins d'un mois ; & quinze jours, ou trois semaines après, il sera nécessaire de nettoyer la terre pour détruire les mauvaises herbes, & pour éclaircir en même tems les plantes qui sont trop serrées : mais il ne faudra pas leur donner encore toute la distance qu'elles doivent avoir par la suite, de peur qu'il n'en périsse quelques-unes. On lais-

sera donc entr'elles un intervalle de six pouces qui leur suffira jusqu'au second houage, pour leur donner alors toute la distance qu'elles doivent avoir. La terre ayant été remuée encore pour la troisieme fois, & par un tems sec, toutes les mauvaises herbes seront entièrement détruites, & les plantes ne demanderont plus aucun soin avant la floraison. Lorsqu'on cultive cette plante pour en recueillir le produit, on coupe les fleurettes à mesure qu'elles parviennent à leur perfection ; & lorsqu'elles sont entièrement sèches, on les met dans des fours dont la chaleur soit modérée, pour achever de dissiper toute humidité, comme on le pratique pour le vrai Safran, & cette préparation est tout ce qu'il faut pour la rendre propre aux usages qu'on en fait.

Si on ne cultive ces plantes que pour en recueillir la graine, il faut bien se garder d'en couper les fleurettes ; sans quoi, les graines avorteroient infailliblement : car, quoiqu'elles parviennent à toute leur grosseur, comme je l'ai souvent éprouvé, cependant leurs coques se trouvent absolument vuides. La même chose arrive aussi, lorsque la saison est humide & froide ; mais, dans ce cas, les coques ne parviennent point à leur grosseur ordinaire.

J'ai appris qu'on cultivoit autrefois cette plante dans plusieurs cantons de l'Angleterre, & principalement dans le comté de Glocester, pour l'employer à la teinture. Les habitans du comté de Glocefter recueilloient fes fleurettes pour les faire fervir d'affaifonnement dans les pouddings & les flons, & pour leur donner une couleur agréable; mais fi l'on en met en trop grande quantité dans ces alimens, ils deviennent fouvent purgatifs.

Si cette plante a été autrefois cultivée en grande quantité en Angleterre, il eft étonnant qu'elle foit aujourd'hui tellement négligée, qu'on n'en trouve plus aucun veftige, & qu'elle ne foit, pour ainfi dire, connue que par ceux qui en font commerce; cependant on en confomme dans ce royaume une fi grande quantité, & cette marchandife forme une branche de commerce fi confidérable, qu'elle mériteroit bien de fixer l'attention du public : car, quoique les graines de cette plante parviennent rarement en maturité ici, cependant elle y fleurit bien; & la fleur étant la feule partie dont on faffe ufage, on pourroit facilement fe procurer des graines des pays étrangers.

J'envoyai il y a quelques années, un paquet de ces femences dans la Caroline Méridionale, d'où j'ai été informé qu'elles avoient réuffi à merveille; car, fix femaines après avoir été femées, la récolte des fleurs s'étoit trouvée en état d'être faite, & ceux à qui ces femences avoient été remifes, ont envoyé de ces fleurs à Londres dont j'ai eu un échantillon; mais comme les Teinturiers fe plaignoient que la couleur étoit trop pâle,

j'examinai avec foin celles qui m'étoient reftées, & je trouvai que les fleurettes avoient été tirées hors de leur calice dans toute leur longueur, de forte que leurs extrémités qui font blanches, avoient pâli la couleur : d'après cette obfervation, j'écrivis à la même perfonne dans la Caroline pour l'engager à faire couper la partie haute des fleurettes avec des cifeaux, & à n'envoyer que ces fommités; mais je n'en ai plus eu de nouvelles depuis: cependant un ou deux ans après, j'ai reçu une lettre de fon Excellence le Gouverneur LYTTLETON, par laquelle il me mande que leur *Saffran bâtard* [*Safflower*] paroît annoncer une de leurs meilleures branches de commerce; mais j'ignore fi le fuccès a répondu à leur efpérance.

On cultive cette plante en grande quantité dans quelques parties de l'Allemagne, où fes femences parviennent conftamment à leur perfection. Un curieux de ce pays m'ayant envoyé une inftruction détaillée fur la méthode qu'on emploie pour cette culture, je l'ajouterai à cet article, afin d'encourager ceux qui voudroient effayer de l'entreprendre ici.

La terre dans laquelle ils fement le *carthame*, doit refter deux ans en jachere; la premiere année pour détruire les mauvaifes herbes, & la feconde pour la rendre plus meuble: ils choififfent le fol le plus léger & celui dans lequel il y a moins de mauvaifes herbes: lorfque cette terre a paffé un été & un hiver fans être employée , & que pendant cet intervalle elle a été labourée quatre fois & bien herfée, pour en brifer toutes les mottes & la rendre très-meuble, on la laboure pour la derniere fois à la fin de Mars ; on trace des fillons étroits avec une petite charrue, en laiffant entre chacun un efpace de deux pieds dans la longueur du terrein, on répand la femence fort claire dans ces fillons , on la couvre avec une herfe dont les dents ont un peu plus d'un pouce de longueur , & on y paffe enfuite le rouleau pour l'affermir & la rendre unie.

Quand les plantes ont pouffé , & qu'on peut les diftinguer, on houe la terre pour en détruire les mauvaifes herbes , & on retranche en même tems les plus foibles plantes , dans les endroits où elles font trop ferrées ; on les efpace de maniere qu'il refte entre chacune un intervalle de trois ou quatre pouces , ce qui fuffira pour leur donner la liberté de croître à l'aife jufqu'au fecond houage qui doit être fait environ cinq femaines après le premier , fuivant que les mauvaifes herbes fe font multipliées : ce travail fe fait avec une houe hollandoife , & en arrachant les herbes inutiles avant qu'elles foient parvenues à une grande hauteur : elles font détruites plus fûrement , & le manœuvre qui eft employé à cette opération fait plus de befogne en un jour , qu'il n'en feroit en trois , fi on leur avoit donné le tems de croître davantage.

Cinq ou fix femaines après le fecond houage, on renouvelle cette opération pour la troifieme fois ; ce qui rendra la terre affez nette pour n'exiger plus aucune autre culture jufqu'à la récolte. Quand les plantes commencent à fleurir , & qu'elles ont pouffé leurs fleurettes à une longueur convenable , on les recueille comme on l'a déjà indiqué plus haut, & on réitere cette opération une fois par femaine. Ces fleurs fe fuccedent communément pendant fix ou fept femaines ; lorfque la récolte eft entièrement finie , on arrache les tiges , on en forme des paquets ; & après les avoir laiffé fécher pendant quelques jours , on les emporte pour les brûler. La terre étant abfolument nette , on la prépare de nouveau , & l'on y feme du froment qui, à ce qu'on prétend , réuffit très-bien dans ce terrein après la récolte du *Carthame*.

La bonne qualité de cette denrée confifte principalement dans fa couleur, qui doit être celle d'un fafran brillant : celle qu'on recueille en Angleterre eft fujette à pécher de ce côté , parce que les pluies continuelles qui furviennent lorfque ces plantes font en fleur , les noirciffent , ou les rendent d'un jaune fale ; accident qui arrive auffi quand on les recueille encore humides ; auffi il faut bien fe garder de les ramaffer avant que la rofée foit tout-à-fait diffipée , & qu'elles foient bien feches, & de ne pas les tenir en monceaux & ferrées , jufqu'à ce qu'elles aient

été

été bien féchées dans le four. La méthode qu'on emploie pour cette opération eft la même que celle qui eft mife en ufage pour le véritable Safran : je n'en parle point ici, mais je prie le lecteur de recourir à l'article du Crocus, où cette matiere eft amplement traitée.

On cultive cette plante en Efpagne, dans les jardins, comme les *Soucis* en Angleterre, & on l'emploie aux potages & à d'autres alimens pour leur donner une couleur agréable. Les Juifs l'aiment beaucoup, & en mêlent dans prefque tout ce qu'ils mangent : & il eft fort probable qu'ils ont les premiers porté les femences de cette plante en Amérique, & qu'ils ont montré aux habitans la maniere de s'en fervir ; car on en fait un auffi grand ufage dans ces contrées, que dans aucune partie de l'Europe.

Comme le *Carthame* refte en fleur pendant deux mois de l'année, il peut être placé dans les plates-bandes des grands jardins, pour augmenter la variété. En femant fes graines au commencement d'Avril, fes premieres fleurs paroîtront au plus tard dans le milieu de Juillet, & elles fe fuccéderont fur les branches latérales jufqu'à la fin de Septembre, & même jufqu'au milieu d'Octobre, fi la faifon eft douce. Ces fleurs font d'une belle couleur de fafran, & ont beaucoup d'apparence ; elles exigent d'être foutenues avec quelques baguettes, pour n'être pas rom-

pues ou renverfées par les vents : & comme elles s'élevent droites & régulieres, elles ne s'entremêlent point avec les autres fleurs.

Si cette plante eft cultivée pour cette fin, il faut la femer dans la place où elle doit refter, parce qu'elle ne fupporte pas aifément la tranfplantation. On met quatre ou cinq femences dans chaque trou, de peur que quelques-unes ne viennent à manquer, & quand les plantes font affez fortes & hors de danger, on laiffe la meilleure en place, & on arrache les autres qui pourroient lui nuire & la faire filer. 1)

Lanatus. La feconde efpece croît naturellement dans la France Méridionale, en Efpagne & en Italie, où les femmes fe fervent de fes tiges pour faire des quenouilles ; ce qui lui a fait donner le nom de *Chardon à quenouilles.* Quelques perfonnes l'appellent *Safran bâtard fauvage.* Les feuilles de cette plante font quelquefois ordonnées en médecine, & on leur attribue les mêmes vertus qu'au *Carduus Benedictus.*

____

(1) Les fleurs du *Carthame* ont à-peu-près les mêmes propriétés médicinales que celles du *Safran* ; mais comme elles font beaucoup plus foibles, il faut les adminiftrer à double dofe : fes graines purgent affez foiblement & avec lenteur, à caufe de leur vifcofité : on les donne rarement feules ; mais on les combine avec d'autres remedes plus actifs. Elles entrent dans la compofition des tablettes *diacatthami* auxquelles elles ont donné leur nom, & dans le catholicon fimple de FERNEL.

Cette plante eſt annuelle, & périt auſſitôt après que ſes ſemences ſont mûres : ſes feuilles baſſes qui s'étendent à plat ſur la terre, ſont étroites, profondément dentelées à leurs bords, longues de cinq ou ſix pouces, velues & armées de quelques épines molles ſur leurs bords : ſa tige, dont la hauteur eſt d'environ deux pieds, & couverte de poils, eſt garnie de feuilles oblongues, velues, amplexicaules, profondément dentelées, & armées auſſi d'épines aiguës ſur leurs bords : le ſommet de la tige ſe diviſe en pluſieurs branches, garnies de feuilles de la même forme que les autres, mais plus petites ; ſes fleurs, dont le calice écailleux renferme beaucoup de fleurettes jaunes & hermaphrodites, & eſt accompagné d'un paquet de feuilles fermes, dures & piquantes, naiſſent aux extrémités des branches, & ſont remplacées par des ſemences oblongues & angulaires. Cette eſpece fleurit en Juin & en Juillet, & ſes ſemences mûriſſent en automne : quand on les ſeme dans cette derniere ſaiſon, les fleurs paroiſſent dans le commencement de l'été ſuivant, & produiſent certainement alors de bonnes ſemences : on peut les répandre ſur une planche de terre dans quelque ſituation que ce ſoit. Les plantes n'exigent que d'être tenues nettes de mauvaiſes herbes, & éclaircies où elles ſont trop ſerrées. On cultive cette eſpece dans quelques jardins comme plante médicinale,

mais elle a peu de beauté. Il y a dans cette eſpece une variété qui devient plus haute que cette derniere : ſes têtes ſont auſſi plus groſſes, & ſes feuilles plus près des tiges ; elle a été trouvée dans le Levant, par M. DE TOURNEFORT.

Creticus. Le même Botaniſte nous a auſſi fait connoître la troiſieme eſpece qu'il a découverte dans l'Iſle de Candie, & dont il a envoyé les ſemences au Jardin du Roi à Paris : elle differe de la précédente par ſes tiges unies ; ſes feuilles ſont fermes, profondément dentelées, unies, & armées de très-fortes épines : ſes têtes de fleurs ſont ovales, & ſes fleurettes ſont blanches. La plante s'éleve à près de quatre pieds de hauteur : elle eſt annuelle, & fleurit à peu-près dans le même tems que la précédente : elle peut être ſemée & traitée de la même maniere.

Tingitanus. La quatrieme a une racine vivace, & une tige annuelle ; elle croît naturellement en Eſpagne, & elle a été apportée de Tanger en Angleterre. Comme les ſemences de cette eſpece ne mûriſſent jamais dans notre climat, on la multiplie en diviſant ſes racines vers le commencement de Mars. Cette plante exige une terre & une ſituation chaudes, ſans quoi elle eſt expoſée à être détruite dans les hivers rudes. Les tiges de cette eſpece s'élevent à un pied & demi de hauteur, & pouſſent rarement des branches ; elles ſont garnies de feuilles étroites en forme de lance, & profondément fciées fur leurs bords; chacune de fes dentelures eft armée d'une pointe aiguë. De l'extrémité de chaque tige fort une tête de fleurs groffes, écailleufes, & de la même forme que celles des autres efpeces.

Carduncellus. La cinquieme qui eft originaire de la France Méridionale, de l'Efpagne & de l'Italie, a une racine vivace, & une tige annuelle cannelée, velue, haute d'environ fix pouces, & garnie de feuilles longues, étroites, & terminées par plufieurs épines aiguës: les bords de ces feuilles font dentelées, & chaque dentelure forme une pointe; chacune de fes tiges fupporte une groffe tête de fleurs bleues, qui ont un calice feuillé, & compofé d'écailles fort larges, terminées chacune par une épine aiguë. Ces fleurs paroiffent dans le mois de Juin.

Cette efpece eft difficile à multiplier en Angleterre, parce que fes racines ne pouffent point de rejettons comme la précédente; ainfi on ne peut l'élever que de femences, qui ne fe perfectionnent point ici, à moins que la faifon ne foit très-chaude & feche; cette plante exige une terre feche & une fituation chaude.

Cæruleus. Quoique plufieurs perfonnes regardent la fixieme & la quatrieme comme une feule & même efpece, elles font néanmoins très-différentes. Celle-ci s'éleve à la hauteur de deux pieds avec une tige fimple, velue, cannelée, de couleur pourpre, & fort garnie de feuilles larges, en

forme de lance, fciées fur leurs bords, & couvertes d'un duvet court & velu; cette tige eft terminée par une groffe tête de fleurs bleues pourvues d'un calice écailleux & formé par deux rangs de feuilles, dont les extérieures font larges, longues & armées d'épines fur leurs bords; & celles de l'intérieur étroites & terminées par des épines aiguës. Cette efpece fleurit en Juin & en Juillet, & fes femences mûriffent en automne, lorfque les feuilles fe flétriffent. Elle exige un fol fec & léger, dans lequel elle fupporte le froid de nos hyvers, & fubfifte plufieurs années. On peut auffi la multiplier par femences qui mûriffent très-bien dans une faifon feche; mais elles avortent généralement dans les étés humides : elle n'exige d'autres foins que d'être tenue nette de mauvaifes herbes : elle croit naturellement en Efpagne, en France & en Italie, dans les champs labourés.

Arborefcens. J'ai reçu la feptieme efpece de l'Andaloufie, où elle naît fans culture & en grande abondance : elle s'éleve avec une tige d'arbriffeau vivace, à la hauteur de huit ou dix pieds, & fe divife en plufieurs branches, garnies de feuilles affez longues, en forme d'épée, dentelées, armées d'épines fur leurs bords, & embraffant les tiges de leur bâfe : ces branches fe terminent par de groffes têtes écailleufes & épineufes de fleurs jaunes, qui paroiffent en Juillet, mais qui ne font jamais fuivies de femences en Angleterre ; de maniere qu'on ne peut la multiplier que par les rejettons pris fur fes branches, qu'il faut planter au printems dans des pots remplis de terre légere & fablonneufe, les plonger dans une couche de chaleur modérée, les abriter jufqu'à ce qu'ils aient pris racine, & les endurcir par dégrés, afin de pouvoir les expofer au plein air. Quand ces plantes ont acquis un certain dégré de force, on peut les féparer, en planter quelquesunes dans une plate - bande fèche & chaude, où elles fupporteront le froid de nos hivers ordinaires, quoique les fortes gelées les détruifent fouvent ; & laiffer les autres dans des pots qu'on abrite pendant l'hiver, pour en conferver l'efpece.

Corymbofus. Les femences de la huitieme, m'ont été envoyées d'Efpagne, où elle croît naturellement : fa racine eft vivace ; fa tige eft annuelle, fimple, blanche, unie, cannelée & fans branches latérales : fes feuilles longues & étroites, & d'un vert pâle, font fortement armées à leurs bords d'épines, courtes & fermes, qui fortent doubles : fes tiges font terminées par des têtes de fleurs blanches, fimples, ovales & écailleufes ; chaque écaille étant terminée par une épine de couleur de pourpre : ces calices écailleux, font ferrément unis au fommet, de forte qu'au - deffus, il paroît peu de fleurettes hermaphro-

dites, & elles font défendues par une bordure de feuilles longues, étroites & épineufes, qui environnent les têtes, & s'élèvent confidérablement au-deffus des fleurs. Cette plante fleurit en Juillet & Août ; mais comme elle perfectionne rarement fes femences en Angleterre, la feule maniere de la multiplier ici, eft de divifer fes racines au printems.

CARVI, CHERVI, *ou* CUMIN DES PRÉS. *V.* CARUM. SISON VERTICILLATUM. L.

CARUM. *Lin. Gen.* 327 ; [*Carvi or Carraway.*] Chervi, Carvi, *ou* Cumin des prés. Ainfi appelée du mot grec καρα, la *tête*, parce que cette plante eft bonne pour la tête : d'autres font dériver ce nom de *Caria*, contrée où les Anciens ont trouvé cette plante.

Caractères. La fleur eft ombellée, & compofée de plufieurs petites ombelles qui forment les rayons de l'ombelle générale, dont aucune n'a d'enveloppe : les fleurs fimples ont de très-petits calices ; leur corolle eft compofée de cinq pétales obtus, en forme de cœur, & courbés endedans à leurs pointes ; elles ont cinq étamines velues, de la longueur des pétales, & terminées par de petits fommets ronds. Le germe, fitué fous la fleur, foutient deux petits ftyles couronnés par un ftigmat fimple, & fe change enfuite en un fruit ovale & cannelé, qui fe divife en deux femences oblongues & fillonnées.

Ce genre de plantes eft rangé dans la feconde fection de

la cinquieme claſſe de LINNÉE, intitulée *Pentandria Digynia*; les fleurs ayant cinq étamines & deux ſtyles.

Les eſpeces ſont:

1°. *Carum*, *Carvi*, *foliis pin-natifidis*, *planis*, *umbellatis inæ-qualibus confertis*; Chervi, avec des feuilles unies qui ſe terminent en pluſieurs pointes, & des ombelles inégales, fort ſerrées l'une près de l'autre.

Cuminum pratenſe, *Carvi offici-narum. C. B. P. 159*; Cumin de prairie, *ou* Chervi des boutiques.

2°. *Carum Hiſpanicum*, *foliis capillaribus multifidis*, *umbellis laxis*; Carvi avec des feuilles capillaires fort découpées, & des ombelles claires.

Carvi Hiſpanicum, *femine majori & latiori. Juſſieu*. Carvi d'Eſpagne, à ſemences plus larges & plus groſſes.

Carvi. La premiere eſpece eſt le *Carvi* ordinaire, dont les ſemences ſont d'un grand uſage dans la médecine & dans la cuiſine; elle croît naturellement dans les bonnes prairies des Provinces de Lincoln & d'Yorck, & on la trouve auſſi quelquefois dans les pâturages des environs de Londres: on la cultive pour l'uſage dans la Province d'Eſ-ſex, ainſi que dans d'autres parties d'Angleterre. Cette plante eſt biſannuelle; elle s'élève de ſemence, fleurit la ſeconde année & périt auſſi-tôt après que ſes ſemences ſont mûres: ſa racine, ſemblable à celle du *Panais*, mais beaucoup plus petite, s'enfonce profondément dans la terre; ſon goût eſt fort & aromatique; elle eſt garnie de pluſieurs petites fibres, & elle pouſſe une ou deux tiges unies, fermes, cannelées, de deux pieds environ de hauteur, & garnies de feuilles aîlées, ſupportées par des pétioles longs & nuds, & ayant ſur la côte du milieu pluſieurs petites aîles oppoſées & formées par quelques feuilles étroites, unies, & terminées en pluſieurs pointes. Ses tiges ſe diviſent vers le haut en branches plus petites, & terminées chacune par une ombelle, compoſée de ſix ou huit autres plus petites, ſéparées & diſpoſées en rayons, qui ſe diviſent en pluſieurs foibles pédoncules, dont chacun ſupporte une fleur ſimple, blanche & compoſée de cinq pétales en forme de cœur: les fleurs de ces petites ombelles ſont ſerrément rapprochées. Lorſqu'elles ſont flétries, le germe ſe change en un fruit oblong, cannelé & compoſé de deux ſemences oblongues & cannelées, unies d'un côté & convexes de l'autre. Cette plante fleurit en Juin, & ſes ſemences mûriſſent en automne.

En ſemant ces graines en automne auſſi-tôt qu'elles ſont recueillies, elles réuſſiront plus certainement que celles qui ne ſont miſes en terre qu'au printems, & les plantes qui ont pouſſé en automne, fleuriſſent généralement au printems: quand ces plantes commencent à paroître, on houe la terre pour détruire les mauvaiſes herbes, & les éclaircir où elles font trop ferrées, comme on le pratique pour les *Carottes*, en leur donnant trois ou quatre pouces de diftance : au printems fuivant, elles exigeront d'être encore houées deux fois, afin que la terre refte nette, jufqu'à la maturité de femences ; alors on arrache les tiges, on en forme des paquets, qu'on dreffe pour les faire fécher, & qu'on bat enfuite pour en extraire les graines (1).

Hifpanicum. La feconde eft originaire de l'Efpagne : fes femences m'ont été envoyées du Jardin Royal de Paris. Cette plante s'élève a peine à un pied & demi de hauteur, avec une tige plus forte que celle de la

---

(1) Les femences de *Carvi* qu'on met au nombre des quatre femences chaudes majeures, font très-fréquemment employées en médecine, leur odeur eft forte & aromatique, & leur faveur eft extrêmement chaude. Les propriétés médicinales de ces graines réfident principalement dans l'huile effentielle qu'elles contiennent affez abondamment : elles font ordinairement employées dans les cas de foibleffe & d'atonie de la fibre, lorfqu'il eft néceffaire de remuer, de fortifier & de difcuter avec une certaine énergie ; & particulièrement dans les vices de digeftion, le vertige, les affections venteufes, les maladies pituiteufes, les fleurs blanches, la fuppreffion chronique des regles, &c. On peut les adminiftrer fous différentes formes, en poudre, en infufion, ou confites au fucre. On les applique auffi en forme d'épithêmes, fur le bas-ventre, tpour en diffiper les vents, fur les umeurs laiteufes des mammelles, &c.

précédente, & garnie de feuilles fines, étroites, & femblables à celle de l'*Anet* : fes tiges fe divifent vers leurs fommets en plufieurs branches, terminées par des ombelles de fleurs qui font blanches & fuivies par des femences groffes, larges, & du même goût aromatique que celles de l'efpece commune. Cette plante eft bifannuelle, & peut être traitée de la même maniere que la précédente

CARYOPHYLLATA. *Voy.* GEUM.

CARYOPHYLLUS. *Lin.* *Gen. 594. Caryophyllus aromaticus. Tour. Inft. R. H. 662. Tab. 432 ;* [*The Clove-tree, or All-Spice.*] l'arbre de Girofle, *ou* de Toutes Epices.

Caraéteres. Le calice eft double . celui de la fleur fur lequel le germe eft placé, eft formé par une feuille divifée en quatre parties obtufes : le fruit a un autre calice plus petit, légèrement divifé en quatre parties & perfiftant : la corolle eft compofée de quatre pétales émouffés, & placés en oppofition aux divifions du calice : la fleur a plufieurs étamines qui s'élèvent des parties latérales du calice, & qui font terminées par des fommets ronds : le germe, placé fous la fleur, eft couronné par le petit calice, & foutient un ftyle fimple, droit & terminé par un ftigmat obtus. Ce germe devient par la fuite une baie molle & divifée en deux cellules, dont chacune renferme une fimple femence en forme de rein.

Les plantes de ce genre font partie de la premiere section de la treizieme classe de LIN-NÉE , intitulée : *Polyandria Monogynia* , qui comprend celles dont la fleur a plusieurs étamines & un seul style.

Les especes sont :

1°. *Caryophyllus aromaticus, foliis ovato-lanceolatis , oppositis, floribus terminalibus , staminibus corollá longioribus ;* l'arbre de Girofle , avec des feuilles ova-les en forme de lance & op-posées , des fleurs terminant les tiges , & des étamines plus longues que les pétales.

Caryophyllus. Clus. Exot. 16. *Rumph. Amb.* 2. *p.* 1. *t.* 1. 2. 3.

Caryophyllus aromaticus, fruc-tu oblongo. C. B. P. 410*;* Gi-rofle aromatique , à fruit oblong.

Caryophyllus aromaticus. Ind. Orientalis , fructu clavato mono-pyreno. Pluk. Alm. 88. *t.* 155. *f.* 1.

2°. *Caryophyllus pimenta, fo-liis lanceolatis oppositis, floribus racemosis terminalibus & axillari-bus ;* Giroflier à feuilles en forme de lance & opposées , ayant des fleurs disposées en paquets & placées aux extré-mités des branches & aux ai-les des feuilles.

Myrtus , arborea aromatica, foliis laurinis. Sloan. Cat. 161. *Hist.* 2. *p.* 76. *t.* 191. *f.* 1 *;* Pi-ment *ou* TOUTES ÉPICES.

3°. *Caryophyllus fruticosus, foliis lanceolatis oppositis , flori-bus geminatis alaribus. Brown. Hist. Jam.* 248. *t.* 25. *f.* 3 *;* Gi-rofle à feuilles en forme de lance opposées , avec des fleurs disposées par paires & pla-cées sur les parties latérales des branches.

Myrtus biflora , pedunculis bifloris , foliis lanceolatis. Amæn. Acad. 5. *p.* 398.

4°. *Caryophyllus Cotini-folia , foliis ovatis , obtusis , oppositis , floribus sparsis alaribus ;* Girofle à feuilles ovales , obtuses & opposées , ayant des fleurs éparses sur les côtés des bran-ches.

Myrtus , Cotini folio. Plum. Cat. 19 *;* Myrthe à feuilles de Sumac de Vénise.

5°. *Caryophyllus racemosus , foliis oblongo-ovatis , emargina-tis , rigidis , glabris , floribus ra-cemosis terminalibus ;* Girofle à feuilles oblongues , ovales , fermes , unies & dentelées sur leurs bords , ayant des grap-pes de fleurs branchues qui terminent les tiges.

Aromaticus. La premiere es-pece croît naturellement dans les Moluques & dans les par-ties du monde les plus chau-des , où elle s'élève à la hau-teur d'un *Pommier* ordinaire : son tronc se divise à quatre ou cinq pieds au-dessus de la terre, en trois ou quatre bran-ches grosses , droites & cou-vertes d'une écorce mince & unie, qui adhere fortement au bois. Ces grosses branches se sous-divisent en plusieurs au-tres petites, qui donnent à cet arbre la forme d'un cône : ses feuilles , semblables à celles du *Laurier,* sont opposées sur les branches : ses fleurs blan-ches, petites & renfermant un grand nombre d'étamines beaucoup plus longues que les pétales , naissent en paquets clairs aux extrémites des branches, & sont remplacées par des baies ovales, sur lesquelles reste le calice qui est divisé en quatre parties étendues sur le sommet du fruit : c'est sous cette forme qu'on nous apporte le *Girofle* en Europe ; mais dans cet état, il n'a atteint que la moitié de sa grosseur.

Je ne connois aucune plante de cette espece dans les Jardins de l'Angleterre & de la Hollande ; mais je l'indique ici, avant de parler des autres.

Pimenta. La seconde, qui est originaire de la Jamaïque, & qui se trouve plus abondamment dans le nord de cette Isle que partout ailleurs, forme, pour cette Colonie, une branche considérable de commerce : son fruit desséché avant sa maturité, fournit la *Toute Epice*, si connue en Europe. Cette espece, que plusieurs Planteurs cultivent aujourd'hui avec beaucoup de soin, leur est très-utile, parce qu'elle croît sur des terres remplies de rochers, où la canne à sucre ne réussiroit point, & qu'elle leur fournit le moyen de tirer parti des mauvais terreins qui se trouvent dans leurs plantations, & qui sans cela ne pourroient être employés.

Cet arbre, dont la hauteur est de plus de trente pieds, a une tige droite, couverte d'une écorce unie & brune, & divisée en plusieurs branches opposées, & garnies de feuilles oblongues, & sem-

blables par leur forme, leur couleur & leur texture, à celles du *Laurier* ; mais plus longues, & placées par paire. Ces feuilles, lorsqu'elles sont froissées, répandent, ainsi que le fruit, une odeur forte & aromatique. Ses branches sont fort régulieres, & l'arbre entier a une très-belle apparence. Comme cette espece conserve ses feuilles pendant toute l'année, les Planteurs la multiplient, pour abriter & orner leur habitation. Ses fleurs, d'une couleur herbacée & petites naissent en paquets clairs sur les parties latérales du sommet des branches, dont les extrémités sont garnies des plus gros bouquets. Les fleurs mâles & femelles croissent séparément sur différents arbres. GUILLAUME WILLIAMS, Ecuyer, de Ste. Anne, dans la partie Septentrionale de la Jamaïque, qui possede une plus grande quantité de ces arbres qu'aucune autre personne de cette isle, m'a fait présent d'un bel échantillon de chacune de ces deux especes, avec une instruction particuliere sur leur culture.

Les fleurs mâles, dont les pétales sont très petits, renferment un grand nombre d'étamines de la même couleur que la corolle, & terminées par des sommets ovales & divisés en deux parties : les fleurs femelles, qui sont privées d'étamines, sont placées sur un germe ovale, qui soutient un style mince, surmonté d'un stigmat obtus. Ce germe se change par la suite en une baie globulaire & charnue, dans laquelle font renfermées deux femences en forme de rein. Ces arbres fleuriffent ordinairement en Juin, en Juillet & Août.

Quand on deftine les fruits de ces arbres à entrer dans le commerce, on les recueille un peu avant qu'ils foient parvenus à leur entiere groffeur, on les fépare des feuilles, des tiges & de tout ce qui pourroit s'y être mêlé ; on les expofe au foleil pendant dix ou douze jours fur des draps pour fécher, en les rentrant tous les foirs, pour les mettre à couvert de la rofée ; & lorfque le fruit eft parfaitement fec, on l'emballe pour l'exportation. Si on laiffe ce fruit parvenir à fa maturité, la chair qui renferme les femences, eft fi glutineufe & fi remplie d'humidité, qu'elle s'attache fortement aux doigts de ceux qui les froiffent: & il ne peut plus fervir aux mêmes ufages que celui qui a été recueilli à propos.

Quelques perfonnes donnent à ce fruit le nom de *Poivre de la Jamaïque* ; mais il eft plus généralement connu fous celui de *Quatre-Epices*, ou de *Toutes-Epices*, qui donne une idée de fon goût & de fon odeur, qui ont du rapport avec toutes les autres épices ; parmi lefquelles celle-ci peut occuper un rang diftingué.

Si cette efpece étoit auffi rare, & s'il étoit auffi difficile de fe la procurer que les Epices des Indes Orientales, elle feroit plus recherchée, & beaucoup plus eftimée : nos

voifins les Hollandois, qui fe font réfervé pour eux feuls le commerce des Epices, nous ont fouvent trompés avec celle-ci de notre propre production, en achetant nos fruits fecs de *Toutes-Epices*, en Angleterre à un prix modique, qu'ils réduifoient en poudre, pour nous les revendre à un prix beaucoup plus confidérable, comme poudre de *Cloux de Girofle* ; ce dont j'ai été bien inftruit par un Commerçant de diftinction, par les mains duquel a paffé une grande quantité de cette marchandife. .

Les Hollandois tirent auffi de ce fruit une huile qu'ils vendent pour *l'huile de Girofle* : j'en ai reçu de la Jamaïque une petite fiole, qui, ayant été montrée aux meilleurs Droguiftes de Londres, a été reconnue après plufieurs effais, auffi bonne que celle qu'on extrait du *Girofle* même. Comme cet arbre a beaucoup de rapport avec le vrai *Giroflier*, il feroit intéreffant d'effayer fi fon fruit ne peut pas être employé aux mêmes ufages que celui de ce dernier, en le préparant de la même maniere ; ou au moins de trouver quelle eft la différence qui peut être entre ces deux efpeces. Si l'on trouvoit celle de la Jamaïque propre à remplacer les *Cloux de Girofle* des Indes Orientales, cela ne pourroit être que très-utile à nos propres Colonies.

Cet arbre fe multiplie par fes femences qui, dans fon pays natal, font tranfportées par les oifeaux, & femées par leur moyen à une grande diftance. Il eſt vraiſemblable que ces ſemences, ainſi tranſportées, ſont plus diſpoſées à la végétation que celles qu'on plante après les avoir ſimplement recueillies ſur les arbres. Je n ai jamais pu obtenir une ſeule plante, d'une grande quantité de Baies parfaitement mûres & fraîches, que je tenois de M. WILLIAMS; quoiqu'elles aient été ſemées & traitées de différentes manieres : pluſieurs perſonnes avec qui j'avois partagé ces Baies, n'ont pas été plus heureuſes que moi. Mon ami WILLIAMS, ayant été informé de cette circonſtance, a répondu qu'une perſonne de ſa connoiſſance, dont la plantation ſe trouvoit au midi de la Jamaïque, l'ayant chargé de lui conſerver une grande quantité de Baies mûres pour les ſemer dans ces plantations, il l'avoit fait ; mais que ces Baies ayant été oubliées pendant deux ans, elles avoient demeuré en tas, comme elles avoient été miſes d'abord, où elles avoient fortement fermenté, & que, malgré cela, elles avoient germé à la premiere pluie : de ſorte qu'il paroît néceſſaire que cette ſemence, pour réuſſir, ou paſſe par le corps de quelque animal, ou qu'elle eſſuie un dégré plus ou moins fort de fermentation avant d'être plantée.

On ne peut parvenir à conſerver ces plantes, pendant l'hiver, en Angleterre, ſans le ſecours d'une ſerre chaude ; mais elles n'exigent qu'une chaleur modérée : on les ſeme dans une terre douce & légère ; & on

les arroſe peu pendant l'hiver : en été, on leur donne beaucoup d'air ; dès le mois de Juillet, ſi la ſaiſon eſt chaude, on les place en plein air, dans un lieu bien expoſé : mais lorſque les nuits commencent à devenir froides, il faut les mettre dans la ſerre chaude. L'expoſition de ces plantes en plein air, ſeulement pendant un mois, leur ſera très-utile pour les debarraſſer des inſectes & des ordures qu'elles attirent ordinairement pendant leur ſéjour dans la ſerre chaude : mais ſi la ſaiſon eſt fort humide ou froide, il ſeroit imprudent de les laiſſer long-tems au-dehors : dans ce cas, on nettoie de tems en tems leurs feuilles avec une éponge mouillée ; non-ſeulement pour les rendre plus agréables à la vue, mais auſſi pour faciliter leur accroîſſement. Cet arbre eſt aſſez difficile à multiplier en Angleterre, où ſes ſemences ne parviennent point à leur maturité : la ſeule méthode qu'on puiſſe employer avec ſuccès, pour y parvenir, eſt de marcotter ſes jeunes branches, en les fendant à un nœud, comme on le pratique pour les *Œillets*. Si cette opération eſt faite avec ſoin, & que les marcottes ſoient légèrement & régulièrement arroſées, elles pouſſeront des racines dans une année, & pourront après ce tems être ſéparées des vieilles plantes, & placées avec attention, chacune ſéparément, dans de petits pots remplis de terre légère : on les plongera enſuite dans une couche de tan, ou de la ſerre chaude, ou fous un châffis, avec la précaution de les tenir à l'ombre juſqu'à ce qu'elles aient formé de nouvelles racines : après quoi, on les traitera comme les vieilles plantes. Cet arbre ne ſe dépouillant jamais de ſa verdure, produit, pendant toute l'année, un très-bel effet dans la ſerre chaude ; & il mérite d'y occuper une place autant qu'aucune autre plante exotique ; nonſeulement pour ſa beauté ; mais encore pour l'odeur très-agréable que ſes feuilles répandent, lorſqu'elles ſont froiſſées.

Fruticoſus. La troiſieme eſpece m'a été auſſi envoyée il y a quelques années, de la Jamaïque, où elle croît naturellement Elle s'élève avec une tige diviſée à la hauteur de huit ou dix pieds, & pouſſe pluſieurs branches oppoſées & couvertes d'une écorce grife : ſes feuilles ſont auſſi oppoſées, plus courtes & plus rondes à leurs pointes, plus unies, & d'un tiſſu plus ferme que celles des dernieres eſpeces. Ses fleurs ſont auſſi diſpoſées par paires, ſortent des parties latérales des branches, entre les feuilles, ſur des pédoncules minces, longs d'environ un pouce, & ſont remplacées par des baies rondes, couronnées par le calice, & d'une couleur plus brillante que celles de la précédente. Les fruits de cette plante n'ayant non plus que les feuilles ni ſaveur ni odeur aromatique, ils ne ſont d'aucun uſage ; mais les caractères de la fleur & du fruit ſont les mêmes

que ceux des autres eſpeces.

Les feuilles de cet arbre ſont d'un vert brillant ; elles durent toute l'année, & font un trèsbel effet dans les ſerres, parmi les autres plantes exotiques. Comme les fleurs de cette eſpece ſont petites, qu'elles naiſſent ſéparément ſur les branches, & qu'elles ne paroiſſent preſque pas ; on ne la conſerve que pour la beauté de ſon feuillage : on la multiplie par ſes ſemences, & on la traite comme la précédente.

Cotini-folia. La quatrieme qui m'a été envoyée de Carthagene dans l'Amérique Méridionale, par ROBERT MILLAR, Chirurgien, s'élève à la hauteur de douze ou quatorze pieds, avec pluſieurs tiges irrégulieres, couvertes d'une écorce cendrée, & diviſées vers leurs ſommets en pluſieurs branches, garnies de feuilles fermes, ovales & oppoſées. Ses fleurs ſortent des côtes des branches, quelquefois ſimples, & d'autres fois au nombre de deux, de quatre, de cinq, ou de ſix à la fois, ſur autant de pédoncules ; elles ſont blanches & de la même forme que celles de la ſeconde eſpece, & elles ſont ſuivies par des baies rondes, dont la plupart ne contiennent qu'une ſemence en forme de rein.

Cette eſpece s'accorde avec la ſeconde dans ſes caractères ; mais elle n'a point de goût aromatique : comme elle conſerve ſes feuilles pendant toute l'année, elle mérite une place dans la ſerre chaude, plus que beaucoup d'autres plantes qui

y font cultivées par les curieux.
On la multiplie par femence,
de la même maniere que la
feconde, & elle exige le même
traitement.

Racemofus. J'ai reçu la cinquieme de l'Ifle de Barboude,
une des Antilles, ou elle s'é-
lève à la hauteur de vingt
pieds : fon tronc & fes branches font couvertes d'une écorce brune & unie : fes branches droites & régulieres fortent par paires, & font garnies de feuilles fermes, unies,
luifantes, oppofées, & fupportées par de très-petits pétioles : fes feuilles varient
beaucoup dans leur forme ;
les unes font ovales, d'autres
oblongues, & quelques unes
profondément dentelées à leurs
bords, & prefqu'en forme de
cœur : leur fubftance eft beaucoup plus épaiffe que celle du
Laurier ordinaire, & leur couleur eft d'un vert brillant : elles font marquées dans leur
milieu par une côte profonde
qui regne dans toute leur longueur, & de laquelle partent
plufieurs petites veines qui
s'étendent jufqu'aux bords. Ses
fleurs qui font produites en
petits paquets clairs aux extrémités des branches, ont plufieurs feuilles étroites entre-
mêlées, & elles font fuivies
par des baies femblables à celles de la feconde efpece, mais
plus groffes.

Cet arbre fe multiplie par
femence, comme les autres
efpeces, & il mérite une place dans la ferre chaude, à
caufe de la beauté de fes feuilles toujours vertes, & qui font

d'une fubftance épaiffe, & d'un
vert luifant. Cette efpece, qui
n'a aucune odeur aromatique,
me paroît être le *Laurier fans
odeur*, dont HUGHES fait mention dans fon Hiftoire des
Barbades ; car j'ai vu des plantes de cette efpece qui venoient
de là ; ce qui me fait croire
qu'elle y croît naturellement.

Comme on élève difficile-
ment ces plantes en Angleterre, & que celles qu'on obtient avec leurs femences font
très-longtems avant de parvenir à une certaine grandeur,
on ne peut mieux faire, pour
fe les procurer, que de s'a-
dreffer en Amérique, à quelque perfonne intelligente qui
pourra mettre quelques jeunes plantes, dans des caiffes
remplies de terre, & quelque
tems avant de les embarquer,
afin qu'elles aient le tems de
s'établir : auffi tôt qu'elles font
plantées, on les tient à l'ombre
jufqu'à ce qu'elles aient pouffé des racines nouvelles ; après
quoi, on les expofe à une fituation ouverte. Pendant la
traverfée, il faut les garantir
avec foin des éclabouffures de
l'eau de mer, & ne les arrofer
que très-peu. Si on a toutes
ces attentions, & qu'on les
embarque en été, ces plantes
arriveront en bon état, & elles
auront le tems de former de
nouvelles racines avant que les
premiers froids fe faffent fentir.
Quand elles font une fois bien
établies ici, on peut le conferver en vigueur pendant plufieurs années : mais je n'en ai
pas vu encore beaucoup en
fleur en Angleterre.

CASIA. *Voyez* OSYRIS. L.

CASSAVE, CASSADA, *ou* MANIHOT. *Voyez* JATROPHA MANIHOT. L.

CASSE. *Voyez* CASSIA.

CASSE - LUNETTE. BLU-ET, *ou* AUBIFOIN. *Voy.* CENTAUREA CYANUS.

CASSIA. *Lin. Gen. Plant.* 461. [*Caffia* or *Wild Senna.*] Caffe. Sené fauvage.

Caraêleres. Le calice eft compofé de cinq feuilles concaves & colorées : la corolle a cinq pétales ronds & concaves qui s'étendent & s'ouvrent : la fleur a dix étamines penchées, dont les trois inférieures font longues, & les trois fupérieures plus courtes : les fommets des trois premieres font larges, voutés, en forme de bec, & féparés à leurs pointes, ceux des trois dernieres font très-petits : les quatre étamines latérales n'ont point de bec, & font écartées des autres. Dans le centre eft fitué un germe long & cylindrique, furmonté par un ftyle court & terminé par un ftigmat obtus : ce germe devient après la fleur, un légume long, & divifé par des partitions tranfverfales, dont chacune renferme deux femences rondes, attachées à l'extrémité de la valve fupérieure.

Ce genre de plantes eft rangé dans la premiere feêtion de la dixieme claffe de LINNÉE, intitulée : *Decandria monogynia,* avec celles dont les fleurs ont dix étamines & un ftyle.

Les efpeces font:

1°. *Caffia Occidentalis, foliis quinque-jugis, ovato-lanceolatis,* margine fcabris, exterioribus majoribus, glandulâ bafeos petiolorum. Lin. Sp. Plant. 337 ; Caffe à feuilles compofées de cinq paires de lobes, ovales & en forme de lance, dont les fupérieures font les plus larges, avec des bords rudes & une petite glande à la bâfe du pétiole. Caffe puante.

Caffia, foliolis quatuor parium, ovato-lanceolatis, glandulâ bafeos petiolorum. Hort. Cliff. 159. Roy. Lugd. B. 467.

Senna Occidentalis, odore Opii virofo, Orobi pannonici foliis mucronatis, glabra. Comm. Hort. 1. P. 51. T. 26.

2°. *Caffia frutefcens, foliolis quinque-jugatis, ovatis, glabris, exterioribus longioribus, caule fruticofo ;* Caffe avec une tige d'arbriffeau, garnie de feuilles formées par cinq paires de lobes unis & ovales, dont ceux du haut font les plus longs.

Senna fpuria Americana frutefcens, foliis mucronatis minoribus, filiquis teretibus, duplici feminum ordine fœta. Houft. MSS.

3° *Caffia alata, foliolis oêto-jugatis, ovali-oblongis, interioribus minoribus, petiolis eglandulofis, ftipulis patulis. Hort. Cliff. 158. Hort. Upf. 100. Roy. Lugd. B. 467 ;* Caffe avec huit paires de lobes oblongs & ovales, dont les intérieurs font les moins longs, ayant des pétioles fans glandes, & des ftipules étendus.

Caffia fylveftris fœtida, filiquis alatis. Plum. Cat. 18 ; Caffe blanche & fétide, avec des filiques aîlées, *ou* Caffe aîlée.

Saba dulcis. Mes. Hurin. 58. T. 58.

Herpetica. Rumph. Amb. 7. P. 35. T. 18.

4°. *Caffia villofa , foliolis tri-jugatis, oblongo ovatis, æquali-bus, villofis, filiquis articulatis, caule erecto arboreo;* Caffe avec trois paires de lobes oblongs, ovales, velus & égaux, ayant des légumes noueux & une tige droite & ligneufe.

Senna fpuria arborea , villofa, foliis latis, mucronatis, filiquis articulatis Houft. MSS.

5°. *Caffia uniflora , foliolis tri-jugatis, ovato-acuminatis, villo-fis, floribus folitariis axillaribus, filiquis erectis;* Caffe dont les feuilles font compofées de trois paires de lobes ovales, poin-tus & velus, ayant des fleurs fimples fur les côtés des tiges, & des légumes érigés.

Senna fpuria herbacea, Orobi pannonici foliis rotundioribus , flore parvo , filiquis erectis. Houft. MSS.

6°. *Caffia Marilandica, foliis octo-jugis, ovato-oblongis, æqua-libus, glandulâ bafeos petiolorum. Lin. Sp. 541. Hort. Cliff. 159. Hort. Upf. 100. Roy. Lugd. - B. 467;* Caffe avec de petites feuil-les compofées de huit paires de lobes, oblongs, ovales & égaux, & une glande à la bâfe de chaque pétiole.

Caffia Marilandica, pinnis fo-liorum oblongis, calyce floris re-flexo. Mart. Cent. 23. T. 23.

Caffia, Mimofæ foliis, filiquâ hirfutâ. Dill. Elth. 351. T. 260. F. 339.

7°. *Caffia bicapfularis, foliolis tri-jugatis, glabris, interioribus rotundioribus minoribus, glandulâ interjecta globofâ. Hort. Cliff. 159.* Hort. Upf. 100. Roy. Lugd. B. 468; Caffe avec trois paires de lobes ovales & unis, dont les intérieurs font plus ronds & plus petits, ayant une glan-de globulaire placée entre les feuilles.

Caffia hexaphylla , filiquâ bi-capfulari. Plum. Cat. 18. T. 76. F. 1; Cannéficier bâtard.

8°. *Caffia fiftula , foliis quin-que jugatis, ovatis, acuminatis, pétiolis eglandulofis. Flor. Zeyl. 149. Mat. Med. 199. Haffelq. in. 468;* Caffe avec cinq paires de lobes ovales, pointus, unis, & portés fur pétioles fans glandes.

Caffia fiftula Alexandrina. C. B. P. 405. Comm. Hort. 1. P. 215. T. 110; Caffe purgative d'Alexan-drie. La Caffe des boutiques. *Conna. Rheed. Mal. 1. P. 37. T. 21.*

9°. *Caffia Bahamenfis , foliolis fex-jugatis, lanceolatis, glabris, interioribus minoribus, floribus ter-minatricibus ;* Caffe avec fix paires de lobes unis & en for-me de lance, dont les inté-rieurs font plus petits, & dans laquelle les fleurs terminent la tige.

Caffia Bahamenfis , pinnis fo-liorum mucronatis, anguftis, ca-lyce floris non reflexo. Martyn. Cent. 1. P. 21.

10°. *Caffia fruticofa , foliolis bi-jugatis, ovato-lanceolatis, gla-bris, floribus terminalibus, filiquis longis teretibus, caule fruticofo ;* Caffe avec deux paires de lobes ovales, unis & en forme de lance, des fleurs aux extré-mités des tiges, des légumes longs & cylindriques, & une tige d'arbriffeau.

Caffia fruticofa, tetraphylla; filiquis erectis. Houft. MSS.

11°. *Caffia Javanica, foliolis duodecim-jugatis, oblongis, obtufis, glabris, glandulâ nulla. Lin. Sp. Plant.* 379; Caffe avec douze paires de lobes unis, & fans glandes.

Caffia fiftula Javanica, flore corneo. Comm. Hort. 1. P. 217. *T.* III.

Caffia fiftula Brafiliana. C.B. P. 403; Caffe purgative du Bréfil, ordinairement appelé en Amérique *Caffe de cheval.*

Caffia nigra, fivè fiftulofa fecunda. Sloan. Jam. 146. *Hift.* 2. *P.* 44.

12° *Caffia Liguftrina, foliolis feptem-jugatis, oblongo-ovatis, floribus fpicatis axillaribus, filiquis recurvis;* Caffe avec fept paires de lobes oblongs & ovales, des petits épis de fleurs fur les côtés des tiges, & des légumes recourbés.

Senna folio Liguftri. Plum. Cat. 18; Sené à feuilles de Troëne.

13° *Caffia emarginata, foliolis tri-jugatis, obtufis, emarginatis, caulibus pilofis, floribus folitariis axillaribus, petiolis longioribus;* Caffe avec trois paires de lobes obtus, dentelés au fommet, ayant des tiges velues, des fleurs fimples fur les côtés des tiges, poftées fur de plus longs pédoncules.

Senna fpuria frutefcens, foliorum pinnis latioribus, caulibus pilofis, filiquis longiffimis, pediculis incidentibus. Houft. MSS.

14°. *Caffia bi-flora, foliolis quadri-jugatis, oblongo-ovatis, caulibus procumbentibus, floribus axillaribus, pedunculis bi-floris;* Caffe avec quatre paires de feuilles ovales & oblongues, des tiges traînantes, des fleurs fur les côtés des tiges, & placées deux à deux fur chaque pédoncule.

Senna fpuria minima, procumbens, foliorum pinnis fubrotundis, caule pubefcente. Houft. MSS.

15°. *Caffia arborefcens, foliolis bi-jugatis, oblongo-ovatis, fubtùs villofis, floribus corymbofis, caule erecto arboreo;* Caffe avec deux paires de lobes oblongs, ovales & velus en-deffous, ayant des fleurs autour des branches, & une tige d'arbre érigée.

Senna fpuria tetraphylla arborea, filiquis compreffis, anguftis, longiffimis, pendulis. Houft. MSS.

Tagera. Rheed. Mal. 2. p. 103, *t.* 52, *Raj. Hift.* 1743.

16°. *Caffia flexuofa, foliolis multi-jugatis linearibus, floribus folitariis axillaribus, pedunculis longiffimis;* Caffe avec plufieurs paires de lobes étroits, des fleurs fimples fur les côtés des tiges, & foutenues par de fort longs pédoncules.

Senna Occidentalis, foliis herbæ Mimofæ, filiquâ fingulari, floribus pediculis longioribus infiftentibus. Sloan. Hift. Jam. 2, 51.

Chamæcrifta pavonis Brafiliana, filiquâ fingulari. Breyn. Cent. 65, *t.* 23.

17°. *Caffia chamæcrifta, foliolis multi-jugatis linearibus, caulibus procumbentibus frutefcentibus, floribus maximis folitariis axillaribus, filiquis glabris;* Caffe avec plufieurs paires de lobes étroits ayant des tiges traînantes d'arbriffeau, de groffes fleurs croiffant fimples fur les côtés des tiges , & des légumes unis.

Senna spuria Mimosæ foliis , frutescens & procumbens , flore maximo , siliquis glabris. Houst. MSS.

Chamæcrista pavonis major. Comm. Hort. 1 , *p.* 53 , *t.* 37.

18°. *Cassia pentagona, foliolis tri-jugatis ovatis, exterioribus majoribus, glandulá subulatá inter inferiora. Prod. Leyd.* 46 ; Casse avec trois paires de lobes ovales , dont les extérieurs sont les plus larges , ayant une glande en forme d'alêne entre les paires du bas.

Senna spuria plerumque hexaphylla , siliquá pentagoná , alatá. Houst. MSS.

Cassia Tora. Lin. Sp. Plant. 538 , *Edit.* 3.

Galega indica minor hexaphylla. Raj. Hist. 911.

19°. *Cassia racemosa, foliolis quinque-jugatis, lanceolatis, rigidis, floribus racemosis axillaribus, siliquis planis, caule fruticoso* ; Casse dont les feuilles sont composées de cinq paires de lobes fermes & en forme de lance , dans laquelle les fleurs sont disposées en paquets sur les côtés de la tige ; les légumes sont plats , & la tige en forme d'arbrisseau.

Cassia planá siliquá. Lin. Sp. Plant. 540 , *Edit.* 3.

20°. *Cassia procumbens , foliolis bi-jugatis , ovatis , caulibus procumbentibus , floribus solitariis axillaribus , siliquis hirsutis* ; Casse avec deux paires de lobes ovales, des tiges traînantes , des fleurs simples sur les côtés de la tige , & des légumes velus.

Senna spuria tetraphylla her-

bacea procumbens , siliquis hirsutis. Houst. MSS.

Chamæcrista Mariana , flore minore. et. Sicc. 243 , *N.* 40.

21°. *Cassia glandulosa , foliolis multi-jugatis , glandulá petioli pedicellatá , stipulis ensi-formibus. Hort. Upf.* 101 ; Casse avec plusieurs paires de lobes , une glande semblable à un insecte sur le pétiole , & des stipules en forme d'épée.

Chamæcrista pavonis Americana , siliquá multiplici. Breyn. Cent. 64.

Occidentalis. La premiere espece qu'on trouve dans la plus grande partie des Indes Occidentales , où elle est appelée *mauvaise herbe puante* , à cause de son odeur fétide , s'éleve à la hauteur de trois ou quatre pieds , avec une tige cannelée qui se divise en plusieurs branches garnies de feuilles aîlées , alternes , & composées chacune de cinq paires de lobes ovales , en forme de lance , placées très-près de la côte du milieu , & ayant des bords rudes : les lobes du milieu sont les plus petits , & les autres sont plus larges , & s'élargissent encore vers le haut. A la bâse du pétiole est une glande différemment située dans plusieurs especes de ce genre. Ses fleurs sortent des parties latérales des tiges , deux à deux sur chaque pédoncule ; & les branches sont terminées par des épis clairs de fleurs : ces fleurs sont composées de cinq pétales jaunes & concaves , & de dix étamines penchées , & placées autour du germe & du style , qui devient un légume plat ,

plat, en forme d'épée, bordé des deux côtés, & divifé entre chaque femence.

Cette plante eft bifannuelle, & fe multiplie abondamment par fes femences, dans le pays où elle croît naturellement ; mais en Angleterre, il faut la femer fur une couche chaude au printems ; & lorfque les plantes font en état d'être enlevées, on les place chacune féparément dans des pots remplis de terre légere ; on les plonge dans une couche modérément chaude, & on les tient à l'ombre jufqu'à ce qu'elles aient pris de nouvelles racines : après quoi on leur donne de l'air frais chaque jour, à proportion de la chaleur de la faifon, & on les arrofe fouvent. Quand les racines de ces plantes ont rempli entièrement leurs pots, on les tranfplante dans d'autres plus larges ; & fi elles font trop hautes pour pouvoir être contenues fous les vitrages de la couche, on les porte dans la ferre chaude, ou dans une caiffe de vitrage, afin de les abriter du froid ; mais il faut leur donner beaucoup d'air dans les tems chauds. Ces plantes ainfi traitées, fleuriront en Août, & leurs femences mûriront en Octobre : on peut les conferver pendant tout l'hiver dans une ferre où elles refteront long-tems en fleur. Dans les étés chauds, on les place en plein air, vers la fin de Juin, où elles fleuriffent très-bien ; mais elles ne perfectionnent pas leurs femences, à moins qu'on ne les tranfpor-

te dans la ferre chaude en automne.

Frutefcens. La feconde m'a été envoyée par le feu Docteur HOUSTOUN, de la Jamaïque, ou elle croît naturellement. Elle s'éleve à la hauteur de cinq ou fix pieds, avec une tige d'arbriffeau dont le fommet eft couvert de plufieurs branches garnies de feuilles aîlées, & compofées de cinq paires de lobes ovales : de ces lobes, ceux qui occupent l'extrémité de la feuille, font les plus longs. Ses fleurs jaunes, & de la même forme que celles de la précédente, mais plus petites, fortent en épis clairs des parties latérales des tiges, & font remplacées par des légumes longs, coniques & remplis de deux rangs de femences.

On peut conferver cette plante trois ou quatre années dans la ferre chaude, où elle fleurit & perfectionne annuellement fes femences. On la multiplie par graines qu'on répand fur une couche chaude au printems, & on traite les plantes qui en proviennent de la même maniere que celles de la précédente ; avec cette différence feulement qu'il faut les mettre dans la ferre chaude dès le moment que les châffis de la couche ne peuvent plus les contenir. Cette plante fleurit en automne ou en hiver ; mais elle perfectionne rarement fes femences avant la feconde année.

Alata. La troifieme a une tige herbacée, haute de cinq

ou de six pieds, & garnie de feuilles longues, ailées, & compofées de huit ou dix paires de lobes larges, ovales, longs de trois pouces, fur un pouce de largeur, & arrondis à leurs extrémités, où ils font légerement dentelés : fes fleurs naiffent en épis clairs au fommet de la tige ; elles font groffes, jaunes, & de la même forme que celles des autres efpeces : fes légumes longs, coniques & garnis de quatre bordures ou ailes qui regnent dans leur longueur, renferment un double rang de femences angulaires. Toutes les parties de cette plante répandent une odeur forte & fétide.

Cette efpece ne fubfifte guere que deux ans ; il faut l'élever de graines comme les précédentes, la placer dans la couche de tan de la ferre chaude, parce qu'elle eft fort tendre, & l'arrofer très-peu pendant l'hiver. Cette plante fleurit dans la feconde année ; mais il eft rare qu'elle produife des femences en Angleterre.

Villofa. La quatrieme, qui m'a été envoyée par le Docteur HOUSTOUN, de Campêche, où elle fe trouve en abondance, s'éleve avec une tige ligneufe à la hauteur de quatorze ou feize pieds, & produit plufieurs branches latérales, garnies de feuilles ailées, & compofées de trois paires de lobes oblongs, ovales, velus, & d'une grandeur égale : fes fleurs fortent en grappes claires des extrémités des branches ; elles font petites & d'une couleur pâle de paille, mais

de la même forme que les autres : fes légumes font longs, étroits & articulés ; chaque femence eft renfermée dans une efpece de cafe : elles font brunes & ovales.

On multiplie cette efpece en la femant fur une couche chaude, & on traite les plantes qui en proviennent comme les précédentes, en les tenant conftamment fur une couche chaude, où elles continueront pendant plufieurs années à fleurir en été, & perfectionneront leurs femences fi la faifon eft favorable.

Uniflora. La cinquieme eft une plante baffe & herbacée qui s'éleve à peine à la hauteur d'un pied : fa tige eft fimple, & garnie de feuilles ailées, & compofées de trois paires de lobes ovales, pointus & velus ; fes fleurs, de couleur jaune-pâle & petites, naiffent fur les côtés des tiges, & font fuivies par des légumes étroits, coniques, longs de deux pouces & érigés. Cette plante eft annuelle ; on la feme fur une couche chaude, & on la traite en tout comme la premiere efpece : elle fleurit en Juillet, & fes femences mûriffent en automne. Elle ma été envoyée de Campêche par le Docteur HOUSTOUN.

Marylandica. La fixieme, qui croît naturellement dans le Maryland, a une racine vivace, & compofé d'un grand nombre de fibres noires ; elle pouffe au printems plufieurs tiges droites qui s'élèvent à quatre ou cinq pieds de hauteur, & qui font garnies de feuilles aîlées, & formées par neuf paires de lobes oblongs, unis & égaux : ses fleurs, d'une couleur jaune-pâle, sortent deux ou trois ensemble des aîles des feuilles vers les parties hautes des tiges dont les sommets sont encore terminés par des épis clairs des mêmes fleurs : cette plante produit rarement des légumes en Angleterre ; ses tiges périssent en automne, & les nouvelles repoussent au printéms. Les racines de cette espece durent plusieurs années, & subsistent en pleine terre lorsque le tems est favorable, si elles sont plantées dans une plate-bande chaude & dans un sol sec. Ses semences poussent en pleine terre, lorsqu'on les seme en Avril ; & dès l'automne suivant on peut les planter dans les places qui leur sont destinées.

Bicapsularis. La septieme est une plante annuelle, dont la tige droite & herbacée s'élève à la hauteur d'un pied & demi, & est garnie de feuilles aîlées, & composées de trois paires de lobes ovales : ses fleurs jaunes, petites & de la même forme que celles des autres especes, sortent simples des aîles des feuilles, & sont remplacées par des légumes coniques dont les cellules contiennent deux rangs de semences. Cette plante est originaire de la Jamaïque, & de quelques autres Isles à sucre.

On la multiplie par ses semences qu'on doit répandre au printems sur une couche chaude ; & on traite les plantes qui en proviennent comme celles de la premiere espece : celle-ci fleurit en Juillet ; ses semences mûrissent en Octobre, & elle périt bientôt après.

Fistula. La huitieme, qui produit la casse purgative dont on fait usage en médecine, croît naturellement dans les environs d'Alexandrie, ainsi que dans les deux Indes, où elle s'éleve à la hauteur de quarante à cinquante pieds, avec un gros tronc qui se divise en plusieurs branches garnies de feuilles aîlées, & composées de cinq paires de lobes en forme de lance, unis & marqués par plusieurs nerfs qui s'étendent depuis la côte du milieu qui est très-saillante en-dessous, jusqu'aux bords de la feuille ; ses fleurs, qui sont produites en longs épis aux extrémités des branches, sont portées chacune par un pédoncule assez long : elles sont composées de cinq pétales larges, concaves & d'une couleur jaune-foncée, & suivies par des légumes cylindriques, longs depuis un pied jusqu'à deux, & couverts d'une coque brune, ligneuse, marquée par une couture qui regne dans toute sa longueur, & divisée par des partitions transversales en plusieurs cellules dont chacune renferme une ou deux semences ovales, unies, comprimées & enveloppées d'une chair douce & noire, qui est la partie dont on fait usage.

On multiplie cet arbre par ses graines qu'on se procure

aifément chez les droguiftes : on les feme au printems fur une couche chaude ; & quand les plantes commencent à pouffer, on les traite, pendant tout l'été, comme celles de la premiere efpece, & en automne on les place dans la couche de tan de la ferre chaude : pendant l'hiver on les arrofe très-peu ; car comme elles croiffent naturellement dans des terres feches & fablonneufes, l'humidité leur eft très - nuifible, furtout dans cette faifon : on leur donne beaucoup d'air en été dans les tems chauds ; mais elles ne profitent point en plein air dans notre climat, quelque forte que foit la chaleur : ainfi il faut les laiffer conftamment dans la ferre chaude, où, moyennant un traitement convenable, elles s'élèveront à la hauteur de huit à dix pieds, & fleuriront annuellement ; elle eft alors d'une belle apparence. (1)

____

(1) Le principe mucilagineux fucré, forme la bâfe de cette pulpe noirâtre qu'on détache des cloifons ligneufes qui divifent en un grand nombre de cellules les longues filiques de la *Caffe* : cette pulpe, dont on fait un très-grand ufage en Médecine, & que tout le monde connoît, eft un excellent laxatif qu'on ajoûte comme correctif dans les potions purgatives, & qu'on donne fouvent feule, lorfqu'on veut évacuer avec douceur & fans occafionner d'irritation ; comme dans la ftrangurie, la dyffenterie, la conftipation, &c.

Sa dofe eft depuis deux gros jufqu'à deux onces.

Bahamenfis. La neuvieme, dont les femences m'ont été envoyées des Ifles de *Bahama*, eft une plante annuelle qui s'élève à deux pieds & demi de hauteur, avec une tige droite, garnie de feuilles aîlées & compofées de fix paires de lobes, unis, étroits, en forme de lance & placés à une grande diftance les uns des autres : fes fleurs, d'une couleur jaune pâle, font recueillies en paquets clairs aux extrémités des tiges, & font remplacées par des légumes longs & comprimés. Cette plante fleurit en Juillet, & fes femences mûriffent en automne : elle doit être traitée comme la premiere efpece.

Fruticofa. La dixieme, qui m'a été envoyée par le feu Docteur HOUSTOUN, de la Vera-Cruz dans la Nouvelle-Efpagne, s'éleve à plus de vingt pieds de hauteur, avec plufieurs troncs couverts d'une écorce brune, & divifés en plufieurs branches vers leurs fommets : ces branches font garnies de feuilles aîlées, unies, d'un vert clair, & compofées de deux paires de lobes dont les intérieurs font ovales, & ceux qui occupent l'extrémité ont cinq pouces de longueur, fur deux & demi de largeur dans leur milieu ; fes fleurs, difpofées en épis aux extrémités des branches, font groffes, d'une couleur d'or, & fuivies par des légumes bruns, coniques, longs d'environ neuf pouces, & divifés par plufieurs partitions tranfverfales qui contien-

nent des femences enveloppées d'une chair mince.

On feme les graines de cette
efpece fur une couche chaude, & on traite les plantes
qu'elles produifent , comme
celles de la huitieme ; parce
qu'elles ne réfifteroient point
au plein air de notre climat ,
même dans les tems les plus
chauds de l'année : mais fi
elles font foignées convenablement dans la ferre , elles
produiront de très-belles fleurs
au bout de trois ou quatre ans
d'accroiffement.

Caffia Javanica. La onzieme ,
qui croît abondamment dans
la plupart des Ifles des Indes
Occidentales, s'éleve à une
grande hauteur avec une tige
groffe & divifée en plufieurs
branches, garnies de feuilles
longues, aîlées , & compofées de douze ou quatorze
paires de lobes oblongs, émouffés, unis, d'un vert clair , &
très-rapprochés les uns des autres : fes fleurs fortent en épis
clairs des extrémités des branches ; elles font d'une couleur
de chair pâle, de la même
forme que celles des autres
efpeces, & fuccédées par des
légumes gros & cylindriques ,
divifés par des partitions tranfverfales en plufieurs cellules
qui renferment des femences
enveloppées d'une chair noire
& purgative. Cette efpece ,
qu'on appelle *Caffe de Cheval*,
eft communément employée
dans la Médecine vétérinaire ,
& rarement dans la Médecine
humaine, parce qu'elle eft fujette à occafionner des tranchées.

On multiplie cette efpece
par fes femences qui doivent
être traitées ainfi que les plantes , de la même maniere que
celles de la huitieme : elle
profite bien en Angleterre &
elle y produit communément
des fleurs.

Liguftrina. La douzieme m'a
été envoyée de la Havanne
par le Docteur HOUSTOUN :
elle a une tige herbacée &
haute d'environ trois pieds ,
qui fe divife en plufieurs branches , garnies de feuilles aîlées , & compofées de fept
paires de lobes oblongs, ovales & arrondis à leurs extrémités : fes fleurs fortent fur
le côté des tiges en épis
clairs , & font foutenues par
de très-longs pédoncules; elles font d'un jaune pâle, &
font remplacées par des légumes recourbés , qui contiennent un rang de femences
comprimées.

Cette plante eft bis-annuelle : quand on a pris foin de
la pouffer de bonne heure dans
le printems , elle perfectionne
quelquefois fes femences dans
la même année ; mais fi elle
n'eft point affez avancée pour
cela, on la garde dans la ferre chaude comme la premiere
efpece , & par-là on obtient
de bonnes femences, dans la
faifon fuivante.

Emarginata. La treizieme
produit plufieurs tiges foibles
d'arbriffeau , hautes de deux
pieds , & fort garnies de feuilles aîlées & formées par trois
paires de lobes très-étroits à
leur bâfe , & plus larges vers
leur extrémité, où ils font ar-

rondis & un peu échancrés. Ces lobes fe rapprochent tous les foirs après le coucher du foleil. Ses fleurs, d'un jaune clair & de la même forme que celles des autres efpeces, fortent fimples des parties latérales des branches, fur de longs pédoncules, & font remplacées par des légumes plats, étroits & d'un pouce & demi de longueur. Cette efpece eft très-commune à la Jamaïque : on la multiplie par fes graines qu'on feme fur une couche chaude ; & on traite les plantes qui en proviennent, comme les autres efpeces délicates ; en les tenant conftamment dans une ferre chaude, on peut les conferver deux ou trois ans.

Biflora. La quatorzieme pouffe de fa racine deux ou trois tiges minces, qui traînent fur la terre, & font garnies de feuilles ailées & compofées de quatre paires de lobes petits, ronds, & d'un vert pâle. Du point où s'inferent les pétioles, fortent des pédoncules noueux, & divifés à leur extrémité en deux parties, qui foutiennent chacune une petite fleur jaune. Cette efpece naît fpontanément à la Jamaïque, d'où fes femences m'ont été envoyées : elle eft annuelle & on doit la femer fur une couche chaude, dans le commencement du printems, & la traiter de la même maniere que les autres ; mais, comme fes branches rampent fur la terre, on peut la laiffer dans la couche vitrée pendant tout l'été : elle fleurit en

Juillet ; & alors, fi la faifon eft chaude, il faut lui donner beaucoup d'air : fans quoi, les fleurs tomberoient & ne produiroient point de légumes ; mais lorfqu'elle eft bien conduite, fes femences mûriffent en automne.

Arborefcens. La quinzieme, que le Docteur HOUSTOUN m'a envoyée de la Vera-Cruz dans la nouvelle Efpagne, s'éleve à vingt-cinq ou trente pieds de hauteur, avec une tige droite, forte & divifée en plufieurs branches couvertes d'une écorce cendrée, & garnies de feuilles ailées & fupportées par de longs pétioles, defquelles feuilles chacune eft compofée de deux paires de lobes ovales, oblongs, de quatre pouces de longueur fur deux environ de largeur, unis, d'un vert foncé en-deffus, & d'un vert plus pâle en-deffous. Les fleurs paroiffent quelquefois fur les parties latérales des tiges, en petite quantité, & éloignées les unes des autres ; mais elles font produites en gros paquets aux extrémités des branches : ces fleurs font d'une couleur jaune foncée, tirant fur l'orange, & elles font fuivies par des légumes comprimés, longs d'environ neuf pouces, bordés à chaque côté, & renfermant chacun un rang de femences ovales, unies & comprimées.

On peut multiplier cette efpece en femant fes graines fur une couche chaude au printems ; & on traite fes plantes comme celles de la fep-

tieme : si elles sont bien conduites, elles feront beaucoup
de progrès en peu d'années ,
& elles produiront des fleurs
en abondance.

Flexuosa. La seizieme a des
tiges minces & rampantes ,
hautes de deux pieds , & garnies de feuilles aîlées, placées
contre les branches ; ces feuilles sont formées par plusieurs
lobes étroits , semblables à
ceux de la *Mimosa sensitiva* :
ses fleurs petites , d'un jaune
brillant & de la même forme
que celles des autres especes,
naissent sur des pédoncules
longs & minces des parties latérales de la tige , & sont suivies par des légumes courts
& plats, qui renferment chacun deux ou trois semences.

Cette espece croît naturellement à la Jamaïque ; elle est
bis-annuelle & elle exige le
même traitement que la premiere.

Chamæcrista. La dix-septieme , que le Docteur Hous-
TOUN m'a envoyée de la Vera-
Cruz, où elle croit naturellement, pousse plusieurs tiges
traînantes d'arbrisseau, de deux
pieds de longueur , & des
branches de côté fort garnies
de feuilles aîlées , & composées de plusieurs paires de lobes très-étroits, & plus petits
que ceux de la *Sensitive* : ses
fleurs naissent simples des côtés des branches , sur des pédoncules courts ; elles sont
grosses, d'une couleur d'orange foncée, & sont remplacées
par des légumes courts, étroits
& unis.

Cette plante différe du *Cha-*

mæcrista pavonis major de *Brey-*
nius, en ce qu'elle a une tige
d'arbrisseau rampante : ses
feuilles sont beaucoup plus
courtes; leurs lobes sont plus
étroits & plus courts , & de
moitié moins nombreux : sa
fleur est aussi plus grosse.

Cette espece subsiste deux
ou trois ans; elle fleurit toutes les années ; mais elle veut
être traitée de la même maniere que les autres plantes délicates ; car elle ne profite pas,
à moins qu'on ne la tienne
constamment dans une couche
chaude , où elle perfectionne
ses semences dans la seconde
année. Elle fleurit en Juillet
& Août, & ses semences mûrissent en automne.

Pentagonia. La dix-huitieme
m'a été envoyée de Campê-
che par le Docteur H O U s-
T O U N : elle s'éleve à la hauteur d'environ deux pieds ,
avec des tiges minces d'arbrisseau, divisées vers le haut
en plusieurs branches qui sont
foiblement garnies de feuilles
aîlées, & formées par trois
paires de lobes ovales, dont
les supérieurs sont les plus
larges : ces feuilles sont portées par de longs pétioles,
de la bâse desquels sortent les
fleurs qui naissent simples sur
de courts pédoncules; elles
sont d'un jaune pâle, les légumes qui leur succèdent sont
courbés, de la longueur d'environ quatre pouces, garnis
de cinq aîles longitudinales ,
& terminés en pointes.

Cette plante bis-annuelle,
fleurit dans le premier été, &
quelquefois elle perfectionne

ſes ſemences en automne : mais ſi on la pouſſe de bonne heure & qu'on la place dans une ſerre chaude, elle fleurira beaucoup plutôt, & on ſera toujours ſûr d'obtenir de bonnes ſemences.

Racemoſa. La dix-neuvieme produit auſſi une tige d'arbriſſeau haute de dix à douze pieds, & diviſée vers le haut en pluſieurs branches garnies de feuilles aîlées, & compoſées de cinq paires de lobes, fermes & en forme de lance : ſes fleurs qui ſortent des côtés des branches, ſur des pédoncules longs & branchus, ſont groſſes, d'une couleur d'orange foncée, de la même forme que celles des autres eſpeces, & rapprochées en épis gros & clairs ; elles ſont ſuivies par des légumes bruns, plats, & de quatre pouces environ de longueur, qui renferment un rang de ſemences plates, unies & ovales.

Cette plante m'a été envoyée de Carthagene, de l'Amérique, par M. ROBERT MILLAR : elle ſe multiplie par ſemences de même que les autres ; & elle exige une ſerre chaude dans laquelle elle profite bien, & produit annuellement des fleurs.

Procumbens. La vingtieme, qui m'a été envoyée de la Vera-Cruz, par le Docteur HOUSTOUN, a pluſieurs tiges herbacées & traînantes, de deux pieds de longueur & garnies de feuilles aîlées, ſupportées par de longs pétioles, & placées à une diſtance conſidérable les unes des autres : ces feuilles ſont compoſées de deux lobes ovales & unis : ſes fleurs, qui naiſſent ſimples ſur les côtés des branches, ſont d'un jaune pâle, & ſont ſuivies par des légumes courts, plats, & velus, dont chacun contient un rang de ſemences plates.

Cette plante eſt annuelle, on doit la ſemer ſur une couche, dans le commencement du printems, & la traiter comme les autres eſpeces annuelles dont il a déjà été queſtion : elle fleurit en Juillet, & ſes ſemences mûriſſent en automne.

Glanduloſa. La vingt-unieme, qu'on trouve très-communément dans toutes les Iſles des Indes Occidentales, porte une tige mince, élevée à la hauteur de deux pieds, & diviſée vers ſon ſommet en un très-petit nombre de branches, garnies de feuilles aîlées, & compoſées de pluſieurs paires de lobes étroits, & ſemblables à ceux de la plante *Senſitive* : ſes fleurs, qui ſont jaunes & de la même forme que celles des autres du même genre, ſortent deux ou trois à la fois ſur chaque pédoncule des parties latérales des branches : elles ſont remplacées par des légumes courts & plats, qui renferment chacun trois ou quatre ſemences plates.

Cette plante eſt annuelle, & demande le même traitement que la précédente ; mais comme ſes tiges s'élevent droites, & deviennent bientôt trop grandes pour pouvoir être contenues sous les vitrages des couches , il faut l'ôter dès qu'elles touchent le verre , & la placer dans la serre chaude , ou dans des caisses de vitrage , afin de lui fournir de l'espace pour croître & de la garantir du froid : mais dans les tems chauds , il est nécessaire de lui donner beaucoup d'air. Au moyen de ce traitement , cette espece fleurira en Juillet , & elle perfectionnera ;ses semences en automne.

Toutes ces especes sont depuis longtems cultivées dans les jardins des curieux , & quoique plusieurs d'entr'elles n'aient pas beaucoup de beauté , on les conserve néanmoins pour la variété. Les plus belles sont les quatrieme , huitieme , dixieme , onzieme , quinzieme & dix-neuvieme especes : elles produisent dans les serres un effet très-agréable , surtout lorsqu'elles sont en fleur ; & comme elles conservent leurs feuilles pendant toute l'année , elles y procurent une variété agréable en hiver , quand elles sont entremêlées avec les autres plantes du même pays.

Toutes ces plantes resserrent leurs feuilles tous les soirs , & les ouvrent tous les matins au lever du soleil : cette propriété leur est commune avec plusieurs autres plantes , dont quelques-unes tournent le dessus de leurs feuilles en-dehors ; mais toutes celles de ce genre montrent leur surface inférieure , & leurs surfaces supérieures sont très - rapprochées les unes contre les autres. Linnée les appelle *plantes dormantes*, & il donne à leur action le nom de *sommeil des plantes* : il faut aussi observer que la plupart de celles dont le dessous est tourné au dehors , croissent dans des terres seches & sablonneuses , qui ne peuvent fournir à leurs racines toute l'humidité dont elles ont besoin ; c'est pour suppléer à ce défaut que le dessous de leurs feuilles est ordinairement couvert d'un duvet court & moëlleux , propre à retenir l'humidité & les rosées de la nuit : mais celles qui naissent dans un sol plus humide , & qui n'ont pas besoin de ce secours, ont leur surface supérieure unie , lisse & tournée en-dehors , de maniere qu'elles rejettent l'humidité au lieu de l'imbiber.

CASSIDA. *Casque. Voyez* Scutellaria.

CASSIE. *Voyez* Mimosa Farnesiana. L.

CASSINE. *Lin. Gen. Plant.* *333.* [*The Cassioberry - Bush, and South - Sea Tea.*] Buisson à baies de Casse , ou Thé de la mer du Sud. Phillyrea du Cap.

Caracteres. Dans ce genre la fleur a un petit calice persistant & divisé en cinq parties : la corolle est monopétale, découpée en cinq segmens obtus , étendus & ouverts : cette fleur a cinq étamines écartées les unes des autres , & terminées par des sommets simples ; son germe est conique sans style , & soutient trois stig-

mats réfléchis : ce germe devient par la fuite une baie
ombellée & à trois cellules,
dont chacune renferme une
fimple femence.

Les plantes de ce genre
font placées dans la troifieme
fection de la cinquieme claffe
de LINNÉE, qui a pour titre :
Pentandria trigynia, & qui comprend celles dont les fleurs
ont cinq étamines & trois
ftyles.

Les efpeces font :

1°. *Caffine corymbofa, foliis
ovato-lanceolatis, ferratis, oppofitis, floribus corymbofis axillaribus. Fig. Pl. Plat. 83. F. 1*;
Caffine avec des feuilles ovales, en forme de lance & oppofées, ayant des fleurs difpofées en corymbe fur les
côtés des branches.

*Caffine, vera perquam fimilis
arbufcula Phillyreæ, foliis antago-
niftis, ex provinciá Carolinienfi.
Pluk. Mant. 40* ; Buiffon à
baies de Cafle. [*The Caffio-
berry-Bush.*]

*Viburnum caffinoïdes foliis
ovatis, crenatis, glabris, petiolatis, eglandulatis, carinatis.
Linn. Sp. Plant. 384.*

2°. *Caffine Paragua, foliis
lanceolatis alternis femper virentibus, floribus axillaribus. Fig.
Pl. Plat. 83. F. 2* ; Caffine à
feuilles toujours vertes, en
forme de lance & alternes,
dont les fleurs font placées
fur les côtés des branches.

*Caffine prinos, glaber, foliis
apice ferratis. Lin. Sp. Plant. 371.*

*Caffine vera floridanorum, ar-
bufcula baccifera, Alaterni fermè
facie, foliis alternatim fitis, te-
trapyrene. Pluk. Mant. 40* ; Ef-

pece d'Apalachine ou femblable au Thé des Apalaches,
Caffine toujours verte, Yapon, ou Thé de la mer du Sud.

*Celaftrus, foliis fubrotundis,
dentatis flore ac fructu racemofo.
Burm. Afr. 239. T. 85.*

3°. *Caffine oppofiti-folia, foliis ovatis, acutis, glabris, floribus axillaribus fparfis* ; Caffine
à feuilles ovales, aiguës &
oppofées, dont les fleurs fortent des aîles des tiges, ordinairement appelé *Thé de
Hyffon.*

Corymbofa. La premiere efpece a deux ou trois tiges qui
pouffent dans toute leur longueur plufieurs branches latérales, & forment une efpece
de buiffon de huit ou neuf
pieds de hauteur : fes branches font garnies de feuilles
ovales, en forme de lance,
oppofées & fciées fur leurs
bords : tes fleurs font produites en paquets ronds fur
les côtés de la partie haute
des branches ; elles font blanches & divifées en cinq parties prefque jufqu'au fond ;
dans leur centre eft placé un
germe, accompagné de cinq
étamines prefque auffi longues
que les fegmens du pétale.
Lorfque la fleur eft paffé, ce
germe fe change en une baie
ronde à trois cellules, dont
chacune contient une fimple
femence. LINNÉE regarde cette
plante comme étant le *Phillyrea Capenfis, folio Celaftri. Hort.
Elth.* Mais quand on connoît
les deux plantes, on ne peut
douter qu'elles ne foient abfolument différentes : la *Caffine*, dont il eft ici queftion,

perd fes feuilles en automne ; au-lieu que le *Phillyrea* eft
toujours vert : la premiere
fubfifte en plein air dans toutes les faifons ; mais la derniere réfifte à peine au froid de
nos hivers dans une ferre,
fans chaleur artificielle : d'ailleurs, ces plantes n'ont point
la même apparence, & elles
different encore effentielle -
ment, fuivant fon propre fyftême par le nombre des étamines.

La premiere efpece eft affez commune dans les pépinieres des environs de Londres : depuis quelques années,
on l'y multiplie en marcottant
les branches qui fortent en
abondance de fa racine, ainfi
que celles de la partie baffe
de la tige, qui en feroient
des buiffons fort épais fi on
ne les retranchoit pas. Parmi
la grande quantité d'arbriffeaux
de cette efpece qui produifent
annuellement des fleurs en
Angleterre, aucun ne perfectionne fes femences.

Les feuilles de cette plante
ont une faveur fi amere, qu'a-
près les avoir machées, on
ne peut de long-tems fe débarraffer de l'amertume qu'elles laiffent dans la bouche.
Ses feuilles reftent vertes fort
tard en automne, fi la faifon
eft douce ; & elles paroiffent
de bonne heure au printems.
Mais, fi elles fe montrent
trop tôt, elles font fouvent
furprifes par les gelées du mois
de Mars. Cet arbriffeau fleurit
en Juillet & Août : il eft originaire de la Virginie & de
la Caroline.

Il fe plait dans un fol léger, pas trop fec, & à une
expofition chaude : fi on le
place dans un lieu ouvert &
froid, on expofe fes rejettons
à être détruits en hiver ; ce
qui rend cet arbriffeau défagréable à la vue : mais en le
plantant près d'un abri d'arbres ou contre une muraille,
il eft rarement endommagé.

Paragua. La feconde efpece, qui croît naturellement
dans la Caroline, ainfi que
dans quelques parties chaudes
de la Virginie, furtout dans
les environs de la mer ; où
elle s'éleve à la hauteur de dix
à douze pieds, & pouffe depuis fa racine jufqu'au fommet
une grande quantité de branches qui lui donnent la forme d'une pyramide : ces branches font garnies de feuilles
en forme de lance & alternes,
qui, par leur teinture & leur
couleur, ont beaucoup de
rapports avec celles de l'*Alaterne* ; ces feuilles fe confervent vertes pendant toute l'année : fes fleurs qui naiffent en
têtes ferrées autour des branches, aux endroits où s'inferent les pétioles des feuilles,
font blanches & de la même
forme que celles de la précédente ; & elles font fuivies
par des baies rouges & femblables à celles de la premiere
efpece.

Linnée a féparé celle-ci de
la claffe dans laquelle il a
placé la premiere, & il l'a
jointe au *Houx de Dahoon.* En
fuppofant que ces deux plantes ne formoient qu'une feule
& même efpece ; mais c'eft

une erreur manifeste : car ces plantes ne different pas seulement dans la forme de leurs feuilles ; mais aussi dans leurs caracteres essentiels , suivant son propre systême, le *Houx de Dahoon* doit être placé dans sa vingt deuxieme classe , & la *Cassine* dans sa cinquieme.

Cette plante a été conservée dans quelques jardins des environs de Londres , jusqu'au rude hiver de 1739 à 1740, qui les a détruites de maniere qu'à peine on en trouvoit encore quelques - unes ; mais dans ces dernieres années, on en a élevé un grand nombre avec les semences qui ont été envoyées de la Caroline. Quoique cette espece soit sujette à être détruite par les grands froids, on en a cependant planté quelques - unes en pleine terre, qui , depuis plusieurs années , résistent sans couverture à la rigueur de nos hivers. Si cette plante réussissoit bien en pleine terre dans notre climat , elle feroit une belle variété dans les plantations d'arbres toujours verts : ses feuilles ayant moins d'amertume, surtout lorsqu'elles sont vertes, que celles de la premiere espece, on les préfere pour s'en servir en guise de Thé : mais l'infusion des feuilles de la précédente a été souvent ordonnée avec succès dans les défauts d'appétit, & les vices de digestion ; on doit néanmoins avoir l'attention de ne pas les employer à trop forte dose , de peur qu'elles ne deviennent émétiques & cathatriques.

Les habitans du nord de la Caroline & de la Virginie, où cet arbre croît en abondance, lui donnent le nom de *Yapon*, qui me paroît être son nom indien ; car cette plante est fort estimée des naturels pour ses vertus médicinales. Elle s'éleve à la hauteur de dix à douze pieds : ses feuilles ont à-peu-près la grandeur & la forme de celles de l'*Alaterne* à petites feuilles ; mais elles sont un peu plus courtes, un peu plus larges à leur bâse, légèrement échancrées à leur bord, d'une substance épaisse , & d'un vert foncé : ses fleurs sortent des nœuds des branches près des pétioles des feuilles ; mais l'arbuste de *Cassioberry* , ou *Buisson à baies de Casse* , pousse ses fleurs aux extrémités des rejettons. Les baies de ces *Yapons* restent sur les plantes pendant la plus grande partie de l'hiver ; elles sont d'un rouge brillant , & étant entremêlées avec des feuilles vertes, elles font un très - bel effet dans cette saison : comme ces baies sont long-tems sans être touchées par les oiseaux , on imagine quelles ont quelques qualités vénéneuses ; & cette opinion paroît d'autant mieux fondée, que celles qui sont saines sont bientôt dévorées par les oiseaux, dans un pays où il y en a une si grande quantité & de tant d'especes.

Ces arbrisseaux se multiplient par leurs semences qu'on fait venir de la Caroline, où ils croissent en abondance sur les côtes de la mer : on les seme dans des pots remplis de terre légere & sablonneuse, on les plonge dans une couche de chaleur modérée, & on les arrose souvent, jusqu'à ce que les plantes paroissent ; ce qui arrive ordinairement en cinq ou six semaines : mais quelquefois elles restent dans la terre jusqu'à la seconde année. Si ces plantes ne poussent pas dans l'espace de deux mois, on place à l'ombre les pots qui les contiennent, & on les laisse ainsi jusqu'au mois d'Octobre , avec l'attention de les nettoyer de mauvaises herbes , & de les arroser quelquefois dans les tems secs : on les abrite pendant l'hiver, & au mois de Mars suivant, on les plonge dans une nouvelle couche chaude , afin de préparer les semences à la végétation.

Lorsque les plantes ont poussé, on les expose par dégrés au plein air, afin de les fortifier & de les accoutumer à notre climat ; on les garantit d'abord des ardeurs du soleil, & on ne les laisse jouïr que des rayons du matin : on les place de maniere qu'elles puissent être à l'abri des vents froids, & on les met à couvert pendant les deux ou trois premiers hivers ; après quoi, les *buissons de Cassioberry* peuvent être mis en pleine terre ; mais le *Thé de la mer du Sud* doit être tenu dans des pots un ou deux ans de plus ; parce qu'il est d'un accroissement plus lent, & qu'il n'a pas assez de force pour résister au froid dans sa jeunesse.

La troisieme espece , qui n'est que depuis peu de tems dans les jardins Anglois, s'éleve à la hauteur de huit ou dix pieds : elle pousse, depuis sa racine jusqu'au sommet , un grand nombre de branches garnies de feuilles ovales, unies, entieres & opposées , dont les pétioles se rapprochent les uns des autres ; ce qui fait tourner les feuilles vers le haut : ses fleurs , blanches & de la même forme que celles des autres especes, sont éloignées & sortent des aîles des feuilles ; mais elles ne produisent point de baies en Angleterre.

Cette espece se multiplie comme les autres par ses semences ou par marcottes : on pratique cette derniere opération au printems , & lorsque ces marcottes ont poussé de bonnes racines, ce qui peut avoir lieu un an après , on les détache des vieilles plantes, & on les place dans de petits pots, qu'on tient à l'ombre jusqu'à ce qu'elles aient formé de nouvelles racines ; après quoi, on les expose en plein air pendant l'été, & on les met à couvert en automne.

Le *Paraguay* ou le *Thé de la mer du Sud* est regardé comme très-sain par les Indiens : plusieurs personnes qui ont habité la Caroline pendant quelques années, m'ont assuré que cette plante est le seul médicament dont ils fassent usage : ils viennent en bandes dans certains tems de l'année, de plusieurs centaines de milles

de diſtance, pour en recueillir les feuilles de cet arbre qui
ne croît que dans le voiſinage
de la mer : ils font un grand
feu, ſur lequel ils font bouillir de l'eau dans des chaudrons;
ils y jettent une grande quantité de feuilles, s'aſſéyent autour, & boivent de cette eau
dans de grandes jattes d'une
pinte ; ce qui quelque tems
après les fait vomir conſidérablement : ils continuent toujours à boire & à vomir pendant deux ou trois jours, juſqu'à ce qu'ils ſe ſoient ſuffi-
ſamment nettoyés ; après quoi,
ils cueillent chacun une charge de ces feuilles, & l'empor-
tent chez-eux : mais on a obſervé dans l'opération de cette
plante une choſe fort extraordinaire ; c'eſt que les vomiſſe-
mens qu'elle procure, n'occa-
ſionnent aux Indiens ni an-
goiſſes ni douleurs, & qu'en les
rejettant ils ſortent à grands
flots de leurs bouches, ſans efforts & ſans qu'ils ſe donnent
même la peine de courberlatête.

On croit que cette plante eſt
la même que l'*herbe du Paraguay*,
dont les feuilles étoient une
des principales branches du
revenu des Jéſuites de ce pays,
& qu'on fait infuſer comme le
Thé; mais il eſt très-difficile
de déterminer ſi cette opinion
eſt fondée ou non, à cauſe
du peu de communication qu'il
y a entre ces miſſions & les
Européens, & parce que les
feuilles de cette eſpece de *Thé*,
qui ont été apportées en Europe, ſont ſi briſées, qu'elles
en deviennent méconnoiſſa-
bles : cependant ſur quelques

feuilles choiſies dans ce *Thé du
Paraguay*, par une perſonne
habile, qui les a comparées à
celles du *Yapon*, on a jugé
qu'elles étoient de la même eſpece : & comme les vertus at-
tribuées à celles du *Yapon*,
ſont preſque les mêmes que
celles de l'*herbe du Paraguay*,
les Indiens de l'Amérique Septentrionale l'emploient au même uſage que les habitans de
l'Amérique Méridionale, pour
exciter l'appétit, &, à ce qu'ils
prétendent, pour donner du
courage & de l'agilité. On
obſerve auſſi que l'endroit où
cette plante ſe trouve dans le
nord eſt ſous la même latitude
que celle où l'*herbe du Paraguay*
croît au midi. La conformité
de ces plantes ayant donc du
fondément, je vais rapporter
ce qui a été dit du *Thé du
Paraguay* par FREZIER, qui a
voyagé dans pluſieurs parties
de l'Amérique Méridionale, par
ordre du Roi de France.

Cette plante eſt appelée *Caſ-
ſina* ou *Thé de la Mer du Sud*
par ceux de la Caroline Méridionale : les habitans de ce
pays n'en font pas un auſſi
grand uſage que ceux de la Virginie & de la Caroline Septentrionale, dont les colons
l'eſtiment autant que les Indiens, & en font un uſage auſſi
conſtant.

M. FREZIER dit auſſi que les
Eſpagnols qui habitent les environs des mines d'or du Pérou,
ſont ſouvent obligés de boire
de l'*herbe du Paraguay*, pour hu-
mecter leur poitrine ; ſans quoi
ils ſeroient ſujets à une eſpece
de ſuffocation occaſionnée par

les exhalaisons fortes qui sortent continuellement des mines.

Le même Auteur ajoûte que les habitans de Lima font beaucoup usage de l'*herbe du Paraguay*, que plusieurs appellent *l'herbe de Saint-Barthelemi*, parce qu'ils prétendent que ce Saint, étant venu dans cette province, l'avoit rendue salutaire, de venimeuse qu'elle étoit auparavant. Cette feuille est, dit-il, portée seche & presqu'en poudre à Lima. Les Péruviens ne boivent point cette infusion, comme nous prenons le Thé; ils mettent de l'herbe dans une coupe de calebasse garnie en argent, laquelle ils appellent *mate*; ils y ajoûtent du sucre, & versent par-dessus de l'eau chaude qu'ils boivent tout de suite, sans donner à l'herbe le tems de s'infuser, parce qu'elle deviendroit noire comme de l'encre; &, pour ne pas avaler l'herbe qui nâge au-dessus, ils se servent d'un tuyau d'argent, à l'extrémité duquel est une boule percée de petits trous, de façon que la liqueur sort par l'autre bout sans que l'herbe puisse y pénétrer. Ils boivent tour-à-tour avec le même tuyau, & ils versent sur la même herbe de la nouvelle eau, à mesure qu'elle s'épuise. Au lieu du tuyau, qu'ils appellent *bombilla*, quelques-uns font usage, pour séparer l'herbe, d'une plaque d'argent, laquelle ils appellent *apartador*, & qui est, comme la boule, percée de petits trous. La répugnance que les François ont montrée à boire après toutes sortes de personnes dans un pays où la maladie vénérienne est fort commune, a donné lieu à de petits tuyaux de verre qu'ils ont commencé à mettre en usage à Lima. Cette liqueur, dit toujours le même Auteur, est meilleure que le *Thé*; elle a le goût de l'herbe, qui est assez agréable. Les habitans du pays y sont si accoutumés, que les plus pauvres en boivent tous les matins quand ils se levent. Le commerce de cette herbe se fait à *Sancta-Fé*; d'où on la remonte sur la riviere de la *Plata*. Il y en a de deux especes, l'une appelée *Yerva de Palos*; & l'autre, qui est plus fine & qui a plus de vertu, est nommée *Yerva de Camini*. La derniere est apportée des pays appartenans autrefois aux Jésuites. Sa grande consommation se fait entre la Paz & Cusco, où elle se vend moitié plus que celle qui est apportée du Potosi. Il vient annuellement du Paraguay au Pérou, environ cinquante-mille arrobas, ou douze-cent-mille pesant des deux especes de cette feuille, dont un tiers au moins est du *Camini*; sans y comprendre ving-cinq mille arrobas de celle de *Palos*, qui est destinée pour le Chili. On paie pour chaque ballot contenant six ou sept arrobas, quatre réaux pour l'impôt appelé *alcavala*, qui se perçoit sur toutes les marchandises qui sont vendues dans ces contrées; ce qui, joint aux frais de transport de plus de six-cents lieues, double le 1er. prix qui est d'environ deux pieces de huit; de sorte qu'à Potosi l'arroba revient à-peu-près à cinq pieces de huit Le tranſport ſe fait ordinairement ſur des chariots qui portent cent-cinquante arrobas, de Sanɛta-Fè à Jujuy, derniere ville de la province de Tucuman, & de-là à Potoſi ſur des mules dans un eſpace de cent lieues.

La diſtinction que fait notre curieux Voyageur des deux eſpeces d'*herbe du Paraguay*, peut très-bien s'accorder avec les deux dernieres eſpeces de *Caſſine* que je viens de décrire; puiſque toutes les deux ont les mêmes propriétés, & que l'une eſt cependant préférable à l'autre: ainſi je penſe que l'herbe de *Camini* eſt la même que celle que nous appelons *Paragua*, ou *Thé de la Mer du Sud*, & que l'herbe de *Palos* eſt notre troiſieme eſpece: le même Auteur n'ayant vu que les feuilles ſechées, il n'a pas pu diſtinguer plus que nous, en quoi elles different du *Thé de la Chine*, je veux dire, quant aux eſpeces d'arbres qui les produiſent.

CASSIS. *Voyez* RIBES NIGRUM. **L.**

CASSYTHA. *Lin. Gen. Pl. 505.* [*Caſſytha*].

Caraɛteres. Le calice eſt perſiſtant & formé par trois feuilles; la corolle eſt compoſée de trois pétales concaves & perſiſtants, ayant trois glandes de neɛtaires oblongues & colorées qui environnent le germe; la fleur a neuf ſtigmats érigés & comprimés, & deux glandes globulaires qui renferment chacune une étamine poſtée ſur un côté de la bâſe, & ſont terminées par des ſommets: dans l'intérieur du calice co-

loré eſt un germe ovale qui ſoutient un ſtyle épais, auſſi long que les étamines, & couronné par un ſtigmat obtus & preſque diviſé en trois parties. Quand la fleur eſt paſſée, le réceptacle devient une baie charnue, globulaire & légèrement comprimée: cette baie a un nombril percé, elle eſt enveloppée par le calice, & elle contient pluſieurs ſemences ovales.

Cette plante eſt du premier ordre de la onzieme claſſe de LINNÉE, intitulée: *Enneandria Monogynia*, qui comprend toutes celles dont les fleurs ont onze étamines & un ſtyle.

Nous n'avons qu'une eſpece de ce genre, qui eſt:

Caſſytha fili-formis. Oſb. It. Lin. 530; Caſſytha mince.

Cuſcuta altera, ſivè major. Camell. Luz. 1. N. 1. Pet. Gaz. 77. T. 49. F. 12.

Cuſcuta baccifera Barbadenſium. Pluk. Alm. 126. T. 172. F. 2.

Acatſia-valli. Rheed. Mal. 7. P. 83. T. 44. Raj. Suppl. 551.

Cette plante croît naturellement dans les deux Indes: je l'ai reçue des Barbades, de la Jamaïque, & de l'Amerique Eſpagnole; & il eſt prouvé par le deſſin qui eſt dans le *Hortus Malabaricus*, qu'elle ſe trouve auſſi dans les Indes Orientales. Elle s'élève avec des tiges coniques, ſucculentes, diviſées en pluſieurs branches minces, & remplies de ſéve: ces branches ſortent ſouvent trois ou quatre à la fois du même nœud; & elles ſe diviſent encore en d'autres branches de côté, ſim-

ples

ples & fans ordre ; ce qui rend cette plante fort touffue : fes fleurs naîffent feules fur les parties latérales des branches auxquelles elles font attachées de très - près ; elles n'ont point de calice ; leur corolle eft ovale, blanche un peu teinte de rouge, & ouverte en forme de nombril au fommet : cette corolle renferme le germe, les étamines, le ftyle, & les glandes du nectaire ; & elle les ferre de fi près, qu'on ne peut les appercevoir fans ouvrir la fleur & fans la couper. Lorfque cette fleur eft paffée, le germe fe change en plufieurs femences oblongues, ovales, d'une couleur foncée, & environnées d'une fubftance mucilagineufe.

Cette plante fe multiplie aifément par boutures, qu'on plante pendant tous les mois de l'été ; mais comme elles font fucculentes, il faut les couper une femaine avant de les mettre en terre, & les laiffer fécher dans une ferre, jufqu'à ce que leurs bleffures foient cicatrifées : on met ces boutures dans de petits pots qu'on plonge dans une couche de chaleur modérée, où elles prendront racine en fix femaines, fi on ne les arrofe pas trop : lorfqu'elles font tout-à-fait établies, on les tranfplante chacune féparément dans de petits pots remplis d'une terre légère & fablonneufe, on les replonge dans une nouvelle couche chaude, pour les aider à former de nouvelles racines ; après quoi, on les place dans une ferre chaude, où elles doi-

vent refter conftamment : on ne les arrofe que très-peu pendant l'hiver ; & en été on leur donne beaucoup d'air, lorfque le tems eft chaud. Cette plante eft trop délicate pour refter en plein air dans notre climat.

CASTANEA. *Tourn. Inft. R. H. 584. Tab. 352. Fagus. Lin. Gen. Plant. 951.* Cet arbre prend fon nom de *Caftana*, ville de Theffalie, dans les environs de laquelle il fe trouvoit autrefois en grande abondance. [*The Cheftnut - tree*] Chataignier, *ou* Marronier.

Caracteres. Le même arbre produit des fleurs mâles & des fleurs femelles, qui quelquefois fe trouvent placées à quelque diftance, & qui fouvent font très-voifines les unes des autres. Les fleurs mâles qui font fixées à un long châton, ont chacune un calice formé par une feuille divifée en cinq parties ; elles n'ont point de corolle ; mais elles renferment dix ou douze étamines pointues, & terminées par des fommets oblongs. Les fleurs femelles n'ont point de corolle, & leurs calices font formés par une feuille découpée en quatre parties ; leurs germes font fixés aux calices, & ils foutiennent dans chaque fleur un ftyle couronné par un ftigmat réfléchi. Ce germe devient par la fuite un fruit rond, armé d'épines molles, qui contient une ou plufieurs noix.

Ce genre eft rangé dans la huitieme fection de la vingt-unieme claffe de LINNÉE, intitulée : *Monœcia Polyandria,* avec les plantes qui ont des fleurs mâles & femelles fur le même pied, & dont les fleurs mâles ont plufieurs étamines : cet Auteur a abfolument aboli le titre de *Caflanea*, en uniffant ces plantes au *Fagus*, dont il n'a fait qu'un feul genre : cependant, comme les fleurs mâles des *Chataigniers* font difpofées en longs châtons, & que celles du *Hêtre* font globulaires, on peut les tenir féparées ; & je l'ai fait, pour la facilité des Lecteurs.

Les efpeces font :

1°. *Caflanea fativa, foliis lanceolatis, acuminato-ferratis, fubtùs nudis ;* Chataignier à feuilles en forme de lance, profondément fciées, & nues en-deffous.

Caflanea fativa. C. B. P. 418 ; Chataignier cultivé, ou Marronnier.

Fagus caflanea. Lin. Sp. Plant. 1416.

2°. *Caflanea pumila, foliis lanceolato-ovatis, acutè ferratis, fubtùs tomentofis, amentis fili-formibus nodofis ;* Chataignier à feuilles ovales, en forme de lance, profondément fciées & laineufes en - deffous, ayant un châton mince & noueux.

Caflanea pumila Virginiana, racemofa, fruêtu parvo in fingulis capfulis echinato unico. Pluk. Alm. 90.

Fagus pumila, Lin. Sp. Plant. 1116.

3°. *Caflanea Sloanea, foliis oblongo-ovatis, ferratis, fruêtu rotundo maximo echinato ;* Châtaignier à feuilles oblongues, & dentelées, produifant un fruit rond, très-gros, & echiné.

Sloanea amplis Caflanea foliis,

C A S

fruêtu echinato. Pl. nov. Gen. 49.

Le *Châtaignier* eft un arbre qui mérite toute notre attention, autant qu'aucun autre de notre climat, foit pour l'ufage, foit pour la beauté ; parce qu'il fournit une des meilleures efpeces de bois de charpente, & qu'il procure un ombrage très-agréable. Cet arbre devient très-gros, & fes branches prennent une très-belle forme, lorfqu'elles ne font gênées par aucun obftacle : fes feuilles font larges, d'un vert luifant, & elles ne tombent que fort tard dans l'automne ; elles ne font pas d'ailleurs à beaucoup près auffi fujettes à être dévorées par les infeêtes que celles du *Chéne*, dont tous les arbres ont fouvent été dépouillés depuis quelques années, de telle maniere, qu'ils refterent fort défagréables à la vue, pendant une grande partie de l'été ; accident que je n'ai jamais vu arriver aux *Châtaigniers*. Par toutes ces raifons, on préfére en général le *Châtaignier* au *Chéne* pour garnir les parcs, & pour les plantations d'ornement. Outre tous ces avantages, cet arbre produit encore abondamment des fruits propres à la nourriture de l'homme & des bêtes fauves qui les préférent aux glands : mais il ne faut pas les planter trop près des habitations ; parce qu'il répand, lorfqu'il eft en fleur, une odeur défagréable & même nuifible.

Il y a dans cette efpece plufieurs variétés qui ont été obtenues de femences, parmi lefquelles, quelques-unes ont été regardées comme des efpeces diſtinctes ; mais elles ne different entr'elles que par la groſſeur de leurs fruits & la grandeur de leurs feuilles : de ſorte que les *Châtaigniers* ſauvages, & ceux qui ſont améliorés par la culture, ſont indubitablement les mêmes. J'ai ſouvent remarqué que des *Châtaignes* priſes ſur le même arbre, plantées avec le même ſoin, & dans le même ſol, ont produit des arbres dont le fruit étoit très-petit, & d'autres, dont le fruit étoit auſſi gros que celui de l'arbre qui les avoit produit : de maniere qu'on ne peut regarder toutes ces différences que comme de ſimples variétés. Dans quelques pays, on greffe les branches des arbres qui produiſent le plus beau fruit ſur des troncs élévés de ſemences ; mais ces arbres que les François appellent *Marroniers*, ne ſont plus propres à donner du bois de charpente.

On connoît auſſi une variété à feuilles panachées qu'on cultive dans les pépinieres par curioſité : on la multiplie en la greffant ſur des tiges de *Châtaignier* ordinaire, de la même maniere que tous les autres arbres à fruit : mais les plantes panachées, de quelque eſpece qu'elles ſoient, ne ſont plus auſſi eſtimées aujourd'hui, qu'elles l'étoient autrefois.

Le *Châtaignier* nain branchu, dont il eſt queſtion dans la plupart des Livres, n'eſt ſelon moi qu'une variété du *Châtaignier* commun : le célébre BOERHAAVE m'ayant fait voir dans ſon jardin près de LEYDE quelques jeunes arbres élévés avec des *Châtaignes* qui lui avoient été envoyées par MICHELI, de Florence, comme ayant été recueillies ſur le *Châtaignier* nain, je n'ai remarqué aucune différence entre ces arbres & ceux qu'on obtient avec des *Châtaignes* de la plus groſſe eſpece.

Sloanea. La troiſieme eſpece eſt originaire de la Caroline Méridionale, d'où pluſieurs fruits avec leurs enveloppes furent envoyés il y a quelques années au Duc de BEDFORD : ces fruits étoient auſſi gros & auſſi ronds qu'une balle de jeu de paulme, & ils étoient garnis ſur toute leur ſurface d'épines auſſi fortes que celles d'un hériſſon : les capſules étoient diviſées régulierement en quatre cellules dans chacune deſquelles étoit renfermée une petite *Châtaigne.* Dans le tems où j'ai reçu ces fruits, je les ai comparés avec la deſcription & la figure que le Pere PLUMIER en a données ſous le titre de *Sloanea*, & je les ai trouvé exactement ſemblables : & en examinant la boîte dans laquelle ces fruits avoient été envoyés, j'y ai trouvé quelques feuilles de l'arbre qui étoient exactement conformes à la deſcription que je viens de citer ; ce qui a confirmé ma premiere opinion : ainſi, comme je ne vois entre cette eſpece & le *Châtaignier* ordinaire d'autre différence que dans leurs capſules, dont celles de la premiere ſont diviſées conſtamment par des partitions en quatre cellules, tandis que celles du ſecond n'en ont que trois, je les ai réunies dans le même genre en

attendant que d'autres obfervations confirment ma conjecture.

J'ignore où PLUMIER a trouvé cet arbre ; mais il eft vrai-
femblable que c'eft à la Louï-
fiane ; car ce ne peut être dans
les ifles des Indes Occidentales, où la chaleur eft trop forte
pour qu'il puiffe y profiter : cette efpece eft néanmoins délicate
dans fa jeuneffe ; car deux ou
trois jeunes plantes qui avoient
été élevées en Angleterre ont
péri dans la troifieme année.

Sativa. La premiere efpece
de *Chátaignier* étoit autrefois
bien plus commune en Angleterre qu'elle ne l'eft à préfent,
comme on peut s'en convaincre en jettant les yeux fur les
vieux bâtimens de Londres,
dont la charpente eft conftruite
en entier avec cette efpece de
bois. FITZ - STEPHENS dans fa
defcription de la ville de Londres, écrite du tems du Roi
HENRI II. (vers 1160) parle
d'une forêt magnifique fituée
au nord de cette ville : voici
fes propres termes: *proxima pa-
tet forefta ingens, faltus nume-
rofi ferarum, latebræ cervorum,
damarum, aprorum, & taurorum
fylveftrium, &c.* On trouve encore à préfent quelques reftes
de vieux *Chátaigniers* dans des
forêts qui ne font pas éloignées
de Londres, & particulierement
dans celles d'*Enfield ;* ce qui
prouve pleinement que cet arbre n'eft pas auffi étranger à
notre climat que quelques perfonnes pourroient le penfer,
qu'il peut y être cultivé facilement & que, fi l'on fe donnoit la peine de l'y multiplier,

il deviendroit auffi avantageux
qu'aucune autre efpece de bois
de charpente : il peut être employé aux mêmes ufages que
le bois de *Chêne*, & il lui eft
fupérieur à beaucoup d'égards
par la propriété qu'il poffede de
conferver toujours fon volume
égal, fans fe gonfler ni fe ref-
ferrer; ce qui le rend très-propre à contenir toutes fortes de
liqueurs. En Italie, toutes les
futailles, groffes & petites, font
faites avec le bois de *Chátaignier*
& on l'emploie auffi dans ce
pays à beaucoup d'autres ufages, de préférence au bois de
Chêne : comme il a plus de durée qu'aucune autre efpece, on
s'en fert furtout pour les ca-
naux fouterrains deftinés à conduire les eaux d'un lieu à un
autre. En Italie, on plante le
Chátaignier en taillis, qu'on coupe de bonne heure pour en
faire des foutiens pour les vi-
gnes ; & ces échalas durent
ordinairement fept années, tandis que ceux qui font faits
avec toute autre efpece de bois,
ont à peine la moitié de cette durée. En un mot, fi on confidere
tant l'utilité que la beauté de
cet arbre, il mérite d'être cultivé autant que quelqu'autre
efpece que ce foit.

On multiplie le *Chátaignier*
en plantant fon fruit en Février, dans des planches de
terre fraîche & fans fumier.
Les meilleures *Chátaignes* font
celles qu'on apporte de Portugal & d'Efpagne, & qu'on
vend ordinairement en hiver
pour le fervice de la table ;
mais ces fruits ne doivent point

avoir été séchés au four ; comme on le fait presque toujours dans ces pays, pour les empêcher de germer en route : si l'on ne peut les avoir fraîches, on se servira de celles qu'on recueille en Angleterre, qui, quoique plus petites, feront aussi bonnes que celles d'Espagne, pour produire des arbres propres à donner du bois de charpente. On conserve ces fruits dans du sable, & on les place à l'abri des insectes & des souris, jusqu'au moment où on doit les mettre en terre. Avant de les planter, on les jette dans un vâse rempli d'eau, pour les éprouver : celles qui surnâgent doivent être rejettées comme mauvaises, & on n'emploie que celles qui tombent au fond.

La meilleure méthode pour planter les *Châtaignes*, est de faire une rigole avec une houe, comme on le pratique ordinairement pour des haricots, à quatre pouces de profondeur ; on y place les *Châtaignes* à quatre pouces de distance les unes des autres, en les tournant de maniere que le germe soit en haut, & on les couvre de terre : après quoi, on fait un second trou à un pied de distance du premier ; & on continue ainsi de suite, jusqu'à ce que la planche soit couverte de trois ou quatre rangs ; avec une allée de trois pieds de large entre les planches, pour la commodité de les tenir propres. Quand la plantation est finie, on a soin qu'elle ne soit pas

detruite par les souris ou par quelques autres animaux ; ce qui arrive souvent si l'on n'emploie pas quelques moyens, & si on ne tend pas des piéges.

Lorsque les jeunes *Châtaigniers* commencent à paroître, on les débarrasse avec soin de toutes les mauvaises herbes ; & lorsqu'ils ont atteint l'age de deux ans, on les met en pépiniere en laissant entr'eux un intervalle d'un pied, & de trois pieds entre chaque rang : on fait cette transplantation à la fin de Février, ou (ce qui vaut encore mieux), dans le courant du mois d'Octobre ; mais en les arrachant, il faut avoir grand soin de ne pas déchirer leurs racines, & de ne pas les laisser trop longtems hors de terre. Si ces racines pivotent, & s'enfoncent profondément comme celles des navets, on doit les couper, surtout lorsqu'on les transplante pour la seconde fois, afin de les forcer à produire des racines latérales.

Ces arbres doivent rester dans les pépinieres pendant trois ou quatre ans, suivant que leur crû est plus ou moins fort ; mais en général, lorsqu'on les destine à donner du bois de charpente, il vaut beaucoup mieux les planter plus jeunes, que d'attendre qu'ils soient plus avancés. On débarrasse alors constamment la terre des mauvaises herbes qu'elle produit, & on retranche toutes les branches latérales de ces arbres pour les faire croître droits. Si quelques-uns d'entr'eux paroiſſent tendre à ſe courber, ſoit par la perte de leurs bourgeons ſupérieurs, ſoit par quelques autres accidents, il faudra un an après qu'ils auront été plantés, & dans le mois de Mars, les couper juſqu'au nœud le plus bas, près la ſurface de la terre, pour leur faire pouſſer un rejetton fort & droit, qui puiſſe enſuite devenir un bel arbre : mais on ne doit mettre cette pratique en uſage que lorſque les plantes ont entièrement perdu leurs principaux rejettons ; car malgré que les tiges ſoient très-courbées, ce qui arrive ſouvent aux jeunes arbres, cependant quand elles ſont tranſplantées & qu'elles ont de la place pour s'étendre, elles ſe; redreſſent à meſure qu'elles augmentent en groſ-ſeur, ainſi que je l'ai ſouvent obſervé dans de grandes plantations.

En tranſplantant ces arbres, il faut avoir ſoin de ne pas endommager leurs racines ; parce que ce ſeul accident eſt capable de les faire périr : ils n'exigent aucune autre eſpece d'engrais que leurs propres feuilles qu'on doit laiſſer pour-rir ſur la terre, & qu'on en-terre au printems, au moyen d'un léger labour ; mais tou-jours avec la précaution de ne point toucher aux racines.

Quand ces jeunes arbres ont été trois ou quatre années dans la pépiniere, ils ſont en état d'être tranſplantés, ſoit en rangs, lorſqu'on les deſtine à donner du bois de charpen-

te, ſoit en taillis. Si l'on a d'abord le projet de former des plantations de *Châtaigniers* pour les faire ſervir par la ſuite aux uſages de la char-pente, il vaut beaucoup mieux ſemer leurs fruits en ſillons, comme on ſeme les glands des *Chénes*, afin de les laiſſer croî-tre en place ; car les racines de ces arbres étant creuſes, & fort ſujettes à être endom-magées par la perte de leur ſève, pour peu qu'elles ſoient bleſſées, ils ne deviennent pas droits & ils pouſſent béaucoup de branches latérales ; ainſi que le *Chéne*, le *Noyer*, & beaucoup d'autres arbres, lorſqu'ils ont éprouvé un pa-reil accident.

Si au contraire on ne cul-tive le *Châtaignier* que pour en recueillir le fruit, il eſt alors plus avantageux de le tranſ-planter, parce qu'au moyen de cela, il pouſſe moins vi-goureuſement & donne du fruit beaucoup plutôt, & en plus grande quantité ; ce qui s'ob-ſerve auſſi ſur les *Chénes* en arbriſſeau, ſur les *Noyers* bas, & beaucoup d'autres, qui pro-duiſent toujours ſous cette for-me une plus grande abondance de fruits que les autres qui ſont plus gros & plus vigou-reux : d'ailleurs les fruits des arbres tranſplantés ont un bien meilleur goût, quoiqu'ils ſoient moins propres que ceux des premiers à être ſemés, lorſqu'il eſt queſtion de former des plantations de *Châtaigniers* pour bois de charpente. Il eſt d'obſervation qu'en ſemant des graines recueillies ſur des arbres nains, on parvient à les rendre toujours plus bas. Lors donc qu'on ne défire de cet arbre que le fruit qu'il peut produire, on doit le multiplier avec les *Châtaignes* les plus groffes & les plus douces, qu'on a recueillies fur des arbres bas branchus, & pourvus d'un grand nombre de racines horifontales. Ces arbres font toujours plus foibles que les autres, & c'eft par cette raifon qu'ils donnent plus de fruits, par ce que leur nourriture eft en entier portée de ce côté : leurs racines, rampant près de la furface, pompent une fève déjà préparée par l'action de l'air & du foleil ; ce qui contribue à rendre leurs fruits plus fucculents & de meilleur goût. Les arbres dont les racines s'enfoncent perpendiculairement ne puifent à cette profondeur que des fucs cruds & mal digérés qui fe portent en entier à la partie fupérieure de l'arbre pour s'affimiler à fa propre fubftance, & fervir à fon accroîffement. Ces efpeces d'arbres ont rarement beaucoup de branches latérales dans lefquelles la féve puiffe fe perfectionner pour être enfuite employée au développement des fruits. J'ofe affurer que cette feule difpofition des racines influe fur toutes les efpeces d'arbres fruitiers, & occafionne fouvent la bonne ou la mauvaife qualité des mèmes efpeces qui croîffent fur le mème terrein.

Plufieurs perfonnes penfent qu'en greffant cet arbre fur des *Noyers* on parvient à perfectionner fon fruit ; & que le *Cerifier* enté fur le *Châtaignier* donne des *Cerifes* tardives : mais cette opinion eft fans fondement ; car on ne peut greffer aucun arbre que fur des fujets dont l'efpece eft très-voifine, & le *Noyer* ne fe multiplie que fur fes femblables. On n'a jamais entendu dire que deux arbres de différens genres puiffent, en les greffant l'un fur l'autre, produire de bons fruits. On doit avec raifon rejetter toutes ces greffes fur des efpeces éloignées, quoique les anciens en aient beaucoup parlé : on peut au moins croire que ces arbres ne font plus connus fous leurs anciens noms. J'ai fait fur cet objet plufieurs expériences qui, malgré le foin qu'on y a apporté, & l'attention qu'on a eue de les renouveller en différentes faifons, ont rarement réuffi.

Lorfqu'on fe propofe de faire une grande plantation de *Châtaigniers*, pour en obtenir du bois de charpente, on laboure deux ou trois fois la terre, afin de détruire abfolument les racines des plantes qui pourroient s'y trouver ; on forme des fillons à fix pieds de diftance les uns des autres, on y place les *Châtaignes* à dix pouces environ de diftance, & on les recouvre de trois pouces de terre ; lorfque ces fruits commencent à pouffer, on arrache avec foin les mauvaifes herbes, & on laboure la terre entre les rangs dont l'intervalle eft affez large pour le paffage d'un cheval ; ce qui abrege beaucoup de travail : mais on doit avoir grand foin, en faifant cette opération, de ne pas endommager les jeunes plantes. On peut donc employer la charrue pour labourer l'efpace qui eft entre les rangs, & on fe fert de la houe à main pour travailler entre les plantes où la charrue ne peut paffer. Au moyen d'un fecond labour fait au printems fuivant, on détruit les mauvaifes herbes, & on avance beaucoup l'accroiffement de ces jeunes plantes, en rendant la terre affez meuble pour que la chaleur & l'humidité puiffent la pénétrer facilement. Les progrès de ces arbres feront d'autant plus rapides, qu'on renouvellera plus fouvent cette culture. Si cette plantation a bien réuffi, après trois ou quatre années, on pourra éclaircir ces arbres, en arrachant les plus foibles & ceux qui ont quelques défauts, & on laiffera entr'eux un efpace de trois pieds. Après avoir laiffé écouler encore quatre autres années, on les éclaircira de nouveau, & on leur donnera alors fix pieds de diftance en tous fens : lorfqu'ils feront devenus affez forts pour pouvoir être employés dans les houblonnieres, on en coupera de deux un alternativement, en laiffant toujours en place, autant qu'il fera poffible, les plus forts & les plus droits ; cette opération fe pratique ordinairement au bout de huit ou dix ans. Chaque dix

années on pourra faire une nouvelle coupe, dont le produit rembourfera les premieres dépenfes de plantation & de culture, & indemnifera de la perte du loyer annuel de la terre, fans y comprendre les arbres de haute futaie, dont la valeur demeurera nette au propriétaire.

Lorfque ces arbres feront devenus gros, la diftance de douze pieds ne leur fuffira pas ; alors il fera néceffaire de les éclaircir encore en laiffant entr'eux un intervalle de vingt-quatre pieds quarrés. Les arbres qu'on obtient par cette feconde coupe, font propres à faire des planches d'une largeur médiocre.

Pumila. Le *Châtaignier nain* de Virginie, eft à préfent fort rare en Angleterre ; mais il eft très-commun dans les bois de l'Amérique : il s'éleve rarement au-deffus de douze ou quatorze pieds dans fon pays natal, & il produit une grande quantité de fruits qui font ordinairement feuls dans chaque capfule.

Cet arbre, qui eft fort dur & qui peut réfifter au froid de nos plus rigoureux hivers, eft néanmoins fujet à dépérir en été, lorfqu'il fe trouve placé dans un terrein fort fec : il eft très-rare en Angleterre, parce que de cinq cents *Châtaignes* envoyées d'Amérique, a peine y en-a-t'il une feule dont le germe foit confervé & qui foit propre à la germination : cet inconvénient a lieu, non-feulement parce qu'on deffeche quelquefois ces fruits dans des fours, pour les empêcher de germer en route ; mais encore parce que leurs germes périffent tou-jours, s'ils ne font pas enfermés dans du fable dès l'inftant de leur maturité, & envoyés auffi-tôt. Quand on reçoit ces fruits en Europe, il faut les mettre en terre tout de fuite : & fi l'hiver eft rude, on couvrira la terre avec des feuilles, du tan, ou du chaume de pois, pour empêcher la gelée d'y pénétrer & de les détruire. Cette efpece demande un fol humide ; mais fi l'eau féjourne trop long-tems fur leurs racines, ils courent rifque d'être détruits. On peut greffer cette efpece fur le *Châtaignier commun* ; mais les arbres ainfi multipliés réuffiffent difficilement.

J'ai vu un échantillon d'un *Châtaignier nain* envoyé de l'Amérique Septentrionale, qui m'a paru fort différent de toutes les autres efpeces : j'ai appris que les François en avoient élevés de plantes avec des *Châtaignes* apportées du Canada. Comme je n'ai vu aucun de ces arbres en Angleterre, je ne puis en donner la defcription : quelques Ecrivains modernes les ont regardés comme étant les mêmes que les *Châtaigniers nains* branchus, dont j'ai déjà fait mention.

CASTANEA EQUINA. *V.* ÆSCULUS.

CASTOREA. *Voyez* DURANTA.

CATALPA. *V.* BIGNONIA CATALPA.

CATANANCHE. *Lin. Gen.*

Plant. 824. Κατανάγκω, qui excite violemment à l'amour, de κατα. & ανάγκη, *néceffité*, ou de καταναςκαζω, *contraindre* ; ainfi nommé, parce que l'opinion des anciens étoit que cette plante avoit la plus grande efficacité pour exciter à l'amour. [*Candia Lion's foot.*] Pied de Lion de Candie.

Caracteres. Dans ce genre la fleur eft compofée de plufieurs fleurettes hermaphrodites, dont celles qui occupent les côtés font plus longues que celles du centre ; ces fleurettes font renfermées dans un calice commun, écailleux, perfiftant & élégant : elles font monopétales, en forme de langue, & découpées en cinq parties, plus longues que le calice, dont chacune renferme cinq étamines courtes, velues & terminées par des fommets cylindriques. Le germe, fitué au-deffous de la fleur, foutient un ftyle mince, de la longueur des étamines, & couronné par un ftigmat réfléchi & divifé en deux parties. Ce germe fe change par la fuite en une femence fimple, ovale, comprimée & couronnée d'une aigrette, renfermée dans le calice.

Les plantes qui compofent ce genre, font rangées dans la premiere fection de la dix-neuvieme claffe de LINNÉE, qui a pour titre : *Syngenefia Polygamia æqualis*, les fleurs de cette claffe ayant leurs étamines féparées, & leurs fommets réunis en un cylindre, & celles de cette fection n'ayant que des fleurs hermaphrodites.

Les especes sont :

1°. *Catananche cærulea, squamis calycinis inferioribus ovatis.* Hort. Cliff. 390. Roy. Lugd.-B. 122. Sauv. Monsp. 308. Gouan. Monsp. 418 ; Catananche dont les écailles inférieures du calice sont ovales.

Catananche quorumdam. Lugd.-B. Hist. 1190 ; Chicorée bâtarde ou la Cupidone.

Chondrilla cærulea, Cyani capitulo. Bauh. Pin. 130.

Chondrillæ species tertia. Dod. Pempt. 638.

2°. *Catananche lutea, squamis calycinis inferioribus lanceolatis.* Hort. Cliff. 390. Hort. Ups. 247. Roy. Lugd.-B. 122. Sauv. Monsp. 308. Gouan. Monsp. 418 ; Catananche dont les écailles inférieures du calice sont en forme de lance.

Catananche flore luteo, latiori folio. Tourn. Inst. R. H. 478.

Chondrilla Cyanoïdes lutea, Coronopi folio non diviso. Bocc. Mus. 2. p. 21. t. 7.

Stæbe Plantaginis folio. Alp. Exot. 287. t. 286.

TOURNEFORT fait mention d'une troisieme espece, qui differe de la seconde par ses feuilles étroites ; mais si cette plante existe, je ne la connois point : j'ai quelquefois reçu sous ce nom des semences de plusieurs parties de l'Europe ; mais les plantes qu'elles ont produites ne m'ont point paru différentes de celles de la seconde espece : ce qui m'a fait croire que TOURNEFORT a pris pour une espece distincte une plante qu'il avoit trouvée dans un sol sec & stérile, dont les feuilles n'avoient point ac-

quis la largeur de celles qui croissent dans un terrein riche & fecond.

Ces deux plantes se trouvent dans la France Méridionale, en Espagne, en Italie, & dans l'Isle de Candie, d'où elles ont pris le nom de *Pied de Lion de Candie.*

Cærulea. La premiere espece pousse plusieurs feuilles longues, étroites, velues & dentelées à leurs bords, comme celles du *Buckshorn Plantain* ; mais elles sont plus larges, leurs dentelures sont plus profondes & plus éloignées ; ces feuilles sont couchées & étendues sur la terre, & leurs pointes étroites sont tournées vers le haut. Ses tiges de fleurs sont proportionnées dans leur nombre à la grosseur de la plante : les vieilles qui sont en même tems vigoureuses, en produisent souvent huit ou dix, tandis que les jeunes en ont à peine deux ou trois. Ces tiges sont élevées à la hauteur de deux pieds, & divisées vers leurs sommets en plusieurs petites branches garnies de feuilles semblables à celles qui occupent les parties basses de la plante, mais plus petites, & n'ayant que peu & même point du tout de dentelures à leurs bords. Chaque pédoncule est terminé par une tête de fleurs, dont les calices, qui sont secs, argentés & écailleux, renferment trois ou quatre fleurettes. Ces fleurettes ont des pétales larges, plats, dentelés à leur extrémité, & d'une belle couleur bleue avec une tache noire à leur bâse ; elles renferment chacune cinq étamines dont les sommets sont jaunes, & placés un peu au-deffus du pétale; ce qui produit le plus bel effet.

Cette plante a été nommée par quelques Auteurs *Chondrilla cærulea*, c'eft-à-dire, *Gomme bleue Chicorée*, & par d'autres *Sefamoïdes*, ou *Catanances Sefamoïdes*. GASPAR BAUHIN, l'appelle *Chondrilla cærulea Cyani capitulo. Pin. 130*; Chicorée à tête bleue d'Aubifoin.

Il y a dans les jardins Anglois une variété de cette plante à fleurs doubles, qui n'eft pas fort commune.

Lutea. La feconde efpece a des feuilles plus larges, plus unies, & moins dentelées à leurs bords que celles de la premiere ; de chaque racine fortent deux où trois tiges qui s'élevent à la hauteur d'un pied & demi, & qui produifent deux ou trois pédoncules minces, dont chacun fupporte une fimple tête de fleurs jaunes, d'une couleur plus foncée que celles de la premiere, & renfermées dans un calice fec & écailleux. Comme ces fleurs font petites & qu'elles ont peu d'apparence, on ne cultive la plante que pour la variété.

Culture. La premiere efpece eft vivace, & peut être multipliée par des têtes prifes fur la plante mere, foit au printems, foit en automne; mais les plantes élevées de femence font beaucoup plus fortes que celles de bouture. On tient ordinairement ces plantes dans des pots remplis de terre légere & fablonneufe, afin de pouvoir les mettre à couvert des fortes gelées de l'hiver ; mais en les plantant dans des plates bandes chaudes, contre des murailles, des paliffades, ou des haies, & même dans une terre un peu feche, elles réfiftent fort bien en plein air. Cette plante commence à fleurir en Mai, & elle continue à donner des fleurs jufqu'en Août & en Septembre, fi l'été n'eft pas trop fec ; on la contient aifément, & elle fait un bel ornement dans les jardins. On peut auffi la multiplier par femences, qui doivent être mifes en terre en Mars, dans une plate-bande de terre riche & légere : & en Mai, quand les plantes ont pouffé, on les place dans des pots, & dans des plates-bandes où elles doivent refter pour fleurir : il ne faut que les déplacer quand elles font en pleine terre, parce qu'elles fleuriffent beaucoup mieux, & qu'elles produifent une grande quantité de femences qui mûriffent en Août.

La feconde efpece eft une plante annuelle, qu'on ne multiplie que par fes femences, qui mûriffent très-bien en Angleterre. On répand ces femences en Mars dans des planches ou dans des plates-bandes de terre légere où elles doivent refter. Ces plantes paroiffent au bout d'un mois ou de cinq femaines ; & elles n'exigent alors aucun autre foin que d'être tenues nettes de mauvaises herbes , & d'être éclaircies dans les endroits où elles font trop voisines. Cette espece fleurit en Juin, & ses semences mûrissent en Août & & en Septembre ; mais comme elle a peu de beauté, on la cultive rarement dans les jardins.

CATARIA. *Voyez* NEPETA.

CATESBÆA. *Lin. Gen. Pl. 121. Hist. Carolin. Vol. 2. P. 100.* L'Épine de Lys, en Anglois. *The Lily Thorn.*

Caracteres. Le calice est petit, persistant & formé par une feuille découpée en cinq segmens aigus : la fleur est monopétale, en forme d'entonnoir , avec un très-long tube, qui s'élargit peu-à-peu vers le sommet, où il est ouvert, & de forme quarrée ; du fond de ce tube s'élevent quatre étamines terminées par des sommets oblongs & droits : le germe qui est rond & placé sous la fleur, soutient un style mince , couronné par un simple stigmat. Ce germe devient par la suite une baie ovale à une cellule remplie de semences angulaires.

Ce genre de plante est classé dans la premiere section du quatrieme ordre de LINNÉE, qui a pour titre : *Tetrandria Monogynia* , & qui comprend celles dont les fleurs ont quatre étamines & un style.

Nous ne connoissons qu'une espece de ce genre qui est :

Catesbæa spinosa. Lin. Plant. 109. Epine de Lys. *Frutex spinosus Buxi foliis plurimis simul nascentibus , flore tetrapetaloïde pendulo sordidè flavo , tubo lon-*

gissimo , fructu ovali croceo , semina parva continente. Catesb. Hist. Carol. Vol. 2, P. 100 , T. 100.

Les semences de cet arbrisseau, dont M. CATESBY a trouvé deux individus près de Nassau - Town , dans l'Isle de la Providence , & qu'il n'a découvert que dans ce seul endroit, ont été envoyées en Angleterre, par ce même Auteur, en 1726. Ces semences ont produit plusieurs plantes qui ont fleuri par la suite dans les jardins Anglois.

Cette plante s'éleve à la hauteur de dix à douze pieds, avec une tige branchue, & couverte d'une écorce d'un brun pâle : ses branches, qui sont alternes depuis le bas jusqu'au sommet, sont garnies de petites feuilles semblables à celles du *Buis*, & disposées en paquets autour des branches ; ses fleurs, d'une couleur jaune fade, naissent simples sur les côtes des branches, & penchent vers le bas ; elles sont tubuleuses, longues d'environ six pouces, fort étroites à leur base, mais plus larges vers le sommet, où elles sont divisées en quatre parties étendues, ouvertes & penchées en arriere. Lorsque la fleur est flétrie, le germe se gonfle & devient une baie ovale, charnue, de la grosseur d'une prune médiocre, creuse en-dedans , & remplie de petites semences angulaires.

On multiplie cet arbrisseau par ses semences qu'il faut se procurer du pays même où il croît naturellement : ses semences se conserveront beaucoup mieux si elles sont envoyées dans leurs fruits entiers, & enfermées dans du sable. Aussi-tôt qu'elles arrivent en Angleterre on doit les semer dans de petits pots remplis de terre légere & sablonneuse, les plonger dans une couche de tan d'une chaleur modérée, & les arroser légerement de tems en tems. Si ces semences sont bonnes, leurs plantes paroîtront six semaines environ après qu'elles auront été mises en terre. Quand la chaleur de la couche commence à diminuer, on remue le tan, &, s'il est nécessaire, on y en ajoûte du nouveau pour en ranimer la chaleur. Lorsque les pots sont replongés dans la couche de tan, il faut leur donner de l'air frais tous les jours, à proportion de la chaleur de la saison, & les arroser souvent, mais légerement, parce que la grande humidité les fait périr ; si les nuits sont froides, on couvre les vitrages tous les soirs avec des nattes. Comme ces plantes croissent lentement, elles peuvent rester dans leurs pots pendant toute la premiere année : mais aussi-tôt que les premiers froids de l'automne commencent à se faire sentir, on les plonge dans la couche de tan de la serre chaude. En hiver on les arrose avec beaucoup de modération, & au printems on les transplante chacune séparément dans de petits pots remplis de terre légere & sablonneuse, qu'on

replonge aussi-tôt dans une nouvelle couche de tan : on les tient exactement à l'ombre jusqu'à ce qu'elles aient formé de nouvelles racines ; on les arrose légerement toutes les fois qu'elles paroissent en avoir besoin ; & en été, lorsque le tems est chaud, on leur donne beaucoup d'air : en automne on les reporte dans la serre chaude où elles doivent rester constamment & être traitées comme les autres plantes tendres & exotiques.

Cet arbrisseau peut être aussi multiplié par boutures qu'on plante dans de petits pots remplis de terre légere, pendant les mois de Juin & de Juillet. On plonge ces pots dans une couche de tan modérément chaude, & on couvre les boutures avec de petites cloches pour les garantir du contact de l'air extérieur : au moyen de ce traitement ces boutures pousseront des racines en deux ou trois semaines ; après quoi on pourra les séparer, & les planter chacune dans un petit pot rempli de terre légere ; on les replongera dans la couche chaude, & on les traitera comme les plantes élevées de semence.

La plupart des arbrisseaux qu'on a obtenu au moyen des semences envoyées par M. CATESBY, ont été détruits par le rude hiver de 1739 à 1740 ; mais j'ai reçu il y a sept ans de nouvelles semences, qui m'ont donné assez de plantes pour que j'aie pu en faire part à plusieurs personnes curieufes tant en Angleterre qu'en Hollande.

CAUCALIS. *Perfil bâtard.*

C'eft une plante ombellifere; fes femences font oblongues, un peu fillonnées & piquantes ; les pétales de fa fleur font inégaux & en forme de cœur.

On en connoît plufieurs efpeces que l'on conferve dans les jardins de Botanique ; mais comme elles n'ont point de beauté , & qu'elles ne font pas d'un grand ufage , je les pafferai fous filence ; je me contenterai d'obferver feulement pour ceux qui voudroient les cultiver , qu'elles doivent être femées en automne , parce que , fi on les conferve jufqu'au printems avant de les mettre en terre , elles n'auront point affez de tems pour perfectionner leurs femences.

Ces plantes font pour la plupart bifannuelles, & elles veulent être femées chaque année. Nous en avons quatre ou cinq efpeces qui naiffent fpontanément en Angleterre.

CAULIFÉRE, (de *caulis*, une tige, & de *ferre*, porter,) fe dit des plantes qui font fupportées par une tige.

CAULIS, *ou* **LA TIGE,** eft cette partie de la plante qui s'éleve fimple au-deffus de la terre , & de laquelle fortent les feuilles & les branches, ainfi que JUNGIUS l'explique. Dans les arbres & arbriffeaux cette partie eft appelée *Caudex*, la tige, le trônc, ou le corps de l'arbre ; dans le blé, *Culmus* ; & on lui donne le nom de *Tige* dans toutes les efpeces de plantes herbacées.

CEANOTHUS. *Lin. Gen. Plant. 237. Evonymus. Com. Hort.* [*New - Jerfey Tea.*] Thé du nouveau Jerfey.

Caracteres. Le calice eft turbiné formé par une feule feuille, perfiftant & divifé en cinq fegmens aigus & joints : la corolle eft compofée de cinq pétales ronds , égaux , étendus , ouverts & plus petits que le calice ; la fleur a cinq étamines érigées, d'égale longueur, & terminées par des fommets ronds ; fon germe eft triangulaire & fupporte un ftyle cylindrique , & couronné par un ftigmat obtus. Ce germe fe change , quand la fleur eft paffée, en une capfule feche, à trois cellules , qui renferment trois femences ovales.

Ce genre de plante eft rangé dans la premiere fection de la cinquieme claffe de LINNÉE, intitulée *Pentandria monogynia*, avec celles dont les fleurs ont cinq étamines & un ftyle.

Les efpeces font :

1°. *Ceanothus Americanus, foliis trinerviis. Lin. Sp. Plant. 195. Duham. Arb. 1, p. 138, t. 51.* Céanothus de Virginie, dont les feuilles font garnies de trois nerfs.

Ceanothus inermis, foliis ovatis, ferratis, trinerviis, racemis ex fummis alis longiffimis. Hort. cliff. 73.

Ceanothus, corymbis folio longioribus. Hort. Upf. 51.

Ceanothus. Act. Upf. 1741, p. 77.

Evonymus, jujubinis foliis, Carolinenfis, fructu parvo ferè umbellato. Pluk. Alm. 139, t. 28, f. 6.

Evonymus Novi-Belgii, Corni fœminæ foliis, Hort. Amft. 1,

167. Bois de chien, ou Fuzain de la Nouvelle Angleterre, avec des feuilles de Cornouiller femelle, ordinairement appelé *Thé du Nouveau Jersey.*

2°. *Ceanothus Africanus, foliis lanceolatis, enerviis, stipulis subrotundis. Lin. Sp. Plant. 196.* Céanothus à feuilles en forme de lance & sans nerfs, ayant des stipules rondes.

Celastrus inermis, foliis lanceolatis, obtusè serratis, petiolatis appendiculatis. Hort. Cliff. 73.

Alaternoïdes Africana Lauri serratæ folio. Com. Præl. 61. tab. 11.

Ricinoïdes Africana arborescens, folio Phyllireæ longi-foliæ serratæ. Seb. The. 1, p. 35, t. 22.

3°. *Americanus arborescens, foliis ovatis, sessilibus, nervosis, floribus alaribus.* Céanothus à feuilles ovales, nerveufes & sessiles, dont les fleurs sortent des aîles des feuilles, & qui est connu sous le nom de *Bois rouge,* ou *Bois de sang.*

Americanus. La premiere espece croît naturellement dans presque toutes les parties de l'Amérique Septentrionale, d'où ses semences ont été apportées en très-grande quantité en Europe depuis quelques années, sous le nom de *Thé du Nouveau Jersey.* Les Canadiens font usage de sa racine dans les maladies véneriennes; j'ai reçu ses semences de la Nouvelle Angleterre, de la Pensylvanie, de la Virginie & de la Caroline. Les François disent que cet arbrisseau est très-commun dans le Canada, & que les bestiaux qui le broutent le tiennent constamment fort bas.

Cette espece, qui ne s'éleve en Angleterre qu'à la hauteur de trois ou quatre pieds, est garnie de branches depuis le bas jusqu'au sommet: ces branches font fort minces; & comme elles ne commencent à pousser que vers la fin du printems, & qu'elles continuent à croître fort tard, elles font souvent détruites en entier par les premieres gelées, à moins que l'automne ne soit sec & doux; mais si la saison est favorable il n'y a que les extrémités des rejettons qui soient surprises par la gelée. Ces branches font garnies de feuilles ovales, pointues, opposées, d'un vert clair, & sillonnées par trois veines longitudinales qui s'étendent en se divergeant depuis le pétiole jusqu'à l'extrémité. Ses fleurs, qui naissent en épis gros & serrés aux extrémités des rejettons, font composées de cinq petits pétales d'un blanc clair; elles paroissent en Juillet; & comme chaque rejetton est alors terminé par un épi, la plante paroît en être entièrement couverte, & elle produit le plus bel effet. Lorsque l'automne est favorable, il y a une seconde floraison en Octobre: ces fleurs laissent après elles chacune une capsule à trois cellules, applatie vers son extrémité, & dans laquelle sont renfermées trois simples semences qui, dans les années chaudes, mûrissent en Angleterre.

On multiplie cette espece en la semant en automne dans de petits pots qu'on plonge dans une vieille couche chaude pour les y laisser passer l'hiver ; on les expose en plein air dans les tems doux, & pendant les gelées on les tient à couvert du froid ; en Mars il faut enfoncer les pots dans une couche de chaleur modérée, pour faire pousser les plantes, qu'on doit accoutumer au plein air par dégrés ; & aussi-tôt qu'elles ont acquis un peu de force, on les place dans une situation abritée, & on les y laisse jusqu'en automne, pour les remettre ensuite sous un châssis de couche chaude, afin de les garantir des fortes gelées de l'hiver. Dans les tems doux, on les expose tout-à-fait en plein air ; mais on les met à couvert aussitôt que le froid devient plus vif, parce qu'elles y sont très-sensibles. Au printems suivant, lorsqu'elles commencent à pousser, on en transplante quelques-unes séparément dans des pots, & on place les autres dans une planche de pépiniere, à une exposition chaude, où elles pourront rester un an ou deux pour acquérir de la force ; après quoi, on les plantera à demeure dans les places qui leur sont destinées. Elles exigent une situation abritée & un sol un peu sec, où elles profiteront & fleuriront très-bien. Dans une terre ferme & froide elles pousseront toujours fort tard dans le printems, & leurs jeunes branches étant fort remplies de sève en automne, elles seront souvent détruites dans une grande partie de leur longueur, par les premieres gelées qui surviendront.

On peut aussi multiplier cette espece en marcottant ses branches dans un sol léger, où elles pousseront des racines dans une année ; mais il est essentiel de ne pas trop les arroser, parce que, leurs rejettons étant fort tendres, l'humidité les fait aisément pourrir : ainsi la meilleure méthode qu'on puisse employer, est de couvrir la surface de la terre autour des marcottes, avec de la marne ou du tan pourri, dans les tems très-secs, pour conserver leur humidité : si cependant la sécheresse étoit considérable, il faudroit les arroser un peu chaque huit ou dix jours.

Ces marcottes étant faites en automne, qui est la saison la plus propre pour cette opération, on couvre la terre avec du vieux tan qu'on prend dans une ancienne couche, pour garantir les branches couchées de l'impression de la gelée. Cette couverture empêchera aussi que la terre ne se desséche trop, quand les marcottes seront bien enracinées, ce qui aura lieu au printems suivant. On pourra les enlever & les traiter comme les plantes de semence.

Africanus. La seconde espece qui croît naturellement au Cap de Bonne - Espérance, a d'abord été portée en Hollande, où, après avoir été cultivée pendant plusieurs années elle a été ensuite répandue dans la plupart des Jardins de l'Europe. Elle a été long - tems connue sous le nom d'*Alaternoïdes*, &c. & quelques Auteurs lui ont donné celui de *Ricinoïdes Africana arborescens*, &c. ; mais le savant favant LINNÉE ayant examiné plus exactement fes caracteres, l'a réunie à ce genre.

Cette plante s'éleve à la hauteur de dix à douze pieds, avec une tige ligneufe, couverte d'une écorce rude & d'une couleur fombre : elle pouffe plufieurs branches foibles & dirigées vers le bas, qui, dans leur jeuneffe, font d'abord vertes, mais qui deviennent par la fuite d'une couleur pourpre. Ces branches font garnies de feuilles ovales, pointues, d'un vert luifant, unies & légerement fciées à leurs bords. Ses fleurs font petites, d'une couleur herbacée, & placées fur les côtés des branches ; elles paroiffent quelquefois en Juillet, mais elles ne font jamais fuivies de femences en Angleterre. Elle n'y produit pas même toujours des fleurs ; auffi ne la conferve-t-on que pour la beauté de fes feuilles luifantes & toujours vertes qui font en hiver une agréable variété dans la ferre.

On peut multiplier cette efpece par boutures ou par marcottes ; mais la premiere de ces deux méthodes eft plus fûre, plus prompte & plus généralement pratiquée. On plante ces boutures au printems dans des pots remplis d'une bonne terre de jardin potager, & on les plonge dans une couche de chaleur modérée, en obfervant de les tenir à l'ombre pendant la chaleur du jour, & de les arrofer de tems en tems ; lorfqu'elles auront pouffé des racines, ce qui aura lieu au bout d'environ deux ans, on

les accoutumera par dégrés au plein air, & on les placera dans une fituation abritée, où elles doivent refter jufqu'à ce qu'elles aient acquis de la force ; après quoi, on les tranfplantera chacune féparément dans de petits pots remplis de terre légere ; on les tiendra à l'ombre jufqu'à ce qu'elles aient produit de nouvelles racines ; & enfuite on pourra les entremêler en été avec d'autres plantes exotiques : mais en automne il faudra les enfermer dans la ferre, & les traiter comme les *Myrtes* & les autres plantes de la même conftitution.

Arborefcens. La troifieme efpece eft originaire des Ifles de Bahama, d'où CATESBY a apporté fes femences en Angleterre : on la trouve auffi à la Barbade, & dans quelques autres Ifles des Indes Occidentales. Cette plante s'éleve dans fon pays natal à la hauteur de quarante à cinquante pieds, en groffes tiges, dont les habitans font des planches qui ont d'abord été fort eftimées pour la beauté de leurs couleurs ; mais comme l'air détruit ces couleurs en très-peu de tems elles ne font plus recherchées aujourd'hui.

Les arbres de cette efpece, qui ont été convenablement traités en Europe, font parvenus jufqu'à la hauteur de vingt pieds, & ils feroient devenus beaucoup plus grands, fi les ferres chaudes dans lefquelles ils étoient placés avoient été plus élevées. Leurs troncs font forts, ligneux, & couverts d'une écorce d'un brun clair, qui est sillonnée dans leur jeunesse. Leurs branches, qui sortent régulierement des parties latérales des tiges, sont garnies de feuilles larges, ovales, d'un vert clair, dirigées vers le bas, & marquées par plusieurs veines longitudinales. Leurs fleurs sont petites, d'un blanc herbacé, & n'ont point d'apparence. Elles sortent des aîles des feuilles; & dans leur pays natal, elles sont remplacées par un fruit rond & gros comme un petit pois, qui s'ouvre en trois cellules, dont chacune renferme une semence noire & luisante.

On multiplie cette espece par ses semences, qu'il faut répandre au printems dans de petits pots remplis de terre légere, & les plonger dans une couche chaude : ces graines ne poussent ordinairement qu'une année, après avoir été mises en terre; durant cet intervalle, on doit les arroser & leur donner de l'air dans les tems chauds : lorsque les plantes ont poussé, qu'elles sont en état d'être enlevées, on les sépare avec soin, & on les plante chacune dans un petit pot rempli de terre légere; on les arrose pour fixer la terre autour des racines, on les replonge dans la couche chaude, & on les tient à l'ombre jusqu'à ce qu'elles aient poussé de nouvelles fibres; après quoi, on pourra les traiter comme les autres plantes qui sont originaires du même climat : mais celles qui seront placées dans la serre chaude seche, ne ré-

ussiront pas aussi bien, que celles qui seront plongées dans la couche de tan.

CECROPIA. *Yaruma Oviedi. Sloan. Hist. Jam. 45.* [*The Trumpet-tree,* or *Snakewood.*] Arbre à trompette, Bois de Serpent, *ou* de Couleuvre.

Caracteres. Dans ce genre les fleurs mâles & les fleurs femelles sont placées sur différens pieds : les fleurs mâles ont une spathe ovale & aiguë, qui crève & qui contient un pédoncule composé de plusieurs chatons cylindriques, unis ensemble, imbriqués & pourvus de plusieurs écailles turbinées, quarrées, obtuses & comprimées. Ces fleurs n'ont point de corolle, mais seulement un nectaire écailleux, avec deux courtes étamines aussi minces que des cheveux, & couronnées par des sommets quarrés & oblongs. Les fleurs femelles ont une spathe avec quatre germes cylindriques & imbriqués, d'où sort un style court, & couronné par un stigmat à tête & déchiqueté : le calice devient par la suite une baie à une cellule, dans laquelle est renfermée une semence oblongue & comprimée.

Cet arbre est rangé dans le second ordre de la vingt-deuxieme classe de LINNÉE, intitulée : *Diœcia Diandria,* avec les plantes dont les fleurs mâles & les fleurs femelles naissent sur différens pieds, dont les fleurs mâles sont pourvues de deux étamines.

Nous ne connoissons qu'une espece de ce genre, qui est :

Cecropia peltata. Lœfl. It.

272. *Amœn. Acad. 5. P. 410.*

Collotapalus ramis excavatis, foliis amplis, peltatis, lobatis. Br. Jam. 111.

Ficus Surinamensis, multifido folio, supernâ parte admodum scabro, averſâ denſâ lanugine molli. Pluk. Alm. 146. t. 243. f. 5.

Yaruma Oviedi. Sloan. Jam. 45. Hiſt. 1. P. 137. T. 88. F. 2. T. 89.

Ambayba. Marcgr. Bras. 71.

On trouve cet arbre dans la plupart des forêts de la Jamaïque, où il s'éleve à la hauteur de trente cinq ou quarante pieds ; son tronc & ses branches sont creuses & entrecoupés de diftance en diftance par des féparations membraneufes, qui forment des marques claires & annulaires fur fa furface : ses feuilles font larges, velues en-deffous, & divifées en plufieurs lobes comme celles du *Papaya* ; mais leurs pétioles font placés plus près du centre, de forte qu'ils reffemblent à une Targe : ses fleurs font renfermées dans une fpathe conique ou gaine ; les mâles croiffent fur des plantes féparées de celles des femelles, elles naiffent fur des chatons compofés de plufieurs écailles turbinées, & elles n'ont point de corolle, mais feulement un nectaire écailleux, avec deux étamines courtes, minces & terminées par des fommets quarrés & oblongs. Les fleurs femelles font renfermées dans une fpathe conique ; elles n'ont point de corolle, mais elles font pourvues de quatre germes imbriqués, qui foutiennent un ftyle court,

& couronné par un ftigmat à tête déchiquetée. Le calice devient par la fuite une baie ovale, cylindrique, & compofée de plufieurs petits grains en grappes comme une *Fraiſe*, à laquelle elle reffemble beaucoup par fa faveur, lorfqu'elle eft en pleine maturité.

Cette plante eft à préfent très rare en Europe : comme fon fruit eft petit, & qu'il eft bientôt dévoré par les oifeaux, les colons n'y font pas beaucoup d'attention ; mais les Negres en font très friands. Ils fe fervent auffi de fes branches pour faire du feu ; en les frottant l'une contre l'autre, ils en font fortir des étincelles.

Le Docteur HOUSTOUN m'a envoyé de la Vera-Cruz dans la nouvelle Efpagne, des échantillons de cette plante ; mais comme ils étoient fans fleurs, & qu'il n'a pas eu lui-même le loifir de les examiner, fes vrais caracteres ne nous font point affez connus.

On peut la multiplier par fes femences, qu'il eft néceffaire de fe procurer de l'Amérique. Ces femences doivent être apportées en Angleterre dans du fable : car les fruits étant compofés de plufieurs grains en grappe comme dans la *Fraiſe*, fi on fe contentoit de les envelopper encore humides dans des papiers, ils fe moifiroient & fe gâteroient néceffairement : au lieu qu'en les mettant dans un fable net, on évite cet inconvénient. Il faut femer ces grains dans de petits pots de terre légere, les plonger dans une couche de tan de chaleur modérée, les arrofer & leur donner de l'air toutes les fois que le tems fera favorable. Lorfque les plantes ont pouffé, & qu'elles font en état d'être tranfplantées, on les enleve avec précaution, & on les met chacune féparément dans de petits pots remplis de la même terre, on les replonge dans la couche chaude, & on les arrofe pour fixer la terre aux racines : on les tient enfuite conftamment dans la couche de tan de la ferre chaude, & on les traite comme les autres plantes qui nous viennent des autres contrées.

CEDRE *Voyez* CEDRUS.

CEDRE DE VIRGINIE, ou CEDRE ROUGE. *Voy.* JUNIPERUS VIRGINIANA.

CEDRE DE LA CAROLINE. *V.* JUNIPERUS CAROLINIANA. L.

CEDRE DE BERMUDE. *V.* JUNIPERUS BERMUDIANA.

CEDRE DE LA JAMAIQUE A BAIES. *Voyez* JUNIPERUS BARBADENSIS.

CEDRE DU LIBAN. *Voyez* LARIX CEDRUS.

CEDRE BATARD. *Voyez* THEOBROMA GUAZUMA.

CEDRE DE LYCIE. *Voyez* JUNIPERUS.

CEDRE DE PHÉNICIE. *V.* JUNIPERUS.

CEDRUS. *Cedrela.* [*The Cedar-tree of Barbadoes, and the Mahogany.*] *Cedre des Barbades & le Mahogani.*

Caraêteres. Le calice eft tubuleux, en forme de cloche & formé par une feuille découpée en cinq parties ; la corolle eft monopétale & divifée au fommet en cinq fegments : la fleur a cinq étamines courtes & jointes dans le fond près du germe, qui foutient un ftigmat épais, & qui devient par la fuite un légume ovale à cinq cellules qui s'ouvrent en cinq valves dans toute fa longueur. Ce légume a une double enveloppe, dont l'extérieure eft épaiffe & ligneufe, & l'intérieure, qui eft fort mince, environne immédiatement les femences ; dans fon centre eft fixé un axe, ou colonne à cinq angles, qui fe prolonge dans toute fa longueur ; à ces angles, qui répondent aux fentes du légume, font fixées des femences épaiffes à leur bâfe, plates & minces à l'autre extrémité, comme les ailes qui terminent les graines des *Pins* & des *Sapins*, & difpofées les unes fur les autres en forme d'écailles de poiffon.

Ce genre de plante eft de la *Pentandria Monogynia*, ou de la premiere feétion de la cinquieme claffe de LINNÉE, qui comprend celles dont les fleurs ont cinq étamines & un germe.

Comme le *Cedre du Liban* à été très-bien joint par TOURNEFORT au genre du *Larix Ormeleze*, & que tous les *Cedres* qui portent des baies ont rapport au Genévrier, *Juniperus*, j'ai reporté l'article du *Cedre* à ce genre, plufieurs auteurs les ayant mal claffés. Celui-ci étant généralement connu fous le nom de *Cedre*, dans les pays où il croît naturellement, & fon caraétere fe rapportant à celui de ce genre, TOURNEFORT le laiffé fous cette dénomination.

Les especes font:

1°. *Cedrus odorata , foliis pinnatis , foliolis multi-jugatis , obtufis , fructu ovali , glabro* ; Cedre à feuilles aîlées composées de plufieurs paires de petits lobes obtus , & à fruit ovale & uni.

Cedrus Barbadenfium , alatis Fraxini foliis non crenatis , fructu fingulari , quinis involucris , crafsis , validis , cochleato-cavis , totidem femina membranis adaucta & columnâ canaliculatâ pentagonâ prægrandi adnatâ occludentibus ornato. Pluk. Phyt. tab. 157. f. 1. Cedre des Barbades.

Cedrela cedro. Loefl. It. 183.

Cedrela foliis pinnatis floribus laxè racemofis , ligno lævi odorato. Brown. Jam. 158 , t. 10 , f. 1.

Pruno forte affinis arbor maxima materie rubrâ , laxâ , odoratâ. Sloan. Jam. 182 , Hift. 2 , p. 128 , t. 220 , f. 2.

2°. *Cedrus Mahogani , foliis pinnatis , foliolis oppofitis , glabris , floribus racemofis fparfis* ; Cedre à feuilles aîlées , dont les lobes font unis & oppofés , ayant des fleurs en paquets clairs.

Arbor , foliis pinnatis , nullo impari alam claudente , nervo ad latus unum excurrente , fructu angulofo magno , femine alato inftar Pinus. Catefb. Hift. Carol. Vol. 11 , p. 181. Arbre de Mahogani. *Swietenia. Jacq. Amer. 20.*

3°. *Cedrus , Alaterni-folia , foliis alternis fimplicibus , cordato-ovatis , acutis , fructu pentagono mucronato* ; Cedre à feuilles fimples alternes , ovales , en forme de cœur & aiguës , produifant un fruit à cinq angles & pointu.

Odorata. La premiere efpece ,

qui eft un des plus gros arbres des Ifles Angloifes de l'Amérique , où elle croît naturellement , eft connue généralement dans ces contrées fous le nom de *Cedre.*

Les troncs font fi gros que les habitans des Ifles les creufent pour en faire des barques ou périaguas , qui font des efpeces de bateaux ouverts : fon bois eft très propre à cet ufage , parce qu'il eft tendre , & qu'il fe coupe facilement ; & qu'étant d'ailleurs très-léger , il peut porter un poids confidérable fur l'eau. On voit dans les Indes Occidentales des canots longs de quarante pieds , & larges de fix , faits avec un feul tronc d'arbre de cette efpece. On lui a donné le nom de *Cedre* , parce qu'il joint à fa légereté une couleur brune , & une odeur agréable. Ce bois eft fain & d'une longue durée ; mais comme il eft très-fujet à être attaqué par les vers à tuyaux , il ne devroit jamais être employé dans la conftruction des navires , quoiqu'on le mette fouvent à cet ufage ; on en fait auffi des boiferies , des caffettes & d'autres ouvrages de menuiferie , que les infectes n'attaquent point ; mais on ne peut s'en fervir dans la conftruction des futailles , parce qu'il communique , fur-tout lorfqu'il eft nouvellement mis en œuvre , une amertume infoutenable à toutes les liqueurs qu'on y met , parceque les efprits ont la qualité de diffoudre la refine que ce bois contient.

Cet arbre s'éleve avec une

tige droite à la hauteur de soixante & dix ou quatre vingts pieds ; sa tige est couverte d'une écorce unie & cendrée lorsqu'il est jeune, mais qui devient rude & d'une couleur plus foncée à mesure qu'il devient plus âgé. Il pousse vers son sommet plusieurs branches garnies de feuilles aîlées, longues quelquefois d'environ trois pieds, & composées de seize ou dix huit paires de lobes, larges à leur bâse, émoussés à leur extrémité, & longs de près de deux pouces ; ces feuilles répandent en été une odeur forte & désagréable. Son fruit est ovale, de la grosseur d'un œuf de perdrix, uni & d'une couleur très-foncée ; il s'ouvre en cinq parties, dont le centre est occupé par un axe à cinq angles : entre ces angles sont placées des semences aîlées très-près les unes des autres, & disposées en forme d'écailles de poisson. On conserve en Angleterre, dans des collections de plantes exotiques, quelques-uns de ces arbres qui ont été élevés avec des semences apportées de la Barbade ; mais comme ils sont trop tendres pour vivre en plein air dans notre climat, ils doivent être traités comme le *Mahogani* dont il va être question ; mais ils croissent beaucoup plus promptement que ce dernier ; car j'ai eu des plantes de semence qui en quatre années ont atteint la hauteur de dix pieds. J'ai reçu cette espece de Paris, sous le nom de *Semiruba*, mais je ne puis assurer si sa racine

est vraiment celle qui est employée en médecine, sous cette dénomination ; ses semences m'ont aussi été envoyées des Isles Françoises de l'Améri-que, sous le nom de *Cedre d'Acajou*. On la multiplie par ses semences qu'on peut aisément se procurer des Isles d'Amérique ; on les seme sur une couche chaude au printems, & on traite les plantes qui en proviennent comme les especes suivantes.

Mahogani. La seconde espece est le *Mahogani*, dont le bois est à présent commun en Angleterre : cet arbre vient des parties les plus chaudes de l'Amérique ; il croît en abondance dans l'Isle de Cuba, à la Jamaïque, à Saint-Domingue, ainsi que dans les Isles de Bahama ; mais je n'ai point appris qu'il se trouvât dans les Isles du Vent. On en voit à Cuba & à la Jamaïque de très-grands, dont on fait des planches de six pieds de largeur ; mais ceux de Bahama ne sont pas aussi gros, quoi qu'ils aient fréquemment quatre pieds de diametre : quoique ces arbres croissent sur des rochers solides, où ils trouvent à peine assez de terre pour fournir à leur accroissement, ils s'élevent néanmoins à une très-grande hauteur. Le bois qui est envoyé en Europe des Isles de Bahama, passe communément sous le nom de *Bois de Madere*, quoiqu'il soit certainement celui du *Mahogani*. Ce bois dont les Espagnols construisent leurs navires, est le meilleur de tous ceux que l'on ſcache qu'on puiſſe employer à cet uſage, parce qu'il eſt de longue durée, qu'il réſiſte au boulet, dont il reçoit le coup ſans ſe fendre; & que les vers ne l'attaquent pas comme le *Chêne* ; ainſi les vaiſſeaux des Indes Occidentales conſtruits avec le *Mahogani*, ſont de beaucoup préférables à tous les autres.

La ſupériorité de ce bois ſur tous les autres, pour les ouvrages de charpente & de menuiſerie, étant très-connue en Angleterre, il eſt étonnant qu'aucun Hiſtorien ou Voyageur n'en ait encore fait mention, à l'exception de CATESBY, qui eſt, je crois, le ſeul qui en ait parlé, dans ſon *Hiſtoire Naturelle de la Caroline & des Iſles de Bahama.* Avant lui, perſonne n'a fait, à ce que je penſe, aucune obſervation ſur cet arbre ni ſur ſon bois, quoiqu'il ait été tranſporté en Angleterre en grande quantité, depuis long tems.

Cet arbre croit ſi promptement dans les Indes Occidentales, qu'il parvient en peu d'années à une très-grande hauteur. Suivant CATESBY, lorſque ſon fruit eſt mûr, ſon cône dur ſe ſépare près du pédicule, & alors on voit à découvert les ſemences qui ſont attachées à l'axe ſolide, à cinq angles & placé dans le milieu; ces ſemences, larges & légeres, étant diſperſées ſur une terre remplie de rochers, celles qui tombent dans les fentes pouſſent bientôt des racines; & quand leurs tendres fibres rencontrent quel-

que réſiſtance, elles rampent ſur la ſurface juſqu'à ce qu'elles trouvent une autre crevaſſe où elles puiſſent s'enfoncer. Ces racines parviennent à une telle groſſeur, & elles acquierent tant de force, qu'elles font éclater les rochers, & qu'elles ſe fraient ainſi une nouvelle route pour pénétrer plus avant : le peu d'humidité & de ſubſtance qu'elles tirent des rochers, ſuffit à ces arbres pour s'élever en peu d'années à une hauteur très-conſidérable.

Les feuilles de cette eſpece ſont ailées comme celles du *Frêne* ; elles ont communément ſix ou huit paires de lobes plus courts & plus larges à leur bâſe que ceux de ce dernier arbre ; ces lobes qui adhérent à la côte du milieu par de très-courts pétioles, ſont fort unis & diviſés inégalement par une veine qui les traverſe.

Nous n'avons point de deſcription exacte de la fleur de cet arbre ; celle que CATESBY nous a donnée dans ſon *Hiſtoire Naturelle*, a été faite ſur un fragment imparfait & fané ; mais le deſſin qu'il a publié de ſon fruit eſt très-exact, comme je m'en ſuis convaincu en le comparant aux fruits mêmes qui ont été apportés en Angleterre. Ce fruit eſt de couleur brune ; avant qu'il ſoit ouvert il eſt érigé ſur un pédoncule qui adhere fortement à l'axe à cinq angles, qui le traverſe dans toute ſa longueur, & auquel les ſemences ſont attachées &

Imbriquées en forme d'ardoifes ; de maniere que, lorfqu'il eft en pleine maturité, fa furface extérieure fe divife par le bas en cinq parties égales : lorfqu'il eft tombé , fes femences fe difperfent, & fon pédoncule & fon axe reftent encore fur l'arbre pendant plufieurs mois. On multiplie cette efpece au moyen des femences qu'on fe procure aifément des Ifles de Bahama : celles qu'on envoie de ces Ifles réuffiffent à merveille, & pouffent auffi bien que fi on venoit de les cueillir ; au-lieu que celles qu'on tire de la Jamaïque, quoiqu'elles foient encore renfermées dans leurs fruits, ne produifent prefque jamais de plantes.

On feme ces graines dans de petits pots remplis de terre légere & fablonneufe ; & , après les avoir plongées dans une couche chaude de tan , on les arrofe légèrement une fois par femaine : fi les femences font bonnes , elles poufferont cinq ou fix femaines aprés avoir été mifes en terre ; & quand les plantes qu'elles auront produites auront atteint deux pouces de hauteur, on les diftribuera dans un nombre fuffifant de petits pots remplis de terre légere , qu'on aura tenus d'avance , pendant un jour ou deux , dans une couche de tan , pour en échauffer la terre ; & on aura foin, en les féparant , de ne point déchirer leurs racines.

On tient ces plantes à l'ombre jufqu'à ce qu'elles foient bien reprifes , & on les traite enfuite comme les autres plantes tendres & délicates qui viennent des mêmes contrées. Si ces jeunes plantes font bien conduites , qu'on ne les arrofe point trop , fur-tout en hiver, & qu'on ait toujours foin que leurs racines foient bien couvertes de terre , elles feront en très-peu de tems des progrès confidérables ; mais fi ces précautions font négligées, elles feront en danger de périr ; car elles font d'autant plus néceffaires qu'on ne peut enlever ces plantes fans les détruire, dans les pays mêmes où elles croiffent naturellement. J'ai à préfent dans le jardin de *Chelféa* , quelques plantes de cette efpece , qui ont plus de douze pieds de hauteur , & qui ne font femées que depuis huit ans.

La grande confommation qu'on fait en Angleterre du bois de cet arbre, devroit encourager les cultivateurs de l'Amérique à le multiplier dans les terres ftériles & couvertes de rochers qui fe trouvent fur leurs poffeffions, & qui leur font abfolument inutiles; mais comme ce travail, qui feroit très-utile à leurs fucceffeurs, ne leur feroit à eux d'aucun bénéfice , je doute qu'ils aient affez de générofité pour étendre leurs vues jufqu'à la génération future.

Alaterni-folia. Les femences de la troifieme efpece, qui ont été envoyées de Campêche en Angleterre par le Docteur HOUSTOUN , ont réuffi dans plufieurs jardins. La reffemblance du fruit de cet arbre avec ceux des efpeces précédentes, m'a fait hafarder de les joindre, quoique je n'aie là-deffus aucune certitude. Le Voyageur que je viens de citer n'a pu en reconnoître le genre, parce que la premiere fois qu'il vit ces arbres ils étoient chargés de fruits, & n'avoient plus de feuilles ; & qu'y étant retourné une feconde fois, il les trouva couverts de feuilles, mais fans aucune fleur.

Cette efpece s'éleve communément à la hauteur de quatre-vingts pieds, & même au-delà, & fe divife vers fon fommet en plufieurs groffes branches, garnies de feuilles femblables à celles du *Coudrier* ou *Noifetier des Sorciers*, mais plus larges à leur bâfe, angulaires à leur extrémité, d'une couleur cendrée en-deffous, & placées fans ordre fur les branches : fon fruit beaucoup plus gros que celui du *Cedre des Barbades*, large à fa bâfe & diminuant par dégrés jufqu'au fommet, où il fe termine en pointe, & long de deux pouces, eft traverfé dans toute fa longueur par un axe ligneux auquel font attachées des femences aîlées, comme dans les deux précédens; mais comme les fruits de ces deux efpeces font unis à l'exterieur, ils différent en cela de celui-ci qui eft angulaire : lorfque ce fruit eft parvenu à fon entiere maturité, fes angles s'entr'ouvrent, & laiffent appercevoir les femences aîlées qui font fouvent emportées par le vent.

Nous ignorons quelle eft la nature du bois que fournit cet arbre, & à quel ufage il eft ou peut être employé : les individus de cette efpece qui ont été élevés de femence, en Angleterre, ont fait de grands progrès pendant les deux premieres années; mais ces progrès fe font finguliérement ralentis, car dans les fix années fuivantes ils ont moins gagné que dans la premiere feule, où ils fe font élevés au-deffus de trois pieds.

J'ai fait, fans aucun fuccès, plufieurs effais pour multiplier ces arbres, par boutures & par marcottes, de forte qu'il paroît que la feule méthode pour fe les procurer, eft de faire revenir leurs femences de leur pays natal. Il faut traiter cette efpece comme les deux précédentes, & la tenir conftamment dans la ferre chaude.

CEIBA. *Voyez* BOMBAX.

CELANDINÉE, *la plus grande de Canada. Voyez* SANGUINARIA CANADENSIS. L.

CELANDINE. *Voy.* CHELIDONIUM.

CELASTRUS. *Lin. Gen. Plant.* 392, *Evonymoïdes*, If-nard. *Ac. R. Sc.* 1716. [*The Staff-tree.*] Arbre à bâton.

Caraĉteres. Le calice eft petit, & formé par une feuille découpée en cinq parties égales & émouffées; la corolle eft compofée de cinq pétales ovales, égaux, étendus & ouverts : la fleur a cinq étamines auſſi longues que la corolle, & terminées par de petits ſommets : le germe eſt petit, & pourvu d'un grand réceptacle marqué de dix cannelures profondes ; il ſupporte un ſtyle court, & terminé par un ſtigmat obtus, & diviſé en trois parties : ce germe devient par la ſuite une capſule ovale, émouſſée & triangulaire, qui s'ouvre en trois cellules, dont chacune contient une ſemence ovale & unie.

LINNÉE a placé ce genre dans la premiere ſection de la cinquieme claſſe intitulée *Pentandria Monogynia*, qui comprend toutes les plantes dont les fleurs ont cinq étamines & un ſtyle.

Les eſpeces ſont :

1°. *Celaſtrus bullatus, inermis, foliis ovatis, integerrimis. Lin. Sp. Plant. 196* ; Arbre à bâton ſans épines, avec des feuilles ovales & entieres.

Evonymoïdes Virginiana, foliis non ſerratis, fructu coccineo, eleganter bullato. Iſnard. Act. 1716. p. 369 ; Fuſain bâtard de Virginie à feuilles non ſciées, produiſant un fruit rond & d'un beau rouge.

Evonymus Virginianus, rotundi-folius, capſulis coccineis eleganter bullatis. Pluk. Alm. 139. T. 28. F. 5.

2°. *Celaſtrus ſcandens, inermis, caule volubili, foliis ſerrulatis. Lin. Sp. Pl. 285* ; Arbre à bâton, ſans épines, à tiges ſarmenteuſes & grimpantes, dont les feuilles ſont légerement ſciées.

Evonymoïdes Canadenſis ſcan-

dens, foliis ſerratis. Iſnard. Ac. Reg. 1716. p. 369.

Frutex viminibus lentis infirmis, foliis profundè ſerratis. Gron. Virg. 55.

3°. *Celaſtrus pyracanthus, ſpinis nudis, ramis teretibus, foliis acutis. Hort. Cliff. 72* ; Arbre à bâton, avec des épines nues, des branches cylindriques & des feuilles pointues.

Lycium Æthiopicum Pyracanthæ foliis. Hort. Amſt. 1. p. 163. T. 84.

Evonvmo affinis Æthiopica, Lycii foliis & aculeis, fructu Evonymi. Pluk. Alm. 139 T. 280. F. 5.

4°. *Celaſtrus Buxi-folius, ſpinis folioſis, ramis angulatis, foliis obtuſis. Hort. Cliff. 73. Roy. Lugd.-B. 434* ; Arbre à bâton, avec des feuilles ſur les épines, des branches angulaires & des feuilles obtuſes.

Lycium Portoricenſe, Buxi foliis anguſtioribus. Pluk. Alm. 234. T. 202. F. 3.

5°. *Celaſtrus Myrti-folius, inermis, foliis ovatis, ſerrulatis, floribus racemoſis, caule erecto. Hort. Cliff. 72* ; Arbre à bâton, ſans épines, dont la tige eſt érigée, les feuilles ovales & légerement ſciées; & les fleurs diſpoſées en longs bouquets.

Myrti-folia arbor, foliis latis, ſubrotundis, flore albo. Sloan. Hiſt. Jam. 2. p. 79. tab. 193. F. 1. Raj. Dendr. 36.

Bullatus. La premiere eſpece, qui naît ſans culture dans la Virginie, ainſi que dans pluſieurs autres parties de l'Amérique Septentrionale, s'éleve dans ſa patrie à la hauteur de huit à dix pieds ; mais en Angleterre elle ne parvient pas à la moitié de cette élévation. Elle pousse ordinairement de sa racine deux ou trois tiges, qui se divisent vers le haut en plusieurs branches, couvertes d'une écorce brune, & garnies de feuilles longues de trois pouces environ, sur deux de largeur, & alternes. Ses fleurs sortent en épis clairs des extrémités des branches ; elles sont blanches, composées de cinq pétales ovales, & elles ont chacune dans leur centre un germe, accompagné de cinq étamines. Quand ces fleurs tombent, le germe se gonfle & devient une capsule triangulaire, d'une couleur d'écarlate, remplie de petites protubérances, qui s'ouvrent en trois cellules, dont chacune renferme une semence dure, ovale, & couverte d'une chair mince & rouge. Cet arbrisseau fleurit en Juillet ; mais il produit rarement des semences en Angleterre.

On le multiplie ici par marcottes, qui prennent racine dans une année : les jeunes branches sont les seules qui soient propres à cet effet ; ainsi, quand il ne s'en trouve point près de la terre, il faut baisser les tiges principales, les assujettir avec des crochets pour les empêcher de se relever, & on marcotte ensuite les jeunes rejettons de ces tiges. On pratique cette opération en automne, lorsque ces arbrisseaux commencent à perdre leurs feuilles ; & un an après, les marcottes seront suffisamment enracinées : on les séparera alors de la vieille plante, on les mettra en pépiniere, & on les y laissera pendant deux ou trois ans, afin de leur donner le tems d'acquérir de la force ; après quoi, on les transplantera dans les places ou elles doivent rester.

Comme cet arbrisseau croît naturellement dans des lieux humides, il ne profiteroit point ici dans un terrein sec : il est fort dur, & il supporte assez bien le froid de nos hivers. On le multiplie aussi au moyen de ses semences qu'on apporte souvent de l'Amérique ; mais comme elles n'arrivent pas ordinairement assez tôt pour être semées avant le printems, leurs plantes ne poussent jamais dans la premiere année ; c'est pourquoi il faut les semer ou dans des pots, ou dans une planche de terre marneuse, les débarrasser exactement des mauvaises herbes pendant l'été, & tenir celles des pots à l'ombre jusqu'en automne : alors on enfonce ces pots ou dans la terre, à une exposition chaude ; où on les enferme sous un châssis ordinaire, pour les garantir de la gelée ; & on couvre la surface des pots qui sont plongés dans la terre, ainsi que la planche de semences, avec un peu de vieux tan, pris dans une ancienne couche chaude. Les plantes pousseront au printems ; alors il faudra les tenir nettes de mauvaises herbes, &, si la saison est seche, on les arrosera de tems en tems, afin d'avancer leur accroiffement. Si ces plantes font un grand progrès dans le premier été, on pourra les tranfplanter en automne dans une pépiniere ; finon il faudra les laiffer dans une planche du femis jufqu'à la feconde année ; après quoi, on les traitera de la même maniere que les marcottes.

Scandens. La feconde efpece pouffe de fa racine plufieurs tiges ligneufes & flexibles, qui s'attachent aux arbres & aux arbriffeaux voifins ; mais quand elles font ifolées, & qu'elles ne peuvent atteindre aucune plante, elles s'entrelacent entr'elles, & s'élevent ainfi à la hauteur de douze ou quatorze pieds : celles qui grimpent contre les arbres, parviennent à une plus grande hauteur ; mais elles les ferrent avec tant de force, qu'elles les font périr en peu de tems.

Ces tiges font garnies de feuilles longues d'environ trois pouces, fur près de deux pouces de largeur, fciées fur leurs bords, alternes, d'un vert vif au deffus, d'un vert plus pâle en-deffous, & traverfées par plufieurs nerfs qui s'étendent depuis la côte du milieu jufqu'aux bords. Ses fleurs, qui naiffent en petits bouquets vers les extrémités des branches, font d'une couleur herbacée, compofées de cinq pétales ronds, & remplacées par des capfules rondes & triangulaires, qui deviennent rouges à leur maturité, & qui, s'ouvrant en trois cellules, laiffent les femences à

découvert comme dans le *Fufain ordinaire*. Cette efpece fleurit vers le commencement de Juin, & fes femences mûriffent en automne.

Ces graines mûriffent généralement bien en Angleterre, & ces plantes peuvent fe multiplier par leur moyen ou par marcottes comme l'efpece précédente : un fol fort & marneux leur eft plus propre qu'aucun autre, furtout s'il eft en même-tems humide ; elles croiffent dans des bois, parmi les arbres & les arbriffeaux, où elles produifent le plus bel effet, quand leur fruit eft mûr. Cette efpece qui eft extrêmement dure, fe trouve dans toute l'Amérique Septentrionale.

Pyracanthus. La troifieme efpece eft originaire d'Ethiopie ; & fes femences, qui en ont été d'abord apportées dans les jardins de Hollande, ont produit des plantes qui ont été par la fuite diftribuées dans les jardins curieux de l'Europe. Celle-ci s'éleve à la hauteur de trois ou quatre pieds, avec une tige irréguliere, de laquelle fortent plufieurs branches latérales, couvertes d'une écorce brune, & garnies de feuilles longues, de deux pouces, fur un demi-pouce de largeur, dont quelques-unes font pointues & d'autres obtufes : ces feuilles font fermes, d'un vert luifant, placées irrégulierement fur les branches, & elles durent toute l'année. Ses fleurs, qui fortent plufieurs à la fois du même bouton naiffent en têtes claires fur de longs pédoncules, des parties latérales des branches ; elles font d'une couleur blanche herbacée, & compofées de cinq pétales étendus, & de cinq étamines qui s'élargiffent & qui environnent un germe gonflé, duquel fort un ftyle conique couronné par un ftigmat obtus, & divifé en trois parties : ce germe fe change par la fuite en un fruit ovale & d'un beau rouge, qui s'ouvre en trois cellules, dont une renferme une femence oblongue & dure, les deux autres étant ordinairement vides.

On multiplie communément cette plante en Europe par boutures, qui croîffent plus vîte que les plantes de femence, qu'on voit rarement paroître dans la premiere année. On peut planter ces boutures pendant tout l'été ; mais celles qui font faites de bonne heure ont plus de tems pour acquérir de la force avant l'hiver. Il faut les mettre dans de petits pots, qui puiffent en contenir chacun quatre ; on remplit ces pots avec de la terre bien meuble, prife dans un jardin potager ; on les plonge dans une couche de chaleur modérée, on les abrite du foleil, & on les arrofe légerement de tems en tems : lorfqu'elles ont pouffé des racines, on les expofe par dégrés au plein air, & on les place enfuite dans une fituation abritée, où on les laiffe jufqu'à ce qu'elles aient acquis de la force ; après quoi, on les fépare pour les planter chacune

à part dans un petit pot rempli de la même terre : on tient ces plantes à l'ombre jufqu'à ce qu'elles aient formé de nouvelles racines ; on les place enfuite avec les autres plantes exotiques dans un bon abri, & on les y laiffe jufqu'en automne, qui eft la faifon de les renfermer dans la ferre avec les *Myrtes*, & les autres plantes de la même nature, & il faut les traiter de la même façon.

Des perfonnes peu inftruites avoient donné à cette plante le nom de *Berberis Africana* ; fans doute à caufe de la reffemblance de fon fruit avec celui de l'*Epine Vinette*.

Buxi-folius. La quatrieme, dont les femences m'ont été envoyées du Cap de Bonne-Efpérance, où elle croît naturellement, s'éleve à la hauteur de dix à douze pieds, avec une tige mince & ligneufe, couverte d'une écorce claire & cendrée, pleine de nœuds, & armées de longues épines, fur lefquelles croiffent plufieurs petites feuilles : fes branches font minces & armées de plufieurs épines à chaque nœud ; mais la plante entiere eft fi foible, qu'elle exige un foutien, fans lequel elle tomberoit fur la terre : fes feuilles, qui fortent en paquets & fans aucun ordre, reffemblent prefque à celles du *Buis à petites feuilles* ; mais elles font plus longues & d'une texture moins ferme : fes branches font angulaires ; & lorfqu'elles font jeunes, leur écorce eft blanchâtre.

N'ayant pas vu les fleurs de cet arbriſſeau, je ne puis en donner une deſcription plus détaillée.

On le multiplie très aiſément au moyen de ſes ſemences ; & les plantes ainſi élevées, font en peu de tems de très-grands progrès ; car j'en ai eu quelques-unes, qui, en deux années, avoient atteint la hauteur de quatre pieds, ſans le ſecours d'aucune chaleur artificielle. Pluſieurs de ces plantes ont ſubſiſté pendant deux hivers contre une muraille au ſud-eſt, mais elles y ont perdu leurs feuilles ; au lieu que celles de la ſerre ont conſervé leur verdure pendant toute l'année.

On peut auſſi propager cette eſpece par boutures, qu'il faut planter au printems, & traiter de la même maniere que les plantes de la précédente ; on marcotte encore les jeunes rejetons, qui prennent racine dans une année, & qui peuvent être après tranſplantés dans des pots, ou contre une muraille à une bonne expoſition, où ils ſupporteront le froid de nos hivers ordinaires ſans aucune précaution ; pourvu cependant qu'on ait ſoin de les couvrir lorſque les gelées deviennent trop fortes, & qu'on les accoutume peu-à-peu à ſe faire au plein air. Les plantes qui ſont miſes en pots demandent d'être tenues un peu à l'abri pendant l'hiver ; mais elles ne doivent pas être traitées délicatement ; parce que leurs branches deviendroient trop foibles, &

que leurs feuilles ſeroient teintes d'un vert moins agréable que ſi elles avoient été expoſées à l'air dans les tems doux.

Myrti folius. La cinquieme croît naturellement à la Jamaique, ainſi que dans quelques autres îſles des Indes Occidentales, où elle s'éleve à la hauteur de dix-huit à vingt pieds : elle pouſſe pluſieurs branches latérales, garnies de feuilles à-peu-près ſemblables à celles du *Myrte à larges feuilles* & légèrement ſciées ſur leurs bords : ſes fleurs qui naiſſent en longs paquets ſur les parties latérales des branches, ſont blanches & compoſées de cinq pétales, de cinq étamines oppoſées, & d'un germe cannelé qui en occupe le centre : ce germe devient, quand la fleur eſt paſſée, un fruit à cinq cellules, dont chacune renferme une ſemence oblongue.

Cette plante n'eſt pas aujourd'hui commune en Angleterre, parce que ſes ſemences pouſſent rarement dans le cours de la premiere année : auſſi tôt donc qu'on les reçoit, il faut les ſemer dans de petits pots remplis de terre légere, & les tenir dans une couche de tan juſqu'au printems ſuivant pour les replonger alors dans une nouvelle couche chaude. Si ces pots ſont convenablement arroſés, les plantes paroîtront un mois environ après ; & lorſqu'elles auront acquis un certain dégré de force, on les plantera ſéparément dans de petits pots qu'on enfoncera dans la couche de tan ; on les arrofera & on les mettra à l'abri du foleil, jufqu'à ce qu'elles aient produit de nouvelles racines ; après quoi, on les traitera comme les autres plantes tendres qui viennent des mêmes contrées.

CELERI. *Voyez* APIUM DULCE L. APIUM NAPACEUM.

CELLÆ. *Cellules*, dans les plantes, font des partitions ou des cavités formées dans la longueur des légumes, & dans lefquelles les femences font renfermées.

CELOSIA. *Lin. Gen. Plant.* 255. *Amaranthus. Tourn. Inft. R. H.* 234. *tab.* 118. [*Amaranthe.*] Amaranthe.

Caractères. Dans ce genre, le calice eft perfiftant & compofé de trois feuilles feches & colorées : la corolle a cinq pétales érigés, terminés en pointes aiguës, perfiftans, fermes & de la même forme que le calice : la fleur a un petit nectaire joint à la bordure du germe, auquel adherent cinq étamines terminées par des fommets mouvans : ce germe, de forme globulaire, foutient un ftyle droit, auffi long que les étamines, & terminé par un ftigmat fimple. Le calice fe change, quand la fleur eft paffée, en une capfule globulaire, qui s'ouvre horifontalement en une feule cellule remplie de femences rondes.

Ce genre de plantes eft rangé dans la premiere fection de la cinquieme claffe de LINNÉE, intitulée : *Pentandria Monogynia*, les fleurs ayant cinq étamines & un ftyle.

Les efpeces font:

1° *Celofia margaritacea, foliis ovatis, ftipulis falcatis, pedunculis angulatis, fpicis fcariofis. Lin. Sp. Plant.* 297 ; Amaranthe à feuilles ovales, ayant une ftipule en forme de coutelas courbé, & un épi rude.

Amaranthus fpicâ albefcente habitiore. Martyn. Cent. 7. *P.* 7.

Amaranthus fimplici paniculâ. Bauh. Pin. 121.

2°. *Celofia criftata, foliis lanceolato-ovatis, recurvis, fubundatis, pedunculis angulatis, fpicis oblongis criftatis. Lin. Sp.* 297 ; Célofia dont les feuilles font ovales, en forme de lance, & placées fur des pédoncules angulaires, & dont les épis de fleurs font oblongs & en forme de crête.

Celofia foliis lanceolato-ovatis. Hort. Cliff. 43. *Hort. Ups.* 52.

Amaranthus criftatus. Camer. Epit. 792 ; Amaranthe à crête, ordinairement appelé *Crête de Coq.*

Amaranthus major, paniculis furrectis flavefcentibus. Herm. Lugd.-B. 30. Variété.

3°. *Celofia paniculata, foliis lanceolato-ovatis, paniculâ diffufâ, fili-formi. Flor. Virg.* 144 ; Célofia à feuilles ovales & en forme de lance, produifant un épi mince & diffus.

Celofia major farmentofa affurgens. foliis majoribus ovatis. Br. Jam. 179.

Amaranthus, paniculâ flavicante, gracili, holofericâ. Sloan. Hift. 1. *P.* 142. *tab.* 90.

Blitum album majus fcandens. Sloan. Jam. 49. *Hift.* 1. *p.* 142. *t.* 91. *f.* 2.

4°. *Celofia Coccinea, foliis ovatis, ftrictis, inauriculatis,*

caule fulcato , fpicis multiplici-
bus criftatis. *Lin. Sp. 297 ;* Célofia à feuilles ovales, ayant
une tige fillonnée & plufieurs
épis de fleurs en crête.

*Amaranthus paniculâ fpeciofâ
criftatâ. Bauh. Hift. 2 , p. 969.*

5°. *Celofia Caftrenfis , foliis
lanceolato-ovatis , lineatis , acu-
minatiffimis , ftipulis falcatis ,
fpicis criftatis. Lin. Sp. 297 ;*
Célofia à feuilles ovales linéaires & en forme de lance,
garnies de pointes aiguës &
produifant des épis de fleurs
en crête.

*Amaranthus criftatus. Cam.
Epit. 792.*

*Amaranthus vulgaris. Rumph.
Amb. 5 , p. 236 , t. 84.*

*Amaranthus minor , fpicâ fin-
gulari , lunatis circum caulem foliis. Barr. Rar. 471 , t. 1195 , Bocc.
Mus. 2 , p. 77.*

6°. *Celofia lanata , foliis lanceolatis , tomentofis , obtufis , fpicis confertis , ftaminibus lanatis.
Flor. Zeyl. 102 ;* Célofia à feuilles en forme de lance, obtufes & velues, avec plufieurs
épis de fleurs , dont les étamines font laineufes.

Margaritacea. La premiere
efpece dont les femences m'ont
été fouvent envoyées de l'A-
mérique, s'éleve à la hauteur
d'environ deux pieds , avec une
tige droite & garnie de feuilles ovales terminées en pointe , & d'une couleur pâle ;
celles qui occupent les parties
baffes de la plante ont quatre
à cinq pouces de longueur ,
fur un pouce & demi de largeur dans le milieu ; mais elles deviennent d'autant plus
petites, qu'elles s'approchent

davantage du fommet. Sa tige
produit , vers le haut, quelques branches latérales & érigées , dont chacune eft terminée par un épi de fleurs
minces , & de couleur argentée , ainfi que la tige principale dont l'épi, auffi gros que
le doigt, a jufqu'à deux ou
trois pouces de longueur. Il y
a dans cette efpece une variété
avec des épis minces de forme pyramidale , & mêlés de
rouge vers le fommet : je fuis
porté à croire que cette variété, dont les femences m'ont
été données par Linnée, fous
le même titre que cette premiere efpece , differe néanmoins de celle dont le Docteur Martyn a donné la figure dans fes *Décades de plantes
rares.* Je l'ai cultivée pendant
plufieurs années dans les jardins de *Chelféa* , & je ne l'ai
jamais vue s'altérer. L'épi de
celle-ci eft égal dans toute fa
longueur , & beaucoup plus
gros que celui de Linnée, qui
diminue de groffeur , & fe
termine prefque en pointe à
fon extrémité. Les couleurs de
ces deux efpeces font auffi
fort différentes ; celle - ci eft
annuelle comme les autres
Amaranthes , & elle exige le
même traitement.

Criftata. La feconde efpece
eft bien connue fous le nom
ordinaire de *Crête de Coq*, qu'on
lui a donné à caufe de la forme de fa tête de fleurs qui en
effet reffemble à une crête.
Celle-ci offre plufieurs variétés qui different dans leur forme , leur grandeur & leur couleur ; mais comme elles proviennent

viennent toutes des mêmes femences, on ne les a point mifes au nombre des efpeces diftinctes. J'ai obtenu un grand nombre de ces variétés avec des femences qui m'ont été envoyées de la Chine & de quelques autres contrées, mais elles ont dégénéré en peu d'années, quoiqu'on ait apporté le plus grand foin à recueillir & à conferver leurs graines. Les couleurs principales de leurs têtes font le rouge, le pourpre, le jaune & le blanc; quelques-unes d'entre celles-ci étoient panachées en deux ou trois couleurs. J'ai auffi reçu de la Perfe, des femences de cette efpece qui ont produit des plantes dont les têtes étoient divifées comme un plumage d'une belle couleur écarlate; mais elles ont dégénéré en très-peu de tems, c'eft-pourquoi je renferme toutes ces différentes variétés fous ce titre général de *Criftata*. (1)

Paniculata. La troifieme, dont les femences m'ont été envoyées de la Jamaïque par le Docteur HOUSTOUN, croît naturellement dans la plupart

des Ifles à fucre de l'Amérique; elle s'éleve prefque à la hauteur de quatre pieds avec une tige foible & garnie de feuilles oblongues, pointues & oppofées à chaque nœud: fes fleurs naiffent en panicules clairs aux côtés des tiges, & aux extrémités des branches; elles font luifantes, foyeufes, d'une couleur jaune pâle & divifées en un grand nombre d'épis fort minces; elles paroiffent en automne, mais elles ne perfectionnent point leurs femences en Angleterre.

Coccinea. La quatrieme que j'ai reçue de la Chine, a une tige fillonnée, haute de trois ou quatre pieds, & garnie de feuilles ovales, qui ne font pas oreillées à leur bâfe: cette tige eft terminée par plufieurs épis de fleurs qui different entr'elles; les unes font en forme de crête, & d'autres font agréablement frangées en maniere de plume; mais toutes ont la plus belle apparence, & font teintes d'une couleur écarlate très-brillante. Les femences de celle-ci, quoique recueillies & confervées avec foin, font fujettes à dégénérer.

Caftrenfis. La cinquieme eft d'un crû plus bas que la précédente; fes feuilles font ovales, en forme de lance, & terminées en pointe fort aiguë; fes branches, qui fortent des aîles des feuilles fur prefque toute la longueur de la tige, font terminées par des épis de fleurs minces; & comme elles ne font pas fort bel-

---

(1) On emploie quelquefois les fleurs & les graines d'*Amaranthès à fleurs pourpre*; mais on ne doit en faire ufage qu'avec la plus grande circonfpection, à caufe de leur qualité fortement aftringente: elles conviennent dans les cours de ventre féreux & dans quelques efpeces d'hémorrhagies. On prépare les fleurs en infufion, & on donne les graines en fubftance, à la dofe d'un gros.

les, on ne conferve cette plante que dans les jardins de Botanique, pour la variété.

Lanata. La fixieme, qui croît naturellement dans l'Ifle de Céylan, s'éleve à la hauteur de deux ou trois pieds, avec une tige blanche, laineufe & garnie de feuilles obtufes, velues & en forme de lance : du fommet de cette tige fortent deux ou trois branches latérales & minces, qui, ainfi que la tige principale, font terminées par des épis de fleurs laineufes : ces fleurs font fi exactement enveloppées dans leurs calices laineux, qu'elles font à peine vifibles ; mais quoiqu'elles n'aient point d'apparence, l'extrême blancheur de la tige, des feuilles & des épis, font une belle variété parmi les autres plantes délicatés où elles font placées.

Cette plante eft tendre ; il faut femer fes graines au printems, fur une couche chaude, & traiter les plantes qui en proviennent comme celles de la feconde efpecé ou la *Crête de Coq* ; mais quand elles font parvenues à leur entier accroiffement on les met fous des vitrages airés, pour les garantir du froid & de l'humidité, & on leur donne de l'air dans les tems chauds ; fans quoi, elles ne perfectionnent pas leurs femences en Angleterre.

Culture. Pour avoir des *Amaranthes* larges & belles, il faut choifir avec foin les femences ; car fi elles ne font pas recueillies avec la plus grande attention, la dépenfe entiere & la peine de les élever feront perdues. Quand on eft pourvu de bonnes femences, on les répand vers le commencement du mois de Mars fur une couche qui a été préparée d'avance, & dont la trop grande chaleur eft déjà diffipée. Au bout de quinze jours, fi la couche eft en bon état, les plantes poufferont ; mais comme elles font tendres dans leur premiere jeuneffe, elles exigent beaucoup de foin pendant quelques jours, & jufqu'à ce qu'elles aient acquis de la force. On doit d'abord leur donner affez d'air pour les empêcher de filer, & les préferver d'une trop grande humidité qui feroit pourrir leurs tendres tiges. En les femant on doit prendre garde qu'elles ne foient pas trop près les unes des autres, parce que, lorfqu'elles viennent à croître en paquets, elles fe détruifent mutuellement, faute d'avoir affez de place pour fe développer : quinze jours ou trois femaines après, elles feront en état d'être enlevées. Alors on préparera quelques jours d'avance, une autre couche chaude qu'on couvrira d'une terre riche & légere jufqu'à l'épaiffeur d'environ quatre pouces ; & lorfque cette couche aura perdu fa grande chaleur, on enlevera doucement les plantes avec les doigts de deffus la premiere couche, en prenant garde de ne point bleffer ni rompre leurs racines ; on les plantera fur la nouvelle, en laiffant entr'elles un intervalle d'environ quatre pouces, & on les arrosera pour fixer la terre à leurs racines, mais avec l'attention de ne point abbattre les plantes, qui se releveroient difficilement, ou qui périroient même tout-à-fait si cet accident avoit lieu.

Cette opération étant finie, on garantit les plantes de l'ardeur du soleil; & comme les vapeurs que produit la fermentation du fumier, après s'être condensées contre les vitrages, retombent en gouttes, & font pourrir les plantes, il faut avoir soin de retourner les châssis tous les jours lorsque le tems le permet, ou de les essuyer avec un morceau d'étoffe de laine.

Quand ces plantes sont bien enracinées, & qu'elles commencent à croître, on leur donne de l'air chaque jour, plus ou moins, suivant que le tems est chaud ou froid, pour empêcher leurs tiges de filer & de s'affoiblir.

Un mois ou cinq semaines après que ces plantes ont été transplantées, si elles viennent à se toucher, on préparera une autre couche d'une chaleur modérée, qu'on couvrira avec la même terre, jusqu'à l'épaisseur de six pouces, & on les y placera à sept ou huit pouces de distance, après les avoir enlevées avec une forte motte de terre à leurs racines; & on les arrosera légèrement, afin de ne point les abbattre : on les tiendra à l'ombre pendant la chaleur du jour, jusqu'à ce qu'elles aient poussé des racines nouvelles : on les arrosera souvent & légèrement, on leur donnera de l'air à proportion de la chaleur du tems; &, pour que leur accroissement ne soit point retardé par la perte que la couche peut faire de sa chaleur, on les couvrira toutes les nuits avec des nattes.

Vers le milieu du mois de Mai, on prépare une autre couche couverte d'un châssis élevé; on y place autant de pots de la valeur de six sols, qu'elle peut en contenir; on remplit ces pots avec de la terre riche & féconde, & les intervalles avec quelqu'espece de terre que ce soit, pour empêcher l'évaporation de la chaleur, & retenir les vapeurs de la couche : les choses étant ainsi disposées, on enleve les plantes avec une truelle, en conservant à leurs racines autant de terre qu'il est possible, & on en place une au milieu de chaque pot, qu'on remplit avec la même bonne terre que l'on presse avec la main contre les racines : on les arrose ensuite légèrement; on les tient à l'abri du soleil, en couvrant les vitrages avec des nattes; on les arrose souvent, & on leur donne beaucoup d'air pendant le jour.

Trois semaines après cette opération, lorsque les plantes auront acquis une grande hauteur & une force considerable, on soulevera les vitrages pendant le jour, & toutes les fois que l'air sera doux & le soleil couvert, on les ôtera tout-à-fait, & on les exposera en plein air, afin de les endurcir & de les préparer à y rester tout-à-fait ; ce qui ne doit pas avoir lieu avant le huit de Juillet : on doit choisir pour cela un tems parfaitement doux, &, s'il est possible, l'instant où il tombe une pluie légere.

On les place d'abord contre une haie pendant deux ou trois jours, afin de les garantir des ardeurs du soleil & de l'impression des vents, auxquels il faut les habituer par dégrés : comme elles transpirent beaucoup, lorsqu'elles sont parvenues à une hauteur considérable, il faut les arroser tous les jours, lorsque le tems est sec & chaud; sans quoi elles seroient retardées dans leur accroissement, & leurs fleurs ne deviendroient point aussi belles qu'elles doivent l'être.

Au moyen de cette méthode, si elle est bien suivie, que l'espece soit bonne & la saison favorable, on aura de superbes *Amaranthes*, qui feront pendant deux mois le plus bel ornement d'un jardin : c'est par ce procédé que j'ai obtenu de ces plantes, qui se sont élevées jusqu'à la hauteur de cinq à six pieds, & qui ont produit des têtes d'un pied de diametre. Je suis persuadé qu'avec de bonnes especes & toutes les commodités nécessaires, on peut encore en obtenir de plus grosses, si la saison est favorable.

Les semences de ces diverses especes d'*Amaranthes* seront en pleine maturité vers le milieu ou la fin du mois de Septem-

bre : on choisira alors les plus belles, les plus grosses & les moins branchues pour les recueillir : si dans cette saison les nuits sont déjà froides & le tems humide, on placera ces plantes sous un abri, afin que leurs graines puissent acquérir toute la perfection dont elles sont susceptibles ; mais on ne doit ramasser que celles qui naissent dans le milieu de la tête, quoiqu'elles soient en moindre quantité que les autres, & rejetter toutes celles qui se trouvent sur les branches latérales & aux sommets des tiges, si on veut avoir de belles especes pour l'année suivante.

CELSIA. *Lin. Gen. Plant.* 675. Cette plante a été ainsi nommée par LINNÉE, en l'honneur du Docteur OLAUS CELSIUS, Professeur en l'Université d'Upsal, en Suede. *Espece de Bouillon blanc.* Nous n'avons point de nom vulgaire pour cette plante.

Caracteres. Le calice est obtus, persistant, aussi long que la corolle, & divisé au sommet en cinq parties. La corolle est monopétale ; elle a un tube fort court, qui s'étend & s'ouvre, & qui est découpé en cinq parties inégales, dont les deux supérieures sont petites, & les inférieures plus larges. La fleur a quatre étamines velues & inclinées vers les segmens supérieurs de la corolle ; deux de ces étamines sont plus longues que le pétale, les deux autres sont d'une longueur égale ; & elles sont toutes terminées par des sommets petits & ronds. Dans le centre est situé un germe rond, qui soutient un style mince, couronné par un stigmat obtus. Ce germe, placé sur le calice, devient par la suite, une capsule ronde, comprimée au sommet, & divisée en deux cellules remplies de petites semences angulaires,

Ce genre de plantes est rangé dans la seconde section de la quatorzieme classe de LINNÉE, intitulée : *Didynamia angiospermia*, parce que la fleur a deux étamines longues & deux courtes, & que ses semences sont renfermées dans une capsule.

Nous ne connoissons qu'une espece de ce genre, qui est :

Celsia orientalis, foliis duplicato pinnatis. Hort. Cliff. 321. Hort. Upf. 179. T. 1. Roy. Lugd.- B. 1301 ; Celsia à feuilles doublement ailées.

Verbascum orientale Sophiæ folio. Tourn. Cor. 8. Buxb. Cent. 5. p. 17 ; Bouillon-blanc du Levant à feuilles de Thlafpi.

Blattaria Orientalis, Agrimoniæ folio. Buxb. Cent. 1. P. 14. T. 20.

Cette plante croît naturellement en Arménie, d'où ses semences, ont été envoyées par TOURNEFORT au Jardin Royal de Paris : elles y ont très-bien réussi, & ont été depuis répandues dans presque toute l'Europe.

Cette plante est annuelle dans son pays originaire ; mais en Angleterre, elle perfectionne rarement ses semences, à moins qu'elle ne pousse en automne & qu'elle ne subsiste pendant l'hiver.

Elle produit plusieurs feuilles oblongues, joliment divisées sur ses deux bords, presque jusqu'à la côte du milieu, & couchées sur la terre : du centre de ces feuilles s'éleve une tige ronde & herbacée, haute de deux pieds, & garnie sur toute sa longuéur de feuilles alternes qui ont la même forme que les premieres, mais qui diminuent de grandeur à mesure qu'elles approchent du sommet. Ses fleurs, d'une couleur de fer en-dehors, & d'un jaune pâle en-dedans, sortent de la bâse de chaque pétiole & s'ouvrent comme celles du *Bouillon blanc,* quoiqu'elles soient moins irrégulieres : leurs tubes sont courts & tournés vers le bas ; leurs segmens inférieurs sont plus larges que ceux du haut, & leurs étamines sont inégales. C'est d'après ce dernier caractere que LINNÉE a rangé cette plante dans la classe que nous avons indiquée : sa capsule, ronde & comprimée, contient deux cellules remplies de petites semences. Elle fleurit en Juin, & ses semences mûrissent en Septembre. On seme ses graines aussi-tôt après leur maturité sur une plate-bande chaude & seche, afin que les plantes puissent pousser tout de suite : elles résisteront aux froids de nos hivers, si le sol dans lequel elles sont placées est maigre & de mauvaise qualité ; mais si elles se trouvent dans une terre riche, elles seront détruites par les premieres gelées , ou elles périront par trop d'humidité. Si les plantes ne pouffent point en automne, on fera toujours affuré qu'elles paroîtront au printems fuivant : elles ne demandent aucune autre culture que d'être tenues nettes de mauvaifes herbes , & d'être éclaircies lorfqu'elles font trop ferrées ; mais comme elles périffent ordinairement lorfqu'on les tranfplante , il faut les laiffer où elles ont été femées.

Dans les années chaudes, les plantes femées au printems m'ont quelquefois donné des femences mûres ; mais comme on ne doit pas s'y attendre , il vaut mieux les femer en automne.

CELTIS. *Tourn. Inft. R. H. 612 , tab. 383 , Lin. Gen. Plant. 1012.* [The *Lote* , or *Nettle-tree*.] Miconcoulier.

Caractères. Les fleurs mâles & hermaphrodites font fur la même plante, les fleurs hermaphrodites font fimples & fituées au-deffus des fleurs mâles : le calice de la fleur hermaphrodite eft divifé en cinq parties ; elle n'a point de corolle, mais feulement cinq étamines courtes & terminées par des fommets épais, quadrangulaires & fillonnés par quatre rainures. Dans fon centre eft placé un germe ovale furmonté par deux ftigmats réfléchis, & couronnés par un fimple ftigmat : quand la fleur eft paffée, ce germe devient une baie à une cellule qui renferme une noix ronde. Les calices des fleurs mâles font divifés en fix parties ; elles n'ont ni germe ni

ftyle ; mais pour le refte , elles ne different point des fleurs hermaphrodites.

Les plantes de ce genre font rangées avec celles qui ont des fleurs mâles & hermaphrodites, dans la premiere fection de la vingt-troifieme claffe de LINNÉE, qui a pour titre : *Polygamia Monœcia.*

Les efpeces font :

1°. *Celtis Auftralis , foliis lanceolatis, acuminatis, ferratis , nervofis* ; Miconcoulier à feuilles pointues & en forme de lance , dont les bords font nerveux & fciés.

Celtis , foliis ovato-lanceolatis. Hort. Cliff. 39 , Roy. Lugd.-B. 207. Dalib. Paris. 304 , Gouan. Monsp. 512.

Celtis , fructu nigricante. Tourn. Inft. 612 ; Miconcoulier à fruit noirâtre ; & en Provence , Fabrecoulier *ou* Falabriquier.

Lotus arbor. Lob. ic. 186. Lotier en arbre.

Lotus, fructu cerafi. Bauh. Pin. 447.

Lotus , five Celtis. Cam. Epit. 155.

2°. *Celtis Occidentalis , foliis oblique ovatis , ferratis , acuminatis. Lin. Sp. Plant. 1044* ; Miconcoulier à feuilles obliques , ovales, pointues & fciées fur leurs bords.

Celtis , fructu obfcurè purpurafcente. R. H. 612 ; Miconcoulier à fruit d'un pourpre foncé, ou à fruit noir.

Celtis procera , foliis ovato-lanceolatis , ferratis , fructu pullo , Gron. Virg. 158.

3°. *Celtis Orientalis , foliis ovato-cordatis, denticulatis, petiolis brevibus ;* Miconcoulier à feuilles ovales, en forme, de cœur, légerement dentelées, & supportées par de courts pétioles.

Celtis foliis oblique - cordatis, serratis, subtus villosis, Flor. Zeyl, 369.

Ulmus, fructu baccato, Hort. cliff. 83 ; Orme produisant des fruits à baies.

Celtis Orientalis minor, foliis minoribus & crassioribus, fructu flavo, Tourn. Cor. 42. Miconcoulier du Levant, moyen, avec des feuilles plus petites & plus épaisses, ayant un fruit jaune.

Salvi - folia arbor Orientalis, foliis tenuissimè crenatis. Pluk. Alm. 329.

Mallam - toddali, Rheed. Mal. 4, p. 83, t. 40.

4°. *Celtis Americana, foliis oblongo-ovatis, obtusis, nervosis, supernè glabris, subtùs aureis* ; Miconcoulier à feuilles oblongues, obtusès unies en-dessus, & d'une couleur d'or en-dessous.

Celtis, foliis Citri, subtùs aureis, fructu rubro. Plum. Cat. 18 ; Miconcoulier à feuilles de Citronnier, d'une couleur d'or en-dessous, & dont le fruit est rouge.

Lotus arbor Virginiana, fructu rubro. Raj. Hist. 1917.

Australis. La premiere espece est originaire de la France Méridionale, de l'Espagne & de l'Italie, où elle est un des plus grands arbres de ces contrées ; mais elle est moins commune en Angleterre que la seconde. Je n'ai jamais vu dans les jardins Anglois, que deux grands arbres de cette espece, dont l'un qui se trouvoit chez l'Evêque de Londres, à Ful-

ham, a été coupé il y a quelques années, ainsi que plusieurs autres arbres exotiques très-curieux qui y étoient en grande perfection ; & l'autre dans le jardin du Docteur UVEDALE, à Enfield: ce dernier a souvent porté du fruit. Depuis quatorze ans on trouve dans quelques jardins de jeunes plantes de cette espece qui sont provenues des fruits que j'avois fait venir d'Italie, & que j'ai distribuées ensuite à plusieurs de mes amis.

Cet arbre qui paroît avec une tige droite jusqu'à la hauteur de trente ou quarante pieds, pousse vers son sommet plusieurs branches minces couvertes d'une écorce unie, d'une couleur sombre, & marquées de quelques taches grises : ces branches sont garnies de feuilles alternes, longues de quatre pouces, larges de deux dans leur milieu, terminées en pointes longues & aiguës, profondément sciées sur leurs bords, & traversées par plusieurs veines qui débordent en-dessous : ses fleurs sortent des aîles des feuilles sur toute la longueur des branches ; les mâles sont toujours accompagnées d'une fleur hermaphrodite qui est constamment placée au-dessous : ces fleurs n'ont point de corolles, leurs calices sont verts & herbacés, & elles n'ont point d'apparence ;. elles paroissent au printems en même tems que leurs feuilles, & elles se flétrissent toujours avant que ces feuilles soient parvenues à la moitié de leur grandeur. Quand ces fleurs sont paſſées, les germes des hermaphrodites ſe changent en autant de baies rondes de la groſſeur d'un gros pois, & noires à leur maturité.

Occidentalis. La ſeconde croît naturellement dans l'Amérique Septentrionale ; elle ſe plaît dans un ſol riche & humide, où elle devient un grand arbre. Sa tige eſt droite, unie & d'une couleur ſombre lorſqu'elle eſt encore jeune ; mais à meſure qu'elle avance en âge, elle devient plus rude & d'un vert plus clair : ſes branches qui s'étendent beaucoup de chaque côté, ſont garnies de feuilles obliques, ovales, terminées en pointe, ſciées ſur leurs bords, alternes & ſupportées par des pétioles aſſez longs : ſes fleurs ſortent oppoſées aux feuilles ſur de longs pédoncules ; les mâles ſont poſtées au-deſſus des hermaphrodites, comme dans la précédente ; mais lorſqu'elles ſont flétries, les hermaphrodites ſont ſuivies de baies rondes plus petites que celles de la premiere, & qui ſe colorent, en mûriſſant, en pourpre foncé. Cet arbre fleurit en Mai, & ſes ſemences mûriſſent en Octobre : on en voit quelques-uns de très-grands dans les jardins Anglois, qui, dans les années favorables, ſont couverts d'une grande quantité de fruits en pleine maturité : on s'eſt ſervi de ces fruits pour multiplier cette eſpece ; & quoiqu'on n'ait reçu de l'Amérique, depuis pluſieurs années, aucune baie de cet arbre, il eſt cependant devenu aſſez commun dans les pépinieres.

Cet arbre ne pouſſe que fort tard dans le printems ; mais il garde auſſi ſes feuilles plus long-tems qu'aucun autre, il eſt un des derniers à les perdre, & elles conſervent leur verdure, preſque juſqu'au moment qu'elles ſe détachent ; & comme elles tombent toutes en très-peu de tems, on peut facilement les ramaſſer pour en faire de la litiere. Les fleurs & les fruits de cet arbre ont peu d'apparence ; mais comme ſes feuilles ſont d'un beau vert, & que ſes branches en ſont bien garnies, il fait un très-bel effet étant entremêlé avec d'autres eſpeces dans quelques lieux écartés. Son bois eſt dur, flexible, & eſtimé pour le charronage.

Orientalis. La troiſieme eſt originaire de l'Arménie : ſes fruits, qui ont été envoyés par M. de TOURNEFORT au Jardin du Roi, à Paris, ont produit quelques arbres, dont les fruits ont ſervi à la multiplier dans la plûpart des jardins de l'Europe.

Cette eſpece s'éleve à la hauteur de dix à douze pieds : ſa tige ſe diviſe en pluſieurs branches horiſontales, couvertes d'une écorce unie & verdâtre & garnies de feuilles en forme de cœur d'un pouce & demi environ de longueur, ſur près d'un pouce de largeur : ces feuilles ſont obliques, d'une texture plus épaiſſe que celles de l'eſpece commune, d'un vert plus pâle, alternes, & ſupportées par de courts pétioles, une des oreilles de leur bâſe eſt plus courte & plus baſſe que l'autre. Ses fleurs naiſſent aux pétioles des feuilles, comme dans l'espece précédente, & elles sont remplacées par des baies ovales & jaunes qui deviennent d'une couleur sombre à leur maturité ; le bois de cet arbre est fort blanc.

Culture. On multiplie toutes ces especes par leurs graines, qu'il faut semer dans des pots ou dans des caisses, aussi tôt qu'elles sont mûres, si on peut se les procurer d'assez bonne heure pour cela, parce qu'étant mises en terre en automne, elles pousseront au printems ; au-lieu que, si on ne les seme que dans cette derniere saison, leurs plantes ne paroîtront que dans l'année suivante. Celles qui ne sont semées qu'au printems doivent être tenues à l'ombre pendant l'été, & constamment débarrassées de mauvaises herbes : en automne, on enfonce ces pots dans la terre à une situation chaude, & on les couvre avec du vieux tan qu'on prend dans une ancienne couche chaude, pour empêcher la gelée d'y pénétrer. Au printems suivant, on place ces pots dans une couche de chaleur modérée, pour avancer la végétation des semences, afin que les jeunes plantes aient assez de tems pour acquérir de la force avant l'hiver : quand elles paroissent au-dessus de la terre, on leur donne beaucoup d'air, afin de les empêcher de filer & de s'affoiblir, lorsque les chaleurs commencent à se faire sentir, on les expose à l'extérieur, on les tient constamment nettes de mauvaises herbes, & , si la

saison est seche, on les arrose deux ou trois fois par semaine En automne, on place ces pots sous un châssis de couche chaude, & on les y tient pendant tout l'hiver, pour les garantir de l'impression des gelées : si on n'a point cette facilité, on se contente d'enfoncer les pots dans la terre contre une muraille ou une haye ; & , comme ces plantes sont dans leur jeunesse fort tendres & fort remplies de sève, elles seroient nécessairement détruites par les premieres gelées de l'automne, si on ne les couvroit point avec des nattes, de la paille, ou du chaume de pois.

Vers le milieu ou la fin de Mars de l'année suivante, lorsqu'on n'a plus rien à craindre des gelées, on prépare dans une situation chaude, &, s'il est possible, dans un sol marneux, ou une ou deux planches, suivant le nombre des plantes qu'on veut y placer ; on entoure ce terrein d'une tranchée, on le débarrasse de toutes les racines qui peuvent s'y rencontrer ; & lorsqu'il est nivelé & dressé, on y trace des lignes au cordeau à un pied de distance. Ces préliminaires étant terminés, on enleve avec soin les plantes hors de leurs pots, on les sépare & on les plante sur les lignes qui ont été tracées, en comprimant la terre contre leurs racines. Après cette opération, si l'on s'apperçoit que la terre soit seche, & qu'il n'y ait point d'apparence d'une pluie prochaine, on arrose les plantes pour fixer la terre à leurs racines, & on la couvre auſſi-tôt avec du vieux tan ou fumier pourri, pour conſerver l'humidité, & empêcher les vents ſecs d'y pénétrer.

Pendant l'été ſuivant, on doit les tenir conſtamment nettes de mauvaiſes herbes; mais lorſqu'elles ſont une fois bien établies, elles n'ont plus beſoin d'aucun arroſement, ſurtout vers la fin de l'été; car l'humidité les feroit pouſſer, & les mettroit en danger de ſouffrir des gelées de l'automne: plus ces jeunes arbres ſont arrêtés dans leur accroiſſement par la ſéchereſſe, plus leur texture ſera ferme & plus ils ſeront en état de ſupporter le froid.

Les plantes peuvent reſter deux ans dans une pépiniere; après quoi elles auront aſſez de force pour être tranſplantées où elles doivent reſter: on ne doit pas les y laiſſer plus long-tems; parce que leurs racines faiſant de grands progrès & s'étendant beaucoup, on ne pourroit plus les arracher ſans les couper; ce qui leur feroit très nuiſible pour l'avenir. Ces eſpeces, lorſqu'elles ont acquis une certaine force, ſont aſſez dures, pour réſiſter en plein air aux froids de nos hivers; mais pendant les deux premieres années, elles ont beſoin d'en être garanties; ſurtout la troiſieme, qui eſt plus tendre qu'aucune des autres. Quelques-unes de ces plantes ont ſouvent des feuilles panachées; mais elles n'en ſont que plus tendres & plus ſenſibles au froid.

American 1. La quatrieme a été découverte par le Pere PLUMIER, dans les Iſles Françoiſes de l'Amérique: mais elle a été trouvée depuis à la Jamaïque, par le Docteur HOUSTOUN, qui en a envoyé les ſemences en Angleterre: elle s'éleve à la hauteur d'environ vingt pieds, avec une tige droite, couverte d'une écorce griſe; elle eſt diviſée vers ſon ſommet en pluſieurs branches, garnies de feuilles de quatre pouces environ de longueur, ſur deux & demi de largeur, rondes à leur extrémité, d'une texture épaiſſe, fort unies en-deſſus, d'une couleur d'or luiſante en-deſſous, & placées alternativement ſur les branches. Son fruit eſt rond & rouge, mais je n'ai point vu ſa fleur.

Comme les ſemences de cette eſpece pouſſent rarement dans la premiere année, on peut les ſemer dans des pots, & les plonger dans la couche de tan de la ſerre chaude, où elles doivent reſter juſqu'à ce que les plantes paroiſſent: alors on les tient conſtamment dans la ſerre de tan, & on les traite de la même maniere que les autres plantes tendres & exotiques.

CENDRES. Les *Cendres* ſont regardées comme un bon engrais ſuperficiel pour les prairies & les terres enſemencées en grains, parce qu'elles ont la propriété d'échauffer les ſols les plus froids, & de donner de la fécondité à ceux qui ſont ſtériles.

Toutes les *Cendres*, de quelqu'efpece qu'elles foient , contiennent un fel riche & fertile , qui eft propre furtout aux terres humides & froides ; mais ces *Cendres* doivent être confervées feches avant de les employer. L'expérience a prouvé qu'elles augmentent fingulierement la force végétative, de quelques plantes qu'elles aient été tirées ; foit tiges de *Feves, Fougeres, Geneft Epineux, Bruyere, Joncs de Marais, Paille, Chaumes , &c.*

Les *Cendres* du Charbon de terre qui vient des mines de Newcaftle, d'Ecoffe , &c. Sont auffi fort recommandées par quelques perfonnes ; mais les premieres font préférables , parce qu'elles renferment une plus grande quantité de matieres nitreufes & fulphureufes que les autres. Il n'y a point de meilleur engrais pour les prairies que les *Cendres* de charbon de terre des mines fufdites , furtout pour celles qui font froides et humides ; et lorfqu'elles font couvertes de mouffe ou de joncs, ces *Cendres* les détruifent entièrement, et rendent par là l'herbe plus fine et d'une meilleure qualité ; mais cet engrais doit être répandu dans le commencement de l'hiver, afin que les pluies puiffent l'enfoncer & l'aider à pénétrer la terre ; car , fi on ne l'employoit qu'au printems , il deviendroit très - nuifible , parce qu'étant alors expofé à l'ardeur du foleil , il brûleroit & détruiroit l'herbe & les racines du gazon.

Lorfque la terre eft aigre & mauvaife , & qu'elle ne produit que des joncs & de la mouffe , il faut employer au moins vingt tombereaux ou charges de *Cendres* pour un âcre ; car une moindre quantité ne fuffiroit pas pour détruire ces mauvaifes efpeces d'herbes , & pour améliorer le fol , en employant tout de fuite autant de cet engrais qu'il en faut ; le changement qu'il produira fera beaucoup plus durable , & fon effet fera bien plus marqué , que celui qui réfulteroit de la même quantité , qui ne feroit répandue que par parties.

Ces *Cendres* étant répandues uniformément fur toute la furface , fans être amoncelées contre les plantes , elles jouiront toutes de l'activité des fels , qui feront entraînés par les pluies jufqu'à leurs racines.

Les *Cendres* de Bois font auffi recommandées comme un bon engrais , parce qu'elles contiennent beaucoup de fel végétal.

Les *Cendres* de Fourneaux , c'eft-à-dire , celles qui proviennent de la combuftion des *pailles*, des *Génets Epineux*, &c. font auffi très - eftimées par quelques Cultivateurs , pour l'amélioration des terres légeres ; mais elles font regardées comme infuffifantes pour les terres fortes. Ces *Cendres* font criblées par ceux qui font la drèche dans l'oueft d'Angleterre , fur leurs terres à bled. & fur les prairies , pour y exciter une fermentation qui réchauffe la terre , la rende plus meuble , plus légere , plus propre à être pénétrée par les pluies , & plus favorable à la végétation. Mais comme cette espece d'engrais est léger, il ne faut pas l'employer, lorsque l'air est agité ; mais le répandre toujours lorsque le tems est à la pluie ou à la neige.

Les *Cendres* de Savon, ou les matieres qui restent après que le Savon en a été tiré, font fort bonn.s pour des terres aigres & froides , dans lesquelles elles détruisent toutes les mauvaises herbes : le Pere HUGUES PLAT fait mention d'une personne, qui, ayant répandu des *Cendres* de Savon sur une piece de terre remplie de *Génets*, en avoit tiré des récoltes immenses de froment pendant six années de suite.

Les *Cendres* de Potasse font aussi fort recherchées pour toutes fortes de terres ; mais comme elles ont été lessivées, & privées par-là de la plus grande partie de leurs sels , on doit en employer une plus grande quantité que de toute autre espece.

Les *Cendres* de Tourbes font également très - bonnes pour toutes les especes de terres ; mais principalement pour celles qui font mêlées d'argile : elles deviennent encore plus efficaces quand on y ajoute de la chaux.

Toutes ces *Cendres* doivent être conservées au fec, jusqu'au moment où on doit en faire usage ; fans quoi, les pluies les laveront, en diminueront la bonté , les réduiront en masse, de maniere qu'on aura de la peine à les répandre.

De plus , une charge de *Cendres* seches fera plus de profit que deux qui auront été exposées à l'air avant d'être employees. Les *Cendres* de Charbon de terre feront bien meilleures , si elles font humectées avec de l'urine ou avec une lessive de savon.

Tous les végétaux brûlés occasionnent une chaleur fougueuse, & une végétation extraordinaire qui met la terre en fermentation, lorsque les pluies surviennent : cette fermentation ameublit toutes les mottes , & augmente singulièrement l'activité du sol ; suivant le principe établi par les Naturalistes , que toute fermentation est occasionnée par l'interposition ou le mélange des différentes qualités les unes avec les autres.

C'est fans doute ainsi que les *Cendres* de Charbon operent d'une maniere fi frappante, en desserrant, en adoucissant & en rendant aussi meubles que du fable les terres fortes & glaiseuses : ces especes de terres acquierent encore une qualité bien supérieure, fi avec les *Cendres* on y mêle aussi une certaine quantité de fable.

CENTAUREA. *Lin. Gen. 880. Centaurium majus. Tourn. Inst. R. H. 449. tab. 256. Jacea. Tourn. 443. Cyanus. Tourn. 445.* [*Greater Centaury, Knapweed , Blue-Bottle, &c.*] Grande Centaurée. Ambrette.

Caracteres. La fleur est composée ; le disque est formé par plusieurs fleurettes hermaphrodites , & les bordures ou rayons par les fleurettes femelles, qui font plus longues & plus defferrées ; elles font toutes renfermées dans un calice commun, rond & écailleux. Les fleurettes hermaphrodites ont des tubes étroits, gonflés au fommet, & découpés en cinq parties, & cinq étamines courtes, velues & terminées par des fommets cylindriques : le germe, qui eft fitué fous la corolle, foutient un ftyle mince & couronné par un ftigmat obtus. Il fe change par la fuite en une fimple femence renfermée dans le calice. Les fleurettes femelles font ftériles ; elles ont chacune un tube mince & écrafé, qui eft divifé en cinq parties égales.

Ce genre de plantes eft rangé dans la troifieme fection de la dix-neuvieme claffe de LINNÉE, intitulée : *Syngenefia Polygamia fruftranea* ; les fleurs de cette fection ayant leur difque compofé de fleurettes hermaphrodites fructueufes, & leurs rayons de fleurettes femelles abortives.

Les efpeces font :

1°. *Centaurea Alpina, calycibus inermibus, fquamis obtufis, foliis pinnatis, glabris, integerrimis, impari ferrato.* Hort. *Cliff.* 421. *Roy. Lugd-B.* 138 ; Centaurée avec un calice fans épine, des écailles ovales & obtufes, & des feuilles unies, ailées & entieres.

Centaurium Alpinum luteum. C. B. *Prod.* 56. *Moris. Hift.* 3. *P.* 132. *s.* 7. *T.* 25. *F.* 3 ; Centaurée jaune des Alpes.

Centaurium majus luteum. Corn. Canad. 69. *T.* 70.

2°. *Centaurea Centaurium, calycibus inermibus, fquamis ovatis, foliis pinnatis, foliolis ferratis decurrentibus.* Hort. *Cliff.* 421. *Roy. Lugd.-B.* 137 ; Centaurée avec un calice fans épine, des écailles ovales, & des feuilles ailées, dont les lobes font fciés & coulent le long de la côte du milieu.

Centaurium majus, folio in lacinias plures divifo. C. B. P. 117 ; La plus grande Centaurée dont les feuilles font divifées en plufieurs parties.

Centaurium majus, vulgare. Clus. *Hift.* 2. *p.* 10.

3°. *Centaurea Glafti-folia, calycibus fcariofis, foliis indivifis, integerrimis, decurrentibus.* Hort. *Cliff.* 421. *Roy. Lugd.-B. Gmel. Sib.* 2. *P.* 83 ; Centaurée avec un calice rude, & des feuilles non divifées, entieres & coulant dans toute la longueur des tiges.

Centaurium majus Orientale erectum, Glafti folio, flore luteo. Tourn. Cor. 32. Com. Var. Pl. 391. *T.* 39 ; La plus grande Centaurée érigée du Levant, avec une feuille de Guede ou Paftel fauvage, & une fleur jaune.

4°. *Centaurea Stæbe, calycibus ciliatis, oblongis, foliis pinnatifidis, linearibus, integerrimis.* Prod. Leyd. 140 ; Centaurée avec des calices oblongs & velus, & des feuilles ailées, pointues, fort étroites, & entieres.

Stæbe incana, Cyano fimilis, tenui-folia. C. B. P. 273 ; Stæbé velue, reffemblant au Bluet, ayant une feuille étroite.

Stæbe Auftriaca humilis. Clus. *Hift.* 2 P. 10.

5°. *Centaurea conifera, calycibus fcariofis, foliis tomentofis, radicalibus lanceolatis, caulinis pinnati-fidis, caule fimplici.* Prod. Leyd. 142. Hort. Ups. 271. Sauv. Monfp. 289. Gouan. Monfp. 459 ; Centaurée avec un calice rude, une tige fimple & des feuilles entieres dont les radicales font en forme de lance & celles de la tige pointues, & ailées.

Jacea M. incana, capite Pini. Bauh. Pin. 272.

Centaurium majus incanum, humile, capite Pini. Tourn. Inft. R. H. 469 ; Centaurée baffe & velue, avec une tête femblable à un cône de Pin.

Chamæleon non aculeatus. Lob. Ic. 7.

6°. *Centaurea M. calycibus ferratis, foliis lanceolatis decurrentibus, caule fimpliciffimo.* Hort. Cliff. 422. Hort. Ups. 270. Roy. Lugd. B. 138. Gouan. Monfp. 6 ; Centaurée avec des calices fciés, des feuilles coulantes, & en forme de lance, & une tige fimple.

Cyanus montanus, caule foliofo, capitulo oblongo. Bocc. Mus. 2 P. 20 T. 2.

Cyanus montanus lati-folius, five Verbafculum Cyanoïdes. C. B. P. 273 ; Le plus grand Bluet de montagne à larges feuilles.

Jacea integri-folia humilis. Bauh. Pin. 291. Variété. Prod. 129.

7°. *Centaurea angufti-folia, calycibus ferratis, foliis linearibus lanceolatis decurrentibus, caule fimplici* ; Centaurée avec des calices fciés, des feuilles fort étroites, en forme de lance

& coulantes, avec une tige fimple.

Cyanus anguftiori folio & longiori Belgicus. H. R. Par. ; Bluet de Hollande à feuilles plus étroites & plus longues.

8°. *Centaurea mofchata, calycibus inermibus, fubrotundis, glabris, fquamis ovatis, foliis lyrato-dentatis.* Hort. Cliff. 421. Hort. Ups. 291. Roy. Lugd.-B. 138 ; Centaurée avec des calices ronds, unis & fans épines, des écailles ovales & des feuilles découpées en forme de lyre.

Cyanus Orientalis major, mofchatus, flore purpureo & albo. Moris. Hift. 3 P. 135, s. 7. T. 25. F. 5.

Cyanus floridus odoratus, Turcicus, five Orientalis major. Park. Theat. 421 ; Bluet du Levant doux, ordinairement appelé *Sultan doux*, Ambrette, ou fleur du Grand Seigneur.

9°. *Centaurea Amberboi, calycibus inermibus, fubrotundis, glabris, fquamis ovatis, obtufis, foliis laciniatis, ferratis* ; Centaurée avec des calices ronds, unis & fans épines, des écailles ovales & obtufes, & des feuilles découpées & fciées fur leurs bords.

Cyanus Orientalis, flore luteo fiftulofo. Ac. R. Par. 75 ; Bluet du Levant avec une fleur jaune & fiftuleufe, ordinairement appelé *Sultan doux*.

10°. *Centaurea Cyanus, calycibus ferratis, foliis linearibus integerrimis, infimis dentatis.* Hort. Cliff. 422. Fl. Suec. 710, 776. Mat. Med. 408. Roy. Lugd.-B. 130. Dalib. Paris. 265 ; Centaurée dont les calices font fciés, & les feuilles étroites, enfieres & dentelées au bas.

Cyanus fegetum. C. B. P. 273 ; Bluet de grain, Caffe-Lunette, Aubifoin, Barbeau.

Cyanus vulgaris. Lob. Ic. 546.
Cyanus hortenfis. Bauh. Pin. 273.

11°. *Centaurea lippii, calycibus inermibus, fquamis mucronatis, foliis pinnati-fidis obtufis decurrentibus. Lin. Sp. Plant. 910* ; Centaurée avec des calices fans épines, des écailles pointues & des feuilles aîlées, pointues & obtufes, qui coulent le long de la tige.

Cyanus Ægyptiacus, flore parvo purpureo, caule alato. Bluet d'Egypte avec une petite fleur pourpre & une tige aîlée.

Amberboi, Erucæ folio, minus. Ifn. Act. 1719. P. 169 T. 10.

12°. *Centaurea cineraria, calycibus ciliatis, terminali - feffilibus, foliis tomentofis, bipinnatifidis, lobis acutis. Hort. Cliff. 422. Roy. Lugd.-B. 139* ; Centaurée avec des calices velus & feffiles, qui terminent les tiges, & des feuilles entieres à pointes aîlées, & à lobes aigus.

Jacea montana candidiffima, Stæbes foliis. C. B. P. 272 ; Jacée blanche de montagne à feuilles de Stæbé.

Jacea cineraria laciniata, flore purpureo. Triumf. Obs. 72. Moris. Hift. 3. P. 141. Variété.

13°. *Centaurea Ragufina, calycibus ciliatis, foliis tomentofis, pinnati - fidis, foliolis obtufis, ovatis, integerrimis, exterioribus majoribus. Hort. Cliff. 422. Roy. Lugd.-B. 139* ; Centaurée avec

des calices velus, des feuilles laineufes & à pointes aîlées, dont les plus petites font ovales & obtufes, & les extérieures plus larges.

Jacea Cretica lutea, foliis Cinaræ. Moris. Hift. 3. P. 141. §. 7. T. 27. F. 22.

Jacea arborea argentea, Ragufina. Zon. Hift. 107 ; Jacée argentée en arbre, de Ragufe, que les François appellent *Jacée d'Epidaure.*

Stæbe montana nivea, capite Cardui, fubrotundis foliorum lobis. Barr. Ic. 309.

14°. *Centaurea Napi-folia, calycibus palmato - fpinofis, foliis decurrentibus, finuatis, fpinulofis, radicalibus lyratis. Prod. Leyd. 141. Roy. Lugd.-B. 141. Hort. Ups. 272* ; Centaurée avec des calices garnis d'épines, en forme de main, & des feuilles dentelées & piquantes, qui coulent le long des tiges, & dont les radicales font en forme de lyre.

Jacea Cyanoïdes altera, alato caule. Herm. Par. 189 ; Jacée femblable au Bluet, & pourvue d'une tige aîlée.

Jacea peregrina Napi - folia, echinatis capitulis, caule alato. Pluk. Alm. 172. T. 94. F. 2.

15°. *Centaurea Rhapontica, calycibus fcariofis, foliis ovato-oblongis, denticulatis integris, petiolatis, fubtùs tomentofis. Hort. Cliff. 421. Roy. Lugd.-B. 142* ; Centaurée avec des calices rudes, des feuilles ovales, oblongues, dentelées, entieres & fupportées par des pétioles unis ; velus en-deffous.

Rhaponticum angufti folium incanum. Bauh. Pin. 117. Hall.

Rha sivè Rhei, Dod. Pempt.
389.

Centaurium majus, folio Helenii incano. Tourn. Inst. 449; La plus grande centaurée à feuilles blanches d'Aunée.

16°. *Centaurea peregrina, calycibus setaceo spinosis, foliis lanceolatis, petiolatis, infernè dentatis. Hort. Cliff. 423. Roy. Lugd.-B. 141*; Centaurée dont les calices sont garnis de poils rudes & piquans, les feuilles en forme de lance, pétiolées & dentelées vers le bas.

Centaureum majus, folio molli, acuto, laciniato, flore aureo magno, calyce spinoso. Boerh. Ind. Alt. 1. p. 144; La plus grande Centaurée avec une feuille molle, pointue & découpée, une grosse fleur de couleur d'or, & un calice épineux.

17°. *Centaurea Orientalis, calycibus squamato-ciliatis, foliis pinnati-fidis, pinnis lanceolatis. Lin. Sp. plant. 913*; Centaurée avec un calice velu & écailleux, & des feuilles pointues & ailées, dont les lobes sont en forme de lance.

Centaurea, calycibus ciliatis, foliis pinnatis, glabris, foliolis lanceolatis, integerrimis. Hort. Ups. 271.

Cyanus, foliis radicalibus partim integris, partim pinnatis, bractcá calycis ovali, flore sulphureo. Hall. Act. Phil. 1745, vol. 43, n. 472, p. 94.

18°. *Centaurea argentea, calycibus serratis, foliis tomentosis : radicalibus pinnatis, foliolis uni-auritis. Lin. Sp. 1290*; Centaurée avec des calices sciés, & des feuilles cotoneuses, dont les radicales sont ailées & dont

les lobes sont pourvus d'une oreille.

Centaurea calycibus ciliatis, villosis, foliis cunei-formibus, supernè serratis, infernè dentatis. Hort. Cliff. 422.

Jacea Cretica laciniata, argentea, flore parvo flavescente. Tourn. Cor. 31, Barr. ic. 218.

19°. *Centaurea semper virens, calycibus ciliatis, foliis lanceolatis, serratis, inferioribus hastatis. Lin. Sp. 1291, Hort. Cliff. 422, Roy. Lugd.-B. 139*; Centaurée avec des calices velus & des feuilles sciées & en forme de lance, dont les inférieures sont en forme de hallebarde.

Jacea Lusitanica semper virens. Moris. Hist. 3., p. 139, s, 7, t. 28, f. 9.

20°. *Centaurea splendens, calycibus scariosis, obtusis, foliis radicalibus bipinnati-fidis, caulinis pinnatis, dentibus lanceolatis. Prod. Leyd. 142, Sauv. Meth. 289*; Centaurée dont le calice est rude & obtus, les feuilles radicales doublement ailées & terminées en pointe ; & celles de la tige ailées, en forme de lance & dentelées.

Jacea calyculis argenteis, major. Inst. R. H. 444.

Stœbe Salmantica, Clus. Hist. 2, p. 10.

Stœbe, calyculis argenteis, Bauh. Pin. 273.

21°. *Centaurea Romana, Calycibus palmato-spinosis, foliis decurrentibus, inermibus, radicalibus pinnatifidis, impari maximo. Hort. Cliff. 423, Roy. Lugd.-B. 141*; Centaurée avec un calice armé d'épines & en forme de main, & des feuilles unies & coulantes, dont les radicales

ont

ont des pointes ailées, & font terminées par un grand lobe.

Jacea ſpinoſa Cretica. Zan. Hiſt. 141, t. 42.

Cyanus Erucæ flore rubro. Barr. Rar. 87, t. 504.

22°. *Centaurea ſphæro-cephala, calycibus palmato-ſpinoſis, foliis ovato-lanceolatis, petiolatis, denta-tis. Hort. Cliff. 423, Roy. Lugd.-B 140*; Centaurée avec un calice armé d'épines & en forme de main, & des feuilles ovales, dentelées, en forme de lance & pétiolées.

Jacea ſphæro-cephala, ſpinoſa Tingitana. H. L. 332, t. 333, Moris. Hiſt. 3, p. 143, ſ. 7, t. 27.

23°. *Centaurea Eriophora, ca-lycibus duplicato-ſpinoſis, lanatis, foliis ſemi-decurrentibus, integris ſinuatiſque, caule prolifero. Hort. Upſal. 272, Roy. Lugd-B. 140*; Centaurée dont les calices lai-neux ſont armés d'un double rang d'épines, avec des feuil-les à moitié coulantes, dont quelques-unes ſont entieres & d'autres dentelées, & une tige prolifique.

Centaurea calycibus duplicato-ſpinoſis, foliis decurrentibus, inte-gris. Hort. Cliff. 423.

Calcitrapa lutea, alato caule, capite Eriophoro. Vaill. Act. 1718, p. 212.

Carduus Luſitanicus, caneſcens, alato caule, capite lanuginoſo. Tour. Inſt. 441.

24°. *Centaurea benedicta, caly-cibus duplicato-ſpinoſis, lanatis, involucratis, foliis ſemi-decurren-tibus, denticulato-ſpinoſis. Lin. Sp. 1296*; Centaurée dont les calices ſont velus, & armés d'un double rang d'épines qui

Tome II.

leur ſervent d'enveloppe, ayant des feuilles à moitié coulantes, dentelées & termi-nées par des épines.

Carduus ſylveſtris hirſutus.

Carduus benedictus. Bauh. Pin. 378.

Carduus benedictus. Camer. Epit. 562; Chardon beni.

Cnicus, caule diffuſo, foliis dentato-ſinuatis. Hort. Cliff. 395. Hort. Ups. 250.

On conſerve dans les jar-dins de Botanique pluſieurs au-tres eſpeces de ce genre, dont quelques-unes, qui croiſſent naturellement en Angleterre, ſont des herbes gênantes & inutiles dans les campagnes. Mais comme aucune d'elles ne mérite d'être admiſe dans les jardins, je n'en fais aucune mention; & je me contente de décrire celles qui, ayant quel-que beauté, peuvent être re-cherchées par les curieux.

Alpina. La premiere eſt ori-ginaire des Alpes; ſa racine, qui eſt vivace & qui pénètre profondément dans la terre, pouſſe un grand nombre de feuilles longues, aîlées, unies & d'une couleur de vert-de-mer : ſes tiges s'élevent à la hauteur d'environ quatre pieds, & ſont diviſées vers leurs extrémités en pluſieurs branches, garnies de petites feuilles, qui, par leur forme, reſſemblent à celles qui occu-pent les parties inférieures de la plante; chaque tige eſt ter-minée par une ſimple tête de fleurs jaunes, compoſées de pluſieurs fleurettes, dont celles qui occupent le diſque ſont hermaphrodites, & celles du

rayon font femelles. Cette efpece fleurit en Juin & en Juillet ; & lorfque l'année eft feche, elle perfectionne fes femences en automne. On peut
la multiplier ou par les femences, ou en d'vifant fes racines en automne ; mais en
faifant cette opération, il faut
avoir foin de ne pas les par-
tager en trop petites parties.
On la feme au printems fur
une planche de terre légere ;
& quand les plantes font en
état d'être enlevées, on les
tranfplante dans une plate-
bande de terre fraiche, à fix
pouces de diftance les unes des
autres ; on les y laiffe jufqu'en
automne, & on les place enfuite où elles doivent refter.

Centaurium. La feconde eft
mife au nombre des plantes médicinales ; mais on en fait peu
d'ufage : fa racine eft aftringente, & propre à arrêter toutes les efpeces de flux, ainfi
qu'au traitement des bleffures.
Cette efpece, qu'on trouve
fur les montagnes de l'Italie
& de l'Efpagne, a, comme la
précédente, une racine forte
& vivace, de laquelle fort un
grand nombre de feuilles longues, ailées, fort étendues de
chaque côté, d'un vert luifant,
& fciées fur leurs bords : fes
tiges de fleurs font minces,
auffi elevées que les autres tiges, mais très-fermes, divifées
vers le haut en plufieurs pédoncules plus petits ; elles font
hautes de cinq ou fix pieds,
& garnies à chaque nœud d'une
petite feuille ailée, & de la
même forme que les feuilles
inferieures : les pédoncules qui

terminent ces tiges, fupportent chacun une fimple tête de
fleurs pourpre, qui font beaucoup plus longues que le calice. Cette efpece fleurit en
Juillet ; & fi l'année eft chaude & feche, fes femences mûriffent en Angleterre. On peut
la multiplier en divifant fes
racines, comme on le pratique
pour la premiere efpece ; elle
exige auffi le même traitement ;
mais comme il lui faut plus de
place pour croître, elle ne
convient point dans les petits
jardins, & on ne peut la placer que dans de grandes plate-
bandes avec d'autres plantes
auffi fortes, où elle fervira à
la variété (1).

Glafti - folia. La troifieme,
dont les femences ont été envoyées du Levant par TOUR-
NEFORT, au jardin Royal de
Paris, & qui a été tirée de-là
pour la plupart des jardins de
l'Europe, a une racine vivace,
qui s'enfonce profondément
dans la terre, & de laquelle
fort une groffe touffe de
feuilles longues, entieres, érigées, & femblables à celles de

______

(1 Cette plante eft mife au nombre des efpeces apéritives, vulnéraire & aftringentes, & elle eft
recommandée dans les obftructions
des vifceres, dans les crachemens
de fang, les diarrhées féreufes, &c.
Elle entre dans la compofition de
la poudre du Prince de la Miran-
dole, qui a la réputation d'être un
excellent remede contre la goutte. On peut fe procurer la recette
de cette poudre, dans l'hiftoire que
TOURNEFORT a donnée des plantes qui croiffent aux environs de
Paris.

la *Gaude*, ainſi que pluſieurs tiges droites, élevées a la hauteur d'environ cinq pieds, & garnies à chaque nœud de feuilles ſimples, de la même forme que celles qui occupent le bas de la plante ; mais plus petites & ornées d'une aîle ou bordure qui coule le long de la tige : ces tiges ſont diviſées, à leurs ſommets, en deux ou trois plus petites, dont chacune eſt terminée par une tête ſimple de fleurs jaunes, & renfermées dans un calice rude & argenté. Cette eſpece fleurit en Juillet ; mais elle produit rarement de bonnes ſemences en Angleterre. On peut la multiplier comme les précéden - tes, en diviſant ſes racines ; & comme elle eſt également dure, elle n'exige que le même traitement : elle ne s'étend pas autant que la derniere ; ainſi on peut lui donner place dans les petits jardins.

Stœbe. La quatrieme, qui eſt originaire de l'Autriche, a, comme la précédente, une racine vivace, de laquelle ſortent pluſieurs feuilles aîlées & velues, dont les ſegmens ſont étroits & entiers : ſes tiges s'élevent preſque à la hauteur de trois pieds, & ſont diviſées en pluſieurs branches, qui ont à chaque nœud des feuilles ſimples & de la même forme que les autres : à l'extrémité de chaque tige eſt une tête de fleurs pourpre renfermées dans un calice oblong & écailleux, dont chaque écaille eſt bordée d'un poil court comme un ſourcil . ſes fleurs paroiſſent en Juin, & ſes graines mûriſ-

ſent en Août : on la multiplie par ſes ſemences, qu'on peut répandre ſur une planche de terre commune. Lorſque les plantes pouſſent, on les éclaircit & on les tient nettes de mauvaiſes herbes: en automne on les tranſplante où elles doivent reſter ; après quoi, elles n'exigent plus aucuns ſoins. On peut en mettre deux ou trois dans un jardin pour la variété, quand on a aſſez de place pour cela.

Conifera. La cinquieme ſe trouve dans la France Méridionale & en Italie ; j'en ai reçu les ſemences de Vérone : elle a une racine vivace, qui ne ſe diviſe & ne s'étend point comme la précédente, mais reſte ſimple : cette racine pouſſe au printems pluſieurs feuilles entieres, & en forme de lance, & une tige ſimple, qui s'éleve au - deſſus de la hauteur d'un pied, qui eſt garnie à chaque nœud d'une feuille diviſée & velue, & terminée au ſommet par une groſſe tête écailleuſe, ſemblable à un cône de *Pin*, fort conique à l'extrémité où les écailles environnent les fleurettes, dont les ſommets paroiſſent à peine hors du calice : ſes fleurettes ſont d'un pourpre brillant, & elles paroiſſent en Juin ; mais comme elles ne ſont pas ſuivies de ſemences en Angleterre, on ne peut multiplier cette eſpece, qu'en ſe procurant des graines étrangeres, qu'on ſeme & qu'on traite de la même maniere que celles de la précédente.

Montana. La ſixieme, ou le

Bluet ordinaire vivace, qui eſt nommé par quelques-uns *Bouton de Bachelier*, eſt ſi bien connue, qu'il eſt inutile d'en donner aucune deſcription: elle ſe multiplie conſidérablement par ſes racines rampantes, qui s'étendent beaucoup, & qui la rendent ſouvent embarraſſante dans les jardins. Cette eſpece fleurit en Mai & en Juin; & elle profite dans tous les ſols, & dans toutes les ſituations.

Anguſti-folia. La ſeptieme differe de la huitieme, en ce que ſes feuilles ſont beaucoup plus longues, plus étroites & moins blanches; ſes têtes de fleurs ſont auſſi plus petites: mais, comme je ne l'ai jamais élevée de ſemence, je ne puis décider ſi elle n'eſt vraiment qu'une variété de cette premiere. Cette eſpece eſt ſtérile, ainſi que beauconp d'autres plantes, dont les racines rampent au loin comme les ſiennes, & s'étendent conſidérablement. Cependant cette eſpece a toujours conſervé ſa différence depuis l'année 1727, que je l'ai apportée pour la premiere fois en Angleterre; &, comme elle ſe multiplie beaucoup, elle eſt à préſent devenue preſqu'auſſi commune dans les jardins que l'eſpece à larges feuilles. Elle eſt également dure, & elle peut être plantée dans tous les ſols & à des ſituations où d'autres ne réuſſiroient point: quand elle eſt en fleurs, elle fait variété dans un jardin.

Moſchata. La 8e., qui eſt annuelle & qu'on ne peut par conſéquent multiplier que par ſes ſemences, eſt très-commune depuis pluſieurs années dans les jardins Anglois, ſous le nom de *Fleur de Sultan*, ou *de Sultan doux*; elle a été apportée du Levant, où elle croît naturellement dans les terres ſemées en bled: elle pouſſe une tige ronde & cannelée, de trois pieds de hauteur, qui ſe diviſe en pluſieurs branches, garnies de feuilles dentelées, d'un vert pâle, unies & ſeſſiles: des parties latérales de ſes branches, ſortent de longs pédoncules nus, dont chacun ſoutient une ſimple tête de fleurs ſemblables à celles des autres eſpeces; elles ont une odeur forte & déſagréable à pluſieurs perſonnes, mais qui plaît à d'autres; leurs calices ſont écailleux, ronds & ſans épines: ſes fleurs ſont de couleur pourpre, blanches, & quelquefois de couleur de chair; outre ces variétés, qui toutes proviennent des mêmes ſemences, on en connoît encore une à fleurs fiſtuleuſes, & une autre à fleurs frangées, à laquelle on donne ordinairement le nom d'*Amberboi*: mais comme elles dégenerent en peu d'années, quelque ſoin qu'on prenne pour recueillir & pour conſerver leurs ſemences, je ne les regarde que comme de ſimples variétés. On ſeme ordinairement les graines de cette eſpece ſur une couche chaude au printems, afin que les plantes qu'elles produiſent puiſſent acquérir aſſez de force pour être tranſplantées au mois de Mai dans les plates - bandes du parterre; mais, si on les seme en automne dans une situation chaude, elles subsisteront en hiver, & au printems on pourra les placer dans le parterre : ces dernieres seront même plus fortes, & elles fleuriront plutôt que celles qui n'ont été semées qu'au printems. On peut aussi répandre au printems les graines de cette espece, sur une plate - bande chaude ordinaire, où elles pousseront très - bien : mais ces plantes fleuriront plus tard que les autres. Celles qui ont été semées en automne sont en fleurs depuis le milieu de Juin jusqu'en Septembre; celles du printems produiront leurs fleurs un mois plus tard, & continueront à en pousser de nouvelles, jusqu'à ce que les premieres gelées les arrêtent. Les semences de cette plante mûrissent en automne.

Amberboi. Quoiqu'on ait regardé la neuvieme comme une variété de la précédente, il est cependant certain que ces deux plantes malgré leur ressemblance, sont spécifiquement différentes, & qu'elles ne varient jamais. J'ai cultivé celle-ci pendant plus de quarante ans, & n'y ai jamais remarqué la moindre altération : comme elle est beaucoup plus tendre que la précédente, il faut la semer sur une couche chaude au printems; &, quand les plantes sont en état d'être enlevées, les transplanter sur une nouvelle couche chaude pour les avancer : quand elles y ont pris racine, on leur donne de l'air chaque jour pour les empêcher de filer, & on les arrose légerement, parce qu'elles sont fort sujettes à pourrir par trop d'humidité. Lorsque ces plantes ont acquis une certaine force, on les enleve avec soin, on les plante chacune séparément dans des pots remplis de terre légere : on en place quelques-unes à l'ombre, jusqu'à ce qu'elles aient formé de nouvelles racines ; après quoi, on peut les placer avec d'autres plantes annuelles dans le jardin d'agrément, où elles continueront long-tems en beauté : mais, comme les plantes qu'on a conservées en plein air produisent rarement de bonnes semences, il faut en garder deux ou trois sous un châssis de couche chaude, où elles fleuriront de bonne heure, & perfectionneront leurs semences chaque année. Cette méthode est la plus sûre pour en conserver l'espece.

Celle-ci differe de l'espece commune, en ce que ses feuilles sont sciées sur leurs bords. Ses fleurs sont fistuleuses, d'une couleur brillante, & d'une odeur douce & agréable ; elle fleurit en Juillet & en Août, & ses semences mûrissent en Octobre.

Cyanus. La dixieme ou le *Bluet commun,* qui croît naturellement parmi les bleds dans les campagnes de l'Angleterre, est mise au nombre des plantes médicinales. On retire de ses fleurs, par la distillation, une eau qui est estimée pour les maladies des yeux : ces fleurs varient beaucoup dans leurs couleurs ; quelques-unes d'entr'elles font délicatement panachées, & les marchands vendent leurs femences fous le nom de *Bluets de toutes les couleurs*. Ces plantes annuelles peuvent être élevées dans des plates bandes communes, & elles ne demandent aucun autre foin que d'être tenues nettes de mauvaifes herbes, & éclaircies où elles font trop ferrées : elles ne profitent pas bien quand on les tranfplante ; & celles qui font femées en automne réuffiffent mieux, & elles fleuriffent plus fortement que celles qui ne font mifes en terre qu'au printems (1).

Lippii. Les femences de la onzieme m'ont été envoyées de Paris par M. de JUSSIEU, à qui elles avoient été envoyées par le Docteur LIPPI, du Grand Caire. Cette plante eft annuelle, & elle s'éleve tout au plus à deux pieds de hauteur, elle pouffe deux ou trois branches vers le fommet : fes feuilles, qui font divifées en plufieurs fegmens obtus, ont une bordure qui coule dans la longueur de la tige : fes fleurs font petites, d'un pourpre brillant, & pourvues d'un calice écailleux. En femant cette efpece au printems fur une plate-bande de terre légere, où les plantes font deftinées à refter, elles n'exigeront aucun autre foin que d'être tenues nettes de mauvaifes herbes : elle fleurit en Juillet, & fes femences mûriffent en automne.

Cineraria. La douzieme eft une plante vivace, qui conferve fes feuilles pendant toute l'année : elle croit naturellement en Italie, fur les bords des champs : les feuilles font velues & divifées en plufieurs fegmens étroits : fes tiges s'élevent à la hauteur d'environ trois pieds, & fe divifent vers leur fommet en plufieurs bran-

---

(1) Toutes les parties de cette plante font employees en Médecine ; mais on fait un ufage plus fréquent de fes fleurs, dans les maladies des yeux : la plante entiere eft regardee comme vulnéraire, réfolutive, déterfive, diurétique, aftringente ; mais quoiqu'on puiffe lui accorder toutes ces proprietés, elle les poffede neanmoins à un fi foible degre, que fon action eft prefque nulle dans la plupart des maladies contre lefquelles on l'emploie : on ne doit donc y avoir qu'une très-médiocre confiance dans l'ictere, les maladies dartreufes, l'hydropifie, les fuppreffions des regles, les extravafations de fang, &c. qui exigent pour leur guérifon des moyens bien plus puiffans : fa vertu cardiaque eft encore moins fondée : en effet, les fleurs de cette plante n'ont aucun principe volatil, & le peu d'activité dont elles jouiffent, refide en entier dans une très-foible dofe de fubftance réfi-

neufe, balfamique & d'une odeur affez agreable qu'on en extrait au moyen des menftrues fp ritueux. On doit donc fe borner à employer l'eau diftillée de fes fleurs, dans les légeres ophtalmies, qui eft de toutes les maladies pour lefquelles elle a été recommandée, la feule où elle ait eu quelque fuccès.

ches, dont chacune eſt terminée par une tête de fleurs pourpre, qui paroiſſent en Juin, & qui, dans les années favorables, perfectionnent leurs ſemences en automne. Cette plante réſiſte en plein air dans les hivers modérés, à une expoſition chaude & dans un ſol ſec; mais elle eſt ordinairement détruite par un froid plus rigoureux : pour éviter tout accident, il ſera prudent d'en abriter uıe ou deux ſous un châſſis de couche ordinaire, pour en conſerver l'eſpece : elle ſe multiplie aiſément par ſemences ou par boutures : ſi on emploie cette derniere méthode, on ſe ſert des jeunes branches qui ne portent point de fleurs, & on les plante dans une plate-bande à l'ombre dans tous les mois de l'été : ces boutures prennent aiſément racine, & en automne on peut les tranſplanter dans une plate-bande chaude, & en mettre quelques-unes dans des pots pour les abriter en hiver. Il y a dans cette eſpece une variété à feuilles découpées.

Raguſina La treizieme, qui eſt originaire de la Barbarie, ainſi que de pluſieurs autres endroits ſur les bords de la Méditerranée, s'éleve rarement au-deſſus de trois pieds de hauteur dans notre climat: ſa tige eſt vivace, & diviſée en pluſieurs branches, garnies de feuilles fort blanches, velues & ſéparées en pluſieurs lobes obtus & entiers; les petites feuilles ont leurs parties extérieures plus larges: ſes fleurs,

d'un jaune brillant & renfermées dans un beau calice velu, naiſſent des parties latérales des branches, ſur de courts pédoncules · elles paroiſſent en Juin & en Juillet; mais elles ſont rarement ſuivies de ſemences en Angleterre. On la multiplie en plantant les jeunes rejettons de la même maniere que ceux de la précédente. Quoique cette eſpece ait beſoin d'être miſe à l'abri des fortes gelées, cependant ſi elle ſe trouve placée dans des décombres ſecs, elle ſera moins ſucculente & elle réſiſtera en plein air aux froids de nos hivers ordinaires. Comme cette plante conſerve ſes belles feuilles blanches pendant toute l'année, elle fait une agréable variété dans les jardins.

Napi-folia. La quatorzieme eſt une plante annuelle qui croît naturellement dans l'Archipel; ſa tige eſt branchue & haute d'environ trois pieds: ſes feuilles inférieures, qui reſſemblent à celles du *Navet*, ſont rondes à leur extrémité, & leur bâſe eſt diviſée en pluſieurs ſegmens; celles qui garniſſent les tiges & les branches ſont à-peu-près de la même forme; mais elles diminuent peu-à-peu dans leur largeur à meſure qu'elles s'approchent du ſommet de la plante : ces dernieres ont une bordure ou aile qui coule dans la longueur des tiges, & qui les joint enſemble: les fleurs naiſſent aux extrémités des branches; elles ont des calices garnis d'épines qui ſortent des bords des écailles, en forme de main : ces fleurs font d'un pourpre brillant, & elles ont une belle apparence. Cette espece peut être traitée de la même maniere que le *Bluet des bleds*, en la femant en automne, & en tenant les plantes nettes de mauvaifes herbes : elle fleurit en Juin, & les femences mûriffent en Août. Si on les feme feulement au printems, leurs fleurs continueront à fe montrer, jufqu'à ce que la gelée les arrête. Mais comme ces dernieres ne perfectionnent pas toujours leurs femences en Angleterre, on ne doit compter que fur celle d'automne pour en recueillir.

Rhapontica. La quinzieme fe trouve en Suiffe, & fur quelques montagnes de l'Italie : fes femences m'ont été envoyées de Vérone. Elle a une racine vivace & une tige annuelle : fes feuilles font oblongues, légerement dentelées fur leurs bords, laineufes en-deffous, érigées, & prefque femblables à celles de l'*Aunée* : fes tiges font élevées à la hauteur d'environ un pied, & terminées par une tête groffe & fimple de fleurs pourpre renfermées dans un calice écailleux. Elles paroiffent en Juillet, mais elles ne produifent des femences ici, qu'autant que la faifon eft très chaude & feche ; de forte qu'elle eft, ainfi que la cinquieme, fort difficile à multiplier dans notre climat, à moins qu'on ne faffe venir fes graines des contrées où elle croît naturellement : elle eft fort dure, & elle peut être traitée de la même maniere que

les efpeces précédentes ; mais elle exige un peu plus de place que la cinquieme.

Peregrina. La feizieme croît naturellement en Autriche & en Hongrie : fes feuilles extérieures, qui s'étendent à plat fur la terre font molles, velues & terminées en pointe aiguë ; mais vers leur bâfe, elles font découpées en plufieurs fegmens étroits : fes tiges, dont la hauteur eft d'environ trois pieds, font garnies à chaque nœud de feuilles entieres, en forme de lance, & terminées par de groffes têtes fimples de fleurs d'une couleur d'or, renfermées dans un calice écailleux & piquant. Elle fleurit en Juillet & en Août ; mais elle ne produit jamais de femences en Angleterre. On peut néanmoins la multiplier facilement, en détachant en automne les rejettons qui naiffent de la racine vivace. Cette plante eft fort dure, & elle exige un fol fec, parce que l'humidité fait facilement pourrir fes racines.

Orientalis. La dix-feptieme, dont les femences m'ont été envoyées de Pétersbourg, eft originaire de la Sibérie : fes feuilles baffes font longues, aîlées, divifées en plufieurs lobes & lancéolées : fes tiges, élevées d'environ cinq pieds, font divifées au fommet en plufieurs branches, & garnies de feuilles de la même forme que les inférieures, mais beaucoup plus petites, & découpées en fegmens fort étroits : chaque tige eft terminée par une tête de fleurs jaunes, renfermées dans un calice , dont lés écailles font garnies d'un poil fin à leurs bords. Cette efpece fleurit en Juin, en Juillet & en Août ; & fes femences mûriffent en automne : elle a une racine vivace & une tige annuelle, qui , ainfi que les feuilles, fe flétriffent en automne, & fe renouvellent au printems. On peut la multiplier par femence , ou par la divifion de fes racines , comme on le pratique pour la cinquieme efpece. Comme elle exige beaucoup d'efpace , & qu'elle ne doit pas être placée trop près des autres plantes , elle ne peut guere être admife dans un petit jardin.

Argentea. La dix - huitieme, qui croît naturellement dans l'Ifle de Candie , a une racine vivace , & des feuilles radicales ailées & fort laineufes : celles qui occupent les parties inférieures des tiges font ailées & en forme de coin : ces tiges font terminées par des têtes de fleurs jaunes, & compofées d'autant de fleurettes que celles des autres efpeces. Elle fleurit en Juillet ; mais elle produit rarement des femences dans ce pays , de maniere qu'on ne peut la multiplier que par boutures : & comme elle refifte difficilement aux froids de nos hivers, il fera prudent de placer une ou deux de ces plantes fous un châffis ordinaire , pour en conferver l'efpece.

Semper virens. La dix-neuvieme eft originaire du Portugal : les tiges font vivaces , & fes feuilles confervent leur verdure pendant toute l'année : c'eft en cela que confifte le princi-

pal mérite de cette plante ; car la fleur n'a guere plus de beauté que le *Bluet ordinaire.* Elle fleurit en Juin & en Juillet ; & , dans les années chaudes, elle perfectionne fes femences en Septembre. On multiplie cette efpece par fes graines, qui , étant femées en Avril dans une planche de terre légere, pouffent très-facilement : fi elle fe trouve placée fur un fol fec , & dans une fituation abritée, elle pourra réfifter en plein air aux froids de nos hivers modérés ; mais comme les fortes gelées la détruifent fouvent , il fera néceffaire de mettre à couvert une ou deux de ces plantes fous un châffis ordinaire pour en conferver l'efpece.

Splendens. La vingtieme qu'on trouve en Efpagne, ainfi que fur les montagnes de la Suiffe, ne fubfifte guere que deux ou trois ans : fes feuilles radicales ont des aîles à double pointe, & celles des tiges font ailées , dentelées , & en forme de lance : fes tiges s'élèvent à la hauteur de trois pieds, & font terminées par des fleurs femblables à celles du *Bluet ordinaire* , & dont les calices font argentés. Elle fleurit en Juillet, & fes femences mûriffent en Septembre. Si on les feme en Avril fur une planche de terre légere , les plantes poufferont & fubfifteront en plein air pendant tout l'hiver.

Romana. La vingt - unieme croît naturellement dans les campagnes des environs de Rome : elle eft bis-annuelle en

Angleterre ; les plantes de cette espece qui ont été élevées de femences au printems , fleuriffent rarement avant l'année fuivante , & elles périffent auffi-tôt que leurs graines font parvenues à leur maturité. Leurs tiges s'élevent à la hauteur de trois pieds : leurs feuilles radicales font pointues en forme d'ailes & fans épines ; & celles qui garniffent les tiges , coulent dans leur longueur comme des ailes : les feuilles font groffes & rondes , & leurs calices font fortement armés d'épines. Cette efpece fleurit en Juillet , & fes femences mûriffent en Septembre ; on la multiplie de la même maniere que la précédente.

Sphærocephala. La vingt-deuxieme efpece qui naît fans culture en Efpagne & en Barbarie , eft une plante annuelle qui perfectionne rarement fes femences en Angleterre : fes feuilles font dentelées , velues & en forme de lance : fa tige , dont la hauteur eft d'environ trois pieds , eft divifée vers fon fommet en trois ou quatre branches terminées par des groffes têtes de fleurs , dont les calices font laineux & fortement armés d'épines. Elle fleurit en Juillet ; & , dans des années chaudes , fes femences mûriffent en Septembre : on la multiplie par fes femences comme les deux précédentes.

Ériophora. La vingt troifieme eft originaire du Portugal : fa tige longue de deux pieds eft garnie de feuilles laineufes , dont quelques unes font entieres & d'autres dentelées à leurs bords : cette tige eft terminée par des têtes de fleurs laineufes & fortement armées de doubles épines fur les calices qui renferment & enveloppent prefqu'entièrement les fleurettes. Cette efpece fleurit en Juillet , & dans des années chaudes fes graines mûriffent en Septembre : on la multiplie par fes femences comme la précédente.

Benedicta. La vingt-quatrieme eft le *Chardon béni* qu'on emploie fouvent en médecine comme émetique : elle croît naturellement en Efpagne & dans le Levant , & on la multiplie dans les jardins Anglois pour l'ufage de la médecine. Cette plante eft annuelle , & elle périt auffi tôt que les femences font mûres. La méthode la plus fûre pour la multiplier , eft de la femer en automne : quand les plantes pouffent , il faut les houer , les éclaircir & arracher toutes les mauvaifes herbes. Au printems fuivant , on fait un fecond houage , & on laiffe entr'elles un pied de diftance en tous fens. Cette efpece perfectionne fes femences en automne , & elle périt auffi-tôt après. (1).

____

(1) Le *Chardon béni* contient peu de parties volatiles : on en extrait une affez grande quantité de fubftance gommeufe , à peu-près la feizieme partie de fon poids de principe réfineux , dans lequel réfident fes principales propriétés , & une dofe plus ou moins forte de fel analogue au fel culinaire. Sa faveur eft fort amer , & fon odeur légerement balfamique.

Cette plante eft incifive , déterfi-

CENTAURÉE, PETITE. *V.* GENTIANA CENTAURIUM.

CENTAURÉE, GRANDE. *V.* CENTAUREA CENTAURIUM.

CENTAURÉE, *ou* FLEUR DE GLOBE. *Voy.* SPHÆRANTHUS.

CEPA. [The *Onion.*] Oignon.

Les caractères de ce genre de plantes étant les mêmes que ceux de l'*Allium*, on les a réunies sous la même classe dans les systêmes modernes ; mais comme cet ouvrage est principalement destiné à l'instruction de ceux qui ne sont pas bien versés dans les connoissances de Botanique, ou qui n'ont point envie de l'étudier, & qui néanmoins ont besoin de connoître la culture de cette

———

ve, stomachique, fébrifuge, anthelmintique, diurétique, fortifiante, &c. On s'en sert avec succès dans presque toutes les maladies chroniques, & particulièrement dans le relâchement des tuniques de l'estomac, dans les défauts d'appetit & de digestion, les fievres intermittentes, les vers intestinaux, le chlorosis, les fleurs blanches, la cachexie, l'hydropisie, l'ictere, les affections psoriques, &c. : on la prépare en infusion aqueuse ou vineuse.

On donne aussi quelquefois cette plante comme sudorifique dans les fluxions de poitrine, les fievres malignes & exanthématiques, & sur le déclin de l'accès des fievres intermittentes.

Le *Chardon béni* entre dans la composition de l'eau de mélisse composée, dans le vinaigre thériacal, dans l'huile de scorpion, dans le *martiatum* de NICOLAS D'ALEXANDRIE, & ses semences font partie de l'opiat de SALOMON.

plante utile, j'ai préféré d'en traiter sous son ancien nom. MM. RAY & TOURNEFORT admettent des feuilles fistuleuses & des tiges gonflées comme des caracteres propres à distinguer les plantes de ce genre, du *Porrum* & de l'*Allium*.

Les variétés les plus communes de cette plante sont :

1°. *Cepa oblonga. C. B. p. 71. Allium cepa,* Lin. ; L'Oignon de Strasbourg.

2°. *Cepa vulgaris, floribus & tunicis purpurascentibus. C. B. p. 71 ;* L'Oignon d'Espagne.

3°. *Cepa floribus & tunicis candidis C. B. p. 71 ;* L'Oignon blanc d'Egypte.

Ces trois variétés principales en donnent de nouvelles par leurs semences, dont je me dispenserai de faire mention.

Culture. Elles se multiplient par leurs graines : il faut les semer à la fin de Février ou au commencement de Mars, & par un tems sec sur une terre riche & légere, bien labourée, applanie & bien nette. Si ces *Oignons* sont destinés à former une provision pour l'hiver, ils doivent être semés très-clairs : la quantité de graines qu'on emploie ordinairement, est de six livres pour un âcre de terre ; mais la plupart des Jardiniers en sement davantage parce que sur une récolte ils en arrachent une quantité lorsqu'ils sont jeunes, dont ils font des paquets pour les vendre au marché ; mais ceux qui n'ont égard qu'à la récolte principale se gardent bien de suivre cette méthode, & n'emploient pas une plus grande quantité de femences que celle que je viens de prefcrire.

Lorfque ces plantes font trop voifines les unes des autres dans leur premiere jeuneffe, elles fe nuifent réciproquement, elles filent & s'affoibliffent de maniere que leurs racines n'acquierent jamais le même volume que celles qui naiffent éloignées les unes des autres. Outre cet inconvénient on ne peut les houer & les éclaircir lorfqu'elles font ainfi ferrées, fans piétiner la terre & froiffer les feuilles de celles qui reftent; ce qui leur fait beaucoup de tort. D'après toutes ces raifons, fi on veut avoir de jeunes *Oignons*, on doit en femer fur des planches à part, pour ne point endommager ceux qu'on veut conferver pour l'hiver. Environ fix ou fept femaines après que les femences auront été mifes en terre, les *Oignons* paroîtront, & feront affez avancés pour être houés: on choifit pour cette opération un tems fec, & on fe fert d'une petite houe de deux pouces & demi de largeur ; on enleve toutes les mauvaifes herbes, & on éclaircit les plantes dans les endroits où elles font trop ferrées, en laiffant entr'elles deux pouces de diftance. Si cet ouvrage eft bien exécuté & dans un tems fec, la terre fera débarraffée de toutes les mauvaifes herbes pour un mois ou cinq femaines au moins: après ce tems écoulé, on fera un fecond houage, & en même tems qu'on arrachera les mauvaifes herbes

on ôtera auffi quelques *Oignons*, afin qu'ils reftent éloignés de trois pouces les uns des autres. Après ce travail, la terre reftera nette pour fix femaines, & elle n'exigera plus qu'un houage à la fin de ce terme.

En pratiquant ce troifieme houage, on arrache avec foin les mauvaifes herbes, & on retranche toutes les plantes fuperflues, pour laiffer celles qui reftent à fix pouces de diftance; au moyen de quoi elles deviendront beaucoup plus groffes. Si on choifit un tems bien fec pour cette opération, la terre reftera nette jufqu'à ce que les *Oignons* foient en état d'être arrachés ; mais fi le terrein eft humide & qu'il repouffe quelques mauvaifes herbes, on fe contentera d'arracher les plus groffes avec la main, parce que dans ce tems les *Oignons* commencent à bulber, & qu'il feroit imprudent de les déranger avec une houe.

Vers le milieu du mois d'Août, lorfque les bulbes feront parvenues à leur entiere groffeur, ce qu'on reconnoîtra par leurs tiges qui commencent à fe fanner & à fe coucher fur la terre, on les arrachera, on retranchera la partie haute de leurs tiges & de leurs feuilles, & on les étendra fur un terrein fec pour les fécher, ayant foin de les retourner chaque jour pour les empècher de pouffer de nouvelles racines dans la terre ; ce qui arriveroit certainement fans cette précaution, fur-tout dans un tems humide.

Au bout d'environ quinze

Jours, les *Oignons* feront affez fecs pour être mis à couvert; on choifira pour cela un tems parfaitement beau : on détachera avec foin toute la terre de leurs racines, & on détournera tous ceux qui feront meurtris ou gâtés, parce qu'ils feroient bientôt attaqués de pourriture, & qu'ils gâteroient en peu de tems tous ceux qui feroient à leur portée. On ne doit jamais les conferver dans un rez-de-chauffée, mais toujours dans un grenier ou dans quelqu'autre lieu élevé & fec; on les arrange de maniere qu'ils ne fe touchent que le moins qu'il fera poffible, & ils fe conferveront d'autant mieux qu'ils feront moins expofés à l'air. On les vifitera une fois par mois ; & lorfqu'on en trouvera quelques-uns de gâtés on les ôtera auffi-tôt, afin qu'ils n'infectent pas les autres.

Quelques foins qu'on prenne pour les bien fécher, & pour les préferver de l'humidité, quelques-uns d'entr'eux poufferont cependant leurs germes dans le grenier, furtout fi le tems eft doux & humide ; mais fi l'on veut les conferver longtems, & prévenir cet inconvénient, on pourra en choifir un certain nombre des plus fermes & des plus fains, & on brûlera légèrement leurs racines avec un fer chaud ; ce qui les empêchera de pouffer : mais en faifant cette opération il faut bien prendre garde de ne pas toucher ou bruler la chair de l'*Oignon*, parce qu'il feroit

bientôt après attaqué de pourriture.

Les meilleurs *Oignons* pour conferver font ceux *de Strafbourg*, dont la bulbe eft ovale, quoique cette efpece foit rarement auffi groffe que l'*Oignon d'Efpagne*, qui eft toujours applati. On fait auffi beaucoup de cas des *Oignons blancs*, parce qu'on les regarde comme étant plus doux que les autres : mais toutes ces variétés ne font point conftantes ; car, malgré qu'on n'emploie que des graines d'*Oignons blancs*, bien choifies, elles produiront cependant beaucoup d'*Oignons rouges*. Il en eft de même des *Oignons de Strasbourg*, dont les bulbes s'applatiront par dégrés : on peut en dire autant des *Oignons de Portugal*, qui dégénerent tellement en Angleterre, qu'après deux ans ils ne font plus reconnoiffables.

Pour fe procurer ces femences, il faut choifir au printems quelques *Oignons* fermes, gros, d'une belle forme, & de l'efpece qu'on veut multiplier; & après avoir préparé & bien labouré un canton de bonne terre de trois pieds de largeur, on y plante ces *Oignons* au commencement ou au milieu de Mars. On trace au cordeau une ligne qu'on creufe à fix pouces environ de profondeur; on y place les *Oignons* la racine en bas, à neuf pouces environ de diftance les uns des autres : on les couvre enfuite avec de la terre, & on en remplit la rigole en la tirant avec un rateau. On trace une feconde ligne à deux pieds de la premiere, & ainſi de ſuite juſqu'à ce que le terrein ſoit rempli. Les feuilles commenceront à paroître un mois après & chacune de ces bulbes produira trois ou quatre tiges : on les tiendra alors conſtamment nettes de mauvaiſes herbes, & vers le commencement de Juin, lorſque les têtes de fleurs commenceront à paroître aux ſommets des tiges, on enfoncera des piquets d'environ quatre pieds de longueur, à ſix pouces de diſtance, & on y attachera une ficelle qu'on fera couler au-deſſous de chaque tête pour les ſoutenir, & pour empêcher qu'elles ne ſoient rompues par les vents ou par leur propre poids lorſque leurs graines commencent à ſe former. Cette précaution eſt d'autant plus néceſſaire, que, ſi ces tiges viennent à ſe rompre avant leur maturité, leurs ſemences n'acquierent jamais la perfection qui leur eſt néceſſaire.

Ces ſemences parviennent, vers la fin du mois d'Août, à leur entiere maturité. On la reconnoît à la couleur plus brune de leurs têtes, & parce que les cellules qui les contiennent commencent à s'ouvrir ; de maniere que, ſi on ne les recueille pas inceſſamment, ces graines tomberont d'elles-mêmes ſur la terre. Lorſque ces têtes ſont coupées, on les expoſe ſur des draps au ſoleil, & on les met à couvert toutes les nuits, ainſi que dans les tems humides : quand elles ſont tout-à-fait ſeches, on les

bat pour en tirer les ſemences ; on les expoſe pendant un jour au ſoleil, pour les ſécher en entier, & on les met enſuite dans des ſacs pour les conſerver.

Ce qui vient d'être dit ne concerne que la grande récolte pour l'hiver ; mais on cultive encore dans les environs de Londres d'autres *Oignons* pour fournir les marchés : une de ces eſpeces que l'on connoît vulgairement ſous le nom d'*Oignons de Saint-Michel*, doit être ſemée fort épaiſſe, au milieu d'Août : auſſi tôt qu'ils commencent à pouſſer, on les houe, & au printems, lorſque les *Oignons d'hiver* ſont paſſés, on forme des paquets de ceux-ci pour les vendre ſur les marchés : les *petits Oignons verts* qu'on arrache au mois de Mars en les éclairciſſant, ſont auſſi employés en ſalade.

Au printems, on ſeme d'autres planches d'*Oignons*, afin d'en avoir toujours de jeunes pour les Salades, en les éclairciſſant, & pour ſuppléer à ceux *de la St. Michel* qui ſont déjà devenus trop gros. Si l'on veut avoir de ces jeunes *Oignons* pendant tout l'été : il ſuffira d'en ſemer trois planches, de trois ſemaines en trois ſemaines.

On cultive auſſi dans les jardins, les eſpeces ſuivantes :

1°. *Cepa Aſcalonicum, Matth.* 556 ; l'Echalotte.

2°. *Cepa fiſſilis. Matth. Lugd.-B. 539* ; La Ciboule.

3°. *Cepa ſeſtila Junci foliis perennis. Mor. Hiſt. 2. 383* ; la Ciboulette, *ou* Civette.

Je ſuppoſe que l'*Oignon Gal-*

tois n'eft autre que la *Ciboule*, qu'on connoît dans divers pays fous des dénominations diffé-rentes ; car toutes les fois que j'ai reçu des *Ciboules*, de l'é-tranger , elles fe trouvoient être la même chofe que ce que nous appellons communément *Oignon Gallois.* Ces *Ciboules* ont une très-grande affinité avec les *Echalottes* ; & quoique ces deux efpeces foient cultivéesde-puis très-long-tems , elles n'en font pas mieux connues par les Botaniftes ; car quelques-uns d'entr'eux les regardent com-me n'étant que des variétés , très-grandes à la vérité , d'une même efpece , pendant que d'autres les confidérent com-me des efpeces différentes d'un même genre.

L'efpece d'*Oignon*, que les Anglois nomment *Scallion* ou *Efcallion*, ne forme jamais de bulbe; on s'en fert principa-lement dans le printems , avant que les autres efpeces foient affez avancées pour en faire ufage : quoique fort commun autrefois , l'*Efcallion* eft de-venu très rare à préfent ; il eft même connu de peu de monde , & ne fe trouve guere que dans quelques jardins cu-rieux de Botanique. A fa pla-ce , les jardiniers des environs de Londres fubftituent les *Oignons* qui , après s'être flé-tris , repouffent dans les mai-fons ; ils les plantent fur une planche dans le commence-ment du printems; & en très-peu de tems, ils deviennent affez gros pour l'ufage: alors ils les arrachent ; & , après en avoir ôté l'écorce extérieu-

re , ils en forment des paquets qu'ils vendent fur les mar-chés pour des *Efcallions*.

On multiplie facilement le véritable *Efcallion* en divifant les racines au printems ou en automne ; mais cette derniere faifon eft préférable , parce qu'ils ont plus de tems pour devenir propres à être mis en ufage au printems. On plante quatre ou cinq de ces racines dans chaque trou , & ces trous doivent être à environ fix pouces de diftance les uns des autres , fur des planches de trois pieds de largeur. Ils fe multiplient confidérable-ment en très-peu de tems, & ils profpèrent dans tous les fols & à toutes les fituations : ils font fi durs, qu'ils réfiftent aux hivers les plus forts ; & , comme leurs feuilles font af-fez avancées dès le commen-cement du printems pour fer-vir aux ufages de la cuifine , ils méritent bien de trouver place dans tous les jardins potagers.

Les *Ciboulettes* ou *Civettes* font des *Oignons* d'une petite efpe-ce qui ne produifent jamais de bulbes : leurs tiges qui ne s'élevent pas au-deffus de fix pouces font très-petites , min-ces , & difpofées en paquets ronds comme les précédentes. On en faifoit autrefois beau-coup de cas pour les falades de printems , parce qu'on les regardoit comme étant plus douces que les *Oignons* qui ont paffé l'hiver dans la ter-re : on les multiplie comme l'efpece précédente , en divi-fant leurs racines : les *Civet-*

tes font fort dures, & propres à être mifes en ufage au printems.

Les *Oignons Gallois* fe multiplient auffi pour fervir au printems ; comme ils ne produifent jamais de bulbes, ils ne peuvent être employés qu'en falade : on les feme vers la fin de Juillet dans des planches de trois pieds & demi de largeur, & féparées par des fentiers de deux pieds, afin de pouvoir les nettoyer commodément. Ces plantes commencent à paroître quinze jours après que leurs graines ont été mifes en terre ; alors on les débarraffe des mauvaifes herbes : comme leurs tiges périffent entièrement vers le milieu d'Octobre, & que toute la piece paroît être abfolument nue, plufieurs perfonnes y ont été trompées, & ont fait labourer la terre ; mais s'ils l'avoient laiffé fans y toucher, ces plantes auroient répouffé fortement en Janvier, qui eft le moment où elles font en pleine vigueur. Elles réfiftent à tous les tems, & en Mars on peut s'en fervir en place de jeunes *Oignons*, auxquels elles font généralement préférées dans cette faifon à caufe de leur belle couleur verte, malgré que leur goût foit plus fort que celui des *Oignons*, & qu'il ait beaucoup de rapport avec celui de l'*Ail* : ce goût les rend cependant moins agréables pour les ufages de la table ; mais, comme cette plante eft fort dure, il eft bon d'en cultiver dans les jardins, pour remplacer

les autres efpeces lorfqu'elles viennent à être détruites par le froid.

En tranfplantant ces racines en Mars, à fix ou huit pouces de diftance, elles produifent des femences mûres en automne ; mais comme ces graines font en très-petite quantité dans la premiere année, il faut laiffer ces plantes dans la terre fans y toucher : dans la feconde, ainfi que dans la troifieme année, elles poufferont plufieurs tiges, & donneront une ample provifion de femences. Ces racines fe confervent bonnes pendant long-tems ; mais il faut les divifer & les tranfplanter chaque deux ou trois ans pour leur faire produire de bonnes femences.

CÉPHALANTHE, *ou* BOIS A BOUTON. *Voyez* CEPHA-LANTHUS. L.

CEPHALANTHUS. *Lin. Gen. Pl. 105. Planocephalus. Vaill. Acad. R. Scient. 1722.* [*Button-Wood.*] Bois à Bouton. Céphalanthe.

Caracteres. Cette plante produit un nombre de petites fleurs, raffemblées en une tête fphérique : ces fleurs n'ont point de calice commun ; mais chacune en a un particulier, en forme d'entonnoir, & divifé aux bords en quatre parties : elles ont elles-mêmes la forme d'un entonnoir ; elles font monopétales, & partagées comme leurs calices en quatre fegmens : chacune d'elles renferme quatre étamines inférées dans le pétale, plus courtes que le tube, & terminées

minées par des sommets globulaires. Le germe, qui est placé sous la fleur, soutient un style plus long que le pétale, & est couronné par un stigmat globulaire : ce germe devient par la suite une capsule ronde & velue, qui renferme une ou deux semences oblongues & angulaires ; ces semences, fixées à un axe, forment une espece de tête ronde.

Ce genre de plantes est rangé dans la premiere section de la quatrieme classe de LINNÉE, qui a pour titre : *Tetrandria Monogynia*, & qui comprend toutes celles dont les fleurs ont quatre étamines & un style.

Nous n'avons dans ce genre qu'une seule espece, qui est :

Cephalanthus Occidentalis, foliis oppositis ternisque. Flor. Virg. 15 ; Arbre à bouton, dont les feuilles naissent opposées, & quelquefois au nombre de trois à la fois.

Cephalanthus, foliis ternis. Hort. Cliff. 73. Roy. Lugd-B. 187.

Scabiosa dendroïdes Americana, ternis foliis caulem ambientibus, floribus ochroleucis. Pluk. Alm. 336. tab. 77. f. 4.

Cet arbrisseau, dont on envoie annuellement les semences de l'Amérique Septentrionale en Europe, a été singulierement multiplié par leur moyen, depuis quelques années, dans les jardins des curieux : on n'en trouve cependant aucun de fort gros en Angleterre ; les plus forts de tous ceux que j'ai vus sont dans les jardins du Duc d'AR-GYLE, à Whitton, près de

Hounslow, où ils profitent mieux que dans aucun autre endroit, parce qu'ils sont plantés dans un sol humide.

Cette plante ne s'éleve guere dans notre pays qu'à la hauteur de six ou sept pieds : ses branches sortent par paires, opposées à chaque nœud : ses feuilles sont aussi opposées, elles naissent quelquefois par paires, & souvent par trois, du même bouton ; ces feuilles, qui entourent les branches, ont près de trois pouces de longueur, sur quinze lignes de largeur ; elles sont marquées dans leur milieu par une veine ou côte longitudinale, de laquelle partent plusieurs autres veines plus petites, qui s'étendent jusqu'aux bords : elles sont d'un vert clair, & leurs pétioles sont teints à leur base d'une couleur rougeâtre : les extrémités des branches sont chargées d'épis clairs, disposés en têtes sphériques, dont chacun est composé de plusieurs petites fleurs en forme d'entonnoir, d'un jaune blanchâtre, & attachées à un axe qui en occupe le centre : ces fleurs paroissent en Juillet ; & dans les années chaudes leurs semences mûrissent en Angleterre.

On multiplie cet arbrisseau par ses semences, quoiqu'on ait quelquefois réussi à le propager par boutures & par marcottes : on répand ces graines dans des pots, afin de pouvoir les transporter à l'ombre ou sous un abri. Si l'on peut se procurer des semences affez tôt pour pouvoir les mettre en terre avant Noël , les plantes poufferont dans l'été fuivant ; mais fi elles ne font femées qu'au printems , on ne les verra paroître que dans la feconde année : dans ce cas, il faut placer les pots à l'ombre pendant tout l'été ; & dès l'automne les couvrir d'un châffis ordinaire, pour les garantir de la gelée.

Lorfque ces plantes commencent à pouffer, on leur procure de l'ombre, au moyen d'un abri, dans les tems chauds & fecs, qui leur font très-contraires , & qui même les feroient périr fi elles y reftoient expofées : on les arrofe toutes les fois qu'elles en ont befoin ; parce qu'elles croiffent naturellement dans des terreins humides, & que, fi on néglige de leur donner de l'eau dans les tems fecs, elles languiffent & fe flétriffent.

Dès l'automne fuivant, lorfque leurs feuilles commencent à tomber, on peut les tranfplanter dans des pépinieres à couvert des vents froids : fi le fol en eft humide , elles réuffiront beaucoup mieux que dans une terre fèche ; mais dans ce dernier cas, il fera abfolument néceffaire de les arrofer pendant les féchereffes , fi on veut éviter le défagrément de les voir perir au milieu de l'été, comme cela eft arrivé fouvent.

Ces plantes peuvent refter un an ou deux dans cette pépiniere , fuivant les progrès qu'elles y auront fait , & la

diftance qu'on aura laiffé entr'elles. Après ce tems on les enlevera en Octobre , & on les tranfplantera dans les places qui leur font deftinées : cette opération peut auffi être faite au printems , furtout fi la terre où , l'on doit les planter eft humide ; & on les arrofe à propos lorfque le printems eft fec.

Ces plantes font une belle variété parmi les autres arbres & arbriffeaux durs ; car elles réfiftent aux plus grands froids de nos hivers : elles fe plaifent dans un fol humide & léger ; elles y croiffent très-promptement , & leurs feuilles y deviennent plus larges que dans un terrein plus fec.

CERASTIUM. *Lin. Gen. Pl.* 518. [*Moufe-ear, or Moufe-ear Chickweed.*] Oreille de Souris.

Caracteres. Dans ce genre, le calice eft perfiftant , & formé par cinq feuilles qui s'étendent en s'ouvrant : la corolle eft compofée de cinq pétales obtus , & divifés en deux parties auffi longues que le calice ; la fleur a dix étamines minces , plus courtes que les pétales , & terminées par des fommets ronds ; dans le centre eft placé un germe ovale , fur lequel s'élevent cinq ftyles droits , velus , & couronnés par des ftigmats obtus. Le calice devient enfuite une capfule ovale , cylindrique, & a une cellule qui s'ouvre au fommet , & qui renferme plufieurs femences rondes.

Ce genre de plantes eft rangé dans la cinquieme fection de la dixieme claffe de Lin-

NÉE, intitulée : *Decandria Pentagynia*, avec celles dont les fleurs ont dix étamines & cinq styles.

Les especes font :

1°. *Cerastium repens, foliis lanceolatis, pedunculis ramosis, capsulis subrotundis. Lin. Sp. Plant.* 439 ; Oreille de Souris, à feuilles en forme de lance, avec des pédoncules branchus, & des capsules rondes.

Cerastium perenne procumbens. Hort. Cliff. 174.

Myosotis incana repens. Tourn. Inst. R. H. 245. Vaill. Paris. 141. T. 30. F. 5 ; Oreille de Souris rampante & velue, que quelques - uns appellent Œillet de mer.

Ocymoïdes lychnidis reptante radice. Col. Phyto. 115. T. 31.

Lychnis incana repens. Bauh. Pin. 206.

2°. *Cerastium tomentosum, foliis oblongis, tomentosis, pedunculis ramosis, capsulis globosis. Lin. Sp. Plant.* 440 ; Oreille de Souris à feuilles oblongues & cotonneuses, dont les pédoncules font branchus & les capsules globulaires.

Myosotis tomentosa, Linariæfolio angustiori. Tourn. Inst. R. H. 245 ; Oreille de Souris cotonneuse, à feuilles étroites de Lin.

Cariophyllus holosteus, tomentosus, lati-folius. Bauh. Pin. 210. Prodr. 104.

Cariophyllus holosteus, tomentosus, angusti-folius. Bauh. Pin. 210. Prodr. 104. Variété.

3°. *Cerastium dichotomum, foliis lanceolatis, caule dichotomo ramosissimo, capsulis erectis. Prod.*

Leyd. 450. Cerastium à feuilles en forme de lance, avec une tige fourchue & très-branchue, & des capsules érigées.

Myosotis Hispanica segetum. Tourn. Inst. R. H. 545 ; Oreille de Souris des Bleds d'Espagne, appelée *Mouron cornu.*

Lychnis segetum minor. Bauh. Pin. 204.

Alsine corniculata. Clus. Hist. 2. p. 184.

4°. *Cerastium pentandrium, floribus pentandriis, petalis integris. Lin. Sp. Plant. 438. Loesl. It. 142* ; Cerastium avec des fleurs à cinq étamines & des pétales entiers.

5°. *Cerastium perfoliatum, foliis connatis. Hort. Cliff. 173* ; Cerastium dont les feuilles font jointes.

Myosotis Orientalis perfoliata, folio Lychnidis. Tourn. Cor. 18. Dill. Elth. 295. t. 217. f. 284 ; Oreille de Souris du Levant perfeuillée, & à feuilles de Lychnis.

Repens. La premiere espece croît naturellement en France & en Italie : on la cultivoit autrefois dans les jardins Anglois fous le nom d'*Œillet de mer*, & on s'en fervoit pour border les plates - bandes, & pour foutenir la terre ; mais depuis que le *Buis nain* a été introduit en Angleterre, cette plante, ainfi que toutes les autres, n'ont plus été employées à cet ufage ; auffi n'y étoit - elle propre en aucune maniere ; car fes branches rampantes s'étendoient dans les allées & y pouffoient leurs racines dans le gravier ; de forte qu'on ne pouvoit la contenir qu'en la coupant très-souvent.

Cette plante produit plusieurs tiges foibles & traînantes, qui pouffent de chacun de leurs nœuds des racines, au moyen desquelles elle se multiplie fortement; ses feuilles, qui naissent par paires opposées, ont environ deux pouces de longueur, & un peu plus d'un demi-pouce de largeur; elles sont velues, & celles qui se trouvent près de la racine sont beaucoup plus petites que celles du haut: ses fleurs, qui ressemblent à celles du *Mouron*, quoiqu'elles soient plus larges, sortent des parties latérales de toutes les divisions des branches; elles sont formées par cinq pétales fendus à leur extrémité, & elles paroissent dans le mois de Mai.

Quand cette espece est une fois établie dans un jardin, elle s'y multiplie extrêmement; elle réussit dans tous les sols, & elle peut être placée dans des terreins couverts de pierrailles, sur des décombres, dans le voisinage des grottes, &c.

Tomentosum. J'ai reçu les semences de la seconde espece de l'Istrie, où elle croît sans culture : PARKINSON l'a nommée *Œillet velu à feuilles étroites* : ses feuilles ont, en effet moins de largeur que celles de la précédente, & elles sont beaucoup plus blanches: ses tiges sont aussi plus droites, & ses capsules sont rondes. Cette plante traînante se

multiplie comme la précédente, en pouffant des racines de chacun de ses nœuds, & elle est également dure : elle fleurit en Mai & en Juin, & ses semences mûrissent en Août. On en connoît une variété à feuilles encore plus étroites.

Dichotomum. La troisieme est une plante annuelle, qu'on trouve fréquemment sur les terres cultivées de l'Espagne : on la cultive en Angleterre dans les jardins de Botanique, pour la seule variété, car elle n'a rien de remarquable : ses tiges branchues s'élevent à la hauteur d'environ six pouces, & se divisent par paires fourchues : ses fleurs, qui sortent du milieu de ces divisions, sont de la même forme que celles du *Mouron*. La plante entiere est remplie d'un suc gluant, qui s'attache aux doigts quand on la manie : elle fleurit en Mai, & ses semences mûrissent en Juillet. Elle réussit mieux lorsqu'on la seme en automne, que si ses graines n'étoient mises en terre qu'au printems; mais lorsqu'on leur permet de s'écarter librement, elles produisent des plantes sans aucun soin.

Pentandrium. La quatrieme ne differe de la précédente, qu'en ce que ses fleurs n'ont que cinq étamines au lieu de dix : elle a été découverte en Espagne par M. LŒFLING, éleve du célébre LINNÉE : j'ai reçu de ce Botaniste une partie des semences que son éleve a envoyées à Upsal.

Perfoliatum. Les semences de la cinquieme, que M. de

TOURNEFORT a envoyeés du Levant dans le Jardin Royal de Paris , ont parfaitement réuffi , & elles ont produit des plantes, dont les graines ont été diftribuées dans la plupart des jardins de Botanique de l'Europe. Cette efpece eft annuelle, & haute d'un pied; fa tige eft droite, & fes feuilles reffemblent tellement à celles du *Lychnis* de L O B E L, qu'on appelle *Attrape-mouche*, que dans fa jeuneffe il n'eft pas facile de la diftinguer de cette derniere plante. Celles qui garniffent les tiges font plus petites, difpofées par paires, & elles embraffent les tiges de leurs bâfes : fes fleurs blanches, & femblables à celles du *Mouron*, fortent du fommet de la tige & des ailes des feuilles, qui naiffent fur fes parties hautes; elles paroiffent en Juin & en Juillet, & elles font remplacées par des capfules à bec qui renferment plufieurs femences rondes.

Lorfque cette efpece eft femée en automne, elle réuffit plus certainement que fi ces graines étoient confervées jufqu'au printems ; & fi on leur permet de s'écarter ; leurs plantes poufferont fans aucun foin, elles réfifteront aux froids de nos hivers : elle ne demande d'ailleurs aucune culture , & il fuffit d'arracher les mauvaifes herbes qui naiffent avec elle.

Il y a plufieurs autres efpeces de ce genre, dont on ne fait pas mention ici, parce qu'elles font des herbes fauvages qui croiffent dans plu-fieurs parties de l'Angleterre, & qu'elles ne méritent pas la peine qu'on en parle.

CÉRASUS, κέρασος, *gr.* Cet arbre a reçu ce nom, fuivant SERVIUS, de CÉRASUS, ville de Pont, d'où LUCULLUS l'apporta à Rome après avoir détruit cette ville : d'autres Auteurs prétendent, au contraire, que la ville de CÉRASUS avoit pris fon nom de la grande quantité de *Cerifiers* qui fe trouvoient dans fes campagnes. [*The Cherry-tree.*] Le Cerifier, Bigarotier, Merifier.

Les caraĉteres botaniques de ce genre étant, fuivant le fyftéme de LINNÉE, les mêmes que ceux du *Prunus*, cet Auteur a réuni fous un même genre l'*Abricotier*, le *Cerifier*, le *Laurier*, & le *Cerifier* d'*Oifeau* ou *Padus* ; mais ceux qui admettent les caraĉteres du fruit pour déterminer le genre des plantes, doivent féparer le *Cerifier* des autres, parce qu'il en differe confidérablement par la forme de fon noyau, ainfi que par fa nature & fa conftitution : c'eft pour cela que le *Cerifier* greffé fur un *Prunier* ne réuffit jamais, & que la greffe du *Prunier* ne prend point non plus fur un *Cerifier*. Cependant . nous ne connoiffons point d'arbres d'un même genre qui ne puiffent s'unir les uns aux autres par la greffe.

Cette méthode eft d'ailleurs trop compliquée pour le commun des Jardiniers qui ne cultivent ces arbres que pour les vendre ; & n'y eût-il que cette feule raifon, elle fuffiroit pour

m'autorifer à ne point m'affu-
jertir à ce fyftême dans un ouvrage comme celui-ci, qui eft
particuliérement deftiné à ceux
à qui les connoiffances de Botanique ne font point fami-
lieres : je renvoie donc le
lecteur à l'article *Prunus*, dans
lequel il trouvera une defcription des caracteres de ce
genre.

J'indiquerai d'abord les efpeces qui font fpécifiquement
différentes les unes des autres,
& je ferai mention enfuite des
variétés de ce fruit qu'on cultive dans les jardins Anglois,
& dont plufieurs paroiffent
différer fi effentiellement qu'on
pourroit les regarder comme
des efpeces diftinctes & conftantes ; mais comme je n'ai
pas eu occafion de les multiplier toutes par leurs graines,
pour en reconnoître la tige,
je les regarderai comme des
variétés, jufqu'à ce que d'autres obfervations donnent lieu
à rectifier mon opinion.

Les efpeces font :

1°. *Cerafus vulgaris , foliis
ovato-lanceolatis, ferratis* ; Cerifier commun, ou de Kent.

*Cerafus fativa rotunda , rubra
& acida. C. B. p. 449. dicta Ca-
proniana* ; Cerifier ordinaire à
fruit rond , rouge & âcre,
Merifier.

*Prunus Cerafus. Lin. Sp. Plant.
679 , édit. 3.*

2°. *Cerafus nigra, foliis ferratis , lanceolatis* ; Cerifier à
feuilles fciées & en forme de
lance.

*Cerafus major ac fylveftris ,
fructu fubdulci , nigro colore infi-
ciente. C. B. p.* ; Cerifier fauva-

ge plus grand , avec un fruit
doux , dont le jus donne une
couleur noire.

3°. *Cerafus hortenfis , foliis
ovato-lanceolatis , floribus confertis* ; Cerifier à feuilles ovales
& en forme de lance , ayant
des fleurs en paquets.

*Cerafus racemofa hortenfis. C.
B. p. 450* ; Ordinairement appelé *Cerifier à grappes.*

4°. *Cerafus Mahaleb , floribus
corymbofis , foliis ovatis. Lin. Sp.
Plant. 474* ; Cerifier dont les
fleurs font difpofées en paquets
ronds , & les feuilles ovales.

*Cerafus fylveftris amara , Ma-
haleb putata. J. B.* ; Cerifier
Mahaleb.

Mahaleb , Cam. Epit. 91.

Cerafo affinis. Bauh. Pin. 451.

5°. *Cerafus Canadenfis , foliis
lanceolatis , glabris , integerrimis ,
fubtùs cæfiis , ramis patulis* ; Cerifier à feuilles unies , entieres, en forme de lance , d'un
vert bleuâtre en-deffous, &
dont les branches font étendues.

*Cerafus pumila Canadenfis ,
oblongo angufto folio , fructu parvo. Duhamel* ; Cerifier nain du
Canada à feuilles oblongues
& étroites, produifant un petit fruit qui eft connu dans
fon pays originaire fous le
nom de *Ragouminier , Nega ,*
ou *Minel.*

Vulgaris. La premiere, qui
eft la *Cerife* ordinaire ou *de Kent,*
eft fi connue en Angleterre,
qu'il eft inutile d'en donner
aucune defcription. On croit
que cette efpece a donné plufieurs des variétés qui font cultivées dans les jardins Anglois ;
mais quoique ces variétés dif-

ferent beaucoup de cette efpece, par la forme & la grandeur de leurs feuilles, ainfi
que par leurs rejettons, &
qu'il foit difficile de prouver
cette identité; cependant je
me conformerai à l'opinion de
la plus grande partie des Botaniftes modernes, & je regarderai avec eux les arbres fui-
vans comme produits par les
femences de la premiere efpece.

La Cerife printaniere de Mai.

Cerife Duc de Mai.

Cerife de l'Archiduc, ou *Cerife
de Portugal.*

Cerife de Flandres.

Le Cœur rouge, ou *Bigarreau
rouge.*

Le Cœur blanc, ou *Bigarreau
blanc.*

Le Cœur noir, ou *Bigarreau
noir.*

Le cœur d'ambre, ou *Cerife
ambrée.*

Le Cœur de Bœuf.

La belle Cerife, ou *Lukeward.*

Cerife couleur de chair.

Le Cœur de Hertfordshire.

La Morelle.

Le Cœur faignant.

Cerife jaune d'Efpagne.

*Deux autres efpeces à fleurs
doubles*, dont les unes plus larges & plus pleines que les autres, & qui ne fervent que
d'ornement.

Nigra. La feconde efpece
eft le *Cerifier à fruits noirs*,
qu'on croit être originaire de
l'Angleterre ; on la trouve
fréquemment dans nos forêts,
& elle devient affez forte pour
fournir du bois de charpente.
Les feules variétés de cette
efpece, que j'ai obtenues de

femence, font *le Cœur noir*, &
le *petit Cerifier fauvage*, dont
on connoît deux ou trois nuances qui ne different que par
la groffeur & la couleur de
leurs fruits.

Le *Cerifier fauvage*, qui s'é-
leve à une grande hauteur,
& qui eft un très-bel arbre
d'ornement, furtout au printems, lorfqu'il eft couvert de
fleurs, eft très-propre à être
planté dans les parcs : fon
fruit attire & nourrit les oifeaux, & fon bois eft employé
par les tourneurs ; il eft d'ailleurs plus propre qu'aucun
autre à couvrir les mauvais
terreins, où il croît auffi bien
que dans les meilleurs fols.

Les François plantent cette
efpece en avenues, dans des
terres où peu d'autres arbres
pourroient profiter ; ils les
cultivent auffi dans les bois
pour faire des cercles.

Les tiges qu'on fe procure
en femant les noyaux du fruit
de cet arbre, font préférées
par tous les jardiniers pour
être greffées, parce qu'elles
font d'un crû plus prompt, &
d'une plus longue durée.

Mahaleb. Les François emploient dans la conftruction de
leurs meubles le bois de la
quatrieme efpece, à caufe de
fon odeur agréable ; ils mêlent auffi très-fouvent dans
ces fortes d'ouvrages le bois
du *Padus* ou *Cerifier d'Oifeau*;
& le tout paffe pour bois de
Sainte-Lucie, quoique ce dernier
foit le feul à qui ce nom foit
propre.

Canadenfis. La cinquieme a
été apportée en France du

Canada, où elle croît naturellement ; on la cultive dans les jardins comme un arbrisseau à fleur & d'ornement. Les noyaux de cette espece qui m'ont été envoyés par M. BERNARD DE JUSSIEU, Professeur de Botanique à Paris, ont très-bien réussi dans le jardin de *Chelséa* ; mais en comparant cet arbrisseau avec un échantillon du *Chamæcerasus*, ou *Cerasus humilis*, décrit par GÉRARD, & quelques autres anciens Auteurs, j'ai trouvé tant de conformité entr'eux, que je les regarde comme ne formant qu'une seule & unique espece.

Cet arbrisseau, qui s'éleve rarement au-dessus de trois ou quatre pieds de hauteur, pousse plusieurs branches horisontales qui s'étendent près de la terre ; les plus inférieures de ces branches, sortant ordinairement de la partie de la tige qui touche aux racines, & qui est par conséquent recouverte de terre, poussent elles-mêmes des racines, & servent à multiplier cette espece en les détachant de la tige principale. Ses jeunes branches sont recouvertes d'une écorce unie & rougeâtre, & garnies de feuilles longues, étroites, fort unies, entieres, d'un vert clair en-dessus, d'un vert-de-mer bleuâtre en-dessous, & ressemblantes à celles de quelques especes de *Saules* : ses fleurs, qui par leur forme ont beaucoup de rapport avec celles du *Cerisier ordinaire*, mais plus petites, & portées par des

pédoncules longs & minces, sortent des parties latérales des branches & des jeunes rejettons, au nombre de trois ou quatre sur chaque bouton : ses fruits ressemblent à ceux du *petit Cerisier sauvage* ; mais leur saveur est amere. Cette espece fleurit à-peu-près dans le même tems que les autres *Cerisiers*, & son fruit mûrit en Juillet. Comme les oiseaux en sont très-friands, les François plantent cet arbuste avec d'autres pour les attirer.

On multiplie facilement cette espece, en marcottant ses branches dans le commencement du printems : dès l'automne suivant ces marcottes auront produit assez de racines pour pouvoir être enlevées & plantées dans une pépiniere où on les laissera jusqu'à ce qu'elles aient acquis assez de force ; après quoi, on les placera dans les endroits qui leur sont destinés. On la multiplie aussi en semant ses noyaux, de la même maniere que les autres *Cerisiers*.

Toutes les especes de *Cerisiers* qu'on cultive ordinairement dans les jardins, se multiplient en les greffant sur des tiges de *Cerisiers sauvages* à fruits rouges ou noirs qui poussent des rejettons en abondance, & qui sont d'une plus longue durée qu'aucun de ceux qui sont plantés dans les jardins. On seme les noyaux de ces deux especes en automne, sur une terre légere & sablonneuse ; ou bien on les conserve dans du sable, pour les mettre en terre au printems.

Quand leurs tiges s'élevent, on les débarraffe avec foin de toutes mauvaifes herbes , & on les arrofe dans les tems fecs , pour avancer leur accroîffement. Ces jeunes plantes doivent refter dans les pépinieres jufqu'au fecond automne ; après quoi l'on prépare une piece de terre ouverte, fraîche & bien travaillée , & on les y plante en Octobre , à trois pieds de diftance de rang à rang, & à un pied environ de diftance dans les rangs : en faifant cette opération , il faut avoir grand foin de ne pas endommager les racines ; on taille & on raccourcit celles qui font trop groffes , & qui paroiffent tendre à s'enfoncer perpendiculairement, mais on doit bien fe garder de toucher aux autres.

La feconde année après la tranfplantation , fi elles ont bien repris , elles feront en état d'être bourgeonnées, fi on les deftine à former des arbres nains ; mais fi on veut en faire des arbres à plein vent, il faudra attendre , pour les greffer, qu'elles aient l'âge de quatre ans ; parce que, fi elles étoient greffées au - deffous de fix pieds , on ne parviendroit jamais à en faire de beaux arbres.

La méthode ordinaire des Jardiniers de pépinieres eft de greffer leurs tiges en été ; & fi elles ne réuffiffent point, ils les greffent de nouveau au printems fuivant. On expliquera dans un autre article la maniere de faire cette opération.

Les arbres dont la greffe a pris doivent être taillés au commencement de Mars, & fix pouces environ au-deffus de la greffe ; & quand elle a pouffé dans l'été , & qu'on craint que le vent ne la rompe, on l'attache avec un lien doux à la partie de la tige qu'on a laiffée au deffus de la greffe. Ces arbres feront en état d'être enlevés dès l'automne fuivant : mais fi la terre n'eft pas prête pour les recevoir, on peut les laiffer deux années encore dans la pépiniere ; mais alors on ne doit pas les tailler , parce que cette opération les feroit périr, & s'ils furvivoient , il leur faudroit cinq ou fix ans pour fe rétablir.

Lorfqu'on deftine ces arbres à garnir des murailles , je confeille d'en planter plufieurs à hautes tiges à côté des nains, afin que les premiers garniffent le haut du mur, & produifent du fruit , en attendant que les nains aient bien couvert les parties baffes de la muraille : à mefure que les arbres nains font des progrès , on taille les grands en proportion , & on les retranche toutà-fait , lorfque le mur eft entiérement tapiffé par les branches des premiers. On ne doit jamais planter de *Cerifiers* à plein vent avec d'autres efpeces , car aucuns ne peuvent profpérer fous l'égoût de ces arbres.

Quand ces arbres font enlevés de la pépiniere, on retranche toutes les parties froiffées des racines, ainfi que les petites fibres, qui , en fe defféchant & en fe moififfant, nui-

.roient beaucoup aux nouvelles; on coupe auffi la partie morte de la tige, afin que la greffe puiffe la recouvrir; & fi on plante ces arbres contre des murailles, il faut tourner la greffe en avant, afin que la coupe de la tige foit cachée. Ces arbres exigent une terre marneufe & fraiche : fi on les plante dans un gravier fec , ils ne fubfifteront pas longtems, ils feront conftamment couverts de nielle.

Les efpeces qu'on plante le plus communément contre les murailles, font le *Mai printanier*, & le *Mai duc*, qui demandent une expofition au midi. Les *Cœurs* ou *Ducs ordinaires* réuffiffent à l'afpect du couchant, & fi l'on veut avoir des fruits fort tardifs, il faut les placer contre une muraille expofée au nord ou au nordoueft. On plante rarement les *Cœurs* en efpaliers, parce qu'en général ils produifent peu de fruits ; mais d'après ce qui m'a été affuré, je fuis porté à croire que s'ils étoient greffés fur le *Padus* ils réuffiroient beaucoup mieux ; car ceux d'après lefquels je parle font perfuadés que le *Padus* eft pour les *Cerifiers*, ce que les tiges de *Paradis* font pour les *Pommiers* en les rendant plus fructueux, & en contenant leur végétation : au refte cette expérience vaut bien la peine d'être effayée.

Les *Cerifiers* plantés en efpaliers doivent être éloignés au moins de vingt quatre pieds les uns des autres ; car ils s'étendent autant que les *Abrico-*

tiers, & qu'aucune autre efpece d'arbre : dans le milieu de cet intervalle on place un *Cerifier* à haute tige. En taillant ces arbres on ne doit jamais raccourcir leurs rejettons, parce que la plupart produifent du fruit à leur extrémité, & que cette opération les fait toujours périr en totalité, ou au moins dans une grande partie de leur longueur. Ainfi il faut les palliffer horifontalement dans le courant du mois de Mai, en obfervant d'arrêter quelques branches où il y a des places vides pour leur faire pouffer plufieurs rejettons, qui puiffent fervir à couvrir entièrement la muraille : on retranche en même tems tous les rejettons qui fe préfentent en avant ; car fi on les laiffoit croître jufqu'à l'hiver, non-feulement ils priveroient les branches de leur propre nourriture, mais, étant coupés plus tard, ils feroient gommer l'arbre dans cet endroit ; car il n'y en a point qui fupporte moins la ferpette que le *Cerifier* : on doit avoir foin de ne pas enlever les branches qui naiffent fur le bois de deux ou trois ans, parce que la plus grande partie du fruit eft produite fur ces branches, qui continuent à en donner pendant plufieurs années ; faute de cette précaution les *Cerifiers* font fouvent fans fruits, fur-tout les *Arbres de Morelle*, qui pouffent d'autant moins, qu'on les taille davantage, jufqu'à les détruire à la fin : au lieu que, fi on les avoit laiffé croître fans les tailler, ils auroient pu donner beaucoup de fruit pendant plusieurs années de plus.

Les *Cerisiers* à plein vent, qu'on cultive aussi dans les vergers de plusieurs cantons de l'Angleterre, sont sur-tout très-communs dans le pays de Kent : on laisse ordinairement entr'eux un espace de quarante pieds, & on cultive ce terrein à l'ordinaire, jusqu'à ce que les arbres soient devenus assez grands pour le couvrir de leur ombrage : cette culture leur est très favorable, si, en la faisant, on a soin de ne point toucher à leurs racines ; mais lorsqu'ils ont acquis une certaine force, toutes les plantes qu'on pourroit semer entr'eux ne réussiront plus, à cause de l'égoût de leurs feuilles auquel elles sont exposées. Ces arbres doivent être, autant qu'il est possible, à l'abri des vents forts d'occident, qui rompent souvent leurs branches, les font gommer, & leur occasionnent un préjudice considérable.

Les meilleures especes qu'on puisse planter dans les jardins fruitiers, sont les *Cerises rouges ordinaires* ou de *Kent*, le *Duc* & le *Lukeward* : ces trois especes produisent beaucoup de fruits ; mais l'incertitude de leur produit, les dépenses nécessaires pour en recueillir le fruit, & son peu de valeur rendent ces plantations peu lucratives, à moins que le terrein ne soit à très-bon marché : c'est pour cette raison que depuis quelques années on a beaucoup détruit de ces arbres dans le pays de Kent.

Ce fruit a été apporté du Royaume de Pont, par Lucullus, après la victoire gagnée sur Mithridate dans l'année de Rome 680, & de-là il a été transporté dans la grande Bretagne environ 120 ans après, ou vers l'an 55 de J. C. d'où il a été ensuite répandu dans la plus grande partie de l'Europe. Ce fruit est généralement estimé, parce qu'il est le plus précoce de tous ceux de ce genre.

Quoique les greffes de cet arbre prennent sur le *Laurier*, qui, à la vérité, est du même genre, le produit n'en est pas plus digne d'attention, par la maniere dont il croît, par son peu de durée, & par la petite quantité du fruit qu'il donne. Cette pratique étoit cependant déjà connue du tems de Pline, qui prétend que cette greffe donne au fruit une amertume agréable ; mais on doit peu s'en rapporter aux écrits des Anciens à l'égard de plusieurs especes d'arbres greffés les uns sur les autres, car très peu de celles qu'ils ont indiquées & qu'ils prétendent avoir été toujours pratiquées, réussissent parmi nous ; ce qu'on ne peut attribuer à la différence du climat, malgré l'opinion contraire de quelques personnes qui sont toujours portées à croire tout ce qu'ils lisent dans ces anciens livres, sur-tout pour ce qui concerne l'agriculture & le jardinage. On doit cependant d'autant moins y ajouter foi, que la plupart des regles relatives à ces deux parties qu'on y trouve consignées, sont plutôt fondées sur une simple théorie que sur l'expérience. D'ailleurs les essais qui ont été faits avec le plus grand soin par des gens habiles, pour constater le dégré de confiance qu'on doit donner à ces sortes de procédés, ont prouvé d'une maniere convaincante, qu'il n'y a que les especes d'une même classe, ou celles qui sont très-voisines, qui puissent prendre les unes sur les autres par le moyen de la greffe : ainsi quoique le *Cerisier* & le *Laurier* soient du même genre, ou au-moins si voisins que la plupart des Botanistes les ont rangés dans la même classe, cependant les arbres ainsi greffés n'ont subsisté que très-peu de tems, & ne sont jamais parvenus à une grosseur considérable. Quoique quelques-uns d'entr'eux aient vécu plusieurs années, je ne leur ai jamais vu donner de fruit, & il m'a été par conséquent impossible d'observer l'effet que ce mélange produit sur leurs fleurs & sur leurs fruits.

Quoique plusieurs personnes soient dans l'usage de greffer le *Duc*, & les autres especes de *Cerisiers* sur la *Morelle*, dont les branches ont peu d'étendue, afin d'en retarder l'accroissement & de pouvoir planter ces arbres plus près les uns des autres, je ne conseillerai jamais cette méthode, qui ne peut être qu'un simple objet de curiosité ; parce que la *Morelle* n'a qu'une très-courte durée, que les branches des arbres qui sont ainsi greffés ne croissent jamais au-delà de six ou huit pieds de longueur, & que,

quoiqu'elles soient couvertes de fleurs, elles ne produisent cependant que très-peu de fruits. D'ailleurs la méthode de planter ces arbres très-près les uns des autres, bien loin d'être avantageuse, est au contraire très-préjudiciable ; car un arbre à qui on a laissé pour croître tout l'espace qui lui est nécessaire, produira beaucoup plus de fruits que vingt ou trente autres qui occupent le même terrein, quoiqu'ils soient greffés sur des sujets de *Cerises noires*, ou sur quelque-autre que ce soit.

Comme la *Cerise de Mai printaniere* mûrit avant toutes les autres, on peut placer un ou deux arbres de cette espece dans un jardin, quand il y a de la place pour cela : après celles-ci viennent les *Cerises Ducs de Mai*, qui sont plus grosses & meilleures que les premieres : les *Archiducs* fournissent ensuite ; elles sont excellentes si on les laisse sur l'arbre jusqu'à ce qu'elles soient tout-à-fait mûres ; mais comme peu de personnes ont cette patience, elles parviennent rarement à leur entiere perfection : cette espece de *Cerise* ne doit pas être cueillie avant le mois de Juillet ; si on la laisse une quinzaine de jours de plus sur l'arbre, elle n'en sera que meilleure : mais cette observation n'a de rapport qu'au climat de Londres où cette *Cerise* mûrit quinze jours plutôt qu'à quarante milles plus loin, à moins qu'elle n'y soit plantée à une exposition fort chaude & abritée. Quand cette espece se trouve placée contre une muraille à l'expofition du nord, on peut laiffer fes fruits fur l'arbre jufqu'au milieu du mois d'Août, mais alors il eft néceffaire de les garantir de la voracité des oifeaux, qui fans cela les dévoreroient entiérement.

La *Cerife de la province de Hertfort* eft une efpece de *Cœur* plus ferme & de meilleur goût, qui ne mûrit pas avant la fin de Juillet, ou le commencement d'Août ; ce qui lui donne un nouveau dégré de mérite, parce qu'elle vient quand les autres efpeces font paffées. Ces arbres font à préfent fort communs dans les pépinieres, & comme ils produifent une des meilleures efpeces de *Cerifes*, ils méritent d'être multipliés.

On plante ordinairement la *Morelle* contre une muraille, à l'expofition du nord, où elle réuffit affez bien; mais fi on a affez de place pour mettre quelques-uns de ces arbres à l'afpect du fud-oueft, & qu'on donne aux fruits le tems de parvenir à leur entiere maturité, ils feront propres pour la table vers le milieu, ou à la fin du mois d'Août.

La *Cerife de couleur de Chair* eft auffi eftimée, parce qu'elle mûrit une des dernieres, & qu'elle eft très-ferme & charnue; mais l'arbre qui la produit eft peu fécond : fon fruit mûrit bien en efpalier dans quelques années, & il dure long-tems.

La *groffe Cerife d'Efpagne*, qui ne paroît être qu'une variété de la *Cerife-Duc*, à laquelle elle reffemble beaucoup, mûrit bientôt après la précédente, & elle paffe fouvent pour être la même.

La *Cerife jaune d'Efpagne* eft ovale & d'une couleur d'ambre, douce, & d'un goût peu relevé ; elle mûrit tard, & l'arbre qui la produit n'en donne pas beaucoup : cette efpece n'eft pas fouvent admife dans les jardins des curieux, à moins que ce ne foit pour la variété.

La *Corone*, ou *Cerife Coroun*, a quelque reffemblance avec le *Cœur noir*, mais elle eft un peu plus ronde ; elle eft excellente, & quoiqu'elle foit peu abondante, elle mérite d'occuper une place dans les jardins à fruits : cette efpece mûrit vers le milieu du mois de Juillet.

Le *Lukeward* mûrit bientôt après la *Corone* : cet arbre qui réuffit très-bien en plein air, fournit une grande quantité d'excellents fruits d'une couleur fombre, mais moins noirs que ceux de la *Corone*.

On greffe raremant le *Cerifier à fruits noirs*, mais on feme fes noyaux, pour fe procurer des tiges propres à être greffées avec les autres efpeces. Quand on veut avoir de ces fruits auffi parfaits qu'il eft poffible de les obtenir, il faut greffer quelques arbres de cette efpece avec des rejettons pris fur ceux qui produifent le meilleur fruit. On plante fouvent cet arbre dans des Bofquets ; il y parvient à une grande hauteur, & lorfqu'il eft en fleurs, il fait une variété agréable : fon fruit eft d'ailleurs très-propre à fervir de nourriture aux oifeaux.

On multiplie auſſi le *Ceriſier à fleurs doubles*, pour la beauté de ſes fleurs, qui ſont auſſi doubles & auſſi larges qu'une *Roſe de Cinamome*, & qui naiſſent en gros paquets ſur les parties latérales des branches : les fleurs les moins doubles produiſent du fruit , & on eſt dédommagé de la ſtérilité des autres par l'agrément qu'elles procurent. On multiplie cette eſpece en la greffant ſur des tiges de *Ceriſiers noirs* ou *ſauvages*, & elle eſt propre à être plantée dans le ſecond rang des arbres à fleurs d'une taille médiocre.

CÉRASUS RACÉMOSA. *Voyez* PADUS RUBRA.

CÉRATONIA. *Lin. Gen. Plant. 983. Siliqua. Tourn. Inſt. R. H. 578. tab. 344.* [The *Carob*, or *St. John's Bread.*] Le Carouge, *ou* Caroubier.

Caractteres. Les fleurs mâles ſont portées par des arbres différens de ceux qui ſoutiennent les femelles : les premieres ont un gros calice diviſé en cinq parties ; elles n'ont point de corolles, mais ſeulement cinq étamines terminées par de larges ſommets : les fleurs femelles qui ſont également privées de corolles, ont leurs calices formés par une ſeule feuille diviſée par cinq tubercules, & un germe charnu placé dans le réceptacle & ſurmonté par un ſtyle mince que termine un ſtigmat en forme de tête. Ce germe devient par la ſuite un légume long, charnu , comprimé & diviſé par des cloiſons tranſverſales , en pluſieurs partitions , dont chacune renferme

une ſemence groſſe , ronde & comprimée.

Ce genre de plantes eſt rangé dans la troiſieme ſection de la vingt - troiſieme claſſe de LINNÉE , intitulée : *Polygamia Triœcia ;* celles de cette claſſe ayant des fleurs mâles , femelles & hermaphrodites ſur des pieds différens.

Nous n'avons qu'une eſpece de ce genre, qui eſt :

Ceratonia ſiliqua. Hort. Upſ. 296. Mat. Med. 455. Haſſel. It. 492. Gron. Orient. 315 ; le Carouge.

Siliqua Edulis, de GASPAR BAUHIN ; & le *Caraba de* DALE. *Siliqua. Cam. Epit. 139.*

Cet arbre qui eſt très-commun en Eſpagne & qui abonde ſur-tout dans l'Andalouſie , ſe trouve auſſi dans quelques parties de l'Italie , & dans le Levant , où il croît dans les haies , & produit une grande quantité de légumes plats , longs , d'une couleur brune, épais , farineux , & d'une ſaveur douce : ces légumes ſervent de nourriture aux pauvres , lorſqu'ils manquent d'autres alimens ; mais ils relâchent le ventre , & donnent des tranchées : on les emploie auſſi quelquefois en médecine , & on les fait entrer dans quelques préparations pharmaceutiques.

On conſerve cet arbre en Angleterre , dans les collections des plantes exotiques : ſes feuilles ſont toujours vertes , & différentes de celles de la plupart des autres plantes. Il fait une agréable variété dans les ſerres , parmi les autres plantes qu'on y renferme.

On le multiplie au moyen de ses femences fraiches qu'on apporte dans leurs filiques : elles réuffiffent très-bien en les femant au printems fur une couche de chaleur modérée. Lorfque les plantes paroiffent, on les met avec foin dans de petits pots féparés, remplis de terre riche & légere, qu'on plonge dans une autre couche chaude modérée ; on les arrofe, & on les tient à l'ombre jufqu'à ce qu'elles aient formé de nouvelles racines ; on leur donne enfuite de l'air, à proportion de la chaleur extérieure. Au mois de Juin, il faut les accoutumer par dégrès à fupporter le plein air ; en Juillet on les enleve de deffus les couches, pour les placer dans un endroit chaud où elles puiffent refter jufqu'au commencement d'Octobre, qui eft le tems où elles doivent être tranfportées dans la ferre, & y être placées de maniere qu'elles puiffent jouïr de l'air libre dans les tems doux. Cet arbre eft affez dur, & il ne demande que d'être mis à l'abri des fortes gelées. Lorfque ces plantes ont été dans les pots pendant trois ou quatre années, & qu'elles ont acquis affez de force, on peut en mettre quelques-unes en pleine terre au printems, dans une fituation chaude, contre une muraille expofée au midi, où elles fupporteront très-bien le froid de nos hivers ordinaires ; mais il faut néceffairement les couvrir lorfque le froid devient plus rude.

Je n'ai encore vu aucun de ces Arbres produire des fleurs dans notre climat ; mais quelques-uns de ceux qui font plantés depuis peu contre des murailles, donneront fans doute dans quelques années des fleurs & du fruit, qu'on ne doit cependant pas s'attendre à voir mûrir ici (1).

CERBERA. *Lin. Gen. Pl. 260. Thevetia. Lin. Hort. Cliff. 76. Prod. Leyd. 413. Ahovai. Tourn. Inft. R. H. 657. tab. 434*

Caractères. Dans ce genre, le calice eft compofé de cinq feuilles à pointes aiguës, qui s'étendent, s'ouvrent & tombent : la corolle eft monopétale, figurée en entonnoir, & pourvue d'un long tube, qui s'étend en s'ouvrant au fommet, où elle eft divifée en cinq fegmens larges, obtus, & placés obliquement à l'ouverture du tube. Cette fleur à cinq étamines en forme d'alêne, terminées par des fommets érigés, & très-rapprochés les uns des autres : dans fon centre eft fitué un germe rond, qui fupporte un ftyle court, & couronné par un ftigmat en forme de tête : ce germe devient, quand la fleur eft paffée, une groffe baie, charnue & ronde, marquée latéralement par un fillon longitudinal, & divifée en deux cellules, dont chacune renferme une noix fimple, groffe & comprimée.

----

(1) Le *Carouge* contient les mêmes principes, & jouït des mêmes propriétés médicinales, que la *Caffe* ; mais comme il eft un peu moins laxatif, on doit l'employer à une dofe plus forte. *Voyez* CASSE.

Les plantes de ce genre ayant cinq étamines & un style, font de la premiere section de la cinquieme classe de LINNÉE, qui à pour titre : *Pentandria Monogynia.*

Les especes font :

1°. *Cerbera Ahovai, foliis ovalis. Lin. Sp. Plant. 208 ;* Cerbera à feuilles ovales.

Ahovai. Thevet Antarct. 66. Tourn. Inst. 658 ; l'Ahovai.

Thevetia. Hort. Cliff. 75. Roy. Lugd.-B. 413.

Ahovai major. Pis. Bras. 49.

Arbor americana, foliis Pomi, fructu triangulo. Bauh. Pin. 434.

2°. *Cerbera Thevetia, foliis linearibus, longissimis, confertis. Lin. Sp. Plant. 209. Jacq. Amer. 48. t. 34 ;* Cerbera à feuilles fort longues & étroites, croissant en paquet.

3°. *Cerbera Ahovai, Nerii folio, flore luteo. Plum. Cat. 20;* Ahovai à feuilles de Laurier-rose, avec une fleur jaune.

Nerio affinis angusti-folia lactescens, flore luteo. Pluk. Alm. 253. t. 207. f. 3.

4°. *Cerbera Manghas, foliis lanceolatis, nervis transversalibus. Flor. Zeyl. 106. Osb. It. 91 ;* Cerbera à feuilles en forme de lance garnies de nerfs.

Manghas lactescens, foliis Nerii, crassis, venosis, Jasmini flore, fructu Persici simili venenato. Burm. Zeyl. 150. tab. 70. f. 1.

Arbor lactaria. Rumph. Amb. 2. p. 243. t. 81. Odollam. Rheed. Mal. 1. p. 71. t. 39.

Ahovai. La premiere espece croît naturellement au Bresil, ainsi que dans les diverses provinces de l'Amérique Espagnole, où elle nait en très-grande abondance. On la trouve aussi dans les Isles Angloises des Antilles : elle s'éleve à la hauteur de huit à dix pieds, avec plusieurs tiges irregulieres qui poussent plusieurs branches courbées, diffuses & garnies vers leur extrémité de feuilles épaisses, succulentes, de trois pieds environ de longueur sur deux de largeur ; d'un vert luisant, unies, & très-remplies d'une séve laiteuse, ainsi que toutes les parties de l'arbrisseau : ses fleurs qui sortent en paquets clairs des extrémités des branches, sont d'une couleur de blanc-de-lait, & pourvues de tubes longs, étroits, divisés au sommet en cinq segmens obtus, & tournés obliquement sur le tube : ces segmens s'étendent & s'ouvrent, & la fleur ressemble à celle du *Laurier-rose.* Elle paroit en Juillet & en Août ; mais elle n'est point suivie de fruit dans ce pays.

Cet arbre répand une très-mauvaise odeur, & son amande, que les Indiens empêchent avec grand soin leurs enfans de manger, est un poison mortel contre lequel on ne connoît aucun antidote : ils s'abstiennent aussi de brûler le bois de cet arbre, mais ils se servent des coques de ses fruits. Après en avoir ôté les amandes, ils mettent en place de petits cailloux ; ils les enfilent, & entourent leurs jambes avec ces especes de chapelets, comme les danseurs Moresques font avec des grelots.

Thevetia. La seconde espece se trouve dans l'Amérique Espagnole,

pagnole, ainsi que dans quelques Isles Françoises des Indes Occidentales, & elle a aussi été depuis peu introduite dans les Isles Angloises, d'où ses semences m'ont été envoyées sous le nom de *Noix médicinale Françoise* : j'ignore d'où peut venir cette dénomination, qui a été donnée depuis long-tems aux fruits d'une autre plante originaire des mêmes contrées.

Celle-ci a une tige ronde, aussi haute que celle de la précédente, & divisée vers son sommet en plusieurs branches couvertes dans leur jeunesse d'une écorce verte & unie, qui devient rude, grise & cendrée à mesure que la plante avance en âge. Ses feuilles longues de quatre ou cinq pouces, sur six lignes de largeur au milieu, terminées en pointe aiguë, & d'un vert luisant, sortent en paquets & sans ordre, & sont remplies d'un jus laiteux qui s'écoule lorsqu'on les blesse ou qu'on les déchire. Ses fleurs naissent des parties latérales des branches, sur de longs pédoncules, dont chacun en soutient deux ou trois : elles sont de couleur jaune, leurs longs tubes s'étendent comme dans celles de la précédente, & paroissent presqu'en même tems ; mais elles ne sont jamais suivies de fruits en Angleterre.

Manghas. La troisieme espece est originaire des Indes Orientales, ainsi que de quelques contrées de l'Amérique Espagnole, d'où ses semences m'ont été envoyées : elle s'éleve à la hauteur de vingt pieds, avec une tige ligneuse, qui pousse vers son sommet plusieurs branches, garnies de longues feuilles en forme de lance, rondes à leur extrémité, épaisses, succulentes, d'un vert luisant en-dessus, marquées sur la même face de plusieurs nerfs qui s'étendent depuis la côte du milieu jusqu'aux bords, & d'un vert plus pâle en-dessous : des extrémités des branches, sortent de longs pédoncules, qui soutiennent chacun deux ou trois fleurs de la même forme que celles des deux précédentes.

On multiplie ces plantes, au moyen de leurs noix qu'on doit se procurer des pays dont elles sont originaires : on place ces noix dans de petits pots remplis de terre légere ; on les plonge dans une couche chaude de tan ; & au printems, on les traite comme les autres especes tendres & exotiques, en leur donnant de tems en tems un peu d'eau pour les faire avancer. Lorsque ces plantes ont environ deux pouces de hauteur, on les met chacune séparément dans des pots remplis de terre légere & sablonneuse, on les replonge dans une couche de tan, on les couvre pendant la grande chaleur du jour, jusqu'à ce qu'elles aient formé de nouvelles racines ; on les arrose fréquemment, mais toujours avec modération ; on leur donne de l'air, à proportion de la chaleur de la

faifon, & fur la fin de l'été,
lorfque leurs pots font remplis par leurs racines , on les
remplace par d'autres qui ne
doivent cependant pas être
trop grands , parce que les
racines de ces plantes veulent
être refferrées. On remplit
ces pots d'une terre légere &
fablonneufe , qui leur con -
vient mieux qu'un fol plus
riche : on les replonge dans
la couche chaude ; on les arrofe de tems en tems , & on
proportionne la quantité d'air
qu'on doit introduire chaque
jour fous les vitrages à la chaleur extérieure. Quand les
plantes ont atteint la hauteur
d'environ un pied , on leur
donne encore plus d'air pour
les endurcir avant l'hiver, fans
ce; endant les expofer à l'extérieur ; après quoi , on les
tranfporte dans la ferre chaude où elles doivent refter pendant tout l'hiver : durant cette
faifon on les arrofe peu , fur-
tout dans les tems froids, de
peur que leurs racines ne fe
pourriffent. Au printems fuivant , on donne à ces plantes de nouveaux pots ; on détache de leurs racines autant
de vieille terre qu'il eft poffible d'en ôter fans leur nuire,
on retranche toutes les fibres
mortes : on remplit ces pots
avec la même terre fablonneufe , & on les replonge dans
la couche de tan . parce qu'elles ne réuffiroient pas bien,
fi on ne les y tenoit pas conftamment; comme elles font
remplies d'une féve abondante
& laiteufe , il ne faut les ar-

rofer qu'avec la plus grande
modération, afin de les garantir de la pourriture qui les
attaque fouvent & furtout en
hiver , lorfqu'elles font expofées à trop d'humidité. Quand
par quelqu'accident le fommet
de ces plantes vient à fe gâter , leurs racines produifent
ordinairement quelques rejettons qui peuvent fervir à les
multiplier.

CERCIFIE , *ou* SALSIFIE
COMMUN , SERSIFI , *ou* SAL-
SIFI. *Voyez* TRAGOPOGON
PORRIFOLIUM. L.

CERCIS. *Lin. Gen. Pl. 458.*
Siliquaftrum. Tourn. Inft. R. H.
646. tab. 414. [*The Judas-tree.*]
Le Gaînier , *ou* Arbre de
Judée.

Caracteres. Le calice eft court,
en forme de cloche , concave
au fond , rempli d'une liqueur
mielleufe , & découpé au fommet en cinq parties : la corolle formée par cinq pétales ,
inférés dans le calice , reffemble fort à une fleur papilionnacée ; les deux aîles , qui s'é-
levent au deffus de l'étendard,
font réfléchies ; l'étendard eft
un pétale rond , & la carène
eft compofée de deux autres
pétales en forme de cœur ,
qui renferment les parties de
la génération. La fleur a dix
étamines diftinctes & inclinées,
dont quatre font plus longues
que les autres ; elles font toutes terminées par des fommets
oblongs. Le germe eft long,
mince , placé fur un ftyle
grêle & couronné par un ftigmat obtus ; il fe change par
la fuite en un légume oblong,

terminé par une pointe oblique, & renfermant une feule
cellule, dans laquelle font
contenues plufieurs femences
rondes & comprimées.

Ce genre de plantes eft rangé dans la premiere fection de
la dixieme claffe de LINNÉE,
intitulée : *Decandria Monogynia*, la fleur ayant dix étamines & un ftyle. Ce genre étoit
placé par tous les Botaniftes,
avec les *Fleurs papilionnacées*,
avant que le fyftême de LIN-
NÉE fût connu : cet Auteur
les en a féparées, parce que
les étamines de ces fleurs font
toutes diftinctes & défunies :
au - lieu que les papilionnacées ont neuf étamines jointes
enfemble & une féparée.

Les efpeces font :

1°. *Cercis filiquaftrum*, *foliis
cordato-orbiculatis*, *glabris. Hort.
Cl. 156. Hort. Ups. 99. Roy.
Lugd.-B. 463. Gron. Orient.
131*; Gaînier à feuilles ron -
des, unies & en forme de
cœur.

Siliquaftrum. Caft. Duran. 415.
Arbor Judæ. Dod. Pemp. 786;
Le Gaînier commun, *ou* Ar-
bre de Judée.

*Siliqua fylveftris rotundi-folia.
Bauh. Pin. 402.*

20. *Cercis Canadenfis*, *foliis
cordatis pubefcentibus. Hort.
Cliff. 156. Hort. Ups 99. Roy.
Lugd.-B. 463. Gron. Virg. 47;*
Gaînier avec des feuilles ve-
lues & en forme de cœur.

*Siliquaftrum Canadenfe. Tourn.
Inft. R. H. 647. Duham. Arbr. 3.*
Canada arbor Judæ ; Arbre à
bouton rouge, *ou* Gaînier de
Canada.

Ceratia agreftis Virginiana,
*folio rotundo minori. Raj. Dendr.
100.*

Siliquaftrum. La premiere efpece qui croît naturellement
dans la France Méridionale,
en Efpagne & en Italie, &
qui eft connue par les Efpagnols & les Portugais fous le
nom d'*Arbre d'Amour*, s'éleve
à la hauteur de vingt pieds,
avec une tige couverte d'une
écorce brune, foncée, & divifée vers le haut en plufieurs
branches irrégulieres, garnies
de feuilles rondes, unies, en
forme de cœur, fupportées
par de longs pétioles, & placées irrégulièrement fur les
branches ; ces feuilles font
d'un vert pâle en - deffus &
grifâtres en - deffous, & elles
tombent en automne : fes fleurs
fortent en paquets des mêmes
boutons, fur les parties latérales des branches & fouvent
fur le tronc de l'arbre ; leur
couleur eft le pourpre brillant ; elles font portées fur des
pédoncules courts, & elles
ont d'autant plus d'éclat qu'elles font plus nombreufes fur
les branches ; parce que les
intervalles qui les féparent ne
font point remplis par les feuilles qui ont à peine la moitié
de leur longueur, lorfque les
fleurs font totalement épa -
nouies : ces fleurs font papilionnacées, & elles ont une
faveur piquante & agréable,
qui les fait rechercher pour
en affaifonner les falades.
Lorfque ces fleurs font flétries, leur germes fe changent
en un légume plat, & à une
feule cellule qui renferme un
rang de femences rondes &

légèrement applaties. Dans notre climat ces fleurs ne réuſſiſſent pas toujours ſur les arbres en plein air, parce qu'elles ſont communément dévorées par les oiſeaux, dès l'inſtant où elles écloſent ; mais en plantant ces arbres contre une muraille, à une expoſition favorable, elles produiſent abondamment des légumes qui mûriſſent très - bien dans les années chaudes.

On plante ordinairement cette eſpece avec d'autres arbres & arbriſſeaux à fleurs pour orner des jardins d'agrément ; & ſa beauté la rend digne d'y occuper une place, autant que quelqu'autre que ce ſoit.

Quand ces arbres ſont parvenus à une hauteur médiocre, ils produiſent tant de fleurs que leurs branches en ſont quelquefois entièrement couvertes : d'ailleurs, la forme ſinguliere de leurs feuilles, produit une variété d'autant plus agréable, que les inſectes y touchent rarement, tandis que celles des autres arbres ſont rongées preſqu'en entier.

Cer arbre fleurit en Mai, lorſqu'il eſt planté en plein air ; mais s'il ſe trouve contre une muraille, bien expoſé, ſes fleurs paroiſſent quinze jours ou trois ſemaines plutôt.

Son bois eſt fort joliment veiné en noir & en vert ; il eſt ſuſceptible d'un joli brillant, & il peut être employé à beaucoup d'uſage.

Cette eſpece offre deux variétés, l'une à fleurs blanches, & l'autre à fleurs de couleur de chair ; mais ni l'une ni l'autre n'ont la moitié de la beauté de la premiere. TOURNEFORT fait auſſi mention d'une eſpece, dont les légumes ſont plus larges & les feuilles pointues, qui ne me paroît être non plus qu'une variété de celle-ci.

Canadenſis. La ſeconde ſe trouve dans preſque toute l'Amérique Septentrionale, où elle eſt généralement connue ſous le nom de *Bouton rouge*, qui lui a été donné, ſans doute, à cauſe de ſes fleurs rouges qui paroiſſent au printems avant les feuilles : cet arbre eſt d'une hauteur médiocre dans ſon pays originaire ; mais en Angleterre il ne s'éleve qu'à douze pieds, & rarement au-deſſus ; il pouſſe près de ſa racine des branches plus foibles que celles de la premiere : les feuilles ſont velues & terminées en pointe, au-lieu que celles de la précédente ſont unies & rondes à leur extrémité, où elles ſont échancrées : les fleurs de cette eſpece ſont plus petites & moins agréables que celles de la premiere ; mais ces deux eſpeces ſont également dures, & réuſſiſſent fort bien l'une & l'autre en plein air.

Les habitans de l'Amérique mêlent ſouvent les fleurs de la ſeconde dans leurs ſalades, & les François du Canada les font confire au vinaigre ; ces fleurs n'ont point d'odeur : le bois de cet arbre eſt de la même couleur & de la même texture que celui du précédent.

On multiplie ces plantes en les femant fur une terre légere, vers la fin de Mars, ou au commencement d'Avril ; fi on met un peu de fumier chaud en - deffous, leurs femences germeront plus facilement ; quand elles font mifes en ter- re, il faut en cribler par def- fus environ un demi - pouce d'épaiffeur ; & fi la faifon eft humide , couvrir les couches avec des nattes pour les pré- ferver des groffes pluies, qui quelquefois font pourrir ces graines. Comme très - fouvent leurs germes ne paroiffent qu'au printems fuivant , il faut bien fe garder de remuer la terre, avant qu'on ne foit cer- tain qu'elles ont toutes pouffé, parce que quelques unes peu- vent bien lever dans la pre- miere année, & le plus grand nombre ne paroît que dans la feconde.

Lorfque ces plantes ont pouffé, il faut les débarraffer avec foin des mauvaifes her- bes qui naiffent avec elles, & ar- rofer de tems en tems lorf- qu'il fait fec , pour avancer leur accroiffement en hiver : fi le froid eft très-vif, on les abrite avec des nattes ou de la paille feche ; mais on les dé- couvre avec exactitude lorfque le tems devient plus doux , fans quoi elles moifiroient & péri- roient bientôt après.

Vers le commencement d'Avril , avant que ces plantes commencent à bourgeonner , on prépare une bonne piece de terre fraîche, & après les avoir

enlevées avec précaution , on les y place le plus prompte- ment qu'il eft poffible , afin que leurs racines n'aient pas le tems de fe deffécher par le contact de l'air ; ce qui leur feroit très-nuifible.

En plaçant ces plantes dans cette pépiniere , on propor- tionne l'intervalle qu'on laiffe entr'elles , au tems qu'on fe propofe de les y laiffer : com- me ces plantes , lorfqu'elles ont acquis une certaine gran- deur, réuffiffent moins bien à la feconde tranfplantation , que celles qui font plus jeunes, deux ou trois ans de féjour dans cette pépiniere leur fuf- fifent , & alors on laiffe en- tr'elles un efpace de deux pieds de rang en rang , & d'un pied feulement dans les rangs.

Pendant l'été , on tient la terre nette avec le plus grand foin ; on la laboure au prin- tems , pour la rendre plus lé- gere & pour faciliter aux raci- nes le moyen de s'étendre la- téralement : dans cette der- niere faifon on retranche auffi toutes les branches fortes de côté , furtout quand on les def- tine pour des arbres à plein vent , afin que celles du fom- met ne foient point gênées & qu'elles reçoivent toute la fé- ve , dont la plus grande partie feroit altérée par ces branches. Quand quelques-unes des ti- ges font courbées , on enfonce en terre près de chacune , deux forts piquets, contre lef- quels on les attache en plu- fieurs endroits pour les re- dreffer.

Après deux ou trois ans de

féjour dans la pépiniere, on enleve ces plantes & on les place dans quelqu'endroit écarté, avec d'autres arbres à fleurs du même crû. afin qu'elles ne foient pas étouffées par le voifinage des efpeces plus fortes.

CEREFOLIUM, CERFEUIL. *Voyez* CHÆROFHYLLUM.

CEREUS. *Par. Bat. 122. Boerh. Ind. Alt. I. 292. Juffieu. Aa. R. P. 1716. Cactus. Linn. Gen. Plant. 539.* [*The Torch Thiftle.*] Le Chardon en flambeau, *ou* Cierge.

Caracteres. Le calice eft oblong, écailleux, couvert d'épines, & placé fur le germe : la corolle eft compofée d'un grand nombre de petales étroits, pointus, étendus & ouverts en forme de rayons : la fleur a un grand nombre d'étamines, inclinées, inférées à la bâfe des pétales, & terminées par des fommets oblongs : le germe, qui eft fitué fous le calice, foutient un ftyle long, cylindrique & couronné par un ftigmat divifé en deux parties, en forme de tête. Ce germe devient, par la fuite, un fruit oblong, fucculent, couvert d'une peau épineufe, & rempli de petites femences, enveloppées par la chair du fruit.

Quoique LINNÉE, ait raffemblé fous un même genre le *Cereus*, le *Cactus*, & les *Opontia*; je crois cependant qu'il eft plus à propos de les féparer, parce que leurs fleurs font abfolument différentes ; & en confervant aux plantes, dont il eft ici queftion, le titre de *Cereus*, on aura un genre

de plus, mais on évitera la confufion.

LINNÉE place le genre du *Cactus* dans fa douzieme claffe, intitulée : *Ifocandria*, dans laquelle il renferme les plantes, dont les fleurs ont depuis dix-neuf jufqu'à trente étamines attachées aux pétales.

Les efpeces font :

1°. *Cereus hexagonus, erectus, fex - angularis, longus, angulis diftantibus* ; Cierge long & droit, & à fix angles, féparés par un large efpace.

Cactus erectus fex-angularis longus. Lin. Hort. Ups. 119. Hort. Cliff. 181. Roy. Lugd.-B. 279.

Cereus erectus, altiffimus, Surinamenfis. Par. Bat. 116 ; Le plus gros flambeau épineux droit de Surinam.

Metocactus monoclonos, flore albo, fructu atro purpureo. Plum. Spec. 19, Ic. 191.

2°. *Cereus tetragonus, erectus, quadrangularis, angulis compreffis* ; Cierge droit, à quatre angles comprimés.

- *Cereus erectus, quadrangularis, coftis alarum inftar affurgentibus. Boerh. Ind. Alt. 293* ; Flambeau épineux, droit & à quatre angles.

Cactus tetragonus. Lin. Sp. Pl. 667. Hort. Cliff. 181. Hort. Ups. 119. Roy. Lugd.-B. 280.

3°. *Cereus lanuginofus, erectus, octangularis, angulis obtufis fuperne* ; Cierge droit, à huit angles obtus, & fans épines fur leurs parties hautes.

Cereus erectus, fructu rubro non fpinofo Par. Bat. 114 ; Chardon en flambeau, droit, avec un fruit rouge fans épines.

Cactus lanuginofus. Lin. Sp.

Plant. 667. Hort. Cliff. 182. Roy. Lugd.-B. 279.

4°. *Cereus Peruvianus, erectus, octangularis, angulis obtusis, spinis robustioribus patulis* ; Cierge droit, à huit angles obtus, armés d'épines fortes & étendues.

Cactus cylindraceus erectus, sulcatus major, summitate obtusus, aculeis confertis. Brown. Jam. 238.

Cereus erectus maximus, fructu spinoso rubro. Par Bat. 113 ; Gros Flambeau épineux, droit, avec un fruit rouge & épineux.

Euphorbii arbor Cerei effigie. Lob. Ic. 2. p 25.

5°. *Cereus repandus, novem-angularis, obsoletis angulis, spinis lanâ brevioribus* ; Cierge droit, à neuf angles, avec des épines plus courtes que le duvet.

Cereus Curassavicus, erectus maximus, fructu rubro non spinoso, lanugine flavescente. Par. Bat. 115 ; Le plus grand flambeau droit, avec un fruit rouge sans épines, & un duvet jaunâtre.

Cactus repandus. Lin. Sp. Plant. 667. Hort. Cliff. 182. Roy. Lugd.-B. 279.

6°. *Cereus heptagonus, erectus, octangularis, spinis lanâ longioribus* ; Cierge droit à sept ou huit angles, ayant des épines plus longues que le duvet.

Cereus erectus crassissimus, maximè angulosus, spinis albis, pluribus longissimis, lanugine flavâ. Boerh. Ind. Alt. 293 ; Flambeau droit, dont la tige droite & plus épaisse que celles des au-

tres especes, a plusieurs angles, des épines blanches & fort longues, & un duvet jaune.

Cactus heptagonus. Lin. Sp. Plant. 666. Hort. Cliff. 181. Roy. Lugd.-B. 279.

7°. *Cereus Royeni, erectus, novemangularis, spinis lanam æquantibus* ; Flambeau droit à neuf angles, armé d'épines de la même longueur que le duvet.

Cereus erectus, gracilis, spinosissimus, spinis flavis, polygonus, lanugine albâ pallescente. Boerh. Ind. Alt. 293 ; Flambeau mince & droit, très-couvert d'épines jaunâtres, ayant plusieurs angles & un duvet blanc & pâle.

Cactus Royeni, erectus, articulatus, sub-decangularis, articulis sub-ovatis ; spinis lanam æquantibus. Lin. Sp. Plant. 668. Edit. 3. Roy. Lugd.-B. 279.

8°. *Cereus gracilior, erectus, novem-angularis, spinis brevibus, angulis obtusis* ; Flambeau plus mince, à neuf angles obtus, & garni d'épines courtes.

Cereus altissimus, gracilior, fructu extùs luteo, intùs niveo, seminibus nigris pleno. Sloan. Jam. 197. Hist. 2, p. 158. Trew. Ehret. t 14 ; Le plus haut des Flambeaux, dont le fruit est jaune en-dehors, blanc en-dedans, & rempli de semences noires. LINNÉE a confondu cette espece avec le *Cactus repandus.*

9°. *Cereus triangularis, repens, fructu maximo, rotundo, rubro, esculento* ; Flambeau rampant & triangulaire, produisant un fruit fort gros, rond, rouge & bon à manger.

Cereus scandens minor trigonus, articulatus, fructu suavissimo. Par. Bat. Prod. 118; Cierge plus petit, grimpant & triangulaire, dont le fruit, qui est fort doux, est généralement connu par les habitans des Isles de l'Amérique sous le nom de *vraie Poire piquante*, & par les Espagnols sous celui de *Pithatiaya.*

Cactus triangularis. Lin. Sp. Plant. 669. Hort. Cliff. 182. Hort. Ups. 121. Roy. Lugd.-B. 280.

10°. *Cereus compressus, repens, triangularis, angulis compressis;* Cierge rampant & triangulaire, avec des angles comprimés.

Ficoïdes Americanum, sive Cereus erectus, cristatus, foliis triangularibus profundè canaliculatis. Pluk. Phyt. tab. 29. f. 2; Cierge d'Amérique à crêtes, ayant trois angles profondément cannelés.

11°. *Cereus grandi-florus, repens, sub-quinquangularis;* Cierge rampant à cinq angles, produisant la plus grande fleur.

Cereus scandens minor, polygonus, articulatus. Par. Bat. 120. Cierge grimpant & plus petit, noueux, & à plusieurs angles.

Cactus grandi-florus. Lin. Sp. Plant. 668. Edit. 3.

12°. *Cereus flagelli-formis, repens, decem-angularis;* Cierge rampant à dix angles.

Cactus flagelli formis. Lin. Sp. Plant. 668. Edit. 3.

Cereus minor scandens, polygonus, spinosissimus, flore purpureo. Ehret. Sel. t. 2. f. 2. Trew. Ehret. t. 30; Cierge plus petit & grim-

pant, ayant des angles épineux & une fleur pourpre; Cierge en forme de fouet, ou petit Cierge lézard.

Ficoïdes Americanum, s. Cereus minima serpens Americana. Pluk. Alm. 148. t. 158, f. 6.

Hexagonus. La première espece est la plus commune dans les jardins Anglois; elle croît naturellement à Surinam, d'où elle a été portée en Hollande, où elle a produit des fleurs en l'année 1681; & delà elle a été répandue dans presque tous les jardins de l'Europe.

Elle s'éleve en une tige droite à six gros angles très-éloignés les uns des autres, & armés d'épines aiguës qui sortent en paquets de distance en distance, & s'écartent en rayons divergens. La substance extérieure de la plante est molle, herbacée & très-succulente; mais le centre est occupé par un cercle fort & fibreux qui s'étend dans toute sa longueur, & qui donne assez de solidité à la tige pour l'empêcher d'être rompue par l'effort des vents. Si on n'a point touché aux sommets de ces tiges, & qu'elles aient assez de place pour croître, elles s'élevent à la hauteur de trente ou quarante pieds; mais comme les serres chaudes n'ont pas assez d'élévation pour les contenir, on est forcé de les couper ou de les coucher entièrement sur la terre : quand ces tiges sont coupées, ou endommagées de quelque maniere que ce soit, elles poussent à leurs angles, immédiatement au-dessous de la bles-

suré, un , deux ou trois rejettons , & quelquefois deux ou
trois autres au - deſſous des
premiers : ſi on laiſſe croître
ces rejettons , ils formeront
autant de tiges diſtinctes &
droites , qui ne viendront cependant pas à la même grof-
ſeur que la tige principale , &
qui ſeront d'autant plus minces qu'ils ſeront plus nom -
breux.

Les fleurs de cette plante
naiſſent des angles de la tige ,
ſur des pédoncules épais ,
charnus , écailleux & garnis
d'épines qui environnent de
près les pétales des fleurs, prefque juſqu'au moment où elles
s'épanouiſſent ; car elles ſe
fanent & périſſent preſque
toujours dans la matinée du
lendemain ; elles ſont formées
par pluſieurs pétales concaves
qui, lorſqu'elles ſont tout-à-fait
ouvertes & étendues, ſont auſſi
larges que ceux de l'*Alcée* , ou
Mauve Trémiere.

Ces pétales ſont blancs en-
dedans & échancrés à leur extrémité : le calice eſt vert ,
avec quelques raies pourpre :
le centre de la fleur eſt occupé par un grand nombre d'é-
tamines penchées, dont les extrémités ſe redreſſent. Ces
fleurs , qui ne ſe montrent pas
communément dans nos cli-
mats, n'y ſont jamais remplacées par des fruits ; mais quand
elles paroiſſent, elles ne naiſſent jamais ſeules ſur le même
pied : une de ces plantes m'a
donné, il y a quelques an -
nées , une douzaine de fleurs
qui ſe ſont ſuccédées rapide -
ment en peu de jours. Ces

fleurs paroiſſent ordinairement
dans le mois de Juillet.

Cette eſpece étant moins
tendre que les autres du même
genre , elle peut être conſervée dans une ſerre chaude ,
ſans aucune chaleur artificielle ; mais il ne faut pas l'arroſer en hiver, à moins qu'elle
ne ſoit placée dans une ſerre
chaude où l'humidité eſt bientôt évaporée, ſans quoi elle
ſeroit bientôt attaquée de pourriture. Comme elle croît naturellement dans des endroits
remplis de rochers qui reſſer-
rent ſes racines , il ne faut pas
la planter dans de trop grands
pots , ni dans une terre riche :
le ſol qui lui convient le mieux
eſt un mélange préparé avec
un tiers de terre commune ,
un tiers de ſable de mer , &
un tiers de décombres de chaux
criblés : ſi ces différentes ſubf-
tances ſont bien travaillées &
parfaitement mêlées , elle y
réuſſira parfaitement. On trouvera , à la fin de cet article ,
un détail de tous les procédés
relatifs à ſa culture.

Tetragonus. La ſeconde efpece a , comme la premiere,
une tige droite & angulaire ;
mais cette tige n'a que quatre
angles fort gros , & éloignés
les uns des autres : comme
elle pouſſe ſouvent des rejettons , elle ne s'éleve pas au-
deſſus de quatre ou cinq pieds.
Je ne l'ai jamais vu fleurir en
Angleterre.

*Lanuginoſus. Peruvianus. Re-
pandus. Heptagonus. Royeni. Gracilis.* Les troiſieme, quatrieme,
cinquieme , ſixieme , ſeptieme
& huitieme eſpeces , croiſ-

fent naturellement dans les Ifles Angloifes de l'Amérique,
d'où leurs femences m'ont été
envoyées en 1728. Toutes ces
plantes ont la même forme
que la premiere, mais elles en
diffèrent par la hauteur de
leurs tiges, le nombre de leurs
angles, & la longueur de leurs
épines, comme on peut le voir
par leurs titres. De toutes ces
plantes la huitieme feule a
donné de fleurs en Angleterre, quoique plufieurs d'entr'elles aient jufqu'à douze ou
quatorze pieds de hauteur.

La huitieme a une tige plus
mince que celles de toutes les
autres efpeces connues, &
cette tige a généralement neuf
angles obtus, armés d'épines
courtes & placées à une plus
grande diftance que celles des
autres efpeces; les cannelures
qui féparent les angles ont
auffi moins de profondeur,
mais fes fleurs qui naiffent fur
les angles, comme dans la
premiere efpece, font plus petites, & leurs calices font d'un
vert clair, fans aucun mélange de couleur : fes fruits reffemblent par leur forme &
leur groffeur à *la Poire de
Bergamote* ; leur enveloppe eft
de couleur jaune pâle, & armée d'épines molles, & leur
chair, qui eft fort blanche,
renferme un grand nombre de
femences noires. Cette efpece
fleurit fouvent en Juillet, &
dans les années chaudes elle
perfeétionne fon fruit en Angleterre ; mais il a très-peu
de goût dans notre climat. Ces
efpeces étant plus fenfibles au
froid que la premiere, il faut

les conferver dans la ferre
chaude pendant tout l'hiver ;
on ne doit jamais les expofer
à l'extérieur pendant l'été,
mais il eft cependant néceffaire de leur donner beaucoup
d'air dans les tems chauds.

Flagelli formis. La douzieme
eft originaire du Pérou, d'où
elle a été envoyée au Jardin
Royal à Paris : M. Bernard
de Jussieu m'a fait préfent,
en 1734, de quelques unes de
fes boutures qui ont réuffi
dans le jardin de *Chelféa*, &
qui en ont donné d'autres, au
moyen defquelles la plupart
des curieux de l'Angleterre en
ont été fournis : comme cette
efpece eft moins tendre que
les autres, on peut la conferver en hiver dans une bonne ferre, ou fous un châffis
de couche chaude ; & en l'expofant pendant l'été en plein
air, on l'empêchera de filer
& de s'affoiblir. Cette plante,
étant ainfi traitée, produira un
plus grand nombre de fleurs ;
mais lorfqu'elle eft en plein
air, il faut l'arrofer légerement ; &, fi la faifon eft humide, la mettre à couvert, fans
quoi elle feroit attaquée de
pourriture dès l'hiver fuivant.
Ses fleurs paroiffent dans le
mois de Mai, & quelquefois
plutôt, lorfque la faifon eft
chaude.

Triangularis. Grandi - florus.
Les habitans de la Barbade
élevent la neuvieme efpece
contre leurs maifons, pour en
recueillir le fruit qui eft à-
peu-près de la groffeur d'une
Poire de Bergamote, & d'une
faveur délicieufe. Cette efpe-

ce, ainsi que la dixieme, la onzieme & la douzieme, sont trop tendres pour pouvoir être conservées autrement que dans une serre chaude : il faut les planter contre quelqu'endroit de la muraille de la serre dans laquelle leurs racines pénétreront, & en les palissant elles s'étendront vers le plafond, & produiront un bel effet. Quand la onzieme a acquis une certaine force, elle donne un grand nombre de fleurs extrêmement larges, belles & d'une odeur douce, mais qui, comme la plupart des autres, sont d'une très courte durée, & subsistent rarement plus de six heures, quand elles sont tout-à-fait ouvertes; elles commencent à s'épanouir dans la soirée vers les sept ou huit heures; elles sont tout-à-fait ouvertes à onze, mais à trois ou quatre heures du matin elles se ferment & se flétrissent tout à fait : aucune fleur n'est comparable à celle-ci, lorsqu'elle est tout-à-fait épanouie, & qu'elle jouit de toute sa fraîcheur; son calice a alors près d'un pied de diametre; son intérieur, d'un jaune vif, ressemble par son éclat aux rayons d'une étoile brillante, & sa surface extérieure est d'un brun sombre; les pétales sont d'un blanc pur, & le grand nombre d'étamines courbées, dont le style qui en occupe le centre est entouré, lui donne une superbe apparence. Si à ce mérite d'une beauté surprenante, on ajoûte une odeur délicieuse, dont l'air se trouve parfumé à une distance considérable, on conviendra qu'aucune plante ne mérite mieux que celle-ci d'être admise dans une serre chaude, avec d'autant plus de raison qu'elle n'occupe qu'un très-petit espace, étant fixée à la muraille. Cette espece fleurit ordinairement en Juillet ; & quand les plantes sont fortes, elles produisent un grand nombre de fleurs qui se succedent pendant un certain nombre de nuits, & dont plusieurs s'ouvrent souvent en même tems. J'ai vu quelquefois huit ou dix fleurs épanouies dans le même instant sur une seule tige de cette espece, & qui formoient, à la clarté des bougies, un des plus magnifiques spectacles qu'il soit possible d'imaginer ; mais aucune de ces fleurs n'a jamais laissé après elle la moindre apparence de fruit.

Compressus. La dixieme espece produit une fleur un peu moins belle que celles de la précédente, mais je ne parle ici que d'après le rapport des personnes qui ont vu fleurir cette plante ; car aucune des miennes n'a encore donné de fleurs. Je ne connois d'ailleurs, dans toute l'Angleterre, que deux jardins où cette plante ait fleuri; l'un étoit le Jardin Royal de Hampton-Court, où il y avoit une collection curieuse de plantes exotiques tenues en bon ordre, mais qui depuis a eté fort négligée : le second est le jardin du Marquis de ROCKINGHAM, à Wentworth-Hall, dans le Comté d'Yorck. Cependant on poufede dans beaucoup d'autres jardins des plantes de cette efpece qui font très-âgées, & dont les branches s'étendent à une grande diftance.

Triangularis. La neuvieme n'a point encore fleuri en Angleterre, & on ne trouve dans aucun livre de Botanique aucun deffin de cette fleur fur lequel on puiffe compter; mais des perfonnes curieufes & inftruites qui avoient habité l'Amérique, m'ont affuré que la fleur de cette efpece eft beaucoup moins belle que celles de la dixieme & de la onzieme, & que les colons font beaucoup de cas de fon fruit.

Flagelli-formis. La douzieme produit un plus grand nombre de fleurs qu'aucune des autres efpeces : ces fleurs font d'un beau rouge de Carmin en-dedans & au-dehors ; leurs pétales font moins nombreux, & leurs tubes font beaucoup plus longs, & tout-à-fait différens de ceux des autres plantes de ce genre : elles reftent ouvertes pendant trois ou quatre heures, pourvu que le tems ne foit pas trop chaud, non plus que l'air du lieu où elles font renfermées. Cette efpece a des branches très-minces & traînantes qui exigent un foutien ; mais comme elles ne s'étendent pas autant que celles des autres, & qu'elles ne font pas fort noueufes, elles n'occupent pas autant d'efpace fur le treillage de la ferre chaude. Cette plante doit être placée dans la premiere claffe des plantes exotiques pour la beauté de fes fleurs, & la grande

quantité qu'elle en produit. Ces fleurs ont été quelquefois fuivies de fruits dans les jardins de *Chelféa*, mais ils ne font point parvenus à leur maturité.

Culture. Comme on multiplie généralement ces plantes par boutures lorfqu'on veut en augmenter le nombre, il faut couper par morceaux plus ou moins longs une tige de telle efpece qu'on le juge à-propos ; & après avoir tenu ces tronçons pendant quinze jours ou même un mois, pour plus de fureté, dans un endroit fec, pour en guérir les bleffures, on les plante chacun dans un pot féparé.

Nous avons déjà indiqué quelle eft l'efpece de terre qui convient à ces plantes ; mais avant de remplir les pots avec ce mélange, il eft effentiel de placer au fond quelques pierres pour attirer l'humidité ; on plonge enfuite ces pots dans une couche de tan de chaleur modérée, & on les arrofe légerement une fois par femaine. Cette opération doit être faite de préférence, en Juin ou au commencement de Juillet, afin que les boutures puiffent pouffer de bonnes racines avant l'hiver. On commence vers le milieu d'Août à leur donner de l'air par dégrés pour les endurcir ; mais il ne faut pas les expofer tout-à-fait en plein air ni au foleil. A la fin de Septembre on les enferme foit dans la ferre chaude, foit dans la ferre fimple, où elles doivent refter pendant tout l'hiver : durant cette faifon on les arrofe très-légerement, & on a foin que les jeunes plantes qui font plus tendres que les vieilles, fe trouvent auſſi dans un endroit plus chaud.

Comme ces plantes font très-fufceptibles d'être attaquées par la pourriture lorfqu'elles fe trouvent dans un lieu humide, il eſt effentiel de les placer dans l'endroit le plus fec de la ferre : cette grande facilité à fe pourrir vient de ce qu'elles attirent puiffamment l'humidité de l'air ; c'eſt pour cette raifon qu'on ne doit jamais les expofer au - dehors, même en été, afin qu'elles ne foient point mouillées par l'eau des pluies, qui ne manqueroit point de leur être funeſte. Les huit premieres efpeces doivent donc être placées en été fous un abri où elles puiffent jouir de l'air libre, & être garanties des pluies & des rofées. Le meilleur abri dont on puiffe fe fervir, eſt une ferre vîtrée qu'on ouvre dans les beaux jours, & qu'on ferme lorfque le tems eſt froid & humide. Les quatre autres efpeces ne doivent jamais être trop expofées en plein air, même pendant la faifon la plus chaude, lorfqu'on defire d'en obtenir des fleurs : en hiver on les tient très-chaudement ; mais on ne les arrofé point.

Lorfqu'on a une fois coupé le fommet de quelques - unes de ces plantes pour les multiplier, leurs parties baffes pouffent des rejettons à leurs angles, qu'on peut retrancher pour en faire de nouvelles plantes lorfqu'ils ont huit à neuf pouces de longueur, de

maniere qu'il fuffit de couper une plante de chaque efpece, pour les multiplier autant qu'on le defire.

Comme ces plantes font fucculentes, & qu'elles peuvent reſter longtems hors de la terre, ceux qui veulent les tirer directement des Indes Occidentales, ne doivent donner d'autres inſtructions à leurs amis que de les couper, de les laiffer fecher pendant deux ou trois jours, & de les enfermer enfuite dans une boîte, avec du foin ou de la paille feche pour les empêcher de fe bleffer avec leurs épines ; quand même elles reſteroient deux ou trois mois dans la traverfée, elles fe conferveroient toujours très-bien, pourvu qu'elles foient à l'abri de toute humidité.

CERFEUIL. *Voy.* SCANDIX, CHÆROPHYLLUM.

CERFEUIL MUSQUÉ. *V.* SCANDIX ODORATA, & CHÆROPHYLLUM AROMATICUM. Suppl.

CERFEUIL SAUVAGE. *V.* CHÆROPHYLLUM SYLVESTRE.

CERINTHE. *Lin. Gen. Plant.* *171. Tourn. Inſt. R. H.* 79. 16. [*Honeywort.*] Mélinet.

Caracteres. Le calice eſt oblong, perfiſtant & divifé en cinq parties égales ; la corolle eſt monopétale, & pourvue d'un tube court, épais, plus gonflé vers fon fommet, & découpé en cinq parties à fon extrémité ; les divifions font nues & ouvertes : la fleur a cinq étamines courtes, & terminées par des fommets pointus & érigés ; dans fon fond font placés quatre germes qui foutiennent un ftyle mince, auffi long que les étamines, & couronné par un ftigmat obtus. Deux de ces germes le changent par la fuite en plufieurs femences dures, plates d'un côté, convexes de l'autre, & renfermées dans le calice.

Ce genre de plante eft rangé dans la premiere fection de la cinquieme claffe de LINNÉE, intitulée: *Pentandria monogynia*, avec celles dont les fleurs ont cinq étamines & un ftyle.

Les efpeces font:

1°. *Cerinthe major, foliis ovato-oblongis, afperis, amplexicaulibus, corollis obtufiufculis patulis;* Mélinet à feuilles ovales, oblongues, rudes & amplexicaules, ayant des corolles étendues & émouffées.

Cerinthe quorumdam major, fpinofo folio, flavo flore. J. B. 3, 602; Le plus grand Mélinet à feuilles épineufes, & à fleurs jaunes.

2°. *Cerinthe glabra, foliis oblongo-ovatis, glabris, amplexicaulibus, corollis obtufiufculis patulis;* Mélinet dont les feuilles font ovales, oblongues, unies & amplexicaules, & les fleurs formées par un pétale étendu & émouflé.

Cerinthe, flore rubro purpurafcente. C. B. P. 258. Mélinet à fleurs rouges pourprées.

Cerinthe, foliis cordatis, feffilibus. Hort. Cliff. 48. Hort. Ups. 35. Roy Lugd.-B. 408.

3°. *Cerinthe minor, foliis amplexicaulibus, integris, fructibus geminis, corollis acutis, glaucis. Lin. Plant. 137. Jacq. Auftr. t. 124;* Mélinet à feuilles entieres & amplexicaules, avec un fruit

double, & une corolle pointue & de couleur de vert-de-mer.

Cerinthe minor. C. B. P. 258; Le plus petit Mélinet.

Cerinthe minor f. quarta. Clus. Hift. 2, p. 168.

Cerinthe foliis amplexicaulibus emarginatis, corollis acutis claufis. Lin. Sp. Plant. 1, p. 137; Variété à feuilles échancrées & corolles fermées.

Cerinthe major. La premiere efpece, qui croît naturellement en Allemagne & en Italie, eft une plante annuelle qui s'éleve à un pied & demi de hauteur, avec des tiges unies, branchues & garnies de feuilles ovales, oblongues, épineufes & de couleur de vert-de-mer tacheté de blanc, qui embraffent les tiges de leurs bâfes: fes fleurs font produites aux extrémités des branches, entre plufieurs petites feuilles qui embraffent les tiges; elles font longues, tubuleufes, émouffées au fommet, où les tubes, s'élargiffent confidérablement, & d'une couleur jaune; elles renferment dans leurs tubes une liqueur douce comme du miel, que les abeilles recherchent beaucoup; leurs calices herbacés & découpés en cinq parties, fervent par la fuite d'enveloppes aux femences. Ces fleurs ont quatre germes, dont deux font fertiles, & les fommets des tiges penchent en arriere, comme dans les *Tournefols.* Cette plante fleurit en Juin & en Juillet, & fes femences mûriffent en Août & en Septembre. Si on ne recueille pas ces graines auffi-tôt qu'elles font devenues noires, elles tombent bientôt hors du calice, commencent à germer à la premiere humidité.

C. Libra. La feconde efpece eft comme la premiere, mais fes feuilles font plus larges, unies, & dépourvues d'epines : fes fleurs font d'un rouge pourpré, & la plante entiere eft plus groffe que la précédente ; elle eft annuelle, & elle fe trouve en Italie, & dans la France Méridionale.

Minor. La troifieme fe trouve fréquemment fur les Alpes & dans quelques autres endroits montagneux ; fes tiges, plus minces que celles de la précédente, s'élevent à la hauteur de deux pieds, & font garnies d'un plus grand nombre de feuilles qui embraffent la tige de leur bâfe ; leur couleur eft auffi d'un vert plus bleuâtre. Les fleurs font petites, leurs parties hautes font profondément découpées en cinq fegmens ; mais l'ouverture du tube eft très ferré ; le calice eft large & très-rapproché de la fleur. Ces fleurs font jaunes, & elles paroiffent en même tems que celles des autres efpeces. Si on laiffe tomber fes femences, les plantes poufferont en automne, & elles deviendront beaucoup plus groffes & fleuriront plutôt que celles qui ne feront mifes en terre qu'au printems. Plufieurs perfonnes ont prétendu que cette plante étoit vivace, mais je l'ai toujours vu périr après avoir perfectionné fes femences.

Cette efpece fe multiplie par fes graines, qui doivent être femées auffi-tôt qu'elles font mûres ; car, fi on les conferve jufqu'au printems, leurs germes périffent fouvent, ou au moins elles reftent quelques mois dans la terre avant de pouffer. Ces plantes font affez dures pour fupporter très-bien fans abri le froid de nos hivers, lorfqu'elles font placées dans une fituation chaude. Les plantes automnales produifent plus certainement des femences que celles du printems ; parce que ces dernieres fleuriffent tard, & que, fi l'automne n'eft pas fort chaud ; leurs graines n'ont pas le tems de parvenir à leur entiere maturité.

Cette efpece fait une belle variété dans les larges platebandes. Comme elle fe multiplie d'elle-même, lorfqu'on lui donne le tems de laiffer tomber fes femences, il fuffit de planter une fois fes différentes variétés, chacune dans un lieu féparé, où elles fe conferveront mieux fans altération, que de toute autre maniere.

Lorfque ces graines font ainfi répandues fur le fol, & qu'on vient à le labourer, une partie de ces femences refte à la furface, & les autres fe trouvent profondément enterrées ; mais fi par la rigueur de la faifon celles qui ont germé viennent à être détruites, un fecond labour fait dans une autre année, rapprochera de la furface celles qui étoient enfoncées, & elles produiront comme fi elles venoient d'être femées.

CERISE DE CORNELINE. *Voyez* CORNUS. L.

CERISE D'HIVER. *Voyez* PHYSALIS.

CERISIER. *Voyez* CERASUS.

CERISIER DES BARBA-DES. *Voyez* MALPIGHIA. L.

CERISIER DES HOTTEN-TOTS. *Voyez* MAUROCENIA FRANGULA.

CERISIER NAIN DU MONT IDA, *ou* CHAMÆ-CERASUS. *Voyez* MESPILUS ORIENTALIS.

CESTRUM. *Lin. Gen. Plant.* 231. *Jasminoïdes. Dill. Nov. Gen.* 170. [*Bastard Jasmine.*] Jasmin bâtard, *ou* Jasminoïde.

Caracteres. Le calice est court, tubulaire, & formé par une feuille, découpée au sommet en cinq parties érigées; la corolle, qui, par sa forme, ressemble à un entonnoir, est monopétale, divisée en cinq segmens égaux, & pourvue d'un long tube qui s'étend & s'ouvre à son sommet : la fleur a cinq étamines minces, aussi longues que le tube, auquel elles adherent, & terminées par des sommets ronds & à quatre angles : son germe ovale, cylindrique & placé dans le calice, soutient un style mince, de la longueur des étamines, couronné par un stigmat obtus & épais. Le germe se change, par la suite, en une baie oblongue, ovale, & a une cellule qui contient plusieurs semences rondes.

Ce genre de plantes est rangé dans la premiere section de la cinquieme classe de LINNÉE intitulée : *Pentandria monogynia,* avec celles dont les fleurs ont

cinq étamines & un style.

Les especes sont :

1. *Cestrum nocturnum, floribus pedunculatis. Hort. Cliff.* 490; Jasmin bâtard à fleurs postées sur des pédoncules.

Jasminoïdes, foliis Pishaminis, flore virescente noctu odoratissimo. Dill. Elth. 183. *tab.* 153. *f.* 185; Jasmin bâtard à feuilles de Pishamin, produisant une fleur verdâtre très-odorante pendant la nuit, appelé *Galant de nuit.*

Cestrum pedunculis multi-floris, corollæ tubo infundibuli - formi, limbi laciniis ovatis. Murray. In Nov. Comm. Gætt. vol. V. p. 44.

Syringa Lauri-folia Jamaïcensis, floribus ex flavo pallescentibus. Pluk. Alm. 35. *t.* 64. *f.* 3.

Parxu. Fawill. Peruv. 2. *p.* 32. *t.* 32. *f.* 1.

2°. *Cestrum diurnum, floribus sessilibus. Hort. Cliff.* 491; Jasmin bâtard à fleurs sessiles.

Jasminoïdes Laureolæ folio, flore candido interdiù odorato. Hort. Elth. 186. *tab.* 154. *f.* 186; Jasmin bâtard à feuilles de Lauréole, produisant une fleur blanche odorante pendant le jour, appelé *Galant de jour.*

Laureola semper virens Americana, latioribus foliis, floribus albis odoratis. Pluk. Alm. 209. *t.* 95. *f.* 1.

Hediunda Jasmini flore. Fawill. Peruv. 2. *p.* 25. *t.* 20. *f.* 3.

3°. *Cestrum nervosum, foliis lanceolatis, oppositis, nervis transversalibus, pedunculis ramosis;* Jasmin bâtard à feuilles en forme de lance, opposées, & garnies de veines transversales, avec des pédoncules branchus aux fleurs.

Jasminoïdes

Jasminoïdes Americanum, Lauri folio, flore albo odorato. Houst. MSS. Jasminoïde d'Amérique à feuilles de Laurier, produisant des fleurs blanches, douces & odorantes.

4°. *Cestrum spicatum, foliis ovato-lanceolatis, floribus spicatis, alaribus & terminalibus ;* Jasminoïde à feuilles ovales & en forme de lance, dont les fleurs sont disposées en épis sur les côtés & aux sommets des branches.

5°. *Cestrum confertum, foliis oblongo-ovatis, obliquis, floribus alaribus confertis, tubo longissimo & tenuissimo ;* Jasminoïde à feuilles oblongues, ovales & obliques, produisant des fleurs en paquets sur les côtés des branches, avec un tube long & mince.

6°. *Cestrum venenatum, foliis lanceolatis, obliquis, floribus alaribus, pedunculis foliosis ;* Jasminoïde à feuilles obliques & en forme de lance, avec des fleurs placées sur les côtés des branches & des pédoncules feuillés.

Jasminum Laurinis foliis, flore pallido luteo, fructu atro-cæruleo, polypyreno venenato. Sloan. Hist. Jam. 2. p. 196 ; Jasminoïde à feuilles de Laurier, & à fleurs d'un jaune pâle, dont les fruits de couleur bleue sombre, renferment plusieurs semences vénéneuses.

Nocturnum. La premiere espece, qui a d'abord été cultivée dans les jardins de la Duchesse de Beaufort, à Badmington, dans le Comté de Glocester, & qui de-là s'est répandue dans plusieurs jardins, tant en Angleterre qu'en Hollande, où elle a passé jusqu'à présent sous le nom de *Jasmin de Badmington*, croît naturellement dans l'Isle de Cuba, d'où ses semences m'ont été envoyées sous le titre de *Dama de Noche*, Dame de nuit, nom qui lui a été donné, parce que sa fleur répand une forte odeur après le coucher du soleil.

Cette plante s'éleve à la hauteur de six à sept pieds, en une tige droite, couverte d'une écorce grisâtre, & divisée vers le haut en plusieurs branches foibles, qui sont toujours inclinées d'un côté ; ces branches sont garnies de feuilles alternes, longues d'environ quatre pouces, sur un pouce & demi de largeur, unies & d'un vert pâle en-dessus, veinées transversalement, & d'une couleur de vert-de-mer en-dessous, & supportées par de courts pétioles : ses fleurs, qui naissent en petites grappes des aîles des feuilles, au nombre de quatre ou de cinq sur chaque pédoncule, sont d'une couleur herbacée, divisées à leurs bords en cinq parties étendues, & pourvues de calices courts, ainsi que de tubes longs & minces. Ces fleurs paroissent en Août, mais elles ne produisent point de baies dans notre climat; ses fruits, que j'ai reçus de l'Amérique, étoient petits, d'un brun foncé, & ils contenoient plusieurs semences.

Diurnum. J'ai reçu de la Havanne les semences de la seconde espece, sous le nom de *Dama de Dia*, ou *Dame du jour ;* sa tige est droite, haute de dix ou douze pieds, couverte d'une écorce d'un vert clair, unie, & divifée vers fon fommet en plufieurs petites branches, garnies de feuilles unies de trois pouces environ de longueur, fur un demi-pouce de largeur, d'un vert éclatant, d'une texture pareille à celles du *Lauréol*, & placées alternativement fur les branches: fes boutons de fleurs fortent des ailes des feuilles, en grappes feffiles aux branches : ces fleurs font très-blanches, de la même forme que celles de la précédente ; & comme elles répandent une odeur douce pendant le jour, on les a nommées *Dames de jour*: les baies de cette efpece font plus petites que celles de la premiere. Elle fleurit en Septembre, en Octobre & en Novembre.

Nervofum. La troifieme, qui m'a été envoyée de Carthagêne en Amérique, s'éleve à cinq ou fix pieds de hauteur, avec une tige d'arbriffeau, couverte d'une écorce brune, & divifée vers le haut en plufieurs petites branches, garnies de feuilles en forme de lance, longues d'environ quatre pouces, fur un peu plus d'un pouce de largeur, oppofées, unies, d'un vert clair, & marquées par plufieurs veines tranfverfales, qui s'étendent depuis la côte du milieu jufqu'à leurs bords : fes fleurs blanches & fans odeur, fortent des aîles des feuilles vers les extrémités des branches, fur des pédoncules branchus, dont chacun en foutient quatre ou cinq; leurs tubes font gonflés à leurs bâfes,

précifément au-deffus du calice, mais refferrés vers le haut auprès de l'ouverture, où la corolle eft découpée en cinq larges fegmens qui s'étendent horifontalement.

Spicatum. La quatrieme efpece m'a été envoyée de Carthagêne avec la précédente ; fa tige, pareille à celle d'un arbriffeau & haute d'environ dix ou douze pieds, eft couverte d'une écorce d'un gris clair, & elle produit, dans toute fa longueur, plufieurs branches, garnies de feuilles ovales, en forme de lance, placées fans ordre, longues de deux pouces & demi, fur un pouce & demi de largeur, d'un vert clair, & fupportées par de foibles pétioles. Ses fleurs, qui naiffent en épis clairs fur les côtés & aux extrémités des branches, reffemblent à celles de la premiere efpece, elles font d'un vert blanchâtre, fans aucune odeur ; & font fuivies par des baies rondes, de couleur pourpre, de la groffeur d'un gros pois, & formées par une chair moëlleufe & pleine de jus, qui contient plufieurs femences plates.

Confertum. La cinquieme efpece s'éleve à la hauteur de huit ou dix pieds, avec une tige d'arbriffeau, couverte d'une écorce blanche & unie, de laquelle naiffent plufieurs branches irrégulieres, garnies de feuilles ovales & oblongues, qui, à leur bâfe, font plus longues d'un côté que de l'autre ; de maniere que le pétiole fe trouve placé obliquement ; ces feuilles font d'un vert pâle

& difpofées fans aucun ordre ; fes fleurs , qui font produites en grappes fur les parties latérales des branches , fortent plufieurs à la fois du même pédoncule ; elles ont des tubes très-longs , minces & découpés au fommet en cinq fegmens aigus , droits , d'un jaune pâle & fans odeur.

Venenatum. La fixieme m'a été envoyée par le Docteur HOUSTOUN , de la Jamaïque , où elle croît naturellement : elle s'éleve à huit ou dix pieds de hauteur , avec une tige ligneufe , couverte d'une écorce brune & unie , qui pouffe latéralement plufieurs branches droites , garnies de feuilles ovales & en forme de lance , poftées fur des pétioles fort courts ; fes feuilles , dont la longueur eft d'environ cinq pouces , fur deux de largeur , font unies , alternes , & de la même fubftance que celles du *Laurier :* fes fleurs fortent des aîles des feuilles dans prefque toute la longueur des branches ; leurs pédoncules font garnis de petites fleurs , placées entre chaque fleur d'une maniere très-finguliere ; ces fleurs naiffent oppofées les unes au - deffus des autres , ayant entr'elles une ou deux feuilles femblables à celles des branches : elles répandent une odeur très-agréable ; leur couleur eft le jaune pâle ; & elles font remplacées par des baies ovales , d'une couleur violette , remplies de jus , & dans lefquelles font renfermées plufieurs femences plates , auxquelles on attribue des propriétés nuifibles ; d'où leur

vient le nom de *baies vénéneufes ,* qui leur eft donné par les habitans de la Jamaïque.

Plufieurs Botaniftes ont penfé que cette efpece étoit la même que la premiere ; mais quand on les a bien obfervées , on ne peut douter qu'elles ne foient abfolument diftinctes ; la forme & la grandeur de leurs feuilles , de leurs fleurs & de leurs baies , font fort différentes. Quelques perfonnes font auffi perfuadées que le *Ceftrum* du pere FEUILLÉE , eft le même que la plante dont il eft ici queftion ; mais c'eft encore une erreur , car cette premiere produit des grappes claires aux extrémités de fes branches , au lieu que celles de cette efpece fortent de côté aux aîles des feuilles : cette plante eft donc très-différente de toutes les autres , à l'exception de la troifieme avec laquelle elle a quelques rapports.

Je crois que la cinquieme eft la même que le JASMIN du pere PLUMIER , *arborefcens , foliis Solani minus ;* au moins leurs feuilles font femblables , comme je m'en fuis convaincu en examinant l'échantillon imparfait qu'on m'a fait voir ; mais comme cet échantillon étoit dépourvu de fleurs & de fruits , il eft encore poffible que mon opinion foit mal fondée. Comme il étoit fans fleurs & fans fruits , je n'en puis rien dire.

Les premiere & feconde efpeces produifent des fleurs chaque année en Angleterre ; mais les autres y fleuriffent très-rarement ; comme elles confervent leurs feuilles pendant toute l'année, elles font une belle variété en hiver dans les ferres chaudes; & elles font extrêmement belles, lorfque leurs branches font garnies à chaque nœud de feuilles & de bouquets de fleurs.

Comme toutes ces plantes font originaires des climats très-chauds, on ne peut les conferver en Angleterre fans chaleur artificielle, & fi on ne les tient dans une ferre chaude, furtout pendant l'hiver. Les deux premieres efpeces étant plus dures que les autres, je les ai confervées pendant plufieurs années, en les tenant en hiver dans une ferre chaude feche d'une chaleur modérée, & en les expofant en plein air dans une fituation chaude au milieu de l'été. Au moyen de ce traitement, elles ont profité, & elles ont produit des fleurs beaucoup mieux que fi elles avoient été expofées à une plus grande chaleur : mais je n'ai jamais pu réuffir à les conferver pendant l'hiver dans des ferres ous des châffis vitrés fans feu; toutes les fois que j'en ai fait l'effai, elles ont été détruites vers la fin du mois de Janvier.

Les autres exigent, furtout dans leur jeuneffe, une chaleur plus confidérable : il faut donc les plonger dans la couche de la ferre chaude, fans quoi elles perdront leurs feuilles en hiver, & même elles périront fouvent tout-à-fait ; mais quand elles ont trois ou quatre ans, elles peuvent être traitées plus durement, pourvu qu'elles y foient accoutumées par dégrés.

Ces plantes peuvent être multipliées par femences ou par boutures : celles qui viennent de femences font toujours plus vigoureufes & plus droites ; mais comme elles n'en produifent point en Angleterre, on eft obligé de les multiplier par boutures, parce qu'on apporte rarement leurs graines des pays où elles croiffent naturellement. On plante ces boutures vers la fin du mois de Mai, afin qu'elles aient le tems d'acquérir de la force ; on les coupe de la longueur d'environ quatre pouces, & on en place cinq ou fix dans un pot de la valeur d'un fol, parce que les boutures de la plupart des plantes exotiques réuffiffent mieux dans de petits pots que dans de plus grands, ainfi que je l'ai conftamment éprouvé pendant un grand nombre d'années. La terre dans laquelle on établit ces boutures, doit être fraîche, légere & fans fumier : lorfqu'elles font plantées, on preffe fortement la terre, on l'arrofe légerement, on plonge les pots dans une couche de tan de chaleur modérée, où on les tient à l'abri du foleil; on leur donne de l'air dans les tems chauds, & on les arrofe dans la fuite deux ou trois fois par femaine. Au moyen de ce traitement, ces boutures prendront racine en cinq ou fix femaines ; après lequel tems on les expofera par dégrés au foleil; & lorfqu'elles commenceront à pouffer on leur donnera plus d'air pour les empêcher de filer : on rapproche auffi davantage les arrofemens; mais toujours en petite quantité à la fois , parce que leurs fibres jeunes & tendres ne souffrent pas beaucoup d'humidité. Lorsqu'elles ont acquis des racines, on les enleve avec précaution, & on les place chacune séparément dans de petits pots remplis de la même terre ; on les arrose un peu pour unir la terre aux racines, & on les replonge dans la couche de tan, observant de les abriter du soleil au milieu du jour, si leurs feuilles baissent , jusqu'à ce qu'elles aient formé de nouvelles racines : lorsqu'elles sont parvenues à ce point, on leur donne beaucoup d'air dans les tems chauds pour les fortifier avant l'hiver : on les arrose fréquemment pendant l'été , en les mouillant avec la gerbe , pour les tenir propres, & avancer par-là leur accroissement ; mais on doit éviter, comme il a déjà été dit , de tenir leurs racines à trop d'humidité.

Les plantes des trois dernieres especes doivent être plongées en automne dans la couche de tan de la serre chaude, & être traitées comme les autres plantes exotiques ; mais les deux premieres peuvent être conduites plus durement, sur-tout lorsqu'elles ont acquis beaucoup de force ; cependant il faut les ménager comme les autres pendant les premiers hivers, & les arroser modérément pendant cette saison ; car, à l'exception de la seconde espece, elles craignent toutes l'humidité, & elles en souffrent quelquefois à tel point qu'elles périssent absolument.

Lorsqu'on reçoit des pays étrangers les semences de ces plantes , il faut les répandre dans des petits pots remplis de terre fraîche & légere, comme il a été dit ci-dessus , les plonger dans une couche de tan d'une chaleur modérée, & les arroser un peu de tems en tems : quelquefois ces graines poussent dans la même année ; mais elles restent souvent en terre jusqu'au printems suivant ; de sorte que , si les plantes ne paroissent pas six ou sept semaines après qu'elles ont été semées, elles ne sortiront pas dans la même année : dans ce cas l'on plonge leurs pots dans la couche de la serre chaude entre les autres plantes , & de maniere qu'elles soient à l'abri du soleil. On les arrose peu, & on les laisse ainsi pendant tout l'hiver : au printems suivant on les enfonce dans une nouvelle couche chaude qui fera pousser les plantes en peu de tems , si les semences sont bonnes.

Lorsque les jeunes plantes sont assez fortes on les enleve avec précaution des premiers pots dans lesquels elles ont été semées , & on les transplante chacune séparément dans d'autres plus petits, & remplis de la même terre , & on les replonge dans la couche chaude, après quoi on les traite de la même maniere que toutes les plantes de bouture.

CETERAC. *Voyez* ASPLE-NIUM.

CHADOCK, SHADDOCK, *ou* POMPEL-MOUSE. *Voyez*

Aurantium decumanum.

CHÆROPHYLLUM. *Lin.*

Gen. Plant. 329. Tourn. Inst. R. H. 314. tab. 166. χαιρόφυλλον, de χαίρω, (réjouir), & φύλλον, (feuille), parce que les feuilles de cette plante infusées dans le vin, chassent la mélancolie des personnes qui boivent cette liqueur. [*Chervil.*] Cerfeuil.

Caractères. La fleur est ombellée ; l'ombelle principale étendue & dépourvue d'enveloppe, est composée de plusieurs petites appelées *rayons*, qui ont des enveloppes particulieres, à cinq feuilles & réfléchies : les corolles ont cinq pétales en forme de cœur, & recourbés en-dedans ; la fleur a cinq étamines terminées par des sommets ronds : le germe qui est placé en-dessous de la fleur, soutient deux styles réfléchis, & couronnés par des stigmats obtus. Ce germe se change ensuite en un fruit oblong, pointu, & divisé en deux parties, dont chacune forme une semence, convexe d'un côté & plate de l'autre.

Ce genre de plantes, ainsi que toutes celles dont les fleurs ont cinq étamines & deux styles, est rangé dans la seconde section de la cinquieme classe de LINNÉE, qui a pour titre, *Pentandria Digynia.*

Les especes font :

1°. *Chærophyllum sylvestre, caule striato, geniculis tumidiusculis. Flor. Suec.* 2, *n.* 257 ; Cerfeuil sauvage à tiges cannelées, dont les nœuds sont gonflés.

Chærophyllum flosculis omni-

bus fertilibus, caule æquali. Lin. *Sp. Plant.* 248.

Chærophyllum seminibus lævibus nitidis, petiolis rameis æqualibus Hort. Cliff. 101, *Flor. Suec.* 243, 257. *Roy. Lugd.-B.* 112. *Mat. Med.* 143.

Chærophyllum sylvestre perenne, Cicutæ folio. Tourn. Inst. 114. *Fl. Lapp.* 104.

Myrrhis sylvestris, seminibus lævibus. C. B. P. 160 ; Myrrhe sauvage, à semences unies, ou Cerfeuil sauvage.

Cicutaria vulgaris. Dod. Pempt. 701.

2°. *Chærophyllum bulbosum, caule lævi, geniculis tumidis. Lin. Sp. Plant.* 258. *Leyf. Hal.* 258 ; Cerfeuil à tiges lisses, ayant des nœuds gonflés.

Chærophyllum, foliis suprà decompositis, caulibus articulis lævibus, supernè incrassatis. Hort. Ups. 64.

Chærophyllum, radice turbinatá, carnosá. Hort. Cliff. 120. *Roy. Lugd.-B.* 112.

Myrrhis fœtens. Riv. 49.

Myrrhis tuberosa & nodosa, Conyzophyllon. Mor. Umb. 67 ; Cerfeuil tubéreux & noueux, à feuilles de Ciguë.

Cicutaria bulbosa. Bauh. Pin. 161.

3°. *Chærophyllum temulum, caule scabro, geniculis tumidis. Lin. Sp. Plant.* 258 ; Cerfeuil à tiges rudes, avec des nœuds gonflés.

Chærophyllum, caule maculato, geniculis tumidis. Lin. Hort. Cliff. 102. *Flor. Suec.* 244, 258. *Roy. Lugd.-B.* 112. *Gort. Geld.* 59.

Chærophyllum Sylvestre. C. B. P. 152 ; Cerfeuil sauvage.

Myrrhis annua vulgaris, caule

fufco. Moris. Hiſt. 3 , p. 302 , ſ. 9 , t. 10 , ſ. 7.

4°. *Chærophyllum aureum , caule æquali , foliolis incifis, acutis, feminibus coloratis, ſtriatis. Lin. Sp. Plant. 258 ,* Cerfeuil à tige unie , avec des feuilles découpées en fegmens aigus.

Myrrhis perennis alba minor, foliis hirſutis , femine aureo. Mor. Umb. 282. Rupp. Jen. 3 , p. 282. t. 5.

Myrrhis , radice lignoſâ perenni , foliis hirſutis , feminibus flavis , obſcurè ſtriatis. Hall. Gætt. 184.

5°. *Chærophyllum hirſutum , caule æquali , foliolis incifis , acutis , feminibus ſubulatis. Lin. Sp. Plant. 371* ; Cerfeuil fauvage à tige unie , dont les petites feuilles font découpées en pointe, & les femences en-forme d'alêne.

Chærophyllum , foliolis diſſectis , petiolis ramiferis univerſalibus utrinque membranâ auctis. Linn. Hort. Cliff. 101. Roy. Lugd.-B. 111. Sauv. Monſp. 262.

Cerefolium latifolium , hirſutum , album & rubrum. Moris. Hiſt. 3 , p. 304 , ſ. 9 , t. 10 , ſ. 6.

Myrrhis paluſtris. Riv. 50.

Myrrhis , feminibus ſtrictis , longiſſimis. Hall. Helv. 453.

Myrrhis Broccenbergenſis. Bauh. Pin. 160. Hall. Opuſc. 132.

Cicutaria paluſtris latifolia alba. Bauh. Pin. 161.

Cicutaria paluſtris latifolia rubra. Bauh. Pin. 161.

Cicutaria latifolia hirſuta. Bauh. Hiſt. 3 , p. 182.

Seſeli montanum , Cicutæ folio, ſubhirſutum. Bauh. Pin. 161 , Prod. 85.

Sylveſtre. Comme la première efpece croît fpontanément dans prefque toute l'Angleterre , fur les bords des chemins, & des champs cultivés , on ne l'admet point dans les jardins : on donne quelquefois à cette plante le nom de *Perſil de Vache* , je ne fais pourquoi ; car , de tous les animaux qui broutent l'herbe , il n'y a que l'âne qui puiſſe s'en nourrir. On lui attribue des qualités analogues à celles de la *Ciguë* , mais à un plus foible dégré. Il feroit très - intéreſſant de détruire cette plante dans prefque tous les pâturages ; mais cette opération feroit difficile , parce que ſa racine eſt vivace ; cependant comme elle croît avant toutes les autres herbes , & qu'au commencement d'Avril ſes feuilles ont déja près de deux pieds de longueur, on pourroit le tenter.

Bulboſum. La feconde efpece , qui croît naturellement en Hongrie & en Iſtrie, a une racine épaiſſe & bulbeufe , de laquelle fortent pluſicurs feuilles femblables à celles du *Cerfeuil fauvage* , qui s'étendent horifontalement près de la terre : ſes tiges, dont la hauteur eſt de fix ou fept pieds , font tachetées de pourpre , & garnies de feuilles femblables qui occupent les parties baſſes de la plante ; des nœuds ou jointures des tiges , qui font gonflés , fortent des feuilles divifées , & les tiges font terminées par de petites ombelles de fleurs blanches auxquelles fuccedent des femences lon -

gues & étroites. Cette espece
fleurit en Juin, & ses semences
mûrissent en Août ; si l'on permet à ses graines de s'écarter
librement, elles pousseront
sans aucun soin, & elles ne demanderont que d'être débarrassées de mauvaises herbes.

Temulum. La troisieme qu'on
trouve fréquemment en Angleterre sur les bords des bois &
des sentiers, n'est jamais admise dans les jardins.

Aureum. La quatrieme naît
sans culture dans les pâturages
des environs de Genève, & dans
plusieurs parties de la Suisse :
cette plante a une racine vivace, de laquelle sortent au
printems plusieurs feuilles semblables à celles de la premiere
espece, mais plus étroites, velues & plus divisées : ses tiges
cannelées, & hautes d'environ
trois pieds, sont garnies de
pareilles feuilles, & terminées
par de larges ombelles composées chacune de plusieurs autres plus petites, dont les fleurs
inclinées en-dedans ont cinq
pétales en forme de cœur, &
sont remplacées par des semences longues & pointues. Toutes les parties de cette plante
ont une odeur & un goût aromatique.

Hirsutum. La cinquieme espece se trouve également sur
les Alpes & sur les montagnes
de la Suisse. Cette plante vivace a un peu de ressemblance
avec la premiere, mais ses
feuilles sont velues, leurs segmens sont plus larges ; ses tiges, qui s'élevent à quatre
pieds de hauteur, sont terminées par de grosses ombelles de

fleurs, qui dans quelques plantes sont blanches, & rouges
dans d'autres : à ces fleurs
succédent des semences longues & pointues, qui sont jointes deux à deux sous la même
enveloppe.

Ces plantes sont conservées
dans les jardins de Botanique
pour la variété ; mais comme
on ne connoît pas l'usage qu'on
peut en faire en Médecine ou
dans la cuisine, elles sont rarement admises dans d'autres
jardins.

CHAIR. Les Botanistes ex-
priment, par ce mot, la substance pulpeuse du fruit qui est
entre la peau extérieure & le
noyau, ainsi que les parties
des racines qui peuvent servir
d'aliment.

CHAMÆCERASUS. *Voyez*
Lonicera Xilosteon - Ni-
gra-Alpigena Cœrulea.

CHAMÆCISTUS. *Voy.* Cis-
tus.

CHAMÆCISSUS. *V.* Gle-
choma.

CHAMÆCLEMA. *V.* Gle-
choma.

CHAMÆCYPARISSUS. *V.*
Santolina.

CHAMÆDAPHNE. *Voyez*
Ruscus Hypophyllum.

CHAMÆDRIS. *Voyez* Teu-
crium.

CHAMÆLEA. *Voy.* Cneo-
rum.

CHAMÆMELUM. *Voy.* An-
themis.

CHAMÆMESPILUS. *Voyez*
Mespilus Chamæmespilus.

CHAMÆMORUS. *Voyez*
Rubus Chamæmorus.

CHAMÆNERIO. *Voy.* Epi-
lobium.

CHAMÆPYTIS. *Voy.* Teu-
crium.

CHAMÆRODODEN-
DRON. *Voyez* Azalea , et
Kalmia. L. Rhododen -
dron. L.

CHAMÆRIPHES. *V.* Cha-
mærops.

CHAMÆROPS. *Lin Gen.*
Plant. 1084. *Chamæriphes. Pont.*
10. *Dod. Pempt.* 820. [*Dwarf*
Palm , or *Palmetto.*] Palmier
nain , *ou* Palmetto. Le Sabal.

Caraɛteres. Dans ce genre ,
les fleurs mâles & les hermaphrodites font placées fur des
plantes diſtinɛtes ; les hermaphrodites font toutes renfermées dans une gaîne ou chaperon gonflé & en deux parties ; le fpadix eſt branchu ;
chaque fleur a un petit calice
pointu , un pétale épais , érigé & découpé en trois parties
inclinées en - dedans , cinq
étamines gonflées jointes à
leurs bâfes , & terminées par
des fommets étroits & ju-
meaux , qui s'uniffent à la partie intérieure des étamines ; &
trois germes ronds , dont chacun a un ftyle diſtinɛt , perfiftant & terminé par un ftigmat pointu. Quand la fleur eſt
paffée , ces trois germes fe
changent en trois baies rondes , qui ont chacune une cellule , où eſt renfermée une
fimple femence. Les fleurs mâles font femblables aux hermaphrodites ; mais leurs étamines ne font pas diſtinɛtes ,
& elles n'ont qu'un feul germe.

Le célébre Linnée a joint
ce genre aux autres efpeces de
Palmiers , & il l'a placé dans
l'Appendix de fon *Genera Plan-*
tarum ; mais il auroit dû le ranger dans fa vingt - troifieme
claffe , ou plutôt en faire une
particuliere , parce que les parties de la fruɛtification font fort
différentes de celles de la plupart des autres plantes.

Les efpeces font :

1°. *Chamærops humilis , fron-*
dibus palmatis , plicatis , ſtipitibus
fpinofis. Hort. Cliff. 482. *Roy.*
Lugd.-B. 4. *Fabric. Helmſt.* 383.;
Palmier nain avec des feuilles
pliffées & en forme de main ,
& des pétioles piquans.

Palma minor. Bauh. pin. 506.

Palma humilis , five Chamæri-
phes. J. B. Hiſt. 1. 368. ; Palmier nain , *ou* Palmetto.

Chamæriphes. Dod. Pempt. 820.

Chamæriphes tricarpos fpinofa ,
folio Flabelli-formi. Pont. Anth.
147. t. 8.

2°. *Chamærops , glabra , foliis*
Flabelli-formibus , maximis , ſti-
pitibus glabris ; Palmier nain à
feuilles fort larges & en forme d'éventail , ayant des pétioles unis.

Palma non fpinofa humillima ;
Palmier nain fans épines , ordi-
nairement appelé *Petit Palmetto*
Royal.

Humilis. La premiere efpece , qui eſt originaire d'Efpagne , eſt fur - tout très - abondante en Andaloufie ; elle fe
multiplie tellement par fes racines dans les campagnes fablonneufes , qu'elle finit bientôt par les couvrir entièrement ,
comme la fougere en Angleterre. On emploie les feuilles
de cette plante à faire des
balais.

Cette efpece ne produit jamais de tiges droites ; les pé-

tioles de fes feuilles fortent immédiatement de la tête des racines, & font armés à chaque côté d'épines fortes, plates en-deſſus, & convexes en-deſſous : ces feuilles font attachées aux pétioles par leur centre ; elles font pliſſées comme un éventail, & elles s'ouvrent de la même maniere ; leurs bords font profondément diviſés comme les doigts de la main, & outre cela, légèrement dentelés. Ces feuilles ont de neuf à dix huit pouces de longueur, & environ un pied dans leur plus grande largeur ; lorſqu'elles paroiſſent elles font pliſſées comme un éventail fermé, & ces différens plis font réunis par des fibres fortes qui s'étendent ſur leurs bords, & qui pendent enſuite ſur les côtés & aux extrémités, lorſque les feuilles viennent à s'ouvrir. Quand les feuilles du bas ſe flétriſſent, elles laiſſent après elles des veſtiges qui forment une eſpece de chicot au-deſſus de la terre, comme dans la fougere mâle ordinaire : la tige qui ſoutient les fleurs ſort du centre des feuilles, recouverte par une ſpathe mince qui tombe, lorſque les paquets de fleurs s'ouvrent & ſe diviſent. Comme toutes les plantes de cette eſpece que j'ai vu fleurir étoient males, je ne puis donner aucune deſcription de leur fructification. On multiplie cette plante en Angleterre, en détachant les têtes qui ſe ſéparent quelquefois de la racine principale : ſi ces têtes ſont enlevées avec ſoin & plan-

tées avec toutes leurs racines, elles réuſſiront ; mais comme les plantes ne font jamais auſſi bonnes que celles qui proviennent de ſemences, il vaut beaucoup mieux tâcher de ſe procurer de bonnes graines, qu'on répandra dans de petits pots remplis de terre légere & ſablonneuſe, qu'on plongera dans une couche de tan de chaleur modérée, & qu'on arroſera de tems en tems. Si ces ſemences ſont fraîches, les plantes paroîtront deux mois après, & elles s'éléveront avec une feuille ſimple, longue & pointue. Lorſqu'elles commencent à pouſſer, on les arroſe, mais avec modération. Si elles ſont trop ſerrées dans leurs pots, il ne ſera pas néceſſaire de les tranſplanter dans le cours de la premiere année ; mais on les laiſſera pendant tout l'été dans la couche de tan, & on leur donnera beaucoup d'air dans les tems chauds. En automne l'on place ces pots dans la ſerre chaude ; &, pour avancer beaucoup l'accroiſſement des plantes, lorſque les premiers froids de l'hiver commencent à ſe faire ſentir, on les plonge dans la couche de tan. Au printems ſuivant, on enleve ces plantes hors de leurs pots, en conſervant leurs racines entieres ; car toutes les eſpeces de *Palmiers* ont des racines tendres, dont la rupture cauſe beaucoup de dommage à ces plantes, & les fait ſouvent périr : on les plante enſuite chacune ſéparément dans de petits pots remplis de

terre légere , fablonneufe &
fans aucun mélange de fumier ,
& on les plonge dans une autre couche chaude pour leur
faire pouffer de nouvelles racines. Pendant l'été fuivant ,
on les endurcit par dégrés , en
foulevant les vitrages affez
haut pour introduire une grande quantité d'air ; mais on ne
les expofe cependant pas encore tout-à-fait à l'extérieur.
En automne on peut les enfermer dans une ferre feche ,
& les traiter plus durement ,
à mefure qu'elle acquerront
de la force. Lorfqu'elles ont
paffé ce terme , on peut les
tenir en plein air pendant tout
l'été dans une expofition chaude, & les conferver en hiver
dans une bonne ferre fans aucune chaleur artificielle.

A mefure que ces plantes
avancent dans leur accroiffement, on leur donne de plus
grands pots ; mais en les tranfplantant , il fera néceffaire
d'apporter la plus grande attention, pour ne pas caffer ni
couper leurs racines , & on
évitera de les placer dans des
pots trop larges : on les arrofe très-peu pendant l'hiver ;
& , lorfqu'en été elles font expofées en plein air , elles n'exigent pas non plus beaucoup
d'eau, à moins que la faifon
ne foit chaude & feche ; dans
ce feul cas, on les arrofe légèrement deux ou trois fois
par femaine.

Glabra. La feconde efpece
croît naturellement dans les
Indes Occidentales ; elle ne
s'éleve jamais en tige : les pétioles de fes feuilles font plus

ronds que ceux de la précédente , & ils ne font point armés d'épines. Lorfque ces plantes font vieilles , leurs feuilles
ont trois ou quatre pieds de
longueur, & au-delà de deux
pieds de largeur ; elles font
pliffées comme celles de la premiere ; mais leurs plis font
plus larges, & les feuilles font
d'un vert plus foncé. Quelques-unes de ces plantes ont
produit plufieurs paquets clairs
de fleurs mâles en Angleterre ;
mais elles étoient trop imparfaites pour pouvoir en faire
la defcription.

On multiplie aifément cette
efpece, au moyen de fes femences , qu'il eft facile de fe
procurer des Ifles de l'Amérique : on feme les graines comme celles de la précédente, &
ces plantes exigent le même
traitement ; mais comme elles
font originaires d'un climat
plus méridional , il faut les tenir conftamment dans la ferre
chaude de tan, où elles avanceront beaucoup, fi elles y
font conduites avec foin.

J'ai reçu de la Caroline des
femences d'un *Palmier nain*,
qui reffemble fort à celui-ci ,
s'il n'eft pas abfolument le même ; mais les plantes ne font
pas autant de progrès que celles qui viennent de la Jamaïque : leurs baies étoient fi
femblables , que je ne pouvois
les diftinguer : à mefure que
ces plantes fe développeront,
on appercevra peut-être quelque différence entr'elles.

CHAMÆNERION , LAU-
RIER DE SAINT-ANTOINE,
LE PETIT LAURIER ROSE.

Voyez EPILOBIUM - ANGUSTI-FOLIUM.

CHAMÆRUBUS. *Voy.* RUBUS.

CHAMPIGNON. *Voyez* MOUSSERON.

CHANVRE MALE ET FEMELLE. *Voyez* CANNABIS.

CHANVRE AQUATIQUE, *ou* AIGREMOINE. *Voyez* BIDENS.

CHANVRE D'AIGREMOINE. *Voyez* EUPATORIUM.

CHANVRE BATARD. *Voy.* AGERATUM DASTICA.

CHANVRE DE VIRGINIE. *Voyez* ACNIDA.

CHAPEAU D'ÉVÊQUE. *Voyez* EPIMEDIUM.

CHARDON. *V.* ONOPORDUM.

CHARDON ROLAND, *ou* PANICAULT MARIN. *Voyez* ERYNGIUM CAMPESTRE.

CHARDON A CENT TÊTES. *Idem.*

CHARDON EN FLAMBEAU. *Voyez* CEREUS.

CHARDON MARIE. *Voyez* CARDUUS MARIANUS.

CHARDON AUX ANES. *Voyez* CARDUUS ERIOPHORUS.

CHARDON BÉNI. *Voyez* CENTAUREA BENEDICTA.

CHARDON BENI DES PARISIENS. *Voyez* CARTHAMUS LANATUS.

CHARDON BENI DES AMÉRICAINS, *ou* PAVOT ÉPINEUX. *Voyez* ARGEMONE.

CHARDON A FOULON, *ou* DES BONNETIERS. *Voy.* DIPSACUS FULLONUM.

CHARDON EN QUENOUILLE. *V.* ATRACTYLIS.

CHARME. *Voy.* CARPINUS.

CHARME VISQUEUX. *V.* PTELEA VISCOSA.

CHASSE-BOSSE, PERCE-BOSSE, *ou* CORNEILLE. *V.* LYSIMACHIA.

CHATAIGNIER, *ou* MARRONIER. *Voyez* CASTANEA.

CHATON. *Julus*, appelé par les Botanistes : *Flos amentaceus.* C'est un assemblage de sommets ou antheres unis ensemble en forme de corde ou de queue de chat, & composé de fleurs mâles, comme ceux des *Fins*, des *Sapins*, des *Cedres*, des *Noyers*, des *Bouleaux*, des *Saules*, &c.

CHAUSSE-TRAPE. *Voyez* TRIBULUS.

CHEIRANTHUS. *Lin. Gen. Plant.* 730. *Leucojum. Tourn. Inst. R. H.* 220. *tab.* 107. [*Stock Gilliflower, or Wall-flower.*] Giroflier, *ou* Violier. Giroflée jaune.

Caracteres. Dans ce genre le calice est gonflé & formé par quatre feuilles, dont les deux extérieures sont renflées à leur bâse : la corolle est composée de quatre pétales placés en forme de croix, & plus larges que le calice : la fleur a six étamines paralleles, de la longueur du calice, dont deux sont placées entre les feuilles gonflées du calice, & les autres sont un peu plus courtes : ces étamines sont terminées par des sommets droits, divisés en deux parries, & réfléchis à leurs extrémités. Le germe qui est prismatique, & aussi long que les étamines, soutient un style court, gonflé, & couronné par un stigmat oblong, divisé, réfléchi & persistant ; ce germe se change par la suite en un légume long, gonflé & a deux cellules qui s'ouvrent en deux valves, & qui sont remplies de semences gonflées.

Ce genre de plantes est rangé dans la seconde section de la quinzieme classe de LINNÉE, intitulée : *Tetradynamia siliquosa*, les fleurs de cette section & de cette classe ont deux étamines longues & quatre plus courtes, & des semences renfermées dans des légumes longs.

Les especes sont :

1°. *Cheiranthus Erysimoïdes, foliis lineari-lanceolatis, dentatis, caule erecto, siliquis tetragonis. Lin. Sp. Plant. 923. Edit. 3. Fl. Suec. 2. N. 603. Allion. Pedem. t. 8. f. 2* ; Giroflier à feuilles étroites, dentelées & en forme de lance, avec une tige droite & un légume quarré.

Cheiranthus Alpinus. Jacq. Austr. t. 75. R.

Erysimum Cheiranthoïdes. Crantz. Austr. p. 28. R.

Erysimum, foliis integris, lanceolatis, margine repando-dentatis. Hort. Ups. 192.

Leucoïum luteum sylvestre, angusti-folium. Bauh. Pin. 202.

Leucoïum sylvestre Clus. Hist. 1. P. 299. Bauh. Hist. 2. P. 873.

Eruca sylvestris, angusti-folia. Lob. Ic. 205. Jacq. R.

Eruca angusti foliâ. Bauh. Pin. 99. Jacq. R.

Hesperis, Leucoii folio serrato, siliquâ quadrangulâ. Tourn. Inst. R. H. 223 ; Violier des Dames à feuilles de Julienne jaune & sciées, ayant un légume quadrangulaire.

2°. *Cheiranthus integerrimus,* *foliis lanceolatis, integerrimis, caule erecto, siliquis tetragonis ;* Giroflier à feuilles entieres, & en forme de lance, avec une tige droite & un légume quadrangulaire.

Hesperis, Leucoii folio non serrato, siliquâ quadrangulari. Tourn. Inst. R. H. 223 ; Violier des Dames à feuilles de Violier jaune, sans être sciées, & dont les légumes sont quadrangulaires.

3°. *Cheiranthus Cheiri, foliis lanceolatis, acutis, glabris, ramis angulatis. Hort. Cliff. 334. Hort. Ups. 187. Mat. Med. 335. Roy. Lugd.-B. 337. Guett. Stamp. 2. P. 156. Dalib. Paris. 197. Gort. Geld. 382* ; Giroflier à feuilles pointues, unies & en forme de lance, avec des branches angulaires.

Leucoïum luteum vulgare. C. B. P. ; Leucoïum jaune commun, *ou* Violier jaune. Giroflier. Giroflée jaune.

Leucoïum luteum. Dod. Pempt. 160.

4°. *Cheiranthus, angusti-folius, foliis linearibus, unguibus petalorum calyce longioribus ;* Giroflier à feuilles linéaires, dont les onglets des pétales sont plus longs que le calice.

Leucoïum angusti-folium Alpinum, flore sulphureo H. R. Par. Violier jaune des Alpes, à feuilles étroites, produisant une fleur de couleur de soufre.

Cheiranthus Alpinus. Syst. Pl. J. Reichard. T. 3. p. 262. Sp. 2.

Cheiranthus Erysimoïdes. Jacq. Aust. T. 74.

5°. *Cheiranthus annuus, foliis lanceolatis, subdentatis, obtusis, incanis, siliquis cylindricis, api-*

ce *acutis, çaule herbaceo. Lin. Sp. Plant.* 662 ; Giroflier à feuilles en forme de lance, un peu dentelées, & obtuses avec des légumes cylindriques, velus & armés de pointes aiguës, & une tige herbacée.

Leucoïum incanum minus. C. B. P. 200 ; Giroflier plus petit & à tiges velues, communément appelé, *Tige de six semaines, Quarantin, ou Quarantaine.*

6°. *Cheiranthus incanus, foliis lanceolatis, integerrimis, obtusis, incanis, siliquis apice truncatis, compressis, caule suffruticoso. Hort. Upsal.* 187. *Hort. Cliff.* 334 ; Giroflier à feuilles très-entieres, en forme de lance, obtuses & velues, avec des légumes serrés, des pointes émoussées & une tige d'arbrisseau.

Leucoïum, incano folio hortense. Bauh. Pin. 200.

Leucoïum incanum majus. C. B. P. 200 ; Le grand Giroflier à tige velue, communément appelé, *Giroflier à tige de la Reine.*

Viola alba & purpurea. Lob. Ic. 329.

7°. *Cheiranthus coccineus, foliis lanceolatis, undatis, caule erecto, indiviso ;* Giroflier à feuilles ondées & en forme de lance, avec une tige droite & entiere.

Leucoïum incanum majus coccineum. Mor. Hist. 2. 240 ; grand Giroflier, à tige velue, & à fleur écarlate, vulgairement connu sous le nom de Giroflier à tige de Brompton.

8°. *Cheiranthus albus, foliis lanceolatis, integerrimis, obtusis, incanis, ramis floriferis. axillari-*

bus, *caule suffruticoso ;* Giroflier à feuilles velues, entieres, obtuses & en forme de lance, avec des rameaux de fleurs sur les côtés, & une tige d'arbrisseau.

Leucoïum album, sivè purpureum, sivè violaceum. Ger. Giroflier blanc, pourpre ou violet.

9°. *Cheiranthus glaber, foliis lanceolatis, acutis, petiolatis, viridibus, caule suffruticoso ;* Giroflier à feuilles aiguës, en forme de lance, vertes & pétiolées, ayant une tige d'arbrisseau.

Leucoïum album odoratissimum, folio viridi. C. B. P. 2. 102 ; Giroflier à tiges blanches, ayant une odeur très-agréable & une feuille verte, communément appelée *la blanche Violette jaune.*

10°. *Cheiranthus fenestralis, caule indiviso, foliis conferto-capitatis, recurvatis, undatis. Linn. Sp. Plant.* 924. *Edit.* 3. *Jacq. Hort. t.* 179 ; Giroflier à feuilles en têtes, penchées en arriere & ondées.

11°. *Cheiranthus littoreus, foliis lanceolatis, subdentatis, subtomentosis, subcarnosis, petalis emarginatis, siliquis tomentosis. Lin. Sp.* 925 ; Giroflier avec des feuilles entieres, dentelées, & en forme de lance, des pétales échancrés, & des légumes cotoneux.

Leucoïum maritimum angusti-folium. C. B. P. 201 ; Giroflier à tiges de couleur de vert-de-mer, & à feuilles étroites.

Leucojum maritimum minus. Clus. Hist. 1. p. 298.

12°. *Cheiranthus maritimus, foliis lanceolatis, acutiusculis, caule diffuso, antheris eminentibus.*

Amæn. Acad. 4. p. 280; Giroflier à feuilles aiguës, & en forme de lance, avec une tige diffuse & des antheres élevés.

Hesperis maritima, supina, exigua. Tourn. Inst. 223 ; Violier maritime des Dames, petit & bas, communément appelé *Nain,* ou *Giroflier de Virginie.*

Leucoïum maritimum parvum, folio virescente crassiusculo. Bauh. Hist. 2. p. 877.

13°. *Cheiranthus Chius, foliis, obovatis, aveniis, emarginatis, siliquis apice subulatis. Hort. Upsal. 187 ;* Giroflier à feuilles ovales & échancrées, produisant des légumes, dont les sommets sont en forme d'alêne.

Hesperis siliquis hirsutis, flore parvo, rubello. Hort. Elth. 180. tab. 147 ; Violier des Dames avec des légumes hériffés, & une petite fleur rougeâtre.

Leucoïum Thlaspeos facie. Herm. Par. 192. T. 193.

14°. *Cheiranthus tricuspidatus, siliquarum apicibus tridentatis, foliis lyratis. Hort. Cliff. 335. Roy. Lugd.-B. 338. Gron. Orient. 80 :* Giroflier dont les légumes sont dentelés en trois parties aux extrémités, & les feuilles en forme de lyre.

Hesperis maritima lati-folia, siliquá tricuspide. Tourn. Inst. R. H. 223 ; Violier maritime des Dames, à feuilles larges, avec des légumes à trois pointes.

Leucoïum marinum. Cam. Hort. 87. T. 24. Moris. Hist. 2. p. 242.

15°. *Cheiranthus sinuatus, foliis tomentosis, obtusis, subsinuatis, ramis integris, siliquis muricatis. Lin. Sp. 926 ;* Giroflier à feuilles cotoneuses, obtuses, & sinuées, dont les branches sont

entieres, & les légumes rudes.

Leucoïum maritimum, sinuato folio. C. B. P. 200.

Leucoïum maritimum magnum, lati-folium. Bauh. Hist. 2. p. 875.

16°. *Cheiranthus tristis, foliis linearibus subsinuatis, floribus sessilibus, petalis undatis, caule suffruticoso. Læfl ;* Giroflier à feuilles linéaires & sinuées avec des fleurs sessiles aux tiges, des pétales ondés & une tige d'arbriffeau.

Leucoïum minus, breviori folio, obsoleto flore. Barrel. Ic. 999.

Leucoïum minus, Lavendulæ folio, obsoleto flore. Bocc. Muf. 148. T. 111. Barr. Ic. 83.

17°. *Cheiranthus lacerus, foliis lacero-dentatis, acuminatis, calycibus pilosis, siliquis nodosis, mucronatis. Lin. Sp. 926 ;* Giroflier à feuilles déchiquetées, dentelées & pointues, ayant un calice hériffé de poils, & des légumes noueux, terminés en pointe aiguë.

Leucoïum Lusitanicum, purpureum, foliis eleganter dentatis. Parad. Bat. 193. T. 193.

Erysimoïdes. La premiere espece qui croît naturellement dans la France Méridionale, en Espagne & en Italie, est une plante annuelle qui s'éleve à la hauteur d'un pied, avec une tige angulaire & cannelée, dont les branches se dreffent de chaque côté ; elles font garnies de feuilles longues, étroites, vertes, femblables à celles des *Violiers jaunes ordinaires,* fortement découpées fur les bords, & feffiles aux tiges : fes fleurs naiffent en épis clairs aux extrémités des branches ;

elles font jaunes, fans odeur, & leurs pétales, difposés en forme de croix, reffemblent beaucoup à ceux du *Violier jaune commun* : à ces fleurs fuccédent des légumes longs, & remplis de femences brunes. Cette efpece fleurit en Juin, & fes femences mûriffent en automne.

Integerrimus. La feconde eft originaire de la Hongrie & de l'Iftrie ; elle eft annuelle, comme la premiere, & fa tige s'élève à-peu-près à la même hauteur ; mais fes branches ne fortent pas de la même maniere : fes feuilles, plus larges, plus unies, & moins pointues, font alternes, fans aucuns pétioles vifibles, & d'un vert foncé : fes fleurs, de couleur jaune-pâle, petites, & fans odeur, fortent en épis clairs, des extrémités des tiges, & font fuivies par des légumes quarrés, comme ceux de la précédente. Cette plante fleurit, & fes femences mûriffent dans le même tems que celles de la premiere.

Plufieurs perfonnes ont regardé ces deux plantes, comme ne formant qu'une feule & même efpece ; mais je ne puis adopter cette opinion, parce qu'après les avoir cultivées pendant près de trente ans, elles ont confervé chacune leurs caracteres fans la moindre altération.

En leur donnant le tems de laiffer tomber leurs femences, elles fe reproduiront fans aucun foin. Cette derniere efpece réuffit, comme la précédente, dans toutes les fituations & tous les fols, fur de vieilles

murailles, fur des décombres, &c.

Cheiri. La troifieme naît fpontanément en Angleterre fur de vieilles murailles, & fur les anciens bâtimens : on la cultive auffi dans les jardins à caufe de l'odeur agréable de fes fleurs. Quand les plantes de cette efpece croiffent fur de vieilles murailles, elles s'élèvent rarement au-deffus de fix ou huit pouces : leurs racines font fort dures, & leurs tiges très-fermes : leurs feuilles font courtes & terminées en pointe aiguë, & leurs fleurs petites ; mais lorfqu'on les cultive dans les jardins, leurs branches s'étendent davantage, s'élèvent beaucoup, & croiffent jufqu'à la hauteur de deux pieds ; leurs feuilles deviennent auffi plus larges, & leurs fleurs beaucoup plus groffes. Lorfque ces plantes, qu'on conferve dans les jardins, font détruites par des froids très-vifs & extraordinaires, celles qui fe trouvent placées fur les murailles, ne fouffrent en aucune maniere, quoiqu'elles foient plus expofées aux vents & à la gelée ; parce qu'elles font moins remplies de féve, & que leur texture eft plus ferme.

Il y a une variété de cette efpece à fleurs très-doubles qu'on multiplie par boutures dans les jardins ; on plante ces boutures au printems, & elles prennent racine aifément. On connoît auffi une autre variété à feuilles panachées ; mais elle eft beaucoup moins dure que la précédente.

On regarde également le *gros Violier*

Violier jaune couleur de sang, comme une variété de cette seconde espece améliorée par la culture ; & je suis d'autant plus porté à le croire, que je l'ai vu souvent dégénérer & revenir à l'espece commune : cependant malgré toutes les expériences que j'ai pu faire, en semant pendant plusieurs années les graines de l'espece commune, prises sur les plantes qui croîssent dans les crevasses des murailles, je n'en ai jamais pu obtenir aucune qui se rapprochât de ces variétés; & la culture n'a opéré sur elles aucun autre changement, que de les rendre plus grosses.

On obtient souvent le *gros Violier jaune & de couleur de sang*, au moyen de semences de l'espece à fleurs doubles, recueillies sur celles qui n'ont que cinq pétales : celle à fleurs doubles peut être aussi multipliée par boutures, comme l'espece commune ; mais les plantes ainsi élevées ne produisent point des épis de fleurs aussi larges & aussi gros que celles qui viennent de semence.

Il y a aussi une autre variété de ce *Violier* à fleurs doubles, & de couleur de sang, dont les pétales sont plus courts, plus étroits & fort ressemblans à ceux du *Violier double commun*, mais plus gros ; on lui donne le nom d'*Ancien Violier couleur de sang* : on le multiplie par boutures comme les autres especes doubles. On trouve encore quelques variétés intermédiaires de ces fleurs, qui diffèrent entr'elles par la grosseur & la couleur de leurs pétales; mais quoique les Fleuristes en fassent des plantes distinctes, comme elles proviennent constamment des mêmes semences, elles ne méritent aucune attention.

Angusti-folium. La quatrieme espece croît naturellement sur les Alpes, & sur les montagnes de l'Italie, où elle s'éleve rarement au-dessus de six pouces : ses feuilles sont fort étroites, & ses fleurs naissent en épis serrés à l'extrémité des branches ; elles sont d'un jaune-pâle, ou d'une couleur de soufre ; elles ont peu d'odeur, & les onglets des pétales sont beaucoup plus longs que le calice.

Lorsque cette plante est cultivée dans les jardins, elle devient aussi forte que le *Violier jaune commun ;* & comme ses épis de fleurs sont plus longs & plus rapprochés, elle a beaucoup plus d'apparence. Les fleurs de cette espece n'ayant que très-peu d'odeur, on l'a tellement négligée dans le commencement, qu'elle est aujourd'hui fort rare dans les jardins. Les jardiniers lui donnent le nom de *Violier jaune couleur de paille*.

Quoiqu'on se serve communément de graines que les fleurs simples produisent en abondance pour multiplier cette espece, on doit cependant préférer celles qui sont recueillies sur les fleurs les plus grosses & les plus foncées en couleur; parce que, si elles sont recueillies avec soin, les plantes qui en proviennent dégénerent rarement. On seme cette

efpece en Avril fur un fol de
mauvaife qualité & fans fumier ; & , lorfque les plantes
font en état d'être enlevées,
on les tranfplante en pépiniere
dans des planches, à fix pouces
environ de diftance dans tous
les fens ; on les arrofe & on
les tient à l'ombre jufqu'à ce
qu'elles aient formé des racines nouvelles ; après quoi elles
n'exigeront aucun autre foin
que d'être tenues nettes de mauvaifes herbes. A la S. Michel
on peut les tranfplanter dans
des plates-bandes du jardin à
fleurs, où elles doivent refter,
afin qu'elles aient le tems d'acquérir de bonnes racines avant
les premieres gelées. Cette méthode eft généralement mife
en ufage dans la culture de ces
fleurs ; mais fi on les feme fur
de mauvaifes terres & fur des
décombres, & qu'on les y laiffe
fans les tranfporter, elles y
réuffiront à merveille , & elles
y fupporteront les froids de
nos hivers, beaueoup mieux
que celles qui feront plus foignées : en les arrangeant bien
dans ces fortes d'endroits , elles y feront un très grand ornement, & les émanations de
leurs fleurs parfumeront l'air
à une diftance confidérable.

Les *Girofliers à tiges font* diftingués des *Violiers jaunes*, par
leurs feuilles velues ; ces deux
efpeces s'accordent tellement
entr'elles par leurs caracteres
botaniques, qu'on les a toujours réunies dans le même
genre : elles ont d'ailleurs tant
d'affinité les unes avec les autres, qu'on peut les traiter toutes deux de la même maniere ;

& toutes deux croiffent également fur de vieilles ruines,
& dans les crevaffes des murailles ; mais comme la plupart
des Ecrivains fur le Jardinage
les ont féparées, j'ai par com-
plaifance fuivi leur exemple.

Annuus. La cinquieme efpece eft genéralement connue
fous le nom de *Tige de fix femaines* , ou de *Quarentin* ; mais
autrefois on l'appeloit *Violier
à tige annuelle* ; nom qui a été
donné depuis peu à une autre
efpece qui dure deux années.

Cette plante s'éleve à la hauteur d'environ deux pieds , avec
une tige ronde, & divifée vers
fon fommet en plufieurs branches, garnies de feuilles velues, en forme de lance , arrondies à leur extrêmité, placées
fans ordre, quelquefois prefqu'oppofées , d'autres fois alternes, & fouvent difpofées
trois ou quatre enfemble, quoique d'une groffeur inégale : fes
fleurs qui naiffent en épis clairs
des extrémités des branches,
font placées alternativement :
le calice de la fleur eft large,
érigé & légerement découpé
au fommet en plufieurs parties
aiguës : les pétales font larges,
en forme de cœur, étendus &
difpofés en croix : fes légumes
longs, cylindriques, & marqués d'un côté par un fillon
longitudinal, s'ouvrent en deux
cellules , remplies de femences
plates arrondies & ornées d'une
bordure mince. Cette plante
fleurit en Juillet & Août, &
fes femences mûriffent en Octobre.

Il y a dans cette efpece des
variétés à fleurs rouges, pour-

pre, blanches & rayées; & ces différentes couleurs se retrouvent dans les fleurs doubles, comme dans les simples. Les premieres font un bel ornement en automne dans les plates-bandes des parterres, lorsque les autres fleurs sont rares; si on les seme en deux ou trois différens tems, leurs fleurs se succéderont pendant près de trois mois. Le premier semis doit être fait vers le milieu de Février, sur une couche seulement assez chaude pour faire pousser les plantes qu'on tient ensuite à l'abri de la gelée : lorsque ces plantes ont acquis de la force, on les transporte dans des planches en pépiniere à trois ou quatre pouces de distance; on les arrose, on les garantit des rayons du soleil, jusqu'à ce qu'elles aient formé de nouvelles racines, & on les tient nettes de mauvaises herbes. Ces plantes peuvent rester dans la pépiniere pendant cinq à six semaines; après quoi elles feront devenues assez fortes pour pouvoir être mises à demeure dans les plates-bandes. Si elles sont transplantées par la pluie, elles pousseront bientôt des racines, & elles n'exigeront plus aucun soin. Comme ces plantes printanieres donnent des semences plus parfaites que les autres, il faut conserver les plus belles de chaque couleur, pour en recueillir la graine. Lorsqu'elles sont tout-à-fait mûres, on coupe leurs sommets avant les premieres gelées, & on en forme des paquets qu'on tient suspendus dans une chambre jusqu'à ce qu'ils soient tout-à-fait secs : on détache ensuite les graines, & on les conserve pour l'usage.

Incanus. La sixieme espece est bis-annuelle; cependant lorsqu'elle a été semée dès le commencement du printems, elle fleurit quelquefois en automne, & dans ce cas elle est sujette à périr en hiver. D'après cette observation, on ne doit semer cette plante, que dans le mois de Mai, afin qu'elle ne devienne pas trop forte dans la premiere année, & qu'après avoir passé l'hiver, elle produise de gros épis de fleurs dans la seconde année.

Cette espece est connue vulgairement parmi les jardiniers, sous le nom de *Giroflier de la Reine* ; elle differe beaucoup des autres, quoiqu'elle ait été regardée par les Botanistes les plus modernes, comme une simple variété de semences : mais je crois pouvoir affirmer d'après une expérience de quarante années, que toutes les especes que j'ai indiquées n'ont jamais éprouvé aucune altération, quoique leurs fleurs aient quelquefois varié dans leurs couleurs.

Celle-ci s'éleve au-dessus d'un pied de hauteur, avec une tige forte, presque semblable à celle d'un arbrisseau, & garnie de feuilles oblongues, velues, en forme de lance, ondées à leurs bords, & penchées vers le bas à leur extrémité : de cette tige sortent plusieurs branches latérales, ornées de feuilles de la même forme que celles de la tige, mais plus petites: ces branches latérales font terminées par des épis clairs de fleurs, dont chacune a un calice oblong & cotonneux, & quatre pétales larges, ronds & dentelés à leur extrémité: ces fleurs paroissent ordinairement en Mai & en Juin, mais il en naît souvent de nouvelles sur les mêmes plantes, jusqu'à la fin de l'été: ses semences mûrissent en automne, & les plantes périssent généralement bientôt après. Si quelques individus de cette espece se trouvent placés dans des décombres, ils subsistent ordinairement pendant deux ou trois ans, & ils deviennent des arbrisseaux: mais ceux à fleurs simples ne méritent pas la peine d'être conservés, lorsqu'ils ont perfectionné leurs semences. Les fleurs de cette espece varient dans leurs couleurs; quelques-unes sont d'un rouge pâle, d'autres d'un rouge brillant, & plusieurs singulièrement panachées; celles qui sont teintes d'un rouge brillant, sont plus estimées que les autres.

Quand les semences sont bien choisies, elles procurent toujours un grand nombre de plantes à fleurs doubles; & comme ces plantes se divisent en plusieurs branches, elles produisent, lorsqu'elles sont couvertes de fleurs, un coup d'œil très agréable.

Coccineus. La septieme espece qu'on connoît sous le nom de *Giroflier à tige, de Brompton,* s'éleve à la hauteur de huit pieds, avec une tige forte, droite, sans division, & garnie de feuilles longues, velues, réfléchies &

ondées sur leurs bords; le sommet de cette tige forme une grosse tête, du centre de laquelle sort une tige de fleurs, qui lorsque la plante est forte, croît jusqu'à la hauteur d'un pied & demi, & produit deux ou trois branches à sa bâse. Les fleurs de cette espece ont les pétales plus longs qu'aucune des autres, & elles affectent la forme d'un épi pyramidal; mais celles à fleurs simples ont des épis fort clairs, parce que leurs pétales sont moins nombreux que ceux des doubles: ces dernieres sont si fournies qu'elles sont aussi grosses & aussi remplies que de petites roses; & elles ont d'autant plus d'éclat, qu'elles sont d'un rouge plus brillant. Comme cette plante ne produit jamais qu'un épi, je crois qu'on doit la regarder comme une espece distincte & particuliere.

Cette plante est toujours bif-annuelle, quoiqu'on l'ait quelquefois conservée plus long-tems: comme elle produit peu de fleurs dans la premiere année, il faut la semer annuellement au printems, afin de n'en jamais manquer.

Albus. La huitieme, où le *Giroflier blanc en tige,* est d'une plus longue durée qu'aucune autre: quelques-unes de ces plantes que j'ai conservées pendant trois ou quatre années étoient devenues de véritables arbrisseaux, & elles en avoient l'apparence; car leurs tiges, dont la hauteur étoit d'environ trois pieds, étoient garnies de fortes branches de chaque côté. Dans cette espece, les fleurs fortent rarement du fommet de la tige; mais elles naiffent feulement fur les branches latérales, qui fe divifent encore en plufieurs autres; ce qui n'eft pas ordinaire dans les autres efpeces. Lorfque les femences de cette plante font bien choifies, prefque toutes celles qu'elles produifent font à fleurs doubles; de maniere que j'ai eu à peine affez de tiges à fleurs fimples, il y a quelques années, pour en conferver l'efpece. Celle-ci donne peu de variétés; celles qu'elle produit font à fleurs de couleur de chair pâle ou pourpre: &, comme l'efpece de *Giroflier en tige* qu'on connoît fous le nom de *Pourpre de Twickenham*, produit quelquefois des fleurs panachées en blanc, j'ai été tenté de croire que ces nuances étoient un rapprochement de ces deux efpeces, & qu'elles pourroient fort bien n'en faire qu'une; mais le *Pourpre de Twickenham* & la variété panachée s'accordent parfaitement entr'elles par leurs caractères; & comme elles produifent l'une & l'autre leurs fleurs aux fommets de leurs tiges, & que dans celle-ci elles naiffent toujours fur les branches de côté, elles forment certainement des efpeces diftinctes & féparées.

Glaber. La neuvieme qui eft connue fous le nom de *Violier jaune blanc*, par les Jardiniers & les Fleuriftes, s'éleve à un pied de hauteur; fa tige eft divifée en plufieurs branches, garnies de feuilles étroites, unies, en forme de lance, d'un vert lui-

fant, d'une confiftance plus épaiffe que celles des autres efpeces, longues d'environ trois pouces, fur un demi-pouce de largeur au milieu, & placées fans ordre: les fleurs d'un blanc pur, & d'une odeur très-agréable, fur-tout au foir, & lorfque le ciel eft couvert de nuages, naiffent en épis clairs, aux extrêmités des branches, & font fuivies par des légumes oblongs & rapprochés comme ceux des autres efpeces. Il y en a dans celle-ci une variété à fleurs doubles qu'on multiplie par boutures comme les *Violiers jaunes doubles*. Ces plantes veulent être mifes à l'abri des fortes pluies & des gelées; & on peut les conferver plufieurs années, en les tenant pendant l'hiver fous des châffis ordinaires où elles puiffent jouir du plein air dans les tems doux, & être à couvert des groffes pluies & des gelées.

On obtient quelquefois des femences de quelques-unes de ces plantes à fleurs doubles; mais plus rarement que dans les autres efpeces: j'ai eu fouvent plus de cent de ces tiges, fans que dans ce grand nombre il y en eût une feule double, tandis que leurs femences mifes en terre m'ont donné dans l'année fuivante, un grand nombre de plantes, dont la moitié étoit à fleurs doubles; mais on ne doit pas efpérer d'avoir fouvent un fuccès auffi heureux.

Feneftralis. Les femences de la dixieme m'ont été envoyées d'Upfal en Suede, par LINNÉE.

Cette plante s'éleve à fix pouces de hauteur avec une tige herbacée & gonflée : fes feuilles qui croiffent en paquets au fommet de cette tige, font velues, ondées fur leurs bords, terminées en pointes obtufes, & fixées très-près de la tige: fes fleurs font produites en épis minces fur les côtés de cette tige, elles font pourpre, & moins odoriferantes que les autres ; leurs légumes font cotonneux & recourbés en arriere à leurs extrémités.

Toutes ces efpeces, dont les fleurs paroiffent en Mai & en Juin, font alors un très-grand ornement dans les jardins à fleurs ; ainfi elles méritent d'être cultivées avec autant de foin que quelqu'autre efpece de fleurs que ce foit : pour avoir beaucoup de fleurs doubles de cette efpece, & pour les obtenir dans toute la perfection dont elles font fufceptibles, il faut apporter beaucoup d'attention dans le choix des plantes dont on veut recueillir les femences. La maniere de faire ce choix eft tout-à-fait fimple ; il fuffit de préférer à toutes les autres celles qui fe trouvent voifines des tiges à fleurs doubles : ces dernieres paroiffent avoir beaucoup d'influence fur la fructification des fleurs fimples ; car j'ai conftamment obfervé que les femences recueillies fur des plantes fimples qui fe trouvoient réunies & mêlées indiftinctement avec les doubles dans la même piece de terre, donnoient un bien plus grand nombre de tiges à fleurs

doubles, que celles qui étoient prifes fur des plantes placées féparement dans des plates-bandes. Il fuffit donc, pour fe procurer d'excellentes graines, d'avoir de petites planches où chaque efpece fera femée féparement, & de les laiffer ainfi fans les tranfplanter, en fe contentant de les éclaircir lorfqu'elles font jeunes. Je recommande de ne point les tranfplanter, parce que j'ai toujours obfervé que les plantes qui n'avoient pas été dérangées fupportoient beaucoup mieux le froid & l'humidité que les autres : la raifon de cette différence eft que les plantes qui reftent en place pouffent du fommet de leurs racines plufieurs fibres horifontales qui s'étendent librement près de la furface de la terre ; au-lieu que dans celles qui ont été tranfplantées, les mêmes fibres fe trouvent enterrées plus profondément, & par-là plus expofées à la pourriture à caufe de l'humidité qu'elles puifent à cette profondeur. D'ailleurs comme ces planches de femis ont peu d'étendue, il eft facile de les garantir de la gelée en les couvrant en hiver avec des nattes.

Il ne faut point mettre de fumier dans la terre où l'on veut femer ces plantes, parce que dans un fol riche elles croiffent trop vigoureufement, & les premieres gelées, ainfi que les fortes pluies de l'automne les détruifent bientôt. Elles réuffiffent beaucoup mieux fur des roches ou de vieilles murailles, comme on

l'a déjà obfervé, & elles réfiftent étant ainfi placées à l'in-
clemence des faifons qui détruit celles qui font cultivées
dans les jardins. On feme ces
plantes vers le commence -
ment du mois de Mai ; fi le
tems eft fec alors , on les met
à l'abri du foleil pendant le
jour , avec des nattes, pour
conferver un peu d'humidité à
la terre ; mais on enleve ces
couvertures tous les foirs, afin
de les laiffer jouir de la rofée de la nuit, & on les arrofe deux ou trois fois par femaine , après le coucher du foleil.
Comme ces plantes , lorfqu'elles n'ont encore pouffé que
deux feuilles font fujettes à
être attaquées par les mou -
ches , fur-tout fi le tems eft
chaud & fec, on prévient cet
accident en les couvrant avec
des nattes pendant la chaleur
du jour , & en les arrofant
fouvent : ces précautions les
tiendront dans un état vigou-
reux d'accroiffement , & les
infectes n'y toucheront point ;
car j'ai remarqué qu'ils n'attaquent que celles qui font foibles & délicates, & que celles
qui croiffent avec force , en
font toujours à l'abri.

Lorfque ces plantes ont acquis affez de vigueur, on peut
enlever les couvertures , &
elles n'exigeront plus enfuite
aucun autre foin que d'être tenues nettes de mauvaifes herbes , & d'être éclaircies à la diftance de neuf pouces ou d'un
pied, afin qu'elles puiffent avoir
affez de place pour croître à
l'aife, qu'elles ne fe gênent pas
mutuellement , & qu'elles ne

deviennent point trop hautes
en proportion. Les plantes
qu'on enleve en éclairciffant
celles qui reftent en place ,
peuvent être plantées dans les
plates - bandes du parterre ;
mais cette opération doit être
faite lorfqu'elles font encore
fort jeunes ; c'eft-à dire , avant
qu'elles aient pouffé au - delà
de fix ou de huit feuilles : on
fera alors plus certain de les
voir réfifter aux froids de l'hiver ; parce que n'ayant encore que peu de racines, on
n'aura pas befoin de les enfoncer beaucoup, & les nouvelles fibres qui poufferont,
prendront facilement leur direction naturelle.

Quand aux plantes qu'on a
confervées dans la planche, il
faut avoir foin de les couvrir
avec des nattes pendant l'hiver ; & lorfqu'elles commencent à fleurir, on doit arracher fans exception toutes
celles qui ne font pas d'une
belle couleur, & celles dont
les fleurs font petites, afin
qu'elles n'impregnent point les
autres de leur pouffiere feminale , & qu'elles ne faffent
pas dégénérer celles qui font
deftinées à produire des femences : mais il ne faut pas ôter
celles à fleurs doubles ni couper leurs fleurs ; on doit les
laiffer fe fanner fur pied, parce que leur voifinage contribue beaucoup, comme on l'a
déjà dit , à perfectionner les
femences des fleurs fimples.
C'eft auffi une méthode fûre ,
pour conferver chaque efpece
dans fa pureté, que de les tenir féparées les unes des au-

tres, dans des planches différentes : je ne pense cependant
pas que par ce mélange les
especes puissent dégénérer ;
mais il pourroit faire changer
leur couleur, & pour les conserver sans altération, il est
prudent de les éloigner.

Le tems que j'ai prescrit,
comme celui dans lequel il
convient de semer ces plantes,
ne doit être entendu que pour
les especes bisannuelles, &
non pour les *Girofliers en tige
de six Semaines*, qu'on connoît sous le nom de *Quaran-
tins*. Le premier semis de ces
derniers doit être fait dans le
mois de Février, & afin qu'ils
se succèdent sans interruption,
on en fait un second en Mars,
& même un troisieme en Mai,
lorsqu'on desire avoir de ces
fleurs sur la fin de l'automne :
si les plantes du dernier semis
sont placées sur une couche
chaude, ou seulement de maniere qu'on puisse les couvrir
en hiver de nattes ou de vitrages, leurs fleurs se conserveront jusqu'à Noël : on peut
même les faire fleurir pendant
tout l'hiver, pourvu que cette
saison ne soit pas extraordinai-
rement froide, en plaçant en
automne quelques pots de ces
plantes, sous un châssis de
couche chaude, où elles puissent jouir du plein air dans
les tems chauds, & être abritées des fortes pluies & des
gelées.

Quelques personnes multi-
plient les *Girofliers à fleurs doubles* par boutures, lesquelles
prennent aisément racine,
quand elles sont traitées con-

venablement : mais comme les
plantes ainsi élevées ne sont
jamais aussi fortes que celles
qui viennent de semence, que
leurs épis de fleurs sont toujours plus courts, & qu'ils
n'ont pas la moitié de la beauté des autres, cette méthode
ne doit être employée que pour
les especes dont on n'est pas
sûr de pouvoir obtenir des semences.

Litoreus. La onzieme qu'on
trouve sur les rivages de la
mer dans la France Méridionale en Espagne & en Italie,
s'éleve à la hauteur d'environ
un pied ; sa tige est ligneuse,
& divisée en plusieurs branches, garnies de feuilles étroites, velues, entieres & rondes à leur extrémité : ses fleurs
qui sortent en épis clairs des
sommets des branches sont plus
petites que celles des especes
précédentes : lorsqu'elles paroissent, elles sont d'un rouge brillant ; mais quand elles
sont prêtes à se fanner, ce
rouge se change en couleur
pourpre. Les tiges, les feuilles & toutes les autres parties
de cette plante sont extrêmement blanches, elle paroit être
vivace par ses tiges cotonneuses ; mais elle périt cependant
toujours en automne. Les
graines de cette espece doivent être semées en automne,
sur une plate-bande chaude où
les plantes doivent rester :
quand elles poussent, on arrache toutes les mauvaises herbes qui naissent avec elles, &
on les éclaircit dans les places
où elles sont trop serrées. Ces
plantes d'automne fleurissent

dans le commencement du mois de Juin, & leurs femences mûriffent en Angleterre ; mais celles qui n'ont été mifes en terre qu'au printems, ne montrant leurs fleurs qu'en Juillet, on ne doit pas compter fur leurs graines. Cependant en les femant en deux ou trois faifons différentes, on peut fe procurer une fucceffion de fleurs pendant trois ou quatre mois.

Maritimus. On feme ordinairement la douzieme efpece dans les jardins, pour fervir de limites aux plates-bandes, mais on la place plus généralement dans des pieces de terre entre des fleurs plus hautes : on lui donne quelquefois le nom de *Giroflier à tige baffe annuel,* ou de *Giroflier à tige de Virginie* : elle ne s'éleve guere au-deffus de fix pouces de hauteur, & elle pouffe de fa racine plufieurs branches touffues & irrégulieres, qui font garnies de feuilles en forme de lance, arrondies à leur extrémité & feffiles aux branches : fes fleurs qui fortent en épis clairs des fommets des branches, font d'une couleur de pourpre, compofées de quatre pétales poftés en croix, & remplacées par des légumes minces comme ceux des autres efpeces. On feme cette plante dans une piece de terre, en deux ou trois tems differens ; d'abord en automne, enfuite vers la fin de Mars ; & pour la troifieme fois à la fin d'Avril, ou au commencement de Mai, elles font une variété agréable pendant trois mois, lorfqu'el-

les font entre mêlées dans les plates-bandes du jardin à fleurs, avec d'autres fleurs baffes & annuelles.

Chius. La treizieme efpece, dont la hauteur eft d'environ deux pieds, pouffe de fa partie inférieure plufieurs branches droites qui font foiblement garnies de feuilles en forme de lance ; les plus inférieures de ces feuilles font un peu dentelées : fes fleurs fortent fimples, à une grande diftance les unes des autres vers les extrémités des branches ; elles font petites, d'un rouge pourpre & peu durable ; lorfqu'elles fe détachent, elles font remplacées par des légumes longs, cylindriques & terminés par des pointes en formes d'alêne.

Cette plante eft annuelle, elle peut être traitée de la même maniere que l'efpece précédente ; mais comme elle a peu de beauté, on ne l'admet pas fouvent dans les jardins.

Tricufpidatus. La quatorzieme efpece naît fpontanément fur les côtes de la mer en Italie, en Efpagne & en Portugal ; elle eft annuelle & elle pouffe de fa racine plufieurs tiges courbées : fes feuilles radicales, dont la longueur eft d'environ deux pouces, fur neuf lignes de largeur font velues, & très-profondément dentelées fur leurs bords ; celles des tiges ont la même forme, mais elles font beaucoup plus petites : fes fleurs naiffent fimples fur les parties latérales des tiges, & en épis clairs à leurs sommets : ces fleurs, dont les calices sont couverts d'un duvet blanc, ainsi que les extrémités des branches, sont de couleur pourpre, & composées chacune de quatre pétales en forme de croix ; leurs légumes cotonneux & cylindriques ont environ trois pouces de longueur, & sont divisés en trois parties qui s'ouvrent en triangle. Cette plante fleurit en Juillet, & quand l'année est favorable, les semences mûrissent en automne : lorsque les graines sont répandues dans cette derniere saison sur une plate-bande chaude, elles subsistent pendant tout l'hiver ; &, comme dans ce cas les plantes fleurissent dans le commencement du mois de Juin, on peut en espérer de bonnes semences.

Sinuatus. On trouve encore la quinzieme espece dans la France Méridionale & en Espagne, sur les côtes de la mer, où elle subsiste trois ou quatre années : sa tige est droite, & la plante entiere est couverte d'un duvet blanc ; les feuilles basses sont larges, obtuses, en forme de lance, & dentelées alternativement : ses fleurs sont couleur de chair, composées de quatre pétales, comme celles des autres especes, & succédées par des légumes longs & cotonneux.

On peut la multiplier par ses semences comme les especes précédentes ; si les plantes croissent dans des décombres, elles résisteront mieux aux froids de nos hivers, que dans une terre riche.

Tristis. La seizieme s'éleve rarement au-dessus de huit ou neuf pouces : ses feuilles sont fort étroites & dentelées sur leurs bords : sa tige, qui prend par la suite la solidité de celle d'un arbrisseau, est chargée de fleurs très rapprochées, d'une couleur de pourpre usé & de très - peu d'apparence. Cette plante croit naturellement en Espagne & en Italie ; mais comme elle est moins dure que les autres, elle exige quelqu'abri pendant l'hiver.

Lacerus. La dix-septieme espece, qui est originaire du Portugal, est une plante basse & annuelle, garnie de feuilles pointues, dont les bords sont divisés de maniere qu'ils semblent avoir été déchirés : le calice de la fleur est velu, & les fleurs ont chacune quatre pétales de couleur pourpre ; elles sont placées en forme de croix, & remplacées par des légumes noueux & pointus qui renferment des semences plates.

On seme les graines de cette espece au printems sur des plates-bandes abritées, & à demeure : si elles sont éclaircies à propos, & tenues constamment nettes de mauvaises herbes, elles fleuriront en Juillet, & leurs semences mûriront en automne.

CHELIDOINE, *ou* L'É-CLAIRE. *Voyez* CHELIDONIUM MAJUS.

CHELIDONIUM. *Tourn. Inst. R. H. 123. T. 116. Lin. Gen.*

Pl. 572. *Chelidonium majus. Raii.
Meth. Pl.* 100. *Glaucium. Tourn.
Inst. R. H. tab.* 130. [*Celandine,
ou Greater Celandine.*] Chélidoine, Eclaire, *ou* Célandine.

Caractteres. Dans ce genre le
calice est rond, & composé de
deux feuilles obtuses, concaves, & qui tombent : la corolle a deux larges pétales
ronds, étroits à leur bâse,
étendus & ouverts ; dans le
centre est placé un germe cylindrique, environné par un
grand nombre d'étamines, larges au sommet, & terminées
par des antheres oblongues,
jumelles & comprimées : ce
germe qui soutient un stigmat
divisé en deux parties en forme de têtes, se change par la
suite en un légume cylindrique,
a une ou deux cellules qui s'ouvrent en deux valves remplies
d'un grand nombre de petites
semences.

Les plantes de ce genre
ayant plusieurs étamines & un
style, ont été placées dans la
premiere section de la treizieme classe de LINNÉE, qui a
pour titre : *Polyandria Monogynia.* Cet Auteur a joint à ce
genre le *Glaucium* de TOUR-
NEFORT, dont les caractteres
s'accordent très-bien avec ceux
de la Chelidoine.

Les especes sont :

1°. *Chelidonium majus, pedunculis umbellatis. Lin. Gen. Plant.*
505. Chelidoine avec un pédoncule en ombelle.

* *Chelidonium, pedunculis multi-
floris. Linn. Hort. Cliff.* 201.
Hort. Ups. 137. *Fl. Suec.* 430,
465. *Mat. Med.* 252. *Roy. Lugd.-
B.* 478. *Dalib. Paris.* 152.

*Chelidonium majus. Fusch.
Hist.* 865.

*Chelidonium majus vulgare. C.
B. P.* 144 ; la grande Chélidoine ordinaire, ou l'Eclaire.

2°. *Chelidonium laciniatum,
foliis quinque lobatis, lobis angustis acutè laciniatis ;* Chelidoine
dont les feuilles sont composées de cinq lobes étroits, &
découpées en plusieurs segmens
aigus.

*Chelidonium majus, laciniato
flore. Clus. Hist.* 203 ; la grande
Chélidoine avec une fleur découpée.

3°. *Chelidonium Glaucium, pedunculis unifloris, foliis amplexicaulibus, sinuatis, caule glabro.
Lin. Sp. Plant.* 506 ; Chélidoine
avec des fleurs simples sur les
pédoncules, des feuilles découpées & amplexicaules, &
une tige unie.

*Glaucium flore luteo. Tourn.
Inst. R. H.* 35 ; Glaucium à
fleurs jaunes, ou le Pavot cornu à fleurs jaunes. C. B. P. 171.

*Papaver corniculatum luteum.
Bauh. Pin.* 171.

*Papaver corniculatum, flavo
flore. Clus. Hist.* 2. p. 91.

4°. *Chelidonium corniculatum,
pedunculis unifloris, foliis sessilibus, pinnatifidis, caule hispido.
Lin. Sp. Plant.* 506 ; Chélidoine
dont les fleurs naissent seules
sur les pédoncules, avec des
feuilles sessiles, & à lobes pointus, & une tige rude.

*Glaucium hirsutum, flore Phœ-
niceo. Tourn. Inst. R. H.* 254 ;
Glaucium velu, ou Pavot cornu à fleurs écarlate.

*Papaver cornutum, Phœniceo
flore. Clus. Hist.* 2. p. 91.

5°. *Chelidonium glabrum, pe-

dunculis unifloris, foliis semi-am-plexicaulibus, dentatis, glabris; Chélidoine à fleurs simples sur les pédoncules, & à feuilles unies, dentelées, & qui embrassent les tiges à moitié.

Glaucium glabrum, flore Phæniceo. Tourn. Inst. 254; Pavot cornu & uni, à fleurs écarlate.

Papaver corniculatum Phæniceum glabrum. Bauh. Pin. 171.

6°. *Chelidonium hibridum, pedunculis unifloris, foliis pinnatifidis linearibus, caule lævi, siliquis trivalvibus. Lin. Sp. Plant. 724;* Chélidoine avec des fleurs simples sur les pédoncules, des feuilles ailées & linéaires, une tige lisse, & des siliques à trois valves.

Glaucium, flore violaceo. Tourn. Inst. 254.

Papaver corniculatum violaceum. Bauh. Pin. 172; Pavot cornu à fleurs violettes.

Majus. La premiere espece est la *grande Chélidoine commune,* qu'on emploie en Médecine; elle est apéritive, elle purifie le sang, & elle détruit les obstructions de la rate & du foie: on en fait aussi usage pour guérir la jaunisse & le scorbut. Cette plante croît naturellement en Angleterre sur les bords des chemins, & dans les lieux couverts & ombragés: on l'admet rarement dans les jardins; non-seulement parce qu'elle est fort commune, mais encore parce qu'elle se multiplie considérablement par ses graines, lorsqu'on leur permet de s'écarter, & qu'elle finit par couvrir la terre à une distance considérable: elle fleurit en Mai; & c'est alors

qu'on l'emploie pour les usages auxquels elle est propre (1).

Laciniatum. La seconde espece qu'on trouve dans quelques lieux particuliers, provient originairement des graines des plantes cultivées dans les jardins; elle est regardée par quelques personnes, comme n'étant qu'une variété de la premiere; mais comme je l'ai multipliée par semence pendant quarante années, & que j'ai constamment observé que les plantes étoient les mêmes que celles sur lesquelles les graines avoient été recueillies, je suis autorisé à n'être point de leur sentiment: elle differe de la premiere, en ce que ses feuilles sont divisées en segmens longs & étroits, & profondément dentelées sur leurs bords,

---

(1) Cette plante contient un suc très-âcre & corrosif, dont on fait assez communément usage à l'extérieur, dans les maladies de la peau, ainsi que pour détruire les tayes des yeux; ce suc épaissi & rendu concret par l'évaporation, est un drastique violent & dangereux, dont on ne doit jamais se servir. Les feuilles de cette espece, infusées à la dose d'une pincée, dans un verre de petit lait, avec un peu de crême de tartre, forme un très-bon remede apéritif, qu'on peut employer avec succès dans les obstructions du foie & de la rate, dans l'ictere, l'hydropisie, &c.

Sa racine passe aussi pour être cordiale & sudorifique, & le suc qu'on en tire a été recommandé par plusieurs Médecins célèbres, dans les fievres malignes & pestilentielles.

& en ce que les pétales de sa fleur sont séparés en plusieurs portions. Cette espece se plaît à l'ombre ; &, si on lui permet d'écarter librement ses semences, tout le terrein sera bientôt couvert de ses plantes. Il y a dans cette espece une variété à fleurs doubles, provenant généralement de semence ; ce qui n'est pas ordinaire dans plusieurs autres plantes : on peut conserver cette variété en divisant ses racines.

Glaucium. La troisieme espece qu'on connoît sous le nom de *Pavot cornu*, à cause de la ressemblance de sa fleur avec celle du *Pavot*, & parce que sa silique a la forme d'une corne, croît naturellement en Angleterre sur le sable qui borde les rivages de la mer, & on la seme quelquefois dans les jardins pour la variété. Cette plante, qui est très-succulente, & qui laisse écouler sa séve par toutes les blessures qu'elle reçoit, pousse plusieurs feuilles grises, épaisses & profondément divisées : ses tiges, fortes, unies & noueuses, s'élevent à la hauteur de deux pieds, & se divisent en plusieurs branches garnies de feuilles à chaque nœud : les plus basses de ces feuilles sont longues, larges & fortement découpées ; mais celles du haut sont entieres, presqu'en forme de cœur, & elles embrassent les tiges très-serrément avec leurs bâses : des ailes des feuilles sortent de courts pédoncules, dont chacun soutient une grosse fleur jaune & composée de quatre larges pé-

tales qui s'étendent en s'ouvrant comme ceux du *Pavot de jardin* : dans le centre de cette fleur est placé un grand nombre d'étamines jaunes qui environnent un germe long, cylindrique & couronné par un stigmat terminé en pointe de fleche, qui reste au sommet de la silique cornue, après que la fleur est passée. Cette silique qui est sillonnée sur un de ses côtés par une rainure longitudinale, croît jusqu'à la longueur de neuf ou dix pouces, & s'ouvre lorsqu'elle est mûre pour laisser écouler ses semences. Cette plante est bis-annuelle ; elle fleurit dans la seconde année, & elle périt aussi-tôt après que ses semences sont parvenues à leur maturité.

Comme cette espece finit par couvrir bientôt tout le terrein dans lequel elle se trouve placée, lorsqu'on lui donne le tems de laisser tomber ses semences, elle ne convient pas dans les jardins à fleurs ; mais on peut jetter quelques-unes de ses graines dans les environs des grottes en rocaille où ses plantes pousseront sans peine & produiront un bel effet. En lui permettant de se multiplier d'elle-même par ses graines, on aura toujours une provision de jeunes plantes qui n'exigeront aucun autre soin que d'être éclaircies. Cette espece fleurit en Juin & Juillet, & ses semences mûrissent en automne.

Corniculatum. Les semences de la quatrieme ont été en-

voyées en Angleterre, de l'Efpagne , de l'Italie & de quelques parties de l'Allemagne ,
où cette plante croît naturellement : fes feuilles font profondément découpées, velues ,
d'un jaune pâle , & feffiles
aux tiges : celles qui occupent fa bâfe font plus larges
que celles du haut , & cou
chées fur la terre : fes tiges ,
dont la longueur eft d'un pied
& demi, font garnies de feuilles fimples, dentelées , placées
fur chaque nœud, & divifées
par plufieurs partitions, depuis
la bâfe jufqu'à la pointe, lefquelles s'étendent plus loin
que celles qui partagent les
feuilles inférieures : fes fleurs,
qui fortent des aîles des feuilles , font compofées de cinq
pétales larges, obtus , d'une
couleur écarlate foncée , &
elles font peu durables : dans
le centre de chacune de ces
fleurs eft placé un germe
oblong dépourvu de ftyle ,
mais qui foutient un ftigmat
entouré d'un grand nombre
d'étamines courtes & termi -
nées par des fommets obtus :
ce germe fe change par la fuite en un légume long & conique à l'extrémité duquel refte
le ftigmat divifé en deux parties , & placé fur la partition
qui fépare le légume en deux
cellules remplies de petites femences : la fleur a un calice
compofé de deux feuilles creufes, fort rapprochées , garnies de petites pointes, lefquelles tombent auffi-tôt que la
fleur eft ouverte. Cette plante
fleurit en Juin & en Juillet,
& fes femences mûriffent en

automne. On ne la recherche
point pour la beauté de fes
fleurs , qui font peu durables ;
mais pour l'élégance de fon
feuillage qui produit un très-
bon effet. Ses feuilles font fi
agréablement deffinées qu'elles pourroient fervir de mo-
dele pour peindre les étoffes
& la porcelaine. Si les graines
de cette efpece font mifes en
terre auffi-tôt qu'elles font recueillies, leurs plantes paroîtront bientôt après , ou au plus
tard au printems fuivant, &
elles donneront de bonnes femences ; mais fi on ne les feme
que dans cette derniere , faifon, elles ne poufferont guere avant l'automne fuivant ,
& même avant le printems de
la feconde année , fi le tems
eft chaud & fec. Il faut répandre ces graines dans le lieu
où les plantes doivent refter ,
parce qu'alors elles n'exigeront
aucun autre foin que d'être
éclaircies & d'être tenues nettes.

Glabrum. La cinquieme efpece differe de la quatrieme,
en ce que fes feuilles font
plus larges & moins profondément découpées : la plante
entiere eft unie, & fes fleurs
font plus groffes, mais de la
même couleur. Cette plante eft
auffi annuelle, & elle exige le
même traitement que la précédente.

Hibridum. La fixieme fe trouve parmi les blés dans quelques parties de l'Angleterre ;
elle eft annuelle comme les
deux précédentes , & elle doit
être femée en automne, parce
qu'elle réuffit rarement lorf-

qu'elle n'eſt miſe en terre qu'au printems : ſes feuilles unies, d'un vert luiſant, & ordinairement oppoſées ſur les branches, ſont agréablement diviſées en pluſieurs ſegmens étroits , & elles ont quelque reſſemblance avec celles du *Plantain* : ſes tiges , dont la hauteur eſt d'un peu plus d'un pied , ſont diviſées vers leurs ſommets en deux ou trois branches, garnies de petites feuilles ſemblables à celles qui occupent le bas de la plante : ſes fleurs ſortent des aîles des feuilles ſur de courts pédoncules ; elles ſont compoſées de quatre pétales obtus & d'une couleur violette : dans leur centre eſt placé un germe cylindrique entouré par un grand nombre d'étamines , qui devient par la ſuite un légume long, cylindrique et ſemblable à ceux des autres eſpeces. Les fleurs de cette plante ſont ſi délicates qu'elles conſervent rarement leurs pétales au-delà de trois ou quatre heures, ſur - tout lorſque le tems eſt clair & ſerein. Cette eſpece fleurit en Mai ; ſes ſemences mûriſſent en Juillet , & elle périt auſſi tôt après : ſi on lui donne le tems d'écarter ſes ſemences , les plantes pouſſeront promptement & ſans aucun ſoin.

CHELONE, χελωνη, *Gr.* tortue, *Tourn. Act. R. S. 1706. tab. 7. fol. 2. Lin. Gen. plant. 666.* [*Chelone*].

Caracteres. La fleur eſt labiée ; ſon calice eſt perſiſtant & formé par une feuille diviſée en cinq parties ; ſon tube eſt court, cylindrique & gonflé à l'ou-

verture , où il eſt oblong , convexe en-deſſus & uni en-deſſous ; ſa gueule eſt preſque fermée ; la levre ſupérieure eſt obtuſe & dentelée , & l'inférieure eſt légèrement ſéparée en trois parties : de quatre étamines qui ſont renfermées dans le dos du pétale , les deux latérales ſont un peu plus longues que les autres , & elles ſont toutes terminées par des ſommets ovales & velus : le germe ovale & ſurmonté par un ſtyle mince couronné d'un ſtigmat obtus ; il ſe change , lorſque la fleur eſt paſſée , en une capſule ovale & à deux cellules remplies de ſemences plates , rondes & bordées.

Ce genre de plantes eſt rangé dans la ſeconde ſection de la quatorzieme claſſe de LINNÉE , intitulée : *Didynamia Angioſpermia* , parce que les fleurs ont deux étamines longues & deux courtes, & que les ſemences ſont renfermées dans une capſule.

Les eſpeces ſont :

1°. *Chelone glabra, foliis lanceolatis, acuminatis, ſeſſilibus , obſoleté ſerratis, radice reptatrici ;* Chelone à feuilles pointues , en forme de lance , ſeſſiles aux tiges & un peu dentelées ſur leurs bords, avec une racine rampante.

Chelone Acadienſis , flore albo. Tourn. Act. R. Par. 1706 ; Chelone d'Acadie à fleurs blanches.

2°. *Chelone purpurea , foliis lanceolatis , obliquis , petiolatis , oppoſitis , marginibus acutis , ſerratis ;* Chelone à feuilles obliques, en forme de lance , pétiolées , oppoſées & profondément fciées fur leurs bords.

Digitalis mariana Perficæ folio. Raj. Suppl. 397.

Chelone , floribus fpeciofis pulcherrimis, colore Rofæ Damafcenæ. Clayt. Flor. Virg. 71 ; Chelone avec une très-belle fleur couleur de Rofe de Damas.

3°. *Chelone hirfuta , caule foliifque hirfutis. Lin. Sp. plant.* 611 ; Chelone avec une tige & des feuilles hériflées.

Anonymos , flore pallidè cæruleo, Digitalis inftar, in fummis caulibus difpofito , foliis villofis , acuminatis. Gron. Virg. 71.

Digitalis flore pallido tranfparente , foliis & caule molli hirfutie imbutis. Banift. Virg. 1928.

Digitalis Virginiana , Panacis colonii foliis , flore amplo pallefcente. Pluk. Mant. 64; Digitale de Virginie à feuilles de Panacée , dont la fleur eft groffe & de couleur pâle.

Glabra. La premiere efpece croit naturellement dans la plus grande partie de l'Amérique feptentrionale. JOSCELIN , dans les Raretés de la Nouvelle Angleterre , lui donne le nom de *Humming-bird Tree* , ou *Arbre de Colibri.* Sa racine épaiffe & noueufe , rampe fous la terre à une diftance confidérable , & pouffe des tiges unies , cannelées , hautes d'environ deux pieds , & garnies à chaque nœud de feuilles oppofées & fans pétioles ; ces feuilles ont deux pouces & demi de longueur , & leur largeur, qui eft d'environ neuf lignes à leurs bâfes , diminue par dégrés jufqu'à leurs extrémités , qui font terminées en pointes aiguës : leurs bords font fciés par de

petites dentelures qu'on apperçoit à peine. Ses fleurs naiffent en épis ferrés aux extrémités des tiges ; elles font blanches , & elles n'ont qu'un pétale tubuleux & étroit au fond , mais gonflé vers le haut, prefque comme la fleur de la *Gantelée* ; ce pétale eft convexe endeffus, plat en-deffous , & légèrement divifé en trois parties à fon extrémité. Quand les fleurs tombent, le germe fe change en une capfule ovale , placée dans le calice , & remplie de femences rondes, comprimées & un peu bordées. Cette plante fleurit en Août ; & quand l'automne eft favorable les femences mûriffent en Angleterre ; mais , comme elle fe multiplie confidérablement par fes racines rampantes , on ne fe fert pas ordinairement de fes graines. Le meilleur tems pour tranfplanter les racines eft en automne, afin qu'elles puiffent être bien établies dans la terre au printems ; fans quoi elles ne fleuriroient que foiblement , fur tout fi la faifon étoit feche ; mais quand on ne les enleve qu'au printems, cette opération doit être faite au milieu de Mars , avant qu'elles aient commencé à pouffer de nouvelles fibres. Cette efpece réuffit dans tous les fols & à toutes les expofitions ; mais comme fes racines rampent & s'étendent très loin, lorfqu'elle eft plantée en pleine terre, qu'elles s'entremêlent avec celles des autres plantes , & que leurs tiges croiffant alors fort éloignées les unes des autres , elles n'ont que peu d'apparence ;

ce ; il vaut mieux les planter dans des pots, dont les parois borneront leurs racines, & rapprocheront par ce moyen les tiges, qui alors produiront un aſſez bon effet. Cette plante eſt fort dure, & n'eſt point du tout ſenſible au froid ; mais elle exige des arroſemens fréquens dans les tems ſecs.

Purpurea. La ſeconde eſpece a été découverte en Virginie, & envoyée en Angleterre par M. CLAYTON : ſes racines ſont moins étendues que celles de la premiere ; ſes tiges ſont plus fortes, & ſes feuilles, qui ont auſſi beaucoup plus de largeur, ſont placées obliquement, profondément ſciées ſur leurs bords, & portées par de courts pétioles : ſes fleurs ſont teintes d'un pourpre brillant, & elles ont une très-belle apparence. Cette plante fleurit dans le même tems que la précédente, & elle ſe multiplie auſſi par la diviſion de ſes racines.

Hirſuta. La troiſieme qui m'a été envoyée de la Nouvelle Angleterre, ſa patrie, reſſemble beaucoup à la premiere ; mais ſes tiges & ſes feuilles ſont fort velues, & ſes fleurs ſont d'un blanc plus pur : elle fleurit en même tems que la premiere, & elle exige le même traitement.

Ces plantes ſont d'autant plus agréables, que leurs fleurs paroiſſent en automne, lorſque les autres ſont fort rares : la ſeconde eſt la plus belle de toutes, & on parvient encore à retarder l'inſtant de ſa floraiſon, en la tenant conſtamment à l'ombre.

Tome II.

CHELONE PENSTEMON. *Voyez* ASARINA ERECTA.

CHEMISE DES DAMES. *Voyez* CARDAMINE. L.

CHÊNE. *Voyez* QUERCUS.

CHÊNE, (PETIT) *ou* GERMANDRÉE. *Voyez* TEUCRIUM CHAMÆDRIS.

CHÉNE VERT, *ou* L'YEUSE. *Voyez* QUERCUS ILEX.

CHENILLE. *Voyez* SCORPIURUS.

CHENILLES.
Parmi le grand nombre d'eſpeces de ce genre d'Inſectes qui dévaſtent les jardins, on en remarque ſur-tout deux fort communes, qui font de très-grands dégâts ſur les jeunes plantes : la premiere, qui eſt produite par le *Papillon blanc commun,* eſt d'une couleur jaunâtre, mouchetée, & rayée en noir ; elle attaque indifféremment les Choux, les Choufleurs & le Creſſon d'Inde, dont elle dévore toutes les parties les plus tendres des feuilles, & ne laiſſe que les côtés ; deſorte qu'on voit très-ſouvent en automne de plantations entieres de Choux, preſque détruites par ces inſectes, ſur-tout lorſqu'elles ſe trouvent environnées par des arbres, ou voiſines de quelques bâtimens. Ces *Chenilles* ſe multiplient beaucoup dans les ſaiſons ſeches ; & comme alors les plantes ſont plus foibles, & qu'elles ſont retardées dans leur accroiſſement, elles ſont beaucoup plus ſuſceptibles d'être attaquées, ainſi qu'on l'a déjà obſervé ailleurs. On n'a encore trouvé aucun moyen de détruire ce formi-

dable ennemi, qu'en ôtant les nids de ses œufs avant qu'ils soient éclos : il y en aura sans doute beaucoup qu'on ne pourra pas appercevoir ; mais avec de la patience, on parviendra à en diminuer considérablement le nombre : on doit répéter souvent ce travail dans les tems chauds, parce qu'alors les *Papillons* déposent continuellement de nouveaux œufs, qui dans peu de jours sont métamorphosés en *Chenilles* : comme la plupart de celles-ci se nourrissent des feuilles extérieures des plantes, il est plus aisé de les détruire, que l'autre espece qui est beaucoup plus grosse. Cette seconde *Chenille*, dont la peau est fort dure & d'une couleur foncée, & que les jardiniers connoissent sous le nom de *Grub*, est très-pernicieuse ; ses œufs sont pour la plupart déposés dans le cœur ou au centre de la plante, sur-tout dans les Choux ; & quand ils sont éclos, les insectes qui en sortent font des trous, mangent en travers toutes les feuilles, & infectent le reste de la plante par la mauvaise odeur de leurs excrémens.

Cet insecte fait aussi des trous sous la terre, & occasionne un grand dommage aux jeunes plantes, en rongeant leurs tendres tiges qu'il attire à lui dans sa retraite. Comme c'est surtout la nuit qu'il travaille, il faut examiner les plantes tous les matins ; & lorsqu'on apperçoit du dégât, on remue la terre avec le doigt dans le lieu même à un pouce de profondeur, & on ne manque jamais

de trouver la *Chenille* : au reste, cette méthode est la seule que j'aie mise en usage avec quelque succès pour les détruire.

CHENOPODIO - MORUS. *Voyez* BLITUM.

CHENOPODIUM χηνοπόδιον *gr. Tourn. Inst. R. H. 506. t. 288. Lin. Gen. plant. 272.* [*Goosefoot*, or *Wild Orach.*] Patte-d'Oie, Arroche, Bon Henri, Piment *ou* Botrys, Ambroisie *ou* Thé du Mexique.

Caracteres. Le calice est persistant, & est composé de cinq feuilles ovales & concaves : la fleur n'a point de pétales ; mais on apperçoit dans son centre cinq étamines terminées par des sommets ronds & jumeaux, & placées en opposition aux feuilles du calice, qu'elles égalent en longueur : son germe rond, qui soutient un style court, double & couronné par un stigmat obtus, devient par la suite un fruit à cinq angles renfermé dans le calice, & contenant une semence ronde & comprimée.

LINNÉE place ce genre dans la seconde section de sa cinquieme classe, intitulée *Pentandria Digynia*, la fleur ayant cinq étamines & un style.

Les especes sont :

1º. *Chenopodium, Bonus Henricus, foliis triangulari sagitatis, integerrimis, spicis compositis aphyllis. Hort. Cliff 84. Fl. Suec. 208. 214. Mat. Med. 106. Roy. lugd. B. 278. Hall. Helv. 174. Dalib Paris. 79.* ; le Bon Henri, avec des feuilles triangulaires, en forme de flèche, & entieres : & des épis composés, & sans enveloppe.

*Chenopodium, folio triangulo.
Tourn. Inst. 506.* ; Arroche à feuilles triangulaires, appelée *Mercure Anglois, Tout Bon*, ou *Bon Henri.*

Lapathum unctuofum. Bauh. Pin. 115. Bonus Henricus. Bauh. Hist. 2. p. 965.

2°. *Chenopodium vulvaria, foliis integerrimis, rhombeo - ovatis, floribus conglomeratis, axillaribus. Flor. Suec. 216. 222. Mat. Med. 108. Dalib. Paris. 77.* ; Arroche fétide, avec des feuilles entieres, ovales & rhomboïdes, & des fleurs en paquets fur les côtés des tiges.

Chenopodium fœtidum. Tourn. Inst. 506. ; Arroche fétide.

Atriplex fœtida. Bauh. Pin. 119. Vulvaria. Dalech. Hist. 543.

3°. *Chenopodium Scoparia, foliis lineari-lanceolatis, planis, integerrimis. Hort. Cliff. 86. Hort. Upf. 55. Roy. Lugd.-B. 220.* ; Belveder, dont les feuilles font étroites, en forme de lance, unies & entieres.

Chenopodium Lini folio villofo. Tourn. Inst. R. H. ; Arroche à feuilles de Lin velues, ordinairement appelée *Belveder*, ou *Cyprès d'été.*

Linaria Scoparia. Bauh. Pin. 212.

Ofyris. Dod. Pempt. 151.

4°. *Chenopodium Botrys, foliis oblongis, finuatis, racemis nudis, multi-fidis. Hort. Cliff. 84. Hort. Upf. 55. Mat. Med. 109. Roy. Lugd.-B. 219. Sauv. Monfp. 273*, Botrys, *ou* Piment, avec des feuilles oblongues & finuées, & des épis nuds divifés en plufieurs parties.

Botrys Ambrofoïdes vulgaris. Bauh. Pin. 138.

Botrys. Dod. Pempt. 34.

Chenopodium Ambrofoïdes, folio finuato. Tourn. Inst. 506. ; Piment *ou* Botrys, à feuilles finuées, ordinairement appelé *Chêne de Jérufalem*, Botrys *ou* Piment.

5°. *Chenopodium Ambrofoïdes, foliis lanceolatis, dentatis, racemis foliatis, fimplicibus. Hort. Cliff. 84. Hort. Upf. 56. Roy. Lugd.-B. 219.* ; Ambroifie *ou* Thé du Mexique, avec des feuilles dentelées, & en forme de lance, & des épis de fleurs fimples & feuillés.

Chenopodium Ambrofoïdes Mexicanum. Tourn. Inst. 506. Ambroifie *ou* Thé du Mexique, connue vulgairement fous le nom de *Chêne de Cappadoce.*

Botrys odorata fuave - olens Americana Mexicanave. Moris. Hist. 2. p. 605. f. 5. t. 35. f. 8.

6°. *Chenopodium fruticofum; foliis lanceolatis, dentatis, caule fruticofo;* Arroche, avec des feuilles dentelées & en forme de lance, & une tige d'arbriffeau.

Chenopodium Ambrofoïdes Mexicanum fruticofum. Boerh. Ind. Alt. 2. p. 90. ; Arroche en arbriffeau du Mexique.

7°. *Chenopodium multi-fidum, foliis multi-fidis, fegmentis linearibus, floribus axillaribus feffilibus. Lin. Sp. 320.* ; Arroche à feuilles divifées en plufieurs parties, à fegmens linéaires, & à fleurs feffiles aux aîles des feuilles.

Chenopodium femper virens, foliis tenuiter laciniatis. Hort. Elth. 78.

Il y a plufieurs autres efpeces dans ce genre, dont je ne

fais pas mention ici , parce que ce font des plantes communes , & même quelquefois fort embarraffantes , qui croiffent naturellement en Angleterre fur les fumiers , & à côté des foffés bourbeux.

Bonus Henricus. Quoique la premiere efpece ait été trouvée en Angleterre fur les bords de quelques chemins fablonneux, il eft fort douteux qu'elle foit originaire de cette Ifle ; il eft poffible que fes graines aient été jettées là de quelques jardins où on la cultivoit autrefois , comme plante potagere : on la multiplie encore aujourd'hui dans plufieurs de nos provinces feptentrionales, comme une plante alimentaire, dont le peuple emploie les feuilles en guife *d'Epinars:* mais partout où on connoît un peu la culture des jardins potagers , on a fubftitué à cette plante l'*Epinar* , qui lui eft bien fupérieur à tous égards (1).

Vulvaria. La feconde efpece croît communément fur les fumiers & dans les jardins de prefque toute l'Angleterre ; elle eft rarement admife dans les jardins , fi ce n'eft dans

quelques - uns où l'on cultive des plantes médicinales. Les marchés de Londres font remplis de celle qu'on cueille dans les endroits où elle vient naturellement (2).

Scoparia. La troifieme eft quelquefois cultivée dans les jardins , parce qu'elle eft très-belle , très - touffue , & qu'il femble que l'art ait contribué à lui donner fa belle forme pyramidale & réguliere. Si fes feuilles n'étoient d'un vert fort agréable , elle reffembleroit fi fort au *Cyprès*, que de bons connoiffeurs pourroient s'y tromper en la voyant d'une certaine diftance. Ses femences doivent être mifes en terre en automne ; & au printems, lorfque les plantes ont pouffé , on peut les placer dans des pots remplis d'une bonne terre , avec l'attention de les arrofer dans les tems fecs. On entremêle ces pots avec d'autres plantes pour orner les terraffes , les parterres , &c. Elles paroîtront très-belles , jufqu'à ce que leurs femences étant devenues lourdes, faffent pencher les branches & en dérangent la fymmétrie : il faut ôter les pots & les tranfporter dans quelqu'endroit reculé du jardin , où elles perfectionneront leurs femen-

---

(1) On emploie rarement cette plante en Médecine, fi ce n'eft dans les affections hyftériques , contre lefquelles elle paroît avoir eu quelque fuccès. On en prépare dans ces circonftances une boiffon théiforme , & on en fait une forte décoction qu'on adminiftre en lavemens. Au refte, on doit peu compter fur les vertus de cette plante ; l'odeur qui lui eft particuliere , a établi en fa faveur un préjugé qui n'eft fondé que fur une analogie groffiere.

(2) Cette plante à laquelle on attribue des propriétés anodines , vulnéraires & déterfives , a été furtout recommandée comme un excellent remede , pour calmer les douleurs arthritiques : la vérité eft , qu'elle eft très-émolliente , & qu'on peut l'employer avec fuccès dans les lavemens & les cataplafmes émolliens & anodins.

ces, qui, si on les laisse tomber à terre, pousseront au printems suivant ; de sorte qu'elles se multiplient d'elles-mêmes, & qu'elles n'exigent que d'être transplantées où on veut les avoir.

Ambrosoïdes. La cinquieme espece étoit autrefois employée en Médecine ; mais, quoiqu'elle soit toujours comprise dans le Catalogue des Simples annexés à la *Pharmacopée de Londres*, on en fait cependant peu d'usage aujourd'hui. Cette plante peut-être multipliée par semences au printems dans une plate-bande de bonne terre, où elle perfectionnera ses graines en automne, en leur donnant le tems de se répandre d'elles-mêmes ; les plantes pousseront sans aucun soin, comme celles de la précédente.

Botrys. Les graines de la quatrieme espece ont été apportées de l'Amérique, où on les connoît sous le nom de *Semence aux Vers*, sans doute à cause de la propriété qu'on leur attribue de détruire ces insectes dans les corps des animaux.

On la multiplie en la semant au printems, comme l'espece précédente ; elle perfectionne ses semences en automne, & bientôt après la plante périt jusques sur la terre. Si ses racines sont mises à l'abri en hiver, sous un châssis de couche ordinaire, ses tiges repousseront au printems suivant. Lorsqu'on froisse les feuilles de cette plante, elles répandent une odeur forte & semblable

à celle de *l'Ambroisie* ; ce qui fait qu'on la conserve dans les jardins, car sa fleur n'a rien de remarquable. Elle croît naturellement dans presque toute l'Amérique Septentrionale, où on lui donne vulgairement le nom de *Semence aux Vers*. Elle pousse de sa racine plusieurs tiges qui s'élevent jusqu'à la hauteur d'environ deux pieds, & qui sont garnies de feuilles oblongues, un peu dentelées sur leurs bords, d'un vert clair, & alternes : ses fleurs sortent des aîles des feuilles en épis clairs, vers les extrémités des branches ; elles paroissent en Juillet, & leurs semences mûrissent en Septembre : lorsqu'on permet à ces graines de s'écarter librement, elles produisent au printems suivant des plantes dont on peut placer quelques-unes dans des pots remplis d'une terre de jardin potager, pour les conserver pendant l'hiver, & disposer les autres dans des plate-bandes ordinaires où elles fleuriront, & où elles perfectionneront leurs semences ; mais si l'hiver est très-froid, les racines de ces dernieres périront infailliblement.

Les semences de ces différentes especes réussissent toujours mieux lorsqu'elles sont semées en automne ; si on les conserve jusqu'au printems, elles seront exposées à rester un an dans la terre avant de germer : mais la meilleure de toutes les méthodes, pour les multiplier, est de les laisser répandre elles-mêmes leurs

graines ; car de cette maniere elles réuffiffent beaucoup mieux
qu'étant femées à la main.

Ambrofoïdes. La cinquieme
efpece, qui fe trouve également dans l'Amérique Septentrionale , d'où fes femences
m'ont été plufieurs fois envoyées & dans plufieurs contrées
méridionales de l'Europe, eft
une plante annuelle dont les
feuilles radicales font oblongues, profondément décou-
pées fur leurs bords , & à-peu-
près femblables à celles du
Chéne, d'où lui vient le nom
de *Chéne de Jérufalem.* Ses feuilles font de couleur pourpre en-
deffous, & lorfqu'elles font
froiffées , elles répandent une
odeur forte. Ses tiges s'élevent
à neuf ou dix pouces de hauteur , & fe divifent en plufieurs branches plus foibles ,
dont les inférieures font garnies de feuilles femblables à
celles qui naiffent au bas de
la plante, mais plus petites. Ses
fleurs, peu apparentes & herbacées, croiffent en épis nuds
& clairs, font divifées en plufieurs parties , & font remplacées par de petites femences rondes. Cette efpece fleurit
en Juin & Juillet , & fes graines
mûriffent en automne.

Fruticofum. La fixieme a des
feuilles qui reffemblent beaucoup à celles de la quatrieme,
& qui exhalent une odeur femblable ; mais elle a une tige
d'arbriffeau haute d'environ
cinq ou fix pieds, & divifée
en plufieurs branches. Cette
efpece croît naturellement en
Amérique ; & comme elle ne
peut fupporter le froid de nos

hivers , il faut la tenir conftamment dans une ferre pendant cette faifon. On la multiplie aifément par boutures
dans tous les mois de l'été ;
on place ces boutures dans
une plate-bande à l'ombre , &
on les arrofe jufqu'à ce qu'elles aient pris racine: après
quoi on les tranfplante dans
des pots remplis de terre légere , on les tient à l'ombre jufqu'à ce qu'elles aient pouffé de
nouvelles racines , & on peut
les arranger enfuite avec d'autres plantes exotiques dures,
dans une fituation abritée pour
les y laiffer pendant tout l'été.
Lorfque la faifon des premieres gelées eft très-voifine , on
enferme ces plantes dans la
ferre : elles n'ont befoin que
d'être mifes à l'abri des gelées ;
mais elles exigent beaucoup
d'air dans les tems doux. Cette
efpece eft originaire du Bréfil.

Multifidum. La feptieme ,
qu'on trouve dans les campagnes de Buénos-Ayres ; s'éleve
à trois ou quatre pieds de
hauteur , avec une tige d'arbriffeau garnie de feuilles oblongues , & découpées en plufieurs fegmens linéaires : fes
fleurs feffiles aux tiges, n'ont
point de corolles , comme les
autres efpeces de ce genre :
mais leurs calices renferment
chacun cinq étamines minces :
le germe foutient deux ftyles,
couronnés par un ftigmat obtus.

Comme cette plante eft vivace & qu'elle conferve fes
feuilles pendant toute l'année,
elle augmente la variété dans
la ferre pendant l'hiver, mais
elle a d'ailleurs peu de beauté :

on peut la multiplier par boutures qu'on plante dans une
terre légere pendant tous les
mois de l'été, qu'on tient à
l'ombre & qu'on arrose jusqu'à
ce qu'elles aient pris racine ;
après quoi on les met en pots.
On les place en été avec d'autres plantes exotiques dures,
& en hiver on les tient à l'abri
de la gelée.

CHERVIS, *ou* CHIROUIS.
V. Sium sisarum & Scandix.

CHEVEUX DE VÉNUS, *ou*
NIGELLE DE DAMAS. *Voyez*
Nigella Damascena.

CHEVELURE DORÉE,
FLOCON *ou* TOUFFE D'OR.
Voyez Chrysocoma.

CHEVELUS, font des filets
qui tiennent aux racines des
Plantes.

CHÉVRE-FEUILLE. *Voyez*
Lonicera caprifolium, &
Periclymenum.

CHEVRE-FEUILLE D'A-
MÉRIQUE. Voyez Azalea. L.
Halleria. L.

CHICORÉE DE ZANTE,
ou LA LAMPSANE. *V.* Lamp-
sana Zacyntha.

CHICORÉE BATARDE,
ou LA CUPIDONE. *Voyez* Ca-
tanola cærulea.

CHICORÉE SAUVAGE.
Voyez Cichorium intybus.

CHICOT, *ou* BONDUC.
Voyez Guilandina. L.

CHIENDENT. *Voyez* Gra-
men Loliaceum.

CHINORHODON, *ou* RO-
SIER SAUVAGE. *Voyez* Rosa
canina.

CHIONANTHUS. *Lin. Gen.
Plant.* 21. [*The Fringe*, or
Snowdrop-tree.] Arbre à franges, Snaudrap, ou Arbre de
Neige. Le Docteur Van Roy-
en lui a donné ce nom à cause
de la blancheur de sa fleur.
Les habitans de l'Amérique,
d'ou cet arbre est originaire,
l'appellent *Snowdrop-Tree*, pour
la même raison ; & les Hollandois le nomment *Sneeuwboom*,
ou *Arbre de Neige. Amélanchier
de Virginie*, ou *Snaudrap*.

Caracteres. Le calice est persistant & formé par une feuille érigée, & découpée en quatre parties aiguës : la corolle
est monopétale, & pourvue
d'un petit tube dont la longueur est cependant égale à
celle du calice, & qui a sa partie supérieure divisée en quatre
segmens fort longs, étroits &
érigés. La fleur a deux étamines courtes, insérées dans le
tube de la corolle, & terminées
par des sommets droits & en
forme de cœur : dans son centre
est placé un germe ovale, &
surmonté par un style simple
que couronne un stigmat obtus,
& divisé en trois parties : ce
germe devient ensuite une
baie ronde, & a une cel-
lule qui contient une semence
dure.

Ce génre de plantes est rangé
dans la premiere section de la
seconde classe de Linnée,
intitulée : *Diandria monogynia*,
avec celles dont les fleurs ont
deux étamines & un style.

Nous n'avons en Angleter-
re qu'une espece de cette
plante, qui est le :

*Chionanthus, pedunculis tri-
fidis tri-floris. Lin. Sp. Plant. 8* ;
Arbre de Neige ou Snaudrap.

avec des pédoncules divisés en trois parties qui foutiennent trois fleurs.

Chionanthus. Hort. Cliff. 17. *Gron. Virg.* 10. *Roy. Lugd.-B.* 17.

Amélanchier V.rginiana. Lauro-Ceraſi folio. Pet. Hort. Sicc. 241 ; Amélanchier de la Virginie à feuilles de Laurier-Ceriſe.

Cet arbriſſeau, qu'on rencontre fréquemment dans la Caroline Méridionale, ſur les bords des ruiſſeaux, s'éleve tout au plus à dix pieds de hauteur : ſes feuilles ſont auſſi larges que celles du *Laurier-Ceriſe*, mais d'une ſubſtance plus mince ; ſes fleurs paroiſſent au mois de Mai, elles pendent en bouquets longs & ſont d'un blanc pur ; d'où lui vient le nom d'*Arbre de Neige*, qui lui a été donné par les habitans du pays. Comme ſes fleurs ſont découpées en ſegmens étroits, ils le nomment auſſi *Arbre à franges*. Lorſque ſes fleurs ſont tombées, le fruit paroît en une baie noire de la groſſeur d'une Prunelle, & dans laquelle eſt renfermée une ſemence dure.

Cet arbre, qui étoit autrefois aſſez rare en Angleterre, eſt devenu plus commun depuis quelques années, parce qu'on en a élevé un grand nombre avec des ſemences apportées de l'Amérique, & qu'on s'en eſt auſſi procuré quelques-uns par marcotte : cette derniere opération eſt néanmoins aſſez difficile, parce que ces branches ne prennent pas aiſément racine, à

moins qu'on ne les laiſſe deux années dans la terre, & qu'on ne les arroſe beaucoup dans les tems ſecs.

La meilleure maniere pour multiplier cet arbre, étant de le ſemer, on doit faire venir ſes graines de l'Amérique, parce qu'il n'en produit point dans notre climat.

On répand ces graines, auſſi tôt qu'on les reçoit, dans de petits pots remplis de terre fraîche & marneuſe, & on les place ſous un châſſis de couche chaude, où elles peuvent reſter juſqu'au commencement de Mai : alors on les met dans une ſituation expoſée au ſoleil du matin, mais à l'abri du midi ; on les arroſe dans les tems ſecs, & on les tient nettes de mauvaiſes herbes : comme ces ſemences doivent reſter un an dans la terre avant de pouſſer, on ne doit pas les expoſer au ſoleil dans le premier été : à l'automne ſuivant on les remet ſous un châſſis pour les garantir des gelées ; & en plongeant les pots dans une couche de chaleur modérée au commencement de Mars, les plantes pouſſeront beaucoup plutôt que de toute autre maniere, elles acquerront plus de force dans le premier été, & elles ſeront plus en état de réſiſter au froid de l'hiver ſuivant. Tant que ces plantes ſont jeunes, les fortes gelées leur ſont très-nuiſibles ; mais quand elles ont acquis de la force, elles réſiſtent en plein air aux plus grands froids de nos hivers : c'eſt pour cette raiſon

qu'il faut les tenir à l'abri pendant les deux ou trois premiers
hivers , & les laisser dans leurs
pots durant le premier été , &
l'hiver suivant. Au second printems, avant qu'elles commencent à pousser , on les enleve
hors des pots, on les sépare
avec soin , & de maniere à ne
pas casser leurs racines ; on
les plante chacune séparément
dans de petits pots remplis
d'une terre légere & marneuse , & on les plonge dans une
couche de chaleur très-modérée pour leur faire produire
des racines nouvelles ; après
quoi on les accoutume par
dégrés au plein air : pendant
l'été suivant on enfonce leurs
pots dans la terre pour leur
conserver leur humidité , &
on les place de maniere qu'elles soient exposées au soleil
du matin , & à l'abri des grandes chaleurs du midi. On les
arrose souvent durant cette
saison, on les tient nettes de
mauvaises herbes , & en automne on les replace sous un
châssis de couche chaude pour
les abriter des gelées, & pour
pouvoir leur donner de l'air
dans les tems doux. Au mois
d'Avril de la troisieme année,
on les enleve hors de leurs
pots , en conservant une forte
motte à leurs racines , & on
les plante dans les endroits
où elles doivent rester.

Cet arbrisseau se plaît dans
un sol humide, mol & mar-
neux; quand il est planté dans
une situation abritée, il résiste
très - bien en plein air aux
froids de nos hivers ; mais
dans une terre seche , & dans
les années chaudes , il est fort
sujet à se flétrir.

Il produit dans son pays originaire une si grande quantité
de fleurs , qu'il paroît couvert
de neige; mais en Angleterre
il n'en donne pas autant , &
il n'y a pas une aussi belle apparence.

CHIRONIA. *Lin. Gen. Plant.*
227. [*Chironia.*]

Caracteres. Le calice est persistant & formé par une feuille découpée en cinq segmens
oblongs, la corolle est monopétale, & pourvue d'un tube
rond de la grandeur du calice ; le limbe est divisé en cinq
parties égales , étendues &
ouvertes. La fleur a cinq étamines courtes, larges, fixées
au sommet du tube & terminées par des antheres larges,
oblongues, jointes ensemble,
& qui s'entrelacent en forme
de spirale lorsque la fleur est
tombée. Dans le centre est
placé un germe ovale surmonté par un style aussi long que
le tube , & terminé par un
stigmat en forme de tête; ce
germe se change, quand la
fleur est fanée, en une capsule ovale , & a deux cellules
remplies de petites semences.

Ce genre de plantes est rangé dans la premiere section de
la cinquieme classe de LINNÉE,
intitulée : *Pentandria Monogy-*
nia , ainsi que toutes celles
dont les fleurs ont cinq étamines & un style.

Les especes sont :

1°. *Chironia frutescens , capsu-*
lifera. Lin. Sp. Plant .190 ; Chironia en arbrisseau produisant
des capsules.

Centaurium minus Africanum arborescens, *latifolium*, *flore ruberrimo*. Com. Rar. Pl. 8. tab 8. Old. Afr. 26 ; La plus petite Centaurée d'Afrique en arbrisseau, avec une feuille large & une fleur très-rouge.

2°. *Chironia frutescens, baccifera. Linn. Sp. Plant.* 190 ; Chironia en arbrisseau, produisant des baies.

Centaurium minus Africanum arborescens, angusti-folium. Old. Afr. 26.

Centaurium minus arborescens pulpiferum. Com. Rar. Pl. 9. tab. 9 ; Le plus petit arbre de Centaurée dont les semences sont revêtues de chair.

Frutescens. Les semences de ces plantes, qui sont toutes originaires du Cap de Bonne-Espérance, ont été envoyées, il y a bien des années, en Hollande, où elles ont été multipliées dans les jardins des curieux, & d'où elles ont été portées dans différentes parties de l'Europe. Les graines de la première espèce m'ont été envoyées de Paris par M. RICHARD, Jardinier du Roi, à Versailles : ces graines ont parfaitement réussi dans les jardins de Chelsea, & les plantes qu'elles ont produites ont fleuri pendant quelques années, mais elles n'ont point encore perfectionné leurs semences.

Cette espèce a une racine fibreuse qui s'étend sous la surface de la terre ; ses tiges sont rondes, presque ligneuses, mais d'une texture fort tendre ; elles s'élèvent à deux ou trois pieds de hauteur, & el-

les poussent de chaque côté plusieurs branches droites, garnies de feuilles succulentes, longues de plus d'un pouce, sur une ligne & demie de largeur, & terminées en pointe obtuse. Ses fleurs, qui naissent aux extrémités des rejettons, sont tubulées, étendues au sommet, comme celles de la *Pervenche*, & d'un rouge vif. Lorsque ces fleurs sont nombreuses, les plantes ont une très-belle apparence. Dans le centre de chaque fleur est placé un germe ovale, sur lequel est fixé un style recourbé, terminé par un stigmat émoussé, & entouré par cinq étamines penchées, dont chacune supporte un sommet large. Lorsque les fleurs tombent, les germes deviennent autant de capsules gonflées & remplies de petites semences. Cette plante est couverte de fleurs depuis le mois de Juin jusqu'en automne : ses semences mûrissent en Octobre.

Il faut placer cette plante en hiver dans une couche vitrée & airée, où elle puisse jouïr d'un air sec & de beaucoup de soleil ; car elle ne profiteroit pas dans une serre chaude, non plus que dans une serre ordinaire, où l'humidité la feroit bientôt pourrir.

On la multiplie en semant ses graines aussi-tôt qu'elles sont mûres, dans de petits pots remplis d'une terre légère & sablonneuse ; on les plonge dans une couche de chaleur modérée, & on les arrose souvent, mais légerement. Comme ces graines restent quelquefois

dans la terre jufqu'au printems fuivant avant de germer,
il faut bien fe garder alors de
les déranger; mais on les place fous un abri, & à la fin
de l'hiver on les replonge dans
une nouvelle couche chaude,
qui fera pouffer les plantes en
peu de tems, fi les femences
font bonnes: lorfque ces plantes font en état d'être enlevées, on les tranfplante dans
de petits pots, au nombre de
cinq ou de fix dans chacun;
on les plonge dans une couche de chaleur modérée, on
les arrofe légerement, on les
met à l'abri du foleil jufqu'à
ce qu'elles aient pouffé des
racines nouvelles, & on leur
donne enfuite beaucoup d'air
pendant les chaleurs, pour les
empêcher de filer & de s'affoiblir : lorfque ces plantes
ont acquis un certain dégré de
force, on les habitue peu-à-
peu à fupporter le plein air,
& quand on les y expofe tout-
à-fait on les préferve des fortes pluies qui les feroient
pourrir. Lorfqu'elles ont rempli les pots de leurs racines,
on les fépare, on les place
chacune féparément dans de
petits pots remplis d'une terre
légere & fablonneufe, fans
beaucoup de fumier; on les
tient à l'ombre jufqu'à ce qu'elles aient produit de nouvelles
fibres, & on les expofe enfuite dans une fituation chaude
& abritée, où elles peuvent
être entre-mêlées avec d'autres plantes qui demandent peu
d'arrofement : en automne on
les remet fous des vitrages
fecs & airés ; on les arrofe peu

en hiver, mais on leur procure l'afpect du foleil autant
qu'il eft poffible ; on leur donne de l'air frais dans les tems
doux, & on les préferve de la
gelée. Par cette méthode elles
feront de grands progrès, &
elles produiront de fleurs &
des femences dans la feconde
année.

Baccifera. La feconde efpece a une tige ronde, noueufe, plus ferme que celle de
la précédente, & divifée vers
le haut en un plus grand nombre de branches qui font garnies de feuilles courtes, étroites, fucculentes & affez épaiffes : fes fleurs, moins larges
de moitié que celles de la premiere efpece, naiffent comme
elles aux extrémités des branches; elles font d'un beau rouge, & lorfqu'elles tombent,
elles font remplacées par des
baies ovales & charnues qui
contiennent beaucoup de petites femences. Cette efpece
continue à produire de nouvelles fleurs pendant une grande partie de l'été & de l'automne; &, fi l'année eft favorable, fes femences mûriffent en Angleterre.

On la multiplie par fes femences comme la précédente,
& elle exige le même traitement.

CHONDRILLA. *Lin. Gen.*
Plant. 815. *Tourn. Inft. R. H.*
475, *tab.* 268; de χόνδρ⊙, *gr.*
un Cartilage. [*Gum Succory.*]
Chicorée de gomme, Chon-
drille.

Caracteres. Le calice commun eft compofé de plufieurs
écailles étroites, cylindriques

& égales ; la fleur est formée par plusieurs fleurettes hermaphrodites , uniformes & disposées en forme de tuiles : chacune de ces fleurettes a un pétale qui s'étend d'un côté en forme de langue, & elles font découpées au sommet en quatre ou cinq segmens; chacune a aussi cinq étamines courtes , velues & terminées par des sommets cylindriques. Le germe, placé sous la fleurette, supporte un style aussi long que les étamines, & terminé par deux stigmats réfléchis : ce germe devient ensuite une semence simple, ovale, comprimée , couronnée d'un simple duvet, et renfermée dans le calice.

Ce genre de plantes est rangé dans la première section de la dix-neuvieme classe de LINNÉE, intitulée : *Syngenesia Polygamia æqualis*, parce que les fleurs de cette section sont composées seulement de fleurettes hermaphrodites fructueuses.

Nous n'avons qu'une espece de ce genre.

Chondrilla juncea, *Lin. Hort. Cliff.* 383. *Roy. Lugd.-B.* 120. *Hall. Helv.* 755. *Gmel. Sibir.* 2 , *p.* 8. *Gron. Orient.* 241. *Gouan. Monsp.* 409 ; Chondrille ou Chicorée à gomme.

Chondrilla juncea, *viscosa arvensis*. *G. B. P.* 130 ; Chondrille en forme de jonc, & visqueuse.

Chondrilla viminea. *Bauh. Hist.* 2 , *p.* 1021.

Cette plante, qu'on trouve en Allemagne, en Suisse & en France, sur les bords des campagnes cultivées, est rarement admise dans les jardins, parce que ses racines s'étendent trop, & qu'elle devient par-là une herbe fort embarrassante ; il est d'autant plus difficile de la contenir, que le duvet dont ses semences sont ornées, les rend propres à être emportées par le vent à une grande distance, & à couvrir ainsi tout le voisinage, & que la moindre portion de ses racines , qui s'enfoncent profondément dans la terre, & qui poussent de grosses fibres latérales, suffit pour produire une nouvelle plante. Cette racine donne naissance à un grand nombre de tiges minces, dont les parties inférieures sont garnies de feuilles oblongues & dentelées , & les sommets de feuilles étroites & entieres. Ses fleurs qui naissent des parties latérales & des extrémités des branches , ressemblent à celles de la *Laitue* : ses semences ont aussi la même forme, & elles sont couronnées de duvet. Cette plante fleurit en Juillet, & ses graines mûrissent en Septembre.

Les autres especes de ce genre dont il étoit fait mention, sous cet article, dans la premiere édition de cet Ouvrage, ont été renvoyées dans celle-ci aux articles *Lactuca* & *Crepis*.

CHOU. *Voyez* BRASSICA.

CHOU CARAIBE, *ou* TAYOVE, *ou* ARUM VIOLET. *V.* ARUM ESCULENTUM.

CHOU-FLEUR. *Voy.* BRASSICA BOTRYTIS.

CHOU - MARIN , *ou* SOL-
DANELLE. *Voy.* CONVOLVU-
LUS SOLDANELLA.

CHOU - MARIN. *Voyez*
CRAMBE MARITIMA.

CHOU PALMISTE. *Voyez*
PALMA ALTISSIMA.

CHOU - POMME BLANC.
Voyez BRASSICA OLERACEA.

CHOU DE CHIEN. *Voyez*
THELIGONUM. L.

CHRISTOPHORIANA. *V.*
ACTEA.

CHRISANTHEMOIDES OS-
TEOSPERMON. *Voyez* OS -
TEOSPERMUM.

CHRYSANTHEMUM.
Tourn. Inſt. R. H. 491. *tab.* 280.
Lin. Gen. Plant. 866. *Leucan-*
themum. Tourn. Inſt. R. H. 492.
χρυσανθεμον , *gr.* de χρυσὸς , *or* ,
ανθεμον , *une fleur ;* c'eſt-à-dire,
Fleur d'or. [*Corn Marigold.*]
Souci des bleds , ou Marguerite dorée.

Caraƈteres. Les rayons de
cette fleur , font formés par de
petites fleurettes femelles ,
étendues , d'un côté en forme
de langue & diviſées en trois
ſegmens ; elles renferment un
germe ovale , qui ſoutient un
ſtyle mince , & couronné par
deux ſtigmats obtus. Les fleurettes hermaphrodites qui compoſent le diſque font en forme d'entonnoir , auſſi longues
que le calice , & ſéparées au
ſommet en cinq portions étendues & ouvertes ; elles renferment cinq étamines courtes , velues & terminées par
des antheres tubulées & cylindriques , & un germe ovale
ſurmonté d'un ſtyle & d'un
ſtigmat comme dans la fleur
femelle : le germe devient en-

ſuite une femence ſimple ,
oblongue & nue.

Ce genre de plantes eſt
rangé dans la ſeconde ſection
de la dix - neuvieme claſſe de
LINNÉE , intitulée : *Syngeneſia*
Polygamia ſuperflua. Dans cette
ſection toutes les fleurettes cen-
trales qui compoſent le diſque
font hermaphrodites , & les
rayons font compoſés de fleurettes femelles.

Les eſpeces font :

1°. *Chryſanthemum ſegetum ,*
foliis amplexicaulibus , ſupernè la-
ciniatis , infernè dentato-ſerratis.
Hort. Cliff. 416. *Fl. Suec.* 699 ,
762. *Roy. Lugd.-B.* 174. *Dalib.*
Paris. 261 ; Marguerite dorée
à feuilles amplexicaules , dont
celles du haut font déchiquetées , & celles du bas dentelées & ſciées.

Chryſanthemum ſegetum vulga-
re glaucum. Moris. Hiſt. 3 , *p.*
15, ſ. 6 , t. 4 , f. 1.

Chryſanthemum ſegetum. Cluſ.
Hiſt. 1 , *p.* 334 ; Souci des
bleds.

Bellis lutea , foliis profundè in-
ciſis major. Bauh. Pin. 262.

2°. *Chryſanthemum Leucanthe-*
mum , foliis amplexicaulibus ,
oblongis , ſupernè ſerratis , infernè
dentatis. Hort. Cliff. 416. *Fl.*
Suec. 700 , 763. *Mat. Med.* 404.
Roy. Lugd.-B. 174. *Dalib. Paris.*
261 ; La grande Marguerite
avec des feuilles oblongues &
amplexicaules , dont les ſupé-
rieures font ſciées & celles du
bas dentelées.

Chryſanthemum , foliis oblon-
gis , ſerratis. Fl. Lap. p. 310.

Bellis Sylveſtris , caule folioſo
major. G. B. P. 261 ; grande Marguerite ſauvage à tige feuillée.

*Bellis major. Fuchs. Hift. 148.
Cam. Epit. 635.*

3°. *Chryfanthemum ferotinum,
foliis lanceolatis, fupernè ferratis,
utrinque acuminatis. Hort. Cliff.
416. Roy. Lugd.-B. 174. & Scan.
Append.*; grande Marguerite à
feuilles en forme de lance,
dont celles du haut font fciées
& pointues à chaque côté.

*Bellis Americana frutefcens ra-
mofa. Raj. Hift. 1865.*

*Bellis major, radice repente,
foliis latioribus, ferratis. Mor.
Hift. 3. p. 29, f. 6. t. 9. f. 11.
Bles. 239. Raj. Hift. 351*; grande
Marguerite, avec des racines
rampantes, & des feuilles larges & fciées.

*After, foliis profundè dentatis,
& quafi laciniatis, ramofus. Raj.
Supp. 162.*

4°. *Chryfanthemum montanum,
foliis imis fpatulato-lanceolatis
ferratis, fummis linearibus. Sauv.
Monfp. 87. Gouan. Monfp. 448*;
Souci de Montagne, dont les
feuilles du bas font comme
une fpatule, en forme de lance & fciées, & celles du haut
linéaires.

*Leucanthemum montanum mi-
nus. Tourn. Inft. 492*; Petit-
Œil-de-Bœuf de Montagne.

*Bellis montana minor. Bauh.
Hift. 3. p, 115. Magn. Mons. 36.*

5°. *Chryfanthemum gramini-
folium, foliis linearibus, fubinte-
gerrimis, caule fimpliciffimo. Sauv.
Monfp. 87. Gouan. Monfp. 448*;
Souci de bleds à feuilles étroites & entieres, avec une tige
fimple.

*Leucanthemum, gramineo folio.
Tourn. Inft. 493*; Œil-de-bœuf
à feuilles graminées.

Bellis montana, gramineis fo-

*liis. Magn. Monfp. 291. Hort. 31.
t. 31.*

6°. *Chryfanthemum Alpinum,
foliis pinnati-fidis, laciniis paral-
lelis, integris, caule unifloro. Lin.
Sp. Plant. 889*; Souci des Alpes, avec plufieurs feuilles
pointues à fegmens, paralleles & entieres, produifant une
fleur fur chaque pédoncule.

*Pyrethrum, foliis omnibus lon-
gè petiolatis, palmatis, incanis.
Hall. Helv. 721.*

*Leucanthemum Alpinum, foliis
Coronopi. Tourn. Inft. R. H. 493*;
Œil-de-bœuf des Alpes, à
feuilles de Corne-de-cerf. Pyrethre, *ou* Racine falivaire.

*Leucanthemum Alpinum, tenui-
folium. Clus. Hift. 1. p. 335.*

7°. *Chryfanthemum Corymbiferum, foliis pinnatis, incifo-ferra-
tis, caule multifloro. Roy. Lugd.-
B. 174. Sauv. Monfp. 267.
Gouan. Monfp. 449*; Souci des
bleds avec des feuilles ailées,
dont les fegmens font découpés & fciés, & une tige produifant plufieurs fleurs.

*Tanacetum Leucanthemum. Ta-
bern. Hift. 379.*

*Tanacetum montanum inodorum,
minore flore. G. B. P. 132*; Tanaifie de montagne, fans
odeur, avec une petite fleur.

*Tanacetum inodorum, flore ma-
jore. Bauh. Pin. 132.*

8°. *Chryfanthemum Coronarium, foliis pinnati-fidis, incifis,
extrorfum latioribus. Hort. Cliff.
416. Hort. Ups. 263. Roy.
Lugd.-B.; 174*; Souci de bleds
à feuilles découpées, avec des
pointes ailées, dont les parties
extérieures font les plus larges.

*Chryfanthemum, foliis Matri-
cariæ. Bauh. Pin. 134.*

*Chryfanthemum Creticum. Clus.
Hift. 1. P. 334;* Souci de bleds
de l'Ifle de Candie.

*Chryfanthemum majus , folio pro-
fundiùs laciniato, magno flore.
Bauh. Pin. 134.*

9°. *Chryfanthemum Monfpe-
lienfe, foliis imis palmatis, foliolis linearibus, pinnati-fidis. Sauv.
Monfp. 304. Gouan. Monfp. 448;*
Souci des bleds , dont les
feuilles baffes font en forme
de main, & les plus petites
linéaires, & terminées en plufieurs pointes.

*Leucanthemum montanum, fo-
liis Chryfanthemi. Tourn. Inft.
492;* Œil-de-Bœuf de montagne à feuilles de Chryfanthemum.

*Bellis montana major, foliis
Chrifanthemi Cretici anguftioribus.
Magn. Monfp. 306.*

10°. *Chryfanthemum frutefcens,
fruticofum, foliis linearibus, den-
tato-trifidis. Hort. Cliff. 417. Roy.
Lugd.-B. 174;* Œil-de-bœuf en
arbriffeau à feuilles étroites,
& pourvues de trois pointes
dentelées.

*Leucanthemum Canarienfe, fo-
liis Chryfanthemi, Pyrethri fapore. Tourn. Inft. 493;* Œil de-
bœuf des Canaries, à feuilles
de Chryfanthemum, ayant
un goût de Pyrethre. Pyrethre
des Canaries.

*Chamæmelum Canarienfe, cera-
tophyllum fruticofius. Moris. Hift.
3. p. 35.*

*Bellis Canarienfis frutefcens,
foliis craffis, Pyrethri fapore.
Raj. Suppl. 221.*

*Buphthalmum Canarienfe Leu-
canthemum, Cotulæ fœtidæ craffioribus foliis. Pluk. Alm. 73. t.
272. f. 6.*

11°. *Chryfanthemum flofculo-
fum, flofculis omnibus uniformibus
hermaphroditis. Hort. Cliff. 417.
Roy. Lugd.-B. 174. Gouan.
Monfp. 449;* Marguerite dont
les fleurettes font toutes uniformes & hermaphrodites.

*Bellis fpinofa, foliis Agerati.
G. B. P. 262;* Marguerite
épineufe à feuilles d'Eupatoire.

Bellis fpinofa. Alp. Exot. 327.

*Tanacetum, foliis integris, ri-
gidis, dentatis, fcapo unifloro.
Hall. Goett. 370.*

*Balfamita foliis Agerati. Vaill.
Act. 336.*

12°. *Chryfanthemum pallidum,
foliis linearibus, infernè apice dentatis, fupernè integerrimis, pedunculis nudis unifloris;* Souci des
bleds à feuilles étroites, dont
celles du bas font dentelées à
leurs pointes, & celles du
haut entieres, avec des pédoncules nus, foutenant une
feule fleur.

*Chryfanthemum pallidum,
minimis imifque foliis incifis,
fuperioribus integris capillaribus.
Barrel. Icon. 421;* Le plus petit Souci des bleds, dont les
petites feuilles du bas font divifées, & celles du haut entieres & étroites.

Segetum. La premiere efpece
eft le *Souci ordinaire* ou la
Marguerite dorée qui croît naturellement dans les bleds &
fur le bord des champs cultivés dans plufieurs parties de
l'Angleterre ; quoiqu'on l'ad-
mette rarement dans les jardins nous en faifons cependant mention ici, ainfi que de
la fuivante, pour fervir d'in-
troduction aux autres.

Leucanthemum. La feconde

est la *grande Marguerite*, qui est comprise dans la liste des plantes médicinales du collège de Médecine : elle naît spontanément dans toute l'Angleterre, sur les pâturages humides : elle s'élève à deux pieds de hauteur avec des tiges garnies de feuilles oblongues & dentelées, qui embrassent les tiges de leurs bâses. Chaque pédoncule est terminé par une fleur blanche, semblable à celles de la *Marguerite commune*, mais quatre fois plus larges : elle fleurit en Juin (1).

Serotinum. La troisieme espece qui a été trouvée dans l'Amérique Septentrionale, est depuis long-tems conservée

____

(1) Quoiqu'un grand nombre d'Auteurs recommandables par leur expérience en Médecine, aient proclamé les vertus de cette plante, il est cependant vrai qu'elle ne mérite que de très-foibles éloges, & que ses propriétés sont peu remarquables : les uns lui attribuent la faculté de faire rentrer dans le torrent de la circulation, le sang & les autres humeurs extravasées dans les cavités du corps, celle de cicatriser les ulceres du poumon, de guérir les pleurésies, les engorgemens de poitrine, &c. d'autres l'ont regardée comme propre à ranimer le principe vital dans les membres paralysés, à soulager les douleurs arthritiques, la céphalalgie, la migraine, à guérir la teigne, l'hydropisie, &c. Mais cette plante n'est que très-légèrement vulnéraire & astringente, & son action étant presque nulle dans les différentes maladies dont il vient d'être question, on doit recourir dans ces cas graves à des moyens plus efficaces.

dans les jardins Anglois : ses racines rampent au loin sur la surface de la terre, & elles poussent des tiges fortes, hautes de trois ou quatre pieds, & garnies de feuilles longues, sciées & terminées en pointe ; ses tiges sont divisées vers leurs sommets en plusieurs plus petites, dont chacune est terminée par une grosse fleur blanche & rayonnée, qui paroît en Septembre. Cette espece se multiplie très-fort par ses racines rampantes ; elle réussit dans tous les sols, & à toutes les expositions.

Montanum. J'ai reçu les semences de la quatrieme de Vérone, où elle croît en abondance ; ainsi que sur toutes les Alpes & dans d'autres lieux montagneux : sa racine produit une tige haute d'environ un pied, garnie inférieurement de feuilles sciées sur leurs bords, & à son extrémité de feuilles entieres, & elle est terminée par une fleur blanche, grasse & semblable à celles de la précédente : elle fleurit en Juin, & ses semences mûrissent en Août.

On multiplie cette espece en semant ses graines sur une planche de terre à l'abri du soleil : ses plantes paroîtront six semaines après ; & lorsqu'elles seront en état d'être enlevées, on les transplantera à demeure dans des plates-bandes, & on les tiendra nettes de mauvaises herbes.

Gramini - folium. La cinquieme qu'on rencontre dans les environs de Montpellier, a une racine vivace qui produit plu-

sieurs

fieurs feuilles étroites , comme celles de *l'Herbe commune*, du milieu defquelles s'élevent des tiges hautes d'un pied & demi , & garnies de feuilles de la même forme que celles du bas : chacune de fes tiges eft terminée par une groffe fleur blanche , avec un difque jaune au milieu : elle fleurit en Juin ; mais comme elle perfectionne rarement fes femences en Angleterre , on ne peut la multiplier qu'en divifant fes racines : on pratique cette opération en automne , afin que les plantes puiffent être bien reprifes avant l'hiver.

Corymbiferum. La feptieme efpece croît naturellement fur les Alpes , & dans plufieurs endroits montagneux de l'Allemagne ; elle pouffe des tiges droites , élevées à la hauteur d'un pied & demi , garnies de feuilles découpées en plufieurs fegmens paralleles , comme celles du *Chiendent Plantain*, & terminées chacune par une fleur fimple & femblable pour la forme à celles de la précédente. Celle-ci a une racine vivace , au moyen de laquelle on peut la multiplier comme la cinquieme efpece.

Coronarium. La huitieme qu'on cultive dans les jardins depuis plufieurs années , à caufe de fa beauté , a des fleurs blanches fimples & d'autres doubles : comme l'efpece à fleurs jaunes , ne differe de celle-ci que par fa couleur , on les regarde l'une & l'autre , comme ne formant qu'une feule & même efpece ; cependant cette différence eft conftante ; car je n'ai

jamais vu les femences de l'efpece blanche produire des fleurs jaunes ; ni celles de l'efpece jaune produire des fleurs blanches.

Il y a auffi dans ces deux couleurs une variété à fleurs fiftuleufes , qu'on a obtenu de leurs femences : cette variété eft généralement connue fous le nom de *Chryfanthemum à feuilles fiftulaires* ; mais comme fes femences dégénerent en efpece commune , elle ne mérite pas qu'on en faffe une mention plus particuliere.

Ces plantes ont toujours été regardées comme annuelles ; ainfi on les feme ordinairement au printems fur une couche légere , & on les traite de la même maniere que le *Souci d'Afrique* , auquel je renvoie le Lecteur. Les plantes qu'on multiplie de femence ne produifant prefque toujours que des fleurs fimples , malgré que les graines aient été recueillies avec foin fur les plus belles fleurs doubles , plufieurs perfonnes multiplient ces plantes par boutures , pour conferver feulement les efpeces à fleurs doubles : on coupe ces boutures au commencement de Septembre , on les plante dans des pots , que l'on place fous un vitrage de couche chaude , pour les parer des gelées pendant l'hiver , & pour pouvoir leur procurer de l'air dans les tems doux.

Au printems on les tranfplante dans les plates-bandes du parterre , ou elles donneront des fleurs depuis le mois de Juin jufqu'aux premieres gelées. Par cette méthode on peut conferver toutes les variétés fans aucune altération; mais les plantes ainfi multipliées deviennent à la fin ftériles, & ne produifent plus de graines.

Monfpelienfium. La neuvieme eft une plante vivace qui pouffe de fa racine plufieurs tiges branchues ,& garnies de feuilles d'un vert pâle, épaiffes, & profondément découpées en plufieurs fegmens, comme celles de la derniere efpece : fes fleurs, qui naiffent aux extrémités des branches fur des pédoncules longs & nuds, reffemblent beaucoup par leur groffeur& leur couleur à *la groffe Marguerite commune*; elles paroiffent depuis le mois de Juin jufqu'à la fin de Septembre.

Cette efpece perfectionne annuellement fes femences en Angleterre; on la multiplie aifément, en les femant au printems fur une plate-bande commune; les plantes paroîtront au bout de fix femaines ; & quand elles feront affez fortes, on pourra les placer dans une planche en pépiniere en laiffant entr'elles un pied de diftance en tous fens : on les tient nettes jufqu'à l'automne, pour les tranfplanter alors dans les places où elles doivent refter : comme ces plantes s'étendent affez loin, & qu'il eft néceffaire de leur donner au moins deux pieds d'intervalle, elles ne conviennent point dans les petits jardins , & on ne doit les planter que dans les grands parterres , où elles pourront étendre leurs branches fans obftacle, & fervir à la variété.

En plaçant ces plantes dans un mauvais terrein, ou fur des décombres , elles croîtront moins vigoureufement, fupporteront mieux les rigueurs de l'hiver , & conferveront plus long-tems leur beauté ; fi au contraire elles fe trouvent dans un fol riche & fécond, leurs feuilles & leurs branches feront remplies d'une féve abondante qui les difpofera à être attaquées de pourriture dans la mauvaife faifon ; leur durée fera alors très-courte : au-lieu que celles qui croiffent dans les crevaffes de vieilles murailles conferveront leur force pendant plufieurs années.

Frutefcens. La dixieme efpece a été originairement apportée des Ifles Canaries en Angleterre, où elle a été long-tems cultivée par les curieux : les Jardiniers lui ont fouvent donné le nom d'*Anthemis* ou *Camomille d'Efpagne*, à caufe de fon goût chaud , très-femblable à celui de cette plante.

Elle s'éleve à la hauteur d'environ deux pieds, avec une tige d'arbriffeau divifée en plufieurs branches , garnies de feuilles d'une couleur grifâtre, épaiffes, fucculentes, & découpées en plufieurs fegmens divifés en trois parties à leurs extrémités : fes fleurs, qui reffemblent beaucoup à celles de la *Camomille commune*, font produites aux aîles des feuilles, placées feules fur des pédoncules nuds; elles fe fuccèdent fur la même plante pendant une grande partie de l'année; ce qui la rend plus agréable. Cet arbriffeau perfectionne ſes ſemences en Angleterre, lorſque la ſaiſon eſt favorable ; mais on s'en ſert rarement pour le multiplier, parce que ſes boutures prennent aiſément racine pendant tout l'été.

Cette eſpece, qui croît naturellement dans des pays chauds, ne réſiſte pas à la rigueur de nos hivers : ainſi, quand les boutures ont pouſſé de bonnes racines, on les plante chacune ſéparément dans des pots que l'on place à l'ombre, juſqu'à ce qu'elles aient formé de nouvelles racines, que l'on met enſuite à une expoſition abritée, où elles pourront reſter juſqu'à ce qu'on les renferme en automne dans la ſerre pour les préſerver de la gelée, avec la précaution néanmoins de leur procurer de l'air dans les tems doux : on les arroſe ſouvent légerement pendant l'hiver ; mais en été elles exigent plus d'humidité, & on les traite en tout comme les autres plantes exotiques dures.

Floſculoſum. La onzieme eſt originaire du Cap de Bonne-Eſpérance, d'où ſes ſemences portées en Hollande, ont produit des plantes qui ont été enſuite répandues dans toute l'Europe. Cette eſpece s'éleve à la hauteur d'environ deux pieds, avec une tige d'arbriſſeau qui ſe diviſe vers le haut en pluſieurs branches minces, & garnies de feuilles oblongues, d'un vert pâle, fort rapprochées ſur les branches, & diviſées ſur leurs bords par un grand nombre de dentelures qui ſont toutes terminées par une épine molle : ſes fleurs,

qui ſont produites ſur des pédoncules courts, aux ailes des feuilles, & vers les extrémités des branches, ſont globulaires & compoſées d'un grand nombre de fleurettes hermaphrodites, tubulées, égales, en rayon, nûes, & d'un jaune foncé ; elles paroiſſent en Juin, & ſe ſuccedent juſqu'aux gelées ; on multiplie cet arbriſſeau par boutures, & on le traite de la même maniere que le précédent.

Pallidum. La douzieme naît ſpontanément dans les environs de Madrid ; ſa tige qui eſt celle d'un arbriſſeau, s'éleve au plus à la hauteur d'un pied, & ſe diviſe en pluſieurs branches minces, ligneuſes, & garnies de feuilles étroites, & d'un vert pâle, dont celles qui occupent les parties baſſes des branches ſont découpées à leur extrémité en pluſieurs lobes, & celles du haut ſont entieres : chaque branche eſt terminée par un pédoncule nud, & long de ſix pouces, qui ſoutient une fleur à rayon, & de couleur de ſoufre : ſes fleurs paroiſſent en Juin & en Juillet ; mais ſes ſemences ne mûriſſent pas toujours en Angleterre. Cette eſpece veut être abritée en hiver ſous un châſſis de couche ordinaire, parce qu'elle ne réſiſteroit pas en plein air, ſi cette ſaiſon étoit un peu rigoureuſe : on la multiplie par boutures pendant tous les mois d'été comme les deux précédentes ; mais elles prennent plus difficilement racine que celles des autres.

CHRYSOBOLANUS. *Linn.*

Gen. Plant. 585. Icaco. Plum. Nov. Gen. 44. [*Cocoa Plumb.*] Prunier Coco, Icaque, *ou* Prunier des Anfes ; les Efpagnols le nomment *Icaco.*

Caracteres. Dans ce genre le calice de la fleur eft d'une feuille divifée en cinq parties prefque jufqu'au milieu ; la corolle eft compofée de cinq pétales qui s'étendent en s'ouvrant : la fleur a dix étamines, dont cinq font plus longues que les pétales & les autres plus courtes ; elles font terminées par des fommets en forme de cœur : dans le centre eft placé un germe ovale qui foutient un ftyle court, & divifé en trois parties couronnées par des ftigmats obtus. Ce germe fe change par la fuite en une baie ovale & charnue, qui renferme une noix marquée de cinq fillons dans fa longueur.

Ce genre de plante eft rangé par LINNÉE dans la premiere fection de fa treizieme claffe, intitulée : *Polyandria monogynia*; mais il auroit été plus convenable de le placer dans la troifieme fection de fa dixieme claffe, qui comprend les fleurs à dix étamines & à trois ftyles.

Les efpeces font :

1°. *Chryfobolanus Icaco, foliis ovatis, emarginatis, floribus racemofis, caule fruticofo ;* Prunier Icaque, avec des feuilles ovales & échancrées, des fleurs en grappe, & une tige d'arbriffeau.

Frutex Cotini folio craffo in fummitate deliquium patiente, fructu ovali cæruleo, officulum angulofum continente. Catejb. Car.

1. p. 25. t. 25.; Prunier Icaque, *ou* Coco.

Guaiera. Marcgr. Braf. t. 2. c. 4. Chryfobolanus. Jacq. Amer. 154. t. 94.

2°. *Chryfobolanus purpurea, foliis decompofitis, foliolis ovatis integerrimis ;* Prunier Icaque, à feuilles décompofées, dont les lobes font ovales & entiers.

Icaco, fructu purpureo. Plum. Nov. Gen. 44; Icaco à fruit pourpre.

Icaco. La premiere efpece croît naturellement fur les bords de la mer dans les Ifles de Bahama, & dans plufieurs autres parties de l'Amérique. Elle pouffe une tige d'arbriffeau qui s'éleve à huit ou dix pieds de hauteur, & fe divife en plufieurs branches latérales, couvertes d'une écorce brune tachetée de blanc, & garnie de feuilles ovales, fermes, échancrées à l'extrémité, en forme de cœur, & placées alternativement : fes fleurs, qui fortent en grappes ou paquets clairs, aux aîles des feuilles, & aux divifions des branches, font petites & blanches, & renferment chacune plufieurs étamines jointes aux pétales, & terminées par des fommets jaunes ; elles font fuivies par des Prunes ovales, de la groffeur de celles de *Damas*, dont les unes font bleues, d'autres rouges & quelques-unes jaunes ; ce fruit eft doux & mielleux, & les Efpagnols de l'Ifle de Cuba en font une efpece de confiture : fon noyau, qui a la forme d'une poire, eft fillonné dans fa longueur par cinq cannelures. Le fol naturel de cette plante eſt dans les terres humides.

Purpurea. Les femences de la feconde efpece m'ont été envoyées de la Jamaïque, fous le titre que lui avoit donné le P. PLUMIER, *Icaco fruffu pur-pureo* : les noyaux de celle-ci ont exactement la même forme que ceux de la précédente ; mais fes feuilles font compofées de fix ou fept paires de lobes divifés & oppofés. Comme cette efpece n'a pas montré fes fleurs en Angleterre, je ne puis en donner aucune defcription.

Ces arbres qui croiffent fpontanément dans les contrées chaudes de l'Amérique, ne réuffiroient pas en Angleterre, fi on ne les tenoit conftamment dans la ferre chaude : on les multiplie par leurs graines, qu'il faut fe procurer des pays mêmes où ils naiffent ; on les répand au printems dans de petits pots remplis de terre légere, on les plonge dans une couche chaude de tan, & on les arrofe fouvent & légerement : les plantes paroîtront fix femaines après, & fi elles font bien traitées, elles pourront être enlevées au bout d'un mois ; alors on les féparera avec foin, on les plantera chacune dans un pot rempli de terre légere de jardin potager, on les replongera dans la couche chaude, & on les tiendra à l'abri du foleil, jufqu'à ce qu'elles aient formé de nouvelles racines ; après quoi il fera néceffaire de leur donner

de l'air chaque jour à proportion de la chaleur de la faifon, & de les arrofer fouvent & légerement pendant l'été : en automne on mettra les plantes dans la ferre chaude, on les plongera dans la couche de tan, & on ne les arrofera que très-peu, parce qu'une trop grande humidité feroit tomber leurs feuilles en hiver : au refte, elles exigent dans la ferre le même traitement que les autres plantes tendres qui nous viennent des mêmes contrées.

CHRYSOCOMA. *Linn. Gen. Pl. 845. Dillen. Gen. 14. Coma Aurea. Boerh. 1. p. 121.* [*Goldy-locks.*] Flocon *ou* Touffe d'or.

Caracteres. Dans ce genre, le calice commun eft imbriqué, les écailles font étroites, & les extérieures convexes & pointues : les fleurs font compofées de plufieurs fleurettes hermaphrodites, tubulées, égales, en forme d'entonnoir, & découpées à l'extrémité, en cinq fegmens inclinés en arriere ; elles ont chacune cinq étamines courtes, minces & terminées par des fommets cylindriques : dans le fond eft placé un germe oblong, qui foutient un ftyle mince, comprimé & couronné par deux ftigmats oblongs : ce germe fe change dans la fuite en une femence fimple, oblongue, comprimée & ornée d'un duvet velu.

Ce genre de plantes eft rangé dans la premiere fection de la dix-neuvieme claffe de LINNÉE, intitulée : *Syngenefia, polygamia æqualis,* qui comprend les fleurs compofées feulement de fleurettes hermaphrodites fructueufes.

Les efpeces font :

1°. *Chryfocoma Linofyris, herbacea, foliis linearibus, glabris, calycibus laxis. Linn. Sp. Plant. 841. Fl. Suec. 2. n. 729. Gouan. Monfp. 431 ;* Flocon d'or herbacé, avec des feuilles étroites & unies, & des calices larges.

Chryfocoma, calycibus laxis. Hort. Cliff. 396, Roy. Lugd.-B. 145.

Chryfocoma Diofcoridis & Plinii. Col. Ecphr. 1. p. 81. t. 82.

Linofyris nuperorum. Lob. Hift. 223.

Ofyris Auftriaca. Clus. Hift. 1. p. 325.

Linariæ tertium genus. Trag. 358.

Linaria, foliofo capitulo luteo, major & minor. Bauh. Pin. 213.

Coma aurea Germanica, Linariæ folio. Park. Theat. 688 , Flocon d'or d'Allemagne.

2°. *Chryfocoma biflora, herbacea, paniculata, foliis lanceolatis trinerviis, punctatis, nudis. Lin. Sp. Plant. 841 ;* Flocon d'or herbacé, avec des fleurs difpofées en panicule, des feuilles en forme de lance, garnies de trois nerfs, ponctuées & nues, & des fleurs jaunes difpofées en ombelle.

After, calycibus oblongis, laxis, foliis lineari-lanceolatis, integerrimis, trinerviis, infrà fcrobiculis excavatis. Gmel. Sib. 2. p. 189. t. 82. f. 1.

Conyza Linifoliis afperis, rigidis & nervofis, floribus luteis umbellatis. Amm. Ruth. 192.

3°. *Chryfocoma* ou *Coma aurea fruticofa, foliis linearibus dorfo decurrentibus. Hort. Cliff. 307. Hort. Upf. 252. Roy. Lugd.-B. 146 ;* Flocon d'or en arbriffeau, avec des feuilles étroites dont le dos coule dans la longueur de la tige.

Conyza Æthiopica, flore bullato aureo, Pinaftri brevioribus foliis læte viridibus. Pluk. Alm. 400. t. 327. f. 2.

Elichryfum Africanum multiflorum, tenuifolium frutefcens. Volk. Norib. 148. t. 148.

Coma aurea Africana fruticans, foliis Linariæ anguftis, major. Com. Hort. Amft. 2. p. 89 ; grande Chevelure dorée d'Afrique, en arbriffeau, avec des feuilles étroites de Linaire, ou Lin fauvage.

4°. *Chryfocoma cernua, fubfrutticofa, foliis linearibus, fubtùs pilofis, floribus antè florefcentiam cernuis Hort. Cliff. 397. Roy. Lugd.-B. 146 ;* Flocon d'or en arbriffeau, avec des feuilles fort étroites & couvertes de poil en-deffous, & des fleurs penchées ou arquées avant qu'elles foient épanouïes.

Coma aurea, foliis Linariæ anguftioribus, minor. Hort. Amft. 2. p. 89 ; petite Chevelure dorée à feuilles plus étroites & de Lin fauvage.

5°. *Chryfocoma ciliata, fuffruticofa, foliis linearibus rectis, ciliatis, ramis pubefcentibus. Linn. Sp. Plant. 481 ;* Flocon d'or en arbriffeau, avec des feuilles étroites & érigées, & des branches couvertes de duvet & de poil.

Coma Africana fruticans, Ericæ folio. Comm. Hort. 2. p. 95. t. 48.

Conyza Africana , tenuifolia, subfrutefcens , flore aureo. Hort. Elth. 104. tab. 68 ; Conize d'Afrique en arbriffeau, avec une feuille étroite & une fleur d'or.

Linofyris. La premiere efpece qui croît naturellement en Allemagne , ainfi qu'en France & en Italie , a une racine vivace , des tiges hautes de deux pieds & demi , rondes . fermes, très - garnies de feuilles longues , étroites , unies , placées fans ordre , d'un vert pâle , & divifées vers leurs fommets en plufieurs pédoncules minces , qui foutiennent chacun une feule tête de fleurs , compofée de plufieurs fleurettes hermaphrodites renfermées dans un calice commun garni d'écailles fort étroites : fes fleurs font d'un jaune brillant , & terminent les tiges en forme d'ombelle ; elles paroiffent en Juillet , lorfque l'année eft favorable , & font fuivies de femences qui mûriffent en Septembre : auffi-tôt après , la tige & les feuilles fe flétriffent & tombent en pourriture , mais au printems fuivant les racines en produifent de nouvelles.

On multiplie généralement cette plante en divifant fes racines : cette méthode eft la plus prompte ; car celles qui proviennent de femence ne fleuriffent pas avant la feconde ou la troifieme année : le tems le plus favorable pour cette opération , eft l'automne ; auffi-tôt après que les plantes font flétries , alors les racines s'établiffent dans la terre , & commencent à pouffer avant l'hiver : elles fe plaifent dans un fol fec & ameubli , où elles fubfiftent en plein air , & s'étendent confidérablement ; mais fi on les place dans une terre forte & humide , elles font très-fujettes à être attaquées de pourriture en hiver.

Biflora. La feconde eft originaire de la Sibérie : fes femences ont été envoyées à Pétersbourg ; & c'eft de ce dernier endroit que je les ai reçues de la part du feu Docteur AMMAN, qui y étoit Profeffeur de Botanique.

Cette plante a une racine vivace & rampante, qui s'étend de tous côtés à une diftance confidérable , & pouffe plufieurs tiges érigées & garnies de feuilles plates , en forme de lance, terminées en pointe, rudes & garnies de trois veines longitudinales : ces tiges fe divifent vers leurs fommets en plufieurs branches qui s'étendent au dehors , & forment des panicules clairs de fleurs jaunes , plus groffes que celles de l'efpece précédente ; elles paroiffent en Juin & en Juillet, & leurs femences mûriffent en automne.

Cette efpece fe multiplie beaucoup trop par fes racines pour la cultiver dans un parterre ; car fouvent elles s'étendent , dans l'efpace d'une année , à deux ou trois pieds de tous côtés , & s'entremêlent avec celles des fleurs voifines. Ces plantes réuffiffent dans tous les fols & à toutes fituations ; on peut en placer quelques-unes fur les bords des grandes allées champêtres & des pieces de terre cultivées , où elles n'auront besoin d'aucun soin; leurs fleurs y feront un bel effet, & conserveront long-tems leur beauté.

Coma aurea. La troisieme est originaire du Cap de Bonne Espérance; elle produit une tige ligneuse, qui s'éleve à la hauteur d'un pied, & se divise en plusieurs petites branches garnies de feuilles étroites, d'un vert foncé & placées sans ordre : le dos de chaque feuille a un petit appendix court, qui coule dans la longueur de la tige : ses fleurs sont produites aux extrémités des branches sur des pédoncules minces & nuds; elles sont d'un jaune pâle, & de la même forme que celles de l'espece précédente, mais plus grosses.

Le principal mérite de cette plante, est de donner des fleurs durant la plus grande partie de l'année : ses semences mûrissent très-bien en automne; on les répand au printems sur une plate-bande de terre légere, où elles pousseront à merveille : quand les plantes seront assez fortes, on les transplantera dans des pots, pour pouvoir les mettre à l'abri des froids de l'hiver; car en Angleterre elles ne résistent pas en plein air aux rigueurs de cette saison. On multiplie plus avantageusement cette plante par boutures, que de toute autre maniere; on les place dans une plate-bande ordinaire, en quelque mois de l'été que ce soit; on les couvre avec des cloches; on les arrose souvent, & on les tient à l'abri du soleil. Quand elles ont poussé

de bonnes racines, on les enleve avec précaution; on les plante chacune dans un pot séparé rempli d'une bonne terre légere, & on les tient à l'ombre : lorsqu'elles ont produit de nouvelles fibres, on les expose au plein air, avec d'autres plantes exotiques dures; & en automne, on les transporte dans la serre, pour les y laisser passer l'hiver : comme elles ont besoin de beaucoup d'air dans les tems doux, & qu'elles ne craignent que la gelée, il ne faut pas les traiter trop délicatement.

Cernua. Les semences de la quatrieme ont aussi été envoyées du Cap de Bonne-Espérance, où elle croît spontanément; elle est plus petite que la précédente; sa tige, semblable à celle d'un arbrisseau, se divise de même en plusieurs branches; ses feuilles sont plus courtes & un peu velues; & ses fleurs, qui ne sont pas moitié aussi larges, sont de couleur de soufre pâle, & inclinées de côté avant de s'épanouïr; elles paroissent aussi durant une grande partie de l'année; &, quoique leurs semences mûrissent très-bien, on multiplie cependant cette plante par boutures, & on la traite de la même maniere que la précédente.

Ciliata. La cinquieme, qu'on trouve également dans le même pays que la troisieme & la quatrieme, a une tige basse d'arbrisseau, qui se divise de tous côtés en branches fortes, minces, rudes, courtes & réfléchies, aux extrémités desquelles fortent des fleurs droites, plus groffes que celles de l'ef- pece précédente, & fupportées par des pédoncules fimples & nuds. On multiplie auffi cette efpece par boutures, & elle exige le même traitement que les autres.

CHRYSOPHYLLUM. *Linn. Gen. Plant. Caïnito. Plum. Nov. Gen. 9. tab. 9 ;* [*The Star Apple.*] Pomme étoilée.

Caraƈteres. Dans ce genre, le calice eft perfiftant, & formé par cinq petites feuilles ron- des & concaves ; la corolle eft compofée de cinq pétales qui s'étendent en s'ouvrant, & font découpées au milieu en deux parties : la fleur a cinq éta- mines placées alternativement avec les fegmens des pétales, & terminées par des fommets en forme de cœur : le centre eft occupé par un germe ova- le qui foutient un ftyle court, & couronné par un ftigmat obtus ; ce germe fe change enfuite en un fruit ovale, gros & charnu, dans lequel font renfermées trois ou quatre fe- mences plates, & couvertes chacune d'une coque dure.

Ce genre de plantes eft ran- gé dans la premiere feƈion de la cinquieme claffe de Linnée, intitulée : *Pentandria monogynia,* qui comprend les fleurs pour- vues de cinq étamines & d'un ftyle.

Les efpeces font :

1°. *Chryfophyllum Caïnito ,fo- liis ovatis, paralellè ftriatis fub- tùs, tomentofo-nitidis. Jacq. Amer. 51. t. 7. f. 1. Syft. Veg. 193 ;* Chryfophyllum avec des feuil- les ovales, cannelées en-def-

fous paralellement, luifantes & cotonneufes.

Chryfophyllum, foliis ovatis, fuperne glabris, paralellè ftriatis fubtùs, tomentofo - nitidis. Hort. Cliff. 49.

Caïnito. Laet. Amer. 390.

Caïnito, folio fubtùs aureo, fruƈtu Olivæ-formi. Plum. Nov. Gen. 10 ; l'Arbre à Prunes de Damas.

Sideroxylon Pacurero. Læfl. It. 204.

Annona ,foliis fubtus ferrugi- neis, fruƈtu rotundo majore lævi purpureo , femine nigro, partim ru- gofo, partim glabro. Sloan. Jam. 206. Hift. 2. p. 170. t. 229. Raj. Dendr. 78.

2°. *Chryfophyllum glabrum, foliis utrinque glaberrimis. Jacq. Amer. 53. t. 38. f. 2 ;* Chryfo- phyllum à feuilles très - unies fur les deux côtés.

Cainito, folio fubtùs aureo, fruƈtu Mali-formi. Plum. Nov. Gen. 10 ; Arbre qui produit la Pomme étoilée.

Ces arbres font originaires des Indes Occidentales : la pre- miere efpece s'éleve dans ces contrées à vingt ou trente pieds de hauteur, & fe divife en plu- fieurs branches garnies de feuilles ovales, unies en - def- fus, & d'une couleur d'or en- deffous : fes fleurs, qui fortent fur les côtés des branches, aux mêmes endroits que les feuil- les, font rapprochées en grap- pes rondes, & font rempla- cées par des fruits ovales, unis & charnus, dans lefquels font renfermées trois ou qua- tre femences dures & plates.

Glabrum. La feconde, dont la tige s'éleve à la hauteur de

trente ou quarante pieds, se divise en plusieurs branches, garnies de feuilles en forme de lance, & placées sans ordre : ses fleurs produites en paquets aux aîles des feuilles, & aux extrémités des branches, sont suivies par des fruits, ronds, charnus, & de la grosseur de la Pomme nommée *Pépin d'or*, qui renferment plusieurs semences dures & plates.

Les fruits de ces deux arbres, que l'on nomme en Angleterre *Pommes étoilées*, sont d'abord très-âcres ; mais en les gardant quelque tems, ils s'amollisent comme des Neffles ; on fait usage du bois pour la charpente, & on en forme des especes de tuiles pour couvrir les bâtimens.

On les conserve dans plusieurs jardins, à cause de la beauté de leurs feuilles ; celles de la premiere espece, sur-tout, ont leur surface inférieure luisante comme du satin, & leur dessus d'un vert foncé ; comme ils conservent leur feuillage pendant toute l'année, ils sont constamment un très-bel effet dans la serre chaude.

Ces arbres, qui nous viennent des pays les plus chauds de la terre, ne peuvent être conservés en Europe qu'avec le secours des serres les plus chaudes, où on doit les tenir toujours plongés dans la couche de tan, sans quoi ils feroient peu de progrès ; on les multiplie par leurs graines qu'on se procure de leur pays originaire ; car ils ne produisent jamais de fruit dans nos climats. Elles ne réussiront

même qu'autant qu'elles seront fraiches, & qu'on les aura envoyées dans du sable pour les préserver de la sécheresse : aussi-tôt qu'on les reçoit, on les met dans de petits pots remplis de terre fraiche & légere, on les plonge dans une bonne couche chaude de tan ; &, si elles sont saines, & que la couche ait un dégré de chaleur convenable, les plantes paroitront en cinq ou six semaines, & deux mois après, elles seront assez fortes pour être transplantées : alors on les tire des pots avec beaucoup de ménagement, on sépare leurs racines, on les met chacune dans un petit pot rempli d'une terre riche & fraiche, on les plonge dans une couche chaude de tan, & on a soin de les arroser & de les tenir à l'abri du soleil, jusqu'à ce qu'elles aient formé de nouvelles racines : il faut aussi que la couche de tan où elles sont placées soit remuée de tems en tems, & renouvelée avec du tan frais, pour en augmenter la chaleur, toutes les fois qu'elle s'affoiblit. Au moyen de ces attentions, ces plantes feront de grands progrès, & en moins de trois ou quatre mois elles auront acquis près d'un pied de hauteur ; on leur donne alors des pots un peu plus grands ; si elles sont constamment tenues dans la couche de la serre chaude, & que la terre de leurs racines soit renouvelée deux fois l'année, elles profiteront infiniment & pousseront bientôt leurs branches des côtés. Ces deux especes forment une variété agréable dans les terres chaudes, quand elles font mêlées avec d'autres plantes du même pays; car quoiqu'elles ne produifent ni fleurs ni fruits, cependant, comme elles confervent toute l'année leur fuperbe feuillage, elles méritent plus que toutes autres d'y occuper une place. Le plus grand foin qu'elles exigent, eft d'être tenues conftamment à un dégré de chaleur convenable, & de n'être jamais plantées dans de trop grands pots, d'être arrofées modérément & feulement deux fois la femaine en hiver. On diminue encore la quantité d'eau qu'on leur donne, lorfque le froid eft fort vif.

On multiplie beaucoup ces arbres dans les Indes Occidentales, en fe fervant pour cela de leurs boutures, ainfi que me l'ont affuré plufieurs perfonnes dignes de foi; mais je n'ai point entendu dire qu'on ait jamais employé cette méthode en Angleterre.

CHRYSOSPLENIUM. *Linn. Gen. plant.* 493. ($\chi\rho\nu\sigma\sigma\pi\lambda\eta\nu\iota\sigma\nu$, de $\chi\rho\nu\sigma\sigma\varsigma$, *or*, & $\sigma\pi\lambda\eta\nu$, *la rate*, parce que cette plante a des fleurs d'une couleur d'or, & qu'on la regarde comme propre à guérir les maladies de la rate.) [*Golden Saxifrage*] Scolopendre, Saxifrage d'or.

Caraéteres. Les fleurs de ce genre ont un calice divifé en quatre ou cinq parties, colorées, qui perfiftent & s'étendent en s'ouvrant: la fleur eft apétale, & compofée feulement de huit ou dix étamines courtes, droites, poftées aux côtés oppofés aux angles du calice, & terminées par des fommets fimples: dans le fond du calice eft placé un germe qui foutient deux ftyles courts, & couronnés par des ftigmats obtus; ce germe fe change enfuite en une capfule à deux pointes, qui s'ouvre en deux valves, & renferme de petites femences.

Ce genre de plantes eft rangé dans la feconde feétion de la dixieme claffe de LINNÉE, intitulée *Decandria digynia*, qui comprend les fleurs à dix étamines & à deux ftyles.

Les efpeces font:

1°. *Chryfofplenium alterni-folium, foliis alternis. Flor. Suec.* 317. *It. Scan.* 16. *Œd. Dam. t.* 366. *Hall. Helv. n.* 1548. *Gmel. Sib.* 3. *p.* 29.; Saxifrage d'or à feuilles alternes.

Chryfofplenium. Hort. Cliff. 149. *Roy. Lugd.-B.* 209.

Chryfofplenium, foliis amplioribus auriculatis. Rudb. Lapp. 97. *Flor. Lapp.* 151.

Chryfofplenium, foliis pediculis oblongis infidentibus. Tourn. Hift. 146.

Saxifraga aurea, foliis pediculis oblongis infidentibus. Raj. Hift. 206.; Saxifrage doré avec des feuilles fupportées par de longs pétioles.

Sedum paluftre luteum majus, foliis pediculis longis infidentibus. Moris. Hift. 3. *p.* 477. *f. 12. t.* 8. *f.* 8.

2°. *Chryfofplenium oppofitifolium, foliis oppofitis. Sauv. Monfp.* 128. *Hall. Helv. n.* 1549. *Œd. Dan. t.* 365; Saxifrage doré à feuilles oppofées.

Chryfofplenium, foliis amplio-

ribus auriculatis. Tourn. Inst. 146.;
Saxifrage doré à feuilles plus
larges & oreillées.

*Chrysosplenium I. Saxifraga
aurea. Tabern. Hist. 1224.*

*Saxifraga aurea. Dod. Pempt.
316. Lob. Hist. 336. Ic. 312.*

*Saxifraga rotundi-folia aurea.
Bauh. Pin. 309.*

*Saxifraga Romanorum. Dalech.
Hist. 1114.*

*Sedum palustre luteum, foliis
subrotundis sessilibus. Moris. Hist.
3. p. 477. s. 12. t. 8. f. 7.*

*Alchimilla rotundi-folia aurea
hirsuta. Herm. Lugd.-B. 14.*

On a trouvé ces deux plantes dans plusieurs cantons de
l'Angleterre, sur des terreins
marécageux, & dans des fondrieres, ainsi que dans des
bois humides & couverts; on
les cultive rarement dans les
jardins; cependant si quelques
personnes désirent de les avoir,
il suffit de les avertir qu'il faut
les planter dans les lieux humides & à l'ombre, sans quoi
elles ne réussiront point; leurs
fleurs paroissent en Mars &
en Avril (1).

____

(1) Cette plante est légèrement
vulnéraire, détersive & apéritive;
mais ses principes sont si foibles,
qu'on ne doit lui accorder qu'une
très-médiocre confiance; elle ne
peut être nuisible dans les circonstances pour lesquelles on la recommande; mais comme on perd
toujours l'instant favorable pour
la cure des maladies, en continuant longtems l'usage des remedes peu actifs, il seroit bon de
retrancher de la matiere médicale un grand nombre de plantes
auxquelles le Charlatanisme & un
antique préjugé ont donné une cé-

CIBOULE. *Voyez* CEPA.

CICER. *Linn. Gen. plant.
783. Tourn. Inst. R. H. tab. 210.;*
(Cette plante est appelée *Cicer*,
de κικυς, *force*, parce qu'on
prétend qu'elle fortifie; on la
nomme aussi *Arietaria*, à cause
de la ressemblance de ses semences avec la tête d'un be-
lier.) [*Chich Pease.*] Pois
Chiche.

Caracteres. Le calice de la
fleur est découpé en cinq segmens, dont quatre sont postés
sur l'étendard; les deux du
milieu, qui sont les plus
longs, sont joints; & le cinquieme est sous la carène: la
corolle est papilonnacée; l'é-
tendard est large, rond &
plane; les aîles sont beaucoup
plus courtes & obtuses; la
carène est plus courte que
les aîles, & terminée en pointe aiguë: la fleur a dix étamines, dont neuf sont jointes, & la dixième est séparée;
toutes sont terminées par des
sommets simples: dans le fond
est placé un germe ovale, qui
soutient un style simple & couronné d'un stigmat obtus; ce
germe devient dans la suite
un légume gonflé, d'une forme
rhomboïdale, qui renferme
deux semences rondes, sur les

____

lébrité peu méritée. Celle-ci est
recommandée par plusieurs Auteurs, comme propre à dissoudre
les obstructions de la rate, à arrêter les palpitations de cœur, les
symptômes hystériques, les con-
vulsions, &c.; mais je conseille de
ne point s'y fier, & de recourir
dans ces différentes circonstances,
à des moyens plus efficaces.

côtés desquelles on remarque deux protubérances.

Ce genre de plantes fait partie de la troisieme section de la dix-septieme classe de LINNÉE , intitulée *Diadelphia decandria* , qui comprend les fleurs à dix étamines , jointes en deux corps.

Il n'y a dans ce genre qu'une espece qui est :

Cicer arietinum , foliolis serratis. Hort. Cliff. 370. Hort. Ups. 224. Mat. Med. 173. Hall. Helv. n. 399 ; Pois Chiche à feuilles dont les lobes font sciés.

Cicer sativum. Bauh. Pin. 347.; Pois Chiche de Jardin.

Cicer arietinum. Dod. Pempt. 525. Riv. t. 19.

Il y a une variété de cette plante qui n'en differe que par la couleur rouge de ses femences.

On la cultive beaucoup en Espagne , où on la connoît fous le nom de *Garavança* : elle entre toujours dans la composition de leurs *Olios* [c]. On les feme aussi en France ; mais rarement en Angleterre.

Cette plante , qui est an- nuelle , pousse de fa racine plusieurs tiges velues , de deux pieds environ de longueur, & garnies de feuilles aîlées , d'une couleur grisâtre , composées de fept ou neuf paires de petits lobes ronds , fciés fur leurs bords , & terminés par un lobe impair ; fes fleurs fortent fur les côtés des branches fouvent feules , & quelquefois deux enfemble ; elles ont la forme de celles des pois ; mais elles font beaucoup plus petites , blanches , & portées fur de longs pédoncules ; elles font fuivies de légumes courts & velus , qui renferment chacun deux femences de la groffeur d'un pois ordinaire , & gonflé fur un côté.

On feme la graine de cette plante au printems , comme les pois , dans des rigoles d'un pouce & demi de profondeur , & à deux pouces environ de diftance , & on la recouvre enfuite avec le rateau. Les rigoles doivent être éloignées de trois pieds les unes des autres , afin que les plantes puiffent s'étendre aifément ; lorfqu'elles ont acquis leur grandeur , on houe la terre entr'elles pour détruire les mauvaifes herbes , & elles ne demandent plus enfuite aucune culture.

Ces plantes fleuriffent en Juin , & leurs femences mûriffent en Août , fi la faifon eft feche & chaude ; mais fi , au contraire , le tems eft froid & humide , elles fe flétriffent prefque toujours en Angleterre , avant que leurs graines

---

[c] Les traducteurs de Paris ajoutent dans cet endroit (page 383 de leur édition), que l'*Olio* eft « une efpece d'huile, ou d'af- » faifonnement qui fert dans la » cuifine efpagnole » : or , on croyoit qu'il étoit connu de tout le monde , que l'*Olio* eft le potage ou bouilli des Efpagnols, dans lequel il entre une grande variété de viandes , de légumes & d'affaifonnemens. Voyez *Dictionnaire de l'Académie françoife*, au mot *Oille*.

foient parvenues à leur maturité (1).

CICHORIUM. *Lin. Gen. Pl.*
825. Tourn. Inft. R. H. tab. 272.
(κιχωριον, ou κιχόρειον, de κιχέω,
trouver, parce qu'on rencontre cette plante prefque partout.) [*Succory.*] *Chicorée,*
Endive.

Caracteres. Dans ce genre, la fleur a un calice commun, d'abord cylindrique, ouvert enfuite, & fermé par des écailles étroites, en forme de cœur & égales : la fleur eft compofée de plufieurs fleurettes hermaphrodites, planes, uniformes, placées circulairement, & dont le pétale de chacune eft en forme de langue, & découpé profondément en cinq parties ; elles ont cinq étamines courtes, velues, & terminées par des fommets cy-

---

(1) Les Pois Chiches font affez fortement apéritifs ; leur action fe porte principalement fur les matieres glaireufes, qu'ils ont la faculté de diffoudre, & dont ils favorifent l'excrétion ; c'eft ainfi qu'ils font utiles dans les difficultés d'uriner, occafionnées par des glaires épaiffies qui obftruent les conduits ; ils conviennent auffi dans la jauniffe, dans la fuppreffion des regles, pour faire venir le lait aux nourrices, &c. : on les donne ordinairement en décoction dans ces différentes circonftances : on les applique auffi en forme de cataplafme, pour opérer la réfolution des tumeurs.
Les Pois chiches qu'on emploie plus fréquemment en Efpagne que dans aucun autre pays, entrent dans la compofition du fyrop de guimauve DE FERNEL.

lindriques, & à cinq angles ; le germe qui eft placé fous le pétale foutient un ftyle mince, & couronné par deux ftigmats tournans : il fe change, quand la fleur eft flétrie, en deux femences fimples, couvertes de duvet, & renfermées dans le calice.

Ce genre de plantes fait partie de la premiere fection de la dix-neuvieme claffe de **LINNÉE**, intitulée *Syngénéfia polygamia æqualis* ; les plantes de cette fection n'ayant que des fleurettes hermaphrodites fructueufes.

Les efpeces font :

1°. *Cichorium intybus, floribus geminis feffilibus, foliis runcinatis. Flor. Suec. 650. 711. Dalib. Paris. 244. Mat. Med. 179.* ; Chicorée produifant deux fleurs feffiles à la tige, & des feuilles en forme de rabot.

Cichorium, foliis pinnatis, pinnis triangularibus dentatis, floribus feffilibus. Hall. Helv. n. 1.

Cichorium caule fimplici. Hort. Cliff. 389.

Cichorium fylveftre, five Officinarum. Bauh. Pin. 126. ; Chicorée fauvage.

Intybus fylveftris. Cam. Epit. 285. Fuchs. Hift. 979.

2°. *Cichorium fpinofum, caule dichotomo fpinofo, floribus axillaribus feffilibus. Hort. Cliff. 388.* ; Chicorée avec une tige fourchue épineufe, & des fleurs feffiles, qui fortent aux infertions des branches.

Cichorium fpinofum. Bauh. Pin. 126. Prodr. 62. t. 62 ; Chicorée épineufe.

Chondrillæ genus, elegans, cæruleo flore. Clus. Hift. 2. p. 145.

3°. *Cichorium Endivia , floribus solitariis pedunculatis , foliis integris , crenatis. Hort. Cliff. 389. Hort. Ups. 247. Mat. Med. 180.*; Chicorée à fleurs solitaires soutenues sur des pédoncules, & à feuilles entieres & crénelées.

Cichorium latifolium , sivè Endivia vulgaris. Bauh. Pin. 125.; Chicorée à larges feuilles, *ou* Endive commune.

Intybum sativum. Dod. Pempt. 634.

4°. *Cichorium crispum, floribus solitariis pedunculatis , foliis fimbriatis , crispis*; Chicorée produisant des fleurs solitaires sur des pédoncules , & des feuilles frangées & frisées.

Endivia crispa. Bauh. Pin. 125.; Endive frisée.

Intybus. La premiere espece, qui croît naturellement à l'ombre , sur le bord des routes & des sentiers dans plusieurs cantons de l'Angleterre, a été regardée par la plupart des Botanistes, comme étant la même que la *Chicorée de jardin*, perfectionnée par la culture. Ce qui a donné lieu à cette erreur , c'est que la *Chicorée de jardin*, dont on trouve la figure dans presque tous les anciens livres, est, selon moi, l'*Endive à larges feuilles*, ou la troisieme espece ci-dessus. J'ai cultivé ces deux plantes pendant plusieurs années dans un jardin , sans y avoir jamais reconnu aucune altération : il y a d'ailleurs une différence essentielle entre ces deux especes : la *Chicorée sauvage* a une racine rampante & vivace , & celle de *jardin* est tout au plus

bis - annuelle ; car lorsqu'on seme ses graines au printems, & qu'elle fleurit & produit ses semences la même année , elle périt en automne; de sorte qu'on devroit plutôt la regarder comme annuelle. La *Chicorée sauvage* pousse de ses racines de longues feuilles divisées jusqu'à la côte du milieu en plusieurs segmens terminés en pointe : ses tiges sortent du milieu de ces feuilles, s'élevent à trois ou quatre pieds de hauteur, & sont garnies de feuilles de la même forme que celles du bas ; mais plus petites , & qui embrassent les tiges de leurs bâses ; ces tiges se divisent vers le haut en plusieurs petites branches garnies de pareilles feuilles ; mais plus petites encore & moins dentelées : ses fleurs , teintes d'une belle couleur bleue , naissent sur les parties latérales des tiges, & des semences oblongues & enveloppées de duvet leur succedent.

Cette plante fleurit en Juin & en Juillet , & ses semences mûrissent en Septembre.

Spinosum. La seconde espece, qu'on rencontre sur les bords de la mer, en Sicile & dans les Isles de l'Archipel, pousse de sa racine plusieurs feuilles longues, dentelées sur leurs bords , & couchées sur la terre ; du centre de ces feuilles sortent des tiges garnies de feuilles plus petites , entieres, & divisées en fourches vers leur extrémité : ses fleurs, produites aux insertions des branches , sont d'un bleu pâle,

& remplacées par des femences pareilles à celles de l'efpece commune ; les plus petites branches font terminées par des épines difpofées en forme d'étoiles & fort aiguës. Cette plante, qui eft bis-annuelle en Angleterre , périt fouvent dans les hivers rigoureux ; elle fleurit & produit des femences dans le même tems que l'efpece précédente, & peut être traitée de la même maniere que l'*Endive*.

Endivia. La *Chicorée* ou *Endive à larges feuilles*, differe de la *Chicorée fauvage* dans fa durée , car fa racine périt toujours après la maturité des femences ; fes feuilles font auffi plus larges, plus rondes à l'extrémité , & moins dentelées fur les côtés que celles de l'efpece fauvage : fes branches font placées plus horifontalement, & fes tiges ne font jamais auffi hautes.

On ne cultive pas beaucoup cette plante dans les jardins Anglois ; on préfere l'*Endive frifée* qui eft plus tendre & moins amere. Quoiqu'on ne regarde l'*Endive à larges feuilles* & l'*Endive frifée* que comme des variétés accidentelles obtenues par la culture, cependant je ne les ai vu varier ni l'une ni l'autre, après les avoir cultivées pendant quarante années , fi ce n'eft que la derniere étoit quelquefois moins frifée. L'*Endive à larges feuilles* n'a que quelques petites dentelures fur fes bords ; fes tiges croiffent plus droites , & ne font que très-peu garnies de feuilles ; mais l'amer-

tume qu'elle conferve , même après avoir été blanchie , la fait négliger en Angleterre , quoiqu'on la cultive toujours dans les jardins d'Italie.

Toutes les efpeces de *Chicorées* font regardées comme apéritives & diurétiques , comme propres à détruire les obftructions du foie, à guérir la jauniffe , à pouffer les urines , & à chaffer les humeurs glaireufes qui occafionnent les rétentions.

Crifpum. Comme on multiplie à préfent beaucoup, dans les jardins Anglois, l'*Endive frifée*, pour en faire des falades d'automne & d'hiver, & qu'on la conferve auffi long-tems que la faifon le permet, je vais donner la maniere de la cultiver & de s'en procurer dans toute la perfection dont elle eft fufceptible, non-feulement en automne, mais encore pendant tout l'hiver. On feme les graines de cette efpece, pour la premiere fois, au commencement du mois de Mai ; mais il arrive fouvent que ce premier femis monte en tiges avant que les plantes foient parvenues à une groffeur fuffifante pour pouvoir être blanchies ; cet inconvenient a quelquefois lieu dans les terres riches & fertiles des environs de Londres, où elles mûriffent quelquefois en automne ; mais dans des fols plus froids, elles ne font pas auffi fujettes à filer : pour prévenir cette difpofition, il ne faudroit femer ces premieres graines que vers le milieu ou à la fin du mois de Mai : le fecond femis fe fait au milieu

lieu de Juin, & le dernier au milieu de Juillet : avec ces trois récoltes on pourra approvifionner une table pendant la faifon entiere, parce que chaque femis produira des plantes pour trois récoltes différentes.

Lorfque les plantes pouffent, on farcle les mauvaifes herbes, & on les arrofe copieufement dans les tems fecs pour faciliter leur accroiffement jufqu'à ce qu'elles foient en état d'être tranfplantées ; alors on prépare une piece de terre riche & proportionnée pour l'étendue au nombre des plantes qu'on veut y placer ; & lorfqu'elle eft bien labourée, dreffée, & arrofée fi le fol eft fort fec, on arrache avec précaution les plantes du femis fans déchirer leurs racines, en ne choififfant que les plus groffes, & en laiffant les petites afin de leur donner le tems de fe fortifier ; ce qui s'effectuera bientôt lorfque les autres feront enlevées.

Quand les plantes font hors de terre, on les coupe à l'extrémité des feuilles pour les rendre égales, & plus faciles à planter que fi elles étoient d'une longueur différente.

On trace enfuite fur le terrein des lignes, à un pied de diftance les unes des autres, on y place les plantes à dix pouces d'intervalle entr'elles, on preffe la terre fur leurs racines, & on les arrofe copieufement ; on renouvelle cet arrofement tous les foirs, jufqu'à ce qu'elles aient pouffé de bonnes racines : après

quoi on les tient nettes de toutes mauvaifes herbes.

Quand le femis a été éclairci, on le nettoye & on l'arrofe pour faire pouffer les plantes qui y reftent : douze ou quinze jours après, on peut enlever, pour la feconde fois, une quantité de plantes qu'on difpofera comme les premieres ; & après avoir laiffé écouler encore environ quinze jours, on fera une troifieme plantation avec ce refte.

Les premieres *Endives* qui auront été tranfplantées feront en état d'être blanchies à la fin de Juillet au plus tard ; ce qui s'effectuera en trois femaines ou un mois, fi elles font bien traitées : c'eft feulement alors que cette plante remplace la *romaine*, qui eft toujours préférée, fur-tout dans les tems chauds. Si quelques-unes d'entr'elles montrent leurs tiges de fleurs dans cette faifon, on les arrachera fur le champ, pour les empêcher de nuire aux plantes voifines. On ne doit en faire blanchir à la fois que la quantité néceffaire : pour y parvenir on lie d'abord les plus groffes plantes, & huit jours après on fait la même opération aux plus avancées : en s'y prenant de cette maniere, on a fur la même piece des plantes à trois dégrés différens : fi l'on fait une confommation confidérable de cette falade, il faut augmenter en proportion les plantations & le nombre des plantes que l'on blanchit : lorfqu'on s'eft pourvu d'une bonne quantité de branches d'ofier, on choifit un après-midi d'un jour fec, & fi les plantes ne contiennent aucune humidité qui puiffe les faire pourrir, on raffemble les feuilles de l'intérieur de chacune, on les arrange régulièrement dans leur pofition naturelle ; & , après avoir retranché celles qui font malfaines ou attaquées de pourriture, on les recouvre avec les extérieures, & on les fixe ainfi avec un lien d'ofier fort ferré qu'on place à deux pouces de l'extrémité des feuilles.

Huit jours après cette premiere opération, on place un nouveau lien dans le milieu, pour empêcher les feuilles du cœur de s'échapper à-travers les intervalles des autres, ce qui ne manqueroit pas d'arriver, fans cette précaution, à mefure que les plantes croîtroient : on commence par arranger ainfi les plantes les plus fortes, & on continue de même, en vifitant la piece de terre une fois par femaine : au moyen de cette méthode, on jouïra de ces plantes bien plus long-tems, que fi on les lioit toutes à la fois ; parce qu'elles deviennent tout à fait blanches, trois femaines ou un mois après, & qu'elles ne fe confervent plus enfuite que douze ou quinze jours, furtout fi la faifon eft humide : c'eft donc pour avoir de cette falade auffi long-tems qu'il eft poffible, que j'ai confeillé de la femer en trois ou quatre tems différens ; mais pour y parvenir, il eft néceffaire de placer toutes les plantes du dernier femis à une expofition chaude contre une muraille, une paliffade, ou une haie, afin de les mettre à l'abri de la gelée : fi l'hiver eft très-rude, on les couvre avec du chaume de pois, ou quelqu'autre chofe femblable, qu'on a foin d'enlever conftamment dans les tems doux. Ces plantes doivent être tenues auffi feches qu'il eft poffible, parce que l'humidité les fait pourrir aifément.

Ce que j'ai dit fur la maniere de lier les *Endives* pour les faire blanchir, n'a rapport qu'aux deux premiers femis ; car après le mois d'Octobre, & lorfque les nuits commencent à être très-froides, ces plantes, qui s'élevent au-deffus de la terre, font expofées à être endommagées par les gelées : alors il eft néceffaire d'enlever une partie de celles du dernier femis, dans un jour fort fec, avec une houe large & plate, de les dreffer dans des rigoles à l'expofition du midi, & de ne laiffer hors de terre que le fommet des plantes, afin que l'eau de pluie & les gelées ne puiffent y avoir accès.

Les *Endives*, ainfi placées, deviendront blanches & bonnes à manger en cinq femaines ; & comme elles ne fe conferveront plus enfuite que trois femaines, il faudra continuer à en mettre de nouvelles en rigole chaque quinze jours, pour n'en être jamais dépourvu : par cet arrangement les dernieres tranfplantées ne feront mifes en rigole qu'au mois de Février, & on en jouïra jufqu'au commencement d'Avril, & même plus tard, parce qu'alors les jours commencent à être longs. Le foleil ayant plus d'activité que pendant l'hiver, l'humidité féjourne moins fur les plantes, & elles font par conféquent moins fujettes à la pourriture : mais fi le tems eft à la gelée, on ne peut les conferver qu'en les couvrant avec des nattes & de la paille, qu'on a foin d'enlever, lorfque la faifon devient plus douce. Lorfque les *Endives* font affez blanches, on les enleve avec une bêche ; & après en avoir retranché toutes les feuilles vertes & flétries, on les lave dans deux ou trois eaux différentes, pour les nettoyer & en ôter les limaçons & autres infectes qui fe cachent ordinairement dans leurs feuilles, avant de les employer pour la table.

Pour fe procurer de bonnes femences, il faut examiner les plates-bandes où le dernier femis a été tranfplanté, avant d'enlever aucune plante pour les mettre en rigole, & en choifir parmi les plus groffes, les plus faines & les plus frifées, en nombre proportionné à la quantité de femences que l'on veut avoir : douze bonnes plantes fuffiront pour une petite provifion, & vingt-quatre ou trente pour une confidérable. On enleve ces plantes, on les place auprès d'une haie ou d'une paliffade à dix-huit pouces de diftance entr'elles, & à dix pouces de la haie : cette opération fe fait au commencement de Mars, fi la faifon eft douce ; mais dans le cas contraire, il faut la différer de quinze jours. Lorfque les tiges commencent à pouffer & s'élever, on les foutient avec des ficelles qu'on attache à des cloux fixés aux paliffades ou aux piquets de la haie, on coule ces ficelles le long des tiges pour les tenir droites & voifines de la haie ou bien de la paliffade, & les mettre ainfi à l'abri du danger d'être brifées par les grands vents.

On doit auffi avoir attention de les tenir nettes de mauvaifes herbes. Vers le mois de Juillet, les femences commenceront à mûrir ; alors & auffi-tôt que l'on s'apperçoit qu'elles font parvenues à leur entiere maturité, on coupe les tiges, on les expofe au foleil fur des draps, on les bat enfuite pour en tirer les graines ; &, après les avoir fait fecher une feconde fois, on les enferme dans des facs de papier que l'on conferve dans un lieu fec. Il ne faut pas attendre, pour les recueillir, qu'elles foient toutes mûres fur la même plante, parce que les premieres & les meilleures tomberoient & feroient perdues, avant que les dernieres aient atteint le dégré de perfection qui leur eft néceffaire.

On cultive rarement dans les jardins la *Chicorée fauvage*, dont on connoît plufieurs variétés qui différent entr'elles dans la couleur de leurs fleurs : elle croît naturellement en Angleterre fur les chemins & fentiers peu fréquentés , & fur des tas de fumier , où les revendeufes vont la chercher & l'apportent fur les marchés pour l'ufage de la médecine (1).

CICUTA , fignifie proprement un *creux* ou *vide* qui fe trouve entre deux nœuds dans les tiges des plantes, comme dans les rofeaux dont les bergers d'aujourd'hui font des pipeaux , comme en faifoient ceux du tems de Virgile , qui s'exprime ainfi :

Eft mihi difparibus feptem compacta cicutis fiftula.

CICUTA. *Linn. Gen. Plant.* 316. *Sium. Raj. Syn.* 212. [*Wa-*ter *Hemlock.*] Ciguë aquatique.

Caracteres. Ce genre de plantes a des fleurs en ombelle ; l'ombelle générale eft compofée de plufieurs plus petites , qu'on nomme *rayons* ; ces dernieres font égales , rondes & épineufes ; la grande ombelle n'a point d'enveloppe , mais les petites en ont qui font compofées de plufieurs petites feuilles ; les corolles ont chacune cinq pétales ovales , prefqu'égaux , & penchés en-dedans : la fleur a cinq étamines velues , plus longues que les pétales & terminées par des fommets fimples. Au-deffous de la fleur eft fitué un germe qui foutient deux ftyles minces , perfiftans , plus longs que les pétales , & furmontés par des ftigmats en forme de tête : ce germe devient enfuite un fruit rond , cannelé & divifé en deux parties , dont chacune forme une femence ovale , unie d'un côté & convexe de l'autre.

LINNÉE a rangé ce genre dans la feconde fection de fa cinquieme claffe , intitulée : *Pentandria Digynia*, qui comprend les fleurs à cinq étamines & à deux ftyles ; le titre de ce genre a été généralement appliqué aux *Ciguës communes*, qui croîffent naturellement fur les digues & fur les bords des grandes routes dans prefque toute l'Angleterre ; mais LINNÉE a appliqué à cette plante l'ancien titre de *Conium* & il a refervé celui de *Cicuta* à la *Ciguë aquatique & vénimeufe* décrite par WEPFER.

---

(1) Toutes les efpeces de *Chicorées* contiennent à-peu-près les mêmes principes , & produifent les mêmes effets : toutes leurs propriétés réfident dans leur principe fixe plus gommeux que réfineux , & plus abondant dans la *Chicorée fauvage* , que dans celle qui eft cultivée pour les ufages de la cuifine : l'infufion des feuilles, ou des racines de ces plantes, fournit une boiffon très-falutaire dans un grand nombre de maladies : fa légere amertume fuffit pour corriger la vertu extrêmement relâchante de l'eau tiede qui en fait la bâfe. La *Chicorée* eft apéritive & diurétique ; elle convient dans les engorgemens des vifceres , dans l'ictere, l'obftruction du foie & de la rate, la cachexie, l'hydropifie, les fleurs blanches, les affections pforiques, les dartres, le fcorbut, les rhumatifmes chroniques, la goutte, &c.

Les especes sont :

1°. *Cicuta virosa umbellis oppositis foliis, petiolis marginatis, obtusis.* Linn. Sp. Plant. 155. Gmel. Sib. 1. p. 202 ; Ciguë produisant des ombelles de fleurs opposées aux feuilles, avec des pétioles obtus & garnis d'une bordure.

Sium, foliis duplicato-pinnatis, pinnulis acutè serratis, trifidis & simplicibus. Hall. Helv. n. 781.

Cicuta. Hort. Cl. 100. Fl. Suec. 239 , 253. Roy. Lugd.-B. 109.

Cicutaria. R. Pent. t. 76.

Sium aquaticum , foliis rugosis , trifidis , dentatis. Moris. Umb. 63. t. 5. ex. Gmel. R.

Sium aquaticum , foliis multifidis , dentatis. Moris. Umb. 63. t. 5. ex Gmel. R.

Sium alterum. Dod. 589.

Sium Erucæ folio. Bauh. Pin. 154 ; Sium à feuilles de Roquette.

Cicuta aquatica Gesneri. Fl. Lapp. 103. Wepf. Trew. Comm. Nov. 1740. p. 378 ; Ciguë aquatique de Gesner.

2°. *Cicuta maculata , foliorum serraturis mucronatis , petiolis membranaceis , apice bilobis.* Linn. Sp. Plant. 256 ; Ciguë à feuilles pointues & sciées , dont les pétioles sont membraneux , & terminés en deux lobes.

Ægopodium , foliolis lanceolatis acuminatis serratis. Gron. Virg. 32.

Angelica Caribæarum elatior. Olusatri folio , flore albo , seminibus luteis , striatis, Cumini odore & sapore. Pluk. Alm. 31. t. 76. f. 1.

Myrrha. Mitch. Gen. 18.

Angelica Virginiana , foliis acutioribus , semine striata minori , Cumini sapore & odore. Moris. Hist. 3. p. 281 ; Angelique de Virginie , à feuilles plus aiguës , produisant une petite semence cannelée qui a le goût & l'odeur du Cumin.

3°. *Cicuta bulbifera , ramis bulbiferis.* Linn. Sp. Plant. 367 ; Ciguë dont les branches produisent des bulbes.

Ammi foliorum lacinulis capillaribus , caule angulato. Gron. Virg. 31.

Umbellifera aquatica , foliis in minutissima & planè capillaria segmenta divisis. Raj. Suppl. 260 ; Plante ombellifere & aquatique , avec des feuilles divisées en segmens très-menus & capillaires.

Virosa. La premiere espece qu'on rencontre dans les eaux stagnantes de plusieurs cantons de l'Angleterre, n'est point admise dans les jardins , où d'ailleurs elle ne réussiroit pas , à moins qu'elle ne fût plantée dans une eau dormante & très-profonde , au fond de laquelle elle pût prendre racine: j'ai essaié plusieurs fois de transplanter quelques-unes de ces plantes dans des étangs ; elles s'y conservoient pendant un été , mais elles y périssoient avant la fin de l'hiver.

Cette plante pousse une tige haute d'environ quatre pieds , creuse , branchue , garnie de feuilles aîlées , & terminées par une ombelle de fleurs jaunâtres, qui sont suivies par de petites semences cannelées & semblable à celles du *Persil:* elle fleurit en Juin & en Juillet, & ses semences mûrissent en automne.

Maculata. La feconde efpece eft originaire de l'Amérique Septentrionale, d'où fes femences m'ont été envoyées en Angleterre ; on la conferve dans les jardins de Botanique, pour la variété feulement : on la multiplie en femant fes graines en automne, dans une plate bande à l'ombre ; les plantes poufferont au printems, & n'exigeront aucun autre foin que d'être tenues conftamment nettes.

Bulbifera. La troifieme, qui fe trouve également dans l'Amérique Septentrionale, eft quelquefois cultivée dans les jardins de Botanique ; mais comme elle n'eft d'aucun ufage, & qu'elle n'offre pas un grand agrément, il eft rare qu'on la conferve ailleurs : on la multiplie par le moyen de fes graines qu'on feme en automne ; & on traite enfuite les plantes qui en proviennent, de la même maniere que celles de la feconde efpece.

CICUTAIRE, CICUTA-RIA. *Voyez* LIGUSTICUM PELO-PONNESIACUM.

CIERGE. *Voyez* CEREUS, CACTUS.

CIGUE. *Voyez* CICUTA, CONIUM.

CIGUE AQUATIQUE. *V.* CICUTA, LIGUSTICUM PELO-PONNESIACUM.

CINERARIA, [*Sea Ragwort.*] Jacobée maritime. *Lin. Gen. Plant. Edit. Nov. n. 1036.*

Caracteres. Les fleurs de ce genre ont un calice fimple, & formé par plufieurs feuilles égales : la fleur eft radiée, & fon difque eft compofé de plu-

fieurs fleurettes hermaphrodites, en forme d'entonnoir, & découpées au fommet en cinq fegmens ; elles ont cinq étamines minces, terminées par des fommets cylindriques, & un germe oblong qui foutient un ftyle fort mince & couronné par deux ftigmats érigés : ce germe fe change par la fuite en une femence quarrée, étroite & couverte d'un duvet hériffé.

Les fleurettes femelles, qui forment les rayons, ont des corolles en forme de langue, & font dentelées à leur extrémité ; elles renferment un germe oblong avec deux ftyles, & leurs femences, qui font renfermées dans le calice, reffemblent à celles des fleurettes hermaphrodites.

Ce genre de plantes eft rangé dans le fecond ordre de la dix-neuvieme claffe de LINNÉE, intitulée : *Syngénéfia, Polygamia fuperflua* ; qui comprend les fleurs compofées de fleurettes femelles & hermaphrodites toutes deux fruétueufes.

Les efpeces font :

1°. *Cineraria Gei-folia, pedunculis ramofis, foliis reni-formibus, fuborbiculatis, fublobatis, dentatis, petiolatis. Linn. Sp. Plant.* 1242. *Berg. Cap.* 289 ; Jacobée avec des pédoncules branchus, & des feuilles en forme de rein, orbiculaires, un peu divifées en lobes, dentelées & fupportées par des pétioles.

Solidago, foliis reni formibus, fuborbiculatis, dentatis. Hort. Cl. 410.

Othonna Gei-folia. Kniph. Cent. 5. *n.* 62.

Jacobæa Capenfis, Malvæ folio

lanuginoſo. Seb. Muſ. 1. t. 22. f. 2

Jacobæa Africana, Hederæ ter-reſtris folio, repens. Comm. Hort. 2. p. 145. t. 73 ; Jacobée d'Afrique, rampante, à feuilles de Lierre terreſtre.

2°. *Cineraria maritima, floribus paniculatis, foliis pinnati-fidis, tomentoſis, laciniis ſinuatis, caule fruteſcente. Linn. Sp. Pl. 1244. Kniph. Cent. 6. n. 68* ; Jacobée maritime, avec une tige d'arbriſſeau, des feuilles en pointes aîlées, cotonneuſes, & à lobes ſinués, des fleurs diſpoſées en panicule.

Othonna 2. Hort. Upſ. 272.

Solidago, foliis pinnati-fidis, laciniis ſinuatis, corymbis race-moſis. Hort. Cliff. 140. Gron. Orient. 277.

Jacobæa maritima. Bauh. Pin. 131 ; Jacobée maritime.

Cineraria. Dod. Pempt. 642.

3°. *Cineraria Amelloïdes, pedunculis unifloris, foliis ovatis oppoſitis, caule ſuffruticoſo. Linn. Sp. Pl. 1245. Berg. Cap. 290* ; Jacobée en tige d'arbriſſeau, avec des feuilles ovales & oppoſées, & des pédoncules qui ſoutiennent chacun une fleur.

Solidago Africana fruteſcens cærulea, Hyperici foliis plerumque conjugatis. Vaill. Act.

Aſter Africanus fruteſcens, ramoſus, floribus cæruleis, foliis oppoſitis, minimis, caulibus & ramulis in pedunculos nudos exeuntibus. Raj. Suppl. 158.

Aſter, caule ramoſo ſcabro perenni, foliis ovatis, ſeſſilibus, pedunculis nudis, unifloris. Mill. fig. 2. pl. 76.

4°. *Cineraria Othonnites, pedunculis unifloris, foliis oblongis,* indiviſis, ſubdentatis, petiolatis, *alternis, nudis. Lin. Sp. Plant. 1244* ; Jacobée avec des feuilles oblongues, non diviſées, un peu dentelées, & ſupportées par des pétioles nuds & alternes, & des pédoncules dont chacun ſoutient une fleur.

Chryſanthemum Africanum fruteſcens, Telephii foliis craſſis. Pluk. Amalth. 45, t. 382, f. 4.

Jacobæa Africana fruteſcens, craſſis & ſucculentis foliis. Comm. Hort. 2, p. 147, t. 76, Raj. Suppl. 174.

Solidago Afra fruteſcens, foliis craſſis, dentatis. Vaill. Act.

Othonna fruteſcens. Linn. Syſt. Plant. nov. Ed. tom. 3, p. 936, Sp. 10.

5°. *Cineraria tomentoſa, foliis pinnato-ſinuatis, dentatis, ſubtus tomentoſis, floribus paniculatis, caule fruteſcente* ; Jacobée maritime avec des feuilles ſinuées en forme d'aîles, dentelées & cotonneuſes en-deſſous, une tige d'arbriſſeau, & des fleurs diſpoſées en panicule.

Jacobæa maritima latifolia. Bauh. Pin. 69 ; Jacobée maritime à larges feuilles.

On connoît encore pluſieurs autres eſpeces de ce genre; mais comme elles ont peu de beauté, & qu'on n'en fait aucun uſage, il eſt rare qu'on les cultive dans les jardins.

Gei-folia. La première eſpece, qui croît naturellement au Cap de Bonne-Eſpérance, a une racine compoſée de pluſieurs petites fibres, & des tiges foibles, rampantes, longues de quatre pieds, & diviſées en pluſieurs branches garnies de feuilles rondes, en forme de rein, & entaillées fur leurs bords : fes fleurs jaunes, difpofées en paquets, & de la même forme que celles de la *Jacobée ordinaire*, naiffent aux extrémités des branches, & font remplacées par des femences couronnées de duvet.

Les boutures de cette efpece, au moyen defquelles on la multiplie, prennent racine au bout d'un mois ou cinq femaines, fi elles font plantées en été dans des plates-bandes à l'ombre, & fouvent arrofées. On les place enfuite dans des pots pour contenir leurs racines qui font fort fujettes à s'étendre en pleine terre, & dont la rupture entraîne prefque toujours la deftruction de la plante. Il arrive auffi quelquefois que les racines de celles qui font mifes en pots pénètrent à travers les trous qui y font pratiqués pour l'écoulement des eaux, lorfqu'on ne les change pas affez fouvent : alors elles deviennent beaucoup plus fortes & fucculentes : mais quand, en enlevant les pots, on vient à caffer ces racines, les plantes périffent prefque toujours. Comme cette efpece prend naiffance dans un climat beaucoup plus chaud que celui de l'Angleterre, elle ne peut fupporter en plein air les rigueurs du nôtre : on ne doit cependant pas la traiter trop délicatement, parce qu'elle deviendroit encore plus tendre, & qu'elle ne manqueroit pas de filer ; ainfi le meilleur moyen pour la conferver, eft de fe procurer chaque année de jeunes plantes par boutures,

& de les placer fous un vitrage de couche ordinaire où elles puiffent être mifes à l'abri des froids de l'hiver, & jouïr de l'air dans les tems doux. En été on peut les expofer audehors, avec les autres plantes exotiques les plus dures.

Maritima. La feconde efpece, qu'on trouve quelquefois fur les bords de la mer dans les parties les plus chaudes de l'Angleterre & du pays de Galles, eft fort commune dans la France Méridionale & en Italie ; cette plante pouffe plufieurs tiges ligneufes, hautes de deux ou trois pieds, divifées en plufieurs branches dont l'écorce eft blanche & couverte de duvet, & garnies de feuilles cotonneufes, de fix ou huit pouces de longueur, dentelées & finuées fur leurs bords en forme d'aîles : les tiges de fleurs, qui s'élevent à la hauteur d'un pied, font garnies chacune de deux ou trois petites feuilles femblables à celles du bas, & font terminées par plufieurs fleurs jaunes difpofées en panicule, & reffemblantes à celles de la *Jacobée ordinaire* ; elles paroiffent en Juin, en Juillet & en Août, & produifent des femences qui mûriffent au commencement d'Octobre.

On multiplie très-aifément cette efpece par boutures qu'on place à l'ombre dans une platebande pendant tous les mois de l'été ; on les arrofe fouvent, et quand elles font bien enracinées on les tranfplante dans un fol rempli de décombres fecs, où elles réfifteront très-bien au froid de nos hivers ordinaires, & se conserveront plusieurs années; au-lieu que dans une terre riche & humide elles deviendroient trop succulentes, & seroient exposées à être détruites par les fortes gelées.

Amelloïdes. La troisieme est originaire du Cap de Bonne-Espérance; ses tiges branchues & en forme d'arbrisseau, s'élevent à deux ou trois pieds de hauteur, & sont garnies de feuilles ovales & opposées: ses pédoncules, longs & nuds, sont terminés par des fleurs bleues dont les rayons sont réfléchis; ces fleurs paroissent durant une grande partie de l'année, & celles qui s'épanouissent en été sont suivies par des semences comprimées & couronnées de duvet. On peut multiplier cette espece en semant ses graines sur une planche de terre légere au commencement d'Avril; & lorsque les plantes sont assez fortes, on en met une partie dans des pots afin de pouvoir les tenir à couvert des froids de l'hiver sous un vitrage de couche, & le reste sera transplanté contre une muraille chaude, dans une mauvaise terre, où elles se conserveront si l'hiver est favorable; mais si elles viennent à périr, on aura toujours celles qui auront été mises sous les vitrages: on peut aussi multiplier cette plante par boutures, comme la précédente.

Othonnites. La quatrieme espece a une tige branchue d'arbrisseau, haute de trois ou quatre pieds, & garnie de feuilles oblongues, épaisses, entie-

res & d'une couleur de vert-de-mer: ses fleurs qui naissent sur des pédoncules branchus & élevés jusqu'aux extrémités des branches, sont jaunes, & de la même forme que celles des autres especes; mais elles produisent rarement des semences en Angleterre.

On la multiplie aisément par boutures, dans tous les tems de l'année: quand elles sont bien enracinées, on les plante dans des pots, afin de pouvoir les mettre à couvert des froids; car cette espece, qui nous vient du Cap de Bonne-Espérance, est trop tendre pour résister ici en plein air aux rigueurs de cette saison.

Tomentosa. La cinquieme naît spontanément sur les côtes de la mer, en Italie & en Sicile; elle ressemble fort à la seconde, mais ses tiges sont plus ligneuses, plus élevées & moins branchues: ses feuilles sont aussi plus larges, moins découpées, & d'un vert obscur en-dessous: ses fleurs, qui naissent en petits paquets au sommet des pédoncules, ressemblent à celles de la seconde espece; mais elles sont rarement suivies de semences en Angleterre. Comme cette plante est moins dure que la seconde, il est nécessaire de la tenir à l'abri pendant l'hiver. On la multiplie facilement par boutures pendant tous les mois de l'été.

CIRCÉE, *ou* **HERBE DE SAINT-ÉTIENNE, HERBE DES MAGICIENNES.** *Voyez* **CIRCÆA LUTETIANA.**

CIRCÆA. *Lin. Gen. Plant.* 24. *Tourn. Inst. R. H. 301. tab.* 155.

On prétend que cette plante est ainsi appelée du nom de CIRCÉ, fameuse Magicienne, qu'on dit avoir enchanté ULYSSE & ses compagnons. BOERHAAVE suppose que ce nom lui a été donné parce que son fruit s'attacne aux habits des passans, & que par ce moyen elle paroît les attirer, comme CIRCÉ le faisoit par ses enchantemens. [*Enchanter's Nighsthade.*] *Circée* ou *Herbe des Magiciennes*, ou *Herbe de Saint-Étienne.*

Caractères. Dans ce genre le calice est formé par deux feuilles ovales & concaves ; la corolle est composée de deux pétales en forme de cœur, égaux, étendus & ouverts : la fleur a deux étamines érigées, velues & terminées par des sommets ronds : le germe, qui est placé sous la fleur, soutient un style mince & couronné par un stigmat obtus & bordé. Le calice se change dans la suite en une capsule rude, ovale, & a deux cellules qui s'ouvrent dans leur longueur, & renferment chacune une semence simple & oblongue.

Ce genre de plantes est rangé par LINNÉE dans la premiere section de la seconde classe, intitulée : *Diandria Monogynia,* qui comprend les fleurs pourvues de deux étamines & d'un style.

Les especes sont :

1°. *Circæa Lutetiana, caule erecto, racemis pluribus. Linn. Sp. Pl. 9. Œd. Dan. 256. Fl. Suec. 6. Hort. Cliff. 7. Roy. Lugd.-B. 303. Dalib. Paris. 3.* ; Circée ou Herbe des Magiciennes, dont

les tiges droites produisent plusieurs épis de fleurs.

Circæa, foliis subcordatis, subserratis. Hall. Helv. 11, 813.

Circæa, foliis oppositis, ellipticis, subvillosis, integris. Scop. Fl. Carn. Ed. 1, p. 28, n. 1, Ed. 2, n. 6.

Solani-folia, Circæa dicta major. Bauh. Pin 168.

Herba D. Stephani. Tabern. p. 730 ; Herbe de Saint-Étienne.

Circæa Lutetiana. Lobel. Ic. 266, Herbe des Magiciennes commune, Circée, *ou* Herbe de Saint-Étienne.

2°. *Circæa Alpina, caule adscendente, racemo unico. Linn. Sp. Plant. 9, Fl. Suec. 7* ; Herbe des Magiciennes à tige montante, produisant un seul épi de fleurs.

Circæa calyce colorato. Fl. Lapp. 3.

Circæa, foliis cordatis, acutè dentatis. Hall. Helv. n. 814.

Circæa, foliis alternis, cordatis, dentatis, glabris. Scop. Carn. Ed. 1, p. 258, n. 2, Ed. 2. n 7.

Circæa Alpina minor. Herm. Lugd.-B. 150. Segnier. Veron. 1, p. 326.

Circæa Lutetiana, vera minor Danica. Lob. 89.

Circæa, Solani-folia minor, cauliculis rubris, succulentis, fragilibus. Mentz. Pugill.

Solani-folia Alpina. Bauh. Pin. 163.

Circæa minima. Colum. Ecphr. 2, p. 79, t. 80 ; La plus petite Herbe des Magiciennes.

Lutetiana. La premiere espece croit naturellement à l'ombre dans les bois, & sous les haies de plusieurs cantons de l'Angleterre. Cette plante a une racine rampante, par laquelle

elle se multiplie considérablement ; ses tiges sont droites,
hautes d'un pied & demi , &
garnies de feuilles en forme
de cœur , opposées, supportées
par de très longs pétioles, d'un
vert foncé au-dessus, & pâles
en-dessous ; ces mêmes tiges
sont terminées par des épis
clairs qui se divisent en plusieurs branches aussi terminées
en épis plus petits, & étendus
au dehors : ses fleurs sont petites, blanches & pourvues de
deux pétales vis-à-vis lesquels
sont situées deux étamines.
Lorsque les fleurs sont tombées, les calices se changent
en capsules rudes , qui contiennent des semences oblongues. (1).

Alpina. La seconde croît aux
pieds des montagnes dans plusieurs parties de l'Allemagne ,
ainsi que dans une forêt aux
environs de la Haye en Hollande , d'où je l'ai apportée en
Angleterre. Cette plante , qui
s'élève tout au plus à six ou
huit pouces de hauteur , a une
tige mince & garnie de feuilles
semblables à celles de la précédente , mais plus petites & dentelées sur leurs bords ; ses fleurs
sont produites en épis simples
& clairs aux sommets des tiges ;
elles sont plus petites que celles de la précédente , mais de
la même forme & de la même
couleur.

---

(1) On n'emploie guere cette
plante intérieurement ; mais on s'en
sert quelquefois en cataplasme &
en fomentation sur les hémorrhoïdes enflammées , sur lesquelles elle
produit de bons effets ; elle est
résolutive & anodine.

Ces plantes fleurissent en
Juin , & perfectionnent leurs
semences en Août ; mais comme elles se multiplient l'une
& l'autre considérablement par
leurs racines rampantes , on ne
les conserve pas dans les jardins , à moins que ce ne soit
pour la variété.

En plantant ces racines à
l'ombre , & dans les lieux humides d'un jardin , elles s'y
étendront fortement sans exiger aucun soin.

**CIRCULATION DE LA
SÉVE** *Voyez* SÉVE.

CIRRHI. Ce sont des fibres
déliées, ou des prolongemens
des tiges des plantes, au moyen desquels quelques-unes ,
comme le *Lierre* , s'attachent
aux murailles , aux palissades ,
ou aux arbres pour se soutenir & s'élever. On les nomme
aussi *Vrilles* ou *Mains*.

CIRSIUM. *Voyez* CARDUUS.

CISSAMPELOS. *Linn. Gen.
Plant. 993. Caapeba. Plum. Nov.
Gen. 33. tab. 29.* [*Cissampelos*]

Caracteres. Ce genre a des
fleurs mâles & des fleurs femelles sur différentes plantes ;
les fleurs mâles n'ont point de
calice , leur corolle est composée de quatre pétales ovales ,
planes & étendus , & d'un nectaire en forme de roue, placé
dans le disque ; la fleur a quatre petites étamines jointes ensemble , & terminées par des
sommets larges & planes. Les
fleurs femelles n'ont ni calice
ni corolle, mais seulement un
grand nectaire , dont les mem-
branes sont portées autour d'un
germe ovale & velu , qui devient ensuite une baie succu-

lente , dans laquelle eſt renfermée une ſeule ſemence.

Ce genre de plantes fait
partie de la douzieme ſection
de la vingt deuxieme claſſe de
LINNÉE , intitulée : *Diœcia Monadelphia* , dans laquelle ſont
compriſes les plantes qui ont
des fleurs mâles & femelles
placées ſur différens pieds , &
dont les fleurs mâles ont quatre
étamines jointes en un corps.

Les eſpeces ſont :

1°. *Ciſſampelos Pareira* , *foliis
peltatis* , *cordatis* , *emarginatis.
Linn. Sp. Plant.* 1473. *Mat. Med.*
218 ; Ciſſampelos à feuilles en
forme de bouclier , en cœur &
échancrées.

*Ciſſampelos , caule erecto , ſuf-
fruticoſo ſimpliciſſimo. Lœſl. It.*
267.

*Clematis baccifera glabra & vil-
loſa , rotundo & umbilicato folio.
Plum. Amer.* 78 , *t. 93* , *F. 1 , t.*
183. *Sloan. Jam. 85* , *Hiſt.* 1 ,
p. 200.

*Convolvulus Braſilianus , flore
octo-petalo , monococcos. Raj. Hiſt.*
1331.

*Caapeba folio orbiculari & um-
bilicato lœvi. Plum. Gen.* 33 ;
Caapeba à feuille ronde , liſſe
& ombiliquée.

Caapeba , Marcgr. Braſ. 24.
Pis. Braſ. 94.

Abulon. Barr. Icon. 1.

2°. *Ciſſampelos Caapeba , foliis
baſi petiolatis , integris. Linn. Sp.
Plant.* 1473 ; Ciſſampelos à feuilles petiolées à leur bâſe , &
entieres.

*Caapeba , folio orbiculari non
umbilicato. Plum. Gen.* 33. *Ic.*
67 , *f.* 2 ; Caapeba à feuilles
rondes & non ombiliquées ,

appelées en Amérique *Feuilles
de Velours.*

Ces plantes , qui croiſſent
naturellement dans les parties
les plus chaudes de l'Amérique ,
s'entortillent autour des arbriſſeaux voiſins , & s'élevent ainſi
à la hauteur de cinq ou ſix
pieds.

Pareira. La premiere eſpece
a des feuilles rondes en forme
de cœur ou de bouclier , velues en-deſſous , & portées ſur
des pétioles longs & minces :
ſes fleurs ſont produites vers
le haut des tiges , aux ailes
des feuilles ; celles des plantes mâles croiſſent en petites
grappes , & ſont d'une couleur pâle herbacée ; mais les
fleurs femelles paroiſſent ſur
les parties latérales des tiges
en grappes claires & longues :
ces dernieres ſont ſuivies de
baies ſimples & charnues , qui
contiennent chacune une ſeule ſemence.

Caapeba. La ſeconde eſpece
a des feuilles rondes , en forme de cœur , très-cotonneu-
ſes , douces au toucher , & portées ſur des pétioles placés à
leurs bâſes entre les deux
oreilles : ſes fleurs naiſſent en
grappes ſur les côtés des tiges , comme dans la premiere ;
ſes tiges , ainſi que les autres
parties de la plante , ſont cotonneuſes & couvertes d'un
duvet doux.

Le Docteur HOUSTOUN m'a
envoyé de la Jamaïque les ſemences de ces deux plantes qui
ont très - bien réuſſi dans les
jardins de *Chelſéa* ; elles y ont
fleuri pendant pluſieurs années.

La premiere espece a perfectionné ses fruits ; mais ceux de la seconde n'ont point mûri, quoiqu'ils en aient eu l'apparence ; ce qui a peut-être eu lieu, parce que les plantes mâles étoient trop éloignées pour pouvoir répandre leur poussiere fécondante sur les fleurs femelles.

On multiplie ces plantes par le moyen de leurs graines, qu'on répand au printems sur une couche chaude, & on les traite ensuite de la même maniere que les autres especes tendres & exotiques ; parce qu'on ne peut les conserver en Angleterre, qu'en les tenant constamment dans la couche de tan de la serre chaude.

On croit que la premiere espece est le *Pareira*, dont la racine a été regardée comme un excellent diurétique ; mais après avoir examiné l'échantillon que j'ai reçu du Docteur HOUSTOUN, sous le titre de *Pareira*, je pense qu'elle devroit être placée dans le genre des *Smilax* (1).

---

(1) La racine de *Pareira brava*, a eu autrefois beaucoup plus de réputation qu'elle n'en a aujourd'hui ; elle a éprouvé le sort de la plupart des découvertes nouvelles, que l'enthousiasme du moment proclame comme des remedes divins ; mais que l'expérience, ce seul guide sur lequel on puisse compter dans l'art de guérir, réduit bientôt à leur véritable valeur.

Cette racine n'a pas plus de vertus que la *Chicorée* ; elle est comme elle apéritive & diurétique, & peut être employée dans les mêmes circonstances. Sa dose, lorsqu'on la

CISSUS. *Linn. Gen. Pl. Edit. nouv. n.* 153. [*Wild Grape.*] Raisin, *ou* Vigne sauvage.

Caracteres. Les fleurs de ce genre ont une petite enveloppe formée par plusieurs feuilles : la fleur a un calice monophile, une corolle composée de quatre pétales concaves, un grand nectaire placé au bord du germe, quatre étamines aussi longues que la corolle, insérées dans le nectaire & terminées par des sommets ronds : dans son fond est placé un germe à quatre angles qui soutient un style mince de la longueur des étamines, & couronné par un stigmat aigu : le calice se change, quand la fleur est passée, en une baie dans laquelle est renfermée une semence ronde.

LINNÉE a placé ce genre dans la premiere section de sa quatrieme classe, intitulée : *Tetrandria monogynia*, dont les fleurs ont quatre étamines & un style.

Les especes sont :

1°. *Cissus cordi - folia, foliis cordatis, integerrimis. Linn. Sp. Pl. 170* ; Vigne sauvage, à feuilles en forme de cœur & entieres.

Vitis, folio subrotundo, Uvâ corymbosâ cæruleâ. Plum. Gen. 18. Ic. 159. f. 3.

2°. *Cissus Sicyoïdes, foliis ovatis, nudis, setaceo - serratis. Lin. Sp. Plant. 170* ; Vigne sauvage à feuilles ovales, nues,

---

fait prendre en substance, est depuis un demi-gros jusqu'à un gros ; & en infusion aqueuse ou vineuse, depuis un gros jusqu'à trois.

& garnies de poils fur les bords en forme de fcies.

Ciffus, foliis fimplicibus, nitidis. Jacq. Amer. 22. *t.* 15.

Vitis, foliis dentatis. Plum. Ic. 259. *f.* 2.

Funis crepitans. Rumph. Amb. 5. *p.* 446. *t.* 164. *f.* 1.

Scunumpi valli. Rheed. Mal. 7. *t.* 11.

Irfiola fcandens, foliis oblongo-ovatis, ad margines denticulis fetaceis. Brow. Jam. 47. *t.* 4. *f.* 1, 2.

Bryonia alba, geniculata, Violæ foliis, baccis è viridi - purpurafcentibus. Sloan. Jam. 106. *Hift.* 1. *p.* 233. *t.* 144. *f.* 1. *Raj. Suppl.* 347.

3°. *Ciffus acida, foliis ternatis, oblongis, carnofis, incifis. Lin. Sp. Plant.* 170 ; Vigne fauvage, avec des feuilles à trois lobes, oblongues, charnues & découpées fur leurs bords.

Sicyos trifoliata. Linn. Sp. Pl. 1013.

Irfiola triphylla fcandens & claviculata, foliis craffis, ferratis. Brown. Jam. 147.

Bryonia alba, triphylla, geniculata, foliis craffis, acidis. Sloan. Jam. 106. *Hift.* 1. *p.* 233. *t.* 142. *f.* 6. *Raj Suppl.* 347. *Rumph. Amb.* 5. *t.* 66. *f.* 2.

Bryonioïaes trifoliatum Indicum, foliis fucculentis, craffis & crenatis. Pluk. Alm. 71. *t.* 152. *f.* 2.

Vitis trifolia minor corymbofa, acinis nigrioribus, turbinatis. Plum. Spec. 18. *t.* 259. *f.* 5.

4°. *Ciffus trifoliata, foliis ternatis, fubrotundis, fubdentatis. Linn. Sp. Plant.* 170 : Vigne fauvage à feuilles à trois lobes, rondes & légerement dentelées.

Irfiola triphylla fcandens, foliis ovatis, fubdentatis, petiolo communi marginato, calycibus majoribus. Brow. Jam. 147.

Bryonia alba triphylla maxima. Sloan. Jam. 106. *Hift.* 1. *p.* 233. *t.* 144. *f.* 2. *Raj. Suppl.* 347.

Toutes ces plantes croiffent naturellement dans l'Ifle de la Jamaïque, & dans plufieurs autres des climats chauds de l'Amérique. Dans ces contrées elles pouffent des branches minces, garnies à chacun de leurs nœuds, des vrilles, au moyen defquelles elles s'attachent aux arbres voifins, aux buiffons, &c. , & s'élevent ainfi à une hauteur confidérable.

Cordi-folia. La premiere produit des grappes de fruits que les Negres mangent fouvent; mais qui fervent fur - tout de nourriture aux oifeaux & au gibier, ainfi que ceux des autres efpeces qui croiffent toutes dans les lieux incultes.

On conferve ces plantes dans quelques Jardins de l'Europe, plutôt pour la variété, que pour leur ufage & leur beauté; car elles produifent rarement du fruit ou des fleurs dans nos climats tempérés. On les multiplie par marcottes qu'on obtient en couchant leurs branches flexibles dans des pots placés aux environs, où elles prennent racine en quatre ou cinq mois; ou bien par boutures que l'on plante dans des pots remplis de terre légere, qu'on plonge dans une couche de tan médiocrement chaude, qu'on couvre exactement avec des cloches pour en exclure l'air extérieur, & qu'on arrose souvent & légerement : lorsque les boutures & les marcottes sont bien enracinées, on les enleve avec précaution, on les place chacune dans un petit pot rempli de terre légere, & on les plonge dans une couche chaude de tan, où elles doivent rester constamment, parce qu'elles sont trop tendres pour profiter en Angleterre sans ce secours : il faut leur donner des pots plus grands, à mesure qu'elles en ont besoin, soutenir leurs branches avec des baguettes, pour les empêcher de ramper sur les plantes voisines, & leur donner de l'air dans les tems chauds. Au moyen de ce traitement, elles réussiront assez bien.

CISTE. *Voyez* Cistus.

CISTUS. *Linn. Gen. Plant.* 598. *Tourn Inst. R. H.* 259. *tab.* 136. Cette plante est ainsi nommée de Κιϛίς ou Κιϛη, *Gr. Capsule* ou *petite Boëte*; parce que ses semences sont renfermées dans un étui qui ressemble à une petite boëte. [*Rock-rose.*] Ciste.

Caractères. Les fleurs de ce genre ont un calice persistant & à cinq feuilles; deux de ces feuilles sont plus petites & placées alternativement : leur corolle est composée de cinq pétales larges, ronds, planes & étendus : la fleur a un grand nombre d'étamines velues, plus courtes que les pétales, & terminées par de petits sommets ronds : dans le centre est placé un germe rond, surmonté d'un style aussi long que les étamines, & couronné par un

stigmat plane & rond ; ce germe se change dans la suite en une capsule ovale, unie, divisée en cinq & quelquefois en dix cellules remplies de semences rondes & petites.

Ce genre de plantes est rangé dans la premiere section de la treizieme classe de Linnée, qui a pour titre : *Polyandria monogynia*, & qui comprend les fleurs à plusieurs étamines avec un seul style.

Les especes sont :

1°. *Cistus pilosus arborescens, exstipulatus, foliis ovatis, petiolatis, hirsutis. Linn. Sp. Plant.* 736 ; Ciste en arbrisseau, à feuilles ovales, pétiolées & hérissées.

Cistus mas, folio rotundo, hirsutissimo. Bauh. Pin. 464.

Cistus mas major, folio rotundiore. I. B. Duham. Arb. 1. *p.* 167. *t.* 64 ; le plus grand Ciste mâle à feuilles rondes.

Cistus mas Matthioli. Dalech. Hist. 222.

2°. *Cistus incanus arborescens, exstipulatus, foliis spatulatis tomentosis rugosis ; inferioribus basi vaginantibus connatis. Hort. Cliff.* 205. *Hort. Ups.* 143. *Roy. Lugd.-B.* 475 ; Ciste en arbrisseau, avec des feuilles en forme de spatule, cotonneuses & ridées, dont les inférieures sont jointes par leur bâse en forme de graine.

Cistus mas 2 *folio longiori, incano. J. B.* 2. 2.

3°. *Cistus breviori-folius, arborescens, foliis ovato-lanceolatis, basi connatis, hirsutis, rugosis, pedunculis florum longioribus ;* Ciste en arbrisseau, avec des feuilles ovales, en forme de lance, jointes à leur bâse, hériſſées & ridées, & des fleurs ſoutenues ſur de longs pédoncules.

Ciſtus mas, folio breviori. G. B. P. 464.

4°. *Ciſtus Luſitanicus arboreſcens, foliis ovatis, obtuſis, villoſis, ſubtùs nervoſis, rugoſis, floribus amplioribus ;* Ciſte en arbriſſeau, avec des feuilles ovales, obtuſes, velues, nerveuſes & ridées en - deſſous, produiſant de plus groſſes fleurs.

Ciſtus mas Luſitanicus, folio ampliſſimo incano. Tourn. Inſt. 259.

5°. *Ciſtus Hiſpanicus arboreſcens, villoſus, foliis lanceolatis, viridibus, baſi connatis, floribus ſeſſilibus, calycibus acutis ;* Ciſte d'Eſpagne en arbriſſeau velu, avec des feuilles en forme de lance, vertes & jointes à leurs bâſes, des fleurs ſeſſiles & des calices terminés en pointe aiguë.

6°. *Ciſtus Ladaniferus arboreſcens, exſtipulatus, foliis lanceolatis, ſuprà lævibus, petiolis baſi coalitis vaginantibus. Hort. Cliff. 205. Sauv. Monſp. 147, 150 ;* Ciſte en arbriſſeau, produiſant le *Ladanum*, à feuilles en forme de lance, & liſſes au - deſſus avec des pétioles joints enſemble dans des gaines.

Ciſtus Ladanifera Hiſpanica, incana. Bauh. Pin. 467.

Ciſtus Ledon 1. anguſti - folius. Cluſ. Hiſt. 1. p. 77.

7°. *Ciſtus albidus, arboreſcens, exſtipulatus, foliis ovato-lanceolatis, tomentoſis, incanis, ſeſſilibus,*

ſubtrinerviis. Sauv. Monſp. 150. Gouan. Monſp. 125. Ger. Pr. 398. Garid. Aix. 114 ; Ciſte en arbriſſeau, avec des feuilles ovales en forme de lance, cotonneuſes, blanchâtres, ſeſſiles, & garnies de trois nerfs.

Ciſtus mas, folio oblongo, incano. Bauh. Pin. 464.

Ciſtus mas 1. Cluſ. Hiſt. 1. p. 68.

Ciſtus mas 4. Monſpelienſis, folio oblongo, albido. Bauh. Hiſt. 2. p. 3.

8°. *Ciſtus Salvi - folius arboreſcens exſtipulatus, foliis ovatis, petiolatis, utrinque hirſutis. Hort. Cliff. 205. Roy. Lugd.-B. 475. Sauv. Monſp. 150 ;* Ciſte en arbriſſeau avec des feuilles ovales, pétiolées & hériſſées ſur chaque face.

Ciſtus fruticoſus, foliis petiolatis, ovatis, rugoſis, ſerratis. Hall. Helv. N. 1031.

Ciſtus fœmina, folio Salviæ, ſupina humi ſparſa. G. B. P. 466.

Ciſtus fœmina. Cluſ. Hiſt. 1. p. 70.

9°. *Ciſtus Creticus arboreſcens, exſtipulatus, foliis ſpatulato-ovatis, petiolatis, enerviis, ſcabris ; calycinis lanceolatis. Linn. Sp. Plant. 738. Mat. Med. p. 137 ;* Ciſte en arbriſſeau, avec des feuilles ovales, en forme de ſpatule, ſupportées par des pétioles, ſans nerfs, & rudes, & dont celles des calices ſont en forme de lance.

Ciſtus Ladanifera Cretica, flore purpureo. Tourn. Cor. 19. It. 1. p. 30. Buxb. Cent. 3. p. 34. t. 64. f. 1 ; Ciſte de l'Iſle de Candie, produiſant de la gomme, & à fleurs pourpre.

Ciſtus Ledon Cretenſe. Bauh. Pin. 467.

Ladanum Creticum. Alp Exot. 89. t. 88.

10°. *Ciſtus Oleæ-folius, fruti-coſus, foliis lineari-lanceolatis, hirſutis, ſeſſilibus, floribus terminalibus ;* Ciſte en arbriſſeau, avec des feuilles étroites, en forme de lance, hériſſées & ſeſſiles, & des fleurs placées aux extrémités des branches.

Ciſtus Ledon, foliis Oleæ, ſed anguſtioribus. Bauh. Pin. 467.

Ledon 5. *Cluſ. Hiſt.* 1. *p.* 79.

11°. *Ciſtus Lauri-folius arboreſcens, exſtipulatus, foliis oblongo-ovatis, petiolatis, trinerviis, ſuprà glabris, petiolis baſi connatis. Linn. Sp. Plant.* 736 ; Ciſte en arbriſſeau, avec des feuilles ovales, oblongues, traverſées par trois nerfs, & ſupportées par des pétioles joints à leurs bâſes.

Ciſtus Ledon, foliis Laurinis. Bauh. Pin. 467.

Ciſtus Ledon, lati-folium Creticum. Cluſ. Hiſt. 1. *p.* 77.

12°. *Ciſtus cordi-folius, foliis oblongo-cordatis, glabris, petiolis longioribus, caule fruticoſo ;* Ciſte avec une tige d'arbriſſeau, des feuilles oblongues, en forme de cœur, unies, & ſupportées par des pétioles plus longs.

13°. *Ciſtus Monſpelienſis arboreſcens, exſtipulatus, foliis lineari-lanceolatis, ſeſſilibus, utrinque villoſis, trinerviis. Hort. Cliff.* 205. *Hort. Ups.* 144. *Roy. Lugd.-B.* 475. *Sauv. Monſp.* 147; Ciſte en arbriſſeau avec des feuilles linéaires, en forme de lance, ſeſſiles, & velues de

deux côtés, & garnies de trois nerfs.

Ciſtus Ladanifera Monſpelienſium. Bauh. Pin. 467.

Ledum. Dalech. Hiſt. 230.

14°. *Ciſtus Salici-folius arboreſcens, foliis lineari-lanceolatis, ſubtùs incanis, trinerviis, petalis ſubrotundis ;* Ciſte en arbriſſeau à feuilles de Saule linéaires, en forme de lance, couvertes d'un duvet blanchâtre en deſſous, & garnies de trois nerfs, avec des fleurs à trois pétales.

Ciſtus Ladanifera Hiſpanica, Salicis folio, flore albo, maculâ punicante, inſignito. Tourn. Inſt. R. H. 260 ; Ciſte d'Eſpagne, produiſant le *Ladanum*, avec des feuilles ſemblables à celles du Saule, & des fleurs blanches tachetées de pourpre.

15°. *Ciſtus Populi-folius arboreſcens exſtipulatus, foliis cordatis, lævibus, acuminatis, petiolatis. Hort. Cliff.* 205. *Roy. Lugd.-B.* 474 ; Ciſte en arbriſſeau, dont les feuilles, qui ont rapport à celles du Peuplier, ſont en forme de cœur, liſſes, terminées en pointe, & ſupportées par des pétioles.

Ciſtus Ledon, foliis Populi nigræ, major. Bauh. Pin. 467.

Ledum latifolium 2, *majus. Cluſ. Hiſt.* 1. *p.* 78.

16°. *Ciſtus criſpus arboreſcens, exſtipulatus, foliis lanceolatis, pubeſcentibus, trinerviis undulatis. Hort. Cliff.* 206. *Roy. Lugd.-B.* 475. *Sauv. Monſp.* 147 ; Ciſte en arbriſſeau, avec des feuilles en forme de lance, couvertes de duvet, garnies de trois nerfs & ondées.

Ciftus mas, foliis Chamædryos.
Bauh. Pin. 464.

Ciftus Ladanifera. Blackw. t.
197.

Ciftus mas 5. Cluf. Hift. I. p.
69.

Ciftus mas, foliis undulatis &
crifpis. Tourn. Inft. 259. R.

17°. *Ciftus Halimi - folius,*
foliis ovatis, incanis, infernè
petiolatis, fupernè coalitis, caule
fruticofo ; Cifte en arbriffeau,
avec des feuilles femblables à
celles du Pourpier de mer,
ovales & blanchâtres, dont
les inférieures font portées
fur des pétioles, & celles qui
garniffent le haut, font jointes à leur bâfe.

Ciftus arborefcens, exftipulatus,
foliolis duobus calycinis lineari-
bus. Hort. Cliff. 205. *Roy. Lugd.-B.*
475. *Sauv. Monfp.* 147.

Ciftus fæmina, Portulacæ mari-
næ folio latiori obtufo. Bauh.
Pin. 465.

Ciftus, folio Halimi. 1. Cluf.
Hift. 1. p. 71 ; Cifte à feuilles
de Pourpier de mer.

18°. *Ciftus longi folius, foliis*
lineari-lanceolatis, incanis, pe-
tiolatis, floribus racemofis, caule
fruticofo ; Cifte avec une tige
d'arbriffeau, des feuilles étroites en forme de lance, couvertes d'un duvet blanchâtre
& pétiolées, & des fleurs difpofées en grappe.

Ciftus, folio Halimi longiori
incano. J. B. 2. 5.

Toutes ces plantes croiffent
naturellement dans la France
Méridionale, en Efpagne &
en Portugal, d'où leurs femences ont été apportées en
Angleterre, & y ont produit

un grand nombre de plantes ;
qu'on cultive aujourd'hui dans
les pépinieres, pour en faire
commerce.

Pilofus. La premiere a une
tige forte, ligneufe, couverte
d'une écorce rude ; elle eft
haute de trois ou quatre
pieds, & divifée en plufieurs
branches, qui forment une
groffe tête d'arbriffeau, & qui
font garnies de feuilles ovales, velues, oppofées, feffiles
aux branches, & accompa-
gnées de plufieurs autres plus
petites & de la même forme,
qui fortent du même bouton :
fes fleurs font produites aux
extrémités des branches, quatre ou cinq enfemble, & difpofées prefqu'en forme d'ombelle ; mais elles ne s'ouvrent
que les unes après les autres :
ces fleurs font compofées de
cinq pétales larges, ronds &
de couleur pourpre qui s'ouvrent comme ceux d'une *Rofe,*
& d'un grand nombre d'étamines qui environnent un
germe ovale placé dans le centre, & font terminées par de
petits fommets ronds & jaunes. Ces fleurs dont la durée
eft très courte, s'épanouïffent
& tombent généralement dans
la même journée ; mais elles
font bientôt remplacées par
d'autres qui fe fuccèdent ainfi
pendant un tems confidérable :
lorfqu'elles font tombées, leurs
germes fe gonflent & fe changent chacun en un vâfe ovale, porté dans un calice velu,
& dans lequel on voit dix
cellules remplies de petites femences rondes. Cette ef-

pece fleurit en Mai & en Juin, & ses semences mûrissent en automne : lorsque l'arriere saison est favorable, elle produit encore un grand nombre de fleurs en Septembre & en Octobre, & même pendant tout l'hiver, si elle se trouve à l'abri des gelées.

Incanus. La seconde differe de la premiere par la forme de ses feuilles, qui sont plus longues & plus blanches ; celles qui occupent les parties basses de la plante, sont ovales & jointes à leurs bâses qui environnent les tiges ; mais celles du haut sont en forme de cœur & détachées : ses fleurs sont aussi plus larges, & d'une couleur de pourpre plus pâle que celles de la précédente. Cet arbrisseau fleurit & perfectionne ses semences dans le même tems que la premiere.

Breviori-folius. La troisieme espece, qui est aussi un arbrisseau, differe des deux premieres, en ce que ses feuilles sont plus courtes, plus vertes, jointes à leurs bâses & velues ; ses pédoncules sont beaucoup plus longs, & ses fleurs plus petites, & d'un pourpre plus foncé : elle fleurit dans le même tems que les précédentes, & elle devient aussi grande que la premiere.

Lusitanicus. La quatrieme a des feuilles plus larges & plus rondes qu'aucune des especes précédentes ; elles sont velues, unies en-dessus, ridées & garnies de veines en dessous : ses branches sont couvertes d'un duvet blanchâtre, & ses fleurs sont fort larges, & d'un pourpre clair : cet arbrisseau fleurit dans le même tems que le précédent.

Hispanicus. La cinquieme espece, qui ne s'éleve pas aussi haut que les premieres, pousse près de sa racine des branches velues, érigées & garnies de feuilles en forme de cœur, d'un vert foncé, & jointes à leurs bâses qui environnent les tiges : de chacun de ses nœuds sort une branche fort mince, accompagnée de trois paires de petites feuilles de la même forme que les autres, & terminée par une seule fleur : les sommets des branches principales produisent aussi trois ou quatre fleurs sans pédoncules : ces fleurs qui sont d'une couleur de pourpre foncé, ressemblent à celles de la premiere espece, & paroissent en même tems que celles des autres.

Ladaniferus. La sixieme s'éleve à la hauteur de cinq ou six pieds ; sa tige est forte, ligneuse & divisée en plusieurs branches velues & garnies de feuilles en forme de lance, lisses en - dessus, garnies de veines en-dessous, & supportées par de courts pétioles, qui se joignent à leurs bâses, & forment une espece de gaine à la branche : ses fleurs sortent aux extrémités des branches, sont plus larges, d'un pourpre clair, & ressemblent à celles de la quatrieme espece.

Albidus. La septieme a des branches droites & cotonneufes, qui fortent du bas de la tige, & font garnies de feuilles oblongues, velues, couvertes d'un duvet blanchâtre, unies en-deffus, veinées en-deffous, & jointes à leurs bâfes pour embraffer la tige : les fleurs, produites aux extrémités des branches, font larges & d'un pourpre brillant : elles paroiffent dans le même tems que celles des autres efpeces.

Salvi-folius. La huitieme a une tige mince & unie, élevée à-peu-près à la hauteur de trois pieds, couverte d'une écorce brune, & divifée en plufieurs branches foibles, placées horifontalement, fort étendues, & garnies de feuilles ovales & velues, portées fur de courts pétioles : fes fleurs fortent aux ailes des feuilles fur des pédoncules longs & nuds, font blanches, un peu plus petites que celles des autres efpeces, & paroiffent en Juin, en Juillet & Août.

Creticus. La neuvieme, qui croît naturellement dans les ifles de l'Archipel, eft la plante qui produit le *Ladanum*, comme on le verra ci-après; elle s'éleve à trois ou quatre pieds de hauteur, avec une tige ligneufe, divifée en plufieurs branches latérales, couvertes d'une écorce brune, & garnies de feuilles ovales, velues, en forme de lance, & ondées fur leurs bords : dans les faifons chaudes, ces feuilles fourniffent une liqueur glutineufe, & d'une odeur douce, qui fe répand fur toute

leur furface : fes fleurs naiffent aux extrémités des branches fur des pédoncules courts & velus; elles font d'une couleur foncée, à-peu-près de la grandeur d'une *Rofe* fimple, & s'épanouiffent en Juin & en Juillet.

Oleæ-folius. La dixieme efpece, dont la hauteur eft d'environ quatre pieds, a une tige d'arbriffeau, qui fe divife en branches fort velues, glutineufes, érigées & garnies de feuilles longues, étroites, velues, terminées en pointe, d'un vert foncé, & marquées en-deffus dans leur longueur d'un fillon profond, formé par la côte du milieu : fes fleurs, de couleur pourpre pâle, font poftées fur de longs pédoncules aux extrémités des branches; leurs calices font bordés & découpés au fommet en cinq parties aiguës : elles paroiffent en Juin, Juillet & Août, & perfectionnent leurs femences en automne.

Lauri-folius. La onzieme efpece qui s'éleve avec une tige forte & ligneufe à la hauteur de cinq ou fix pieds, fe divife en plufieurs branches érigées & garnies de feuilles en forme de lance, terminées en pointe, épaiffes, blanchâtres en-deffous, d'un vert foncé en-deffus, & très-gluantes dans les tems chauds : fes fleurs paroiffent aux extrémités des branches fur des pédoncules longs, nuds & divifés latéralement en d'autres plus petits, terminés chacun par une groffe fleur blanche, dont le calice eft velu : cet arbriffeau fleurit en Juin & en Juillet.

Cordi-folius. La douzieme a une tige d'arbriffeau, unie, haute de quatre ou cinq pieds, & divifée en plufieurs branches minces & ligneufes, couvertes d'une écorce brune, & garnies de feuilles oblongues, en forme de lance, unies & fupportées par de longs pétioles : fes fleurs, qui naiffent aux extrémités des branches fur de longs pédoncules, font blanches, & paroiffent en Juin, Juillet & Août ; mais elles ne perfectionnent que rarement leurs femences en Angleterre.

Monfpelienfis. La treizieme efpece s'éleve avec une tige mince d'arbriffeau à trois ou quatre pieds de hauteur, & fe divife en plufieurs branches qui fortent du bas & font érigées, velues & garnies de feuilles en forme de lance, d'un vert foncé, marquées de trois veines dans leur longueur, & couvertes, dans les tems chauds, d'une fubftance glutineufe qui fort de leurs pores, & répand une odeur douce : fes pédoncules qui font placés aux extrémités des branches, font longs, nuds, & foutiennent plufieurs fleurs blanches, placées les unes au-deffus des autres, & dont les calices font bordés & terminés en pointe aiguë. Cet arbriffeau fleurit en même tems que le précédent.

Salici-folius. La quatorzieme a une tige ligneufe, qui s'éleve à cinq ou fix pieds de hauteur, & fe divife en plufieurs branches latérales qui fortent du bas ; elles font unies, couvertes d'une écorce d'un brun foncé, & fournies de feuilles étroites, d'un vert fombre, & garnies de trois veines qui coulent dans leur longueur : fes fleurs naiffent aux extrémités des branches fur de courts pédoncules ; elles font compofées de cinq pétales larges & longs, marqués chacun d'une groffe tache pourpre a leur bafe : la plante entiere répand, dans les tems chauds, une fubftance glutineufe, douce & d'une odeur balfamique fort agréable, qui parfume l'air à une grande diftance : elle fleurit en Juin, en Juillet & en Août. Cette efpece donne une variété à fleurs blanches, fans aucune tache pourpre ; mais qui, pour le refte, ne differe de l'autre en aucune maniere.

Populi-folius. La quinzieme a une tige mince, ligneufe, & haute de fix à fept pieds, qui pouffe dans toute fa longueur, plufieurs branches garnies de feuilles larges, en forme de cœur, & d'un vert clair, feffiles & traverfées par plufieurs nerfs : fes fleurs blanches, & peu durables, font produites aux extrémités des branches fur des pédoncules nuds. Cette efpece, qui fleurit en Juin & en Juillet, eft à préfent fort rare dans les jardins Anglois.

Crifpus. La feizieme, dont la hauteur eft tout au plus de deux ou trois pieds, a des branches foibles, minces & ligneufes, qui s'écartent horifontalement, & des feuilles velues, en forme de lance, dentelées fur leurs bords, & garnies de trois veines longitudinales qui coulent à travers : fes fleurs , qui font blanches & poftées fur des pédoncules nuds, fortent des aîles des feuilles, & font fuivies de capfules émouflées, & à plufieurs cellules remplies de femences angulaires. Cet arbriffeau fleurit en Juin & en Juillet, & perfectionne fes femences en Août & en Septembre.

Halimi-folius. La dix-feptieme efpece a une tige droite d'arbriffeau élevée à la hauteur de quatre ou cinq pieds, & garnie du haut en bas, de branches cannelées & velues qui forment un gros buiffon : fes feuilles font ovales, fort blanches & oppofées : celles qui occupent la bâfe des branches, font placées fur des pétioles ; mais celles du haut fe joignent & embraffent la tige : fes pédoncules fortent des extrémités des branches ; ils font nuds, velus, longs d'environ un pied, & divifés latéralement en deux ou trois autres plus courts qui foutiennent chacun trois ou quatre fleurs grandes, & d'un jaune brillant, mais de peu de durée ; leurs calices font velus & terminés en pointe aiguë : cet arbriffeau fleurit en Juin & en Juillet ; mais il eft à préfent affez rare en Angleterre.

Longi-folius. La dix-huitieme efpece qu'on cultive depuis long-tems dans les jardins Anglois, s'éleve avec une tige mince & ligneufe à la hauteur de trois ou quatre pieds, & fe divife en plufieurs branches minces, garnies de feuilles étroites, velues, en forme de lance, & ondées : des aîles de ces feuilles fortent des branches minces, garnies de deux ou trois paires de feuilles plus petites, & terminées par des paquets clairs de fleurs placées chacune fur un pédoncule mince ; ces fleurs font d'une couleur de fouffre fale, & paroiffent en Juin & en Juillet ; mais elles ne produifent jamais de femences en Angleterre.

Comme cette efpece ne réfifte pas aux froids de nos hivers, il eft néceffaire de la placer pendant cette faifon dans une ferre, où elle procurera une variété agréable par fes feuilles velues qui fe confervent toute l'année.

Toutes ces différentes efpeces de *Ciftes* font très-propres à orner les jardins, parce qu'ils produifent une grande quantité de fleurs, qui, à la vérité, ne durent que très-peu de tems, mais qui fe fuccedent pendant deux mois de fuite. Plufieurs de ces fleurs font de la grandeur d'une rofe fimple & médiocre ; leurs couleurs font variées, & les plantes confervent leur feuillage pendant toute l'année.

Toutes, excepté la derniere, font affez dures pour fubfifter en plein air dans notre climat : elles font, il eft vrai, quelquefois détruites par des froids extraordinaires ; mais on peut en conferver l'efpece en en plaçant quelques-unes dans des pots, qu'on met à l'abri en hiver. On entre-mêle les autres avec les différens arbrisseaux de pleine terre, où elles procureront une agréable variété ; & comme elles seront mises à couvert par les plantes voisines, elles supporteront beaucoup mieux la rigueur des gelées, que si elles étoient isolées dans les plate-bandes. Plusieurs de ces arbrisseaux s'élevent à cinq ou six pieds de hauteur, & forment de grosses têtes qui s'étendent, si on les laisse croître sans les couper ; lorsqu'on les taille, on ne doit le faire que pour empêcher leurs têtes de devenir trop grosses à proportion de leurs tiges ; car alors elles sont sujettes à se rompre, & la plante en est défigurée. On multiplie ces arbrisseaux par semence & par bouture ; cette derniere méthode est rarement adoptée, à moins que ce ne soit pour les especes qui ne produisent point de semences en Angleterre ; telles sont les douzieme, dix-septieme & dix-huitieme ; toutes les autres perfectionnent leurs graines, sur-tout celles qui sont élevées de semence ; car celles qui ont été multipliées par bouture, deviennent souvent stériles, ainsi que plusieurs autres especes de plantes.

On peut répandre ces graines au printems sur une plate-bande de terre légere : les plantes paroîtront après six ou sept semaines ; alors, en les tenant nettes de mauvaises herbes, & en les éclaircissant dans les endroits où elles sont trop serrées, elles s'éléveront à huit ou dix pouces de hauteur dans la même année : mais comme dans leur jeunesse elles risquent d'être endommagées par les fortes gelées, on en met quelques-unes dans des pots remplis de terre légere, lorsqu'elles n'ont encore qu'un pouce de hauteur, pour pouvoir les tenir en hiver à couvert des froids : on transplante les autres dans une plate-bande chaude à six pouces de distance en tous sens, & on les met à l'abri du soleil, tant celles des pots, que celles de pleine terre, au moyen d'une natte qu'on dresse chaque jour, jusqu'à ce qu'elles aient formé de nouvelles racines, & qu'elles soient parfaitement établies : alors ces dernieres n'auront besoin que d'être tenues nettes jusqu'à l'automne, auquel tems on placera des cercles au-dessus, pour pouvoir les couvrir pendant les gelées. Les plantes en pots pourront être exposées en plein air, aussi-tôt qu'elles auront pris racine ; on les laissera dans cette situation jusqu'à la fin d'Octobre, en observant de leur donner des pots plus grands pendant l'été, & de les arroser souvent : à la fin d'Octobre on les placera sous un vitrage de couche, pour les garantir des froids de l'hiver ; mais on les exposera au plein air toutes les fois que le tems sera doux, & on ne les renfermera que pendant les gelées : par ce moyen ces plantes profiteront beau-

coup plus, que fi elles étoient
traitées plus délicatement.

Telle eft la méthode ordinaire des Jardiniers ; mais
quand on veut avancer ces
plantes, & hâter leur accroîffement, on les feme au printems fur une couche de chaleur modérée, qui les fera
paroître en peu de tems ; on
leur donnera alors beaucoup
d'air, pour les empêcher de
filer & de s'affoiblir. Quand
elles font en état d'être enlevées, on les plante chacune
féparément dans de petits pots,
qu'on plonge dans une couche
de chaleur très modérée; on
les tient à l'ombre jufqu'à ce
qu'elles aient produit des racines nouvelles : après quoi
on leur procure beaucoup
d'air chaque jour, quand le
tems eft beau, & on les endurcit par dégrés, en les habi-
tuant peu-à-peu au plein air,
auquel on les expofera tout-
à-fait au commencement du
mois de Juin, pour les traiter
par la fuite fuivant la méthode qui a été prefcrite ci-deffus. En les avançant ainfi dans
le printems, elles croîtront
dans le premier été, s'éléveront au deffus de deux pieds
de hauteur, poufferont des
branches latérales, & feront
affez fortes pour être tranfplantées en plein air dès le
printems fuivant ; plufieurs
d'entr'elles fleuriront même en
été, tandis que celles qui n'auront été femées qu'en pleine
terre ne produiront des fleurs,
tout au plus qu'une année
après, & ne feront pas auffi
fortes, ni auffi capables de

réfifter au froid du fecond hiver, que celles qui auront été
avancées fur une couche.

Au printems fuivant, on
peut tirer ces plantes hors des
pots, en confervant à leurs
racines toute la terre qui y
eft attachée, & les placer dans
les endroits qui leur font deftinés ; car elles ne reuffiroient
que difficilement, fi on les
laiffoit vieillir davantage avant
de les déplacer : quand elles
font en pleine terre, on les
arrofe un peu de tems en
tems, jufqu'à ce qu'elles foient
tout-à-fait établies ; après quoi
elles n'exigeront plus aucun
autre foin, que d'être dref-
fées comme on veut les avoir.
Celles qu'on place dans les
plates-bandes doivent être
couchées, & couvertes de
nattes pendant les froids du
premier hiver ; mais il eft encore plus avantageux de ne les
mettre en pleine terre qu'au
printems fuivant. Lorfqu'on
renouvelle la terre de celles
qui font en pots, il eft néceffaire de conferver, autant qu'il
eft poffible, leur motte entiere
autour de leurs racines ; &,
fi la faifon eft chaude & feche,
il faut les arrofer, les tenir
à l'ombre, jufqu'à ce qu'elles
aient pouffé de nouvelles fibres, & les traiter enfuite
comme il a été dit ci-deffus.

On peut auffi multiplier ces
plantes par bouture, qu'on
met dans une terre légere aux
mois de Mai & de Juin ; on
les tient à l'ombre avec des
nattes, & on les arrofe fouvent, jufqu'à ce qu'elles foient
enracinées ; ce qui a lieu or-

dinairement dans l'efpace de deux mois : alors on peut les tranfplanter dans des pots remplis de terre fraîche & légere, & les placer à l'ombre jufqu'à ce qu'elles foient reprifes ; après quoi on les expofe au plein foleil : au mois d'Octobre on les abrite pour tout l'hiver ; & au printems fuivant on peut les mettre en pleine terre, fuivant la méthode qui a été donnée pour les plantes élevées de femence.

Les plus beaux de tous les Ciftes, font les quatorzieme & quinzieme efpeces ; leurs fleurs auffi larges qu'une grande *Rofe*, font d'un beau blanc, & marquées d'une tache de pourpre foncé au bas de chaque pétale. Ces plantes font auffi remplies d'une liqueur douce & glutineufe, qui fuinte fi abondamment dans les tems chauds, par les pores de leurs feuilles, que leur furface en eft entiérement couverte. CLUSIUS, qui a vu beaucoup de ces arbriffeaux dans les forêts de l'Efpagne, penfe qu'il eft poffible d'y recueillir une grande quantité de *Ladanum*, pareil à celui dont on fe fert en Médecine.

Mais c'eft fur la neuvieme efpece, fuivant TOURNEFORT, que les Grecs de l'Archipel recueillent cette gomme ; pour y parvenir, dit BELLON, ils font ufage d'un inftrument en forme de rateau fans dents, qu'ils nomment *Ergaftiri*, auquel font attachées plufieurs bandes de cuir cru, & non tanné, qu'ils paffent doucement fur les buiffons qui pro-

duifent le *Ladanum* ; cette fubftance gluante s'attache à ces lanieres, & ils l'enlevent enfuite, en les ratiffant avec des couteaux : comme cette opération fe fait pendant la plus grande chaleur du jour, & que les perfonnes qui y font employées, font obligées de refter fur les montagnes des jours entiers pendant la canicule, les Moines Grecs font prefque les feuls qui veulent entreprendre ce rude travail. TOURNEFORT dit auffi dans la relation de fon voyage, que les arbriffeaux qui produifent le *Ladanum*, croiffent fur des collines feches & fablonneufes, & qu'il a vu plufieurs payfans en chemife & en caleçon, vergettant les arbriffeaux avec des lanieres, au moyen defquelles, en les paffant & repaffant fur les feuilles, ils ramaffoient une efpece de baume odoriférant & gluant, qu'il croit être la fève de la plante qui tranffude à travers fes pores en gouttes luifantes & auffi claires que la thérébentine. Lorfque les lanieres font affez chargées de cette fubftance, ils l'enlevent en les ratiffant exactement avec un couteau, & ils en forment des gâteaux de différente groffeur : ce font ces maffes, ainfi apprêtées, qui entrent dans le commerce fous le nom de *Ladanum* ou *Labdanum*. Un homme qui travaille fort, peut en amaffer par jour trois livres deux onces, & même davantage ; & il eft vendu fur les lieux à raifon d'un écu par livre. Cet ouvrage n'eft pénible que parce qu'il doit être fait durant la plus grande chaleur du jour , & lorſque le tems eſt le plus calme : malgré ces précautions, le *Labdanum* le plus pur contient toujours quelques ordures, parce que les vents des jours précédens ont ſouvent jetté ſur ces arbriſſeaux de la pouſſiere, qui s'y attache très - aiſément : d'ailleurs, pour augmenter le poids de cette drogue, ceux qui la recueillent ſont dans l'uſage de la pétrir avec un ſable noirâtre & très-fin, qu'ils trouvent ſur les lieux, comme ſi la Nature leur avoit enſeigné à falſifier cette marchandiſe : il n'eſt pas aiſé de s'appercevoir de cette fraude , lorſque le ſable eſt bien mêlé avec le *Labdanum* ; ce n'eſt qu'en le mâchant pendant longtems, qu'on parvient à la découvrir , par le craquement qu'il produit ſous les dents. On peut purifier cette ſubſtance, en la faiſant diſſoudre , & en la paſſant à travers un lin - ge (1).

----

(1) Le *Ladanum* , ou *Labdanum* , eſt une gomme réſine , d'abord fluide ; mais qui prend de la conſiſtance par la ſuite, & devient d'autant plus dure & friable, qu'elle eſt plus vieille : cette ſubſtance a une ſaveur amere, & une odeur forte & pénétrante lorſqu'on la brûle ; elle contient à peu-près ſix parties de réſine, contre une de gomme.

La matiere médicale offre un ſi grand nombre de remedes ſupérieurs à celui-ci, qu'on pourroit très-bien ſe paſſer de cette drogue dont les vertus ſont foibles & peu

CITHAREXYLUM. *Linn.* *Gen. Plant.* 678. [*Fiddle-wood.*] Bois de Guitare , *ou* Bois Côtelette.

Caraɛteres. Dans ce genre , le calice de la fleur eſt perſiſtant en cloche , & formé par une feuille découpée en cinq parties : la corolle eſt monopétale, figurée en entonnoir, & diviſée au ſommet en cinq parties égales, planes & étendues : la fleur a quatre étamines adhérentes au tube, dont deux ſont plus longues que les autres, & qui ſont toutes terminées par des ſommets oblongs , & diviſés en deux : dans le centre eſt placé un germe rond, & ſurmonté d'un ſtyle mince, que couronne un ſtigmat obtus & à tête : ce germe ſe change , quand la fleur eſt paſſée , en une capſule à deux cellules : dont chacune renferme une ſimple ſemence.

Ce genre de plantes eſt rangé par LINNÉE dans la ſeconde ſeɛtion de ſa quatorzieme claſſe, intitulée : *Didynamia angioſpermia* , qui comprend les fleurs avec deux étamines lon-

----

remarquables. On l'emploie cependant quelquefois à l'intérieur, comme nervine, fortifiante & céphalique , & elle a produit quelques bons effets dans les cours de ventre ſéreux & les dyſſenteries rebelles ; mais on en fait un uſage plus fréquent extérieurement, dans les emplâtres toniques, nervins & céphaliques ; elle entre comme principal ingrédient dans la fameuſe emplâtre contre les hernies , du PRIEUR DE CHAMBRIERES.

gues, & deux courtes, qui ont des femences renfermées dans une capfule.

Les efpeces font :

1°. *Citharexylum cinereum, ramis angulatis, foliis ovato-lanceolatis, venis candicantibus ;* Bois de Guitare, avec des branches angulaires, des feuilles ovales & en forme de lance, & des veines blanchâtres.

Citharexylum, ramis teretibus, calycibus dentatis. Jacq. Amer. 185. t. 118.

Citharexylon fruticofum, cortice cinereo, foliis oblongo-ovatis, oppofitis, petiolis marginatis, pedatis, floribus fpicatis. Brown. Jam. 264.

Citharexylon, arbor Lauri-folia Americana, foliorum venis luté candentibus. Pluk. Alm. 108. t. 162. f. 1.; Bois de Guitare en arbre d'Amérique, à feuilles de Laurier, ovales, en forme de lance, veinées, dentelées, & placées par trois, avec des branches angulaires, & des fleurs difpofées en paquets clairs.

Bois de Guitare commun d'Amérique.

Jafminum arborefcens racemofum, foliis Lauri. Plum. Ic. 157. f. 1.

2°. *Citharexylum album, foliis oblongo-ovatis, integris, oppofitis, ramis angulatis, floribus fpicatis ;* Bois de Guitare à feuilles oblongues, ovales, entieres & oppofées, avec des branches angulaires, & des fleurs en épis.

Berberis, arbor maxima, baccifera, racemofa, foliis integris, obtufis, flore albo penta-

petalo odoratiffimo, fructu nigro monopyreno. Sloan. Cat. Jam. 170.; Bois de Guitare.

Cinereum. La premiere efpece croît communément dans la plupart des Ifles des Indes-Occidentales, où elle s'éleve à une grande hauteur, & y devient un bel arbre, propre à la charpente, & fort eftimé pour les bâtimens, à caufe de fa longue durée.

Cet arbre a une tige droite, qui s'éleve à cinquante ou foixante pieds de hauteur, & fe divife de chaque côté en branches angulaires, qui font garnies à chaque nœud de trois feuilles ovales, en forme de lance, & portées triangulairement fur de courts pétioles ; ces feuilles ont environ quatre pouces de longueur, fur un ou deux de largeur ; elles font d'un vert brillant, très-découpées fur leurs bords, & fillonnées profondément par plufieurs veines, qui s'étendent depuis la côte du milieu jufqu'aux bords; ces veines font blanches endeffus, & fort faillantes endeffous : fes fleurs font produites fur les côtés, & aux extrémités des branches, où elles font rapprochées en paquets clairs : de petites baies charnues, & à deux femences, leur fuccedent.

Album. La feconde efpece, qui eft auffi originaire des mêmes Ifles, eft comme la premiere, un fort grand arbre, dont le bois eft très-eftimé en Amérique pour la charpente des bâtimens ; fa longue durée lui a fait donner par les

François des Ifles le nom de *Bois fidele*, que les Anglois, à caufe de la reffemblance du fon, ont converti en celui de *Fiddle-wood*, *Bois de Violon*, & qu'on a traduit de nouveau en françois par *Bois de Guitare*, parce que plufieurs perfonnes ont imaginé fans fondement, que ce bois fervoit à faire des inftrumens de mufique.

Le tronc de cet arbre qui eft droit & gros, s'éleve au-deffus de la hauteur de foixante pieds, & pouffe plufieurs branches angulaires, oppofées, & couvertes d'une écorce blanchâtre, foiblement attachée au bois; les infulaires le nomment *White Fiddle-wood*, *Bois de Guitare blanc* : ces branches font garnies de feuilles ovales, oblongues, oppofées, portées par de courts pétioles, d'un vert luifant, & arrondies fur leurs bords : fes fleurs, blanches & d'une odeur douce, fortent en épis longs & clairs aux extrémités des branches, & font remplacées par des baies rondes, petites & charnues, dont chacune renferme une fimple femence.

Culture. On conferve depuis long-tems la premiere efpece dans quelques jardins curieux de l'Angletérre, pour la variété : fes feuilles durent toute l'année ; elles font d'un beau vert, & font un charmant coup-d'œil dans les ferres pendant l'hiver. On multiplie cet arbre par femence ou par bouture ; cette derniere méthode eft la plus en ufage en Angleterre, parce qu'il n'y produit point de graines ; mais lorfqu'on peut s'en procurer de fon pays originaire, les plantes qui en proviennent font bien meilleures que celles qui font élevées par bouture.

On répand les femences de cette efpece dans de petits pots ; dès le commencement du printems, on les plonge dans une nouvelle couche chaude de tan, & on les traite comme toutes les autres efpeces de graines qu'on apporte des pays chauds : fi ces femences font fraîches, les plantes paroîtront en fix ou fept femaines, & un mois environ après, elles feront en état d'être tranfplantées : en faifant cette opération, il faut avoir foin de ne pas déchirer ni rompre leurs racines ; on les met chacune féparément dans de petits pots remplis de terre fraîche & légere, & on les replonge dans la couche chaude ; après quoi on leur donne beaucoup d'air frais dans les tems chauds, & on les arrofe fouvent : en automne, on les plonge dans la couche de tan de la ferre chaude, où on les tient durant tout le premier hiver, pour leur faire acquérir de la force ; mais on peut les conferver dans la fuite dans une ferre feche, & les expofer en plein air pendant deux ou trois mois de l'été à une fituation chaude. Cette maniere de les conduire les fera réuffir beaucoup mieux que fi elles étoient traitées plus délicatement.

On plante les boutures de ces arbres dans de petits pots pendant tous les mois de l'été, on les plonge dans une couche de chaleur modérée ; & lorfqu'elles ont pris racine, on les traite comme les plantes élevées de femence.

GUILLAUME WILLIAMS, Ecuyer, m'a envoyé de la Jamaïque les femences de la feconde efpece, qui ont réuffi dans le jardin botanique de *Chelféa* ; mais comme les plantes n'ont point encore fleuri, je ne puis en donner une plus ample defcription : elles paroiffent être tout au moins auffi dures que celles de la premiere efpece, & font autant ou plus de progrès : leurs feuilles, qui fe confervent toute l'année, font d'un vert luifant, & ont une belle apparence en hiver.

CITRONNELLE, MELISSE DE JARDIN *ou* BAUME COMMUN. *Voyez* MELISSA OFFICINALIS.

CITRONNIER. *V.* CITRUS.

CITRONNILLE. *Voy.* CUCURBITA PEPO.

CITRUS. *Linn. Gen. Plant.* 807. *Citreum. Tourn. Inft. R. H.* 620. *tab.* 395. ; [*The Citron-tree.*] Citronnier-Bergamotte.

Caractères. Dans ce genre, le calice de la fleur eft formé par une feuille découpée en cinq parties ; la corolle eft compofée de cinq pétales épais, oblongs, planes, étendus & un peu concaves ; la fleur a dix étamines inégales, jointes en trois corps à leurs bâfes, & terminées par des fommets oblongs : dans le centre eft placé un germe ovale, qui foutient un ftyle cylindrique, furmonté d'un ftigmat globulaire : ce germe fe change dans la

fuite en un fruit oblong, couvert d'une peau épaiffe & charnue, & rempli d'une chair fucculente, qui renferme plufieurs cellules, dans chacune defquelles font contenues deux femences dures & ovales.

LINNÉE a joint au *Citronnier,* l'*Oranger* & le *Limonnier,* dont il n'a fait que des efpeces du même genre ; mais toutes les variétés du *Citronnier* que j'ai examinées n'ont que dix étamines ; tandis que les fleurs de l'*Oranger* en contiennent toujours un plus grand nombre. Cette feule différence doit les faire féparer : mais TOURNEFORT en ajoûte encore une autre, qui eft l'appendice qui fe trouve au pétiole de la feuille de l'*Oranger* : je ne fuivrai donc point le fyftême de LINNÉE dans cet article ; car en rapprochant dans le même genre des plantes qui ont toujours été féparées par ceux qui ont écrit fur la Botanique & le Jardinage, je craindrois de rendre cet ouvrage inintelligible aux perfonnes qui ne font point verfées dans ces deux fciences.

Les efpeces font :

1°. *Citrus medica, fructu oblongo majori, mucronato, cortice craffo, rugofo ;* Citronnier a gros fruit, oblong, terminé en pointe, & couvert d'une écorce épaiffe & raboteufe.

Citrus petiolis linearibus. Hort. Cliff. 379.

Hort. Ups. 236. *Mat. Med.* 176. *Roy. Lugd. - B.* 266.

Citrus medica. Bauh. Pin. 435. *Blackw. t.* 361.

Citreum, dulci medullâ. Fer. Hefp. 72 ; le Citronnier à fruit doux.

2°. *Citrus tuberofa ; fructu oblongo , cortice tuberofo, rugofo* ; Citronnier à fruit oblong, & dont l'écorce eft raboteufe, & couverte de verrues ou tuberofités.

Malum Citreum vulgare. Fer. Hefp. 57 ; Citronnier commun.

Il y a dans les jardins Anglois plufieurs variétés de cet arbre que les Gênois nous envoyent annuellement, & dont ils fourniffent de même la plupart de l'Europe , ainfi que d'*Orangers* & de *Limonniers* : les Jardiniers de Gênes font auffi curieux d'ajoûter à leur côllection une nouvelle variété de ces fruits , que nos Cultivateurs de pépiniere le font d'une nouveauté en *Poire*, en *Pomme* ou en *Pêche* ; de forte que ces variétés s'accumulent chaque année, comme celles de nos arbres à fruits obtenus de femence.

On mange rarement cru le fruit du *Citronnier* comme celui de l'*Oranger* ; l'ufage ordinaire eft d'en faire une confiture fort eftimée de beaucoup de perfonnes , & qui fert à garnir nos tables , lorfque les autres fruits font devenus rares : les *Citrons* ne mûriffent pas aifément en Angleterre , à moins que l'année ne foit chaude ; & que les arbres qui les produifent ne foient bien traités. Les plus beaux fruits que j'ai vu croître dans ce pays, fe trouvoient dans les jardins du Duc D'ARGYLE à *Whitton* , où les arbres étoient difpofés en efpalier contre une muraille expofée au fud , dans l'intérieur de laquelle on avoit pratiqué des tuyaux de chaleur pour en échauffer l'air pendant l'hiver : lorfque le tems commençoit à devenir froid, on dreffoit fur le devant, des vitrages pour les mettre à l'abri ; au moyen de ces précautions, on étoit parvenu à fe procurer des fruits auffi gros & auffi parfaitement mûrs que ceux qu'on tire de l'Italie & de l'Efpagne. Comme la plupart des efpeces de *Citronniers* ne demandent point d'autre culture que celle qu'on donne aux *Orangers* ; je renvoie le Lecteur à cet article , pour éviter les répétitions : j'obferverai feulement que le *Citronnier* étant plus tendre , on doit le placer dans une fituation plus chaude pendant l'hiver, fans quoi il fera expofé à perdre fes feuilles ; il faut auffi le laiffer plus long-tems dans l'orangerie au printems , & le rentrer plutôt en automne , & lui donner une place plus chaude & plus abritée en été , fans cependant qu'il foit trop expofé à l'ardeur du foleil pendant la chaleur du jour.

Comme fes feuilles font plus larges , & fes jets plus forts que ceux de l'*Oranger* , il exige un peu plus d'arrofement pendant l'été , & en hiver peu d'eau à chaque fois, mais fouvent : la terre dans laquelle on le plante ne doit pas être non plus auffi forte pour le *Citronnier* que pour l'*Oranger*.

De toutes les efpeces de ce genre , le *Citronnier commun* eft le plus propre à recevoir les greffes de l'*Oranger* & du *Limonnier* ; il eft le plus droit,

& il croît plus promptement que toutes les autres ; son écorce est aussi plus unie, & son bois moins noueux que dans l'*Oranger* ou le *Limonnier*; d'ailleurs les greffes de toutes les especes y prennent aussi bien que sur elles - mêmes ; ce qui n'arrive pas dans les autres especes : lorsque les tiges provenant des semences sont bien traitées, elles sont en état de recevoir, dès la seconde année, toutes especes de greffes : mais si ces tiges sont foibles, il arrive souvent que les greffes, que l'on y place se dessechent, ou ne commencent à pousser que dans la seconde année, & souvent quoiqu'elles aient paru réussir d'abord, elles deviennent si foibles par la suite, qu'à peine elles peuvent se soutenir, & elles sont alors incapables de former une belle tête, en quoi consiste cependant la plus grande beauté de ces arbres (1).

---

(1) Le *Citron* est composé de deux parties, dont les principes & les propriétés sont tout-à-fait dif-férens : son écorce contient une si grande quantité d'huile essentiel-le, d'une saveur amere & d'une odeur agréable, qu'on peut l'en extraire facilement par la simple ex-pression, après l'avoir scarifie, ou par la distillation humide : cette huile, dans laquelle consistent les principales vertus medicinales de cette écorce, est très nervine, cé-phalique, stomachique, fortifiante, vermifuge, antifebrile, carmina-tive, utérine, &c.: elle agit effica-cement dans les vices de digestion, le vertige stomachal, l'asthme, la colique venteuse, la melancolie, les affections hysteriques, &c: on

CLAYTONIA. *Gron. Flor. Virg. Linn. Gen. Plant.* 253. [*Claytonia*].

Caracteres. Dans ce genre la fleur a un calice ovale, à deux valves, & sa bâse est placée transversalement ; la corolle est composée de cinq pétales oblongs, ovales, & dentelés

---

emploie fréquemment cette écorce confite ou simplement sau-poudrée avec du sucre ; elle forme ainsi l'*Elæo-saccharum*, dont les excel-lentes propriétés sont très - con-nues : on s'en sert aussi en infusion aqueuse & vineuse.

Le suc de *Citron* contient un acide abondant & très - agreable, dont l'activité est un peu emoussée par l'huile douce & le mucilage qui y est mêlé : la boisson qu'on en prepare, en y ajoutant du su-cre & de l'eau, est trop connue pour qu'il soit nécessaire de rappeler ici la maniere de la faire : la *Limonade* rafraichit & tempere fortement ; elle calme l'orgasme des humeurs, corrige l'âcrete de la bile, & s'op-pose a la putridité ; on l'emploie avec le plus grand succès dans les fievres ardentes, bilieuses, putri-des & malignes, & dans toutes les circonstances où il est nécessaire de rafraichir & de tempérer. on ne doit cependant s'en servir qu'avec beau-coup de prudence dans les mala-dies de poitrine, parce que son acide, quoique corrigé par le sucre & affoibli par l'eau, agace cepen-dant encore assez fortement, pour exciter une toux violente. Le suc de *Citron* fraichement exprimé, est preferable dans tous les cas au syrop qu'on en prépare, à cause de l'évaporation de son acide, qui a lieu lorsqu'il est conservé quelque tems. Cet acide est excellent pour se délivrer de l'ivresse, ainsi que pour arrêter les effets de l'*Opium* pris à trop forte dose.

au fommet ; elle renferme cinq étamines recourbées en forme d'alêne, plus courtes que les pétales, & terminées par des fommets oblongs : dans le centre eft placé un germe ovale qui foutient un ftyle fimple & couronné par un ftigmat divifé en trois parties : ce germe fe change enfuite en une capfule ronde, & a trois cellules qui s'ouvrent en trois valves élaftiques remplies de femences rondes.

Linnée, a rangé ce genre de plantes dans la premiere fection de fa cinquieme claffe, intitulée : *Pentandria monogynia*, qui comprend les fleurs à cinq étamines, & à un ftyle.

Les efpeces font :

1°. *Claytonia Virginica, foliis linearibus. Linn. Sp. Plant. 264 ;* Claytonia à feuilles étroites.

Claytonia, foliis lanceolatis. Gmel. Sib. 4. p. 88.

Claytonia. Gron. Virg. 25.

Ornithogalo affinis Virginiana, flore purpureo pentapetaloïde. Pluk. Alm. 272. t. 102. f. 3. Rudb. Elys. 2. p. 139. f. 9.

Claytonia Siberica foliis ovatis. Lin. Sp. Pl. 294. Hort. Ups. 52. Gmel. Sib. 4. p. 89. Kniph. 4. Gent. n. 24. Claytonia à feuilles ovales.

Limnia. Act. Stockh. 1746. p. 130. t. 5.

Virginica. La premiere efpece croît naturellement en Virginie, d'où elle m'a été envoyée en Angleterre par M. Clayton, & c'eft à caufe de cela qu'on lui a donné fon nom. Cette plante a une petite racine tubéreufe, qui pouffe au printems des tiges baffes, minces,

de trois pouces environ de hauteur, & garnies de deux ou trois feuilles étroites, fucculentes, longues de deux pouces & d'un vert foncé : au fommet de ces tiges, naiffent quatre ou cinq fleurs difpofées en bouquet clair, & compofées de cinq pétales blancs, placés étendus, & tachetés de rouge dans l'intérieur ; lorfque ces fleurs font tombées, leurs germes fe changent en autant de capfules rondes, & divifées en trois cellules remplies de femences rondes. Ses fleurs paroiffent en Avril, fes femences mûriffent en Juin, & la plante périt auffi tôt après jufqu'à la racine.

Siberica. La feconde qui eft originaire de la Siberie, eft une plante baffe, dont la hauteur n'excede guere celle de deux ou trois pouces : fa racine, qui eft tubéreufe, pouffe deux ou trois feuilles ovales : fon pédoncule fort immédiatement de la racine, & foutient deux ou trois petites fleurs de la même forme que celles de la premiere efpece, & de très-peu d'apparence.

Culture. On multiplie ces deux plantes par femence ou par leurs rejettons : on feme leurs graines à l'ombre fur une plate-bande de terre légere, ou dans des pots remplis d'une terre pareille, auffi tôt qu'elles font mûres ; car fi on tardoit jufqu'au printems, les plantes ne pousseroient que l'année d'après ; au-lieu que celles qui font femées en automne germent dès le printems fuivant, ce qui fait gagner une année entiere

entiere. Le feul foin que ces plantes exigent, lorfqu'elles commencent à pouffer, eft de ne les pas laiffer étouffer par les mauvaifes herbes. En automne on répand du vieux tan fur la furface de la terre pour garantir leurs racines des rigueurs de la gelée. Dans les hivers doux, elles n'ont pas befoin de cette précaution, mais un froid très-vif pourroit les détruire.

On tranfplante fes racines à la Saint-Michel, lorfque la fève ne circule plus ; mais comme alors elles font très-petites, il faut avoir attention, en les recueillant, de ne pas les perdre ; ce qui arrive communément parce qu'elles font d'une couleur noirâtre comme la terre.

CLANDESTINE. *Voyez* LA-THRÆA CLANDESTINA. *Suppl.*

CLEMATIS. *Linn. Gen. Pl.* 616. *Clematitis. C. B. P. 300 ;* Κληματίς, de Κλῆμα, Verge ou Tendron, &c., parce que cette plante grimpe fur les arbres, & s'y accroche avec des vrilles ou tendrons femblables à ceux de la Vigne ; c'eft ce qui l'a fait auffi nommer *Virgultum du, flile, Ranunculus obfequiofus,* & *Antrogenomene* : ce dernier nom lui a été donné parce que fes feuilles appliquées fur la peau, après avoir été froiffées, la brûlent comme un charbon, & y produifent une tumeur femblable à celle qui eft occafionnée par la pefte. On la nomme auffi *Flammula,* à caufe que les feuilles froiffées dans les tems chauds en été & portées aux narines, y

caufent une douleur comme celle d'une flamme ; [*Virgin's Bower.*] *Berceau de Vierge. Herbe-aux-Gueux, ou Clématite.*

Caraĉteres. Dans ce genre les fleurs n'ont point de calice, mais une corolle à quatre pétales oblongs & étendus, un grand nombre d'étamines plus courtes que les pétales, dont les fommets adherent à leurs côtés, & plufieurs germes ronds, comprimés & féparés par des ftyles placés entr'eux en forme d'alène, plus longs que les étamines, & couronnés par des ftigmats fimples : ces germes fe changent quand la fleur eft paffée, en plufieurs femences, rondes, comprimées, furmontées du ftyle au fommet, & rapprochées en une tète : les ftyles ont une forme différente dans la plupart des efpeces.

Ce genre de plantes eft rangé dans la feptieme feĉtion de la treizieme claffe de LINNÉE, qui a pour titre : *Polyandria Polygynia,* & qui comprend les fleurs à plufieurs étamines, & à plufieurs ftyles.

Les efpeces font :

1°. *Clematis reĉta, foliis pinnatis, foliolis ovato-lanceolatis, integerrimis ; caule ereĉlo, floribus pentapetalis tetrapetalifque. Hort. Cliff. 225. Hort. Upf. 155. Roy. Lugd.-B. 486. Sauv. Monfp. 249. Jacq. Auftr. 1. 291. Gmel. It. 1. p. 125. Scop. Carn. 2. n. 667 ;* Clématite à feuilles ailées, dont les lobes font ovales, en forme de lance & entiers, avec une tige érigée, & des fleurs à quatre & cinq pétales.

Clematis ereĉta, Linn. Syft.

B b

Plant. nov. Ed. tom. 2. *p.* 644.
Sp. 11.

Clematis, caule erecto, foliis pinnatis, ovato-lanceolatis. Hall. Helv. n. 1144.

Clematis foliis longè petiolatis, integris, caule erecto. Crantz. Auft. p. 126.

Clematitis, fivè Flammula fub-recta, alba. J. B. 2. 127 ; Clématite droite, blanche & grim-pante.

Flammula recta. Bauh. Pin. 300.

Flammula. Cam. Epit. 698. *Clus. Hift.* 1. *p.* 124.

2°. *Clematis integri-folia, foliis fimplicibus ovato-lanceolatis, floribus cernuis. Hort. Cliff.* 225. *Hort. Ups.* 156. *Roy. Lugd.-B.* 486. *Gmel. Sib.* 4. *p.* 194. *Jacq. Auftr. t.* 363; Clématite à feuilles fimples, ovales & en forme de lance, & à fleurs repliées.

Clematis nutans, foliis feffilibus, integris, caule erecto. Crantz. Auftr. p. 124.

Clematis inclinata. Scop. Carn. 2. *n.* 668.

Clematis cærulea Pannonica. Clus. Hift. 1. *p.* 123.

Clematitis, cœrulea erecta. Bauh. Pin. 300 ; Clématite bleue, droite & grimpante.

3°. *Clematis Hifpanica, foliis pinnatis, foliolis lanceolatis, acutis, integerrimis, caule erecto;* Clématite d'Efpagne à feuilles ailées, dont les lobes font en forme de lance, entiers, & terminés en pointe aiguë, avec une tige érigée.

Clematitis Hifpanica furrecta altera & humilior, flore albicante. H. R. Par.

4°. *Clematis Vitalba, foliis pinnatis, foliolis cordatis, fcandenti-*

bus. Hort. Cliff. 225. *Roy. Lugd.-B.* 486. *Gron. Virg.* 62. *Sauv. Monfp.* 249. *Gort. Gel.* 315. *Jacq. Auftr. t.* 308. *Scop. Carn.* 2. *n.* 669. *Pollich. Pal. n.* 521. *Regn. Bot.* Clématite à feuilles aîlées, dont les lobes font en forme de cœur, & grimpans.

Clematis, caule fcandente, foliis pinnatis, ovato-lanceolatis, Hall. Helv. n. 1142.

Clematis fcandens, foliis longè petiolatis, pinnatis aut dentatis. Crantz. Auftr. p. 126. *n.* 1.

Clematitis latifolia integra. Bauh. Hift. 2. *p.* 125 ; Clématite grimpante, à feuilles larges & entieres, communément appelée *Viorne* ou *la Joie du Voyageur.*

Clematis tertia. Cam. Epit. 697.

Clematis, latifolia dentata. Bauh. Hift. 2, *p.* 125. *Vitalba. Dod. Pempt.* 404.

Clematis sylveftris, latifolia. Bauh. Pin. 300.

5°. *Clematis Canadenfis, foliis ternatis, foliolis cordatis, acutis, dentatis, fcandentibus;* Clématite du Canada, avec des feuilles grimpantes à trois lobes en forme de cœur, dentelés, & terminés en pointe aiguë.

Clematitis Canadenfis latifolia & triphylla. Clématite rampante & à larges feuilles divifées en trois lobes.

6°. *Clematis flammula, foliis inferioribus pinnatis, laciniatis, fummis fimplicibus, integerrimis, lanceolatis. Hort. Cliff.* 225. *Roy. Lugd.-B.* 486. *Sauv. Monfp.* 249; Clématite dont les feuilles baffes font aîlées & découpées, & celles du haut fimples, entieres, & en forme de lance.

Clematis, caule fcandente, foliis

pinnatis , trilobatis. Hall. Hellv. n. 1143.

Clematis , foliis pinnatis , foliolis alternis , caulinis flexuosis scandentibus. Ger. Pron. 382.

Clematis , sivè Flammula scandens , tenui - folia , alba. Bauh. Hist. 2 , p. 127. Hall. R

Clematis urens 1 , 2. Tabern. 882 , 833.

Clematitis flammula repens. Bauh. Pin. 300. Raj. Hist. 621 ; Clématite grimpante & rampante.

Flammula. Dod. Pempt. 404. Dalech. Hist. 1171.

7°. *Clematis cirrhosa , cirrhis scandens , foliis simplicibus. Hort. Cliff. 226. Roy. Lugd.-B. 487 ;* Clematite garnie de vrilles & grimpante , avec des feuilles simples.

Clematis, foliis simplicibus, caule cirrhis oppositis scandente, pedunculis unifloris lateralibus. Kniph. Cent. 3 , n. 28.

Clematitis peregrina , foliis Pyri incisis. Bauh. Pin. 300 ; Clématite grimpante étrangere, avec des feuilles découpées.

Clematis altera Bœtica. Clus. Hist. 1 , p. 123.

Clematis peregrina , foliis Pyri incisis , nunc Singularibus , nunc ternis. Tourn. Cor. 20.

8°. *Clematis viticella , foliis compositis decompositisque, foliolis ovatis , integerrimis. Hort. Cliff. 225. Roy. Lugd.-B. 486. Scop. Carn. 2 , n. 670. Kniph. Cent. 11, n. 30 ;* Clématite à feuilles composées & décomposées, dont les lobes sont ovales & entiers, communément appelée *Berceau de Vierge.*

Clematitis cœrulea vel purpurea repens. Bauh. Pin. 300 ; Cléma-

tite bleue ou pourpre , rampante.

Clematitis altera. Clus. Hist. 1 , p. 122. Cam. Epit. 696.

Clematis cœrulea , flore pleno. Bauh. Pin. 300.

9°. *Clematis Alpina , foliis compositis , ternatis ternatifque , foliolis acutis , serratis ;* Clématite des Alpes , dont les feuilles sont composées & doublement ternées , avec des lobes sciés sur leurs bords , & terminés en pointe aiguë.

Clematitis Alpina , Geranii folio. G. B. P. 300. Clematite grimpante des Alpes à feuilles de *Bec-de-Grue.*

10°. *Clematis Viorna , foliis compositis decompositisque, foliolis quibusdam trifidis. Gron. Virg. 62 ;* Clématite à feuilles composées & décomposées , dont quelques-uns de leurs lobes sont divisés en trois parties.

Flammula scandens , flore violaceo clauso. Dill. Elth. 144 , t. 188 , f. 444.

Clematis purpurea repens , petalis florum coriaceis. Raj. Hist. 1928 ; Clématite rampante à fleurs pourpre , & dont les pétales sont coriacès.

Scandens Caroliniana planta , Viornæ folio. Pet. Sicc. 27.

11°. *Clematis Orientalis , foliis compositis , foliolis incisis , angulatis , lobatis cunei-formibus , petalis internè villosis. Linn. Sp. Plant. 765 ;* Clématite du Levant à feuilles composées , dont les petites feuilles sont découpées en lobes angulaires & en forme de coin , avec des pétales dont l'intérieur est velu.

Clematitis Orientalis , Apii folio , flore ex viridi flavescente pos-

teriùs reflexo. **Tourn.** *Cor.* 20 ; Clématite du Levant à feuilles de grand *Perfil*, produifant une fleur d'un vert jaunâtre, & qui finit par fe recourber.

Flammula fcandens, Apii folio glauco. **Dill.** *Elth.* 144, *t.* 119, *f.* 145.

12°. *Clematis Siberica, foliis compofitis & decompofitis, foliolis ternatis, ferratis.* **Gmel.** ; Clématite de Siberie à feuilles compofées & décompofées, dont les lobes font ternés & fciés.

13. *Clematis Dioica, foliis ternatis, integerrimis, floribus Dioicis.* **Amœn.** *Acad.* 6, *p.* 398 ; Clématite à feuilles à trois lobes & entieres, produifant des fleurs mâles & femelles.

Clematis fcandens, foliis quinque nerviis ovatis, nitidis, pinnato-ternatis. **Brown.** *Jam.* 255.

Clematis prima, feu fylveftris latifolia, foliis ternis. **Sloan.** *Jam.* 84, *Hift.* 1, *p.* 199, *t.* 128, *f.* 1 ; Clématite à trois feuilles.

14°. *Clematis Americana, foliis ternatis, foliolis cordato-acuminatis, integerrimis, floribus corymbofis* ; Clématite d'Amérique, à feuilles ternées, dont les lobes font entiers, en forme de cœur, & terminés en pointe aiguë, & à fleurs difpofées en corymbe.

Clematitis Americana triphylla, foliis non dentatis. **Houft.** *MSS.*

15°. *Clematis crifpa, foliis fimplicibus ternatifque, foliolis integris, trilobifve.* **Linn.** *Sp. Plant.* 765 ; Clématite à feuilles fimples, à trois lobes & entieres, mais dont quelques-unes font divifées en trois parties.

Clematis, flore crifpo. **Dill.**

Elth. 86, *t.* 73, *f.* 84 ; Clématite à fleurs frifées.

Recta. La premiere efpece, qui croît naturellement dans la France Méridionale, en Italie, en Autriche, ainfi que dans plufieurs parties de l'Allemagne, eft depuis longtems cultivée dans les Jardins Anglois comme plante d'ornement: fa racine eft vivace, fes tiges font droites & hautes de trois ou quatre pieds, fes feuilles font aîlées, oppofées & compofées de trois ou quatre paires de lobes terminés par un impair; fes lobes font ovales, en forme de lance & entiers; fes fleurs qui naiffent en gros panicule au fommet des tiges, font compofées de quatre pétales blancs, planes & étendus, & d'un grand nombre d'étamines qui occupent le milieu de la corolle, & environnent cinq ou fix germes qui fe changent, quand la fleur eft fanée, en plufieurs femences comprimées, & terminées au fommet par une longue queue ou barbe. Cette plante fleurit en Juin, & perfectionne fes femences en Septembre.

Integri-folia. La feconde efpece eft originaire de la Hongrie & de la Tartarie; on la cultive auffi depuis longtems dans les jardins Anglois: fa racine vivace pouffe plufieurs tiges droites & menues, qui s'élevent à la hauteur de trois ou quatre pieds, & font garnies de feuilles fimples, oppofées fur chaque nœud, fupportées par de courts pétioles, longues d'environ quatre pouces, fur un pouce & demi de largeur, au milieu d'un vert brillant, unies, entieres, & terminées en pointe: ses fleurs sortent aux extrémités des tiges sur des pédoncules fort longs & nuds; elles sont bleues, & composées de quatre pétales étroits, épais, planes & étendus; leur centre est occupé par des germes entourés de plusieurs étamines velues: lorsque la fleur est passée, ces germes se changent en plusieurs semences comprimées, & terminées chacune par une barbe. Cette espece fleurit & ses semences mûrissent dans le même tems que la précédente.

Hispanica. La troisieme qui ressemble beaucoup à la premiere, en differe cependant en ce que ses feuilles n'ont que deux ou trois paires de lobes plus étroits & plus séparés les uns des autres; ses tiges sont aussi plus courtes & ses fleurs plus grosses.

Vitalba. On rencontre la quatrieme dans les haies & les buissons de presque toute l'Angleterre : sa tige, dure & grimpante, pousse des vrilles au moyen desquelles elle s'attache aux plantes & aux arbres voisins, & s'éleve ainsi quelquefois au-dessus de vingt pieds de hauteur, en couvrant tout ce qui l'environne des divisions de ses branches latérales : elle produit plusieurs paquets de fleurs blanches qui paroissent en Juin, & sont suivies d'une grande quantité de semences plates & réunies en une tête; chacune de ces semences est terminée par une longue queue torse & garnie

de poils longs & blancs, de maniere qu'en automne, lorsque ces semences sont presques mûres, elles ressemblent à des barbes, ce qui leur a fait donner par les gens du pays le nom de *Barbe de Vieillard* : les branches qui sont fort dures & flexibles, servent à lier les Cotrets ou petits fagots; c'est de-là que lui vient aussi le nom de *Lien.* Il y a deux variétés de cette espece, l'une a feuilles dentelées, qui est la plus commune, & l'autre à feuilles entieres; mais comme elles proviennent l'une & l'autre de semences recueillies sur la même plante, elles n'ont été séparées par aucun Botaniste moderne (1).

Canadensis. La cinquieme, qui se trouve dans presque toute l'Amérique Septentrionale, d'où ses semences ont été envóyées en Europe, paroît au premier coup-d'œil ressembler beaucoup à la précédente; mais ses feuilles sont cependant

---

(1) Toutes les parties de cette plante, & surtout les graines purgent avec violence; mais on ne s'en sert point en Médecine, parce que ce purgatif est trop âcre pour pouvoir être employé avec sûreté : on applique quelquefois ses feuilles écrâsées pour guérir la teigne & pour nettoyer les ulceres sordides.

Quelques mendians font usage de cette plante pour produire sur différentes parties de leur corps de larges excoriations, qu'ils étalent aux yeux du public pour exciter sa pitié, & qu'ils guérissent ensuite par l'application de feuilles du *Bouillon blanc.*

plus larges & croîffent par trois fur le même pétiole ; au-lieu que celles de la quatrieme ont cinq ou fept lobes : fes fleurs paroîffent en même tems que celles de la *Vitalba* ; mais fes femences ne mûriffent point en Angleterre , fi la faifon n'eft très-chaude. Cette plante a peu de beauté.

Flammula. La fixieme a une tige grimpante comme la quatrieme ; les feuilles baffes font ailées & profondément décou-pées fur leurs bords , mais celles du haut font fimples , entieres & en forme de lance : fes fleurs font blanches & pa-roiffent en Juin ou en Juillet : elle croit naturellement dans la France Méridionale, & en Italie.

Cirrhofa. La feptieme efpe-ce , qui eft originaire de l'Ef-pagne & du Portugal , a une tige grimpante qui s'éleve à la hauteur de huit ou dix pieds : fes branches , qui fortent de chaque nœud , forment un buiffon fort épais : fes feuil-les font quelquefois fimples , quelquefois doubles , & fou-vent à trois lobes , dentelées fur leurs bords , & vertes toute l'année ; du point oppofé à celui d'où naiffent les feuilles fortent des vrilles ou tendrons qui s'attachent aux arbriffeaux voifins , & foutiennent par-là les branches qui tomberoient à terre fans ce fecours : fes fleurs, qui font produites fur les côtés des branches , font larges & d'une couleur her-bacée ; elles paroiffent tou-jours vers la fin de Décembre ou au commencement de Jan-

vier. Comme dans cette faifon l'on vifite peu les jardins , bien des gens ont penfé que cette plante n'en produit point en Angleterre ; ce qui a encore donné lieu à cette idée, c'eft que ces fleurs étant à-peu-près de la même couleur que les feuilles, on peut en être très-voifin fans les appercevoir : il eft certain cependant qu'elle a a produit plufieurs années de fuite une grande quantité de fleurs dans les jardins de *Chelféa* , & toûjours dans la même faifon.

Viticella. La huitieme , que les Jardiniers cultivent dans leurs pépinieres pour en faire commerce , eft connue fous le nom de *Berceau de Vierge.*

On en connoit quatre va-riétés que l'on conferve dans les jardins des curieux , & qui ont été regardées par plufieurs perfonnes comme des efpeces diftinctes , mais elles ne diffe-rent entr'elles que par la cou-leur de leurs fleurs , ou le nombre de leurs pétales ; on eft d'ailleurs certain à préfent qu'elles ne font que des varié-tés accidentelles obtenues par femence : cependant comme les Jardiniers de pépinieres les diftinguent , je vais en faire mention.

1°. *La Clématite à fleurs bleues fimples.*

2°. *La Clématite à fleurs pour-pre fimples.*

3°. *La Clématite à fleurs rouges fimples.*

4°. *La Clématite à fleurs pour-pre doubles.*

Comme ces quatre variétés ont des tiges & des feuilles

femblables , & qu'elles ne different entr'elles que par la couleur de leurs fleurs & le nombre de leurs pétales, une feule defcription fuffira pour toutes.

Les tiges de ces plantes font foibles & fort minces ; elles ont plufieurs nœuds d'où fortent des branches latérales , qui fe fous-divifent en plus petites ; lorfqu'elles font foutenues , elles s'élevent à la hauteur de huit à dix pieds ; les feuilles qui les garniffent font compofées & oppofées aux nœuds : les dernieres divifions des branches ont chacune un pétiole mince qui foutient trois petites feuilles ovales & entieres : du même nœud s'élevent généralement quatre pétioles, deux à chaque côté, dont les deux plus bas fe partagent en trois divifions ; de forte que chaque feuille eft compofée de neuf petites feuilles ou lobes, mais les deux fupérieurs n'ont que deux feuilles oppofées fur chacun : du centre de ces feuilles fortent trois pédoncules minces qui foutiennent chacun une fleur formée par quatre pétales, étroits à leur bâfe, larges & arrondis à leur extrémité, d'un pourpre fale & foncé dans les unes , bleus dans d'autres , & d'un pourpre brillant ou rouge dans une troifieme. La fleur double, qui eft commune dans les jardins anglois , eft d'un pourpre fale. Les Catalogues des Jardins des pays étrangers font mention de fleurs doubles , teintes des deux autres couleurs ; mais

comme je ne les ai jamais vues, je ne puis en parler : les fleurs doubles n'ont ni étamines ni germès ; mais ces parties font remplacées par une multitude de pétales étroits dont les extrémités font inclinées en-dedans.

Ces plantes qui naiffent fpontanément dans les forêts de l'Efpagne & du Portugal, font depuis long-tems un des ornemens des jardins Anglois ; elles fleuriffent en Juin & en Juillet, mais leurs femences mûriffent difficilement dans notre climat : l'efpece double continue fleurir jufqu'à la fin du mois d'Août.

Alpina. La neuvieme fe trouve fur les Alpes & fur d'autres montagnes de l'Italie ; elle m'a été envoyée du Mont Baldus, où elle croît en abondance : fa tige mince & grimpante s'éleve à trois ou quatre pieds de hauteur, & ne fe foutient qu'en s'attachant aux plantes & aux arbriffeaux voifins : fes fleurs qui font produites aux nœuds de la tige, comme dans la *Viorne* ou *Clématite ordinaire* , font blanches, & de peu d'apparence ; elles s'épanouïffent dans le mois de Mai.

Viorna. La dixieme croît naturellement en Virginie & dans la Caroline, car fes femences m'ont été envoyées de ces deux contrées ; elle pouffe plufieurs tiges minces & garnies à chaque nœud de feuilles compofées, aîlées & formées généralement par neuf petites feuilles difpofées par trois, comme dans la huitieme efpece, mais

les lobes de celle-ci font rarement en forme de cœur : les
fleurs font placées fur de courts
pédoncules qui fortent aux
ailes des feuilles , un à chaque côté de la tige ; elles ont
quatre pétales épais, de couleur pourpre en - dehors &
bleus en-dedans ; elles paroiffent en Juillet ; & , fi l'automne eft chaud , leurs femences
mûriffent en Septembre.

Orientalis. Les femences de
l'onzieme efpece ont été d'a-
bord envoyées du Levant par
M. de TOURNEFORT , dans le
Jardin Royal de Paris, où elles ont bien réuffi & perfectionné des femences qui ont
été enfuite diftribuées dans la
plupart des jardins de l'Europe. Elle a des tiges foibles &
grimpantes qui s'attachent par
leurs vrilles aux plantes & aux
arbriffeaux qui les environnent, & s'élevent ainfi à la
hauteur de fept ou huit pieds ;
elles font garnies de feuilles
ailées & compofées de neuf
petites feuilles ou lobes angulaires & terminés en pointe
aiguë : fes fleurs, qui fortent
des ailes des feuilles, font d'un
vert jaunâtre & formées par
des pétales inclinés en arriere:
elles paroiffent en Avril & en
Mai, & dans les années chaudes leurs femences mûriffent
très-bien , pourvu que les plantes foient placées à une bonne
expofition.

Siberica. La douzieme croît
naturellement en Sibérie ; fes
femences qui ont été envoyées
dans le Jardin Impérial de Pétersbourg, ont produit d'autres
plantes , dont les graines m'ont

été données en 1753. Ces graines ont réuffi dans les jardins
de *Chelféa* , & leurs plantes ont
fleuri plufiéurs années de fuite : les tiges de cette efpece
font foibles, grimpantes , &
ont befoin du fupport , au
moyen duquel elles s'élevent
à fix ou huit pieds de hauteur :
de chacun de leurs nœuds qui
font fort éloignés les uns des
autres, fortent deux feuilles
ailées & compofées, dont les
lobes font placés par trois,
profondément fciés fur leurs
bords & terminés en pointe
aiguë : fes fleurs naiffent fimples aux ailes des feuilles, fur
des pédoncules longs & nuds ;
elles ont quatre pétales larges, obtus, planes, étendus ,
en forme de croix, & d'un
jaune blanchâtre.

Dans leur centre font placés
plufieurs germes environnés
d'un grand nombre d'étamines,
terminées par des fommets
plats , comprimés , & de la
même couleur que les pétales
de la fleur ; lorfqu'elle eft fanée, ces germes fe changent
en plufieurs femences comprimées & terminées chacune
par une queue barbue : cette
plante fleurit en Février, en
Mars & en Avril, & perfectionne fes femences en Juillet
ou en Août.

Dioica. La treizieme efpece
m'a été envoyée de la Jamaïque par le Docteur HOUSTOUN:
fes tiges , minces & grimpantes, s'attachent aux arbres &
aux arbriffeaux voifins , &
s'élevent par-là à dix ou douze
pieds de hauteur ; elles font
garnies de feuilles à trois lo-

bes & placées de chaque côté des tiges ; ces lobes font larges, ovales, entiers, & garnis de trois veines qui coulent dans leur longueur : fes pédoncules fortent des mêmes nœuds, tout près des pétioles des feuilles & des deux côtés des tiges ; ils font longs, nuds, placés horifontalement, étendus au-deſſus des feuilles, & féparés vers leur extrémité en trois ou quatre autres qui fe fous-divifent encore en trois pédoncules plus petits, dont chacun foutient une fimple fleur ; la paire du bas s'étend à quatre ou cinq pouces, & les autres ayant graduellement moins de longueur, leur affemblage forme une efpece de thyrfe pyramidal : ces fleurs font blanches & compofées de quatre pétales étroits & inclinés en arriere ; mais leurs étamines font toutes droites.

Plufieurs perfonnes ont cru que cette plante étoit la même que la *Viorne* ou *Clématite commune* ; mais quand on a examiné ces deux plantes, on ne peut douter qu'elles ne foient des efpeces diftinctes.

Americana. La quatorzieme qui m'a été envoyée de Campêche par le Docteur Houstoun, pouffe des tiges fortes & grimpantes, qui, en s'attachant aux arbres voifins avec les vrilles dont elles font garnies, fe foutiennent & s'élevent à la hauteur de vingt pieds & plus ; elles ont à chaque nœud des feuilles à trois lobes, en forme de cœur, pointues & entieres : fes fleurs, blanches & rapprochées en paquets, fortent des aîles des feuilles, fur des pédoncules branchus, & font fuivies par des femences femblables à celles de l'efpece commune, mais garnies chacune d'une barbe longue & frifée.

Crifpa. La quinzieme efpece croît naturellement dans la Caroline, d'où fes femences m'ont été envoyées en 1726 : elle a des tiges foibles & hautes d'environ quatre pieds, qui s'attachent aux plantes voifines, au moyen de leurs vrilles : fes feuilles fortent des nœuds oppofés, quelquefois fimples, & d'autres fois rapprochées au nombre de trois, & divifées en trois lobes : fes fleurs naiffent fimples des parties latérales des branches, fur des pédoncules courts & garnis d'une ou de deux paires de feuilles placées immédiatement au-deſſous de la fleur, oblongues & terminées en pointe aiguë. Ces fleurs ont quatre pétales épais, femblables à ceux de la dixieme efpece, d'une couleur de pourpre, & dont la furface intérieure eft ridée, & forme plufieurs fillons longitudinaux : elles paroiffent en Juillet, & leurs femences mûriffent en Septembre.

Culture. Les trois premieres efpeces ont des racines vivaces qui fe multiplient affez fort ; mais leurs tiges périffent chaque automne, & elles en pouffent de nouvelles au printems : elles différent en cela de toutes les autres : comme elles exigent un traitement différent & qu'elles fe multiplient d'une autre maniere, je vais commencer par donner une méthode pour leur culture.

On les multiplie, ou par femence, ou en divifant leurs racines; le premier moyen eft trop lent, les plantes ne levent guere la premiere année, & elles fleuriffent deux ans plus tard, à moins qu'on n'ait mis ces graines en terre auffi-tôt après leur maturité. La derniere méthode eft généralement préférée; on la met en ufage au mois d'Octobre ou en Février, précifément avant que les branches foient flétries, ou auparavant qu'elles commencent à pouffer au printems.

Prefque tous les fols, & toutes les fituations leur conviennent; mais fi la terre eft très-feche, il faudra toujours les tranfplanter en automne, fans quoi, leurs fleurs ne font pas auffi garnies; fi au contraire le terrein eft humide, il fera plus à propos de différer cette opération jufqu'au printems: on peut couper ces racines au travers de leurs couronnes avec un canif bien aiguifé, en obfervant de conferver quelques bons yeux ou bourgeons fur chaque morceau: il eft indifférent de les divifer en petites parties, car elles s'étendent & croiffent confidérablement; mais fi on les réduit beaucoup, il fera néceffaire alors de les laiffer trois ou quatre années en place, avant de les enlever, afin qu'elles produifent un grand nombre de bourgeons, & qu'elles fleu-

riffent abondamment; ce qui ne peut s'opérer dans un moindre efpace de tems.

Ces plantes font fort dures, & réfiftent en plein air aux froids de nos hivers les plus rigoureux; elles ornent beaucoup les grands jardins, foit qu'on les place dans de larges plates-bandes, foit qu'on les entremêle avec d'autres fieurs dures, ou des arbriffeaux à fleurs: elles forment auffi quelquefois un coup-d'œil agréable, lorfqu'elles fe trouvent placées fans ordre dans des endroits vides: elles commencent à fleurir dans les premiers jours de Juin, & continuent fouvent à produire de nouvelles fleurs jufqu'au mois d'Août: cela les rend d'autant plus agréables, que leur culture n'exige que peu de foins; car on peut laiffer leurs racines pendant plufieurs années fans y toucher, & même fans les divifer, & elles n'en éprouvent aucun dommage.

La quatrieme croît fauvage dans prefque toute l'Angleterre, fur le bord des routes & dans les haies, où elle étend fes branches traînantes fur les arbres & les arbriffeaux voifins: en automne, elle eft entièrement couverte de femences recueillies en petites têtes furmontées d'une efpece de panache rude, qui lui a fait donner le nom de *Barbe de Vieillard*, par les gens de la campagne. LOBEL & GÉRARD la nomment *Viorne*, & DODONŒUS, *Vitis alba*, ou *Vitalba*: les Anglois l'appellent ordinairement *la Ioie des Voyageurs*: on cultive peu cette plante dans les jardins, parce qu'elle s'étend trop , & qu'elle a peu de beauté.

Les cinquieme & sixieme ne font pas plus distinguées par leur agrément que la quatrieme : aussi font-elles peu recherchées , à moins que ce ne foit pour la variété ; elles font toutes deux auffi dures que l'efpece commune & peuvent être multipliées par femence ou par marcotte.

La feptieme conferve fes feuilles pendant toute l'année, ce qui la rend plus eftimable : on la retiroit autrefois dans les ferres pendant l'hiver, parce qu'on la croyoit trop tendre pour fubfifter en plein air dans nos climats ; mais à préfent on la place généralement en pleine terre , où elle profite beaucoup plus que dans des pots ; elle produit auffi de cette maniere une plus grande quantité de fleurs que fi elle étoit traitée plus délicatement. On ne s'eft jamais apperçu que les plus fortes gelées aient endommagé cette plante ; & celles qui font en pleine terre, dans les jardins de *Chelféa* , depuis plus de cinquante ans, ont réfifté aux plus grands froids fans aucune couverture.

Comme cette efpece ne produit point de femences en Angleterre, on ne la multiplie que par marcotte ou par bouture : quand on veut marcotter cette plante, on choifit, au commencement d'Octobre , les rejettons de l'année, qui prendront racine dans l'efpace d'un an ; au-lieu qu'il faut aux vieilles branches le double de tems pour en produire : on enfonce ces jeunes rejettons dans la terre , à deux pouces de profondeur ; on les y affujettit avec des fourches , ainfi qu'on le pratique pour les autres marcottes , pour les empêcher de fe relever, & on les couvre avec du vieux tan, afin d'empêcher la gelée d'y pénétrer ; car , comme ces plantes commencent toujours à fleurir vers Noël , & qu'elles pouffent en même tems des racines, elles feroient facilement endommagées par les grands froids, fans cette précaution. Dès l'automne fuivant, qui eft le tems où ces marcottes feront bien enracinées, on pourra les féparer des vieilles plantes, & les placer où elles doivent être à demeure. On plante les boutures en Mars, dans des pots remplis d'une bonne terre de jardin potager ; on les plonge dans une couche d'une chaleur très-modérée ; on les abrite du foleil, & on les arrofe légerement deux ou trois fois par femaine ; par cette méthode , elles auront produit des racines en moins de deux mois : alors il fera néceffaire de les habituer par dégré à fupporter le plein air ; & dans l'été fuivant, on pourra les placer dans le jardin : mais, aux environs de Noël , il faudra les tirer des pots , & les mettre en pleine terre, dans les places qui leur font deftinées, ou dans une planche en pépiniere, afin de leur donner le tems de fe fortifier au moins pendant une

année, avant de les tranſplanter à demeure.

Toutes les variétés de la huitieme qu'on connoît ordinairement ſous le nom de *Berceau
de Vierge* , ſe multiplient par
marcotte ; car, quoique celles
à fleurs ſimples produiſent
quelquefois des ſemences en
Angleterre, cependant on préfere le premier moyen, parce
qu'il eſt plus prompt & plus
facile pour la multiplication
de ces plantes, en ce que leurs
graines reſtent toujours une
année en terre avant de pouſſer : comme ces marcottes ne
réuſſiſſent qu'autant qu'elles
ſont couchées dans une ſaiſon
convenable, que cette ſaiſon
eſt différente de celle qu'on
choiſit pour les autres, que la
plupart ſe durciſſent plutôt que
de pouſſer des racines, & que
celles qui en produiſent ſont
au moins deux ans avant d'ê-
tre bien établies, & qu'elles
ne réuſſiſſent même qu'impar-
faitement, pluſieurs perſonnes
ont penſé qu'elles étoient très-
difficiles à multiplier ; mais
lorſqu'on les marcotte dans le
commencement de Juillet, préciſément après que les premiers rejettons ſont formés,
elles prennent auſſi facilement
racine que les autres : on choiſit pour cela les branches de
la derniere pouſſe ; mais comme elles ſont très-tendres, il
faut agir avec beaucoup de
précaution, pour ne pas les
rompre en les maniant : pour
y réuſſir, il faut d'abord coucher à terre les branches ſur
leſquelles ſe trouvent les jeunes rejettons, les y aſſujettir

pour les empêcher de ſe relever, & enfoncer enſuite ces
rejettons dans la terre, en
tenant leurs extrémités droites
& élevées de trois ou quatre
pouces au-deſſus de la ſurface : quand les marcottes ſont
placées, on couvre la terre
avec de la mouſſe, du vieux
tan, ou du terreau, pour l'empêcher de ſe deſſècher : au
moyen de cette précaution, il
ſuffira d'arroſer les marcottes
trois ou quatre fois, en cinq
ou ſix jours de tems ; car trop
d'humidité feroit facilement
pourrir ces tendres rejettons,
qui en ſont très-ſuſceptibles,
lorſque leurs jeunes fibres
commencent à pouſſer. En ſuivant ce qui vient d'être preſ-
crit, on réuſſira plus certainement à multiplier cette plante, que par toute autre méthode.

Comme la plupart de ces
plantes ont des branches grimpantes, il faudroit toujours les
placer de maniere à pouvoir
les ſoutenir ; ſans quoi, ces
branches ramperont ſur la terre, & feront un effet déſagréable à la vue, au-lieu de
ſervir d'ornement : elles ſont
très-propres à garnir & à
couvrir des berceaux & des
treilles, ainſi qu'à cacher des
murs, & tout ce qui ne doit
pas être apperçu ; mais elles
ne conviennent point dans les
plates-bandes, non plus que
pour être placées avec d'autres arbriſſeaux ; car elles ne
produiſent beaucoup de fieurs
qu'autant que leurs branches
peuvent s'étendre librement.

Comme l'eſpece à fleurs

doubles eft la plus belle de toutes, il eft agréable d'avoir la plupart de ces plantes de cette efpece, & d'y entremêler quelques-unes de celles à fleurs fimples pour la variété; elles font toutes également dures, & ne font prefque jamais endommagées par la gelée, fi ce n'eft dans les hivers très-rudes, qui détruifent quelquefois leurs derniers rejettons : pour réparer cet accident, on les taille au printems, & on retranche toutes les branches mortes, pour leur en faire poufler de nouvelles.

Les dixieme, onzieme & quinzieme efpeces font auffi des plantes dures, & à tiges grimpantes, qui peuvent fervir aux mêmes ufages. On les multiplie par marcottes, qui réuffiflent toujours, fi elles font couchées dans la faifon qui a été prefcrite, & fi on les traite fuivant la méthode qui vient d'être indiquée.

Les autres étant originaires des contrées les plus chaudes de l'Amérique, ne profitent pas en Europe, à moins qu'on ne les conferve dans des ferres chaudes ; mais comme elles font très rampantes, & qu'elles n'ont pas beaucoup de beauté, on les cultive rarement en Angleterre, à moins que ce ne foit pour augmenter la variété dans les collections de Botanique. On peut les multiplier par marcottes, comme les autres efpeces, ou les élever des femences qu'il faut fe procurer de leurs pays originaires, & les traiter enfuite de même que les autres plantes du même climat de l'Amérique.

CLEOME. *Linn. Gen. Plant.* 740. *Sinapiftrum. Tourn. Inft. R. H. 231. tab. 116.* [*Cleome,* or *Indian Muftard.*] Moutarde des Indes, *ou* étrangere.

Caracteres. Dans ce genre, la fleur a un calice à quatre feuilles étendues, une corolle compofée de quatre pétales étendus & inclinés vers leurs extrémités, dont ceux du bas font plus petits que les autres, & ont dans leur fond trois glandes molles, rondes & féparées par le calice, audelà fix étamines courbées & terminées par des fommets montans & fixés latéralement, & un ftyle fimple, qui foutient un germe oblong, de la même longueur que les étamines, & couronné par un ftigmat épais : ce germe fe change, quand la fleur eft paffée, en un légume long, cylindrique, pofté fur le ftyle, & a une cellule qui s'ouvre en deux valves, & qui eft remplie de femences rondes.

Ce genre de plantes eft rangé dans la feconde fection de la quinzieme claffe de Linnée, intitulée : *Tetradynamia, filiquofa,* qui comprend les fleurs avec quatre longues étamines & deux courtes, & dont les femences font renfermées dans de longs légumes.

Les efpeces font :

1°. *Cleome pentaphylla, floribus gynandris, foliis quinatis, caule inermi. Lin. Sp. Plant. 938. Jacq. Hort. t. 24* ; Cléome dont les fleurs renferment les parties mâles & femelles réunies, avec des feuilles à cinq lobes & une tige sans épine.

Cleome , floribus gynandris , foliis digitatis. Hort. Cliff. 341. Hort. Ups. 193. Flor. Zeyl. 239. Roy. Lugd.-B. 339.

Sinapistrum Indicum pentaphyllum , flore carneo , minus , non spinosum. Herm. Lugd. - B. 564. Sloan. Jam. 80. Hist. 1. p. 294. Raj. Hist. 859 ; Moutarde des Indes.

Papaver corniculatum acre quinque-folium Ægyptiacum minus. Plum. Alm. 280.

Pentaphyllum peregrinum siliquosum bivalve minus. Moris. Hist. 2. p. 289.

Quinque-folium , Lupini folio. Bauh. Pin. 326.

Capa-Veela. Rheed. Mal. 9. p. 43. t. 24. Raj. Suppl. 420.

2°. *Cleome Ornithopodioïdes, floribus hexandris , foliis ternatis , foliolis ovato - lanceolatis. Linn. Sp. Fl. 940 ;* Cléome avec des fleurs à six étamines, & des feuilles à trois lobes ovales & en forme de lance.

Cleome , floribus hexandris , genitalibus declinatis , siliquis teretibus torosis. Hort. Cliff. 341. Hort. Ups. 194. Roy. Lugd.-B. 340.

Sinapistrum Orientale triphyllum, Ornithopodii siliquis. T. Dill. Elth. 359. t. 266. f. 345. Buxb. Cent. 1. p. 6. t. 9. f. 24 ; Moutarde du Levant.

3°. *Cleome Lusitanica , floribus hexandris , foliis ternatis , foliolis lineari - lanceolatis , siliquis bivalvibus ;* Cléome avec des fleurs à six étamines, des feuilles à trois lobes étroits & en forme de lance, & des légumes à deux valves.

Sinapistrum Lusitanicum triphyllum , flore rubro. Tourn. Inst. R. H. 231 ; Moutarde de Portugal.

4°. *Cleome viscosa , floribus dodecandris , foliis quinatis ternatisque. Flor. Zeyl. 241 ;* Cléome avec des fleurs à douze étamines, & des feuilles à trois ou cinq lobes.

Sinapistrum Zeylanicum triphyllum & pentaphyllum viscosum , flore flavo. Mart. Cent. 25. t. 25 ; Moutarde de Céylan, à feuilles visqueuses & à fleurs jaunes.

Aria-Veela. Rheed. Mal. 9. p. 41. t. 23.

5°. *Cleome triphylla , floribus hexandris , foliis ternatis , foliolo intermedio majori ;* Cléome avec des fleurs à six étamines, & des feuilles à trois lobes, dont celui du milieu est le plus grand.

Cleome triphylla , floribus gynandris , foliis ternatis , caule inermi. Linn. Syst. Plant. nov. ed. t. 3. p. 294. sp. 4.

Sinapistrum Indicum triphyllum , flore carneo , non spinosum. Herm. Lugd.-B. 564. t. 565. Raj. Suppl. 421 ; Moutarde des Indes, à fleurs couleur de chair sans épines.

6°. *Cleome Erucago , floribus hexandris , foliis septenis , caule spinoso , siliquis pendulis ;* Cléome produisant des fleurs à six étamines, des feuilles à sept lobes, une tige épineuse & des légumes pendans.

Sinapistrum Ægyptiacum heptaphyllum , flore carneo , majus , spinosum. H. L. ; Moutarde d'Egypte, à fleurs couleur de chair , & une tige fort épineuse.

7°. *Cleome spinosa , floribus hexandris , foliis quinatis ternatifque , caule spinoso ;* Cléome avec des fleurs à six étamines, des feuilles composées de trois ou cinq lobes & une tige épineuse.

Cleome, floribus hexandris, foliis septenatis quinatifque, caule spinoso. Jacq. Amer. 26.

Sinapistrum Indicum spinosum, flore carneo, folio trifido vel quinquefido. Houst. MSS. ; Moutarde des Indes, épineuse, à fleurs couleur de chair.

Tarenaya. Marcgr. Bras. 33. t. 34.

8°. *Cleome monophylla, floribus hexandris , foliis simplicibus, petiolatis , ovato-lanceolatis. Flor. Zeyl. 243* ; Cléome avec des fleurs à six étamines, & des feuilles simples, ovales, en forme de lance & postées sur des pétioles.

Sinapistrum Zeylanicum viscosum , folio solitario , flore flavo , siliquâ tenui. Burm. Zeyl. 217. t. 100. f. 2.

Tsieru-Veela. Rheed. Mal. 9. p. 63. t. 34.

Pentaphylla. La premiere espece croît naturellement en Asie, en Afrique & dans l'Amérique ; ses semences m'ont été envoyées d'Alep & de la côte de Guinée, & elle a souvent poussé, comme herbe sauvage, dans de la terre qui venoit de l'Amérique, avec d'autres plantes. Cette espece a une tige herbacée, haute d'environ un pied, & garnie de feuilles unies & composées de cinq petits lobes réunis en un centre à leur bâse, & étendus au-dehors comme les doigts d'une main ; les feuilles du bas de la tige, sont postées sur de longs pétioles, qui diminuent en longueur par dégré, & se rapprochent à mesure qu'elles sont plus voisines du sommet : ses fleurs sont produites en épis clairs aux extrémités des tiges & des branches ; elles ont quatre pétales de couleur de chair, érigés & écartés les uns des autres : audessous des pétales sont placés les étamines & le style qui se joignent à leur bâse, mais qui s'écartent au sommet, & s'étendent au-delà des pétales : lorsque la fleur est fanée, le germe, qui est placé sur le style, devient un légume cylindrique, de deux pouces environ de longueur, & rempli de plusieurs semences rondes. Cette plante est annuelle, & périt aussi-tôt que ses semences sont mûres.

Ornithopodioïdes. La plupart des jardins de l'Europe ont tiré la seconde espece du Jardin Royal de Paris, où elle avoit été envoyée du Levant par M. de Tournefort.

Cette plante pousse une tige droite, haute à-peu-près comme celle de la premiere, & garnie de feuilles composées de trois lobes, en forme de lance , & supportées par de courts pétioles : ses fleurs qui naissent seules sur les parties latérales des tiges, ont quatre petales rouges , placés de même que ceux de l'espece précédente, & sont suivies par des légumes minces, de deux pouces de longueur, & gonflés aux divisions où chaque

femence eft renfermée ; de maniere qu'ils paroiffent mieux
comme ceux du *Cerfeuil à pied
d'oifeau* : cette plante périt
auffi-tôt que fes graines font
mûres ; fi elle a été femée en
automne , elle fleurit en Juin,
& perfectionne fes graines en
Août ; mais fi on ne la feme
qu'au printems , elle ne fleurit
qu'en Juillet, & fes graines
ne mûriffent point , à moins
que la faifon ne foit favorable : en les laiffant fe répandre d'elles-mêmes, elles poufferont fans aucun foin , &
n'exigeront que d'être débarraffées des mauvaifes herbes ;
car elles périffent fi elles font
tranfplantées.

Lufitanica. On trouve la troifieme en Efpagne & en Portugal , d'où fes femences m'ont
été envoyées : elle s'éleve avec
une tige herbacée à la hauteur
d'environ un pied & demi, &
pouffe latéralement quelques
branches courtes & garnies de
feuilles compofées de trois lobes étroits & placés fur de
courts pétioles : fes fleurs , d'un
rouge foncé , fortent feules fur
les côtés des tiges, & font fuivies par des légumes épais ,
cylindriques & remplis de femences rondes : cette plante
eft annuelle, & fupporte le
plein air ; elle exige le même
traitement que la précédente.

Vifcofa. La quatrieme qui
vient originairement de l'Ifle de
Céylan, a réuffi dans les jardins de la Hollande , d'où elle
m'a été envoyée par le Docteur BOERHAAVE : elle s'éleve
à-peu-près à la hauteur de deux
pieds , & pouffe plufieurs bran-

ches latérales garnies de feuilles à cinq ou à trois lobes,
& poftées fur des pétioles courts
& velus : fes fleurs, qui naiffent fimples fur les pétioles
des feuilles , font d'un jaune
pâle , & font remplacées par
des légumes coniques de deux
ou trois pouces de longueur,
terminés en pointe , & remplis
de femences rondes. La plante
entiere fuinte un fuc vifqueux
& gluant ; elle eft auffi annuelle.

Triphylla. La cinquieme m'a
été envoyée de la Jamaïque,
en 1730 par le Docteur Hous-
TOUN ; elle eft annuelle, haute
de deux pieds , & fa tige pouffe latéralement plufieurs branches garnies de feuilles feffiles , & compofées d'un lobe
large , & en forme de lance ,
qui occupe le milieu, & de
deux très-petits , qui font placés fur les côtés : fes fleurs
fortent feules des parties latérales des branches fur de longs
pédoncules ; elles ont quatre
pétales larges , de couleur de
chair , & font garnies de fix longues étamines poftées au-delà
des pétales : lorfque ces fleurs
font paffées , le germe qui eft
fur le ftyle fe change en un
légume conique de quatre pouces de longueur, & rempli de
femences rondes.

Erucago. Le Docteur Hous-
TOUN m'a encore envoyé la
fixieme de la Jamaïque, où elle
croît en grande abondance :
elle fe trouve auffi en Egypte.
Sa tige eft forte, épaiffe, herbacée, de deux pieds & demi
de hauteur, & divifée en plufieurs branches , garnies de
feuilles

feuilles compofées de fix lobes,
longs & en forme de lance,
& réunis en un centre à leur
bâfe, où ils font poftés fur un
pétiole long & mince ; précifément au - deffous de ce pétiole fortent une ou deux épines épaiffes, jaunes & fort aigues : fes fleurs paroiffent feules fur les côtés des branches,
& forment un épi clair, qui
eft accompagné d'une feule
feuille large qui embraffe à
moitié la tige de fa bâfe ; du
milieu de cette feuille s'élèvent les pédoncules des fleurs,
qui font longs de deux pouces,
& qui foutiennent chacun une
groffe fleur de couleur de chair,
dont le ftyle & les étamines
s'étendent à deux pouces au-
delà des pétales. Lorfque la fleur
eft fanée, le germe qui eft fur
le ftyle fe change en un légume épais, conique de cinq
pouces de longueur, incliné
vers le bas, & rempli de femences rondes. Cette plante,
qui eft auffi annuelle, périt
auffi-tôt que fes femences font
mûres.

Spinofa. La feptieme qui a
été envoyée de la Havane, en
1731, par le Docteur Houstoun, eft encore une plante
annuelle qui s'éleve à deux
pieds environ de hauteur, &
pouffe des branches à chaque
côté : fes feuilles baffes font
compofées de cinq lobes
oblongs, & poftées fur de
longs pétioles ; celles des tiges & des branches n'ont que
trois lobes, & leurs pétioles
font courts : la tige principale,
ainfi que fes branches, font
terminées par des épis clairs

de fleurs pourpre, placées chacune fur un mince pédoncule,
à la bâfe duquel fe trouve une
feuille ovale : les tiges font
armées d'épines fermes & minces, fituées au-deffous des pétioles des feuilles. Après que
la fleur eft tombée, le germe
fe change en un légume conique de deux pouces de longueur, & rempli de femences
rondes.

Monophylla. La huitieme croît
naturellement dans l'Ifle de
Céylan ; elle eft annuelle, herbacée, haute d'un pied & demi,
& garnie de feuilles longues,
étroites, fimples, & alternes :
fes pédoncules fortent aux aîles des feuilles, & foutiennent
chacun une feule fleur jaune,
qui eft fuivie par un légume
fort mince & conique.

Culture. Toutes ces plantes,
excepté les feconde & troifieme efpeces, étant originaires
de climats très-chauds, ne peuvent profiter en Angleterre
fans le fecours d'une chaleur
artificielle ; c'eft - pourquoi il
faut les femer au printems fur
une bonne couche chaude :
lorfque les plantes font affez
fortes, on les tranfplante chacune féparément dans de petits
pots remplis de terre fraîche
& légere, & on les plonge dans
une nouvelle couche chaude,
en obfervant de leur procurer
de l'ombre jufqu'à ce qu'elles
aient formé de nouvelles racines ; après quoi on leur donne
de l'air chaque jour à proportion de la chaleur de la
faifon, & on les arrofe fouvent & légerement. Quand les
petits pots qui les contiennent

font remplis de leurs racines, on leur en donne de plus grands , & on les plonge toujours dans une couche chaude pour les faire avancer : lorf-que dans le mois de Juillet elles ont acquis trop de hauteur , pour pouvoir refter plus long-tems dans la couche , on les tranfporte dans une caiffe de vitrages airée , où elles puiffent être à l'abri du froid & de l'humidité , & jouir de l'air libre dans les tems chauds. Ce traitement fera fleurir les plantes bientôt après, & leurs femences mûriront en automne.

Les feconde & troifieme efpeces peuvent être femées fur des plates-bandes de jardin, où elles refteront à demeure ; car elles n'exigent aucune chaleur artificielle.

CLEONIA. [*Portugal Self-heal.*] Sanicle de Portugal.

Caracteres. Dans ce genre , le calice de la fleur eft formé par une feuille à deux levres, tubulée , & angulaire ; la levre fupérieure eft large , plane , & féparée en trois divifions, dont l'inférieure eft courte & divifée en deux parties : la corolle eft monopétale & en mafque ; la levre fupérieure eft érigée & divifée en deux lobes, & celle du bas découpée en trois, dont le fegment du milieu forme deux lobes ; & les deux latéraux font écartés. La fleur a quatre étamines . dont les deux inférieures font plus longues , & le deffus de leurs fommets forme une croix ; elle a un germe divifé en quatre parties , qui foutient un ftyle mince, & terminé par quatre

ftigmats égaux & garnis de poils ; ce germe fe change, quand la fleur eft paffée , en quatre femences renfermées dans un calice velu.

Ce genre de plantes eft rangé dans la premiere fection de la quatorzieme claffe de LINNÉE, qui a pour titre , *Didynamia gymnofpermia* , & qui comprend les fleurs avec deux étamines longues , & deux courtes, & dont les femences font nues & rempliffent le calice.

On ne connoît qu'une efpece de ce genre :

Cleonia Lufitanica , Linn. Syft. Plant. Ed. Nov. tom. 3. page. 102.

Prunella bracteis pinnato-dentatis , ciliatis. Læfl. It. 148. Mill. Ic. 47. t. 70.

Prunella odorata Lufitanica , flore violaceo. Barr. Ic. 561.; Brunelle odorante de Portugal à fleurs violettes.

Clinopodium Lufitanicum fpicatum , & verticillatum. Tourn. Inft. 195.; Bafilic de Portugal à fleurs en épis & verticillées.

Bugula odorata Lufitanica. Corn. Canad. 46. Moris. Hift. 3. p. 391. f. 11. t. 5. f. 4.

Prunella Lufitanica , capite reticulato , folio pediculari, Tourne-fortii. Moris. Hift. 3. p. 363.

Cette plante, qui eft originaire de l'Efpagne & du Portugal, eft annuelle, & périt auffi tôt après que fes femences font parvenues à leur maturité ; elle étoit autrefois rangée fous le genre de *Bugula* ; mais TOURNEFORT lui a donné enfuite le nom de *Clinopodium* ; & le Pere BARRELIER l'a placée fous le titre de *Prunella* , auquel elle reſſemble beaucoup.

On la multiplie par ſes ſemences, qu'il faut mettre en terre en automne, ſi l'on veut qu'elles germent au printems ſuivant ; mais quand on néglige de le faire dans cette ſaiſon, elles reſtent ſouvent en terre juſqu'en automne ſans pouſſer, & même quelquefois elles ne paroiſſent qu'au printemps de la ſeconde année. Lorſque les plantes pouſſent & qu'elles ſont en état d'être enlevées, on peut en tranſplanter quelques-unes dans une plate-bande, où elles pourront reſter pour produire leurs fleurs & leurs ſemences ; elles n'exigent que peu de culture, & conviennent auſſi dans les petits jardins, parce qu'elles n'occupent pas beaucoup de place.

CLETHRA. *Gron. Fl. Virg.* 43. *Lin. Gen. Plant.* 489. Jaſmin de Virginie.

Caractères. Dans ce genre, le calice eſt perſiſtant & formé par une feuille découpée en cinq parties ; la corolle eſt compoſée de cinq pétales oblongs & plus grands que le calice : la fleur a dix étamines auſſi longues que la corolle, & terminées par des ſommets oblongs & érigés ; dans le centre eſt placé un germe rond qui ſoutient un ſtyle perſiſtant, érigé, & couronné par un ſtigmat diviſé en trois parties. Ce germe ſe change par la ſuite en une capſule ronde, renfermée dans le calice, & a trois cellules remplies de ſemences angulaires.

Ce genre de plantes eſt rangé dans la première ſection de la dixieme claſſe de LINNÉE, intitulée : *Decandria monogynia*, avec celles dont les fleurs ont dix étamines & un ſtyle.

Nous ne connoiſſons juſqu'à préſent qu'une eſpece de ce genre, qui eſt :

Clethra Alni-folia. Gron. Virg. 47. *Duham. Arb.* 1. *p.* 176. *t.* 71. Il n'y a point de nom Anglois pour cette plante : c'eſt l'*Alni-folia Americana ſerrata, floribus pentapetalis, albis, in ſpicam diſpoſitis. Pluk. Alm.* 18. *t.* 115. *f.* 1. *Cateſb. Car.* 1. *p.* 66. *t.* 66 ; Arbriſſeau d'Amérique, à feuilles d'Aune ſciées, ayant des fleurs blanches à cinq pétales, diſpoſées en épis. *Jaſmin de Virginie.*

Cet arbriſſeau croît naturellement dans les lieux humides, & ſur les bords des ruiſſeaux de la Caroline & de la Virginie, où il s'éleve à la hauteur de huit ou dix pieds ; mais dans notre climat, il acquiert rarement la moitié de cette élévation. Ses feuilles, qui reſſemblent beaucoup à celles de l'Aune, ſont cependant plus longues, & alternes : ſes fleurs, compoſées de cinq pétales blancs, ſortent en épis clairs des extrémités des branches, & elles ont chacune dix étamines auſſi longues que la corolle. Cette plante fleurit en Juillet, & lorſque l'automne eſt favorable, on voit encore ſortir ſouvent quelques épis de fleurs dans le mois d'Octobre.

Cet arbriſſeau qui eſt aſſez dur pour ſupporter le plein air en Angleterre, eſt un des plus beaux dans la ſaiſon où il fleurit ; ce qui arrive ici preſque auſſi-tôt que dans ſon pays originaire , c'eſt-à-dire , dans le commencement du mois de Juillet ; & , ſi la ſaiſon n'eſt pas trop chaude , une partie de ſes épis conſervera ſa beauté juſqu'au mois d'Août : dans le tems que ces fleurs paroiſſent , cet arbriſſeau eſt d'autant plus agréable , que preſque toutes ſes branches ſont terminées par des épis.

Il profite beaucoup mieux dans un ſol humide , que dans un terrein ſec , & comme ſes branches ſont ſujettes à être rompues par l'effort des vents , il faut lui choiſir une ſituation abritée : on le multiplie par marcottes qui reſtent toujours deux ans dans la terre avant de prendre racine ; ce qui fait que cet arbriſſeau eſt aujourd'hui fort rare en Angleterre : les plus beaux de cette eſpece que j'aie vus juſqu'à préſent , ſe trouvent dans les jardins du Duc d'ARGYLE à *Whitton* , près *Hounſlow* , où ils profitent auſſibien que dans leur pays natal. On peut auſſi le multiplier par les rejettons qui pouſſent du pied de la plante ; ſi on les enleve avec ſoin en automne , avec leurs racines , & qu'on les plante dans une planche en pépiniere ; ils ſeront aſſez forts après deux années , pour pouvoir être placés à demeure dans les lieux qui leur ſont deſtinés.

Cette eſpece peut être encore multipliée par ſemences ; mais comme elle ne les perfectionne point dans notre climat , il faut les faire venir de l'Amérique. Quoiqu'on les mette en terre auſſi tôt qu'on les re-

çoit ; comme il eſt rare qu'elles arrivent avant le printems , elles ne pouſſent pas avant la même ſaiſon de l'année ſuivante : c'eſt-pourquoi il faut les répandre dans des pots , & les tenir à l'ombre pendant tout l'été : en automne , on les place ſous un châſſis , & au printems ſuivant on verra pouſſer les plantes : en automne , on pourra les tranſplanter dans une planche en pépiniere , afin qu'elles aient le tems d'acquérir de la force , avant d'être placées à demeure.

CLIFFORTIA. *Linn. Gen. Pl. 1004.*

Le célébre LINNÉE a donné ce nom à cette plante en l'honneur de M. GEORGE CLIFFORD d'Amſterdam , grand Collecteur de plantes , & Patron des Botaniſtes , qui a publié un Volume in-folio des plantes de ſon jardin , & dans lequel il a fait graver les plus curieuſes.

Nous n'avons point d'autre nom pour cette plante.

Caractères. Elle a des fleurs mâles & femelles , placées ſur différens pieds ; les fleurs mâles ont un calice étendu & compoſé de trois petites feuilles ovales & concaves , elles n'ont point de pétales , mais un grand nombre d'étamines droites , velues , de la longueur du calice , & terminées par des ſommets jumeaux , comprimés & oblongs. Les fleurs femelles ont un calice perſiſtant , formé par trois feuilles égales , & poſté ſur le germe ; elles n'ont point de corolle , mais ſeulement un germe oblong , placé ſous le calice , & qui ſupporte deux ſtyles longs, minces, garnis de plumes, & terminés par un stigmat simple : ce germe devient ensuite une capsule longue cylindrique, couronnée par le calice, & a deux cellules qui renferment une semence étroite & cylindrique.

LINNÉE a placé ce genre dans la onzieme section de sa vingt-deuxieme classe, qui a pour titre : *Diœcia polyandria*, avec celles dont les fleurs mâles & femelles sont disposées sur différens pieds, & dont les fleurs mâles ont un grand nombre d'étamines.

Les especes sont :

1°. *Cliffortia Ilici-folia, foliis subcordatis, dentatis. Lin. Sp. Pl. 1308 ;* Cliffortia à feuilles en forme de cœur & dentelées.

Cliffortia foliis dentatis. Hort. Cliff. 463. t. 30. Roy. Lugd. B. 252.

Arbuscula Africana, folio acuto, Ilicis caulem amplexo, rigido. Boerh. Ind. Alt. 2. Dill. Elth. 36. t. 31. f. 35.

2°. *Cliffortia trifoliata, foliis ternatis, intermedio tridentato. Prod. Leyd. 253 ;* Cliffortia à trois feuilles, dont celle du milieu est découpée en trois parties.

Thymelœœ affinis Æthiopica, foliis tridentatis & ex omni parte hirsutie pubescentibus. Pluk. Alm. 367.

Myrica, foliis ternatis, intermediis cunei-formibus tridentatis. Hort. Cliff. 456.

Arbuscula Afra, foliolis trifoliatis sine pedunculo ad caulem natis, semine papposo. Boerh. Lugd.-B. 2.

3°. *Cliffortia Rusci-folia, foliis lanceolatis, integerrimis. Hort. Cliff. 463. t. 31. Roy. Lugd.-B. 252. Berg. cap. 354 ;* Cliffortia à feuilles entieres & en forme de lance.

Frutex Æthiopicus conifer, fructu parvo sparsim intra folia Rusci, seminibus cylindraceis. Pluk. Alm. 159. t. 297. f. 2.

Ilici folia. La premiere espece, qui croît naturellement au Cap de Bonne Espérance, est depuis long-tems cultivée dans les jardins Anglois ; comme elle n'étoit unie à aucun genre, LINNÉE en a formé un particulier pour elle, & lui a donné ce titre : quelques anciens Ecrivains l'avoient nommée *Camphorata* ; mais elle n'a aucun rapport avec les plantes qui portent ce nom.

Elle s'éleve à la hauteur de quatre ou cinq pieds, avec une tige d'arbrisseau qui produit de tous côtés plusieurs branches qui ont besoin d'un soutien ; ces branches sont garnies de feuilles en forme de cœur à leur bâse, larges à leur extrémité, où elles sont fortement découpées, d'une texture très-ferme, d'une couleur grisâtre, amplexicaules à leur bâse, & alternes : du milieu de ces feuilles s'éleve une fleur simple, sessile aux branches & sans pedoncule ; son calice avant de s'ouvrir, forme un bouton aussi gros & de la même forme que celui du Caprier ; il est composé de trois feuilles vertes, qui venant ensuite à s'étendre & à s'ouvrir, laissent appercevoir un grand nombre d'étamines érigées, & d'un vert jaunâtre, ainsi que la surface intérieure du calice : ces fleurs paroiffent en Juin, en Juillet & en Août, & les feuilles de la plante reftent vertes pendant toute l'année.

Toutes les plantes de cette efpece que j'ai vues, tant en Angleterre qu'en Hollande, étoient mâles ; & je n'ai point entendu dire qu'on ait jamais -cultivé une feule plante femelle dans aucun jardin de l'Europe.

On la multiplie aifément par boutures qu'on plante pendant tous les mois de l'été, dans de petits pots remplis de terre légere, & qu'on plonge dans une couche de chaleur fort modérée, où elles prennent bientôt racine, fi on les tient à l'ombre, & fi on les arrofe fréquemment : lorfqu'elles font bien enracinées, on les habitue par dégrés au plein air, & on les y expofe enfuite en les plaçant au-dehors, pour les empêcher de filer, & leur faire acquérir de la force : quand elles ont fait des progrès fuffifans, on les tranfplante chacune féparément dans de petits pots, & on les tient à l'ombre jufqu'à ce qu'elles aient pouffé de nouvelles fibres ; après quoi, on peut les placer avec les plantes exotiques dures, pour les tranfporter au mois d'Octobre dans une ferre, ou dans une couche chaude ordinaire, afin de les mettre à l'abri des fortes gelées, & de leur faire jouïr du plein air dans les tems doux. A mefure que ces plantes croîffent, il faut multiplier leurs foutiens pour les empêcher de trainer fur la terre.

En été on peut les placer en plein air avec les *Myrtes* & autres plantes dures de la ferre ; & en hiver il faut les traiter de la même maniere que celles-là, avec la précaution de ne leur donner que peu d'eau. Quand ces plantes font placées contre une muraille à l'expofition du Sud-oueft, elles fupportent fans couverture le froid de nos hivers ordinaires ; mais elles périffent toujours dans les hivers rigoureux.

Trifoliata. La feconde efpece eft originaire du même pays que la précédente ; elle a des tiges foibles & ligneufes qui tomberoient fur la terre, fi on ne leur fourniffoit un fupport : ces tiges pouffent plufieurs branches garnies de feuilles à trois lobes, & feffiles aux branches ; ces lobes font tous divifés en trois parties, & celui du centre eft beaucoup plus large que les deux latéraux : fes fleurs, femblables par leur forme à celles de la premiere, mais plus petites, fortent du milieu des feuilles fur de très-courts pédoncules, & paroiffent en Juillet & en Août. On ne connoît dans les jardins Anglois que les plantes mâles de cette efpece ; ainfi on ne peut la multiplier que par marcotte ; & comme il leur faut deux ans pour prendre racine, elles font aujourd'hui fort rares.

Cette plante exige le même traitement que la premiere efpece, & elle eft également dure : les arrofemens trop forts & trop fréquens lui font nuifibles en hiver : fes feuilles qui reftent vertes pendant toute l'année , font par leur forme finguliere une variété agréable dans la ferre.   •

Rufci folia. La troifieme s'é-leve à la hauteur d'environ quatre pieds , avec une tige d'arbriffeau mais foible qui pouffe plufieurs branches la-térales , couvertes d'une écorce blanchàtre , & garnies de feuil-les difpofees en paquets & fans ordre , roides , de la confi-ftance & de la couleur de celles du *Genét* , mais plus étroites , & ayant une pointe plus al-longée : du milieu de ces pa-quets de feuilles , fortent des fleurs en bouquets féparés , pourvues d'un grand nombre d'étamines jaunâtres , & en-veloppées dans un calice à trois feuilles. Cete efpece eft très-difficile à multiplier , & fort rare en Europe : nous n'en avons que la plante mâle.

Cette plante étant plus ten-dre que les précédentes , il faut la placer dans une ferre chaude pendant l'hiver , & lui donner péu d'eau durant cette faifon : on peut l'expofer en plein air & à l'ombre pendant l'été ; mais on doit la renfermer de bonne heure , parce que les pluies fréquentes de l'automne pourroient lui faire beaucoup de tort.

CLIMAT , du mot Κλίμα , gr. *Climat* , *Inclinaifon ae la Sphere*.

On appelle Climats des par-ties de la furface de la terre , bornées par deux cercles pa-ralleles à l'équateur , & éloi-gnés de maniere que depuis le cercle le plus près de l'équa-teur jufqu'à celui qui eft vers le pole , il y a la différence d'un certain efpace de tems.

Les Anciens Géographes grecs , ne comptoient que fept Climats depuis la ligne équi-noxiale vers le Pole boréal , & ils donnoient à chacun de ces Climats le nom d'un lieu remarquable qui s'y trouvoit compris , & qui en occupoit à peu-près le centre : mais les modernes ont divifé chaque hémifphere en trente Climats.

Le commencement du Cli-mat eft le cercle qui le borne du côté de l'équateur ; la fin du Climat eft celui du côté du pole où les jours font les plus longs.

On eft donc convenu d'ap-peler *Climats* différentes ban-des ou zônes paralleles entr'el-les , & qui s'étendent depuis l'équateur jufqu'aux poles ; quoiqu'à parler rigoureufe-ment , il n'y ait pas un feul parallèle dans ces Climats de convention , qui ne puiffe être nommé *un nouveau Climat* , puifque la longueur des jours varie à chaque pas.

On diftingue les Climats en *Climats d'heures* & en *Climats de mois*. Les premiers , au nom-bre de vingt-quatre , font com-pris entre l'Equateur & chaque cercle polaire , & le commen-cement & la fin de chacun font determinés par la différence d'une demi-heure dans la lon-gueur du jour : les autres , au nombre de fix , font compris entre les cercles polaires & les poles ; le commencement & la fin de chacun de ceux-ci font determinés par la dif-férence d'un mois de plus dans

la durée du foleil en été au-
deffus de l'horizon.

Comme les Climats commen-
cent à l'équateur, le premier
a fon plus long jour précifément de douze heures fous le
premier cercle, & de douze
heures & demie fous le fecond.
Le fecond a douze heures &
demie dans le point où il commence, & treize heures dans
celui où il finit; & ainfi de
fuite jufqu'au cercle polaire;
car alors commence ce que les
Géographes appellent *Climats
de mois*.

Comme un *Climat d'heures* eft
un efpace compris entre deux
lignes paralleles à l'équateur,
dont la premiere differe de la
feconde d'une demi-heure dans
la longueur des jours; de même
les *Climats de mois* qui commencent aux cercles polaires,
font diftingués les uns des
autres, en ce que le foleil refte
un mois ou trente jours de plus
fur l'horifon, à mefure qu'ils
s'approchent du pole.

Les anciens qui bornoient
les Climats à la feule partie
de la terre qu'ils croyoient ha-
bitée, ne comptoient que fept
Climats, ainfi qu'il a été dit
plus haut : ils faifoient paffer
le premier par Meroë dans la
haute Egypte, le fecond par
la ville de Syene fituée fur le
Nil fous le tropique du Cancer,
le troifieme par Alexandrie, le
quatrieme par Rhodes, le cinquieme par Rome, le fixieme
par le royaume de Pont, &
le feptieme par l'embouchure
du Boryfthene.

Les modernes qui ont voyagé
beaucoup plus loin vers les

poles, divifent chaque hémifphere en trente Climats, comme nous l'avons dit; & à caufe
de l'obliquité de la fphere, ils
donnent moins d'étendue à
chaque zône : il y en a même
plufieurs qui ne comptent
qu'un quart d'heure de différence entre chaque Climat,
au lieu d'une demi-heure.

On applique auffi vulgairement le terme de *Climat*, à
toute région qui differe d'une
autre, foit par fa température,
foit par la qualité de fon fol,
ou par les mœurs de fes habitans, fans aucun égard à la
longueur des jours.

CLINOPODIUM. *Lin. Gen.
Plant.* 644. *Tourn. Inft. R. H.
194. Tab. 92* [*Field Bafil.*] Bafilic des champs *ou* fauvage.

Caracteres. L'enveloppe eft
découpée en plufieurs parties
auffi longues que le calice, fur
lequel font fituées des efpeces
des balles ou de veffies; le
calice, formé par une feule
feuille, a un tube cylindrique,
divifé en deux levres, dont la
fupérieure eft large & découpée en trois parties aiguës &
réfléchies, & l'inférieure partagée en deux fegmens étroits
& courbés en-dedans : la corolle eft en mafque, elle a un
tube court qui s'élargit par le
haut; la levre fupérieure eft
érigée, concave, dentelée &
obtufe au fommet; l'inférieure
eft obtufe & divifée en trois parties, dont celle du milieu eft
large & dentelée : la fleur a quatre étamines fous la levre fupérieure, dont deux font plus
courtes que les autres, & elles
font toutes terminées par des

fommets ronds : dans le centre eft fitué un germe divifé en quatre parties, qui foutient un ftyle mince, auffi long que les étamines, & couronné par un ftigmat fimple & comprimé ; ce germe fe change, quand la fleur eft paffée, en quatre femences ovales & renfermées dans le calice.

Ce genre de plantes eft rangé dans la premiere fection de la quatorzieme claffe de LINNÉE, intitulée : *Didynamia gymnofpermia* ; les fleurs de cette claffe & de cette fection, ont deux étamines longues & deux courtes, & font fuivies par des femences nues.

Les efpeces font :

1º *Clinopodium vulgare, capitulis fubrotundis hifpidis, bratteis fetaceis. Lin. Sp. Plant.* 821 ; Bafilic fauvage à têtes rondes & épineufes, garnies de bractées chargées de poils.

Clinopodium, foliis ovatis, capitulis verticillatis. Hort. Cliff. 305. *Fl. Suec.* 479. 533. *Roy. Lugd. B.* 313.

Clinopodium Origano fimile, elatius majore flore. G. B. P. 225 ; Grand Bafilic fauvage.

Clinopodium. Cam. Epit. 563. *Riv. t.* 43.

2º. *Clinopodium incanum, foliis fubtùs tomentofis, verticillis explanatis, bratteis lanceolatis. Linn. Sp. Plant.* 588 ; Clinopodium à feuilles cotonneufes en-deffous, verticillées & applaties, dont les bractées font en forme de lance.

Clinopodium Serpentaria dictum, latiori folio, capitulis grandioribus. Pluk. Mant. 51. *t.* 344. *f.* 7. *Raj. Suppl.* 298,

Clinopodium Menthæ folio, incanum & odoratum. Hort. Elth. 87.

Origanum, foliis ad fummitatem caulium canis. Raj. Hift. 1229.

3º. *Clinopodium rugofum, foliis rugofis, capitulis axillaribus pedunculatis, explanatis, radiatis. Lin. Sp. Plant.* 588 ; Clinopodium à feuilles rudes, produifant des têtes de fleurs aux aiffelles des branches, avec des pédoncules en rayons & applatis.

Scabiofæ affinis, Chryfanthemi facie, Lamii foliis, Americana. Pluk. Alm. 335. *t.* 222. *f.* I.

Sideritis fpicata, Scrophulariæ folio, flore albo, fpicis brevibus, habitioribus, rotundis, pediculis infidentibus. Sloan. Jam. 65. *Hift.* I. *p.* 174. *t.* 109. *f.* 2.

Mentha Meliffoïdes Americana. Pluk. Mant. 129.

Meliffa altiffima globularia. Plum. Spec. 6.

Clinopodium rugofum, capitulis Scabiofæ. Hort. Elth. 88.

4º. *Clinopodium humile ramofum, foliis rugofioribus, capitulis explanatis* ; Bafilic fauvage, nain & branchu, à feuilles plus rudes, & a têtes unies.

Clinopodium Americanum humile, foliis rugofioribus. Dalé.

5º. *Clinopodium Carolinianum, caule erecto, non ramofo, foliis fubtùs villofis, verticillis paucioribus, bratteis calyce longioribus* ; Bafilic fauvage à tige droite & non branchue, ayant des feuilles velues en-deffous, & moins verticillées, & des bractées plus longues que le calice.

Clinopodium Americanum erectum, non ramofum, foliis longioribus, internodiis longiffimis. Dalé.

6.⁰ *Clinopodium Ægyptiacum , foliis ovatis , rugosis , verticillis omnibus distantibus ;* Basilic sauvage à feuilles rudes & ovales, dont les verticillées sont placées à une plus grande distance.

Clinopodium Ægyptiacum vulgari simile. Dill ; Basilic sauvage d'Egypte semblable à l'espece commune.

Vulgare. La premiere espece croît naturellement sur les bords des haies, parmi les halliers en plusieurs endroits de l'Angleterre ; elle a une racine fibreuse & vivace qui pousse plusieurs tiges quarrées & fermes, d'un pied & demi de hauteur, du sommet desquelles sortent plusieurs branches latérales , garnies de feuilles ovales, velues & opposées : ses fleurs sont produites aux extrémités des tiges en têtes rondes, & placées l'une au dessus de l'autre, dont la premiere termine la tige & l'autre l'environne toujours en occupant les nœuds qui se trouvent immédiatement au-dessous : ces fleurs sont quelquefois de couleur pourpre & d'autres fois blanches ; ces deux couleurs sont des variétés de semences qu'on rencontre dans les campagnes : leurs têtes croissent fort serrées , & chaque pédoncule soutient plusieurs fleurs, dont chacune a un calice tubulé , terminé en cinq pointes aiguës , & érigées : à la base du calice sont placées presque horisontalement deux épines hérissées de poils, que LINNÉE appelle *bractées* : suivant RAY , TOURNEFORT , &c. ces fleurs sont

de la classe des labiées, qu'on appelle aujourd'hui *fleurs en gueule*, à cause de leur ressemblance avec le mufle des animaux : la lèvre supérieure est large & divisée en trois parties , & l'intérieure en deux segmens étroits : chaque fleur est remplacée par quatre semences nues, & postées au fond du calice. Cette plante fleurit en Juin.

Incanum. La seconde espece est originaire de la Pensylvanie & de la Caroline ; j'ai souvent reçu ses semences de ces deux contrées. Elle a une racine vivace qui pousse plusieurs tiges quarrées de deux pieds environ de hauteur, de la partie supérieure desquelles sortent quelques branches latérales courtes & garnies de feuilles oblongues , ovales , de la grandeur à-peu-près de celles de la *Menthe* aquatique, opposées , sessiles, velues & douces au toucher ; ces feuilles répandent une odeur forte, qui a beaucoup de rapport avec celles qu'exhalent la *Marjolaine* & le *Basilic* ; leur face supérieure est d'un jaune pâle, & l'inférieure est velue & cotonneuse ; elles sont légerement dentelées sur leurs bords.

Ses fleurs qui croissent en têtes plates, sont unies, douces , & disposées autour des tiges, dont chacune en produit toujours trois ; celle qui termine sa tige est la plus petite, & les deux autres augmentent par dégrés ; de sorte que la plus basse est aussi la plus grosse ; ces fleurs sont d'un pourpre pâle , & leur forme eſt pareille à celle de la précédente ; mais leurs étamines ſont poſtés au-delà du pétale, & les braĉtées de leurs bâſes ſont larges, en forme de lance, & dentelées ſur leurs bords. Cette plante eſt connue ſous le nom de *Serpentaire* ou *Biſtorte* par les habitans de quelques parties de l'Amérique, qui la regardent comme un remede contre les piqûres ou bleſſures des ſerpens à ſonnette. Elle fleurit en Juillet, en Angleterre.

Rugoſum. La troiſieme croît naturellement à la Caroline, d'où ſes ſemences m'ont été envoyées par le Doĉteur Dalé. Elle a une racine vivace qui pouſſe pluſieurs tiges quarrées, très-couvertes de poils brunâtres, hautes de deux ou trois pieds, & garnies de feuilles fort inégales dans leur grandeur ; celles du bas ainſi que celles du ſommet, ont plus de trois pouces de longueur, ſur quinze lignes de largeur ; au-lieu que celles du reſte de la tige n'ont pas la moitié de ces dimenſions ; elles ſont rudes en-deſſus, velues en-deſſous, ſciées ſur leurs bords, & oppoſées : ſur toute la partie baſſe de la tige, & immédiatement au-deſſous des pédoncules des têtes des fleurs, ſortent trois grandes feuilles diſpoſées autour des tiges, entre leſquelles s'élevent deux pédoncules minces & velus, de trois pouces environ de longueur, qui naiſſent de chaque côté de la tige, & qui ſoutiennent de petites têtes de fleurs ſemblables à celles des

Scabieuſes, blanches, & de la même forme que celles des autres eſpeces, mais plus petites ; les braĉtées, qui ſont immédiatement au-deſſous du calice, s'étendent en-dehors comme des rayons. Cette plante fleurit ici en Septembre, mais ſes ſemences n'y mûriſſent jamais.

Humile. Les ſemences de la quatrieme qui m'ont été également envoyées de la Caroline par le même Doĉteur Dalé, ont produit des plantes qui ont quelque reſſemblance avec notre eſpece commune ; mais ſes tiges n'atteignent pas à la moitié de ſa hauteur, & elles ſe diviſent en pluſieurs branches longues & latérales : ſes feuilles ſont plus petites & plus rudes, & ſes têtes de fleurs naiſſent ſur la moitié de la longueur des branches ; au-lieu que l'eſpece commune en a rarement plus de deux : les braĉtées de la bâſe du calice ſont auſſi bien plus longues. Cette plante fleurit en Juin & en Juillet, & ſa racine eſt vivace.

Carolinianum. La cinquieme vient encore de la Caroline par le Doĉteur Dalé ; elle a une racine vivace qui pouſſe des tiges droites, velues, & preſque rondes, dont les nœuds, qui ſont placés à quatre ou cinq pouces de diſtance les uns des autres, produiſent chacun deux feuilles oblongues, velues en-deſſous, & ſupportées par de courts pétioles, de la bâſe deſquels ſort une branche mince d'un demi-pouce de longueur, &

garnie de deux ou quatre petites feuilles semblables aux autres; ses fleurs naissent en petites têtes, fort écartées les unes des autres; elles sont blanches, leurs bractées sont plus longues que le calice, & elles paroissent en Août.

Ægyptiacum. La sixieme se trouve en Egypte, d'où ses semences, qui ont été envoyées en Europe, ont produit des plantes, il y a quelques années, dans plusieurs jardins curieux: elle a une racine vivace, & des tiges élevées à la hauteur d'un pied & demi, & garnies de feuilles ovales, sillonnées par plusieurs rainures profondes, d'un vert foncé, opposées & éloignées d'environ cinq ou six pouces les unes des autres : la tige principale produit ordinairement vers le bas deux ou quatre branches latérales, & les têtes de fleurs sortent à chaque nœud de la partie supérieure des tiges; elles sont grosses & velues : leurs fleurs sont un peu plus larges que celles du *Basilic commun,* d'une couleur plus foncée, & elles s'étendent un peu plus hors du calice : ses feuilles, au premier coup-d'œil, paroissent avoir aussi beaucoup de ressemblance avec celles de ce dernier; mais en les examinant avec attention, on apperçoit aisément leur différence, qui consiste essentiellement dans les feuilles & dans les têtes de fleurs qui sont placées à une plus grande distance dans l'espece dont il est ici question, ainsi que dans ses tiges, qui sont aussi plus éloi-

gnées. Ces plantes ne durent pas aussi longtems que celles de l'espece ordinaire.

Celle-ci fleurit en Juin, ordinairement quinze jours ou trois semaines avant le *Basilic commun,* & les semences mûrissent en Septembre, quand on les laisse se semer d'elles-mêmes; elles poussent en automne, & leurs plantes subsistent en plein air si l'hiver est doux, pourvu qu'elles croissent sur un terrein sec; car, dans une terre humide, elles sont sujettes à être détruites, sur tout si elles sont encore fort jeunes.

Cette espece ressemble fort au *Clinopodium Orientale Origani folio, flore minimo. Tourn. Corol. 12* ; mais en les comparant avec un échantillon de cette espece du Jardin Royal de Paris, j'ai trouvé les feuilles de celle-ci plus douces, & placées beaucoup plus près les unes des autres sur les tiges, que celles de notre espece; leurs fleurs sont aussi plus petites, ainsi elle peut être regardée comme distincte : d'ailleurs ces différences sont persistantes & se conservent dans les plantes élevées de semence.

On peut multiplier ces plantes par leurs graines, ou en divisant leurs racines; la derniere méthode est généralement pratiquée en Angleterre, parce que très peu de ces especes perfectionnent ici leurs semences; le meilleur tems pour diviser & transplanter ces racines est l'automne, afin qu'elles puissent être bien établies avant l'hiver; il faut leur choifir un terrein fec : elles font toutes, excepté la troifieme, affez dures pour profiter en plein air en Angleterre, & elles n'exigent aucun autre foin que d'être débarraffées de mauvaifes herbes, divifées & tranfplantées chaque deux ans.

La troifieme efpece doit être placée dans des pots, & abritée pendant l'hiver fous un vitrage où les plantes puiffent jouïr de l'air dans les tems doux, & être à couvert des gelées qui les feroient périr en Angleterre.

CLITORIA. *Lin. Gen. Plant.* 796. *Ternatea. Tourn. Act. Reg. 1706. Clitorius. Dill. Hort. Elth.* 76. Haricot des Indes. Il n'y a pas de nom Anglois pour cette plante.

Caracteres. Le calice eft perfiftant & formé par une feuille tubulée, érigée & découpée en cinq parties : la corolle eft papilionnacée & pourvue d'un grand étendard étendu, développé, érigé & dentelé à fon fommet ; les deux aîles font oblongues, obtufes & plus courtes que l'étendard qui eft ouvert ; la carêne eft plus courte que les aîles, ronde & recourbée : la fleur a dix étamines, dont neuf font réunies en un corps, & l'autre eft féparée, & toutes font terminées par des fommets fimples. Dans le centre eft fitué un germe oblong qui foutient un ftyle érigé, & couronné par un ftigmat obtus ; ce germe fe change enfuite en un légume long, étroit, comprimé & a une cellule qui s'ouvre en deux valves, & qui renfer-

me plufieurs femences en forme de rein.

Ce genre de plantes ayant dix étamines féparées en deux corps, eft de la troifieme fection de la dix-feptieme claffe de LINNÉE, qui a pour titre : *Diadelphia decandria.*

Les efpeces font :

1°. *Clitoria Ternatea, foliis pinnatis. Hort. Cliff.* 360. *Hort. Ups.* 214., *Fl. Zeyl.* 283 ; Clitoria à feuilles aîlées.

Ternatea, flore fimplici cæruleo. Tourn. Acad. Reg Sc. 1706.

Phafeolus Indicus, Glycyrrhizæ foliis, flore amplo cæruleo. Comm. Hort. 1, *p.* 47, *t.* 24.

Flos Clitoridis Ternatenfium. Breyn. Cent. 76, *t.* 31.

Flos cæruleus. Rumph. Amb. 5, *p.* 56, *t.* 31.

Schonga-Cufpi. Rheed. Mal. 8, *p.* 69, *t.* 38.

2°. *Clitoria Brafiliana, foliis ternatis, calycibus campanulatis, folitariis. Hort. Upfal.* 215 ; Clitoria avec des feuilles à trois lobes, une fleur fimple, & un calice en forme de cloche.

Clitoria, foliis ternatis. Hort. Cliff. 31. *Roy. Lugd.-B.* 369.

Planta leguminofa Brafiliana, Phafeoli flore, flore purpureo maximo. Breyn. Cent 78, *tab.* 32.

3°. *Clitoria Virginiana, foliis ternatis, calycibus campanulatis fubgeminis. Flor. Virg.* 83 ; Clitoria à trois feuilles, & avec deux fleurs unies dont les calices font en forme de cloche.

Clitoria major fcandens, floribus geminatis. Brown. Jam. 90, *t.* 76.

Clitorius trifolius, flore minore cæruleo. Hort. Elth. 90, *tab.* 76.

4°. *Clitoria Mariana, foliis ternatis , calycibus cylindricis. Lin.
Sp. Plant. 753. Gron. Virg. 111 ;*
Clitoria avec des feuilles à
trois lobes , & des calices cylindriques aux fleurs.

*Clitorius Marianus , trifolius
subtùs glaucus. Pet. Hort. Suec.
243.*

Ternatea. La premiere espece
croît naturellement dans le
Indes ; T O U R N E F O R T lui a
donné le nom de *Ternatea,*
parce que ses semences ont
été apportées en Europe de
l'Isle de Ternate , une des Moluques. Il y a dans cette espece
une variété à fleurs blanches ,
& une autre avec de grosses
fleurs bleues d'une très-belle
apparence : les semences de
cette derniere m'ont donné
des plantes à fleurs très-doubles sans la moindre variation ;
mais dans les années froides ,
elles ne produisent point de
légumes ici. Cette plante s'é-
leve avec une tige herbacée
à la hauteur de quatre ou cinq
pieds , en s'entortillant comme
les *Phaseolus* ou *Haricot commun* , & elle exige un soutien ;
car dans son pays natal elle
s'attache aux arbres voisins ;
ces tiges sont garnies de feuilles aîlées , & composées de
deux ou trois paires de lobes ,
terminés par un impair ; elles sont d'un très-beau vert , &
alternes : les pédoncules de
fleurs qui sortent des appendices des feuilles , ont vers le
milieu deux belles feuilles qui
naissent du lieu même où ils
sont inclinés , & qui soutiennent chacun une belle & large fleur en gueule , dont le

dessous paroît être le sommet.

Les fleurs ont des calices
verds , membraneux & divisés
en cinq parties ; l'étendard est
large , considérablement étendu & ouvert : toute la fleur
est d'une couleur bleue si foncée , qu'elle teint le papier
comme l'*Indigo* , plusieurs années après avoir été desséchée ;
ces fleurs sont remplacées par
des légumes minces & longs ,
qui renferment plusieurs semences en forme de rein.

Brasiliana. La seconde espece se trouve dans le Brésil ,
d'où l'on a apporté ses semences en Europe ; elle a une
tige herbacée qui se tortille
comme la premiere , & s'éleve
à cinq ou six pieds de hauteur ; elle est garnie à chaque
nœud d'une feuille à trois lobes supportée par un pétiole
assez long qui est embrassé dans
le milieu par deux petites feuilles ovales : ses fleurs sont
grosses , leur étendard est plus
large que celui de la premiere
espece , & les deux aîles sont
plus étendues ; elles sont aussi
d'un bleu plus fin , ce qui les
rend très-agréables ; elles paroissent en Juillet , lorsque
l'été est chaud , leurs semences
mûrissent en automne , & aussi-
tôt après les plantes se flétrissent.

Cette espece donne une variété à doubles fleurs , que j'ai
élevée dans les jardins de *Chelséa* , il y a quelques années ,
avec des semences qui m'a-
voient été envoyées des Indes ; mais ces plantes n'ont
point produit de semences ici,

& comme elles font annuelles, j'en ai perdu l'efpece :
ces fleurs font très-belles.

Virginiana. Les femences de
la troifieme m'ont été envoyées
des Ifles de Bahama ; elle pouffe de fes racines deux ou trois
tiges foibles, qui fe tordent &
s'élevent à fix ou fept pieds
de hauteur ; elles font garnies
à chaque nœud d'une feuille
découpée en trois lobes,
oblongs & pointus ; fes pédoncules fortent des côtés oppofés aux feuilles, & foutiennent chacun une fleur de couleur pourpre en-dedans, d'un
blanc verdâtre en-dehors, &
de moitié moins larges que celles des précédentes ; chaque
fleur eft fuccédée par un légume long, mince, ferré, &
terminé en pointe, qui contient un rang de femences rondes & en forme de rein. Cette
plante fleurit en Juillet & en
Août, & fes femences mûriffent en automne.

Mariana. La quatrieme, dont
les femences m'ont été envoyées de la Caroline, a une
tige foible qui fe tortille &
s'éleve à la hauteur d'environ
cinq pieds : cette tige eft garnie de feuilles découpées en
trois parties, comme celles
de la précédente ; mais leurs
lobes font plus étroits & d'une
couleur grifâtre en-deffous :
fes fleurs qui fortent par paires
fur des pédoncules, font plus
petites, d'un bleu pâle en-dedans, d'un blanc fale en-dehors, & pourvues de calices
cylindriques : ces fleurs paroiffent dans le mois d'Août,
mais elles perfectionnent très-

rarement leurs femences en
Angleterre.

Comme toutes ces plantes
font annuelles dans ce pays,
on rifque de perdre les efpeces, fi leurs femences ne parviennent pas à leur maturité :
celle à doubles fleurs n'ayant
point produit de légumes ici,
on ne peut fe la procurer,
qu'en faifant venir fes graines
des Indes : on la regarde comme une variété, parce qu'elle
eft produite accidentellement
par les femences des fleurs
fimples ; fi cela eft vrai, je
n'ai rien à efpérer de celles
qui croîffent à *Chelféa* ; car elles font toutes doubles ; & les
femences qui m'ont été envoyées des pays étrangers en
différens tems, m'en ont toujours donné de pareilles.

Les graines de ces plantes
doivent être placées fur une
couche chaude de bonne heure au printems ; & lorfqu'elles
ont atteint la hauteur de deux
pouces, on les enleve avec
foin, pour les planter chacune
féparément dans de petits pots
remplis de terre fraîche & légere, on les plonge dans une
couche chaude de tan, on
les arrofe toutes les fois qu'elles en ont befoin, & on les
tient à l'ombre jufqu'à ce qu'elles aient formé des racines nouvelles : lorfqu'elles font tout-
à-fait reprifes, on leur procure
de l'air tous les jours, pour
les empêcher de filer ; mais on
en proportionne toujours la
quantité à la chaleur extérieure, on les arrofe légerement
deux fois par femaine ; & comme leurs tiges grimpantes au-

ront bientôt acquis trop de longueur, pour pouvoir être contenues fous des châffis ordinaires, on les placera alors dans la ferre chaude, & on les plongera dans la couche de tan : lorfque les racines de ces plantes ont rempli leurs pots, on leur en donne de plus larges, & on les traite enfuite comme les autres efpeces qui viennent des mêmes contrées.

CLOTURE.

Dans les climats plus chauds que l'Angleterre, où l'on n'a pas befoin de murailles pour hâter la maturité des fruits, les jardins font ouverts afin de ne pas borner la vue ; ou bien on les entoure feulement d'un canal rempli d'eau, ou de bofquets, dans lefquels, on conduit des fontaines, & qu'on embellit d'allées & d'autres ornemens ; ce qui eft beaucoup plus agréable qu'une fimple muraille : mais en Angleterre, ainfi que dans des pays encore plus feptentrionaux, on eft obligé d'enclorre les jardins, pour les mettre à l'abri & faire mûrir les fruits, malgré le défagrément de ces enceintes qui bornent fingulièrement la vue.

Les murailles de briques font les plus chaudes ; on les conftruit en forme de panneaux avec des piliers placés à des diftances égales ; ce qui eft non-feulement plus économique que les murailles à furface plane, parce qu'elles n'ont pas befoin d'une épaiffeur auffi confidérable ; mais encore ces piliers fervent beaucoup à la

décoration. On préfere cependant quelquefois les murs conftruits de pierres, fur-tout ceux qui font en pierres de taille quarrées, ou en moëlons piqués ; mais lorfqu'on les deftine à être garnis de treillage, il eft néceffaire de les revêtir de briques. Les murailles conftruites en pierres brutes, quoiqu'elles foient feches & chaudes, font cependant incommodes pour y attacher un treillage, à caufe de leurs inégalités : on ne peut les rendre propres à cet ufage, qu'en employant dans la maçonnerie quelques morceaux de bois dans lefquels on puiffe enfoncer des crochets.

Dans les grands jardins il faut, autant qu'il eft poffible, conferver les points de vue les plus agréables de la campagne, & mafquer au contraire par des murailles ceux qui n'offrent que des objets triftes. Si les jardins fe trouvent fitués dans des lieux fort fréquentés, & dans le voifinage des grandes villes, & qu'on ne puiffe s'y promener fans être obfervé par tous les paffans, il faut alors les enclorre pour éviter ce défagrément. Si le jardin qu'on veut enclorre eft formé au milieu d'un parc, il faut l'entourer d'un foffé qui ne bornera point la vue, & qui fera au contraire un nouvel agrément.

Il y a plufieurs manieres de faire ces foffés, mais ceux qui me paroiffent les meilleurs font ceux qui du côté du jardin font revêtus d'une muraille perpendiculaire de fix ou

sept

fept pieds de hauteur, & qui forment au dehors une pente de dix-huit à vingt pieds, & même encore plus inclinée, fi on a affez de terrein pour cela ; ce talus fera alors moins remarquable à une certaine diftance qu'un fimple foffé : mais fi la terre eft naturellement humide & qu'il ne foit pas poffible de creufer les foffés affez profondément pour mettre les jardins à l'abri du bétail, il fuffira de donner au mur quatre pieds de hauteur, & on placera de diftance en diftance, en-dehors, des poteaux de trois pieds & demi d'élévation, auxquels on fixera des chaînes qui fuffiront pour arrêter les beftiaux & les bêtes fauves ; fi l'on peint ces chaînes d'une couleur de plomb, on ne les appercevra plus à un certain éloignement; on pourra auffi placer une feconde chaîne à un pied d'élévation, afin qu'aucun animal ne puiffe paffer au-deffous. Lorfqu'on peut mafquer la vue fans aucun inconvénient, on fait ordinairement une enceinte de paliffades, qui, étant bien conftruite, durera plufieurs années, & fera beaucoup plus agréable qu'une muraille, fi on a l'attention de la cacher à la vue par des arbres toujours verts, ou par une haie qui fervira de clôture, lorfque les paliffades feront pourries.

Quelques perfonnes entourent auffi les jardins avec des cloifons à ftuc, qui, lorfqu'elles font bien faites produifent le même effet que les autres efpeces de clôture pour empêcher l'entrée du bétail ; mais comme elles coutent beaucoup & ne font pas d'une longue durée, elles font peu en ufage.

On enferme ordinairement les parcs avec des paliffades qui durent plufieurs années, fi elles font conftruites en chêne coupé en hiver : ces paliffades doivent être légeres, afin qu'elles ne foient pas renverfées par leur propre poids; on donne aux traverfes qui les affujettiffent, une forme triangulaire, afin que l'humidité n'y féjourne point ; on rapproche les poteaux qui les foutiennent, autant qu'il eft poffible, on leur donne beaucoup de force, & on brûle légerement l'extrémité qui doit être enfoncée dans la terre, pour les garantir de la pourriture. Au moyen de toutes ces précautions une paliffade pourra durer quarante années, fans avoir befoin de beaucoup de réparation. En donnant à cette efpece de clôture fix pieds & demi d'élévation, & aux poteaux qui la foutiennent neuf ou dix pouces de plus, elles feront hors de la portée des daims & des chevreuils ; mais fi le parc renferme des cerfs & des biches, il eft néceffaire qu'elle foit plus haute d'environ un pied, pour empêcher ces animaux de la franchir.

Quelques parcs font fermés de murailles en briques, & dans les pays où la pierre eft commune & à bon marché, on y emploie ces matériaux qu'on unit avec du mortier, ou qu'on arrange à fec.

Un bon jardin potager doit être pourvu d'un affez grand efpace de murailles pour pouvoir y placer un bon nombre d'efpaliers, : fi ce jardin fe trouve fitué de maniere qu'il ne puiffe être apperçu de l'habitation ou des jardins d'agrément , il fera. néceffaire qu'il foit entouré en entier & fermé à clef, afin que les fruits foient plus en fûreté. Les murailles étant, par ce moyen, réduites à une étendue modérée & à ce qui eft purement fuffifant au befoin, empêchera que l'on ne cultive négligemment tant de mauvais arbres, comme il n'arrive que trop fouvent dans les jardins où l'étendue des murailles eft trop grande. Comme les plates-bandes des jardins d'agrément font toujours trop étroites pour les racines des arbres à fruits, ainfi qu'on l'obfervera dans les articles qui y auront rapport, il ne convient pas d'y en planter.

La hauteur d'un mur de jardin à fruits doit être tout au moins de dix à douze pieds, & fi le fol eft bon, il peut être bien-tôt garni jufqu'au haut, fur-tout dans les parties qui font plantées de Poiriers, quoiqu'on tienne leurs branches horifontalement prefque depuis leur racine.

On peut employer, pour les clôtures extérieures, dans de bonnes terres, l'*Epine blanche*, le *Houx*, l'*Épine noire*, &

le *Pommier fauvage* ; mais on doit choifir une efpece, & ne point les mélanger.

L'*Épine blanche* eft préférable à toutes les autres plantes pour cet ufage, non-feulement parce qu'elle eft la plus commune, mais encore parce qu'elle croît plus promptement, qu'elle peut être taillée de maniere à former une clôture plus ferrée, & qu'elle eft d'une plus longue durée ; elle eft par conféquent très-propre à défendre les jardins & d'autres terreins écartés des approches du bétail.

L'*Epine noire* & le *Pommier fauvage* font auffi de fort bonnes clôtures, & s'élevent comme l'*Épine blanche* ; mais la derniere efpece eft bien meilleure, lorfqu'on la multiplie en femant le marc de pommes ; fi cette opération eft faite en automne dès que le fruit eft mûr, les plantes poufferont dans la premiere année.

Des tiges de *Pommiers fauvages* plantées, lorfqu'elles font jeunes, font bientôt d'excellentes haies, ainfi que différentes efpeces de *Pruniers épineux.*

L'*épine noire* n'eft pas auffi propre pour former des haies que la *blanche*, parce que fes racines s'étendent beaucoup plus, & qu'elle ne croît pas auffi bien, fur-tout fi l'on n'y emploie pas des plantes fort jeunes : mais d'ailleurs fes têtes font plus ferrées & plus durables que les autres pour former des haies feches, & pour boucher les ouvertures ;

elles font auffi moins fujettes à être mangées & déchirées par les beftiaux. Plus la terre eft bonne, & plus cette efpece profpere, quoiqu'elle puiffe croître auffi, comme l'*Épine blanche*, fur un fol de médiocre qualité.

Le *Houx* peut auffi faire une clôture excellente, & préférable pour cette fin à toute autre efpece : il pouffe d'abord fort lentement ; mais quand une fois il a pris fon accroiffement, il n'y a aucune autre haie qui le furpaffe par fa hauteur, fa force & fon épaiffeur. On emploie pour cela de jeunes plantes qu'on s'eft procuré en femant des baies, ainfi qu'on le pratique pour l'*Épine blanche* ; ces baies reftent longtems dans la terre avant de pouffer : cette efpece fe plaît beaucoup dans les terres fortes, quoiqu'elle puiffe croître auffi dans le gravier le plus fec, & parmi les rochers & les pierres.

Comme ces baies ne pouffent qu'au fecond printems, il faut les préparer d'abord comme on l'a prefcrit à l'article *Aquifolium* ; on les feme enfuite dans les endroits où elles doivent refter, avec l'attention de les tenir nettes de mauvaifes herbes avant & après qu'elles ont pouffé.

Le *Genêt épineux* eft très-propre à être employé fur les bancs fecs, où peu d'autres plantes pourroient croître : il réuffira fi on le tient fort net par en bas, & fi on l'éclaircit à propos ; mais il faut avoir l'attention de ne pas le laiffer

monter trop haut, de ne pas le tailler par un tems fec, ni fur la fin de l'automne, non plus que de trop bonne heure dans le printems, ce qui pourroit le faire périr : le vieux bois ne repouffe plus lorfqu'on le coupe trop près, après l'avoir laiffé croître long-tems.

On fait quelquefois des clôtures avec du *Sureau*, lorfque le fol eft bon & riche, & l'on fe fert pour cela de branches de dix à douze pouces de longueur qu'on enfonce dans la terre, en les croifant en échiquier : quoique cette plante forme très-promptement une clôture affez forte, & qu'elle fourniffe un bon abri, on s'en fert cependant très-rarement, & on ne l'emploie jamais pour les beaux jardins, parce qu'elle pouffe trop irreguliérement, qu'on ne peut la tailler, que fes racines s'étendent très-loin, qu'elles épuifent la terre & retranchent la nourriture aux autres plantes, & que, fi on n'enleve point leurs baies de très-bonne heure, elles s'écartent & produifent une grande quantité de nouvelles plantes qui étouffent tout ce qui fe trouve fur le même terrein ; c'eft pourquoi l'on ne s'en fert jamais pour haies, où l'on peut fe procurer de l'*Épine blanche*.

Le *Sureau* planté fur le bord d'un courant d'eau ou d'une riviere, eft excellent pour empêcher l'eau de miner la terre, parce qu'il pouffe continuellement une grande quantité de racines & de rejettons, qui forment bientôt une barriere insurmontable à l'éboulement des terres.

L'If est le plus propre pour les haies que l'on veut avoir quelquefois à l'intérieur d'un jardin ; parcequ'il est le plus facile à tailler & à gouverner comme on veut, & qu'il est de longue durée.

L'*Orme*, le *Tilleul*, le *Charme* & le *Hêtre* sont très - propres à former des clôtures aux bosquets, aux labyrinthes & autres endroits de ce genre.

C L U S I A. *Lin. Gen. Plant.* 577. *Plum. Nov. Gen.* 20 *, tab.* 20 ; [*The Balsam - tree.*] L'Arbre de Baume, Paletuvier de montagne.

Caractères. Le calice est imbriqué & composé de feuilles rondes & concaves, qui s'étendent & s'ouvrent : la corolle a cinq ou six pétales étendus, ronds & concaves, & dans son fond est situé un nectaire globulaire, & un germe ouvert au sommet, & terminé par un stigmat : la fleur a un grand nombre d'étamines plus courtes que la corolle, & surmontées par des sommets simples ; le germe est oblong, ovale, terminé par un stigmat uni & en forme d'étoile, avec sept découpures obtuses ; il se change par la suite en une capsule ovale, sillonnée par six rainures, & a six cellules qui s'ouvrent en six valves, s'étendent en forme d'étoile, & renferment beaucoup de semences angulaires, fixées à un axe & environnées d'une pulpe.

Ce genre est rangé dans la premiere section de la vingt-

troisieme classe de LINNÉE, intitulée : *Polygamia monæcia ;* la même plante produit des fleurs mâles, femelles & hermaphrodites.

Les especes sont :

1°. *Clusia flava, foliis aveniis ; corollis tetrapetalis. Jacq. Amer.* 272 *, t. 167* ; Clusia à feuilles sans veines, avec une fleur à quatre pétales.

Clusia arborea, foliis crassis, nitidis obovato-subrotundis, floribus solitariis. Brown. Jam. 236.

Therebinthus, folio singulari non alato, rotundo, succulento, flore pallidè luteo, fructu majore monopyreno. Sloan. Hist. Jam. 2 *, p.* 97 ; connue généralement en Amérique sous le nom d'*Arbre de Baume.*

2°. *Clusia venosa, foliis venosis. Lin. Sp. Plant.* 510. *Jacq. Amer.* 273. *Fabric. Halmst.* 392 ; Clusia à feuilles veinées.

Clusia flore roseo minor, fructu flavescente. Plum. Nov. Gen. 21 *, 87, f. 2* ; Les habitans des Isles le nomment *Paletuvier de montagne.*

Flava. Il y a trois variétés de la premiere espece, qui different dans la grandeur & la couleur de leurs fleurs & de leurs fruits : la premiere a des fleurs blanches & des fruits écarlate ; la seconde a des fleurs roses & des fruits verdâtres ; & la troisieme a des fruits jaunes : mais on les regarde comme des variétés de semence, quoique le Pere PLUMIER en ait fait des especes distinctes. Comme ces plantes n'ont point fleuri en Angleterre, je ne puis en parler d'après mes propres observations : au reste la beauté singuliere de leurs feuilles les rend dignes d'entrer dans toutes les collections des plantes rares.

La premiere espece est assez commune dans les Isles Américaines de la domination Britannique : cet arbre s'éleve dans son pays natal à la hauteur d'environ vingt pieds, & pousse plusieurs branches latérales garnies de feuilles épaisses, rondes, succulentes & opposées : ses fleurs, qui naissent aux extrémités des branches, ont chacune une enveloppe épaisse & succulente ; elles sont, sur chaque arbre, d'une couleur différente ; on en voit de rouges, de jaunes, de blanches & quelques-unes vertes : lorsque ces fleurs sont passées, elles sont remplacées par des fruits ovales qui offrent aussi des couleurs diverses sur différentes plantes : une espece de Thérébentine découle de toutes les parties de ces arbres ; les habitans donnent à cette substance le nom de *Gomme de Cochon*, parce qu'ils prétendent que les Cochons sauvages se guérissent de leurs blessures, en se frottant contre ces arbres, jusqu'à ce que cette thérébentine ait couvert leurs plaies. Cette substance est aussi regardée comme un très-bon remede pour guérir les douleurs de sciatique ; on l'applique sur un linge & on en couvre la partie malade.

Cette plante est à présent fort rare en Europe ; j'ai cependant vu, il y a quelques années, plusieurs beaux individus de cette espece, dans les jardins de M. PARKER, près de Croyden en Surrey : ces plantes avoient été apportées de la Barbade dans des pots de terre. Cette méthode est en effet la meilleure qu'on puisse employer pour se les procurer, parce que leurs semences réussissent rarement, & que les jeunes plantes croissent avec tant de lenteur, qu'il leur faut beaucoup de tems pour acquérir une certaine apparence. Quand on prend le parti de les faire venir ainsi, il faut avoir grand soin de recommander à ceux qui doivent en être chargés dans la traversée, de ne point trop les arroser, parce qu'étant fort remplies de séve, l'humidité les fait facilement pourrir.

Cette plante étant originaire des pays chauds, & par conséquent fort tendre & délicate, on ne peut la conserver en Angleterre qu'en la tenant constamment dans la serre chaude : on doit aussi l'arroser bien légerement en hiver, parce qu'elle ne peut pas souffrir beaucoup d'humidité, par la raison qu'il pleut très-peu dans les Isles où on la trouve. On la multiplie par boutures qu'on laisse sécher pendant quinze jours ou trois semaines, après qu'elles ont été détachées de la tige principale, avant de les planter : lorsqu'elles sont mises en terre, on plonge les pots qui les contiennent dans une couche chaude de tan, & on les arrose de tems en tems ; on fait cette opération dans les mois de Juin ou de Juillet, afin qu'elles puissent être très-bien enracinées avant les froids de l'automne. On peut placer ces plantes en hiver sur les gradins de la serre chaude, & en été elles feront de grands progrès si on les plonge dans une couche chaude de tan. Leur beauté consiste dans la grande largeur de leurs feuilles.

Venofa. La seconde espece, que le Docteur HOUSTOUN a découverte à Campêche, & dont il m'a envoyé des semences, ainsi que des échantillons desséchés, a des feuilles trèslarges, ovales, en forme de lance, terminées en pointes alternes, & traversées par plusieurs côtes alternes qui partent de celle du milieu & s'étendent vers le haut & sur les côtés, & entre lesquelles on voit un grand nombre de veines horisontales : les bords de ces feuilles sont sciés, & leur surface inférieure est d'un brun luisant : les branches de cette espece sont couvertes de poils ; & ses fleurs, qui sont plus petites que celles de la précédente, & de couleur de rose, sortent en épis clairs des extrémités des rejettons : ses tiges s'élevent à la hauteur de vingt pieds. On la multiplie au moyen de ses semences qu'il faut faire venir de son pays natal, parce que celles qu'on obtient en Europe ne parviennent jamais à une entiere maturité. Ces plantes sont tendres, ainsi elles doivent être placées dans la couche de tan de la serre chaude ; sans quoi, elles ne profiteroient pas dans ce pays : elles exigent le même traitement que les autres plantes délicates qui viennent des mê-

mes contrées. Les habitans des Isles nomment cet arbre *Paletuvier de montagne.*

CLUTIA. *Boerh.*

Ce genre de plantes a été établi par le célébre BOERHAAVE, Professeur de Botanique en l'Université de Leyde, en l'honneur d'AUGERIUS CLUTE, savant Botaniste, ancien Professeur dans la même Université.

Caracteres. Les fleurs mâles & les fleurs femelles sont produites sur des plantes différentes ; les mâles ont des calices larges, étendus, & composés de cinq feuilles ovales & concaves ; les corolles ont cinq pétales en forme de cœur, plus courts que le calice, étendus & ouverts ; cinq nectaires extérieurs, situés en cercle aux onglets des pétales, & cinq internes placés en-dedans de la fleur : ces nectaires sont en forme de glandes qui renferment une liqueur mielleuse. La fleur a cinq étamines horisontales, placées au milieu du style, & terminées par des sommets ronds : celles-ci n'ont point de germe, mais seulement un style tronqué qui occupe le centre des étamines. Les fleurs femelles ont des calices persistans, & des pétales semblables à ceux des fleurs mâles, cinq nectaires doubles externes, mais aucun dans l'intérieur ; leur germe rond soutient trois styles divisés en deux parties, réfléchis, aussi longs que les pétales & couronnés par un stigmat obtus : ce germe se change par la suite en une capsule globulaire, sillonnée par six rainures, & a trois cellules, dont chacune renferme une simple semence.

Ce genre de plantes est rangé dans la quatorzieme section de la vingt-deuxieme classe de LIN-NÉE, qui a pour titre : *Diœcia gynandria*, & qui comprend celles dont les deux sexes sont sur des plantes séparées, & dont les étamines adhérent au style dans les fleurs mâles.

Les especes sont :

1°. *Clutia alaternoïdes, foliis sessilibus lineari-lanceolatis, floribus solitariis erectis. Hort. Cliff. 500. Roy. Lugd.-B. 203 ;* Clutia à feuilles linéaires, en forme de lance & sessiles, & à fleurs solitaires & érigées.

Alaternoïdes Africana, Telephii legitimi imperati foliis. Hort. Amst. 2, p. 3, t. 2.

Croton, foliis lineari-lanceolatis. Hort. Cliff. 444.

Tithymalus arboreus, Æthiopici Meseræi germanici foliis, flore pallido. Pluk. Phyt. 230, f. 1.

Chamælea, foliis oblongis, nervosis, floribus ex foliorum alis. Burm. Afr. 116, t. 43, f. 3.

Chamælea, foliis latis, oblongis, floribus ex alis in spicam erectis. Burm. Afr. 118, t. 43, f. 1.

2°. *Clutia pulchella, foliis ovatis, integerrimis, floribus lateralibus. Lin. Sp. Plant. 1042. Kniph. Cent. 2, n. 16, Mas.* Clutia à feuilles ovales & entieres, & dont les fleurs croissent sur les côtés des branches.

Clutia, foliis petiolatis. Hort. Cliff. 500, 431. Roy. Lugd.-B. 202. Boerh. Lugd.-B. 2, p. 260.

Frutex Æthiopicus, Portulacæ folio, flore ex albo virescente. Comm. Hort. Amst. 1, p. 177, t. 91.

3°. *Clutia eleutheria, foliis cordato-lanceolatis. Flor. Zeyl. 366. Amœn. Acad. 5, p. 411 ;* Clutia à feuilles en forme de cœur, & lancéolées.

Eleutheria. Hort. Cliff. 486.

Ricinus dulcis arborescens Americanus, populneâ fronde argenteâ. Pluk. Alm. 321, t. 220, f. 5. Seb. Thes. 1, p. 56, t. 35, f. 3. Burm. Ind. 217.

Croton fruticulosum erectum subvillosum. Brown. Jam. 347.

Alaternoïdes. Les deux premieres especes ont été originairement apportées de l'Afrique en Hollande, d'où elles ont été envoyées à *Chelséa,* ainsi que dans les autres jardins de Botanique de l'Europe. La plante mâle de la premiere est depuis longtems dans les jardins Anglois ; mais nous ne possédons la femelle que depuis peu.

Pulchella. Quant à la seconde, la plante femelle est cultivée depuis quelques années dans nos jardins ; mais la plante mâle n'y est que très-nouvellement introduite : elle m'a été donnée par mon ami, le savant Docteur JOB BASTER, de Zirichzée en Zelande.

Alaternoïdes. La premiere espece s'éleve à la hauteur de six à huit pieds, avec une tige d'arbrisseau qui produit plusieurs branches latérales, droites & garnies de petites feuilles linéaires en forme de lance, alternes, entieres & d'une couleur grisâtre : ses fleurs, qui sont petites & d'un blanc verdâtre, sortent des nœuds qui se trouvent entre les feuilles, vers les extrémités des branches ; elles paroiſſent dans les mois de Juin, de Juillet & d'Août, mais elles ſont trop petites pour avoir beaucoup d'apparence.

Pulchella. La ſeconde eſpece s'éleve à la même hauteur que la précédente ; mais ſa tige eſt plus forte, & ſes branches ſont garnies de feuilles ovales, beaucoup plus larges, entieres, d'une couleur de vert-de-mer, & ſupportées par des pétioles d'un pouce de longueur. Ses fleurs ont la même forme & la même couleur que celles de la premiere, & celles des plantes mâles ſont plus petites & croiſſent plus rapprochées que celles des femelles ; toutes deux ſont ſoutenues par de courts pédoncules. Les fleurs paroiſſent dans le même tems que celles de la précédente, & ſes ſemences mûriſſent en automne. J'ai élevé de ſemence pluſieurs de ces plantes qui ſe ſont trouvées toutes femelles.

Ces deux eſpeces peuvent être aiſément multipliées par bouture, dans tous les mois de l'été ; ſi l'on plante ces branches dans de petits pots, & qu'on les plonge dans une couche de chaleur très-moderée, & qu'on les garantiſe de la chaleur du ſoleil au milieu du jour, elles pouſſeront bientôt des racines ; on les accoutumera alors au plein air, pour les empêcher de filer, & on les plantera enſuite ſéparément dans de petits pots qu'on placera dans un lieu abrité, où on les laiſſera juſqu'au milieu ou à la fin d'Octobre, ſi le tems continue à être doux ; après

quoi on les tranſportera dans la ſerre, & on les diſpoſera de maniere qu'on puiſſe leur procurer de l'air dans les tems favorables ; car elles n'ont beſoin d'aucune chaleur artificielle, & elles ne demandent que d'être miſes à l'abri des gelées : leurs tendres rejettons ſont fort ſujets à être attaqués par la moiſiſſure, lorſque la ſerre reſte trop long-tems fermée ; &, quand elles ſont trop ombragées par les autres plantes, cette ſeule cauſe leur eſt plus nuiſible, & les détruit encore plus ſûrement que le froid. En été on les place en plein air dans des expoſitions abritées avec les autres plantes exotiques dures.

Comme elles conſervent leur verdure pendant toute l'année, elles font un très-bon effet dans la ſerre, pendant l'hiver ; & en été, lorſqu'elles ſont mêlées en plein air avec d'autres plantes exotiques, elles produiſent une belle variété.

Eleuthcria. La troiſieme eſpece, dont les ſemences ont été apportées des Indes, a une tige droite d'arbriſſeau, qui s'éleve à peine en Angleterre, à la hauteur de trois ou quatre pieds ; mais qui dans ſon pays natal croît naturellement au-deſſus de vingt pieds : elle pouſſe à ſon ſommet pluſieurs branches qui forment une tête groſſe & large, & qui ſont garnies de feuilles ſemblables pour la forme à celles du *Peuplier noir*, d'un vert luiſant, alternes & portées ſur de foibles pétioles. Comme ces plantes n'ont point montré leurs fleurs en Angle-

terre , je ne puis en donner aucune defcription: les coffes de
leurs femences font fort femblables à celles de la feconde
efpece.

Cette plante paffe aifément
l'hiver fans chaleur artificielle
dans une couche de vitrages
airée , mais comme elle eft remplie d'une féve laiteufe , ainfi
que les *Euphorbes* , il ne faut
l'arrofer que très-peu , dans
quelque faifon de l'année que
ce foit : elle fera de grands
progrès, fi , dans fa jeuneffe ,
on la tient à un dégré modéré
de chaleur ; mais fi cette chaleur eft trop active , & que la
plante foit forcée , elle fera
beaucoup moins vigoureufe ,
elle ne pourra pas être traitée
auffi durement.

On multiplie cette efpece
par boutures en été , mais
avant de les planter on doit
les placer dans un lieu fec,
afin que les parties coupées
aient le tems de fe deffécher.
On plante ces boutures dans
de petits pots remplis de terre
légere & fablonneufe , on les
plonge dans une couche de tan
modérément chaude , & on
couvre les vitrages pour les
garantir de l'ardeur du foleil.
On fouleve néanmoins tous
les jours ces vitrages, pour
renouveler l'air, & on les arrofe légerement. Lorfqu'elles
ont pris racine & qu'elles commencent à pouffer , on leur
donne beaucoup plus d'air, &
on les accoutume par dégrés à
y être expofées tout-à-fait.
Quand leurs racines ont rempli les premiers pots, on les
fépare avec foin pour les plan-

ter chacune dans un autre rempli de la même terre légere &
fablonneufe , & on les place au
fond de la ferre chaude, derriere les autres plantes pour
les abriter du foleil , jufqu'à
ce qu'elles aient produit de
nouvelles fibres ; après quoi
on peut les avancer & les mettre par dégrés au plein air :
pendant l'été elles ont befoin
de jouïr continuellement d'un
air libre dans les tems chauds ,
mais auffi d'être tenues à couvert des fortes pluies ; & en
hiver, on les place dans une
caiffe de vitrages airée , où elles puiffent jouïr du foleil , &
être à l'abri de l'humidité.

CLYPEOLA. *Lin. Gen. Plant.*
723. *Jonthlafpi. Tourn. Inft. R.
H. tab. 99.* [*Treacle Muftard.*]
Jonthlafpi.

Caracteres. Le calice eft perfiftant, & compofé de quatre
feuilles oblongues & ovales ;
la corolle a quatre pétales
oblongs, entiers & placés en
croix : la fleur a fix étamines,
terminées par des fommets fimples , & plus courtes que les
pétales , & dont deux qui font
oppofées ont moins de longueur que les autres : dans le
centre eft placé un germe rond
& comprimé , qui foutient un
fimple ftyle, couronné par un
ftigmat obtus ; ce germe fe
change en une filique ronde,
& qui s'ouvre en deux cellules remplies de femences rondes & comprimées.

Ce genre de plantes eft rangé
dans la premiere fection de la
quinzieme claffe de LINNÉE,
intitulée : *Tetradynamia filiculo-
fa ,* qui comprend celles dont

les fleurs ont quatre étamines longues, & deux plus courtes, & dont les femences font renfermées dans des légumes courts.

Les efpeces font :

1°. *Clypeola Jonthlafpi, filiculis orbiculatis, unilocularibus, monofpermis. Hort. Cliff. 329. Hort. Upf. 185. Roy. Lvgd.-B. 332*; Jonthlafpi avec des légumes à une cellule, & une fimple femence.

Jonthlafpi minimum, fpicatum, lunatum. Col. Ecp. 1. p. 281. t. 284; Jonthlafpi à fleurs en épi & en forme de croiffant.

Thlafpi clypeatum, Serpilli folio. Bauh. Pin. 107.

2°. *Clypeola maritima, filiculis bilocularibus, ovatis, difpermis. Sauv. Monfp. 51. Gmel. Sib. 3. p. 252. n. 6*; Jonthlafpi, dont les légumes ovales ont deux cellules, dans lefquelles font renfermées deux femences.

Alyffum, caulibus diffufis, foliis linearibus. Ger.

Thlafpi Alyffon dictum maritimum. G. B. P. 107.

Thlafpi Narbonenfe, Centunculi angufto folio. Tabern. Ic. 461.

Ce genre de plantes a été nommé *Jonthlafpi* par FABIUS-COLUMNA, & après lui par TOURNEFORT, & quelques autres Botaniftes modernes ; mais LINNÉE a changé ce nom en celui de *Clypeola*.

Jonthlafpi. La première efpece eft une plante annuelle qui s'éleve rarement au-deffus de quatre pouces de hauteur ; fes branches minces & traînantes, font garnies de petites feuilles, étroites à leur bâfe, mais plus larges & obtufes à leur

extrémité : fes fleurs jaunes, petites & compofées de quatre pétales difpofés en forme de croix, naiffent aux extrémités des branches en épis courts & ferrés, & font remplacées par des légumes orbiculaires, comprimés, & à une feule cellule dans laquelle eft renfermée une fimple femence. Cette plante fleurit en Juin & en Juillet, & fes graines mûriffent en automne.

Maritima. La feconde efpece eft vivace ; elle pouffe de fa racine plufieurs branches minces, & divifées en plufieurs autres plus petites, qui font inclinées, & garnies de feuilles fort étroites, velues & feffiles : fes fleurs jaunes, petites, & de la même forme que celles de la précédente, font également produites aux extrémités des branches ; mais fes épis font terminés en paquets ronds : elle fleurit dans le mois de Juin, & fes femences mûriffent en automne.

Ces deux efpeces font des plantes baffes, qui croiffent naturellement dans la France Méridionale, en Efpagne & en Italie ; on les conferve dans les jardins de Botanique pour la variété ; mais elles ont peu de beauté : leurs feuilles & leurs tiges font d'un blanc gris, beaucoup plus clair dans les pays chauds, qu'en Angleterre. On les multiplie par leurs femences, qu'il faut répandre fur une plate-bande de terre légere, où elles doivent refter ; elles n'exigent aucune autre culture que d'être éclaircies, & d'être tenues nettes de mau-

vaifes herbes : on peut les femer ou au printems ou en automne ; celles de l'automne de
viendront beaucoup plus groffes , fleuriront plutôt que celles du printems , & produifent
plus certainement des femences
mûres : fi on leur donne le
tems d'écarter leurs graines,
leurs plantes poufferont fans
exiger aucun autre foin que
de les tenir nettes de mauvaifes herbes.

La feconde efpece eft une
plante vivace qui doit être femée fur une plate-bande chaude & dans un fol fec : on la
trouve fur les bords de la mer,
dans la France Méridionale &
en Italie. Si on la cultive dans
un fol riche & humide , elle
deviendra fort fucculente , &
fera expofée par cette raifon ,
à être détruite par les froids
de l'hiver : mais quand elle naît
fur un fol fec , fablonneux &
de mauvaife qualité , fes tiges
font plus courtes , plus dures
& plus ligneufes ; alors elle
fupporte mieux les rigueurs
de notre climat , & elle dure
plufieurs années.

On feme les graines de cette
efpece dans le lieu même où
les plantes doivent refter ; parce qu'elles ne fouffrent point
d'être déplacées , à moins que
cette opération ne foit faite
lorfqu'elles font encore très-
jeunes.

CNEORUM. *Voy.* DAPHNE
CNEORUM. L.

CNEORUM. *Lin. Gen. Plant.*
47. *Chamelæa. Tourn. Inft. R. H.*
651. *tab.* 421. [*Widow - wail.*]
Camelée.

Caraûeres. Dans ce genre ,
le calice eft petit , perfiftant ,
& découpé en trois parties ;
la corolle eft compofée de trois
pétales étroits , oblongs & érigés ; la fleur a trois étamines
plus courtes que la corolle ,
& terminées par de petits fommets. Dans le centre eft fitué
un germe obtus & à trois angles , qui foutient un ftyle ferme , érigé & couronné par un
ftigmat étendu , & divifé en trois
parties : ce genre devient par
la fuite une baie feche , globulaire , à trois lobes , & à trois
cellules , dont chacune contient une femence ronde.

Les fleurs dans ce genre ,
ayant trois étamines & un ftyle ,
font de la *Triandria monogynia*
de LINNÉE ou de la premiere
feûion de fa troifieme claffe.

Nous n'avons qu'une efpece
de ce genre , qui eft :

Cneorum Tricoccon. Hort. cliff.
18. *Roy. Lugd.-B.* 119. *Kniph.*
Orig. Cent. 2. *n.* 17.

Chamælea Tricoccos , de Dodo-
næus & de Gafpar Bauhin , Pin.
481.

Chamælea. Cam. Epit. 973.
Camelée.

Cet arbriffeau s'éleve rarement au-deffus de deux pieds
de hauteur dans notre climat ;
mais il pouffe des branches latérales qui lui donnent la forme d'un buiffon épais : fes tiges font ligneufes , & prefqu'auffi dures que celles du
Buis ; fon bois eft d'une couleur jaune pâle fous l'écorce ,
& fes branches font garnies de
feuilles épaiffes , fermes , ovales , oblongues , d'un pouce
& demi de longueur fur trois
lignes de largeur , d'un vert

foncé, & traversées par une côte très-forte. Ses fleurs, qui naissent simples vers les extrémités des branches, sont d'un jaune pâle, & composées de trois pétales étendus & ouverts, d'un germe rond situé dans le fond, d'un style simple qui n'a pas la moitié de la longueur des étamines, & de trois étamines érigées & placées entre les pétales. Lorsque la fleur est passée, le germe se change en un fruit, formé par trois semences réunies, comme celles de l'*Epurge*, qui sont d'abord vertes, brunes ensuite, & noires lorsqu'elles sont tout-à-fait mûres : les fleurs se succèdent depuis le mois de Mai jusques à la fin de l'été ; &, quand l'automne est favorable, il en naît encore de nouvelles.

Comme cet arbrisseau est bas, & qu'il ne quitte point ses feuilles, il fait un grand ornement sur le devant des plantations d'arbres & d'arbrisseaux toujours verts : les branches étant rapprochées & bien garnies de feuilles, elles couvrent la terre au-dessous des arbrisseaux plus élevés, & elles garnissent leurs parties basses beaucoup mieux qu'aucune autre espece de plante. Cette espece est d'ailleurs d'une longue durée, & elle réussit mieux lorsqu'on lui permet d'écarter ses graines, que lorsqu'elles sont semées avec plus de soin.

On conservoit autrefois cette plante dans les serres, dans l'idée qu'elle étoit trop tendre pour subsister en plein air en Angleterre ; mais, depuis quel-

que tems, on l'a mise en pleine terre, où elle résiste assez bien à nos hivers ordinaires, & où elle est rarement endommagée par les fortes gelées : celles qui se trouvent dans un sol sec & rempli de rochers & de décombres, courent encore moins de risque, parce que leurs rejettons sont généralement plus courts & plus fermes ; mais dans une terre riche & humide, elles deviennent plus succulentes & plus susceptibles d'être détruites par le froid.

On la multiplie par semences, qu'il faut mettre en terre en automne aussi-tôt qu'elles sont mûres, pour que les plantes poussent au printems ; mais celles qui ne sont semées que dans cette derniere saison, restent une année entiere dans la terre, & périssent même très-souvent : on peut les répandre sur un sol commun, en les recouvrant d'un demi-pouce de terre ; on débarrasse constamment les plantes qui proviennent des mauvaises herbes qui les environnent, & à la fin de l'été, on les transplante dans les places qui leur seront destinées.

CNICUS. *Lin. Gen. Plant.* 833. *Tourn. Inst. R. H.* 450. t. 257. *Acaina. Vaill. A. R. 1718.* [*Blessed Thistle.*] Chardon étranger.

Caracteres. Le calice de la fleur est formé par plusieurs écailles ovales, placées l'une sur l'autre ; celles du sommet sont terminées par des épines branchues : la fleur est composée de plusieurs fleurettes hermaphrodites , uniformes ; en forme d'entonnoir , & découpées au sommet en cinq segmens égaux & érigés ; chaque fleurette a cinq étamines courtes , velues & terminées par des sommets cylindriques : dans le centre est situé un germe court , couronné de duvet & renfermé dans le calice.

Ce genre de plantes est rangé dans la premiere section de la dix-neuvieme classe de LINNÉE , intitulée : *Syngenesia Polygamia æqualis* , les plantes de cette section n'ayant que des fleurs hermaphrodites fructueuses.

Les especes sont :

1°. *Cnicus Erisithales , caule erecto , foliis inferioribus laciniatis , superioribus integris , concavis. Hort. Cliff 394 ;* Chardon à tiges droites , dont les feuilles basses sont dentelées , & celles du haut entieres & concaves.

Cnicus pratensis , Acanthi folio , flore flavescente. Tourn. Inst. 450.

Carduus , foliis amplexicaulibus pinnatifidis , laciniis lanceolatis , spinuloso-ciliatis , calycibus glutinosis nutantibus. Jacq. Vind. 279.

Carduo - Cirsium maximum , profundè laciniatum in foliorum ambitu spinis mollibus hirtum. Pluk. Phyt. 154. f. 2.

Cirsium Acanthoïdes montanum , flore purpurascenté. Tourn. Inst. 448. Chardon de montagne à fleur pourpre.

Erisithales. Dalech. Hist. 1094.

2°. *Cnicus spinosissimus , foliis amplexicaulibus , sinuato-pinnatis , spinosis , caule simplici , floribus sessilibus. Linn. Sp. Plant. 826. Scop. Carn. ed. 2. n. 1006. sub*

Cirsio ; Chardon à feuilles aîlées , dentelées , épineuses & amplexicaules , ayant une simple tige & des fleurs sessiles au sommet.

Cirsium Alpinum spinosissimum , floribus ochro-leucis inter flavescentia folia congestis. Haller. tab. 20. p. 679.

Carlina polycephalos alba. Bauh. Pin. 380.

3°. *Cnicus cernuus , foliis cordatis , petiolis crispis , spinosis , amplexicaulibus , floribus cernuis. Hort. Upsal. 251 ,* Chardon à feuilles en forme de cœur , pourvues de pétioles frisés & épineux , qui embrassent les tiges , & dont les fleurs sont inclinées.

Carduus , foliis ex cordato-lanceolatis , margine serratis & spinosis , squamis calycum membranaceis , laceris , spinosis , capitulis nutantibus. Flor. Sib. 2. p. 47. t. 19.

Erisithales. La premiere espece croît naturellement dans les parties septentrionales de l'Europe. M. RAY l'a trouvée sur le Rhin , près de Basle : elle a une racine vivace , qui pousse plusieurs feuilles longues , dentelées , couchées sur la terre , & qui forment une touffe épaisse ; elles sont découpées presque jusqu'à la côte du milieu , en forme de feuilles aîlées : ses tiges sont cannelées , unies , hautes de quatre pieds , & divisées en petites branches au sommet : les feuilles qui garnissent les tiges , sont entieres , concaves , en forme de cœur , amplexicaules , & découpées sur leurs bords en dentelures , dont chacune est garnie d'une foible épine : ses tiges sont terminées par de groffes têtes de fleurs, d'un jaune blanchâtre, difpofées en paquets, & renfermées dans un calice écailleux ; elles font remplacées par de petites femences oblongues & couronnées de poils épineux. Cette plante fleurit en Juin, & fes graines mûriffent en automne.

Cette efpece peut être multipliée par femences, ou par la divifion de fes racines ; la derniere méthode eft la plus communément pratiquée, quand on poffede déjà quelques plantes ; mais il eft plus facile d'envoyer les femences dans les pays éloignés : le meilleur tems pour divifer fes racines eft l'automne. Cette plante fe plaît à l'ombre, & ne demande aucun autre foin que d'être tenue nette de mauvaifes herbes.

Spinofiffimus. La feconde efpece, qui eft originaire des Alpes & des montagnes de l'Autriche, s'éleve à la hauteur d'environ quatre pieds, avec une tige droite, fimple, & garnie de feuilles dentelées, fort épineufes & amplexicaules : fes fleurs fortent au fommet de la tige, environnées d'un paquet de larges feuilles épineufes ; elles font d'une couleur jaune blanchâtre, & elles paroiffent en même tems que celles de l'efpece précédente. Cette plante vivace peut être multipliée comme la premiere ; elle exige un fol humide & une fituation ombrée.

Cernuus. La troifieme a été envoyée de Sibérie, où elle croît fans culture, dans le jardin impérial de Pétersbourg,

où elle a réuffi & produit des femences, dont une partie m'a été donnée par le Profeffeur de Botanique. Sa racine vivace a des fibres épaiffes & charnues ; les feuilles qui fortent immédiatement de la racine, ont environ un pied de longueur, & leur largeur qui eft de près de fix pouces dans le milieu, diminue par dégrés vers leurs extrémités ; mais celles qui garniffent les parties baffes de la tige, font plus larges à leur pointe & à leur bâfe ; elles ont à peine des pétioles ; elles font d'un vert foncé en-deffus, blanches en-deffous, & fortement fciées fur leurs bords : les tiges, cannelées, rougeâtres & élevées au-deffus de fix pieds, pouffent à chaque côté de petites branches d'un pied & plus de longueur, & garnies, ainfi que les tiges, de feuilles en forme de cœur, qui les embraffent prefqu'entièrement de leurs bâfes, & qui font de la même couleur que celles du bas : chaque branche eft terminée par une groffe tête globulaire de fleurs jaunâtres, & renfermées dans un calice, dont chaque écaille eft furmontée par une épine aiguë. Cette plante fleurit en Juin, & fes femences mûriffent en automne : on peut la multiplier de la même maniere que les deux efpeces précédentes ; mais elle exige un fol humide & une fituation ombragée : fi on lui laiffe écarter fes femences, les plantes qui en proviendront, n'exigeront aucun foin. Les habitans de la Sibérie font bouillir les tendres tiges de cette plante , & les mangent en place d'autres végétaux.

Cette efpece eft vivace, & peut auffi être multipliée par la divifion de fes racines. Comme celles qui ne font plantées qu'au printems, ne fleuriffent pas bien dans la premiere année, à moins qu'elles ne fe trouvent dans un fol humide , on doit faire cette opération en automne , afin qu'elles aient le tems de pouffer de bonnes racines avant l'hiver. Ces plantes ne conviennent point dans les petits jardins , parce qu'elles deviennent fort groffes , & qu'elles occupent trop de place: il faut les mettre à quatre pieds de diftance les unes des autres ; & fi on ne les éloigne pas affez des autres plantes , elles les priveront de leur nourriture, parce que leurs racines s'étendent à une grande diftance : il fuffit de placer dans un grand jardin deux ou trois individus de cette efpece pour la variété , & il faut les éloigner des autres plantes plus précieufes.

Comme on multiplie également cette plante par fes graines , ainfi qu'il a été dit cideffus , il faut les femer au printems fur une terre ordinaire , nettoyer conftamment le terrein de toutes herbes inutiles , & placer les plantes en automne dans les lieux où elles doivent refter.

COA. *V.* HIPPOCRATEA.

COCCIGRIA. *Voyez* RHUS COTINUS. L.

COCHENE , CORMIER , SORBIER DES OISELEURS ,

ou ARBRE A GRIVE. *Voyez* SORBUS AUCUPARIA.

COCHLEARIA. *Lin. Gen. Pl.* 720. *Tourn. Inft. R. II.* 215. *tab.* 101 ; ainfi appelé de *Cochleare. Lat.* une Cuiller ; parce que les feuilles de cette plante font creufes comme une Cuiller. [*Spoonwort , or Scurvy Grafs.*] Herbe-aux-Cuillers.

Caracteres. Le calice de la fleur eft compofé de quatre feuilles ovales & concaves : la corolle a quatre pétales placés en forme de croix , étendus & ouverts , & deux fois plus larges que les feuilles du calice : la fleur a fix étamines , dont quatre font plus longues que les deux autres , & toutes font terminées par des fommets obtus & comprimés : le germe qui eft en forme de cœur , & qui foutient un ftyle court , fimple & couronné d'un ftigmat obtus , fe change par la fuite en un légume comprimé , en forme de cœur , joint au ftyle , & a deux cellules remplies de femences rondes.

Ce genre de plantes eft rangé dans la premiere fection de la quinzieme claffe de LINNÉE , intitulée : *Tetradynamia Siliculofa* , parce que les fleurs de cette claffe ont quatre étamines longues & deux courtes , & que celles de cette fection ont des légumes fort courts.

Les efpeces font :

1° *Cochlearia officinalis , foliis radicalibus fubrotundis , caulinis oblongis fubfinuatis. Flor. Lapp.* 256. *Fl. Suec.* 537. 538. *Hort. Cliff.* 332. *Mat. Med.* 160. *Roy. Lugd.-B.* 335. *Gmel. Sib.*

3. *p.* 256 ; Herbe-aux-Cueillers, dont les feuilles radicales font rondes ; & celles des tiges, oblongues & finuées.

Cochlearia Batava. Blackw. t. 227.

Cochlearia. Dod. Pemp. 594.

Cochlearia, folio fubrotundo. G. B. P. 100 ; Herbe-aux-Cuillers à feuilles rondes.

2°. *Cochlearia Anglica, foliis ovato-lanceolatis, finuatis. Flor. Ang.* 248 ; Herbe-aux-Cuillers à feuilles ovales, en forme de lance & finuées.

Cochlearia, folio finuato. G. B. P. 110 , Herbe-aux-Cueillers à feuilles finuées.

Cochlearia Britannica, fivè Anglica. Lob. Ic. 294.

3°. *Cochlearia Groënlandica, foliis reni-formibus, carnofis, integerrimis. Hort. Cliff.* 498. *Roy. Lugd.-B.* 335 ; Herbe-aux-Cuillers à feuilles en forme de rein, charnues & entieres.

Cochlearia minima ex montibus Walliæ. Sher. Boerh. Ind. Alt. 2. *p.* 10.

Cochlearia minima repens Infulæ Alhælmiæ. Barth. Act. 3. *p.* 148. *t.* 144.

4°. *Cochlearia Danica, foliis haftato-angulatis. Flor. Suec.* 538. 579 ; Herbe-aux-Cuillers à feuilles angulaires & en forme de'fer-de-pique.

Cochlearia Armorica. H. R. Par. Herbe-aux-Cuillers Danoife, à feuilles de Lierre. *Raifort fauvage.*

Thlafpi Hederaceum. Lob. Ic. 615.

5°. *Cochlearia Armoracia, foliis radicalibus lanceolatis, crenatis, caulinis incifis. Hort. Cliff.* 332. *Fl. Suec.* 540. 580. *Mat. Med.* 160. *Roy. Lugd.-B.* 336.

Crantz. Auftr. p. 19. *Leers. Herb. n.* 502. *Gmel. It.* 2. *p.* 197 ; Herbe-aux-Cuillers, dont les feuilles du bas font crennelées & en forme de lance, & celles des tiges découpées.

Raphanus rufticanus. G. B. P. 69 ; grand Raifort fauvage, ou le Cran.

Nafturtium, foliis radicalibus lanceolatis, crenatis, caulinis incifis. Hall. Helv. n. 504.

6°. *Cochlearia Glafti-folia, foliis caulinïs cordato-fagittatis, amplexicaulibus. Hort. Cliff.* 332. *Hort. Ups.* 184. *Roy. Lugd.-B.* 335. *Hal. Gætt.* 242 ; Herbe-aux-Cuillers, dont les feuilles fupérieures font pointues comme une flèche, en forme de cœur & amplexicaules.

Cochlearia altiffima Glafti-folio. Inft. R. H. 216.

Lepidium annuum. Dalech. Hift. 1297.

Lepidium Glafti-folium. Bauh. Pin. 97.

Officinalis. La premiere efpece croît naturellement fur les rivages de la mer, dans l'Angleterre Septentrionale & en Hollande ; mais on la cultive pour l'ufage dans les jardins des environs de Londres : elle eft annuelle, puifque fes graines mûriffent, & que fes plantes périffent dans l'année : il faut femer ces graines de bonne heure en automne ; elle a une racine fibreufe, qui produit plufieurs feuilles rondes, fucculentes & concaves comme une Cuiller : fes tiges, qui s'élevent à fix pouces ou un pied de hauteur, font fragiles & garnies de feuilles oblongues & finueufes. Ses fleurs,

fleurs, produites en paquets aux extremités des branches, ont quatre petits pétales blancs, placés en forme de croix, & font remplacées par des filiques courtes, rondes, gonflées, & à deux cellules divifées par une partition mince, & remplies chacune de quatre ou cinq femences rondes : elle fleurit en Avril, fes femences mûriffent en Juin, & elle périt bientôt après.

On cultive cette efpece dans les jardins pour l'ufage de la Médecine ; on feme fes graines en Juillet auffi-tôt qu'elles font mûres, dans une terre humide & à l'ombre : lorfque les plantes ont pouffé, on les éclaircit de maniere qu'il refte entr'elles quatre pouces de diftance en tous fens ; celles qu'on tire de la terre peuvent être tranfplantées dans des plates-bandes à l'ombre, fi on veut les conferver, comme on le pratique pour les *Oignons*, les *Carottes*, &c., & on les débarraffe en même tems de toutes les mauvaifes herbes, afin qu'elles puiffent devenir fortes.

Ces plantes font propres à être employées au printems ; celles qu'on laiffera, monteront en femences au mois de Mai, & mûriront en Juin. J'ai confeillé de femer en automne les graines de cette efpece, parce qu'elle réuffit difficilement lorfqu'on ne les met en terre qu'au printems : comme elle périt ordinairement après qu'elle a perfectionné fes femences, on eft obligé de la

renouveller tous les ans (1). *Anglica.* L'Herbe-aux-Cuil-

---

(1) La nature des plantes cruciferes n'eft pas encore bien connue ; le fel fubtil qu'elles contiennent eft-il alkalin ou acide ? Plufieurs Auteurs de matiere médicale ont foutenu l'une & l'autre opinion, & tous ont avancé en preuve un grand nombre d'expériences : la différence des réfultats qu'ils ont obtenus, pourroit bien avoir été occafionnée par l'état des plantes qu'ils ont foumifes à l'analyfe, & qui, étant plus ou moins fraichement recueillies, doivent, à mon avis, donner des produits différens : l'opinion affez généralement reçue, que les végétaux ne contiennent point d'alkali volatil, doit avoir quelques exceptions particulieres : il eft au moins certain que la combuftion & même la putréfaction peuvent modifier l'acide végétal en alkali fixe ou volatil, en le combinant avec une quantité plus ou moins grande de principe inflammable ; fi l'on fuppofe, comme l'expérience le prouve, que les plantes cruciferes font très-fufceptibles d'altération, & qu'un tems très-court fuffit pour faire changer de caractere à l'acide pénétrant qu'elles contiennent, la difficulté s'évanouïra d'elle-même & la queftion fera réfolue.

Les feuilles & la graine du *Cochléaria* font employées en Médecine ; on en retire par l'analyfe, outre les principes communs réfineux & gommeux, une petite quantité d'huile effentielle plus pefante que l'eau ; mais, malgré cela, fi volatile qu'on ne peut la conferver long-tems qu'en tenant dans un lieu frais les vâfes qui la contiennent, ou en les tenant conftamment fous l'eau. Cette huile eft fi pénétrante, qu'elle frappe les

lers maritime est aussi d'usage
en Médecine ; mais comme

narines avec une violence extrême', & qu'elle ébranle en même
tems toutes les parties de la tête;
elle est si chargée de parties odorantes, qu'une seule goutte suffit
pour communiquer à une grande
quantité de vin, l'odeur & la saveur du *Cochléaria*.

Cette plante est apéritive, diurétique, incisive, &c. On l'emploie
surtout dans le scorbut, l'hydropisie, le calcul des reins & de la
vessie, l'ictere, l'obstruction des
visceres, les affections pituiteuses,
la cachexie, &c.; mais c'est sur-
tout contre les maladies scorbuti-
ques, qu'on la regarde comme spécifique : on l'administre alors sous
différentes formes . on en prépare
des bouillons avec la chair de
veau, on ajoûte quelques gouttes
de son eau distillée avec d'autres
boissons, on en forme des extraits, des tablettes ; mais si on
veut qu'elle agisse avec toute son
efficacité, il ne faut point la sou-
mettre au feu qui dissiperoit son
huile volatile, qui est de tous ses
principes celui qui a le plus de
vertus; on doit donc la manger
en salades, ou se servir du suc
qu'on en tire par expression : ce
suc, mêlé avec le miel, forme
un excellent remede contre le
scorbut.

On doit distinguer deux tems
dans le traitement du scorbut; dans
le premier, les liqueurs pêchent
par épaississement, & alors les
plantes antiscorbutiques, proprement dites, peuvent être d'un très-
grand secours ; parce qu'elles divisent les humeurs & qu'elles éguil-
lonnent fortement les parties solides : mais lorsque la maladie est
parvenue à son dernier terme,
que les liqueurs altérées s'échap-
pent à travers leurs vaisseaux, &
s'épanchent dans le tissu cellulai-

elle croit naturellement dans
les marais salés, tels que ceux
de Kent, d'Essex, &c. où elle
se trouve inondée presqu'à
chaque marée, il est difficile
de la conserver dans les jardins; elle dure plus d'une année dans ces marais salés,
où on la recueille aisément
pour en garnir les marchés.

Cette espece differe de la
premiere dans la forme de ses
feuilles, qui sont plus longues
& dentelées sur leurs bords ;
elle fleurit un peu plus tard ;
& on emploie indifféremment
l'une & l'autre pour les usages de la Médecine.

Groenlandica. La petite Herbe-
aux-Cuillers du pays de Galles est une plante bis-annuelle,
qu'on peut conserver dans les
jardins, si elle est plantée dans
un sol fort, & à une situation abritée : on la cultive
dans les collections des plantes curieuses ; mais elle n'est
d'aucun usage en Médecine,
quoiqu'elle soit beaucoup plus
chaude, & plus spongieuse que
toutes les autres especes. Elle
croit en abondance en Russie,
ainsi que dans le Détroit de
Davis.

Danica. La quatrieme est
une plante basse, rampante &
annuelle, dont les tiges longues de six pouces sont couchées sur la terre : ses feuilles
sont angulaires, & de la même
forme que celles du *Lierre ;*

re ; les âcres irritans ne peuvent
plus convenir, à moins qu'ils ne
soient corrigés par les farineux &
d'autres incrassans.

elle croît fans culture dans quelques parties de l'Angleterre ; fes fleurs paroiffent & fes graines mûriffent dans le même tems que celles de la premiere efpece.

Glaſti - folia. La fixieme eft bis-annuelle ; elle s'éleve ordinairement à la hauteur d'un pied & demi, & pouffe des tiges droites , & garnies de feuilles angulaires, en forme de cœur , & amplexicaules : fes fleurs, qui náiffent en épis clairs aux extrémités des branches , font fort petites & blanches, & font fuivies par des légumes courts, gonflés & remplis de femences rondes. Cette plante fleurit en Mai, & fes femences mûriffent en Juillet & en Août : on la multiplie comme l'efpece ordinaire, par fes graines qui réuffiffent beaucoup mieux , lorfqu'elles font mifes en terre pendant l'automne.

Armoracia. Le *Raifort* fe multiplie par boutons ou par bourgeons, qu'on détache fur les côtés des vieilles racines : on fait ordinairement cette opération en Octobre ou en Février ; en Octobre pour des terres feches , & en Février pour des terres humides ; le fol dans lequel on veut les placer doit être labouré au moins à la profondeur de deux fers de bêche , & on les plante de la maniere fuivante : on commence par fe pourvoir d'une bonne quantité de bourgeons ayant des boutons fur leurs couronnes, & d'une longueur indéterminée ; le fommet des racines qu'on a ar-

rachées pour l'ufage , peut être coupé à deux pouces environ de longueur , avec le bouton qui doit être planté ; on fait enfuite une rigole de dix pouces de profondeur , dans laquelle on place les œilletons à quatre ou cinq pouces de diftance à chaque côté, en les tournant de maniere que les bourgeons fe trouvent en-haut, & en les couvrant de la terre qu'on a ôtée de la rigole. A côté de cette rigole, on en creufe une feconde, & l'on continue ainfi jufqu'à ce que la piece de terre foit remplie : cette opération étant terminée, on nivelle le terrein , & on arrache avec foin toutes les mauvaifes herbes qui naiffent par la fuite, jufqu'à ce que les plantes foient affez fortes pour les étouffer. De cette maniere les racines de *Raifort* feront longues , droites , fans aucunes petites racines latérales , & deux ans aprés elles feront propres pour l'ufage. On peut les enlever dès la premiere année ; mais comme alors elles font encore fort minces, il vaut mieux les laiffer deux années en terre : le fol dans lequel elles font plantées doit être fort riche , fans quoi elles ne feront pas de grands progrès.

COCOS. *Lin. Gen. Pl. 1223.* [*The Cocoa nut.*] le Coco, Palmier.

Caracteres. Dans ce genre les fleurs mâles & femelles fe trouvent fur le même pied : le fpathe ou voile principal a une valvule : le calice confifte en trois petites feuilles colorées & concaves : la corolle eft compofée de trois pétales ovales & étendus. La fleur mâle a fix étamines auffi longues que la corolle, & terminées par des fommets triangulaires ; fon germe, qui eft à peine vifible, foutient trois ftyles courts, & couronnés par des ftigmats ftériles. Les fleurs femelles font renfermées dans le même fpathe ; leurs calices ont trois feuilles, colorées & perfiftantes ; la corolle a trois pétales plus longs que le calice ; le germe eft ovale, fans ftyle, & furmonté par un ftigmat à trois lobes. La noix eft groffe, triangulaire, & percée de trois trous à l'extrémité.

LINNÉE a placé ce genre de plantes dans fon Appendice, fous le titre de *Monœcia hexandria*, parce que les fleurs font hermaphrodites & femelles, & que les premieres ont fix étamines.

Nous n'avons qu'une efpece de ce genre, qui eft le

Cocus nucifera, frondibus pinnatis, foliolis enfi-formibus, replicatis. Jacq. Hift. 168. ; Coco avec des feuilles ailées, dont les lobes font en forme d'épée, & pliffés.

Palma Indica coccifera angulofa. G. B. P. 502.

Cocus, frondibus pinnatis, foliolis enfi-formibus, margine villofis. Hort. Cliff. 483. *Fl. Zeyl.* 391. *Roy. Lugd.-B.* 4.

Palma Indica nucifera. Bauh. Hift. 1. *p.* 375.

Calappa. Rumph. 1. *p.* 1. *t.* 1. 2.

Tenga. Rheed. Mal. 1. *p.* 1. *t.* 1. 2. 3. 4.

Cet arbre eft cultivé dans les deux Indes ; mais on penfe qu'il croît naturellement dans les Maldives, & dans d'autres Ifles défertes des Indes Occidentales : il s'éleve à une très-grande hauteur dans fon pays natal : fa tige eft compofée de fibres fortes en forme de filets, qui font appliquées par couches les unes fur les autres : ce tronc produit des branches, ou plutôt des feuilles de douze ou quatorze pieds de longueur ; leur côte eft garnie de feuilles, dont les bords font pliffés en arriere : les premieres feuilles qui pouffent hors de la noix quand elle eft plantée, font fort différentes de celles qui fuivent ; elles font fort larges, & ont chacune plufieurs plis : au-lieu que celles qui viennent après ont des côtes fortes & très-longues fur lefquelles les lobes font placés alternativement ; ces lobes, dont la longueur eft de fix, huit ou neuf pouces, font prefque triangulaires, fermes, & armés de pointes fort aiguës : fes fleurs rondes fortent en groffes grappes du fommet de l'arbre ; elles font renfermées dans un grand fpathe ou voile ; & les noix qui leur fuccédent font difpofées en gros paquets ; elles font contenues dans de grandes enveloppes en maniere de filets, qui les entourent de très-près. La noix a une coque fort dure, avec trois trous au fommet ; l'amande eft groffe & douce, & la partie baffe de la noix, quand on la détache de l'arbre, fe trouve remplie d'une liqueur pâle , que les habitans du pays appellent *Lait de Coco*, & qu'ils aiment beaucoup. On m'a affuré qu'on avoit diftillé de ce lait à la Jamaïque, & qu'on en avoit tiré un fort bon arrack.

On multiplie cet arbre en plantant fes noix dans la place où on veut l'avoir , parce qu'il périt lorfqu'on le tranfplante , à moins que cette opération ne foit faite lorfqu'il eft encore fort jeune : fes racines pénetrent profondément dans la terre, & s'étendent de tous côtés; mais fi on vient à les couper ou à les rompre, l'arbre y furvit rarement ; ce qui lui eft commun avec la plupart des autres genres de *Palmier*.

Si l'on defire avoir dans notre climat quelques arbres de cette efpece, il faut fe procurer des noix fraiches des pays les plus voifins où ils fe trouvent, & les planter, auffi tôt qu'on les reçoit , dans une couche chaude de tan, en les pofant fur un côté, afin que le jeune rejetton qui pouffe d'un des trois trous ne foit pas endommagé par l'humidité, & on les recouvre de fix pouces d'épaiffeur de tan. Si les noix font bonnes , on verra paroître leurs bourgeons au bout de fix femaines ou de deux mois ; alors on les enlevera avec précaution pour les planter chacune féparément dans des pots remplis de terre prife dans un jardin potager ; on les plongera dans la couche de tan de la ferre chaude, où

les plantes doivent toujours refter , parce qu'elles font trop tendres pour profiter dans toute autre fituation : à mefure qu'elles font des progrès , on leur donne des pots ou des caiffes plus larges , & on a grand foin , en les changeant, de ne pas bleffer ni rompre leurs racines.

Toutes les parties de ces arbres font très-utiles aux habitans de l'Amérique , qui les emploient à beaucoup d'ufages. On fabrique des cordages avec l'enveloppe extérieure du fruit ; on forme des taffes ou des gobelets avec fa coque ; fon amande eft une nourriture faine , & la liqueur qui s'y trouve eft extrêmement rafraîchiffante : fes feuilles fervent à couvrir les maifons , & on en fait des paniers, & d'autres ouvrages pareils à ceux que nous fabriquons avec de l'ofier.

Cet arbre eft le même que celui dont il fera queftion fous le nom de *Palma Cocos*.

COCCOLOBA. [*Sea - fide Grape.*] Raifinier du bord de la mer. *Jacq. Hift. Stirp. Amer. Pl.* 73. 74. 75. 76. 77. & 78. *pag.* 113.

Caracteres. Le calice eft perfiftant , & formé par une feuille divifée en cinq parties étendues , & couvertes : la fleur n'a point de corolle , mais feulement huit étamines en forme d'alêne, étendues & terminées par des fommets ronds & jumeaux , & un germe ovale & triangulaire, qui foutient trois ftyles courts , étendus, couronnés par des ftigmats fimples , & qui devient par la suite une baie épaisse, dans laquelle est contenue une noix ovale, pointue, & a une cellule dans laquelle est renfermée une semence simple & de la même forme.

Ce genre de plantes est rangé dans la troisieme section de la huitieme classe de LINNÉE, intitulée *Octandria trigynia*, qui comprend celles dont les fleurs ont huit étamines & trois styles.

Les especes sont : -

1°. *Coccoloba uvifera, foliis cordato-subrotundis, nitidis. Lin. Sp.* 523 ; Raisinier à feuilles luisantes, rondes & en forme de cœur.

Guajabara racemosa, foliis coriaceis, subrotundis. Plum. Nov. Gen. Ic. 145.

Coccolobis, foliis crassis, orbiculatis, sinu aperto. Brown. Jam. 208.

Polygonum, foliis subrotundis, caule arboreo, fructibus baccatis. Sp. Pl. 1. *p.* 365.

Uvifera, foliis subrotundis amplissimis. Hort. Cliff. 487.

Populus Americana, rotundifolia. Bauh. Pin. 430.

Prunus maritima racemosa, folio subrotundo, glabro, fructu minore purpureo. Sloan. Jam. 183. *Hist.* 2. *p.* 129. *t.* 220. *f.* 3.

2°. *Coccoloba pubescens, foliis orbiculatis pubescentibus. Lin. Sp.* 523 ; Coccoloba à feuilles orbiculaires & velues.

Coccoloba, grandi-folia, foliis subrotundis, integerrimis, rugosis. Jacq. Amer. 113.

Scortea, arbor Americana, amplissimis foliis, aversâ parte nervis exstantibus. Pluk. Phyt. 222. *f.* 8.

Coccolobis arborea, foliis orbiculatis. Brown. Jam. 210.

3°. *Coccoloba punctata, foliis lanceolato-ovatis. Lin. Sp.* 523 ; Raisinier à feuilles ovales, & en forme de lance.

Coccoloba coronata, foliis ovali-oblongis, acuminatis, planis. Jacq. Amer. 114. *t.* 77.

Uvifera arbor Americana, fructu aromatico punctato. Pluk. Alm. 394.

Coccolobis, foliis oblongo-ovatis, venosis, uvis minoribus punctatis. Brown. Jam. 240.

4°. *Coccoloba excoriata, foliis ovatis, ramis quasi excorticatis. Lin. Sp.* 524 ; Coccoloba à feuilles ovales, dont les branches perdent leur écorce.

Coccoloba nivea, foliis ovato-oblongis, acutis, rugosis. Jacq. Amer. 115. *t.* 78.

Coccolobis montana major arborea. Brown. Jam. 210.

Guajabara alia racemosa, foliis oblongis. Plum. Icon. 146. *f.* 1. appelé Raisin de montagne, ou le Raisinier de mer.

Arbor Indica, Glycyrrhizæ foliis. Pluk. Amalth. 22. *t.* 363.

5°. *Coccoloba, tenui-folia, foliis ovatis, membranaceis. Amœn. Acad.* 5. *p.* 397. ; Coccoloba à feuilles ovales & membraneuses.

Coccolobis frutescens, foliis subrotundis, fructu minore trigono. Brown. Jam. 210. *t.* 14. *f.* 3.

Uvifera. La premiere espece s'éleve à la hauteur de dix à douze pieds ; ses tiges ont plusieurs nœuds & sont couvertes d'une écorce grise ; à chaque nœud pousse une feuille large, ronde, unie, & un peu dentelée à son extrémité :

ſes fleurs, qui ſortent aux pétioles des feuilles en groſſes grappes, comme celles des petites *Groſeilles*, n'ont point de corolle, & leur calice eſt découpé en cinq ſegmens qui renferment huit étamines en forme d'alêne, & terminées par des ſommets jumeaux : ſon germe ſe change, quand la fleur eſt paſſée, en une baie ſucculente, renfermant une noix ovale & pointue, qui contient une ſemence de la même forme.

Pubeſcens. La ſeconde eſpece, qui s'éleve rarement à la même hauteur que la premiere, ſe diviſe en pluſieurs branches latérales, garnies de feuilles larges, rondes, & profondément veinées : ſes fleurs & ſes fruits ſortent aux côtés des branches de même que ceux de la premiere, mais ils ont plus de volume.

Punctata. La troiſieme eſt un arbriſſeau plus bas que les deux premiers ; ſes feuilles ſont ovales & en forme de lance : ſon fruit, plus petit, un peu aromatique & tacheté, ſort des parties latérales des tiges, comme ceux des eſpeces précédentes.

Excoriata. La quatrieme eſt plus élevée qu'aucune des autres ; les feuilles ſont beaucoup plus larges, d'une forme ovale, oblongues, unies & d'un vert luiſant : ſes fleurs & ſes fruits ont plus de groſſeur que dans les eſpeces précédentes ; ils ont la même forme, & ils ſortent des ailes des feuilles.

Tenui-folia. La cinquieme eſt plus baſſe qu'aucune des précédentes ; ſes feuilles ſont membraneuſes, & d'une forme ovale ; ſes fleurs & ſes fruits ſont plus petits que ceux des autres.

Toutes ces plantes croiſſent naturellement dans les Iſles chaudes de l'Amérique, & quelques-unes d'entr'elles naiſſent ſur les rivages de la mer, où elles forment de petits bois preſqu'impénétrables. Les habitans des Iſles, & ſur-tout les Negres, mangent ſouvent les fruits de la premiere eſpece ; ceux des autres ſervent de nourriture aux oiſeaux.

On multiplie aiſément toutes ces plantes par ſemences, quand on peut en obtenir de fraiches de leur pays natal ; car aucune n'a encore produit, ni fleurs ni fruits en Angleterre. On les ſeme dans de petits pots remplis d'une terre de jardin potager, & on les plonge dans une couche chaude : ſi ces ſemences ſont bonnes, & ſi la couche a un dégré de chaleur convenable, les plantes paroîtront cinq ou ſix ſemaines après ; alors il faut les enlever hors des pots, ſéparer leurs racines avec ſoin, & les planter chacune dans un petit pot rempli de la même terre, les plonger dans une couche chaude de tan, & les tenir à l'ombre pendant le jour, juſqu'à ce qu'elles aient produit de nouvelles fibres ; après quoi on les traite comme les autres plantes tendres & exotiques, qui exigent d'être tenues conſtamment dans la couche de tan d'une ſerre chaude.

CŒUR-DE-BŒUF, *fruit du*

Guanabane. Voyez ANNONA SQUAMMOSA. L.

COFFEA. *Lin. Gen. Pl. 209. Juss. Act. Reg. Scien. 1713. Jasminum. Com. Cat.* [*The Coffee-tree.*] Le Cafier.

Caracteres. Le calice est petit, divisé en quatre parties, & porté sur le germe ; la corolle est monopétale, en forme de soucoupe, & pourvue d'un tube étroit, cylindrique, & beaucoup plus long que le calice ; mais étendue au sommet, où elle est découpée en cinq parties : la fleur a cinq étamines qui adherent au tube, & sont terminées par des sommets longs & minces. Le germe est rond & soutient un style simple, & couronné par deux stigmats épais & réfléchis : ce germe se change par la suite en une baie ovale, qui renferme deux semences hémisphériques, plates sur un côté, & convexes de l'autre.

Ce genre de plante est rangé dans la premiere section de la cinquieme classe de LINNÉE, intitulée : *Pentandria monogynia*, parce que ses fleurs ont cinq étamines & un style ; mais comme les fleurs des Jasmins n'ont que deux étamines, LINNÉE, dans son systême, les a séparés, & les a placés dans d'autres.

Nous n'avons qu'une espece de ce genre ; savoir :

Coffea Arabica. Hort. Cliff. 59. Hort. Ups. 41. Roy. Lugd.-B. 239. ; le Cafier.

Coffea, floribus quinque-fidis, baccis dispermis. Amœn. Acad. 6. Mat. Med. 62. Ellis Monogr. Lond. 1774.

Jasminum Arabicum, Castaneæ folio, flore albo odoratissimo, cujus fructus, Coffea in officinis dicuntur nobis. Juss. Act. Par. 1713.

Evonymo similis Ægyptiaca, fructu baccis Lauri simili. Bauh. Pin. 498. Bon. Alp. Ægypt. 36. t. 36.

Cet arbre est originaire de l'Arabie Heureuse, où on le cultive pour l'usage, & d'où on a tiré jusqu'à présent pour l'Europe le meilleur Café qui soit connu. Quoique le *Cafier* ait été tiré delà, pour le transplanter aux Indes & en Amérique, où il a été prodigieusement multiplié, cependant le fruit qu'il produit dans ces nouvelles régions est bien inférieur au premier ; ce qui l'a fait dépriser en Angleterre, au point que le Café de ses colonies mérite à peine d'y être apporté. Cependant je crois qu'il est possible de remédier à cet inconvénient, en mettant en pratique quelques expériences, que je proposerai ci-après, & qui ont eu beaucoup de succès en Angleterre sur les *Cafiers* qu'on cultive dans les serres chaudes. Je commencerai par la culture que cet arbre exige dans notre climat.

Cet arbre, qui, dans son pays natal, ne s'éleve qu'à la hauteur de seize ou dix-huit pieds, ne parvient qu'à dix ou douze en Angleterre : sa tige principale est droite, & couverte d'une écorce d'un brun clair ; ses branches poussent horisontalement, opposées, & se croisent l'une l'autre à chaque nœud ; de sorte que l'arbre en est garni de tous côtés :

ſes branches inférieures ſont les plus longues , & les autres diminuent par dégrés juſqu'au ſommet , de maniere qu'elles forment une eſpece de pyramide ; ſes feuilles, qui ſont auſſi oppoſées , ont quatre ou cinq pouces de longueur , ſur un pouce & demi de largeur au milieu , quand elles ſont entièrement développées , & elles deviennent plus étroites vers chaque extrémité : leurs bords ſont ondés , & leur ſurface d'un vert luiſant ; ſes fleurs ſeſſiles , tubulées & étendues au ſommet , lorſqu'elles ſont tout-à-fait ouvertes , naiſſent en grappes à la bâſe des feuilles : la partie ſupérieure de leur corolle eſt diviſée en cinq parties : ces fleurs ſont d'un beau blanc, elles répandent une odeur agréable , & leur durée eſt très-courte : elles ſont remplacées par des baies ovales , d'abord vertes , rouges enſuite , & noires lorſqu'elles ſont tout-à-fait mûres. Ces baies ſont recouvertes par une enveloppe mince & charnue qui renferme deux ſemences unies , convexes d'un côté, plates & ſillonnées par une rainure longitudinale , ſur la face où elles ſont jointes.

Cet arbre étant toujours vert, produit un bel effet pendant toutes les ſaiſons, mais ſur tout lorſqu'il eſt en fleurs, & lorſqu'il eſt chargé de baies rouges en hiver ; comme il reſte long-tems dans cet état, il y a peu de plantes qui méritent autant que lui d'occuper une place dans les ſerres chaudes.

On le multiplie par ſes baies, qu'il faut mettre en terre auſſi-tôt qu'elles ſont recueillies ; car ſi on les tient hors de terre pendant un tems même très-court , elles ne germeront point. J'en ai ſouvent envoyé par la poſte dans d'autres pays ; mais ſi elles reſtoient quinze jours en route , elles manquoient toujours ; ce qui eſt arrivé conſtamment par-tout : les baies qui ont été envoyées de Hollande à Paris, n'ont point pouſſé, & il en a été de même de celles qui ont été envoyées de Paris en Angleterre : de ſorte que , ſi on a le projet d'en faire parvenir à une diſtance un peu conſidérable , il faut néceſſairement envoyer de jeunes plantes.

On plante ces baies dans de petits pots , remplis de terre légere de jardin potager , on les plonge dans une couche chaude de tan , & on les arroſe légèrement une ou deux fois la ſemaine , en évitant néanmoins de rendre la terre trop humide , de peur que les baies ne ſe pourriſſent.

Si la couche a le dégré de chaleur qui lui eſt néceſſaire , les plantes paroîtront au bout d'un mois ou de cinq ſemaines, & deux mois après elles ſeront en état d'être tranſplantées ; comme pluſieurs de ces baies produiſent ſouvent deux plantes, plutôt elles ſeront ſéparées , mieux leurs racines ſe formeront ; & ſi on les laiſſe enſemble juſqu'à ce qu'elles aient de groſſes racines , elles s'entremêleront de façon qu'il ſera difficile de les ſeparer fans déchirer leurs fibres ; ce qui occafionnera aux plantes un grand préjudice.

Lorfqu'on veut les tranf-planter, on les met chacune féparément dans de petits pots remplis de la même terre qui a été indiquée, on les re-plonge dans la couche de tan, après l'avoir retournée jufqu'au fond, & y en avoir ajouté du nouveau, s'il eft néceffaire, pour en renouveler la chaleur : on arrofe enfuite légèrement les plantes, on les tient à l'abri du foleil, jufqu'à ce qu'elles aient formé de nou-velles racines ; après quoi on leur donne de l'air libre cha-que jour à proportion de la chaleur extérieure : en été on les arrofe fréquemment, mais toujours avec modération, parce que, fi leurs racines font trop à l'humidité, elles feront facilement attaquées de pour-riture, leurs feuilles fe flétri-ront, & les plantes fe dépouil-leront ; lorfque cet accident arrive, elles fe rétabliffent dif-ficilement.

Le premier indice de ce dé-fordre s'annonce par des feuil-les tachées par une humeur gluante & vifqueufe, occa-fionnée par l'épaiffiffement de leur féve ; ce qui attire de pe-tits infectes qui infectent très-fouvént les plantes de la ferre chaude, lorfqu'elles font mala-des : on ne peut remédier à cet accident que les plantes n'aient recouvré leur vigueur ; car, malgré qu'on les lave avec foin, les infectes y reviennent toujours, tant que la caufe n'eft pas enlevée. On ne voit jamais

cette vermine fur les plantes faines & vigoureufes : dès que l'on s'apperçoit qu'elles font attaquées, il faut les changer de terre, & employer toutes les mefures néceffaires pour les rétablir ; fans quoi, quel-que précaution qu'on prenne d'ailleurs, foit en les lavant, foit en les nettoyant de quel-qu'autre maniere, tout feroit inutile.

Tous les accidens qui arri-vent aux *Cafiers*, viennent fou-vent de les avoir mis dans de trop grands pots, ce qui leur eft très nuifible, ou de ce que la terre eft trop ferme, qu'ils font trop à l'ombre, & cou-verts par les autres plantes, ou de ce qu'on les a trop ar-rofés ; fi on en prend un foin convenable, & que la ferre foit tenue dans un bon dégré de chaleur, les plantes pousseront & produiront du fruit en abon-dance.

J'ai effayé plufieurs mélan-ges de terres pour ces plantes ; mais je n'en ai point trouvé de meilleure que celle de jar-din potager, où le fol eft na-turellement léger & peu fujet à fe durcir ; quand cette terre a été travaillée conftamment, & mêlée de fumier, elle eft préférable à toute autre.

Comme on retarde beaucoup l'accroiffement de ces arbres, en les tranfplantant trop fou-vent, on ne doit les changer de pots que deux fois l'année tout au plus ; & même à moins que leurs progrès ne foient fort rapides il fuffit de les changer une feule fois, & cela doit être en été, afin de leur donner le tems de produire de bonnes racines avant l'hiver. Durant les chaleurs de l'été, ces plantes ont befoin de beaucoup d'air, fans qu'on doive cependant les expofer tout-à-fait au-dehors, dans quelque faifon que ce foit; car, malgré qu'elles paroiffent profiter en plein air dans les tems chauds, néanmoins lorfqu'après cela on les remet dans la ferre chaude, leurs feuilles tombent, & les plantes ont fort mauvaife mine pendant l'hiver fuivant, fi elles y furvivent : c'eft-pourquoi la meilleure méthode eft de les tenir conftamment dans la ferre chaude, de leur donner tous les jours de l'air à proportion de la chaleur de la faifon, de les arrofer deux ou trois fois par femaine dans les tems chauds, & de leur ménager l'eau pendant l'hiver. La ferre dans laquelle on les renferme doit être au dégré des *Ananas*, & cette chaleur doit être réglée fur des thermometres botaniques.

On multiplie quelquefois ces plantes par boutures & par marcottes; mais elles font longtems avant de former des racines, & les arbres ainfi élevés n'étant jamais auffi forts, & leurs progrès étant beaucoup plus lents, que lorfqu'on fe fert de leurs baies pour les propager, on doit préférer cette derniere méthode.

Lorfqu'on tranfplante les *Cafiers*, il ne faut pas trop retrancher leurs racines; mais on doit fe contenter d'enlever les fibres pourries, ainfi que celles qui environnent les mottes, & qui ont filé autour des pots, & éviter de les couper trop près de la tige: on leur laiffe toujours un nombre fuffifant de jeunes fibres pour les entretenir jufqu'à ce qu'ils en aient formé de nouvelles.

Les plantes de *Cafiers* ont d'abord été apportées de l'Arabie à Batavia par les Hollandois, & de-là en Hollande, où on en a élevé une grande quantité par le moyen de leurs baies, & qu'on a diftribuées enfuite dans la plupart des jardins de l'Europe; on en a auffi tranfporté un grand nombre d'Amfterdam à Surinam, où ces arbres fe font multipliés en grande abondance, & d'où ils fe font répandus dans la plupart des Ifles des Indes Occidentales. Ces arbres venus de femence, produifent du fruit au bout de deux ans, & même plutôt aux environs de l'Équateur; & il eft facile d'en faire des plantations dans tous les pays chauds; mais ils ne peuvent croître en plein air au-delà des Tropiques, & dans toutes les contrées où il y a un hiver.

Les François ont fait de grandes plantations de *Cafiers* dans toutes leurs poffeffions en Amérique, ainfi que dans l'Ifle de Bourbon, d'où l'on tranfporte en France une grande quantité de Café, dont le débit eft affuré, malgré qu'il foit d'une qualité beaucoup inférieure à celui de l'Arabie. Il y avoit auffi dans les colonies Britanniques de l'Amérique de grandes plantations de

Cafiers; & on a propofé au Parlement, il y a quelques années,
d'accorder les encouragemens
néceffaires pour en augmenter
la culture, afin de mettre les
planteurs en état de vendre le
Café à meilleur marché que
celui qu'on nous apporte de
l'Arabie : en conféquence on a
diminué les droits fur tout le
Café provenant de nos colonies d'Amérique, dans l'idée
que cela fuffiroit aux planteurs
pour les engager à donner plus
de confiftance à cette branche
de commerce : mais les productions de ces pays étant d'une
qualité bien inférieure à celles
de l'Arabie, ce projet n'a eu
aucun fuccès ; & à moins que
les planteurs ne parviennent
par leur induftrie à perfectionner leur Café, il y a peu
d'efpoir de rendre utile ce commerce. Je vais donc donner
mon opinion fur cet objet, &
je défire bien fincèrement qu'elle puiffe être utile aux planteurs : ce que j'ai à dire n'eft
point fondé fur des fuppofitions,
ni fur une théorie vague, mais
fur des expériences fuivies.

Le grand défaut du Café qui
croît en Amérique, ainfi que
dans l'Ifle de Bourbon, eft de
manquer de parfum, & d'avoir
même fouvent un goût défagréable : comme fes baies font
plus groffes, il ne fe peut que
leur faveur foit auffi exaltée,
& leur féve auffi élaborée que
dans le Café d'Arabie ; ce qui
peut provenir de plufieurs cau-
fes. La premiere eft que ces
arbres croiffent en Amérique
fur un fol trop humide, qui,
fourniffant à ce fruit un fuc

crud & mal préparé, lui donne à la vérité plus de volume,
mais diminue néceffairement
fa qualité. La feconde eft que
ces baies font recueillies avant
qu'elles foient mûres ; car je
fais de bonne part que les planteurs font dans l'ufage de détacher ces fruits, lorfqu'ils font
encore rouges, parce qu'ils
font alors plus gros, & qu'ils
pefent plus que ceux qu'on
laiffe mûrir tout-à-fait, ce qui
a lieu, lorfqu'ils font abfolument noirs ; leur chair extérieure eft alors fèche, & leur peau
retirée s'enleve plus facilement,
que lorfqu'on les recueille avant
qu'ils aient atteint ce dégré de
perfection : de-là vient la difficulté dont les planteurs fe plai-
gnent d'enlever cette enveloppe. Je m'imagine auffi qu'une
troifieme raifon du défaut de
nos Cafés, peut venir de la
maniere dont ils font féchés,
& du peu de foin qu'on apporte
dans cette préparation effentielle : ces baies ne peuvent
pas être trop expofées à l'air
& au foleil pendant le jour,
& on doit les mettre à couvert
tous les foirs avec exactitude,
& les garantir des rofées &
des pluies, & de toute efpece
d'humidité dont elles font très-
avides, & qui leur imprime toujours un goût défagréable, les
fait groffir, & leur ôte leur
faveur, ainfi que je puis l'affirmer d'après plufieurs expériences. Une bouteille de *Rum*
ayant été placée dans un cabinet où il y avoit des baies
de Café dans une boîte de fer
blanc bien fermée & pofée fur
une tablette à une diftance con-

fidérable, communiqua en peu de jours à ce Café une si forte odeur de *Rum*, qu'il en étoit devenu fort désagréable : la même chose est aussi arrivée par une bouteille *d'esprit de vin* qui avoit été déposée dans le même cabinet avec du Café & du Thé, qui tous les deux ont été gâtés en peu de jours. D'après plusieurs expériences de cette nature, il paroît qu'on ne doit jamais transporter le Café sur des vaisseaux chargés de *Rum*, & que ses baies ne doivent point être séchées dans les maisons où on fait bouillir le sucre & distiller le *Rum*. Une personne instruite & digne de foi, m'a aussi assuré qu'à la Jamaïque, où elle a demeuré plusieurs années sur un bien considérable qu'elle y posséde, les planteurs font souvent bouillir les baies du Café avant qu'elles soient séches ; cela seul, si le fait est vrai, comme je n'en puis douter, suffit pour gâter tous les Cafés du monde ; & je ne puis deviner quelle raison a pu introduire cette pratique, à moins que ce ne soit pour en augmenter le poids & en retirer plus de bénéfice personnel, au détriment essentiel du bien public.

On a donné, il y a quelque tems, dans les Papiers publics, un détail imparfait des causes qui rendent le Café d'Amérique moins bon que celui d'Arabie ; on prétend que la qualité de ce dernier provient de ce qu'il est conservé pendant un plus long tems ; c'est-pourquoi l'Auteur propose de garder plusieurs années le Café d'Amé-

rique pour le rendre également bon. Cette opinion est contraire à mes expériences, & à ce que l'on sait être pratiqué en Arabie. Deux personnes qui ont demeuré quelques années dans cette contrée, m'ont assuré que les baies fraichement recueillies, sont beaucoup meilleures que celles qui sont gardées depuis quelque tems, & un homme curieux qui a résidé deux ans dans l'Isle de Barbade, m'a dit aussi qu'il n'avoit jamais pris de meilleur Café dans aucune partie du monde, que celui qui avoit été préparé avec des baies qu'il recueilloit lui-même, & qu'il faisoit rôtir à mesure qu'il en avoit besoin. Ce témoignage est encore confirmé par des essais qui ont été faits avec des baies fournies par des plants de Café qu'on cultive dans des serres chaudes en Angleterre : ces fruits ont donné une liqueur plus agréable que les meilleurs Cafés d'Arabie, transportés en Europe. J'invite donc les personnes qui veulent cultiver le Café en Amérique, de faire choix d'un sol plutôt sec qu'humide, dans lequel ces arbres ne feront pas de si grands progrès ; mais leur fruit, quoique moins gros & moins abondant, sera d'une qualité bien supérieure aux autres, & leur produira un bénéfice plus considérable.

Il est encore nécessaire d'observer qu'il faut laisser les baies assez longtems sur les arbres pour que leurs enveloppes se rétrécissent & deviennent tout-à-fait noires ; leur poids diminuera beaucoup à la vérité ; mais la marchandise doublera de valeur.

Quand les baies sont parvenues à leur entiere maturité, il faut les cueillir par un tems sec, les étendre en plein air & au soleil, & les mettre tous les soirs à couvert des rosées ou des pluies : lorsqu'elles sont parfaitement sèches, on les empaquette avec soin dans des sacs triples, on les garde dans un emplacement sec ; & quand on les charge sur les navires, pour les envoyer en Angleterre, il faut éviter qu'il s'y trouve du *Rum*, de peur que le Café n'en contracte l'odeur ; ce qu'on ne peut éviter, si ces deux marchandises sont déposées dans le même lieu : un vaisseau venant des Indes, chargé de Café, ayant pris à bord, il y a quelques années, plusieurs sacs de Poivre, toute la cargaison de Café a été absolument perdue.

Comme la consommation du Café devient tous les jours plus considérable en Angleterre, il est intéressant pour le public, d'encourager ceux qui le cultivent dans les Colonies Britanniques. Cet objet mérite certainement l'attention des habitans de nos Isles, & il leur seroit très-utile de pouvoir améliorer cette branche de commerce de toutes manieres, & sur-tout de s'attacher plutôt à la qualité du Café qu'à sa quantité ; parce que cette seule attention ne manquera point de rendre leur bénéfice plus considérable, & la vente de leur

marchandise plus assurée & plus constante.

COIGNASSIER. *Voy.* C*y*-DONIA. T.

COIGNASSIER NAIN. *V.* MESPILUS COTONEASTER.

COIX. *Lin. Gen. Plant. 927. Lachryma Jobi. Tourn. Inst. R. H. 531. tab. 306 ;* [*Job's Tears.*] Larme de Job.

Caracteres. Les fleurs mâles & femelles sont sur la même plante ; les fleurs mâles sont disposées en épis clairs, & elles ont deux valvules oblongues & poilues qui renferment deux fleurs ; les pétales sont composés de deux valvules ovales de la longueur de la balle & armées de barbes étroites ; elles ont chacune trois étamines velues, & terminées par des sommets à quatre angles : quelques fleurs femelles, situées à la bâse de l'épi mâle dans la même plante, ont une balle, enveloppe bivalvulaire : les valvules sont rondes, épaisses & unies ; le pétale a deux valvules ovales, l'extérieure est plus large & poilue à chaque extrémité ; elles ont un germe ovale qui soutient un style court, divisé en deux parties, couronné par deux stigmats cornus, plus longs que la fleur & couverts d'un poil fin : ce germe devient ensuite une semence dure, ronde & lisse.

Ce genre de plantes est rangé dans la troisieme section de la vingt-unieme classe de LINNÉE, intitulée, *Monœcia Triandria ;* les plantes de cette classe ayant des fleurs mâles & femelles sur le même pied, & les fleurs de cette section étant pourvues de trois étamines.

Les especes font :

1°. *Coix Lachryma Jobi, feminibus ovatis. Hort. Cliff.* 434. *Hort. Upf.* 281. *Flor. Zeyl.* 330. *Gron. Virg.* 143. *Roy. Lugd.-B.* 72. *Kniph. Cent.* 4. *n.* 19 ; Larme de Job à femences ovales.

Lachryma Jobi. Clus. Hift. p. 216.

Lithofpermum arundinaceum. Bauh. Pin. 258.

Ova Pifcium. Rumph. Amb. 5. p. 191. *t.* 75.

Catriconda. Rheed. Mal. 5. p. 133. *t.* 70.

2°. *Coix angulata, feminibus angulatis. Hort. Cliff.* 438 ; Larme de Job à femences angulaires.

Lachryma Jobi Americana altiffima, Arundinis folio & facie. Plum. Cat.

Lachryma Jobi. La premiere efpece croît naturellement dans les Ifles de l'Archipel, & on la cultive fouvent en Efpagne & en Portugal, où les pauvres font moudre fes graines pour en faire du gros pain, lorfque le bled eft rare.

Cette plante eft annuelle, & fes femences mûriffent rarement en Angleterre, à moins que l'année ne foit fort chaude : elle a une racine épaiffe & fibreufe qui produit deux ou trois tiges noueufes, hautes d'environ trois pieds, & garnies à chaque nœud de feuilles fimples, longues, étroites & femblables à celles du *Rofeau* : de la bâfe des feuilles fortent des épis de fleurs, foutenus par de longs pédoncules ; ces épis ne font compofés que de fleurs mâles, & au-

deffous font fituées une ou deux fleurs femelles : les mâles périffent bientôt après avoir répandu leur pouffiere ; mais le germe des fleurs femelles fe gonfle & devient une groffe femence ovale, dure, liffe, d'une couleur grife & fort reffemblante à celles du *Gremil*; d'où vient le nom de *Lithofpermum* que plufieurs Auteurs donnent à cette plante.

Ceux qui veulent cultiver cette efpece en Angleterre, peuvent tirer fes femences du Portugal. On les répand au printems fur une couche de chaleur modérée, pour faire avancer les plantes, & on les place enfuite fur une plate-bande chaude à deux pieds de diftance entr'elles : quand elles ont pris racine, elles ne demandent plus aucune attention que d'être débarraffées de toutes les herbes inutiles ; elles fleuriffent vers la Saint-Jean, & dans les années chaudes leurs femences mûriffent à la Saint-Michel.

Il y a dans cette efpece une variété à feuilles beaucoup plus larges : je l'ai reçue de Smyrne, il y a quelques années ; mais comme elle n'a point perfectionné fes femences en Angleterre, je ne puis affurer qu'elle foit plutôt une variété qu'une efpece diftincte.

Angulata. La feconde efpece s'éleve à la hauteur de fept ou huit pieds, & fes tiges deviennent dures, comme les *Cannes*, ou comme celles du *Bled d'Inde*; elle pouffe des branches & produit plufieurs épis de fleurs ; mais cette efpece ne pouvant subsister en plein air dans notre climat, il faut la placer dans une serre de tan, où elle résistera à nos hivers, & perfectionnera ses semences dans la seconde année : on peut même la conserver plus longtems, si on le désire.

COLCHICUM. *Lin. Gen. Pl.* 415. *Tourn. Inst. R. H.* 348. *tab.* 181, 182. Cette plante tire sa dénomination de Colchos, ou de la Colchide, province d'Asie, à laquelle on donne aujourd'hui le nom de *Mingrélie* : le *Colchique* a été autrefois fort commun dans cet endroit. [*Meadow Saffron.*] *Safran des prés. Colchique,* ou *Tue-chien.*

Caractères. La fleur n'a ni calice ni spathe ; sa corolle monopétale sort de la racine, avec un tube angulaire & divisé au sommet en six segmens ovales, concaves & érigés : elle a six étamines plus courtes que la corolle, & terminées par des sommets oblongs à quatre valvules. Le germe, placé dans la racine, soutient trois styles minces aussi longs que les étamines, & couronnés par des stigmats cannelés & réfléchis : ce germe se change par la suite en une capsule à trois lobes, ayant en-dedans une coûture qui la divise en trois cellules remplies de semences rondes & ridées.

Ce genre de plantes est rangé dans la troisieme section de la sixieme classe de Linnée, intitulée, *Hexandria trigynia,* parce que la fleur a six étamines & trois styles.

Les especes sont :

1°. *Colchicum autumnale, foliis planis, lanceolatis, erectis. Hort. Cliff.* 140. *Hort. Upsf.* 90. *Roy. Lugd.-B.* 41. *Sauv. Monsp.* 18, 19. *Mat. Med.* 100. *Scop. Carn.* 2. *n.* 448 ; Colchique à feuilles planes, érigées & en forme de lance.

Colchicum commune. G. B. P. 67 ; Safran des près, ou Colchique ordinaire, Tue-Chien.

Colchicum flore folia longè præcedente, petalis ovatis. Hall. Helv. n. 1255.

Colchicum. Fuch. Hist. 356, 357. *Camer. Epit.* 845. *Dodon. Purg.* 371.

Colchicum flore pleno. Bauh. Pin. 67.

Colchicum vernum. Bauh. Pin.

2°. *Colchicum montanum, foliis linearibus patentissimis. Lin. Sp. Plant.* 342 ; Colchique à feuilles linéaires & étendues.

Colchicum, foliis florem adtingentibus, petalis linearibus. Hal. Helv. n. 1256.

Colchicum montanum, angustifolium. G. B. P. 68 ; Safran des prés de montagne à feuilles étroites.

Colchicum montanum. Clus. Hisp. 266, *t.* 267. *Hist.* 1, *p.* 200.

3°. *Colchicum variegatum, foliis undulatis patentibus. Hort. Cliff.* 140. *Roy. Lugd.-B.* 42 ; Colchique à feuilles étendues & ondées.

Colchicum Chionense, floribus Fritillariæ instar tessulatis, foliis undulatis. Mor. Hist. 2, *p.* 341 ; Safran des prés de Chio avec des fleurs de Fritillaire & des feuilles ondées.

4°. *Colchicum tessulatum, foliis*
planis

planis patentibus ; Colchique à feüilles planes & étendues.

Colchicum , floribus Fritillariæ instar tessulatis , foliis planis. Mor. Hist. 2 , *p.* 341; Safran des pres à fleurs de Fritillaire panachées, avec des feuilles unies.

Il y a , outre ces plantes, un grand nombre de variétés , qui different entr'elles par la couleur de leurs fleurs , & par quelques autres petits accidens; mais comme ces différences ne sont point durables, je n'en parlerai point ici , & je ne les rangerai point au nombre des especes distinctes ; je ferai seulement mention de celles qui sont les plus recherchées par les Fleuristes , & qu'on cultive dans les jardins : la plupart de ces variétés proviennent des semences du *Colchique commun à fleurs pourpre.*

Ces variétés sont le *Colchique à fleurs blanches* ; à *fleurs rayées ; à larges feuilles* ; à *feuilles rayées* ; *avec plusieurs fleurs* ; à *fleurs doubles pourpre* ; à *doubles fleurs blanches* ; à *plusieurs fleurs blanches.*

Autumnale. La premiere espece croit naturellement dans l'Ouest & le Nord de l'Angleterre. J'en ai vu beaucoup dans les environs de Castle - Bromwich , dans la province de Warwick au commencement de Septembre : les gens de campagne donnent à ces fleurs le nom de *Dames nues*, parce qu'elles paroissent sans feuilles & sans enveloppe ou spathe : cette plante a une bulbe à-peu-près aussi grosse que celle de la *Tulipe*, mais moins pointue & moins aiguë au sommet : son enveloppe est aussi d'une cou-

leur plus foncée : ces bulbes se renouvellent chaque année , parce que celles qui produisent les fleurs périssent, & il se forme en-dessous de nouvelles racines : les fleurs s'élevent , en automne , à la hauteur d'environ quatre pouces, avec des tubes longs & minces qui sortent de la racine , & qui ont la même forme que celles du *Safran*, mais plus grosses & d'une couleur pâle : elles se divisent au sommet en six parties érigées , & leur nombre est toujours proportionné à la grosseur des racines ; on en voit quelquefois depuis deux jusqu'à sept ou huit : les feuilles de cette plante paroissent en Mars; il y en a ordinairement quatre sur chaque racine : elles sont plissées l'une sur l'autre en-dessous , étendues sur la terre en forme de croix, d'un vert foncé , & longues de cinq ou six pouces , sur un demi-pouce de largeur lorsqu'elles sont entièrement développées : les capsules sortent en Avril du centre des feuilles; les semences mûrissent en Mai, & les feuilles périssent bientôt après.

Les autres variétés de cette espece étant produites accidentellement par ses graines , on peut , en les semant, s'en procurer un grand nombre de nouvelles.

Montanum. La seconde espece se trouve sur les montagnes de l'Espagne & du Portugal; sa racine est plus petite que celle de la premiere , & son enveloppe est plus foncée : ses fleurs, qui paroissent en Août & en Septembre , sont découpées en six segmens longs, étroits & d'un pourpre rougeâtre, & elles ont six. étamines jaunes : les feuilles de cette espece pouffent auffi - tôt après que les fleurs font flétries, & reftent vertes pendant tout l'hiver, comme celles du *Safran* ; elles font longues, étroites, étendues sur la terre, & elles périffent en Juin, comme celles de la premiere.

Variegatum. Teffulatum. Les troifieme & quatrieme font originaires du Levant, & font cultivées dans les jardins Anglois : elles fleuriffent en même tems que la premiere, & leurs feuilles pouffent au printems : on croit que la racine de ces efpeces eft l'*Hermodaétyle* des droguiftes.

Toutes ces plantes forment de belles variétés dans un jardin à fleurs ; leurs fleurs paroiffent en automne, lorfqu'il y en a peu d'autres : leurs feuilles pouffent au printems, & font confidérablement étendues en Mai, qui eft le tems où elles commencent à fe flétrir : il faut les tranfplanter bientôt après ; car fi on les laiffe en terre jufqu'au mois d'Août, elles pouffent de nouvelles fibres, & on ne peut plus les enlever. On peut garder ces racines hors de terre jufqu'au commencement d'Août, mais pas plus tard, parce qu'elles fleuriroient en plein air, & qu'elles s'affoibliroient beaucoup. Comme la maniere de les planter eft la même que celle qui eft en ufage pour les *Tulipes*, je prie le lecteur de recourir à cet article, où il trouvera auffi les moyens de les multiplier par femence ; pour obtenir de nouvelles variétés. Voyez pour cela l'article XIPHION.

COLCHIQUE, *ou* TUECHIEN, *ou* SAFRAN DES PRÉS. *Voyez* COLCHICUM.

COLDENIA. *Lin Gen. Plant.* *159.* Cette plante a été ainfi nommée par LINNÉE, en l'honneur du Docteur COLDEN, Botanifte célebre de l'Amérique Septentrionale, qui a découvert plufieurs nouvelles plantes qui n'étoient pas connues avant lui.

Caraéteres. Le calice de la fleur eft compofé de quatre feuilles érigées, auffi longues que la corolle : la corolle eft monopétale, en forme d'entonnoir, étendue au fommet & obtufe : la fleur a quatre étamines inférées dans le tube de la corolle, & terminées par des fommets ronds : dans le centre font placés quatre germes ronds, dont chacun foutient un ftyle velu, auffi long que les étamines ; & couronnés par des ftigmats perfiftans : le germe devient enfuite un fruit rude, ovale, comprimé, à quatre cellules, & terminé par quatre becs ; chaque cellule contient une fimple femence convexe d'un côté & angulaire de l'autre.

Ce genre de plantes eft rangé dans la troifieme fection de la quatrieme claffe de LINNÉE, intitulée : *Tetrandria tetragynia,* les fleurs ayant quatre étamines & quatre ftyles.

Il n'y a dans ce genre qu'une feule efpece, qui eft la.

Coldenia procumbens. Flor. Zeyl.

79 ; le Docteur PLUKNET la décrit ainsi : *Teucrii facie, bifnagarica tetracoccos roftrata. Plnk. Alm.* 363, *t.* 64, *f.* 6. *Rai. Suppl.* 281. *Morts. Hift.* 3, *p.* 423.

Cette plante croît naturellement dans l'Inde, d'ou fes femences ont été portées dans quelques jardins de Botanique de l'Europe : elle m'a été envoyée par LINNÉE, Profeffeur de Botanique à Upfal en Suede. Elle eft annuelle, fes branches trainent fur la terre, s'étendent à un pied de diftance, & fe divifent en beaucoup d'autres plus petites, garnies de feuilles courtes, feffiles, profondément dentelées fur leurs bords, marquées par plufieurs veines longitudinales, de couleur de vert-de-mer, & placées fans ordre. Ses fleurs, qui fortent en petites grappes aux ailes des feuilles, ont une corolle monopétale en forme d'entonnoir, & découpée au fommet en quatre fegmens : elles font d'un bleu pâle, fort petites, & elles ont quatre étamines, quatre ftyles & des ftigmats velus. Dès que la fleur fe fane, le germe devient un fruit à quatre cellules, enveloppé dans le calice, & chaque cellule contient une feule femence.

On multiplie cette efpece par fes femences qu'il faut répandre au printems fur une couche chaude : lorfque les plantes font en état d'être enlevées, on les met chacune féparément dans de petits pots qu'on plonge dans une couche chaude de tan, & on les

tient à l'ombre jufqu'à ce qu'elles aient formé de nouvelles racines ; après quoi on leur donne de l'air tous les jours à proportion de la chaleur extérieure, & on les arrofe légerement en été deux ou trois fois la femaine : on laiffe ces plantes dans la couche, où elles fleuriront en Juin, & donneront des femences mûres en Septembre.

COLLINE. Les Collines & les montagnes procurent plufieurs avantages.

1°. Elles forment autant d'abris qui arrêtent les vents froids du nord & de l'eft, & les empêchent d'endommager les plantes & les fruits.

2°. Les longues chaînes de hautes montagnes, dont la direction eft ordinairement de l'Orient à l'Occident, empêchent les vapeurs de fe diffiper vers les poles, fans quoi elles s'échapperoient toutes des climats chauds, & les laifferoient fans pluies.

3°. Ces mêmes vapeurs, condenfées fur les montagnes, deviennent la fource des fontaines par une efpece de diftillation extérieure, & en les raffemblant encore davantage, elles les changent en pluie, qui temperent la chaleur de la Zône-Torride, & la rendent habitable.

4°. Elles produifent beaucoup de végétaux & de minéraux, qu'on ne peut trouver ailleurs.

L'expérience & le calcul ont prouvé que la furface des montagnes, quoique beaucoup plus étendue que la partie de la plaine qui leur fert de bâfe, ne rapporte cependant pas en proportion ; ainfi lorfqu'on achete un terrein, on ne doit pas payer plus cher deux âcres fur la pente d'une colline, qu'un âcre fur une plaine plate & unie.

Les contrées montagneufes font, comme on voit, très-différentes des pays plats ; leur rapport & les dépenfes qu'elles occafionnent, lorfqu'on y conftruit des bâtimens, qu'on feme, ou qu'on y plante, font en proportion différente.

Suppofons qu'une montagne ait quatre côtés égaux réunis en pointe au fommet, néanmoins l'étendue que ces quatre côtés offriront, quoique double de celle de la bâfe de la montagne, ne produira pas plus de grains, & ne contiendra pas plus d'arbres qu'un terrein moindre de moitié dans la plaine ; on ne pourra pas non plus y conftruire un plus grand nombre de maifons. On fentira aifément la vérité de cette affertion, fi on confidere que les plantes & les bâtimens s'élevent verticalement, & ne fuivent pas l'inclinaifon du terrein.

Et enfin pour ce qui regarde les clôtures, un égal nombre de paliffades contiendra fur la montagne un efpace double de celui qu'il pourroit entourer dans la plaine.

COLLINSONIA. *Lin. Gen. Plant.* 38. Cette plante a été ainfi nommée par LINNÉE, en l'honneur de PIERRE COLLINSON, membre de la fociété Royale, un des Promoteurs

les plus diftingués des études Botaniques, & le premier qui a introduit cette plante, ainfi que beaucoup d'autres, dans les Jardins Anglois.

Caracteres. Le calice de la fleur eft perfiftant, & formé par une feuille découpée au fommet en cinq fegmens égaux, dont les trois fupérieurs font réfléchis, & les deux inférieurs érigés : la corolle eft monopétale, en forme d'entonnoir, inégale, beaucoup plus longue que le calice, & divifée au fommet en cinq parties, dont celles du haut font courtes & obtufes, & les deux autres réfléchies, la levre du bas, ou la barbe eft plus longue, & terminée en plufieurs pointes. La fleur a deux étamines longues, velues, érigées, & furmontées par des fommets tombans : le germe eft obtus, & féparé en quatre parties, avec un gros gland, qui foutient un ftyle hériffé, de la longueur des étamines, & couronné par un ftigmat pointu & divifé en deux parties. Le germe devient enfuite une femence fimple, ronde, & placée au fond du calice.

Les plantes de ce genre ayant deux étamines & un ftyle, font rangées dans la premiere fection de la feconde claffe de LINNEÉ, qui a pour titre : *Diandria monogynia.*

Nous n'avons qu'une efpece de ce genre, qui eft :

Collinfonia Canadenfis, foliis cordatis, oppofitis.

Collinfonia. Hort. Cliff. 14. *t.* 5. *Cold. Noveb.* 8. *Kalm. It.* 2. *p.* 317. *Mat. Med. p.* 40 ; Collinfonia à feuilles en forme de cœur & oppofées.

Cette plante a été apportée du Maryland, où elle croît fauvage, ainfi que dans plufieurs autres contrées de l'Amérique Septentrionale, où on la trouve fur les bords des foffés, & dans les terres baffes & humides : elle s'éleve ordinairement dans fon pays natal à la hauteur de quatre ou cinq pieds ; mais en Angleterre elle croit rarement au-deffus de trois pieds ; &, à moins qu'elle ne foit plantée dans une fituation chaude & humide, & bien arrofée dans les tems fecs, elle ne fleurit pas fouvent : c'eft par cette raifon que bien des perfonnes tiennent ces plantes dans de larges pots, pour pouvoir les arrofer avec plus d'aifance ; mais malgré cela, elles ne produifent guere de bonnes graines ; au-lieu que celles qui font en pleine terre, & qu'on arrofe conftamment, perfectionnent très-bien leurs femences dans les années favorables.

Sa racine eft vivace ; fes tiges périffent en automne, & les nouvelles repouffent au printems ; elles font quarrées, & garnies de feuilles en forme de cœur, oppofées, & fciées fur leurs bords : ces fleurs, dont la couleur eft le jaune tirant fur le pourpre, naiffent en épis clairs aux extrémités des tiges ; elles ont des tubes longs, & font divifées en cinq parties, dont le fegment le plus inférieur eft terminé par des longs poils. Ces fleurs paroiffent en Juillet, & leurs femences mûriffent en automne.

Cette plante peut être aifément multipliée par la divifion de fes racines : en Octobre on les tranfplante à trois pieds de diftance, parce qu'elles exigent beaucoup de nourriture ; fans quoi, elles ne profiteroient pas. Elles fubfiftent en pleine terre, fi elles font placées dans une fituation abritée.

COLOCASIA. *Voy.* ARUM.

COLOMBINE, *ou* ANCOLIE. *Voyez* AQUILEGIA.

COLOMBINE PLUMACÉE. *Voyez* THALICTRUM AQUILEGI-FOLIUM. L.

COLOQUINTE. *Voyez* CUCUMIS COLOCYNTHIS, *Supplément.*

COLUMNEA. *Plum. Nov. Gen. 28. tab. 33. Lin. Gen. Pl. 710.* PLUMIER a donné ce nom à ce genre de plantes, en l'honneur de FABIUS COLUMNA, noble Romain, qui a publié deux Livres curieux fur la Botanique.

Caracteres. Le calice de la fleur eft perfiftant, & d'une feuille découpée au fommet en cinq parties ; la corolle eft monopétale, en mafque, & pourvue d'un tube long, gonflé, & divifé en deux levres, dont la fupérieure eft érigée, concave & entiere ; & l'inférieure, divifée en trois parties étendues & ouvertes : la fleur a quatre étamines dont deux font plus longues que les autres ; elles font renfermées dans la levre fupérieure, & terminées par des fommets fimples : dans le centre eft placé un germe rond, qui fupporte un ftyle mince, couronné par un ftigmat aigu, & divifé en deux parties. Ce germe devient par la fuite une baie globulaire à deux cellules, poftées fur le calice, de la même groffeur, & renfermant plufieurs femences longues.

Ce genre de plantes eft rangé dans la feconde fection de la quatorzieme claffe de Linnée, intitulée : *Didynamia angiofpermia*, parce que les fleurs de cette claffe ont deux étamines longues & deux courtes, & que celles de cette fection ont leurs femences renfermées dans une capfule.

Nous n'avons dans les Jardins Anglois qu'une efpece de cette plante, qui eft :

Columnea fcandens. Linn. Sp. Plant. 891.

Columnea fcandens, Phæniceo flore, fruéʈu albo. Plum. Nov. Gen. 28. Ic. 89. f. 1; Columnéa grimpant à fleur écarlate & à fruit blanc.

Achimenes major herbacea hirfuta oblique affurgens, foliis ovatis, crenatis, oppofitis, alternis minoribus, floribus geminatis ad alas alternas. Brown. Jam. 270.

Rapunculus fruticofus, foliis oblongis, integris, villofis, ex adverfo fitis, flore purpureo villofo. Sloan. Jam. 58. Hift. 1. p. 157. t. 100. f. 1.

Columnea fcandens, flore lutefcente, fruéʈu albo. Plum. Gen. 28; variété de Plumier.

Plumier fait mention d'une variété de celle-ci, avec une fleur jaune & un fruit blanc, qui n'eft qu'un accident de femence.

J'ai reçu de Carthagene dans l'Amérique les femences de l'efpece écarlate; elle a une tige grimpante qui s'attache aux objets voifins, & qui s'élevé par leur moyen; fes feuilles font ovales, fciées fur leurs bords, & portées par des pédoncules courts & velus, ainfi que les tiges. Comme cette plante a péri dans l'année fuivante fans avoir montré fes fleurs, je ne puis en donner une plus ample defcription.

Cette efpece, étant originaire des contrées les plus chaudes de l'Amérique, eft trop tendre pour pouvoir être confervée en Angleterre, autrement que dans une ferre chaude : on la multiplie par femences, qu'il faut répandre dans une bonne couche chaude; & lorfque les plantes qui en proviennent commencent à pouffer, on les traite comme les autres efpeces tendres & exotiques qu'on cultive dans la couche de tan de la ferre chaude.

COLUTEA. *Tourn. Inft. R. H. 649. tab. 417. Lin. Gen. Pl. 776*; [*Bladder Sena.*] Séné en veffie; Baguenaudier, *ou* Faux-Séné.

Caraéteres. Le calice eft perfiftant, en cloche, & formé par une feuille découpée en cinq parties : la fleur eft papilionnacée; l'étendard, les aîles & la carène varient quant à leur figure dans les différentes efpeces : la fleur a dix étamines, dont neuf font jointes, & l'autre féparée, & qui font toutes terminées par des fommets fimples : dans le centre eft placé un germe oblong & comprimé, qui foutient un ftyle érigé, & couronné par une barbe linéaire, qui s'étend du milieu de la partie haute du style. Ce germe se change, quand la fleur est passée, en un légume large, gonflé, & a une cellule qui renferme plusieurs semences en forme de rein.

Ce genre de plantes est placé dans la troisieme section de la dix-septieme classe de LINNÉE, intitulée : *Diadelphia decandria*, parce que les fleurs de cette classe ont dix étamines, dont neuf sont jointes, & dont la dixieme est séparée.

Les especes sont :

1°. *Colutea arborescens, arborea, foliolis obcordatis. Hort. Cliff.* 365. *Hort. Ups.* 228. *Roy. Lugd.-B.* 374 ; Baguenaudier en arbre, avec des lobes en forme de cœur.

Colutea vesicaria. Bauh. Pin. 396 ; Séné ordinaire en vessie.

Colutea Africana, Sennæ foliis, flore sanguineo. Comm. Rar. 11. t. 11 ; variété à feuilles de Séné & à fleurs rouges.

2°. *Colutea Istria, foliolis ovatis, integerrimis, caule fruticoso* ; Baguenaudier en arbrisseau, à lobes ovales & entiers.

3°. *Colutea Orientalis, foliolis cordatis minoribus, caule fruticoso* ; Baguenaudier en arbrisseau, dont les lobes sont plus petits, & en forme de cœur.

Colutea Orientalis, flore sanguinei coloris, luteâ maculâ notato. Tourn. Cor. 44.

4°. *Colutea frutescens fruticosa, foliolis ovato-oblongis. Hort. Cliff.* 366. *Hort. Ups.* 228 ; Baguenaudier en arbrisseau avec des lobes oblongs & ovales.

Colutea Æthiopica, flore phœniceo, folio Barbæ Jovis. Breyn. *Cent. 1. 73* ; Séné d'Ethiopie en vessie avec une fleur écarlate.

5°. *Colutea Americana, foliolis ovatis, emarginatis, leguminibus oblongis, compressis, acuminatis, caule arboreo* ; Baguenaudier avec des lobes ovales & dentelés au sommet, des légumes oblongs, comprimés & pointus, & une tige en arbre.

Colutea Americana, vesiculis oblongis compressis. Houst. MSS. Séné d'Amérique en vessie, avec des légumes oblongs & comprimés.

Le Docteur PLUKNET l'appelle *Colutea Veræ-Crucis vesicaria. Alm. 111. Pl. 165. f. 3* ; Séné en vessie de la Vera-Cruz.

6°. *Colutea herbacea, foliolis linearibus glabris. Hort. Upsal.* 266. *Roy. Lugd.-B.* 366 ; Baguenaudier herbacé à feuilles étroites & unies.

Colutea Africana annua, foliolis parvis, mucronatis, vesiculis compressis. Hort. Amst. 2 p. 87 tab. 44.

Colutea Africana, vesiculis compressis, flosculis atrorubentibus. Volk. Norib. 118. t. 118.

7°. *Colutea procumbens, caulibus procumbentibus, foliolis ovato-linearibus, tomentosis, floribus alaribus, pedunculis longissimis* ; Baguenaudier à vessie avec des tiges traînantes, des lobes ovales, étroits & cotonneux, & des fleurs produites sur les côtés des tiges & aux aîles des feuilles, sur de fort longs pédoncules.

Arborescens. La premiere espece, qu'on cultive ordinairement dans les pépinieres, comme un arbrisseau à fleurs, pour fervir d'ornement dans les plantations, eft originaire de l'Autriche, de la France Méridionale & de l'Italie, d'où fes femences ont été envoyées en Angleterre ; elle a plufieurs tiges ligneufes, hautes de huit, douze ou quatorze pieds, qui pouffent plufieurs branches, garnies de feuilles aîlées, & compofées de quatre ou cinq paires de lobes ovales, placés, oppofés, terminés par un impair, découpés au fommet, en forme de cœur, & d'une couleur grifâtre : des pédoncules minces & de deux pouces environ de longueur, fortent des ailes des feuilles, & foutiennent chacun deux ou trois fleurs papilionnacées, dont l'étendard eft large & réfléchi ; ces fleurs font jaunes, & ont une tache foncée fur le pétale ; elles font fuivies de légumes gonflés, d'un pouce & demi de longueur, & marqués par une coûture en-deffus ; ils contiennent un fimple rang de femences en forme de rein, & attachées à un placenta. Cette efpece fleurit en Juin & en Juillet, & fes femences mûriffent en automne ; elle donne une variété à légumes rouges, qui eft également commune dans les jardins, & n'eft regardée que comme un accident de femences.

Iftria. Les femences de la feconde efpece, qui ont été apportées du Levant par le Docteur POCOCK, ont réuffi dans le jardin de *Chelfea* : depuis, le Docteur RUSSEL, qui avoit réfidé plufieurs années à Alep, apporta plufieurs échantillons

fecs de cette efpece, qu'il m'affura croître près de cette Ville : elle s'éleve rarement au-deffus de fix ou fept pieds de hauteur ; fes branches, fort minces, s'étendent de chaque côté, & font garnies de feuilles aîlées, & compofées de neuf paires de petits lobes ovales, entiers & terminés par un impair : fes fleurs naiffent fur des pédoncules minces, & à-peuprès auffi longs que ceux de la précédente : leur forme eft auffi pareille ; mais elles font d'un jaune plus brillant ; elles commencent à paroître dans le commencement du mois de Mai, & continuent à s'épanouïr jufqu'au milieu du mois d'Octobre.

Orientalis. La troifieme a été découverte dans le Levant par M. DE TOURNEFORT, qui a envoyé fes femences dans le Jardin Royal à Paris, où elles ont très-bien réuffi, & d'où elles ont été tirées depuis, pour la plupart des Jardins curieux de l'Europe : elle a des tiges ligneufes, defquelles fortent plufieurs branches moins fortes que celles de la premiere, qui ne s'élevent pas au-deffus de fept ou huit pieds de hauteur, & qui font garnies de feuilles aîlées, & compofées de cinq ou fix paires de petits lobes, en forme de cœur, terminés par un impair : fes fleurs font produites aux parties latérales des branches fur des pédoncules qui en foutiennent chacun deux ou trois ; elles font de la même forme que celles de la premiere, mais plus petites, d'un rouge foncé & marquées de jaune : elles paroiſſent en Juin, & leurs ſemences mûriſſent en automne.

Fruteſcens. La quatrieme croît naturellement en Ethiopie, d'où ſes ſemences ont été apportées en Europe ; elle a une tige foible d'arbriſſeau qui pouſſe des branches latérales, érigées, garnies de feuilles aîlées, égales, & compoſées de dix ou douze paires de petits lobes oblongs, ovales & velus : ſes fleurs, qui ſortent des ailes des feuilles ſur la partie haute des branches, ſont plus longues que celles des autres eſpeces, & ne ſont pas réfléchies ; elles ſont remplacées par des légumes gonflés, qui contiennent un rang de ſemences en forme de rein : cette eſpece fleurit ordinairement en Juin ; mais quand ſes ſemences ſont miſes en terre dans le commencement du printems, elle donne ſouvent des fleurs dans l'automne ſuivant.

Americana. La cinquieme, qui m'a été envoyée de la Vera-Cruz, dans la nouvelle Eſpagne, en l'année 1730, par le Doĉteur HOUSTOUN, a une tige d'arbriſſeau haute de douze ou quatorze pieds, de laquelle ſortent pluſieurs branches garnies de feuilles aîlées, compoſées de trois paires de lobes ovales & terminés par un impair ; ces lobes ſont échancrés au ſommet, & d'un vert clair : ſes fleurs, d'un jaune brillant, & poſtées au nombre de deux ou trois ſur chaque pédoncule, ſont ſuivies par des légumes aîlés, comprimés, longs

d'environ quatre pouces, & terminés par de longues pointes.

Herbacea. La ſixieme eſt originaire du Cap de Bonne-Eſpérance ; elle eſt annuelle, & comme elle a peu de beauté, on ne la cultive guere que dans les jardins de Botanique, pour la variété. Elle s'éleve à-peu-près à la hauteur d'un pied & demi, avec une tige mince & herbacée qui ſe diviſe vers ſon ſommet en trois ou quatre branches, garnies de feuilles aîlées, & compoſées de cinq ou ſix paires de lobes fort étroits, d'un pouce de longueur, & un peu velus : ſes fleurs qui ſont petites, d'une couleur de pourpre, & placces par trois ſur chaque pédoncule, ſont ſuccédées par des légumes plats & ovales, qui contiennent chacun deux ou trois ſemences en forme de rein. Cette eſpece fleurit en Juillet, ſes ſemences mûriſſent en automne, & la plante périt bientôt après.

Procumbens. Les ſemences de la ſeptieme que j'ai reçues en 1753, du Cap de Bonne-Eſpérance, ont réuſſi dans le jardin de *Chelſéa* : cette plante a pluſieurs tiges minces & ligneuſes couchées ſur la terre, & diviſées en pluſieurs petites branches, garnies de feuilles aîlées, & compoſées de douze ou quatorze paires de lobes petits, étroits, ovales, terminés par un impair, & couvertes, ainſi que les tiges, d'un duvet blanchâtre : ſes fleurs ſont fort petites, d'une couleur de pourpre, & poſtées fur des pédoncules fort longs & minces, dont chacun foutient trois ou quatre fleurs ; elles font remplacées par des légumes comprimés, d'un peu plus d'un pouce de longueur, un peu courbés en forme de faucille, & contenant chacun un fimple rang de petites femences, en forme de rein. Cette plante fleurit en Juin & en Juillet, & fes femences mûriffent en automne ; elle eft vivace, & dure plufieurs années, quand on la met à l'abri des froids de l'hiver ; fes branches ne s'étendent qu'à un pied dans la longueur, & traînent toûjours fur la terre, fi on ne leur fournit pas un foutien.

Culture. Les trois premieres efpeces font des arbriffeaux fort durs qui profitent très-bien en plein air ; on les multiplie communément dans les pépinieres pour les vendre. La premiere eft depuis plus long-tems en Angleterre que les autres, & elle eft généralement plus connue & plus multipliée. Les deux autres n'ont été apportées que depuis quelques années : la troifieme qui n'eft connue parmi nous que très-nouvellement, n'eft décrite par aucun Auteur de Botanique ; mais comme fes femences mûriffent très-bien dans notre climat, elle peut être, dans quelques années, auffi commune que la premiere.

On multiplie ces trois premieres en les femant pendant tout le printems, fur une terre commune : lorfque les plantes ont pouffé, on les tient net-

tes de mauvaifes herbes ; & à la Saint-Michel de la même année, on les tranfplante dans une pépiniere, ou dans les places où elles doivent refter à demeure : car, fi on les laiffoit croître trop long-tems dans le femis, leurs racines s'enfonceroient trop profondément dans la terre ; ce qui les rendroit très-difficiles à enlever : il ne faut pas non plus, pour la même raifon, qu'elles faffent un trop long féjour dans la pépiniere.

La premiere efpece s'élevant à la hauteur de douze ou quinze pieds, eft très-propre à être entre-mêlée avec des arbres d'un crû médiocre, dans des quartiers déferts, ou parmi des arbres à fleurs, au milieu defquels leurs fleurs & leurs légumes feront une variété d'autant plus agréable, que ces fleurs fe fuccèdent fans interruption (fur-tout dans la feconde efpece), depuis la fin de Mai, jufqu'au mois de Septembre.

Ces arbriffeaux produifent annuellement de gros rejettons qui font fujets à être brifés par les vents forts qui regnent quelquefois en été ; de forte que, s'ils ne font pas abrités par d'autres arbres, on ne peut éviter cet accident qui les rend fort défagréables à la vue, qu'en fourniffant un fupport à leurs branches.

La troifieme ne s'éleve pas auffi haut que l'efpece commune ; mais elle forme un arbriffeau plus régulier, & moins fujet à être caffé : fes fleurs d'un rouge fombre, tacheté de jaune, font une très-belle variété; elle est aussi dure que la commune, & peut comme elle, être multipliée par semences.

La quatrieme est trop tendre pour résister en plein air aux froids de nos hivers rudes; mais dans les années tempérées elle pourra subsister & faire de grands progrès, étant plantée dans une terre séche, & à une exposition chaude : elle fleurira même beaucoup mieux & aura une apparence bien plus agréable que celles qui seront conservées dans la serre : cet effet a lieu, parce qu'elles ont besoin de beaucoup d'air, & que sans cela elles filent & s'affoiblissent de maniere qu'il leur est impossible de produire beaucoup de fleurs : ainsi quand on conserve à couvert quelques-unes de ces plantes, il faut les mettre aussi près des fenètres qu'il est possible, pour qu'elles puissent jouir de tous les avantages de l'air : au printems, on les endurcit par dégrés, afin qu'elles puissent être placées à l'extérieur, aussi-tôt qu'il n'y aura plus de danger.

Cette espece se multiplie comme la précédente, au moyen de ses graines qu'on répand dans le commencement du printems sur une plate-bande de terre légere; ses plantes fleuriront en Août, & si l'automne est favorable, elles perfectionneront très-bien leurs semences : quelques personnes sèment les graines de cette espece au printems sur une couche de chaleur modérée;

ce qui fait faire à ces plantes des progrès si rapides, qu'elles fleurissent dans le mois de Juillet, & que leurs semences parviennent toujours à une parfaite maturité : quand on les transplante, il faut toujours le faire, tandis qu'elles sont encore jeunes, parce qu'elles ne souffrent pas d'être enlevées lorsqu'elles sont devenues plus grosses. Cette espece subsiste quelquefois en plein air pendant trois ou quatre années, si elle est à une exposition bien abritée, elle forme alors une grosse tète, & elle a une très-belle apparence, quand elle est couverte de fleurs; elle conserve aussi plus long-tems sa beauté, que lorsqu'elle est traitée plus délicatement.

Americana. La cinquieme, étant originaire des climats chauds, ne peut profiter en plein air dans le notre : on la multiplie par semences qu'on doit répandre au printems sur une couche chaude : quand les plantes ont atteint la hauteur de deux pouces, on les place chacune séparément dans de petits pots remplis de terre légere, on les plonge dans une couche chaude de tan, on les tient à l'abri du soleil jusqu'à ce qu'elles aient poussé de nouvelles fibres; après quoi, on les traite comme les autres plantes qui viennent du même climat, en observant de les tenir constamment dans une serre de chaleur modérée.

Herbacea. La sixieme est une plante basse & annuelle qui s'éleve rarement au-dessus d'un pied & demi de hauteur ; ſes fleurs ſont petites ; & comme elles ont peu de beauté, on ne la cultive guere que dans les jardins de Botanique. On ſeme cette eſpece au printems ſur une couche de chaleur modérée, & on met les plantes dans de petits pots que l'on plonge dans une couche chaude pour les faire avancer : elles fleuriſſent en Juillet ; lorſqu'on peut les expoſer en plein air dans une ſituation chaude, leurs ſemences mûriſſent en Septembre, & les plantes ſe flétriſſent bientôt après.

Procumbens. La ſeptieme peut être élevée au printems ſur une couche de chaleur modérée, & expoſée enſuite en plein air pendant l'été ; mais en hiver il faut l'abriter ſous un châſſis ; ſans quoi, la gelée ne manqueroit point de la détruire.

COLUTEA SCORPIOI-DES. *Voyez* EMERUS.

COMA AUREA. *V.* CHRYSOCOMA.

COMARET. *V.* COMARUM.

COMARUM. *Lin. Gen. Pl. 563. Pentaphylloïdes. Tourn. Inſt. R. H. 298.* [*Marsh Cinquefoil.*] Quintefeuille de marais, *ou* le Camaret.

Caracteres. Le calice de la fleur eſt large, étendu & formé par une feuille colorée & diviſée au ſommet en dix parties : la corolle eſt compoſée de cinq pétales ovales, & beaucoup plus petits que le calice dans lequel ils ſont inſérés : la fleur a au-delà de vingt étamines perſiſtantes, inſérées dans le calice, & terminées par des ſommets en forme de croiſſant, & un grand nombre de petits germes ronds, recueillis en une tête, & pourvus de ſtyles courts & ſimples qui s'élevent à leurs côtés & qui ſont couronnés par des ſtigmats ſimples : le receptacle commun devient enſuite un gros fruit charnu, dans lequel ſont renfermées pluſieurs ſemences pointues qui y adherent.

Ce genre de plante, dont les fleurs ont pluſieurs étamines & un grand nombre de ſtyles, eſt rangé dans la cinquieme ſection de la douzieme claſſe de LINNÉE, qui a pour titre : *Icoſandria polygynia.*

Nous n'avons qu'une eſpece de ce genre.

Comarum paluſtre. Fl. Lap. 214. Flor. Suec. 422. Hort. Cliff. 195. Roy. Lugd.-B. 276.

Pentaphylloïdes paluſtre rubrum. Inſt. R. H. 298 ; Quintefeuille de marais rouge.

Quinque-folium paluſtre rubrum. G. B. P. 325 ; Quintefeuille de marais rouge. Le Camaret.

Pentaphyllum paluſtre. Cor. Hiſt. 95.

Fragaria, foliis pinnatis, petalis lingulatis minimis. Hall. Helv. n. 1128.

Fragaria paluſtris. Crantz. Auſtr. p. 73. n. 4.

Potentilla paluſtris. Scop. Carn. Ed. 2. p. 617.

Il y a en Irlande & dans le Nord de l'Angleterre une variété de cette eſpece qui m'a ſouvent été envoyée ; mais qui, au bout d'un an de culture, eſt devenue abſolument femblable à l'efpece commune : ce qui porte à croire que l'altération qu'elle éprouve dans les endroits où on la trouve, ne tient qu'à quelques circonftances locales. Le Docteur PLUKNET l'appelle *Penta-phyllum paluftre rubrum, craffis & villofis foliis Suecicum & Hibernicum. Alm.* 284 ; Quintefeuille de marais rouge, de Suede & d'Irlande, à feuilles épaiffes & velues.

Cette plante a des racines rampantes & ligneufes, d'où fortent plufieurs fibres noires, qui pénètrent profondément dans la terre : de ces racines s'élevent plufieurs tiges herbacées, hautes d'environ deux pieds, inclinées vers la terre, & garnies à chaque nœud d'une feuille aîlée, & compofée de cinq, fix ou fept lobes qui s'élevent l'un fur l'autre, de maniere que celui du milieu eft le plus large, & que les inférieures diminuent par dégrés, & embraffent les tiges de leurs bâfes ; ces lobes font profondément fciés fur les bords, unis en-deffus, d'un vert clair, & velus en-deffous : les fleurs naiffent aux fommets des tiges, au nombre de trois ou de quatre fur chaque court pédoncule ; elles ont un calice large, étendu, rouge en-deffus, & divifé en dix parties au fommet : dans le centre fe trouvent cinq pétales rouges, dont la longueur ne furpaffe pas le tiers de celle du calice ; en-dedans de ceuxci font placés plufieurs germes, accompagnés de plus de vingt étamines terminées par

des fommets de couleur fombre : quand la fleur eft paffée, le receptacle, qui eft dans le fond du calice, devient un fruit charnu, à-peu-près femblable à une *Fraife*, mais plus plat, dans lequel eft contenu un grand nombre de femences pointues. Cette plante fleurit en Juillet, & fes femences mûriffent en automne.

Comme elle croît naturellement dans les fondrieres, on la conferve difficilement dans les jardins, parce qu'il eft néceffaire de la planter dans un lieu qui approche, autant qu'il eft poffible, de la nature du fol où elle naît : fes racines s'étendent beaucoup, lorfqu'elles fe trouvent dans une fituation convenable. Ainfi, quand on veut cultiver ces plantes, on doit les enlever du lieu où elles naiffent fpontanément, & les planter au mois d'Octobre dans une fondriere. Il y a quelques-unes de ces plantes qui font depuis plufieurs années dans un pareil emplacement à Hampftead, l'endroit le plus voifin de Londres, où on les trouve fauvages & en abondance ; & dans les prairies des environs de Guilford en Surrey.

COMMELINA. *Lin. Gen. Pl.* 58. *Plum. nov. Gen.* 48. *tab. 38. Zanonia. Plum. nov. Gen. 38. tab. 38* ; Commeline.

Cette plante a été ainfi nommée par le Pere PLUMIER, en l'honneur du Docteur COMMELIN, fameux Profeffeur de Botanique à Amfterdam.

Caraſteres. Le fpathe eft perfiftant, large, comprimé, en

forme de cœur & fermé : la corolle eſt compoſée de ſix pétales concaves, dont trois ou quatre ſont petits & ovales, & on les prend ſouvent pour le calice ; les autres ſont larges, ronds & colorés : la fleur a trois nectaires qu'on a ſouvent regardés comme les étamines, mais ces dernieres ſont diſpoſées horizontalement, & en forme de croix ; outre ces premieres étamines, on en remarque encore trois autres en forme d'alène, inclinées, placées près de celles des nectaires, & terminées par des ſommets oblongs. Le centre eſt occupé par un germe rond, ſurmonté par un ſtyle double & couronné par un ſimple ſtigmat : ce germe ſe change par la ſuite en une capſule nue, globulaire, marquée par trois ſillons, & a trois cellules, dont chacune renferme deux ſemences angulaires.

Ce genre de plantes eſt rangé dans la premiere ſection de la troiſieme claſſe de LINNÉE, intitulée : *Triandria monogynia*, parce que ſes fleurs ont trois étamines & un ſtyle : LINNÉE a joint à ce genre le *Zanonia* de PLUMIER ; qui avoit été ſéparé, par cet auteur, du *Commelina*, parce que ſa fleur a trois pétales ; que quelques-unes des fleurs en ont deux verts & quatre colorés ; que d'autres les ont uniformes, & qu'enfin on trouve des fleurs qui ont quatre pétales verts & deux ſeulement colorés.

Les eſpeces ſont :

1°. *Commelina communis*, co-

rollis inæqualibus, foliis ovato-lanceolatis, acutis, caule procumbente, glabro. *Hort. Upſal.* 18 ; Commeline, avec des pétales inégaux, des feuilles ovales en forme de lance, & pointues, & une tige unie & traînante.

Commelina procumbens annua, Saponariæ folio. Hort. Elth. 93. *tab.* 78. *f.* 89.

2°. *Commelina erecta*, corollis inæqualibus, foliis ovato-lanceolatis, caule erecto, ſcabro, ſimpliciſſimo. *Hort. Upſal.* 18 ; Commeline, avec des pétales inégaux, des feuilles ovales & en forme de lance, & une tige ſimple, droite & rude.

Commelina erecta, ampliore ſubcæruleo flore. Hort. Elth. 94. *tab.* 88. *p.* 77.

Commelina, foliis ovato-lanceolatis, caule erectiuſculo ſcabro, petalis duobus majoribus. Virid. Cliff. 16. *Hort. Cliff.* 495. *Gron. Virg.* 11. *Roy. Lugd.-B.* 38.

3°. *Commelina Africana*, corollis inæqualibus, foliis lanceolatis, glabris, obtuſis, caule repente. *Lin. Sp. Plant.* 60 ; Commeline avec des pétales inégaux, des feuilles unies, obtuſes, & en forme de lance, une tige rampante.

Commelina procumbens, flore luteo. Prod. Leyd. 538.

4°. *Commelina tuberoſa*, corollis æqualibus, foliis ovato-lanceolatis, ſubciliatis. *Hort. Upſ.* 18 ; Commeline, avec des pétales égaux, des feuilles ovales en forme de lance, & velues ſur leurs côtés.

Commelina, radice Anacampſerotides. Hort. Elth. 94. *tab.* 79. *f.* 90.

5°. *Commelina Zanonia , co-rollis æqualibus , pedunculis in-crassatis , foliis lanceolatis , va-ginis margine hirsutis , bracteis geminis. Lin. Sp. Plant. 61 ;* Commeline avec des pétales égaux, des pédoncules épais aux fleurs , des feuilles en forme de lance , des spathes hérissés sur les bords, & des bractées doubles.

Periclymenum rectum herba-ceum , Gentianæ folio , folii pe-diculo caulem ambiente. Sloan. Jam. 115. Hist. 1. p. 243. t. 147. f. 1.

Zanonia graminea perfoliata. Plum. Nov. Gen. 38.

Il y a encore d'autres es-peces de ce genre ; mais je n'ai vu dans les jardins Anglois que celles dont je viens de parler.

Communis. La premiere es-pece se trouve également dans les Isles des Indes Occidenta-les, & en Afrique : c'est une plante annuelle, dont les tiges traînantes poussent à chaque nœud des racines qui s'enfon-cent dans la terre ; sur chaque nœud est aussi placée une feuil-le ovale, en forme de lance , & terminée en pointe , qui embrasse la tige avec sa bâse : ses feuilles sont unies , d'un vert foncé , & marquées de plusieurs veines longitudina-les : ses fleurs sortent du mi-lieu des feuilles ; elles sont renfermées au nombre de deux ou de trois dans un spathe comprimé & clos ; leurs pé-doncules sont courts, & cha-que fleur a deux pétales larges & bleues , & quatre autres pe-tits & ronds qui ont été géné-ralement regardés comme le

calice. Au-dedans de ceux-ci sont situés trois nectaires, dont chacun renferme une étamine mince, fixée sur le côté ; ces étamines environnent le ger-me , qui devient ensuite une capsule ronde à trois cellules dans lesquelles sont renfermées des semences angulaires. Cette plante fleurit en Juin & en Juillet , & ses semences mû-rissent en automne. Quelques anciens auteurs de Botanique lui ont donné le nom d'*Ephe-meron , flore dipetalo.*

Erecta. La seconde croît na-turellement en Pensylvanie , d'où ses semences m'ont été envoyées : elle a une racine vivace, & composée de plu-sieurs fibres blanches : ses ti-ges, dont la hauteur est d'en-viron un pied & demi, sont droites, rudes, herbacées, & à-peu-près de la grosseur d'un tuyau de plume ; de chacun de leurs nœuds sort une feuille semblable à celles de la pre-miere espece , & qui embrasse la tige de sa bâse ; ses fleurs naissent au centre des feuilles vers la partie haute des tiges sur de courts pédoncules ; el-les sont d'une couleur pâle , bleuâtre , & suivies par des semences semblables à celles de la premiere. Cette plante fleurit à-peu près dans le même tems que la précédente ; mais les graines ne mûrissent pas souvent en Angleterre.

Africana. La troisieme, qui est originaire d'Afrique , a une racine fibreuse, de laquelle sor-tent plusieurs branches traî-nantes & longues de trois pieds, qui poussent des racines à chaque nœud ; comme elle produit aussi un plus grand nombre de rejettons que les autres, en la tenant à un bon dégré de chaleur, & en lui donnant de l'espace pour s'étendre, elle couvrira bientôt une grande surface de terre : les feuilles de cette espece sont semblables à celles de la premiere ; mais ses fleurs sont plus larges & d'un jaune foncé ; leurs pétales sont en forme de cœur, & leurs capsules plus larges : elle fleurit en Juillet, & ses semences mûrissent en automne.

Tuberosa. La quatrieme naît sans culture près de l'ancienne Vera-Cruz dans la nouvelle Espagne, d'où le Docteur Houstoun m'a envoyé ses semences : elle a une racine épaisse, charnue, composée de plusieurs tuyaux, & à-peu-près semblables à celles des *Renoncules* ; plusieurs se joignent ensemble au sommet, où elles forment une tête, & diminuent par dégré vers le bas : du centre de ces racines sort une ou deux tiges inclinées, dont les parties inférieures poussent plusieurs branches latérales garnies de feuilles ovales, les unes supportées par de longs pétioles, & les autres embrassent les tiges de leurs bâses ; elles sont velues en-dessous & vers la tige ; mais unies en-dessus, & d'un vert foncé ; elles se resserrent tous les soirs, & dans les tems froids : ses fleurs, qui sortent du centre des feuilles vers les extrémités des tiges sur de minces pédoncules, sont composées de trois pétales bleus, larges & ronds, & de

trois autres plus petits, & verts : ses semences ressemblent à celles des autres especes. Cette plante fleurit en Juin, en Juillet & en Août, & ses graines mûrissent en automne : les tiges se flétrissent aussi-tôt après ; mais ses racines peuvent se conserver deux ou trois ans, si elles sont placées dans une serre chaude en hiver.

Zanonia. La cinquieme croît spontanément dans les Indes Occidentales, ; ses semences m'en ont été envoyées de l'Isle de la Barbade : elle a, comme la premiere espece, des tiges traînantes garnies de feuilles étroites & herbacées, qui embrassent les tiges de leurs bâses : ses fleurs sont produites aux extrémités des tiges, sur des pédoncules épais qui soutiennent chacun trois fleurs ; elles sont composées de trois pétales larges, égaux, & d'un bleu céleste, & de trois plus petits qui sont verts. Cette plante fleurit en Juillet & en Août ; mais elle n'a pas encore perfectionné de semences en Angleterre.

Culture. On multiplie toutes ces especes par leurs semences ; celles de la premiere poussent en les semant en pleine terre ; mais si on les répand en automne sur une plate-bande chaude de terre légere, les plantes paroîtront de bonne heure dans le commencement du printems, & alors on pourra en espérer de bonnes graines, si la saison est favorable ; au-lieu qu'en ne les semant qu'au printems, elles restent souvent dans la terre pendant un

tems

tems confidérable , & les plantes perfectionnent rarement leurs graines : comme ces différentes plantes ont peu de beauté , il fuffit d'en admettre deux ou trois de chaque efpece dans un jardin. Quand elles ont été femées en automne dans les endroits où elles doivent refter , ou qu'on laiffe écarter leurs graines , elles n'exigent aucun autre foin que d'être tenues nettes de mauvaifes herbes.

- La feconde a une racine vivace , & fes graines mûriffent rarement en Angleterre ; mais on peut la multiplier aifément au moyen des rejettons qui naiffent fur fa racine. Comme cette efpece eft trop tendre pour fubfifter en pleine terre pendant l'hiver , à moins qu'elle ne foit placée dans une fituation chaude & abritée , il faut la planter dans des pots , & la garantir de l'impreffion du froid, en la tenant en hiver fous un châffis ordinaire ; en été , on l'expofe au dehors ; on la tranfplante & on divife fes racines vers la fin de Mars.

Les autres efpeces étant également tendres , il faut répandre leurs graines au printems fur une couche de chaleur modérée ; & quand les plantes ont atteint la hauteur de deux pouces , on les tranfplante fur une nouvelle couche chaude pour les faire avancer ; lorfqu'elles ont repris racine , on leur donne beaucoup d'air chaque jour dans les tems chauds pour les empêcher de filer , & dans le mois de Juin , on les enleve avec précaution , & on les tranf-

plante dans une plate-bande chaude de terre légere , en obfervant de les abriter jufqu'à ce qu'elles aient formé de nouvelles racines ; après quoi , il fuffira de les tenir nettes. Avec ce traitement , ces plantes fleuriront & produiront de bonnes femences.

On peut conferver les troifieme & quatrieme en les plantant dans des pots , qu'on place en automne dans une ferre chaude de tan ; ou fimplement en arrachant en automne les racines de la quatrieme , qu'on tient en hiver dans un lieu chaud , & qu'on replante au printems fur une couche chaude pour les avancer : elles produifent ainfi des plantes plus fortes que celles qui font élevées de femence.

COMMELINE. *Voyez* COMMELINA. L.

COMMUNE. *Voy.* LANDES.

COMPAGNON, *ou* LYCHIS SAUVAGE. *Voyez* AGROSTEMMA. L. *&* SILENE. L.

COMPARTIMENS (les) font des plates-bandes , de petites pièces de verdure , des bordures & des allées , tracées diverfement , fuivant la difpofition du terrein , & le goût de l'artifte ; leur forme dépend plutôt du génie de celui qui dirige leur exécution , que d'aucune regle ; on les diverfifie en parterre , en jardin à fleurs , & on les trace d'une infinité de manieres.

Les *compartimens unis* font des pieces de terre divifées à la ligne en carreaux égaux , d'une longueur & d'une largeur égales. On environne quelquefois ces carreaux de plates - bandes de deux pieds de largeur tout au plus, fi la piece de terre eft petite, & de trois pieds, fi elle eft plus grande ; ces plates-bandes fe figurent avec du Buis, du Thym, & quelques autres herbes aromatiques, ou avec des fleurs, pour la plus grande propreté.

Pour conferver les fentiers & les promenades qui divifent ces *compartimens*, fermes, unis & durables, on les couvre d'une couche de fable ou de gravier, de deux ou trois pouces d'épaiffeur, qu'on houe fouvent pour ôter les mauvaifes herbes qui y croiffent.

Ces *compartimens* font fort eftimés chez les François, dont les jardins font déchiquetés fymmétriquement en fallons, bofquets, &c. ; ils ont porté dans l'art d'embellir les jardins la théorie de l'architecture & des bâtimens : mais ces jardins, fi peu conformes à la nature, ne font plus de mode, depuis qu'on a adopté en Angleterre une meilleure méthode.

COMPOSITION D'ENGRAIS, *ou* FUMIERS, ainfi appelée DE COMPOSITA, COMPONERE, COMPOSER *ou* MELER. Cette expreffion fignifie, dans l'art du jardinage & du labourage, un mélange de plufieurs efpeces de terres, propre à former un engrais capable de rendre plus propre à la végétation un fol quelconque, en changeant fa nature.

On diftingue beaucoup d'efpeces d'engrais, qui doivent varier fuivant les diverfes qualités du terrein qu'on veut amé-

liorer, & qui peut être léger, fablonneux, defferré, lourd, argilleux ou rempli de mottes.

La terre légere exige un engrais d'une nature lourde, comme le dépôt d'un foffé, d'un étang, &c. Une terre lourde, au contraire, & mêlée d'argille ou de mottes, demande un engrais d'une nature plus chaude & plus légere qui puiffe pénétrer les mottes & ameublir l'argille, qui, par fa ténacité, s'oppofe à la végétation.

On fait un grand ufage d'engrais compofés, pour toutes les plantes que l'on conferve dans des pots, dans des caiffes, dans de petites planches, ou dans les plates-bandes des jardins à fleurs : c'eft de ceux-ci dont il va être queftion ici ; quant à ceux qu'on emploie pour les jardins & pour les campagnes, on trouvera tout ce qui les concerne aux articles *Fumiers, Engrais* & *Marne.*

Comme quelques plantes fe plaifent dans un fol riche & léger, d'autres dans une terre maigre & fablonneufe, & plufieurs dans un fol marneux, on doit avoir des engrais diverfement préparés dans tous les jardins où l'on cultive un grand nombre de plantes différentes ; ce qui eft beaucoup plus néceffaire dans les contrées fort éloignées de Londres, que dans fon voifinage ; parce qu'on rencontre dans l'étendue de dix milles des environs de cette Ville une fi grande variété de terres, depuis longtems préparées & cultivées, qu'on peut aifément s'en procurer de très-bonne pour toutes fortes de plantes ; mais à une plus grande diftance des grandes Villes, on n'a point cette facilité, & on eft alors obligé de préparer toutes les efpeces d'engrais dont on a befoin, & d'en faire le mélange long-tems avant de s'en fervir, afin que toutes les parties puiffent fe mêler, & s'incorporer exactement les unes avec les autres en les travaillant fouvent, & en expofant ainfi fucceffivement ces différentes parties à l'action de l'air, du chaud & du froid.

Prefque tous les Auteurs d'Agriculture ont recommandé de fe pourvoir d'une bonne terre, prife à la furface d'un pâturage, comme un des principaux ingrédiens pour la préparation des engrais : cette méthode eft affurément préférable à toutes les autres, pourvu qu'on donne à cette terre le tems d'acquérir le dégré de perfection qui lui eft néceffaire avant d'en faire ufage ; car lorfque ce mélange eft fait trop à la hâte, & qu'on en remplit les pots avant de l'avoir laiffé expofé aux gelées de l'hiver & à la chaleur de l'été, pour en defferrer toutes les parties, & opérer un mélange complet, il fe comprime & acquiert une telle dureté, qu'il détruit les plantes qu'on y met : il fe durcit d'autant plus facilement, que toutes les efpeces de terres font beaucoup plus fujettes à fe ferrer ainfi dans des pots, que lorfqu'elles font répandues fur le fol fans être contenues dans un efpace étroit : ainfi ces différens mélanges doivent être

beaucoup plus ameublis lorfqu'on les deftine à remplir des pots, que quand on veut les faire fervir pour les couches & les plates-bandes. Si cette terre de pâturage n'eft pas préparée, au moins un an avant de s'en fervir, on doit lui préferer celle d'un jardin potager, qui a été bien travaillée & bien fumée, & qui eft abfolument débarraffée de toutes efpeces de racines & d'ordures ; en mêlant exactement cette terre avec d'autres engrais, & en la retournant fouvent pendant fix mois, elle fera préférable à la première, qui auroit été traitée ainfi pendant une année. Ce que je dis eft d'ailleurs appuyé fur une longue expérience & fur de nombreux effais. Cette terre eft le fond principal des engrais deftinés aux plantes qui exigent un fol riche ; on doit y ajouter une certaine quantité de fumier confommé, pris dans une vieille couche ; & pour les plantes qui demandent un fol frais, du fumier pourri de bœuf ou de vache, dont la proportion doit être réglée fur la qualité de la terre : car fi elle eft mauvaife, il faut un tiers de fumier ; fi au contraire elle eft riche, un quart & même beaucoup moins, fera fuffifant. Quand ces matieres font bien divifées, & bien incorporées, on n'y ajoutera aucun autre ingrédient, à moins que la terre ne foit fujette à fe lier : car dans ce cas on y joindra du fable, des cendres de charbon de terre, ou du fable de mer, fi on peut s'en procurer ; ce fable eft préférable à tous les autres : mais fi l'on ne peut s'en pourvoir aifément, on emploiera celui qu'on rencontre en monceaux , & jamais celui des fablieres. On proportionne la quantité de fable qu'on ajoûte, au dégré de ténacité de la terre ; mais elle ne doit jamais être plus qu'un cinquieme de la maſſe totale , à moins qu'elle ne ſoit extrêmement forte : ſi on en met davantage , le mélange doit être plus long - tems travaillé avant d'être mis en œuvre.

Les plantes qui n'exigent pas un ſol auſſi riche , & qui croiſſent naturellement dans des terres légeres , n'ont beſoin pour engrais que d'une moitié de terre de pâturage ou de jardin potager, avec un tiers de ſable , fi elle eſt ſujette à ſe lier , & le ſurplus de tan pourri , qui tiendra les parties diviſées , & facilitera l'évaporation de l'humidité.

La compoſition néceſſaire à la plupart des plantes ſucculentes doit être formée avec partie égale de terre légere priſe à la ſurface d'une commune , & l'autre moitié de ſable de mer ou de monceau , & de vieux décombres tamiſés , en parties égales. L'expérience m'a prouvé que ces matieres bien mêlées , & ſouvent retournées , étoient préférables à toutes les autres pour la plupart des plantes ſucculentes.

Le ſol faƈice qui convient aux plantes qui ſe plaiſent dans une terre fort meuble, légere & riche , doit être compoſé d'une moitié de terre légere priſe dans un jardin potager , bien fumée & bien travaillée , d'un

tiers de tan pourri , & pour le reſte d'écuremens de foſſés ou d'étangs , dont le ſol ſoit gras ; mais cette matiere bourbeuſe doit reſter expoſée à l'air pendant une année entiere , & doit être remuée ſouvent avant d'être mêlée avec les autres ſubſtances ; après quoi on les unit & on les travaille pendant huit mois ou un an avant d'en faire uſage.

Dans tous les mélanges où le bois pourri eſt néceſſaire , on pourra employer avec avantage le vieux tan de couche ; & dans tous ceux qui exigent du ſable , on donnera la préférence à celui de mer , parce qu'il renferme plus de ſels : il ne faut cependant pas le mettre en œuvre trop frais, parce que le ſel qu'il contient , a beſoin d'être préparé par l'aƈion de l'air avant d'être propre à la nourriture des végétaux. On recommande auſſi d'ajouter aux engrais des feuilles pourries , comme un ingrédient excellent ; mais pluſieurs années d'expérience m'ont appris qu'elles ſont peu utiles , parce qu'elles contenoient moins de ſel végétal que beaucoup d'autres ſubſtances. Quelques perſonnes , peu verſées dans les principes de l'agriculture , ont propoſé des engrais différens , preſque pour chaque plante ; & ces engrais ſont compoſés de tant de ſortes d'ingrédiens qu'ils reſſemblent beaucoup aux ordonnances des charlatans ; ceux qui ont un peu d'expérience dans l'art du jardinage reconnoîtront facilement l'abſurdité d'une pareille méthode. On ſait bien qu'il faut quelque différence dans les engrais lorfqu'on cultive un grand nombre de plantes d'une nature diverfe ; mais l'expe-rience prouve qu'un petit nom-bre d'engrais différens fuffit pour la culture de toutes les plantes connues. On a tort de vouloir donner des inftruc-tions fur la culture, en partant feulement de la théorie ; car on n'acquiert quelques connoif-fances fur le jardinage & l'a-griculture que par l'expérience, & cette expérience eft le fruit de la pratique, & non de l'étude fédentaire.

Les différentes efpeces d'en-grais feront traitées féparément fous leurs titres refpectifs, & en général fous les articles *Fu-mier* & *Marne*.

Quand on compofe un *en-grais*, il faut avoir grand foin d'en mêler intimement toutes les parties, & faire en forte que toutes les matieres qui y entrent foient dans une pro-portion convenable. Si l'on em-ploie trois ou quatre fubftan-ces différentes, on doit avoir un ou deux hommes chargés de diftribuer chaque efpece, à proportion de fa quantité. Si on mêle, par exemple, deux parties d'une fubftance avec une partie d'une autre, il faut avoir deux hommes pour la premiere, & un pour la fecon-de : chacun de ces hommes fera chargé de répandre uni-formément chaque matiere, & de faire en forte que le mé-lange foit auffi exact qu'il eft poffible. Il ne faut point entaf-fer ces engrais en un monçeau ; mais les ranger en longueur, afin qu'ils offrent plus de fur-

face à l'action de l'air & du foleil ; & comme ces engrais doivent être faits un an avant d'être employés, afin qu'ils éprouvent les chaleurs de l'été & les froids de l'hiver, il faut les retourner fouvent pendant cet intervalle, afin d'arrêter la végétation des mauvaifes herbes, & de les rendre plus propres à l'ufage auquel on les deftine, en expofant fucceffi-vement toutes les parties à l'action de l'air & du foleil ; ce qui eft d'une grande utilité pour tous les engrais généra-lement ; car plus reçoivent-ils de ces influences, meilleurs font-ils pour la végétation. On en a la preuve en laiffant une terre en jachere, ce qui, avec une bonne culture, équi-vaut fouvent à un engrais.

CONCOMBRE ORDINAI-RE. *Voyez* Cucumis Sativus.

CONCOMBRE DE TUR-QUIE. *V.* Cucumis Flexuo-sus.

CONCOMBRE D'EGYPTE. *Voyez* Cucumis Chata et Luffa.

CONCOMBRE SAUVAGE. *V.* Momordica Elaterium.

CONCOMBRE, *le plus petit.* *V.* Melosthria Pendula. L.

CONCOMBRE A SEMEN-CES SIMPLES. *V.* Sicyos. L.

CONCOMBRE DE LA CHINE EN SERPENT. *Voyez.* Trichosanthes.

CONDRILLE, *ou* CHICO-RÉE DE GOMME. *V.* Chon-drilla.

CONE, eft un vâfe de fe-mence dur, fec, d'une figure cônique, & compofé de plu-fieurs parties ligneufes, pour la plupart écailleufes, unies ferrément enfemble, & qui s'étendent & s'ouvrent quand les graines font mûres.

CONIFERES, *arbres*. Ce font ceux qui produifent des *Cônes*, comme le Cèdre du Liban, le Sapin, le Pin, &c.

CONISE, *ou* HERBE AUX PUCES. *V.* Conyza Squarrosa. L.

CONISE D'AFRIQUE, *en arbriffeau. Voyez* Tarchonanthus. L.

CONIUM. *Lin. Gen. Plant.* 299. *Cicuta. Tourn. Inft. R. H.* 306. *tab.* 160. [*Hemlock.*] Ciguë.

Caracteres. Cette plante eft à ombelles; l'ombelle générale eft compofée de plufieurs petites, appelées *rayons*, qui s'étendent & s'ouvrent : les petites & la grande ombelle ont des enveloppes compofées de plufieurs feuilles courtes : la corolle univerfelle de la plus grande ombelle eft uniforme, & chaque corolle particuliere eft compofée de cinq pétales inégaux en forme de cœur, & inclinés en-dedans : chaque fleur a cinq étamines, terminées par des fommets ronds : le germe qui eft placé au-deffous foutient deux ftyles réfléchis, & couronnés par des ftigmats obtus : ce germe devient par la fuite un fruit rond, cannelé, & divifé en deux parties qui forment deux femences concaves, fillonnées fur un côté & unies de l'autre.

Ce genre de plantes eft rangé dans la feconde fection de la cinquieme claffe de Linnée, intitulée *Pentandria digynia*, les fleurs ayant cinq étamines & deux ftyles.

Les efpeces font :

1º. *Conium maculatum, feminibus ftriatis. Hort. Cliff.* 92. *Fl. Suec.* 226. 238. *Roy. Lugd. - B.* 107. *Jacq. Auftr. t.* 166. *Kniph. Cent.* 11. *n.* 33.; Ciguë avec des femences cannelées.

Conium cicuta. De Neck. Gallob. p. 142.

Cicuta. Haller. Helv. n. 766. *Riv. Pent. t* 74. *Tabern. p.* 782. *Dodon. Purg.* 375.

Coriandrum Cicuta Offic. Crantz. Auftr. p. 211.

Cicuta domeftica. Moris. Umb. p. 18. *G. B.*

Cicuta major. G. B. P. 160. ; la plus grande Ciguë.

Cicutaria major vulgaris. Clus. Hift. 2. *p.* 200.

2º. *Conium tenui-folium, feminibus ftriatis, foliolis tenuioribus* ; Ciguë à femences cannelées, & à feuilles étroites.

Cicuta major, foliis tenuioribus. G. B. P. 160; la plus grande Ciguë à feuilles étroites.

3º. *Conium Africanum, feminibus aculeatis. Hort. Cliff.* 92. *Roy. Lugd. - B.*; Ciguë à femences épineufes.

Conium, feminibus muricatis, petiolis pedunculifve lævibus. Linn. Mant. 352. *Jacq. Hort. t.* 104.

Caucalis Africana, folio minori Rutæ. Boerh. Ind. Alt. Sp. 63.

[4º. *Æthufa Cynapium. Linn. Sp. Plant.* 367. Éthufe perfillée, ou la petite Ciguë.]

Maculatum. La premiere efpece, qui croît naturellement fur les bords des digues & des routes de plufieurs parties de l'Angleterre, eft une plante bis-annuelle, qui périt auffi-tôt que fes femences font mûres : elle a une racine longue &

conique comme celle du *Panais,* mais beaucoup plus petite : fa tige , unie & tachetée de pourpre, s'éleve depuis quatre jufqu'au-deffus de fix pieds, & produit vers fon fommet plufieurs petites branches garnies de feuilles décompofées, dont les lobes font divifés en trois parties à l'extrémité ; elles font d'un vert luifant & leur odeur eft défagréable : fes tiges font terminées par des ombelles de fleurs blanches , dont chacune eft compofée d'environ dix rayons ou petites ombelles, qui ont un grand nombre de fleurs étendues , ouvertes , & placées chacune fur un pédoncule diftinct : fes femences font petites & cannelées, & reffemblent à celles de l'*Anis* : cette plante fleurit en Juin , & fes femences mûriffent en automne.

Tenui folium. La feconde efpece differe de la premiere, en ce que fes tiges font plus grandes & moins tachetées ; fes feuilles font auffi beaucoup plus étroites , & d'un vert plus pâle : cette différence eft conftante ; car je l'ai cultivée pendant près de vingt ans dans le jardin de *Chelféa ,* fans qu'elle ait jamais varié : fes femences ont été envoyées de l'Allemagne , où elle croît naturellement ; elle eft bis - annuelle comme la précédente.

Africanum. La troifieme eft originaire du Cap de Bonne-Efpérance : fes femences, qui ont été portées en Hollande , ont produit des plantes dans quelques jardins des curieux de ce pays : fes graines m'ont été envoyées par le Docteur BOERHAAVE , Profeffeur de Botanique à Leyde. Cette plante s'éleve rarement au-deffus de neuf pouces de hauteur ; fes feuilles baffes font d'une couleur grifâtre , & divifées prefque comme celles de la *Rue* ; celles de la tige font beaucoup plus étroites & de la même couleur ; la tige eft terminée par des ombelles de fleurs blanches , dont les plus larges font compofées de trois plus petites ; l'enveloppe a trois feuilles étroites , placées fous l'ombelle. Cette plante fleurit en Juillet ; fes femences mûriffent en automne, & les plantes fe flétriffent bientôt après.

La premiere efpece n'eft guere admife dans les jardins , parce qu'elle naît fpontanément dans prefque toute l'Angleterre , & que d'ailleurs on la regarde comme ayant des propriétés vénéneufes : quelques Médecins ont affirmé qu'elle étoit nuifible à tous les animaux ; tandis que d'autres affûrent qu'on la mange en Italie , lorfqu'elle eft encore jeune , & qu'on la regarde dans ce pays comme un mets exquis. M. R A Y raconte qu'il a trouvé un géfier de grive rempli de femences de *Ciguë,* mêlées avec quatre ou cinq grains de bled ; que cet oifeau avoit négligé le bled pour donner la préférence à la *Ciguë,* tant il aimoit cette graine , qu'on croit être pernicieufe : il eft cependant très - certain que dans une prairie où la *Ciguë* eft commune, on voit toutes ces plantes refter intactes, tandis que les autres font broutées jufqu'à la racine par les troupeaux.

Plufieurs Médecins regardent cette plante comme un fondant très-propre à diffiper les tumeurs fquirreufes ; d'autres l'ont fort recommandée dans le traitement du cancer, & prefque tous s'accordent à la prefcrire comme un bon narcotique (1).

---

(1) La *Ciguë* eft certainement un très-bon fondant extérieur, dont un grand nombre d'expériences ont prouvé l'efficacité dans les tumeurs fquirreufes, carcinomateufes & arthritiques ; mais peut-on l'adminiftrer avec fûreté à l'intérieur ? & en fuppofant qu'on le puiffe fans danger, doit-on en attendre des fuccès auffi étonnans que ceux qui lui font attribués par fes partifans ? Ces deux queftions font difficiles à réfoudre ; parce que les prôneurs & les détracteurs de ce remede n'ont point agi avec la bonne-foi qu'on devroit apporter dans des fujets de cette nature : il eft certain que la *Ciguë* eft un poifon, & même un poifon fort actif, qui peut tuer à une foible dofe ; mais la conftitution de l'homme eft fi fouple, qu'elle peut s'habituer aux fubftances les plus pernicieufes, & même en prendre une quantité confidérable, en graduant peu-à-peu leur dofe : cependant quoiqu'on foit parvenu à adminiftrer, en fuivant cette méthode, un volume confidérable de ce poifon diverfement préparé, on ne peut nier que plufieurs des malades, foumis à ce traitement, ne foient morts réellement empoifonnés, & que les accidens qui ont terminé leur carriere, n'aient été excités par l'action mordicante & déletere de cette fubftance, ainfi qu'on s'en eft affuré par l'infpec-

On conferve la feconde efpece dans quelques jardins de

---

tion des érofions & d'autres défordres que l'ouverture des cadavres a fait voir dans les premieres voies. Ce remede n'eft donc point exempt de danger, quelles que foient les précautions que l'on prenne en l'adminiftrant. Mais dans les maladies graves, & réputées mortelles dans lefquelles on l'emploie, ne peut-on pas hazarder un remede dangereux, dont l'effet falutaire eft d'ailleurs prouvé par une multitude d'obfervations ? voilà précifément comme les partifans de la *Ciguë* pofent en fait ce qui n'eft encore qu'en queftion ; cette découverte eft encore trop moderne pour pouvoir être appréciée : il faut attendre, pour prononcer, que le tems nous ait placés dans le point de vue où nous devons être pour le faire fainement, & que l'expérience nous ait fourni une bâfe affurée fur laquelle on puiffe affeoir un jugement folide [d].

[d] L'on peut voir ce qui a été dit fur un fujet pareil dans la note [a] ajoutée à l'article *Aconit* (à la page 31 du premier tome). L'auteur de cette note, & de celle-ci, peut affurer, d'après fa propre expérience, que l'ufage interne de la *Ciguë* & de l'*Aconit* eft non-feulement innocent, mais très-falutaire. Dans le printems de 1779, enfuite d'un accès de goutte qui lui avoit duré fix mois, & qui l'avoit laiffé dans le plus trifte état de fanté, il commença à prendre, deux ou trois fois par jour, des Pillules faites du fuc de la *grande Ciguë tachetée* (*Conium maculatum*, *Linn.*) exprimé pendant que la plante eft fraîchement cueillié, & évaporé fur un feu lent jufqu'à la confiftence d'extrait. Au commencement il n'en prit que huit ou dix grains à la

Botanique pour la variété : fi on lui laiffe écarter fes femen-

———————————

fois : puis, en augmentant peu à peu la dofe, & en y mêlant quelquefois une fixieme partie d'un pareil extrait d'*Aconit*, il parvint à en prendre, fans en reffentir la moindre incommodité, jufqu'à 110 & 120 grains par jour : il en continue l'ufage par intervalles jufqu'à préfent, quoique depuis 1779, il n'ait plus eu d'accès de goutte. Ces remedes agiffent très-efficacement à la longue fur le corps humain, quoique d'une maniere tout-à-fait infenfible dans le moment. Voici les effets qu'il en a conftamment obfervés : 1°. Ces extraits ou fucs épaiffis de *Ciguë* & d'*Aconit*, foit enfemble, foit féparement, agiffent comme un puiffant calmant des douleurs arthritiques, fpafmodiques, & de toutes les autres qui font produites par l'âcreté des humeurs. 2°. Ils corrigent complettement l'âcreté du fang & des humeurs, ainfi que les acidités qui fe trouvent dans l'eftomac & les premieres voies; & font ceffer prefqu'à l'inftant les cardialgies, les fpafmes, les crampes, &c. qui réfultent de ces vices. 3°. Ils font un fondant très-puiffant de toutes fortes d'obftructions, fquirres & tumeurs, foit internes, foit externes. 4°. Ils fortifient, à un degré éminent l'eftomac & les facultés digeftives ; en un mot, toutes les facultés animales, fans exception quelconque. Voilà ce que l'auteur de cette note ofe affurer en fe donnant lui-même pour exemple & pour preuve vivante de ce qu'il avance : il doit à l'ufage modéré & fuivi de ces remedes, le rétabliffement d'une fanté très-delabrée par feize années d'une goutte, devenue à la fin prefqu'univerfelle dans tout le corps, & qui ne donnoit plus le relâche d'un tiers de l'année : il leur doit

ces, les plantes poufferont en abondance ; & fi on ne les détruit pas, elles deviendront auffi embarraffantes que celles de la premiere.

La troifieme eft une plante baffe & tendre, qui ne peut jamais être gênante ; car à moins que les hivers ne foient très-favorables, elle ne fubfifte pas en plein air dans notre climat. On feme les graines de cette efpece en automne, auffi-tôt qu'elles font mûres, dans de petits pots, que l'on place en hiver fous un châffis ordinaire, où elles puiffent être expofées en plein air dans les tems doux, & à l'abri des mauvais tems. Dès que ces plantes commencent à pouffer, ce qui a toujours lieu dans le commencement du printems, on les expofe en plein air toutes les fois que le tems le permet, pour les empêcher de filer & de s'affoiblir. Comme elles ne fupportent pas bien la tranfplantation, on doit les éclaircir, & n'en laiffer que quatre ou cinq dans un pot : ces plantes ont peu de beauté ; ainfi on n'en garde que quelques-unes pour en conferver l'efpece : on les tient nettes de mauvaifes herbes, & on les arrofe dans les tems fecs.

[*Æthufa*.] La plupart des Botaniftes avoient rangé dans ce genre une autre efpece,

———————————

une fanté conftante, des forces & de l'agilité à 50 ans paffés, qu'il n'avoit plus à beaucoup près à l'âge de 30 ans.

L'A. M. 1786.

qui eſt aujourd'hui compriſe ſous le titre d'*Æthuſa*. GAS-PARD BAUHIN lui donne le nom de *Cicuta minor, Petroſelino ſimilis* ; c'eſt-à-dire : *petite Ciguë ſemblable au Perſil*. [*e*].

Cette plante, qu'on trouve ſouvent dans les jardins, ſurtout dans les bonnes terres, eſt généralement regardée comme très-vénéneuſe : quelques perſonnes, ayant cueilli cette herbe par ignorance, au lieu de Perſil, en ont été empoiſonnées : c'eſt de cette propriété mal - faiſante que lui vient le nom de *Perſil de fou*, qu'on lui donnoit autrefois. On peut la diſtinguer du *Perſil* par ſes petites feuilles étroites, plus pointues, & d'un vert plus foncé ; mais ceux qui craignent de s'y tromper doivent toujours faire uſage de Perſil friſé, qui en eſt ſi différent, qu'on ne peut s'y méprendre.

CONNARUS. [*Ceylon Sumach.*] Sumach de Céylan.

Caractères. Dans ce genre le calice eſt cotonneux, perſiſtant, & formé par une ſeule feuille diviſée en cinq ſegmens ; la corolle eſt compoſée de cinq pétales en forme de lance & égaux : la fleur a dix étamines en forme d'alêne, jointes à leurs bâſes, alternativement plus longues & plus courtes, & terminées par des ſommets ronds : le germe qui eſt rond, ſoutient un ſtyle cylindrique & couronné par un ſtigmat obtus ; le calice devient par la ſuite une capſule oblongue & inégale, qui s'ouvre en deux valves, & a une cellule dans laquelle eſt renfermée une ſemence groſſe & ovale.

Ce genre de plantes eſt rangé dans le ſecond ordre de la ſeizieme claſſe de LINNÉE, qui a pour titre : *Monadelphia decandria*, & qui comprend celles dont les fleurs ont dix étamines réunies en un corps.

Nous ne connoiſſons qu'une eſpece de ce genre, qui eſt :

Connarus monocarpos ; *Flor. Zeyl.* 248 ; Sumach de Céylan à une ſemence.

Rhus Zeylanicus trifoliatus, Phaſeoli facie, floribus copioſis ſpicatis. Burm. Zeyl. 189. *tab.* 86 ; Sumach de Céylan.

Phaſeolus arboreſcens Zeylanicus monocarpos. Raj. Suppl. 438.

Cette plante, qui nous a été apportée des Indes, s'éleve à la hauteur de huit ou dix pieds, avec une tige ligneuſe, dure, rigide, couverte d'une écorce noire, & diviſée, vers ſon ſommet, en trois branches garnies de feuilles à trois lobes, & portées par de longs pétioles placés alter-

---

[*e*] L'*Ethuſe perſillée*, comme quelques auteurs la nomment, a une tige d'un pied & demi de hauteur, rameuſe, glabre & cannelée ; ſes feuilles ſont deux ou trois fois ailées & découpées de chaque côté, reſſemblantes à celles du *Perſil* : ſon ombelle eſt compoſée : elle n'a point de collerette univerſelle ; mais les ombellules partielles ont des folioles longues, linéaires & pendantes. Cette mauvaiſe herbe eſt annuelle, & devient fort incommode dans un jardin ſi on l'y laiſſe écarter ſes ſemences.

nativement ; ces lobes , de figure ovale , unis & entiers ,
font placés chacun fur un pétiole court & fixé à la côte
ou pétiole du milieu ; ils fe
confervent verts pendant toute
l'année : fes fleurs petites ,
velues , & d'un jaune verdâtre naiffent en gros panicules aux extrémités des branches , & produifent rarement
des femences en Angleterre.

On multiplie ordinairement
cette plante , en marcottant
fes jeunes branches , que l'on
tord comme celles des *Œuil-
lets* , & qu'on arrofe à propos :
ces marcottes auront pouffé
des racines un an après ; on
les détachera alors des vieilles
plantes , & on les mettra chacune féparément dans de petits pots , remplis de terre légere , qu'on plongera dans une
couche de chaleur moderée
pour les avancer , & leur faire
pouffer de nouvelles fibres ;
on les tiendra conftamment à
l'ombre , & on les arrofera
toutes les fois qu'elles en auront befoin : on traitera enfuite ces plantes comme les
autres exotiques qui ne font
pas trop tendres , en les plaçant en hiver dans une ferre
chaude feche , & en les laiffant pendant trois mois de l'été
au-dehors , dans une fituation
chaude & abritée.

Les boutures de cette plante
prennent auffi quelquefois racine , fi on plonge les pots
qui les contiennent dans une
couche de tan de chaleur moderée , & fi on les couvre de
cloches ; mais elles réuffiffent
rarement , quand elles ne font

pas traitées avec le plus grand
foin.

Quand on peut fe procurer
des graines fraîches de cette
efpece , il faut les femer dans
de petits pots ; & lorfque les
plantes font en état d'être enlevées , on les fépare , on les
place chacune dans un petit
pot, que l'on plonge dans une
couche de chaleur moderée ,
& on les traite enfuite comme
les marcottes.

CONOCARPODENDRON.
Voyez Protea , Arbre argenté.

CONOCARPUS. *Lin. Gen.
Plant.* 236. *Rudbeckia. Houft.
Nov. Gen.* 21. [*Button-tree.*]
Arbre à bouton.

Caracteres. Les fleurs recueillies en une tête globulaire ont
chacune un calice écailleux,
au fond duquel eft fitué un
germe large, comprimé & couronné par le calice de la fleur,
qui eft petit, terminé en pointes aiguës, & divifé en cinq
parties : la corolle eft compofée de cinq pétales : la fleur
a cinq, & quelquefois dix étamines minces , étendues au-
delà des pétales, & terminées
par des fommets globulaires :
le germe, large , comprimé &
obtus, foutient un ftyle fimple plus long que les étamines , & couronné par un ftigmat obtus ; il fe change par
la fuite en une femence fimple renfermée dans l'écaille
du fruit qui a la forme d'un
cône d'Aune.

Les plantes de ce genre
ayant cinq étamines & un
ftyle , font rangées dans la premiere fection de la cinquieme

claſſe de LINNEE, intitulée : *Pentandria monogynia.*

Les eſpeces ſont :

1°. *Conocarpus erecta, foliis lanceolatis. Lin. Sp. Plant.* 250. *Hort. Cliff.* 485. *Jacq. Amer.* 78. *t.* 52. *f.* 1 ; Arbre à boutons érigé, à feuilles en forme de lance.

Conocarpus, foliis oblongis, petiolis brevibus, floribus in caput conicum. Brown. Jam. 159.

Rudbeckia erecta, longi-folia. Houſt. MSS ; qu'on appelle communément dans les Indes Occidentales, *Arbre à boutons.*

Rudbeckia Lauri-folia maritima. Amm. Herb. 581.

Alnus maritima Myrti-folia Coriariorum. Pluk. Alm. 18. *t.* 240. *f.* 3.

Alni fructu Lauri-folia arbor maritima Sloan. Jam. 135. *Hiſt.* 2. *p.* 18. *t.* 161. *f.* 2.

Innominata. Plum. Ic. 135. *t.* 144. *f.* 2.

Manghala arbor Curaſſavica, foliis Salignis. Comm. Hort. 1. *p.* 115. *t.* 60.

2°. *Conocarpus procumbens frutescens, foliis ovatis, craſſis, floribus alaribus & terminalibus* ; Arbre à boutons en arbriſſeau traînant, ayant des feuilles épaiſſes & ovales, & des fleurs croiſſant aux aîles des feuilles & aux extrémités des branches.

Conocarpus procumbens foliis obovatis. Jacq. Amer. 79. *t.* 52. *f.* 2.

Rudbeckia maritima procumbens, rotundi-folia. Houſt. MSS ; Rudbeckia maritime trainant, à feuilles rondes.

Rudbeckia ſupina, foliis ſub-rotundis. Amm. Hort. 581.

Erecta. La premiere eſpece croît en abondance dans la plupart des rivages ſablonneux des Iſles des Indes Occidentales : elle s'éleve avec une tige droite & ligneuſe, à la hauteur d'environ ſeize pieds, & pouſſe pluſieurs branches latérales érigées, & garnies de feuilles en forme de lance, portées ſur des pétioles courts, gros & placés alternativement à chaque côté des branches : ſes fleurs ſont produites ſur de courtes branches qui ſortent des aîles des feuilles, & dont les parties inférieures ſont garnies de trois ou quatre feuilles : chacune de ces branches eſt terminée par ſix ou huit têtes coniques de fleurs, à-peu-près ſemblables à celles de l'*Acacia,* pourvues d'une enveloppe écailleuſe, petite, rougeâtre, ayant cinq étamines minces & un ſtyle qui s'étendent au-dehors au-delà des pétales ; elles ſont ſuivies par de ſimples ſemences renfermées dans les écailles du fruit conique.

Procumbens. La ſeconde eſpece a des branches courtes & courbées qui ſe diviſent & s'étendent au-dehors à chaque côté ſur la terre ; elles ſont couvertes d'une écorce griſâtre, & leurs parties hautes ſont garnies de feuilles épaiſſes, ovales, un peu plus larges que celles du *Buis nain,* & ſupportées par des pétioles fort courts, & placées ſans ordre ſur les parties latérales des branches : ſes fleurs, de couleur herbacée, petites, & recueillies en petites têtes rondes, fortent fimples fur les branches, & en epis clairs à leur extrémité : les écailles font rudes, & les cônes d'une texture plus claire que ceux de l'efpece précédente.

Cet arbriffeau a été trouvé en abondance par le Docteur GUILLAUME HOUSTOUN, dans des terres marécageufes qui avoifinent la mer dans les environs de la Havane, d'où il m'a envoyé fes femences en Angleterre, en 1730.

Ces deux efpeces font confervées dans quelques jardins, pour la variété ; mais elles ne font pas d'une grande beauté : on les multiplie par femences qu'il faut fe procurer de leur pays natal, parce qu'elles n'en produifent jamais de bonnes en Europe ; fi ces femences font fraîches, elles poufferont de très-bonne heure, en les répandant fur une bonne couche chaude : on met les plantes dans des pots, & on les conferve dans une ferre chaude de tan, où elles feront de grands progrès ; mais elles font trop tendres pour être jamais expofées au - dehors : on doit donc les traiter comme les autres plantes exotiques tendres. Comme elles croiffent naturellement dans des lieux humides & marécageux, il faut les arrofer fouvent en été; mais elles n'ont befoin que de très-peu d'eau pendant l'hiver : ces plantes confervent toujours leur verdure, parce que leurs feuilles ne tombent que lorfque les nouvelles commencent à pouffer.

CONSOLIDA MAJOR. *V.* SYMPHYTUM OFFICINALE.

CONSOLIDA MEDIA. *V.* BUGULA.

CONSOLIDA MINIMA. *Voyez* BELLIS.

CONSOLIDA REGALIS. *Voyez* DELPHINIUM CONSOLIDA.

CONSOUDE, *grande. Voy.* SYMPHYTUM OFFICINALE.

CONSOUDE, *petite, ou* LA BUGLE. *Voyez* BUGULA.

CONSOUDE DORÉE. *V.* SENECIO SARRACENIUS.

CONTRAYERVA. *Voyez* DORSTENIA.

CONTRAYERVA DE LA JAMAIQUE. *Voy.* ARISTOLOCHIA INDICA.

CONVALLARIA. *Lin. Gen. Plant. 383. Lilium convallium. Tourn. Inft. R. H. 77. tab. 14; Unifolium. Dill. Gen. 7.* [*Lily of the Valley.*] Lis des vallées. Muguet.

Le Docteur LINNÉE a joint à ce genre le *Polygonatum* de TOURNEFORT, ou *le Sceau de Salomon.* [*Solomon's Seal.*]

Caractères. La corolle eft monopétale, en forme de cloche & divifée au bord en fix fegmens obtus, étendus, ouverts & réfléchis : la fleur n'a point de calice, mais feulement fix étamines inférées dans la corolle, plus courtes & terminées par des fommets oblongs & érigés. Dans le centre eft placé un germe globulaire, qui foutient un ftyle mince plus long que les étamines, & couronné par un ftigmat obtus & à trois angles : ce germe devient par la fuite une baie globulaire à trois cellules, qui contiennent une femence ronde.

Ce genre de plantes eft rangé dans la premiere fection de la fixieme claffe de LINNÉE, qui a pour titre : *Hexandria monogynia*, & qui comprend celles qui ont fix étamines & un ftyle.

Les efpeces font :

1°. *Convallaria maïalis, fcapo nudo. Flor. Lapp. 113. Fl. Suec. 273, 292. Mat. Med. 95. Hort. Cliff. 124. Roy. Lugd.-B. 26. Gmel. Sib. 1, p. 34. Kniph. Cent. 10, n. 23* ; Muguet à tiges nues.

Convallaria acaulis, bifolia, fcapo nudo. Scop. Carn. 1, p. 236, n. 1, Ed. 2, n. 418.

Polygonatum fcapo diphyllo, floribus fpicatis, nutantibus, campani - formibus. Hall. Helv. n. 1241.

Lilium convallium Alpinum. Bauh. Pin. 304.

Lilium Convallium album. G. B. P. 304 ; Lis des vallées blanc.

Il y a une varieté de cette efpece à fleurs rougeâtres, que l'on conferve dans les jardins fous le titre de GASPARD BAUHIN. *Lilium Convallium flore rubente. Pin. 304.*

2°. *Convallaria lati-folia, fcapo nudo, foliis latioribus* ; Muguet à tige nue & à feuilles plus larges.

Lilium Convallium latifolium. G. B. P. 136 ; Lis des vallées, à larges feuilles. Il y a dans cette efpece une variété à doubles fleurs panachées, qu'on cultive dans les jardins, & que TOURNEFORT appelle *Lilium lati-folium, flore pleno variegato. Inft. R. H. 77* ; Lis des vallées à larges feuilles pro-

duifant une fleur double & panachée.

3°. *Convallaria multi-flora, foliis alternis amplexicaulibus, caule tereti, axillaribus pedunculis multi-floris, Fl. Suec. 2, p. 295. Scop. Carn. 2, n. 421* ; Muguet à feuilles alternes & amplexicaules, ayant une tige cylindrique avec des pédoncules axillaires, & chargés de plufieurs fleurs.

Convallaria, foliis alternis, pedunculis pendulis multifloris. Sauv. Monfp. 42.

Polygonatum, caule fimplici cernuo, foliis ovato-lanceolatis, petiolis multifloris. Hall. Helv. n. 1243.

Polygonatum. Dod. Purg. 77. Camer. Epit. 692.

Polygonatum latifolium. 1. Clus. Hift. 1. p. 275.

Polygonatum lati-folium vulgare. G. B. P. 305 ; Sceau de Salomon ordinaire à larges feuilles.

4°. *Convallaria odorata, foliis alternis, femi - amplexicaulibus, floribus majoribus axillaribus* ; Muguet à feuilles alternes, embraffant les tiges à moitié, avec des fleurs plus groffes, placées aux aîles des feuilles, & d'une odeur douce.

Polygonatum lati-folium, flore majore odorato. G. B. P. 303.

5°. *Convallaria polygonatum, foliis alternis amplexicaulibus, caule ancipiti, pedunculis axillaribus fub-unifloris. Lin. Mat. Med. 95. Gmel. Sibir. 1, p. 34. Scop. Carn. Ed. 2, n. 240. Kniph. Cent. 3, n. 31* ; Sceau de Salomon à feuilles alternes, & amplexicaules, avec des pédoncules qui foutiennent chacun une feule fleur.

Convallaria , foliis alternis , floribus axillaribus. Fl. Suec. 274 , 294. Hort. Cliff. 124. Gron. Virg. 37. Roy. Lugd -B. 26.

Convallaria , foliis alternis , pedunculis pendulis unifloris. Sauv. Monsp. 42.

Polygonatum caule simplici, anguloso , cernuo , foliis ovato-lanceolatis , rigidis , alis unifloris. Hall. Helv. n. 1242.

Polygonatum , floribus ex singularibus pedunculis. G. B. P. Sceau de Salomon ordinaire.

6°. *Convallaria stellata , foliis amplexicaulibus plurimis. Lin. Sp. 452 ;* Muguet ayant plusieurs feuilles qui embrassent les tiges.

Polygonatum Canadense spicatum fertile. Cornut. Canad. 33 , t. 33.

Polygonatum Virginianum erectum spicatum , flore stellato. Moris. Hist. 3 , p. 536.

7°. *Convallaria verticillata , foliis verticillatis , flore herbaceo. Lapp. 114. Fl. Suec. 275. , 293. Hort. Cliff. 125. Roy. Lugd.-B. 26 ;* Muguet avec des feuilles à têtes torses , & une fleur herbacée.

Polygonatum caule simplici erecto , foliis ellipticis & verticillatis. Hall. Helv. n. 1244.

Polygonatum angusti-folium , non ramosum. G. B. P. 303.

Polygonatum alterum. Dod. Pempt. 345.

8°. *Convallaria racemosa , foliis sessilibus , racemo terminali composito. Lin. Sp. Plant. 452 ;* Muguet à feuilles sessiles , avec des tiges terminées par des épis de fleurs composées.

Convallaria , racemo composito. Roy. Lugd.-B. 26.

Polygonatum Virginianum erectum , spicatum , flore stellato sterili. Moris. Hist. 3 , p. 537.

Convallaria , foliis alternis , racemo terminali. Hort. Cliff. 125. Gron. Virg. 38.

Polygonatum racemosum & spicatum. Moris. Hist. 3 , p. 537.

Polygonatum racemosum. Corn. Canad. 36 , t. 37.

Polygonatum racemosum Americanum , Ellebori albi foliis amplissimis. Pluk. Alm. 301 , t. 311 , f. 2.

9°. *Convallaria bifolia , foliis cordatis. Flor. Lapp. 113. Fl. Suec. 276 , 296. Hort. Cliff. 125. Roy. Lugd.-B. 26. Scop. Carn. Ed. 2 , n. 422. Kniph. Cent. 7 , n. 12 ;* Muguet à feuilles en forme de cœur.

Smilax uni - folia humillima. Tourn. Inst. App. 564 ; Le plus petit Smilax à feuille simple.

Lilium convallium minus. G. B. P. 304 ; Le plus petit Lis des vallées.

Gramen Parnassi. Cam. Epit. 744.

Unifolium. Hall. Helv. n. 1240. Dodon. Coron. p. 138. Gmel. Sib. 1 , p. 35.

Maïalis. La premiere espece croît naturellement en grande abondance dans les bois des environs de Woburn, dans la province de Bedford, où l'on va cueillir ces fleurs pour en garnir les marchés de Londres. On cultive aussi dans les jardins cette espece pour l'odeur agréable de ses fleurs : on la trouvoit autrefois très - communément dans les bruyeres de Hampstead, mais elle y est à présent fort rare , parce que ses racines ne s'y font plus multipliées depuis qu'on a dé-truit tous les arbres qui y for-moient un ombrage.

Cette plante a une racine mince & fibreuſe qui rampe ſous la ſurface de la terre, & au moyen de laquelle elle ſe multiplie en grande abondan-ce ; ſes feuilles naîſſent par paires ; leurs pétioles, qui ont environ trois pouces de lon-gueur, ſont renfermés enſem-ble dans une même envelop-pe, & ſe diviſent au ſommet en deux parties, qui ſoutien-nent chacune une ſimple feuille dont l'une s'éleve un peu au-deſſus de l'autre : ces feuilles, longues de quatre à cinq pou-ces, ſur près d'un pouce & demi de largeur au milieu, de-viennent plus étroites à cha-que extrémité ; elles ont plu-ſieurs veines longitudinales coulant parallelement à la côte principale qui n'occupe pas tout-à-fait le milieu de la feuil-le, mais qui s'écarte un peu de côté : ſes tiges nues & hautes d'environ cinq pouces, ſortent immédiatement de la racine à côté des feuilles, & ſoutiennent vers leurs ſom-mets des pédoncules de fleurs blanches rangées latéralement ſur la tige, & penchées d'un côté ; ces fleurs, dont chacune eſt portée ſur un pédoncule ſéparé, pliant & courbé, ſont de la petite eſpece de *Campa-nule* ; leurs bords ſont réflé-chis & légerement découpés en ſix parties ; elles ont ſix étamines inſérées dans le pé-tale, & plus courtes que le tube : le germe, qui ſoutient un ſtyle ſimple, eſt de forme

triangulaire, & couronné par un ſtigmat à trois angles ; il ſe change, quand la fleur eſt paſſée, en une baie ronde, de couleur rouge quand elle eſt mûre, & renfermant trois ſe-mences rondes. Cette plante fleurit en Mai, ce qui lui a fait donner le nom de *Lis de Mai*, & ſes ſemences mûriſſent en automne. Les fleurs de cette eſpece ſont employées en Mé-decine, comme céphaliques & cordiales ; on les adminiſtre dans les paralyſies, l'épilepſie, les ſpaſmes, &c., & on en fait une conſerve qu'on ordonne dans les mêmes circonſtances : les Allemands retirent, par la diſtillation de ces fleurs, une eau qu'ils appellent *Aqua au-rea*, Eau d'or, à cauſe de ſes admirables propriétés (1).

---

(1) Les fleurs du *Muguet*, dont on fait plus fréquemment uſage en Médecine que des racines de la plante, répandent une odeur agréa-ble & pénetrante, dont l'action ſe porte violemment ſur les nerfs, & peut occaſionner des céphalalgies & même des ſyncopes aux perſon-nes délicates : ces mêmes fleurs deſſechées & réduites en poudre, excitent, lorſqu'on les introduit dans les narines, des éternuemens violens qui peuvent être ſalutaires dans les cas de paralyſie, de fluxions à la tête, & ſurtout dans l'epilepſie & le vertige, mais qui produiſent ſouvent des hémorrha-gies violentes dans les perſonnes pléthoriques

Comme les fleurs du *Muguet* per-dent bientôt leur odeur, & qu'el-les ne ſont plus alors qu'inciſives, irritantes & déterſives, l'eau qu'on en retire par la diſtillation, lorſ-qu'elles ſont encore fraiches, poſ-

Il y a dans cette plante une variété à feuilles étroires, qui me paroît être occafionnée par le fol & la fituation, car fes racines, ayant été enlevées des lieux où, elles naiffent fpontanément, & plantées dans un jardin, ont produit des feuilles auffi larges que celles de l'efpece commune ; mais celle à fleurs rouges s'eft confervée fans altération, pendant plus de quarante années : fes fleurs font plus petites, fes tiges plus tendres, & fes feuilles d'un vert plus foncé que celles de l'efpece ordinaire ; & comme je ne l'ai pas multipliée par fes graines, je ne puis affurer qu'elle foit plutôt une variété féminale, qu'une efpece diftincte & féparée.

Lati-folia. La feconde, qui m'a été envoyée des Alpes,

---

fede des propriétés bien différentes de celles que l'on conferve dans les boutiques pour les employer en décoctions, ou de toute autre manierc. L'eau diftillée qui jouït de toutes les facultés de la partie odorante qu'elle retient, difcute, fortifie, agite & convient dans le vertige, l'apoplexie, les affections comateufes, l'épilepfie, les palpitations de cœur, la paralyfie, la foibleffe de mémoire, &c.

L'extrait, ou la fimple décoction de la plante, defféchée & dépourvue de fa partie odorante, peut être employée avec fuccès, lorfqu'il s'agit de divifer des humeurs épaiffies, de donner du reffort aux folides relâchés, d'évacuer des impuretés muqueufes, & de provoquer les fueurs ; comme dans l'afthme humide, la cachexie, le fcorbut, les fievres intermittentes rebelles, &c.

Tome II.

ayant confervé fon caractere dans les jardins où elle eft placée avec l'efpece commune, je ne puis douter qu'elle ne forme une efpece à part : comme on penfe que celle à fleurs doubles panachées n'eft qu'une variété de celle-ci, je n'en ai pas fait mention comme d'une efpece particuliere : fes fleurs font beaucoup plus groffes & joliment panachées en pourpre & en blanc. J'ai reçu cette plante du Jardin Royal de Paris : elle a fleuri pendant plufieurs années dans le jardin de *Chelféa*, mais fes racines ne fe multiplient pas autant que celles de la précédente.

Ces plantes exigent un fol léger & fablonneux, & une fituation ombragée ; on les multiplie en divifant leurs racines qui pouffent en grande abondance : le meilleur tems pour les tranfplanter eft l'automne ; on laiffe entr'elles un intervalle d'un pied, afin qu'elles puiffent avoir affez de place pour s'étendre ; car fi elles fe plaifent dans le lieu où elles font plantées, & que la fituation leur foit favorable, elles fe rencontreront & couvriront la terre dans une année : fi le fol eft riche, elles fe multiplieront fortement, mais elles ne produiront pas autant de fleurs.

La feule culture que ces plantes exigent, eft d'être tenues nettes de mauvaifes herbes, divifées & tranfplantées chaque trois ou quatre années ; fans cette attention, elles s'entrelaceront les unes avec les autres, fe priveront mutuellement de nourriture, & leurs fleurs feront claires & petites.

Multi-flora. La troisieme fe trouve fur les Alpes & fur l'Apennin ; fes tiges, quand elle croît en bonne terre, s'élevent généralement à trois pieds de hauteur. Elles font coniques & garnies de feuilles oblongues, ovales, alternes, amplexicaules, fillonnées par plufieurs veines longitudinales, & femblables à celles de l'*Ellebore* : fes pédoncules fortent des ailes des feuilles, & fupportent chacun quatre ou cinq fleurs plus groffes que celles de l'efpece commune, & dont les tubes font plus rétrécis ; elles font remplacées par de groffes baies qui deviennent bleuâtres lorfqu'elles font mûres. Cette plante fleurit en Mai, & fes femences mûriffent en automne.

Odorata. La quatrieme eft le *Sceau de Salomon* à larges feuilles, qu'on prétend croître naturellement en Angleterre ; cependant je crois la nôtre différente de celle qui eft décrite par GASPARD BAUHIN, parce que celles que j'ai trouvées dans deux endroits, avoient des tiges beaucoup plus courtes, & des feuilles plus larges dont les bords étoient tournés en-dedans ; ces différences fe confervent dans les jardins, quoi qu'elle foit plantée dans le même fol & à la même expofition que l'efpece commune.

Polygonatum. La cinquieme, ou le *Sceau de Salomon commun*, a une racine blanche & charnue auffi groffe que le doigt, qui fe multiplie dans la terre ; le grand nombre des nœuds qui la partagent lui a fait donner le nom de *Polygonatum*, c'eft-à-dire, *à plufieurs genoux* : au printems il en fort plufieurs tiges coniques, hautes d'environ deux pieds, ornées de feuilles oblongues & ovales, & marquées par plufieurs veines longitudinales qui coulent parallelement à la côte du milieu ; elles embraffent la tige de leurs bâfes, & font toutes rangées fur un côté, tandis que l'autre eft occupée par les pédoncules des fleurs ; ces pédoncules ont environ un pouce de longueur, & fe divifent au fommet en trois ou quatre autres plus petits, dont chacun foutient une fleur fimple, tubuleufe, de couleur verte, blanche à la partie baffe de fon tube, & découpée aux bords en fix parties : elles ont chacune fix étamines qui environnent un ftyle fimple placé fur un germe, & couronné d'un ftigmat émouffé ; le germe devient enfuite une baie ronde à-peu-près de la groffeur de celles du *Lierre*, & dans laquelle font contenues trois femences. Cette plante fleurit en Mai ; fes graines mûriffent en automne, & fa tige fe flétrit enfuite (1).

---

(1) Le *Sceau de Salomon* eft une plante déterfive & aftringente, qu'on emploie rarement à l'intérieur ; mais dont on fait ufage plus communément pour la cure des hernies des enfans, & les maladies de la peau : dans le premier cas, on fait bouillir fa racine dans du vin blanc, on trempe des linges dans cette décoction, qu'on applique fur le lieu de la hernie, &

Stellata. La sixieme s'éleve à la hauteur d'environ deux pieds, avec une tige droite garnie de feuilles longues, étroites, & disposées en têtes torses autour de la tige; il y a généralement cinq de ces feuilles placées à chaque nœud; elles ont quatre pouces de longueur, sur un demi de largeur; elles sont unies & d'un vert clair : ses fleurs sortent des mêmes nœuds, sur de courts pédoncules, qui soutiennent chacun cinq ou six fleurs; elles sont plus petites, & leurs tubes sont beaucoup plus courts que dans aucune autre espece; elles sont d'un blanc sale, tachetées de vert, & légerement découpées en six parties. Cette plante se trouve dans les parties septentrionales de l'Europe.

Verticillata. La septieme, qu'on rencontre dans presque toute l'Amérique Septentrionale, m'a été envoyée de la Nouvelle-Angleterre, de Philadelphie, & de plusieurs autres endroits ; sa tige est droite, haute d'environ deux pieds, & garnie de feuilles oblongues, terminées en pointes aiguës, longues d'environ cinq pouces sur deux & demi de largeur, & marquées de trois grosses

veines longitudinales, entre lesquelles on en remarque plusieurs autres plus petites qui se joignent aux deux extremités : ses feuilles sont alternes, sessiles aux tiges, d'un vert clair en dessus, & plus pâles en-dessous : ses fleurs naissent aux extrémités des tiges en épis branchus, dont chacun est formé de plusieurs autres plus petits, composées de fleurs en forme d'étoile, d'un jaune pâle, & qui tombent sans produire de semences. Cette espece fleurit à la fin de Mai ou au commencement de Juin ; ses tiges périssent en automne, mais sa racine est vivace ; elle se multiplie par ses rejettons.

Racemosa. La huitieme croît naturellement dans les mêmes pays que la précédente ; elle pousse des tiges hautes de deux pieds, & garnies de plusieurs feuilles oblongues, qui embrassent les tiges de leurs bâses : ses fleurs, qui sont produites en épis simples aux extrémités des tiges, sont de la même forme & de la même couleur que celles de la septieme ; & des baies rouges, à-peu-près aussi grosses que celles du *Lys-des-vallées* leur succedent. Cette espece fleurit au commencement du mois de Juin, & ses baies mûrissent en automne.

Culture. Toutes les especes du *Sceau de Salomon* sont des plantes fort dures ; & comme elles se plaisent dans un sol léger, & à l'ombre, elles sont très-propres à garnir les bosquets, sous le feuillage des grands arbres, où elles pro-

---

on fait prendre intérieurement une portion de ce vin pendant douze ou quinze jours. Une dose un peu forte de l'infusion de cette plante, peut donner des nausées, & même exciter le vomissement; son eau distillée est aussi regardée, par quelques Auteurs, comme un excellent cosmérique propre à décrasser & à embellir le teint.

fiteront & se multiplieront fortement , si elles ne sont pas étouffées par des arbrisseaux bas , & pendant l'été elles y feront une agréable variété : l'aspect de ces plantes est d'ailleurs très-singulier.

Elles se multiplient toutes très-fort par leurs racines rampantes ; sur - tout quand elles sont plantées dans un sol & à une situation qui leur conviennent : le meilleur tems pour transplanter & diviser leurs racines, est l'automne, aussi-tôt après que leurs tiges sont fanées ; celles qu'on sépare dans cette saison deviennent beaucoup plus fortes que celles qui ne sont transplantées qu'au printems : on peut néanmoins faire cette opération dans quelque tems que ce soit, depuis que leurs tiges sont flétries, jusqu'à la pousse des nouvelles.

Comme ces racines s'étendent considérablement, il faut les placer à une grande distance les unes des autres, afin qu'elles puissent avoir assez de place ; car on ne doit les transplanter que chaque trois ou quatre années, quand on veut qu'elles deviennent fortes & qu'elles produisent un bon nombre de tiges, en quoi consiste leur beauté. La seule culture que ces plantes exigent, est de labourer la terre entr'elles à chaque printems, & de les tenir nettes des mauvaises herbes.

Bifolia. Les racines de la neuvieme espece sont d'usage en Médecine, & fort recommandées à cause de leur efficacité dans toutes sortes de contusions. L'eau distillée de la plante, nettoie le visage, & rend le teint beau ; sa décoction guérit la gale, & d'autres maladies cutanées.

CONVOLVULUS. *Lin. Gen. Pl.* 198. *Tourn. Inst. R. H.* 82. *tab.* 57. [*Bindweed.*] Herbe tortillante : de *convolvendo,* rouler autour, *ou* s'entortiller. Liseron.

Caracteres. Le calice est persistant & formé par une feuille divisée au sommet en cinq parties ; la corolle est monopétale , fort élargie, en forme de cloche, étendue & ouverte : la fleur a cinq courtes étamines , terminées par des sommets ovales & comprimés, un germe rond, qui soutient un style mince , & couronné par deux stigmats larges & oblongs, le calice devient par la suite une capsule ronde, ayant une, deux ou trois valvules, & renfermant plusieurs semences convexes à l'extérieur & angulaires en-dedans.

Ce genre de plantes est rangé dans la premiere section de la cinquieme classe de LINNÉE, intitulée : *Pentandria monogynia ,* la fleur ayant cinq étamines & un style.

Les especes sont :

1°. *Convolvulus arvensis , foliis sagittatis utrinque acutis , pedunculis subunifloris. Flor. Suec.* 173. 181. *Dalib. Paris.* 65. *Gmel. Sib.* 4. *p.* 95. *Scop. Carn.* 2. *n.* 219. *Kniph. Cent.* 12. *n.* 31 ; Liseron , à feuilles en forme de flèche, pointues des deux côtés, avec une fleur simple sur chaque pédoncule.

Convolvulus minor arvensis. G.

B. P. 294 ; le plus petit Liſeron des champs, connu vulgairement ſous le nom d'*Herbe conſtipante de Gravelle.*

Convolvulus, foliis ſagittatis, lateſcentibus, petiolis unifloris, ſtipulis remotis, ſubulatis. Hall. Helv. n. 664.

Convolvulus, foliis ſagittatis, utrinque acutis. Hort. Cliff. 66. Roy. Lugd.-B. 427.

Smilax levis minor. Dodon. Purg. 213.

Helxine, foliis ſagittatis, Ciſſampelos. Matth. 1011. Camer. Epit. 753.

Convolvulus minimus, anguſto auriculato folio. Bocc. Mus. t. 33 ; Variété à feuilles étroites & oreillées.

2°. *Convolvulus ſepium, foliis ſagittatis, poſticè truncatis, pedunculis tetragonis unifloris. Prod. Leyd. 427. Fl. Suec. 174. 182. Dalib. Paris. 65 ;* Liſeron à feuilles en forme de lance, & tronquées au dos, produiſant une fleur ſimple ſur chaque pédoncule.

Convolvulus foliis ſagittatis, hamis emarginatis, anguloſis, petiolis unifloris, ſtipulis cordatis maximis. Hall. Helv. n. 663.

Convolvulus, foliis ſagittatis, poſticè truncatis. Hort. Cliff. 66. involucris cordatis. Virid. Cliff. 18.

Convolvulus foliis ſagittato-acuminatis, poſticè auriculatis, floribus ex foliorum alis ſolitariis. Gmel. Sib. 4. p. 96. n. 54. t. 48.

Smilax levis major. Dodon. Purg. 210.

Volubilis minor. Tabern. 875. Hall.

Convolvulus major albus. G. B. P. 294 ; Liſeron plus large, appelé *Bear-bind.* Lien d'Ours.

3°. *Convolvulus Scammonia, foliis ſagittatis, poſticè truncatis, pedunculis teretibus ſubtrifloris. Prod. Leyd. 427. Mat. Med. p. 60 ;* Liſeron à feuilles en forme de flèche, & tronquées au dos, ayant trois fleurs ſur chaque pédoncule.

Convolvulus Syriacus, ſivè Scammonia Syriaca. Mor. Hiſt. 2. p. 12 ; Liſeron de Syrie, ou Scammonée de Syrie.

Scammonia Syriaca. Bauh. Pin. 294.

4°. *Convolvulus purpureus, foliis cordatis, indiviſis, fructibus cernuis, pedicellis incraſſatis. Lin. Sp. 219 ;* Liſeron à feuilles non diviſées, & en forme de cœur, avec des fruits pendans, & des pédoncules gonflés.

Convolvulus tuberculatis piloſis. Virid. Cliff. 18. Hort. Ups. 38. Gron. Virg. 141.

Convolvulus purpureus, folio ſubrotundo. G. B. P. 295. Ehret. Pict. 7. f. 2. ; Liſeron à feuilles rondes, ordinairement appelé *Convolvulus major.*

5°. *Convolvulus Indicus, foliis cordatis, acuminatis, pedunculis trifloris ;* Liſeron à feuilles pointues & en forme de cœur, avec trois fleurs ſur chaque pédoncule.

Convolvulus major, folio ſubrotundo, flore amplo purpureo. Sloan. Cat. Jam. 55. ; le plus grand Liſeron à feuilles rondes, avec une plus grande fleur pourpre.

6°. *Convolvulus Nil, foliis cordatis, trilobis, villoſis, calycibus lævibus, capſulis hirſutis, pedunculis bifloris ;* Liſeron à feuilles en forme de cœur, ayant trois lobes velus, avec des calices unis, des capsules velues, & deux fleurs sur chaque pédoncule.

Convolvulus cæruleus, Hederaceo angulofo folio. G. B. P. 295. Bauh. Hift. 2. p. 164. Dill. Elth. 96. t. 80. f. 91. & 92. ; Liferon à feuilles de Lierre angulaires.

7°. *Convolvulus* Batatas, *foliis cordatis, haftatis, quinque-nerviis, caule repente hifpido, tuberifero. Lin. Sp. Plant. 220.* ; Liferon à feuilles en forme de cœur, garnies de cinq nerfs, avec une tige grimpante & en tube.

Convolvulus, foliis cordatis, angulatis, radice tuberofâ. Hort. Cliff. 67. Roy. Lugd.-B. 427.

Convolvulus, radice tuberofâ, efculentâ, minore, purpureâ. Sloan. Cat. Jam. 54. ; Liferon à petites racines, de couleur pourpre, bulbeufes, & bonnes à manger, connues fous le nom de *Patates d'Efpagne*, ou *Batates*.

Batatas. Bauh. Pin. 91. Rumph. Amb. 5. p. 367. t. 130.

Kappa - Kelengu. Rheed. Mal. 7. p. 95. t. 50.

8°. *Convolvulus palmatus, foliis palmatis, lobis feptem finuatis acutis, pedunculis unifloris, calycibus maximis patentibus* ; Liferon à feuilles en forme de main, & compofées de fept lobes dentelés, avec une fleur fimple fur chaque pédoncule, & un très-grand calice étendu.

Convolvulus pentaphyllos, folio glabro, dentato, viticulis hirfutis. Plum. Amer. 1. Ic. 91. f. 2.

Convolvulus pentaphyllus. Linn. Spec. Plant. tom. 1. pag. 443. Sp. 36.

9°. *Convolvulus Ariftolochiæ-* folius, *foliis haftato-lanceolatis, auriculis rotundatis, pedunculis multi-floris* ; Liferon à feuilles pointues & en forme de lance, & pourvues d'oreilles rondes, avec plufieurs fleurs fur chaque pédoncule.

Convolvulus Americanus, Ariftolochiæ folio longiore, floribus plurimis ex uno pediculo infidentibus. Houft. MSS.

10°. *Convolvulus hirtus, foliis cordatis fubhaftatifque, villofis, caule petiolifque pilofis, pedunculis multi-floris. Lin. Sp. Plant. 159* ; Liferon avec des feuilles en forme de cœur, un peu velues, terminées par une pointe en forme de lance, des tiges & des pétioles couverts de poils, & plufieurs fleurs fur chaque pédoncule.

Convolvulus Americanus, polyanthos, Althææ folio villofo. Houft. MSS.

Convolvulus, foliis cordato-haftatis, glabris, acuminatis, anguftis, rotundatis, caule petiolifque villofis. Hort. Cliff. 496. Roy. Lugd.-B. 429.

11°. *Convolvulus glaber, foliis ovato-oblongis, glabris, pedunculis uni-floris, calycibus decempartitis* ; Liferon à feuilles ovales, oblongues & unies, produifant une feule fleur fur chaque pédoncule, avec des calices découpés en dix parties.

Convolvulus, foliis oblongis, glabris; floribus amplis, purpureis. Houft. MSS.

12°. *Convolvulus pentaphyllos hirfutiffimus, foliis quinquelobatis, pedunculis longiffimis bifloris* ; Liferon fort velu, avec des feuilles à cinq lobes, & de fort longs pédoncules qui soutiennent chacun deux fleurs.

Convolvulus pentaphyllos hirsutus. Plum. Cat.

Spomæa, foliis digitatis suprà glabris, caule piloso, pedunculis multi-floris. Hort. Ups. 39.

13°. *Convolvulus frutescens, caule fruticoso, glabro ; foliis quinque - lobatis, pedunculis geniculatis, uni-floris, capsulis maximis ;* Liseron avec une tige d'arbrisseau unie, des feuilles à cinq lobes, & de fort grandes capsules.

Convolvulus pentaphyllos, flore & fructu purpureis maximis. Plum. Cat.

14°. *Convolvulus Brasiliensis, foliis emarginatis, basi biglandulosis, pedunculis trifloris. Lin. Sp. Plant. 159 ;* Liseron à feuilles échancrées, & accompagnées de deux glandes à leurs bâses avec trois fleurs sur chaque pédoncule.

Convolvulus maritimus, foliis nitidis, subrotundis, emarginatis, petiolis biglandulosis. Brown. Jam. 153.

Convolvulus marinus catharticus, folio rotundo, flore purpureo. Plum. Pl. Amer. 89. tab. 104.

Convolvulus marinus, sivè Soldanella Brasiliensis. Marcgr. Bras. 51. Pis. Bras. 258.

15°. *Convolvulus multiflorus, foliis cordatis, glabris, pedunculis multifloris, semine villoso ferrugineo ;* Liseron à feuilles unies, en forme de cœur, avec plusieurs fleurs sur chaque pédoncule, & des semences couronnées d'un duvet de couleur de fer.

Convolvulus luteus polyanthos. Plum. Amer. 88, t. 102.

Convolvulus polyanthos, folio subrotundo, flore luteo. Sloan. Jam. 53.

Convolvulus Americanus vulgari folio, capsulis triquetris numerosis, ex uno puncto longis petiolis propendentibus, semine lanugine ferrugineâ, villosâ. Pluk. Phyt. tab. 167, f. 1.

Convolvulus umbellatus. Lin. Sp. Plant. 221. Syst. Plant. t. 1, p. 439. Sp. 17.

16ᵛ. *Convolvulus Canariensis, foliis cordatis pubescentibus, caule perenni villoso, pedunculis multifloris. Lin. Sp. Plant. 155 ;* Liseron avec des feuilles couvertes d'un duvet mou, cotonneux & en forme de cœur, une tige velue & vivace, & plusieurs fleurs sur chaque pédoncule.

Convolvulus foliis cordatis, caule fruticoso, villoso. Virid. Cliff. 18. Hort. Cliff. 67. Roy. Lugd.-B. 428.

Convolvulus Canariensis semper virens, foliis mollibus & incanis. Hort. Amst. 2, p. 101, t. 51.

Convolvulus Canariensis, foliis longioribus mollibus incanis. Pluk. Alm. 114, t. 325, f. 1.

17°. *Convolvulus Hederaceus, foliis triangularibus acutis, floribus plurimis sessilibus patulis, calycibus, acutis multifidis ;* Liseron à feuilles triangulaires & terminées par des pointes aiguës, avec plusieurs fleurs étendues & sessiles, & des calices aigus & découpés en plusieurs pointes.

Convolvulus folio Hederaceo, anguloso, lanuginoso, flore magno cæruleo, patulo. Sloan. Cat. Jam. 56.

18°. *Convolvulus Roseus,* fo-

liis cordatis, acuminatis, pedunculis bifloris ; Liseron à feuilles pointues & en forme de cœur, ayant deux fleurs sur chaque pédoncule.

Convolvulus Americanus hirsutus, folio acuminato, flore amplo roseo. Houst. MSS.

19°. *Convolvulus repens, foliis sagittatis, posticè obtusis, caule repente, pedunculis uni - floris. Lin. Sp. Plant. 158* ; Liseron à feuilles érroites, & obtuses sur les périoles, avec une tige rampante & une fleur sur chaque pédoncule.

Convolvulus lactescens, foliis sagittatis, radice longâ albâ perenni. Gron. Virg. 141.

Convolvulus marinus catharticus, foliis Acetosæ, flore niveo. Pl. Amer. 89, tab. 105.

20°. *Convolvulus Betonicæ-folius, foliis cordato-sagittatis, pedunculis uni - floris* ; Liseron à feuilles en forme de cœur & de flèche, ayant une simple fleur sur chaque pédoncule.

Convolvulus exoticus, Betonicæ folio, flore magno albo, fundo purpureo. Cat. Hort. R. Par.

21°. *Convolvulus Siculus, foliis cordato ovatis, pedunculis unifloris, bracteis lanceolatis, flore sessili. Hort. Cliff. 68. Kn.ph. Cent. 10, n. 24* ; Liseron avec des feuilles ovales & en forme de cœur, une simple fleur sur chaque pédoncule, des bractées en forme de lance, & une fleur sessile.

Convolvulus, foliis ovatis, acutis, floribus duplici bracteâ succinctis. Roy. Lugd.-B. 428.

Convolvulus, foliis ovatis, acutis Hort. Cliff. 67.

Convolvulus Siculus minor,

flore parvo auriculato. Bocc. Pl. Sic. 89, t. 48. Moris. Hist. 2, s. 1, t. 7, f. 5.

22°. *Convolvulus elegantissimus, foliis palmatis sericeis, pedunculis bifloris, calycibus acutis* ; Liseron avec des feuilles velues & en forme de main, deux fleurs sur chaque pédoncule, & des calices à pointes aiguës.

Convolvulus argenteus elegantissimus, foliis tenuiter incisis. Tourn. Inst. R. H. 85.

Convolvulus althœides. Variété. Lin. Sp. Plant. 222. Syst. Plant. tom. 1, p. 441. Sp. 27.

23°. *Convolvulus althœoides, foliis cordatis, incisis & incanis, pedunculis bifloris, calycibus obtusis* ; Liseron à feuilles velues, en forme de cœur & découpées, ayant deux fleurs sur chaque pédoncule, & des calices obtus.

Convolvulus argenteus, folio Althœæ. G. B. P. 295.

24°. *Convolvulus tricolor, foliis lanceolato - ovatis, glabris, caule declinato, floribus solitariis. Vir. Cliff. 19. Roy. Lugd. - B. 428. Kniph. Cent. 5, n. 26* ; Liseron avec des feuilles ovales, unies & en forme de lance, une tige tombante, & des fleurs détachées & solitaires.

Convolvulus, foliis lanceolato-ovatis, nudis, caule recto, floribus solitariis. Hort. Cliff. 68. Hort. Ups. 38.

Convolvulus peregrinus cæruleus, folio oblongo. Bauh. Pin. 295. Flore triplici colore insignito. Moris. Hist. 2, p. 17, s. 1, t. 4, f. 4.

Convolvulus Lusitanicus, flore

Cyaneo, *Broff.* Communément appelée : *Convolvulus minor.* Belle de jour.

25°. *Convolvulus Cantabrica, foliis linearibus acutis, caule ramoso subdichotomo, calycibus pilosis. Lin. Sp.* 225 *Hort. Cliff.* 68. *.auv. Monsp.* 56. *Gmel. Sib.* 4., *p.* 95.. *n.* 51. *Jacq. Austr. t.* 296. *Scop. Carn.* 2. *n.* 221; Liseron à feuilles étroites & à pointes aiguës, dont la tige est branchue & les calices hérissés de poils.

Convolvulus Cantabrica, foliis lineari-lanceolatis, acutis, caule ramoso, erectiusculo, calycibus pilosis, pedunculis fu-bifloris. Lin. Syst. Veg. p. 170.

Convolvulus foliis lineari-lanceolatis, acutis, caule ramoso erectiusculo, pedunculis sub-bifloris. Ger. rov. 318.

Convolvulus ramosus, erectus, argenteus, minimus. Amm. Ruth. p. 5, *n.* 6, *Gmel. R.*

Convolvulus minimus Spicæ-folius. Moris. Hist. 2, *p.* 17, *f.* 1. *t.* 4. *f.* 3.

Convolvulus, Linariæ folio. Bauh. Pin. 295.

Convolvulus, Linariæ folio assurgens, Tourn. Inst. R. H. 83.

Cantabrica quorumdam. Clus. Hist. 2, *p.* 49.

26°. *Convolvulus lineatus, foliis lanceolatis, sericeis, lineatis, petiolatis, pedunculis bi-floris, calycibus sericeis subfoliaceis. Lin. Sp.* 224. *Allion. Tourn.* 55; Liseron avec des feuilles velues & en forme de lance, des périoles minces, deux fleurs sur chaque pédoncule, & des calices couverts de poils & feuillés.

Convolvulus minor argenteus,

repens, acaulis fermè. H. R. Par.

Convolvulus minor repens Rupellensis, flore rubro. Moris. Hist. 2, *p.* 17, *f.* 1, *t.* 4, *f.* 2.

Convolvulus marinus repens, angusto & oblongo folio, flore purpureo. Barr. Rar. 31, *t.* 1132.

Convolvulus serpens maritimus, Spicæ foliis. Triumf. Obs. 91, *t.* 91, *f.* 2.

27°. *Convolvulus cneorum, foliis lanceolatis, tomentosis, floribus capitatis, calycibus hirsutis, caule erectiusculo. Lin. Sp.* 224. *Kniph. Cent.* 7, *n.* 14; Liseron à feuilles cotonneuses & en forme de lance, dont les fleurs croissent en tête, terminant les tiges, sont érigées & garnies des calices velus.

Convolvulus major erectus, Creticus, argenteus. Moris. Hist. 2, *p.* 11, *f.* 1, *t.* 3, *f.* 1.

Convolvulus saxatilis erectus, villosus, perennis. Barr. Rar. 4, *t.* 470. *Bocc. Mus.* 2, *p.* 79, *t.* 70.

Convolvulus argenteus, umbellatus, erectus. Tourn, Inst. R. H. 84.

Dorgenium. Clus. Hist. 2, *p.* 254.

Cneorum album, folio argenteo, molli. Bauh. Pin. 463.

28. *Convolvulus lineari-folius, foliis lineari-lanceolatis, acutis, caule ramoso, recto, pedunculis uni-floris. Hort. Cliff.* 68; Liseron à feuilles étroites, en forme de lance & pointues, ayant une tige droite & branchue, avec une fleur sur chaque pédoncule.

Convolvulus ramosus incanus, foliis Pilosellæ. G. B. P. 295.

29°. *Convolvulus Soldanella, foliis reni-formibus , pedunculis uni-floris. Hort. Cliff. 67. Mat. Med. 61. Roy. Lugd.-B. 428. Scop. Carn. 2, n. 222. Kniph. Cent. 6, n. 30;* Liferon à feuilles en forme de rein, produifant une fleur fur chaque pédoncule.

Braffica marina. Cord. Hift. 205.

Soldanella maritima minor. Bauh. Pin. 295 ; Le plus petit Liferon de mer, Chou-Marin, *ou* Soldanelle.

30°. *Convolvulus turpethum, foliis cordatis , angulatis , caule membranaceo quadrangulari , pedunculis multi-floris. Flor. Zeyl. 72. Mat. Med. 61. Blackw. t. 397;* Liferon à feuilles angulaires & en forme de cœur, avec une tige membraneufe & triangulaire , & plufieurs fleurs fur chaque pédoncule.

Convolvulus Zeylanicus alatus maximus . foliis Hibifci non nihil fimilibus, angulofis. Herm. Lugd.-B. 1777 , tab. 178 ; Tubith des boutiques.

Turpethum repens, foliis Althææ, vel Indicum. Bauh. Pin. 149.

31°. *Convolvulus Jalapa, foliis variis, pedunculis uni-floris, radice tuberofâ ;* Liferon à feuilles variées, ayant une fleur fur chaque pédoncule, & une racine bulbeufe.

Convolvulus, radice tuberofâ cathaticâ. Houft. MSS. Le vrai Jalap.

Convolvulus Jalapa , foliis difformibus, cordatis, angulatis, oblongis, lanceolatifque , caule volubili, pedunculis uni-floris. Linn. Mant. 43. Mat Med. p. 60.

Convolvulus Americanus , Jalapium dictus. Raj. Hift. 742.

Bryonia Mechoacanna nigra. Dal. Pharm. 201.

Arvenfis. La premiere efpece eft fort commune fur les hauteurs arides & dans les terres graveleufes de prefque toute l'Angleterre : elle eft tellement annexée à ces efpeces de fols , que partout où on la trouve, on eft prefque affuré de rencontrer du gravier au-deffous : fes racines s'enfoncent très-profondément dans la terre , d'où lui vient le nom de *Boyaux du Diable,* que lui donnent les habitans de la campagne. De ces racines s'élevent plufieurs tiges foibles qui rampent fur la terre, ou qui s'attachent aux plantes voifines; elles font garnies de feuilles triangulaires , & terminées en pointes de fleches : fes fleurs naiffent aux côtés des branches, fur de longs pédoncules dont chacun foutient une fimple fleur , quelquefois blanche , quelquefois rouge , & fouvent panachée. Cette plante eft une de celles qui croiffent fans culture dans les jardins, & qu'il faut fouvent arracher.

Sepium. La feconde efpece, qui eft auffi une mauvaife herbe commune dans les jardins, eft plus difficile à détruire , parce que fes racines s'entremêlent avec celles des arbriffeaux, & qu'elles croiffent fouvent dans des haies épaiffes; mais dans une piece de terre ouverte où les plantes font foigneufement houées chaque trois ou quatre mois, il eſt plus aiſé de les en ôter; car, lorſque les tiges en ſont caſſées ou coupées , il en ſort une ſéve ou jus laiteux, qui épuiſe les racines & les fait bientôt périr. Ces racines, blanches & épaiſſes, s'étendent au loin ; les tiges qui en ſortent s'élèvent à dix ou douze pieds de hauteur, & s'entortillent autour des arbres & des haies ; elles ſont garnies de feuilles larges & pointues comme des flèches : ſes fleurs, groſſes & blanches, ſortent des parties latérales des branches, une ſur chaque pédoncule, & ſont remplacées par des capſules rondes, & a trois cellules remplies de ſemences, convexes d'un côté & unies de l'autre. Cette plante fleurit en Juin , ſes graines mûriſſent en automne & bientôt après les tiges périſſent juſqu'à la racine ; mais comme chaque petite partie de cette racine peut pouſſer & produire une tige , elle devient très-difficile à détruire. (1)

Scammonia. En Syrie, où la troiſieme croît naturellement , on fait une bleſſure à ſes racines , & on y place des coquilles pour recevoir la ſéve laiteuſe qui en découle : c'eſt ce ſuc épaiſſi qui entre dans le commerce ſous le nom de *Scammonée* : cette plante eſt fort dure , & profite très-bien en plein air dans notre climat, pourvu qu'elle ſoit placée dans un ſol ſec : ſes racines ſont épaiſſes & s'enfoncent profondément dans la terre ; elles ſont couvertes d'une écorce noire : ſes branches minces s'étendent de chaque côté à la diſtance de quatre ou cinq pieds, & rampent ſur la terre, ſi on ne leur fournit pas un ſupport; elles ſont garnies de feuilles étroites & en forme de flèches: ſes fleurs ſont d'un jaune pâle, & ſortent des parties latérales des branches ſur des pédoncules dont chacun en ſupporte deux : elles ſont ſuivies par des capſules à trois cellules , remplies de ſemences de la même forme que celles de la premiere eſpece, mais plus petites. Cette plante fleurit en Juin & en Juillet , & ſes graines mûriſſent en automne. En les ſemant au printems , les plantes pouſſent facilement , & n'exigent aucune autre culture que d'être tenues nettes de mauvaiſes herbes, & éclaircies où elles ſont trop ſerrées ; comme leurs branches s'étendent fort loin, on doit laiſſer entr'elles un intervalle de trois pieds : leurs

___

(1) Quoique cette plante ne ſoit point d'un uſage fréquent en Médecine, j'en fais cependant mention ici parce qu'elle contient une ſéve laiteuſe , qui étant épaiſſie & deſſéchée, fournit une ſubſtance pareille à la *Scammonée* : on applique d'ailleurs ſes feuilles écrâſées , après leur avoir fait ſubir une légere coction, comme un excellent réſolutif ſur les tumeurs inflammatoires.

tiges périssent en automne ; & leurs racines subsistent plusieurs années (1).

Purpureus. La quatrieme est une plante annuelle, qui croît sans culture en Asie & en Amérique ; on la conserve depuis longtems dans les jardins Anglois, comme une plante d'ornement, & on la connoît généralement sous le nom de *Convolvulus major.* Il y a trois ou quatre variétés, qui sont persistantes, de ces especes ; la plus commune est à fleurs pourpre ; la seconde à fleurs blanches, & la troisieme à fleurs rouges, & une derniere à fleurs d'un bleu blanchâtre & à semences blanches. J'ai cultivé toutes ces variétés pendant plusieurs années, sans qu'aucune ait jamais éprouvé aucune altération. En répandant les graines de cette quatrieme espece au printems sur une plante-bande chaude, où elle doit rester, ces plantes ne demanderont aucun soin ; on arrachera seulement les herbes inutiles, & on soutiendra leurs tiges avec des bâtons pour qu'elles ne traînent point sur la terre : elles s'élevront ainsi à la hauteur de dix à douze pieds. Cette espece fleurit en Juin, en Juillet & en Août; on voit même paraître successivement de nouvelles fleurs jusqu'aux premieres gelées : leurs semences mûrissent en automne.

Indicus. La cinquieme croît naturellement à la Jamaïque, d'où le Docteur Houstoun m'en a envoyé les semences; elle pousse de longues branches qui s'entortillent autour des arbres & s'élevent par ce moyen à une grande hauteur: ses feuilles sont unies, en forme de cœur, rondes, larges, terminées par de longues pointes, pourvues d'oreilles à leurs bâses, & supportées par des pétioles longs & minces: ses fleurs, portées sur de longs

---

(1) La *Scammonée* est une gomme résine qui découle des incisions faites aux tiges de cette troisieme espece de *Convolvulus,* & qui devient concrète par l'évaporation: une once de cette substance, soumise à l'analyse, fournit à-peu-près une demi-once d'extrait gommeux, & trois gros de principe résineux: la partie gommeuse est un bon purgatif, qui évacue avec douceur, mais la résineuse est très-âcre & purge violemment: cependant la plupart des mauvais effets qu'on attribue à la *Scammonée,* ne sont communément occasionnés, que parce que cette drogue est falsifiée dans les pays même où on la prépare, & qu'afin d'en augmenter le volume, on y mêle le suc de différentes especes de *Tithymales.*

Quoi qu'il en soit, la *Scammonée* bien choisie est un fort bon hydragogue, qui peut être employé avec succès dans beaucoup de circonstances; on doit donner la préférence à celle qui est préparée & qu'on vend dans les boutiques sous le nom de *Diagrede*; sa dose, lorsqu'on la fait prendre seule, est depuis six grains jusqu'à douze; mais elle doit être beaucoup moindre, lorsqu'on la mêle à quelqu'électuaire purgatif pour en augmenter l'activité.

La *Scammonée* entre dans la confection *Hamech,* dans les pilules cochées, majeures & mineures, dans les pilulles mercurielles, dans celles de *Bontius,* &c.

pédoncules au nombre de trois sur chacun, sortent opposées des parties latérales des tiges ; elles ont des tubes plus longs que celles de la précedente, & leur couleur est d'un pourpre plus foncé : elles continuent à paroître depuis la fin de Juin, jusqu'à ce que les gelées les détruisent. Comme cette espece n'est pas aussi dure que la précedente, il faut la semer au printems sur une couche chaude pour avancer les plantes, la planter vers la fin de Mai sur une plate-bande chaude, & la traiter ensuite comme la quatrieme.

Nil ou *Anil.* La sixieme qu'on rencontre également en Afrique & en Amérique, est une plante annuelle qui s'éleve à huit ou dix pieds de hauteur avec une tige tortillante garnie de feuilles en forme de cœur, divisées en trois lobes, terminées en pointe aiguë, laineuses & portées sur de longs pétioles : ses fleurs, qui sortent au nombre de deux sur chaque pédoncule, sont d'un bleu foncé, d'où vient le nom d'*Anil d'Indigo* qu'on donne à la plante : cette fleur est une des plus belles de ce genre ; & quoique plusieurs personnes l'aient regardée comme une variété de la quatrieme, elle est certainement une espece distincte : je l'ai cultivée pendant plusieurs années, & elle s'est toujours conservée sans aucun changement : ses feuilles ont trois lobes profondément divisés, & celles de la quatrieme sont entieres, ce qui suffit pour déterminer une différence spécifique. Cette espece est annuelle, & doit être multipliée de la même maniere que la cinquieme ; elle fleurit pendant toute la fin de l'été, & dans les années favorables, ses semences mûrissent en plein air.

Batatas. La septieme est celle dont on mange les racines, & qui est généralement connue sous le nom de *Patate d'Espagne* : on apporte tous les ans ces racines de l'Espagne & du Portugal, où on les cultive beaucoup pour la table ; mais elles sont trop tendres pour réussir en plein air en Angleterre : on multiple cette espece par ses racines, de la même maniere que les Pommes-de-terre ; mais elles exigent plus de place, parce qu'elles poussent plusieurs tiges traînantes, qui s'étendent à quatre ou cinq pieds de chaque côté, & qui produisent des racines à chaque nœud, lesquelles deviennent de larges tubercules dans les pays chauds, & chaque simple racine en produit quarante ou cinquante. On cultive quelquefois cette plante en Angleterre par curiosité ; mais on doit alors la planter sur une couche chaude au printems, & la couvrir dans les mauvais tems avec des vitrages : lorsqu'elle est ainsi traitée, elle produit des fleurs, & plusieurs petites racines à chaque nœud ; mais quand elle reste exposée en plein air, elle fait rarement beaucoup de progrès.

Palmatus. La huitieme, dont les semences ont été envoyées

en Angleterre de la Vera-Cruz dans la Nouvelle-Espagne, par le Docteur Houstoun, s'éleve avec une tige forte & grimpante, à la hauteur de vingt pieds, & se divise en plusieurs petites branches qui s'attachent aux arbres & aux arbrisseaux voisins: ses tiges sont garnies de feuilles en forme de main, divisées en sept lobes lancéolés, profondément découpés sur leurs bords & terminés en pointe aiguë: ses fleurs naissent seules sur des pédoncules fort longs: le calice de la fleur est large, étendu, & profondément divisé en cinq parties: les fleurs sont grosses, de couleur pourpre, & remplacées par des capsules rondes, à trois cellules dont chacune renferme une simple semence.

Comme cette espece est tendre, il faut semer ses graines sur une couche chaude au printems: lorsque les plantes sont assez fortes pour être enlevées, on les place chacune séparément dans de petits pots remplis de terre légere, on les plonge dans une couche de chaleur modérée, on les tient à l'abri du soleil, jusqu'à ce qu'elles aient pris racine; on leur donne ensuite beaucoup d'air tous les jours pour les empêcher de filer & de s'affoiblir, & on les arrose trois ou quatre fois par semaine. Quand elles sont devenues trop hautes pour pouvoir être contenues dans la couche chaude, on les transplante dans de plus grands pots, & on les place dans une serre chaude de tan, où elles s'éléveront à une grande hauteur, si elles ont assez de place pour cela; elles produiront aussi des fleurs, mais leurs semences mûriront difficilement en Angleterre.

Aristolochiæ-folius. La neuvieme est une plante annuelle, dont les semences m'ont été envoyées de Carthagène de l'Amérique; elle s'éleve à la hauteur de dix pieds, avec une tige grimpante, garnie de feuilles à pointe de flèche, dont les oreilles de la bâse sont rondes: ses fleurs jaunes, qui naissent en petites grappes sur de longs pédoncules, sont suivies par des capsules triangulaires, à trois cellules, dont chacune renferme deux semences.

Cette plante est annuelle & trop tendre pour résister en plein air dans notre climat; ainsi il faut répandre ses graines au printems sur une couche chaude, & la traiter de la même maniere que la précédente; par ce moyen elle fleurira, & produira des semences.

Hirtus. La dixieme est très-commune à la Jamaïque, d'où ses semences m'ont été envoyées par le Docteur Houstoun; elle est annuelle, & s'éleve à la hauteur de huit ou neuf pieds, avec des tiges minces garnies de feuilles velues & en forme de cœur: ses fleurs naissent plusieurs ensemble sur de forts pédoncules; elles sont de couleur pourpre, & des capsules rondes, à trois cellules remplies de petite s semences, leur succedent.

Glaber. La onzieme espece, qui m'a été envoyé de l'Isle de Barbude, est une plante annuelle qui s'éleve à la hauteur de sept ou huit pieds; ses tiges sont grimpantes & garnies de feuilles oblongues, ovales & unies : ses fleurs sont grosses & de couleur pourpre; leur calice est découpé en dix parties presque jusqu'au fond, & elles sortent de chaque nœud sur des pédoncules longs & minces; leurs semences & leurs capsules sont semblables à celles des autres especes. Comme cette plante est fort tendre, on doit la traiter de la même maniere que la huitieme espece.

Pentaphyllos. La douzieme croît naturellement à Carthagène de l'Amérique, d'où ses semences m'ont été envoyées; cette plante vivace s'éleve à la hauteur de douze ou quatorze pieds, avec des tiges fortes, traînantes & garnies de feuilles divisées en cinq lobes, & supportées par de courts pétioles : ses fleurs, de couleur pourpre, sont placées chacune sur un long pédoncule : les tiges, les feuilles, & toute la plante sont fortement couvertes de poils spongieux, piquants & d'un brun clair. Cette espece est tendre & veut être traitée de la même maniere que la huitieme.

Frutescens. La treizieme croît naturellement près de Tolu dans le voisinage de Carthagè-

ne de l'Amérique, d'où ses semences m'ont été envoyées par M. ROBERT MILLAR. Sa tige ligneuse & couverte d'une écorce pourpre, s'entortille autour des arbres, & s'éleve ainsi à la hauteur de trente pieds & au de-là; elle est garnie de feuilles profondément divisées en cinq lobes & terminées par des pointes aiguës: ses fleurs, qui sont produites sur des pédoncules longs & épais, ont une grosseur ou une élévation dans leur centre; elles sont fort larges, de couleur pourpre, & sont remplacées par des capsules rondes aussi grosses qu'une *Pomme* médiocre, & divisées en trois cellules dont chacune contient deux semences fort grosses & unies.

Cette plante étant trop délicate pour profiter en plein air dans ce pays, on doit la traiter comme la huitieme espece; mais elle devient trop haute pour nos serres chaudes ordinaires : j'ai eu plusieurs de ces plantes qui avoient plus de vingt pieds d'élévation, & qui étoient garnies de branches latérales qui s'étendoient assez loin de chaque côté pour couvrir la plupart des plantes voisines; de sorte que j'ai été obligé de les mettre dans une situation plus froide où elles n'ont plus profité.

Brasiliensis. La quatorzieme, qu'on rencontre fréquemment sur les rivages de la mer dans la plupart des Isles des Indes Occidentales, a des tiges traînantes, couvertes de feuilles ovales & dentelées à leur extrémité : ses fleurs sont larges, de couleur pourpre, & disposées par trois sur de très-longs pédoncules ; elles sont suivies par des capsules grosses, ovales & à trois cellules, dont chacune contient une simple semence. Cette plante, vivace & rampante, s'étend à une grande distance : elle est trop tendre pour réussir en plein air en Angleterre ; ainsi on doit la traiter de la même maniere que la huitieme espece : elle peut rester deux ou trois ans dans une serre chaude ; mais comme elle s'étend trop loin, il ne faut point se donner la peine de la multiplier lorsqu'on n'a qu'un petit espace à lui fournir.

Multi-florus. La quinzieme est originaire de la Jamaïque : elle s'éleve avec des tiges minces & traînantes à la hauteur de huit ou dix pieds : ses feuilles ressemblent un peu à celles du *Liseron* commun grand & blanc ; mais leurs pédoncules qui sont très-longs, soutiennent chacun plusieurs fleurs de couleur pourpre, & disposées en grappes. Les capsules de cette espece sont triangulaires & à trois cellules, qui contiennent chacune une simple semence. Cette plante est annuelle, & ne peut réussir si elle n'est placée sur une couche chaude couverte de vitrages, ou dans une serre chaude ; ce n'est que par ce moyen qu'on peut parvenir à faire mûrir ses graines en Angleterre.

Canarienfis. La seizieme, que l'on conserve depuis longtems

dans plusieurs jardins curieux de l'Angleterre, est une production spontanée des Isles Canaries ; elle a une racine forte & fibreuse, de laquelle sortent plusieurs branches laineuses & traînantes, qui se divisent en plusieurs autres plus petites : ces branches, qui s'élevent au-dessus de vingt-pieds de hauteur lorsqu'on leur fournit un support, sont garnies de feuilles oblongues, en forme de cœur, molles & velues : ses fleurs, de couleur bleu pâle, naissent aux ailes des feuilles, plusieurs ensemble sur chaque pédoncule. On connoît dans cette espece une variété à fleurs blanches. Cette plante fleurit en Juin, en Juillet & en Août, & ses semences mûrissent quelquefois ici. Comme on la multiplie aisément par marcottes & par boutures, on ne recherche pas ses graines ; cependant les plantes élevées de marcottes ou de boutures, ne donnent point de semences, au-lieu que celles qui viennent de graines, en produisent ordinairement. Comme les feuilles de cette espece sont vertes & qu'elles se conservent toute l'année, elle fait une belle variété en hiver dans la serre chaude, quoiqu'elle n'exige que la même température qui est nécessaire aux *Myrtes*, & aux autres plantes dures de la serre. On peut la multiplier en marcottant au printems ses jeunes rejettons, qui pousseront toujours des racines en trois ou quatre mois : on les séparera alors des vieilles plantes, pour les mettre

mettre chacun dans un pot rempli de terre légere ; on les placera à l'ombre jufqu'à ce qu'ils aient produit de nouvelles racines : après quoi, on pourra les difpofer avec les autres plantes dures, pour les rentrer en automne dans la ferre, & les traiter comme les *Myrtes*, les *Orangers*, &c. On peut auffi multiplier cette efpece par boutures pendant tout l'été, en les plantant dans des pots remplis de terre légere, qu'on plongera dans une couche de chaleur modérée, & qu'on tiendra à l'ombre : quand elles auront produit des racines, on les traitera comme les marcottes.

Hederaceus. La dix-feptieme eft une plante annuelle, dont les femences m'ont été envoyées de la Jamaïque : elle s'éleve à cinq pieds de hauteur, & fa tige eft garnie de feuilles triangulaires & pointues : fes fleurs croîffent en grappes, elles font feffiles, de couleur bleue, & font fuivies par des femences femblables à celles de la quatrieme efpece : fes graines ne mûriffent point en Angleterre, à moins que les plantes ne foient avancées au printems fur une couche chaude, & placées enfuite dans une caiffe de vitrage où elles puiffent être mifes à l'abri du froid.

Rofeus. La dix-huitieme, dont les femences m'ont été auffi envoyées de la Jamaïque par le Docteur Houstoun, eft une des plus belles de ce genre : fes fleurs font fort larges & d'une belle couleur de

rofe ; fa tige traînante & longue de fept ou huit pieds, eft garnie de feuilles en forme de cœur, terminées en pointe, longues, aiguës, & fupportées fur de fort longs pétioles : fes pédoncules font auffi très-longs, & foutiennent chacun deux fleurs, dont le calice eft divifé en cinq parties : fes femences font groffes & couvertes d'un fin duvet.

Cette plante eft annuelle & trop tendre pour réuffir en plein air dans notre climat ; il faut la femer au printems fur une couche chaude, & traiter enfuite les plantes qui en proviennent comme celles de la huitieme efpece.

Repens. La dix-neuvieme fe trouve fur les bords de la mer, dans la baie de Campêche, d'où j'ai eu les femences : elle a des tiges fortes, unies & grimpantes, qui pouffent des racines à chaque nœud, & qui font garnies de feuilles terminées en pointe, étroites, dont les oreilles & les lobes font obtus : fes fleurs font larges, de couleur de foufre, & placées une à une fur de longs pédoncules, qui fortent des parties latérales des tiges ; leurs calices font gros & gonflés, & elles font remplacées par des capfules groffes, ovales, unies, & à trois cellules, dont chacune renferme une femence groffe & unie. Cette plante, vivace, a des tiges qui s'étendent à une grande diftance & qui pouffent à chacun de leurs nœuds des racines, au moyen defquelles elle fe multiplie confidérablement ;

mais elle est trop tendre pour profiter en Angleterre, à moins qu'elle ne soit conservée dans une serre chaude, où elle exige plus de place qu'on n'en donne aux autres plantes. Elle doit être traitée de la même maniere que la huitieme espece.

Betonicæ-folius. J'ai reçu, en 1730, les semences de la vingtieme, du Jardin Royal de Paris, où elles avoient été, envoyées d'Afrique : elle s'éleve à la hauteur de cinq ou six pieds, avec une tige mince & traînante, garnie de feuilles en forme de cœur, & terminées en pointe de flèche : ses fleurs sont larges, & blanches avec un fond pourpre. Cette espece peut être traitée comme le *grand Liseron commun.*

Siculus. La vingt-unieme, qui croît naturellement en Espagne & en Italie, est une plante annuelle, qui s'éleve à la hauteur d'environ deux pieds, avec des tiges minces, grimpantes & garnies de feuilles ovales : ses fleurs sont petites, d'une couleur bleuâtre, & placées une à une sur chaque pédoncule ; mais comme elles ont peu de beauté, on n'admet pas souvent cette espece dans les jardins : si on lui donne le tems de répandre ses semences, les plantes paroîtront au printems, & n'exigeront aucune autre culture que d'être tenues nettes de mauvaises herbes : si on les seme au printems dans les lieux où elles doivent rester, elles fleuriront en Juin, & leurs graines mûriront en Août.

Elegantissimus. La vingt-deuxième est originaire de la Sicile, ainsi que des Isles de l'Archipel ; elle a une racine vivace, de laquelle sortent plusieurs tiges minces & fermes qui se tortillent autour des plantes voisines, & s'élevent ainsi à cinq ou six pieds de hauteur ; elles sont garnies de feuilles divisées en cinq ou sept lobes étroits, d'une texture douce comme du satin, & supportées par de courts pétioles : ses fleurs naissent aux côtés des tiges sur de longs pédoncules, dont chacun en soutient deux ; elles sont d'une couleur de rose pâle, & marquées par cinq raies d'un rouge plus foncé. Cette espece rampe depuis sa racine, & produit rarement des semences en Angleterre ; mais on la multiplie par les rejettons qui poussent aux pieds des vieilles plantes : le meilleur tems pour la diviser & la transplanter est vers le commencement de Mai, lorsqu'on peut la sortir de la serre & l'exposer en plein air : les jeunes plantes qui en auront été détachées doivent être placées sous un châssis & tenues à l'abri du soleil jusqu'à ce qu'elles aient pris racine ; après quoi on les endurcit par dégré à supporter l'air ouvert, auquel on les tient exposées pendant tout l'été : en automne on les transporte de nouveau dans la serre, & on les traite comme le *Convolvulus Canariensis* dont il a été question plus haut.

Althæoïdes. La vingt-troisieme ayant quelque ressemblance

avec la précédente, plusieurs Botaniftes les ont regardées comme ne formant qu'une feule & même efpece ; mais comme je les ai cultivées l'une & l'autre pendant long-tems, & que je ne les ai jamais vu changer, je ne doute point qu'elles ne foient abfolument diftinctes : celle-ci a comme la vingt-deuxieme une racine vivace, de laquelle fortent plufieurs tiges foibles, & longues d'environ trois pieds, qui s'entortillent autour des plantes voifines, & qui reftent couchées fur la terre fi elles n'ont point de foutien ; ces tiges font garnies de feuilles de différentes formes ; les unes reffemblent prefque à celles de la *Bétoine*, & font légerement dentelées ; les autres ont prefque la forme de cœur, & font profondément découpées fur leurs bords ; quelques-unes font divifées jufqu'à la côte du milieu : mais elles font toutes luifantes comme un fatin, douces au toucher, & portées par de courts pétioles : fes fleurs fortent deux à deux fur de fort longs pédoncules, des parties de la tige oppofées aux feuilles ; elles font d'une couleur de rofe pâle, & fort femblables à celles de l'efpece précédente. Cette plante fleurit en Juin, en Juillet & en Août ; mais fes femences mûriffent rarement en Angleterre : elle a une racine vivace qui pouffe des rejettons au moyen defquels on peut la multiplier dans notre climat : on traite ces rejettons comme ceux de l'efpece précédente.

Tricolor. La vingt-quatrieme, qui eft originaire du Portugal, eft depuis long-tems cultivée comme plante d'ornement dans les jardins Anglois : les marchands de femences & les jardiniers lui donnent le nom de *Convolvulus minor*. Cette plante annuelle pouffe plufieurs tiges épaiffes & herbacées, longues de deux pieds, qui ne s'attachent point aux arbres comme les autres efpeces ; mais qui font inclinées vers la terre, & garnies de feuilles en forme de lance, & feffiles aux branches : fes pédoncules fortent au-deffus des feuilles, & des mêmes nœuds qu'elles, fur le même côté des tiges ; ils ont environ deux pouces de longueur, & foutiennent chacun une groffe fleur ouverte, & en forme de cloche, dont quelques unes font d'une belle couleur bleue, avec un fond blanc ; d'autres font d'un blanc pur, & plufieurs joliment panachées dans les deux couleurs. Les fleurs blanches produifent des femences blanches, & les bleues des femences brunes ; cette différence eft conftante dans les deux couleurs ; mais les plantes à fleurs panachées portent fouvent des graines teintes de l'une ou de l'autre de ces couleurs, & d'autres qui font rayées : on ne peut propager l'efpece panachée, qu'en retranchant toutes les fleurs unies quand elles paroiffent, fans en laiffer jamais venir une feule en femences.

On multiplie cette efpece par fes graines, qu'on répand fur des plate-bandes du jardin à fleurs ; on met ordinairement deux ou trois femences dans chaque endroit , & on les recouvre de terre : quand les plantes pouffent, on n'en laiffe que deux à chaque place , & on enleve les autres avec précaution, afin de ne pas déranger les racines de celles qui doivent refter ; après quoi elles n'exigent plus aucune culture ; on arrache feulement les herbes inutiles à mefure qu'elles paroiffent dans les environs.

Quand on les feme en automne, les plantes fleuriffent en Mai ; celles qui ne font mifes en terre qu'au printems ne montrent leurs fleurs que vers le milieu de Juin ; mais elles fe fuccèdent jufqu'à ce que les gelées les arrêtent ; leurs femences mûriffent en Août , & en Septembre.

Cantabrica. La vingt-cinquieme croît fans culture en Italie & en Sicile ; de fa racine, qui eft vivace, & qui coule profondément dans la terre, s'élevent deux ou trois tiges droites & branchues, hautes de deux ou trois pieds, & garnies de feuilles étroites , de deux pouces environ de longueur, & feffiles aux branches ; fes pédoncules fortent du même endroit que les feuilles ; ils ont quatre ou cinq pouces de longueur, & foutiennent chacun quatre ou cinq fleurs d'une couleur de rofe pâle, étendues , ouvertes & prefque plates. Cette plante fleurit dans les mois de Juin & de Juillet, mais elle produit rarement de bonnes femences

en Angleterre : on la multiplie par fes graines , qu'il faut faire venir de fon pays natal ; on les feme fur une plate-bande chaude & feche, où elles doivent refter ; car cette efpece ne peut être tranfplantée , parce que fes racines s'enfoncent très-profondément : j'en ai fouvent fait l'effai fans aucun fuccès. Lorfque les plantes pouffent, il faut les éclaircir & les tenir conftamment nettes ; mais c'eft-là toute la culture qu'elles exigent : elles fleuriffent en Juillet & en Août, & leurs tiges périffent en automne ; mais leurs racines durent plufieurs années ; &, fi elles fe trouvent dans une fituation chaude & dans un fol fec, elles réfiftent très-bien aux froids de nos hivers, fans aucune couverture. J'ai reçu de Nice une variété de cette efpece à feuilles plus larges & velues : fes fleurs fortent toutes des extrémités des tiges fur de longs pédoncules ; plufieurs font jointes enfemble, & elles font très-voifines les unes des autres. Quoique cette plante m'ait été envoyée fous le nom de celle dont il eft queftion , je ne puis affurer cependant qu'elle n'en foit qu'une variété.

Lineatus. La vingt-fixieme eft originaire de France : de fa racine, qui eft vivace & rampante, s'élevent plufieurs tiges courtes & branchues, hautes de quatre pieds, & garnies de feuilles velues & en forme de lance : fes fleurs font produites fur les côtés & aux fommets des tiges en petites grappes fort ferrées ; elles font beaucoup plus petites que celles de l'efpece précédente , mais leur couleur eft plus foncée : cette plante produit rarement des femences en Angleterre. On la multiplie confidérablement par fes racines ; elle fe plait dans un fol fec & léger , & n'exige d'autre foin que d'être tenue conftamment nette : on la tranfplante , & on la divife au printems ou en automne. Quelques perfonnes la regardent comme étant la même que la précédente ; mais quand on l'a cultivée , on ne peut douter qu'elle ne foit une efpece diftinéte.

Cneorum. La vingt-feptieme qu'on rencontre également en Italie , en Sicile , & dans les Ifles de l'Archipel, s'éleve à la hauteur d'environ trois pieds , avec une tige droite d'arbriffeau , fort garnie de feuilles émouffées , velues , en forme de lance , & placées des deux côtés des tiges ; elles ont près de deux pouces de longueur fur trois lignes de largeur , & font arrondies à leur extrémité : fes fleurs font produites en grappes au fommet des tiges ; elles font très-voifines les unes des autres , & d'une couleur de rofe pâle : elles paroiffent en Juin & en Juillet ; mais elles ne perfectionnent pas leurs femences en Angleterre. Cette efpece réfifte en plein air , dans les hivers doux , fi elle fe trouve dans un fol léger , & à une expofition chaude ; mais comme les grands froids la détrui-

fent, on doit tenir quelques-unes de fes plantes dans des pots pour pouvoir les mettre en hiver fous un châffis, où elles jouïront de l'air dans les tems doux, & feront à l'abri des gelées : en été, il faut les placer au-dehors avec les autres plantes exotiques dures, parmi lefquelles leurs belles feuilles velues feront une agréable variété. Quoiqu'on puiffe multiplier cette efpece par marcottes & par boutures, cependant, comme elles ont beaucoup de peine à produire des racines dans la même année, & qu'elles réuffiffent rarement, il vaut beaucoup mieux faire venir des graines de l'Italie, avec d'autant plus de raifon que les plantes de femence font beaucoup plus groffes que celles qui font multipliées par toute autre méthode.

Lineari-folius. La vingt-huitieme fe trouve en Candie & dans plufieurs Ifles de l'Archipel ; fa racine vivace, produit plufieurs tiges droites & branchues de deux pieds de hauteur , & garnies de feuilles terminées en pointes fort étroites, velues & feffiles aux tiges : fes fleurs fortent fimples des parties latérales des tiges, fur des pédoncules à peine vifibles ; elles font d'une couleur pâle-bleuâtre , étendues & ouvertes prefque jufqu'au fond : cette efpece fleurit en Juin & en Juillet, mais elle produit rarement des femences en Angleterre.

On la multiplie comme la

vingt-cinquieme, & ses plantes exigent le même traitement. Elle ne peut subsister en pleine terre dans notre climat qu'autant qu'elle se trouve placée dans un sol sec, & à une exposition chaude : comme ses tiges périssent en automne, on peut préserver facilement ses racines des fortes gelées, en les couvrant avec du tan.

Soldanella. La vingt-neuvieme, qu'on emploie en médecine, sous le nom de *Soldanella* & de *Brassica marina*, croît naturellement en Angleterre, sur les bords de la mer, mais on ne peut la conserver long-tems dans un jardin : elle a plusieurs petites racines blanches & cordées, qui s'étendent au loin, & desquelles sortent quelques branches foibles & traînantes, lesquelles se tortillent autour des plantes voisines, comme le *Liseron commun* : ces branches sont garnies de feuilles en forme de rein, aussi grandes que celles de la plus petite *Célandine*, placées sur de longs pétioles, & disposées alternativement : ses fleurs, de couleur pourpre rougeâtre, & de la même forme que celles de la premiere espece, sortent à chaque nœud des parties latérales des branches ; elles paroissent en Juillet, & sont remplacées par des capsules rondes, à trois cellules, dont chacune contient une semence noire. Toutes les parties de cette plante sont remplies d'une séve laiteuse, & elle est regardée comme un purgatif propre à évacuer la

sérosité, & à guérir l'hydropisie (1).

Turpethum. La trentieme, qui croît naturellement dans l'Isle de Céylan, est une plante vivace, dont les racines sont épaisses & charnues ; elles s'étendent fort loin dans la terre, & sont remplies d'un suc laiteux, qui s'écoule lorsqu'elles sont blessées ou rompues ; cette séve s'épaissit bientôt, & devient une substance résineuse, quand elle est exposée au soleil & à l'air. De la racine sortent plusieurs branches tortillantes, qui s'entrelacent l'une avec l'autre, ou après les plantes voisines, comme celles du *Liseron commun* ; elles sont garnies de feuilles en forme de cœur, & douces au toucher, comme celle de la *Mauve* : les fleurs blanches & semblables à celles du grand *Liseron commun*, sortent des nœuds, sur les côtés des branches, & sont remplacées par des capsules rondes, à trois cellules, dont chacune renferme deux semences. Les racines de cette plante, dont on fait usage en médecine, sont apportées des Indes, sous le nom de *Turpethum*, ou *Turbith*.

Cette plante est trop ten-

---

(1) Les feuilles de cette plante purgent aussi fortement que le *Scammonée* : on peut les donner en infusion à la dose de deux poignées, ou en poudre à la dose de deux scrupules ou d'un gros. Cette plante entre dans la composition du syrop hydragogue DE CHARRAS.

dre, pour pouvoir être confervée en plein air dans notre
climat : on feme fes graines
fur une couche chaude ; &
quand les plantes font affez
fortes pour être enlevées, on
les met chacune féparément
dans des pots, qu'on plonge
dans une couche chaude de
tan ; on les tient à l'abri du
foleil, jufqu'à ce qu'elles aient
formé de nouvelles racines,
après quoi on les traite de la
même maniere que la huitieme
efpece.

Jalapa. La trente-unieme eft
le *Jalap* qu'on emploie communément en médecine : fon
nom lui vient de *Xalaypa*,
ville de l'Amérique Efpagnole,
aux environs de laquelle on
la trouve, entre la Vera Cruz
& Mexico. On s'eft fervi long-
tems de cette racine avant
qu'on connut la plante à laquelle elle appartient : fon ancien nom étoit, *Mechoacana
nigra.* Le Pere PLUMIER ayant
dit que le *Jalap*, eft la racine
d'une efpece de *Marvel*, ou
fleur du Perou, TOURNEFORT
en a formé un genre auquel
il a donné le titre de *Jalapa;*
mais RAY, après avoir pris de
meilleures informations, l'a
rangée dans ce genre, fous le
nom de *Convolvulus Americanus, Jalapium dictus.* Le fentiment de RAY a été confirmé
par le Docteur HOUSTOUN,
qui a apporté à la Jamaïque
quelques racines fraîches de
cette efpece, où ils les a
plantées dans le deffein de les
multiplier dans cette Ifle ; il a
eu en effet le plaifir de les

voir réuffir pendant fon féjour : mais après fon départ,
la perfonne à laquelle il en
avoit confié le foin, fut affez
négligente pour les laiffer manger par des cochons, de forte
qu'il n'en retrouva aucune à
fon retour, & je n'ai point
entendu dire que depuis cette
plante ait été introduite dans
aucune des Ifles Britanniques
de l'Amérique.

J'ai reçu, il y a plufieurs
années, quelques femences de
cette efpece ; mais les plantes
qu'elles ont produites dans les
jardins de *Chelféa*, n'ont point
donné de fleurs. Cette efpece
a une racine fort groffe, d'une
forme ovale, & remplie d'un
fuc laiteux, de laquelle fortent plufieurs riges triangulaires, herbacées & tortillantes,
qui s'élevent à la hauteur de
huit ou dix pieds, & font garnies de feuilles de différentes
formes, les unes en cœur,
les autres angulaires, & plufieurs oblongues & pointues ;
toutes font unies, & fupportées par de longs pétioles.
D'après un deffin de cette plante, fait par un Efpagnol du
Mexique, & qui m'a été donné par le Docteur HOUSTOUN,
fes fleurs font femblables à
celles du grand *Liferon commun*,
& placées une à une fur chaque pédoncule ; mais comme
ce deffin n'eft qu'au crayon,
je ne puis dire de quelle couleur eft cette fleur : fes femences font couvertes d'un
duvet fort blanc, & femblable
à du coton.

Cette plante étant originaire des pays chauds, on ne peut la conſerver en Angleterre ſans le ſecours d'une ſerre chaude ; c'eſt-pourquoi il faut répandre ſes graines ſur une couche chaude , tranſplanter dans des pots les plantes qui en proviennent , les plonger dans une couche chaude de tan , & les traiter enſuite comme la huitieme eſpece ; avec cette différence ſeulement, que leurs racines, étant charnues & ſucculentes, ne doivent être que très-peu arroſées, ſur-tout en hiver, de peur qu'elles ne ſoient attaquées de pourriture : on les plante pour la même raiſon dans une terre légere, ſablonneuſe & peu riche , & on les tient conſtamment dans la couche de tan de la ſerre chaude.

La racine du *Jalap* eſt un cathartique excellent, dont on uſe avec ſuccès contre les humeurs humides, les hydropiſies & les rhumatiſmes ; mais la quantité de cette racine que l'on conſomme annuellement, ne ſuffit pas pour engager nos Colons de l'Amérique à la cultiver comme un objet de grande conſéquence : cependant, comme depuis quelque tems les Diſtillateurs & les Braſſeurs ont découvert ſon effet pour exciter la fermentation, & qu'ils en emploient à préſent une quantité conſidérable, elle pourroit devenir un objet de commerce national aſſez intéreſſant pour fixer l'attention des Cultivateurs de nos Iſles où elle réuſſiroit certainement , ſi ceux-ci avoient un

peu plus d'attention à leur propre intérêt & à celui de leur patrie (1).

C O N Y Z A. *Lin. Gen. Pl.* 854. *Tourn. Inſt. R. H.* 454. *tab.* 259. de Κωναψ , *gr.* , parce que ſes feuilles ſuſpendues dans un appartement, chaſſent les moucherons & les puces, ſuivant l'opinion de DIOSCORIDE. [*Flea-bane.*] Herbe aux puces ; la Coniſe.

Caracteres. La fleur eſt compoſée de pluſieurs fleurettes hermaphrodites , qui compoſent le diſque, & de demi-fleurettes femelles , rangées autour du rayon ; les fleurettes hermaphrodites ſont en

---

(1) Une once de racine de *Jalap*, ſoumiſe à l'analyſe, fournit à-peu-près la moitié de ſon poids d'extrait gommeux , & environ deux ſcrupules de principe réſineux : ni l'une ni l'autre de ces deux ſubſtances ne purge bien ; la premiere pouſſe plutôt par les urines, & la ſeconde évacue avec trop de violence ; de maniere qu'il eſt beaucoup plus avantageux d'adminiſtrer cette racine en ſubſtance & réduite en poudre, que ſous toute autre forme.

Le *Jalap* eſt un des meilleurs purgatifs connus ; il peut remplacer tous les autres, & être employé dans preſque tous les cas ſans diſtinction d'âge ni de ſexe : ſa doſe eſt pour les adultes depuis un ſcrupule juſqu'à deux, & pour les enfans depuis quatre grains juſqu'à vingt.

Le *Jalap* entre dans l'électuaire hydragogue de SILVIUS, dans les pilulles arthritiques DE SCHEFFER, dans le ſyrop hydragogue DE CHARRAS, &c.

forme d'entonnoir, & découpées à leur extrémité en cinq parties ; elles ont chacune cinq étamines courtes, velues, & terminées par des sommets cylindriques : dans le fond de chaque fleurette est placé un germe qui soutient un style mince, couronné par un stigmat divisé en deux parties : les demi-fleurettes femelles sont en forme d'entonnoir, & divisées en trois segmens ; elles ont un germe & un style grêle, terminé par deux stigmats minces : mais elles n'ont point d'étamines, & toutes sont renfermées dans un calice commun, oblong, quarré, couvert d'écailles pointues, dont les extérieures s'étendent & s'ouvrent : les fleurettes hermaphrodites & les femelles sont suivies chacune par une semence oblongue, couronnée d'un duvet, postée dans un réceptacle uni, & renfermée dans le calice.

Ce genre de plantes est rangé dans la seconde section de la dix-neuvieme classe de LINNÉE, intitulée : *Syngenesia, Polygamia superflua*, parce que les plantes de cette section ont des fleurettes hermaphrodites & femelles, qui sont toutes deux fructueuses.

Les especes sont :

1°. *Conyza squarrosa, foliis lanceolatis, acutis, caule annuo, corymboso.* Hort. Cliff. 405. Hort. Ups. 257. Roy. Lugd. - B. 157. Gouan. Monsp. 436. Scop. Carn. 2. n. 1053 ; Conise, *ou* Herbe aux puces, à feuilles pointues & en forme de lance, ayant une tige annuelle & des fleurs en corymbe.

Conyza, foliis ovato-lanceolatis, rarius serratis, floribus umbellatis. Hall. Helv. n. 135.

Conyza. Cam. Epit. 612.

Baccharis Monspeliaca. Blackw. t. 102.

Conyza major vulgaris. G. B. P. 265 ; la plus grande Conise ordinaire. *Herbe aux puces.*

2°. *Conyza bifrons, foliis ovato-oblongis, amplexicaulibus.* Hort. Cliff. 405 ; Conise à feuilles oblongues & ovales, qui embrassent les tiges.

Eupatoria Conyzoïdes maxima Canadensis, foliis caulem amplexantibus. Pluk. Alm. 141. t. 87. f. 4.

3°. *Conyza candida, foliis ovatis, tomentosis, floribus confertis, pedunculis lateralibus terminalibusque.* Hort. Cliff. 405. Roy. Lugd. - B. 157 ; Conise à feuilles ovales & cotonneuses, avec des fleurs en paquet, & des pédoncules sur les côtés & aux extrémités des tiges.

Conyza saxatilis, folio Filaginis. Buxb. Cent. 2. p. 23. t. 17.

Conyza Cretica fruticosa, folio molli candidissimo & tomentoso. Tourn. Cor. 33.

Aster Ragusinus, folio Verbasci. Zan. Hist. 33.

Aster tomentosus luteus, Verbasci folio. Bocc. Sic. 60. t. 31. f. 2.

Jacobæa Cretica incana, integro Limonii folio. Bar. Rar. t. 217.

4°. *Conyza lobata, foliis inferioribus trifidis, superioribus ovato-lanceolatis, obsoletè serratis, floribus corymbosis.* Hort. Cliff. 405 ; Conise dont les feuilles baſſes ſont diviſées en trois lobes, & celles du haut ovales & en forme de lance, avec des fleurs diſpoſées en corymbe.

Conyza arboreſcens lutea, folio trifido. Plum. Cat. 9. Ic. 96.

Virga aurea major. Sloan. Jam. 125; Herbe aux punaiſes.

5°. *Conyza tomentoſa arboreſcens ; foliis oblongo-ovatis, tomentoſis, ſubtùs cinereis, floribus terminalibus, pedunculis racemoſis* ; Coniſe en arbre ; à feuilles cotonneuſes, ovales, oblongues & de couleur de cendre en-deſſous, & à fleurs placées aux extrémités des branches ſur des pédoncules branchus.

Conyza arboreſcens, tomentoſa, foliis oblongis, floribus in ſummitatibus racemorum, ramoſis, ſparſis, albicantibus. Houſt. MSS.

6°. *Conyza Salici-folia, foliis linearibus, decurrentibus, ſerratis; floribus corymboſis terminalibus* ; Coniſe à feuilles étroites, coulantes & ſciées, produiſant des fleurs en corymbe aux extrémités des tiges.

Conyza herbacea, caule alato, Salicis folio, floribus umbellatis purpureis, minoribus. Houſt. MSS.

7°. *Conyza corymboſa arboreſcens, foliis lanceolatis, floribus corymboſis terminalibus, pedunculis racemoſis* ; Coniſe en arbre, à feuilles en forme de lance, & à fleurs en corymbe placées aux extrémités des tiges ſur des pédoncules branchus.

Conyza arboreſcens, foliis oblongis, tribus floſculis conſtantibus. Houſt. MSS.

8°. *Conyza viſcoſa, caule herbaceo, foliis ovatis, ſerratis, vil-*

loſis ; floribus alaribus & terminalibus ; Coniſe avec une tige herbacée, des feuilles ovales, velues & ſciées, & des fleurs aux ailes des feuilles & aux extrémités des branches.

Conyza odorata, Bellidis folio, villoſa & viſcoſa. Houſt. MSS.

9°. *Conyza arboreſcens, foliis ovatis, integerrimis, acutis, ſubtùs tomentoſis, ſpicis recurvatis, fæcundis, bracteis reflexis. Linn. Sp. 1209* ; Coniſe à feuilles pointues, entieres, ovales & cotonneuſes en-deſſous, produiſant une grande quantité d'épis de fleurs, recourbés, & des bractées réfléchies.

Conyza fruticoſa, flore pallidè purpureo, capitulis & lateralibus ramulorum ſpicatim exeuntibus. Sloan. Cat. Jam. 124. Hiſt. 1. p. 257.

Conyza arboreſcens, floribus ceruleis. Plum. Spec. 10. t. 130. f. 2.

Eupatorium erectum hirſutum, foliis oblongis, rugoſis, floribus ſpicatis per ramulos terminales declinatis, uno verſu diſpoſitis. Brown. Jam. 313.

10°. *Conyza Symphyti-folia, foliis oblongo-ovatis, ſcabris, floribus racemoſis terminalibus, caule herbaceo* ; Coniſe à feuilles oblongues, ovales & rudes, avec des fleurs en grappe aux extrémités des branches.

Conyza Symphyti facie, flore luteo. Houſt. MSS.

11°. *Conyza ſcandens, foliis lanceolatis, ſcabris, nervoſis, ſeſſilibus, racemis recurvatis, floribus adſcendentibus, pedunculis lateralibus, caule fruticoſo ſcandente* ; Coniſe à feuilles rudes, nerveuſes, en forme de lance & feffiles , avec des épis recourbés, des fleurs érigées, des pédoncules fur les parties latérales des branches , & une tige grimpante d'arbriffeau.

Conyza Americana fcandens , Lauri folio afpero , floribus fpicatis albis. Houft. MSS.

12°. *Conyza trinervia , foliis ovatis, glabris, trinerviis, integerrimis , floribus fpicatis terminalibus , caule fruticofo*; Conife à feuilles ovales, unies, garnies de trois veines & entieres, avec des fleurs en épi, placées aux extrémités des branches , & une tige d'arbriffeau.

Conyfa Americana frutefcens, foliis ovatis , trinerviis & integris , floribus fpicatis albis. Houft. MSS.

13°. *Conyfa uni-flora, foliis lanceolatis , acutis, feffilibus , floribus fingulis lateralibus , calycibus coloratis , caule fruticofo ramofo* ; Conife à feuilles pointues, en forme de lance, & feffiles, avec des fleurs fimples fur le côté des branches, des calices colorés , & une tige d'arbriffeau branchue.

14°. *Conyfa fpicata, fruticofa, foliis ovatis , trinerviis; floribus fpicatis alaribus* ; Conife en arbriffeau, à feuilles ovales, & garnies de trois nerfs, dont les fleurs fortent en épis fur les côtés des branches

15° *Conyfa pedunculata, foliis ovato-lanceolatis, trinerviis, pedunculis longiffimis terminalibus , floribus corymbofis* ; Conife avec des feuilles ovales, en forme de lance, & marquées par trois nerfs, des pédoncules fort longs aux extrémités des branches , & des

fleurs difpofées en corymbes.

16°. *Conyfa Baccharis, foliis ovato-oblongis , obtufis, ferratis, femi-amplexicaulibus , floribus corymbofis terminalibus* ; Conife à feuilles ovales, oblongues, obtufes, fciées & embraffant à moitié les tiges de leurs bâfes, avec des fleurs en corymbe aux extrémités des tiges.

Eupatorium Conyzoïdes Sinica Baccharidis folio crenato , fummo caule ramofo, floribus parvis coronato. Pluk. Amalth. 80.

17°. *Conyfa odorata, foliis lanceolatis, ferratis, petiolatis, caule fruticofo ramofo, floribus corymbofis terminalibus* ; Conife à feuilles fciées, en forme de lance, & pétiolées, ayant une tige d'arbriffeau branchue , & des fleurs en corymbes aux extrémités des branches.

Conyfa major odorata , fivè Baccharis, floribus purpureis nudis. Sloan. Cat. Jam. 124. Hift. 1. p. 258. t. 152. f. 1.

Eupatoria Conyzoïdes, Maderafpatana, foliis glabris, flore purpurafcente. Pluk. Alm. 141.; variété.

18°. *Conyfa hirfuta, foliis ovalibus , integerrimis , fcabris, fubtùs hirfutis. Lin. Sp. 1209*; Conife, *ou* Herbe aux Puces, à feuilles ovales , rudes, entieres , & velues en-deffous.

Squarrofa. La premiere efpece croît naturellement dans les lieux fecs de plufieurs parties de l'Angleterre ; mais on la cultive rarement dans les jardins. Cette plante eft bis-annuelle , & périt auffi-tôt après la maturité de fes femences ; elle pouffe près de la terre plufieurs feuilles larges, oblongues, pointues & velues: ses tiges s'élèvent du milieu des feuilles à la hauteur de deux pieds & demi, & se divisent vers le haut en plusieurs branches, garnies de feuilles plus petites, oblongues, & placées alternativement: ses fleurs qui naissent aux extrémités des tiges, sont d'un jaune sale, & sont remplacées par des semences oblongues, & couronnées de duvet. Cette espece fleurit en Juillet, & ses semences mûrissent en automne; si on lui laisse le tems d'écarter ses graines, ses plantes pousseront d'elles-mêmes au printems suivant, & ne demanderont aucun autre soin que d'être tenues nettes.

Bifrons. La seconde, que l'on conserve dans les jardins de Botanique pour la variété, est originaire des montagnes de l'Italie; sa tige périt tous les ans, mais sa racine est bis annuelle: sa racine grosse & fibreuse, produit des tiges garnies de feuilles ovales, oblongues, rudes, amplexicaules, & pourvues d'appendices qui coulent jusqu'à la feuille qui est au dessous; ce qui rend la tige aîlée: les extrémités de ces tiges se divisent en plusieurs petites branches, garnies de feuilles de la même forme que les autres, mais plus petites, & alternes; les branches & les tiges principales sont terminées par des fleurs disposées en bouquets ronds, auxquelles succèdent des semences oblongues, & couronnées de duvet. Cette

plante fleurit en Juillet, & ses semences mûrissent en automne: on la multiplie par ses graines qui peuvent être semées au printems sur une terre légere. Quand les plantes commencent à pousser, il faut les éclaircir & les tenir nettes; on les transplante en automne, où elles doivent rester; & elles n'exigent plus alors aucun autre soin que d'être tenues constamment nettes: elles fleuriront dans la seconde année, & produiront des semences mûres; elles durent deux ans dans un mauvais sol; mais elles sont souvent attaquées de pourriture dans une terre trop riche.

Candida. La troisieme se trouve dans l'Isle de Candie; elle a une tige courte d'arbrisseau qui s'éleve rarement au-dessus de six pouces en Angleterre, & qui se divise en plusieurs branches courtes, & fortement garnies de feuilles ovales, laineuses, & fort blanches: de ces branches sortent des tiges de fleurs, laineuses, longues d'environ neuf pouces, & garnies de petites feuilles ovales, blanches & alternes: ses fleurs naissent aux côtés & à l'éxtremité de la tige, quelquefois seules, & d'autrefois deux ou trois ensemble, sur chaque pédoncule; elles sont d'un jaune sale, & paroissent en Juillet: mais comme elles sont rarement suivies de semences dans notre climat, on ne peut multiplier ici cette plante que par boutures, qui prendront racine dans six semaines ou deux mois, fi elles ont été détachées fur de vieilles plantes dans le mois de Juin, & plantées dans une plate-bande à l'expofition du levant, & couvertes de cloches : il faut les arrofer fouvent & légérement, & couvrir les cloches dans les tems chauds : quinze jours après on souleve les cloches d'un côté, pour introduire de l'air ; & quand les boutures ont pris racine, on les expofe par dégrés à l'intérieur : en automne on les enleve avec foin, en confervant une motte à leurs racines ; on en place quelquesunes dans des pots, pour pouvoir les mettre à l'abri fous un châffis pendant l'hiver, & on plante les autres dans une plate-bande, dont le fol foit mauvais & fec, où elles fupporteront très-bien le froid de nos hivers ordinaires, & dureront plufieurs années. On conferve cette efpece dans les jardins plutôt pour la beauté de fes feuilles argentées, que pour fes fleurs, qui n'ont rien de remarquable.

Lobata. La quatrieme qui m'a été envoyée de la Jamaïque par le Docteur HOUSTOUN, a été nommée par le Chevalier Sir HANS SLOANE *Virga aurea major, feu Herba Doria, folio finuato, hirfuto. Cat. Jam.* 125. Elle s'éleve avec une tige d'arbriffeau à la hauteur de fept à huit pieds, & fe divife en plufieurs branches, garnies de feuilles rudes de quatre pouces de longueur, & femblables à la pointe d'une hallebarde : fes fleurs qui naif-

fent en corymbe aux extrémités des branches font jaunes, très voifines les unes des autres, & fuivies par des femences oblongues, & couronnées de duvet.

Cette plante étant trop délicate pour profiter en plein air dans ce pays, il faut répandre fes graines fur une couche chaude ; & lorfque les plantes feront en état d'être enlevées, on les plantera chacune féparément dans de petits pots remplis de terre légere & fablonneufe, qu'on plongera dans une couche chaude de tan ; on les mettra à l'abri jufqu'à ce qu'elles aient pris racine ; après quoi on leur donnera de l'air chaque jour à proportion de la chaleur extérieure ; on les arrofera fouvent dans les tems chauds, mais toujours légèrement ; & à mefure qu'elles acquerront de la force on leur donnera encore plus d'air, & on les expofera même toutà-fait au dehors pour quelques femaines pendant les chaleurs de l'été, en leur choififfant une bonne expofition : fi les nuits font froides, ou s'il tombe beaucoup de pluie, on les portera fous un abri. Ces plantes, étant placées en hiver dans une ferre de chaleur modérée, profiteront mieux que dans un lieu plus chaud ; celles que j'ai traitées ainfi, ont bien fleuri en Juillet ; mais elles n'ont pas perfectionné leurs femences.

Tomentofa. La cinquieme s'éleve à la hauteur de dix ou douze pieds, avec une tige ligneuſe, diviſée en pluſieurs branches, dont l'écorce eſt couverte d'un duvet brun, & garnies de feuilles ovales, oblongues, vertes en-deſſus, de couleur cendrée en-deſſous, alternes & ſupportées par de courts pétioles : ſes fleurs ſortent des extrémités des branches ſur des pédoncules longs & branchus, en épis clairs, & rangés ſur un côté ; elles ſont blanches & des ſemences plates & couronnées de duvet leur ſuccèdent. Cette plante croît naturellement à la Vera-Cruz dans la nouvelle Eſpagne , d'où le Docteur HOUSTOUN m'a envoyé ſes graines : comme elle eſt auſſi tendre que l'eſpece précédente , elle exige le même traitement.

Salici-folia. La ſixieme, qui eſt auſſi originaire de la Vera-Cruz, a une racine vivace, de laquelle ſortent pluſieurs tiges droites , hautes de trois pieds , & garnies de feuilles longues, étroites, ſciées ſur leurs bords, alternes , & pourvues d'appendices qui coulent le long de la tige de l'une à l'autre : ſes fleurs ſont produites aux extrémités des tiges en bouquets ronds ; elles ſont petites, de couleur pourpre , & remplacées par des ſemences plates , oblongues , & couronnées de duvet. Cette eſpece ſe multiplie par ſes graines , qu'il faut répandre ſur une couche chaude au printems : on met enſuite dans des pots les plantes qui en proviennent, on les plonge dans une nouvelle couche

chaude de tan, & on les tient à l'ombre juſqu'à ce qu'elles aient produit des racines nouvelles, après quoi on leur donne beaucoup d'air, & vers la Saint-Jean on peut les placer tout à-fait au dehors dans une ſituation abritée : à la fin du mois de Septembre, on les enfermera dans la ſerre chaude, & pendant l'hiver on les tiendra à un dégré de chaleur tempérée : ces plantes fleuriront dans la ſeconde année ; mais elles ne perfectionnent pas leurs ſemences en Angleterre.

Corymboſa. La ſeptieme m'a été également envoyée de la Vera-Cruz par le Docteur HOUSTOUN : elle a une tige forte & ligneuſe haute de quatorze ou ſeize pieds, couverte d'une écorce cendrée, & diviſée vers ſon ſommet en pluſieurs branches ligneuſes, & garnies de feuilles en forme de lance, alternes & ſupportées par de courts pétioles.

Ces branches ſont terminées par des corymbes de fleurs portées par de longs pédoncules, & réunies en nombre ſur le même : comme ces fleurs ne produiſent point de graines en Angleterre, il faut s'en procurer des contrées où cette plante ſe trouve ; on les ſeme ſur une couche chaude, & on traite enſuite les plantes comme celles de la quatrieme eſpece.

Viſcoſa. La huitieme m'a été encore envoyée de la Vera-Cruz par le Docteur HOUSTOUN ; c'eſt une plante annuelle qui croît dans des en-

droits bas, humides, & couverts d'eau en hiver : sa tige,
herbacée & branchue, s'éleve à un pied environ de hauteur, & est garnie à chaque
nœud d'une feuille ovale, sessile, sciée sur les bords, &
couverte d'un duvet blanc :
ses fleurs naissent aux côtés
des branches, sur des pédoncules minces, dont la plupart
sont garnis de trois fleurs blanches, qui sont suivies par des
semences pleines de paille,
& couronnées de duvet : cette
plante est enduite d'une humeur visqueuse qui s'attache
aux doigts quand on la touche.

On seme ses graines au
printems sur une couche chaude ; &, lorsque les plantes
sont en état d'être enlevées,
on les met chacune séparément dans des pots, qu'on
plonge dans une nouvelle
couche chaude de tan ; on les
traite ensuite comme les autres especes tendres : mais il
faut leur donner beaucoup
d'air dans les tems chauds,
& les arroser souvent. Cette
plante fleurit dans le mois
de Juillet ; & quand l'automne est favorable, elle perfectionne ses semences. Ici, comme elle a peu de beauté, on
ne doit en conserver que deux
ou trois pour la variété.

Arborescens. La neuvieme,
qui est originaire de la Jamaïque, d'où les semences m'ont
été envoyées par le Docteur
HOUSTOUN, s'éleve avec une
tige d'arbrisseau à six ou sept
pieds de hauteur, & se divise en plusieurs branches ligneuses, couvertes d'une écorce

farineuse, & garnies de feuilles en forme de lance, sessiles, velues, alternes & d'une
couleur argentée en-dessous :
ses fleurs sortent aux côtés
des branches toujours en é-
pis clairs, qui croissent horisontalement & erigés ; mais
quelquefois elles sont simples,
postées serrément entre la feuille & la branche : ces fleurs
sont de couleur de pourpre
pâle, & sont remplacées par
des semences garnies de paille
& couronnées de duvet.

On multiplie cette plante
par ses graines, qu'il faut se
procurer du pays où elle
croît naturellement, parce
qu'elle n'en produit point en
Angleterre, quoiqu'elle ait
fleuri plusieurs années de suite dans le jardin de *Chelsea.*
On la traite en tout comme
la quatrieme espece.

Symphyti-folia. La dixieme,
qui m'a été envoyée de la
Vera Cruz par le Docteur
HOUSTOUN, a une racine vivace, & une tige annuelle
haute d'environ trois pieds :
ses feuilles longues de quatre
ou cinq pouces, sur un &
demi de largeur au milieu,
sont rudes comme celles de
la *Consoude* : ses tiges sont
terminées par des pedoncules
branchus qui soutiennent chacun plusieurs fleurs jaunes,
& presque semblables à celles
de l'espece commune. On multiplie cette plante par semence, comme la sixieme, & elle
exige le même traitement : elle
fleurit dans la seconde année;
mais ses graines ne mûrissent
point en Angleterre.

Scandens. La onzieme m'a été envoyée de la Vera-Cruz par le Docteur Houstoun ; elle a une tige grimpante d'arbrisseau qui s'éleve à quatorze ou quinze pieds de hauteur, & se divise en plusieurs branches garnies de feuilles d'un vert pâle, aussi larges que celles du *Laurier*, d'une texture aussi épaisse, traversées par plusieurs nerfs profonds qui s'étendent depuis la côte du milieu jusqu'aux bords : ses fleurs, grosses & blanches, sortent des parties latérales des branches, disposées autour de longs épis pointus, dont elles garnissent les extrémités ; elles sont remplacées par des semences plates, de couleur brune, & couronnées de duvet.

Cette plante produit un bel effet dans la serre chaude quand elle est en fleur ; & comme elle conserve ses feuilles pendant toute l'année, elle fait une variété agréable en hiver, parmi les autres plantes tendres : sa culture est la même que celle de la quatrieme espece.

Trinervia. La douzieme m'a été envoyée par M. Millar de Carthagène de l'Amérique où elle croit naturellement, & s'éleve à cinq ou six pieds de hauteur, avec une tige d'arbrisseau qui se divise en plusieurs branches ligneuses garnies de feuilles ovales, unies, entieres, alternes, sessiles, & marquées par trois veines longitudinales : ses fleurs sont produites en épis courts & serrés aux extrémités des bran-

ches ; elles sont blanches : des semences plates, oblongues, & couronnées de duvet, leur succèdent. Cette espece est tendre ; mais en la traitant comme la quatrieme, on peut la conserver plusieurs années.

Uni-flora. La treizieme, qui est originaire des mêmes contrées que la précédente, m'a été envoyée par le même Robert Millar, Chirurgien ; elle s'éleve avec une tige d'arbrisseau à huit ou dix pieds de hauteur, & se divise en plusieurs branches longues, minces, & garnies de feuilles en forme de lance, longues de trois pouces sur neuf lignes de largeur au milieu, & terminées en pointe aiguë : les plus petites branches sont garnies de feuilles fort étroites, oblongues, pointues, & sessiles : chaque nœud produit une grosse fleur blanche, dont le calice est pourpre ; elles sortent dans toute la longueur des petites branches, & sont placées tout près de la bâse des feuilles ; de sorte que dans le tems où elles paroissent, cette plante a une très - belle apparence. On peut la multiplier comme la quatrieme espece, & en la traitant de même, elle fleurit très-bien ; mais elle ne produit point de semence en Angleterre.

Spicata. La quatorzieme, que M. Millar m'a encore envoyée de Carthagène, où elle est fort commune, a une tige forte & ligneuse, qui s'éleve à la hauteur de dix ou douze pieds, & se divise vers son sommet en plusieurs branches courtes

courtes & ligneufes, dont les nœuds font très-rapprochés : fes feuilles feffiles, & alter-nes fur les côtés des branches, font unies, d'un pouce de longueur fur fix lignes de largeur, terminées en pointe aiguë, & fillonnées par trois veines longitudinales : les fleurs, blanches, & difpofées en épis courts & ferrés, fortent des parties latérales des branches, & font fuivies par des femences plates, oblongues, & couronnées de duvet.

Cette plante eft tendre ; mais, en la traitant comme la quatrieme, elle fleurit très-bien, quoique fes femences ne mûriffent point dans notre climat.

Pedunculata. La quinzieme a une tige d'arbriffeau haute de fix à fept pieds, & divifée en plufieurs branches, couvertes d'une écorce de couleur brune-foncée, & très-garnies de feuilles ovales, unies, en forme de lance, marquées de trois veines longitudinales, fupportées par de courts pétioles, & alternes à chaque côté : fes fleurs fortent fur de longs pédoncules nuds qui s'étendent à cinq ou fix pouces au-delà de l'extrémité des branches ; elles font de couleur pourpre, & forment une efpece de corymbe, ou de bouquet rond : le calice de la fleur eft compofé d'écailles courtes & remplies de lames.

Cette plante croit naturellement à Campêche, d'où fes femences m'ont été envoyées par M. ROBERT MILLAR ; elle eft tendre & exige le même

traitement que la quatrieme efpece ; elle fleurit dans notre climat, mais elle n'y produit point de graines.

Baccharis. Les femences de la feizieme m'ont auffi été envoyées de Campêche ; elle s'éleve avec une tige d'arbriffeau à la hauteur de dix à douze pieds, & pouffe plufieurs branches fortes & ligneufes, couvertes d'une écorce fombre, & garnies de feuilles oblongues, ovales, émouffées & fciées fur leurs bords, qui embraffent à moitié les tiges de leurs bâfes ; fes fleurs, de couleur pourpre & difpofées en corymbes aux extrémités des branches, font remplacées par des femences plates & couronnées de duvet.

Cette plante eft auffi tendre que la quatrieme, & elle exige le même traitement ; elle fleurit ici, mais elle ne produit point de femences.

En femant fes graines en automne auffi-tôt qu'elles font mûres, elles ne peuvent manquer de réuffir ; mais comme elles font prefque toujours apportées de loin, & qu'elles n'arrivent pas de bonne heure ici, les plantes pouffent rarement dans la premiere année ; c'eft pourquoi il faut les femer dans des pots, afin qu'on puiffe les conferver pendant l'hiver : leurs plantes paroîtront au printems fuivant.

Odorata. La dix-feptieme eft originaire de la Jamaïque ; elle s'éleve avec une tige branchue d'arbriffeau à quatre ou cinq pieds de hauteur ; fes branches baffes & fa tige font gar-

nies de feuilles en forme de
lance de quatre pouces environ
de longueur, fur un de largeur au milieu, fciées fur
leurs bords & fupportées par
de courts pétioles ; les feuilles
qui couvrent les branches du
haut font beaucoup plus étroites & terminées en pointe aiguë : fes fleurs, pourpre, &
difpofées en petits bouquets
aux extrémités des branches,
font fuivies par des femences
couvertes de duvet comme les
autres efpeces. Cette plante eft
tendre & exige la même culture que la quatrieme.

Hirfuta. La dix-huitieme,
qui croît naturellement à la
Chine, eft une plante bifannuelle qui périt auffi-tôt que
fes femences font mûres : fes
tiges, velues & hautes d'environ deux pieds, font garnies de feuilles oblongues,
ovales, entieres, rudes en-
deffus, couvertes de poils
forts en-deffous, & placées alternativement fur les branches : fes fleurs font pourpre,
& fortent en épis oblongs fur
les parties latérales des branches.

On multiplie cette efpece
par fes graines qu'il faut répandre dans des pots en automne, quand on peut fe les
procurer dans cette faifon : on
place ces pots fous un châffis
en hiver, pour empêcher les
femences de fouffrir du froid
& de l'humidité : fi on les
feme au printems, elles ne
poufferont guere dans la même année ; ainfi il faudra les
mettre à l'abri en hiver, on
verra paroître les plantes au

printems fuivant. Quand elles font en état d'être enlevées,
on les place chacune féparément dans des pots qu'on plonge dans une couche de chaleur très-modérée ; on les tient
à l'abri du foleil jufqu'à ce
qu'elles aient formé de nouvelles racines ; après quoi on
les endurcit par dégré, afin
qu'elles puiffent fupporter le
plein air, auquel on les expofera au commencement de
Juin dans une fituation abritée : elles fleuriront dans la
feconde faifon, & fi l'été eft
favorable elles perfectionneront leurs femences.

COPAIFERA. [*The Balfam
of Capevi.*] Baumier de Capahu.

Caraćteres. La fleur n'a point
de calice, fa corolle eft compofée de cinq pétales qui s'é-
tendent en forme de rofe, elle
a dix étamines courtes & terminées par des fommets longs :
le germe fixé dans le centre,
devient par la fuite un légume
dans lequel font renfermées
une ou deux femences environnées d'une chair jaune.

Nous n'avons dans ce genre
qu'une feule efpece qui eft :

*Copaifera officinalis, foliis
pinnatis* ; Baumier de Capahu.
*Capaiva. Mat. Med. 513. Jacq.
Hift. Amer. 133, t. 86.*

*Coapoiba, Marcgr. Bras. 130.
Raj. Hift. 1593.*

Cet arbre croît en abondance dans les environs d'un vil-
lage nommé *Ayapel*, dans la
province d'Antiochi, à dix
journées de chemin de Carthagène dans l'Amérique méridionale. Ces arbres, dont la

hauteur eſt de cinquante ou ſoixante pieds, ne produiſent pas tous du *Baume*; on reconnoît ceux qui en donnent à une fente qui s'étend dans la longueur de leurs tiges; on fait des ouvertures à leurs troncs, auxquelles on attache des calebaſſes ou quelques autres vaiſſeaux pour recueillir le *Baume* qui en découle peu de tems après. Chaque arbre peut fournir dix à douze pots de cette ſubſtance; ils ne périſſent point malgré cette perte, mais ils ne donnent plus jamais de *Baume*.

Comme cette ſubſtance eſt employée en Médecine, l'arbre qui la fournit mériteroit qu'on le multipliât dans nos Iſles d'Amérique, où, on peut cultiver preſque tous les arbres des quatre parties du Monde, tant ceux qui ſont propres à la Médecine & à la Teinture, que ceux qui peuvent ſervir aux uſages de la vie.

Les graines de cet arbre ont été ſemées à la Jamaïque par M. ROBERT MILLAR, Chirurgien, qui les a apportées de leur pays natal : il m'a appris depuis, qu'elles avoient très-bien réuſſi; de ſorte que nous pouvons eſpérer de voir cet arbre ſe multiplier dans quelques-unes de nos Colonies, ſi les habitans de ces pays veulent en prendre ſoin, ainſi que le *Cinnamomum* & quelques autres plantes utiles qui y ont été apportées par des perſonnes curieuſes.

Je ne crois pas qu'on ait à préſent en Europe aucune plante de cette eſpece : les graines qui m'avoient été envoyées par M. MILLAR ayant été attaquées par les inſectes dans la traverſée, n'ont point pouſſé; mais ſi l'on pouvoit s'en procurer de fraîches, les plantes réuſſiroient certainement en Angleterre, & pourroient être conſervées dans une ſerre chaude; car leur pays natal eſt bien plus tempéré que beaucoup d'autres d'où nous avons tiré une grande quantité de plantes qui ont bien proſpéré dans la ſerre chaude, & qui ſont parvenues à un grand dégré de perfection (1).

COPALME, STYRAX, *ou* STORAX. *Voyez* LIQUIDAMBAR. L.

COQ DES JARDINS, *ou*

---

(1) Le *Baume de Capahu* eſt d'un uſage fréquent en Médecine; il eſt beaucoup plus chaud que les autres, parce qu'il contient une ſi grande quantité d'huile eſſentielle, qu'une livre en fournit ſouvent cinq ou ſix onces par la diſtillation. Ce baume peut être utile dans un grand nombre de circonſtances, ſoit à l'intérieur, ſoit extérieurement, lorſqu'on le mêle avec deux fois autant de graiſſe douce, & qu'on en frotte les membres paralyſés ou affoiblis, il ranime ſouvent la chaleur, & leur donne une nouvelle vie; il produit auſſi d'excellens effets dans les abſcès du poumon, & autres anciens ulcères internes, ſur la fin des dyſſenteries, dans les fleurs blanches, les rétentions d'urine, occaſionnées par des glaires épaiſſies, ſur la fin des gonorrhées virulentes, &c.

Sa doſe eſt depuis quatre juſqu'à trente gouttes.

LA MENTHE COQ. *Voyez* Tanacetum Balsamita.

COQUE DU LEVANT. *Voyez* Menispermum Canadense.

COQUELICOT, *ou* PAVOT ROUGE DES CHAMPS. *V.* Papaver Rheas.

COQUELOURDE, HERBE AU VENT, PULSATILLE, *ou* FLEUR DE PAQUES. *V.* Pulsatilla Vulgaris.

COQUELOURDE DES JARDINIERS. *Voy.* Agrostema Coronaria.

COQUERET, *ou* ALKEKENGE. *V.* Phisalis Alkekengi.

CORAIL DES JARDINS, *ou* POIVRE DE GUINÉE. *V.* Capsicum annuum.

CORALLODENDRON. *Voy.* Erytrina.

CORCHORUS. *Lin. Gen. Plant. 675. Tourn. Infl. 259. tab. 135.* [*Jews Mallow.*] Mauve de Juif.

Caracteres. Le calice de la fleur eft formé par cinq feuilles étroites, lancéolées & érigées; la corolle eft compofée de cinq pétales oblongs, émouffés & auffi longs que le calice : la fleur a plufieurs étamines velues & terminées par de petits fommets. Dans le centre eft fitué un germe oblong & fillonné, qui foutient un ftyle court, épais, & couronné par un ftigmat divifé en deux parties. Le germe devient, quand la fleur eft paffée, un légume cylindrique à cinq cellules remplies de femences pointues & angulaires.

Ce genre de plante a des fleurs avec plufieurs étamines & un ftyle ; ce qui la fait ranger dans la premiere fection de la treizieme claffe de Linnée , intitulée : *Polyandria monogynia.*

Les efpeces font :

1°. *Corchorus olitorius, capfulis oblongis , ventricofis , foliorum infimis ferraturis fetaceis. Linn. Flor. Zeyl. 213. Hort. Ups. 147. Gron. Orient. 170 ;* Corchorus avec des capfules oblongues & gonflées , ayant le bas de fes feuilles dentelé & terminé en poils hériffés.

Corchorus foliorum infimis ferraturis maximis reflexis. Hort. Cliff. 209. Roy. Lugd.-B. 478.

Corchorus Plinii. Bauh. Hifl. 317.

Corchorus. Comm. Hort. 47 , t. 12.

Corchorus , five Melochia. J. B. 2. 982 ; Mauve de Juifs commune, ou Guimauve potagere.

2°. *Corchorus æfluans , capfulis oblongis , trilocularibus , fulcatis , foliis cordatis , infimis ferraturis fetaceis. Lin. Sp. 746. Mant. 565. Jacq. Hort. t. 85 ;* Corchorus avec des capfules oblongues & fillonnées , & des feuilles en forme de cœur , dont les dentelures font terminées par des poils hériffés.

Alcea cibaria , five Corchorus Americana, Carpini foliis , fextuplici capfulá prælongá. Pluk.

Triumfetta fubvillofa , foliis rotundioribus undulatis , atque dentatis , poftremis in fetas inermes. Brown. Jam. 232, t. 25, f. 1.

3°. *Corchorus capfularis , capfulis fubrotundis , depreffis , rugofis. Flor. Zeyl. 214. Kniph. Cent.*

4, n. 21; Corchorus avec des capsules rondes, abaissées & rudes.

Alcea olitoria, sivè Corchorus Americana, prælongis foliis, capsulâ striatâ, subrotundâ, brevi. Pluk.

Corchorus foliorum infimis serraturis minoribus. Hort. Cliff. 210. Roy. Lugd.-B. 478.

Gania sativa. Rumph. Amb. 5, p. 212, t. 78, f. 1.

4°. Corchorus tetragonus, foliis ovato-cordatis, crenatis, capsulis tetragonis, apicibus reflexis; Corchorus avec des feuilles ovales, en forme de cœur & crenelées, & des capsules quarrées dont les pointes sont réfléchies.

5°. Corchorus linearibus foliis lanceolatis, serrato-dentatis, capsulis linearibus compressis, bivalvibus; Corchorus avec des feuilles en forme de lance & sciées, & des capsules étroites, comprimées & à deux valvules.

6°. Corchorus bifurcatus, foliis cordatis, serratis, capsulis linearibus, compressis, apicibus bifurcatis; Corchorus avec des feuilles sciées & en forme de cœur, & des légumes étroits & comprimés, dont les pointes ont deux cornes.

7°. Corchorus siliquosus, capsulis linearibus compressis bivalvibus, foliis lanceolatis æqualiter serratis. Lin. Sp. 746. Kniph. Cent. 4, n. 22; Corchorus avec des capsules étroites, comprimées & à deux valves, & des feuilles en forme de lance, également sciées sur leurs bords.

Coreta, foliis minoribus, ova-

tis, crenatis, floribus singularibus. Brown. Jam. 147.

Corchorus Americana, foliis & fructu angustioribus. Tourn. Inst. R. H. 259.

8°. Corchorus hirsutus, capsulis subrotundis, lanatis, foliis ovatis, obtusis, tomentosis, æqualiter serratis. Lin. Sp. 747. Jacq. Amer. 165; Corchorus avec des capsules rondes & laineuses, & des feuilles ovales, obtuses, velues, & sciées sur leurs bords.

Guazuma frutex Chamædry-folia, fructu lanuginoso, major & minor. Plum. Gen. 36. Ic. 104.

Corchorus Americanus lanuginosus, folio Chamædryos, siliquâ tricapsulari lanuginosâ & subaspered. Breyn. Prodr. 3, p. 56.

Corchoro affinis, Chamædryos folio, flore staminco, seminibus atris quadrangulis, duplici serie dispositis. Sloan. Cat. 50.

Olitorius. La premiere espece, à ce que dit RAUWOLF, est semée en grande abondance autour d'Alep, comme un légume de potage; les Juifs en font bouillir les feuilles pour les manger avec leurs viandes : il croit que c'est l'*Olus Judaïcum* d'AVICENNE, & le *Corchorus* de PLINE.

Cette plante est originaire des deux Indes; ses semences m'ont été plusieurs fois envoyées des unes & des autres: on m'a assuré qu'on mangeoit cette herbe dans les Indes Orientales, comme dans le Levant; mais je n'ai pas entendu dire que les habitans de l'Amérique en fissent le même usage.

Cette plante, qui est annuelle, s'éleve à la hauteur d'environ deux pieds, & se divise en plusieurs branches garnies de feuilles qui varient dans leur forme & leur grandeur; quelques-unes sont figurées en pointe de lance, d'autres sont ovales, & plusieurs presque en forme de cœur : elles sont toutes simples, d'un vert foncé, légerement dentelées sur leurs bords, garnies à leur bâse de deux segmens hérissés & réfléchis, & portées, surtout celles qui sortent des parties opposées aux branches, sur des pétioles fort longs & minces : ses fleurs sont composées de cinq petits pétales jaunes, & d'un grand nombre d'étamines qui environnent un germe oblong situé dans le centre, & qui se change par la suite en une capsule rude, gonflée, de deux pouces de longueur, terminée en une pointe, & qui s'ouvre en quatre cellules. Cette plante fleurit en Juillet & en Août, & ses semences mûrissent en automne.

Æstuans. La seconde croît naturellement dans plusieurs Isles des Indes Occidentales, d'où ses semences m'ont été envoyées ; elle est aussi annuelle, & s'éleve à la hauteur de deux pieds, avec une tige forte, herbacée & divisée vers son sommet en deux ou trois branches garnies de feuilles en forme de cœur, sciées sur leurs bords & supportées par de longs pétioles, d'entre lesquels sortent plusieurs feuilles plus petites, presque de la même forme, & sessiles : ses

fleurs, semblables à celles de la précédente, naissent comme elles, sur les parties latérales des branches ; lorsqu'elles sont fanées, on voit paroître à leur place des capsules longues, gonflées, rudes, & sillonnées dans leur longueur par quatre rainures ; ces capsules s'ouvrent en quatre parties a leurs sommets, & renferment quatre rangs de semences angulaires. Cette plante fleurit & ses graines mûrissent dans le même tems que l'espece précédente.

Capsularis. La troisieme, qui se trouve également dans les deux Indes, est aussi une plante annuelle qui s'éleve avec une tige mince & herbacée à trois pieds environ de hauteur, & qui pousse plusieurs branches foibles, garnies à chaque nœud d'une feuille oblongue en forme de cœur, terminée en pointe longue & aiguë, sciée sur ses bords & supportée par un court pétiole : ses fleurs sortent simples sur les côtés des branches ; elles sont sessiles, plus petites que celles de l'espece précédente, & remplacées par des capsules courtes, rondes, rudes, applaties au sommet, & à six cellules remplies de petites semences angulaires : les fleurs & les graines de cette plante paroissent dans le même tems que celles de la précédente.

Tetragonus. La quatrieme est aussi originaire des deux Indes, d'où ses semences m'ont été envoyées ; elle est aussi annuelle, haute d'environ deux pieds, & se divise en petites branches, garnies de feuilles ovales en forme de cœur, & sciées sur leurs bords : ses fleurs sont petites, d'un jaune pâle, & lorsqu'elles sont flétries, elles sont succédées par des capsules gonflées, rudes, quarrées, d'un pouce de longueur & applaties au sommet, où elles sont armées de quatre cornes réfléchies, ce qui leur donne quelque ressemblance avec les *clous de Girofle*. Cette plante fleurit, & ses semences mûrissent en même tems que les précédentes.

Linearibus foliis. Les semences de la cinquieme m'ont été envoyées de Carthagêne en Amérique : elle est annuelle, élevée à la hauteur de trois pieds, & divisée en plusieurs branches latérales, foibles & garnies de feuilles de trois pouces environ de longueur, sur un pouce de largeur au milieu, plus étroites vers les extrémités, dentelées sur leurs bords en forme de scie, & sessiles aux branches : ses fleurs, simples & opposées aux feuilles, sont fort petites, d'un jaune pâle, & suivies par des capsules de deux pouces environ de longueur, plates & à deux cellules remplies de petites semences angulaires. Cette plante fleurit & perfectionne ses semences en même tems que toutes celles dont il vient d'être question.

Bifurcatus. La sixieme, dont les semences m'ont été envoyées de la Jamaïque par le Docteur HOUSTOUN, est une plante annuelle qui s'éleve avec une tige forte & herbacée à trois & quatre pieds de hauteur, & pousse plusieurs branches latérales, érigées, garnies de feuilles en forme de cœur, sciées sur leurs bords & supportées par des pétioles longs & minces : dans les intervalles que laissent ces feuilles, on en voit d'autres plus petites de la même forme & sessiles : ses fleurs, d'un jaune pâle & petites, sortent des côtés des branches sur de courts pédoncules, & sont suivies par des capsules plates de trois pouces de longueur, terminées par deux cornes, & ouvertes en deux cellules remplies de petites semences angulaires.

Siliquosus. Les semences de la septieme m'ont été envoyées de l'Isle de Barbade, où elle croît naturellement ; elle a aussi poussé plusieurs fois dans la terre des caisses qui contenoient d'autres plantes expédiées de la même Isle : cette espece s'éleve à-peu-près à la même hauteur que la sixieme, & pousse plusieurs branches foibles & latérales garnies de feuilles longues, étroites, rudes, sciées sur leurs bords & sessiles, entre lesquelles d'autres plus petites sont placées irrégulièrement : ses fleurs sont petites, d'un jaune pâle, produites sur le côté des branches, remplacées par des capsules fort étroites, comprimées, de deux pouces de longueur, ouvertes en deux valves, & remplies de petites semences angulaires. Cette plante fleurit & produit des femences dans le même tems que les précédentes.

Hirfutus. La huitieme , qui eſt originaire de la Jamaïque, s'éleve avec une tige d'arbriſſeau à quatre pieds de hauteur, & ſe diviſe en un grand nombre de petites branches ſerrément garnies de petites feuilles ovales, ſciées & ſeffiles : entre celles-ci ſont placées, ſans ordre , pluſieurs autres feuilles très-petites : ſes fleurs naiſſent ſur les côtés des branches , & ſont ſoutenues par de fort courts pédoncules, elles ſont petites : leurs pétales tombent bientôt , & elles ſont ſuivies par des capſules de trois pouces de longueur , arrondies à leur pointe, ouvertes en deux valves au ſommet, & renfermant un grand nombre de petites femences angulaires. Cette plante a une tige vivace, & peut être conſervée pendant l'hiver dans une ſerre de chaleur modérée. Elle fleurit dans le mois de Juin de la ſeconde année, & ſes femences mûriſſent en automne ; mais quand elle eſt aſſez avancée pour fleurir dans la premiere année , elle perfectionne rarement ſes femences. Les plantes qui ſont traitées durement pendant l'été, ſe conſervent mieux que les autres.

Culture. Toutes ces eſpeces étant trop tendres pour profiter en plein air en Angleterre , il faut les ſemer ſur une couche chaude au printems ; & , quand les plantes ſont en état d'être enlevées, les mettre ſur une nouvelle couche chaude pour les avancer , ſans quoi leurs graines ne mûriront pas : lorſqu'elles ſont enracinées dans la nouvelle couche , on leur donne de l'air chaque jour à proportion de la chaleur de la ſaiſon , pour les empêcher de filer ; & , lorſqu'elles ont acquis aſſez de force , on les tranſplante chacune ſéparément dans des pots, qu'on plonge dans une couche chaude, en obſervant de les tenir à l'abri du ſoleil, juſqu'à ce qu'elles aient formé de nouvelles racines ; après quoi on leur donne beaucoup d'air chaque jour , on les arroſe ſouvent , & en Juin on les accoutume par dégré au plein air : on peut enſuite en ôter une partie des pots , & les tranſplanter dans une plate-bande chaude où elles fleuriront & perfectionneront leurs femences , ſi la ſaiſon eſt favorable : mais comme celles-ci manquent quelquefois , il ſera prudent d'en conſerver une ou deux de chaque eſpece dans des pots , pour pouvoir les placer dans des caiſſes de vitrage qui les garantiront des mauvais tems , & leur feront produire de bonnes femences. La derniere eſpece peut auſſi être traitée de la même maniere pendant l'été ; mais en automne il faut la plonger dans la couche de tan de la ſerre chaude : ces plantes fleuriront de bonne heure dans la ſeconde année , & perfectionneront leurs femences.

CORDIA. *Plum. Nov. Gen.*

13. tab. 14. Sebeflena. Dill. Hort.
Elth. 225. [*Sebeflen*] Sébeste.

Caracteres. Le calice de la fleur eft perfiftant, & formé par une feuille découpée en trois parties : la corolle eft monopétale, & en forme d'entonnoir ; fon tube eft de la longueur du calice, & fon fommet eft divifé en quatre, cinq, & même fix fegmens obtus & érigés : la fleur a cinq étamines en forme d'alêne, & terminées par des fommets longs ; dans le centre eft placé un germe rond & pointu, qui foutient un ftyle divifé en deux portions, & couronné par deux ftigmats obtus : ce germe devient par la fuite une baie feche, globulaire, pointue, attachée au calice, & renfermant une noix fillonnée avec quatre femences.

Ce genre de plante eft rangé dans la premiere fection de la cinquieme claffe de LIN-NÉE, qui a pour titre : *Pentandria monogynia*, avec celles dont les fleurs ont cinq étamines & un ftyle.

Les efpeces font :

1°. *Cordia Sebeflena, foliis oblongo-ovatis, repandis, fcabris. Lin. Sp. Plant. 190. Haffelq. It. 458 ;* Sébefte à feuilles ovales, oblongues, rudes & tournées en arriere.

Cordia, foliis fubovatis, fubrepandis. Jacq. Amer. 42.

Cordia Nucis Juglandis folio. Plum. Gen. 13. Ic. 105.

Cordia, foliis amplioribus hirtis, tubo floris fubæquali. Brown. Jam. 202.

Caryophyllus fpurius inodorus,

folio fubrotundo, fcabro, flore racemofo, hexapetaloïde, coccineo. Sloan. Cat. 136 ; ordinairement appelé *Lignum Aloes.* Bois d'Aloès. Sébefte.

Sebeflena fcabra, flore miniato, crifpo. Dill. Elth. 341. t. 255. f. 331.

Novella nigra. Rumph. Amb. 2. p. 226. t. 75.

2°. *Cordia Myxa, foliis, tomentofis, ovatis, corymbis lateralibus, calycibus decem-ftriatis. Lin. Sp. 273. Syft. Veg. 191. Mat. Med. 67 ;* Cordia à feuilles ovales & velues, avec des fleurs en grappe, fur les côtés des branches, & des calices à dix fillons.

Cordia, foliis fubovatis, ferrato-dentatis, Hort. Cliff. 63.

Myxa, five Sebeflena. Bauh. Hift. 1. p. 197. Ray. Hift. 1555.

Sebeflena fylveftris & domeflica. Bauh. Pin. 446. Alp. Ægyp. 30.

Sebeflena domeflica, five Myxa. Com. Hort. Amft. 1. 139 ; le Sébefte cultivé.

Vidi-Maram. Rheed. Mal. 4. p. 77. t. 37. Ray. Hift. 1563.

Prunus Sebeflena, longiori folio, Maderafpetana. Pluk. Alm. 306. t. 217. f. 3.

3°. *Cordia macrophylla, foliis ovatis, villofis, fefqui-pedalibus. Lin. Sp. Plant. 264 ;* Cordia à feuilles ovales, velues, & de la longueur de fix pieds.

Collococcus platyphyllos major, racemis umbellatis. Brown. Jam. 168.

Prunus racemofa foliis oblongis, hirfutis, maximis, fruftu rubro. Sloan. Cat. Jam. 184. Hift. 2. p. 130. t. 221. f. 1. Ray. Dendr. 43.

Sebeſtena. La premiere eſpece croît naturellement dans
pluſieurs Iſles des Indes Occidentales , où elle s'éleve ſous
la forme d'un arbriſſeau, avec
des tiges de huit à neuf pieds
de hauteur, garnies vers le
ſommet de feuilles rudes , ovales, oblongues, d'un vert foncé en - deſſous , & diſpoſées
alternativement ſur de courts
pétioles : ſes branches ſont
terminées par des fleurs qui
croiſſent en groſſes grappes
ſur des pédoncules branchus,
dont quelques-uns en ſoutiennent une , d'autres deux, &
pluſieurs trois ; elles ſont larges , en forme d'entonnoir ,
teintes d'une belle couleur
écarlate , & pourvues de longs
tubes ; leur corolle eſt diviſée
en pluſieurs ſegmens obtus.

Myxa. La ſeconde eſt regardée par la plupart des Botaniſtes, comme le *Myxa* de
Céſalpin , qui eſt la vraie *Sé-
beſte* des boutiques ; on ſe ſer-
voit anciennement de ce fruit
en médecine ; mais depuis
quelque tems on l'apporte
rarement en Angleterre, &
on l'emploie très-peu aujour-
d'hui ; on donne à ce fruit le
nom de *Prune Aſſyrienne,* dans
ſon pays natal. L'arbre qui le
produit s'éleve à la hauteur
de nos *Pruniers* ordinaires dans
ſa patrie ; il a été très-rare en
Europe, juſqu'en l'année 1762,
que les perſonnes (M. Nieh-
buhr & ſes aſſociés) qui furent
chargées par le Roi de Dane -
marc de voyager dans l'Arabie,
envoyerent de l'Egypte plu -
ſieurs de ces fruits. C'eſt de
quelques uns de ces fruits que

j'ai élevé des plantes dans les
jardins de *Chelſéa* (1).

Macrophylla. La troiſieme eſpece a été découverte par le
Pere Plumier dans quelques
Iſles Françoiſes de l'Amérique ;
& depuis, dans la Baie de
Campêche par Robert Mil-
lar, qui en a envoyé les ſemences en Angleterre : elle s'é-
leve à la hauteur de dix-huit à
vingt pieds dans les contrées,
où elle croît ſauvage ; les
feuilles ſont ailées , larges ,
entieres & unies; mais comme elle n'a pas encore fleuri
en Angleterre , je ne puis
en donner une plus ample
deſcription.

Culture. Ces plantes, étant
originaires des pays chauds,
ſont trop tendres pour pouvoir
réſiſter à la rigueur de notre climat, ſans le ſecours de la ſerre chaude ; elles ſe multiplient
par leurs graines qu'il faut ſe
procurer dans les pays où elles croiſſent naturellement :
on les ſeme dans de petits
pots qu'on plonge dans une
bonne couche chaude de tan
au printems ; ſi les ſemences
ſont fraiches & bonnes , les
plantes paroîtront ſix ſemaines ou deux mois après ; alors
on les avancera dans des couches chaudes, on les traitera
comme les autres plantes tendres & délicates, on les arroſera fréquemment en été :

____

(1) Les *Sebeſtes* ont les mêmes
propriétés médicinales que la
Caſſe, & peuvent être employées
dans les mêmes circonſtances.
Voyez l'article Casse.

dans cette faifon, on les accoutumera par dégré à l'air, pour les empêcher de s'affoiblir, & les rendre plus propres à fupporter le froid de la faifon fuivante. Durant les deux premiers hivers, il eft néceffaire de les plonger dans la couche de tan de la ferre chaude ; &, lorfqu'elles commencent à avoir des tiges ligneufes, on peut les placer fur les tablettes de la ferre chaude feche, dans laquelle, fi on les tient à un dégré de chaleur modérée, on les confervera très-bien, fur-tout la premiere efpece qui eft plus dure que les autres. Ces plantes peuvent auffi être expofées au-dehors dans une fituation chaude, dès le commencement de Juillet, où elles refteront jufqu'au milieu de Septembre fans aucun rifque, fi la faifon continue à être chaude ; mais dans le cas contraire, il faudra les remettre beaucoup plutôt dans la ferre. Les fleurs de ces différentes plantes font très-belles, fur-tout celles de la premiere efpece, qui font de couleur écarlate, & qui naiffent en gros bouquets aux extremités des branches, comme celles du *Laurier-Rofe* qu'elles furpaffent néanmoins en groffeur & en beauté. Un petit morceau du bois de cet arbre brûlé fur des charbons allumés, répand la plus agréable odeur, & parfume une maifon entiere.

COREOPSIS. *Lin. Gen. Plant. 879. Bidentis fpecies. Dill. Elth. 48.* [*Tickfeed.*]

Caractères. Le calice commun de la fleur eft double ; la partie extérieure eft compofée de huit feuilles placées circulairement, & l'intérieure eft plus large, membraneufe & colorée : le difque de la fleur eft compofé de plufieurs fleurettes hermaphrodites, tubulées, divifées en cinq fegmens au fommet, & pourvues chacune de cinq étamines velues, & terminées par des fommets cylindriques : dans leur centre eft placé un germe comprimé, armé de deux cornes, & furmonté par un ftyle mince, que termine un ftigmat aigu & divifé en deux parties : ce germe devient par la fuite une femence fimple, orbiculaire, convexe fur un côté, concave de l'autre, & ornée d'une bordure membraneufe & de deux cornes à fon fommet. La bordure de la fleur eft compofée de huit fleurettes femelles, larges, en forme de langue, découpées en cinq parties, & fans étamines ; leur germe, quoique femblable à celui des autres, eft cependant dépourvu de ftyle & de ftigmats, & elles font abortives.

Ce genre de plante eft rangé dans la troifieme fection de la dix-neuvieme claffe de LINNÉE, intitulée : *Syngenefia polygamia fruftranea.* Les fleurs de cette claffe & de cette fection font compofées de fleurettes hermaphrodites fructueufes, & de demi-fleurettes femelles fteriles.

Les efpeces font :

1°. *Coreopfis alterni-folia, foliis lanceolatis, ferratis, alternis, petiolatis, petiolis decurrentibus. Hort. Upfal. 270. Jacq.*

Hort. t. 110 ; Coréopsis à feuilles sciées, en forme de lance, alternes , & supportées par des pétioles ailés.

Coreopsis , foliis serratis. Roy. Lugd-B. 181.

Chrysanthemum Canadense bidens , alato caule. Moris. Bles. 253. *Ray. Hist.* 337.

Chrysanthemum Virginianum , alato caule , bidens altissimum , folio aspero , flore minore serotino. Moris. Hist. 3. *p.* 25. *s.* 6. *t.* 7 *s.* 75 & 76.

Chrysanthemum Virginianum , caule alato , ramosum , flore minore. Pluk. Alm. 100. *t.* 159. *s.* 3.

2°. *Coreopsis lanceolata , foliis lanceolatis , integerrimis , ciliatis. Lin. Sp. Plant.* 1283 ; Coréopsis à feuilles en forme de lance, entieres & garnies de poils.

Coreopsis , foliis integerrimis. Roy. Lugd-B. 181.

Coreopsis. Hort. Cl. 420.

Bidens Caroliniana , florum radiis latissimis , insigniter dentatis , semine alato per maturitatem convoluto. Mart. Cent 26. *t.* 26.

Bidens Succisæ folio , radio amplo , laciniato. Hort. Elth. 55. *t.* 48. *s.* 56.

3°. *Coreopsis verticillata , foliis decomposito-pinnatis , linearibus. Lin. Sp. Plant.* 907 ; Coréopsis à feuilles étroites, ailées & décomposées.

Cerato-cephalus , Delphinii foliis , Vaill. Act. 1720. *Ehret. Pict. t.* 9.

Chrysanthemum Marianum , Scabiosæ tenuissimè divisis foliis , ad intervalla confertis. Pluk. Mant. 48.

4°. *Coreopsis tripteris , foliis subternatis integerrimis. Hort. Up-* sal. 269. ; Coréopsis à feuilles croissant par trois & entieres.

Rudbeckia , foliis compositis , integris. Roy. Lugd-B. 181.

Chrysanthemum Virginianum , folio acutiori lævi trifoliato , seu Anagyridis folio. Mor. Hist. 3. *p.* 21. *s.* 6. *t.* 3. *s.* 44. *Ray. Suppl.* 215.

5°. *Coreopsis radiata , foliis lineari-lanceolatis , acutè serratis , oppositis , radio amplo , integro ;* Coréopsis à feuilles étroites, en forme de lance, opposées & sciées en pointes aiguës, ayant les rayons de la fleur larges & entiers.

Alterni-folia. La premiere espece, qu'on rencontre dans toutes les parties de l'Amérique Septentrionale, a une racine vivace & des tiges qui périssent chaque hiver, jusques sur la terre ; ces tiges font, fortes, herbacées, hautes de huit ou dix pieds, & garnies de feuilles en forme de lance , sciées sur leurs bords , de trois ou quatre pouces de longueur, sur un de largeur au milieu , alternes & portées de courts pétioles ornés d'une bordure qui coule de l'un à l'autre dans la longueur entiere de la tige : ses fleurs croissent aux sommets des tiges, où elles forment une espece de corymbe ; chaque pédoncule soutient une , deux ou trois fleurs jaunes, & semblables à celles du *Tournesol ;* mais beaucoup plus petites. Cette plante fleurit en Septembre & en Octobre : mais elle ne produit point de semences en Angleterre ; elle est fort dure ,

& peut être multipliée en a-bondance par la division de ses racines : l'automne est le tems favorable pour cette o-pération , lorsque ses tiges sont détruites ; elle profite dans presque tous les sols & à toutes les expositions.

Lanceolata. La seconde est une plante annuelle , dont M. Catesby m'a envoyé les se-mences de la Caroline , en 1726 : elle a une tige droite , & garnie de feuilles unies , étroites en forme de lance , opposées & entieres : ses pé-doncules sortent des aîles des feuilles par paires opposées & érigées ; leur partie inférieu-re est garnie d'une ou deux paires de feuilles fort étroites, & leur sommet est nud & terminé par une grosse fleur jaune, dont les rayons sont profondément découpés en plusieurs segmens. Les fleurs sont remplacées par des se-mences plates & aîlées, qui se roulent quand elles sont mûres : les pédoncules nuds de ces fleurs ont au-delà d'un pied de longueur. Il faut se-mer les graines de cette espe-ce sur une couche de chaleur modérée au printems ; & , quand les plantes sont en état d'être enlevées, on les place chacune séparément dans des petits pots , & on les plonge dans une nouvelle couche chaude pour les faire avancer: dans le mois de Juin on les accoutume par dégré au plein air, & lorsqu'elles sont en é-tat d'y résister , on peut en transplanter quelques - unes dans une plate-bande chaude,

où elles fleuriront au milieu de Juillet, si la saison est bon-ne, & produiront des semen-ces mûres au commencement de Septembre.

Verticillata. La troisieme a une racine vivace, de laquelle sortent plusieurs tiges fermes & triangulaires , hautes de plus de trois pieds , & gar-nies à chaque nœud de feuilles aîlées , décomposées , oppo-sées, fort étroites & entieres : ses branches sortent aussi par paires opposées, ainsi que les pédoncules qui sont longs , minces , & terminés chacun par une fleur simple , & d'un jaune brillant, dont les rayons sont ovales & entiers, & le disque d'une couleur plus fon-cée : ces fleurs, qui produi-sent le plus bel effet, paroissent en Juillet, & continuent à se succéder jusqu'en Septembre. Cette plante croit naturelle-ment dans le Maryland & à Phi-ladelphie : on la multiplie en di-visant ses racines, comme on le pratique pour la premiere es-pece ; elle se plait dans une terre légere & marneuse, & à une exposition chaude.

Tripteris. La quatrieme , qu'on rencontre dans plusieurs parties de l'Amérique-Septen-trionale, est, depuis long-tems cultivée dans les Jardins An-glois: sa racine est vivace; ses tiges sont fort rondes, unies, élevées à la hauteur de six ou sept pieds, & gar-nies à chaque nœud de quel-ques feuilles à trois lobes & opposées: ses fleurs, de cou-leur jaune pâle, avec le dis-que teint de pourpre foncé,

naiffent en paquets aux extrémités des tiges fur de fort
longs pédoncules: elles paroiffent en Juin ; mais elles produifent rarement de bonnes
femences en Angleterre. On
multiplie cette efpece en divifant fes racines, comme on
le pratique pour la premiere;
mais elle exige un meilleur fol
& une expofition plus chaude.

Radiata. La cinquieme croît
naturellement dans la Caroline
Méridionale, d'où fes femences m'ont été envoyées par
le Docteur DALE : elle eft
annuelle, & s'éleve à la hauteur de quatre pieds, avec des
tiges droites & garnies de feuilles étroites, en forme de lance, terminées en longue pointe, profondément fciées fur
leurs bords, oppofées fur chaque nœud, fupportées par de
courts pétioles, longues de
trois ou quatre pouces, fur
neuf lignes de largeur au milieu, d'un vert foncé en-deffus, & pâles en-deffous : de
chacun des nœuds qui occupent la partie haute des tiges,
fortent deux pétioles, un de
chaque côté, qui fupportent
deux ou trois paires de petites feuilles, & qui font terminées par une fleur compofée
de fept demi-fleurettes ovales
& entieres, qui forment les
rayons ; fon difque renferme
un grand nombre de fleurettes
hermaphrodites, de couleur
fombre & rembrunie, & les
fommets de fes étamines font
d'un jaune brillant: ces fleurettes, hermaphrodites font
remplacées chacune par une
femence plate, bordée & ar-

mée de deux cornes. Cette
efpece fleurit en Aout, & fi
l'automne eft favorable, fes
femences mûriffent en Oc-
tobre; mais dans les années
froides, elle ne perfectionne
pas fes graines en Angleterre.

On la multiplie par fes
graines, qu'on répand en automne fur une plate-bande
chaude, afin qu'elles puiffent
pouffer au printems fuivant;
mais fi elles font gardées jufqu'à cette derniere faifon, leurs
plantes paroîtront rarement
dans la même année : quand
elles font en état d'être enlevées, on les arrache avec précaution, & on les tranfplante
dans les places qui leur font deftinées, pour y refter à demeure,
ou dans une planche en pépiniere, à quatre pouces de
diftance, pour leur faire acquérir de la force: on les
tient à l'abri du foleil, jufqu'à
ce qu'elles aient pouffé de nouvelles racines ; après quoi,
on arrache avec foin toutes
les herbes inutiles qui croiffent
parmi elles, & on leur fournit des fupports, à mefure qu'elles font des progrès en hauteur, pour les fortifier contre
les efforts des vents d'automne
ne : lorfque celles qui ont été
mifes en pépiniere font affez
avancées, on les enleve avec
leur motte, pour les placer
où elles doivent fleurir.

Comme ces plantes conti-
nuent à montrer de nouvelles
fleurs jufqu'à ce que les gelées les arrêtent, elles méritent d'occuper une place dans
les jardins, principalement
celles dont les racines ne tra-

cent point & ne s'étendent pas trop loin : la premiere espece étant moins belle que les autres, on ne la cultive guere que dans les collections de Botanique pour la variété.

CORIANDRE. *Voy.* CoRIANDRUM.

CORIANDRUM. *Linn. Gen. Plant.* 318. *Tourn. Inst. R. H.* 316. *tab.* 168. de Κορίανδρον, de Κόρις, *gr.*, une Teigne, ainsi appelée, soit à cause qu'elle a l'odeur de cet insecte, ou, comme d'autres le pretendent, parce qu'elle les chasse ou les tue ; & d'Ανδρος, *gr.* l'Isle où elle croît en abondance. [*Coriander.*] Coriandre.

Caracteres. La fleur est disposée en ombelles ; l'ombelle principale n'a que peu de rayons, & les petites en ont plusieurs : la premiere n'a point d'enveloppe ; mais les dernieres en ont une à trois feuilles ; le calice est divisé en cinq parties, & les rayons de l'ombelle principale sont irréguliers : les fleurs hermaphrodites qui forment le disque, ont cinq pétales égaux, en forme de cœur & courbés ; mais celles des rayons ont cinq pétales inégaux de la même forme, & cinq étamines terminées par des sommets ronds : le germe qui est placé sous la fleur, soutient deux styles couronnés par de petits stigmats rayonnés, & devient ensuite un fruit sphérique, & divisé en deux parties, dont chacune fait une semence hémisphérique & concave.

Les fleurs de ce genre ayant cinq étamines & deux styles, sont de la seconde section de la cinquieme classe de LINNÉE, appelée *Pentandria Digynia.*

Les especes sont :

1°. *Coriandrum sativum, fructibus globosis. Hort. Cliff.* 100. *Hort. Upf.* 63. *Mat. Med.* 83. *Roy. Lugd.-B.* 109. *Sauv. Monsp.* 260. *Hall. Helv. n.* 764; Coriandre produisant un fruit globulaire.

Coriandrum majus. G. B. P. 158.; La plus grande Coriandre.

Coriandrum. Cam. Epit. 523. *Blackw. t.* 176. *Kniph. Cent.* 10. *n.* 26.

2°. *Coriandrum testiculatum, fructibus didymis. Hort. Cl.* 100. *Roy. Lugd.-B.* 109. *Sauv. Monsp.* 260.; Coriandre avec des fruits jumaux.

Coriandrum minus, testiculatum. G. B. P. 158.

Coriandrum sylvestre fœtidissimum. Bauh. Pin. 158. Variété.

Sativum. On cultive plus fréquemment la premiere espece en Europe, tant dans les jardins, que dans les campagnes, à cause de l'usage fréquent de ses graines dans la médecine : la seconde est beaucoup plus rare, & on ne la trouve guere dans nos pays ailleurs que dans les jardins Botaniques. Ces plantes croissent naturellement dans la France Méridionale, en Espagne & en Italie : mais on seme aujourd'hui la premiere beaucoup moins qu'autrefois dans les campagnes & dans les jardins de l'Angleterre

Culture. On multiplie ces plantes en semant leurs grai-

nes en automne sur une bonne terre ; lorsqu'elles ont pouffé , on les houe , on les éclaircit à quatre pouces de diftance en tous fens, & on les
débarraffe de toutes les mauvaifes herbes : de cette maniere elles deviendront fortes ,
& produiront une grande quantité de bonnes femences. On
cultivoit autrefois la premiere
efpece dans les jardins comme une plante propre à affaifonner les falades : on la multiplie toujours beaucoup dans
les Indes Orientales , parce
que tant les feuilles que les
graines font fort employées
dans la cuifine des Indiens ;
mais on s'en fert peu en
Europe (1).

____

(1) Les graines de *Coriandre*
ont une faveur forte & aromatique ; lorfqu'elles font fraîches ,
elles répandent un principe actif &
pénétrant, qui attaque le cerveau
& les nerfs ce qui fait qu'on ne
les emploie jamais que defféchées.
Elles fourniffent par l'analyfe une
très-petite quantité d'huile éthérée,
un peu plus de principe réfineux
& une dofe plus confidérable de
fubftance gommeufe ; mais cette
derniere eft prefqu'inerte , tandis
que les deux premiers principes
ont beaucoup d'activité.

On regarde la *Coriandre* comme
ftomachique , carminative , céphalique , &c., & on la prefcrit contre les foibleffes d'eftomac , le vertige , les vices de digeftion , les
affections venteufes , la foibleffe
de mémoire , le coryfa opiniâtre,
&c. on la confit au fucre , ou on
la fait infufer dans le vin.

On fe fervoit autrefois de la
Coriandre comme d'un correctif
dans les infufions purgatives compofées avec le *Séné.*

Tefticulatum. La feconde efpece s'éleve aifément de femences , quand on les met en
terre en automne ; mais celles que l'on garde jufqu'au
printems , réuffiffent rarement,
ou au moins ne pouffent qu'au
printems fuivant.

Il y en a une variété qui
répand une odeur très-fétide.

CORIARIA. *Lin. Gen. Pl.*
458. Niffol. Act. Reg. 1711. Vul-
gairement appelé Sumach ;
[*Myrtle leaved Sumach*] ou
Rondon à feuilles de Myrte,
Arbre à tanner les cuirs.

Caracteres. Dans ce genre
les fleurs mâles & les hermaphrodites font placées fur
des plantes différentes ; les
mâles ont des calices à cinq
feuilles , une corolle compofée de cinq pétales joints au
calice , & dix étamines minces,
& terminées par des fommets
oblongs : les fleurs hermaphrodites ont des calices femblables , & un nombre égal de pétales , dans le centre defquels font
placés cinq pointals, qui fe changent en une baie renfermant
cinq femences en forme de rein.

Cette plante eft rangée dans
la neuvieme fection de la vingt-
deuxieme claffe de LINNÉE,
nommée *Diæcia Decandria* qui
eft de celles dont les fleurs
mâles & les hermaphrodites
font placées fur différens pieds.

Les efpeces font :

1°. *Coriaria Myrti - folia ,*
foliis ovato - oblongis. Hort.
Upfal. 299. Sauv. Monfp. 151.
Gouan. Monfp. 508. ; Sumach à feuilles de Myrte ,
oblongues & ovales , *ou le*
Rondon à feuilles de Myrte.

Coriaria

Coriaria. Hort. Cliff. 462. Roy. Lugd.-B. 22.

Coriaria vulgaris mas. Niſſol. Act. 1711.

Rhus Plinii , Myrti-folia , Monſpelienſium. Lob. Ic. 2. p. 98.

2°. *Coriaria fœmina vulgaris. Lin. Hort. Cliff.* ; Sumach femelle à feuilles de Myrte.

L'eſpece à fleurs mâles eſt la plus commune en Angleterre ; l'autre eſt rarement admiſe dans nos jardins : on a cultivé il y a quelques années dans les jardins de *Chelſéa* pluſieurs de ces plantes, qu'on a obtenues au moyen de ſes ſemences, qui avoient été envoyées d'Italie : la plupart de ces plantes étoient hermaphrodites , & elles ont produit une grande quantité de bonnes graines , quoiqu'il n'y eût pas une plante de l'eſpece mâle dans le jardin. N'en ayant point trouvé juſqu'alors dans les jardins Anglois , j'ai été obligé d'en faire venir du dehors pour me procurer des ſemences de fleurs mâles. Ces deux eſpeces croiſſent ſauvages , & en grande abondance , dans les environs de Montpellier , où l'on en fait uſage pour tanner les cuirs : c'eſt de-là que lui vient le nom de *Rhus Coriariorum , Sumach de Tanneur* , qui leur a été donné par les Botaniſtes. Ces arbriſſeaux s'élèvent rarement au-deſſus de la hauteur de trois ou quatre pieds ; & comme leurs racines ſont rampantes , elles pouſſent pluſieurs rejettons qui rempliſſent tous les intervalles , & forment bien

tôt une eſpece de bois : ainſi on peut les planter dans les quartiers déſerts , pour garnir quelques vuides ; mais ils occupent trop de place pour être admis dans les petits jardins ; & comme leurs fleurs n'ont point d'apparence , on ne les cultive que pour la variété.

Il eſt étonnant que M. NisSOL, qui habite le pays où ces arbriſſeaux naiſſent en abondance , & qui a fait connoître ce genre dans les Mémoires de l'Académie de Paris , n'ait pas remarqué qu'il y a des fleurs mâles & hermaphrodites ſur différentes plantes.

On peut les multiplier abondamment par les rejettons qui ſortent en grand nombre de leurs racines. On les enleve en Mars, on les met en pépiniere , où on les laiſſe un ou deux ans pour leur donner le tems de pouſſer de bonnes racines ; après quoi on les plante dans les lieux où ils doivent reſter.

Cette plante ſe plaît dans un ſol marneux & un peu ferme ; on doit la placer dans un endroit abrité des vents du nord & de l'oueſt , où elle ſupportera aſſez bien le froid de nos hivers ordinaires , & fleurira mieux que ſi elle étoit conſervée dans des pots & miſe à couvert.

CORINDUM. *Voyez* CARDIOSPERMUM, POIS DE MERVEIL.

CORIS. *Lin. Gen. Plant.* 216: *Tourn. Inſt.* 652. *tab.* 423.

Nous n'avons point de nom

vulgaire pour cette plante.

Caractéres. Les caracteres de ce genre, sont d'avoir un calice formé par une feuille gonflée au milieu, & fermée au sommet, où elle est divisée en cinq parties, terminées par des épines ; une corolle monopétale & irréguliere ; un tube aussi long que le calice, étendu & ouvert au sommet, où la fleur est séparée en cinq segmens oblongs, obtus & dentelés ; cinq étamines hérissées & terminées par des sommets simples, dans le centre desquels est situé un germe rond soutenant un style mince, incliné & couronné par un stigmat épais : ce calice devient par la suite une capsule globulaire à cinq valvules, qui renferme plusieurs semences petites & ovales.

Ce genre de plante est rangé dans la premiere section de la cinquieme classe de LINNÉE, intitulée : *Pentandria Monogynia*, qui comprend les fleurs qui ont cinq étamines & un style.

On ne connoît qu'une espece de cette plante, qui est :

Coris Monspeliensis. Hort. Cliff. 68. *Hort. Upf.* 46. *Mat. Med.* p. 63.

Coris cærulea maritima. G. B. P. 280; Coris maritime bleu.

Symphytum petræum. Cam. Epit. 699.

Il y a dans cette plante deux variétés, l'une à fleurs bleues, & l'autre à fleurs rouges ; mais elles ne sont que des accidens de semences.

Ces plantes croissent sauva-

ges aux environs de Montpellier, & dans d'autres parties de la France Méridionale, ainsi qu'en Italie ; elles s'élevent rarement au-dessus de six pouces de hauteur, & s'étendent près de la surface de la terre comme la *Bruyere* : elles sont très-agréables dans le mois de Juin, lorsqu'elles sont couvertes de fleurs.

On peut les multiplier en semant leurs graines au printems sur une terre fraîche : quand les plantes ont environ un pouce de hauteur, on en met quelques-unes dans des pots remplis d'une terre fraîche & légere, afin de pouvoir les mettre à couvert en hiver ; & on place les autres dans une plate-bande chaude, où elles supporteront fort bien le froid de nos hivers ordinaires ; mais si les gelées deviennent plus fortes, elles seront presque toujours détruites ; c'est-pourquoi il sera à propos d'avoir quelques plantes de chaque espece dans des pots, qu'on enfermera en hiver sous un châssis de couche où on puisse les couvrir durant les gelées, & leur donner beaucoup d'air dans les tems doux : ces plantes produisent quelquefois des semences mûres en Angleterre ; mais comme elles ne les perfectionnent pas toujours, on est obligé de les multiplier par boutures, qui prennent aisément racine, si elles sont plantées à la fin d'Aout sur une couche chaude fort légere, abritées du soleil & bien arrosées.

CORISPERMUM. *Lin. Gen. Plant.* 12. *Juſſ. Act. R. S.* 1712. [*Tickſeed.*]

Caracteres. Dans ce genre, la fleur n'a point de calice ; la corolle eſt compoſée de deux pétales comprimés, recourbés, oppoſés & égaux ; la fleur a une, deux, ou trois étamines plus courtes que les pétales, & terminées par des ſommets ſimples : le germe, qui eſt comprimé & pointu, ſoutient deux ſtyles velus, & couronnés par des ſtigmats aigus : il ſe change, quand la fleur eſt paſ-ſée, en une ſemence ovale, comprimée & garnie d'une bordure aiguë.

Ce genre de plante eſt ran-gé dans la ſeconde ſection de la premiere claſſe de LINNÉE, intitulée : *Monandria digynia*, avec celles dont les fleurs ont une étamine & deux ſtyles.

Les eſpeces ſont :

1°. *Coriſpermum Hyſſopi-fo-lium, floribus lateralibus. Hort. Upſal.* 2. *Kniph. Orig. Cent.* 8. n. 32 ; Coriſpermum avec des fleurs placées latéralement ſur les tiges.

Coriſpermum, floribus alternis. Hort. Cliff. 3. *Roy. Lugd.-B.* 205. *Sauv. Monſp.* 52.

Rhagroſtis, ſemine Paſtinacæ. Buxb. Cent. 3. *p.* 30. *t.* 55.

1°. *Coriſpermum, Hyſſopi-fo-lium. Juſſ. Act. R. S.* 1712 ; Coriſpermum à feuilles d'Hyſ-ſope.

2°. *Coriſpermum ſquarroſum, ſpicis ſquarroſis. Hort. Upſal.* 3 ; Coriſpermum avec des épis rudes & garnis de pointes.

Rhagroſtis, foliis Arundinaceis.

Buxb. Cent. 3. *p.* 30 ; Rhagroſ-tis à feuilles de Roſeau.

On conſerve ces plantes dans les jardins de Botanique pour la variété ; mais comme elles n'ont rien de remarqua-ble, on les cultive rarement dans d'autres endroits.

Hyſſopi-folium. La premiere eſpece eſt une plante annuelle qui remplit bientôt tout un canton, ſi on lui laiſſe écar-ter ſes ſemences ; elle n'exige aucun autre ſoin que d'être débarraſſée de mauvaiſes her-bes.

Squarroſum. La ſeconde ne croit que dans des lieux ma-récageux, & remplis d'eaux croupiſſantes ; quand cette plante eſt une fois établie, elle s'étend bientôt ſur toute la ſurface de la terre.

Comme nous n'avons point de nom Anglois pour cette plante, je lui ai donné celui de *Tickſeed*, qui a rapport à ſon nom grec.

CORMIER, *ou* **SORBIER.** *Voyez* SORBUS DOMESTICA.

CORMIER SAUVAGE. *V.* CRATÆGUS.

CORNE DE CERF, *ou le* **PLANTAIN DÉCOUPÉ.** *V.* PLANTAGO CORONOPUS.

CORNEILLE. *Voyez.* LYSI-MACHIA VULGARIS.

CORNEILLE POURPRE, *ou* **SALICAIRE.** *Voyez* LY-TRHUM. L.

CORNICHON. *Voyez* CU-CUMIS SATIVUS. L.

CORNOUILLER. *V.* COR-NUS.

CORNUS. *Lin. Gen. Plant.* 139. *Tourn. Inſt.* 641. *tab.* 410 ;

ainſi appelé de *Cornu*, *Lat.* une Corne, parce que le bois ou la coque de ſon fruit eſt dur comme de la corne. [*The Cornelian Cherry*.] Ceriſe de Corneline, Cornouiller.

Caraɛteres. Cette plante a pluſieurs fleurs renfermées dans une enveloppe commune, ou calice commun, à quatre feuilles colorées : ſes fleurs ont chacune un petit calice placé ſur le germe, & découpé en quatre parties ; une corolle compoſée de quatre pétales unis, plus petits que les feuilles de l'enveloppe, quatre étamines érigées plus longues que les pétales, & terminées par des ſommets ronds ; un germe rond & placé au-deſſous du calice qui ſoutient un ſtyle mince, & couronné par un ſtigmat obtus : ce germe devient enſuite une baie ovale ou ronde, dans laquelle eſt renfermée un noyau à deux cellules, qui contiennent chacune une amande oblongue.

Ce genre de plante eſt rangé dans la premiere ſeɛtion de la quatrieme claſſe de LINNÉE, intitulée : *Tetrandria monogynia*, qui comprend les fleurs pourvues de quatre étamines & d'un ſtyle.

Les eſpeces ſont :

1°. *Cornus ſanguinea, arborea, cymis nudis, ramis reɛtis. It. Weſtgoth. Lin. Sp. Plant. 117. Duham. Arb.* 1. *p.* 184. *n.* 7 ; le Sanguin, Bois punais, *ou* le Cornouiller, improprement appelé *Femelle*, avec des rejettons nuds & des branches droites.

Cornus umbellis involucro multotiès longioribus. Hort. Cliff. 38. Roy. Lugd.-B. 247. *Dalib. Paris.* 52.

Cornus fœmina. G. B. P. 447 ; Cornouiller femelle.

Virga Sanguinea. Matth. Le Sanguin, Bois punais.

Virga Sanguinea. Dod. Pempt. 782.

2°. *Cornus mas, arborea umbellis involucrum æquantibus. Hort. Ups.* 29. *Roy. Lugd.-B.* 249. *Dalib. Paris.* 52. *Hall. Helv. n.* 815 ; Cornouiller, improprement appelé *mâle*, avec des ombelles égales à l'enveloppe.

Cornus mas pumilio. Clus. Hiſt. 1. *p.* 13 ; Cornouiller commun.

Cornus hortenſis mas. G. B. P. 447 ; Cornouiller mâle, ou arbre à Ceriſe de Cornaline.

3°. *Cornus florida, arborea, involucro maximo, foliolis obverſe cordatis. Hort. Cliff. 38. Hort. Ups.* 29. *Roy. Lugd. - B.* 249. *Gron. Virg.* 17. *Kalm. It.* 2. *p.* 321. *&.* 3. *p.* 104 ; Cornouiller, avec une fort large enveloppe, & des feuilles en forme de cœur renverſées.

Cornus mas Virginiana, floſculis in corymbo digeſtis, à perianthio tetrapetalo albo radiatim cinɛtis. Pluk. Alm. 120. *Catesb. Carol.* 27. *t.* 27 ; le Cornouiller mâle de la Virginie.

4°. *Cornus fœmina arborea, foliis lanceolatis, acutis, nervoſis, floribus corymboſis terminalibus* ; Cornouiller avec des feuilles aiguës en forme de lance, & nerveuſes, ayant des fleurs diſpoſées en corymbes aux extrémités des branches.

Cornus fœmina Virginiana,

anguſtiori folio. Edit. Prior. ; Cornouiller femelle à feuilles plus étroites.

5°. *Cornus Amomum arborea, foliis ovatis , petiolatis , floribus corymboſis terminalibus* ; Cornouiller avec des feuilles ovales & pétiolées, & des fleurs recueillies en corymbes aux extrémités des branches.

Cornus Americana ſylveſtris domeſticæ ſimilis , baccâ cærulei coloris elegantiſſimâ , Amomum Novæ-Angliæ quorumdam. Pluk. Phyt. tab. 169. f. 3. ; Cornouiller , que pluſieurs perſonnes regardent comme le véritable Amomum de la Nouvelle Angleterre.

6°. *Cornus candidiſſima arborea , foliis lanceolatis , acutis , glabris , umbellis involucro minoribus , baccis ovatis* ; Cornouiller à feuilles unies , pointues & en forme de lance , avec des ombelles plus petites que l'enveloppe & des baies ovales.

Cornus fœmina , candidiſſimis foliis , Americana. Pluk. Alm. 120.

7°. *Cornus Tartarica arborea, foliis oblongo-ovatis , nervoſis , infernè albis , floribus corymboſis terminalibus* ; Cornouiller avec des feuilles ovales, oblongues, nerveuſes , & blanches en-deſſous , & des fleurs en corymbes aux extrémités des branches.

Cornus ſylveſtris , fructu albo. Amman. Ruth. ; Cornouiller ſauvage à fruits blancs.

Cornus alba. Linn. Syſt. Plant. tom. 1. pag. 332. Sp. 4.

8°. *Cornus Suecica , herbacea , ramis binis. Fl. Lapp. 55. Fl.* *Suec. 132. 1389. Roy. Lugd.-B. 249. Gmel. Sib. 3. p. 163. n. 33* ; Cornouiller herbacé , avec des branches diſpoſées par paires.

Periclymenum humile. Bauh. Pin. 302. Norvegicum. Bauh. Pin. 302.

Cornus pumila herbacea , Chamæ - periclymenum dicta. Hort. Elth. 108 ; Cornouiller nain herbacé , connu ſous le nom de *Chevrefeuil Nain.*

Cornus pumila herbacea , Chamæ - periclymenum dicta. Dill. Elth. 108. t. 91.

Sanguinea. La premiere eſt fort commune dans les haies & pluſieurs parties de l'Angleterre ; mais on la cultive rarement dans les jardins : on porte ſouvent ſon fruit ſur les marchés, où on le vend pour des baies de *Cornouiller* : il eſt cependant très - facile de les diſtinguer ; car les premiers n'ont qu'un noyau , & les ſeconds en ont quatre : on les reconnoît encore en ce que les fruits de l'arbre, dont il eſt queſtion, teignent le papier en pourpre , tandis que le *Cornouiller* lui communique une couleur verte. Cette eſpece eſt connue ſous le nom de *Virga Sanguinea* , à cauſe de la couleur rouge de ſes rejettons. Il y a une variété de cet arbre, à feuilles panachées , qu'on cultive dans les pépinieres ; mais elle n'eſt pas fort eſtimée (1).

____

(1) Le fruit du *Cornouiller* eſt regardé comme rafraîchiſſant & légèrement aſtringent ; c'eſt-pourquoi les anciens le donnoient dans les

Mas. La seconde est fort commune dans les jardins Anglois, où elle a été autrefois multipliée pour son fruit, que plusieurs personnes conservoient pour en faire des tartes : on s'en sert aussi en Médecine, parce qu'il est regardé comme astringent & rafraîchissant, & l'on en prépare une composition officinale, à laquelle on donne le nom de *Rob de Cornis.* Il y a dans cette espece deux ou trois variétés qui ne different que dans la couleur de leurs fruits ; mais celle à fruits rouges est la plus commune en Angleterre.

Comme ce fruit n'est pas fort estimé aujourd'hui, les jardiniers de pépinieres des environs de Londres ne multiplient plus la plante qui le donne que comme un arbrisseau à fleurs : quelques personnes en font cas, parce qu'il fleurit de très-bonne heure, & que ses fleurs paroissent dans le commencement du mois de Février, lorsque la saison est douce : quoique ces fleurs ne soient pas fort belles, cependant comme elles sont très-nombreuses, & qu'elles se montrent dans une saison où il y en a bien peu d'autres, on peut cultiver quelques-uns de ces arbrisseaux pour la

cours de ventre & dans l'ardeur de la fievre, pour appaiser la soif : on en prépare encore un électuaire, qu'on donne depuis deux gros jusqu'à une demi-once, dans les dyssenteries, & pour réveiller l'appétit, & on fait entrer ces fruits secs dans les ptisannes rafraîchissantes.

variété. Cette espece s'éleve à la hauteur de dix-huit ou vingt pieds, & forme une très-grosse tête ; mais son fruit ne mûrit pas avant le mois de Septembre.

Florida. Fæmina arborea. Amomum. Candidissima. La troisieme, dont les semences ont été apportées de l'Amérique en Angleterre, se trouve, ainsi que les quatrieme, cinquieme & sixieme especes, dans les forêts de la Virginie, de la Nouvelle Angleterre, du Maryland & de la Caroline. Elles sont toutes fort dures, & profitent bien en plein air dans notre climat : les jardiniers de pépinieres des environs de Londres les cultivent pour augmenter la variété de leurs arbres de pleine terre : elles s'élevent à la même hauteur que notre *Cornouiller* femelle ordinaire ; mais elles sont beaucoup plus belles : les rejettons de la cinquieme sont teints d'un beau rouge en hiver, & en été leurs feuilles sont larges & blanches en-dessous : leurs fleurs blanches, & disposées en paquets à l'extrémité de chaque branche, donnent à ces arbrisseaux un nouveau mérite : en automne, quand les grosses grappes de baies bleues sont mûres, elles font le plus bel effet.

La troisieme, qui est à présent fort commune dans les pépinieres, où elle est connue sous le nom de *Cornouiller de Virginie*, est d'un crû beaucoup plus bas qu'aucune des précédentes : car elle s'éleve rarement au-dessus de sept à huit pieds de hauteur ; mais elle eſt toujours bien garnie de feuilles plus larges que celles d'aucune des autres eſpeces. Quoique cet arbriſſeau ſoit auſſi dur que les précédens, il n'a cependant encore donné aucun fruit en Angleterre.

Il y a dans cette eſpece une variété avec une enveloppe rouge qui augmente beaucoup ſa beauté ; elle a été décou-verte dans la Virginie par M. Banister, & enſuite par M. Catesby : celle-ci & la pré-cédente font un ſuperbe effet dans les forêts de l'Amérique, parce qu'elles fleuriſſent de très-bonne heure au printems avant que les feuilles paroiſ-ſent, & qu'en hiver elles ſont couvertes de baies qui reſtent ſur les arbres juſqu'à la nou-velle ſaiſon.

Suecica. La huitieme croît ſur la montagne de Cheviot, dans le Northumberland, ainſi que ſur les Alpes , & dans d'autres lieux montagneux des pays Septentrionaux; mais il eſt fort difficile de la conſer-ver dans les jardins : la ſeule méthode pour y réuſſir, eſt d'enlever les plantes dans l'en-droit même où elles naiſſent, en conſervant une bonne mot-te de terre à leurs racines , & de les planter dans une ſi-tuation humide & ombragée, de maniere qu'elle ne ſoient pas gênées par les racines des autres plantes : en ſuivant cette pratique, on peut les conſer-ver deux ou trois ans ; mais il eſt bien rare qu'elles ſubſiſ-tent plus long-temps. Cette plante eſt baſſe & herbacée , & ſes tiges périſſent en au-tomne.

Toutes les eſpeces de *Cor-nouillers* peuvent être multi-pliées par leurs fruits qui pouſ-ſent dès le printems ſuivant, s'ils ont été mis en terre en automne dès l'inſtant de leur maturité, ſans quoi leurs plan-tes ne paroiſſent qu'un an & même deux années après , ſi le tems eſt fort ſec. Ainſi, lorſ-qu'on n'a pas ſaiſi l'inſtant fa-vorable , & qu'on ne les voit pas pouſſer, il ne faut pas ſe preſſer de remuer la terre qui les contient. Quand les plan-tes paroiſſent , on les arroſe avec ſoin dans les tems ſecs, on les tient nettes de mauvai-ſes herbes ; & dès l'automne ſuivant, on peut les enlever & les mettre en pépiniere, où on les laiſſera deux ans ; après quoi elles ſeront en état d'ê-tre tranſplantées à demeure.

On les multiplie auſſi par marcottes , & au moyen de leurs rejettons que la plupart des eſpeces produiſent en abon-dance, ſur-tout lorſqu'elles ſe trouvent dans un ſol humide & léger : on détache les mar-cottes en automne , on les met en pépiniere, où on les laiſſe un ou deux ans , & on les tranſplante enſuite dans les lieux qui leur ſont deſtinés : les boutures produiſent difficile-ment d'auſſi bonnes racines que les marcottes , & elles ſont plus ſujettes à donner des re-jettons qui rempliſſent bientôt tout le terrein où elles ſe trou-vent ; c'eſt - pourquoi on les eſtime beaucoup moins que les premieres.

CORNUTIA. *Plum. Nov. Gen.*
17. Lin. Gén. Plant. 684. Agnan
thus. Vaill. Act. R. 1722.

Cette plante, pour laquelle
nous n'avons point de nom
vulgaire, a été ainsi appelée
en l'honneur de J A C Q U E S
C O R N U T I , Médecin de
Paris, qui a publié une histoire des plantes du Canada. *La*
Cornute.

Caracteres. Les fleurs de ce
genre ont un calice persistant,
& formé par une feuille, tubulée & découpée au sommet
en cinq parties ; une corolle
monopétale, un tube cylindrique, beaucoup plus long
que le calice, & divisé au sommet en quatre parties, dont
le segment supérieur est rond
& érigé, les deux latéraux
étendus, & celui du bas rond
& entier ; & quatre étamines,
dont deux sont plus longues
que le tube, & les autres plus
courtes, & qui sont toutes
terminées par des sommets inclinés : dans le centre est placé un germe rond, & surmonté
par un style long, divisé en
deux parties, & couronné par
deux stigmats épais : ce germe
se change dans la suite en une
baie globulaire, située sur le
calice, & dans laquelle sont
renfermées plusieurs semences
en forme de rein.

Ce genre de plante est rangé
dans la seconde section de la
quatorzieme classe de LINNÉE,
intitulée : *Didynamia angiosper*
mia, avec celles dont les fleurs
ont deux étamines longues &
deux courtes, & des semences renfermées dans une capsule.

Il n'y a qu'une espece de ce
genre, qui est :

Cornutia pyramidata. Hort.
Cliff. 319.

Cornutia , flore pyramidato cæ
ruleo , foliis incanis. Nov. Gen.
32 ; Cornutia avec une fleur
bleue & pyramidale, & des
feuilles velues.

Agnanthus, Viburni folio. Vaill.
Act. 1722. p. 273.

Cette plante a été d'abord
découverte en Amérique par
le Pere PLUMIER , qui lui a
donné le nom qu'elle porte ;
on la trouve aussi abondamment dans plusieurs Isles des
Indes Occidentales, ainsi qu'à
Campêche, & à la Vera-Cruz :
ses semences m'ont été envoyées de ces deux endroits
par le Docteur HOUSTOUN ,
& par M. ROBERT MILLAR.
Elle s'éleve à la hauteur de
dix à douze pieds ; ses branches sont quarrées, horisontales & croisées ; ses feuilles sont
opposées ; & ses fleurs qui sortent en épis des extrémités des
branches, sont d'une belle
couleur bleue, & paroissent
ordinairement en automne ;
elles restent quelquefois plus
de deux mois dans leur beauté.

Pour multiplier cette plante,
on répand ses graines sur une
couche chaude dans le commencement du printems ; &
quand elles ont poussé, on
met leurs plantes séparément
dans des pots remplis de terre
fraîche & légere, & on les
plonge dans une couche chaude de tan, en observant de les
tenir à l'ombre jusqu'à ce qu'elles aient produit de nouvelles
fibres ; après quoi on leur don

ne de l'air frais à proportion de la chaleur extérieure, & on les arrose souvent, parce qu'elles croissent naturellement dans des lieux marécageux : quand les plantes ont rempli les pots de leurs racines, on leur en donne de plus grands, & on les replonge dans une couche chaude, où on les laisse jusqu'en Octobre pour les transporter alors dans la couche de tan de la serre chaude ; car sans ce secours, il seroit fort difficile de les conserver en hiver. La serre chaude où ces plantes sont placées doit être tenue à un dégré de chaleur tempérée, marquée sur le thermometre de M. FOWLER ; ce qui leur sera beaucoup plus favorable qu'une chaleur plus forte. Celles qui sont élevées de semence, fleurissent dans la troisieme année ; alors elles font un bel effet dans la serre : mais elles ne perfectionnent pas leurs semences en Angleterre.

On peut aussi multiplier cette plante par boutures, qui prennent facilement racine, si elles sont mises dans des pots & plongées dans une couche chaude de tan ; on les tient à l'ombre, on les arrose & on les traite ensuite comme les plantes de semence.

CORONA IMPERIALIS. *Voyez* FRITILLARIA IMPERIALIS.

CORONA SOLIS. *Voyez* HELIANTHUS, TOURNESOL.

CORONILLA. [*Joint-podded Colutea.*] Colutéa avec des légumes noueux. *Coronille.*

Caracteres. Dans ce genre le calice est court, persistant & formé par une feuille comprimée, érigée & divisée en deux parties ; la fleur est papilionnacée, l'étendard est en forme de cœur & réfléchi de chaque côté ; les ailes sont ovales & jointes au sommet ; la quille ou carène, qui est plus courte que les aîles, est pointue & comprimée : la fleur a neuf étamines unies, dont une est simple & détachée. Elles sont larges à leur extrémité, & terminées par de petits sommets : dans le centre est placé un germe oblong & cylindrique, qui soutient un style élevé, hérissé, & couronné par un stigmat obtus : ce germe se change, quand la fleur est passé, en un légume conique & noueux, dans lequel sont renfermées des semences oblongues.

Ce genre de plante est rangé dans la seconde section de la dix-septieme classe de LINNÉE, qui a pour titre : *Diadelphia decandria*, & qui comprend celles dont les fleurs ont dix étamines, & dont neuf sont unies & l'autre séparée. LINNÉE a joint à ce genre l'*Emerus* de CÉSALPIN, & le *Securidaca* de TOURNEFORT, dont il fait des especes ; mais comme ces dernieres different essentiellement de celles de ce genre par les parties de la fructification, j'en parlerai dans un article séparé, & je me conformerai en cela à la méthode des anciens Botanistes.

Les especes sont :

1°. *Coronilla glauca fruticosa, foliis septenis, stipulis lance-*

olatis. Lin. Sp. 1047. Amœn. Acad. 4, *p.* 285; Coronille en arbriffeau avec fept paires de petites feuilles, & des ftipules en forme de lance.

Coronilla maritima, glauco folio. Tourn. Inft. 650.

Colutea Scorpioïdes maritima, glauco folio. Bauh. Pin. 397. *Prodr.* 157.

2°. *Coronilla argentea fruticofa, foliolis undenis, extimo majori. Lin. Sp. Plant.* 1049; Coronille en arbriffeau, ayant onze paires de petites feuilles, dont les extérieures font les plus larges.

Coronilla argentea Cretica. Tourn. Inft. 650.

Colutea Scorpioïdes odorata. Alp. Exot. 17.

3°. *Coronilla Valentina fruticofa, foliis fubnovenis, ftipulis fuborbiculatis. Lin. Sp. Plant.* 1047. *Guett. Stamp.* 1, *p.* 231. *Gouan. Monfp.* 377. *Ger. Prov.* 501; Coronille en arbriffeau avec neuf lobes, & des ftipules orbiculaires.

Polygala Valentina. Clus. Hift. 1, *p.* 98.

Polygala altera. Bauh. Pin. 349.

Coronilla, five Colutea minima. Lob. Ic. 2, *p.* 78.

4°. *Coronilla Hifpanica fruticofa, ennea-phylla, foliolis emarginatis, ftipulis majoribus fuborotundis;* Coronille en arbriffeau avec neuf feuilles, dont les lobes font échancrés, & des ftipules rondes & plus grandes.

Coronilla filiquis & feminibus craffioribus. Tourn. Inft. R. H. 650.

5°. *Coronilla minima, foliolis plurimis, ovatis, caule fuffruticofo declinato, pedunculis longioribus;* Coronille avec plufieurs lobes ovales, une tige en fous-arbriffeau & penchée, & de plus longs pédoncules aux fleurs.

Polygalum Cortuſi. Bauh. Hift. 2, *p.* 351.

Coronilla minima. Tourn. Inft. R. H. 650; La plus petite Coronille.

Ferrum equinum, filiquis in fummitate. Bauh. Pin. 349.

Lotus ennea-phyllos. Dalech. Hift. 510.

6°. *Coronilla varia, herbacea, leguminibus erectis, teretibus, torofis, numerofis, foliis glabris. Hort. Cliff.* 363, *Hort. Upf.* 235. *Roy. Lugd.-B.* 386. *Dalib. Paris.* 232. *Sauv. Monfp.* 235; Coronille herbacée produifant plufieurs légumes cylindriques & érigés, avec des feuilles unies.

Coronilla, flore vario. Riv. Tetr. t. 94.

Hedyfarum purpureum. Tabern.

Securidaca dumetorum major, flore vario, filiquis articulatis. Bauh. Pin. 349.

Securidaca fecunda, altera fpecies. Cluf. Hift. 2, *p.* 237.

7°. *Coronilla Cretica herbacea, leguminibus quinis, erectis, teretibus, articulatis. Prod. Leyd.* 387. *Jacq. Hort. t.* 25; Coronille herbacée, produifant des paquets de cinq légumes cylindriques, érigés & noueux.

Coronilla Cretica herbacea, flore parvo purpurafcente. Tourn. Cor. 44.

8°. *Coronilla Orientalis herbacea, leguminibus numerofis radiatis, craffioribus, articulatis; foliolis fubtùs glaucis;* Coronille herbacée dont les légumes font épais, noueux & difpo-

fés en rayons, & dont les lobes de fes feuilles font de couleur vert de-mer en deffous.

*Coronilla Orientalis, herbaceo
flore magno luteo. Tourn. Cor. 44.*

9°. *Coronilla juncea, fruticofa, foliis quinatis ternatifque,
lineari lanceolatis, fubcarnofis, obtufis. Lin. Sp. 1047*; Coronille
en arbriffeau dont les feuilles font compofées de trois
ou cinq lobes linéaires en
forme de lance, obtus &
charnus.

*Dorychnium luteum Hifpani-
cum carnofius. Barrel. Icon. 133.*

*Colutea, caule Geniftæ fungo-
fo. Bauh. Hift. 1, p. 383.*

*Polygala major Maffiliotica.
Bauh. Pin. 349.*

10°. *Coronilla fcandens, caule hirfuto, volubili, foliolis quinis ovatis; floribus binis, erectis,
axillaribus; leguminibus erectis,
villofis*; Coronille avec une
tige grimpante & velue, deux
fleurs érigées qui croiffent fur
le côté des tiges, & des légumes droits & velus.

*Coronilla fcandens pentaphyl-
la. Plum. Cat. 19*; Coronille
grimpante à cinq feuilles.

*Coronilla caule fcandente flac-
cido. Roy. Lugd.-B. 387.*

Glauca. La premiere efpece
eft un arbriffeau qui s'éleve
rarement au-deffus de deux ou
trois pieds de hauteur; fa tige eft ligneufe, branchue &
fortement garnie de feuilles
ailées, & compofées de cinq
paires de petits lobes terminés par un impair, étroits à
leur bâfe, & larges au fommet où ils font ronds & échancrés, de couleur vert-de-mer,
& qui durent toute l'année:

fes fleurs, qui naiffent aux
ailes des feuilles, fur de minces pédoncules, vers les parties hautes des branches, font
papilionnacées & femblables à
la fleur de *Pois*, d'un jaune
brillant, & d'une odeur très-
forte, qui plaît à plufieurs perfonnes, mais qui eft défagréable pour beaucoup d'autres.
Ces fleurs paroiffent en Avril
& Mai, & leurs femences mûriffent en Août.

On multiplie cette efpece
en femant fes graines au printems fur une couche de chaleur modérée, ou fur une plate-bande chaude de terre fraîche & légere: quand les plantes ont atteint la hauteur d'environ deux pouces, on les
tranfplante dans des pots, ou
dans une plate-bande de terre
riche, à quatre ou cinq pouces de diftance en tous fens,
& on les y laiffe jufqu'à ce
qu'elles aient affez de force
pour être mifes dans les places qui leur font deftinées,
foit dans des pots remplis de
terre riche & fraîche, foit
dans une plate-bande chaude
où elles réfifteront au froid,
fi l'hiver n'eft pas trop dur,
& fi elles font dans un fol fec.

Argentea. La feconde efpece
forme auffi un arbriffeau dont
la hauteur eft à-peu-près la
même que celle de la pre-
miere, & dont elle ne differe
que par le nombre de fes
lobes; celle-ci en a neuf à
chaque feuille, qui font d'une
couleur argentée; mais fes
fleurs & fes légumes font les
mêmes. Cet arbriffeau fleurit
dans le même tems que le

précédent, & il exige un traitement pareil.

Valentina. La troifieme eft une plante en arbriffeau qui s'éleve à quatre ou cinq pieds de haut : fes tiges font ligneufes & garnies de feuilles ailées, & compofées de plufieurs lobes petits, ovales, & difpofés par paires dans la longueur de la côte du milieu, qui eft terminée par un lobe fimple : fes fleurs, jaunes & réunies en bouquets ferrés, fortent fur de longs pédoncules des parties latérales des branches. Elles paroiffent en hiver & au printems, & leurs femences mûriffent en automne.

On multiplie en Avril cette plante vivace, au moyen de fes graines qu'on répand fur une terre légere : quand les plantes font en état d'être enlevées, on en met quelques-unes dans une plate-bande chaude contre une muraille ou une palliffade après laquelle on attache leurs branches, en obfervant de les tenir à l'abri du foleil jufqu'à ce qu'elles aient produit des racines nouvelles, & on les arrofe toutes les fois qu'elles en ont befoin : quand elles font bien enracinées, on les tient conftamment nettes, & on paliffe leurs branches contre la muraille ; ces plantes fleuriront dans l'année fuivante, & fi elles fe trouvent dans un fol fec & à une expofition chaude, elles fubfifteront plufieurs années : il faut auffi en mettre quelques-unes dans des pots afin de pouvoir les conferver

à l'abri des froids de l'hiver ; elles fleuriront durant une grande partie de cette faifon, fi elles ne font pas traitées trop délicatement ; mais elles produifent rarement des femences : au-lieu que celles de pleine terre en donnent toujours, pourvu qu'elles foient couvertes de nattes dans le tems des gelées.

Hifpanica. La quatrieme reffemble à peu-près à la premiere, mais fes feuilles ont moins de lobes ; fes fleurs font larges & ont un peu d'odeur : fes légumes & fes femences font beaucoup plus larges, & les plantes ne font pas tout-à-fait auffi dures ; elles fleuriffent en Mai & en Juin, mais elles perfectionnent rarement leurs femences en Angleterre ; elles exigent le même traitement que la premiere, mais en hiver on ne peut les conferver qu'en les mettant à l'abri des gelées.

Minima. La cinquieme eft une plante baffe & traînante, dont la tige en forme d'arbriffeau s'étend fur la terre, & eft garnie de feuilles ailées, & compofées de plufieurs paires de lobes ovales, petits, placés dans la longueur de la côte du milieu, & terminés par un impair : fes fleurs, jaunes & fans odeur, font produites fur de longs pédoncules en bouquets ferrés. Cette efpece fleurit en Mai, & fes femences mûriffent en automne. On la multiplie par fes graines comme la troifieme, & fes plantes exigent le même traitement.

Varia. La fixieme périt chaque hiver jufqu'à la racine ; mais elle repouffe au printems fuivant des tiges qui s'élevent à la hauteur de cinq ou fix pieds lorfqu'on leur fournit un fupport, fans quoi elles traînent fur la terre lorfqu'on les livre à elles-mêmes ; elles font garnies de feuilles aîlées & compofées de plufieurs petits lobes , quelquefois placés par paires, & d'autres fois alternes , terminées par un lobe impair, & d'un jaune foncé : fes fleurs naiffent fur de longs pédoncules aux aîles des feuilles , plufieurs enfemble , & en bouquets ronds ; elles font variées, & teintes d'un pourpre foncé & de couleur de chair mêlée de blanc ; & des légumes minces, de deux ou trois pouces de longueur & érigés leur fuccèdent. Cette plante fleurit en Juin, Juillet & en Août, & fes femences mûriffent en automne. Elle fe muliplie fortement au moyen de fes racines rampantes, qui, en s'étendant ainfi, nuifent beaucoup aux plantes voifines, fi on les laiffe pendant deux ou trois ans en place fans les enlever ; c'eft pour cela qu'il feroit bon de reléguer cette efpece dans un lieu écarté des autres plantes : elle croît dans prefque tous les fols & à toutes les expofitions ; mais elle profite mieux dans une fituation chaude , où elle produit une grande quantité de fleurs : on la cultivoit autrefois pour la faire fervir de nourriture au bétail.

Cretica. La feptieme a une tige herbacée , haute de trois pieds , & garnie de feuilles aîlées , & compofées de fix pairs de petits lobes, placés dans la longueur de la côte du milieu, qui eft terminée par un lobe fimple ; ces lobes font plus grands que ceux de la fixieme efpece, & plus larges à leur extrémité : fes pédoncules plus courts que ceux de la précédente, font placés fur les côtés de la tige, foutiennent des petites têtes de fleurs qui font remplacées par cinq légumes noueux, coniques & de deux pouces de longueur.

Cette plante annuelle croît naturellement dans les Ifles de l'Archipel, d'où TOURNE-FORT a envoyé fes femences au Jardin Royal de Paris. On feme fes graines au printems fur une terre légere où les plantes doivent refter : lorfqu'elles ont pouffé , on les éclaircit dans les places où elles font trop ferrées , & on les tient conftamment nettes : elles fleuriffent en Juin , & fes femences mûriffent en automne.

Orientalis. La huitieme a été également découverte dans le Levant par TOURNEFORT , qui a envoyé fes femences au Jardin Royal de Paris : fa racine eft vivace, & fa tige, annuelle & érigée, s'éleve au-deffus de deux pieds de hauteur : fes feuilles font compofées de cinq ou fix paires de lobes oblongs, rangés dans la longueur de la côte du milieu , & terminés par un lobe fimple : fes pédoncules ,

forts & longs de plus de six
pouces, foutiennent un gros
bouquet de fleurs jaunes, qui
font fuivies par des légumes
courts, minces, & d'un pouce environ de longueur. Cette
efpece fleurit en Juin & en
Juillet, & dans les années
chaudes fes femences mûriffent en automne : on en connoît une variété à fleurs groffes & blanches.

On multiplie cette efpece
en femant fes graines au printems fur une plate - bande
chaude; on nettoie avec foin
les plantes qui en proviennent ; & lorfqu'elles font en
état d'être enlevées, on les
tranfplante dans une plate-bande chaude où elles doivent
refter; on les tient à l'abri du
foleil jufqu'à ce qu'elles aient
formé de nouvelles racines ;
après quoi, elles n'exigeront
plus aucun autre foin en été
que d'être tenues nettes de
mauvaifes herbes : lorfqu'en
automne leurs tiges font flétries, on couvre la furface de
la terre avec du vieux tan,
pour empêcher la gelée d'y
pénétrer : au moyen de cette
méthode, on peut conferver
aifément fes racines & les faire
durer plufieurs hivers ; elles
donnent des fleurs dans la feconde année.

Juncea. La neuvieme croît
naturellement en Efpagne, où
elle s'éleve à la hauteur de
deux à quatre pieds, & produit plufieurs branches minces, ligneufes, garnies de
feuilles étroites, à trois ou à
cinq lobes fur chaque pério-
le : fes fleurs font produites
fur de longs pédoncules, qui
fortent aux aiffelles de la tige,
& font recueillies en petits
bouquets : elles font d'un jaune brillant & fe fuccèdent
pendant fix ou fept mois de
fuite; mais elles n'ont point
encore été fuivies jufqu'à préfent de femences en Angleterre.

Cette plante fe multiplie par
fes graines comme la premiere efpece : on en met quelques-unes dans des pots, afin
de pouvoir les tenir à l'abri
des froids de l'hiver fous un
châffis ordinaire, parce que
les fortes gelées les détruifent fouvent ; mais dans les
tems doux il faut les expofer
à l'air, pour les empêcher de
filer & de s'affoiblir.

Scandens. Le Docteur Hous-
TOUN m'a envoyé de Carthagène, les femences de la dixieme efpece, qui a été découverte en Amérique par le
Pere PLUMIER ; elle a une tige mince, velue, tortillante,
& de couleur brune, qui grimpe autour des arbriffeaux voifins, & s'éleve ainfi à la hauteur de huit ou dix pieds;
cette tige eft garnie de feuilles aîlées, dont la plupart font
compofées de cinq lobes ovales, d'un pouce de longueur,
fur un demi de largeur, &
d'un vert foncé : fes fleurs
fortent par paires à chaque
nœud, & font placées fur de
fort courts pédoncules, féparés & érigés; elles font larges, d'un jaune pâle & fuivies de légumes cylindriques,
noueux, longs de plus de
trois pouces, érigés & couverts

d'un duvet mou & blanc. Cette plante fe multiplie par fes graines, qu'on répand au commencement du printems fur une couche de chaleur modérée : quand les plantes ont pouffé, on les met chacune féparément dans des pots remplis de terre riche & légere, on les plonge dans une couche chaude de tan, en obfervant de les tenir à l'abri jufqu'à ce qu'elles aient formé de nouvelles racines ; on leur donne enfuite de l'air à proportion de la chaleur de la faifon ; & lorfque les racines ont rempli les pots, on les tranfplante dans d'autres plus grands, qu'on plonge dans la couche chaude, pour les y laiffer jufqu'en automne, auquel tems on les tranfporte dans la ferre chaude & on les plonge dans le tan. Ces plantes doivent être tenues conftamment dans cette couche, & placées parmi celles qui exigent une chaleur modérée, au moyen de quoi elles profiteront & fleuriront bien : elles ont befoin d'être foutenues par de longs bâtons, autour defquels elles s'entortilleront comme le *Houblon* ; mais fans cela, elles fe jetteront fur les autres plantes, & leur feront beaucoup de tort. Ces plantes font très-propres à garnir le fond de la ferre chaude avec les autres efpeces grimpantes, parmi lefquelles elles produiront un bel effet.

En les traitant avec foin en hiver, on peut les conferver deux ou trois années ; elles fleuriront annuellement en

Juillet & produiront quelquefois des femences en Angleterre.

CORONILLE. *Voyez* CORONILLA.

CORONOPUS. *Voyez* PLANTAGO.

COROSSOL, *ou* PAPAW. *Voyez* ANNONA TRILOBA. L.

CORTUSA. *Lin. Gen. Plant.* 181 ; cette plante eft ainfi appelée de CORTUSUS, fameux Botanifte, qui a été le premier à la mettre en ufage. [*Bears-ear Sanicle*] Sanicle d'oreille d'Ours, ou Cortufe.

Caracteres. Le calice de la fleur eft petit, étendu, perfiftant, & découpé en cinq parties à l'extrémité ; la corolle eft monopétale, en forme de roue, étendue, ouverte au fond, découpée en cinq parties fur les bords, & garnie à fa bâfe de tubercules qui débordent : la fleur a cinq étamines courtes, obtufes & terminées par des fommets oblongs & érigés : dans le centre eft placé un germe ovale, qui foutient un ftyle mince, couronné par un fimple ftigmat : ce germe fe change dans la fuite en une capfule ovale, oblongue, pointue, fillonnée par deux rainures longitudinales, & a une cellule qui s'ouvre en deux valves, & qui eft remplie de femences oblongues.

Ce genre de plantes, ainfi que toutes celles qui ont cinq étamines & un ftyle, eft rangé dans la premiere fection de la cinquieme claffe de LINNÉE, qui a pour titre : *Pentandria monogynia.*

Les especes sont:

1°. *Cortusa Matthioli, calycibus corollâ brevioribus. Lin. Sp. Plant. 144. Alion. Act. Helv. 4. p. 271. Gmel. Sib. 4. p. 79;* Cortuse, avec un calice plus court que la corolle.

Cortusa, foliis cordatis, pétiolatis. Hort. Cliff. 50. Roy. Lugd.-B. 414.

Cortusa Matthioli. Clus. Hist. I. p. 307; Cortuse de Matthiole.

Sanicula montana, latifolia, laciniata. Bauh. Pin. 243.

2°. *Cortusa Gmelini, calycibus corollam excedentibus. Amœn. Acad. 2. p. 340. Gmel. Sib. 4. p. 79. t. 43;* Cortuse, avec un calice plus long que la corolle.

Matthioli. La premiere espece qu'on rencontre sur les Alpes, ainsi que sur les montagnes d'Autriche & dans la Siberie, pousse plusieurs feuilles oblongues, unies, un peu dentelées sur leurs bords, & disposées en une espece de tête, comme dans l'*Oreille d'Ours*: les pédoncules sortent du centre de ses feuilles, s'élevent à la hauteur d'un pied, & soutiennent une ombelle de fleurs, dont chacune a un pédoncule mince & séparé; elles sont de couleur de chair, & s'étendent en s'ouvrant, comme celles de l'*Oreille d'Ours*. Cette espece fleurit en Avril, mais ne produit point de semences dans nos jardins. La seule méthode qui m'ait réussi pour la conserver, a été de la planter en pot, de la placer à l'ombre, de l'arroser beaucoup dans les tems secs, & de

de la laisser constamment dans cette place pendant l'été & en hiver, parce que le froid ne lui fait aucun tort. Cette plante exige une terre légere, pas trop riche, & sans fumier. Comme elle produit très-rarement des semences en Angleterre, on ne peut la multiplier qu'en divisant ses racines à la Saint-Michel, de la même maniere qu'on le pratique pour les *Auricules*; ses feuilles périssent bientôt après.

Gmelini. La seconde espece ressemble beaucoup à la premiere; mais ses fleurs sont plus petites, & leurs calices plus larges; elle croît naturellement en Sibérie, & il est fort difficile de la conserver dans les jardins.

CORTUSE, *ou* SANICLE D'OREILLE D'OURS. *Voyez* CORTUSA. L.

CORYLUS. *Lin. Gen. Plant. 953. Tourn. Inst. R. H. 581;* ainsi appelée de Κόρυλος, *Gr.*, un *Noisetier*, ou l'arbre qui porte des Avelines, on lui donne aussi le nom *d'Avellana, d'Avella*, Ville de Campanie, où il croît en grande abondance. [*The Hazel, or Nut-tree,*] Noisetier, Avelinier, Coudrier.

Caracteres. Les fleurs mâles & les femelles croissent fort éloignées les unes des autres sur le même arbre : les fleurs mâles sont produites sur des châtons, dont chaque écaille renferme une simple fleur sans corolle, ayant seulement huit courtes étamines attachées à côté de l'écaille, & terminées par des sommets oblongs & érigés :

érigés : les fleurs femelles qui sont renfermées dans un bouton, sont sessiles aux branches, & ont un calice commun, épais, à deux feuilles, déchiquetées sur les bords, portées sous la fleur lorsqu'elle commence à s'épanouir; mais le calice se développe ensuite, & devient assez large pour embrasser le fruit. Cette fleur n'a point de corolle, mais seulement un germe rond, qui occupe le centre, & sur lequel sont placés deux styles hérissés, colorés, plus longs que le calice, & couronnés par deux stigmats simples : ce germe se change dans la suite, en une Noix ovale, marquée d'une espece de tonsure à sa bâse, comprimée au sommet, & terminée en pointe.

Ce genre de plante est rangé dans la huitieme section de la vingt-unieme classe de LINNÉE, intitulée : *Monœcia polyandria*, parce qu'il y a des fleurs mâles & femelles sur le même arbre, & que ses fleurs mâles ont plusieurs étamines.

Les especes sont :

1°. *Corylus avellana, stipulis ovatis, obtusis.* Hort. Cliff. 448. Fl. Suec. 787, 873. Mat. Med. 204. Hort. Ups. 286. Roy. Lugd.-B. 81. Dalib. Paris. 294. Gmel. Sib. 1. p. 150; Noisetier avec des stipules ovales & émoussées.

Corylus nucibus in racemum congestis. Bauh. Pin. 418.

Corylus sylvestris. G. B. P. 418; Noisetier des bois.

Avellana Nux sylvestris. Fuchs. Hist. 398.

2°. *Corylus maxima, stipulis* *oblongis, obtusis, ramis erectioribus;* Noisetier avec des stipules oblongues & émoussées, & des branches plus érigées.

Corylus sativa, fructu oblongo. G. B. P. 418; l'Avelinier.

3°. *Corylus Colurna stipulis linearibus acutis. Hort. Cliff.* 448. Roy. Lugd.-B. 18 ; Noisetier avec des stipules étroites & aiguës.

Avellana peregrina humilis. Bauh. Pin. 448.

Corylus Byzantina. H. L. 191 ; Noisetier de Byzance, ou du Levant.

Avellana pumila Byzantina. Clus. Hist. 1. p. 11.

Avellana. La premiere espece de ces arbres est commune dans la plupart des forêts de l'Angleterre où elle donne une grande quantité de fruits qu'on recueille, pour les porter sur les marchés; mais il n'y a guere que les personnes curieuses de rassembler dans leurs collections tous les arbres qu'ils peuvent se procurer, qui la cultivent dans les jardins. Elle se plaît dans un sol fort & humide : on peut la multiplier autant qu'on le desire, par ses rejettons, ou en marcottant ses branches qui poussent assez de racines dans une année pour pouvoir être transplantées : les marcottes formeront de plus belles plantes; elles produiront plus de racines que les rejettons, & deviendront beaucoup plus hautes, sur-tout si elles sont jeunes.

Il y a dans cette espece une variété à fruits disposés en gros paquets, aux extrémités des

Mm

branches, qu'on diftingue fous le titre de *Noifettes en grappes*; mais comme elle n'eft regardée que comme un accident de femence, je n'en ai point fait une efpece diftincte; cependant on peut la conferver par marcottes. Plufieurs perfonnes regardent la feconde comme une variété de la premiere perfectionnée par la culture : mais cette opinion eft peu fondée; car ayant multiplié ces deux efpeces, en plantant plufieurs fois une certaine quantité de leurs fruits, qui étoient de groffeur inégale, & d'une couleur différente, je n'ai jamais apperçu aucune altération dans leurs produits : d'ailleurs comme cette efpece croît plus érigée que la précédente, & que fes ftipules ont une forme différente, je me crois autorifé à en faire une efpece diftincte : celle-ci produit par femences des Avelines rouges & blanches, qui font l'une & l'autre fi bien connues, qu'il n'eft pas néceffaire d'en donner aucune defcription.

Colurna. La troifieme croît naturellement près de Conftantinople : fes fruits font ronds, & de la même forme que ceux du noifetier commun, mais deux fois plus gros : les calices dans lefquels croiffent ces Noifettes, font affez grands pour couvrir prefqu'entièrement les fruits, & font profondément découpés fur les bords : cet arbre n'eft pas commun en Angleterre; mais je crois que les groffes Noifettes qu'on apporte, annuelle-

ment de Barcelone, font produites par la même efpece; elles font fi femblables qu'on ne peut pas les diftinguer quand elles font hors de leur coupe; mais comme elles viennent nues en Angleterre, je ne puis dire avec certitude en quoi elles différent.

Toutes ces efpeces peuvent être multipliées en plantant leurs fruits dans le mois de Février; on les met dans du fable qu'on tient dans une cave humide pour les conferver, en les préfervant des vermines qui pourroient les détruire & les faire moifir.

La maniere de les planter eft fi connue, qu'il n'eft pas néceffaire d'en faire mention ici; je m'en difpenfe d'autant plus volontiers, que par cette méthode on n'obtient jamais des fruits auffi beaux que ceux qui ont été mis en terre; au-lieu qu'en marcottant de bonnes efpeces, on eft, non feulement affuré de les conferver toujours telles, mais encore d'en jouïr plus promptement : c'eft-pourquoi je recommande cette pratique à ceux qui cultivent cet arbre pour en recueillir le fruit.

CORYMBOSUS. en Corymbe. On appelle ainfi les plantes qui ont un bouquet de fleurs compofées, dont les femences n'ont point de duvet : ce nom vient de ce qu'elles produifent leurs fleurs en grappes, foutenues chacune par un petit pédoncule, attaché à un pédoncule commun qui les porte toutes, & de ce qu'elles s'étendent en rondeur dans la forme d'un Parafol ; tels font le *Souci des bleds*, l'*Œuil de-bœuf* ordinaire, la *Marguerite*, la *Camomille*, l'*Armoife*, la *Matricaire*, etc.

RAY les diftingue en fleurs rayonnées, comme le *Tournefol*, le *Souci*, etc., & en fleurs nues comme la *Tanaifie*, la *Scabieuse*, le *Chardon*, etc.

CORYMBIUM. [*Corymbium.*] *Caraſteres.* Dans ce genre, le calice eft formé par une feuille à fix angles ; les petites feuilles font érigées, rapprochées dans toute leur longueur, triangulaires en - dehors, découpées en trois fegmens, & perfiftantes : la corolle eft monopétale, égale, & pourvue d'un tube fort court, découpé au bord en cinq fegmens étendus & ouverts : la fleur a cinq étamines érigées, placées au dedans du tube, & couronnées par des fommets oblongs & droits ; elles font plus courtes que la corolle, unies & cylindriques : le germe qui eft placé dans le calice, au fond de la corolle, foutient un ftyle fimple, érigé, de la longueur de la corolle, & terminé par un ftigmat oblong, & divifé en deux parties ; ce germe devient enfuite une femence oblongue, & ornée de duvet qui y adhere.

Ce genre de plante eft rangé dans la fixieme fection de la dix-neuvieme claffe de LINNÉE, intitulée : *Syngenesia monogamia*, avec celles dont les fleurs ont cinq étamines jointes par leurs fommets, & qui font remplacées par une femence.

Nous ne connoiffons dans ce genre qu'une feule efpece, qui eft :

Corymbium Africanum. Hort. Cliff. 494 ; Corymbium d'Afrique.

Buplevri-folia, femine pappofo, Valerianoïdes umbellata, cauliculo fcabro. Pluk. Alm. 73. *t.* 272. *f.* 5.

Buplevri-fimilis planta Æthiopica, ad caulium nodos tomentofa. ' *luk. Alm.* 73. *t.* 272. *f.* 4. 5.

Cette plante, qui croît naturellement au Cap de Bonne-Efpérance, s'éleve à la hauteur d'environ un pied, avec une tige rude, droite, & garnie à chaque nœud d'une fimple feuille qui embraffe à moitié la tige de la bâfe : ces feuilles font longues, étroites, triangulaires, & ornées d'une efpece de duvet à leur bâfe : le fommet de la tige fe divife en plufieurs pédoncules, terminés par des fleurs pourpre, monopétales, découpées fur leurs bords en cinq parties, & fuivies chacune d'une femence oblongue. On multiplie cette plante par fes femences qu'il faut répandre dans de petits pots remplis de terre légere ; auffi-tôt qu'on les reçoit, on plonge ces pots dans une couche de tan, dont la chaleur foit prefque diffipée, & on les couvre en hiver avec un châffis ordinaire pour les mettre à l'abri de la gelée, des neiges et des fortes pluies. On remet les pots au printems fur une couche de chaleur modérée, qui fera bientôt paroître les plantes : lorfqu'elles ont atteint la hauteur d'un pouce, on les tranfplante chacune féparément dans de petits pots, on les tient à l'ombre jusqu'à ce qu'elles aient poussé de nouvelles fibres, & on les accoutume ensuite par dégrés au plein air, auquel on doit les exposer tout-à-fait dans le mois de Juin, en les plaçant dans une situation abritée, où elles peuvent rester jusqu'en Octobre, pour les remettre alors sous un châssis ordinaire, de maniere qu'elles soient à couvert des gelées, parce qu'elles font trop délicates pour supporter en plein air les rigueurs de nos hivers.

CORYMBUS. Corymbe Κόρυμ^{βος}, *Gr.* Signifie parmi les Botanistes des grappes rondes de baies, comme celles du *Lierre.*

Jungius se servoit de ce terme pour exprimer l'extrémité d'une tige, divisée & chargée de fleurs ou de fruits dans une forme sphérique. Les Botanistes modernes font entendre aussi par cette expression une fleur plate & composée, que le vent ne peut pas emporter par son duvet, comme celles du *Chrysanthemum*, de la *Marguerite*, du *Chrysocome*, etc.; parce que ces sortes de fleurs s'étendent en largeur, & ressemblent en quelque maniere à un Parasol, ou à un paquet de baies de *Lierre.*

COSTE DE MARIE. *Voyez* TANACETUM.

COSTUS. *Lin. Gen. Plant.* 3. [*Zedoary*] le plus grand Gingembre sauvage, Zedoaire.

Caracteres. La plante a un spadix & un spathe simple, avec un petit calice divisé en trois parties & placé sur le germe : la corolle est composée de trois pétales concaves & égaux, avec un nectaire large, oblong, & formé par une feuille à deux levres, dont l'inférieure est plus large & aussi longue que la corolle, & la supérieure, plus courte & en forme de lance, se change en une étamine, qui est attachée à la levre supérieure du nectaire, auquel adhere un sommet divisé en deux parties : le germe, qui est situé dans le receptacle de la fleur, est rond, & soutient un style mince, couronné par un stigmat comprimé & dentelé ; ce germe se change, quand la fleur est passée, en une capsule ronde & à trois cellules, qui renferment plusieurs semences triangulaires.

Ce genre de plantes fait partie de la premiere section de la premiere classe de LINNÉE, qui a pour titre : *Monandria monogynia*, & dans laquelle sont comprises les fleurs qui n'ont qu'une étamine & un style.

Nous n'avons qu'une espece de cette plante, qui est :

Costus Arabicus. Hort. Cliff. 2. *Hort. Ups.* 2. *Flor. Zeyl.* 5. *Mat. Med.* 34.

Costus Arabicus. G. B. P. 36.

Zingiber sylvestre majus, fructu in pediculo singulari. Sloan. Jam. 61. *Hist.* 1. Zédoaire.

Alpinia, floribus spicatis, bracteis ovalibus. Jacq. Hist. Amer. 1. f. 1.

Amomum minus, scapo vestito, floribus spicatis. Brown. Jam. 113.

Paco Caatinga. Marcgr. Bras. 48.

Tsiana Kua. Rheed. Mal. 11. *p.* 15. *t.* 8.

Cette plante a une racine charnue & noueuse, comme celle du *Gingembre*, qui se multiplie de même sur la surface de la terre, & de laquelle sortent plusieurs tiges rondes, herbacées, hautes d'environ deux pieds, coniques, & garnies de feuilles oblongues & unies, qui embrassent les tiges comme celles du roseau; la tête des fleurs sort du centre, sa longueur est d'environ deux pouces; elle est de la grosseur d'un doigt, branchue, émoussée, au sommet, & composée de plusieurs écailles : les fleurs qu'elle soutient, sont monopétales, minces, blanches, & d'une courte durée; puisqu'elles naissent & se fanent dans la même journée; elles ne sont jamais suivies de semence dans notre climat. Le tems de la floraison de cette plante est très-incertain en Angleterre; car quelquefois elle fleurit tard en hiver, & d'autre fois ses fleurs paroissent en été : elle croît naturellement dans presque toutes les parties de l'Inde : on la multiplie en partageant ses racines au printemps, avant qu'elles aient poussé de nouvelles tiges.

Si ses racines sont divisées en trop petites parties, elles ne donnent point de fleurs : on les plante dans des pots remplis de terre légere, prise dans un jardin potager; on les plonge dans la couche de tan de la serre où on doit les laisser constamment, & les traiter comme celle du *Gingembre* : voyez pour cela l'article *Amomum*. Les racines de cette plante ont été autrefois apportées des Indes, parce qu'on en faisoit alors un grand usage en Médecine; mais depuis quelques années on lui a substitué la racine de *Gingembre* (1).

COTINUS. *Voyez* RHUS COTINUS.

COTON COTONNIER. *Voyez* GOSSYPIUM.

COTONEA MALUS. *Voyez* CYDONIA.

COTON EASTER. *Voyez*. MESPILUS COTONEASTER. *Coignassier nain.*

------   ------

(1) La racine de *Zédoaire* a une saveur forte, piquante & aromamatique; les principes actifs qui entrent dans sa composition, sont une huile essentielle volatile camphrée, une résine fixe & une substance gommeuse : les deux premiers principes sont très-actifs & fort abondans, & ils agissent avec beaucoup de force, dans toutes les circonstances dans lesquelles on administre cette racine; elle peut être mise au nombre des plus puissans remedes sudorifiques, alexiteres, stomachiques, cordiaux, carminatifs, anthelmintiques, etc. on l'administre avec succès dans les affections venteuses, les fievres malignes, exanthématiques, les affections catharrales, les foiblesses d'estomac, les vices de digestion, dans toutes les maladies qui reconnoissent pour cause le relâchement de la fibre, l'asthme pituiteux, etc.

On la fait prendre en substance depuis six grains jusqu'à trente, & en infusion vineuse depuis un demi gros jusqu'à un gros. Cette racine entre aussi dans les potions, les électuaires & les pilulles, ainsi que dans la composition de la thériaque.

COTULA. *Lin. Gen. Plant.*
868. Ananthocyclus. Vaill. Act.
Reg. Scienc. 1719. [Mayweed.]
Herbe de Mai sauvage.

Caractères. La fleur est composée de fleurettes hermaphrodites qui occupent le disque,
& de demi-fleurettes femelles
qui forment les rayons ; ces
dernieres sont renfermées dans
un calice commun, convexe,
& divisé en plusieurs parties
ovales : les fleurettes hermaphrodites sont tubulées & découpées au sommet en quatre
segmens inégaux, & ont chacune quatre petites étamines
terminées par des sommets tubulés, & deux stigmats obtus,
à chacun desquels est fixée une
semence ovale & angulaire. Les
demi-fleurettes femelles ont un
germe ovale, comprimé & surmonté d'un style mince, &
couronné par deux stigmats ;
mais elles n'ont point d'étamines, & sont suivies par des semences simples, en forme de
cœur, unies d'un côté, & convexes de l'autre, & environnées d'une bordure obtuse.

Ce genre de plante est de
la seconde section de la dix-
neuvieme classe de LINNÉE, ou
de la *Syngenesia polygamia su*
perflua, dans laquelle sont comprises les plantes qui ont des
fleurs femelles & hermaphrodites fructueuses.

Les especes sont :

1°. *Cotula Anthemoïdes, fo*
liis pinnato-multifidis, corollis ra
dio destitutis. Hort Cliff. 417. Ro .
Lugd. B. 173 ; Cotula à plusieurs
feuilles pointues, aîlées & sans
rayons à la corolle.

Ananthocyclus Chamæmeli fo

lio. V. Dill. Elth. 26. t. 23. f. 25.

Chamæmelum luteum, capite
aphyllo. G. B. P. 135.

Chrysanthemum exoticum per
pusillum nudum, foliis Coronopi.
Pluk. Alm. 101.

2°. *Cotula turbinata, recepta*
culis subtùs inflatis, turbinatis.
Hort. Cliff. 417. Hort. Ups. 266.
Roy. Lugd.-B. 173. Kniph. Cent.
20. n. 28 ; Cotula, dont les receptacles sont gonflés & turbinés en-dessous.

Cotula Africana, calyce ele
ganter cæso. Tourn. Inst. R. H.
495.

Chamæmelum Æthiopicum la
nuginosum. Breyn. Cent. 148. t. 73.
Moris. Hist. 3. p. 36.

3°. *Cotula Coronopi-folia, fo*
liis lanceolato-linearibus, amplexi
caulibus, pinnati-fidis. Hort. Cl.
417. Hort. Ups. 266. Roy. Lugd.-B.
173. Kniph. Cent. 10 ; Cotula
avec des feuilles étroites, aîlées, & en forme de lance,
qui embrassent les tiges.

Chrysanthemum exoticum mi
nus, capite aphyllo, Chamæmeli
nu disacie, Breyn. Cent. 156. t. 76.

Ananthocyclus Coronopi folio.
V. Dill. Elth. 27. t. 23. f. 26.

Bellis annua, capite aphyllo
luteo Coronopi folio, caulibus pro
cumbentibus. Herm. Lugd.-B. 86.
Moris. Hist. 3. p. 30. f. 6. f.
ult.

Anthemoïdes. La premiere espece, qui est originaire de l'Espagne, de l'Italie, & des Isles
de l'Archipel, est une plante
annuelle, qui s'éleve à la hauteur d'un demi-pied, avec une
tige garnie de feuilles, joliment
divisées comme celles de la
Camomille : ses fleurs, qui naissent simples aux extrémitésdes

branches, sont fort semblables
à celles de la *Camomille* nue,
mais leurs têtes s'élevent plus
haut au milieu, comme une
pyramide. Cette plante fleurit
en Mai & en Juin, & ses semences mûrissent en Août; si
on leur permet de s'écarter, elles pousseront au printems, &
le seul soin qu'elles exigeront,
sera d'être tenues nettes &
éclaircies.

Turbinata. La seconde espece
se trouve dans les environs du
Cap de Bonne-Espérance, d'où
les semences m'ont été envoyées. Cette plante annuelle
pousse de sa racine plusieurs
tiges branchues, traînantes, &
garnies de fort belles feuilles divisées, & couvertes de duvet :
ses fleurs sont produites sur de
longs pédoncules, aux côtés
des branches; elles ont une bordure étroite de rayons blancs,
avec un disque d'un jaune pâle :
cette plante fleurit en Juin &
Juillet, & ses semences mûrissent en automne : on la multiplie en semant ses graines
au printems, sur une couche
de chaleur modérée : quand
les plantes ont acquis assez de
force, on peut les transplanter dans une plate-bande chaude, où elles perfectionneront
très-bien leurs semences.

Coronopi-folia. La troisieme
est une plante annuelle qui
pousse des tiges traînantes de
six pouces environ de longueur, & garnies de feuilles
succulentes, & semblables à
celles du *Plantain nerprun* : les
fleurs, qui naissent aux divisions des tiges sur des pédoncules courts & foibles, n'ont
point de rayons, & sont de
couleur pourpre; elles paroissent à-peu-près dans le même
tems que celles de la premiere espece; on seme ses
graines sur une plate-bande
chaude où elles doivent rester, & on les tient constamment nettes : les fleurs des
deux dernieres sont érigées
dans l'instant où elles paroissent; mais aussi-tôt que les
fleurettes sont impregnées, &
que leur couleur commence
à s'altérer, les pédoncules s'affoiblissent vers leur extrémité,
& les fleurs s'inclinent vers le
bas. Quand les semences sont
mûres, les pédoncules deviennent roides, & les têtes se relevent, afin que le vent puisse
en disperser les semences.

COTYLEDON. *Lin. Gen.
Pl.* 512. *Tourn. Inst. R. H.* 90.
tab. 19. Κοτυληδων, *Gr. de* Κοτυλη
une cavité; parce que les
feuilles de ces plantes sont
creuses comme un nombril,
ou parce qu'elles ressemblent
au vase avec lequel les anciens avoient coutume de pui-
ser de l'eau. [*Navelwort.*] Cotylédon. Nombril de Vénus.

Caracteres. Le calice des fleurs
de ce genre est petit, & fermé par une feuille divisée en
cinq parties à son extrémité :
la corolle est monopétale, en
forme d'entonnoir, & découpée aux bords en cinq parties
inclinées en arriere : la fleur
a cinq germes qui ont chacun
un nectaire concave & écailleux à leur bâse, & qui soutiennent chacun un style,
couronné par un stigmat simple; ces germes sont accom

pagnés de dix étamines érigées, terminées dar des fommets droits, & fillonnées par
quatre rainures ; ils fe changent, quand la fleur eft paffée, en plufieurs capfules oblongues & gonflées, qui, s'ouvrant longitudinalement, montrent un grand nombre de petites femences, dont elles font
remplies.

Ce genre de plante eft rangé
dans la quatrieme fection de
la dixieme claffe de LINNÉE,
intitulée : *Decandria pentagynia*,
qui comprend les fleurs à dix
étamines & à cinq ftyles.

Les efpeces font :

1°. *Cotyledon umbilicus, foliis cucullato-peltatis, ferrato-dentatis, alternis, caule ramofo, floribus erectis. Lin. Sp. Plant. 615.
Sp. 6. Gron. Orient. 141* ; Nombril de Vénus à feuilles en forme de capuchon, fortement
dentelées & alternes, avec des
tiges branchues & des fleurs
érigées.

Cotyledon major. Le plus
grand Cotylédon ; *Umbilicus
Veneris. Clus. H.* Le nombril
de Vénus.

*Umbilicus repens. Cam. Epit.
858.*

2°. *Cotyledon fpinofa, foliis
oblongis, fpinofo - mucronatis,
caule fpicato. Lin. Sp Plant. 429* ;
Cotylédon à feuilles oblongues, pointues, & terminées
par une épine, avec une tige
en épi.

3°. *Cotyledon ferrata, foliis
ovalibus crenatis, caule fpicato.
Lin. Sp. Plant. 429* ; Cotylédon avec des feuilles ovales
& crenelées, & une tige en
épi.

*Cotyledon Cretica, folio ob-
longo fimbriato. Hort. Elth. 113.
tab. 95. f. 112* ; Cotylédon de
Candie avec une feuille oblongue & frangée.

*Cotyledon, foliis radicalibus
lanceolatis, crenatis, caulinis fubulatis. Hort. Cliff. 497. Roy.
Lugd.-B. 454.*

4°. *Cotyledon hemifpherica,
foliis femi-globofis. Hort. Cliff.
176. Roy. Lugd.-B. 454* ; Cotylédon à feuilles fémi-globu-
laires.

*Cotyledon Capenfis, folio fe-
mi-globato. Hort. Elth. 112. 65.
f. 111.*

5°. *Cotyledon orbiculata, foliis fubrotundis, planis, integerrimis. Hort. Cliff. 276* ; Cotylédon à feuilles rondes, unies,
& entieres.

*Sedum Africanum frutefcens,
incanum, orbiculatis foliis. H.
L. 349* ; Cotylédon orbiculaire.

6°. *Cotyledon ramofiffima,
caule ramofiffimo, foliis rotundis, planis, marginibus purpureis* ; Cotylédon avec une tige
fort branchue, & des feuilles
rondes, unies & velues, dont
les bords font de couleur pourpre.

7°. *Cotyledon arborefcens, caule ramofo, fucculento, foliis
obverfè ovatis, emarginatis,
marginibus purpureis* ; Cotylédon avec une tige branchue &
fucculente, des feuilles en
forme d'ovale renverfé,
échancrées à leur extrémité,
& teintes en pourpre fur leurs
bords.

*Cotyledon major arborefcens
Afra, foliis orbiculatis, glaucis,
limbo purpureo, & maculis viri-*

dibus ornatis. Boerh. Ind. Alt. 1. p. 287.

8°. *Cotyledon ovata, caule ramofo fucculento, foliis ovatis planis, acuminatis, oppofitis, femi-amplexicaulibus ;* Cotylédon avec une tige branchue & fucculente, & des feuilles ovales, unies, pointues, & opofées, qui embraffent les tiges à moitié avec leurs bâfes.

9°. *Cotyledon fpuria, foliis alternis, fpatulatis, carnofis, integerrimis. Lin. Sp. 614 ;* Cotylédon à feuilles alternes, entieres, en forme de fpatules & charnues.

Cotyledon Africana frutefcens, folio longo & angufto, flore flavefcente. Com. Rar. Plant. 23. Burm. Afr. t. 18. 19. f. 1. & t. 22. f. 1.

Cotyledon Africana, foliis depreffis, cruciatis. Walth. Hort. 16.

Sedum Africanum tereti-folium, flore Hemerocallidis. Moris. Hift. 3. p. 474. f. 12. t. 7. f. 40.

10°. *Cotyledon laciniata, foliis laciniatis, floribus quadrifidis. Hort. Cliff. 175. Roy. Lugd.-B. 455. Kniph. Cent. 1. n. 19 ;* Cotylédon avec des feuilles découpées, & à fleurs à quatre pointes.

Cotyledon Afra, folio craffo, lato, laciniato, flofculo aureo. Boerh. Ind. Alt. 288.

Telephium Indicum. Bont. Jav. 132.

Planta anatis. Rumph. Amb. 5. p. 275.

Umbilicus. La premiere efpece, qui eft celle dont on fait ufage en Médecine, croît fur des vieilles murailles, & fur d'anciens bâtimens dans différentes parties d'Angleterre, & particuliérement dans les Provinces de Shrop & de Sommerfet, où on la trouve en grande abondance fur les mafures & dans les lieux pleins de rochers, mais on la rencontre rarement dans les environs de Londres, & on ne la cultive pas beaucoup dans les jardins. Elle a plufieurs feuilles rondes & fucculentes, dont les pétioles font placés prefque dans le centre de chacune ; elles reffemblent à un bouclier, & font alternes, fciées fur leurs bords, & fouvent inclinées en-dedans : la furface fupérieure des feuilles eft creufe au milieu, où, leurs pétioles étant joints inférieurement, elles ont l'apparence d'un nombril, d'où leur vient le nom de *Nombril de Venus.* Du centre de ces feuilles s'élevent des pédoncules, qui, dans quelques endroits croiffent à la hauteur d'environ trois pieds, & à fix pouces dans d'autres : la partie baffe des tiges eft garnie de feuilles, & leurs fommets foutiennent des fleurs feffiles aux côtés des tiges érigées & blanchâtres, qui paroiffent en Juin. Cette plante exige un fol fec & rempli de décombres, & veut être tenue à l'ombre ; elle eft bis-annuelle, & périt auffitôt après qu'elle a perfectionné fes femences : fi on lui permet d'écarter librement fes graines fur les vieux bâtimens, les plantes poufferont d'elles-mêmes, & profiteront beaucoup mieux que fi elles étoient femées dans la terre.

Quand ces plantes font une fois établies dans de pareils endroits, elles fe propagent d'elles-mêmes, & fe foutiennent beaucoup mieux que fi elles étoient cultivées avec plus de foin (1).

Spinofa. La feconde efpece a été apportée de la Sibérie dans le Jardin Impérial de Pétersbourg, d'où elle m'a été envoyée par le Docteur Amman, Profeffeur de Botanique dans ce jardin : cette plante eft baffe, & femblable dans la forme à la *Joubarbe* ; mais les feuilles font plus longues, & terminées par une épine molle : fes tiges s'élevent à la hauteur d'environ deux pouces, & foutiennent quatre ou cinq fleurs blanchâtres, & découpées fur leurs bords en cinq parties ; elles paroiffent en Avril, & font quelquefois fuivies de femences en Angleterre, cette efpece exige une fituation fort ombragée ; car fi elle eft expofée au foleil

en été, elle ne durera pas long-tems : on la multiplie par fes rejettons comme les *Joubarbes*, & elle veut être placée dans un fol affez fort.

Serrata. La troifieme, qui croît naturellement dans le Levant, a une racine fibreufe, de laquelle fort une tige fimple, droite, fucculente, garnie de feuilles oblongues, épaiffes, fucculentes, alternes & fciées fur leurs bords : le fommet de la tige eft garni de fleurs pourpre, difpofées en épis clairs, & portées au nombre de deux ou trois fur le même pédoncule qui eft fort court : fes fleurs paroiffent en Juin, & fes femences mûriffent en automne. Cette plante, bis-annuelle périt auffi-tôt après que fes graines font mûres ; en les femant fur une muraille, elles réuffiffent mieux que dans la ferre, & font moins fujettes à fouffrir de la gelée ; de forte que, quand fes femences s'écartent dans de pareils endroits, ces plantes profitent mieux que lorfqu'elles font cultivées.

Hemifpherica. La quatrieme eft originaire du Cap de Bonne-Efpérance ; fa tige, épaiffe, fucculente & rarement élevée au-deffus de la hauteur d'un empan, fe divife en plufieurs branches, garnies de feuilles courtes, épaiffes, fucculentes, fort convexes en deffous, & unies au-deffus, d'un demi-pouce de longueur, fur trois lignes de largeur, d'une couleur grifâtre, marquées de petites taches vertes & feffiles aux branches : fes pédoncu-

---

(1) Cette plante eft déterfive, aftringente & refolutive : fon ufage n'eft pas bien familier intérieurement, quoique fon fuc éclairci ait opéré des effets affez marqués étant pris à la dofe de quatre onces dans les fievres intermittentes opiniàtres : Tournefort recommande auffi ce fuc a la dofe d'une chopine, comme un puiffant remede contre une maladie des chevaux connue fous le nom de *Fourbure.*

On applique cette plante extérieurement en forme de cataplafme, fur les hémorroïdes enflammées, & fur differentes tumeurs qu'on peut répercuter fans danger.

les, dont la longueur eſt d'environ ſix pouces, ſortent des extrémités des branches ; ils ſont nuds, & ſoutiennent chacun cinq ou ſix fleurs qui ſortent alternativement dans leur longueur ; elles ſont ſeſſiles, tubulées, verdâtres, marquées de points pourpre, & diviſées en cinq parties ; elles paroiſſent dans le mois de Juin ; mais elles ne ſont jamais remplacées par des ſemences en Angleterre.

Orbiculata. On rencontre la cinquieme ſur les terres ſeches & graveleuſes du Cap de Bonne-Eſpérance ; ſa tige épaiſſe & ſucculente devient ligneuſe en vieilliſſant, & s'éleve à la hauteur de trois ou quatre pieds ; elle produit des branches courbées irrégulieres, & garnies de feuilles épaiſſes, charnues, ſucculentes, longues d'environ deux pouces, ſur une longueur égale près de leur extrémité, étroites à leur bâſe, arrondies au ſommet, de couleur de vert de mer, avec un bord pourpre, & ſouvent dentelées d'une maniere irréguliere : ſes pédoncules épais, ſucculens, nuds, & longs d'environ un pied, ſortent des extrémités des branches, & ſoutiennent chacun huit ou dix fleurs diſpoſées en ombelle irréguliere, & d'un jaune pâle : leurs tubes ſont longs, inclinés vers le bas, & découpés ſur leurs bords en cinq parties tournées en arriere : leurs extrémités & leurs ſtyles ſont plus longs que le tube de la fleur, & penchent vers le bas. Cette eſpece fleurit en Juillet, en Août & en Septembre ; mais elle ne perfectionne pas ſes ſemences en Angleterre.

Ramoſiſſima. La ſixieme eſt auſſi originaire du Cap de Bonne-Eſpérance : ſa tige eſt courte, épaiſſe, ſucculente, & rarement élevée au deſſus de la hauteur d'un pied ; elle pouſſe latéralement pluſieurs branches qui s'étendent ſur les pots dans leſquels elle eſt plantée ; ces branches, qui deviennent ligneuſes en vieilliſſant, ſont fortement garnies de feuilles épaiſſes, rondes, griſâtres, bordées de pourpre, unies au deſſus, convexes en-deſſous, fort charnues, d'une couleur herbacée en-dedans, & remplies d'humidité. Cette eſpece n'a pas fleuri en Angleterre, quoique j'aie conſervé quelques-unes de ces plantes pendant vingt ans ; & malgré que pluſieurs Ecrivains l'aient regardée comme une variété de la précédente, elle forme cependant une eſpece diſtincte.

Arboreſcens. La ſeptieme reſſemble en quelque choſe à la ſixieme ; mais ſes tiges ſont plus hautes, ſes feuilles plus larges, de la même forme que celles de la cinquieme, marquées en-deſſous d'un grand nombre de taches d'un vert foncé, teintes de couleur pourpre ſur leurs bords, & ſeſſiles aux branches. Cette eſpece qui eſt originaire de l'Ethiopie n'a pas encore fleuri en Angleterre.

Ovata. La huitieme n'a été apportée que depuis quelques

années dans les Jardins de la Hollande, du Cap de Bonne-Espérance, où elle croît naturellement : elle m'a été envoyée par M. ADRIEN-VAN-ROYEN, Professeur de Botanique à Leyde : elle s'éleve avec une tige succulente à la hauteur de trois pieds, & se divise en plusieurs branches érigées, & garnies de feuilles ovales, succulentes, opposées, d'un vert vif, & terminées en pointes, qui embrassent à moitié les tiges de leur base. Cette espece n'a pas encore produit de fleurs en Angleterre.

Spuria. La neuvieme, qui croît dans des lieux incultes & remplis de rochers du Cap de Bonne-Espérance, a été d'abord portée de-là en Hollande, d'où elle s'est répandue dans la plus grande partie des jardins de l'Europe où on cultive des plantes exotiques : elle a une tige courte, verdâtre & succulente, qui s'éleve rarement au-dessus d'un empan de hauteur, & se divise en plusieurs branches irrégulieres, & garnies de feuilles épaisses, succulentes, de quatre pouces de longueur, sur un demi-pouce de largeur, & autant d'épaisseur ; ses feuilles sont creusées par un sillon longitudinal, elles sont d'un vert brillant, convexes en-dessous, & teintes de couleur pourpre à leur extrémité : ses tiges de fleurs sont produites aux extrémités des branches, leur longueur est d'environ un pied, & leurs côtés sont garnis de feuilles oblongues &

pointues, placées à une certaine distance les unes des autres : ses fleurs naissent sur de courts pédoncules, qui s'étendent au-dehors de la tige principale, & sont pourvues de longs tubes, dont les bords sont découpés en cinq parties inclinées en arriere : ces fleurs pendent vers le bas ; leurs étamines sont plus longues que le tube de la fleur, & les parties réfléchies de la corolle sont de couleur pourpre. LINNÉE pensoit que cette plante étoit la même que la cinquieme espece ; mais quand on les a observées l'une & l'autre, on ne peut douter qu'elles ne soient différentes.

Laciniata. La dixieme, étant originaire des parties les plus chaudes de l'Afrique est beaucoup plus tendre que toutes les autres especes ; elle s'éleve à la hauteur d'environ un pied, avec une tige droite, noueuse, succulente, & garnie de feuilles larges, profondément découpées sur leurs bords, d'une couleur grisâtre, opposées & amplexicaules : ses pédoncules, longs de six pouces, sortent aux extrémités des branches, & soutiennent sept ou huit petites fleurs d'un jaune foncé, divisées presque jusqu'au fond en quatre parties, & pourvues d'étamines aussi courtes que le tube. Cette plante fleurit en différentes saisons de l'année ; mais elle ne produit jamais de semences en Angleterre.

Culture. On ne peut parvenir à conserver cette espece en hiver dans notre climat, qu'au moyen d'une ferre chaude, & en été on ne doit pas l'expo-ſer au-dehors, parce qu'elle eſt très-ſujette à être attaquée de pourriture, lorſqu'elle vient à abſorber une humidité trop abondante : on doit donc la tenir conſtamment dans la ſer-re, ou la placer en été ſous un vitrage airé avec les autres plantes ſucculentes, en obſer-vant de lui donner de l'air dans les tems chauds, & de la te-nir à l'abri du froid & de l'hu-midité ; mais en automne il faut la remettre dans la ſerre chau-de & lui procurer un dégré de chaleur modérée : on la multiplie par boutures qu'on détache en été, & qu'on plonge dans une couche modérément chaude, après les avoir plan-tées dans de petits pots ; quand ces boutures ont pouſſé des racines, on les remet dans la ſerre chaude, où on doit les arroſer peu ſur-tout en hiver.

Les eſpeces qui viennent d'Afrique, ſe multiplient tou-tes par boutures, dans tous les mois de l'été ; quand elles ſont ſéparées des vieilles plantes, on les tient dans un endroit ſec, pendant quinze jours ou trois ſemaines ; parce qu'étant rem-plies d'humidité, elles pourri-roient certainement, ſi on ne leur donnoit pas le tems de ſe deſſécher & de guérir leurs bleſ-ſures avant de les planter.

Le ſol qui leur convient le mieux, eſt un mélange fait avec un tiers de terre légere priſe dans un pâquis, un tiers de ſable, & un tiers de décom-bres de chaux, avec une quan-tité égale de tan pourri : lorſ-

que ces différentes matie-res ſont exactement mêlées, on les met en monceaux, on les laiſſe ainſi pendant ſix mois, & on les remue cinq ou ſix fois pendant ce tems, afin qu'el-les ſoient parfaitement incor-porées ; & avant de les met-tre en œuvre, il ſera bon de les paſſer à travers un crible pour en ſéparer les groſſes pier-res, & les mottes de terre.

La terre étant ainſi préparée & les boutures en bon état, on remplit les pots de cette terre, & on place les boutu-res au milieu de chacun, en les enfonçant de deux ou trois pouces, ſuivant qu'elles ſont plus ou moins fortes ; on les arroſe enſuite un peu pour af-fermir la terre, & on les place dans un endroit chaud & à l'ombre, où on les tient pen-dant une ſemaine, pour leur faire prendre racine ; après quoi, on les plonge dans une couche de tan médiocrement chaude, qui leur fera pouſſer de bonnes fibres ; mais on doit avoir ſoin de leur donner de l'air, en ſoulevant les vitrages quand le tems le permet, & de couvrir ces mêmes vitra-ges pour leur procurer de l'ombre pendant la chaleur du jour.

Six ſemaines ou deux mois après, les boutures auront pris racine ; alors on commencera à les expoſer par dégrés au plein air, en les tirant d'a-bord hors du tan ; après quoi, on ſouleva les vitrages fort haut pendant le jour : huit jours après, on placera les pots dans une ſerre pour les endurcir pendant une autre femaine , & on les expofera enfuite tout-à-fait au-dehors ; dans un endroit bien abrité ; mais on ne les tiendra pas trop au foleil, avant qu'elles foient tout-à-fait habituées au plein air.

Ces plantes peuvent refter ainfi jufqu'au commencement d'Octobre ; alors on les remet dans la ferre , en les plaçant d'abord auffi près des fenêtres qu'il eft poffible , & en les laiffant jouïr de beaucoup d'air, tant que la faifon le permet, au moyen des fenêtres qu'on tient ouvertes dans les beaux tems : on les arrofe légérement toutes les fois qu'elles en ont befoin, & quoiqu'une trop grande humidité leur foit contraire, il faut cependant leur en donner affez pour que leurs vaiffeaux reftent tendus, & que leurs feuilles ne fe rétréciffent point; car, quand cela arrive , les plantes perdent leur reffort, & deviennent incapables de fe débaraffer de l'humidité qu'elles abforbent.

La dixieme efpece doit être placée en hiver dans une ferre chaude tempéréé , & on ne la met pas dehors avant la Saint-Jean, parce qu'elle eft beaucoup plus tendre que les autres.

La meilleure méthode de traiter ces plantes , eft de les placer dans une caiffe de vitrage ouverte, airée & feche , avec les *Ficoïdes* & les *Joubarbes* d'Afrique, afin qu'elles jouiffent autant qu'il eft poffible de toute l'influence du foleil, & d'un air libre & fec; car, fi on les enferme dans une ferre ordinaire, l'humidi-

té , dont l'air fe charge par la tranfpiration des autres plantes , pénétrera à travers leur tiffu , flétrira leurs branches, fera tomber leurs feuilles , & même les détruira entiérement.

COUCHES. Elles font d'un ufage univerfel dans les parties feptentrionales de l'Europe ; fans leur moyen les productions des climats plus chauds ne deviendroient plus les nôtres, & nos tables ne feroient point couvertes en hiver & au printems de plufieurs fruits & de légumes qui ajoûtent à nos jouiffances. Quoique l'Angleterre ne puiffe pas beaucoup vanter fon climat, cependant ces productions artificielles & précoces font bien plus communes chez nous que partout ailleurs , & nous jouiffons, bien plutôt que nos voifins, de toutes les efpeces de plantes potageres : cet avantage nous eft procuré par notre habileté dans l'art de faire les *Couches.*

Les *Couches* ordinaires dont on fe fert fréquemment dans les jardins potagers, font faites avec du crotin récent de chevaux, & préparées de la maniere fuivante.

On fe pourvoit d'abord d'une quantité de crotin de cheval, proportionnée à la longueur de la *Couche* qu'on veut établir ; ce fumier doit être mêlé de litiere, & tel qu'on le trouve dans les écuries : fi c'eft dans le commencement du printems, il faut une voiture pour chaque châffis ; on met ce fumier en tas , & on y ajoûte des cendres de charbon de terre, quelques feuilles d'arbres & du tan, pour rendre sa chaleur plus durable, & on laisse le tout en monceau pendant six ou sept jours ; après quoi on le remue pour rendre le mélange plus exact, on l'entasse pour la seconde fois, & on le laisse en cet état pendant cinq ou six jours, ce qui suffit pour produire le dégré de chaleur qui lui est nécessaire : alors on creuse dans quelque partie bien abritée du jardin, une fosse proportionnée pour l'étendue, à la longueur & à la largeur des châssis qu'on veut employer : d'un pied de profondeur si le sol est sec, & de six pouces seulement dans un terrein humide : on place le fumier dans cette fosse, en observant de le remuer exactement, de l'étendre également dans toute la longueur de la *Couche*, & de le couvrir avec la partie qui occupoit le fond du tas, & qui est ordinairement sans litiere, pour retenir les vapeurs, & les empêcher de sortir en aussi grande quantité qu'elles le feroient sans cette précaution : ou réussit encore mieux d'arrêter ces vapeurs, qui, par leur activité, brûleroient les racines des plantes, en garnissant la surface de la *Couche* avec de la fiente de vache, qu'on étend d'une maniere uniforme par-dessus le fumier de cheval.

Si la *Couche* est destinée à élever des Concombres ou des Melons, on ne doit point la couvrir de terre, immédiatement après qu'elle est faite, mais on forme seulement sous chaque châssis une petite éminence sur laquelle on seme les graines de ces plantes, & on remplit successivement le reste de la *Couche*, à mesure que leurs racines font des progrès ; ainsi que je l'ai expliqué dans leurs articles respectifs : si, au contraire, cette *Couche* est préparée pour recevoir d'autres plantes, on laissera écouler deux ou trois jours avant de la couvrir, pour donner le tems aux vapeurs de se dissiper.

En faisant ces *couches*, on doit avoir soin de bien serrer le fumier avec la fourche, & s'il est mêlé de litiere longue, on le presse fortement avec les pieds, & on le comprime également dans toutes ses parties, pour empêcher qu'il ne s'échauffe trop fortement, & que sa chaleur ne soit portée au double de ce qu'elle doit être, comme cela arrive quelquefois. Pendant la premiere semaine ou les dix premiers jours après que la couche est faite, on ne couvre que légerement les châssis pendant la nuit, & on les souleve tous les jours, pour donner issue aux vapeurs qui s'élevent avec d'autant plus d'abondance, que le fumier est plus récent : dans la suite ou augmente les couvertures à proportion de la diminution de chaleur que la *couche* éprouve ; sans quoi les plantes qui y font semées feroient interrompues dans leur accroîssement : & périroient même tout-à-fait. Si la *couche* devient trop froide, on renouvelle sa chaleur, & on la fait durer plus longtemps, en garnissant sa bâse avec une bonne quantité de fumier récent; mais à mesure qu'on avance dans le printems, le soleil devient plus actif & supplée par sa chaleur à celle que le fumier a perdue. On fera cependant bien alors, surtout si les nuits sont encore froides, de placer autour des couches une certaine quantité d'herbe nouvellement fauchée pour préserver les plantes de l'impression du froid qui, dans cette saison, leur est fort contraire.

Quoique cette espece de *couche* soit celle dont les jardiniers potagers se servent communément, cependant celles qui sont faites avec du tan sont bien préférables, sur-tout pour les plantes & les fruits tendres & exotiques qui demandent une chaleur toujours égale pendant plusieurs mois, ce qu'on ne peut obtenir avec le fumier de chevaux. Voici la maniere de faire ces couches de tan.

On commence par creuser la terre à la profondeur de trois pieds si le sol est sec, & de six pouces ou d'un pied tout au plus, s'il est humide; on éleve la *couche* au-dessus de la surface en proportion de sa profondeur, & toujours de maniere que le tan qu'on y place ait trois pieds d'épaisseur : sa largeur doit être de six pieds, & sa longueur proportionnée au nombre de châssis qu'on veut employer; mais elle ne doit jamais avoir moins de dix ou douze pieds, & elle ne sera que meilleure encore, si on peut doubler cette proportion, parce

qu'elle conservera alors plus long-tems sa chaleur. On pavera le fond de cette fosse avec des briques, & on élevera tout autour avec les mêmes matériaux une muraille jusqu'à la hauteur de trois pieds : on remplira cette fosse au printems avec du tan nouveau qu'on prendra chez les tanneurs dès que ceux-ci l'ont tiré de leurs cuves; & après l'avoir laissé en tas pendant sept ou huit jours pour lui faire perdre la plus grande partie de son humidité, qui s'opposeroit à la fermentation, on comprimera doucement ce tan avec une fourche, à mesure qu'on le mettra dans la fosse, mais on ne le foulera point avec les pieds, parce qu'une compression trop forte l'empécheroit d'acquérir la chaleur qui lui est nécessaire : dix ou douze jours après, lorsque le tan commencera à s'échauffer, on le couvrira de châssis, & on pourra y plonger les pots dans lesquels on aura répandu les semences des plantes qu'on veut faire pousser, mais toujours avec la précaution de ne point marcher sur la couche. Une *couche* ainsi préparée, si le tan est recent & n'est pas trop fin, conservera une chaleur tempérée pendant deux ou trois mois : si l'on s'apperçoit que cette chaleur diminue, on remuera le tan à une profondeur assez considérable, & on y en remettra une ou deux voitures du nouveau, qui renouvellera la chaleur de l'ancien & l'entretiendra encore pendant deux ou trois mois. Quelques
personnes

perſonnes mettent ſous le tan, au fond de la foſſe, un peu de crotin de cheval pour accélérer ſa chaleur : mais je ne conſeillerai point cette méthode, à moins qu'on ne deſire d'exciter une chaleur prompte dans la *couche* ; dans ce cas même on ne doit employer qu'une très-petite quantité de ce fumier, parce que la chaleur qu'il excite eſt trop conſidérable, & que celle de la *couche* a moins de durée, en proportion de ſon intenſité ; mais ſans ce ſecours on peut être toujours aſſuré que le tan s'échauffera s'il eſt récent & ſi on ne l'emploie pas trop humide, quoiqu'il ſoit quelquefois quinze jours & même plus pour acquérir une chaleur ſuffiſante : mais alors cette chaleur ſera plus égale & plus durable.

Les châſſis qui couvrent ces *couches* doivent être plus ou moins élevés, ſuivant les plantes qu'ils ſont deſtinés à couvrir ; par exemple, s'ils doivent renfermer des Ananas, le derriere du châſſis doit avoir trois pieds & demi d'élévation, & le devant quinze pouces ; cette pente ſuffira pour fournir à l'eau des pluies un libre écoulement ; & en plaçant les plantes les plus avancées dans le fond, & les plus jeunes ſur le devant ſuivant l'ordre de grandeur, elles ſeront toutes à une égale diſtance des vitrages, & formeront un coup d'œil plus agréable. Quoique bien des perſonnes donnent à leurs châſſis une profondeur plus conſidérable que celle que je viens d'indiquer, je ſuis néan-

moins aſſuré que lorſqu'il y a aſſez de place pour que les plantes ſoient à l'aiſe, ſans que leurs feuilles puiſſent être endommagées, elles profitent beaucoup plus que quand elles ſont plus au large : la raiſon de cette différence eſt que la chaleur que contient la *couche* ſera d'autant moindre, que le cadre ſera plus élevé, parce que cette *couche* n'ayant d'autre chaleur que celle qu'elle reçoit du tan, elle ne peut échauffer une maſſe d'air fort conſidérable : & comme on ne peut parvenir à faire mûrir le fruit de l'Ananas qu'en lui procurant une chaleur forte, & conſtamment ſoutenue, l'expérience prouvera à ceux qui renouvelleront ces eſſais, que la méthode que j'ai donnée eſt plus propre qu'aucune autre à produire cet effet. Si on veut mettre ſur cette *couche* des plantes plus élevées, on fera les châſſis en proportion ; mais ſi ce n'eſt que pour des ſemences, on ne donnera au châſſis que quatorze ou ſeize pouces par derriere, & ſept ou huit ſur le devant, au moyen de quoi la chaleur ſera beaucoup plus forte : cette élévation eſt celle qu'on donne ordinairement aux châſſis dont on ſe ſert dans les jardins potagers ; mais leur longueur eſt arbitraire : chaque cadre contient ordinairement trois châſſis, ce qui fait à peu près onze pieds de longueur ; on en met cependant quelquefois quatre ſur chacun, mais cette longueur eſt alors trop conſidérable, & les cadres ſont non-ſeulement moins commodes pour être portés, mais encore beaucoup plus sujets à se pourrir dans les angles. Les cadres à deux châssis que plusieurs personnes mettent en usage, sont très-propres pour les jeunes Melons & les Concombres, mais ils sont trop courts pour une *couche de tan*, parce qu'elle n'en contiendroit point une assez grande quantité pour conserver long-tems sa chaleur, comme nous l'avons déja marqué ailleurs. Un ou deux de ces cadres sont assez commodes pour des *couches* de crotin de cheval.

A l'égard des cadres très-profonds, il seroit beaucoup plus commode de les construire de maniere qu'on pût les ouvrir & les séparer à chaque angle, afin d'avoir la facilité de les déplacer lorsqu'il est question de renouveler le tan de la *couche*; opération qui sans cela devient fort pénible. Ces cadres mobiles étant connus, je n'en parlerai pas plus au long, parce qu'on peut en prendre une idée bien plus exacte en les voyant, que par la meilleure description.

COUCHE A CHAMPI-GNONS. *V.* CHAMPIGNON.

COUCOU, PRIME-VERE, *ou* PRIMEROLLE. *V.* PRIMULA ELATIOR.

COULEVRÉE, BRIONE, *ou* VIGNE BLANCHE. *Voy.* BRYONIA ALBA.

COURBARIL. *Voyez* HYMENÆA.

COUDRE MANCIENNE, *ou* VIORNE. *V.* VIBURNUM LANTANA. L.

COUDRIER, *ou* NOISE-TIER. *Voyez* CORYLUS.

COURGE LONGUE, *ou* CALEBASSE. *V.* CUCURBITA LAGENARIA. L.

COURONNE IMPÉRIALE. *Voyez* FRITILLARIA IMPERIALIS.

COUSIN MAHOT DES ANTILLES. *V.* TRIUMFETTA LAPPULA.

CRAMBE. *Lin. Gen. Plant.* 739. *Tourn. Inst. R. H.* 211. *tab.* 100. Κραμβη, *gr.* [*Sea Cabbage.*] Chou marin.

Caracteres. Dans ce genre le calice est composé de quatre feuilles ovales, concaves, étendues & ouvertes; la corolle a quatre pétales placés en forme de croix, larges, oblongs & étendus; la fleur a six étamines, dont deux sont de la longueur du calice, & les quatre autres plus longues: elles sont toutes divisées en deux parties à leurs pointes, & terminées par des sommets simples qui se séparent en filets au-dehors : les pétales ont des glandes à miel placées entre la corolle & chacune des plus longues étamines : le germe oblong, sans style, & couronné par un stigmat épais, se change, quand la fleur est passée, en une capsule ronde, seche, & a une cellule dans laquelle est renfermée une semence ronde.

Ce genre de plante est rangé dans la seconde section de la quinzieme classe de LINNÉE, ou dans la *Tetradynamia siliquosa*, qui comprend les plantes dont les fleurs ont quatre longues étamines & deux courtes, & dont les femences font enfermées dans des légumes.

Les efpeces font :

1°. *Crambe maritima , foliis cauleque glabris. Flor. Suec. 570 , 615. Flor. Dan. 316. Kniph. Cent. 10 , n. 30;* Chou marin avec des feuilles & des tiges unies.

Crambe maritima , Braſſicæ folio. Tourn. Inſt. 211; Le Chou marin.

Braſſica maritima , monoſpermos. Bauh. Pin. 112.

2°. *Crambe Suecia , foliis profundè laciniatis, caule erecto ramoſo;* Crambe dont les feuilles font profondément découpées , & dont la tige eſt droite & branchue.

3°. *Crambe Orientalis , foliis fcabris , caule glabro. Lin. Sp. Plant. 937;* Crambe à feuilles rudes & à tige unie.

Rapiſtrum Orientale , Acanthi folio. Tourn. Cor. 14.

Crambe, foliis & foliolis alternatim pinnati-fidis. Prod. Leyd. 330; Creſſon d'Orient à feuilles d'Acanthe.

4°. *Crambe Hiſpanica, foliis cauleque fcabris. Hort. Upfal. 193. Kniph. Cent. 10, n. 29;* Crambe avec une tige & des feuilles rudes.

Myagrum fphæro-carpum. Jacq. Obs. 2, p. 20, t. 41.

Rapiſtrum maximum , rotundifolium monoſpermum. Corn. Canad. 147 , t. 148. Moris. Hiſt. 2, p. 266, s. 3, t. 13, f. 1.

Maritima. La premiere efpece pouſſe pluſieurs feuilles larges, unies , profondément denrelées fur leurs bords en fegmens obtus , d'une couleur jaunâtre, & étendues près de terre : du centre de ces feuilles s'éleve un pédoncule épais & uni, d'un pied environ de hauteur, & diviſé en pluſieurs branches , garnies à chacun de leurs nœuds d'une feuille de la même forme que celles du bas, mais beaucoup plus petites : ces pédoncules fe fous - divifent encore en pluſieurs autres plus petits, qui portent des fleurs blanches difpofées en épis clairs & obtus , & compofées de quatre pétales concaves placés en forme de croix : ces fleurs font remplacées par des capfules rondes , feches , de la groſſeur d'un gros pois , & dans chacune defquelles eſt renfermée une fimple femence. Cette plante fleurit en Juin , & fes graines mûriſſent en automne ; elle fe multiplie fortement par fes racines rampantes.

Suecia. Les femences de la feconde m'ont été envoyées de Pétersbourg pour celles de la premiere efpece, dont elle differe cependant beaucoup : fa racine eſt vivace, & produit pluſieurs feuilles oblongues , unies , pointues , de couleur de vert de mer , & découpées irrégulièrement prefque jufqu'à la côte du milieu en fegmens aigus : du centre de ces feuilles s'éleve une tige qui croît jufqu'à la hauteur de trois pieds , & dont la bâfe eſt garnie de feuilles oblongues, pointues & fortement dentelées fur leurs bords : ces tiges pouſſent pluſieurs petites branches qui fe fous-divifent

encore en d'autres plus petites, defquelles fortent des
fleurs blanches difpofées en
épis clairs comme celles de la
premiere efpece, & qui font
remplacées par des femences
de la même forme. Cette plante
differe beaucoup de la premiere dans la forme de fes
feuilles qui font plus longues
& terminées en pointe, ainfi
que leurs fegmens; au-lieu
que celles de la premiere font
émouffées, & ne font pas de
moitié fi profondément découpées : fes tiges s'élevent
auffi à une hauteur double de
celles de la précédente; elles
font plus étendues en-dehors,
& leurs branches plus érigées.
Ces différences font conftantes
dans les deux efpeces, quoique plantées fur le même fol.

Orientalis. La troifieme, qui
croît naturellement dans l'O-
rient, a une racine bis-annuelle, de laquelle s'élevent au
printems plufieurs feuilles de
couleur grifâtre, alternativement divifées jufqu'à la côte
du milieu, & dont les fegmens
font encore une fois découpés
alternativement fur leurs bords
en plufieurs pointes, de forte
qu'elles ont l'apparence de
feuilles ailées. Les tiges s'élevent à la hauteur d'environ
deux pieds, & fe divifent en
plufieurs branches, terminées
par des panicules clairs de
fleurs blanches & cruciformes,
qui font remplacées par de
petites capfules rondes, dans
chacune defquelles eft renfermée une fimple femence. Cette
plante fleurit en Juin, fes femences mûriffent en automne,

& fes racines périffent bientôt
après.

Hifpanica. La quatrieme eft
une plante annuelle qui fe
trouve en Efpagne & en Italie; elle s'éleve à la hauteur
de trois pieds, avec une tige
branchue & garnie de feuilles
rondes en forme de cœur,
dentelées fur leurs bords &
fupportées par de longs pétioles : fes branches fe fous-divifent en plufieurs autres plus
minces, qui toutes font terminées par des épis clairs de
fleurs blanches auxquelles fuccèdent des capfules rondes,
petites & feches, qui renferment chacune une fimple femence : les feuilles & les tiges
de cette efpece font rudes. Elle fleurit en Juin, & fes femences mûriffent en automne.

Culture. On trouve la premiere efpece fur les rivages
de la mer en différentes parties d'Angleterre, mais particulièrement en *Suffex* & dans
la province de Dorfet; les habitans de ces pays la cueillent
au printems pour la manger,
& la préferent à toutes les autres efpeces de *Choux*; comme
elle croît généralement fur les
rivages fablonneux & inondés
par les marées, ils obfervent
les endroits où le gravier eft
foulevé par les rejettons de
cette plante, & les coupent
avant qu'ils commencent à paroître, & qu'ils foient expofés à l'air, de forte qu'ils paroiffent avoir été blanchis :
ces *choux*, dans leur jeuneffe,
font doux & tendres; mais,
lorfqu'ils font une fois verts,
ils deviennent durs & amers,

On peut multiplier cette plante dans un jardin, en répandant ſes graines auſſi - tôt qu'elles ſont mûres, ſur un ſol ſablonneux, où elles profiteront fort bien ; elle s'étendra alors conſidérablement, au moyen de ſes racines rampantes, & finira par couvrir bientôt un grand eſpace de terre, ſi l'on n'arrête point ſes progrès ; mais ſes têtes ne ſeront bonnes à être coupées, qu'après une année d'accroiſſement ; & pour les avoir bonnes, il faudra couvrir le terrein où elles ſe trouvent à la Saint-Michel, avec du ſable qu'on élevera juſqu'à l'épaiſſeur de quatre ou cinq pouces : par ce moyen, on pourra couper les rejettons avant qu'ils paroiſſent au-deſſus du ſable : on renouvellera cette opération tous les ans en automne, comme on le pratique en enterrant les carreaux d'Aſperges : ces plantes n'exigent pas d'autre culture. On peut les couper pour l'uſage en Avril & en Mai, tandis qu'elles ſont jeunes ; mais ſi on leur laiſſe pouſſer des rejettons, ils produiront de belles têtes de fleurs blanches, qui feront un très-bel effet, & perfectionneront leurs ſemences, avec leſquelles on pourra les multiplier. On ne conſerve les autres eſpeces que dans les jardins des curieux pour la variété : on les multiplie comme la premiere, par leurs racines vivaces.

CRAN, *ou* RAIFORT SAUVAGE. *V.* COCHLEARIA ARMORACIA. L.

CRANIOLARIA. *Lin. Gen. Plant. 670. Martynia. Houſt.* [*Craniolaria.*]

Caracteres. Le calice de la fleur eſt perſiſtant, & compoſé de quatre feuilles courtes, étroites, étendues & ouvertes, avec une groſſe ſpathe, ovale, gonflée, & découpée longitudinalement ſur le côté ; la corolle eſt monopétale, inégale, & pourvue d'un tube fort long, étroit, & diviſé à ſon extrémité en deux levres, dont la ſupérieure eſt ronde & entiere, & l'inférieure diviſée en trois parties, parmi leſquelles celle qui occupe le centre eſt la plus large : la fleur a quatre étamines, terminées par des ſommets ſimples, dont deux ſont de la longueur du tube, & les deux autres plus courtes ; au fond du tube eſt ſitué un germe ovale, qui ſoutient un ſtyle mince, & couronné par un ſtigmat épais & obtus. Ce germe devient enſuite un fruit ovale, coriace, pointu aux deux extrémités, & ouvert en deux valves qui renferment une noix comprimée, ligneuſe, & marquée de deux ou trois ſillons ; de ſorte qu'elle reſſemble à un crâne ouvert en deux parties.

Ce genre de plante eſt rangé dans la ſeconde ſection de la quatorzieme claſſe de LINNÉE, intitulée : *Didynamia angioſpermia*, avec celles dont les fleurs ont deux étamines longues & deux courtes, & des ſemences, renfermées dans une capſule.

Les eſpeces ſont :

1°. *Craniolaria annua, foliis cordatis, angulatis, lobatis.* Lin. *Sp. Plant. 862. Syſt. Veg. 467. Mant. 417. Jacq. Hiſt. 173. t. 110;* Craniolaria à feuilles en forme de cœur, angulaires & compoſées de lobes.

Martynia annua, villoſa & viſcoſa, Aceris folio, flore albo, tubo longiſſimo. Houſt. *MSS.*

2°. *Craniolaria fruticoſa, foliis lanceolatis, dentatis.* Lin. *Sp. Pl. 861;* Craniolaria à feuilles dentelées, & en forme de lance.

Geſnera arboreſcens, amplo flore fimbriato & maculoſo. Plum. *Nov. Gen. 27. t. 137.*

Annua. La premiere eſpece a été découverte dans le voiſinage de Carthagene, dans l'Amérique Méridionale, par le Docteur GUILLAUME HOUSTOUN, qui en a envoyé les ſemences en Angleterre. Cette plante annuelle s'éleve avec une tige branchue, à la hauteur d'environ deux pieds : ſes branches ſont oppoſées, velues & viſqueuſes : ſes feuilles, qui ſont auſſi oppoſées, velues, viſqueuſes, & ſoutenues par de fort longs pétioles, ont des formes différentes ; les unes ſont diviſées en cinq lobes, d'autres en trois, & quelques-unes ſont preſqu'en forme de cœur, & terminées en pointe aiguë : ſes fleurs, qui naiſſent aux côtés, & aux extrémités des branches, ſur de courts pédoncules, ont une ſpathe gonflée, de laquelle s'éleve un tube long de ſept ou huit pouces, fort mince, & diviſé au ſommet en deux levres, dont

la ſupérieure eſt longue & entiere, l'inférieure large & diviſée en trois larges ſegmens, dont celui du milieu eſt plus grand que les autres : ces fleurs ſont remplacées par des fruits oblongs, couverts d'une peau épaiſſe & ſeche, qui s'ouvrent dans leur longueur, & renferment chacun une noix dure, ſillonnée, & armée de deux cornes recourbées.

Il faut ſemer au printems les fruits de cette eſpece, ſur une couche chaude : quand les plantes ſont en état d'être enlevées, on les met chacune ſéparément dans de petits pots remplis de terre fraîche & légere ; on les plonge dans une couche de chaleur modérée, on les tient à l'ombre, juſqu'à ce qu'elles aient formé de nouvelles racines ; on leur donne enſuite de l'air libre, à proportion de la chaleur de la ſaiſon, pour les empêcher de filer : après quoi on les traite de la même maniere que les autres plantes exotiques délicates, parce qu'elles ſont trop tendres pour réſiſter en plein air à l'âpreté de notre climat ; ainſi lorſqu'elles ſont devenues trop grandes pour pouvoir être contenues ſous les vitrages, on les plonge dans la couche de tan de la ſerre chaude, où elles fleuriront en Juillet, & perfectionneront ſouvent leurs ſemences en automne, ſi elles ſont bien traitées. Il faut laiſſer ces ſemences juſqu'à ce qu'elles tombent d'elles-mêmes ; ſans quoi elles ne croîtroient pas, parce que leur enveloppe extérieure ſe fend

& tombe comme celles des *Amandes* , avant que le fruit soit tout-à-fait mûr.

Fruticofa. La feconde efpece croît naturellement à la Havanne , & dans quelques autres Ifles de l'Amérique : elle s'éleve avec une tige d'ar-briffeau à la hauteur de dix à douze pieds , & fe divife vers fon fommet en quelques branches garnies de feuilles en forme de lance , découpées fur leurs bords , tendres & ve-lues : fes fleurs fortent des parties latérales des branches , plufieurs enfemble fur chaque pédoncule ; elles ont la même forme que celles de la *Gante-lée* , & elles font teintes en jaune verdâtre , avec des ta-ches brunes en-dedans ; leur tube eft gonflé & recourbé , & leurs bords font légerement divifés en cinq fegmens aigus : elles paroiffent en Juillet , mais elles ne produifent point de femences en Angleterre.

Cette efpece fe multiplie par fes graines qu'il faut fe pro-curer des pays où elle croît naturellement , & femer au printems fur une couche chau-de : quand les plantes font en état d'être enlevées , on les met chacune féparément dans de petits pots remplis de terre légere prife dans un jardin po-tager , & on les plonge dans une nouvelle couche chaude , où on les tient à l'abri du fo-leil , jufqu'à ce qu'elles aient formé de nouvelles racines ; après quoi on leur donne de l'air à proportion de la cha-leur de la faifon , & on les

arrofe fouvent en été : en au-tomne on les plonge dans la couche de tan de la ferre chaude ; & on les traite en hi-ver comme les autres plantes qui viennent des mêmes con-trées ; mais on ne les arrofe que très-peu

Cette efpece fleurit rare-ment en Angleterre avant la troifieme année ; & comme elle ne produit point de fe-mences ici , on la conferve avec peine en Europe , & on ne la multiplie que difficilement , d'autant plus qu'on ne peut le faire que par fes femences.

CRAPAUDINE. *V.* Side-ritis.

CRASSULA. *Dillen. Hort. Elth.* 114. *Lin. Gen. Plant.* 352. [*Leffer Orpine, or Live-ever.*] le plus petit Orpin , ou *Sem-per virens* : ce nom a été au-trefois donné à l'Anacampfe-ros , *ou* Orpin.

Caracteres. Les fleurs de ce genre ont un calice à cinq feuilles , une corolle compo-fée de cinq pétales étroits , réfléchis , joints à leurs bâfes , étendus & ouverts ; cinq nec-taires placés au fond du tube , & entourés par cinq étamines qui s'élevent jufqu'à fon ori-fice : dans le même fond fe trouvent auffi cinq germes , qui , lorfque la fleur eft paf-fée , fe changent en cinq cap-fules qui s'ouvrent dans leur longueur , & font remplies de petites femences.

Ce genre de plante eft rangé par Linnée dans la cin-quieme divifion de fa cinquie-me claffe , intitulée : *Pentan-*

dria pentagynia, laquelle renferme celles dont les fleurs ont cinq étamines & cinq ftyles.

Les efpeces font :

1°. *Craffula coccinea , foliis planis, cartilagineo-ciliatis , bafi connato-vaginantibus. Viri. Cliff. 26. Hort. Cliff. 116. Roy. Lugd.-B. 454. Kniph. Cent. 4. n. 23.* Craffula à feuilles unies , dont les bords font roides & garnis de poils argentés , & qui embraffent la tige de leur bâfe comme une gaine.

Cotyledon , Africana frutefcens , flore umbellato coccineo. Com. Var. 24.

Cotyledon Africana frutefcens , flore carneo amplo. Breyn. Prodr. 3. p. 30. t. 20. f. 1.

2°. *Craffula perfoliata , foliis lanceolato - fubulatis , feffilibus connatis , canaliculatis , fubtùs convexis. Hort. Cliff. 116. Roy. Lugd.-B. 455;* Craffula, dont les feüilles en forme de lance & d'alêne , feffiles , cannelées en-deffous , & convexes en-deffus , environnent les tiges de leurs bâfes.

Craffula altiffima perfoliata. Dill. Hort. Elth. 114. t. 96. f. 113.

Aloe Africana caulefcens , perfoliata , glauca , & non fpinofa. Comm. Præl. 74. t. 23.

3°. *Craffula cultrata , foliis oppofitis , obtufe ovatis , integerrimis , hinc anguflioribus. Hort. Cliff. Roy. Lugd.-B. 455;* Craffula à feuilles émouffées , oppofées , entieres , & étroites à leur bâfe.

Craffula , Anacampferotis folio. Hort. Elth. 115. tab. 97. f. 114.

4°. *Craffula ciliata , foliis oppofitis , ovalibus , planiufculis , diftinctis , ciliatis , corymbis terminalibus. Hort. Cliff. 496. Roy. Lugd. B. 455;* Craffula à feuilles ovales , oppofées , & bordées de poils argentés , & dont les tiges font terminées par des fleurs en corymbes.

Craffula caulefcens , foliis Sempervivi cruciatis. Hort. Elth. 116. tab. 98.

5°. *Craffula fcabra , foliis oppofitis , patentibus , connatis , fcabris , ciliatis , corymbis terminalibus. Lin. Sp. Plant. 283 ;* Craffula à feuilles rudes , étendues , oppofées & garnies de poils , & à tiges terminées par des fleurs en corymbes.

Cotyledon Africana frutefcens , foliis afperis , anguftis , acuminatis , flore virefcente. Mart. Cent. 24. t. 24.

Craffula Mefembryanthemi facie , foliis longioribus afperis. Dill. Elth. 117. t. 99. f. 117.

6°. *Craffula nudi-caulis , foliis fubulatis , radicalibus , caule nudo. Hort. Cliff. 116. Roy. Lugd.-B. 455. Kniph. Cent. 3. n. 34;* Craffula avec des feuilles en forme d'alêne qui pouffent des racines , & une tige nue.

Craffula cefpitofa , longi-folia. Hort. Elth. 116. tab. 98 ; Craffula à feuilles d'Aloës.

7°. *Craffula punctata , caule flaccido , foliis connatis , cordatis , fucculentis , floribus confertis terminalibus ;* Craffula avec une tige foible croiffant à travers les feuilles , qui font en forme de cœur , & fucculentes , & des fleurs difpofées en paquets aux extrémités des tiges.

Telephium frutescens, floribus spicatis minimis, folio triangulari crasso, Raj. Suppl. 118.

8⁰. *Crassula fruticosa, foliis longis, teretibus, alternis, caule fruticoso, ramoso;* Crassula à feuilles longues, cylindriques & alternes, avec une tige d'arbrisseau branchue.

9⁰. *Crassula Sediodes, caule flaccido, prolifero, determinatè foliofo, foliis patentissimis imbricatis. Hort. Cliff. 496;* Crassula avec une tige foible, prolifere, & garnie de feuilles couchées les unes sur les autres qui s'étendent & s'ouvrent.

Sedum Afrum saxatile, foliis Sedi vulgaris, in Rosam verè compositis. Boerh. Ind. Alt. I. 287.

10⁰. *Crassula pellucida, caule flaccido repente, foliis oppositis. Lin. Sp. Plant. 283;* Crassula avec une tige foible & rampante, & des feuilles opposées.

Crassula Portulacæ facie, repens. Hort. Elth. 119. t. 100. f. 119.

11⁰. *Crassula Portulacaria, foliis obovatis, oppositis, caule arboreo. Lin. Sp. 406;* Crassula à feuilles ovales & oppofées, avec une tige en arbre.

Claytonia Portulacaria. Syst. Plant. tom. 1. pag. 573. Sp. 3.

Crassula Portulacæ facie, arborescens. Hort. Elth. 120. tab. 90.

Anacampseros, caule arboreo, foliis cunei-formibus oppositis. Hort. Cliff. 207.

Coccinea. La premiere espece a une tige ronde & rougeâtre qui s'éleve à la hauteur d'environ trois pieds, & se divise vers son sommet en beaucoup de branches irrégulieres, & garnies de feuilles qui les embraffent étroitement de leurs bâfes ; ces feuilles font oblongues, unies, oppofées & pourvues d'une bordure cartilagineufe ornée de poils argentés : fes fleurs, qui naiffent en ombelles ferrées aux extrémités des branches, ont la forme d'un entonnoir, font pourvues de longs tubes, divifés fur leurs bords en cinq parties étendues, de couleur écarlate, & érigées ; elles paroiffent ordinairement en Juillet & en Août. On multiplie cette efpece dans tous les mois de l'été, au moyen de fes boutures qu'on fépare des vieilles plantes quinze jours avant de les mettre en terre ; on les place dans un lieu fec pour confolider les parties bleffées, & on les plante enfuite féparèment dans de petits pots remplis de terre légere & fablonneufe, qu'on plonge dans une couche de tan de chaleur modérée, après les avoir arrofées très-légerement : fix femaines après, lorfque ces boutures poufferont des racines & commenceront à croître, on leur donnera beaucoup d'air, & on les accoutumera par dégrés à fupporter l'air ouvert, auquel on les expofera bientôt après, en les plaçant dans une expofition abritée où elles pourront refter jufqu'à l'automne, tems auquel il faudra les mettre fous un vitrage fec & airé, où elles puiffent jouïr du foleil autant qu'il fera poffible, &

être parées de l'humidité & du froid. Dans les tems fecs & chauds de l'été, lorfqu'elles font en plein air, on les arrofe deux ou trois fois la femaine, mais très-peu en hiver, de peur que l'humidité ne faffe pourrir leurs tiges. Ces plantes n'ont befoin en hiver d'aucune chaleur artificielle ; elles ne demandent que d'être mifes à l'abri de la gelée & de l'humidité.

Perfoliata. La feconde efpece s'éleve à la hauteur de dix ou douze pieds, avec une tige droite qui a befoin d'un foutien, fans quoi elle eft très-expofée à être rompue, furtout fi elle eft expofée au vent, parce qu'elle eft fort mince, & que fes feuilles font très lourdes : ces feuilles, qui fe traverfent alternativement, ont environ trois pouces de longueur, & font creufes en-deffus, convexes en-deffous, oppofées, épaiffes, fucculentes, terminées en pointe aiguë, d'un vert pâle, & elles environnent les tiges de leurs bâfes. Ses fleurs, de couleur blanchâtre & herbacée, naiffent en groffes grappes aux extrémités des branches, & font pourvues de tubes courts, & divifés fur leurs bords en cinq parties étendues : les tiges qui foutiennent ces fleurs font affez épaiffes, fucculentes, & inclinées d'abord vers le bas, mais elles fe relevent enfuite, & prennent prefque la forme d'un fyphon. Cette efpece fleurit en Juillet, mais elle ne produit point de femences ici : on la multiplie

par boutures comme la premiere, & elle exige le même traitement.

Cultrata. La troifieme a une tige foible, fucculente & haute d'environ deux pieds, de laquelle fortent plufieurs branches irrégulieres & garnies de feuilles ovales, oblongues, épaiffes, unies en-deffus, convexes en-deffous, d'un vert foncé, & ornées de poils argentés fur leurs bords : la tige, qui fupporte les fleurs, s'éleve du fommet des branches à quatre ou fix pouces de hauteur, & pouffe plufieurs branches latérales, érigées, & terminées par de groffes grappes de petites fleurs verdâtres qui paroiffent dans les mois de Juin & de Juillet.

On multiplie cette efpece par boutures, comme les précédentes ; elle eft paffablement dure, & ne doit pas être traitée fi délicatement ; car en plantant fes boutures dans une plate-bande de terre légere, elles prendront facilement racine : elles pourront alors être mifes en pots pour être tenues à l'abri en hiver.

Scabra. La cinquieme a une tige très-foible & fucculente qui s'éleve à la hauteur d'environ un pied & demi, & fe divife vers fon fommet en petites branches garnies de feuilles minces, rudes & plates, d'environ deux pouces de longueur, fur quatre de largeur à leur bâfe, mais rétrécies par dégrés, & terminées en pointe ; elles font rudes, oppofées & elles embraffent les tiges de leurs bâfes : fes fleurs, qui fortent en petites grappes aux extrémités des branches, font petites, de couleur herbacée, & de peu d'apparence ; elles paroiſſent en Juin & Juillet. On peut multiplier cette eſpece par boutures qui doivent être traitées comme celles de la quatrieme.

Nudi - caulis. La ſixieme ne s'éleve jamais en tiges ; mais ſes feuilles, qui ſortent près de terre & forment une eſpece de tête, ſont coniques, ſucculentes, terminées en pointe, & pouſſent ordinairement des racines : ſa tige de fleurs s'éleve du centre des feuilles juſqu'à la hauteur de ſix pouces, & produit deux ou trois branches érigées, & terminées chacune par des grappes de fleurs verdâtres qui n'ont point d'apparence. Cette plante fleurit en Mai, & ſouvent elle donne une ſeconde fois des fleurs vers la fin de l'été.

On la multiplie en détachant ſes têtes ou rejettons de côté, que l'on fait ſécher trois ou quatre jours avant de les planter, & qu'on traite enſuite comme les plus dures des eſpeces précédentes.

Punctata. La ſeptieme a été envoyée depuis peu du Cap de Bonne-Eſperance en Hollande ; elle m'a été donnée par M. ADRIEN VAN-ROYEN, ancien Profeſſeur de Botanique à Leyde : ſes tiges, qui traînent ſur la terre ſi on ne leur fournit pas un ſoutien, ſont minces, noueuſes & fortement garnies de feuilles épaiſſes, ſucculentes, en forme de cœur, de couleur griſâtre, oppoſées & étroitement unies par leur bâſe, de maniere que les tiges coulent à travers ; ces tiges ſont diviſées vers leurs ſommets en pluſieurs branches de huit ou neuf pouces de longueur, terminées par des grappes de petites fleurs blanches.

Fruticoſa. La huitieme, que le même M. VAN-ROYEN m'a encore envoyée de Leyde, s'éleve à la hauteur de quatre ou cinq pieds, avec une tige d'arbriſſeau diviſée en pluſieurs branches, d'abord coniques & ſucculentes, mais qui deviennent ligneuſes par la ſuite ; ces branches ſont garnies de feuilles minces, coniques, ſucculentes, longues d'environ trois pouces, molles & toujours inclinées vers le bas, ſur-tout en hiver lorſqu'elles ſont renfermées. Comme cette plante n'a pas encore fleuri ici, je ne puis en donner une plus ample deſcription. Elle eſt auſſi dure que les précédentes : on la multiplie par boutures, & on la traite de la même maniere que la ſeptieme eſpece.

Sedioides. La neuvieme eſt une plante baſſe qui s'étend, & reſſemble au *Sedum*, ou *petite Joubarbe*, dont les rejettons croiſſent en grande abondance aux extrémités des tiges minces & traînantes à l'entour de la mere plante à la maniere du *Souci-à-rejettons* : ſes tiges de fleurs s'élevent du centre des têtes ; elles ſont nues, longues d'environ quatre pouces, & terminées par des grappes ſerrées de fleurs herbacées qui paroiſſent en différentes ſaiſons de l'année. Cette eſpece ſe multiplie conſidérablement par ſes rejettons qui ſortent de la principale plante, & pouſſent ſouvent des racines à meſure qu'ils s'étendent ſur la terre : on peut enlever ces rejettons, & les mettre en pots pendant tout l'été. Cette plante eſt auſſi dure que les eſpeces précédentes, & peut être traitée de la même maniere.

Pellucida. La dixieme a des tiges fort minces, rampantes, ſucculentes & rougeâtres, qui pouſſent des racines à chacun de leurs nœuds, lorſqu'elles ſont couchées ſur la terre : ſes tiges & ſes feuilles reſſemblent à celles du *Pourpier,* & rampent ſur la terre comme celles du *Mouron* : ſes fleurs blanches & teintes en pourpre rougeâtre ſur leurs bords, naiſſent en petites grappes aux extrémités des branches ; elles paroiſſent dans différens tems de l'été, & ſont ſouvent ſuivies de ſemences qui mûriſſent aiſément.

Cette plante peut être multipliée par ſes branches rampantes ; elle exige le même traitement que les autres eſpeces dures ; mais elle périt bientôt ſi on ne la change pas ſouvent de terre.

Portulacaria. La onzieme s'éleve avec une tige très-épaiſſe, forte & ſucculente, à la hauteur de trois ou quatre pieds, & pouſſe des branches de chaque côté qui, étant d'autant plus longues qu'elles approchent davantage de la partie inférieure de la plante, donnent à cette eſpece une figure pyramidale : ces branches, qui ſont teintes d'une couleur rouge tirant ſur le pourpre, ſont très-ſucculentes, & garnies de feuilles ſucculentes & fort ſemblables à celles du *Pourpier;* ce qui la fait nommer par les jardiniers le *Pourpier en arbre.* Comme cette eſpece n'a pas encore fleuri en Angleterre, quoiqu'elle ſoit depuis pluſieurs années dans nos jardins, on n'eſt point aſſuré qu'elle ſoit bien placée dans ce genre. Le Docteur DILLEN, qui l'a claſſée avec les précédentes, a été déterminé par ſon apparence extérieure, qui en effet a beaucoup de rapports avec quelques-unes des autres eſpeces. Elle vient cependant d'être placée dans la nouvelle édition du *Syſtema plantarum,* de LINNÉE, ſous le titre de *Claytonia Portulacaria.* On la multiplie très-facilement par boutures, qu'on peut planter pendant tous les mois de l'été, après les avoir laiſſé ſécher pendant quelques jours pour raffermir les parties bleſſées, ſans quoi elles ſeroient preſque toujours attaquées de pourriture. Cette eſpece étant un peu plus tendre que les quatre dernieres, on doit la placer ſous un châſſis de couche en hiver, où elle puiſſe jouïr du plein ſoleil ; il faut l'arroſer peu dans cette ſaiſon ; mais en été on l'expoſe au-dehors dans une ſituation abritée, & on l'arroſe deux fois par ſemaine dans les tems chauds :

comme elle eſt fort ſucculente, on lui feroit beaucoup de tort ſi on lui donnoit trop d'humidité.

Culture. Toutes les eſpeces dures de ce genre peuvent être traitées comme les *Ficoïdes*, & les autres plantes ſucculentes & dures, avec cette différence ſeulement qu'il ne faut pas trop les arroſer : mais les premiere, ſeconde & onzieme eſpeces ont beſoin d'être placées en hiver dans une caiſſe de vitrage chaude & ſeche , & ne veulent pas être expoſées ſi long-tems en plein air que les autres, & pas autant arroſées, ſur-tout en hiver.

On conſerve ces plantes dans la plupart des jardins curieux, à cauſe de leurs variétés qui conſiſtent plus dans leur apparence extérieure que dans la beauté de leurs fleurs, excepté cependant la premiere eſpece, dont les fleurs ſont teintes d'une belle couleur écarlate , & qui ſortent en paquets ſerrés de l'extrémité des branches; de ſorte que , quand pluſieurs branches ſont garnies de fleurs en même tems, elles font un effet d'autant plus agréable, qu'elles conſervent long-tems leur beauté : mais celles des autres ſont petites , & la plupart d'une couleur herbacée & ſans aucune apparence.

Le Docteur DILLEN, qui le premier a établi ce genre, & qui les a ſeparées des *Cotylédons*, auxquels pluſieurs d'entr'elles étoient jointes par les anciens Botaniſtes, établit leurs différences d'après la forme de leurs fleurs ; de ſorte que toutes celles qui ont des fleurs monopétales, longues & tubulées , ſont claſſées avec les *Cotylédons*, & celles dont les fleurs ont cinq pétales , ſont compriſes ſous le genre de *Craſſula.* LINNÉE , au contraire , faiſant conſiſter leurs différences dans le nombre de leurs étamines, range, ſous le titre de *Craſſula*, toutes celles dont les fleurs ont cinq étamines , & celles qui en ont dix, ſous celui de *Cotylédon;* de maniere que, par ſon ſyſtême , elles ſe trouvent à une grande diſtance les unes des autres. La premiere , dont il vient d'être queſtion , a été transférée par cet Auteur de la claſſe des *Cotylédons*, avec leſquelles elle s'accorde, à tout autre égard , & a été placée dans celle des *Craſſula.*

CRATÆGUS. *Tourn. Inſt. R. H. 633. Lin. Gen. Plant. 547.* [*Wild Service.*] Aliſier, Azérolier, Epine, Aubépin, ou Aube-Epine. Cormier ſauvage.

Caracteres. Les fleurs qui compoſent ce genre ont un calice perſiſtant & formé par une feuille découpée en cinq ſegmens concaves, étendus & ouverts, une corolle de cinq pétales ronds, concaves, & inſérés dans le calice, pluſieurs étamines terminées par des ſommets ronds : & auſſi inſérées dans le calice, & un germe placé ſous la fleur, & ſurmonté par deux ſtyles minces, & couronnés de ſtigmats ronds; le germe devient enſuite une baie ovale & ombiliquée, dans laquelle font renfermées deux femences dures & oblongues.

Ce genre de plantes eft rangé dans la feconde fection de la douzieme claffe de LIN-NÉE, intitulée : *Icofandria digynia*, qui comprend celles dont les fleurs ont vingt étamines, ou plus, inférées dans le calice, & deux ftyles.

Les efpeces font :

1°. *Cratægus Aria, foliis, ovatis, inæqualiter ferratis, fubtùs tomentofis. Hort. Cliff. 187. Fl. Suec. 398, 433. Virid. Cliff. 43. Mat. Med. 126. Roy. Lugd.-B. 271. Sauv. Monsp. 306* ; Cormier fauvage à feuilles ovales, inégalement fciées & cotonneufes en-deffous.

Cratægus, folio fubrotundo ferrato, fubtùs incano. Tourn. Inft. R. H. 633.

Alni Effigie, lanato folio major. Bauh. Pin. 452.

Sorbus Alpina Bauh. Hift. 1. p. 65.

Cratægus Suecica, inermis, foliis ellipticis, ferratis, transverfaliter finuatis, fubtùs villofis. Fl. Lap. 169 ; Varieté.

Sorbus fylveftris Anglica. Raj. Hift. 1459.

Aria Theophrafti, & dans quelques pays, Arbre à feuilles blanches ou l'Allouche.

2°. *Cratægus Torminalis, foliis cordatis, feptangulis, lobis infimis divaricatis. Lin. Sp. Plant. 476* ; Cormier à feuilles en forme de cœur, & à fept angles, dont les lobes du bas font étendus & écartés.

Mefpilus Apii folio, fylveftris non fpinofa, feu Sorbus torminalis. Bauh. Pin. 454.

Cratægus, folio laciniato. Tourn. Inft. 633 ; Cormier à feuilles d'Erable.

Sorbus terminalis. Cam. Epit. 162.

3°. *Cratægus Alpina, foliis oblongo-ovatis, ferratis, utrinque virentibus* ; Alifier à feuilles oblongues, ovales, fciées & vertes des deux côtés.

Cratægus, folio oblongo ferrato, utrinque virenti. Inft. 633.

4°. *Cratægus Coccinea, foliis ovatis, repando-angulatis, ferratis, glabris. Hort. Cliff. 187. Hort. Ups. 126. Gron. Virg. 54. Roy. Lugd.-B. 272. Duham. Arb. 12* ; Aube-Epine à feuilles ovales, unies, fciées & angulaires.

Mefpilus fpinofa, fivè Oxyacantha Virginiana maxima. Tourn. Inft. 633 ; ordinairement appellée Aube-Epine à fleurs écarlates.

Oxyacantha, fpina fancta dicta. Raj. Hift. 1799.

5°. *Cratægus Crus Galli, foliis lanceolato ovatis, ferratis, glabris, ramis fpinofis. Lin. Sp. 682. Kalm. It. p. 1. 274* ; Azerolier, dont les feuilles font ovales, en forme de lance & fciées, & les branches épineufes.

Mefpilus aculeata, Pyri folia, denticulata, fplendens, fructu infigni rutilo, Virginienfis. Pluk. Alm. 246. Duham. Arbr 17 ; ordinairement appellée Azerolier de Virginie. Épine luifante.

6°. *Cratægus lucida, foliis lanceolatis, ferratis, lucidis, fpinis longiffimis, floribus corymbofis* ; Cratægus à feuilles luifantes, en forme de lance & fciées, avec des épines fort longues, & des fleurs en corymbes.

Mespilus Pruni-folius, spinis longissimis, fortibus, fructu rubro, magno. Flor. Virg. 55.

7°. *Cratægus Azarolus, foliis obtusis, sub-trifidis, dentatis. Lin. Sp.* 683 ; Azerolier à feuilles obtuses, divisées en trois parties & dentelées.

Mespilus Apii folio laciniato. G. B. P. 453 ; ordinairement appellé l'Azerolier, *ou* la Pommette.

Pyrus Azarolus. Scop. Carn. 2. *n.* 597.

Mespilus, Aronia veterum. Bauh. Hist. 1. *t. p.* 67.

8°. *Cratægus Oxyacantha, foliis obtusis, sub-trifidis, serratis. Hort. Cliff.* 188. *Fl. Suec.* 399, 434. *Roy. Lugd.-B.* 272. *Gmel. Sib.* 3. *p.* 176. *Crantz. Austr. p.* 82. *sub Mespilo. Jacq. Austr. t.* 292. *f.* 2 ; l'Epine blanche à feuilles obtuses, sciées, & divisées en trois parties.

Mespilus, Apii folio, sylvestris spinosa, sivè Oxyacantha. G. B. P. 454 ; l'Epine blanche commune, *ou* l'Aubepin.

Oxyacantha, sivè spina acuta. Dod. Pempt. 751.

9°. *Cratægus tomentosa, foliis cunei-formi-ovatis, serratis, sub-angulatis, subtùs villosis, ramis spinosis. Lin. Sp.* 682 ; Epine avec des feuilles ovales, sciées, angulaires, en forme de coin, & velues en-dessous, & des branches épineuses.

Mespilus inermis, foliis ovato-oblongis, serratis, subtùs tomentosis. Gron. Virg. 55.

Mespilus Virginiana, Grossulariæ foliis. Pluk. Phyt. 100 ; *f.* 1. Epine de Pinchaw.

Aria. La première espece croît naturellement sur des montagnes de craie, dans les pays de Kent, de Surry, de Sussex, & dans quelques autres parties de l'Angleterre : elle s'éleve à la hauteur de trente ou quarante pieds, avec un gros tronc, qui se divise vers son sommet en plusieurs branches : ses jeunes rejettons ont une écorce brune, & sont couverts d'un duvet farineux : les feuilles de cet arbre sont ovales, de deux ou trois pouces de longueur, sur un & demi de largeur au milieu, d'un vert clair en-dessus, fort blanches en dessous, & marquées par plusieurs veines tranversales, & grosses, qui s'étendent depuis la côte du milieu, jusqu'à leur bord, où elles sont sciées inégalement, ayant quelques dentelures plus profondes, & des segmens plus larges que les autres : ses fleurs sont produites en paquets aux extrémités des branches ; leurs pédoncules sont farineux, ainsi que leurs calices, qui sont découpés en cinq segmens obtus & réfléchis ; leurs corolles sont composées de cinq pétales courts, étendus & ouverts, comme ceux de la fleur du *Poirier:*ces fleurs ont un grand nombre d'étamines de la même longueur que la corolle, & terminées par des sommets ovales: leurs germes, qui sont placés au-dessous de la fleur, se changent en autant de fruits de forme ovale, & couronnés par le calice de la fleur ; ils ont chacun une cellule, dans laquelle sont renfermées trois ou quatre femences ; ces fleurs paroiffent en Mai , & le fruit mûrit en automne.

Cet arbre peut être multiplié en femant les pepins de fes fruits, auffi-tôt qu'ils font mûrs ; parce que fi on les conſervoit jufqu'au printems, ils refteroient au moins une année dans la terre avant de germer : ainfi ils doivent être enterrés , comme *l'Aube-Epine*, & toutes les autres femences dures qui ne pouffent pas la premiere année. Quand les plantes paroiffent, elles peuvent être traitées comme *l'Aube-Epine* ; mais il ne faut jamais les tailler n'y les raccourcir : fi elles fe trouvent placées dans un fol commun, & rempli de craie, elles feront des progrès confidérables & rapides : le bois de cet arbre étant fort blanc & fort dur, on l'emploie communément pour des dents de roues de moulins, & plufieurs autres chofes qui exigent un bois folide. On le multiplie auffi par marcottes, comme on le pratique pour *l'Orme* & le *Tilleul* ; mais cette opération ne doit être faite qu'avec le plus jeune bois : ces marcottes reftent deux ans en terre, avant d'avoir pouffé d'affez bonnes racines, pour pouvoir être tranfplantées. J'ai auffi élevé quelques-uns de ces arbres de boutures, qu'on plante en automne, dans une plate-bande à l'ombre ; mais comme fur huit de ces boutures, à peine ai-je pu parvenir à en faire réuffir une feule, je confeille d'employer toujours les fe-

mences ; les arbres qu'elles produifent deviennent d'ailleurs plus grands & plus droits, que ceux qui proviennent de boutures on de marcottes.

Cet arbre réuffit auffi, en le greffant fur des tiges de *Poiriers*, & les greffes de *Poiriers* prennent auffi très-bien fur lui ; de forte qu'il y a une grande affinité entre le *Cratægus* & le *Poirier*, ainfi qu'entre celui-ci & le *Mefpilus* : mais, malgré que tous deux réuffiffent quelquefois fur le *Mefpilus*, cependant aucun d'eux ne profite auffi bien & ne dure pas auffi long-tems de cette maniere, que lorfqu'ils font greffés l'un fur l'autre : ainfi TOURNEFORT qui a joint le *Cratægus* au *Poirier* & au *Coignaffier*, a plus approché de la divifion naturelle de leurs genres, que ceux qui ont réuni le *Cratægus* au *Mefpilus*.

Il y a une autre efpece de ce genre qui croît naturellement dans les environs de Vérone, d'où l'on m'a envoyé quelques échantillons deffé-chés : mais comme ils étoient fans fleurs & fans fruits, ils portoient le même titre que la précédente ; car, n'en ayant point d'autres dans le voifina-ge, on l'a fuppofée être l'efpece commune ; mais fi cette plante eft véritablement l'*Aria* de THÉOPHRASTE, celle d'Angleterre ne l'eft pas, parce que les feuilles de l'efpece de Vérone font en forme de lance, longues d'un peu plus d'un pouce fur un de largeur, encore moindres & par conféquent bien différentes pour les dimensions de celles de l'espece Angloise : ces feuilles sont terminées en pointe, & leurs nerfs de couleur pourpre : ainsi je ne doute pas que ces deux plantes ne soient distinctes & séparées l'une de l'autre ; mais comme je n'ai pas vu l'arbre dont il est question, je n'ai pas voulu en faire une espece particuliere avant d'être mieux informé.

Torminalis. On rencontre la seconde espece dans plusieurs cantons de l'Angleterre, & principalement dans les terreins forts & argilleux ; on la trouvoit autrefois en grande abondance dans Canewood, près de Hampstead, & on en voit encore quelques jeunes arbres dans Bishops - Wood , près du même endroit ; mais dans plusieurs parties de la province de Hertford, il y en a de grands.

Cette espece s'éleve à la hauteur de quarante ou cinquante pieds, avec un gros tronc, dont les branches, qui sortent de son sommet, forment une grosse tête : ses jeunes branches sont couvertes d'une écorce pourpre, marquée de taches blanches, & garnies de feuilles placées alternativement, portées sur de longs pétioles, découpées en plusieurs angles aigus comme celles de l'*Erable*, longues d'environ quatre pouces, sur trois de largeur au milieu, légérement dentelées vers leur extrémité, d'un vert brillant au-dessus, & un peu cotonneuses en-dessous : ses fleurs, qui

font produites en gros paquets vers les extrémités des branches, sont blanches & de la même forme que celles du *Poirier*, mais plus courtes & placées sur de plus longs pédoncules ; elles paroissent en Mai, & sont remplacées par un fruit rond, comprimé & semblable pour la forme à celui de la grosse *Aube-Epine* : ce fruit mûrit sur la fin de l'automne ; lorsqu'il est devenu brun & qu'on le garde jusqu'à ce qu'il soit mou comme les *Nefles*, il acquiert une saveur acide & agréable ; on vend tous les ans en automne le fruit de cet arbre sur les marchés de Londres.

Son bois dur & fort blanc est propre à plusieurs usages, & particuliérement à la construction des moulins : on multiplie cette espece comme la précédente ; mais elle exige un sol fort.

Alpina. La troisieme croît naturellement sur le mont Baldus, d'où ses semences m'ont été envoyées, & dans d'autres endroits montagneux de l'Italie : elle s'éleve, avec un tronc ligneux, à vingt pieds de hauteur, & se divise en plusieurs branches, couvertes d'une écorce tachetée de pourpre, & garnie de feuilles oblongues, sciées, alternes, supportées par de fort courts pétioles, longues d'environ trois pouces sur un pouce & demi de largeur au milieu, plus étroites vers les deux extrémités, légérement sciées sur leurs bords, & d'un vert foncé sur les deux faces : ses fleurs sortent aux extrémités des bran-

ches en petits paquets, formés par quatre ou cinq fleurs
réunies ; ces fleurs, qui font
blanches & beaucoup plus petites que celles des efpeces précédentes, font fuivies par un
fruit auffi gros que celui de
l'Aube-Epine ordinaire, qui devient d'une couleur brune foncée en mûriffant : cet arbre
fleurit en Mai, & fon fruit
mûrit en automne.

Coccinea. La quatrieme croît
fans culture dans l'Amérique
Septentrionale, & on la cultive
depuis plufieurs années dans
les jardins Anglois, où elle
eft connue fous le nom d'*Aube-Epine en ergot de Coq.*

Il y a deux efpeces de
cette plante, dont l'une n'a point
d'épines fur fes branches, &
l'autre en a de fortes & recourbées qui font fort femblables à des ergots, d'où lui vient
le nom qui lui a été donné :
du refte, ces deux plantes s'accordent très-bien & leurs feuilles, leurs fleurs & leurs fruits
font abfolument femblables.

Cependant LINNÉE a été mal
informé au fujet de ces deux
efpeces, par KALM, qui étoit
alors en Amérique, & qui fut
enfuite Profeffeur à Abo, en
Suede ; car il a donné le nom
d'*Ergot de coq* à la cinquieme,
qui a été longtems connue en
Angleterre fous celui d'*Azérolier de Virginic.*

Cet arbre s'éleve en Angleterre à la hauteur de vingt
pieds : fon tronc devient fort
gros, & fe divife en plufieurs
fortes branches qui forment
une groffe tête ; fes feuilles
font larges, ovales & fi pro-

fondément fciées fur leurs
bords, qu'elles femblent être
formées par des lobes placés
fans ordre : fes fleurs, larges
& compofées de cinq pétales
étendus, fortent en paquets,
fur les parties latérales des branches, & font remplacées par
un gros fruit en forme de poire, & de couleur écarlate :
cette efpece fleurit en Mai,
& fon fruit mûrit en Septembre.

Crus galli. La cinquieme,
qui eft généralement connue
fous le nom d'*Azérolier de Virginie*, s'éleve avec une tige forte
à la hauteur de quinze pieds
& plus, & produit plufieurs
branches irrégulieres, couvertes d'une écorce d'un brun
clair, & armées de quelques
épines fur leurs côtés : fes
feuilles, qui naiffent fur de
courts pétioles, font étroites
à leur bâfe & larges vers leur
extrémité, ce qui les rend d'une
figure prefqu'ovale ; elles font
d'un vert luifant au-deffus, &
profondément fciées fur leurs
bords : fes fleurs, blanches,
larges, compofées de cinq pétales étendus, font fuivies par
un gros fruit de couleur écarlate. Cet arbre fleurit à la fin
de Mai, & fon fruit mûrit en
Septembre.

Lucida. La fixieme eft originaire de l'Amérique Septentrionale ; elle s'éleve avec une
tige forte, à la hauteur de dix
à douze pieds, & pouffe plufieurs branches fortes, irrégulieres, & couvertes d'une
écorce d'un brun clair quand
elles font jeunes, mais dont
la couleur eft encore plus claire

dans celles qui font plus avancées : fes feuilles font en forme
de lance , légérement fciées fur
leurs bords , d'un vert brillant
au-deffus, d'un vert plus pâle
en-deffous, quelquefois placées par paire , & d'autres fois
difpofées au nombre de trois
ou de quatre fur le même bouton : fes fleurs font produites
en grappes vers les extrémités
des branches, en des efpeces
de corymbes, & font remplacées par des fruits ronds, d'une
groffeur mediocre , & d'un rouge foncé. Comme les branches
de cette efpece font très-fortes , qu'elles s'entrelacent généralement l'une avec l'autre,
& qu'elles font armées d'épines longues & fortes , elle font
très-propres à former des haies
pour enclorre les jardins &
les champs.

Azarolus. La feptieme, qui
naît fpontanément en Italie &
dans le Levant, où fon fruit
fert d'aliment, a une tige forte
& haute de vingt pieds, de laquelle fortent plufieurs branches fortes, irrégulieres & couvertes d'une écorce d'une couleur claire : fes feuilles font à-
peu-près femblables , pour la
forme, à celles de l'*Aube-Epine*, mais beaucoup plus larges, compofées de plus grands
lobes, & d'une couleur pâle :
fes fleurs fortent en petites grappes fur les côtés des branches ;
elles font femblables à celles
de l'*Aube-Epine* ordinaire , mais
plus larges : fon fruit eft auffi
plus gros, & fa faveur acide
& agréable , quand il eft tout-
à-fait mûr, le fait rechercher

par les habitans du pays où il
croît naturellement.

Oxyacantha. La huitieme eft
l'*Epine blanche* ou l'*Aube-Epine*
commune, qu'on emploie généralement pour former des
haies dans la plus grande partie de l'Angleterre , & qui eft
affez connue de tout le monde ; de maniere qu'il eft inutile d'en donner la defcription :
il y a dans cette efpece deux
ou trois variétés qui différent
par la grandeur de leurs feuilles & la force de leurs rejettons :
celles à plus petites feuilles,
font toujours préférées pour
les haies ; parce que leurs branches croiffent toujours plus
ferrées & plus rapprochées les
unes des autres : la maniere de
les élever & de les planter pour
en former des haies , étant traitée à fond dans l'article Haies,
ou Cloture, il n'eft pas néceffaire de la répéter ici.

Tomentofa. La neuvieme, qui
croît fans culture dans l'Amérique Septentrionale, a une
tige mince d'arbriffeau, qui s'é-
leve à la hauteur de fix ou fept
pieds, & fe divife en plufieurs
branches irrégulieres , armées
d'épines longues & minces , &
garnies de feuilles courtes, ovales , en forme de coin, fciées
fur leurs bords & cotonneufes en-deffous : fes fleurs font
petites , & fortent aux côtés
des branches, quelquefois fimples , & d'autres fois au nombre de deux ou trois fur le
même pédoncule ; leurs calices font larges & feuillés, &
elles font fuivies par des fruits
petits & ronds , auxquels l'om-

belle large & feuillée, qui for-
moit auparavant le calice de la
fleur, est attachée. Ces fleurs
paroiſſent au commencement
de Juin, & les fruits mûriſſent fort tard en automne.

Cette eſpece peut être multipliée de la même maniere que
la premiere, mais elle ne profitera qu'autant qu'elle ſe trouvera placée dans un ſol fort &
profond ; quoiqu'elle ſoit fort
dure au froid, elle eſt cependant aujourd'hui très-rare en
Angleterre.

Culture. Toutes les eſpeces
d'*Aube-Epine* peuvent être multipliées par leurs graines qu'on
ſeme en automne comme celles de la premiere ; mais comme les ſemences des eſpeces
Américaines n'arrivent point
ici avant le printems, on place
auſſi-tôt leurs fruits dans la
terre, & l'automne ſuivant,
on les retire pour les ſemer en
rigoles : mais on a ſoin de les
couvrir pour empêcher les oiſeaux de les détruire; leurs plantes pouſſeront au printems ſuivant ; alors on les arroſera légèrement deux ou trois fois par
ſemaine, ſi la ſaiſon eſt ſeche,
& pendant l'été on arrachera
toutes les herbes inutiles qui
pourroient les détruire & les
étouffer ſi on les laiſſoit croître : au printems de la ſeconde année, on les enleve
avant qu'elles commencent à
pouſſer, & on les plante en
pépiniere où on les laiſſera deux
années, pour leur donner le
tems d'acquérir de la force ;
après quoi on les tranſplan-
tera à demeure, dans les places qui leur ſont deſtinées. Si

elles ſe trouvent dans un ſol
léger & humide, leurs racines
s'étendront à une diſtance conſidérable, & pouſſeront pluſieurs rejettons, qu'on enlevera
au printems pour les multiplier.
Comme les greffes de toutes
ces eſpeces prennent fort bien
ſur le *Poirier*, & qu'en marcottant leurs jeunes branches,
elles pouſſent facilement des racines, on peut les multiplier de
telle maniere qu'on voudra.

On plante généralement les
autres eſpeces d'*Aube-Epine*,
avec les arbriſſeaux à fleurs
du même crû, où elles ajoûtent à la varieté.

CRATEVA. *Lin. Gen. Plant.*
528. Tapia. Plum. Nov. Gen.
22. tab. 21. [*Garlick Pear.*]
Poire à odeur d'Ail.

Caracteres. Le caractere des
fleurs de ce genre, eſt d'a-
voir un calice formé par une
feuille diviſée en quatre ſegmens ovales, étendus & ouverts, une corolle compoſée
de quatre pétales ovales, étroits
à leur bâſe & larges au ſommet, pluſieurs étamines hériſſées, plus longues que la corolle, & terminées par des
ſommets oblongs & érigés, &
un ſtyle long & courbé, ſur
lequel eſt placé un germe ovale, couronné par un ſtigmat
à tête & ſeſſile. Ce germe ſe
change, quand la fleur eſt paſſée, en un fruit globulaire,
charnu, & a une cellule dans
laquelle eſt renfermée une ſemence en forme de rein.

Ce genre de plante eſt rangé dans la premiere ſection
de la onzieme claſſe de LIN-
NÉE, intitulée, *Dodecandria*

monogynia, qui comprend les fleurs pourvues de douze étamines & d'un ftyle.

Les efpeces font :

1°. *Crateva Tapia, inermis, foliis integerrimis, foliolis lateralibus bafi anticâ brevioribus. Lin. Sp.* 673 ; Cratéva uni, ou Poire d'Ail à feuilles entieres, avec des folioles latérales fortant de la bâfe, & plus courtes.

Crateva inermis. Fl. Zeyl. 211. *Hort. Cliff.* 484.

Tapia. Marcgr. Bras. 98. Pis. Bras. 68. *t.* 69.

Tapia arborea triphylla. Plum. Nov. Gen. 22. *t.* 21.

Apiofcorodon, fivè arbor Americana triphyllos, Allii odore, poma ferens. Pluk. Alm. 34. *t.* 137. *f.* 7.

Malus Americana trifolia, fructu pomi Aurantii inftar colorato. Comm. Hort. 1. *p.* 129. *t.* 67.

Annona trifolia, flore ftamineo, fructu fphærico ferrugineo, fcabro, minore, Allii odore. Sloan. Jam. 208. *Hift.* 2. *p.* 169.

Nurvala. Rheed. Mal. 3. *p.* 49. *t.* 22.

2°. *Crateva Marmelos fpinofa, foliis ferratis. Flor. Zeyl.* 212 ; Cratéva épineux à feuilles fciées.

Cucurbitifera trifolia fpinofa medica, fructu pulpâ Cydonii æmulâ. Pluk. Alm. 125. *t.* 170. *f.* 5.

Cydonia exotica. Bauh. Pin. 435.

Bilanus. Rumph. Amb. 1. *p.* 197. *t.* 81.

Covalam. Rheed. Mal. 3. *p.* 37. *t.* 37.

Tapia. La premiere efpece naît fpontanément dans les deux Indes : fon fruit m'a été en-voyé de la Jamaïque, où elle fe trouve en grande abondance, par GUILLAUME WILLIAMS, Ecuyer, de Sainte Anne, dans cette ifle qui a eu la bonté de me fournir beaucoup d'autres femences curieufes ; qui ont réuffi dans les jardins de *Chelféa.*

Cet arbre a un tronc fort gros, qui s'éleve au-deffus de la hauteur de trente pieds ; il eft couvert d'une écorce verte, & pouffe plufieurs branches, qui forment une groffe tête : ces branches font garnies de feuilles à trois lobes, portées fur de longs pétioles ; celui du milieu qui eft beaucoup plus large que les autres, eft ovale & long d'environ cinq pouces, fur deux & demi de largeur ; les deux pétioles latéraux font obliques fur les côtés, qui joignent le fegment du milieu, beaucoup plus étroits, & terminés en pointe aiguë : fes feuilles, qui fortent des extrémités des branches fur de longs pédoncules, ont des calices formés par une feuille, divifée prefque jufqu'au fond en quatre fegmens : la corolle eft compofée de quatre pétales oblongs, étendus, ouverts & réfléchis : la fleur a plufieurs étamines longues, minces, unies à leur bâfe, étendues au-deffus, & terminées par des fommets pourpre & oblongs ; elles entourent un ftyle mince & oblong, fur lequel eft placé un germe ovale, & couronné d'un ftigmat obtus : ce germe fe change, quand la fleur eft paffée, en un fruit rond, à-peu-près de

la groffeur d'une *Orange*, &
couvert d'une coque dure &
brune, qui renferme une chair
farineufe, remplie de femences en forme de rein. Ce fruit
a une odeur forte d'Ail qui fe
communique aux animaux qui
s'en nourriffent.

On multiplie cette efpece
par fes femences qu'on doit fe
procurer de l'Amérique, &
qu'on répand au printems fur
une couche chaude : quand les
plantes pouffent, on les traite
de la même maniere que les
Annona, dont le Lecteur eft
prié de confulter l'article.

Marmelos. La feconde efpece,
qui naît auffi fpontanément dans
les Indes Orientales, s'éleve à
une grande hauteur, avec un
gros tronc, duquel fortent plufieurs branches longues & garnies de feuilles à trois lobes,
oblongues, entieres, & terminées en pointe aiguë : ces branches font armées d'épines longues & aiguës, placées entre
les feuilles, difpofées par paires, & éloignées les unes des
autres : fes fleurs font produites en petites grappes aux extrémités des branches au nombre de cinq ou de fept fur chaque pédoncule commun & branchu ; elles ont chacune cinq
pétales aigus, verts en-dehors,
blanchâtres en-dedans, d'une
odeur agréable, & réfléchis ;
ils accompagnent plufieurs étamines placées autour d'un ftyle fimple, & de la même longueur.

Lorfque cette fleur eft paffée, le germe fe gonfle & devient un fruit auffi gros qu'u-
ne *Orange*, & couvert d'une
coque dure, qui contient une
fubftance vifqueufe, charnue,
d'une couleur jaunâtre, & mêlée de plufieurs femences oblongues & unies. Les habitans
des Indes aiment beaucoup ce
fruit, qui, lorfqu'il eft bien
mûr, a, en effet, un goût
très-agréable ; on le fert fur
les tables dans ces contrées,
& on le mange avec du fucre
& de l'Orange dans tous les
defferts, comme un fruit très-
délicat.

Cette efpece fe multiplie auffi
par fes graines, qu'il faut faire venir des pays où elle croît
naturellement ; on les feme
fur une bonne couche chaude
au printems ; · & lorfque les
plantes font affez fortes, on
les met chacune féparément
dans de petits pots remplis de
terre légere de jardin potager,
on les replonge dans une couche chaude de tan, & on les
tient à l'abri du foleil jufqu'à
ce qu'elles aient produit de
nouvelles racines ; après quoi,
on peut les traiter de la même maniere que l'*Annona* &
les arrofer légérement pendant
l'hiver.

CREPIS. *Lin. Gen. Plant.*
819. Hieracioïdes. Vaill. Act.
R. Sc. 1721. Hieracium. Tourn.
[*Baftard Hawkweed.*] Herbe à
l'Epervier bâtarde.

Caracteres. Les fleurs de ce
genre font compofées de plufieurs fleurettes hermaphrodites, renfermées dans un double
calice ; le calice extérieur eft
court, étendu & tombant ; l'intérieur eft perfiftant, ovale, fillonné, & fortifié par plufieurs
écailles étroites & rapprochées

au sommet : les fleurettes hermaphrodites sont formées chacune par un pétale uniforme ,
figurées en langue, découpées
au sommet en cinq parties, &
disposées les unes sur les autres comme des écailles de poisson ; elles ont chacune cinq
étamines courtes , velues, &
terminées par des sommets cylindriques : le germe , qui est
placé dans le centre des fleurettes , soutient un style mince & couronné par deux stigmats réfléchis ; il se change ,
quand la fleur est passée , en
une semence oblongue, & terminée par un long duvet plumacé , & posté sur de petits
pédoncules.

Ce genre de plante est rangé dans la premiere section de
la dix-neuvieme classe de Linnée, intitulée : *Syngenesia polygamia æqualis* , qui comprend
les fleurs formées par des fleurettes hermaphrodites fructueuses.

Les especes sont :

1°. *Crepis rubra , foliis amplexicaulibus lyrato - runcinatis.* Vir.
Cliff. 79. Hort. Ups. 239. Sauv.
Monsp. 295. Gouan. Monsp 414.
Kniph. Cent. 11. N. 36 ; Crépis à feuilles en forme de lyre & amplexicaules.

*Hieracium, Dentis-leonis folio,
flore suavè rubente. G. B. P.* 123 ;
Herbe à l'Epervier , avec des
feuilles de Dent de lion , & des
fleurs rougeâtres.

2°. *Crepis barbata , foliis pinnatis, angulatis, petiolatis, dentatis. Prod. Leyd.* 126 ; Crépis
à feuilles angulaires , dentelées , ailées & pétiolées.

Hieracium , foliis Cichorei syl-

*vestris , villosis , odore Castorii.
Bot. Monsp.* 129. t. 128.

3°. *Crepis Bætica , involucris
calyce longioribus , incurvatis , foliis lanceolatis , dentatis ;* Crépis
avec une enveloppe courbée
en-dedans , & plus longue que
le calice , & des feuilles dentelées & en forme de lance.

*Hieracium medio nigrum Bæti-
cum majus. Par. Bat.* 185 ; La
plus grande Herbe à l'Epervier
bâtarde, à fleurs noires au milieu.

4°. *Crepis Alpina , foliis amplexicaulibus , oblongis , acuminatis , inferioribus supernè , summis
infernè denticulatis. Hort. Upsal.*
238 ; Herbe à l'Epervier , à
feuilles oblongues , pointues
& amplexicaules, dont les plus
inférieures sont dentelées à l'extrémité , & celles qui occupent le haut , dentelées à la
bâse.

*Hieracium Alpinum Scorfoneræ
folio. Tourn. Inst.* 472.

*Leontodon , calyce toto erecto ,
inferiore squamis siccis , foliis amplexicaulibus. Gmel. Sib.* 2.

Il y a plusieurs autres especes de ce genre , dont quelques-unes croissent naturellement en Angleterre , & les
autres dans différentes parties
de l'Europe : mais comme elles
sont rarement admises dans les
jardins , je n'en parlerai point
ici.

Rubra. La premiere espece
croît naturellement dans la
Pouille , au royaume de Naples , & on la cultive à présent comme plante d'ornement
dans les jardins Anglois : cette
espece est annuelle, & périt
aussi-tôt que ses semences sont

mûres : elle a plusieurs feuilles en forme de lance, étendues sur la terre, & profondément dentelées sur leurs bords : du centre de ces feuilles, sortent des tiges branchues, qui s'élevent à la hauteur d'un pied & demi, & sont garnies de feuilles oblongues, & profondément dentelées sur leurs bords, qui embrassent les tiges de leur bâse : ces tiges sont terminées par une grosse fleur rayonnée, d'un rouge pâle, & composée de plusieurs demi-fleurettes, qui sont remplacées par des semences oblongues, & couronnées d'un duvet plumacé. Cette plante fleurit en Juin & en Juillet, & ses semences mûrissent en automne. Quand elle est froissée, elle répand une odeur d'amande amere.

Il faut semer les graines de cette plante au printems sur les plates-bandes d'un jardin à fleurs, où elles doivent rester ; on met six ou huit semences dans chaque place ; & lorsque les plantes poussent, on les réduit à trois ou quatre : elles ne demandent aucun autre soin que d'être tenues nettes de mauvaises herbes, & d'être soutenues avec de petits bâtons pour fortifier leurs tiges contre les efforts du vent & de la pluie. Si l'on seme ses graines en automne, ou qu'on les laisse tomber d'elles-mêmes, les plantes pousseront, subsisteront sans abri pendant tout l'hiver, & fleuriront dans le commencement du printems suivant.

Barbata. La seconde, qui se trouve dans la France Méridionale & en Italie, est une plante bisannuelle, qui dure cependant quelquefois plus long-tems, lorsqu'elle se trouve dans un mauvais sol : sa racine, épaisse vers le haut, s'enfonce profondément dans la terre & pousse plusieurs petites fibres : ses feuilles basses ont quatre ou cinq pouces de longueur, sur trois lignes environ de largeur, & sont divisées sur leurs bords par quelques dentelures profondes, en plusieurs segmens terminés en pointe aiguë : de la même racine s'élevent quatre ou cinq tiges de neuf ou dix pouces de hauteur, dont les parties basses sont garnies de feuilles de la même forme que celles de la racine, mais plus petites & plus dentelées ; le sommet de ces tiges est nud & chargé seulement quelquefois de trois branches qui s'étendent en dehors, & sont terminées chacune par une fleur de couleur d'or, tirant sur celle de cuivre rouge ; elles sont composées de plusieurs fleurettes renfermées dans un simple calice ; & des semences couronnées de duvet plumacé leur succédent. La plante entiere, quand elle est froissée, répand une odeur de Castor ; elle fleurit en Juin, & ses semences mûrissent en automne ; on la conserve souvent dans les jardins pour la variété. Cette espece se multiplie par ses graines de la même maniere que la premiere ; mais comme elle se conserve plus longtems, il n'est pas nécessaire de la semer annuellement : elle ne demande aucune autre culture que d'être débarrassée de mauvaises herbes ; si on lui permet d'écarter ses semences, les plantes pousseront sans aucun soin, & il suffira de les éclaircir où elles seront trop serrées.

Bœtica. La troisieme est une plante annuelle qui croît naturellement en Espagne, & qu'on cultive aujourd'hui comme plante d'ornement dans nos jardins : elle pousse de sa racine plusieurs feuilles longues d'environ neuf pouces, sur près de deux de largeur dans le milieu d'un vert clair, & un peu dentelées sur leurs bords : ses tiges s'élevent à la hauteur d'un pied & demi, & se divisent en plusieurs branches garnies de feuilles de la même forme que celles du bas, mais plus petites & sessiles : ses fleurs sont produites aux extrémités des branches ; elles ont un double calice composé de plusieurs feuilles longues & fort étroites ; l'extérieur est réfléchi vers le bas, retourné vers le haut, & courbé à son extrémité : ces fleurs sont composées de plusieurs fleurettes qui s'étendent en-dehors d'un côté en forme de langue ; elles sont découpées à leur extrémité en quatre ou cinq parties, étendues réguliérement en maniere de rayons, & placées les unes sur les autres comme des écailles de poisson. Il y a dans cette plante deux variétés, l'une à fleurs d'un jaune foncé, & l'autre de couleur de soufre tirant sur le blanc ; mais toutes deux ont au milieu un fond noir foncé, & font un bel effet dans les jardins. Cette espece fleurit en Juin & en Juillet, & ses semences mûrissent en automne ; elle est aussi dure que la premiere, & exige la même culture ; si on laisse à ses semences le tems de se répandre d'elles-mêmes, les plantes pousseront sans aucun soin.

Alpina. La quatrieme, qui naît spontanément sur les Alpes, est aussi une plante annuelle dont la racine produit plusieurs feuilles oblongues, pointues, de cinq pouces de longueur sur près de deux de largeur à leur bâse, terminées en pointe, & légerement dentelées à leurs extrémités : ses tiges, fortes & droites, s'élevent à la hauteur de deux pieds, & se divisent en trois ou quatres branches érigées, & terminées par des fleurs blanches pâles, & étroitement enveloppées par un calice fort, velu & fermé à son extrémité : ses tiges sont garnies de feuilles, rudes, velues, de la même forme que celle du bas, & dont la bâse les embrasse ; la partie inférieure de ces feuilles est légerement dentelée, & leurs parties hautes sont entieres. Cette espece fleurit en Juin, ses semences mûrissent en automne, & elle exige la même culture que la premiere ; si on lui laisse écarter ses semences, elle se multipliera sans aucun soin, & ne sera pas détruite par le froid de nos hivers.

CRESCENTIA. *Lin. Gen. Plant. 680. Cujète. Plum. Nov. Gen. 23. tab. 16.* [*Calabash-tree.*] Arbre à Calebasse, Callebassier d'Amérique, *ou* Pain de Singe.

Caraſteres. Le calice de la fleur eſt court, & formé par une feuille découpée en deux ſegmens obtus & concaves : la corolle eſt monopétale & irrèguliere ; elle a un tube recourbé & boſſu, dont l'extrémité eſt découpée en cinq ſegmens inégaux & réfléchis ; elle renferme quatre étamines dont deux ſont de la longueur de la corolle, & les autres plus courtes, & qui ſont toutes terminées par des ſommets jumaux & tombans ; le germe eſt ovale, poſté ſur un pétiole, & ſoutient un ſtyle long, mince & couronné par un ſtigmat rond. Ce germe devient enſuite un fruit ovale en forme de bouteille, & couvert d'une coque dure, dans laquelle ſont renfermées pluſieurs ſemences plates & en forme de cœur.

Ce genre de plante eſt rangé dans la ſeconde ſeſtion de la quatorzieme claſſe de Linnée, intitulée, *Didynamia angioſpermia*, parce que la fleur a deux étamines longues & deux courtes, & que les ſemences ſont renfermées dans une capſule. Les eſpeces ſont :

1º. *Creſcentia Cujete, foliis lanceolatis, utrinque attenuatis.* Hort. *Cliff.* 327 ; Arbre à Callebaſſe à feuilles en forme de lance, & étroites aux deux extrémités.

Arbor Americana cucurbitifera, folio longo mucronato, fruſtu oblongo. Comm. *Hort. p.* 137.

Cujete, foliis oblongis, anguſtis, magno fruſtu ovato. Plum. *Nov. Gen.* 23 ; Arbre à Callebaſſe avec des feuilles oblon-

gues & étroites, & un fruit gros & ovale.

2º. *Creſcentia latifolia, foliis oblongo-ovatis, fruſtu rotundo, cortice fragili* ; Arbre à Callebaſſe à feuilles oblongues & ovales avec un fruit rond renfermé dans une coque tendre.

Cucurbitifera arbor, ſubrotundis foliis confertis, fruſtu ovali. Pluk. *Alm.* 124. *t.* 171. *ſ.* 2.

Cujete latifolia, fruſtu putamine fragili. Plum. *Nov. Gen.* 23 ; Arbre à Callebaſſe avec des larges feuilles & un fruit à coque tendre.

Arbor cucurbitifera Americana, folio ſubrotundo. Sloan. 206. Hiſt. 2, *p.* 172.

Il y a quelques variétés de ces arbres qui ne different des autres que par la groſſeur & la forme de leurs fruits ; mais comme elles ſont toutes produites par des ſemences recueillies ſur le même arbre, je ne les décris pas ici comme des eſpeces diſtinſtes : les deux que j'ai indiquées, ſont certainement différentes ; car je les ai élevées ſouvent de ſemence, & je ne les ai jamais vu varier.

Cujete. La premiere eſpece croît naturellement à la Jamaïque & dans toutes les Iſles ſous le Vent : ſon tronc eſt épais, couvert d'une écorce blanchâtre, élevé à la hauteur de vingt ou trente pieds, marqué de pluſieurs nœuds dans la longueur, & diviſé au ſommet en pluſieurs branches qui s'étendent horiſontalement de tous côtés, & forment une groſſe tête réguliere ; ces branches ſont garnies de feuilles placées fans ordre, quelquefois fimples & d'autres fois en nombre fur le même bouton; leur longueur eft d'environ fix pouces, & leur largeur, qui eft d'un demi-pouce au milieu, diminue par dégrés vers les deux extrémités; elles font d'un vert luifant, portées fur de fort courts pétioles, & traverfées dans le milieu par une côte faillante de laquelle partent plufieurs petites veines qui s'étendent jufqu'aux bords : fes fleurs fortent des parties latérales des groffes branches, & quelquefois du tronc, fur de longs pédoncules; leur calice eft profondément divifé en deux fegmens obtus ; la corolle eft monopétale, irréguliere, & pourvue d'un tube courbé & divifé fur fes bords en deux fegmens irréguliers, & inclinés en arriere; ces fleurs, d'un jaune verdâtre rayé, & tacheté de brun, ont un pouce & demi de longueur depuis le fond du tube jufqu'au haut du fegment; elles renferment quatre étamines minces, de la même couleur que la corolle, dont deux font auffi longues que le pétale, & les deux autres beaucoup plus courtes; elles font terminées par des fommets oblongs, divifés au milieu & inclinés fur les étamines : de la partie baffe du tube s'éleve un pétiole long & mince, qui foutient un germe ovale, furmonté d'un ftigmat à tête, & feffile au fommet; ce germe fe change dans la fuite en un gros fruit qui varie pour la forme & la grof-

feur, étant fouvent fphérique, quelquefois ovale, & d'autres fois rétréci à une de fes extrémités comme le cou d'une bouteille : ce fruit eft fi gros que, lorfqu'on en a ôté la chair & les femences, fa coque peut contenir deux ou trois pintes de liqueur; il eft recouvert d'une peau mince & d'un jaune verdâtre, quand il eft mûr; fous cette peau eft une coque dure & ligneufe qui renferme une chair pâle, jaunâtre, molle, & d'un goût piquant & defagréable, & qui enveloppe un grand nombre de femences.

Les habitans des Ifles enlevent la chair & la pellicule extérieure de ces fruits; &, après les avoir fait deffécher, ils s'en fervent en guife de gobelets à boire : quelques-uns de ces vâfes font garnis en argent; on ajoûte un manche à d'autres, & on forme des cuillers avec les plus petits fruits : on coupe en deux parties ceux qui font d'une forme fphérique, & on en fait des taffes à chocolat : les Indiens mettent dans ces coques de petites pierres, & ils en forment des efpeces de hochets; enfin ils les convertiffent en plufieurs efpeces d'inftrumens dont l'ufage principal eft de faire du bruit. Il n'y a guere que les beftiaux qui mangent la chair de ce fruit dans les tems de grande fechereffe. On donne auffi au bétail les feuilles & les branches de cet arbre dans les années ftériles : comme fon bois eft dur & fufceptible de poli, on l'emploie communément dans la conftruction des felles, des tabourets, des fiéges, & d'autres meubles de cette efpece.

Latifolia. La feconde efpece, qui s'éleve rarement au-deffus de quinze ou vingt pieds de hauteur, a un tronc droit & couvert d'une écorce blanche & unie, du fommet duquel fortent plufieurs branches latérales garnies de feuilles de trois pouces de longueur, fur un pouce trois lignes de largeur, alternes, fupportées par de courts pétioles, d'un vert plus foncé que celles de la premiere, & dont les bords font entiers : fes fleurs naiffent fur les parties latérales des groffes branches & des tiges ; elles font plus petites, & d'un jaune plus foncé que celles de la précédente : fes fruits font quelquefois ronds, d'autres fois ovales, & quelques-uns d'entr'eux acquierent un volume beaucoup plus confidérable que les autres : leurs coques étant minces & très-fragiles ne font point propres aux mêmes ufages que celles des premiers. Leurs femences font auffi beaucoup plus minces, & leur chair d'un jaune plus foncé. Le bois de cet arbre qui eft dur & fort blanc, pourroit être utile, s'il n'y avoit pas dans ces Ifles une grande quantité d'autres bois. Le Docteur Houstoun a trouvé cette efpece en abondance à Campêche, d'où il a envoyé fon fruit en Angleterre.

Culture. Ces arbres font trop délicats pour fupporter le plein air dans ce pays ; on ne peut les conferver dans notre climat qu'en les tenant conftamment dans une ferre chaude : on les multiplie aifément par femences qu'il faut fe procurer des contrées où ils croiffent naturellement, en faifant venir des fruits entiers quand ils font tout-à-fait mûrs ; car lorfque les graines font tirées de la chair pour être envoyées ici, leurs germes périffent fi elles font long-tems dans le paffage, comme je l'ai fouvent éprouvé. On les feme au printems fur une bonne couche chaude ; & lorfque les plantes font affez fortes, on les met chacune féparément dans de petits pots remplis de terre légere & fablonneufe, & on les replonge dans une couche chaude de tan, en obfervant de les tenir à l'abri du foleil jufqu'à ce qu'elles aient produit de nouvelles fibres, après quoi on les traite comme les autres plantes délicates qui viennent des mêmes contrées : on les place en hiver dans la couche de tan de la ferre chaude, & on les arrofe peu dans cette faifon : en été on leur donne de l'eau légerement deux ou trois fois par femaine, & on leur procure beaucoup d'air dans les tems chauds. Au moyen de ce traitement ces plantes feront un grand progrès : leurs feuilles, qui font d'un beau vert, font une belle variété dans les ferres ; mais je ne leur ai jamais vu produire de fleurs en Angleterre.

CRESSON DE JARDIN ALENOIS, *ou* NASITOR. *Voyez* LEPIDIUM SATIVUM.

CRESSON DES PRÉS *Voyez* CARDAMINE PRATENSIS.

CRESSON DE FONTAINE, *ou* CAILLI. *Voyez* SISYMBRIUM SYLVESTRE.

CRESSON DE FONTAINE, *ou le* BECCABUNGA. *Voyez* VERONICA BECCABUNGA.

CRESSON D'HIVER. *Voyez* ERYSIMUM VERNUM.

CRESSON SAUVAGE. *Voyez* IBERIS.

CRESSON DE ROC. *Voyez* IBERIS NUDI-CAULIS.

CRESSON D'INDE, *ou* CAPUCINE. *Voyez* TROPŒOLUM. L.

CRESSON D'ESPAGNE. *Voyez* VELLA. L.

CRÊTE DE COQ. *Voyez* RHINANTHUS CRISTA GALLI; & PEDICULARIS.

CRINUM. *Lin. Gen. Plant.* Lilio-Asphodelus. *Com. Rar.* 14. Dillen. Hort. Elth. 194. [*Asphodel lily.*] Lys-Asphodel.

Caractères. L'enveloppe est composée de deux feuilles oblongues en forme de gaîne qui se seche & tombe en arriere : la corolle est monopétale, figurée en entonnoir, pourvue d'un long tube, & profondément découpée au sommet en dix segmens réfléchis : la fleur a six longues étamines insérées dans le tube de la corolle, qu'elles surpassent en longueur, & qui sont terminées par des sommets oblongs, inclinés vers le bas, & élevés à l'extrémité : le germe qui est situé dans le fond de la fleur,

soutient un style long, mince & couronné par un petit stigmat divisé en trois parties. Il se change, quand la fleur est passée, en une capsule divisée en trois cellules qui renferment chacune une ou deux semences ovales.

Ce genre de plante est rangé dans la premiere section de la sixieme classe de LINNÉE, intitulée ; *Hexandria monogynia*, qui comprend les fleurs pourvues de six étamines & d'un style.

Les especes sont :

1°. *Crinum Africanum, foliis sub-lanceolatis, planis, corollis obtusis. Lin. Sp. Plant.* 419. *Sp.* 4 ; Crinum à feuilles unies & en forme de lance, dont les fleurs ont une corolle obtuse.

Polyanthes, floribus umbellatis. Vir. Cliff. 29 ; Tubereuse à fleurs bleues en ombelle.

Hyacinthus Africanus tuberosus, flore cœruleo umbellato. Hort. Amst. 1, *p. 133* ; Hyacinthe Tubéreuse d'Afrique avec des fleurs bleues en ombelle.

Tulbaghia Heisteri. Fabric. Helmst. 4.

Hyacintho affinis, tuberosâ radice, Africana, umbellâ cœruleâ inodorâ. Pluk. Alm. 187.

2°. *Crinum Asiaticum, foliis carinatis. Flor. Zeyl.* 127 ; Crinum à feuilles tuilées.

Amaryllis, bulbi-sperma Prodr. 9.

Radix toxicaria. Rumph. Amb. 11, *p. 155.*

Lilium Zeylanicum, bulbiferum & umbelliferum. H. L. 682 ; Lis-Narcisse polyflore.

Belutta Pala - Taly. Rheed. Mal. 11, *p. 75, t. 38.*

3°. *Crinum Americanum, co-rollarum apicibus introrsùm un-guiculatis. Lin. Sp. Plant. 292;* Crinum dont le sommet des pétales est en forme d'onglets dans l'intérieur.

Crinum. Hort. Cliff. 127. Hort. Ups. 75. Roy. Lugd.-B. 37.

Lilio - Asphodelus Americanus, semper virens, maximus, polyanthus, albus. Com. Rar. Pl. 14. tab. 14.

Lilio-Asphodelus Americanus, semper virens, minor, albus. Comm. Rar. 14, t. 14; Variété.

4°. *Crinum latifolium, foliis ovato-lanceolatis, acuminatis, sessilibus, planis. Lin. Sp. 419;* Crinum à feuilles ovales, unies, en forme de lance, & terminées en pointes aiguës & sessiles.

Sjovanna - Pola - Taly. Hort. Mal. Vol. 11; p. 77, t. 39.

Africanum. La plus grande partie des jardins de l'Europe ont tiré la premiere espece de la Hollande, où elle a été originairement portée du Cap de Bonne-Espérance, sa patrie. Sa racine est composée de fibres épaisses & charnues, & de fibres minces qui s'enfoncent profondément dans la terre : de la même tête s'éleve un paquet de feuilles roulées les unes sur les autres à leurs bâses, de sorte qu'elles forment une espece de tige herbacée de trois pouces environ de hauteur, au sommet de laquelle les feuilles s'écartent de deux côtés seulement, tandis que les deux autres côtés font dégarnis : la tige de la fleur qui sort à côté de ces feuilles est ronde,

creuse, élevée au-dessus de la hauteur de trois pieds, & terminée par une grosse tête de fleurs enveloppées dans une espece de gaîne réfléchie, qui se fend en deux parties. Ces fleurs sont placées chacune sur un pédoncule d'un pouce de longueur ; elles sont tubulées & composées d'une corolle monopétale, qui est découpée presque jusqu'au fond en six segmens oblongs, émoussés & ondés sur leurs bords : dans le centre est situé un germe ovale & triangulaire qui soutient un style long, & accompagné de six étamines dont deux l'égalent en longueur, deux sont un peu plus courtes, & les deux autres, qui sont fixées sur le segment inférieur, sont les plus courtes de toutes : ces fleurs, d'un bleu luisant, croissent en grosses ombelles, & font un bel effet ; elles commencent à s'épanouir en Septembre, & continuent à se montrer souvent jusqu'au printems ; ce qui les rend plus agréables.

On multiplie cette espece au moyen des rejettons qui poussent sur les côtés des vieilles plantes, & qu'on détache à la fin de Juin, qui est le tems où ces plantes sont dans le plus grand état de repos : en les enlevant pour les changer de pots, on en sépare avec soin les jeunes rejettons avec un couteau, en prenant toutes les précautions possibles pour ne pas les rompre ni blesser leurs racines, parce qu'elles tiennent de si près à la vieille plante, qu'il est difficile de les détacher : quand elles font enlevées, on les plante chacune féparément dans un pot rempli de terre légere de jardin potager, on les place dans une fituation abritée pour les faire jouïr du foleil du matin, & on les arrofe un peu deux fois la femaine dans les tems fecs ; mais il ne faut pas leur donner trop d'humidité, fur-tout dans la faifon où elles font prefque dans l'inaction ; car leurs racines étant charnues & fucculentes, une trop grande humidité peut les faire pourrir aifément. Cinq femaines après, lorfque leurs rejettons auront pouffé de nouvelles racines, on pourra placer les pots dans une fituation plus expofée au foleil où on les arrofera un peu plus, pour faciliter la fortie de leurs fleurs ; mais ces arrofemens doivent être toujours modérés pour les raifons que nous avons déja expofées : ces plantes produiront des tiges de fleurs en Septembre, & vers la fin du même mois ces fleurs s'ouvriront : fi le tems eft humide & froid, on les tiendra fous un abri, pour empêcher que leurs fleurs ne foient endommagées par la gelée ou l'humidité ; mais il faut leur donner autant d'air libre qu'il eft poffible, fans quoi ces fleurs deviendroient pâles & foibles. Vers la fin d'Octobre on les renferme dans la ferre, où on les place de maniere qu'elles puiffent jouïr d'autant d'air libre qu'il eft poffible, & qu'el-

les ne foient pas trop ombragées par les autres plantes ; on peut leur donner pendant l'hiver un peu d'eau une fois la femaine, ou plus fouvent dans les tems doux, mais on doit les tenir feches pendant les gelées. Cette plante n'a befoin que d'être à l'abri des gelées & de l'humidité : elle ne fouffre aucune chaleur artificielle pendant l'hiver, & en été on les place en plein air.

Afiaticum. La feconde efpece a de groffes racines bulbeufes qui pouffent plufieurs fibres groffes, charnues & garnies de bulbes à leurs extrémités ; fes feuilles, dont la longueur eft de près de trois pieds, font creufes en-deffus, pliées l'une fur l'autre à leur bâfe, & étendues en-dehors à chaque côté : les plus extérieures de ces feuilles ont généralement leurs extrémités inclinées vers le bas ; elles font toutes d'un vert foncé, obtufes par le bout & fillonnées par des rigoles en-deffous. Ses tiges de fleurs, qui naiffent fur le côté des feuilles, font épaiffes, fucculentes, creufes dans le milieu, & un peu renflées aux deux côtés, hautes de plus de deux pieds, de la même couleur que les feuilles, & terminées par de groffes ombelles de fleurs, pourvues d'une efpece de gaîne ou fpathe qui fe fend dans toute fa longueur, & fe penche en arriere vers la tige où elle fe deffeche & refte : fes fleurs ont des tubes étroits longs d'environ quatre pouces, profondément découpés en six segmens longs, & très-recourbés ; de leur centre s'éleve un style accompagné de six étamines plus longues que la corolle, & terminées par des sommets oblongs, jaunes & inclinés : quand ces fleurs font passées, le germe qui est situé au fond du tube, devient une capsule large, ronde, triangulaire, & à trois cellules, dont deux font généralement imparfaites & abortives, & la troisieme a une ou deux bulbes irrégulieres qui produisent de jeunes plantes si on les met en terre.

Americana. La troisieme espece a des feuilles plus larges que celles de la seconde, unies & point creuses au-dessus, mais plus courtes, d'un vert plus clair, & roulées l'une sur l'autre à leur bâse ; la tige de la fleur qui sort latéralement, est gonflée, creuse, de deux pieds environ de hauteur, & terminée par de larges ombelles de fleurs blanches, & semblables à celles de l'espece précédente ; mais les pétales font divisés en segmens plus larges & moins recourbés.

Latifolium. La quatrieme a des racines semblables à celles de la seconde : ses feuilles font plus étroites à leur bâse, & tachetées de pourpre en-dessous : ses tiges de fleurs font de couleur pourpre & aussi hautes que celles de la seconde : ses fleurs font aussi de la même forme, mais leurs tubes font pourpre, & leurs segmens ont une raie de même couleur qui regne dans toute leur longueur ; leurs étamines font aussi d'une couleur pourpre, ce qui rend cette fleur plus belle qu'aucune des autres especes : comme ces différences font constantes dans toutes les plantes qu'on éleve de semence, on ne peut douter que cette espece ne soit vraiment distincte.

Ces trois especes, qui croissent naturellement dans les deux Indes, étant fort délicates, ne peuvent subsister en Angleterre, sans le secours d'une serre chaude : on les multiplie aisément au moyen des rejettons que leurs racines produisent en abondance, ou par les bulbes qui succèdent à leurs fleurs, & qui mûrissent très bien ici. On les plante dans des pots remplis de terre riche, & on les plonge dans la couche de tan de la serre chaude, où elles feront des progrès plus rapides, & fleuriront beaucoup mieux que si elles étoient placées sur des tablettes, quoiqu'elles puissent aussi y réussir en les tenant à un bon dégré de chaleur. On transplante les racines au printems ; mais en faisant cette opération, il faut avoir soin d'en ôter tous les rejettons, qui sans cela rempliroient les pots & détruiroient les vieilles plantes ; on les arrose souvent, mais toujours légerement, surtout en hiver. On fait beaucoup de cas de ces plantes, parce qu'elles fleurissent pendant toute l'année, & que, quand elles se trouvent en nombre dans une serre chaude, leurs fleurs se succèdent presque sans interruption,

terruption, & répandent une odeur très-agréable.

CRISTE-MARINE, PERCE-PIERRE, *ou* FENOUIL-MA-RIN. *V.* CRITHMUM MARITI-MUM.

CRITHMUM. *Lin. Gen. Pl.* 303. *Tourn. Inst. R. H.* 317, *tab.* 169. [*Samphire.*] Perce-pierre, Fenouil marin, Bacille , Herbe de Saint-Pierre , Criste-marine.

Caractères. Dans ce genre la fleur est ombellée , la grande ombelle est hémisphérique , uniforme & composée de plusieurs petites , & de la même forme : l'enveloppe de l'ombelle générale est composée de plusieurs feuilles en forme de lance , & celles des ombelles particulieres ont des feuilles fort étroites & placées dans la longueur de l'ombelle : la corolle a cinq pétales ovales , réfléchis en-dedans , & presqu'égaux : la fleur a cinq étamines aussi longues que la corolle , & terminées par des sommets ronds : le germe , qui est placé sous la fleur , soutient deux styles réfléchis & couronnés par des stigmats obtus ; il se change , quand la fleur est passée , en un fruit ovale , comprimé & divisé en deux parties qui forment chacune une semence comprimée, elliptique & sillonnée.

Ce genre de plante est rangé dans la seconde section de la cinquieme classe de LINNÉE , intitulée : *Pentandria digynia*, qui comprend celles dont les fleurs ont cinq étamines & deux styles.

Tome II.

Les especes sont :

1°. *Crithmum maritimum , foliolis lanceolatis , carnosis. Hort: Cliff. 98. Hort. Ups. 61. Roy: Lugd.-B. 98. Sauv. Monsp. 258. Jacq. Hort. 187. Kniph. Cent. 4 , n. 24 ;* Criste-marine à feuilles charnues & en forme de lance.

Fœniculum maritimum , sivè Empetron , sivè Calcifraga. Lob. Ic. 392.

Crithmum , sivè fœniculum maritimum minus. G. B. P. 288 ; Fenouil marin , Perce-pierre , Bacille , Criste - marine , *ou* Herbe de Saint-Pierre.

2°. *Crithmum Pyrenaïcum , foliolis lateralibus bis-trifidis. Hort. Cliff. 98. Roy. Lugd.-B. 58 ;* Fenouil marin dont les plus petites feuilles latérales sont doublement divisées en trois parties.

Apium Pyrenaïcum , Thapsiæ facie. Tourn. Inst. 305 ; Faux Turbith.

Maritimum. La premiere espece se trouve dans plusieurs parties de l'Angleterre, sur les rochers qui bordent les côtes de la mer : elle a une racine composée de plusieurs fortes fibres qui pénetrent profondément dans les crevasses des rochers , & qui poussent plusieurs tiges charnues, succulentes, hautes d'environ deux pieds , & garnies de feuilles ailées & composées de trois ou cinq divisions, chacune desquelles a trois ou cinq petites feuilles épaisses , succulentes & d'environ un demi-pouce de longueur, dont les pétioles embrassent les tiges de

P p

leur bâfe : fes fleurs, jaunes & formées par cinq pétales à-peu-près d'égale largeur, naiffent en ombelles circulaires au fommet des tiges, & font fuivies par des femences prefque femblables à celles du *Fenouil*, mais plus groffes.

On fait mariner cette herbe, parce qu'on la regarde comme propre à foulager les douleurs d'eftomac ; elle eft d'ailleurs très-agréable au goût ; elle excite légèrement les urines, détruit les obftructions des vifceres, ouvre l'appétit, & fert d'affaifonnement dans la cuifine : on la recueille fur les rochers, où elle croît naturellement. Ceux qui en fourniffent les marchées, y portent rarement la véritable, & donnent en place une efpece d'*After*, connue fous le nom *de Fenouil marin d'or*, dont la faveur eft très-différente de celle du Fenouil marin, & qui n'a aucune de fes propriétés.

Le *Fenouil marin d'or* croît en grande abondance fur les terres inondées d'eau falée ; au-lieu que le véritable *Fenouil marin* ne fe trouve que dans les crevaffes de rochers perpendiculaires & efcarpés, où il eft très difficile de parvenir. Cette plante fleurit en Juillet, & fes femences mûriffent en automne.

On multiplie difficilement cette efpece dans les jardins, où elle n'eft jamais auffi vigoureufe que celle qu'on trouve fur les rochers, quelque foin qu'on donne à fa culture ; mais fi elle eft plantée fur un fol humide & fablonneux, elle profitera affez bien, & pourra être confervée quelques années : on la multiplie par femences, ou par la divifion de fes racines.

Pyrenaïcum. La feconde efpece que TOURNEFORT a claffée avec l'*Apium*, fe trouve fur les Pyrénées : cette plante eft bis-annuelle ; elle ne fleurit que dans la feconde année, & périt auffi-tôt que fes femences font mûres. On connoît deux ou trois efpeces de cette plante, qui different dans leur forme extérieure ; mais je ne fuis pas affuré qu'elles foient plutôt des efpeces diftinctes, que de fimples variétés : une de celles-ci a été nommée par M. RAY, *Apium montanum, fivè Petræum album* ; elle eft plus baffe que les autres ; fes petites feuilles font plus larges, moins découpées fur leurs bords, & d'un vert plus pâle : ces plantes que l'on conferve dans quelques jardins pour la variété, font facilement multipliées, au moyen de leurs femences qu'on répand en automne dans les places qui leur font deftinées : elles n'exigent aucune autre culture que d'être tenues conftamment nettes & éclaircies, lorfqu'elles font trop ferrées.

CRISTA GALLI. *Voy.* PEDICULARIS.

CRISTA PAVONIS. *Voyez* POINCIANA.

CROCUS. *Lin. Gen. Plant.* 53. *Tourn. Inft. R. H.* 350. *tab.* 183, 184 ; ainfi appelée du nom du jeune CROCUS, que les Poëtes repréſentent comme aimant SMYLAX avec une paſſion ſi violente, que, par impatience, il a été métamorphoſé en fleur de ce nom. [*Saffron.*] Safran.

Caractères. La ſpathe eſt formée par une feuille ; la corolle eſt monopétale, profondément découpée en ſix ſegmens oblongs & égaux ; la fleur a trois étamines plus courtes que la corolle, & terminées par des ſommets en pointe de flèche ; le germe, qui eſt rond & placé au fond du tube, ſoutient un ſtyle mince, & couronné par trois ſtigmats tordus & ſciés : ce germe ſe change dans la ſuite en un fruit rond, & diviſé en trois cellules remplies de ſemences rondes.

Les plantes de ce genre ayant trois étamines & un ſtyle, ont été rangées par LINNÉE, dans la premiere ſection de ſa troiſieme claſſe, intitulée : *Triandria monogynia.*

Les eſpeces ſont :

1°. *Crocus ſativus, ſpathâ uni-valvi radicali, corollæ tubo longiſſimo. Lin. Sp. Plant. 36. Mat. Med. p.* 43 ; Safran avec une ſpathe univalve près de la racine, & une corolle à très-long tube.

Crocus ſativus. G. B. P. 65 ; Safran cultivé.

2°. *Crocus autumnalis, ſpathâ univalvi pedunculatâ, corollæ tubo breviſſimo ;* Safran avec une ſpathe univalve, portée par un pédoncule, & un tube fort court à la corolle.

Crocus Junci-ſolius autumna-

lis, *flore magno purpuraſcente. Boerh. Ind. Alt.* 2, 120,

3°. *Crocus vernus, ſpathâ bivalvi radicali, floribus ſeſſilibus ;* Safran avec une ſpathe bivalve, placée près de la racine, & des fleurs ſeſſiles.

Crocus vernus latifolius, flavo flore, varius. G. B. P. 66 ; ordinairement appelé *Safran d'Evêque.*

4°. *Crocus biflorus, ſpathâ biflorâ, corollæ tubo tenuiſſimo ;* Safran ayant deux fleurs dans chaque ſpathe, & un tube à la corolle fort étroit.

Crocus vernus, ſtriatus, vulgaris. Par. Bat. ; Safran commun, printanier, rayé.

Il y a dans ces fleurs un grand nombre de variétés dont je ferai mention ci-après ; mais, comme la plupart ſont des produits accidentels de ſemence, je penſe qu'il eſt inutile de les détailler ici, avec d'autant plus de raiſon qu'on en obtient tous les jours de nouvelles : celles dont il vient d'être queſtion, doivent être regardées comme des eſpeces diſtinctes, parce qu'elles ont pluſieurs caracteres particuliers, qui ſuffiſent pour déterminer la différence ſpécifique des plantes.

Sativus. La premiere eſpece qui produit le *Safran des boutiques,* a une racine ronde & bulbeuſe, de la groſſeur d'une petite Muſcade, un peu comprimée en-dedans, & couverte d'une peau brune & filamenteuſe : du centre de ces bulbes, ſortent pluſieurs fibres longues, qui pénètrent aſſez profondément dans la terre ;

ses fleurs, qui naissent de la partie supérieure de la bulbe, sont très-rapprochées dans une spathe mêlée avec les jeunes feuilles, dont les sommets commencent seulement à paroître : la spathe se divise dans la terre, & s'ouvre d'un côté : le tube de la fleur est fort long, & s'élève immédiatement de la bulbe, sans aucun pédoncule ; elle est divisée au sommet en six segmens obtus, ovales, égaux, & d'une couleur pourpre-bleuâtre : dans le fond du tube est situé un germe rond, & surmonté par un style mince, de moitié moins long que la corolle, & couronné de trois stigmats oblongs, de couleur d'or, étendus de chaque côté & séparés, qui forment ce qu'on appelle *le Safran* : le style est accompagné de trois étamines, dont les bâses sont inférées dans le tube de la corolle : elles s'élèvent à la même hauteur que le style, & sont terminées par des sommets en pointe de flèche. Cette plante fleurit en Octobre, & ses feuilles continuent à croître pendant tout l'hiver ; mais elle ne produit jamais de semences en Angleterre (1).

- - -

(1) Le *Safran* est un puissant remede, dont les propriétés sont encore au-dessus des éloges que leur ont donné les anciens & les modernes : les principes résineux & gommeux qui entrent dans sa composition, ne méritent aucune attention ; mais c'est à une substance éthérée, extrêmement mobile & très-abondante, qu'on doit attribuer la plus

Autumnalis. La seconde espece croît naturellement sur les Alpes & sur les Monts-Helvetiens ; ses racines bul-

- - -

grande partie de ses vertus. Ce principe subtil & pénétrant agit principalement sur les nerfs & sur le cerveau qu'il ébranle à la maniere des narcotiques ; de-là vient ce sommeil profond, létargique & même mortel, qu'il produit sur les personnes qui respirent trop long-tems un air imprégné de ses parties odorantes, la gaieté & l'enjouement qu'il procure à ceux qui en usent sobrement, & la folie qu'il excite dans ceux qui en abusent. Ce remede, fort chaud & remuant, n'agit point seulement sur les nerfs ; il porte encore son action sur les liqueurs & toutes les parties solides des corps animés, il excite un organisme général, accélere la circulation, sollicite les secrétions, porte fortement les sueurs à la peau, rétablit les flux menstruels, hâte l'accouchement & l'expulsion de l'arriere-faix, &c. on peut l'employer avec confiance dans les affections hypocondriaques & hystériques, les maladies venteuses, contre les douleurs opiniâtres, les foiblesses d'estomac, la cachexie, l'insomnie, l'ictere, la toux, les suffocations, les spasmes, la strangurie, la cardialgie, dans l'obstruction des regles & des vuidanges, la dyssenterie, &c. mais les personnes maigres, bilieuses & pléthoriques ne doivent en user qu'avec beaucoup de réserve.

Sa dose en substance, est depuis un grain jusqu'à cinq. On en prépare un syrop qui est fort en usage en Angleterre.

Il entre aussi dans la thériaque, l'élixir de propriété de Paracelse, dans les tablettes de safran de mars composées, dans le mithridate, la confection d'hyacinthe, l'*hiera piera*, les pillules dorées, &c.

beufes font plus petites, & plus comprimées que celles de la premiere : fes fleurs paroif-fent dans la même faifon, & s'élèvent fur de courts pédon-cules, pourvus d'une fpathe courte, & placée précifément au-deffous de la fleur, qu'elle couvre avant que cette fleur s'étende : le tube de la fleur eft fort court, & fa corolle eft divifée, prefque jufqu'au fond, en fegmens terminés en pointe aiguë : le ftyle & les étamines font courts, & les feuilles de la plante fort étroi-tes : la fleur eft d'un bleu foncé ; mais on en connoit une variété de couleur de bleu célefte, qu'on croit avoir été produire de femence. Le Doc-teur LINNÉE a penfé que les variétés des *Crocus printaniers*, de même que celles dont j'ai donné les titres ci-deffus, ne forment qu'une feule & même efpece : il n'eft cependant pas douteux que cette derniere ne foit différente des *Crocus prin-taniers*.

Vernus. La troifieme a une racine bulbeufe, affez groffe, comprimée, & couverte d'une peau mince, brune & fila-menteufe, de laquelle fortent quatre ou cinq feuilles fem-blables à celles des autres *Crocus vernales*, & de couleur pourpre en-deffous : du milieu de ces feuilles s'élèvent une ou deux fleurs d'un jaune-foncé, ferrées de très-près par les jeunes feuilles, & qui n'excèdent jamais la hauteur de deux pouces ; ces fleurs répandent une odeur agréable : les fegmens extérieurs de la

corolle, qui font plus étroits que les internes, font peints de trois raies noires, qui s'é-tendent depuis la bâfe jufqu'au fommet. Ces deux rangs de fegmens ont induit plufieurs perfonnes à regarder ces fleurs comme doubles. La bâfe de ces fegmens eft d'un pourpre foncé, & le tube a autant de raies pourpre qu'il y a de di-vifions dans la corolle. Du centre du tube s'élève un ftyle mince, couronné par un ftig-mat, de couleur d'or, large, plat, & qui y eft accompagné de trois étamines minces, de la même longueur, & terminées par des fommets jaunes. Lorf-que la fleur eft paffée, le germe fort de la terre, fe gonfle, & fe change en une gouffe ou capfule ronde, à trois angles, & qui, s'ouvrant en trois par-ties, montre un grand nombre de femences rondes & bru-nes, dont elle eft remplie. Ce *Crocus* eft le plus printanier de tous.

Biflorus. La quatrieme efpece pouffe en même tems quelques feuilles fort étroites, & le bouton des fleurs, qui toutes font étroitement enveloppées dans une fpathe, de laquelle fortent deux fleurs, dont l'une a un tube plus long que l'au-tre, mais qui font toutes deux fort minces, & ne s'élèvent pas beaucoup au-deffus de la fpathe ; alors la corolle s'élar-git, & fe divife en fix fegmens obtus & égaux : ces fleurs font d'un blanc fale, à leur extérieur, & marquées cha-cune de trois ou quatre raies pourpre ; l'intérieur de la corolle eſt d'un blanc plus pur ; les étamines & les ſtyles ſont à-peu-près de même que ceux de la premiere. Cette plante eſt au nombre des eſpeces les plus printanieres.

Les variétés des *crocus automnales* ſont :

1°. *Les Crocus automnales odorans, dont les fleurs ſortent avant les feuilles. G. B.* C'eſt notre ſeconde eſpece.

2°. *Crocus automnale de montagne. G. B. Il a une fleur bleue plus pâle.*

3°. *Le Crocus automnale à pluſieurs fleurs bleuâtres. G. B. Ils ont pluſieurs fleurs couleur bleu-céleſte.*

4°. *Le petit Crocus automnale floriſſant, G. B., avec une petite fleur bleu-foncé.*

Les variété du *Crocus printanier* ſont :

1°. *Le Crocus printanier à larges feuilles, de couleur pourpre & rayées, G. B., à feuilles larges, & à fleurs rayées, & d'un bleu foncé.*

2°. *Crocus printanier à larges feuilles, & à fleur pourpre, G. B., qui a une fleur d'un pourpre uni.*

3°. *Crocus printanier à larges feuilles, & à fleur pourpre, G. B., qui a une groſſe fleur bleu-foncé.*

4°. *Crocus printanier à fleurs blanches, & à fond pourpre. G. B.*

5°. *Crocus printanier à larges feuilles, blanches & rayées. G. B.*

6°. *Crocus printanier à larges feuilles, avec pluſieurs fleurs d'un pourpre violet, rayées de blanc. G. B.*

7°. *Crocus printanier à larges feuilles, & à fleur de couleur de cendre. G. B.*

8°. *Crocus printanier à larges feuilles, produiſant une groſſe fleur jaune. G. B.*

9°. *Crocus printanier à larges feuilles, & à fleurs plus petites, & d'un jaune plus pâle. G. B.*

10°. *Crocus printanier à larges feuilles, & à plus petites fleurs jaunes, rayées de noir.*

11°. *Crocus printanier à feuilles étroites, produiſant une plus petite fleur couleur de ſoufre.*

12°. *Crocus printanier à feuilles étroites, & à petites fleurs blanches.*

Ces variétés ſont les principales de celles qui ont été obſervées dans les Jardins Angiois ; mais les Catalogues des Étrangers en indiquent un bien plus grand nombre, dont les fleurs ſont à-peu-près les mêmes, & qu'on peut à peine diſtinguer : en ſemant les graines de ces différentes fleurs, on pourroit obtenir un bien plus grand nombre de ces variétés ; mais, comme ces plantes ſe multiplient fortement par leurs rejettons, on fait rarement uſage de leurs ſemences.

Toutes ces variétés de *crocus* ſont fort dures, & ſe multiplient conſidérablement par leurs bulbes, ſur-tout ſi on les laiſſe deux ou trois ans en terre ſans les déranger ; elles croîſſent dans preſque tous les ſols & à toutes les ſituations, & font un grand ornement dans les jardins, dès le commencement du printems, avant que beaucoup d'autres fleurs paroiſſent : on les plante ordinairement dans les plates-bandes, contre des haies, & des murailles, en obſervant de rapprocher dans le même rang les efpeces qui fleuriffent en même tems , & qui font d'une hauteur égale, fans quoi les rangs paroîtroient imparfaits. Lorfque ces racines ont perdu leurs feuilles , on peut les arracher, & les garder au fec, jufqu'au commencement de Septembre , en les plaçant de maniere qu'elles foient à l'abri des infectes & des fouris qui les aiment beaucoup. Pour planter ces bulbes , on trace une ligne fur la planche, on creufe des trous, d'environ deux pouces de profondeur , plus ou moins, fuivant que la terre a plus ou moins de légéreté , & à deux pouces de diftance les uns des autres; on y place des bulbes de maniere que le bouton foit en haut , & on remplit ces trous avec un rateau , en faifant en forte que la partie fupérieure de la racine foit recouverte d'un peu plus d'un pouce de terre ; il faut avoir grand foin , en faifant cette opération, de ne laiffer aucune racine à découvert; parce que fi les fouris , qui en font fort gourmandes , en avoient une fois trouvé une , elles dévafteroient toute la plantation, à moins qu'on n'imaginât quelque moyen de les détourner.

Cette méthode eft celle dont on ufe communément , pour difpofer fes fleurs dans les jardins ; mais il vaut beaucoup mieux les placer au nombre de fix ou huit enfemble , entre les petits arbriffeaux , ou fur de petites planches de jardin à fleurs : elles auront alors beaucoup plus d'apparence ; fur-tout fi les différentes va-

riétés font plantées féparément , & les divers bouquets convenablement entremêlés , la beauté de leur apparence furpaffera de beaucoup celle de l'ancienne méthode ou ils étoient plantés fur les bords des plates-bandes.

Les *Crocus* fortent fouvent de terre au mois de Janvier quand le tems eft doux , & leurs fleurs paroiffent en Février , avant que les feuilles foient parvenues à une certaine hauteur ; de forte que la fleur eft d'abord nue : mais auffi-tôt qu'elle eft fanée, les feuilles pouffent à la hauteur de fix ou huit pouces; & , quoiqu'elles paroiffent un peu défagréables , il ne faut cependant pas les couper , parce qu'on affoibliroit par-là beaucoup les racines, qui n'atteindroient pas à la moitié du volume qu'elles doivent avoir , & que leurs fleurs n'auroient pas dans la fuite la moitié de leur grandeur ordinaire. Les femences de ces plantes mûriffent ordinairement vers la fin d'Avril , ou au commencement de Mai , lorfque leurs feuilles commencent à fe faner.

Les *Crocus automnales* ne fe multiplient pas autant que les printaniers, & ne donnent point de femences dans notre climat; de forte qu'ils font plus rares dans les jardins, excepté cependant le vrai *Safran*, qu'on multiplie pour l'ufage en grande abondance dans plufieurs parties de l'Angleterre : on arrache fes racines chaque trois ans, comme il a été dit pour les *Printaniers*; fans cette précaution les racines s'alongeront trop , & ne produiront plus de fleurs ; mais il ne faut le tenir hors de terre, que jufqu'au commencement d'Août ; car elles produifent ordinairement leurs fleurs dans les premiers jours du mois d'Octobre ; & , fi elles reftoient trop long-tems fans être plantées , elles ne donneroient pas des fleurs auffi fortes , ni en fi grande abondance , que lorfqu'elles font mifes en terre de bonne heure.

Comme la méthode de cultiver le *Safran* eft très-curieufe, je vais donner ici un extrait du Mémoire fur ce fujet qui a été préfenté à la Société Royale , par le Docteur JACQUES DOUGLASS.

Culture. On cultive aujourd'hui le *Safran* dans le Comté de Cambridge , en plus grande abondance , & on le faifoit autrefois dans plufieurs autres Comtés de l'Angleterre : comme les diverfes méthodes employées dans les différentes parties de ce Royaume , font à-peu-près femblables , je crois qu'il fuffira de rapporter ici les obfervations que j'ai fait faire par plufieurs perfonnes , en différentes faifons dans les années 1723, 24, 25 & 1728, dans toute cette grande étendue de terre fituée entre Saffron-Walden & Cambridge , qui comprend environ dix milles de diametre.

Comme on cultive depuis long-tems le *Safran* dans ce Comté , on peut être affuré que les habitans de ce pays

font plus inftruits fur cet article que dans aucun autre.

1°. Je commencerai par traiter du choix de la terre , & des préparations qu'elle exige pour recevoir cette plante. La plus grande partie de ce canton eft un pays ouvert & uni , dans lequel on trouve peu d'enclos. L'ufage y eft établi comme dans la plupart des autres endroits , de recueillir deux années , & de laiffer enfuite repofer la terre pendant la troifieme : on plante généralement le *Safran* fur les terres qui viennent de paffer une année fans rien produire ; & , toutes chofes égales d'ailleurs , on préfere celles qui ont donné leur derniere récolte en Orge.

Les pieces de terre plantées en *Safran* ont rarement plus de trois âcres (1) & moins d'un : on choifit un fol bien expofé & fertile, qui ne foit pas trop ferme , mais fec & temperé , tels qu'on les trouve ordinairement fur la craie , & d'une couleur de noifette ; quoiqu'on ne s'arrête guere à la couleur , lorfqu'il a d'ailleurs les qualités requifes.

On choifit la terre vers la Notre-Dame de Mars , ou au commencement d'Avril ; on la laboure avec foin , en rapprochant les fillons le plus qu'il eft poffible , & en enfonçant

---

(1) Pour un âcre 720 pieds de long , fur 70 de large. [*f*]

[*f*] C'eft une erreur : l'*Acre* d'Angleterre , fuivant la Loi , doit avoir 660 pieds de long fur 66 de large : il contient 4 *Rods*, *160 Perches* , ou 43560 *pieds quarrés.*

la charrue autant que le fol le permet, & plus qu'on ne le feroit pour aucune efpece de graines ; ce qui augmente beaucoup les frais.

Cinq femaines environ après, & pendant tout le refte du mois de Mai, on répand fur chaque âcre, vingt ou trente chariots de fumier, & on donne enfuite une feconde culture pareille à la premiere : le fumier le plus court & le plus confommé eft le meilleur, & les fermiers qui ont la commodité de le préparer comme il doit l'être, n'épargnent rien pour le rendre bon ; parce qu'ils font bien affurés de retirer un bénéfice proportionné à leur dépenfe.

Vers la Saint-Jean on laboure la terre pour la troifieme fois, & après chaque efpace de feize pieds & demi qui font une perche en largeur, on laiffe un large fentier qui peut fervir à diftinguer les propriétés des differentes perfonnes, quand il y en a plufieurs, à qui appartient le même enclos & fur lequel on jette les mauvaifes herbes qu'on arrache en nettoyant le champ.

La haie eft conftruite en claies, ou fuivant la méthode de celles qu'on appelle *haies mortes* ; elle fe fait ordinairement avant qu'on y plante le *Safran* ; & doit être affez ferrée, non-feulement pour détourner le bétail, mais encore pour arrêter les lievres qui fans cela fe nourriroient des feuilles du *Safran* pendant tout l'hiver.

Les étés les plus chauds font très-favorables à cette plantes, & s'il furvient de tems en tems quelques petites pluies durant cette faifon, la récolte fera prefque toujours très-abondante, à moins que les grands froids, la neige ou les pluies de l'hiver n'aient endommagé fes têtes.

2°. La maniere de planter les racines du *Safran*, eft un point effentiel de fa culture ; on n'emploie pour cela qu'un feul inftrument qui eft une bêche étroite, appellée *fpit-fhovel*, pelle à broche.

Le tems de planter eft dans le mois de Juillet, un peu plutôt ou plus tard, fuivant que le tems eft plus ou moins favorable : un homme avec fa bêche enleve trois ou quatre pouces de terre, & la jette devant lui, à la diftance d'environ fix pouces ; deux autres perfonnes, (& ce font communément des femmes qui font chargées de ce travail,) fuivent, avec les racines, & les placent dans la partie de la rigole la plus éloignée du Foffoyeur, à trois pouces de diftance entr'elles : auffi-tôt que le Foffoyeur a fini une rigole, il en recommence une autre à côté, en creufant comme auparavant, & couvre en même tems les racines qui ont été placées dans la premiere rigole, & continue toujours ainfi, jufqu'à ce que le terrein, qui eft ordinairement d'un *Rod* (1), foit tout-à-fait plan-

---

(1) Le *Rod* eft le quart d'un Acre : voyez la note [ƒ] L'édition de Paris traduit ici le *Rod* par *Perche*, qui n'en eft que la quarantieme partie.

té. Il faut avoir grand foin, en creufant, de ne pas percer la couche de terre préparée, mais d'en laiffer intacte une partie du fond, fur lequel on place les racines, qui doivent toutes être placées de maniere que leurs fommets foient toujours en haut.

On défignera ci-après l'efpece de racines, qui doit être préférée ; j'obferverai feulement ici, qu'autrefois, lorfqu'elles étoient fort cheres, on ne les plantoit pas auffi voifines les unes des autres, qu'on le fait aujourd'hui, & qu'à préfent auffi on a égard à la groffeur des racines, plaçant les grandes plus éloignées les unes des autres, que les petites.

La quantité de racines plantées dans un âcre eft généralement de feize quartiers, ou cent vingt-huit boiffeaux qui, fuivant les diftances affignées ci-deffus, en les fuppofant toutes d'un pouce de diametre l'une avec l'autre, doivent faire la quantité de 392040 racines.

Depuis l'inftant où ces racines font plantées, jufqu'au commencement de Septembre, & quelquefois plus tard, il n'y a aucun travail à faire : mais lorfqu'elles commencent à pouffer, & qu'elles font prêtes à fortir de terre, ce qu'on reconnoît en creufant un peu autour de quelques-unes, il faut nettoyer foigneufement la terre avec une houe aiguifée, enlever toutes les mauvaifes herbes, & bien ratiffer les fillons, afin qu'elles ne portent aucun obftacle au développement des plantes.

3°. Quelque tems après, paroiffent les fleurs du *Safran* ; ce qui nous conduit à la troifieme partie de notre méthode : on peut les recueillir indifféremment, avant qu'elles foient tout-à-fait éclofes, ou lorfqu'elles font entiérement épanouïes, & on fait cette opération de très-bonne heure dans la matinée. Les Propriétaires s'affûrent, pour cela, d'un nombre fuffifant d'ouvriers, qui fe placent en différens endroits du champ, qui arrachent les fleurs entieres, les jettent par poignées dans un panier, & continuent ainfi jufqu'à ce que la récolte foit finie ; ce qui doit être ordinairement terminé vers dix ou onze heures de la matinée.

Quand toutes ces fleurs font emportées à la maifon, on les étend tout de fuite fur une grande table, & on commence à ôter tous les ftyles ou filets [*filamenta ftyli*] avec une grande partie du cordon auquel ils font attachés, on jette le refte de la fleur comme inutile : dans la matinée fuivante, les ouvriers retournent au champ quelque tems qu'il faffe, fec ou humide, & ainfi de fuite fans interruption, jufqu'à ce qu'il ne paroiffe plus aucune fleur.

Quand tous les filamens des fleurs font enlevés, on commence par les faire fecher dans un four, conftruit fur un madrier épais, & foutenu par quatre pieds courts, afin qu'on puiffe le tranfplanter d'une place à une autre; la charpente de ce four confiste en huit pieces de bois de trois pouces environ d'épaifleur, en forme d'un châffis à quatre angles, d'un pied quarré au fond intérieurement , de vingt-deux pouces au fommet , & d'une hauteur égale à cette derniere proportion : on laiffe par-devant un trou d'environ huit pouces quarrés, à quatre pouces au-deffus du madrier, par l quel on met le feu : fur tout le refte il y a des lattes affez rapprochées , & clouées au châffis : on garnit les côtés , ai ifi que le madrier du fond qui fert de foyer, d'un ciment fort épais , & fur l'ouverture du haut , qui eft la partie la plus large, on place une toile poilée , fixée aux deux bouts , à deux rouleaux ou morceaux de bois mobiles, qui tournent fur des vis, au moyen defquelles on peut tendre la toile à volonté. Plufieurs perfonnes font ufage aujourd'hui, au-lieu de toile poilée, d'un filet, ou d'un tiffu de fil de fer, pour faire fecher le *Safran* plus vite , & avec moins de bois ; mais comme par cette méthode il eft difficile d'empêcher le *Safran* de brûler, les gens les plus inftruits préférent la toile poilée.

On place le four dans un endroit éclairé de la maifon, on met cinq ou fix feuilles de papier blanc fur la toile poilée, on étend le *Safran* humide par-deffus, jufqu'à l'épaiffeur de deux ou trois pouces, & on le couvre avec d'autres feuilles de papier , fur lefquelles on

met une groffe couverture de laine pliée en cinq ou fix doubles , ou un oreiller de canevas rempli de paille ; & quelque tems après que le feu **a** été allumé, on met par-deffus le tout une planche qu'on rend plus lourde, au moyen d'un gros poids dont on la charge. Au commencement on donne une chaleur affez forte , pour faire tranfpirer les filets de *fafran* , ce qui demande beaucoup de précaution; car fi la chaleur eft trop grande, elle les brule, & gâte tout ce qui eft dans le four.

On entretient enfuite une chaleur égale pendant une heure ; après quoi l'on examine le gâteau, on le retourne, on le couvre, & on y met le poids comme auparavant : s'il n'arrive point d'accident pendant les deux premieres heures, il n'y a plus de danger à craindre, parce qu'alors, on n'a plus rien à faire que d'entretenir un feu léger, & de retourner le gâteau à chaque demi-heure, jufqu'à ce qu'il foit tout-à-fait fec, ce qui demande au moins vingt-quatre heures.

Pour fecher un gâteau des plus gros filamens, il ne faut rien de plus ; mais vers la fin de la récolte, & quand ils commencent à diminuer en groffeur, on arrofe les gâteaux avec un peu de petite bierre, pour rendre le *Safran* doux, comme il doit être ; & quelques-uns fe fervent de deux toiles de lin, au lieu de papier, dont on enveloppe le gâteau pour le faire mieux fecher.

croyant cette pratique meilleure ; mais jusqu'à préfent elle eft peu en ufage.

On peut faire le feu avec toute efpece de matiere combuftible ; mais comme celle qui donne le moins de fumée eft la meilleure, on préfere le charbon de bois à toute autre chofe.

La quantité de *Safran* qu'on tire d'une premiere récolte eft incertaine ; quelquefois un âcre de racines produit cinq ou fix livres de filamens humides, d'autres fois une ou deux, & quelquefois auffi pas affez pour la peine de le recueillir, & de le fecher ; mais il faut toujours obferver que cinq livres de *Safran* humide n'en pefent plus qu'une quand il eft fec, dans les trois premieres femaines de la récolte, & qu'il en faut fix livres pour une dans la derniere. Quand les racines font plantées fort épaiffes, on peut compter pour le moins fur deux livres de *Safran* fec par âcre, pour la premiere récolte, & vingt-quatre livres pour les deux autres ; la troifieme étant confidérablement plus forte que la feconde.

Pour obtenir ces deux dernieres récoltes, il ne faut que recommencer chaque année le houage, cueillir, éplucher & fécher comme il a été dit ci-deffus, fans ajouter rien de nouveau ; mais on laiffe entrer le bétail dans l'enclos, lorfque les feuilles font flétries, pour pâturer l'herbe ; ou on la coupe pour la leur donner.

4°. Vers la Saint-Jean, lorfque la troifieme récolte eft fai-

te, on enleve toutes les racines pour les tranfplanter ; cette opération eft la quatrieme partie dont nous allons parler.

On enleve les racines du *Safran*, en labourant la terre, avec une charrue ou avec une houe en forme de fourche, & on la herfe enfuite une fois, ou deux fois : pendant tout le tems qu'on laboure & qu'on herfe, quinze perfonnes, & même un plus grand nombre, doivent être occupées à fuivre le travail, & à ramaffer les racines à mefure qu'on les déterre. On les met enfuite dans des facs, & on les tranfporte à couvert, pour les nettoyer, en ôtant toute la terre qui y eft reftée attachée, ainfi que les anciennes enveloppes & les excroiffances : cette opération étant terminée, on peut les planter tout de fuite dans une nouvelle terre, ou les conferver quelque tems, fans qu'elles foient en danger de fe gâter.

La quantité des racines produites par celles qui avoient été plantées eft incertaine, mais malgré tous les accidens qui leur arrivent dans la terre, & en les ramaffant, on peut compter au moins fur vingt-quatre Quartiers ou cent quatre-vingt douze Boiffeaux de racines nettes, & bonnes à être plantées.

Les Propriétaires choififfent pour leur propre ufage les racines les plus groffes, & les plus charnues ; mais on eftime moins celles qui font les plus longues, & terminées en pointe, qu'on appelle *fpi-*

kets, ou *spickards*. Les très-
petites racines rondes ou plates fleuriffent quelquefois très-
bien.

Telle eft la méthode em-
ployée dans les Provinces dont
nous avons parlé, pour la culture du *Safran*; il ne nous refte
plus qu'à calculer les dépenfes
qu'exige, année commune,
cette branche d'agriculture,
& les bénéfices qu'elle produit : j'en ai fait le relevé pour
un âcre de terre, fuivant le
prix de la main d'œuvre dans
ce pays.

	l. st.	sh.
Loyer d'un âcre de terre pour trois années . . .	3	,,,,
Labour des trois ans.	,,	18
Engrais & fumier . . .	3	12
Haies & enclos	1	16
Frais de main-d'œuvre pour planter les racines . .	1	12
Sarclage pour nettoyer la terre de mauvaifes herbes .	1	4
Cueillette & pour éplu-cher les fleurs	6	10
Pour faire fécher les fleurs.	1	6
Inftrumens de labourage pour trois ans & conftruc-tion du four, environ . . .	,,	10
Pour labourer la terre une fois & la herfer deux fois. .	,,	12
Pour recueillir les racines de Safran.	1	,,,,
Pour les nettoyer de terre	1	12
Total	23	12 *

* La livre fterling vaut, argent
de France, 24 l. & le shelling 24
fols, [h].

[h] La livre fterling ne vaut,
argent de France, que 23 l. 5 fols
& 9 deniers. Et le shelling que 1 l.
3. f. & $3\frac{1}{2}$ deniers.

Ce calcul eft fait dans la
fuppofition qu'un âcre de terre
produit vingt-fix livres de *Safran* dans trois ans, rapport que
j'ai regardé comme moyen entre la plus grande & la plus
foible récolte : le prix du *Safran* doit être reglé dans la même proportion; ainfi on peut
le fixer à 30 shellins la livre,
puifqu'on le vend 20 shellins,
quand il eft en très-grande abondance, & quelquefois elle vaut
jufqu'à trois ou quatre liv.
fterling : fur ce pied, vingt-
fix liv. de *Safran* valent 39 livres fterling, & le bénéfice
net d'un âcre de terre fera
pour trois années de 15 livres 13 shellins fterling, ou 5
liv. 4 shellins fterling par an,
(121 liv. 2 *fols argent de France ;*) cette fomme eft en effet
le profit net qu'on retire d'un
âcre de terre planté en *Safran*,
quand on eft obligé de louer
tout pour cet ouvrage, argent
comptant : mais quand le plan-
teur & fa famille font une partie confidérable du travail eux-
mêmes, ils épargnent une bonne part de cette dépenfe ; de
forte qu'en plantant du *Safran*,
on peut efpérer, non-feulement de gagner annuellement
cinq livres fterling par âcre
de terre, mais encore d'entretenir fa famille durant une partie de l'année ; & c'eft dans cette
derniere fuppofition feulement
qu'on peut regarder les cal-
culs que l'on fait ordinairement des gros gains à retirer
de cette culture, comme ayant
quelque fondement, quoiqu'en
général ils foient, fans doute,
fort inexacts.

Je n'ai pas parlé ici de ce qu'il en pouvoit couter pour acheter les racines de *Safran*, & du bénéfice qu'on peut faire en les revendant ; parce que dans plusieurs grandes étendues de terre, l'un & l'autre se compensent quand on plante annuellement la même quantité de terrein, comme on l'a observé depuis plusieurs années.

Le Docteur PATRICK BLAIR se preposant de donner un traité sur le *Crocus* dans la sixieme Décade de sa *Pharmaco-Botanologia*, m'envoya en l'année 17.5, les questions suivantes.

1°. De quelle maniere les espèces se multiplient elles ?

2°. Est-ce la racine pivotante, qui pousse d'abord, ou la bulbe ?

3°. Dans quelle saison les feuilles poussent-elles ?

Je repondis à ces questions de la maniere suivante.

1°. Quant à la multiplication des especes, ce n'est que par les racines ou leurs rejettons que les vieilles plantes se propagent en abondance ; car je ne leur ai jamais vu produire de capsules ni de semences, quoique j'aie laissé plusieurs fois une grande quantité de leurs fleurs sécher sur pied pour en obtenir.

2°. Quant à la question si la racine pivotante pousse avant la bulbe ?

Aussi tôt que les racines commencent à pousser vers le haut, il y a ordinairement deux ou trois grosses racines coniques qui poussent sur le côté des vieil-

les, & qui s'enfoncent par le bas à deux pouces & demi, ou plus même, de profondeur dans la terre. Dans l'endroit ou ces nouvelles racines se forment sur l'ancienne, naît quelquefois, (mais pas toujours) une bulbe ; & dans ce cas, la racine pivotante se flétrit : cette bulbe augmente en grosseur jusqu'à ce qu'elle tombe tout à fait, & se sépare entiérement, formant alors une racine complette de soi-même ; ce qui arrive ordinairement en Avril, lorsque cette plante commence à perdre sa fraîcheur. Souvent les racines pivotantes de la forme de *Carottes* ne produisent point de bulbes, & conservent toujours la même figure ; & toujours ensuite, à ce que je crois, elles restent stériles ; car j'ai planté, il y a quatre ans, une partie de ces racines pivotantes dans une petite planche, où elles se sont conservées depuis ce tems, sans produire une seule fleur, quoiqu'elles aient donné un grand nombre de rejettons, dont toutes les racines avoient également la forme de *Carotte*.

Les habitans des environs de Saffron Walden, qui connoissent bien cette stérilité, ont grand soin de rejetter ces especes de racines quand ils font de nouvelles plantations ; mais comme cette altération n'est pas particuliere au *Safran* seul, je vais m'écarter un peu de mon sujet, afin de le rendre plus clair par de nouvelles observations.

Dans la Paroisse de Fulham, près de Londres, les jardiniers

faifoient un grand commerce en *Jonquilles*, ou *Narciſſi Junci-folii*, *flore multiplici*, & ils élevoient une plus grande quantité de ces racines pour les vendre, qu'en aucune auɩre partie de l'Angleterre, & ce commerce étoit auſſi avantageux aux propriétaires, qu'aucune autre culture ou récolte que ce ſoit : mais depuis quelques années, la plus grande partie de leurs racines étant devenues pivotantes en forme de *Carotte*, elles ſe ſont trouvées ſtériles, ou ne donnoient tout au plus qu'une fleur ſimple ; de ſorte que les jardiniers découragés ont abandonné cette culture, parce qu'ils étoient perſuadés que leur terre étoit fatiguée de recevoir cette plante.

Mais revenons au *Crocus* : outre ces racines, dont il a déja été queſtion, il ſe forme encore trois ou quatre petites bulbes ſur la partie haute de la racine, & quelques-unes endeſſous, qui, lorſqu'elles commencent à paroître, affectent une forme ronde, ſemblable à celle de la bulbe principale, mais qui n'ont point de racine pivotante : les plus élevées de ces bulbes pouſſent rarement des fibres, & elles reçoivent leur nourriture immédiatement de la vieille racine ; mais celles qui ſe trouvent au-deſſous, ſont garnies de fibres tout au tour, au moyen deſquelles elles tirent leur ſubſiſtance de la terre : ces bulbes ſe détachent beaucoup plutôt de la vieille racine que celles du haut, & ont beſoin d'être pourvues d'organes propres à les entretenir

par elles-mêmes. J'ai quelquefois trouvé pluſieurs de ces bulbes au milieu deſquelles on voyoit une racine du *Gramen Caninum*, que quelques perſonnes ont imaginé avoir aſſez de force pour pénétrer à travers la bulbe du *Crocus* ; mais la vérité eſt que la racine du *Gramen* adhérant tout près de la vieille racine de *Safran*, & préciſément à l'endroit où les jeunes bulbes ſortent, elles ſe trouvent enveloppées par la prompte croiſſance de ces bulbes, qui ſemblent alors être traverſées par cette racine de *Gramen.*

Outre les rejettons, dont je viens de parler, il s'en forme encore un autre, qui pouſſe directement ſur le haut de la vieille racine, qui devient auſſi gros qu'elle & qui forme ce que TOURNEFORT appelle *Radix gemina ;* mais comme cette maniere d'être n'a lieu que dans un certain tems de l'année, la dénomination de TOURNEFORT ſe trouve fort impropre ; car auſſi-tôt que ces nouvelles racines ſont tout-à-fait formées, les vieilles, ainſi que leurs enveloppes, ſe détachent, périſſent, & laiſſent toutes les nouvelles iſolées : cette obſervation a fait révoquer en doute l'aſſertion de TOURNEFORT ; mais j'en ai reconnu la verité en arrachant quelques plantes dans la ſaiſon, où les deux racines unies ſe trouvent d'une groſſeur égale ; c'eſt-à-dire, la vieille au fond, & la nouvelle au ſommet.

Le Docteur BLAIR en examinant une racine, fut ſurpris

de la trouver fort différente de ce qu'il avoit vu & entendu dire ; il m'écrivit en conséquence, & me marqua qu'à la partie haute de la bulbe, d'où sortent toutes les feuilles renfermées dans une enveloppe, il y avoit un appendice long d'environ un pouce & demi, & de la grosseur à-peu-près d'un tuyau de plume d'oie ou de dindon, cylindrique & émoussé, sans la moindre fibre radicale qui ait pu lui fournir sa nourriture, uni & bleuâtre sur la surface, consistant en plusieurs couches circulaires qu'on distinguoit en le coupant transversalement, blanc en dedans, & avec un centre dur, verdâtre, & semblable à celui d'une *Carotte* qui a poussé sa tige de fleurs : que cet appendice ressembloit aux tiges de quelques racines traçantes, telles que celles des *Menthes ;* avec cette différence seulement que son extrémité descendoit obliquement, au lieu de monter pour pousser des feuilles, & produire une nouvelle plante ; & que ce qu'il avoit trouvé de remarquable, c'est que cet accident ne tomboit pas seulement sur une ou deux plantes, mais avoit attaqué la totalité, dont le nombre étoit de vingt racines distinctes & séparées ; que les bulbes, qui paroissoient être en même tems diminuées & desséchées, poussoient malgré cela de grosses fibres radicales, semblables à celles d'un Porreau.

Je fis à cette lettre la réponse suivante :

J'ai reçu votre lettre en réponse à ma derniere, avec la description des racines de quelques plantes de *Crocus automnal* que vous avez tiré de terre ; j'ai trouvé une pareille figure dans DODONŒUS, & ces racines n'ont rien de nouveau pour les cultivateurs de *Safran*, qui les rejettent toujours quand ils font de nouvelles plantations.

Votre description ne s'accorde pas avec celle de mes racines pivotantes ou *Carotteuses*, comme vous le verrez sur la figure prise aussi exactement que je l'ai pu : dans la mienne vous trouverez la bulbe tournée de côté, ce qui s'est toujours trouvé de même dans un très-grand nombre de racines que j'ai examinées ; ce qui me fait soupçonner que ces racines pivotantes sont occasionnées par une position particuliere qu'on a donnée à ces racines en les plantant : si dans cette position le cours de la séve en montant se trouve retardé, les tiges des fleurs étant forcées de pousser en ligne courbe, & les racines pivotantes étant remplies de vaisseaux d'une assez grande dimension qui coulent dans leur longueur, le plus grand pouvoir attractif de la séve la porte vers le bas, & la tige se trouve destituée de sa propre nourriture.

Le moyen que vous proposez pour remédier à cet inconvénient, ne peut être adopté ; car j'ai enlevé quelques-unes de ces racines dans le moment que les racines pivotantes se formoient, & comme elles ont toutes péri par cette opération,

opération, je fuis perfuadé qu'en coupant ces excrefcences, elles fubiront toujours le même fort.

La méthode dont je me fuis fervi pour les *Jonquilles*, étoit de mettre quelques tuiles directement au-deffous des racines pour les empêcher de couler vers le bas ; mais cela n'a fervi à rien, & je ne crois pas qu'il foit poffible de les récouvrer, car l'altération n'attaque pas feulement la racine & la fleur, mais auffi les feuilles, & les tiges, qui, de fiftuleufes qu'elles étoient auparavant, deviennent unies & fillonnées ; & s'il arrive que la plante fleuriffe après cet accident, les fleurs font larges & fimples, au lieu qu'avant elles étoient petites & doubles. Le *Safran* ainfi vicié, produit une tige étroite & foible, qui a tout au plus la moitié de fa longueur ordinaire.

Sur cela le Docteur BLAIR a conclu ainfi :

Ces obfervations additionnelles montrent pleinement que ni les racines *carotteufes*, ni les racines pivotantes brûlées, fi je puis m'exprimer ainfi, ne font pas purement accidentelles, ou ce que l'on peut appeler *lufus Naturæ*, mais une véritable maladie ; car fi ces vices n'étoient qu'un pur accident ou jeu de la Nature, les racines ainfi viciées ne paroitroient pas toujours les mêmes dans les différens fols, dans les divers climats, & en auffi grand nombre comme je l'ai déja obfervé plus d'une fois.

CROISETTE VELUE *Voyez* VALANTIA CRUCIATA.

CROIX DE CHEVALIER. *Voyez* TRIBULUS TERRESTRIS.

CROIX DE JÉRUSALEM, *ou* FLEUR DE CONSTANTINOPLE. *Voyez* LYCHNIS CHALCEDONICA.

CROTALAIRE. *Voyez* CROTALARIA.

CROTALARIA. Lin. *Gen. Plant.* 771. *Dill. Elth.* 122. *Tourn. Inft. R. H.* 644. *de* Κρόταλον *gr.* Sonnette. Cette plante eft ainfi nommée parce que fes graines, lorfqu'elles font mûres, produifent, en les fecouant dans leurs légumes, un fon pareil à celui d'un grelot, ou parce que les enfans des Indiens fe fervent des branches de cette plante garnies de leurs légumes, au lieu de hochets. *Crotalaire*.

Caracteres. Le calice de la fleur eft divifé en trois gros fegmens, dont les deux fupérieurs répofent fur l'étendard, & l'inférieur eft concave, divifé en trois parties, & fitué au-deffous de la carène : la corolle eft papilionnacée ; l'étendard eft large, pointu, & en forme de cœur ; les aîles font ovales, & de moitié moins longues que l'étendard : la carène eft pointue & auffi longue que les ailes : la fleur a dix étamines unies & terminées par des fommets fimples : le germe, qui eft ovale, réfléchi, & fur lequel eft placé un ftyle fimple & couronné par un ftigmat obtus, fe change dans la fuite en un légume court, gonflé, & a une cellule qui s'ouvre en deux valves, & qui eſt remplie de ſemences en forme de rein.

Ce genre de plante eſt rangé dans la troiſieme ſection de la dixſeptieme claſſe de LINNÉE, intitulée, *Diadelphia decandria*, qui comprend les fleurs à dix étamines jointes en deux corps.

Les eſpeces ſont :

1°. *Crotalaria verrucoſa, foliis ſimplicibus, ovatis, ſtipulis lunatis, declinatis, ramis tetragonis. Flor. Zeyl.* 277 ; Crotalaire à feuilles ſimples & ovales, avec des ſtipules en forme de croiſſant & penchées, & des branches quarrées.

Crotalaria, foliis ovatis, petiolis duplici ſtipulâ acutis, ramis tetragonis. Hort. Cliff. 357.

Crotalaria, foliis ſolitariis, ovatis, acutis, caule ſulcato. Burm. Zeyl. 81, *t.* 34.

Crotalaria Aſiatica, folio ſingulari verrucoſo, floribus cœruleis. H. L. 199.

Pœ-tandale Cotti. Rheed. Mal. 9, *p.* 53, *t.* 29.

2°. *Crotalaria piloſa, foliis ſimplicibus, lanceolatis, piloſis, petiolis decurrentibus*; Crotalaire à feuilles ſimples, en forme de lance, & couvertes de poils, avec des pétioles coulans dans la longueur des tiges.

Crotalaria Americana, caule alato, foliis piloſis, floribus in thyrſo luteis. Martyn. Cent. 43, *t.* 43.

3°. *Crotalaria ſagittalis, foliis ſimplicibus, lanceolatis, ſtipulis ſolitariis decurrentibus, bidentatis. Hort. Cliff.* 357. *Gron. Virg.* 105. *Roy. Lugd.-B.* 374 ; Crotalaire dont les feuilles ſont ſimples & en forme de lance, & pourvues de ſtipules ſim-

ples, dentelées, qui regnent le long des tiges.

Crotalaria hirſuta minor Americana herbacea, caule ad ſummum ſagittato. H. L. 202. *t.* 203. *Pluk. Alm.* 122. *t.* 169. *f.* 6.

4°. *Crotalaria fruticoſa, foliis ſimplicibus, lineari-lanceolatis, hirſutis, petiolis decurrentibus, caule fruticoſo*; Crotalaire à feuilles ſimples, étroites, velues, & en forme de lance, avec des pétioles coulant le long de la tige, & une tige d'arbriſſeau.

Crotalaria frutescens hirſuta, flore luteo, ramulis alatis, foliis mucronatis. Houſt. MSS.

5°. *Crotalaria juncea, foliis ſimplicibus lanceolatis, petiolato-ſeſſilibus, caule ſtriato. Hort. Cliff.* 357. *Hort. Ups.* 210. *Roy. Lugd.-B.* 374. *Trew. Chret. f.* 47 ; Crotalaire à feuilles ſimples, en forme de lance, & ſur de très-petits pétioles, ayant une tige cannelée.

Crotalaria Benghalenſis, foliis Geniſtœ hirſutis. Pluk. Alm. 122.

Tandale-Cotti. Rheed. Mal. 9, *p.* 47, *t.* 36.

6°. *Crotalaria perfoliata, foliis perfoliatis, cordato ovatis. Lin. Sp. Plant.* 1003 ; Crotalaire à feuilles ovales, en forme de cœur, & perfeuillées.

Crotalaria perfoliatæ folio. Hort. Elth. 122, *tab.* 102, 122.

7°. *Crotalaria retuſa, foliis ſimplicibus, oblongis, cunei-formibus, retuſis. Flor. Zeyl.* 276 ; Crotalaire à feuilles ſimples, oblongues, en forme de coin, & réfléchies au ſommet.

Crotalaria major. Rumph. Amb. 5, *p.* 278, *t.* 96, *f.* 1.

Crotalaria Afiatica , floribus luteis , folio fingulari , cordi-formi. H. L. 200.

Tandale-Cotti, Rheed. Mal. 9, p. 54, *t.* 25.

8°. *Crotalaria villofa , foliis fimplicibus, ovatis, villofis, petiolis fimpliciffimis , ramis teretibus. Hort. Cliff.* 357 ; Crotalaire à feuilles fimples, ovales & velues , avec des pétioles très-fimples & des branches cylindriques.

Crotalaria arborefcens Africana ,Styracis folio. H. L. 170.

9°. *Crotalaria angulata, foliis ovatis, feffilibus , ramulis angulatis hirfutis, floribus lateralibus fimpliciffimis ;* Crotalaire à feuilles ovales , feffiles , angulaires & velues , & à fleurs fimples, placées fur les côtés des branches.

10°. *Crotalaria Laburni-folia , foliis ternatis, ovatis , acuminatis, ftipulis nullis , leguminibus pedicellatis. Flor. Zeyl.* 278 ; Crotalaire à feuilles à trois lobes, ovales & pointues, dépourvue de ftipules , & produifant des légumes avec des pédoncules.

Crotalaria Afiatica frutefcens , floribus luteis amplis , tri-foliata. H. L. 196, *t.* 197. *Raj. Hift.* 1893.

Nella Tandale-Cotti. Rheed. Mal. 9 , p. 49, *t.* 27.

11°. *Crotalaria alba , foliis ternatis , lanceolato-ovatis , caule lævi herbaceo , racemo terminali. Hort. Cliff.* 499 ; Crotalaire à feuilles à trois lobes, ovales & en forme de lance , avec des tiges unies, herbacées, & terminées par des épis clairs de fleurs.

Anonis Caroliniana perennis ,

non fpinofa , foliorum marginibus integris , floribus in thyrfo candidis , Martyn. Cent. 44.

Verucofa. La premiere efpece, qui croît naturellement dans les Indes, eft une plante annuelle dont la tige eft quarrée , herbacée , haute de deux pieds, & divifée en trois ou quatre branches également quadrangulaires , & garnies de feuilles couvertes de verrues, d'un vert pâle , & fupportées par de courts pétioles : fes fleurs papilionnacées & d'un bleu clair , naiffent en épis aux extrémités des branches , & font remplacées par de petites coffes légumineufes , courtes & gonflées, dans chacune defquelles eft renfermé un rang de femences en forme de rein ; ces fleurs paroiffent en Juillet & en Août , & leurs femences mûriffent en automne.

Cette plante fe multiplie par fes graines, qu'on répand au printems fur une couche chaude. Lorfque les plantes font parvenues à un pouce de hauteur , on les tranfplante fur une autre couche chaude pour les faire avancer, & on les tient à l'ombre jufqu'à ce qu'elles aient formé des racines nouvelles ; après quoi on leur donne de l'air à proportion de la chaleur de la faifon, pour les empêcher de filer. Lorfque les plantes ont acquis affez de force , on les enleve en motte avec précaution, on les place chacune à part dans des pots remplis de terre légere, prife dans un jardin potager ; on les plonge enfuite dans une couche de tan de chaleur modérée, & on les tient à l'abri jufqu'à ce qu'elles aient formé de nouvelles racines ; après quoi on les traite comme les autres plantes exotiques, en leur donnant de l'air, & en les arrofant d'une maniere convenable dans les tems chauds : lorfque ces plantes ont acquis affez de longueur pour toucher les châffis de la couche, on les tranfporte dans des caiffes de vitrages airées, ou dans une ferre chaude, où elles puiffent être à l'abri des mauvais tems, & jouïr de beaucoup d'air dans le tems chaud ; au moyen de ce traitement, ces plantes fleuriront en Juillet, & continueront à produire de nouveaux épis de fleurs jufqu'à la fin d'Août ; les premieres fleurs feront fuivies de femences qui mûriront en Septembre, & bientôt après les plantes périront.

Pilofa. La feconde efpece, que le Doéteur HOUSTOUN m'a envoyée de la Vera-Cruz dans la Nouvelle-Efpagne, s'éleve à la hauteur d'environ trois pieds, avec une tige aîlée, & garnie de plufieurs feuilles en forme de lance, de trois pouces de longueur fur un pouce de largeur, couvertes d'un poil doux, alternes & feffiles ; les pétioles de ces feuilles donnent naiffance à une bordure qui s'étend de chaque côté comme une autre feuille, dans toute la longueur des branches : fes fleurs fortent en épis clairs des extrémités des branches : elles font d'un jaune pale, leur

étendard, s'étend confidérablement au-delà des aîles, & elles font remplacées par des légumes courts & gonflés qui, lorfqu'ils font mûrs, font d'un bleu foncé, & renferment un rang de petites femences d'un brun verdâtre, & en forme de rein. Cette plante fleurit & perfeétionne fes femences en même tems que la précédente, & elle exige le même traitement.

Sagittalis. La troifieme a été envoyée de la Caroline Méridionale par le Doéteur DALE, & de la Jamaïque, par le Docteur HOUSTOUN, de forte qu'elle croît naturellement dans plufieurs parties de l'Amérique : cette plante eft annuelle, & s'éleve à un pied & demi de hauteur ; fa tige eft mince, divifée en trois ou quatre branches étendues & garnies de feuilles longues, ovales & ferrées : la partie fupérieure de ces branches eft auffi ornée de deux bordures ou aîles feuillées, qui s'étendent d'une feuille à l'autre, mais le deffous en eft dépourvu : les pédoncules s'élevent aux côtés de la tige ; ceux qui pouffent au-deffous des branches ont au-delà d'un pied de longueur, & ceux qui fe trouvent au-deffus ont environ fix pouces ; ils font fort minces & foutiennent chacun une ou deux fleurs, d'un jaune pâle, & de moitié moins groffes que celles des précédentes ; elles font fuivies par des légumes courts & gonflés, dans lefquels fe trouvent trois ou quatre femences unies & en forme de rein. Cette efpece exige la même culture que les deux premieres , & fleurit dans la même faifon.

Fruticofa. La quatrieme croît naturellement dans la Jamaïque, d'où le Docteur Hous-TOUN a envoyé fes femences : elle s'éleve avec une tige d'arbriffeau , & ronde, à la hauteur d'environ quatre pieds, & pouffe plufieurs branches de côté très-foibles , ligneufes , couvertes d'un écorce d'un brun pâle, & garnies de feuilles très-étroites, en forme de lance , velues & feffiles : les plus jeunes rejettons ont leurs côtés garnis d'une bordure, ou aîle feuillée ; mais les vieilles branches n'en ont point : les extrémités de ces branches portent des épis garnis chacun de trois ou quatre fleurs d'un jaune fale, & petites ; les légumes qui leur fuccedent ont environ un pouce de longueur , ils font très-gonflés & d'un bleu foncé lorfqu'ils font mûrs. Cette efpece fe multiplie par fes femences qu'on répand fur une couche chaude , & on traite les plantes qui en proviennent fuivant la méthode qui a été prefcrite plus haut ; mais en automne il faut les placer dans une ferre chaude, où elles pafferont facilement l'hiver, fleuriront dans le commencement de l'été fuivant, & produiront de bonnes femences.

Juncea. Les femences de la cinquieme, qui m'ont été apportées de la Côte de Malabar, ont réuffi dans le jardin de *Chelféa* : cette plante s'éleve avec des tiges angulaires à la hauteur d'environ quatre pieds , & fe divife vers fon fommet en trois ou quatre branches , garnies de feuilles étroites, en forme de lance, alternes , foutenues par de très-courts pétioles , & entièrement couvertes d'un duvet moëlleux & argenté : fes fleurs font produites en épis clairs aux extrémités des branches ; elles font groffes, d'un jaune foncé, & leurs ftyles font au-delà de l'étendard ; ces fleurs font remplacées par de gros légumes gonflés , qui contiennent un rang de groffes femences en forme de rein. Cette plante eft annuelle en Angleterre , mais comme la partie baffe de fa tige eft ligneufe , elle paroît devoir exifter plus long-tems dans fon pays originaire , quoiqu'elle ne paffe pas ici l'hiver ; la chaleur de la ferre chaude eft trop forte pour elle , & elle eft prefque toujours attaquée de moififfure dans la ferre commune ; & lorfque le tems eft humide , les plantes de cette efpece, dont j'ai femé plufieurs fois les graines en pleine terre, fe font élevées à la hauteur de trois pieds, & ont très-bien fleuri, mais elles n'ont produit aucun légume ; lorfqu'elles ont été traitées plus délicatement, elles font devenues encore plus grandes, & ont produit un grand nombre de fleurs, mais elles n'ont pas non plus donné de femences.

Je n'ai pu parvenir à faire produire des graines à ces

plantes, qu'en les élevant dans des pots sur des couches chaudes ; je les ai ôtées des pots au commencement de Juillet, & les ai mises en pleine terre dans une plate-bande très-chaude, contre une muraille bien exposée, où elles ont très-bien fleuri, & donné quelques légumes qui contenoient des semences mûres.

Perfoliata. Les graines de la sixieme ont été envoyées de la Caroline Méridionale par le Docteur DALE, qui les avoit reçues d'un pays fort éloigné en arriere des établissemens Anglois, suivant la notice qui y étoit jointe : cette plante s'éleve en tige d'arbrisseau, à la hauteur de quatre à cinq pieds ; mais comme celles qu'on a élevées ici ont péri à l'approche de l'hiver, elles ont fleuri sans produire de légumes ; ses tiges sont rondes, couvertes d'une écorce d'un brun clair, & garnies de feuilles unies, ovales, en forme de cœur, & de quatre pouces environ de longueur, sur près de trois pouces de largeur, qui environnent la tige de telle maniere qu'elle semble passer à travers ces feuilles : ses fleurs, qui sortent simples, & très-près du bouton de chaque feuille, vers le sommet des branches, sont d'un jaune pâle, & paroissent ici dans le mois d'Août ; mais comme elles n'y produisent aucuns légumes, je ne puis en donner la description. Cette plante est la plus réguliere de toutes celles de ce genre.

Retusa. La septieme s'éleve avec une tige herbacée à la hauteur d'environ trois pieds, & se divise à son extrémité en plusieurs branches, garnies de feuilles oblongues en forme de cœur, d'un vert pâle, unies, étroites à leur bâse, & qui s'élargissent par dégrés jusqu'au sommet, où elles sont arrondies & dentelées au milieu : ses fleurs, larges & jaunes, sont produites en épis aux extrémités des branches, & paroissent en Juillet ; leurs semences mûrissent en automne, pourvu que les plantes soient avancées au printems & traitées comme celles de la premiere espece. Celle-ci croît naturellement dans l'Isle de Céylan ; elle est annuelle, & périt aussi-tôt que ses graines sont mûres. Les graines de cette espece m'ont été données par le célèbre BOERHAAVE, Professeur à Leyde.

Villosa. La huitieme est originaire du Cap de Bonne-Espérance, d'où ses semences m'ont été envoyées : elle s'éleve avec une tige d'arbrisseau, à cinq pieds environ de hauteur, & se divise en plusieurs branches garnies de feuilles rondes, placées fort près des branches, velues, vertes, & douces au toucher : ses branches sont coniques, unies, & terminées par des épis de fleurs d'un bleu fin, & d'une grosseur égale à celle de la premiere. Cette plante fleurit en Juin & Juillet, & dans les années favorables ses semences mûrissent en automne. On la multiplie en répandant ses graines au printems sur une bonne couche chaude : lorsque les plantes ont acquis une certaine force, on les met chacune séparément dans des petits pots de la valeur d'un sou , & on les plonge dans une couche chaude de tan ; & on les traite ensuite de la même maniere que la quatrieme espece : on les tient dans une serre de chaleur modérée pendant l'hiver, sans quoi il n'est pas possible de les conserver en Angleterre. Ces plantes fleuriront dans la seconde année ; & , si elles sont bien traitées , leurs semences parviendront à leur maturité.

Angulata. La neuvieme, qui m'a été envoyée de Campêche, sa patrie, s'éleve à la hauteur d'environ trois pieds, avec une tige droite, conique , & garnie de feuilles ovales en forme de lance & d'un vert pâle : ses fleurs, teintes d'un jaune brillant, naissent simples sur les côtés des branches, & sont suivies par des légumes courts & gonflés, qui renferment chacun un rang de semences en forme de rein. Ces fleurs paroissent en Juin & Août; & , si les plantes sont traitées comme celles de la premiere espece, elles donneront de bonnes semences en automne. Cette plante est annuelle, & périt aussi-tôt que ses graines sont parvenues en maturité.

Laburni folia. La dixieme est originaire des grandes Indes : elle s'éleve en tige d'arbrisseau, à quatre ou cinq pieds de hauteur, & se divise en plusieurs branches garnies de feuilles ovales , & terminées en pointe : ses fleurs sont larges, jaunes, & naissent en gros paquets sur les côtés des branches ; elles paroissent en Juillet , en Août & en Septembre , mais je ne leur ai jamais vu produire de légumes dans notre climat. Cette plante est très-agréable lorsqu'elle est couverte de fleurs.

Cette espece se multiplie aisément par boutures, pendant tous les mois de l'été ; on les plante dans des pots qu'on plonge dans une couche de chaleur tempérée , on les tient à l'abri jusqu'à ce qu'elles aient pris racine , & on les arrose fréquemment : on peut exposer ces plantes en plein air dans une situation abritée pendant les mois de Juillet, Août & Septembre , où elles produiront des fleurs ; mais il faut les mettre en automne dans une serre de chaleur tempérée , pour les conserver pendant l'hiver.

Alba. La onzieme croît naturellement dans la Virginie & la Caroline, d'où ses semences m'ont été envoyées : il y a dans cette espece deux variétés, l'une à fleurs blanches, & l'autre à fleurs bleues; mais les semences de l'une & de l'autre les produisent toutes deux , ainsi que je l'ai souvent éprouvé. Sa racine est vivace & pousse au printems un nombre de feuilles proportionné à sa grosseur ; les pétioles qui les soutiennent sont unis, de deux pieds de longueur , & di-

vifés à leur extremité en trois
ou cinq branches , garnies de
feuilles unies , & de couleur
pàle , dont les lobes font ovales , en forme de lance & entiers : fes pédoncules s'élèvent
immédiatement des racines à
la hauteur d'environ un pied
au-deffus des feuilles , & font
terminés par un thyrfe de
fleurs larges , papilionnacées
& blanches , ou d'un bleu
foncé : elles font remplacées
par de gros légumes gonflés ,
noirs lorfqu'ils font mûrs , &
qui renferment chacun un
rang de femences en forme de
rein. Ces fleurs paroiffent en
Juin , & leurs femences mûriffent en automne.

On multiplie cette efpece
en femant fes graines au printems fur une couche de chaleur tempérée ; lorfque les
plantes pouffent , on leur donne journellement beaucoup
d'air pour les empêcher de filer , & auffi-tôt qu'elles ont
acquis affez de force , on les
met chacune féparément dans
des petits pots qu'on plonge
dans une couche de chaleur
modérée ; on les tient à l'ombre jufqu'à ce qu'elles aient
formé de nouvelles racines ;
après quoi on les accoutume
par degrés au plein air , &
en automne on les place dans
des couches vitrées , ou on
les couvre de nattes pendant
l'hiver pour les mettre à l'abri
des gelées ; mais au printems
fuivant on les tire des pots
pour les placer en pleine terre où elles fe conferveront plufieurs années , & donneront
conftamment des fleurs & des

graines , fi le fol eft fec & la
fituation bien choifie.

Culture. Comme la plupart
de ces plantes font annuelles ,
il eft néceffaire de hâter leur
accroiffement au printems ,
fans quoi elles ne perfectionneront pas leurs femences , &
même ne fleuriront pas à caufe
de la courte durée de nos étés ,
qui , en général , font peu favorables aux plantes délicates :
fi donc on veut avoir ces efpeces dans toute leur perfection , il faut faire conftruire
une caiffe de vitrages de cinq
à fix pieds de hauteur , qu'on
puiffe aifément ouvrir en cou-
liffe , afin que les plantes qu'on
y placera foient expofées de
tous côtés à l'action de l'air
& du foleil : on pratique auffi
dans toute la longueur de
cette caiffe une couche de tan
dont nous donnerons la defcription à l'article *Serre-Chaude.*
Ces caiffes ainfi conftruites
peuvent contenir toutes les
plantes fort tendres & annuelles , elles y jouïront du foleil
pendant tout le jour , & elles
pourront être expofées à l'air
libre lorfque le tems le permettra : de cette maniere on
les conduit à la même perfection que dans les pays chauds
où elles croiffent naturellement , parce que la chaleur
que le tan communique aux
racines , & celle qu'elles reçoivent du foleil à travers les
vitrages , fera , pendant l'été ,
égale à celle de leur climat.
Comme ces plantes naiffent
toujours fur des fols légers &
fablonneux , il faut leur en
donner de pareils ; & les pots

dans lesquels on les tient ne doivent pas être trop grands, parce qu'elles n'y profiteroient pas ; de forte que quand elles ont une fois rempli de leurs racines les petits pots dans lesquels on les a d'abord placées, on les remet dans d'autres plus grands de la valeur d'un fol, qui feront affez grands pour la plupart de ces fortes de plantes annuelles ; mais celles qui font d'une plus longue durée exigent des pots d'une capacité un peu plus confidérable au fecond printems : on leur donne de l'eau avec prudence, parce qu'une humidité trop abondante feroit facilement pourrir les tendres fibres de leurs racines. Il fuffira donc d'arrofer légèrement ces plantes trois ou quatre fois la femaine dans les tems chauds.

CROTINS DE CHEVAL. Ils font d'un grand ufage pour faire des couches fur lefquelles on éleve au commencement du printems des plantes potageres telles que des Concombres, des Melons, des Afperges, des Salades, &c. Ces *crotins* font bien préférables à tout autre fumier, parce qu'ils font fufceptibles d'une fermentation plus confidérable, & qu'en les mêlant avec de la grande litiere, & des cendres de charbon de terre dans une proportion convenable, ils confervent leur chaleur beaucoup plus longtems ; & lorfqu'ils font pourris, ils deviennent d'ailleurs un excellent engrais pour la plus grande partie des terres, &

furtout pour celles qui font d'une nature froide ; ainfi que pour celles qui font argilleufes, en y ajoutant des cendres de charbon de terre, & des boues des grandes villes. Comme cet engrais fépare les parties tenaces de cette efpece de fol, beaucoup mieux que tout autre mélange, je le recommanderai toujours pour de pareils terreins, quand on pourra s'en procurer une affez grande quantité.

CROTON. *Lin. Gen. Plant.* *960. Ricinoïdes. Tourn. Inft. 655.* *tab. 423.* [*Baftard Ricinus.*] Ricin bâtard, *ou* Noix Médicinale.

Caracteres. Dans ce genre il y a des fleurs mâles & femelles fur la même plante ; elles ont un calice à cinq feuilles, & les corolles font compofées de cinq pétales ; celle de la fleur mâle n'eft pas plus grande que le calice ; elle a cinq glandes de nectaire petites, & fixées au réceptacle ; & elle renferme dix ou quinze étamines jointes à leur bâfe, & terminées par des fommets jumeaux. Les fleurs femelles ont un germe rond qui foutient trois ftyles étendus, réfléchis, & couronnés par des ftigmats réfléchis & divifés en deux parties ; ce germe devient enfuite une capfule prefque ronde, à trois angles & à trois cellules, dans chacune defquelles eft renfermée une fimple femence.

Ce genre de plante eft rangé dans la neuvieme fection de la vingt-unieme claffe de LINNÉE, intitulée *Monœcia monadelphia* , qui comprend celles dont les fleurs mâles & femelles font placées fur le même pied , & dont les parties mâles font jointes en un corps.

L.s efpeces font :

1°. *Croton tinctorium , foliis rhombeis , repandis , capfulis pendulis , caule herbaceo.* Hort. *Upfal.* 290. *Mat. Med.* 207. *Gouan. Monfp.* 495. *Gron. Orient.* 298. *Burm. Ind. t. 62 ;* Croton avec des feuilles rhomboïdales & réfléchies , des capfules pendantes , & une tige herbacée.

Ricinoïdes ex quâ paratur Tournefol Gallorum. Tourn. *Inft.* 655 ; Ricin bâtard avec lequel les François préparent le Tournefol.

Heliotropium tricoccum. Bauh. *Pin.* 253. *Raj. Hift.* 165.

Heliotropium parvum Diofcoridis. Lob. *Hift. 153. Ic. 261.*

Heliotropium minus. Gefner. Ic. 120 , t. 4 , f. 30.

2°. *Croton argenteum , foliis cordato-ovatis , fubtùs tomentofis , integris , fubferratis.* Hort. 444. *Roy. Lugd.-B.* 201 ; Croton à feuilles ovales , en forme de cœur , entieres , fciées & cotonneufes en-deffous.

Ricinoïdes herbacea , folio fubrotundo , ferrato , fructu parvo , conglomerato. Houft. MSS.

3°. *Croton paluftre, foliis ovato-lanceolatis , plicatis , ferratis , fcabris.* Hort. Cliff. 445. *Roy. Lugd.-B.* 201 ; Croton à feuilles ovales, en forme de lance , pliffées , fciées & rudes.

Ricinoïdes paluftre , foliis oblonbis , ferratis , fructu hifpido. Martyn. Cent. 38.

4°. *Croton lobatum , foliis inermi-ferratis ; inferioribus quinquelobis , fuperioribus tri-lobis.* Hort. *Cl.* 445. *Roy. Lugd. - B.* 201 ; Croton à feuilles unies & fciées , dont celles du bas ont cinq lobes , & celles du haut trois.

Ricinoïdes herbaceum , foliis trifidis vel quinque-fidis & ferratis. Houft. MSS.

5°. *Croton humile tetraphyllum , foliis lanceolatis , acuminatis , fubtùs cæfiis, caule herbaceo, ramofo ;* Croton à quatre angles , avec des feuilles pointues, en forme de lance , & grifes en-deffous, & une tige herbacée & branchue.

Ricinoïdes humilis , foliis oblongis , acuminatis , fubtùs cæfiis. Houft. MSS ; celle-ci eft différente de l'efpece de LINNÉE , qui porte le même titre.

6°. *Croton fruticofum , foliis lanceolatis , glabris , caule fruticofo , floribus alaribus & terminalibus ;* Croton à tige d'arbriffeau, dont les feuilles font unies , & en forme de lance, & dont les fleurs croiffent aux ailes des feuilles, aux extrémités des branches.

Ricinoïdes frutefcens , Lauri folio , calyce ampliffimo viridi. Houft. MSS.

7°. *Croton Populi-folium , foliis cordatis , acuminatis , fubtùs tomentofis , floribus alaribus feffilibus , caule fruticofo ;* Croton à feuilles pointues , en forme de cœur , & cotonneufes en-deffous , avec des fleurs feffiles , qui fortent des ailes des feuilles , & une tige d'arbriffeau.

Ricinoïdes , foliis Populi hirfutis. Plum. Cat. 20 ; cette

espece n'est pas la même que
le *Sebiferum* de LINNÉE.

8°. *Croton Cascarilla, foliis
lanceolatis, acutis, integerimis,
petiolatis, subtùs tomentosis, caule
arboreo. Amœn. Acad. 5. p. 411.
Mat. Med.* 206; Croton à feuilles en pointe aiguë, en forme de lance, entieres & cotonneuses en dessous, avec une
tige en arbre.

Croton lineare. Jacq. Amer.
256. *t.* 162. *f.* 4.

*Ricinoïdes frutescens odorata,
foliis angustis, subtùs albicantibus, Houst. MSS.*

Cascarilla. Mat. Med. 470.

*Ricino affinis odorifera fruti-
cosa major, Rosmarini folio,
fructu tricocco albido. Sloan. Jam.*
44.

9°. *Croton Althæa-folia, foliis oblongo cordatis, tomentosis,
caule fruticoso, ramoso, floribus
spicatis terminalibus;* Croton à
feuilles oblongues, cotonneuses & en forme de cœur,
avec une tige branchue d'arbrisseau, & des fleurs disposées en épis aux extrémités des
branches.

*Ricinoïdes Americana frutes-
cens, Althæ folio. Plum. Cat.*
20.

10°. *Croton alviæ-folia, foliis cordatis, acutis, subtùs tomentosis, caule fruticoso, floribus spicatis terminalibus & alaribus;* Croton à feuilles pointues, en forme de cœur, &
cotonneuses en-dessous, avec
une tige d'arbrisseau, & des
fleurs en épis sur les côtés,
& aux sommets des branches.

*Ricinus Salviæ folio utrinque
molli. Pet. Hort. Sicc.*

Tinctorium. La premiere espece, dont les semences m'ont
été souvent envoyées de la
France Méridionale, où elle
croît naturellement, est une
plante annuelle qui s'éleve à
la hauteur d'environ neuf pouces, avec une tige branchue,
herbacée, & garnie de feuilles
irrégulieres, d'une figure rhomboïdale, de deux pouces environ de longueur, sur un
pouce & un quart dans leur
plus grande largeur, & qui
sont supportées par des pétioles minces, & longs d'environ quatre pouces : ses fleurs
naissent en épis courts sur les
côtés des tiges, & aux extrémités des branches : le sommet des épis est composé de
fleurs mâles, pourvues de
plusieurs étamines unies à leur
bâse, & leur partie inférieure
est garnie de fleurs femelles,
qui ont chacune un germe
rond, & à trois angles : ses
fleurs laissent après elles, chacune une capsule ronde à trois
lobes, & à trois cellules, qui
renferment chacune une semence ronde. Cette plante
fleurit en Juillet ; mais ses
semences ne mûrissent point
en Angleterre, à moins qu'el-
ne soit avancée dans une couche chaude.

Les semences de cette espece
doivent être répandues en automne aussi-tôt qu'elles sont
mûres, dans de petits pots
remplis de terre légere, &
plongées sous un châssis dans
une vieille couche de tan, où
elles puissent être à l'abri du
froid de l'hiver : au printems
suivant, on place ces pots
dans une nouvelle couche chau-

de, qui fera pouſſer les plantes dans l'eſpace d'un mois.
Quand elles ſont aſſez fortes
pour être enlevées, on les
met chacune ſeparément dans
de petits pots, on les plonge
dans une nouvelle couche chaude, & on ombrage les vitrages, juſqu'à ce qu'elles aient
formé de nouvelles racines;
après quoi on leur donne de
l'air tous les jours, à proportion de la chaleur de la ſaiſon,
& on les arroſe très-peu. En
ſuivant ce traitement, j'ai eu
des plantes qui ont fleuri &
produit leurs ſemences ici;
mais je n'ai jamais pu en obtenir par d'autres moyens.

Cette plante fournit le *Tour-
neſol*, dont on ſe ſert pour
colorer les vins & les gelées
de fruits : cette ſubſtance eſt
formée d'un certain ſuc qui ſe
trouve entre les calices & les
ſemences : lorſqu'on répand
cette ſéve ſur un drap, il paroît d'abord un verr éclatant,
& ſe change bientôt après en
une couleur pourpre bleuâtre :
ſi ce drap eſt mis dans l'eau,
& enſuite exprimé, il communique à l'eau une couleur de
vin rouge de Bourdeaux. On
porte ces morceaux de drap
ainſi colorés en Angleterre,
où ils ſont vendus dans les
boutiques ſous le nom de *Tour-
neſol*.

Argenteum. La ſeconde eſpece eſt originaire de la Véra-
Cruz, dans la nouvelle Eſpagne, d'où ſes ſemences m'ont
été envoyées par le Docteur
HOUSTOUN ; cette plante eſt
annuelle, & s'éleve à la hauteur d'un pied ; elle a une ti-

ge angulaire, & des branches
nues depuis leurs diviſions,
juſqu'au ſommet, où elles ſont
garnies de quelques feuilles
en forme de lance, ſciées ſur
leurs bords, longues d'un pouce & demi, ſur neuf lignes
de largeur, & ſupportées par
des pétioles de la largeur d'un
pouce : ſes fleurs ſont blanches, elles ſortent en épis
ſerrés & courts aux extrémités
des branches ; celles qui occupent la partie haute ſont
mâles, & celles du bas femelles : les mâles tombent bientôt ;
mais les femelles ſont remplacées par des capſules rondes
à trois lobes, diſpoſées en paquets ſerrés, & diviſées en
trois cellules, dont chacune
renferme une ſemence ronde.
Cette plante fleurit en Juillet,
& ſes ſemences mûriſſent en
automne.

Paluſtre. La troiſieme, que
le même Docteur HOUSTOUN
a découverte à la Véra Cruz,
& dont il m'a envoyé les ſemences, eſt auſſi une plante
annuelle, qui naît ſpontanément dans les terres baſſes &
marécageuſes, où elle ſe montre ſous un aſpect bien différent de celles qui ſont plantées dans un terrein ſec ; celles des endroits aquatiques
ont des tiges larges & plates,
des feuilles de trois pouces
de longueur, ſur un quart de
pouce tout au plus de largeur, rudes, & un peu dentelées ſur leurs bords ; mais
celles qui croiſſent dans une
terre ſeche, ont des feuilles
de la même longueur que les
premieres, mais larges de plus.

de deux pouces, & également sciées sur leurs bords : ses fleurs sortent des aîles des feuilles en épis clairs & courts, dont les sommets sont occupés par quatre ou cinq fleurs mâles & herbacées, & les bâses par trois ou quatre fleurs femelles, auxquelles succèdent des capsules rondes, à trois lobes, couvertes de poils piquants, & à trois cellules, dont chacune renferme une simple semence. Cette plante fleurit, & ses semences mûrissent en même temps que la précédente.

Lobatum. La quatrieme a été aussi découverte dans la même Contrée, par le Docteur Houstoun ; elle est annuelle, & s'éleve à la hauteur d'un pied & demi avec une tige conique herbacée, divisée en plusieurs branches garnies de feuilles unies, supportées par de fort longs pétioles, & dont la plupart sont opposées, ainsi que les branches : les feuilles qui occupent le bas de la plante sont profondément séparées en cinq segmens oblongs, & celles du haut en trois ; elles sont toutes légérement sciées sur leurs bords, & terminées en pointe aiguë : ses fleurs, de couleur herbacée, naissent en épis clairs aux extrémités des branches ; les mâles sont placées au sommet, & les femelles au-dessous : à ces dernieres succèdent des capsules oblongues à trois lobes, qui s'ouvrent en trois parties, & qui forment trois cellules, dont chacune contient une semence oblongue. Cette es-

pece fleurit & produit des semences dans le même tems que les précédentes.

Humile. La cinquieme se trouve dans les environs de la Havanne, d'où le Docteur Houstoun m'a envoyé ses semences : cette plante annuelle s'éleve rarement au-dessus de six pouces de hauteur, & se divise en deux ou trois branches, dont les parties basses sont garnies à chaque nœud de quatre feuilles placées en forme de croix ; deux de ces feuilles ont trois pouces de longueur, sur un pouce de largeur près de leur bâse ; elles sont opposées & terminées en pointe aiguë ; les deux autres, qui sont placées entre celles-ci, sont longues d'environ deux pouces, sur trois lignes de largeur ; elles sont d'un vert clair en-dessus, & grises ou cendrées en-dessous : ses fleurs, qui sont de couleur herbacée, sortent en épis clairs du sommet des tiges au nombre de deux ou de trois sur chaque nœud ; les fleurs mâles occupent toujours le sommet, & les femelles la bâse des épis ; celles-ci sont remplacées par des capsules rondes à trois cellules, dont chacune contient une semence ronde. Cette plante fleurit & perfectionne ses semences dans la même saison que les précédentes.

Fruticosum. La sixieme, qui fut découverte par le même Docteur Houstoun dans l'isle de la Jamaïque, où elle croît naturellement, est couverte d'une écorce cendrée, & s'éleve à la hauteur de sept ou huit pieds, en une tige d'arbriffeau, divifée vers fon fommet en plufieurs branches minces, dont quelques-unes font terminées par cinq ou fix autres plus petites qui fortent des mêmes nœuds ; ces branches font nues vers le bas, & garnies au fommet des feuilles unies, en forme de lance, de deux pouces environ de longueur, fur trois quarts de pouce de largeur, placées fans ordre, & fupportées par des pétioles paffablement longs: fes fleurs, qui naiffent en épis courts aux extrémités des branches comme celles des précédentes, font d'une couleur herbacée, & enveloppées par un grand calice vert.

Populi-folium. La feptieme a été envoyée de la Jamaïque par M. ROBERT MILLAR ; elle s'éleve avec une tige d'arbriffeau à la hauteur de fept ou huit pieds, & produit plufieurs branches irrégulieres couvertes d'une écorce cendrée, & garnies de feuilles en forme de cœur, de quatre pouces à peu près de longueur, fur deux dans leur plus grande largeur, terminées en pointe aiguë, d'un vert clair en-deffus, cotonneufes en-deffous, placées fans ordre, & fupportées par de foibles pétioles, qui fouvent fortent fimples, & quelquefois au nombre de deux ou trois fur le même nœud : les fleurs font produites en épis courts fur les parties latérales des branches, & font d'un blanc verdâtre : les fleurs femelles font fuivies par des

capfules à trois cellules dont chacune contient une fimple femence.

Cafcarilla. La huitieme croît naturellement à la Jamaïque, d'où les femences m'ont été auffi envoyées par le Docteur HOUSTOUN, a une tige d'arbriffeau dont la hauteur eft de fix ou fept pieds, & qui pouffe plufieurs branches latérales couvertes d'une écorce unie, & d'un jaune pâle, & garnies de feuilles étroites, fermes, longues d'environ trois pouces, fur une ligne & demie de largeur, d'un vert clair en-deffus, teintes en-deffous d'une couleur pareille à celle de l'écorce, & traverfées dans leur longueur par une côte fort faillante fur la face inférieure, mais creufée en canal fur le deffus ; les extrémités de ces branches font divifées chacune en quatre ou cinq autres plus petites, & d'égale longueur, qui fortent toutes du même nœud : entre celles-ci s'éleve un épi long & clair de fleurs d'un vert blanchâtre : toutes les parties de cette plante répandent une odeur aromatique, lorfqu'on les froiffe ; fes femences fe forment dans des capfules rondes & à trois cellules dont chacune en renferme une feule.

Althœa-folia. Le Docteur HOUSTOUN m'a encore envoyé de la Jamaïque les femences de la neuvieme ; elle y croît naturellement & s'éleve en tige d'arbriffeau à la hauteur de fix ou fept pieds, & fe divife vers fon fommet en plufieurs branches, dont l'écorce eſt couverte d'un du-vet jaunâtre , & qui ſont gar-nies de feuilles longues , en forme de cœur , terminées en pointe aiguë , de deux pouces & demi de longueur , ſur un pouce dans leur plus grande largeur , ſupportées par de longs pétioles , & couvertes ſur les deux ſurfaces d'un du-vet cotonneux , pareil à celui des branches : ſes fleurs pa-roiſſent en épis longs & ſer-rés aux extrémités des bran-ches : ſes fleurs mâles , pla-cées au haut des épis , ſont blanches , monopétales , divi-ſées en cinq parties , preſque juſqu'au fond , & pourvues de cinq étamines coniques , & fixées dans le fond ; les fe-melles , qui occupent les par-ties baſſes de ces mêmes épis , ont des calices cotonneux , & ſont ſuivies par des capſules rondes , & à trois cellules , qui renferment chacune une ſimple ſemence.

Salviæ-folia. La dixieme s'é-leve avec une tige d'arbriſſeau à la hauteur d'environ quatre pieds , & ſe diviſe en plu-ſieurs petites branches cou-vertes d'une écorce argentée , & garnies de petites feuilles en forme de cœur , longues d'environ neuf lignes , ſur ſix de largeur à leur bâſe , termi-nées en pointe aiguë , coton-neuſes ſur les deux ſurfaces , de couleur argentée en-deſſus , & d'un vert jaunâtre en-deſ-ſous : ſes fleurs , petites , blanches & pourvues de cali-ces cotonneux , naiſſent en épis courts aux extrémités des branches ; les fleurs femelles

occupent la bâſe des épis , & ſont remplacées par des cap-ſules rondes , & à trois cel-lules , dont chacune contient une ſimple ſemence.

Culture. Comme toutes ces plantes , excepté la première , ſont originaires des climats chauds , elles ne réuſſiroient pas en Angleterre , ſi on ne les traitoit pas délicatement : on les multiplie toutes par leurs graines ; celles qui ſont an-nuelles en donnent toujours de mûres dans notre pays ; mais comme les eſpeces en arbriſſeau perfectionnent ra-rement les leurs , il faut les faire venir des contrées où ces plantes croîſſent naturelle-ment. On les répand ſur une couche chaude dans le com-mencement du printems; & lorſ-que les plantes ſont en état d'ê-tre enlevées , on les met cha-cune ſéparément dans de petits pots qu'il faut plonger dans une couche de tan de chaleur modérée , & les tenir à l'abri du ſoleil , juſqu'à ce qu'elles aient formé de nouvelles raci-nes ; après quoi on leur don-ne journellement de l'air à proportion de la chaleur de la ſaiſon ; on les arroſe ſouvent, ſur-tout celles des deuxieme, troiſieme & quatrieme eſpe-ces ; mais les autres ont moins beſoin d'eau : lorſqu'elles ſont trop élevées , pour pouvoir être contenues ſous les châſ-ſis , on les tranſporte dans la ſerre chaude ou dans des caiſ-ſes vitrées , où il y ait une couche chaude de tan , dans laquelle on les plonge ; les eſpeces annuelles y fleuriront

& y perfectionneront leurs femences; mais celles en arbriffeau doivent être mifes dans la couche de tan de la ferre chaude en automne & en hiver : on les arrofe très-peu, on entretient la ferre à un bon degré de chaleur, fans quoi les hivers de notre climat ne manqueroient point de les détruire.

Comme ces plantes confervent leurs feuilles pendant toute l'année, elles font une belle variété en hiver lorfqu'elles font mêlées avec d'autres dont les feuilles font d'une forme & d'une couleur différentes.

CRUCIANELLA. *Lin. Gen. Plant.* 118. *Rubeola. Tourn. Inft. R. H.* 130. *tab.* 50. [*Petty Madder.*] Petite Garance.

Caractleres. Le calice de la fleur eft rude comprimé & formé par deux feuilles; la corolle eft monopétale, & pourvue d'un tube mince, cylindrique, plus long que le calice, & découpée au bord en quatre parties : la fleur a quatre étamines, fituées dans l'ouverture du tube, & terminées par des fommets fimples, & un germe comprimé, placé au fond du tube, & furmonté par un ftyle mince, & divifé en deux parties couronnées par deux ftigmats obtus : ce germe fe change, quand la fleur eft paffée, en deux capfules jumelles, dont chacune renferme une femence oblongue.

Les plantes de ce genre ayant quatre étamines & un ftyle, font placées dans la premiere fection de la quatrieme claffe de LINNÉE, qui a pour titre *Tetrandria monogynia.*

Les efpeces font :

1°. *Crucianella angufti folia, erecta, foliis fenis linearibus. Hort. Upfal.* 27. *Sauv. Monfp.* 164. *Kniph. Cent.* 8. *n.* 34. *Sabb. Hort.* 2. *t.* 12.; petite Garance, érigée, ayant fix feuilles étroites à chaque nœud.

Rubeola angufti - folia Tourn. Inft. 130.; petite Garance.

Rubia angufti - folia, fpicata. Bauh. Pin. 334. *Prod.* 145.

2°. *Crucianella lati folia procumbens, foliis quaternis lanceolatis, floribus fpicatis. Hort. Upfal.* 27. *Sauv. Monfp.* 164.; petite Garance rampante, avec quatre feuilles en forme de lance à chaque nœud, & des fleurs en épis.

Crucianella, foliis lanceolatis. Hort. Cliff. 33.

Rubeola, latiori folio. Tourn. Inft. 130.

Rubia. lati-folia, fpicata. Bauh. Pin. 334.

3°. *Crucianella maritima, procumbens, fuffruticofa, foliis quaternis, mucronatis, floribus oppofitis, quinque-fidis. Lin. Sp. Plant.* 158.; petite Garance à tige d'arbriffeau traînante, avec quatre feuilles à chaque nœud, & des fleurs oppofées & à cinq pétales.

Rubia, five Rubeola Maritima. G. B. P. 334. *Dod. Pempt.* 357. *Clus. Hift.* 2. *p.* 176.

4°. *Crucianella hifpida, caule hifpido, foliis lanceolatis, hirfutis, oppofitis, floribus umbellatis terminalibus;* petite Garance à tige couverte de poils, ayant des feuilles velues, en forme de lance, & oppofées, & des fleurs en ombelle aux extrémités des branches.

Rubeo-

Rubeola Americana , hirfuta , Parietariæ foliis umbellatis , purpureis. Hort. MSS.

5°. *Crucianella Americana , foliis lineari-lanceolatis , hirfutis , oppofitis , caule erecto villofo , floribus folitariis alaribus ;* petite Garance d'Amérique , à feuilles étroites, velues, en forme de lance, & oppofées, avec une tige droite & velue, & des fleurs fimples difpofées fur les côtés des branches.

Angufti-folia. La premiere efpece, qui croît naturellement dans la France Méridionale & en Italie, eft une plante annuelle , dont la hauteur eft d'environ un pied, & qui pouffe plufieurs tiges droites, garnies de fix ou fept feuilles fort étroites , linéaires, & difpofées en têtes rondes fur chaque nœud : fes fleurs fortent en épis ferrés des fommets & des parties latérales des branches : elles font petites , blanches, & de la même longueur que le calice ; ainfi elles n'ont pas beaucoup d'apparence. Cette plante fleurit en Juin & en Juillet, & fes femences mûriffent en automne.

Lati-folia. La feconde, qu'on rencontre dans les Ifles de l'Archipel, & auffi dans les environs de Montpellier, eft pareillement une plante annuelle , dont la racine pouffe plufieurs tiges branchues , inclinées, & garnies à chaque nœud de quatre feuilles, en forme de lance : fes fleurs naiffent en longs épis aux extrémités des branches ; elles font fort petites , & de peu d'apparence. Cette efpece fleurit vers le même tems que la précédente.

Maritima. La troifieme reffemble a la feconde par fes feuilles & fes tiges ; mais fes fleurs croiffent fur les côtés des tiges, prefqu'en forme de têtes, & ont fort peu d'apparence : cette efpece fe trouve fur les bords de la mer dans la France Méridionale & en Italie.

On conferve ces trois efpeces dans quelques jardins pour caufe de variété : fi on les feme à demeure fur une planche de terre légere, dès le commencement du printems, elles n'exigeront aucune autre culture que d'être éclaircies où elles feront trop ferrées , & d'être tenues conftamment nettes : en leur donnant le tems d'écarter d'elles-mêmes leurs graines , elles poufferont au printems, & ne demanderont aucun foin ; mais la troifieme ne perfectionne pas fes femences ici, quand l'automne n'eft pas favorable.

Hifpida. La quatrieme a des tiges rudes , épineufes, quarrées, penchées vers la terre , & garnies de feuilles en forme de lance, velues & oppofées : fes fleurs font produites en petites grappes aux extrémités des branches ; elles font bleues , découpées au fommet en quatre parties , & produifent des capfules jumelles & unies , dont chacune renferme une femence oblongue.

Americana. La cinquieme s'éleve à la hauteur d'environ trois pieds, avec une tige d'arbriffeau garnie de feuilles étroites en forme de lance, & couvertes de poils piquans : fes fleurs fortent fimples des aîles des feuilles, & de chaque côté de la tige ; elles font d'un bleu pâle, & remplacées par des fruits jumeaux pareils à ceux de la précédente.

Ces deux efpeces croiffent naturellement à la Vera-Cruz, dans la Nouvelle Efpagne, d'où fes femences m'ont été envoyées par le Docteur HOUSTOUN ; elles ont très - bien pouffé en été dans le jardin de *Chelféa*, mais elles ont péri en automne avant la maturité de leurs femences.

CRUCIATA. *Voyez* VALANTIA.

CUCUBALUS. *Lin. Gen. Plant.* 302. *Tourn. Inft. R. H.* [*Berry-bearing. Chickweed.*] Mouron portant baies.

Caracteres. Dans ce genre le calice de la fleur eft perfiftant, oblong & formé par une feuille divifée en cinq fegmens : la corolle, qui eft compolée de cinq pétales pourvus d'onglets auffi longs que le calice, s'étend & s'ouvre : la fleur a dix étamines, dont cinq font alternativement inférées dans les onglets des pétales, & font toutes terminées par des fommets oblongs : dans le centre eft placé un germe ovale qui foutient trois ftyles plus longs que les étamines, & couronnés par des ftigmats oblongs & velus. Ce calice fe change, quand la fleur eft paffée, en une capfule ferrée, pointue, & à trois cellules, qui s'ouvrent au ommet en cinq parties, & font remplies par plufieurs femences rondes.

Ce genre de plante eft rangé dans la troifieme fection de la

dixieme claffe de LINNÉE, intitulée *Decandria trigynia*, qui comprend celles dont les fleurs ont dix étamines & trois ftyles.

Les efpeces font :

1°. *Cucubalus bacciferus, calycibus campanulatis, petalis diftantibus, pericarpiis coloratis, ramis divaricatis. Lin. Sp. Plant.* 414. *Pollich. Pal. n.* 414. *Mattusch. Sil. I. n.* 310 ; Cucubalus avec un calice en forme de cloche, des pétales placés féparément, un péricarpe coloré, & des branches écartées.

Lychnis baccifera. Scop. Carn. n. 517.

Vifcago baccifera, petalis ferratis. Hall. Helv. n. 912.

Lychnanthus volubilis. Gmel. Act. Petr. 1759. *v.* 14.

Cucubalus Plinii. Lugd.-B. 1429.

Alfine fcandens baccifera. Bauh. Pin. 250.

2". *Cucubalus lati-folius, caulibus erectis, glabris, calycibus fubglobofis, ftaminibus corollâ longioribus ;* Cucubalus à tiges unies & érigées, dont les fleurs ont des calices globulaires, & des étamines plus longues que la corolle.

Herba articularis. Tabern. 298.

Lychnis fylveftris, quæ Behen album vulgò. G. B. P. 205 ; connu vulgairement fous le nom de *Pavot plein d'écume*, ou *baveux, Papaver fpumeum. Lob. Ic.* 340.

3°. *Cucubalus angufti-folius, calycibus fubglobofis, caule ramofo patulo, foliis linearibus acutis ;* Cucubalus avec des calices globulaires & une tige branchue, étendue, & garnie de feuilles étroites & pointues.

Lychnis fylveftris, quæ Behen

album vulgò , foliis angustioribus & acutioribus. G. B. P. 250 ; Pavot baveux à feuilles étroites & pointues.

4°. *Cucubalus Behen , calycibus sub-globosis , glabris, reticulato-venosis , capsulis trilocularibus , corollis sub-nudis. Flor. Suec. 360 ; 385. Gmel. Sib. 4. p. 136 ;* Cucubalus dont les calices sont unis , globulaires , & veinés en filets , ayant des capsules à trois cellules , & une corolle nue.

Lychnis Suecica , Behen album, folio , habitu , calyce amplissimo , Gumsepungar , sivè scrotum Arietis dicta. Boerh. Ind. Alt. 212 , appelé en Suede *Gumsepungar ,* le Behen blanc.

5°. *Cucubalus fabarius , foliis obovatis , carnosis. Prod. Leyd. 448 ;* Cucubalus à feuilles ovales & charnues.

Lychnis maritima saxatilis , folio Anacampserotis. Tourn. Cor. 24.

Behen album , sivè Polemonium saxatile , Fabariæ folio , Siculum. Bocc. Mus. 133. t. 92.

6°. *Cucubalus Dubrensis , floribus lateralibus decumbentibus , caule indiviso , foliis basi reflexis. Lin. Sp. Plant. 414 ;* Cucubalus avec des fleurs sur les côtés des tiges , & tombantes , une tige indivisée & des feuilles réfléchies à leur bâse.

Lychnis major noctiflora Dubrensis perennis. Raii Hist. 995 ; Le plus grand Lychnis vivace de Douvres , dont les fleurs s'ouvrent pendant la nuit.

Cucubalus viscosus. Lin. Sp. Plant. 592. Sp. 4.

7°. *Cucubalus stellatus , foliis quaternis. Hort. Upsal. 110 ;* Cucubalus à quatre feuilles.

Drypis foliis quaternis. Cold. Noveb. 106.

Lychnis Caryophyllæus Virginianus , Gentianæ foliis , glabris , quatuor ex singulis geniculis caulem amplexantibus , flore amplo fimbriato. Raii Hist. 1895.

Silene , foliis quaternis. Gron. Virg. 50.

8°. *Cucubalus nocti-flora , calycibus striatis , acutis , petalis bipartitis , caule paniculato , foliis linearibus ;* Cucubalus dont les calices sont aigus & cannelés , les pétales divisés en deux parties , la tige en panicule , & les feuilles linéaires.

Lychnis nocti-flora , angusti-folia , odorata. Tourn. Inst. R. H. 335 ; Lychnis fleurissant la nuit , à feuilles étroites , & dont l'odeur est agréable.

9°. *Cucubalus otites , floribus dioicis , petalis linearibus indivisis. Hort. Cliff. 272. Roy. Lugd.-B. 445. Gmel. Sib. 4. p. 141. Kniph. Cent. 12. n. 37 ;* Cucubalus avec des fleurs mâles & femelles sur différentes plantes , & des pétales linéaires & entiers.

Viscago , floribus verticillatis , spicatis , sexu distinctis , petalis linearibus. Hall. Helv. n. 920.

Lychnis viscosa , flore muscoso. G. B. P. 206.

Sesamoïdes magnum Salmanticum. Clus. Hist. I. p. 295.

10°. *Cucubalus acaulis. Flor. Lapp. 184 ;* Cucubalus sans tige.

Viscago , foliis gramineis , caule brevissimo , uni-floro. Hall. Helv. n. 919.

Caryophyllus pumilus Alpinus. VII. Clus. Pann. 329.

Lychnis Alpina pumila , folio

Gramineo, five Mufcus Alpinus, Lychnidis flore. G. B. P. 206.

Silene acaulis. Lin. Sp. Plant. 603. *Sp.* 34. *Syft. Plant. tom.* 2. *pag.* 355. *Sp.* 34.

11°. *Cucubalus catholicus, petalis bipartitis, floribus paniculatis, ftaminibus longis, foliis lanceolato-ovatis. Hort. Upfal.* 111; Cucubalus avec des pétales divifés en deux parties, des fleurs en panicule, de longues étamines, & des feuilles aiguës & en forme de lance.

Lychnis altiffima, Ocimaftri facie, flore mufcofo. Triumfet.

Silene, foliis ovatis, utrinque acutis, caule paniculato, floribus nutantibus, tenuiffimis. Roy. Lugd.- B. 447.

12°. *Cucubalus paniculatus, foliis radicalibus, ovatis, acutis; caulinis lanceolatis, oppofitis, floribus paniculatis, erectis;* Cucubalus dont les feuilles radicales font ovales & pointues, celles des tiges en forme de lance & oppofées, avec des fleurs en panicule & érigées.

13°. *Cucubalus Italicus, petalis bipartitis, caule paniculato; foliis radicalibus ovato-lanceolatis, caulinis linearibus;* Cucubalus avec des pétales divifés en deux parties, une tige en panicule, dont les feuilles baffes font ovales & en forme de lance, & celles des tiges fort étroites.

Bacciferus. La premiere efpece fe trouve dans les lieux ombragés de la France, de l'Allemagne & de l'Italie : on la cultive rarement dans les jardins, à moins que ce ne foit pour la variété : elle pouffe plufieurs tiges grimpantes, qui

s'élevent à la hauteur de quatre ou cinq pieds, quand on leur fournit un fupport; fans quoi, elles traînent fur la terre : elles font garnies de branches latérales, & oppofées à chaque nœud : fes feuilles font oppofées, & reffemblent à celles du *Mouron* : fes fleurs, qui naiffent fimples aux extrémités des branches, ont des calices larges & gonflés, & font compofées d'une corolle à cinq pétales blancs, & découpés au bord en plufieurs fegmens étroits, & placés à une certaine diftance les uns des autres; ces fleurs font fuivies par des baies ovales, noires, pleines de fuc lorfqu'elles font mûres, & qui contiennent plufieurs femences plates & luifantes. Cette plante fleurit en Juin, & fes graines mûriffent en automne; elle a une racine vivace & rampante, par laquelle elle eft fujette à fe multiplier trop fort dans les jardins : elle fe plaît à l'ombre & réuffit prefque dans tous les fols.

Lati-folius. La feconde efpece, qu'on rencontre dans prefque toute l'Angleterre, où elle eft généralement connue fous le nom de *Pavot baveux*, eft comprife dans le catalogue des plantes Médécinales, fous le titre de *Behen album*; on fe fert quelquefois de fes racines, qu'on regarde comme cordiales, céphaliques & alexipharmaques : comme fa racine eft vivace & rampante, & qu'elle s'enfonce profondément, on ne la détruit pas aifément avec la charrue, & on la voit fouvent croître en paquets parmi les bleds. On cultive rarement cette espece dans les jardins.

Angusti-folius. La troisieme est originaire des Alpes ; elle differe de la précédente en ce que ses feuilles sont beaucoup plus longues & plus étroites, ses tiges plus divisées & branchues, & ses racines moins rampantes. Ces différences sont constantes, car je les ai semées l'une & l'autre pendant plus de trente ans, & je n'ai jamais observé qu'elles aient subi la moindre altération.

Behen. La quatrieme naît spontanément en Suede & dans d'autres contrées septentrionales, où elle passe pour l'espece commune ; cependant elle est fort différente de notre seconde, qui est l'espece la plus généralement répandue dans presque tout le reste de l'Europe : les tiges de celle-ci sont beaucoup plus grosses, ses feuilles plus larges & plus pointues, & le calice de sa fleur est joliment veiné de couleur pourpre en maniere de filet ; au lieu que celui de la nôtre est tout-à-fait uni. Ces différences se conservent dans les plantes qu'on cultive dans un jardin.

Fabarius. La cinquieme a été découverte par TOURNEFORT, dans le Levant, d'où il a envoyé ses semences au Jardin Royal de Paris : elle pousse très-près de la terre plusieurs feuilles ovales, épaisses & succulentes, du milieu desquelles s'éleve une tige droite à la hauteur d'environ quinze pouces, dont la partie basse

est garnie de feuilles de la même forme & de la même consistance que les feuilles radicales, mais plus petites & opposées ; le sommet de cette tige se divise en deux plus foibles, sur chaque nœud desquelles sont placées quelques petites fleurs herbacées. Cette plante fleurit en Juin, & perfectionne quelquefois ses semences en automne ; elle est bisannuelle, & périt généralement quand elle a produit ses graines : mais à moins qu'elle ne soit semée sur un tas de décombres fort secs & dans une situation chaude, elle ne pourra pas résister aux froids de nos hivers ; car lorsqu'elle est dans une bonne terre, elle devient grosse, & se remplit tellement d'humidité, que les premieres gelées l'endommagent en automne.

Dubrensis. On rencontre la sixieme sur les rochers qui bordent la mer dans les environs de Douvres ; sa racine est vivace, & produit une simple tige dont la hauteur est d'environ un pied & demi, & qui est garnie de feuilles longues, étroites & opposées : ses fleurs sortent des parties latérales de cette tige au nombre de trois sur chaque pédoncule, qui naissent par paires, & opposés ; ces fleurs, dont les calices sont longs & rayés, sont d'un rouge pâle ; elles paroissent en Juin, & leurs semences mûrissent en automne.

Stellatus. La septieme, qui est originaire de la Virginie & de plusieurs autres parties de l'Amérique Septentrionale, a une racine vivace de laquelle s'élevent deux ou trois tiges minces, droites & d'un pied de hauteur, dont les parties baffes font garnies à chaque nœud de quatre feuilles placées en forme de croix, unies, d'un vert foncé, d'un pouce & demi de longueur fur fix lignes de largeur près de leur bâfe, & terminées en pointe aiguë : les nœuds qui fe trouvent vers les fommets de ces tiges, produifent des fleurs blanches, frangées & placées une à une fur de longs pédoncules qui fortent par paires oppofées. Ces fleurs paroiffent en Juin, & dans les années chaudes leurs femences mûriffent en Angleterre.

Noɛti-flora. La huitieme eft une plante vivace qui naît fpontanément en Efpagne & en Italie; fa tige droite, branchue & haute d'environ un pied & demi, eft garnie de feuilles fort étroites & oppofées : le fommet de cette tige fe divife en un grand nombre de branches, dont quelques-unes font longues, & les autres courtes : fes pédoncules, qui font longs & nuds, foutiennent chacun trois ou quatre fleurs dont les tubes font longs, les calices rayés, & les pétales larges, & profondément divifés au fommet : ces fleurs font d'un bleu pâle, elles fe ferment pendant le jour, & s'épanouiffent quand le foleil eft couché; alors elles répandent une odeur très-agréable. Cette efpece peut être multipliée par fes graines, qu'il faut femer au printems fur une terre légere. Quand les plantes font affez

fortes pour être enlevées, on les met en pépiniere à quatre pouces environ de diftance, où elles pourront refter jufqu'à l'automne, tems auquel elles feront en état d'être tranfplantées à demeure dans les plates-bandes d'un jardin : elles produiront des fleurs dans l'été fuivant, & perfectionneront leurs femences en automne; leurs racines fubfiftent plufieurs années, fi elles ne fe trouvent pas placées dans un fol riche, où elles font fort fujettes à être attaquées de pourriture en hiver.

Otites. La neuvieme croît naturellement en Autriche, en Siléfie & en Italie, ainfi que dans quelques cantons de l'Angleterre : fes fleurs, mâles & femelles, naiffent fur des plantes différentes : fa racine, épaiffe, charnue & bisannuelle, s'enfonce profondément dans la terre, & pouffe plufieurs feuilles oblongues, larges à leur extrémité & plus étroites à leur bâfe ; du milieu des feuilles s'élevent des tiges, qui, dans les plantes mâles, ont fouvent quatre ou cinq pieds de hauteur; & qui, dans les plantes femelles, font rarement élevées au-deffus de trois : ces tiges font garnies de feuilles étroites, oppofées à chaque nœud, & couvertes d'un fuc vifqueux & gluant qui s'attache aux doigts quand on les touche, & qui retient les petits infectes qui viennent s'y repofer : fes fleurs mâles font produites en épis clairs aux nœuds qui occupent les parties baffes de la tige;

mais celles qui garniffent fon sommet, font foutenues par des pédoncules fimples , & difpo-fées en grappes tout autour ; elles font petites, de couleur verdâtre , & pourvues chacune de dix étamines : les plantes femelles ont trois ou quatre fleurs fur chaque pédoncule , qui fortent fur les côtés de la tige ; elles font fuivies par des capfules ovales qui contiennent plufieurs petites femences. Cette plante fleurit en Juin, & fes graines mûriffent en automne. Ou la multiplie par fes graines qu'on répand dans le lieu même où les plantes doivent refter ; car , comme elles pouffent de longues racines en forme de *Carottes* , elles ne peuvent être tranf-plantées , à moins que ce ne foit tandis qu'elles font encore fort jeunes : elles font fort dures, & profitent dans prefque tous les fols & à toutes les expofitions ; il eft néceffaire d'avoir quelques plantes mâles parmi les femelles , fi l'on veut recueillir des femences fécondes.

Acaulis. La dixieme, qui fe trouve fur les Alpes , ainfi que fur les montagnes du nord de l'Angleterre & du pays de Galles , eft une plante fort baffe qui pouffe des petites feuilles trainantes , & à peu près femblables à la mouffe : fes fleurs font petites , érigées , rarement élevées au-deffus de la hauteur de fix lignes, d'un blanc fale , & paroiffent dans le mois de Mai. Cette efpece eft vivace & ne profite que dans un fol humide & dans un lieu ombragé.

Catholicus. La onzieme eft une plante vivace qui naît fpontanément en Italie & en Sicile : fes racines font groffes , épaiffes , & produifent près de la terre plufieurs feuilles longues & en forme de lance , du centre defquelles fortent des tiges rondes, vifqueufes, hautes de trois pieds, & garnies à chaque nœud de feuilles longues , étroites , & terminées en pointe aiguë : ces tiges fe divifent vers leur fommet en plufieurs branches , dont les nœuds produifent des pédoncules difpofés par paires & oppofés , qui foutiennent chacun trois ou quatre fleurs de couleur herbacée , dont les pétales font divifés en deux parties : ces fleurs paroiffent en Juin , & leurs femences mûriffent en automne. On multiplie cette efpece par fes graines , de la même maniere que la neuvieme.

Paniculatus. La douzieme , dont les femences m'ont été envoyées de l'Efpagne & de l'Italie où elle croît naturellement , eft une plante bisannuelle qui périt auffi · tôt après que fes femences font mûres : elle a près de fa racine plufieurs feuilles ovales, pointues, & fupportées par de longs pétioles , entre lefquelles s'éleve une tige droite, qui pouffe à chacun de fes nœuds deux branches oppofées, fous chacune defquelles eft une feuille en forme de lance , terminée par une pointe aiguë. Ces branches, ainſi que les tiges, ſont terminées par des fleurs blanchâtres diſpoſées en panicules, & érigées ; elles paroiſſent dans le mois de Juin, & ſont ſuivies par des ſemences qui mûriſſent en automne. On multiplie cette eſpece en ſemant ſes graines ſur une plate-bande où les plantes doivent reſter : elles n'exigent aucune autre culture que d'être tenues nettes de mauvaiſes herbes.

Italicus. La treizieme, qui croît naturellement en Italie, d'où ſes ſemences m'ont été envoyées, eſt une plante vivace qui a pluſieurs feuilles ovales près de ſa racine : ſes tiges s'élevent à la hauteur de deux pieds ; elles ſont viſqueuſes, & pouſſent à chacun de leurs nœuds deux branches latérales ſous leſquelles ſont placées deux feuilles fort étroites : ſes tiges, qui s'étendent au dehors en formant une eſpece de panicule, ſont terminées par des grappes de fleurs verdâtres, dont les pétales ſont diviſés en deux parties. Cette plante fleurit en Juin, & ſes ſemences mûriſſent en automne : on la multiplie de la même maniere que la neuvieme eſpece, & on lui donne le même traitement.

CUCULLATA. Plante chaperonnée, ou capuchonnée de *Cuculla, Chaperon, Capuchon,* ou *apuce.* On l'a nommée ainſi, parce qu'on lui a trouvé de la reſſemblance avec cette partie du vêtement des Moines.

CUCUMIS. *Lin. Gen. Plant.* 969. *Tourn. Inſt. R. H. 104. tab.* 28. [*Cucumber.*] Concombre.

Caracteres. Dans ce genre les fleurs mâles & les femelles ſont placées à une certaine diſtance les unes des autres ſur la même plante ; elles ont un calice figuré en cloche, & formé par une feuille dont le bord eſt terminé par cinq poils hériſſés ; les fleurs ſont auſſi en forme de cloche ; la corolle eſt monopétale, adhérante au calice, & découpée en cinq ſegmens ovales & rudes : les fleurs mâles ont trois courtes étamines inſérées dans le calice, & dont deux ont des ſommets diviſés en deux parties ; elles ſont terminées par des antheres ou lignes fort étroites qui coulent vers le haut & le bas, & ſe joignent à l'extérieur : les fleurs femelles n'ont point d'étamines, mais ſeulement trois petits filamens pointus & ſans ſommet : le germe, qui eſt oblong & placé ſous la fleur, ſoutient un ſtyle court, cylindrique, & couronné par trois ſtigmats épais, courbés en dehors, & diviſés en deux parties : ce germe devient, quand la fleur eſt paſſée, un fruit oblong, charnu & à trois cellules, dans chacune deſquelles ſont renfermées pluſieurs ſemences ovales, plates & pointues.

Ce genre de plante eſt rangé dans la dixieme ſection de la vingt unieme claſſe de LINNÉE, intitulée *Monœcia ſynge-*

nesia ; les plantes de cette clasfe ayant des fleurs mâles & femelles sur différentes parties du même pied , & celles de cette section ayant leurs étamines jointes en forme de cylindre , le même célebre Botanifte a joint à ce genre le Melon , le Melon d'eau & la Pomme amere, ou Coloquinte, qui en effet s'accordent dans leurs caracteres & peuvent être réunis dans un fyftême de Botanique , mais qu'on ne doit pas confondre dans un traité de jardinage.

Les especes font :

1°. *Cucumis fativus , foliorum angulis rectis , pomis oblongis , fcabris.* Hort. Cliff. 451. Hort. Ups. 292. Mat. Med. 210. Roy. Lugd.-B. 263. Kniph. Cent. 10. *n. 34* ; Concombre avec des feuilles à angles droits , & un fruit oblong & rude.

Cucumis fativus vulgaris. G. B. P. 310 ; Le Concombre ordinaire des jardins.

Cucumis vulgaris. Dod. Pempt. 66.

2°. *Cucumis flexuofus , foliorum angulis rectis , pomis longiffimis , glabris ;* Concombre avec des feuilles à angles droits , & un fruit fort long & uni.

Cucumis flexuofus. G. B. P. 310 ; Concombre long de Turquie.

Cucumis oblongus. Bauh. Hift. 2. p. 247. Dod. Pempt. 662.

3°. *Cucumis Chata hirfutus , foliorum angulis integris , dentatis , pomis fufi-formibus , hirtis utrinque attenuatis. Haffelq. It.* 491 ; Concombre velu avec des feuilles angulaires & dentelées , & un fruit étroit & velu.

Cucumis Ægyptius rotundi-folius. C. B. P. 310.

Chata. Alp. Ægypt. 114. t. 116.

Sativus. La premiere espece de *Concombre* qu'on cultive généralement pour l'ufage de la table , eft fi bien connue qu'elle n'a pas befoin d'être décrite.

Flexuofus. La feconde espece , qui eft le *Concombre long de Turquie*, eft auffi très-connue en Angleterre : fes tiges & fes feuilles font beaucoup plus groffes que celles de la précédente ; fon fruit eft toujours deux fois plus long , & fon écorce eft unie. Celle-ci eft certainement différente de la commune ; car je l'ai cultivée pendant plus de quarante ans , fans y avoir jamais obfervé la moindre altération.

Il y a dans cette espece deux variétés, l'une à fruits blancs , & l'autre à fruits verts ; mais , comme elles ne different l'une & l'autre que par la couleur de leurs fruits , je n'en ai point fait deux efpeces diftinctes , quoique leurs femences foient différentes : le fruit blanc eft plus eftimé que le vert, parce qu'il contient une feve plus abondante. J'ai auffi reçu de la Chine des femences d'une autre efpece , qui ont produit des fruits beaucoup plus longs que celui de Turquie ; mais ils ont tellement dégénéré avec le tems, qu'ils ont fini par reffembler davantage aux *Concombres communs,* qu'à tous les autres.

On ne cultive en Hollande qu'une efpece de *Concombres ,*

blancs , longs , couverts de piquans, bien différens de celui de Turquie, & à peu près auffi raboteux que ceux de l'efpece ordinaire ; mais comme la plante qui produit ce fruit eft moins dure que celle de l'efpece commune, on la cultive rarement en Angleterre : cependant elle eft bien préférable pour la table , en ce qu'elle a moins d'eau & de femences.

Chata. La troifieme efpece, qu'on ne cultive que dans les jardins de Botanique, pour la variété , donne un fruit très-différent des autres; fes plantes font plus tendres, & exigent beaucoup de chaleur pour profiter en Angleterre : quoiqu'elle s'étende beaucoup , & qu'elle ait befoin d'un fort grand efpace, elle ne donne pas cependant autant de fruits que les autres efpeces.

Culture. L'efpece commune fe cultive dans trois différentes faifons : on plante la premiere récolte fur des couches chaudes & fous des châffis pour avoir des fruits printaniers; la feconde s'éleve fous des cloches , & la troifieme dans une terre commune , pour avoir des fruits propres à être marinés. Je commence par la méthode d'élever des *Concombres* de très-bonne heure, ce qui eft un objet d'émulation entre les jardiniers qui veulent l'emporter les uns fur les autres : plufieurs d'entr'eux ont réuffi à obtenir ces fruits pendant tous les mois de l'année , ce qui eft plutôt un objet de curiofité qu'un

avantage réel ; car les *Concombres* qui viennent avant le mois d'Avril ne peuvent pas être auffi fains que ceux qui font produits plus tard, parce que le foleil n'ayant pas affez de force pour échauffer les couches à travers les vitrages, il faut que la chaleur foit remplacée par celle que donne la fermentation du fumier, qui ne peut s'opérer qu'en produifant une grande quantité de vapeurs , & beaucoup d'humidité qui moifit les plantes : ces vapeurs fe condenfant plus ou moins fuivant que les nuits font plus froides & plus longues , fe réduifent en gouttes d'eau que les plantes abforbent ; ce qui rend leurs fruits cruds & mal fains. Cet inconvénient , joint aux grandes dépenfes & peines qu'il faut pour les élever , ont fait beaucoup négliger la culture des *Concombres printaniers* : cependant comme plufieurs perfonnes perfiftent à vouloir élever ces fruits de bonne heure , elles pourroient le regarder comme une omiffion effentielle , fi je négligeois d'en parler ; je vais donc donner une méthode certaine pour y réuffir.

Pour cela on feme les graines de *Concombre* avant ou vers Noël fur une couche chaude, & encore mieux dans une ferre chaude , où les plantes auront beaucoup plus d'air & moins d'humidité; & d'ailleurs la chaleur y eft plus égale & plus conftante qu'il n'eft poffible de l'avoir pendant cette faifon par le moyen d'une couche chaude. Où donc on a cette commodité, on met les semences dans de petits pots remplis de terre seche & légere, qu'on aura enfoncés trois ou quatre jours avant dans l'endroit le plus chaud de la couche de tan, afin que la terre qu'ils contiennent soit bien échauffée ; ces semences doivent être conservées depuis trois ou quatre ans, & même depuis plus long-tems, pourvu qu'elles soient encore susceptibles de germination : si ces graines sont bonnes, les plantes paroîtront huit ou neuf jours après ; alors on préparera des pots de la valeur d'un sou, rempli d'une terre seche & légere, & en nombre proportionné à la quantité de plantes qu'on veut élever, en comptant toujours trente pour en sauver vingt-quatre : on plonge d'abord ces pots dans la couche de tan, afin d'en échauffer la terre, & aussi-tôt que les plantes ont poussé deux feuilles, on en met deux dans chaque pot, pour pouvoir retrancher ensuite la plus foible lorsqu'elles ont repris racine, sans déranger celle qu'on veut conserver : on les arrose avec modération, & on a toujours soin de placer dans la serre, quelques heures avant, l'eau dont on doit se servir, afin d'en amortir la trop grande fraîcheur, en évitant cependant qu'elle ne devienne trop chaude ; car dans ce cas elle détruiroit infailliblement les plantes : on les préserve sur-tout de l'humidité qui souvent dé-goutte des vitrages, & leur est infiniment nuisible lorsqu'elles sont encore jeunes : comme elles ne doivent rester dans la serre chaude qu'autant qu'elles ne font point de tort aux autres plantes, il faut préparer du nouveau fumier pour la couche sur laquelle on doit les mettre, en proportionnant sa quantité au nombre de plantes qu'on veut élever ; cependant on se contente d'abord d'une petite couche avec un seul châssis, qui soit assez grande pour contenir les plantes jusqu'à ce qu'elles aient acquis plus de longueur ; il ne faut pour cela qu'une bonne voiture de fumier nouveau, pas trop rempli de paille, bien mêlé, mis en tas, & auquel on a ajouté des cendres de charbon de terre. Quand ce fumier a fermenté pendant quelques jours, on le remue, & on le remet encore en monceau ; s'il y a dedans beaucoup de paille, il sera nécessaire quelques jours après de le retourner pour la troisieme fois : cette opération consumera la paille & la mêlera avec les crottins ; de sorte qu'il y aura moins de danger qu'ils ne brûlent, lorsque la couche sera faite & bien arrangée : on choisit un emplacement sec & bien abrité par des haies de roseaux ; on creuse une fosse d'une largeur & d'une longueur convenables, & d'un pied de profondeur au moins, dans laquelle on met le fumier en le mêlant avec foin, de façon que le tout soit bien divisé, & que la couche foit égale ; & on le foule exactement fur les bords. Lorfque les chofes font ainfi difpofées, on met les châffis & les vitrages par deffus pour la préferver de la pluie ; mais on ne la charge de terre que deux ou trois jours après , afin que la vapeur du fumier puiffe fe diffiper : fi l'on craint que la couche ne brûle , on répandra fur fa furface, avant de la couvrir de terre , du fumier de vaches, ou de l'autre fumier confommé , jufqu'à l'épaiffeur de deux pouces ; ce qui contiendra la chaleur dans le bas, & l'empêchera de brûler la terre : on arrange enfuite fur cette couche un nombre fuffifant de pots de la valeur de fix liards, remplis de terre feche & légere, & l'on met de la terre commune entre tous ces pots : deux ou trois jours après, lorfque la terre des pots fera fuffifamment échauffée , on y placera les plantes après les avoir tirées des premiers pots avec leur motte entiere , & on les arrofera un peu pour comprimer la terre autour de leurs racines. Comme ces plantes auront confervé leurs mottes , elles ne manqueront pas de pouffer tout de fuite , & n'auront pas befoin d'être mifes à l'abri du foleil : les vitrages doivent être un peu foulevés du côté oppofé au vent, pour laiffer échapper les vapeurs & l'humidité , qui, en tombant fur les plantes , leur feroient très-nuifibles. Si la chaleur de la couche eft fi forte que les racines courent

rifque d'être brûlées, il faudra hauffer les pots & laiffer un petit vuide à leurs fonds, pour prévenir cet accident ; & , lorfque la chaleur fera diminuée, on les remettra dans leur premiere pofition.

On doit couvrir tous les foirs les vitrages, pour conferver à la couche le dégré de chaleur qui lui eft néceffaire , & on a foin de lui donner de l'air chaque jour, mais toujours avec la précaution de la garantir du froid & des vents qui regnent ordinairement dans cette faifon , en fufpendant fur l'ouverture une natte ou un cannevas : on arrofe fréquemment ces plantes, mais toujours avec modération , & avec de l'eau qui aura été mife auparavant dans la ferre ou fur un fumier chaud. Si la chaleur de la couche diminue, on mettra tout-autour du fumier chaud pour la renouveler ; cette précaution eft indifpenfable , parce que les plantes, étant élevées délicatement , font fufceptibles d'être détruites par le moindre froid.

Ces plantes bien traitées pourront être enlevées de deffus la couche au bout de trois femaines ou d'un mois ; on préparera d'avance une quantité fuffifante de fumier bien mêlé & remué, comme il a déja été dit, & on fera enforte qu'il y en ait une voiture pour chaque châffis ; on creufera enfuite une foffe dans laquelle on le placera fuivant la méthode qui a été prefcrite plus haut ; on mettra une couche de fumier de vache par-deſſus, & on le couvrira avec les vitrages, qu'on aura ſoin d'ouvrir tous les jours pour donner paſſage aux vapeurs : trois jours après, la couche aura le dégré de chaleur convenable pour recevoir les plantes ; alors on couvrira le fumier de trois ou quatre pouces d'épaiſſeur de terre, & au milieu de la couche on en mettra trois ou quatre pouces de p'us. Cette opération étant terminée, on laiſſera écouler au moins vingt-quatre heures, afin que la terre ſoit bien échauffée ; après quoi on tirera les plantes de leurs pots avec leurs mottes entieres, & on les placera dans le milieu des couches, au nombre de deux ou trois, ſous chaque vitrage, en laiſſant entr'elles ſept à huit pouces de diſtance, ſans mettre toutes les racines enſemble comme on le pratique ordinairement. Lorſque les plantes ſont ainſi établies dans la couche, la terre qui a été miſe plus épaiſſe au milieu, doit être tirée autour des mottes afin que les racines puiſſent y pénétrer bientôt : il faut avoir toujours une proviſion de bonne terre à couvert, pour la tenir ſeche & pouvoir en recharger de tems en tems la couche ; car, ſi elle étoit mouillée, elle la réfroidiroit & y répandroit beaucoup d'humidité : les plantes ont alors beſoin d'air & d'arroſemens, qu'on leur donne avec ménagement, ainſi que d'être miſes à l'abri du froid ; c'eſt pourquoi on cou-

vre exactement toutes les nuits les vitrages avec des nattes pour conſerver la chaleur des couches, dans leſquelles il faut de tems en tems mettre de la nouvelle terre à quelque diſtance des racines, juſqu'à ce qu'elle ſoit échauffée, & la tirer enſuite dans les monceaux ſur leſquels croiſſent les plantes pour en augmenter la profondeur qui doit être égale à la hauteur de la motte, afin que les racines puiſſent y pénétrer plus aiſément : en chargeant ainſi les couches, elles ſe trouveront couvertes d'une épaiſſeur de neuf ou dix pouces de terre, ce qui ſera fort utile aux racines des plantes ; car lorſqu'il n'y en a pas aſſez, leurs feuilles ſe fanent pendant la chaleur du jour, à moins qu'elles ne ſoient abritées & même arroſées au-delà de ce qui leur eſt néceſſaire. Lorſque la couche eſt nouvellement faite, on ne la charge pas de toute la terre qu'elle doit avoir par la ſuite, afin de ne pas réfroidir le fumier, & pour empêcher la terre de brûler ; ce qui pourroit arriver, ſi on la chargeoit tout-d'un-coup à la hauteur néceſſaire : de plus, la terre qui eſt nouvellement miſe ſur la couche eſt beaucoup plus propre à la végétation des racines, que celle qui eſt depuis long-tems impregnée des vapeurs du fumier.

Si la chaleur de la couche diminue, on met du fumier tout autour pour la renouveler, car ſans cela les fruits périroient ; & lorſque les plantes ont pouſſé des branches latérales, on les arrange proprement en les fixant à terre avec des crochets pour les empêcher de toucher aux vitrages , & de s'entrelacer les unes avec les autres : en les conduiſant ainſi de bonne heure, on ne ſera pas obligé de les tordre par la ſuite pour les mettre à leur place , ce qui leur eſt toujours préjudiciable.

Lorſque la terre a toute ſon épaiſſeur, on éleve les châſſis afin que les vitrages ne ſoient pas trop près des plantes ; & alors on retire la terre tout autour, pour empêcher le froid & l'air de pénétrer par - deſſous : il faut uſer de beaucoup de promptitude en les arroſant & en leur donnant de l'air, ſans quoi les plantes ſeront bientôt détruites : on court également riſque de tout perd. , ſi on leur donne trop ou trop peu d'air & d'arroſemens.

Lorſque les fruits commencent à paroître, on voit naître en même tems , dans différens endroits, des fleurs mâles qu'on reconnoît au premier coup - d'œil , en ce qu'elles n'ont point , comme les fleurs femelles, un fruit placé à leur bâſe, & qu'elles ſont pourvues de trois étamines dont les ſommets ſont chargés d'une pouſſiere de couleur d'or, deſtinée à féconder les fleurs femelles. Quand ces plantes ſont entièrement expoſées en plein air, les vents doux répandent cette pouſſiere ſur les fleurs femelles ; mais dans les châſſis

où l'air n'eſt pas admis pendant cette ſaiſon, le fruit avorte ſouvent, faute de ce ſecours. J'ai remarqué bien des fois que lorſque les abeilles s'introduiſent dans les châſſis, elles font les fonctions du vent, en tranſportant la pouſſiere ſéminale des fleurs mâles avec leurs pattes de derriere dans les fleurs femelles, où elles en dépoſent une quantité ſuffiſante pour les féconder & les rendre prolifiques. Ces inſectes ont enſeigné aux jardiniers la méthode de ſuppléer au vent qui eſt ſi néceſſaire pour la fructification : cette méthode conſiſte à cueillir des fleurs mâles bien mûres & formées, & à les poſer ſur les fleurs femelles ; mais on doit avoir ſoin de les renverſer & de faire tomber, en les ſecouant légerement avec l'ongle , la pouſſiere qu'elles renferment ſur les ſommets des piſtils, ce qui eſt ſuffiſant pour les féconder : ainſi en pratiquant cet uſage les jardiniers ſont parvenus à s'aſſurer de bonne heure d'une récolte certaine de *Concombres* & de *Melons* : les fleuriſtes ont profité auſſi de cette connoiſſance pour ſe procurer par ſemence des variétés de fleurs dans chaque eſpece, en répandant la pouſſiere des unes ſur les autres.

Lorſque les fruits dè *Concombre* ſont bien arrêtés, ſi la couche a le dégré de chaleur convenable, ils groſſiront bientôt & deviendront en peu de tems bons à manger ; alors il n'y a plus rien à faire, que d'arroſer légèrement les plantes avec la gerbe, car les racines s'étendent sur toute la surface : & quand on veut conserver ces plantes en vigueur aussi long-tems qu'il est possible, on doit ajouter une épaisseur suffisante de fumier & de terre tout autour des couches, pour donner un double espace aux racines, & afin qu'elles puissent fournir plus de nourriture aux plantes, qui, par-là, produiront du fruit pendant une grande partie de l'été. Si l'on néglige cette précaution, les racines qui atteignent aux côtés des couches sont séchées par le vent & le soleil, & les plantes languissent & se flétrissent de très-bonne heure.

Les jardiniers qui veulent élever de ces fruits printaniers, en laissent toujours deux ou trois sur les petits coulans de la tige principale, près de la racine, pour se procurer des semences qu'ils conservent avec soin, lorsqu'elles sont tout-à-fait mûres, & les gardent pendant plusieurs années : par cette méthode ils perfectionnent beaucoup ces semences, qui ne servent qu'à leur culture printaniere ; car les recoltes suivantes ne méritent pas autant de soin & d'attention.

Ce qui vient d'être dit, ne regarde que ceux qui peuvent élever leurs pieds de *Concombres* dans des serres chaudes, qui sont à présent assez communes en Angleterre ; mais quand on est privé de ce secours, les semences doivent être mises sur une couche chaude bien préparée ; & alors on les seme dans de petits pots de la valeur d'un sou, afin de pouvoir les transporter aisément d'une couche sur une autre, lorsque la chaleur de la premiere diminue, ou si elle est trop forte, de pouvoir les hausser pour prévenir le dommage que le feu occasionneroit aux semences ou aux jeunes plantes. Lorsqu'elles commençent à pousser, on prépare une nouvelle couche chaude, dans laquelle on plonge un nombre suffisant de pots préparés pour recevoir les plantes, qu'on arrange & qu'on cultive ensuite, comme il a été dit ci-dessus : mais comme ces couches chaudes occasionnent toujours beaucoup d'humidité, il faut avoir grand soin d'essuyer souvent les vitrages pour empêcher l'eau, qui s'y est condensée, de retomber sur les plantes : il est aussi très-nécessaire de leur donner de l'air dans tous les tems convenables, & d'y conserver un bon dégré de chaleur ; car l'air n'étant point échauffé par le feu, la chaleur du fumier doit y suppléer.

Si la couche a le dégré de chaleur nécessaire, les plantes formeront des racines en moins de vingt-quatre heures ; on y introduira alors un peu d'air, si le tems le permet, & on retournera les vitrages tous les jours, pour les faire secher ; sans quoi l'humidité qui s'y attache, retomberoit sur les plantes, & leur nuiroit beaucoup : mais lorsque le mauvais tems empêche de les retourner, il faut au moins les effuyer une ou deux fois par jour, avec une étoffe de laine ; en obfervant de ne pas laiffer entrer trop d'air froid, qui détruiroit également toutes ces plantes délicates : on ne peut prévenir cet accident, qu'en attachant à chaque côté des vitrages, des nattes ou de groffes toiles, afin que l'air qu'il faut néceffairement donner à ces jeunes plantes, devienne plus temperé & adouci en paffant à travers ces couvertures.

Les jeunes plantes exigent beaucoup de précautions. Quand on les arrofe, il faut le faire légèrement, & avec de l'eau échauffée fur des tas de fumier, ou en quelqu'endroit chaud, jufqu'à ce qu'elle foit à peu près de la température de l'air renfermé fous les vitrages de la couche chaude. Lorfqu'elles avancent en hauteur, on recharge la couche de terre douce & criblée, jufqu'au haut de la motte, ce qui les fortifie beaucoup. La chaleur de la couche doit être foigneufement confervée ; fi elle diminue, on met de la litiere fraîche tout autour, & on tient les vitrages bien couverts, pendant le mauvais tems : fi au contraire la couche eft trop chaude, on enfonce un bâton fur les côtés, dans le fumier en deux ou trois endroits, jufques vers le milieu de la couche, & on y fait de larges trous, par lefquels la plus grande partie des vapeurs fe diffipera fans monter fous les vitrages : lorfque la chaleur eft affez dimi-

nuée, on rebouche les trous avec du fumier.

En fuivant exactement ces inftructions, la premiere couche fuffira pour élever ces plantes : lorfqu'elles commenceront à montrer la troifieme de leurs feuilles ou celle qui eft rude, on fe pourvoira d'une bonne quantité de fumier chaud, mêlé de cendres, ainfi qu'il a été dit plus haut, & dans la proportion d'une bonne charge pour chaque vitrage, & l'on donnera à cette feconde couche environ trois pieds d'épaiffeur de fumier : mais pour les couches du mois de Mars, deux charges fuffiront pour trois vitrages ; car quoique quelques-uns les faffent beaucoup plus épaiffes, cette grande quantité de fumier eft à pure perte, & j'ai toujours remarqué qu'elles ne font ni meilleures, ni plus printannieres, ni auffi durables que celles qui font moins chargées.

Quand le fumier qu'on aura placé dans la couche fera bien fecoué enforte de n'y laiffer aucunes mottes, bien mêlé, placé uniformément, & fort preffé par-tout, pour empêcher les vapeurs de s'élever trop vîte, & auffi afin que les parties de la couche ne baiffent pas inégalement, ce qui eft fort préjudiciable aux plantes, on creufera alors, dans le milieu des efpaces recouverts par chaque vitrage, un trou d'environ un pied de profondeur, qu'on remplira de terre fraîche, légere & bien criblée poür en ôter les pierres & les mottes ; on élevera

cette

cette terre en monceaux au-deſſus des trous, & on enfoncera dans le milieu de chacun un bâton de dix-huit pouces de long, pour marquer exactement l'endroit du creux ; on couvre enſuite la totalité de la couche d'environ trois pouces d'épaiſſeur de terre ; après quoi on placera les châſſis & les vitrages : mais ſi on craint que le fumier ne donne trop de chaleur, on laiſſera écouler quelques jours, avant d'y mettre la terre ; on la chargera enſuite par dégrés, en n'en répandant d'abord que deux pouces d'épaiſſeur ; huit ou dix jours après, on en mettra encore autant, & on continuera ainſi, en employant toute la terre, avant que les branches commencent à s'étendre : ſi cette terre a ſix ou ſept pouces d'épaiſſeur à la fin, les plantes en croîtront mieux ; car en examinant les racines, on remarquera qu'elles s'étendent autant que les branches; &, la terre n'ayant pas aſſez de profondeur, & étant trop légere, les feuilles ſe fanent chaque jour, faute de recevoir une ſuffiſante quantité de nourriture : ſi ces plantes ne ſont pas arroſées fréquemment, elles ne dureront pas long-tems, & n'auront pas la force de produire de bons fruits : il ne faut pas cependant les arroſer trop, dans la fauſſe ſuppoſition qu'on pourroit par-là ſuppléer à l'épaiſſeur de terre que je viens d'indiquer.

La couche ſera en état de recevoir les plantes quatre ou cinq jours après que la terre y aura été miſe ; on reconnoîtra aiſément ſi elle eſt au dégré convenable, en retirant un des bâtons qu'on a enfoncés dans le milieu de chaque trou, & en le touchant par le bas, qui ſe trouvera échauffé au même dégré que la couche ; on remue enſuite avec la main la terre qui remplit les creux, pour la rendre douce & meuble, & on y fait un trou en forme de baſſin, dans lequel on place deux plantes, en les inclinant un peu vers le milieu du creux ſur-tout ſi elles ſont longues, pour éloigner leurs racines, autant qu'il eſt poſſible, du fumier, & faire en ſorte qu'elles ne ſoient point brûlées. Cette opération étant terminée, on preſſe légèrement la terre ſur chaque plante, & ſi elle eſt ſèche, on l'arroſe un peu avec de l'eau échauffée au dégré de la couche : on procure de l'ombre à ces plantes pendant deux ou trois jours, c'eſt-à-dire, juſqu'à ce qu'elles aient pouſſé de nouvelles fibres, & on les laiſſe jouïr enſuite de toute la chaleur du ſoleil, en obſervant de retourner les vitrages pendant le jour pour les ſécher, & de leur donner de l'air autant que la ſaiſon peut le permettre.

Il faut avoir ſoin de couvrir les vitrages toutes les nuits & pendant les mauvais tems ; mais ces couvertures doivent être tenues à un certain éloignement des châſſis, ſur-tout lorſque la couche exhale beaucoup de vapeurs , parce que cela occafionneroit de l'humidité fur les plantes, laquelle , faute d'air pour tenir le fluide en mouvement , les pourriroit.

Quand les plantes ont quatre ou cinq pouces de hauteur, on les couche fur la terre en différentes directions , & on les fixe ainfi avec des crochets ; mais en faifant cette opération, il faut les manier très-légèrement, afin d'éviter de les rompre ou de les bleffer : lorfque les coulans commencent à paroître, on les fixe de même à terre avec des crochets, de maniere qu'ils ne puiffent pas fe croifer ni fe mêler. Lorfque ces plantes font ainfi difpofées, il faut bien fe garder de les déranger & de les manier trop groffièrement, parce que le moindre dommage que l'on cauferoit à leurs feuilles , leur feroit très-préjudiciable : lors donc qu'il eft queftion de les nettoyer, on écarte légèrement leurs feuilles d'une main, tandis que de l'autre on arrache les mauvaifes herbes.

Environ un mois après , on commence à diftinguer les premieres apparences des fruits, qui fouvent font précédés par des fleurs mâles, que des perfonnes ignorantes arrachent quelquefois , parce qu'elles les regardent comme de fauffes fleurs ; il faut bien fe garder de les imiter ; car ces fleurs font abfolument néceffaires pour faire arrêter les fruits qui tomberoient néceffairement , s'il ne reftoit pas quelques-unes de ces fleurs pour les

féconder. Ces plantes ne veulent pas non plus être taillées, & quoique cette méthode foit pratiquée par quelques Cultivateurs peu inftruits, elle n'en eft pas moins préjudiciable : fi elles viennent à pouffer trop de bois ; ce qui eft fouvent occafionné parce qu'on a employé des femences trop nouvelles : on retranche alors une de ces plantes avant que fes branches ne foient entrelacées avec celles de l'autre : car fi les vitrages font trop remplis , le fruit eft rarement bon , & deux plantes bien vigoureufes valent beaucoup mieux que quatre ou cinq qui feroient trop ferrées : dans ce dernier cas , le fruit eft rarement bon, ni en abondance : faute de place & d'air , il tombe fouvent avant d'avoir acquis la groffeur néceffaire de pouvoir être de quelque ufage.

Lorfque le fruit commence à paroître , on doit avoir l'attention de couvrir les vitrages pendant la nuit , & d'entourer la couche de litiere fraîche , afin d'en augmenter la chaleur ; car fi elle diminuoit dans la couche , les nuits étant plus froides , le fruit ne manqueroit pas de fe flétrir. Si, vers le milieu du jour, le foleil eft extrêmement chaud , on couvre les vitrages avec des nattes , pour intercepter fes rayons ; car quoique ces plantes aiment beaucoup la chaleur , cependant la grande activité du foleil peut leur devenir funefte , foit en brûlant les feuilles qui touchent aux vitrages ; foit en leur occafionnant une trop grande tranfpiration qui retranche la nourriture des feuilles & des rejettons, & fait jaunir le fruit avant qu'il foit parvenu à la moitié de fa groffeur. Cet accident arrive fouvent auffi lorfque la terre n'a pas la profondeur qui lui eft néceffaire, comme nous l'avons déja remarqué.

Lorfque les branches fe font développées au point de couvrir toute la couche, il fera néceffaire, en arrofant les plantes, de le faire partout légèrement pour ne point nuire aux feuilles, & d'attendre, pour cela, que le foleil ne foit pas trop chaud; car alors il gâteroit toutes les plantes de la couche, parce que l'eau qui refteroit en gouttes fur les feuilles, feroit l'office d'autant de lentilles, ou verres ardens qui brûleroient les feuilles, de maniere à leur donner dans un feul jour la couleur d'un papier brun, ainfi que j'en ai eu moi-même l'expérience. Cet arrofement général avec la gerbe, fera fort utile aux racines, qui, dans ce tems, ont rempli toute la terre; &, fi la chaleur de la couche commence à diminuer, on la garnira tout autour avec du nouveau fumier pour la renouveler; car les nuits étant alors froides, fans cette précaution les fruits tomberoient lorfqu'ils feroient parvenus à la groffeur du petit doigt; & en mettant de la terre fur ce fumier, les racines s'y étendront, & les plantes fe conferveront bien

plus long-tems : car ces racines pouffent à une grande diftance lorfqu'elles ont de la place; ce qu'elles ne peuvent faire dans des couches de cinq pieds de largeur au plus; de forte que, fi l'on a pratiqué plufieurs de ces couches les unes près des autres, on fera bien de creufer les fentiers & de les remplir de fumier chaud, qu'on couvrira avec la terre jufqu'au niveau des couches, ce qui entretiendra au moins trois mois la chaleur de la couche, au lieu de fix femaines qu'elle auroit duré, & les plantes donneront leurs fruits dans ces deux cas en même proportion.

Ce que nous venons de dire, fuffira, en y apportant beaucoup d'attention, pour la culture de cette récolte de *Concombres*; & les plantes qui feront ainfi traitées, continueront à donner du fruit jufqu'aux premiers jours de Juillet, qui eft le tems dans lequel la feconde récolte commencera à produire. Nous allons donner une méthode propre à diriger les plantes qui doivent la fournir.

Seconde récolte. Vers le milieu du mois de Mars, ou un peu plus tard, fuivant que la faifon eft plus ou moins avancée, on place les femences fous des cloches de verre, ou fur les bords fupérieurs de la couche printaniere : lorfque les plantes ont pouffé, on les tranfplante fur une autre couche dont la chaleur eft modérée, on les plante à deux pouces de diftance entr'elles, on les couvre de cloches, on les arrofe , & on les tient à l'ombre jufqu'à ce qu'elles aient produit des racines nouvelles: on les couvre pendant la nuit avec des nattes, lorfque le tems eft froid & humide; on leur donne de l'air pendant le jour, lorfqu'il fait chaud, en foulevant les cloches du côté oppofé au vent, ce qui les fortifiera beaucoup , & on les arrofera toutes les fois qu'elles en auront befoin, mais très-légèrement quand elles font encore jeunes.

Au milieu du mois d'Avril, les plantes étant affez fortes pour être tranfplantées, on fe pourvoit d'une quantité de nouveau fumier proportionnée au nombre de trous qu'on veut avoir, fur le pied d'une charge pour fix trous: lorfque le fumier eft en état d'être employé , on creufe une foffe d'environ deux pieds quatre pouces de largeur, & auffi longue qu'on le défirera, ou que la place le permettra : fi le fol eft fec, on lui donnera dix pouces de profondeur; fi, au contraire, il eft humide, on lui en donnera beaucoup moins ; on rendra le fond tres-uni & de niveau , & on la remplira de fumier qu'on aura foin de mêler , d'étendre & de comprimer également, comme il a déja été dit pour la premiere couche chaude. On fait enfuite des trous de huit pouces environ de largeur fur fix de profondeur dans le milieu des monceaux ; & à trois pieds & demi de diftance l'un de l'autre: fi l'on fait plufieurs couches , elles doivent être

éloignées de huit pieds & demi ; on remplit les trous avec une bonne terre légere, & on place un bâton dans le milieu de chacun, pour pouvoir le reconnoître. Cet ouvrage étant terminé , on couvre le refte de la couche, ainfi que les côtés, de quatre pouces de terre , on unit bien le tout, & l'on place des cloches fur les trous, où on les laiffe pendant vingt-quatre heures, ce qui fuffira pour échauffer la terre au dégré qui lui eft néceffaire pour recevoir les plantes : alors on remue la terre des trous avec la main , & on y forme une efpece de baffin , dans lequel on plante trois ou quatre pieds de *Concombres;* on les arrofe , & on les tient à l'abri jufqu'à ce qu'ils aient repris racine; on leur donne enfuite un peu d'air en foulevant les cloches du côté oppofé au vent, à proportion de la chaleur extérieure ; on les arrofe toutes les fois qu'ils en ont befoin, & on ne leur donne de l'air que vers le milieu du jour. Lorfque les cloches font remplies, on les fouleve avec des crochets du côté du midi, & on les éleve ainfi peu-à-peu à mefure que les plantes croiffent, afin que le foleil ne les brûle pas.

Au moyen de cette méthode ces plantes feront plus dures, & fupporteront mieux le plein air ; mais il ne faut pas les découvrir trop tôt, car les matinées froides qu'on éprouve quelquefois dans le mois de Mai, pourroient détruire ces plantes fi elles y étoient exposées. C'est-pourquoi il faut les laisser sous les cloches tant qu'elles ne leur nuisent point: en les soulevant avec deux briques du côté du nord & un crochet de l'autre, elles pourront y rester long-tems sans aucun danger.

Vers la fin du mois de Mai, lorsque le temps est chaud, on range légèrement les plantes sur la terre avec des crochets hors des cloches, en évitant de le faire dans un jour sec, & chaud par le soleil, mais plutôt lorsque le ciel est couvert & que le tems est disposé à la pluie ; pendant cette opération on souleve les cloches sur des briques ou des crochets, à quatre ou cinq pouces au-dessus de la terre, pour pouvoir étendre les plantes au-dessous sans les froisser, & on laisse les cloches dans cet état jusqu'à la fin de Juin ou au commencement de Juillet, pour conserver plus d'humidité aux racines, que si elles étoient tout-à-fait découvertes & en plein air. Trois semaines environ après que les plantes auront été ainsi disposées hors des cloches, elles auront fait de grands progrès, sur-tout si le tems est favorable ; alors il sera nécessaire de creuser l'intervalle qui sépare les couches, & de les remplir jusqu'au niveau ; on range ensuite les coulans dans le meilleur ordre possible, sans cependant tourmenter les branches, sans froisser ni déchirer leurs feuilles ; cette augmentation de terrein fournie par les sentiers, donnera de l'es-

pace aux branches pour se développer, & aux racines pour s'étendre. Après cela elles ne demanderont pas d'autres soins que d'être nettoyées des mauvaises herbes, & d'être arrosées aussi fréquemment que les plantes le demandent, ce qu'il est facile de voir par les grandes feuilles qui deviennent alors flasques & pendent en bas. Ces plantes étant ainsi traitées, continueront à produire une grande quantité de fruits depuis le mois de Juin jusqu'à la fin d'Août ; mais après ce tems la fraîcheur de la saison les rend malsains, sur-tout lorsque l'automne est fort humide.

La plupart des jardiniers prennent ordinairement du fruit de ces couches pour en obtenir des semences ; ils en choisissent deux ou trois des meilleurs sur chaque trou, & ne laissent qu'un seul fruit sur chaque plante, & le plus voisin de la racine qu'il se peut ; car en en laissant davantage, le pied se trouveroit fort affoibli, & les autres fruits seroient petits & en moindre quantité : on laisse sur pied ces fruits réservés pour semence, jusqu'au milieu ou à la fin d'Août, afin que leurs graines puissent acquérir le dégré de maturité nécessaire. Lorsque ces *Concombres* sont cueillis, on les dresse contre une muraille jusqu'à ce que la chair exterieure commence à se corrompre ; alors on les ouvre & on en ôte les semences avec la poulpe qu'on jette dans un baquet, & qu'on couvre pour empêcher qu'il n'y tombe des or-

dures : on laiſſe ainſi ces graines pendant huit ou dix jours,
& on les remue chaque jour
juſqu'au fond avec un long bâton, afin que la chair ſe pour-
riſſe & ſe détache aiſément;
on y ajoûte enſuite un peu
d'eau qu'on agite fortement,
pour faire venir l'écume à la
ſurface, & précipiter les ſemences. verſant enſuite l'eau
avec tout ce qui ſurnage; &
on renouvelle cette opération
deux ou trois fois. Lorſque les
graines ſont entiérement déga-
gées de la chair, on les étend
ſur une natte en plein air,
où on les laiſſe trois ou quatre jours pour qu'elles ſoient
parfaitement ſeches; après quoi
on les met dans des ſacs qu'on
ſuſpend dans un endroit ſec &
à l'abri des inſeĉtes, où elles
ſe conſerveront plûſieurs années; car on préfere toujours
celles qui ont trois ou quatre
ans aux ſemences nouvelles,
parce qu'elles produiſent moins
de bois & donnent beaucoup
plus de fruits.

Je vais donner à préſent la
maniere de conduire la troiſieme & derniere récolte dont
on fait les *Cornichons* ou *Con-*
combres marinés.

Troiſieme récolte. On ſeme
preſque toujours les graines qui
doivent donner cette troiſieme
récolte, vers la fin de Mai &
par un beau tems : on place
ordinairement ces plantes entre les rangs de Choux-fleurs,
ce qui exige quatre pieds &
demi de diſtance des rangs;
on y creuſe des trous quarrés
de trois pieds & demi l'un de
de l'autre; on en ameublit la

terre avec la bêche, & on la
remet enſuite dans les trous;
après quoi on pratique dans
chacun avec la main un creux
en forme de baſſin, & on ſeme
dans leur milieu huit ou neuf
graines qu'on recouvre d'un
demi-pouce d'épaiſſeur de terre : ſi le tems eſt ſec, on arroſera ces graines pendant les
deux premiers jours, pour en
hâter la végétation. Si le tems eſt
favorable, les plantes commenceront à paroître cinq ou ſix
jours après avoir été ſemées;
on les mettra dans ce premier
moment à l'abri des moineaux
qui en ſont très-friands : mais
ce danger ne dure qu'une ſemaine; car après ce tems leurs feuilles ſont trop dures pour que
les oiſeaux puiſſent s'en nourrir : on les arroſe légèrement
dans les tems ſecs. Lorſque la
troiſieme feuille rude commence à paroître, on retranche toutes les plantes les plus foibles,
& on n'en laiſſe que trois ou
quatre des plus vigoureuſes
dans chaque trou; on remue
la terre pour détruire les mauvaiſes herbes, & on la rehauſ-
ſe autour des plantes, en la
preſſant légèrement avec les
mains, & en ſéparant les tiges
autant qu'il eſt poſſible; on
leur donne enſuite un peu d'eau,
ſi le tems eſt ſec, pour raffermir la terre; on renouvelle
cet arroſement auſſi ſouvent
qu'on le trouve néceſſaire, &
on continue toujours à arracher les mauvaiſes herbes à
meſure qu'elles paroiſſent.

— Lorſque les Choux-fleurs
ſont tous recueillis, on laboure
la terre avec une houe en la

tirant autour des trous en forme de baffin pour mieux conferver la fraîcheur des arrofemens, & on arrange les branches dans l'ordre où elles doivent être, & de maniere qu'elles ne s'entrelacent point. Ces
plantes étant ainfi traitées,
commenceront à produire leurs
fruits vers la fin de Juin; on
pourra alors les recueillir pour
les mariner, à moins qu'on
ne veuille les conferver plus
long-tems pour les avoir plus
gros.

Cinquante ou foixante trous
fuffiront pour produire une ample provifion; on pourra y recueillir deux-cents fruits propres à être marinés, à chaque fois, & réitérer cette opération deux fois par femaine
pendant environ un mois &
demi (1).

CUCUMIS SYLVESTRIS.
Voyez. MOMORDICA ELATE-
RIUM. L.

CUCURBITA. *Lin. Gen.
Plant. 968. Tourn. Inft. R. H.*
107. Ce nom vient de *Curvata*,
lat. courbée, parce que le fruit
de cette plante a généralement
cette forme. [*The Gourd.*] Potiron, Courge, *ou* Callebaffe.

Caracteres. Les plantes de ce
genre ont des fleurs mâles &
femelles fur la même tige;
le calice de la fleur eft figuré
en cloche, & formé par une
feuille dont les bords font terminés par cinq poils hériffés:
la corolle eft également en
cloche, adhérente au calice,
monopétale, rude, veinée, &
divifée au fommet en cinq parties: les fleurs mâles ont trois
étamines jointes à leur extrémité, mais féparées à leur bâfe, où elles adherent au calice; elles font terminées par
des fommets linéaires, qui coulent vers le haut & vers le
bas: les fleurs femelles ont
un gros germe placé au-deffous, qui foutient un ftyle
conique divifé en trois parties,
& couronné par un gros ftigmat féparé auffi en trois portions: ce germe fe change
par la fuite en un gros fruit
charnu & à trois cellules molles, membraneufes & féparées,
qui renferment deux rangs de
femences bordées.

Ce genre eft rangé dans la
dixieme fection de la vingt-
unieme claffe de LINNÉE, qui
a pour titre, *Monæcia Synge-
néfia*, & qui comprend les
plantes qui ont des fleurs mâles. & des fleurs femelles fur
le même pied, & dont les étamines des fleurs mâles font
jointes enfemble.

Les efpeces font:
1°. *Cucurbita lagenaria*, *foliis
cordatis, denticulatis, tomento-*

---

(1) Nous ne répéterons point
ici ce que nous avons dit à l'article AMANDES, où nous avons
décrit la maniere de préparer les
émulfions, & indiqué les principes
qu'elles contiennent: celle qu'on
extrait des femences de *Concombres*,
qui font mifes au nombre des quatre femences froides majeures, eft
extrêmement rafraîchiffante, &
tempérante, & convient fur-tout
dans les fievres bilieufes, ardentes
& inflammatoires, dans l'orgafme
du fang & de la femence, & enfin
dans toutes les maladies qui dé-
pendent d'un caractere âcre & brûlant dans les humeurs.

fis, bafi fubtùs biglandulofis, po-
mis lignofis. Lin. Sp. 1434. Mat.
Med. Rog. Blackw. t. 522.
Callebaffe avec des feuilles cotonneufes , dentelées , & en
forme de lance , ayant deux
glandes à leur bâfe, & dont
les fruits font revêtus d'une enveloppe ligneufe.

Cucurbita lagenaria, flore albo.
Moris. Hift. 2. p. 23. Rumph.
Amb. 5. p. 397. t. 144.

Cucurbita longa, folio molli,
flore albo. J. B. 313; connue
vulgairement fous le nom de
Courge longue, de *Callebaffe,* ou
Gourde.

2°. *Cucurbita Pepo, foliis lo-*
batis, pomis lævibus. Lin. Sp.
Plant. 1010; Potiron avec des
feuilles à lobes, & un fruit
uni.

Cucurbita feminum margine tu-
mido. Hort. Cliff. 452. Hort. Ups.
291. Roy. Lugd.-B. 263.

Cucurbita Indica rotunda. Da-
lech. Hift. 616.

Cucurbita major rotunda, flore
luteo, folio afpero. G. B. P. 213;
Ordinairement appelé *Courge,*
ou *Potiron.*

Pepo oblongus. Bauh. Pin. 311;
Variété.

3°. *Cucurbita verrucofa, foliis*
lobatis, pomis nodofo-verrucofis.
Lin. Sp. Plant. 1010; Courge
avec des feuilles féparées en
lobes, & un fruit couvert de
verrues.

Cucurbita verrucofa. J. B. 2.
p. 222; Courge à verrues.

Melopepo verrucofus. Tourn.
Inft. 106.

4°. *Cucurbita Melopepo, foliis*
lobatis, caule erecto, pomis de-
preffo-nodofis. Lin. Sp. Plant.
1010. Fabric. Helmft. p. 351;

Courge avec des feuilles à lobes , une tige érigée , & un
fruit noueux & comprimé ou
affaiffé.

Melopepo clypei-formis. G. B.
P. 312; Ordinairement appelé :
Gourde en forme de bouclier.

Cucurbita clypei-formis, five
Siciliana. Bauh. Hift. 2. p. 221.

5°. *Cucurbita lignofa, foliis*
lobatis, afperis, flore luteo, pomis
lignofis; Callebaffe avec des
feuilles en lobes rudes , une
fleur jaune & du fruit revêtu
d'une enveloppe ligneufe. *Gour-*
de à enveloppe ligneufe.

Lagenaria. On cultive quelquefois la premiere efpece dans
les jardins Anglois , pour la
variété; mais on en mange rarement le fruit ici , quoiqu'il
ait un goût agréable : quand
on le cueille jeune , fa peau
eft tendre , & on peut le manger bouilli. Dans les pays Orientaux, on le cultive communément pour le vendre fur les
marchés , parce qu'il fert de
nourriture au bas peuple, depuis le mois de Juin jufqu'en
Octobre. On le multiplie auffi
pour la table dans les deux
Indes : il eft d'ailleurs très-
propre à remplacer les autres
végétaux comeftibles , dans les
climats où la trop grande chaleur les empêche de croître.

Cette plante ne varie pas
comme la plupart des autres
de ce genre, mais elle produit toujours des fruits de la
même forme ; elle s'étend
auffi à une grande diftance,
quand la faifon eft chaude &
favorable, & produit alors des
fruits mûrs ; mais dans les années froides, ils parviennent

rarement à la moitié de leur grosseur ordinaire : j'ai mesuré quelques-uns de ces fruits bien mûrs, dont la longueur étoit de six pieds sur un pied & demi de diametre, & les plantes qui les ont produits s'étendoient à près de vingt pieds de distance. Les tiges & les feuilles de cette espece sont couvertes d'un duvet fin & & mou ; ses fleurs sont larges, blanches, réfléchies sur leurs bords, & portées sur de longs pédoncules ; ses fruits sont généralement recourbés, d'un jaune pâle lorsqu'ils sont mûrs, & recouverts d'une coque dure qui peut contenir de l'eau lorsqu'elle est vide & desséchée ; aussi l'emploie-t-on à beaucoup d'usages dans les pays où on les cultive.

Pepo. La seconde espece, qui est ordinairement connue sous le nom de *Courge* ou *Potiron*, est souvent cultivée par les gens de la campagne en Angleterre : ils la plantent sur leurs tas de fumier, où elle s'étend à une grande distance, & finit par les couvrir en entier. Dans les années favorables, cette espece produit une grande quantité de gros fruits, que les paysans laissent parvenir à leur maturité ; alors ils y font un trou par lequel ils tirent les graines, & mettent en place des pommes découpées en morceaux, qui se mêlent avec la chair du fruit ; ils y ajoûtent quelquefois un peu de sucre & des épices, après quoi ils les font cuire dans un four, & les mangent comme des pommes cuites ; mais cette nourriture ne convient qu'à des gens qui travaillent beaucoup, & qui sont en état de la digérer.

On peut multiplier cette espece en semant les graines en Avril, sur une couche chaude : quand les plantes ont poussé, on les transplante sur une autre couche médiocrement chaude, où on les éleve durement en leur donnant beaucoup d'air : quand elles ont poussé quatre ou cinq feuilles, on les place dans des trous sur un tas de vieux fumier où elles puissent avoir beaucoup de place pour s'étendre, parce que quelques-unes de ces especes filent à une si grande distance qu'une plante que j'ai mesurée, s'est trouvée avoir plus de quarante pieds de longueur, & elle avoit poussé en outre un grand nombre de branches latérales, qui, si on ne les avoit pas retranchées, auroient pu couvrir vingt Rods (1) de terre. Si ceci paroit exagéré à plusieurs personnes, malgré l'assurance que j'en donne, que penseront elles du récit qui est imprimé dans les Transactions de la Société Royale, & qui a été présenté par Paul Dudley, Ecuyer de la Nouvelle-Angleterre, où il est dit qu'une simple plante de cette espece,

_____

(1) La verge a trois pieds [*i*].
[*i*]. Les Traducteurs de Paris ont rendu ici les *vingt Rods de terre* du texte de *Miller*, par *vingt verges* : la différence entre les deux est très-grande.

sans le secours d'aucune culture, avoit couvert une grande piece de terre, & qu'on y avoit recueilli deux cent soixante fruits, dont chacun étoit aussi gros que la moitié d'un *peck* (2).

Il y a plusieurs variétés de ce fruit, qui différent dans leur forme & leur grosseur; mais comme elles ne cessent de provenir de semences, & qu'elles ne sont point constantes, ne produisant rarement le même fruit plus de trois ans de suite, je n'en ferai pas mention ici (3).

Verrucosa. La troisieme est fort commune dans la plus grande partie de l'Amérique, où on la cultive pour la table; elle fournit aussi plusieurs variétés, qui different dans leur forme & leur grosseur; quelques-unes sont plates, d'autres en forme de bouteille, & plusieurs oblongues: l'extérieur de leur enveloppe est blanc lors de leur maturité, & couvert de verrues. Les Américains recueillent ces fruits quand ils sont à moitié mûrs, & les font bouillir pour les manger avec leur viande; mais en Angleterre où on a tant d'autres végétaux préférables à manger, on ne les cultive que par curiosité. Cette espece peut

___

(2) Picotin d'Angleterre, qui est la quatrieme partie d'un boisseau.

(3) Les graines de ce fruit sont au nombre des quatre semences froides majeures: comme leurs propriétés médicinales & l'usage qu'on en fait, sont les mêmes que ceux des graines de *Concombre*, voyez pour cela la note qui est jointe à l'article CUCUMIS.

être multipliée de la même maniere que la seconde.

Melopepo. La quatrieme est aussi fort commune dans le Nord de l'Amérique, où on la cultive pour les mêmes usages que la précédente; elle croît fort souvent avec une tige forte, érigée & touffue, qui ne pousse point de branches latérales, comme les autres especes, mais elle varie souvent; car après qu'elle a été cultivée pendant quelques années dans le même jardin, elle devient trainante comme les autres, & étend ses branches à une aussi grande distance. J'ai cependant appris que les graines de cette plante ayant été semées dans un jardin fort éloigné de celui où on la cultivoit ordinairement, ont continué à donner des plantes érigées, & des fruits semblables, tandis que les premieres étoient dégénérées en plantes rampantes, & avoient produit des fruits plus gros, & d'une forme différente.

Lignosus. Les fruits de la cinquieme ont une coque dure comme ceux de la premiere, quand ils sont mûrs, & on les conserve plusieurs années après les avoir fait sécher: ces fruits sont de grosseur & de forme différentes; quelques-uns ressemblent à une *Poire*, d'autres ne sont pas plus gros qu'une grosse *Poire de Sainte-Catherine*, plusieurs sont comme une bouteille d'un pot & presque de la même forme, & d'autres enfin sont ronds, & ont la forme, la grosseur & la couleur d'une *Orange*: mais comme toutes ces variétés font extrémement changeantes, je n'en ai jamais pu conferver une feule plus de trois ans dans le même jardin, qu'en faifant venir leurs femences de quelque endroit éloigné : malgré que je les aie cultivées pendant près de quarante ans, avec le plus grand foin, je ne puis dire fi ces changemens font occafionnés par le mélange de la pouffiere fécondante de l'une avec l'autre ; car quoique je les aie fouvent plantées à une auffi grande diftance qu'il m'étoit poffible, dans le même jardin, elles ont cependant fubi le même fort que celles qui étoient plus rapprochées.

Culture. Comme la premiere efpece exige, pour mûrir fes fruits, un traitement plus délicat que les autres, il faut femer les graines en Avril, fur une couche de chaleur modérée, & mettre enfuite les plantes chacune féparément dans de petits pots d'un fou, les plonger dans une couche médiocrement chaude, & ne pas les traiter trop délicatement ; car fi on ne leur procure pas beaucoup d'air tous les jours, elles filent & deviennent foibles. Quand les plantes font trop groffes pour refter plus long-tems dans les pots, on creufe des trous dans les endroits où on veut les placer, on met trois ou quatre brouettes de fumier dans chacun, on les couvre de terre, & on y met les plantes qu'on tient couvertes de cloches jufqu'à ce qu'elles foient étendues.

Quelques perfonnes difpofent ces plantes contre des berceaux, qui en font bientôt couverts & qui procurent un ombrage agréable, & une garniture de très-longs fruits ; d'autres les mettent près des murailles, des palliffades & des haies, auxquelles ils attachent leurs branches qu'ils conduifent à une très-grande hauteur. Les *Courges* en forme d'*Orange*, peuvent être ainfi placées ; leurs fruits feront un bel ornement, & produiront un très-bon effet, fur-tout à une certaine diftance : toutes les efpeces exigent beaucoup d'arrofemens dans les tems fecs.

Ces plantes ont befoin de tant de place, & leurs fruits font fi peu eftimés, qu'on les cultive peu en Angleterre : nous avons d'ailleurs un grand nombre d'autres plantes, dont les racines & les fruits font bien préférables à celles-ci pour les ufages de la cuifine : mais dans quelques parties de l'Amérique où les fruits & les légumes ne font pas en fi grande abondance, il eft naturel qu'on y cultive ces efpeces.

CUJETE. *Voyez* CRESCENTIA.

CUL ÉCORCHÉ COMMUN ET PIQUANT. *Voyez* HYDROPIPER.

CULMIFERUS, de *culmus.* Paille, *ou* Chaume, fe dit des tiges de plantes unies, noueufes, ordinairement creufes, & entourées à chaque nœud de feuilles fimples, étroites & terminées en pointe aiguë, & dont les femences font renfermées dans des épis remplis de paille ; telles font le Froment, l'Orge, &c.

CUMIN CORNU. *V.* Hypecoum procumbens.

CUMIN BATARD. *V.* Lagœcia Cuminoïdes.

CUMIN DES PRÉS, *ou* CARVI. *V.* Carum Carvi.

CUMIN. *Voyez* CUMINUM.

CUMINOÏDES. *Voyez* Lagœcia.

CUMINUM. *Lin. Gen. Plant.* 313. *Mov. Umb.* Κύμινον. [*Cumin.*] Cumin.

Caractéres. Dans ce genre, la fleur est ombellée, l'ombelle générale est composée de plusieurs plus petites, qui font divisées en quatre parties, & dont l'enveloppe est plus longue que l'ombelle. La grande ombelle est uniforme ; les corolles ont cinq pétales inégaux, dont les bords font recourbés en-dedans : les fleurs ont cinq étamines simples, & terminées par des fommets minces ; elles ont chacune un gros germe placé au-dessous d'elles qui foutient deux petits styles, couronnés par des stigmats simples : ce germe devient ensuite un fruit ovale, cannelé, composé de deux femences ovales, convexes, fillonnées fur un côté, & unies fur l'autre.

Ce genre de plantes est rangé dans la feconde fection de la cinquieme claffe de Linnée, intitulée *Pentandria digynia,* dans laquelle font comprifes toutes celles dont les fleurs ont cinq étamines & deux ftyles.

Nous n'avons qu'une efpece de ce genre, qui est :

Cuminum cyminum. Lin. Mat. Med. 139 ; Cumin.

Cuminum, femine longiori. G. B. P. 146 ; Cumin à très-longues femences.

Cuminum fativum. Cam. Epit. 518.

Cuminum, femine longiori hirfuto & glabro. Moris. Hift. 271. s. 9. t. 2.

Cette plante est annuelle, & périt auffi-tôt que fes femences font mûres : elle s'éleve rarement au-deffus de neuf à dix pouces de hauteur dans les pays chauds où on la cultive ; & en Angleterre je ne l'ai jamais vu parvenir au-deffus de celle de trois ou quatre pouces. Cependant quelques-unes de ces plantes ont fort bien fleuri dans nos jardins ; mais elles n'y ont jamais produit de femences. Ses feuilles d'un vert foncé & généralement tournées en arriere de leurs extrémités, font comme celles du *Fenouil,* découpées en plufieurs fegmens étroits, mais beaucoup plus petites : fes fleurs naiffent en petites ombelles au fommet des tiges ; elles font compofées de cinq pétales inégaux d'un bleu pâle, & font remplacées par des femences longues & aromatiques.

Ses femences, qui font au nombre des plus chaudes, font les feules parties de cette plante, dont on faffe ufage en Médecine ; elles font compofées de principes fort chauds, & réfolutifs, & on les emploie pour diffiper les vents des premieres voies ; on les adminiftre en poudre, ou en lavement, & on les applique quelquefois à l'extérieur, pour calmer les douleurs de poitrine ou de côté.

On multiplie beaucoup cette plante, pour en faire commerce, dans l'Ifle de Malte, où elle eft connue fous le nom de *Cumino aigro*, c'eft-à-dire, *Cumin chaud*; comme on y cultive auffi l'Anis qu'on appelle *Cumino dolce*, *Cumin doux*, plufieurs anciens Botaniftes y ont été trompés, & en ont fait deux efpeces, l'une âcre, & l'autre douce.

On feme ces graines dans de petits pots remplis de terre légere de jardin potager, & on les plonge dans une couche chaude très-tempérée pour faire pouffer les plantes, qu'on accoutume par dégrés au plein air ; après quoi on les retire des pots avec leurs mottes entiéres, on les met en pleine terre dans une plate-bande chaude, & on les tient nettes de mauvaifes herbes. Par cette méthode, ces plantes fleuriront très-bien ; & comme elles ont été avancées au printems, elles pourront perfectionner leurs femences en Angleterre fi la faifon eft très-chaude (1).

____

(1) Les femences de *Cumin* font au nombre des quatre femences chaudes majeures; elles contiennent, dans leur compofition, un principe fixe, réfineux & gommeux, & une huile effentielle abondante, dans laquelle réfide la plus grande partie de leurs propriétés.

Ces graines font très-échauffantes, difcuffives, ftomachiques, for-

CUNILA. *Voyez* SIDERITIS SYRIACA MONTANA.

CUNONIA. *Buttn. Cun. tab. 1. Antholyza. Lin. Gen. Plant. 56* ; [*Antholyza.*] efpece de Gladiole.

Caractteres. Les fleurs de ce genre font alternes, & difpofées en un épi imbriqué ; chacune a une enveloppe, compofée de deux feuilles concaves, & en forme de lance ; la corolle eft labiée, elle a un tube court, mince, ouvert aux levres, & comprimé aux côtés ; la levre fupérieure eft arquée, fort prolongée au-delà des aîles, & arrondie à fon extrémité. La fleur a trois étamines longues, minces, placées dans la levre fupérieure, & terminées par des fommets longs & plats, qui font fixés par leur centre & courbés ; elle a un ftyle mince, plus court que les étamines & couronné par trois ftigmats cylindriques qui joignent les fommets, & font renfermés dans la levre fupérieure : le germe qui eft placé au-deffous de la fleur, fe

____

tifiantes, carminatives, utérines, &c. : on les donne avec fuccès dans les maladies venteufes, le vertige ftomachal, les foibleffes de digeftion, l'afthme humide, le chlorofis, &c.

On les prépare en confiture ou en infufion vineufe.

On donne auffi quelquefois, dans les mêmes circonftances, leur huile effentielle diftillée, à la dofe de cinq ou fix gouttes, dans une demi-once d'huile d'amandes douces.

change, quand elle eft paffée, en une capfule oblongue & à trois cellules, remplies de femences comprimées.

Ce genre de plante eft rangé dans la premiere fection de la troifieme claffe de LINNÉE, intitulée : *Triandria monogynia*, qui comprend les fleurs pourvues de trois étamines & d'un ftyle : mais le même Botanifte a joint à celles-ci l'*Antholyza*, dont il n'a fait qu'une efpece du même genre, quoiqu'elles different par des caracteres très-marqués ; car il y a au moins autant de différence entre ces fleurs, & celles de l'*Antholyza*, qu'il y en a entre les fleurs de cette derniere & celles du *Gladiolus* : les fleurs de la *Cunonia* n'ont point de carène, & celles de l'*Antholyza* en ont une, qui renferme une des étamines féparée des deux autres, qui font placées dans la levre fupérieure, tandis que dans celles-ci toutes les trois font d'égale longueur, & fixées dans le creux de la levre fupérieure : les deux aîles de la *Cunonia* font courtes ; au-lieu que celles de l'*Antholyza* font longues : ainfi je crois qu'elles doivent être féparées.

Nous n'avons à préfent dans les jardins Anglois qu'une efpece de ce genre, qui eft :

Cunonia Antholyza, floribus feffilibus, fpathis maximis. Buttn. Cun. 211. tab. 1. ; Cunonia avec des fleurs feffiles aux tiges, & des fpathes fort larges. LINNÉE l'appelle *Antholyza ftaminibus omnibus adfcendentibus. Sp. Plant. 37. Syft. Plant. tom. 1. p. 102.*

Sp. 2. ; Antholyza ayant toutes les étamines montantes.

On trouve dans le livre de CORNUT, fur les plantes du Canada, pag. 78, la figure d'une efpece de ce genre, fous le titre de *Gladiolus Æthiopicus, flore coccineo,* qui paroît être différente de celle que nous connoiffons ; fes fleurs ont des fpathes beaucoup plus petites, & des tiges moins élevées ; il y a auffi quelques autres différences entr'elles.

Les femences de notre efpece, qui m'ont été envoyées du Cap de Bonne Efpérance, ont très-bien réuffi dans le jardin de *Chelféa*, où elles ont produit un grand nombre de plantes, qui ont fleuri à merveille dans la troifieme année, & ont continué à produire des fleurs & à perfectionner les femences annuellement. Elle a une racine bulbeufe & comprimée, femblable à celle du *Glaïeul des bleds*, & couverte d'une peau brune, de laquelle s'élevent plufieurs feuilles étroites en forme d'épée, de neuf pouces environ de longueur, fur un quart de pouce de largeur au milieu, terminées en pointe aiguë, traverfées par une côte mitoyenne, faillante, & par deux veines longitudinales qui fe prolongent de chaque côté : ces feuilles font de couleur de vert de mer ; elles paroiffent en automne, & continuent à croître pendant tout l'hiver : fa tige s'éleve en automne du centre des feuilles ; elle eft ronde, forte, noueufe, haute d'un pied & demi, & généralement courbée ; de chacun de ses nœuds sort une simple feuille qui embrasse la tige dans la longueur de trois pou-ces, & s'en sépare ensuite pour prendre une attitude éri-gée : le sommet de cette tige est terminé par un épi clair de fleurs qui sortent d'une grande spathe, composée de deux feuilles oblongues, con-caves, & terminées en pointe aiguë, qui d'abord semblent être placées l'une sur l'autre ; mais qui se séparent à mesure que la tige s'éleve : ses fleurs, qui sortent du milieu de ces feuilles, ont chacune un tu-be mince, d'un demi-pouce, à-peu-près, de longueur, & de couleur de *Safran* ; ce tube s'élargit où la corolle est di-visée ; le segment supérieur s'étend à deux pouces de lon-gueur, & forme une voûte sur les étamines & le style ; il est étroit dans toute la lon-gueur des aîles ; mais il se gonfle au-dessus, s'étend, s'ou-vre de la longueur d'un demi pouce, & forme une conca-vité qui couvre les sommets, & les stigmats qui sont éten-dus dans cette longueur : les deux aîles sont étroites à leur bâse, mais elles s'élargissent vers le haut, & finissent en pointes obtuses, concaves & comprimées, qui couvrent les étamines & le style. Cette fleur, qui est teinte d'une belle cou-leur écarlate, a une apparen-ce très-agréable vers la fin d'Avril, ou au commencement de Mai, lorsqu'elle s'épanouit: quand elle est flétrie, son ger-me devient une capsule ova-

le & unie, qui s'ouvre en trois cellules, remplies de semences plates & bordées.

Comme cette plante est trop tendre pour profiter en plein air dans notre climat, il faut mettre ses racines dans des pots remplis de terre légere, qu'on pourra laisser en plein air jusqu'au mois d'Octobre ; mais qu'on placera ensuite sous un abri, dans une caisse de vitrage airée, ou sous un châssis de couche, où leurs feuilles croîtront pendant tout l'hiver, & leurs tiges s'éleve-ront & fleuriront au printems. Pendant l'hiver, on donnera à ces plantes un peu d'eau une fois par semaine, dans les tems doux ; mais cet arrose-ment doit être très-léger du-rant les grands froids : au prin-tems, on les arrose plus sou-vent ; & lorsque les fleurs sont passées, on met ces plantes en plein air pour leur faire perfectionner leurs semences ; ce qui aura lieu vers la fin du mois de Juin : aussi-tôt après, les tiges périront jusqu'à la racine, & resteront dans l'inaction jusqu'au mois de Sep-tembre. Quand les tiges sont péries, on peut tirer les ra-cines de la terre & les tenir dans un endroit sec jusqu'à la fin d'Août, qui est le mo-ment de les replanter.

Cette plante peut être aifé-ment multipliée par les rejettons qu'elle pousse en grande abon-dance, ou par ses semences, qu'on répand dans des pots vers le milieu d'Août, qu'on place dans une situation où elles puissent jouir du soleil

du matin, & qu'on arrofe légèrement dans les tems fecs:
on met ces pots en Septembre
à une expofition chaude ; &
en Octobre, on les tranfporte fous un châffis pour les
mettre à l'abri des gelées &
des fortes pluies ; mais on leur
donne de l'air dans les tems
chauds : les plantes paroîtront
en Octobre, continueront à
croître pendant tout l'hiver,
& leurs feuilles fe flétriront
dans le mois de Juin ; alors
on peut les arracher & en replanter quatre ou cinq racines dans chaque pot, où on
les laiffera pendant une année ; après quoi elles pourront être mifes chacune féparément dans d'autres pots. Ces
plantes de femence doivent
être mifes à couvert en hiver, comme les vieilles racines ; elles fleuriffent dans la
troifieme année.

CUPIDONE, *ou* CHICO-
RÉE BATARDE. *Voyez* CA-
TANANCHE CÆRULEA.

CUPRESSUS. *Lin. Gen. Pl.*
958. Tourn. Inft. J. H. 587. tab.
358 ; *Cyprès* ; prend fon nom de
ϗϱύω, répandre, & de Πόριω,
égal, parce qu'il produit
des branches égales des deux
côtés ; ou de *Cypariffus*, un
certain enfant que les Poëtes
fuppofent avoir été transformé
en Cyprès. [*The Cypreff-tree.*]
Arbre de Cyprès.

Caractères. Les fleurs mâles
& les femelles croiffent éloignées les unes des autres fur
le même arbre ; les fleurs mâles font raffemblées en un
chaton ovale, fur lequel elles font clairement placées

parmi plufieurs écailles rôn-
des, dont chacune renferme
une fleur fimple ; ces fleurs
n'ont ni étamines ni pétales,
mais feulement quatre antheres qui adherent au fond des
écailles : les fleurs femelles
font rapprochées dans des cônes ronds, qui en renferment
chacun huit ou dix, elles
n'ont point de corolle, &
leur germe eft à peine vifible ;
mais fous chaque écaille il y
a plufieurs taches, &' au lieu
de ftyle un fommet coupé &
concave, qui fe change enfuite en un cône globulaire
qui s'ouvre en écailles angulaires, en forme de targe fous
lefquelles font fituées des femences angulaires.

Ce genre de plante fait partie de la neuvieme fection de
la vingt-unieme claffe de LIN-
NÉE, ou de la *Monœcia mona-*
delphia, dans laquelle font
comprifes les plantes qui ont
des fleurs mâles, & des femelles, fur le même pied &
dont les fleurs mâles font jointes en un corps.

Les efpeces font :

1°. *Cupreffus femper virens, fo-*
liis imbricatis, ramis erectioribus ;
Cyprès à feuilles imbriquées,
avec des branches érigées.

Cupreffus metâ in faftigium
convolutâ, fivè fœmina ; *Plinii.*
Dod. Pempt. 856 ; Cyprès femelle commun, érigé & toujours vert.

Cupreffus. Bauh. Pin. 488.
Cam. Epit. 52.

2°. *Cupreffus horizontalis, fo-*
liis imbricatis, acutis, ramis ho-
rizontalibus ; Cyprès à feuilles imbriquées & aiguës,
avec

avec des branches horifontales.

*Cupreſſus, ramos extrà ſe ſpar-
gens, ſivè mas; Plinii. Tourn.
Inſt. R. H. 587;* Cyprès mâle à
branches écartées.

3°. *Cupreſſus Luſitanica, foliis imbricatis, aculeatis, ramis
dependentibus;* Cyprès à feuilles imbriquées, & terminées
en épines, avec des branches
penchées vers le bas.

*Cupreſſus Luſitanica, patula,
fruĉtu minore. Inſt. R. H. 587;*
Cyprès de Portugal étendu,
avec un plus petit fruit.

4°. *Cupreſſus diſticha, foliis
diſtichis patentibus. Hort. Cliff.
499. Hort. Ups. 289. Gron.
Virg. 153. Roy. Lugd.-B. 88;*
Cyprès avec des feuilles étendues, & placées ſur les deux
côtés des branches.

*Cupreſſus Virginiana, foliis
Acaciæ deciduis. Hort. Amſt. I.
p. 113;* Cyprès de Virginie à
feuilles tombantes d'Acacia.

*Cupreſſus Americana. Catesb.
Car. I. p. II. t. II.*

5°. *Cupreſſus Thuyoïdes, foliis
imbricatis, frondibus ancipitibus.
Lin. Sp. Plant. 1003. Kalm. It.
2. p. 175. & 3. p. 114;* Cyprès
à feuilles imbriquées, & dont
les branches ſont placées de
deux manieres.

*Cupreſſus nana, fruĉtu cæru-
leo parvo. Pluk. Mant. 61. t.
345. f. 1;* Cyprès nain de Maryland, avec un petit fruit
bleu.

6°. *Cupreſſus Africana, foliis
linearibus, ſimplicibus, crucia-
tim poſitis;* Cyprès à feuilles
ſimples, linéaires, & diſpoſées
en forme de croix.

Cupreſſus Africana de HER-
Tome II.

MAN & *d'*OLDEMBURGH ;
Arbre de Cyprès, d'Afrique,
appelé par les Hollandois,
Cypres Boom. Arbre de navire.

*Cupreſſus Juniperoïdes. Lin.
Sp. Plant. 1422. Sp. 4. Edit. 3.
Syſt. Plant. tom. 4. p. 180.*

Semper virens. La premiere
eſpece de ces arbres eſt très-
commune dans la plupart des
anciens jardins de l'Angleterre, mais à préſent on ne la
recherche plus autant, quoiqu'elle ne devroit pas être
tout-à-fait négligée ; car elle
produit un bel effet dans les
pleins bois, & dans les maſſifs
d'arbres verts, où elle réuſſit
très-bien, pourvu qu'elle ſe
trouve à une bonne expoſition. On la plantoit autrefois
dans les plates-bandes des jardins en parterres, où on la
tailloit en forme pyramidale ou conique. Quelques perſonnes, craignant de la détruire en la taillant, la lioient
avec des cordes, pour lui
donner cette forme qui lui
eſt naturelle ; mais en la reſ-
ferrant ainſi avec des liens,
ils empêchoient l'air de pénétrer dans l'intérieur ; de ſorte
que ſes feuilles périſſoient,
qu'elle devenoit fort déſagréable à la vue, & que ſon accroiſſement étoit ſingulière-
ment retardé : d'un autre côté,
ſi on ne taille pas cet arbre
au printems, ou dans le commencement de l'été, il eſt à
craindre qu'il ne ſoit endommagé par les vents de biſe,
ou par les grandes gelées de
l'hiver ſuivant ; de maniere
qu'il vaut beaucoup mieux le
laiſſer croitre naturellement,

& le placer feulement parmi les autres arbres toujours verts, où la couleur plus foncée de fon feuillage & la forme de fa tête, ajouteront beaucoup à la variété.

Horizontalis. La feconde efpece, qui s'éleve à une plus grande hauteur que toutes les autres de ce genre, eft très-commune dans le Levant, où elle fournit la plus grande partie du bois de charpente qu'on emploie dans ce pays : elle profpere merveilleufement fur un fol chaud, fec & graveleux, & quoiqu'elle n'ait pas une forme auffi agréable que la premiere, ce défaut eft bien réparé par fon prompt accroiffement, & par la dureté de fa conftitution, qui la fait réfifter aux rigueurs de toutes les faifons. Cette efpece eft très-propre pour être entre-mêlée avec les arbres toujours verts, de la feconde groffeur, après les *Pins*, & pour former des maffifs ; car fon accroiffement égalera celui des autres arbres, & elle y fera un très-bon effet : le bois de cet arbre eft d'ailleurs très-bon pour faire des planches, & lorfqu'il eft bien cultivé, il acquiert en peu de tems la groffeur du *Chêne*. Il y a en Angleterre beaucoup de cantons fablonneux & graveleux, qui produifent rarement des arbres dignes d'être cultivés, & fur lefquels cette efpece réuffiroit très-bien ; les Propriétaires en auroient l'agrément, & leurs fucceffeurs en tireroient peut-être plus de profit que d'une plantation de *Chênes*. Je fuis perfuadé que l'on trouveroit ici ce bois auffi bon que celui qu'on apporte de l'Archipel. Les plantations qu'on fait de cet arbre dans le Levant étoient fi utiles, qu'elles y font connues fous le nom de *Dos filiæ* ; parce que la coupe d'un feul de ces arbres fait la dot d'une fille. On prétend que le bois de cet arbre réfifte aux vers, aux teignes, qu'il eft incorruptible, & dure plufieurs fiecles : les portes de l'Eglife de Saint-Pierre à Rome, qui avoient été conftruites avec ce bois, ont fubfifté depuis le grand CONSTANTIN, jufqu'au regne du Pape EUGENE IV ; ce qui fait onze fiecles de durée ; dans ce tems-là même, elles furent encore trouvées faines & entieres, quand le Pape les fit changer pour des portes d'airain. On en faifoit auffi des cercueils dans lefquels THUCYDIDE nous apprend que les Athéniens enfermoient les corps de leurs Héros. Les caiffes des momies qu'on nous apporte de l'Egypte, font pour la plupart conftruites avec ce bois.

Plufieurs Auteurs regardent cet arbre comme ayant la propriété de purifier l'air, & comme un fpécifique dans les maladies du poumon, à caufe de la grande quantité de particules aromatiques & balfamiques qu'il exhale : les Médecins Orientaux étoient autrefois dans l'ufage d'envoyer les perfonnes attaquées de maladies de poitrine, dans l'Ifle de Candie, qui alors étoit remplie de ces arbres, & il **y**

en avoit peu qui ne s'en trouvoient foulagées. (1).

Difticha. La quatrieme efpece croit naturellement en
Amérique, dans les lieux bas
& marécageux, où elle s'éleve à une très-grande hauteur,
& parvient à une groffeur
énorme : j'ai été affuré qu'on
trouve dans ces Contrées quelques-uns de ces arbres, qui
ont plus de foixante & dix
pieds d'élevation, & une circonférence de plufieurs braf-
fes : comme ils croiffent conftamment dans l'eau, il feroit
très-avantageux de les planter
dans les fols humides ou marécageux, qui ne feroient propres à aucune autre efpece
d'arbres réfineux. On eft d'ailleurs affuré que cette efpece
eft fort dure après quelques
individus qui ont été autrefois
apportés en Angleterre, &
qu'on voit encore aujourd'hui
dans quelques jardins, & particulièrement dans ceux de
J E A N T R A D E S C A N T , à
Lambeth Méridional, près de
Vaux-Hall, où l'on en trouve
un qui a plus de trente pieds
de hauteur, & qui eft d'une
groffeur confidérable, quoiqu'il foit à préfent dans une

cour ordinaire, où l'on n'en
prend aucun foin , & dans
lequel on a enfoncé plufieurs
crochets pour y attacher des
cordeaux de leffive : cependant cet arbre eft fort fain &
vigoureux ; mais il n'a pas encore produit de fruit jufqu'à
préfent ; ce qui peut être occafionné par le manque d'humidité : car nous voyons fouvent des plantes aquatiques
élevées dans un fol fec , où
elles produifent rarement autant de fleurs ou de fruits , que
celles qui reftent dans l'eau.

On voit auffi un de ces arbres affez gros dans le jardin de
Sir A B R A H A M J A N S S E N , Baro-
net, à Wimbleton en Surry, qui
a produit une grande quantité
de cônes, qui dans les années
favorables ont donné des femences parfaitement mûres ,
& auffi bonnes que celles
qu'on apporte de l'Amérique.
On a tranfplanté cet arbre
lorfqu'il étoit déja fort grand ,
dans un fol fec & ftérile , ce
qui a arrêté fon accroiffement ; car depuis il a fait
très-peu de progrès.

Toutes ces efpeces d'arbres
fe multiplient par femences
qu'il faut mettre dans le commencement du printems , fur
une plate-bande de terre feche , fablonneufe , bien dreffée & très-unie ; on y répand
les femences affez épaiffes :
après quoi on crible par-
deffus de la même terre , jufqu'à l'épaiffeur d'un demi-pouce ; & fi la faifon eft fort
chaude & feche , on procurera de l'ombre à la planche
pendant le jour , & on l'arro-

___

(1) On emploie quelquefois en
Médecine les cônes de *Cyprès*, qui ,
en effet, font très-aftringents , &
peuvent convenir dans différentes
circonftances , où ces efpeces de
remedes font indiqués ; & furtout
dans les fievres quartes opiniâtres
contre lefquelles ils ont eu fouvent
du fuccès.

On les donne en poudre à la
dofe d'un gros , ou infufés comme
le quinquina dans le vin blanc.

fera doucement, pour ne pas déterrer les femences : fi les graines qu'on a employées font bonnes, on verra paroître les jeunes plantes au bout de deux mois ; alors on les tiendra conftamment nettes de mauvaifes herbes, & on les arrofera fouvent dans les tems fort fecs ; mais toujours avec beaucoup de légereté, afin de ne pas les déraciner : fi l'on feme ces graines fur une couche de chaleur temperée, & fi l'on tient la couche couverte de nattes, elles pousseront beaucoup plutôt & plus certainement, que fi elles fe trouvoient difpofées dans une terre froide.

Les jeunes plantes peuvent refter deux ans dans le femis, après quoi on les tranfplantera dans une pépiniere ; & tant qu'elles feront jeunes & tendres, on les mettra à l'abri des fortes gelées, en les couvrant avec des nattes. On fait cette opération dans le commencement d'Avril, lorf-que les hâles du mois de Mars font paffés ; on choifit pour cela autant qu'il eft poffible, un tems couvert, & on ménage beaucoup leurs racines, en les enlevant même en mottes, fi cela fe peut.

Le fol dans lequel on place ces arbres doit être pour les deux premieres efpeces, chaud, fablonneux, graveleux, bien nivelé, labouré & débarraffé de toutes les herbes nuifibles & inutiles ; les rangs doivent être tracés au cordeau à un pied de diftance, & les lignes qui croiffent à huit ou neuf

pouces ; on met enfuite les jeunes plantes dans chaque croifée, en obfervant de bien ferrer la terre contre les racines, & d'entaffer un peu de terreau autour de leurs tiges ; ainfi que de les arrofer pour établir la terre, & de renouveller cet arrofement deux fois par femaine, jufqu'à ce qu'elles foient bien reprifes.

Ces plantes peuvent refter dans les pépinieres pendant deux ou trois ans, fuivant les progrès qu'elles auront faits ; mais fi on a l'intention de les laiffer plus long-tems, il faut les éclaircir, & en ôter de deux une dans les rangs, pour les tranfplanter ailleurs ; fans quoi leurs racines s'entrelace-roient, & on ne pourroit les enlever par la fuite, qu'en leur caufant beaucoup de dommage. Celles qu'on a confervées dans cette pépiniere ne doivent pas y refter trop long-tems ; parce que les racines des *Cyprès* ne font pas raffemblées comme celles des autres arbres toujours verts, & qu'elles s'étendent au contraire en longueur ; ce qui les rend beaucoup plus difficiles à tranfplanter, lorfqu'ils font déja grands qu'aucune autre efpece d'arbre. C'eft pour cela que les curieux ne manquent pas de les planter dans de petits pots, lorfqu'ils les tirent de la couche ou du femis, & qu'ils continuent à les élever ainfi pendant deux ou trois ans, jufqu'à ce qu'ils foient en état d'être mis à demeure en pleine terre : par cette méthode, on eft affuré de la réuſſite de ces arbres, & on peut les ôter des pots ſans danger, dans tous les tems de l'année, pour les planter avec leurs mottes entieres : s'ils ſont deſtinés à fournir du bois de charpente ; on laiſſe entr'eux un eſpace de douze ou quatorze pieds : lorſqu'on arrache les arbres de la pépiniere, il faut avoir grand ſoin de conſerver à leurs racines autant de terre qu'il eſt poſſible ; le ſeul moyen d'y réuſſir, eſt de creuſer une tranchée autour de chaque arbre, & de retrancher toutes les longues racines qui ſortent de la motte de terre, & après avoir ôté la terre qui ſe trouve ſur le haut de la motte, de la faire porter ſur une civiere par deux perſonnes dans le lieu où on veut la placer ; mais, s'il faut tranſplanter ces arbres un peu plus loin, il ſera néceſſaire de les mettre dans des paniers, ou d'envelopper exactement leurs racines avec des nattes. Quand ils ſont plantés, on preſſe la terre ſur les racines, comme il a déja été dit, & on répand de la terre douce ſur ſa ſurface, tout autour de la tige pour prévenir les crevaſſes, que le hâle pourroit occaſionner, & empêcher le ſoleil & le vent de pénétrer dans la terre, & de deſſécher leurs fibres : on leur donne enſuite beaucoup d'eau, & on renouvelle cet arroſement, ſi le tems eſt ſec, juſqu'à ce qu'ils aient formé de nouvelles racines, après quoi ils n'exigeront plus aucuns ſoins, que

d'être nettoyés & débarraſſés des mauvaiſes herbes.

Semper virens. La premiere eſpece, qui eſt la plus commune en Angleterre, produit rarement de bonnes ſemences dans notre Iſle ; c'eſt pourquoi il faut faire venir de la France Méridionale ou de l'Italie, des cônes entiers, dont les graines ſoient parfaitement mûres, & ne les tirer des fruits qu'au moment où on veut les mettre en terre, parce qu'elles ſe conſervent mieux dans les cônes : on les fait ſortir aiſément, en expoſant les cônes qui les contiennent à une chaleur douce, qui les fait ouvrir.

Horizontalis. La ſeconde, qui eſt originaire du Levant, d'où elle a été autrefois portée en Italie, eſt à préſent aſſez rare en Angleterre ; & les arbres qu'on a communément cru de cette eſpece ne ſont que des variétés de l'eſpece commune, dont les branches s'écartent beaucoup plus, & qui ne ſont pas auſſi droits que ceux de la premiere. Les ſemences priſes ſur ces arbres ont ſouvent produit des variétés nouvelles, mais le véritable *Cyprès* de cette eſpece étend ſes branches beaucoup plus horiſontalement dès la premiere année, & continue de les étendre à une grande diſtance, de même que ceux qui ſont plus âgés : comme les plantes que ſes ſemences produiſent ne varient jamais, on peut être aſſuré que cet arbre forme une eſpece diſtincte ; dans le Levant il s'éleve à une grande hauteur , & fon bois eſt employé pour la charpente des bâtimens ; on en trouve auſſi en Italie d'une groſſeur conſidérable.

Diſticha. L'eſpece Américaine ſe multiplie en auſſi grande quantité , & l'on peut s'en procurer les cônes très-aiſément de la Caroline & de la Virginie , où elle croît en grande abondance : ſes ſemences réuſſiſſent auſſi bien que celles des autres eſpeces, & les plantes qu'elles produiſent ſont également dures : on les conſervoit autrefois dans des pots, pour les mettre à couvert pendant l'hiver, ce qui les empêchoit de croître ; mais depuis qu'on les a miſes en pleine terre dans des terreins humides , elles ont très-bien réuſſi ; ce qui a été depuis confirmé par M. CATESBY, dans ſon *Hiſtoire Naturelle de la Caroline,* où il dit que cet arbre croît dans des endroits ordinairement couverts de trois ou quatre pieds d'eau ; de ſorte qu'il ſeroit très-avantageux d'en faire des plantations dans nos terres marécageuſes & dans les fondrieres. Cette eſpece perd ſes feuilles en hiver , & ne convient point, par conſéquent, dans les bois pleins d'arbres toujours verts : ſi on l'examine en été, on lui trouve la même apparence qu'aux autres arbres verts, & on eſt tenté de croire qu'il ne ſe dépouille jamais de ſes feuilles. On multiplie auſſi cet arbre par boutures, qu'on plante dans une terre humide au printems, avant qu'il commence à pouſſer.

Luſitanica. Quoiqu'on ait élevé nouvellement pluſieurs plantes de la troiſieme eſpece, elle eſt néanmoins aſſez rare dans les jardins Anglois ; elle eſt moins dure que le *Cyprès commun* : les gros hivers les ont ſouvent détruites ou endommagées , & preſque toutes ont péri dans celui de 1740 , & pluſieurs dans l'hiver de 1762.

On trouve à Buſaco, près de Coïmbre, en Portugal, une grande quantité de ces arbres, qu'on connoît dans le pays ſous le nom de *Cedres de Buſaco,* & dont on emploie le bois pour la charpente : on peut s'en procurer aiſément des ſemences. Cette arbre croît naturellement à Goa, d'où il a été tranſporté en Portugal : on voyoit autrefois pluſieurs arbres de cette eſpece dans les jardins de l'Evêque de Londres , à Fulham , d'où on en a envoyé à Leyde , ſous le nom de *Cedres de Goa.*

Thuyoïdes. La cinquieme eſpece eſt originaire de l'Amérique Septentrionale, où elle s'éleve à une hauteur conſidérable , & donne un bois fort eſtimé, que les habitans emploient à la charpente & à beaucoup d'autres uſages : elle réuſſiroit parfaitement en plein air dans notre Iſle ; car elle naît dans un climat beaucoup plus froid que le nôtre ; & elle feroit une variété agréable, à cauſe de ſa forme réguliere , dans les plantations d'arbres toujours verts.

Cette eſpece ſe multiplie par ſes graines , qu'on répand dans des caiſſes remplies de terre fraîche & légere , & qu'on place de façon qu'elles puiſſent jouïr du ſoleil du matin juſqu'à onze heures ou midi ; on les arroſe ſouvent dans les tems ſecs, & on les tient nettes de mauvaiſes herbes : elles peuvent reſter dans cette ſituation juſqu'à la St. Michel ; mais comme les plantes paroiſſent rarement avant le printems ſuivant , il ſera prudent de placer alors les caiſſes qui contiennent ces graines, contre une muraille ou une paliſſade , à l'expoſition du midi , de peur qu'étant trop à l'ombre, l'humidité de l'hiver ne les faſſe pourrir : au printems ſuivant on plonge ces caiſſes dans une couche médiocrement chaude, & l'on verra bientôt paroître les plantes qui croîtront fortement ; mais à meſure que le printems avance , il faut les accoutumer par dégrés à ſupporter le plein air, les ôter de deſſus la couche en Mai, & les placer dans une ſituation abritée , où elles puiſſent jouïr du ſoleil levant : on les tient conſtamment nettes, & on les arroſe dans les tems ſecs. Aux approches de l'hiver on placera leurs caiſſes contre une muraille ou une paliſſade expoſée au midi ; parce que ces plantes ſont aſſez délicates dans leur premiere jeuneſſe : vers la fin de Mars ou au commencement d'Avril , préciſément avant qu'elles commencent à pouſſer , on les enleve hors de leurs caiſſes avec précaution, & on les plante dans des plan-

ches de terre fraîche & bien expoſées, qu'on a préparées d'avance , en laiſſant un pied d'intervalle entr'elles , & dix-huit pouces entre chaque rang; cette opération doit être faite par un tems pluvieux : mais ſi , dans la ſaiſon que nous avons preſcrite, il faiſoit fort ſec, ou qu'il régnât des vents de hâle, tels qu'on en éprouve ſouvent au printems , il vaut beaucoup mieux différer de quinze jours cette tranſplantation , que de haſarder de la faire alors. Quand ces plantes ſont ainſi diſpoſées dans cette pépiniere , on les arroſe & on couvre la ſurface de la terre avec du terreau, pour empêcher que les rayons du ſoleil & le vent ne pénetrent juſqu'aux racines ; car rien n'eſt ſi nuiſible à ces plantes que de laiſſer ſécher leurs fibres quand elles ſont tranſplantées ; c'eſt-pourquoi on ne doit pas les tirer des caiſſes avant que la terre ſoit préparée , parce qu'elles courroient riſque de périr, ſi elles reſtoient quelque tems expoſées à l'air.

Les branches de cet arbre ſont garnies de feuilles plates toujours vertes & très-ſemblables à celles du *Thuya* : ſes cônes ne ſont pas plus gros que les baies du *Genèvrier*, avec leſquelles il eſt facile de les confondre ſi on les examine d'une certaine diſtance; mais ſi on les voit de plus près, on reconnoît facilement qu'ils forment des cônes parfaits , & pourvus de cellules, comme ceux du *Cyprès com-*

mun. Ces arbres font de très-grands progrès, quand ils se trouvent dans un sol fort & humide, & ils deviennent assez gros pour fournir du bois de charpente ; ils sont aussi très-agréable dans les grandes plantations d'arbres toujours verts, sur-tout s'ils sont plantés dans des lieux qui leur soient propres, & où les autres especes ne réussiroient pas.

Lusitanica. La troisieme espece est garnie, depuis la terre jusqu'à son sommet, de branches presque horisonta - les, qui s'etendent à une grande distance ; mais comme ces branches croissent sans ordre, cet arbre a un aspect bien différent de celui des autres especes : il devient très-grand dans le Portugal, où il fournit du bois de charpente ; mais le plus fort que j'aie vu en Angleterre, n'avoit pas plus de quinze pieds d'élévation, & ses branches latérales avoient plus de huit pieds de longueur. On multiplie cette espece par ses semences, & on la traite de la même maniere que le *Cyprès commun*, avec la différence seulement qu'il faut la couvrir pendant les deux premiers hivers, sur-tout lorsque les gelées sont fortes, parce qu'elle ne pourroit échapper à leur rigueur dans sa premiere jeunesse. On la propage aussi par boutures qui prennent racine, si elles sont plantées en automne & mises à l'abri des froids ; mais, comme elles sont ordinairement deux années en terre avant d'avoir produit de bon-

nes racines, & que les plantes, ainsi élevées, ne croissent jamais aussi promptement que les autres, il vaut beaucoup mieux les multiplier par semences.

Disticha. Le *Cyprès d'Améri- que*, qui perd ses feuilles, prend aussi par boutures, comme je l'ai essayé plusieurs fois ; de sorte que, si l'on ne peut parvenir à se procurer ses semences, on peut employer cette méthode avec succès. Je pense que l'espece commune réussiroit aussi par boutures ; mais comme je n'en ai point fait l'expérience, je ne puis recommander cette pratique.

Ces arbres ornent tellement les jardins, qu'on ne peut se flatter d'en avoir de beaux, s'ils ne s'y trouvent pas en grande quantité : c'est à eux que les maisons de campagne de l'Italie doivent la plus grande partie de leur agrément. Il n'y a aucune espece d'arbres qui soit plus propre que celle-ci à être placée contre les bâtimens ; la forme droite & pyramidale de leurs branches présenteun coup d'œil pittoresque, ne cache point la vue aux habitations, & le vert foncé de leur feuillage fait un charmant contraste avec le blanc des maisons ; de sorte que par tout où il y a des temples ou autres édifices érigés dans les jardins, on les entoure de cette espece d'arbres qui est on ne peut pas plus propre. Les tableaux qui réprésentent des paysages d'Italie, offrent toujours plusieurs *Cyprès*, qui font un très-bon effet dans la peinture ; & lors-

que ces arbres font bien difpofés dans un jardin, le coup-d'œil
qu'ils produifent, eft extrème-
ment agréable.

Africana. Les femences de
la fixieme efpece m'ont été envoyées du Cap de Bonne-Efpérance, où elle croît naturellement, & on m'a affuré que
fes cônes deviennent noirs lorfqu'ils font mûrs. Les jeunes
plantes de cette efpece que j'ai
élevées de femence, ont des
branches écartées, étendues &
fort garnies de feuilles étroites, érigées, oppofées, croi-
fées alternativement d'un pouce
de longueur, d'un vert clair,
& qui fubfiftent toute l'année.
Ces plantes quand elles font
encore jeunes, font trop tendres pour refter en plein air
en Angleterre; mais je penfe
que quand elles feront plus
avancées en âge, elles deviendront affez fortes pour réfifter dans une bonne expofition
aux froids de nos hivers. J'ai
eu deux de ces plantes en pleine
terre, qui ont été détruites
dans l'hiver de 1756 ; mais celles qui fe font trouvées dans
un châffis fans vitrage, &
fans autre abri que des au-
vents de bois, n'ont point été
endommagées, quoique la terre
des pots ait été fouvent fortement gelée.

CURCUMA. *Lin. Gen. Plant.*
6, *Cannacorus. Tourn. Inft. R.
H.* 367. [*Turmerick.*] Safran des
Indes.

Caracteres. Dans ce genre,
les fleurs ont chacune plufieurs
fpathes fimples qui tombent:
la corolle, qui eft monopétale, a un tube étroit, & divifé
en trois fegmens à fon extrémité ; elle renferme un nectaire
ovale, pointu, formé par une
feuille, & inféré dans l'anfe
ou courbure du plus grand
fegment de la corolle : la fleur
a cinq étamines, dont quatre
font ftériles, & l'autre, qui
eft fructueufe, eft placée en-
dedans du nectaire, & a l'apparence d'un pétale ; fon extrémité forme une pointe divifée en deux parties, auxquelles adherent les fommets : fous
la fleur eft placé un germe
rond, qui foutient un ftyle
auffi long que les étamines,
& couronné par un ftigmat
fimple : ce germe fe change
dans la fuite en une capfule
ronde & à trois cellules, remplies de femences rondes.

Ce genre de plante eft rangé
dans la premiere fection de la
premiere claffe de LINNÉE, intitulée *Monandria monogynia*,
dans laquelle font comprifes
les plantes dont les fleurs ont
une étamine & un ftyle.

Les efpeces font :

1°. *Curcuma rotunda, foliis
lanceolato ovatis, nervis lateralibus rariffimis. Lin. Sp. Plant. 2.
Syft. Plant. Tom. 1. Pag. 5. Sp. 1;*
Safran des Indes à feuilles ovales, en forme de lance, avec
très peu de côtes fur les côtés.

*Curcuma. Rumph. Amb. 5. p.
162. t. 67.*

Curcuma radice rotundá. G. B.
Safran des Indes à racines rondes, Terre-Mérite, *ou* Souchet
des Indes.

*Manja-Kua. Rheed. Mal. 11.
p. 19. t. 10.*

2°. *Curcuma longa, foliis lan-*

ceolatis , nervis lateralibus nume-
rofiffimis. Lin. Sp. Pl. 2. Mat.
Med. p. 36. Blackw. t. 396 ;
Safran des Indes à feuilles en
forme de lance , & garnies de
plufieurs veines latérales.

Curcuma foliis lanceolatis ,
utrinque acuminatis , nervis ,late-
ralibus numerofiffimis. Roy. Lugd.-
B. 12. Fl. Zeyl. 7.

Curcuma radice longâ. H. L.
288 ; Safran des Indes à racines longues.

Manjella-Kua. Rheed. Mal. 2.
p. 21. t. 11.

Rotunda. La premiere efpece
a une racine noueufe , charnue , & à-peu-près femblable
à celle du *Gingembre ,* mais plus
ronde ; de laquelle fortent plufieurs feuilles ovales , en forme
de lance , d'un vert clair , de
plus d'un pied de hauteur , &
garnies dans le milieu d'une
côte longitudinale , de laquelle
partent quelques veines qui s'é-
tendent jufqu'aux bords : fa
tige de fleurs , qui s'éleve du
milieu des feuilles , foutient des
épis clairs de fleurs , d'un jaune
pâle , & enveloppés de plufieurs
fpathes qui tombent. Ces fleurs
n'ont jamais produit de femences en Angleterre.

Longa. La feconde efpece a
des racines longues , charnues
& d'un jaune foncé , qui s'é-
tendent fous la terre comme
celles du *Gingembre ;* elles font
de la groffeur d'un doigt ,
ayant plufieurs cercles ronds
& noueux , defquels fortent
quatre ou cinq larges feuilles
en forme de lance , de couleur
de vert-de-mer , & fupportées
par de longs pétioles ; elles
ont , dans le milieu , une côte

large & épaiffe , qui s'étend
dans toute leur longueur , &
de laquelle part un grand nombre de petites veines , qui s'é-
tendent jufqu'aux bords à chaque côté : les fleurs croiffent
en épis détachés & écailleux ,
fur des pédoncules qui fortent
des gros nœuds des racines &
s'élevent à la hauteur d'environ un pied ; elles font d'un
rouge jaunâtre , & reffemblent
à-peu-près à celles du *Rofeau*
des Indes.

Culture. Ces plantes croiffent
naturellement dans les Indes ,
d'où on apporte leurs racines
en Europe : comme elles font
extrêmement tendres & délicates , on ne peut les conferver
dans notre climat , qu'au moyen
d'une ferre chaude ; mais elles
ne produifent point de femences en Angleterre , & on ne
peut les multiplier qu'en divifant leurs racines au printems ,
avant qu'elles commencent à
pouffer de nouvelles feuilles ;
car les anciennes fe fanent &
tombent en automne , & leurs
racines reftent dans l'inaction
depuis ce moment , jufqu'au
printems fuivant. On plante
ces racines dans des pots remplis de terre de jardin potager , & on les tient conftamment dans la couche de tan de
la ferre chaude. En été , lorfque les plantes pouffent , on
les arrofe fréquemment ; mais
on doit leur menager l'eau :
on leur donne auffi beaucoup
d'air pendant les chaleurs ; & ,
lorfque leurs feuilles font fanées , on les arrofe très-peu ,
& on les tient à une chaleur
tempérée : fans quoi , elles

périroient infailliblement. Ces plantes fleuriſſent ordinairement en Août, mais comme il n'y a que les fortes racines qui donnent des fleurs, il ne faut pas les diviſer en trop petites parties (1).

CURURU. *Voyez* PAULLINIA CURURU.

CUSPIDATUS, de *Cuſpis*, pointe de lance, ſe dit des feuilles qui ſont pointues comme une lance.

CYANELLA. *Royen, Burmann.* [*Cyanella.*]

Caractères. La fleur n'a point de calice; la corolle eſt compoſée de ſix pétales oblongs, concaves, étendus, & joints à leurs bâſes, dont les trois inférieurs pendent vers le bas : la fleur a ſix étamines courtes, étendues, & terminées par des ſommets oblongs & érigés : le germe, qui eſt obtus & a trois angles, ſoutient un ſtyle mince, auſſi long que les étamines, & couronné par

un ſtigmat aigu, & ſe change par la ſuite en une capſule ronde, à trois cellules, qui renferment pluſieurs ſemences oblongues.

Les plantes que renferment ce genre, ayant ſix étamines & un ſtyle, ſont rangées dans la premiere ſection de la ſixieme claſſe de LINNÉE, qui a pour titre, *Hexandria monogynia.*

Nous n'avons qu'une eſpece de ce genre, qui eſt :

Cyanella Capenſis. Lin. Sp. 443. *Syſt. Plant. tom.* 2. *p.* 60.

Cette plante, qui croît naturellement au Cap de Bonne-Eſpérance, a une racine ſemblable à celles du *Crocus printanier ;* ſes feuilles ſont longues étroites, & ſillonnées par une racine en-deſſous : ſon pédoncule s'éleve immédiatement de la racine, & ſoutient une fleur à ſix pétales, d'une belle couleur bleue ; elle paroît en Mai ; elle n'a pas encore été ſuivie juſqu'à préſent de ſemences en Angleterre.

Comme cette plante eſt trop tendre pour profiter en pleine terre dans notre climat, il faut planter ſes racines dans des pots remplis de terre légere, les mettre en hiver dans une couche vitrée, & les traiter ſuivant la méthode qui a été preſcrite pour l'IXIA ; au moyen de quoi cette plante profitera & produira des fleurs annuellement.

CYANUS. *Voy.* CENTAUREA.

CYCAS. [*The Sago-tree.*] Arbre de Sagou.

Quoiqu'il y ait pluſieurs petites plantes de cette eſpece dans les jardins Anglois, el-

---

(1) La racine de *Curcuma* a une odeur aromatique, & une ſaveur âcre & amere : elle fournit par l'analyſe une très-petite quantité d'huile éthérée odorante, & un principe fixe réſineux & gommeux très-abondant. Cette racine, ſur-tout celle de l'eſpece longue, eſt très-apéritive, déterſive & remuante ; elle convient particulièrement dans les obſtructions du foie & de la rate, dans l'ictere chronique, les vices de digeſtion, l'hydropiſie, le ſcorbut, la cachexie, l'inertie de la bile, la néphrétique, les fleurs blanches, les ſuppreſſions des regles, les affections venteuſes, etc.

Sa doſe eſt d'un demi-gros en poudre, & d'un gros en infuſion,

les font trop peu avancées, pour qu'on puiffe reconnoître leurs caracteres, & nous n'avons aucune defcription exacte de cet arbre, dans les ouvrages des différens Auteurs, qui en ont parlé, & qui en ont donné la figure.

Nous n'en connoiffons encore qu'une feule efpece, qui eft :

Cycas circinalis, frondibus pinnatis circinalibus, foliolis linearibus planis. Lin. Sp. 1658. Mat. Med. 224; Arbre de Sagou, dont les feuilles font grandes, placées circulairement, & divifées en lobes unis & étroits.

Arbor Zagoe Amboinenfis. Seb. Thes. 1. p. 39. t. 25. f. 1.

Palma Indica, caudice in annulos protuberante diftincto. Raj. Hift. 1360.

Teffio. Kæmpf. Jap. 897.

Olus Calappoïdes. Rumph. Amb. 1. p. 86. t. 22. 23.

Todda-panna, five Monta-panna. Rheed. Mal. 3. p. 9. t. 13. 21.

Cet arbre a été rangé dans la claffe des Palmiers, auxquels il reffemble beaucoup, fur-tout par fon port; fes branches & fa tige ayant la même forme.

Il faut plonger cet arbre dans la couche de la ferre chaude, & le tenir pendant l'hiver à un bon dégré de chaleur; mais en été il exige une chaleur encore plus forte, & veut être arrofé fréquemment dans cette faifon; en automne & en hiver, on ne lui donne que très-peu d'eau.

La plupart des plantes de cette efpece, qui font à pré-

C Y C

fent dans les jardins d'Angleterre, ont été données par Richard-Warner, Ecuyer, de Woodford en Effex à qui le Capitaine Hutchenson en avoit apporté un arbre des Grandes Indes; mais fon vaiffeau ayant été attaqué par les François fur la côte d'Angleterre, la tête de l'arbre fut emportée par un boulet de canon; fa tige s'eft confervée néanmoins & a pouffé plufieurs têtes nouvelles, qui ont fervi à le multiplier.

CYCLAMEN. Lin. Gen. Plant. 184. Tourn. Inft. R. H. 154. tab. 68; Pain-de-Pourceau. Κυκλαμιν⊙ de Κύκλ⊙, Gr. un cercle, parce que la racine de cette plante eft orbiculaire, on l'appelle *Pain-de-Pourceau*, parce que fa racine eft ronde comme un Pain, & que les Pourceaux s'en nourriffent. [*Sowbread.*]

Caracteres. Le calice de la fleur eft rond, perfiftant, & formé par une feuille divifée au fommet en cinq parties : la corolle eft monopétale, & pourvue d'un tube globulaire, beaucoup plus large que le calice, dont la partie haute eft découpée en cinq fegmens larges & réfléchis : la fleur a cinq petites étamines fituées dans le tube de la corolle, & terminées par des fommets aigus, & joints dans le cou du tube : fon germe eft rond, & foutient un ftyle mince, plus long que les étamines, & couronné par un ftigmat aigu; il devient enfuite un fruit globulaire, a une cellule qui s'ouvre au fommet en cinq parties, & renferme plusieurs semences ovales & angulaires.

Ce genre de plante est rangé dans la premiere section de la cinquieme classe de LINNÉE, intitulée *Pentandria monogynia*, qui comprend les plantes dont les fleurs ont cinq étamines & un style.

Les especes sont :

1°. *Cyclamen Europæum, foliis hastato-cordatis, angulatis ;* Pain - de - Pourceau avec des feuilles à pointes de lance, en forme de cœur & angulaires.

Cyclamen Europæum, corollâ retroflexâ. Lin. Mat. Med. p. 57. Kniph. Cent. 3. n. 35. & Cent. 4.25.

Cyclamen Hederæ folio. G. B. P. 306 ; Pain-de-Pourceau à feuilles de Lierre.

Artanica cyclamen. Blackw. t. 147.

Cyclamen. Hort. Cliff. 49. Roy. Lugd.-B. 414.

Cyclamina omnia. Bauh. Pin. 307.

Cyclaminus. Cam. Epit. 35.

2°. *Cyclamen purpurascens, foliis orbiculato-cordatis, infernè purpurascentibus ;* Cyclamen avec des feuilles orbiculaires, en forme de cœur, & de couleur pourpre en-dessous.

Cyclamen orbiculato folio, infernè purpurascente. G. B. P. 308 ; Pain - de - Pourceau à feuilles rondes & pourpre en-dessous.

3°. *Cyclamen Persicum, foliis cordatis, serratis ;* Cyclamen à feuilles sciées, & en forme de cœur ; *ou* Cyclamen de Perse.

4°. *Cyclamen vernale, foliis cordatis, angulosis, integris ;* Pain-de-Pourceau à feuilles an-

gulaires, en forme de cœur & entieres.

Cyclamen hyeme & vere florens, folio anguloso, amplo, flore albo, basi purpureâ, Persicum dictum. H. R. Par.

5°. *Cyclamen orbiculatum, radice inæquali, foliis orbiculatis ;* Pain-de-Pourceau avec une racine inégale, & des feuilles rondes.

Cyclamen, radice Castaneæ magnitudinis. G. B. P. 308.

6°. *Cyclamen Coum, foliis orbiculatis, planis ; pediculis brevibus ; floribus minoribus ;* Pain-de-Pourceau à feuilles unies & orbiculaires, ayant des pédoncules plus courts, & des fleurs plus petites.

Cyclamen hyemale, orbiculatis foliis, infernè rubentibus, purpurascente flore, Coum herbariorum. H. R. Par.

Europæum. La premiere espece est plus commune que toutes les autres dans les jardins Anglois : comme elle croit naturellement en Autriche en Italie, & dans quelques autres parties de l'Europe, on peut la placer en pleine terre ici, sans craindre qu'elle soit jamais endommagée par le froid : sa racine, qui est grosse, ronde & compacte, produit un grand nombre de feuilles angulaires, en forme de cœur, tachetées de noir dans leur milieu, & supportées par des pétioles simples, & de la longueur de six à sept pouces : ses fleurs, qui paroissent avant les feuilles, s'élevent immédiatement de la racine sur des pédoncules longs & charnus ; elles s'ouvrent en Août & en

Septembre, & les feuilles fortent auffi-tôt après, & continuent à croître pendant tout
l'hiver, & une partie du printems ; au mois de Mai elles
commencent à fe flétrir, & dans
le mois de Juin, elles font
entièrement deffèchées : lorfque les fleurs font fanées, les
pédoncules fe tordent comme
une vis ; ils foutiennent un
germe placé dans leur centre,
& font couchés très-près de
la furface de la terre, entre
les feuilles qui fervent à couvrir la femence : le germe fe
change en une capfule ronde,
charnue, & a une cellule contenant plufieurs graines angulaires, qui mûriffent en Juin,
& doivent être femées en Août.
Il y a deux variétés dans cette
efpece ; l'une à fleurs blanches,
& l'autre à fleurs pourpre,
qui paroiffent dans le même
tems.

Purpurafcens. La feconde,
qui fleurit en automne, eft à
préfent fort rare en Angleterre ; fes feuilles font larges,
orbiculaires, en forme de cœur
à leur bâfe, & d'une couleur
de pourpre en deffous : fes
feuilles & fes fleurs fortent
de la racine en même tems,
fes fleurs font pourpre, &
leur fond eft teint d'un rouge
foncé : cette plante fleurit fur
la fin de l'automne, & veut
être mifes à couvert des gelées.

Vernale. La troifieme a des
feuilles fermes, en forme de
cœur, fciées fur leurs bords,
& portées fur des pétioles,
charnues, de fix pouces à-peu-
près de longueur, & d'une cou-

leur de pourpre, ainfi que les
veines de la furface inférieure
des feuilles : fes fleurs, d'un
blanc pur, & teintes d'un pourpre brillant dans leur fond,
fortent de la racine, fur des pédoncules fimples ; leurs pétales
font divifés jufqu'au fond en
neuf fegmens, tondus & inclinés en arriere comme ceux
des autres efpeces : cette plante
fleurit en Mars & en Avril, &
fes femences mûriffent en Août.

Perficum. La quatrieme, à
laquelle on donne vulgairement le nom de *Cyclamen de
Perfe*, a des feuilles larges,
angulaires, & en forme de
cœur, dont les bords font entiers ; leur face fupérieure eft
nuancée de blanc, & elles fe
tiennent érigées fur des pétioles affez longs : fes fleurs
font larges, d'un pourpre pâle, & leur fond eft teint de
pourpre rouge brillant ; elles
paroiffent en Mars & en Avril,
& leurs femences mûriffent
en Août.

Orbiculatum. La cinquieme
a une racine irréguliere, &
de la groffeur d'une noix de
mufcade ; fes feuilles font orbiculaires & petites ; fes fleurs,
de couleur de chair, petites,
& teintes en pourpre dans leur
fond, paroiffent en automne,
& produifent rarement des femences en Angleterre.

Coum. La fixieme eft moins
délicate que les quatre précédentes, & on peut la planter
dans une plate-bande chaude ;
& fi on la couvre pendant les
fortes gelées, elle profitera &
fleurira très-bien : fes feuilles font unies, orbiculaires,

& portées fur des pétioles plus courts & plus foibles que ceux des autres ; leur furface inférieure eft très-rouge dans le commencement de l'hiver ; mais cette couleur difparoît au printems, & leur face fupérieure eft unie, & d'un vert luifant : ces feuilles font applaties, & différentes de celles des autres qui font creufes & penchées à leur bâfe. Ses fleurs, teintes de couleur pourpre, font d'autant plus agréables, qu'elles paroiffent au milieu de l'hiver, faifon dans laquelle il y a bien peu d'autres fleurs. Ses femences mûriffent à la fin du mois de Juin.

Cette plante fournit plufieurs variétés, qui different entr'elles par la couleur de leurs fleurs : l'efpece de Perfe fur-tout, en donne une tout-à-fait blanche, qui répand une odeur très-agréable; mais comme ces variétés font purement accidentelles, je n'en ai point fait mention ici : les efpeces que j'ai données pour telles font certainement diftinctes, car je les ai élevées de femence pendant plufieurs années, & je ne les ai jamais vu varier : je n'ai d'ailleurs jamais entendu dire qu'elles aient fubi quelque altération dans aucun jardin, fi ce n'eft dans la couleur de leurs fleurs: ainfi, quoique LINNÉE prétende qu'elles ne forment toutes qu'une feule efpece, on peut cependant croire qu'elles font diftinctes les unes des autres, avec d'autant plus de raifon que la premiere réfifte aux

plus grands froids de nos hivers, & que toutes celles qui viennent de la Perfe font délicates, & ont befoin d'être mifes à couvert durant cette faifon.

Culture. Toutes ces efpeces fe multiplient par leurs graines, qu'il faut femer auffi tôt qu'elles font mûres, dans des caiffes ou dans des pots remplis de terre légere de jardin potager, mêlée avec un peu de fable, & les recouvrir d'un demi-pouce de terre; on les place à l'expofition du Levant; mais au commencement du mois de Septembre, on les porte dans un lieu plus chaud : celles de la premiere efpece peuvent être plongées, en Octobre, dans la terre, contre une muraille expofée au midi, ou près d'une paliffade, ou d'une haie de rofeaux : on les couvre avec des nattes, ou du chaume de pois, lorfque le froid devient très-vif ; mais dans les hivers ordinaires, elles n'ont befoin d'aucun abri. Les caiffes ou les pots dans lefquels les graines de l'efpece de Perfe font femées, doivent être placés fous un châffis de couche chaude ordinaire, où elles puiffent être abritées des gelées & des fortes pluies; mais dans les tems doux, on ôtera tous les jours les vitrages pour leur donner de l'air. Si la premiere efpece a été femée dans le mois d'Août, elle pouffera dans les environs de Noël, & fes feuilles refteront vertes jufqu'au mois de Mai : celle de Perfe paroîtra dans le commencement du printems , confervera fa fraîcheur jufqu'au mois de Juin , & fe flétrira enfuite ; on la placera alors à l'expofition du Levant, où on la laiffera jufqu'au milieu du mois d'Août : on l'arrofe très-peu pendant ce tems, parce que , fes racines étant alors dans l'inaction, l'humidité les feroit facilement pourrir. Les pots dans lefquels ces plantes font femées , doivent être tenus conftamment nets, parce que , fi on laiffoit croître les mauvaifes herbes qui y naiffent, leurs racines s'entremêleroient avec celles des Cyclamens , & on ne pourroit plus les arracher fans enlever auffi ces plantes. Au commencement d'Octobre on met de la nouvelle terre fur les pots, on les place fous un abri , & dans l'été fuivant on les traite fuivant la méthode qui a été preferite ci-deffus : lorfque leurs feuilles font flétries, on les enleve hors des pots ; on plante celles de la premiere efpece dans une plate-bande chaude , à trois ou quatre pouces de diftance entr'elles , & on met les autres chacune dans un pot féparé, pour pouvoir les mettre à l'abri pendant l'hiver.

Les troifieme, quatrieme & cinquieme efpeces, étant plus fujettes à être endommagées par le froid & l'humidité que les autres, doivent être conftamment gardées dans des pots remplis d'une terre légere & fablonneufe , & placées en hiver dans la ferre chaude, près des vitrages où elles puiffent jouir d'autant d'air qu'il

fera poffible de leur en procurer, lorfque le tems le permettra ; car , fi elles font étouffées fous d'autres plantes & trop ferrées , elles fe moififfent & font bientôt attaquées de pourriture : il ne faut pas non plus leur donner trop d'eau pendant l'hiver, ce qui leur nuiroit confidérablement ; mais toutes les fois qu'elles ont befoin d'être arrofées , on doit le faire légerement : ces plantes peuvent être expofées pendant l'été en plein air , jufqu'à ce que leurs feuilles fe flétriffent ; alors on les met dans un lieu où elles puiffent jouir de l'afpect du foleil depuis fon lever jufques vers onze heures : lorfque leurs feuilles font fechées, on les arrofe, mais avec retenue, parce que dans cette faifon l'humidité fe diffipe difficilement : ce tems eft auffi le plus propre pour tranfplanter leurs racines , & leur donner de la nouvelle terre ; comme alors l'automne approche , & que la chaleur diminue , on doit les expofer davantage au foleil , où elles pourront refter jufqu'au Noël, pour les renfermer alors dans la ferre : fi leurs racines font en bon état la fixieme efpece commencera bientôt à fleurir , & continuera à produire de nouvelles fleurs jufqu'au milieu de Février : celles - ci feront remplacées par les efpeces de Perfe, qui fleuriront jufqu'au mois de Mai. Si l'on veut recueillir leurs femences il faut placer les pots qui les contiennent, de maniere qu'elles

les puiffent jouir de beaucoup d'air frais ; car lorfque leurs fleurs filent dans la ferre, elles produifent rarement des femences. Ces graines mûriffent vers le mois de Juillet, & on les feme tout de fuite dans des pots remplis de terre légere & fans fumier ; on les tient à l'abri pendant l'hiver fous des châffis vitrés, & on les expofe en été de la même maniere que les vieilles plantes, en obfervant de les difpofer dans des pots à une plus grande diftance entr'elles, lorfqu'elles ont atteint l'âge de deux ans, & de leur donner plus d'efpace encore à mefure que leurs racines augmentent en groffeur : ces plantes commenceront à fleurir après quatre ou cinq ans ; alors on plantera chaque racine dans un pot féparé, & quand elles feront devenues plus groffes on leur en donnera de plus grands.

Ces efpeces ont été mifes en pleine terre, au pied d'une muraille dans une expofition chaude, où elles ont bien profité pendant l'hiver ; mais elles ont toutes été détruites par une forte gelée, c'eft pourquoi lorfque ces racines font ainfi difpofées dans une platebande en pleine terre, il faut les couvrir avec des vitrages ordinaires pendant l'hiver, afin qu'elles puiffent être à l'abri des mauvais tems, & garanties des gelées. Quand elles font ainfi traitées, les plantes produifent plus de fleurs & font beaucoup plus belles que celles qui font mifes en pots ; leurs

femences font auffi meilleures : ainfi, quand on veut fe procurer de belles fleurs, on doit avoir une plate-bande garnie de châffis exprès pour ces plantes, dans laquelle on pourra planter auffi les *Lys de Guernefey*, les *Bella-Donna*, & quelques autres fleurs à racines bulbeufes : par cette méthode on conduira ces plantes à un plus haut dégré de perfection que par tout autre moyen.

CYDONIA. *Tourn. Inft. R. H.* 632. *tab.* 405. *Pyrus. Lin. Gen. Plant.* 550. Son nom lui vient de *Cydon*, ville de l'ifle de Crète, célebre par la quantité de fruits de cette efpece que fes environs produifoient. [*The Quince-tree.*] *Cognaffier.*

Caracteres. Dans ce genre la corolle eft compofée de cinq pétales larges, ronds, concaves & inférés dans un calice perfiftant & formé par une feuille : le germe, qui eft placé fous la fleur, foutient cinq ftyles minces, couronnés par cinq ftigmats fimples, & environnés d'environ vingt étamines inférées dans le calice, & moins longues que les pétales : ce germe devient enfuite un fruit pyramidal ou rond, charnu, & divifé en cinq cellules qui renferment plufieurs femences dures.

Ce genre de plante eft rangé dans la huitieme fection de la vingt-unieme claffe de TOURNEFORT, qui renferme les arbres & arbriffeaux avec une fleur en rofe, dont le calice devient un fruit pregnant avec des femences dures. Le Docteur LINNÉÉ a joint ce genre à celui du *Poirier*, dont il n'a fait qu'une espece; il est vrai qu'il s'y rapporte assez par le caractere, & beaucoup mieux que le *Pommier* qu'il a également réuni dans la même classe; mais quoiqu'on puisse consentir à joindre le *Cognassier* au *Poirier* dans un système botanique, cependant ce système ne peut pas être adopté dans un livre sur le jardinage; ainsi je traiterai de chacune de ces especes sous des titres séparés.

Les especes sont:

1°. *Cydonia oblonga, foliis oblongo-ovatis, subtus tomentosis, pomis oblongis, basi productis;* Cognassier à feuilles oblongues, ovales & cotonneuses en-dessous, avec un fruit oblong & allongé à la bâse.

Cydonia, fructu oblongo læviori. Tourn. Inst. R. H. 632.

Pyrus Cydonia. Lin. Syst. Plant. t. 2. p. 503. Sp. 6.

2°. *Cydonia, Mali-forma, foliis ovatis, subtùs tomentosis, pomis rotundioribus;* Cognassier à feuilles ovales, cotonneuses en-dessous, avec un fruit plus rond.

Cydonia fructu breviore & rotundiore. Tourn. Inst. R. H. 633.

Malus Cotonea major & minor. Bauh. Pin. 434; Ordinairement appellé *Cognassier à Pomme.*

Cotonea & Cydonia. Lob. Hist. 580.

3°. *Cydonia Lusitanica, foliis obverse ovatis, subtùs tomentosis;* Cognassier à feuilles ovales, obverses, & cotonneuses en-dessous.

Cydonia latifolia Lusitanica. Tourn. Inst. 633; Cognassier de Portugal à larges feuilles.

Il y a quelques variétés de ce fruit qu'on cultive dans des jardins & dans les pépinieres, pour en faire commerce : une de ces variétés donne un fruit mou & bon à manger; une seconde porte un fruit fort astringent, & une troisieme a un très-petit fruit tout cotonneux, & qui mérite à peine d'être conservé. Je pense que ces trois dernieres ne sont que des variétés de semences; mais les trois premieres me paroissent être des especes distinctes, car je les ai multipliées par semence, & ne les ai jamais vu varier.

Lusitanica. Le Cognassier de Portugal est le plus estimé; la chair de son fruit prend une belle couleur pourpre quand elle est cuite, & devient beaucoup plus molle & moins âcre que les autres; ainsi il est le meilleur de tous pour les marmelades & les confitures.

On multiplie aisément toutes ces especes par marcottes, par rejettons ou par boutures qu'on plante dans un sol humide : les plantes élevées de rejettons poussent rarement d'aussi bonnes racines que celles de marcottes ou de boutures, & elles sont en outre sujettes à produire un grand nombre d'autres rejettons, ce qui est très-contraire à tous les arbres à fruits. On plante les boutures dans le commencement de l'automne, & on les arrose souvent dans les tems secs, pour leur faire produire des racines : dans la feconde année on les plante en pépinieres, à trois pieds de diftance de rang en rang, & à un pied dans les rangs, & on les traire enfuite de la même maniere que les *Pommiers.* Deux ou trois ans après on pourra les tranfplanter fur le bord d'un foffé, d'une riviere, ou dans quelqu'autre lieu humide où ils produiront des fruits beaucoup plus gros, & en plus grande quantité que s'ils fe trouvoient dans un terrein fec ; quoique dans ce dernier emplacement ces fruits mûriffent bien plutôt, & font d'un bien meilleur goût. Ces arbres ont peu befoin d'être taillés, mais on doit les débarraffer conftamment de tous les bourgeons des branches qui fe croifent, & des branches droites & gourmandes qui pouffent dans le milieu de l'arbre, afin que la tête ne foit pas trop garnie de bois, ce qui eft contraire à toutes les efpeces d'arbres fruitiers.

On peut auffi multiplier ces efpeces, en les greffant fur des tiges élevées de boutures; on fe procure par-là une grande quantité des meilleures efpeces, & les arbres ainfi élevés donnent plutôt du fruit & en plus grande quantité que ceux qui proviennent de rejettons ou de marcottes.

On fait auffi beaucoup de cas de ces fujets pour y greffer des *Poiriers,* & beaucoup d'autres fruits d'été & d'automne, qui, par-là, acquierent un nouveau dégré de perfectiou. Ces efpeces d'arbres font fur-tout propres à être placés en efpaliers, parce qu'ils pouffent moins vigoureufement que les autres, qu'on peut les contenir dans un moindre efpace, & qu'ils font plus difpofés à produire du fruit ; mais les fruits d'hiver ne réuffiffent pas auffi bien fur le *Cognaffier* : ils deviennent par-là beaucoup plus fujets à fe fendre & à fe remplir de pierres ; ainfi ces tiges ne font propres que pour les *Poires fondantes* qu'on peut placer dans un fol humide : on préfere celles de marcotte ou de boutures.

Comme la greffe du *Poirier* prend fur le *Cognaffier,* & que le *Cognaffier* prend également fur le *Poirier,* on peut conclurre qu'il y a une grande affinité entre ces deux efpeces; mais le *Cognaffier* & le *Poirier* ne pouvant réuffir fur le *Pommier,* qui ne prend point non plus fur ces deux plantes, on devroit les féparer & en former des genres differens, ainfi que nous le dirons dans l'article MALUS (1).

____

(1) On emploie en Médecine la fubftance du fruit & les graines du *Coing.*

Le fruit confit ou préparé en fyrop, eft utile dans les cours de ventre, les indigeftions, les foibleffes d'eftomac, &c.

Les graines contiennent une très-grande quantité de mucillage, qu fe diffout facilement dans l'eau froide ; ce mucillage eft très-propre à adoucir les parties brulées, rougées ou gercées, à lubréfier les conduits defféchés, & à émouffer l'acrimonie des humeurs : on peut l'employer, par conféquent, avec

CYMBALAIRE. *Voyez* Li-
naria Cymbalaria.

CYNANCHUM. *Lin. Gen.*
Plant. 268. Apocynum. Tourn.
Infl. R. H. 91. Periploca. Tourn.
Infl. 93. tab. 22. [Cynanchum].

Caraĉeres. Dans ce genre la
corolle eft monopétale, étendue, ouverte, unie & divifée
en cinq parties : fon tube eft
à peine vifible ; elle a un
petit calice érigé, perfiftant,
& formé par une feuille découpée en cinq fegmens ; dans
le centre de la fleur eft placé un neĉaire érigé, cylindrique, & auffi long que la
corolle : la fleur a cinq étamines paralleles au neĉaire
, & de la même longueur ; elles font terminées par des
fommets qui s'élevent jufqu'à
l'ouverture de la corolle : elle
a un germe oblong, divifé en
deux parties, & un ftyle qu'on
apperçoit à peine, & qui eft
couronné par deux ftigmats
obtus. Le calice fe change,
quand la fleur eft paffée, en
une capfule à deux folioles
oblongues & pointues, qui
s'ouvre longitudinalement en
une capfule remplie de femences couchées les unes fur
les autres, & couronnées d'un
duvet long.

Ce genre de plante eft rangé
dans la feconde feĉion de la
cinquieme claffe de Linnée,
intitulée *Pentandria digynia*,
qui comprend les fleurs pour-

---

fuccès, dans les érofions de l'eftomac & du gofier, la dyffenterie,
la ftrangurie, les hémorrhoïdes enflammées, l'ulcere des reins, les
poifons corrofifs, &c.

vues de cinq étamines & de
deux ftyles.

Les efpeces font :

1°. *Cynanchum acutum, caule*
volubili herbaceo, foliis cordato-
oblongis, glabris. Hort. Cliff. 79.
Hort. Ups. 54. Roy. Lugd.-B.
409. Gmel. It. 2. p. 198 ; Cynanchum avec une tige grimpante & herbacée, & des
feuilles oblongues, unies, &
en forme de cœur.

Periploca Monfpeliaca, foliis
acutioribus. Tourn. Infl. 93 ; Ordinairement appelé *Scammo-*
née de Montpellier.

Scammoneæ Monfpeliacæ af-
finis, foliis acutioribus. Bauh.
Pin. 294.

Apocynum III, lati-folium.
Clus. Hifl. 1. p. 125.

2°. *Cynanchum Monfpeliacum,*
caule volubili herbaceo, foliis reni-
formi-cordatis, acutis. Hort. Cliff.
79. Roy. Lugd.-B. 409. Sauv.
Monfp. 133. Kniph. Cent. 3. n.
35 ; Cynanchum avec une tige
tortillante & herbacée, ayant
des feuilles en forme de rein &
de cœur, & pointues.

Periploca Monfpeliacæ, foliis
rotundioribus. Tourn. Infl. R. H.
39 ; Scammonée de Montpellier
à feuilles plus rondes.

Scammonea Monfpeliaca, fo-
liis rotundioribus. Bauh. Pin.
294.

Apocynum IV, Latifolium.
Scammonea Valentina. Clus. Hifl.
1. p. 126.

3°. *Cynanchum Suberofum,*
caule volubili infernè fuberofo fif-
fo, foliis cordatis acuminatis.
Hort. Cl. 79. Roy. Lugd. - B.
409. Gron. Virg. 27 ; Cynanchum à tige tortillante & fpon-
gieufe, dont la partie baffe

eſt crevaſſée , & à feuilles pointues & en forme de cœur.

Periploca Carolinienſis , flore minore ſtellato. Hort. Elth. 300. t. 229. f. 296.

4°. *Cynanchum hirtum , caule volubili fruticoſo , infernè ſuberoſo fiſſo , foliis ovato-cordatis. Hort. Cliff. 79. Roy. Lugd.-B. 410 ;* Cynanchum avec une tige tortillante d'arbriſſeau , dont la partie baſſe eſt ſpongieuſe & crevaſſée , ayant des feuilles ovales & en forme de lance.

Periploca ſcandens , folio Citrei , fructu maximo. Plum. Cat. 2.

Apocynum ſcandens Virginianum rugoſum , pullis amplis floribus , capſulis alatis. Moris. Hiſt. 3. p. 611. 15. t. 3. f. 61.

Apocynum ſcandens fruticoſum , fungoſo cortice, Surinamenſe. Herm. par. 53.

5°. *Cynanchum erectum , caule erecto divaricato , foliis cordatis glabris. Hort. Cliff. 79. Roy. Lugd.-B. 409. Sauv. Monſp. 133. Jacq. Hort. t. 38. Kniph. Cent. 7 ;* Cynanchum avec une tige droite ; des branches écartées , & des feuilles unies & en forme de cœur.

Apocynum , folio ſubrotundo. G. B. P. 302.

Apocynum I , lati-folium. Cluſ. Hiſt. I. p. 124.

6°. *Cynanchum aſperum , caule volubili, fruticoſo ; foliis cordatis , acutis , aſperis ; floribus lateralibus ;* Cynanchum avec une tige d'arbriſſeau tortillante , des feuilles rudes , pointues , & en forme de cœur , & des fleurs placées ſur les côtés des tiges.

Apocynum ſcandens , foliis cor-

datis , aſperis ; floribus amplis , patulis , luteis. Houſt. MSS.

Acutum. Monſpeliacum. Les premiere & ſeconde eſpeces croiſſent naturellement aux environs de Montpellier : elles ont des racines traçantes & vivaces , & des tiges annuelles qui périſſent chaque automne juſqu'à la racine qui en repouſſe de nouvelles au printems ; ces tiges ſe roulent comme le *Houblon* , autour des plantes voiſines , & s'élevent à la hauteur de ſix ou huit pieds. La premiere eſt garnie de feuilles oblongues, unies, en forme de cœur , terminées en pointes aigues & oppoſées. Ses fleurs ſortent en petits paquets des aîles des feuilles , elles ſont d'un blanc ſale , & diviſées en cinq ſegmens aigus , qui s'ouvrent en forme d'étoile ; elles paroiſſent en Juin & en Juillet : mais elles ne ſont pas ſuivies de ſemences en Angleterre ; ce qui eſt peut-être occaſionné, parce que ſes racines s'étendent au loin dans la terre : car la plupart de celles qui ſe multiplient de cette maniere par leurs racines ne produiſent point de ſemences , ſur-tout ſi elles ont pleine liberté de tracer.

Monſpeliacum. La ſeconde differe de la premiere dans la forme de ſes feuilles qui ſont plus larges, & plus rondes à leur bâſe ; ſes racines ſont fort épaiſſes , coulent profondément dans la terre , & s'étendent fort loin ; de ſorte qu'on ne la détruit pas aiſément quand elle eſt une fois établie dans un endroit : la moindre fibre de ſes racines ſuffit pour produire une plante nouvelle. Ces deux plantes ſont remplies d'une ſéve laiteuſe, ſemblable à celle de l'*Epurge*, qui dé-coule de leurs parties bleſ-ſées : lorſque cette liqueur a pris de la conſiſtance, on la vend ſouvent pour de la *Scammonée*.

On les admet rarement dans les jardins, parce qu'elles ſe multiplient trop par leurs ra-cines rampantes : on peut les tranſplanter depuis l'inſtant où leurs tiges ſont flétries, juſ-qu'à ce qu'elles en repouſſent de nouvelles au printems.

Suberoſum. La troiſieme, dont les ſemences ont été appor-tées de la Caroline, eſt une plante vivace qui pouſſe des tiges tortillantes qui s'élevent à la hauteur de ſix ou ſept pieds quand on leur fournit un ſupport : leur partie baſſe eſt couverte d'une écorce épaiſſe, ſpongieuſe, ſemblable à celle du *Liége*, & remplie de crevaſſes ; elles ſont min-ces & garnies à chaque nœud de deux feuilles oblongues, poin-tues, en forme de cœur, & ſup-portées par des pétioles longs & velus : ſes fleurs qui naiſ-ſent en petits paquets aux aî-les des feuilles, ſont en forme d'étoile, d'abord vertes & teintes enſuite d'une couleur de pourpre uſé ; elles paroiſ-ſent en Juillet & en Août ; mais elles ne ſont pas ſuivies de ſemences en Angleterre.

Cette plante ſubſiſte en plein air dans notre climat, quand elle ſe trouve placée dans un ſol ſec & à une expoſition chaude ; on peut la multiplier en marcottant vers la Saint-Jean ſes jeunes rejettons, qui pouſſeront des racines, ſi on les arroſe de tems en tems ; ils ſeront en état d'être tranſ-plantés à demeure en automne.

Il faut couvrir les racines de cette plante en hiver avec du tan pourri, pour empê-cher la gelée d'y pénétrer ; car ſans cette précaution el-les ſont ſujettes à être détrui-tes par les grands froids.

Hirtum. La quatrieme eſt originaire de la Jamaïque, d'où ſes ſemences m'ont été en-voyées par le Docteur Hous-toun ; elle s'éleve avec une tige tortillante au-deſſus de la hauteur de vingt pieds, quand elle eſt ſoutenue ; le bas de cette tige eſt couvert d'une écorce épaiſſe & remplie de crevaſſes : ſes feuilles ſont oblongues, unies & placées par paires oppoſées : ſes fleurs ſont en forme d'étoile, & d'un vert jaunâtre ; mais elles ne ſont pas ſuivies de ſemences en Angleterre.

Cette eſpece eſt trop tendre pour réſiſter aux rigueurs de notre climat ſans le ſecours d'une ſerre chaude ; elle exige le même traitement que les autres plantes délicates qui viennent des mêmes contrées ; & comme elle contient une ſéve laiteuſe très-abondante, il faut l'arroſer peu en hiver : on peut la multiplier en mar-cottant les jeunes rejettons, qui pouſſeront des racines en trois ou quatre mois : après ce tems, on les transplantera dans des pots remplis de terre légere & sablonneuse, & on les tiendra toute l'année dans la couche de tan de la serre chaude.

Erectum. La cinquieme qui est originaire de la Syrie, est une plante vivace, dont la tige est mince, droite, haute d'environ trois pieds, & garnie de feuilles larges, unies, en forme de cœur, terminées en pointe & opposées : ses fleurs, petites, blanches, & presque semblables à celles de l'*Asclépias blanc commun*, naissent aux aîles des feuilles sur des pédoncules branchus, & sont remplacées par des légumes oblongs & cylindriques, qui sont remplis de semences plates & couronnées de duvet ; mais elles mûrissent rarement dans ce pays.

On la multiplie en divisant ses racines au printems avant qu'elle commence à pousser, sans quoi elle ne résisteroit pas en plein air en Angleterre.

Asperum. La sixieme croît naturellement à la Vera-Cruz dans la nouvelle Espagne, d'où les semences m'en ont été envoyées par le Docteur HOUSTOUN ; elle pousse une tige d'arbrisseau tortillante, qui s'attache à tous les objets des environs, & s'élève ainsi à la hauteur de plus de vingt pieds : cette tige est fort mince, & garnie de petits poils piquans : les feuilles sont larges, en forme de cœur, terminées en pointe aiguë, couvertes en-dessous de poils rudes, por-

tées sur des pédoncules minces, & placées par paires sur chaque nœud, qui sont éloignés les uns des autres : ses fleurs larges, jaunes, en forme d'étoile & sessiles aux tiges, s'ouvrent jusqu'au fond, & sont remplacées par des légumes longs, gonflés & remplis de semences plates, couchées les unes sur les autres, couronnées d'un long duvet.

Cette espece est aussi délicate que la quatrieme ; elle exige le même traitement, & se multiplie de la même maniere.

CYNARA. *Lin. Gen. Plant.* 835. *Cinara. Tourn. Inst. R. H.* 442. [*Artichoke.*] Artichaut.

Caracteres. La fleur est composée de plusieurs fleurettes hermaphrodites renfermées dans un calice commun, écailleux, & laineux dans le fond : ces fleurettes sont tubulées, égales, uniformes, & divisées au sommet en cinq segmens étroits ; elles ont cinq étamines courtes, velues, terminées par des sommets cylindriques, & découpées en cinq dentelures ; & un germe ovale, situé dans le fond, qui soutient un style oblong, & couronné par un stigmat oblong & dentelé : le germe devient ensuite une semence simple, oblongue, comprimée, quarrée & couronnée d'un duvet long & velu.

Ce genre de plante est rangé dans la premiere section de la dix-neuvieme classe de LINNÉE, intitulée *Syngenesia polygamia æqualis*, les plantes de cette classe & de cette section, ayant feulement des fleurettes hermaphrodites fructueufes.

Les efpeces font :

1°. *Cynara fcolymus , foliis fubfpinofis , pinnatis indivififque , calycinis fquamis ovatis. Lin. Sp. Plant.* 827. *Gouan. Monfp.* 425. *Blackw. t.* 458. ; Artichaut à feuilles épineufes , aîlées & indivifes , ayant un calice ovale & écailleux.

Cynara hortenfis , aculeata. G. B. P. 383 ; Artichaut vert ou de France : la Cardonnette.

Scolymus Diofcoridis. Clus. Hift. 2. *p.* 153.

2°. *Cynara hortenfis , foliis pinnatis , inermibus , calycinis fquamis obtufis , emarginatis* ; Artichaut à feuilles aîlées & fans épines , avec un calice dont les écailles font obtufes & échancrées.

Cynara hortenfis , foliis non aculeatis. G. B. P. 383 ; Artichaut rond.

3°. *Cynara Cardunculus , foliis fpinofis ; omnibus pinnati-fidis , calycinis fquamis ovatis. Lin. Sp. Plant.* 827. ; Cardon à feuilles épineufes & terminées en pointe aîlée ayant un calice ovale & écailleux.

Cynara fpinofa , cujus pediculi extant. G. B. P. 383 ; Cardon d'Efpagne.

Scolymus aculeatus. Tabern. Hift. 1075.

4°. *Cynara humilis , foliis fpinofis , pinnati-fidis , fubtùs tomentofis , calycibus fquamis fubulatis. Lin. Sp. Plant.* 328 ; Artichaut avec des feuilles aîlées , épineufes & cotonneufes en-deffous , & un calice écailleux , dont les écailles font en forme d'alêne.

Cynara fylveftris Bœtica. Clus. Cur. Poft. 15 ; Artichaut fauvage d'Efpagne.

Carduus Tingitanus , flore magno cæruleo , folio Atractylidis fubtùs incano , fpinis durioribus horrido. Pluk. Alm. 85. *t.* 81. *f.* 2.

La premiere efpece eft ordinairement connue ici fous le nom d'*Artichaut de France ,* parce qu'on la cultive communément dans ce Royaume ; c'eft auffi la feule efpece qui foit connue dans les Ifles de Jerfey, & de Guernefey. Ses feuilles font terminées par des épines courtes ; fa tête eft ovale, & fes écailles ne font pas tournées en-dedans , comme celles de l'*Artichaut rond* ; elle eft de couleur verte , & fon fond eft moins charnu que celui de ce premier : comme fon goût parfumé déplaît à quelques perfonnes, on cultive rarement cette efpece dans les jardins des environs de Londres , & on préfere généralement l'*Artichaut rond* ou *rouge* : les feuilles de ce dernier ne font point épineufes , fa tête eft ronde & un peu comprimée au fommet ; fes écailles font ferrées l'une fur l'autre , & leurs extrémités fe tournent en-dedans , & couvrent le centre.

La culture de cette efpece ayant été amplement traitée fous l'article *Artichaut ;* je prie le lecteur de le confulter pour éviter la répétition.

Cardunculus. Le cardon fe multiplie dans les jardins potagers pour fournir les marchés ; on l'éleve tous les ans au moyen de fes graines qu'on répand en Mars, sur une planche de terre légere : quand les plantes pouffent, on les éclaircit où elles sont trop serrées, & on plante, si on le veut, celles qu'on a enlevées, sur une autre planche, à trois ou quatre pouces de distance, où on les laisse jusqu'à ce qu'on les place à demeure; on les tient nettes de mauvaises herbes, & au commencement du mois de Juin, on les transplante sur une piece de terre riche, humide & bien labourée à quatre pieds environ de distance, en tous sens : on les arrose copieusement jusqu'à ce qu'elles aient formé de nouvelles racines, & on tient constamment la terre nette pour faciliter leur developpement à mesure qu'elles avancent en hauteur; on tire la terre autour de chaque pied, & quand elles ont atteint toute leur croissance, on rassemble leurs feuilles avec un lien de foin ou de paille, & l'on entasse la terre tout autour, presque jusqu'à leur sommet; mais il faut avoir grand soin, en faisant cette opération, de ne point laisser tomber de terre entre leurs feuilles, parce que cela suffiroit pour les faire pourrir : on unit ensuite cette terre, afin que l'eau de la pluie puisse s'écouler facilement, & qu'elle ne retombe pas dans le milieu des plantes : deux mois ou dix semaines environ après qu'elles auront été transplantées, elles seront assez blanchies pour l'usage ; & si l'on veut en avoir continuellement & sans interruption, il ne faut

couvrir de terre que peu de plantes à la fois, renouveller cette opération chaque quinze jours, & proportionner leur nombre à la consommation qu'on en fait.

Vers le milieu ou à la fin de Novembre, quand les gelées commencent à se faire sentir fortement, il faut couvrir les plantes qui resteront avec de la paille ou du chaume de pois, pour empêcher la gelée d'attaquer leurs tendres feuilles; ce qui ne manqueroit point d'arriver, si l'on n'avoit recours à ce moyen : mais on doit les découvrir exactement dans les tems doux : de cette maniere on peut conserver ces plantes pour l'usage pendant la plus grande partie de l'hiver.

Celles qui sont plantées à une exposition chaude pour donner des semences ne doivent pas être blanchies ; mais dans les fortes gelées, on les entoure avec une litiere légere ou du chaume de pois, pour les préserver : on les découvre au printems, & on laboure légèrement la terre entre ces plantes, non-seulement pour détruire les mauvaises herbes, mais encore pour favoriser la sortie des rejettons. Ces plantes fleuriront vers le commencement de Juillet, & leurs semences mûriront en Septembre : dans les années froides & humides ces graines ne se perfectionnent point en Angleterre.

Humilis. La quatrieme espece qu'on rencontre en Espagne & sur les rivages de l'Afrique, est conservée dans les jardins de Botanique pour la variété ; elle reffemble beaucoup à la troifieme ; mais fes tiges font beaucoup plus petites, & n'ont tout au plus que la moitié de fa hauteur : fes têtes ont beaucoup de reffemblance avec celles des *Artichauts de France*, fans avoir de fubftance charnue à leursfonds. Cette efpece peut être plantée de la même maniere que la troifieme, à trois ou quatre pieds de diftance ; elle n'exige aucun autre traitement que d'être tenue nette de mauvaifes herbes ; elle fleurit dans la feconde année ; &, fi la faifon 'eft fèche, elle perfectionne fes femences en Septembre : elle périt toujours après, fi l'hiver fuivant eft rude, & fi l'on n'a pas foin de la couvrir.

CYNOGLOSSE, ou **LANGUE DE CHIEN**. *Voyez* CYNOGLOSSUM.

CYNOGLOSSUM. *Lin. Gen. Plant.* 168. *Tourn. Inft. R. H.* 139. *tab.* 57. *Omphalodes. Tourn.* 140. *tab.* 59. Κυνόγλωσσον, de Κυνός gr. un Chien, & Γλωσσα, langue : on a donné ce nom à cette plante, parce qu'on a cru trouver de la reffemblance entre fes feuilles & la langue de cet animal. [*Hounds Tongue*] Cynogloffe, ou Langue de Chien.

Caracteres. Dans ce genre, la corolle eft monopétale, en forme d'entonnoir, & pourvue d'un long tube, avec un rebord court, & légèrement découpé en cinq parties en forme de lèvres : le calice eft oblong, perfiftant, & divifé en cinq fegmens aigus : la fleur a cinq courtes étamines, placées dans les lèvres du pétale, & terminées par des fommets ronds : au fond du tube font placés quatre germes, entre lefquels s'éleve un ftyle perfiftant, de la longueur des étamines & couronné par un ftigmat dentelé : ce calice fe change dans la fuite en quatre capfules, dans lefquelles font renfermées quatre femences ovales.

LINNÉE a rangé ce genre de plantes dans la premiere fection de fa cinquieme claffe, à laquelle il a donné le nom de *Pentandria monogynia*, avec celles qui ont cinq étamines & un ftyle.

Les efpeces font :

1°. *Cynogloffum officinale, ftaminibus corollâ brevioribus, foliis lato-lanceolatis, tomentofis, feffilibus. Linn. Sp. Plant.* 134. *Mat. Med.* 56. *Blackw. t.* 249. *Pollich. Pal. n.* 188. *Gmel. Sib.* 4. *p.* 74. *n.* 12. *Kniph. orig. cent.* 6. *n.* 33 ; Langue de Chien, avec des étamines plus courtes que la corolle, & des feuilles larges, en forme de lance, velues & feffiles.

Cynogloffum majus vulgare. G. B. P. 257 ; la plus grande Cynogloffe commune.

2°. *Cynogloffum Apenninum, ftaminibus corollam æquantibus. Hort. Upfal.* 33 ; Cynogloffe dont les étamines font auffi longues que la corolle.

Cynogloffum montanum maximum. Tourn. Inft. R. H. 139.

Cynogloffa montana maxima frigidarum regionum. Col. Ecphr. 1. *p.* 168. *t.* 170.

3°. *Cynogloffum Creticum, foliis oblongis, tomentofis, am-

plexicaulibus, caule ramoso, spi-
cis florum longissimis sparsis ;
Cynogloſſe à feuilles oblongues, cotonneuſes & amplexicaules, dont la tige eſt branchue, & les épis de fleurs clairs
& très-longs.

Cynoglossum Creticum, latifo-
lium, fœtidum. C. B. P. 257.

4°. *Cynoglossum Cheiri-folium,*
corollis calyce duplo longioribus,
foliis lanceolatis. Prod. Leyd. 406.
Sauv. Monsp. 64. Scop Carn.
Ed. 2. n. 193 ; Cynogloſſe dont
les corolles ſont deux fois
plus longues que les calices,
& les feuilles en forme de lance.

Cynoglossum Creticum, argen-
teo angusto folio. G. B. P. 257.
Cliff. 47.

Cynoglossum foliis spatulatis,
incanis, tomentosis, semi-amplexi-
caulibus. Gouan. Monsp. 20.
Hort. 37.

5°. *Cynoglossum Virginianum,*
foliis amplexicaulibus ovatis. Lin.
Sp. 193 ; Cynogloſſe à feuilles ovales & amplexicaules.

Cynoglossum Virginianum, flore
minimo albo. Banister. Cat.

6°. *Cynoglossum Lusitanicum,*
foliis lineari-lanceolatis, scabris.
Lin. Sp. 193 ; Cynogloſſe à
feuilles linéaires, rudes & en
forme de lance.

Omphaloïdes Lusitanica ela-
tior, Cynoglossi folio. Tourn. Inst.
R. H. 140.

7°. *Cynoglossum Lini-folium,*
foliis lineari-lanceolatis, glabris.
Hort. Cliff. 47. Hort. Usp. 33.
Roy. Lugd.-B. 406 ; Cynogloſſe
à feuilles unies, étroites &
en forme de lance.

Omphaloïdes Lusitanica, Lini
folio. Tourn. Inst. 140 ; ordinairement appelée *Nombril de Vénus.*

Linum umbilicatum, semine
umbilicato. Moris. Hist. 3. p. 449.

8°. *Cynoglossum Omphaloïdes*
repens, foliis radicalibus cordatis.
Hort. Cliff. 47. Roy. Lugd.-B.
406. Kniph. Cent. 1. t. 22 ; Cynogloſſe rampante, dont les
feuilles radicales ſont en forme
de cœur.

Borago minor verna repens,
folio lævi. Moris. Hist. 3. p. 437.

Omphaloïdes pumila verna,
Symphyti folio. Tourn. Inst. 140.

Symphytum minus, Boraginis
facie. Bauh. Pin. 209.

Officinale. La premiere eſpece croît naturellement à côté
des haies & ſentiers dans pluſieurs parties de l'Angleterre ;
ainſi elle eſt rarement cultivée dans les jardins : les Marchands d'herbes vont arracher
dans les campagnes ſes racines qui ſont employées en Médecine ; ſes feuilles ont une
odeur forte, ſemblable à celle
d'une ſouriciere ; elle fleurit
en Juin, & ſes ſemences mûriſſent en automne (1).

Apenninum. La ſeconde ſe
trouve ſur l'Apennin ; ſes feuilles ſont larges ; la corolle de
la fleur eſt plus courte ; elle
s'élève à une plus grande hauteur que la premiere, & pouſſe
plutôt au printems : cette eſpece eſt auſſi dure que la pré-

---

1) Toutes les parties de cette
plante ſont émollientes, rafraîchiſ-
ſantes & légèrement aſtringentes ; on
les emploie aſſez communément en
infuſion dans la dyſſenterie, l'ardeur
d'urine, la toux convulſive, etc.

Cette plante a donné ſon nom aux
pillules de *Cynoglosse*, quoique leur
vertu calmante ne ſoit dûe qu'à
l'opium qui y entre.

cédente ; fi on lui laiffe écarter fes femences, fes plantes fe multiplieront fans aucunfoin.

Creticum. La troifieme eft originaire de l'Andaloufie ; fes femences m'ont été envoyées de Gibraltar : elle a une tige haute, branchue, & garnie de feuilles oblongues & cotonneufes, qui embraffent les tiges de leur bâfe : fes fleurs font produites en épis clairs fur les côtés de la tige ; ces épis ont fix ou huit pouces de longueur, & portent des fleurs bleues, rayées de rouge, & clairement éparfes fur un feul côté : elles paroiffent en Juin ; leurs femences mûriffent en automne, & les racines de la plante periffent bientôt après.

Cheiri-folium. La quatrieme qui fe trouve en Efpagne, ainfi que dans l'Ifle de Candie, m'a été auffi envoyée de Gibraltar, avec les femences de la précédente ; elle s'élève un peu au-deffus d'un pied de hauteur, avec une tige droite, & garnie de feuilles oblongues, étroites, argentées, & fans pétioles : fes fleurs, d'un pourpre foncé, & beaucoup plus longues que leurs calices, naiffent éloignées les unes des autres, fur les parties latérales de la tige, & raffemblées en petites grappes à fon fommet : elles font remplacées par quatre femences rudes, groffes, & en forme de bouclier. Cette plante fleurit en Juin ; fes femences mûriffent en automne, & fes racines periffent auffi-tôt après.

Virginianum. On rencontre la cinquieme dans la Virginie,

& dans d'autres contrées Septentrionales de l'Amérique : fa tige droite, branchue, & haute d'environ quatre pieds, eft couverte, ainfi que fes feuilles, d'un poil rude ; elle projette en-dehors dans toute fa circonférence des branches légèrement garnies de feuilles longues de trois ou quatre pouces, fur un peu plus d'un pouce de largeur au milieu, & qui deviennent plus étroites par dégrés vers les deux extrémités : ces feuilles embraffent les tiges avec leurs bâfes, & font placées alternativement : fes fleurs, qui naiffent fans ordre aux extrémités des branches, font petites & blanches : elles paroiffent en Juin, & font fuivies de quatre petites femences qui mûriffent en automne ; après quoi les plantes périffent.

Lufitanicum. La fixieme, qui croît naturellement en Portugal, a été d'abord diftinguée de la feptieme par M. TOURNEFORT : cette derniere a été cultivée long-tems avant celle-ci dans les jardins, comme plante d'ornement, fous le titre de *Nombril de Vénus* ; mais, depuis quelques années, elle a été prefque perdue, & la fixieme l'a généralement remplacée dans les Jardins Anglois ; les Marchands en vendent les femences fous ce dernier titre. Cette plante qui eft beaucoup plus grande que l'autre, a auffi une meilleure apparence ; fes feuilles font plus larges à leur bâfe ; mais elles deviennent graduellement plus étroites vers leur extrémité, elles font légèrement couvertes de poil : ses tiges s'élèvent à la hauteur de neuf ou dix pouces, & se divisent en plusieurs branches, dont chacune est terminée par un long épi clair de fleurs blanches, soutenues par des pédoncules séparés ; elles sont remplacées par quatre semences ombiliquées ; ce qui lui a fait donner le nom de *Nombril de Vénus*.

Lini-folium. La septieme, dont la hauteur est rarement de plus de cinq ou six pouces, a des tiges moins garnies de branches que celles de la sixieme ; ses feuilles sont longues, fort étroites, d'une couleur grisâtre, & unies : ses fleurs croissent en panicules courts & clairs aux extrémités des branches ; elles sont blanches, mais plus petites que celles de la précédente, & sont remplacées par des semences de la même forme. Cette plante a été autrefois connue sous le nom de *Linum umbilicatum*, *Lin ombiliqué*, à cause que ses feuilles ressemblent un peu à celles du *Lin*, & que ses semences ont une cavité en forme de nombril.

Ces deux plantes sont généralement multipliées dans les jardins, avec d'autres fleurs basses & annuelles, pour orner les plates-bandes des parterres : mais il faut semer les graines de celle-ci en automne ; car celles qui ne le font qu'au printems, manquent souvent, sur-tout dans les années sèches ; au-lieu que les plantes d'automne prospèrent, deviennent toujours beaucoup plus grosses que celles du prin-

temps, & fleurissent plutôt : il faut semer ses graines dans le lieu même où les plantes doivent rester, parce qu'elles ne souffrent pas d'être transplantées, à moins qu'on ne le fasse quand elles sont encore fort jeunes : ces plantes n'exigent aucune autre culture que d'être éclaircies où elles sont trop épaisses, & d'être tenues nettes de mauvaises herbes ; elles fleurissent en Juin & en Juillet. Les plantes d'automne produisent leurs fleurs un mois plutôt que les autres, & leurs semences mûrissent en automne.

Omphaloïdes. La huitieme est une plante basse & vivace, qui naît sans culture dans les forêts de l'Espagne & du Portugal, où elle fleurit ordinairement à Noël : elle a des branches rampantes, qui poussent des racines de chacun de leurs nœuds, & elle se multiplie fortement par ce moyen : ses feuilles sont vertes, en forme de cœur, & supportées par des pétioles longs & minces : ses fleurs qui naissent en panicules clairs, s'élèvent des divisions de la tige, & ressemblent à celles de la *Bourrache* ; mais elles sont plus petites, & d'une belle couleur bleue ; elles paroissent en Mars & en Avril, & dans une situation fraîche & ombrée, elles continuent à fleurir durant une grande partie du mois de Mai ; mais elles sont rarement suivies de semences, qui au reste sont inutiles, parce que cette espece se multiplie considérablement par ses branches trainantes ; elle se plaît dans une situation fraîche & humide.

CYPERUS. [*Cypress Grass.*] Herbe de Chypre. Souchet.

Il y a environ vingt especes connues de ce genre, dont quelques-unes croissent naturellement en Angleterre, mais la plus grande partie sont Originaires de l'Amérique, où on les trouve dans les lieux humides & marecageux : comme on n'en conserve guere que deux ou trois especes dans les jardins, il deviendroit inutile de les décrire toutes.

Les especes sont :

1°. *Cyperus longus, culmo triquetro folioso, umbellâ foliosâ suprà decompositâ, pedunculis nudis, spicis alternis.* Prod. Leyd. 50. Mat. Med. 45. Dalib. Paris. 14. Scop. Carn. Ed. 2. n. 55 ; Souchet avec une tige triangulaire, une ombelle à plusieurs feuilles, & des épis sur des pédoncules nuds & alternes.

Cyperus odoratus radice longâ, sivè Cyperus officinarum. Bauh. Pin. 14. Scheuch. Gram. 378. Moris. Hist. 3. p. 237 ; Souchet des boutiques à racines longues.

2°. *Cyperus rotundus, culmo triquetro subnudo, umbellâ decompositâ, spicis alternis linearibus.* Flor. Zeyl. 36. Mat. Med. p. 45 ; Souchet à tige nue & triangulaire, dont l'ombelle est décomposée, & les épis alternes & linéaires. Souchet des boutiques à racines rondes.

Longus. La premiere espece croit naturellement en France & en Italie, d'où elle a été apportée dans notre Isle, pour l'usage de la Médecine; mais on

s'en sert aujourd'hui très-rarement en Angleterre : ses racines sont composées de plusieurs fibres fortes & charnues, qui s'enfoncent profondément dans la terre, & qui produisent un grand nombre de feuilles triangulaires, & longues d'environ trois pieds : ses pédoncules sont aussi triangulaires, & de la même longueur ; ils soutiennent chacun une ombelle, dont la bâse est garnie de plusieurs feuilles étroites & triangulaires : les épis sont semblables à ceux de quelques especes de *Gramen;* mais comme ses semences mûrissent rarement en Angleterre, on ne l'y multiplie qu'en divisant ses racines au printems, pour les planter à une exposition chaude, où elles profiteront en plein air dans ce pays (1).

Rotundus. La seconde espece est plus tendre que la premiere; ainsi ses racines, qui sont rondes & comprimées, doivent être plantées dans des pots, & mises à l'abri pendant l'hiver.

CYPRÈS, improprement appelé *Femelle. Voyez* CUPRESSUS SEMPER VIRENS FŒMINA.

CYPRÈS, improprement appelé *Mâle. Voyez.* CUPRESSUS SEMPER VIRENS MAS.

CYPRÈS PETIT, AURONE FEMELLE, *ou* GARDE-ROBE. *Voyez.* SANTOLINA.

----

(1) La racine de *Souchet* différant peu de celle du *Curcuma*, quant à ses propriétés médicinales, je prie le Lecteur de recourir à cet article, pour éviter les répétitions.

CYPRIPEDIUM. *Lin. Gen.
Plant. 906. Calceolus. Tourn. Inſt.
R. H. 436. tab. 249.* [*Ladies
Slipper*]. Sabot.

Caraĉteres. Les fleurs de ce
genre ont un ſpadix ſimple ;
elles ſont couvertes d'une ſpathe, & le germe eſt placé en-
deſſous : leur corolle a quatre
ou cinq pétales étroits, en forme de lance, & étendus ; le
neĉtaire, qui eſt ſitué entre les
pétales, eſt gonflé, creux, &
en forme de ſabot : chaque
fleur a deux étamines courtes,
couchées ſur le ſtyle, & terminées par des ſommets érigés, qui ſe joignent à la levre
ſupérieure du neĉtaire ; au-deſſous des fleurs eſt fixé un germe
mince & tordu, qui ſoutient
un ſtyle court, adhérant à la
lévre ſupérieure du neĉtaire, &
couronné par un ſtigmat courbé, & uſé : ce germe ſe change
dans la ſuite, en une capſule ovale, émouſſée, à trois angles, ſillonnée par trois rainures, à
trois valves, & à une cellule, remplie de petites ſemences.

Ce genre de plante eſt rangé
dans la premiere ſeĉtion de
la vingtieme claſſe de LINNÉE,
intitulée : *Gynandria diandria;*
les plantes de cette claſſe &
de cette ſeĉtion ayant deux étamines fixées au ſtyle.

Les eſpeces ſont :

1°. *Cypripedium calceolus, ra-
dicibus fibroſis, foliis ovato-lanceolatis caulinis. Aĉt. Ups. 1740.
p. 24. Fl. Suec. 735, 820. Hall.
Helv. n. 1300. Sub Calceolo.
Gmel. Sib. 1. p. 2. f. 1. Kniph.
Cent. 10. n. 35 ;* Sabot avec des
racines fibreuſes, & des tiges
garnies de feuilles ovales &
en forme de lance.

*Calceolus, foliis ovato-lanceo-
latis. Fl. Lapp. 318. Gron. Virg.
135.*

*Calceolus Marianus. Dod. Pempt.
180. f. 1. 2.*

Calceolus Mariæ. Ger. 3. 59 ;
Sabot de la Vierge.

*Helleborine Virginiana, ſeu
Calceolus flore luteo majore. Moris. Hiſt. 3. p. 488.*

2°. *Cypripedium bulboſum,
ſcapo unifloro, foliis oblongis,
glabris, petalis anguſtis, acuminatis ;* Sabot avec une fleur dans
une ſpathe, des feuilles oblongues & unies, & des pétales
étroits, & terminés en pointes.

*Calceolus Mariæ luteus. Mor.
H. R. Bles ;* Sabot de Marie,
jaune.

*Serapias, ſcapo unifloro. Gmel.
Sib. 1. p. 7.*

*Orchis Lapponenſis monofolia,
Rudb. L'lys. 2. p. 209.*

3° *Cypripedium hirſutum, foliis oblongo-ovatis, venoſis, hirſutis, flore maximo ;* Sabot à
feuilles oblongues, ovales, veinées & velues, produiſant une
très groſſe fleur.

*Calceolus, flore majore. Tourn.
Inſt. R. H. 437 ;* Sabot à plus
grande fleur.

*Helleborine, flore majore pur-
pureo. Moris. Hiſt. 3. p. 488.*

Calceolus. La premiere eſpece croît ſans culture dans quelques forèts du Nord de l'Angleterre ; je l'ai trouvée dans
le Parc de BOROUGH-HALL,
en Lancaſhire, maiſon de campagne de ROBERT FENWICK,
Ecuyer : elle a une racine
compoſée de pluſieurs fibres

charnues, de laquelle s'élevent au printems, deux, trois tiges plus ou moins, fuivant la forme de la racine; fes tiges s'élevent à la hauteur de neuf ou dix pouces, & font garnies de feuilles ovales, en forme de lance, & veinées en longueur. Dans le milieu d'une des feuilles du fommet, eft renfermé un bouton de fleurs foutenu par un pédoncule mince, qui produit toujours un autre petit bouton fur un côté : la fleur a quatre pétales d'un pourpre foncé, placés en forme de croix, & entiérement ouverts : dans fon centre eft fitué un nectaire creux, prefqu'auffi gros qu'un petit œuf d'oifeau, ayant la forme d'un fabot, & teint d'un jaune pâle, avec quelques raies rompues ; l'ouverture de ce nectaire eft couverte par deux oreilles, dont la fupérieure eft mince, blanche, & tachetée de pourpre, & l'inférieure épaiffe, & de couleur herbacée. Ces fleurs paroiffent vers la fin de Mai, & les tiges périffent dans le commencement de l'automne.

Bulbofum. La feconde efpece croît naturellement en Virginie, & dans d'autres parties du Nord de l'Amérique; elle a des feuilles plus longues, & plus unies que la précédente: les deux pétales latéraux de fa fleur font longs, étroits, terminés en pointe aiguë, & ombellés fur le côté : fon nectaire eft oblong, plus étroit que celui de la premiere, jaune, & tacheté d'un rouge brunâtre : fes tiges s'élevent à

la hauteur d'environ un pied.

Hirfutum. La troifieme efpece, qui eft auffi originaire de l'Amérique, eft connue des habitans, fous le nom de fleur de *Moccafin*; elle s'éleve à la hauteur d'un pied & demi; fes feuilles font oblongues, ovales & veinées : fa fleur eft large, d'un brun rougeâtre, & marquée de quelques veines pourpre. Cette plante fleurit à la fin du mois de Mai.

Toutes ces efpeces font difficilement confervées dans des jardins; il faut les planter dans un fol marneux, & à une fituation où elles puiffent jouir feulement du foleil du matin : on fe procure leurs femences des endroits où elles croiffent naturellement; car elles ne fe multiplient pas dans les jardins : on doit rarement deplacer leurs racines, parce que la tranfplantation les empêche de fleurir.

CYSTI CAPNOS. *V.* Fumaria Vesicaria.

CYTISE, *ou* FAUX ÉBENIER. *V.* Cytisus laburnum.

CYTISO-GENISTA. *Voyez* Spartium.

CYTISUS. *Lin. Gen. Pl. 785. Tourn. Inft. R. H. 647. tab. 416*; ainfi appellé de Cythos, Ifle de l'Archipel, où il croît en grande abondance. [*Bafe-tree Trefoil.*] Cytife.

Caracteres. Dans ce genre, la fleur eft papilionacée; elle a un calice monopétale, en forme de cloche, & divifé en deux levres, dont la fupérieure eft aiguë, & découpée en deux parties, & celle du bas, découpée en trois dents; la
corolle

corolle a un étendard érigé, ovale, & réfléchi fur les côtés, des ailes obtufes, érigées, & de la longueur de l'étendard, une carène gonflée & aiguë : elle renferme dix étamines, dont neuf font jointes, & l'autre féparée, & qui font toutes terminées par des fommets droits, & un germe ob'ong, qui foutient un ftyle fimple, & couronné par un ftigmat obtus : ce germe devient, quand la fleur eft paffée, un légume oblong, émouffé, étroit à la bâfe, & rempli de femences applaties, & en forme de rein.

Les plantes de ce genre, ainfi que toutes celles qui ont dix étamines divifées en deux corps, font rangées dans la troifieme fection de la dix-feptieme claffe de LINNÉE, qui a pour titre, *Diadelphia décandria*.

Les efpeces font :

1°. *Cytifus Laburnum, foliis oblongo-ovatis, racemis brevioribus pendulis, caule arboreo;* Cytife à feuilles oblongues & ovales, ayant des épis courts de fleurs, fufpendus, & une tige en arbre.

Anagyris non fœtida major Alpina. Bauh. Pin. 391.

Anagyris non fœtens minor. Bauh. Pin. 391.

Laburnum arbor trifolia, Anagyridi fimilis. Bauh. Hift. 2. p. 361.

Cytifus Alpinus latifolius, flore racemofo pendulo. Tourn. Inft. R. H. 648; ordinairement appellé *Laburnum, Aubours, Cytife,* ou *Ébenier des Alpes, Faux-Ebenier.*

2°. *Cytifus Alpinus, foliis*

ovato-lanceolatis, racemis longioribus pendulis, caule fruticofo; Cytife avec des feuilles ovales, en forme de lance, de longues grappes de fleurs fufpendues, & une tige d'arbriffeau.

Cytifus alpinus angufti-folius, flore racemofo, pendulo, longiore. Tourn. Inft. R. H. 648; ordinairement appellé, *Laburnum à longs épis.*

3°. *Cytifus nigricans, racemis fimplicibus erectis, foliolis ovato-oblongis. Hort. Cliff. 354. Roy. Lugd.-B. 369. Sauv. Monfp. 190. Crantz. Auftr. p. 394. Scop. Carn. 2. n. 904. Jacq. Auftr. t. 387. Gmel. Tub. p. 223. Kniph. Cent. 10. p. 37;* Cytife avec des grappes fimples de fleurs, & des feuilles oblongues & ovales.

Cytifus glaber nigricans. C. B. P. 390; Cytife noir & uni.

Cytifus IV. Clus. Hift. 1. p. 95.

4°. *Cytifus feffili-folius, racemis fimplicibus erectis, calycibus bracteâ triplici auctis, foliis floralibus feffilibus. Lin. Sp. Plant. 739;* Cytife avec des grappes de fleurs érigées, ayant trois bractées fous le calice, & les feuilles florales feffiles.

Cytifus, glabris foliis fubrotundis, pediculis breviffimis. C. B. H. 390. Duham. Arbr. 1; ordinairement appellé par les Jardiniers, *Cytifus fecundus Clufii.*

Cytifus glaber, filiquâ latâ. Bauh. Hift. 1. p. 373.

5°. *Cytifus hirfutus, pedunculis fimplicibus lateralibus, calycibus hirfutis trifidis, obtufis, ventricofo-oblongis. Hort. Upfal. 211. Pall. It. 1. p. 21. Jacq. Obs. 4. t. 96;* Cytife avec des pédoncules simples sur les côtés des branches, & des calices velus, divisés en trois parties, obtus, oblongs & ventrus.

Cytisus incanus, siliquâ longiore. C. B. P. 390 ; connu sous le nom de *Cytise de Naples velu*, ou *toujours vert*.

Cytisus hirsutus & prostratus. Scop. Carn. 2. n. 907, 908.

6°. *Cytisus argenteus, floribus sessilibus, foliis tomentosis, caulibus herbaceis. Lin. Sp. Plant. 940* ; Cytise à fleurs sessiles, à feuilles cotonneuses, & à tiges herbacées.

Cytisus humilis argenteus, angusti - folius. Tourn. Inst. 648 ; Cytise argenté.

Lotus fruticosus, incanus, siliquosus. Bauh. Pin. 332.

Trifolium argenteum, floribus luteis. Bauh. Hist. 2. p. 359.

7°. *Cytisus supinus, floribus umbellatis terminalibus, ramis decumbentibus, foliolis ovatis. Lin. Sp. 1042* ; Cytise bas, ayant des fleurs en ombelle, placées aux extrémités de ses branches trainantes, & des lobes ovales.

Cytisus capitatus. Jacq. Austr. t. 33.

Cytisus supinus, foliis infrà, & siliquis molli lanugine pubescentibus. C. B. P. 390.

Cytisus VIII. species altera. Clus. Hist. 1. p. 96.

8°. *Cytisus Austriacus, floribus umbellatis terminalibus, caulibus erectis, foliolis lanceolatis. Lin. Sp. 1042. Crantz. Austr. 396. Jacq. Austr. t. 21* ; Cytise avec des fleurs en ombelle, placées aux extrémités des branches, des tiges érigées, & des lobes en forme de lance.

Cytisus, floribus capitatis, fo-

liolis ovato-oblongis, caule fruticoso. Dict. Hort ; communément appellé *Cytise de Sibérie.*

Cytisus V. Clus. Hist. 1. p. 195.

9°. *Cytisus Æthiopicus, racemis lateralibus strictis, ramis angulatis, foliolis cunei - formibus. Lin. Sp. 1042* ; Cytise à lobes en forme de coin, avec des grappes de fleurs rapprochées sur les parties latérales de ses branches angulaires.

Cytisus Æthiopicus, subrotundis incanis minoribus foliis, floribus parvis luteis. Pluk. Alm. 128.

10°. *Cytisus Græcus, foliis simplicibus lanceolato - linearibus, ramis angulatis. Lin. Sp. 1043* ; Cytise à feuilles simples, linéaires & en forme de lance, ayant des branches angulaires.

Barba Jovis Linariæ folio, flore luteo parvo. Tourn. Cor. 44.

11°. *Cytisus Cajan, racemis axillaribus erectis, foliolis sublanceolatis, tomentosis, intermedio longiùs petiolato. Flor. Zeyl. 354. Hort. Ups. 211. Jacq. Obs. 1. p. 1* ; Cytise avec des épis de fleurs placés sur les côtés des branches, & des feuilles en forme de lance, & cotonneuses, dont le pétiole qui soutient celle du milieu, est plus long que les autres.

Cytisus arborescens, fructu eduli albo. Plum. Cat. 19 ; communément appellé en Amérique, *Pois de Pigeon*, ou *Pois d'Angol.*

Laburnum humilius, siliquâ inter grana & grana junctâ, semine esculento. Sloan. Jam. 139. Hist. 2. p. 31.

Phaseolus erectus incanus, siliquis torosis. Pluk. Alm. 293. t. 213. f. 3.

Thora - pæru. Rheed. Mal. 6. t. 13. Burm. Ind.

Laburnum. La premiere espece est le *Laburnum commun*, à feuilles larges, qu'on trouvoit autrefois plus fréquemment qu'aujourd'hui dans les jardins Anglois ; car depuis que la seconde y a été introduite, la premiere en a été exclue : on a donné la préférence à celle-là, parce que ses épis de fleurs sont beaucoup plus longs, & d'une plus belle apparence : mais la premiere devient un arbre plus gros ; son bois est très-dur, d'une couleur fine & susceptible d'un très-beau poli ; comme il a beaucoup de rapport avec l'Ebene vert, les François lui donnent le nom d'*Ebene des Alpes*, & ils l'emploient dans la construction de différentes especes de meubles : en Angleterre, où l'on a fait dans les jardins des changemens continuels, on a arraché tous ces arbres, quoiqu'ils fussent déja grands, de maniere qu'on n'y en trouve aucun à présent qui soit d'une grosseur un peu considérable : on en voit cependant dans quelques jardins de l'Ecosse, qui ont acquis assez de volume pour fournir du bois de charpente : j'ai vu deux de ces arbres qui avoient plus de trois pieds de circonférence, à six pieds au-dessus de la terre ; mais ils ont été détruits. Ils croissent très-vite, & ne sont pas délicats ; ainsi on pourroit les multiplier sur de mauvaises terres de sol mince, & à des expositions peu favorables : le Duc de QUEENSBERRY en a semé une grande quantité à côté des dunes, à sa maison de campagne près de Amesbury, en Wiltshire, où l'exposition étoit fort ouverte & exposée, & le sol si peu profond que peu d'arbres y pouvoient réussir ; cependant les jeunes *Cytises* y ont si bien poussé, qu'en quatre années ils se sont élevés à la hauteur de douze pieds, & ont fait assez de progrès pour servir d'abri aux plantations, ainsi qu'on se l'étoit proposé en les semant dans ce canton ; mais comme les lievres & les lapins sont de grands destructeurs de ces arbres, par-tout où on les cultive il faut les mettre à l'abri de leur voracité.

Ces deux especes se multiplient aisément par leurs graines qu'elles produisent en grande quantité ; en les semant sur une plate-bande ordinaire dans le mois de Mars, les plantes paroîtront au milieu ou à la fin d'Avril, & n'exigeront d'autres soins que d'être débarrassées de mauvaises herbes dans l'été suivant : si les plantes sont trop près les unes des autres, on pourra les transplanter en automne, soit dans une pépiniere où elles pourront rester une ou deux années pour acquérir de la force ; soit dans quelqu'autre lieu où elles resteront à demeure : si l'on veut en former des taillis destinés à fournir du bois, on les seme dans le lieu même, parce que ces arbres poussent des racines longues, épaisses & charnues, qui s'étendent fort loin & pénetrent dans le gravier & les rochers, de maniere qu'on ne peut les couper fans retarder beaucoup l'accroiffement de ces arbres. Si on ne veut pas les femer en place, il faut les tranf-planter jeunes, fans quoi ils ne parviendront point à leur groffeur ordinaire : ceux qu'on tranfplante deux fois pour fervir d'ornement dans les jardins, ne deviennent pas auffi forts que les autres, mais ils produifent beaucoup plus de fleurs : il en eft de même de tous les arbres qu'on deftine à fournir du bois de charpente, qui font toujours meilleurs quand ils font femés dans les places où ils doivent refter, que lorfqu'ils font tranfplantés. Si l'on permet à cette efpece de répandre librement fes graines fur la terre, les plantes leveront en grande quantité au printems fuivant ; de forte qu'avec très-peu d'arbres on peut la multiplier infiniment.

Cette efpece fleurit en Mai & produit un bel effet durant cette faifon ; fes branches font alors toutes chargées d'épis de fleurs qui pendent de tous côtés : fes femences font renfermées dans de longs légumes, & mûriffent en automne. Ces deux efpeces donnent une variété à feuilles panachées que quelques perfonnes aiment à cultiver ; on peut fe la procurer par boutures ou par marcottes ; parce que fes femences produifent des plantes femblables aux premieres : on plante ces boutures en automne, lorfque les feuilles

commencent à tomber, dans un mauvais fol ; car, dans une terre plus riche, elles font fujettes à reprendre leur premiere forme.

Comme la premiere efpece vient d'être propofée comme un arbre utile, on peut la multiplier en forme de bofquets dans les parcs où elle fera un grand ornement ; & je fuis affuré, par une longue expérience, qu'elle réuffira dans quelque fol que ce foit, & à des expofitions où peu d'autres efpeces d'arbres pourroient profiter : la néceffité de clorre eft la même pour les *Cytifes* que pour tous les autres ; car, fi on ne les met pas bien à l'abri des animaux, ils ne rempliront pas les vues du propriétaire.

Alpinus. La feconde differe de la premiere, en ce qu'elle a des feuilles plus étroites & des épis de fleurs plus longs, & qu'elle ne devient pas auffi grande & forte. J'ai toujours remarqué que ces différences étoient conftantes dans toutes les plantes produites de femence. TOURNEFORT fait mention d'une autre efpece avec des épis de fleurs plus courts que ceux des deux précédentes ; je crois l'avoir vue dans un jardin : fes épis de fleurs étoient ferrés & prefque ronds, mais elle m'a paru n'être qu'une variété de l'efpece commune.

Nigricans. La troifieme, qui croît naturellement en Autriche, en Italie & en Efpagne, eft à préfent fort rare dans les jardins Anglois : quelques curieux la cultivoient autrefois ; mais elle a été longtems perdue, jufqu'à ce que j'en aie fait venir des femences, il y a quelques années, des pays étrangers : ces femences ont réuffi dans les jardins de chaleur, où les plantes qu'elles ont produites ont fleuri & donné des graines mûres, qui ont été diftribuées à différentes perfonnes.

Cet arbriffeau s'éleve rarement en Angleterre au-deffus de trois ou quatre pieds de hauteur ; pouffe près de la terre plufieurs branches latérales, qui s'étendent de tous côtés, & donnent à cette efpece la forme d'un buiffon peu élevé ; car elle produit difficilement des tiges : fes branches font fort minces & fujettes à avoir leurs extrémités détruites dans les hivers rudes ; elles font garnies de feuilles ovales & oblongues, qui naiffent par trois fur chaque pétiole ; elles font toutes d'égale longueur & d'un vert foncé ; ces branches font droites ; & comme elles font toutes terminées par des épis de fleurs jaunes, érigées, & de quatre ou cinq pouces de longueur, cet arbriffeau a une très-belle apparence : les fleurs paroiffent en Juillet, après que la plupart des autres font paffées, & leurs femences mûriffent en automne.

On multiplie cette efpece par fes graines, qu'il faut répandre au mois de Mars fur une couche de terre legere, & les recouvrir d'un tiers de pouce de terre fine & douce

qui a été tamifée : les plantes paroîtront au commencement du mois de Mai ; alors, & pendant tout l'été fuivant, on les tiendra conftamment nettes : en automne, on arrangera des cercles fur la couche pour avoir la facilité de les couvrir avec des nattes, & de les mettre ainfi à l'abri du froid, qui ne manqueroit point de les détruire ; car ces jeunes plantes continuant à croître plus tard dans l'automne, que celles qui font déja devenues ligneufes, font plus fufceptibles des impreffions de la gelée : fi l'on néglige cette précaution, une grande quantité fera détruite en entier par les hivers rudes, & les autres périront jufqu'à la racine : au printems fuivant, lorfque les fortes gelées font paffées, on les enleve avec précaution, pour les mettre en pépiniere, en laiffant entr'elles un intervalle de fix pouces, & d'un pied entre chaque rang. Cette pépiniere doit être dans une fituation abritée ; &, comme ces plantes ne pouffent que fort tard dans le printems, il ne faut pas les tranfplanter avant la fin de Mars ou au commencement d'Avril ; fi la faifon fe trouve alors chaude & feche, on les arrofera un peu pour raffermir la terre, & on renouvellera cette opération deux ou trois fois par femaine, fi la féchereffe continue, afin de hâter leur accroiffement. Lorfqu'elles auront repris racine, elles n'exigeront point d'autres foins, que d'étre tenues nettes de mauvaises herbes ; elles peuvent rester deux ans dans la pépiniere, mais après ce tems elles seront assez fortes pour pouvoir être transplantées à demeure. On trouvera dans la cent dix-septieme planche de mes figures de plantes, un dessin de cette espece.

Sessili-folius. La quatrieme est originaire de la France Méridionale, de l'Espagne & de l'Italie ; on la cultive depuis long-tems dans nos jardins, comme un arbrisseau à fleurs, sous le nom de *Cytisus secundus Clusii* : cette espece s'éleve en tige ligneuse, & pousse plusieurs branches couvertes d'une écorce brunâtre , & garnies de petites feuilles ovales, renversées, & disposées par trois sur de très-courts périoles : ses fleurs naissent érigées aux extrémités des branches, en épis courts & serrés ; elles sont d'un jaune brillant & paroissent en Juin ; elles sont suivies par des légumes larges & courts , qui renferment un rang de semences en forme de rein, qui mûrissent en automne.

Cet arbrisseau s'éleve à la hauteur de sept à huit pieds , & devient très-touffu ; il est fort dur , & réussit dans tous les sols & à toutes les expositions, pourvu que le terrein ne soit pas trop humide.

On le multiplie par semences, que l'on peut répandre au printems sur une plate-bande de terre légere ; on les tient nettes de mauvaises herbes pendant l'été , & en au-

tomne on pourra transplanter les jeunes sujets dans une pépiniere à six pouces de distance entr'eux , & à un pied entre les rangs ; on les laissera deux ans dans cette situation , afin qu'ils aient le tems d'acquérir de la force ; après quoi , on les placera à demeure dans les endroits qui leur sont destinés.

Hirsutus. La cinquieme espece a une tige tendre d'arbrisseau, qui se divise en plusieurs branches érigées , & s'éleve fréquemment à la hauteur de huit ou dix pieds ; ses tiges & ses feuilles sont fort velues : ses feuilles sont ovales, & chaque pétiole en supporte trois qui sont placées fort près des branches : ses fleurs, de couleur jaune pâle , naissent en petites grappes sur les côtés de la tige ; elles paroissent en Juin , & sont remplacées par des légumes longs, étroits & velus , qui mûrissent en Septembre , & renferment un rang de semences en forme de rein.

On cultive depuis quelques années cette espece dans les pépinieres des environs de Londres, sous le nom de *Cytise de Naples toujours vert* : comme ces arbrisseaux sont souvent détruits par les fortes gelées, on ne peut les mettre à toutes les expositions ; ainsi il faut nécessairement les placer dans des abris secs & chauds ; ils souffrent aussi très-difficilement la transplantation lorsqu'ils sont devenus fort grands ; parce que leurs racines sont longues , qu'elles s'enfoncent profondément dans la terre , & que quand elles sont cassées ou déchirées , les plantes se rétablissent rarement.

On les multiplie comme la troisieme espece ; ils croissent sans culture dans la France Méridionale , en Espagne & en Italie.

Argenteus. La sixieme a des tiges herbacées , garnies de feuilles cotonneuses : ses fleurs naissent quelquefois simples , & souvent deux ou trois ensemble ; on en voit même un plus grand nombre de réunies, lorsqu'elles sortent des extrémités des branches ; elles paroissent dans le mois de Juin , & sont remplacées par des légumes velus.

On multiplie cette espece , en semant ses graines sur une couche, au mois de Mars ; on traite ensuite les plantes qui en proviennent, comme celles de la troisieme.

Supinus. La septieme , qui naît spontanément en Sicile, en Italie & en Espagne , est une plante dont la racine vivace pivote en terre , & produit plusieurs branches foibles & rampantes, qui s'étendent à huit ou dix pouces, & qui sont garnies de feuilles oblongues , placées par trois , sur des pétioles assez longs, velues en-dessous , & unies en-dessus : ses fleurs , teintes d'une couleur jaune foncée , sont réunies en têtes aux extrémités des branches , & ont en-dessous d'elles des grappes de feuilles ; elles paroissent à la fin de Juin, & dans les étés

chauds elles sont suivies de légumes plats & velus, qui mûrissent en Septembre , & renferment un rang de petites semences en forme de rein.

Cette plante se multiplie par semences , qu'il faut répandre dans les places où elles doivent rester ; on traite ensuite les plantes qui en proviennent comme celles de la sixieme.

Austriacus. Les semences de la huitieme ont été envoyées de la Tartarie , dans le jardin Impérial de Pétersbourg, & de-là dans plusieurs jardins curieux de l'Europe. Elle a une tige d'arbrisseau qui s'éleve à la hauteur d'environ huit pieds, & se divise en plusieurs branches , couvertes d'une écorce verte dans leur jeunesse , & fort garnies de feuilles oblongues , ovales , unies , & d'un vert blanchâtre : ses fleurs sont produites aux extrémités des branches en têtes serrées ; en - dessous de chacune se trouve un paquet de feuilles ; ces fleurs sont d'un jaune brillant, & paroissent au commencement de Mai ; elles sont quelquefois remplacées par des légumes courts & laineux , qui renferment chacun trois ou quatre petites semences en forme de rein.

Cette espece se multiplie par ses graines , qu'on seme au commencement du mois d'Avril, sur une plate - bande de terre forte & exposée au levant ; car si on les place trop au soleil, les plantes ne profiteront pas : elles exigent une exposition froide , & une terre

affez forte, pour pouvoir fubfifter.

Æthiopicus. Le Docteur SHAW
a apporté des environs d'Al-
ger les femences de la quatrieme, qui ont réuffi dans le
jardin de *Chelféa* : elle s'éleve
avec une tige d'arbriffeau tendre & molle, à la hauteur de
huit à dix pieds, & pouffe
latéralement plufieurs branches minces, & garnies de
petites feuilles en forme de
coin, dentelées au fommet,
d'un vert foncé & unies : fes
fleurs, qui fortent fimples fur
les côtés des branches, font
larges & d'un jaune brillant;
elles paroiffent en Juin, &
font quelquefois fuivies de
légumes qui renferment trois
ou quatre femences en forme
de rein, & qui mûriffent en
automne.

Comme cette efpece eft trop
délicate pour profpérer en plein
air dans notre climat, on doit
la traiter de la même maniere
que celles qui viennent des
mêmes contrées.

Græcus. La dixieme, qui fe
trouve dans les Ifles de l'Archipel, s'éleve avec une tige
ligneufe à fix ou fept pieds
de hauteur, & pouffe plufieurs
branches latérales, angulaires
& garnies de feuilles fimples,
étroites & en forme de lance : fes fleurs font produites
fur les côtés des branches en
paquets courts : elles font petites, jaunes, & paroiffent en
Juillet & en Août; mais elles ne font pas fuivies de femences en Angleterre.

On multiplie cette efpece
par .boutures, qu'on plante

dans une plate-bande de terre
légere au commencement de
Juillet ; on les couvre d'une
cloche de verre, & on les met
à l'abri des ardeurs du foleil,
au milieu du jour. Ces boutures poufferont des racines
au milieu de Septembre ; alors
on les enlevera avec foin pour
les planter chacune féparément dans des pots ; on les
arrofera & on les tiendra à
l'ombre jufqu'à ce qu'elles
aient formé de nouvelles racines ; après quoi on pourra
les placer dans une fituation
abritée & à l'ombre, où on
les tiendra jufqu'à la fin
d'Octobre pour les mettre
alors à couvert, afin qu'elles
puiffent réfifter aux froids de
nos hivers.

Cajan. La onzieme, qui eft
originaire des Ifles des Indes
Occidentales & du Cap de
Bonne-Efpérance, s'éleve avec
une tige foible d'arbriffeau, à
huit ou dix pieds de hauteur,
& produit latéralement plufieurs branches érigées & garnies de feuilles cotonneufes,
en forme de lance, & pla-
cées par trois, dont le lobe
du milieu eft fupporté par un
pétiole plus long & plus diftinct que ceux de côté qui
croiffent très-près du pétiole
principal. Ses fleurs fortent
fur les parties latérales des
branches, quelquefois fimples
& d'autres fois en grappe ; elles font d'un jaune foncé &
de la grandeur à peu-près de
celles du *Laburnum commun*, &
produifent des légumes velus
de trois pouces environ de
longueur, en formé de faulx,

terminés

terminés en pointe aiguë & renflés aux endroits où font placées les femences : ces graines, qui font rondes & à-peu-près en forme de rein, font une bonne nourriture pour les pigeons, en Amérique, d'où leur vient le nom de *Pois de pigeons*.

Cette efpece ne fe trouvant que dans les climats chauds, ne peut fe conferver en Angleterre que dans une ferre chaude : on la multiplie aifément par fes femences, qu'on répand fur une couche chaude : les plantes s'élevent à trois ou quatre pieds de hauteur dans la premiere année, pourvu qu'on les tienne à un dégré de chaleur convenable ; & dans la feconde année elles produifent des fleurs & des femences. On place ces plantes dans la couche chaude de tan de la ferre, & on les traite comme les autres plantes délicates du même pays : on les arrofe peu en hiver, & on leur donne beaucoup d'air pendant les chaleurs de l'été.

Fin du Tome fecond.

www.ingramcontent.com/pod-product-compliance
Ingram Content Group UK Ltd.
Pitfield, Milton Keynes, MK11 3LW, UK
UKHW021649170726
13836UKWH00005B/2472